机械工人技能速成丛书

邱言龙　雷振国　聂正斌　编著

化学工业出版社
·北京·

内 容 简 介

本书根据焊工实际工作的需求，详细讲解了焊工必备技能，主要内容包括：焊工基本知识，金属材料的焊接性能与热处理知识，焊接技术基础。简略介绍电焊工日常操作基础知识、技能与技巧；重点以各种典型焊接工艺为主，具体介绍焊条电弧焊、埋弧焊、二氧化碳气体保护焊、手工钨极氩弧焊、电阻焊、电渣焊、等离子弧焊接与切割、气焊与气割等工艺实例。为提高焊接质量，特别增加焊接质量控制及质量检验等内容。

本书附有焊工技能考核试题库，手机扫码即可答题。

本书图文并茂、内容浅显易懂，既便于机械工人参考，又可作为求职者就业的培训用书，还可供机械制造专业人员及职业院校焊工专业师生参考。

图书在版编目（CIP）数据

焊工自学·考证·上岗一本通 / 邱言龙，雷振国，聂正斌编著. —北京：化学工业出版社，2022.2
（机械工人技能速成丛书）
ISBN 978-7-122-40238-7

Ⅰ. ① 焊… Ⅱ. ① 邱…②雷…③聂… Ⅲ. ① 焊接 - 基本知识 Ⅳ. ①TG4

中国版本图书馆 CIP 数据核字（2021）第 226769 号

责任编辑：贾 娜 毛振威　　文字编辑：袁 宁 陈小滔
责任校对：宋 玮　　装帧设计：刘丽华

出版发行：化学工业出版社（北京市东城区青年湖南街 13 号 邮政编码 100011）
印 刷：北京京华铭诚工贸有限公司
装 订：三河市振勇印装有限公司
880mm×1230mm 1/32 印张 25¼ 字数 835 千字
2022 年 3 月北京第 1 版第 1 次印刷

购书咨询：010-64518888　　售后服务：010-64518899
网 址：http://www.cip.com.cn
凡购买本书，如有缺损质量问题，本社销售中心负责调换。

定 价：99.00 元

前言

当前，我国高端制造业缺乏大量高级技工。据权威数据统计，目前我国高级技工的缺口高达 2200 万人。在工业领域，高级技工是生产的中流砥柱。在日本，整个产业工人队伍中高级技工占比 40%，德国更是高达 50%，而我国这一比例仅为 5% 左右。而 2200 万的人才缺口，也成为当前我国正在进行中的制造业转型的掣肘。

2020 年 7 月 21 日，在人力资源和社会保障部发布的 2020 年第二季度全国招聘求职 100 个短缺职业中，焊工排行第 8 名。

为配合工人自学、培训、考核、上岗的需要，我们组织了一批职业技术院校、技师学院、高级技工学校中有多年丰富理论教学经验和高超的实际操作水平的教师，编写了“机械工人技能速成丛书”。丛书包括:《钳工自学·考证·上岗一本通》《焊工自学·考证·上岗一本通》《铆工自学·考证·上岗一本通》。作为机械工人的专业技能培训、考证上岗指导书，各分册都由两大部分组成。第一部分为专业基础知识，主要介绍各工种工人生产实际中所需要使用的工、量、夹具及设备，刀具辅具及磨料、磨具等；第二部分具体介绍各工种的典型加工工艺方法和加工工艺实例，特别介绍了各工种加工工艺分析。

丛书力求简明扼要，不过于追求系统及理论的深度、难度，突出实用的特点，而且从材料、工艺、设备及标准等方面都贯穿着一个“新”字，以便于工人尽快与现代工业化、智能化生产接轨，与时俱进，开拓创新，更好地适应未来机械工业发展的需要。

丛书根据人力资源和社会保障部制定的《国家职业技能标准》中初级、中级技术工人等级标准及职业技能鉴定规范编写，主要具有以下几个鲜明的特点。

（1）突出技能与技巧

① 归纳典型性、通用性、可操作性强的加工工艺实例。

② 总结技术工人操作中的工作要求、加工方法、操作步骤等技能、技巧。

（2）把握诀窍与禁忌

① 对“不宜做”“不应做”“禁止做”和“必须注意”“不容忽视”的事情，以反向思维，用具体的实例加以说明和表达。

② 理论联系实际，总结操作过程中具有典型性的禁忌问题，在进行必要的工艺分析的基础上，给出适当的预防方法，提出合理的解决措施。

（3）符合考证与上岗

① 为各工种上岗基础理论问题进行详细解答。汇集了机械工人应知应会的基础理论及安全文明生产等方面的问题，进行了深入浅出的解答，突出实用性。

② 按初、中级工上岗、鉴定、考核应知和应会的要求选编了上岗、鉴定题库，以供广大读者自学、培训之用，为其顺利上岗提供强有力的技术支持。

《焊工自学·考证·上岗一本通》共12章，主要内容包括：什么是焊工、焊工基本知识、焊接技术基础，简略介绍焊工日常操作基础知识、技能与技巧；重点以各种典型焊接工艺为主，具体介绍焊条电弧焊、埋弧焊、二氧化碳气体保护焊、手工钨极氩弧焊、电阻焊、电渣焊、等离子弧焊接与切割、气焊与气割等工艺实例；为提高焊接质量，特别增加焊接质量控制及质量检验等内容。本书附有焊工技能鉴定考核试题库，供焊工自学、进行技能鉴定考核时参考。本书注重实用和管用，便于自学和提高，大多以生产实践中的应用技术为基础，通过大量图表、翔实的工程应用实例，叙述各种焊接工艺特点，焊接工具和设备的选择和使用特点，基本操作技能、技巧与诀窍；通过实践中的经验教训，提炼实际工作中应遵守的操作规程、注意事项与操作禁忌。全书图文并茂、内容浅显易懂，既便于工人参考，又可供求职者就业培训用，还可供机械制造专业人员及职业院校焊工专业师生参考。

本书由邱言龙、雷振国、聂正斌编著，由周少玉、魏天普、王兵担任审稿工作，周少玉任主审。全书由邱言龙统稿。

由于编者水平所限，加之时间仓促，书中不足之处在所难免，望广大读者不吝赐教。欢迎读者通过 E-mail（qiuxm6769@sina.com）与作者联系。

编著者

目录

第1章 什么是焊工 1

1.1 焊工的工作内容、行业需要 /1

1.1.1 焊工的工作概述 /1

1.1.2 焊工的行业需要 /2

1.2 焊工技能鉴定及等级考核 /3

1.2.1 焊工的技能鉴定 /3

1.2.2 焊工的等级考核要求 /4

1.3 焊工的职业规划及就业方向 /6

1.3.1 焊工的岗位职责 /6

1.3.2 焊工安全操作规程及注意事项 /7

1.3.3 焊工的就业方向 /12

1.3.4 如何成为一个“好焊工” /13

第2章 焊工基础知识 16

2.1 常用金属材料及其焊接性能 /16

2.1.1 金属材料的基本性能 /16

2.1.2 钢的分类及其焊接性能 /19

2.1.3 有色金属的分类及其焊接特点 /25

2.2 金属材料的热处理 /38

2.2.1 钢的热处理目的和种类 /38

2.2.2 钢的化学热处理常用方法和用途 /43

2.2.3 钢的热处理分类及代号 /46

2.2.4 热处理工序的安排 /50

第3章 焊接技术基础 52

3.1 金属焊接与热切割的基本知识 / 52

3.1.1 焊接原理、分类和特点 / 52

3.1.2 热切割的原理、分类 / 62

3.2 焊接接头和坡口与焊缝符号 / 64

3.2.1 焊接接头和坡口的基本形式及应用特点 / 64

3.2.2 焊接位置的特点及选择诀窍 / 73

3.2.3 焊缝尺寸名称 / 77

3.2.4 焊缝符号及其标注方法 / 78

3.3 常用焊接材料及其选择诀窍 / 84

3.3.1 焊条及其选用诀窍 / 84

3.3.2 焊丝的作用、要求与选择诀窍 / 94

3.3.3 焊剂的分类、用途与选择诀窍 / 100

3.3.4 氩弧焊钨极的作用、要求与选用诀窍 / 109

3.3.5 氩弧焊氩气的作用、要求与选择诀窍 / 113

3.4 焊工基本操作技能与技巧、诀窍与禁忌 / 115

3.4.1 常用坡口形式及加工方法与诀窍 / 115

3.4.2 焊接变形的控制和矫正方法与诀窍 / 116

3.4.3 手工钨极氩弧焊机操作技能与技巧、诀窍与禁忌 / 121

第4章 焊条电弧焊 131

4.1 焊条电弧焊基础知识 / 131

4.1.1 焊条电弧焊的定义 / 131

4.1.2 焊条电弧焊的特点及适用范围 / 131

4.1.3 焊条的组成与分类 / 132

4.2 焊条电弧焊工具设备及其使用 / 136

4.2.1　焊条电弧焊设备的选择与使用诀窍　/ 136
4.2.2　焊条电弧焊辅助设备及工具使用技巧　/ 138
4.2.3　焊条电弧焊设备常见故障及解决方法　/ 141
4.3　焊条电弧焊工艺　/ 144
4.3.1　焊条的选用原则与实例　/ 144
4.3.2　焊条电弧焊工艺参数选择技巧与诀窍　/ 148
4.3.3　焊条电弧焊基本操作工艺、操作技巧与诀窍　/ 151
4.3.4　焊条电弧焊平敷焊操作工艺、操作技巧与实例　/ 164
4.3.5　单面焊双面成形操作工艺、操作技巧与实例　/ 169
4.4　常用金属材料的焊接工艺与实例　/ 174
4.4.1　碳素钢的焊接实例　/ 174
4.4.2　低合金结构钢的焊接实例　/ 181
4.4.3　不锈钢的焊接技巧与诀窍　/ 183
4.4.4　铸铁的焊接技巧与实例　/ 190
4.5　管、板焊条电弧焊典型工艺与操作技巧　/ 194
4.5.1　板对接平焊工艺与操作　/ 194
4.5.2　板平角焊工艺与操作　/ 200
4.5.3　板对接立焊工艺与操作　/ 205
4.5.4　板对接立角焊工艺与操作　/ 210
4.5.5　薄板焊接工艺与操作　/ 214
4.5.6　小管对接水平转动焊接工艺与操作　/ 216
4.5.7　小管对接水平固定焊接工艺与操作　/ 221

第 5 章　埋弧焊　227

5.1　埋弧焊的特点及应用　/ 227
5.1.1　埋弧焊的工作原理　/ 227
5.1.2　埋弧焊的特点　/ 228

5.1.3 埋弧焊的应用范围 / 229
5.2 埋弧焊设备的选择及使用 / 229
5.2.1 埋弧焊电源选择诀窍 / 229
5.2.2 焊接电弧的调节方法 / 230
5.2.3 埋弧焊机选择与使用诀窍 / 232
5.2.4 埋弧焊辅助设备的应用技巧 / 243
5.3 常用金属材料的埋弧焊工艺 / 256
5.3.1 焊接工艺及焊接参数的选择诀窍 / 256
5.3.2 埋弧焊通用操作技术、技巧与诀窍 / 259
5.3.3 碳素钢埋弧焊操作实例 / 263
5.3.4 不锈钢埋弧焊操作技巧与实例 / 265
5.3.5 铜及铜合金埋弧焊实例 / 267
5.4 埋弧焊工程应用实例及质量检查 / 270
5.4.1 单面焊双面成形平板对接焊工程实例 / 270
5.4.2 高压除氧器筒体环缝焊接实例 / 272
5.4.3 桥梁角焊接实例 / 274
5.4.4 锅筒窄间隙焊接实例 / 275
5.4.5 管板不锈钢带极堆焊实例 / 276
5.5 埋弧焊技能与技巧、诀窍与禁忌 / 278
5.5.1 埋弧焊机操作使用技能与技巧、诀窍与禁忌 / 278
5.5.2 埋弧焊焊接缺陷产生原因、防止方法与诀窍 / 289

第 6 章 二氧化碳气体保护焊  294

6.1 二氧化碳气体保护焊基础知识 / 294
6.1.1 气体保护焊的特点及分类 / 294
6.1.2 二氧化碳气体保护焊的工作原理及特点 / 296
6.1.3 二氧化碳气体保护焊的分类及应用 / 301

6.2 二氧化碳气体保护焊设备 / 307
6.2.1 二氧化碳气体保护焊对设备的要求 / 307
6.2.2 二氧化碳气体保护焊设备组成部分及作用 / 308
6.3 二氧化碳气体保护焊焊接工艺 / 322
6.3.1 二氧化碳气体保护焊焊接工艺参数选择诀窍 / 322
6.3.2 二氧化碳气体保护焊操作注意事项 / 331
6.3.3 二氧化碳气体保护焊基本操作技巧与诀窍 / 337
6.4 二氧化碳气体保护焊操作实例 / 341
6.4.1 板对接平焊的操作实例 / 341
6.4.2 管板焊接的操作实例 / 355
6.4.3 管子对接焊的操作实例 / 361
6.5 焊机使用维护与焊接缺陷预防 / 367
6.5.1 焊机的操作和维护保养 / 367
6.5.2 二氧化碳气体保护焊常见缺陷种类及故障预防措施 / 382

第7章 手工钨极氩弧焊

389
7.1 手工钨极氩弧焊基础知识 / 389
7.1.1 氩弧焊的定义 / 389
7.1.2 氩弧焊的特点 / 389
7.1.3 氩弧焊原理及分类 / 390
7.1.4 手工钨极氩弧焊应用特点 / 393
7.1.5 氩弧焊电流种类、特点及选择诀窍 / 394
7.2 手工钨极氩弧焊设备 / 396
7.2.1 钨极氩弧焊机分类及组成 / 396
7.2.2 手工钨极氩弧焊设备的技术特性与选用 / 400
7.3 手工钨极氩弧焊的焊接工艺 / 411
7.3.1 手工钨极氩弧焊（MIG 焊）的焊接工艺参数的选择 / 411

7.3.2 手工钨极氩弧焊的基本操作技能、技巧与诀窍 / 419
7.3.3 焊前与焊后检查技巧与诀窍 / 424
7.4 手工钨极氩弧焊操作技巧与实例 / 425
7.4.1 手工钨极氩弧焊平板焊接操作实例 / 425
7.4.2 手工钨极氩弧焊管板焊接操作实例 / 439
7.4.3 手工钨极氩弧焊管子对接焊操作实例 / 453

第 8 章 电阻焊

8.1 电阻焊基础知识 / 462
8.1.1 电阻焊基础 / 462
8.1.2 电阻焊分类及应用 / 472
8.2 电阻焊设备及焊接工艺 / 475
8.2.1 电阻焊设备的基本知识 / 475
8.2.2 常用电阻焊机 / 484
8.3 电阻焊焊接工艺、操作技巧与诀窍 / 508
8.3.1 点焊工艺、操作技巧与诀窍 / 508
8.3.2 凸焊工艺、操作技巧与诀窍 / 517
8.3.3 缝焊工艺、操作技巧与诀窍 / 522
8.3.4 对焊工艺、操作技巧与诀窍 / 529
8.4 常用金属材料的电阻焊与工程实例 / 533
8.4.1 金属材料的点焊操作技巧与诀窍 / 533
8.4.2 常用金属的凸焊要点、操作技巧与诀窍 / 547
8.4.3 常用金属材料缝焊操作技巧与诀窍 / 551
8.5 典型电阻焊工程应用实例 / 557
8.5.1 低碳钢薄板的点焊 / 557
8.5.2 低碳钢钢筋的闪光对焊 / 560
8.5.3 管材对焊 / 561

8.5.4 环形零件对焊 / 563

第 9 章 电渣焊 565

9.1 电渣焊基础知识 / 565
9.1.1 电渣焊的特点 / 565
9.1.2 电渣焊的分类及应用 / 567
9.1.3 电渣焊的适用范围 / 569
9.2 电渣焊设备及焊接工艺 / 569
9.2.1 电渣焊设备的组成及分类 / 569
9.2.2 电渣焊焊接工艺、操作技巧与诀窍 / 576
9.3 电渣焊技术与工程应用实例 / 592
9.3.1 电渣焊操作技术、技巧与诀窍 / 592
9.3.2 典型电渣焊工程实例 / 604
9.4 电渣焊缺陷及质量检验 / 613
9.4.1 电渣焊接头的缺陷及质量检验 / 613
9.4.2 电渣压焊质量与检验 / 613

第 10 章 等离子弧焊接与切割

10.1 等离子弧基础知识 / 617
10.1.1 等离子弧特点 / 617
10.1.2 等离子弧类型及应用实例 / 620
10.2 等离子弧焊接与切割设备 / 622
10.2.1 等离子弧焊接设备的组成及选择实例 / 622
10.2.2 等离子弧焊接焊枪结构及选用诀窍 / 626
10.2.3 等离子弧切割原理、分类及应用特点 / 630
10.2.4 等离子弧切割设备的组成及应用实例 / 636

10.2.5 等离子弧切割工具使用技巧与诀窍 / 644
10.3 等离子弧焊接工艺 / 649
10.3.1 等离子弧焊基本方法及选择诀窍 / 649
10.3.2 等离子弧焊接头形式、焊件装配与夹紧诀窍 / 651
10.3.3 等离子弧焊气体的选择诀窍 / 652
10.3.4 等离子弧焊电极的选择诀窍 / 654
10.3.5 常用金属等离子弧焊焊接参数选择诀窍 / 655
10.3.6 等离子弧焊基本操作技能、技巧与诀窍 / 661
10.3.7 等离子弧焊质量缺陷及防止措施 / 663
10.4 等离子弧切割工艺 / 664
10.4.1 等离子弧切割的类型及应用特点 / 664
10.4.2 等离子弧切割用气体及电极的选择诀窍 / 670
10.4.3 常用金属等离子弧切割工艺参数选择实例 / 672
10.4.4 等离子弧切割基本操作技能、技巧与操作实例 / 676
10.4.5 等离子弧切割质量缺陷及防止措施 / 682
10.5 等离子弧焊接与切割工程实例 / 687
10.5.1 不锈钢筒体等离子弧焊工程实例 / 687
10.5.2 双金属锯条等离子弧焊工程实例 / 689
10.5.3 波纹管部件微束等离子弧焊工程实例 / 693
10.5.4 螺旋焊管水再压缩式空气等离子弧在线切割工程实例 / 694
10.5.5 等离子弧喷涂运用及工程实例 / 694

第 11 章 气焊与气割

698

11.1 金属气焊与气割原理 / 698
11.1.1 常用金属及其氧化物熔点 / 698
11.1.2 气焊的冶金过程、特点及应用范围 / 699
11.1.3 气割的基本原理、应用范围及特点 / 700

11.2 气焊、气割材料的选择技巧与诀窍 / 704
11.2.1 气焊与气割所用气体的选择技巧、使用诀窍与禁忌 / 704
11.2.2 气焊丝的选择技巧和使用诀窍 / 706
11.2.3 气焊熔剂的选择技巧和使用诀窍 / 712
11.3 手工气焊操作技能、技巧与诀窍 / 716
11.3.1 手工气焊基本操作技能、技巧与诀窍 / 716
11.3.2 手工平位气焊操作技能、技巧与实例 / 719
11.3.3 薄板对接平焊操作技能、技巧与诀窍 / 725
11.3.4 手工平角焊操作技能、技巧与实例 / 729
11.4 金属材料气焊工艺及操作实例 / 733
11.4.1 气焊工艺及基本操作技术 / 733
11.4.2 常用金属材料气焊焊接参数的选择诀窍 / 735
11.4.3 典型金属材料的气焊工艺、操作技巧与诀窍 / 737
11.5 手工气割操作技能、技巧与诀窍 / 740
11.5.1 气割工艺基础与基本操作技术 / 740
11.5.2 手工气割基本操作技能、技巧与诀窍 / 743
11.5.3 液化石油气、丙烷气气割工艺与操作技巧 / 748
11.6 金属材料气割操作技巧与工程实例 / 751
11.6.1 常用金属材料气割工艺参数选择诀窍 / 751
11.6.2 典型金属材料气割工艺要点与操作技巧 / 755
11.6.3 典型金属材料气割操作技能、技巧与工程实例 / 757
11.7 气焊工基本操作技能与技巧、诀窍与禁忌 / 767
11.7.1 气焊、气割工具设备的连接和使用技巧与诀窍 / 767
11.7.2 气焊、气割时火焰点燃、调节的技巧、诀窍与禁忌 / 769

第 12 章 焊接质量检验  775

12.1 焊接质量控制 / 775

12.1.1 焊前质量控制 / 775

12.1.2 焊接过程中的质量控制 / 777

12.2 焊接成品的质量检验 / 778

12.2.1 焊后质量检验 / 778

12.2.2 安装调试质量检验 / 781

12.2.3 焊接质量检验方法 / 785

附 录 焊工技能鉴定考核试题库 790

参考文献 791

扫码获取在线题库

第1章 什么是焊工

1.1 焊工的工作内容、行业需要

1.1.1 焊工的工作概述

焊工的职业定义：操作焊机或焊接设备，焊接金属工件的人员。

具体而言，焊工是采用合适的焊接方式、合理的焊接工艺、适当的焊接设备，采用与母材同材质或不同材质的填充物甚至不采用填充物，用加热或者加压，又或者既加热又加压的方式来将金属或非金属工件紧密连接的一个工种。

焊工必备技能及工作内容如下：

① 掌握手工电弧焊的基本操作（平焊、立焊、横焊）及仰焊的操作及其要领（用J507碱性焊条）。

② 掌握平角焊和立角焊的操作技术。

③ 熟练掌握常用金属材料的焊接方法。

④ 熟练掌握气焊和气割的基础操作技术。

⑤ 正确使用火焰的调整方法和火焰的应用范围（碳化焰、中性焰、氧化焰）。

⑥ 掌握氩弧焊的引弧及送丝技术、具体的操作要点及参数调节、氩弧焊的应用范围，能焊接不锈钢、铝等材料。

⑦ 按照工艺图纸、焊接规范进行钢结构的焊接工作。

⑧ 严格执行焊接准备、焊接预热、焊接参数选择、焊接操作步骤等流程。

⑨ 负责下料、电焊、配料系统安装工作。

⑩ 负责日常工具设备损坏后的修补，配合技工师傅完成各项焊接任务，以及机械设备维修保养焊接等工作。

1.1.2 焊工的行业需要

当前，焊接已经成为现代机械制造业中一种重要的工艺方法，随着科学技术不断发展，焊接技术已被更广泛地应用于船舶、车辆、锅炉、压力容器、电机、冶炼设备、石化机械、矿山、起重机械、建筑、航空航天及国防工业等各个行业。特别是在交通运输领域，如动车和高铁生产；航空航天工业方面，如支线客机、大型飞机、运载火箭制造和空间站的建设；国防科技工业、军工企业的发展等更是离不开新型焊接技术的创新、应用与发展。在我国的国民经济发展中，尤其是制造业发展中，焊接技术是一种不可缺少的加工手段。电焊工是一个机械制造和机械加工的工种，在加工和制造行业很重要，目前我国的加工制造业缺少很多这方面的人才，高级蓝领的待遇比白领还要高。

我国的焊接行业经过多年的发展壮大，目前已形成一批有较大规模的企业，可以基本满足国民经济的需要。在科学技术飞速发展的今天，焊接业已经完成了其自身的蜕变，已经从一种传统的、单一的热加工工艺发展成了集结构学、力学、电工电子和计算机技术等多门类科学为一体的综合工程学科，而且随着相关科学技术的发展和进步，还会不断有新的知识融合到焊接技术之中。

随着科学技术的发展，越来越多的新的焊接技术、焊接设备和先进的焊接工艺不断被人们发明和利用。焊接技术已成为石油、化工、电力、冶金、交通、电子、国防、民用和各行各业中金属加工的最重要、最基本的方法。焊接已经被广泛用于机构、结构、设备的制造与修理的工艺过程中。焊接件具有公认的优点，一定程度地替代了铸件、铆接件和锻件。这些优点可以减少金属消耗、降低劳动强度、简化设备结构、缩短制造周期，大大扩展了焊接工艺操作的机械化能力，开辟了自动化的良好前景。

实际上焊接过程是一种随机的复杂过程，工作状况也十分恶劣。所以在这种情况下利用传统的焊接方法难以实现焊接过程的自动控制。现代控制技术的发展，如传感技术、电子技术和计算机控制技术等的出现，才能实现对焊接过程中出现的偏差进行自动校正以及使一个复杂的焊接过程按预定的程序自动进行。初、中级焊工应抓住实用技术特点，而且从材料、工艺、设备及标准、名词术语、计量单位等各方面都要始终贯穿一个

"新"字，以便于尽快与现代工业化、智能化生产接轨，与时俱进，开拓创新，更好地适应未来机械工业发展的需要。

2020 年 7 月 21 日，在人社部发布的 2020 年第二季度全国招聘求职 100 个短缺职业中，焊工排行第 8 名。

1.2 焊工技能鉴定及等级考核

1.2.1 焊工的技能鉴定

为规范从业者的从业行为，引导职业教育的培训方向，为职业技能鉴定提供依据，依据《中华人民共和国劳动法》，适应经济社会发展和科技进步的客观需要，立足培养工匠精神和精益求精的敬业风气，人力资源和社会保障部组织有关专家，制定了职业编码为 6-18-02-04 的《焊工国家职业技能标准（2019 年版）》，2019 年 1 月 4 日由人力资源和社会保障部办公厅公布。

《焊工国家职业技能标准（2019 年版）》以《中华人民共和国职业分类大典（2015 年版）》为依据，严格按照《国家职业技能标准编制技术规程（2018 年版）》有关要求，以"职业活动为导向、职业技能为核心"为指导思想，对焊工从业人员的职业活动内容进行规范细致描述，对各等级从业者的技能水平和理论知识水平进行了明确规定。

（1）职业能力特征

焊工必须具有一定的学习、理解、分析及判断能力，良好的视力，基本的辨别颜色及识图能力；手指、手臂能灵活、协调地操作焊接设备。

（2）普通受教育程度

焊工普通受教育程度必须达到初中毕业（或相当文化程度）。

（3）培训参考学时

五级 / 初级工 500 标准学时，四级 / 中级工 400 标准学时，三级 / 高级工 350 标准学时，二级 / 技师 300 标准学时，一级 / 高级技师 250 标准学时。

（4）职业技能鉴定要求

具备以下条件之一者，可申报五级 / 初级工：

a. 累计从事本职业工作 1 年（含）以上。

b. 本职业学徒期满。

具备以下条件之一者，可申报四级 / 中级工：

a. 取得本职业五级 / 初级工职业资格证书（技能等级证书）以后，累计从事本职业工作 4 年（含）以上。

b. 累计从事本职业工作 6 年（含）以上。

c. 取得技工学校本专业或相关专业 [如：焊接加工、焊接技术应用、金属热加工（焊接）、焊接技术与自动化、焊接技术与工程] 毕业证书（含尚未取得毕业证书的在校应届毕业生），或取得经评估论证、以中级技能为培养目标的中等及以上职业学校本专业或相关专业毕业证书（含尚未取得毕业证书的在校应届毕业生）。

具备以下条件之一者，可申报三级 / 高级工：

a. 取得本职业四级 / 中级工职业资格证书（技能等级证书）以后，累计从事本职业或相关职业工作 5 年（含）以上。

b. 取得本职业四级 / 中级工职业资格证书（技能等级证书），并具有高级技工学校、技师学院毕业证书（含尚未取得毕业证书的在校应届毕业生）；或取得本职业四级 / 中级工职业资格证书（技能等级证书），并具有经评估论证、以高级技能为培养目标的高等职业学校本专业或相关专业毕业证书（含尚未取得毕业证书的在校应届毕业生）。

c. 具有大专及以上本专业或相关专业毕业证书，并取得本职业或相关职业四级 / 中级工职业资格证书（技能等级证书）后，累计从事本职业工作 2 年（含）以上。

具备以下条件之一者，可申报二级 / 技师：

a. 取得本职业三级 / 高级工职业资格证书（技能等级证书）以后，累计从事本职业或相关职业工作 4 年（含）以上。

b. 取得本职业三级 / 高级工职业资格证书（技能等级证书）的高级技工学校、技师学院毕业生，累计从事本职业工作 3 年（含）以上；或取得本职业预备技师证书的技师学院毕业生，累计从事本职业工作 2 年（含）以上。

具备以下条件之一者，可申报一级 / 高级技师：

取得本职业二级 / 技师职业资格证书（技能等级证书）以后，累计从事本职业工作 4 年（含）以上。

1.2.2 焊工的等级考核要求

（1）焊工职业资格等级划分

本职业共设五个等级，分别为：五级 / 初级工、四级 / 中级工、三级 /

高级工、二级/技师、一级/高级技师。

电焊工工种分别为：五级/初级工、四级/中级工、三级/高级工、二级/技师、一级/高级技师。

气焊工工种分别为：五级/初级工、四级/中级工、三级/高级工。

钎焊工工种分别为：五级/初级工、四级/中级工、三级/高级工、二级/技师。

焊接设备操作工工种分别为：五级/初级工、四级/中级工、三级/高级工、二级/技师、一级/高级技师。

（2）焊工职业资格等级鉴定方式

a. 鉴定方式：分理论知识考试和技能操作考核以及综合评审。

b. 理论知识考试以笔试、机考等方式为主，主要考核从业人员从事本职业应掌握的基本要求和相关知识要求；技能操作考核主要采用现场操作、模拟操作等方式进行，主要考核从业人员从事本职业应具备的技能水平；综合评审主要针对技师、高级技师，通常采取审阅申报材料、答辩等方式进行全面评议和审查。

理论知识考试和技能操作考核均实行百分制，成绩皆达60分以上者为合格。

（3）监考人员、考评人员与考生配比

理论知识考试中的监考人员与考生的配比不低于1∶15，且每个考场不少于2名监考人员；技能操作考核中的考评人员与考生的配比为1∶5，且考评人员为3人（含）以上单数；综合评审委员为3人（含）以上单数。

（4）鉴定时间

理论知识考试时间不少于90min。技能操作考核时间：五级/初级工不少于90min；四级/中级工、三级/高级工不少于120min；二级/技师、一级/高级技师不少于90min。综合评审时间不少于30min。

（5）鉴定场所设备

理论知识考试在标准教室或机房进行，教室须具有能够覆盖全部学员范围的监控设备；技能操作考核场所能安排10个以上工位，每个工位须安装一部能覆盖工位全部范围的监控设备，具有符合国家标准或其他规定要求的焊接设备、焊接作业工具、焊接夹具、安全防火设备及排风设备等。

（6）焊工的等级考核要求

① 工作要求。《焊工国家职业技能标准（2019年版）》对五级/初级工、

四级 / 中级工、三级 / 高级工、二级 / 技师、一级 / 高级技师的技能要求和相关知识依次递进，高级别涵盖低级别的要求。

a. 五级 / 初级工工作要求。电焊工考核职业功能 1 ～ 9 项中的 1 项必选项及其他任意 2 项；气焊工考核职业功能 10 ～ 12 项；钎焊工考核职业功能 13 ～ 21 项中的 1 项必选项及其他任意 2 项；焊接设备操作工考核职业功能 1 ～ 9 项中的任意 2 项与 22 ～ 24 项中的任意 1 项。

b. 四级 / 中级工工作要求。电焊工考核职业功能 1 ～ 9 项中的 1 项必选项及其他任意 2 项；气焊工考核职业功能 10 ～ 12 项；钎焊工考核职业功能 13 ～ 21 项中的 1 项必选项及其他任意 2 项；焊接设备操作工考核职业功能 22 ～ 30 项中的 1 项必选项与其他任意 2 项。

② 技能等级考核权重表。分为理论知识权重表与技能要求权重表。

焊工工作要求与考核权重表可扫描本书封底二维码查阅。

1.3 焊工的职业规划及就业方向

1.3.1 焊工的岗位职责

① 严格执行焊接工艺规程和焊接质量标准，提高焊接操作水平。

② 坚持“安全第一、预防为主”的方针，增强自我保护意识，杜绝违章作业，确保人身和设备安全。

③ 搞好分管焊接设备的维护、保养工作，确保焊接设备状态完好，随时备用。发现设备异常时，及时采取措施并向班组长报告。

④ 加强技术理论学习，按时参加班组内的技术理论讲课，不断提高技术理论水平，苦练基本功，不断提高检修质量。

⑤ 积极参加“节能降耗”活动。严格执行经济责任制，认真落实各项经济指标，开展节能降耗工作，提高劳动效率和经济效率。

⑥ 搞好分管设备的消缺工作，发现因故不能处理的缺陷，及时向班组长汇报。

⑦ 树立“安全第一”的思想，严格执行安全操作规程，杜绝习惯性违章作业，确保人身和设备安全。

⑧ 做好设备检修时的焊接记录，保证内容完整齐全、字迹清晰。

⑨ 管理好设备台账，图纸、资料、备品、配件放置有序。

⑩ 积极参加技术革新、合理化建议和质量管理小组活动。

⑪ 积极应用新技术、新材料、新工艺，努力掌握新设备的正确应用。

⑫ 组织所辖班组人员开展安全文明生产活动，督促班组人员进行安全学习。

1.3.2 焊工安全操作规程及注意事项

（1）焊工安全操作基本要求

① 从事本工种工作者，应经过专业安全培训，取得特种作业人员操作证，并定期接受安全教育，方可作业。

② 不准私自拆接电源线，电焊机电源的装拆应由电工进行。

③ 电焊作业场所应尽可能设置挡光屏蔽，以免弧光伤害周围人员的眼睛。

④ 电焊作业点与易燃、易爆物相距 10m 以上，并且焊接现场要配备灭火器。

⑤ 电焊机不准放置在高温或潮湿的地方，电焊机应放置在防雨和通风良好的地方。电焊机、氧气瓶、乙炔气瓶要分开放置，且跨度应不少于 5m。

⑥ 禁止焊接悬挂在起重机上的工件和设备。焊接带电的设备时必须切断电源。

⑦ 严禁利用建筑物的金属结构、管道、轨道或其它金属物体进行搭接形成焊接回路。

⑧ 禁止在易燃、易爆物体上和装载易燃、易爆的容器内外进行焊接，若需要焊接，应将容器内外所有残存物清洗干净。

⑨ 露天作业遇到六级以上大风或大雨时应停止焊接作业或高空作业；雷雨时，应停止焊接作业。

⑩ 电焊机必须设置单独的电源开关，开关应放置在防雨的闸箱内，拉合时应戴手套侧向操作。禁止两台电焊机同时接在一个电源开关上。

⑪ 交流弧焊机一次电源线长度应不大于 3m，电焊机二次线电缆线长度应不大于 30m，且二次线接头不得超过 2 个。一、二次线接线柱处应加防护罩。所有手把导线与地线不准与氧气、乙炔软管混放。

⑫ 焊钳、电焊线应经常检查、保养，若发现有损坏应及时修好或更

换，电焊机外壳必须设置可靠的保护接零，必须定期检查电焊机的保护接零线。接线部分不得腐蚀、受潮及松动。

⑬ 焊接过程发现短路现象时应先关好电焊机，再查找短路原因，防止电焊机烧坏。

⑭ 禁止在可燃粉尘浓度高的环境下进行焊接作业。

（2）焊工防护用品的穿戴

① 使用电焊机必须按规定穿戴好防护用品。

② 作业时，应该穿戴好必备防护用品，包括：防尘、防毒器具，绝缘鞋，脚盖，口罩，焊工用工作服，防护眼镜或带有特制滤光镜片的面罩。

③ 严禁穿化纤服、短袖、短裤、凉鞋，长发必须扎紧在工作帽内。

④ 高空作业要戴好安全帽、系好安全带。

（3）焊接设备、用具及作业环境检查

① 电焊工开始焊接前，应认真检查工具、设备是否完好，如对开关、电源线、电缆线、电焊机外壳的接地保护线、电焊钳等进行检查、测试，不得有松动或虚连。

② 使用焊机前要检查电气线路是否完好，电焊机的一次与二次绕组之间，绕组与铁芯之间，绕组、引线与外壳之间，绝缘电阻均不得低于0.5MΩ。

③ 检查电焊钳柄绝缘是否完好。电焊钳不用时，应放到绝缘体上。

④ 电焊机的配电系统开关、漏电保护装置等必须灵敏有效，开关箱内必须装设二次宽载降压保护器，导线绝缘必须良好。检查配电箱，应关闭牢靠，稳压电源指示正确。

⑤ 把线、地线禁止与钢丝绳接触，更不得用脚手架、钢丝绳、铁板等裸露导体或机电设备代替零线。电焊回线不准搭在易燃、易爆管道或机床设备上，焊钳线和回线必须良好。

⑥ 工作前应该检查四周工作环境是否允许烧焊，确认为正常后，方可开始工作，操作前必须检查周围有否易燃、易爆物品，如有，必须移开后才能开始工作。

⑦ 电焊机的输入、输出线头要接牢固，应有可靠的接地线，焊钳绝缘装置要齐全良好，电焊机工作温度不得超过 60 ～ 70℃。

⑧ 作业过程中注意检查电焊机及调节器，当温度超过 60℃时应采取冷却措施。电焊时的二次电压不得偏离 60 ～ 80V，发现故障，如电缆破

损、保险丝一再烧断时应停机检修或更换。

（4）焊接过程中的安全规定

① 合闸刀开关时，应左手合闸，人体应偏斜站立，头部要在开关的侧面，手套与鞋不得潮湿。开启电开关时要一次推到位，然后开启电焊机；停机时，应先关焊机再关电源开关。

② 注意保护手把线与回线不受机械损伤，手把线与回线需要穿过铁路时，应从轨道下面通过。

③ 焊接密封容器时应打开孔洞设立绝缘保护。

④ 在容器或密闭金属容器内焊接时，容器必须可靠接地，通风良好，并应有人现场监护；应把有害烟尘排出容器外，以防中毒；容器内油漆未干时不准施焊；严禁往容器内输入氧气。现场最少要 2 人一起工作，一人操作，一人监视保护。

⑤ 施工焊接地点潮湿时，焊工应站在干燥的绝缘板或胶垫上作业，配合人员也应穿绝缘鞋或站在干燥的绝缘板或胶垫上作业。

⑥ 在存放有毒物质的场所焊接时，要清除有毒残存物，经化验合格后还需加强通风方可工作，工作者要戴好防毒口罩，工作场所还需有专人防护，采取可靠的安全措施。

⑦ 焊接预热工件时，应有石棉布或挡板等隔热措施。

⑧ 当清除焊缝焊渣时，应戴防护眼镜或面罩，头部应避开敲击焊渣飞溅方向，防止焊渣飞溅伤人。

⑨ 采用电弧气刨清根时，应戴防护眼镜或面罩，防止焊渣飞溅伤人。

⑩ 多台焊机在一起同时施焊时，焊接平台或焊件必须接地，并设置防光棚。

⑪ 带转动的机器设备进行焊接时，必须断电或设有“修理工施工，禁止运转”的安全标志或设专人进行看守。

⑫ 在焊接各种胎型及笨重物件时，工件必须放置平稳，两人或两人以上抬放工作物件时，动作要协调，以免碰伤手脚。

⑬ 焊接过程中突然停电时，应立即关好电焊机。焊机发生故障或漏电时，应立即切断电源，联系电气维修人员修理。

⑭ 高处焊接应采取相应的防护措施，工作过程中设专人监护；高空作业要扎好安全带，工作点要牢固，焊条、工具等要放置好，防止掉下伤人；地面也要做好安全防护措施以及防火措施，并设置专人监护，注意行人等。严禁手持把线爬梯登高。

⑮ 电焊机如有故障，或电线破损漏电，或保险丝一再烧断时，应停止焊机使用，并报告有关人员修理。

⑯ 移动电焊机或往远处拉线时，必须先切断电源，再行移动；拉动手把线时要注意防止绊动气动夹具阀门，以防夹具误动伤人。

⑰ 更换场地或移动把线时，应切断电源。更换焊条时应戴手套。

⑱ 下雨天厂房漏雨时，应将焊机遮盖好，所有导线、手把线应架在干燥或不导电的建筑物上。

⑲ 焊接笨重工作物需要使用天车时，应严格遵守《起重司索作业安全操作规程》，检查钢丝绳及吊、卡具是否符合安全要求。吊动时，应捆绑牢固、不得倾斜，并应叫周围工作人员让开。

⑳ 在转胎、交车线及其它移动场地上焊接时，要注意安全联系。

㉑ 接近高压线作业时，必须经安全技术部门同意，并采取必要的安全措施后，方可焊接。

㉒ 仰面焊接时，要扎紧衣领、袖口，防止火花烫伤。

㉓ 焊接有锈工作物、进行除锈或清除焊渣药皮时，必须戴好防护眼镜。

㉔ 焊接完的灼热工件，不准放在电线、乙炔橡胶软管及氧气瓶、氧气橡胶软管以及安全通道上，应放置在规定的或安全的地方。

㉕ 移动焊机时，不准用手把线或其它导线作捆绑绳索使用。

㉖ 在未采取切实可靠的安全措施之前，严禁在火星能飞溅到的地方用可燃材料作保温层、冷却层、隔声层、隔热层或进行焊接。

㉗ 焊接盛装过易燃易爆、有毒的液体或气体的容器（如钢瓶、油箱、槽车等）时，必须用清洗液等清洗干净，确认安全后，打开孔盖或留下30mm的出气孔后，方准焊接。

㉘ 在地坑或锅炉容器内部进行焊接时，应设置专人监护，应检查有无有毒气体；禁止在坑内使用瓦斯灯或电压超过12V的照明灯。

㉙ 工作中，不准触摸焊机内部，以免触电；用完的焊条头不得到处乱扔，应放在指定的安全地点。

㉚ 进行高处作业时，还应遵守以下规定：

a. 使用的木梯不得有腐朽缺蹬现象，梯子应放置稳固，与场面成60°～70°夹角；不准将两个梯子接在一起使用，不准爬到梯子最上部的两蹬上作业。

b. 挂好安全带。使用的工具应用绳索传递，不准随手上下抛扔。

c. 高处作业处下面10m范围内，不准堆放易燃易爆物品，并应设专门监护人员。

d. 高处作业时焊具线应挂在安全可靠处所，场面应设置专门监护人员。不准将管线缠绕在身上作业。

（5）电焊作业消防安全规定

① 在存在可燃物的场所内进行焊接时，以及在易燃、易爆气体或液体的扩散区域施焊前应严格办理动火审批手续，做好充分准备后，在规定的时间、规定的地点内进行焊接。

② 施工时，应清除周围的易燃、易爆物品或采取可靠的保护措施。

③ 在已使用过的罐体上进行焊接作业时，必须查明是否有易燃、易爆气体或物料，严禁在未查明之前动火焊接。

④ 如附近有与明火作业相抵触的工种在作业（如油漆等），严禁焊接。

⑤ 电弧切割或焊接有色金属及表面涂有油品的物件时，作业区环境应良好，且工人要在上风处操作。

⑥ 电焊着火时，应先切断电焊机电源，再用二氧化碳、1211、干粉等类型的灭火器灭火，禁止使用泡沫灭火器灭火。

⑦ 在有火灾、爆炸危险的场所内，一般不得进行焊接作业，需要检修的设备应拆卸转移到安全地点修理。在这些场所焊接时应严格执行动火制度。要求进行电焊作业的地点要与易燃易爆车间、仓库、油库、气柜、堆垛等保持足够的安全距离，并尽量远离正在生产易燃、易爆物品的装置、设备和管道。

⑧ 重点工程、重点部位的施工应由专人进行看守监护。在重点工程和重点部位进行电弧焊接时，应有科学合理的安全保障措施，技术方案要切实可行，并设有专人看护、施工指导，准备灭火器材，以确保安全施工。

⑨ 施工作业结束后，要立即消除火种，彻底清理工作现场，并进行一段时间的监护，没有问题再离开现场，做到不留死角。

（6）焊工作业后的安全注意事项

① 停车后，要先关电焊机，再拉闸刀开关断电。

② 电焊结束后，应切断电焊机电源，并将电源线及焊接线整理好放置在指定地点，确定没有明火后，方可离开。

③ 焊割完的灼热工件，应放在安全地点，工作地点若溅落火星应彻

底熄灭。

④ 下班前将焊机电源切断，焊线绕好，露天施工要盖好焊机，并确保工作场地彻底熄灭火种后方可下班离开。

⑤ 做好交接班工作，并与接班者共同检查场地安全。

（7）焊工应急处理措施

① 焊机若不符合规范要求，应停止作业，自行整改，对不能整改的立即联系安全员或设备管理员处理。

② 一旦发生火灾事故，立即切断电源，使用附近的灭火器进行扑救，并按照事故报告程序逐级或立即报告分厂安全员或领导，同时拨打厂内火灾电话；火灾较大时拨打“119”报警电话，启动应急救援预案，组织人员撤离。

③ 一旦发生触电事故，应立即切断电源或呼叫周围人员立即切断电源，使触电人员脱离触电场所，对受伤人员现场组织抢救。同时，保护好事故现场，按照事故报告程序逐级或立即报告分厂安全员或领导；对触电人员进行现场急救，必要时采取人工呼吸或胸外复苏，并将受伤人员送周围医院或拨打“120”急救。

1.3.3 焊工的就业方向

焊工属于机械制造加工人员中的机械热加工类工种。主要操作焊接和气割设备，进行金属工件的焊接或切割成形。基本文化程度要求初中毕业，需具有一定的学习理解和表达能力。包括电焊工、气焊工、汽车焊装工、数控气焊切割机操作工、等离子切割工等多个次级工种。

随着生产技术的发展，焊接广泛应用于宇航、航空、核工业、造船、建筑及机械制造等工业部门，在我国的经济发展中，焊接技术是一种不可缺少的加工手段。

进入 21 世纪后，焊接更是制造业中的一个重要组成部分，并且发展迅速，因此给焊接产业带来了前所未有的发展机遇。水电焊、氩弧焊、数控等技术类工种在就业日趋艰难的大形势下仍是一枝独秀，因此吸引了很多人选择进入焊接这一行业。

未来电焊工发展方向将逐渐向电焊的自动化、智能化方向发展，所以也对我国当前从事电焊工作的电焊工们带来了新的挑战。但是不管怎么说，电焊工在未来十年之内都将是我国重要的、急需的紧缺人才，就业前景一片光明，工资待遇也会水涨船高。

1.3.4 如何成为一个“好焊工”

（1）什么是“好焊工”

一个好的焊工所应具备的条件，一方面是对操作技术人员的行为要求，另一方面也是机械加工行业对社会所应承担的义务与责任的概括。

① 有良好的职业操守和责任心，爱岗敬业，具备高尚的人格与高度的社会责任感。

② 遵守法律、法规和行业、企业等的有关规定。

③ 着装整洁，符合规定，工作认真负责，有较好的团队协作和沟通能力，并具有安全生产常识、节约环保意识和文明生产的习惯。

④ 有持之以恒的学习态度，并能不断更新现有知识。

⑤ 有较活跃的思维能力和较强的理解能力以及丰富的空间想象能力。

⑥ 能成功掌握和运用机械加工的基本知识，贯彻焊工加工理论知识与实践技能，做到理论与实践互补统一。

⑦ 严格执行工作程序，并能根据具体加工情况做出正确评估并完善生产加工工艺。

⑧ 保持工作环境的清洁，具备独立的生产准备、设备维护和保养能力，能分析判断加工过程中的各种质量问题与故障，并能加以解决。

（2）“好焊工”需要哪些技术积累

焊接是一种连接方法，是将两个或两个以上的焊件在外界某种能量的作用下，借助于各焊件接触部位原子间的相互结合力连接成一个不可拆除的整体的一种加工方法。其最本质的特点就是通过焊接使焊件达到了原子结合，从而将原来分开的物体构成了一个整体，这是其他一般连接形式所不具备的。

焊工操作灵活性强，工作范围广，技术要求高，且操作者本身的技术水平能直接影响加工质量，因此对焊工要求如下：

① 了解常用焊接设备和切割设备的种类、型号、结构、工作原理和使用规则及维修保养方法。

② 理解产生电弧的条件、电弧构造、温度分布。掌握电源的极性及应用。

③ 了解常用焊接工艺方法的原理、特点及应用范围。

④ 掌握常用金属材料的焊接性、焊接方法、焊接工艺参数和焊接材

料的选择。

⑤ 掌握坡口选择原则，熟悉常用焊接材料（焊条、药皮、焊剂、焊丝）的分类、牌号和选择原则。

⑥ 了解焊接时的冶金过程和结晶过程，以及热影响区的组织、性能的变化。

⑦ 掌握钢材焊接性的估算方法。熟悉产生气孔、裂纹、夹渣和疏松等焊接缺陷的原因并掌握其预防方法和措施。

⑧ 了解焊前预热、焊后缓冷、后热及焊后热处理的概念和目的。

⑨ 了解焊接应力与变形产生原因，理解一般焊件的焊接顺序及减少焊接应力及变形的基本工艺措施。

⑩ 了解常用焊接质量的检验方法及适用范围。

⑪ 掌握各焊件和压力容器各种位置焊接操作的技术方法。

⑫ 掌握焊件不同管径管子与管板各种位置的焊接。

⑬ 了解各种金属的焊接操作要领。

⑭ 了解气焊工、钳工、冷作钣金工的基本操作要领。

⑮ 熟悉文明生产的有关科研课题，养成安全文明生产的习惯。

⑯ 掌握节约生产成本，提高生产效率，保证产品质量的技能。

（3）如何拿到“职场通行证”

一般来讲，获得职场通行证，应该做好下面几步。

① 必须要取得相应职业技术资格（等级）证书。

职业技术资格（等级）证书是一个人相应专业水平的具体表现形式，焊工专业技术资格证书有初级工（五级）、中级工（四级）、高级工（三级）、技师（二级）、高级技师（一级）五个级别，只有取得了这些职业资格证书时，才能证明其接受过专门的专业技术训练，并具备了相应专业技术能力，才有可能去适应和面对相应的专业技术要求，做好相应的准备，为进军职场打下一个扎实的技术基础。

② 创造完善职场生存智慧。

a. 诚恳面试。面试是一种动态的活动，随时会发生各种各样的情况，且时间又非常短促，可能还来不及考虑就已经发生了。因此，事先要经过充分的调查，对用人单位的招聘岗位需要有足够的了解，也一定要意识到参加面试时最重要的工作是用耳朵听，然后对所听到的话做出反应。这样就能很快地把自己从一个正在求职的人，转变成一个保证努力工作和解决问题的潜在的合作者。

b. 突出特性。要主动，用各种方法来引起对方的注意，如形体语言、着装、一句问候语，都会在有限的时间里引起对方的关注，以期能让对方记住你的姓名和你的特点，其目的是在短短的面试期间，给聘用者留下深刻的印象。

c. 激发兴趣。要说服人是一件比较难的事情，必须能不断地揣摩对方说话的意图，听出“购买信号”。证明自己作为受聘者的潜在价值，从某方面来激发聘用者的兴趣。努力把自己想说的话表达出来，才能达到目的。

③ 具备完善的职业性格。

a. 尽忠于与自己相关的人和群体，并忠实地履行职责，以充沛的精力，准时并圆满地完成工作。

b. 在认为有必要的时候，会排除万难去完成某些事情，但不会去做那些自己认为没有意义的事情。

c. 专注于人的需要和要求，建立起有次序的步骤，去确保那些需要和要求被得以满足。

d. 对于事实抱有一种现实和实际的尊重态度，非常重视自己的岗位和职责，并要求他人也如此。

第 2 章 焊工基础知识

2.1 常用金属材料及其焊接性能

2.1.1 金属材料的基本性能

金属材料的性能通常包括物理化学性能、力学性能及工艺性能等。金属材料的基本性能见表 2-1。

表 2-1 金属材料的基本性能

物理化学性能	指与焊接、热切割有关的基本物理化学性能，如密度、导电性、导热性、热膨胀性、抗氧化性、耐腐蚀性等	密度	指物质单位体积所具有的质量，用 ρ 表示。常用金属材料的密度：铸钢为 7.8g/cm^3，灰铸钢为 7.2g/cm^3，黄铜为 8.63g/cm^3，铝为 2.7g/cm^3
		导电性	指金属传导电流的能力。金属的导电性各不相同，通常银的导电性最好，其次是铜和铝
		导热性	指金属传导热量的性能。若某些零件在使用时需要大量吸热或散热，需要用导热性好的材料
		热膨胀性	指金属受热时发生胀大的现象。被焊工件由于受热不均匀就会产生不均匀的热膨胀，从而导致焊件的变形和焊接应力
		抗氧化性	指金属材料在高温时抵抗氧化性气氛腐蚀作用的能力。热力设备中的高温部件，如锅炉的过热器、水冷壁管、汽轮机的汽缸及叶片等，易产生氧化腐蚀
		耐腐蚀性	指金属材料抵抗各种介质（如大气、酸、碱、盐等）侵蚀的能力。化工、热力等设备中许多部件是在苛刻的条件下长期工作的，所以选材时必须考虑焊接材料的耐腐蚀性，用时还要考虑设备及其附件的防腐措施

续表

<table>
<tr><td rowspan="5">力学性能</td><td rowspan="5">指金属材料在外部负荷作用下，从开始受力直至材料破坏的全部过程中所呈现的力学特征，是衡量金属材料使用性能的重要指标，如强度、硬度、塑性和韧性</td><td rowspan="2">强度</td><td rowspan="2">它代表金属材料对变形和断裂的抗力，用单位界面上所受的力（称为应力）表示。常用的强度指标有屈服强度及抗拉强度等</td><td>屈服强度</td><td>指钢材在拉伸过程中，当应力达到某一数值而不再增加时，其变形继续增加的拉力值，用 σ_s 表示。σ_s 值越高，材料强度越高</td></tr>
<tr><td>抗拉强度</td><td>指金属材料在破坏前所承受的最大拉应力，用 σ_b 表示，单位 MPa。σ_b 越大，金属材料抗衡断裂的能力越大，强度越高</td></tr>
<tr><td>塑性</td><td colspan="3">指金属材料在外力作用下产生塑性变形的能力，表示金属材料塑性性能的指标有伸长率、断面收缩率及冷弯角等</td></tr>
<tr><td>冲击韧性</td><td colspan="3">它是衡量金属材料抵抗动载荷或冲击力的能力，用冲击实验可以测定材料在突加载荷时对缺口的敏感性。冲击值是冲击韧性的一个指标，以 α_k 表示，α_k 大，材料的韧性大</td></tr>
<tr><td>硬度</td><td colspan="3">它是金属材料抵抗表面变形的能力。常用的硬度有布氏硬度 HB、洛氏硬度 HR、维氏硬度 HV 三种</td></tr>
<tr><td rowspan="3">工艺性能</td><td rowspan="3">指承受各种冷、热加工的能力</td><td>切削性能</td><td colspan="3">指金属材料是否易于切削的性能。切削时，切削刀具不易磨损，切削力较小且被切削后工件表面质量好，则此材料的切削性能好，灰口铸铁具有较好的切削性能</td></tr>
<tr><td>铸造性能</td><td colspan="3">主要是指金属在液态时的流动性以及液态金属在凝固过程中的收缩和偏折程度。金属的铸造性能是保证铸件质量的重要性能之一</td></tr>
<tr><td>焊接性能</td><td colspan="3">指材料在限定的施工条件下，焊接成符合规定设计要求的构件，能满足预定使用要求的能力。焊接性能受材料、焊接方法、构件类型及使用要求等因素的影响。焊接性能有多种评定方法，其中广泛使用的方法是碳当量法，这种方法是基于合金元素对钢的焊接性能有不同程度的影响，将钢中合金元素（包括碳）的量按其作用换算成碳的相当含量，可作为评定钢材焊接性能的一种参考指标</td></tr>
</table>

(1) 常用金属材料的弹性模量

材料在弹性范围内，应力与应变的比值称为材料的弹性模量。

根据材料的受力状况的不同，弹性模量可分为：

① 材料拉伸（压缩）的弹性模量

$$E=\frac{\sigma}{\varepsilon}$$

式中　E——拉伸（压缩）弹性模量，Pa；

σ——拉伸（压缩）的应力，Pa；

ε——材料轴向线应变。

② 材料剪切的切变模量

$$G=\frac{\tau}{\nu}$$

式中　G——切变模量，Pa；

τ——材料的剪切应力，Pa；

ν——材料轴向剪切应变。

常用材料的弹性模量见表 2-2。

表 2-2　常用材料的弹性模量

名称	弹性模量 E/GPa	切变模量 G/GPa	名称	弹性模量 E/GPa	切变模量 G/GPa
灰口、白口铸铁	115 ～ 160	45	轧制锰青铜	108	39.2
可锻铸铁	155	—	轧制铝	68	25.5 ～ 26.5
碳钢	200 ～ 220	81	拔制铝线	70	—
镍铬钢、合金结构钢	210	81	铸铝青铜	105	42
铸钢	202	—	硬铝合金	70	26.5
轧制纯铜	108	39.2	轧制锌	84	32
冷拔纯铜	127	48	铅	17	2
轧制磷青铜	113	41.2	玻璃	55	1.92
冷拔黄铜	89 ～ 97	35 ～ 37	混凝土	13.7 ～ 39.2	4.9 ～ 15.7

（2）常用金属材料的熔点

金属或合金从固态向液态转变时的温度称为熔点。单质金属都有固定的熔点，常用金属的熔点见表 2-3。

合金的熔点取决于它们的成分，如钢和生铁都是以铁、碳为主的合金，但由于含碳量不同，熔点也不相同。熔点是金属或合金冶炼、铸造、焊接等工艺的重要参数。

（3）常用金属材料的线胀系数

金属材料随温度变化而膨胀、收缩的特性称为热膨胀性。一般来说，金属受热时膨胀而体积增大，冷却时收缩而体积减小。

热膨胀性的大小用线胀系数和体胀系数来表示。线胀系数计算公式如下：

$$\alpha_l = \frac{l_2 - l_1}{l_1 \Delta t}$$

式中 α_l——线胀系数，K^{-1} 或$℃^{-1}$；

l_1——膨胀前的长度，m；

l_2——膨胀后的长度，m；

Δt——温度变化量，K 或℃。

体胀系数近似为线胀系数的 3 倍。常用金属材料的线胀系数见表2-3。

表 2-3 常用金属的物理性能

金属名称	符号	密度（20℃）/（kg/m^3）	熔点/℃	热导率 λ /[（W/（m·K）]	线胀系数（0～100℃）$\alpha_l/\times10^{-6}℃^{-1}$	电阻率（0℃）$/\times10^{-6}\Omega\cdot cm$
银	Ag	10.49×10^3	960.8	418.6	19.7	1.5
铜	Cu	8.96×10^3	1083	393.5	17	1.67～1.68（20℃）
铝	Al	2.7×10^3	660	221.9	23.6	2.655
镁	Mg	1.74×10^3	650	153.7	24.3	4.47
钨	W	19.3×10^3	3380	166.2	4.6（20℃）	5.1
镍	Ni	4.5×10^3	1453	92.1	13.4	6.84
铁	Fe	7.87×10^3	1538	75.4	11.76	9.7
锡	Sn	7.3×10^3	231.9	62.8	2.3	11.5
铬	Cr	7.19×10^3	1903	67	6.2	12.9
钛	Ti	4.508×10^3	1677	15.1	8.2	42.1～47.8
锰	Mn	7.45×10^3	1244	4.98（-192℃）	37	185（20℃）

2.1.2 钢的分类及其焊接性能

钢和铁都是以铁和碳为主要元素的合金。以铁为基础和碳及其他元素组成的合金，通常称为黑色金属，黑色金属又按铁中含碳量的多少分为生铁和钢两大类。含碳量在 2.11% 以下的铁碳合金称为钢，含碳量为

2.11% ～ 6.67% 的铁碳合金称为铸铁。

(1) 常用钢的分类

1) 按化学成分分类

① 碳素结构钢。碳素结构钢中除铁以外，主要还含有碳、硅、锰、硫、磷等几种元素，这些元素的总量一般不超过 2% 。

碳素结构钢的牌号由代表屈服点的拼音字母“Q”、屈服点数值、质量等级符号和脱氧方法符号四部分按顺序组成。如：

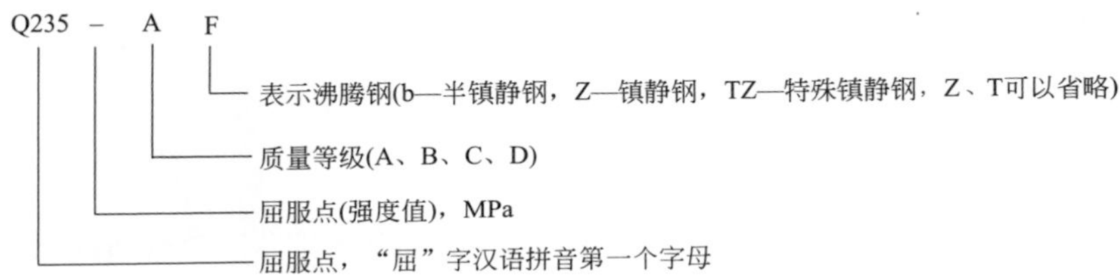

② 优质碳素结构钢。优质碳素结构钢的牌号用两位数表示，这两位数字表示该钢平均含碳量的万分数。优质碳素结构钢根据钢中的含锰量不同，分为普通含锰量钢（Mn 的质量分数小于 0.80%）和较高含锰量钢（Mn 的质量分数为 0.70% ～ 1.2%）两组。较高含锰量钢在牌号后面标出元素符号“Mn”或汉字“锰”。如：

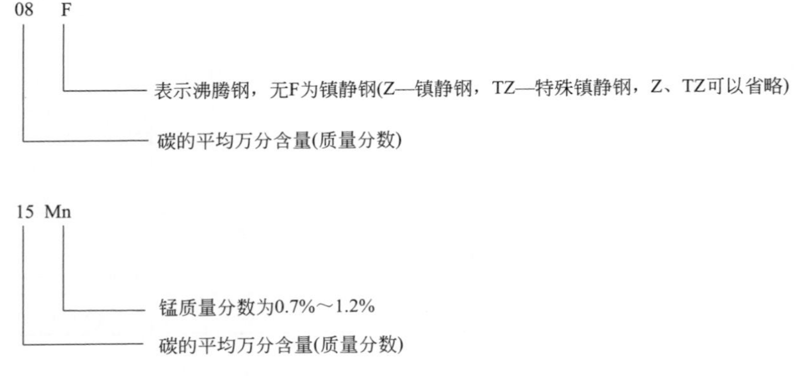

③ 合金结构钢。合金结构钢中除碳素钢所含有的各元素外，尚有其他一些元素，如铬、镍、钛、钼、钨、钒、硼等。如果碳素钢中锰的含量超过 0.8%，或硅的含量超过 0.5%，则这种钢也称为合金结构钢。

根据合金元素的多少，合金结构钢又可分为：普通低合金结构钢

(普低钢)，合金元素总含量小于5%；中合金结构钢，合金元素总含量为5%～10%；高合金结构钢，合金元素总含量大于10%。

a. 低合金结构钢。低合金结构钢是一种低碳（C的质量分数小于0.20%）、低合金的钢，由于合金元素的强化作用，这类钢较相同含碳量的碳素结构钢力学性能要好，一般焊成构件后不再进行热处理。低合金结构钢牌号含义如下：

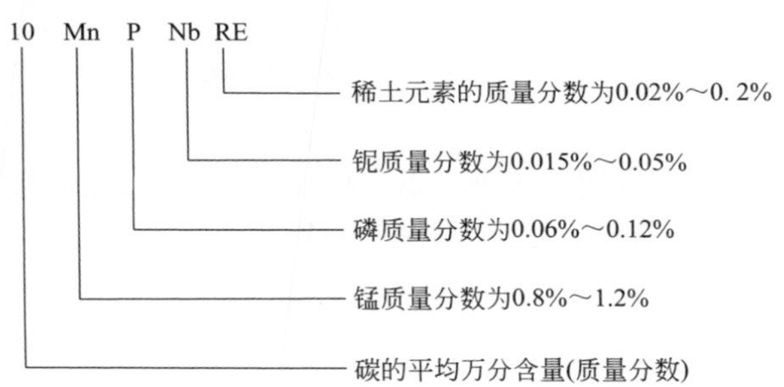

b.（一般）合金结构钢。合金结构钢的牌号采用两位数字（碳的平均万分含量）和元素符号（或汉字）和数字来表示。合金结构钢牌号含义如下：

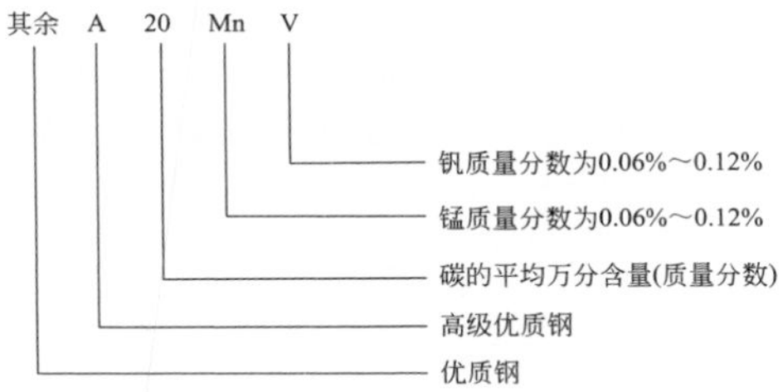

合金结构钢根据含碳量的不同又可分为合金渗碳钢和合金调质钢。

2）按用途分类

常用钢按用途不同分类有结构钢、工具钢、特殊用途钢（如不锈钢、耐酸钢、耐热钢、低温钢等）。

① 弹簧钢。弹簧钢中碳的质量分数一般为0.45%～0.70%，具有高的弹性极限（即有高的屈服点或屈强比），高的疲劳极限与足够的塑性和韧性。

弹簧钢的牌号与结构钢牌号相似，含义如下：

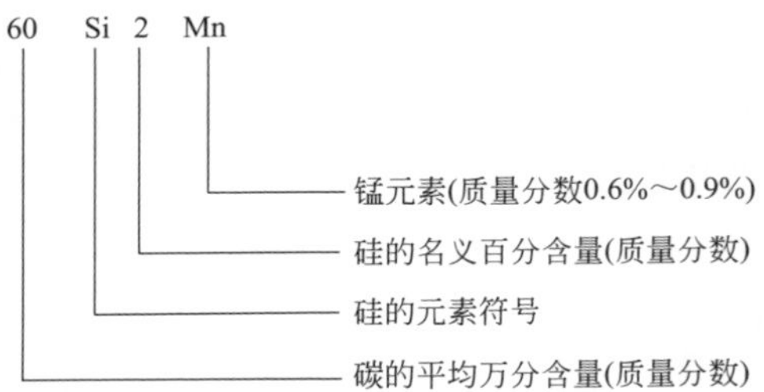

② 工具钢。

a. 碳素工具钢。碳素工具钢的牌号以汉字“碳”或汉语拼音字母字头“T”后面标以阿拉伯数字表示，碳素工具钢的牌号含义如下：

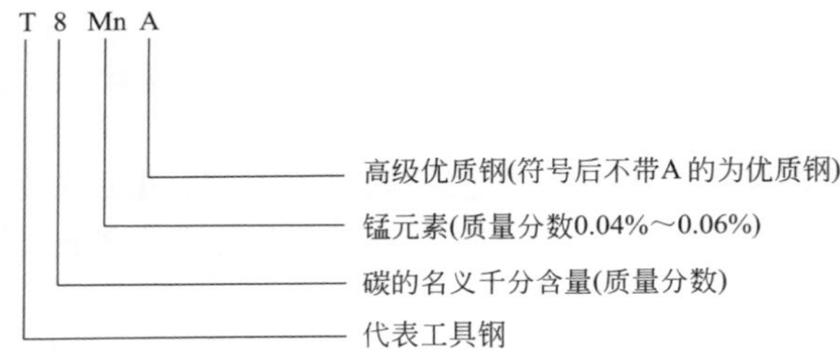

b. 合金工具钢。合金工具钢包括：量具、刀具用钢，耐冲击工具用钢，冷作模具用钢，热作模具用钢，无磁模具钢和塑料模具钢，等等。其代号的含义如下：

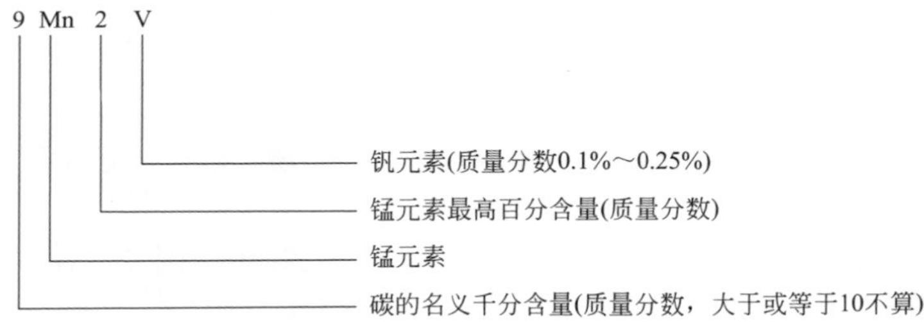

c. 高速工具钢。高速工具钢可分为通用高速钢和高生产率高速钢；高生产率高速钢又可分为高碳高钒型、一般含钴型、高碳钒钴型、超硬型。高速工具钢的牌号与合金工具钢相似，含义如下：

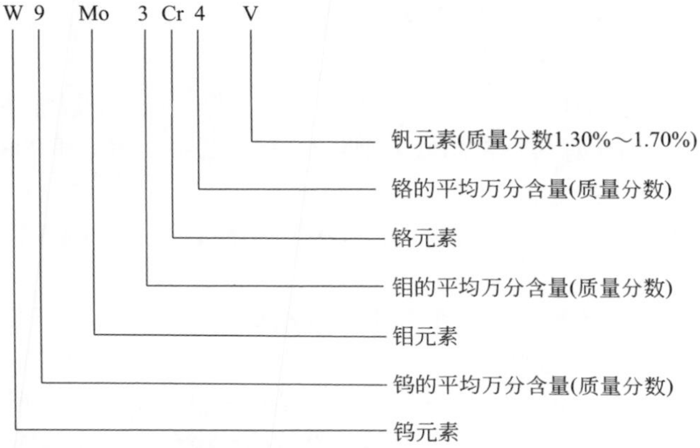

常用高速工具钢的分类见表 2-4。

表 2-4　常用高速工具钢的分类（GB/T 9943—2008）

分类方法	分类名称	分类方法	分类名称
1. 按化学成分分	(1) 钨系高速工具钢	2. 按性能分	(1) 低合金高速工具钢（HSS-L）
	(2) 钨钼系高速工具钢		(2) 普通高速工具钢 (HSS)
			(3) 高性能高速工具钢 (HSS-E)

3）按使用性能和用途分类

钢材按照使用性能和用途综合分类如图 2-1 所示。

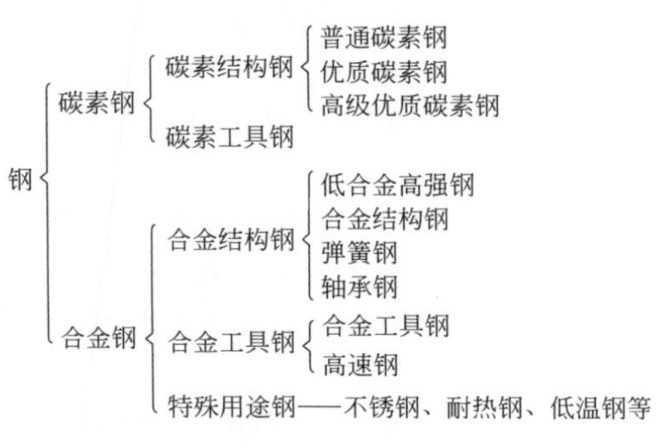

图 2-1　钢材的分类方法

(2)钢材的性能及焊接特点

1)低碳钢的性能及焊接特点

低碳钢由于含碳量低，强度、硬度不高，塑性好，所以焊接性好，应用非常广泛。适于焊接的常用低碳钢有 Q235、20 钢、20g 和 20R 等。

低碳钢的焊接特点如下：

① 淬火倾向小，焊缝和近缝区不易产生冷裂纹，可制造各类大型构架及受压容器。

② 焊前一般不需预热，但对大厚度结构或在寒冷地区焊接时，需将焊件预热至 100 ～ 150℃。

③ 镇静钢杂质很少，偏析很小，不易形成低熔点共晶，所以对热裂纹不敏感； 沸腾钢中硫（S)、磷（P）等杂质较多，产生热裂纹的可能性要大些。

④ 如工艺选择不当，可能出现热影响区晶粒长大现象，而且温度越高，热影响区在高温下停留时间越长，则晶粒长大越严重。

⑤ 对焊接电源没有特殊要求，工艺简单，可采用交、直流弧焊机进行全位置焊接。

2)中碳钢的性能及焊接特点

中碳钢含碳量比低碳钢高，强度较高，焊接性较差。常用的有 35 钢、45 钢、55 钢。中碳钢焊条电弧焊及其铸件焊补的特点如下：

① 热影响区容易产生淬硬组织。含碳量越高，板厚越大，这种倾向也越大。如果焊接材料和工艺参数选用不当，容易产生冷裂纹。

② 基体金属含碳量较高，故焊缝的含碳量也较高，容易产生热裂纹。

③ 由于含碳量增大，对气孔的敏感性增加，因此对焊接材料的脱氧性，基体金属的除油、除锈，焊接材料的烘干等，要求更加严格。

3)高碳钢的性能及焊接特点

高碳钢因含碳量高，强度、硬度更高，塑性、韧性更差，因此焊接性能很差。高碳钢的焊接特点如下：

① 导热性差，焊接区和未加热部分之间存在显著的温差，当熔池急剧冷却时，在焊缝中引起的内应力很容易形成裂纹。

② 对淬火更加敏感，近缝区极易形成马氏体组织。由于组织应力的作用，近缝区易产生冷裂纹。

③ 由于焊接高温的影响，晶粒长大快，碳化物容易在晶界上积聚、长大，使得焊缝脆弱，焊接接头强度降低。

④ 高碳钢焊接时比中碳钢更容易产生热裂纹。

4）普通低合金结构钢的性能及焊接特点

普通低合金高强度钢简称普低钢。与碳素钢相比，钢中含有少量合金元素，如锰、硅、钒、钼、钛、铝、铌、铜、硼、磷、稀土等。钢中有了一种或几种这样的元素后，具有强度高、韧性好等优点。由于加入的合金元素不多，故称为低合金高强度钢。常用的普通低合金高强度钢有 16Mn、16MnR 等。

普通低合金结构钢的焊接特点如下：

① 热影响区的淬硬倾向是普低钢焊接的重要特点之一。随着强度等级的提高，热影响区的淬硬倾向也随之变大。影响热影响区淬硬程度的因素有材料因素、结构形式和工艺条件等。焊接施工应通过选择合适的工艺参数，例如增大焊接电流、减小焊接速度等措施来避免或减缓热影响区的淬硬。

② 焊接接头易产生裂纹。焊接裂纹是危害性最大的焊接缺陷，冷裂纹、再热裂纹、热裂纹、层状撕裂和应力腐蚀裂纹是焊接中常见的几种缺陷。

某些钢材淬硬倾向大，焊后冷却过程中，由于相变产生很脆的马氏体，在焊接应力和氢的共同作用下引起开裂，形成冷裂纹。延迟裂纹是钢的焊接接头冷却到室温后，经一定时间才出现的焊接冷裂纹，因此具有很大的危险性。防止延迟裂纹可以从焊接材料的选择及严格烘干、工件清理、预热及层间保温、焊后及时热处理等方面加以控制。

2.1.3 有色金属的分类及其焊接特点

有色金属是指钢铁材料以外的各种金属材料，所以又称非铁金属材料。有色金属及其合金具有许多独特的性能，例如强度高、导电性好、耐蚀性及导热性好等。所以有色金属材料在航空、航天、航海等工业中具有重要的作用，并在机电、仪表工业中广泛应用。

（1）铝及铝合金的分类和焊接特点

1）铝

纯铝是银白色的金属，是自然界储量最为丰富的金属元素。其性能如下：

① 密度为 $2.7g/cm^3$，约为铁的 1/3，是一种轻型金属。

② 导电性好，仅次于银、铜。

③ 铝表面能形成致密的氧化膜，具有较好的抗大气腐蚀的能力。

④ 铝的塑性好，可以进行冷、热变形加工，还可以通过热处理强化提高铝的强度，也就是说具有较好的工艺性能。

铝及铝合金的分类如图 2-2 所示，铝及铝合金的性能特点见表 2-5。

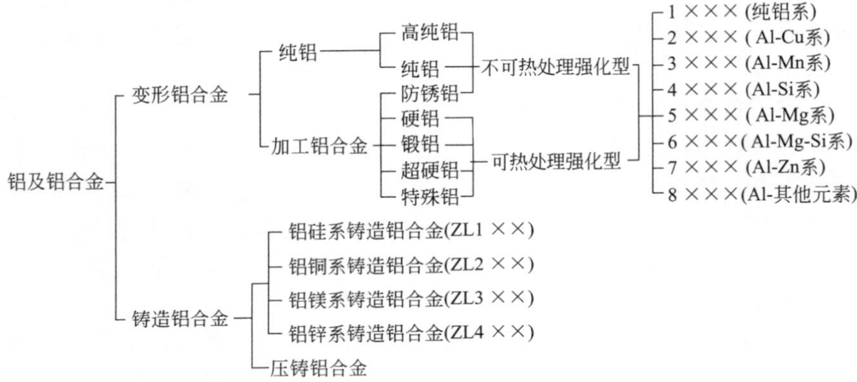

注：加工产品按纯铝、加工铝合金分类，供参考。

图 2-2　铝及铝合金的分类

表 2-5　各类铝合金的性能特点

分类		合金名称	合金系	性能特点	牌号举例
加工铝合金	不可热处理强化的铝合金	防锈铝	Al-Mn	耐蚀性、压力加工性和焊接性能好，但强度较低	3A21(LF21)
			Al-Mg		5A05(LF5)
	可热处理强化的铝合金	硬铝	Al-Cu-Mg	耐蚀性差，力学性能高	2 A11 (LY11)、2 A12(LY12)
		超硬铝	Al-Cu-Mg-Zn	室温强度最高的铝合金，耐蚀性差	7A04(LC4)
		锻铝	Al-Mg-Si-Cu	锻造性能和耐热性能好	2A50(LD5)、2A14(LD10)
			Al-Cu-Mg-Fe-Ni		2A80(LD8)、2A70(LD7)
铸造铝合金		简单铝硅合金	Al-Si	铸造性能好，不能热处理强化，力学性能低	ZL101

续表

分类	合金名称	合金系	性能特点	牌号举例
铸造铝合金	特殊铝硅合金	Al-Si-Mg	铸造性能良好，可热处理强化，力学性能较高	ZL102
		Al-Si-Cu		ZL107
		Al-Si-Mg-Cu		ZL105
		Al-Si-Mg-Cu-Ni		ZL109
	铝铜铸造合金	Al-Cu	耐热性能好，但铸造性能和耐蚀性能差	ZL201
	铝镁铸造合金	Al-Mg	耐蚀性好，力学性能尚可	ZL301
	铝锌铸造合金	Al-Zn	能自动淬火，适宜压铸	ZL401
	铝稀土铸造合金	Al-RE	耐热性能好	—

注：括号中为旧牌号。

GB/T 16474—2011《变形铝及铝合金牌号表示方法》中规定铝的牌号采用国际四位数字体系牌号和四位字符体系牌号两种命名方式。牌号的第一位数字表示铝及铝合金的组别，1×××，2×××，3×××，……，8×××，分别按顺序代表纯铝（含铝量大于99.00%），以铜为主要合金元素的铝合金，以锰、硅、镁、镁和硅、锌以及其他元素为主要合金元素的铝合金及备用合金组；牌号的第二位数字（国际四位字符体系）或字母（四位字符体系）表示原始纯铝或铝合金的改型情况，数字0或字母A表示原始纯铝和原始合金，如果为1～8或B～Y中的一个，则表示改型情况；最后两位数字用以标识同一组中不同的铝合金，纯铝则表示铝的最低质量分数中小数点后面的两位。变形铝合金的特性和用途见表2-6。

表2-6 变形铝合金的特性和用途

大类		类别	典型合金	主要特性	用途举例
变形铝	不可热处理强化	工业纯铝	1060、1050A、1100	强度低，塑性高，易加工，热导率、电导率高，耐蚀性好，易焊接，但可加工性差	导电体、化工储存罐、反光板、炊具、焊条、热交换器、装饰材料

续表

大类		类别	典型合金	主要特性	用途举例
变形铝合金	不可热处理强化	防锈铝	3A21、5A02、5A03、5083	不能热处理强化，退火状态塑性好，加工硬化后强度比工业纯铝高，耐蚀性能和焊接性能好，可加工性较好	飞机的油箱和导油管、船舶、化工设备，其他中等强度耐蚀、可焊接零件 3A21 可用于饮料罐
	可热处理强化	锻铝	2A14、2A70、6061、6063、6A02	热状态下有高的塑性，易于锻造，淬火、人工时效后强度高，但有晶间腐蚀倾向。2A70 耐热性能好	航空、航海、交通、建筑行业中要求中等强度的锻件或模锻件 2A70 用于耐热零件
		硬铝	2A01、2A11、2B11、2A12、2A16	退火、刚淬火状态下塑性尚好，有中等以上强度，可进行氩弧焊，但耐蚀性能不高。2A12 为用量最大的铝合金，2A16 耐热	航空、交通工业中的中等以上强度的结构件，如飞机骨架、蒙皮等
		超硬铝	7A04、7A09、7A10	强度高，退火或淬火状态下塑性尚可，耐蚀性能不好，特别是耐应力腐蚀性能差，热状态下的可加工性好	飞机上的主受力件，如大梁、桁条、起落架等，其他工业中的高强度结构件

铝中常见的杂质是铁和硅，杂质越多，铝的导电性、耐蚀性及塑性越低。工业纯铝按杂质的含量分为一号铝、二号铝……

2）铝合金

纯铝的强度很低，但加入适量的硅、铜、镁、锌、锰等合金元素，形成铝合金，再经过冷变形和热处理后，强度可大大提高。

铝合金按其成分和工艺特点不同分为变形铝合金和铸造铝合金。

① 变形铝合金。GB/T 3190 将变形铝合金分为防锈铝合金（LF）、硬铝合金（LY）、超硬铝合金（LC）、锻铝合金（LD）四类。现将铝合金的新旧牌号、力学性能及用途列于表 2-7。

表 2-7 常用变形铝合金的牌号、力学性能和用途（GB/T 3190）

类别	原牌号	新牌号	半成品种类	状态①	力学性能		用途举例
					σ_b/MPa	δ/%	
防锈铝合金	LF2	5A02	冷轧板材	O	167 ～ 226	16 ～ 18	在液体中工作的中等强度的焊接件、冷冲压件和容器、骨架零件等
			热轧板材	H112	117 ～ 157	7 ～ 6	
			挤压板材	O	≤ 226	10	
	LF21	3A21	冷轧板材	O	98 ～ 147	18 ～ 20	要求具有很好的焊接性、在液体介质中工作的低载荷零件，如油箱、油管等
			热轧板材	H112	108 ～ 118	15 ～ 12	
			挤制厚壁管材	H112	≤ 167	—	
硬铝合金	LY11	2A11	冷轧板材（包铝）	O	226 ～ 235	12	中等强度的零件和构件、冲压的连接部件、空气螺旋桨叶片，如螺栓、铆钉等
			挤压棒材	T4	353 ～ 373	10 ～ 12	
			拉挤制管材	O	245	10	
	LY12	2A12	铆钉线材	T4	407 ～ 427	10 ～ 13	高载荷零件和构件（但不包括冲压件的锻件），如飞机上的蒙皮、骨架、翼梁、铆钉等
			挤压棒材	T4	255 ～ 275	8 ～ 12	
			拉挤制管材	O	≤ 245	10	
	LY8	2B11	铆钉线材	T4	J225	—	主要用作铆钉材料
超硬铝合金	LC3	7A03	铆钉线材	T6	J284	—	受力结构的铆钉
	LC4 LC9	7A04 7A09	挤压棒材	T6	490 ～ 510	5 ～ 7	用作承力构件和高载荷零件，如飞机上的大梁、桁条、加强框、起落架零件，通常多用于取代 2A12
			冷轧板材	O	≤ 240	10	
			热轧板材	T6	490	3 ～ 6	
锻铝合金	LD5 LD7 LD8	2A50 2A70 2A80	挤压棒材	T6	353	12	用作形状复杂和中等强度的锻件和冲压件，如内燃机活塞、压气机叶片、叶轮等
			冷轧板材	T6	353	8	
			挤压棒材	T6	441 ～ 432	8 ～ 15	
	LD10	2A14	热轧板材	T6	432	5	高载荷和形状简单的锻件和模锻件

①状态符号采用 GB/T 16475—2008《变形铝及铝合金状态代号》规定代号：O—退火，T1—热轧冷却 + 自然时效，T3—固溶处理 + 冷加工 + 自然时效，T4—淬火 + 自然时效，T6—淬火 + 人工时效，H111—加工硬化状态，H112—热加工。

② 铸造铝合金。其种类很多，常用的有铝硅系、铝铜系、铝镁系和铝锌系合金。

铸造铝合金按 GB/T 1173《铸造铝合金》标准规定，其代号用“铸铝”两字的汉语拼音字母的字头“ZL”及后面三位数字表示。第一位数字表示铝合金的类别（1 为铝硅合金，2 为铝铜合金，3 为铝镁合金，4 为铝锌合金），后两位数字表示合金的顺序号。

③ 压铸铝合金。压铸的特点是生产效率高，铸件的精度高，合金的强度、硬度高，是少切削和无切削加工的重要工艺。发展压铸是降低生产成本的重要途径。

压铸铝合金在汽车、拖拉机、航空、仪表、纺织、国防等工业中得到了广泛的应用。

3）铝及铝合金的焊接特点

① 铝及铝合金的可焊性。工业纯铝、非热处理强化变形铝镁和铝锰合金，以及铸造合金中的铝硅和铝镁合金具有良好的可焊性；可热处理强化变形铝合金的可焊性较差，如超硬铝合金 LC4（7A04），因焊后的热影响区变脆，故不推荐弧焊。铸造铝合金 ZL1、ZL4 及 ZL5 可焊性较差。几种铝及铝合金的可焊性见表 2-8。

表 2-8　几种铝及铝合金的可焊性

焊接方式	材料牌号和铝合金的可焊性					适用厚度范围 /mm
	L1L6	LF21	LF5 LF6	LF2 LF3	LY11 LY12 LY16	
钨极氩弧焊（手工、自动）	好	好	好	好	差	1 ～ 25①
熔化极氩弧焊（半自动，自动）	好	好	好	好	尚可	≥ 3
熔化极脉冲氩弧焊（半自动，自动）	好	好	好	好	尚可	≥ 0.8
电阻焊（点焊、缝焊）	较好	较好	好	好	较好	≤ 4
气焊	好	好	差	尚可	差	0.5 ～ 25①
碳弧焊	较好	较好	差	差	差	1 ～ 10
焊条电弧焊	较好	较好	差	差	差	3 ～ 8
电子束焊	好	好	好	好	较好	3 ～ 75
等离子焊	好	好	好	好	尚可	1 ～ 10

①厚度大于 10mm 时，推荐采用熔化极氩弧焊。

② 铝及铝合金的焊接特点。

a. 表面容易氧化，生成致密的氧化铝（Al_2O_3）薄膜，影响焊接。

b. 氧化铝（Al_2O_3）熔点高（约 2054℃），焊接时，它对母材与母材之间的熔合起阻碍作用，影响操作者对熔池金属熔化情况的判断，还会造成焊缝金属夹渣和气孔等缺陷，影响焊接质量。

c. 铝及其合金熔点低，高温时强度和塑性低（纯铝在 640 ～ 656℃ 间的延伸率 <0.69%），高温液态无显著颜色变化，焊接操作不慎时会出现烧穿、焊缝反面焊瘤等缺陷。

d. 铝及其合金线胀系数（$23.5\times10^{-6}℃^{-1}$）和结晶收缩率大，焊接时变形较大；对厚度大或刚度较大的结构，大的收缩应力可能导致焊接接头产生裂纹。

e. 液态可大量溶解氢，而固态铝几乎不溶解氢。氢在焊接熔池快速冷却和凝固过程中易在焊缝中聚集形成气孔。

f. 冷硬铝和热处理强化铝合金的焊接接头强度低于母材，焊接接头易发生软化，给焊接生产造成一定困难。

铝及铝合金焊接主要采用氩弧焊、气焊、电阻焊等方式，其中氩弧焊（钨极氩弧焊和熔化极氩弧焊）应用最广泛。

铝及铝合金焊前应用机械法或化学清洗法去除工件表面氧化膜。焊接时钨极氩弧焊（TIG 焊）采用交流电源，熔化极氩弧焊（MIG 焊）采用直流反接，以获得“阴极雾化”作用，清除氧化膜。

（2）铜及铜合金的分类和焊接特点

在金属材料中，铜及铜合金的应用范围仅次于钢铁。在非铁金属材料中，铜的产量仅次于铝。

铜的物理性能和力学性能见表 2-9。

表 2-9　铜的物理性能和力学性能

物理性能				力学性能	
项目	数值	项目	数值	项目	数值
1. 密度 γ/(g/cm^3) (20℃)	8.96	6. 比热容 c/[J/(kg·K)] (20℃)	386	1. 抗拉强度 σ_b/MPa	209
2. 熔点 /℃	1083	7. 线胀系数 α_1/(10^{-6}/K)	16.7	2. 屈服强度 $\sigma_{0.2}$/MPa	33.3
3. 沸点 /℃	2595	8. 热导率 λ/[W/(m·K)]	398	3. 伸长率 δ/%	60
4. 熔化热 /(kJ/mol)	13.02	9. 电阻率 ρ/(nΩ·m)	16.73	4. 硬度（HBW）	37
5. 汽化热 /(kJ/mol)	304.8	10. 电导率 κ/%LACS	103.06	5. 弹性模量（拉伸）E/GPa	128

习惯上将铜及铜合金分为纯铜、黄铜、青铜和白铜，以铸造和压力加工产品（棒、线、板、带、箔、管）提供使用，广泛应用于电气、电子、仪表、机械、交通、建筑、化工、兵器、海洋工程等几乎所有的工业和民用部门。

铜合金分为加工铜合金和铸造铜合金。加工铜的工艺性能见表 2-10，加工铜的特性和用途见表 2-11。

表 2-10　加工铜的工艺性能

合金	熔炼与铸造工艺	成型性能	焊接性能	可切削性（HPb63-3 的切削性为 100%）/%
纯铜	采用反射炉熔炼或工频有芯感应炉熔炼。采用铜模或铁模浇注，熔炼过程中应尽可能减少气体来源，并使用经过煅烧的木炭作熔剂，也可用磷作脱氧剂。浇注过程在氮气保护或覆盖烟灰下进行，建议铸造温度为 1150 ～ 1230℃，线收缩率为 2.1%	有极好的冷、热加工性能，能用各种传统的加工工艺加工，如拉伸、压延、深冲、弯曲、精压和旋压等。热加工时应控制加热介质气氛，使之呈微氧化性。热加工温度为 800 ～ 950℃	易于锡焊、铜焊，也能进行气体保护焊、闪光焊、电子束焊和气焊，但不宜进行接触点焊、对焊和埋弧焊	20
无氧铜	使用工频有芯感应电炉熔炼，原料选用 $w(Cu)>99.97\%$ 及 $w(Zn)<0.003\%$ 的电解铜。熔炼时应尽量减少气体来源，并使用经过煅烧的木炭作熔剂，也可用磷作脱氧剂。浇注过程在氮气保护或覆盖烟灰下进行，铸造温度为 1150 ～ 1180℃	有极好的冷、热加工性能，能用各种传统的加工工艺加工，如拉伸、压延、挤压、弯曲、冲压、剪切、镦锻、旋煅、滚花、缠绕、旋压、罗纹轧制等。可煅性极好，为锻造黄铜的 65%，热加工温度为 800 ～ 900℃	易于熔焊、钎焊、气体保护焊，但不宜进行金属弧焊和大多数电阻焊	20

续表

合金	熔炼与铸造工艺	成型性能	焊接性能	可切削性(HPb63-3的切削性为100%)/%
磷脱氧铜	使用工频有芯感应电炉熔炼。高温下纯铜吸气性强，熔炼时应尽量减少气体来源，并使用经过煅烧的木炭作熔剂，也可用磷作脱氧剂。浇注过程在氮气保护或覆盖烟灰下进行，锻造温度为1150～1180℃	有优良的冷、热加工性能，可以进行精冲、拉伸、墩铆、挤压、深冲、弯曲和旋压等。热加工温度为800～900℃	易于熔焊、钎焊、气体保护焊，但不宜进行电阻对焊	20

1）铜

按化学成分不同，铜加工产品分为纯铜材和无氧铜两类，纯铜呈紫红色，故又称为紫铜。铜的密度为8.96×10^3kg/m^3，熔点约为1083℃，它的导电性和导热性仅次于金和银，是最常用的导电、导热材料。纯铜的塑性非常好，易于冷、热加工。在大气及淡水中有很好的抗腐蚀性能。

表2-11 加工铜的特性和用途

代号	主要特性	用途举例
T1 T2	有良好的导电、导热、耐蚀和加工性能，可以焊接和钎焊。含降低导电、导热性的杂质较少，微量的氧对导电、导热和加工等性能影响不大，但易引起氢脆，不宜在高温（>370℃）还原性气氛中加工（退火、焊接等）和使用	除标准圆管外，其他材料可用作建筑物正面装饰、密封垫片、汽车散热器、母线、电线电缆、绞线、触点、无线电元件、开关、接线柱、浮球、铰链、扁销、钉子、铆钉、烙铁、平头钉、化工设备、铜壶、锅、印刷滚筒、膨胀板、容器。在还原性气氛中加热到370℃以上，例如在退火、硬钎焊或焊接时，材料会变脆。若还原气氛中有H_2或CO存在，则会加速脆化

续表

代号	主要特性	用途举例
T3	有较好的导电、导热、耐蚀和加工性能，可以焊接和钎焊，但含降低导电、导热性的杂质较多，含氧量更高，更易引起氢脆，不能在高温还原性气氛中加工和使用	建筑方面：正面板、落水管、防雨板、流槽、屋顶材料、网、流道。汽车方面：密封圈、散热器。电工方面：汇流排、触点、无线电元件、整流器扇形片、开关、端子。其他方面：化工设备、釜、锅、印染辊、旋转带、路基膨胀板、容器。在370℃以上退火、硬钎焊或焊接时，若为还原性气氛，则易发脆，如有 H_2 或CO存在，则会加速脆化
TU1、TU2	纯度高，导电、导热性极好，无氢脆或极少氢脆，加工性能和焊接、耐蚀、耐寒性均好	母线、波导管、阳极、引入线、真空密封、晶体管元件、玻璃金属密封、同轴电缆、速度调制电子管、微波管
TP1 TP2	焊接性能和冷弯性能好，一般无氢脆倾向，可在还原性气氛中加工和使用，但不宜在氧化性气氛中加工和使用。TP1的残留磷量比TP2少，故其导电、导热性较TP2高	主要以管材应用，也可以板、带或棒、线供应，用作汽油或气体输送管、排水管、冷凝管、水雷用管、冷凝器、蒸发器、热交换器、火车车厢零件
TAg0.1	铜中加入少量的银，可显著提高软化温度（再结晶温度）和蠕变强度，而很少降低铜的导电、导热性和塑性。其时效硬化效果不显著，一般采用冷作硬化来提高强度。它具有很好的耐磨性、电接触性和耐蚀性，在制成电车线时，使用寿命比一般硬铜高2～4倍	用于耐热、导电器材，如电动机换向器片、发电机转子用导体、点焊电极、通信线、引线、导线、电子管材料等

2）铜合金

工业上广泛采用的多是铜合金。常用的铜合金可分为高铜合金、黄铜、青铜和白铜（又分为普通白铜和锌白铜）等几大类。

① 黄铜。黄铜可分为普通黄铜和特殊黄铜，普通黄铜的牌号用“黄”字汉语拼音字母的字头“H”+数字表示。数字表示平均含铜量的百分数。

在普通黄铜中加入其他合金元素所组成的合金，称为特殊黄铜。特殊黄铜的代号由“H”+主加元素元素符号（除锌外）+铜含量的百分数+主元素含量的百分数组成。例如HPb59-1，表示铜含量为59%、铅含量为1%

的铅黄铜。

② 青铜。除了黄铜和白铜（铜和镍的合金）外，所有的铜基合金都称为青铜。参考 GB/T 5231—2012《加工铜及铜合金牌号和化学成分》标准，按主加元素种类的不同，青铜主要可分为锡青铜、铝青铜、硅青铜和铍青铜等。按加工工艺的不同可分为普通青铜和铸造青铜。

青铜的代号由“青”字的汉语拼音的第一个字母“Q”+主加元素的元素符号及含量+其余加入元素的含量组成。例如 QSn4-3 表示含锡 4%，含锌 3%，其余为铜的锡青铜。QAl7 表示含铝 7%，其余为铜的铝青铜。铸造青铜的牌号的表示方法和铸造黄铜的表示方法相同。

3）铜及铜合金的焊接特点

① 铜的热导率大，焊接时有大量的热量在传导中损失，容易产生未熔合和未焊透等缺陷，因此焊接时必须采用大功率热源，焊件厚度大于 4mm 时，要采取预热措施。

② 由于铜的热导率高，要获得成形均匀的焊缝宜采用对接接头，而丁字接头和搭接接头不推荐。

③ 铜的线胀系数大，凝固收缩率也大，焊接构件易产生变形，当焊件刚度较大时，则有可能引起焊接裂纹。

④ 铜的吸气性很强，氢在焊缝凝固过程中溶解度变化大（液固态转变时的最大溶解度之比达 3.7，而铁仅为 1.4），来不及逸出，易使焊缝中产生气孔。氧化物及其他杂质与铜生成低熔点共晶体，分布于晶粒边界，易产生热裂纹。

⑤ 焊接黄铜时，由于锌沸点低，易蒸发和烧损，会使焊缝中含锌量低，从而降低接头的强度和耐蚀性。向焊缝中加入硅和锰，可减少锌的损失。

⑥ 铜及铜合金在熔焊过程中，晶粒会严重长大，使接头塑性和韧性显著下降。

铜及铜合金焊接主要采用气焊、惰性气体保护焊、埋弧焊、钎焊等方法。铜及铜合金导热性能好，所以焊接前一般应预热。钨极氩弧焊采用直流正接。气焊时，纯铜采用中性焰或弱碳化焰，黄铜则采用弱氧化焰，以防止锌的蒸发。

（3）钛及钛合金的分类和焊接特点

钛及其合金是 20 世纪 50 年代出现的一种新型结构材料。由于它的密度小（约为钢的 1/2）、强度高、耐高温、抗腐蚀、资源丰富，现

在已成为机械、医疗、航天、化工、造船和国防工业生产中广泛应用的材料。

1）钛

纯钛是银白色的，密度小（$4.5g/cm^3$），熔点高（约 1668℃），线胀系数小。钛塑性好，强度低，容易加工成形，可制成细丝、薄片；在 550℃以下有很好的抗腐蚀性，不易氧化，在海水和水蒸气中的抗腐蚀能力比铝合金、不锈钢和镍合金还高。

2）钛合金

① 加工钛及钛合金。钛具有同素异构现象，在 882℃以下为密排六方晶格，称为 α- 钛（α-Ti），在 882℃以上为体心立方晶体，称为 β- 钛（β-Ti）。因此钛合金有三种类型：α- 钛合金、β- 钛合金、α+β- 钛合金。

常温下 α- 钛合金的硬度低于其他钛合金，但高温（500 ～ 600℃）条件下其强度最高，它的组织稳定，焊接性良好；β- 钛合金具有很好的塑性，在 540℃以下具有较高的强度，但其生产工艺复杂，合金密度大，故在生产中用途不广；α+β- 钛合金的强度、耐热性和塑性都比较好，并可以热处理强化，应用范围较广。应用最多的是 TC4（钛铝钒合金），它具有较高的强度和很好的塑性，在 400℃时，组织稳定，强度较高，抗海水腐蚀的能力强。

② 铸造钛及钛合金。铸造钛及钛合金的化学成分、特性和用途见表 2-12、表 2-13。

3）钛及钛合金的焊接特点

① 易受气体等杂质污染而脆化。常温下钛及钛合金比较稳定，与氧生成致密的氧化膜，具有较高的耐腐蚀性能。但在 540℃以上高温生成的氧化膜则不致密，随着温度的升高，容易被空气、水分、油脂等污染，吸收氧、氢、碳等，降低了焊接接头的塑性和韧性，在熔化状态下尤为严重。因此，焊接时对熔池及温度超过 400℃的焊缝和热影响区（ 包括熔池背面）都要加以妥善保护。

在焊接工业纯钛时，为了保证焊缝质量，对杂质的控制均应小于国家现行技术条件 GB/T 3621—2007《钛及钛合金板材》规定的钛合金母材的杂质含量。

② 焊接接头晶粒易粗化。由于钛的熔点高，热容量大，导热性差，焊缝及近缝区容易产生晶粒粗大，引起塑性和断裂韧度下降。因此，对焊接热输入要严格控制，焊接时通常用小电流、快速焊。

表 2-12　铸造钛及钛合金的化学成分（摘自 GB/T 15073）

铸造钛及钛合金		化学成分 (质量分数)/%													
		主要成分						杂质≤							
牌号	代号	Ti	Al	Sn	Mo	V	Nb	Fe	Si	C	N	H	O	其他元素	
														单个	总和
ZTi1	ZTA1	基	—	—	—	—	—	0.25	0.10	0.10	0.03	0.015	0.25	0.10	0.40
ZTi2	ZTA2	基	—	—	—	—	—	0.30	0.15	0.10	0.05	0.015	0.35	0.10	0.40
ZTi3	ZTA3	基	—	—	—	—	—	0.40	0.15	0.10	0.05	0.015	0.40	0.10	0.40
ZTiAL4	ZTA5	基	3.3 ～ 4.7	—	—	—	—	0.30	0.15	0.10	0.04	0.015	0.20	0.10	0.40
ZTiAl5Sn2.5	ZTA7	基	4.0 ～ 6.0	2.0 ～ 3.0	—	—	—	0.50	0.15	0.10	0.05	0.015	0.20	0.10	0.40
ZTiMo32	ZTB32	基	—	—	30.0 ～ 34.0	—	—	0.30	0.15	0.10	0.05	0.015	0.15	0.10	0.40
ZTiAl6V4	ZTC4	基	5.50 ～ 6.75	—	—	3.5 ～ 4.5	—	0.40	0.15	0.10	0.05	0.015	0.25	0.10	0.40
ZTiAl6Sn4.5Nb2Mo1.5	ZTC21	基	5.5 ～ 6.5	4.0 ～ 5.0	1.0 ～ 2.0	—	1.5 ～ 2.0	0.30	0.15	0.10	0.05	0.015	0.20	0.10	0.40

表 2-13　铸造钛及钛合金的特性和用途

代号	牌号	主要特性	用途举例
ZTA1	ZTi1	与 TA1 相似	与 TA1 相近
ZTA2	ZTi2	与 TA2 相似	与 TA2 相近
ZTA3	ZTi3	与 TA3 相似	与 TA3 相近
ZTA5	ZTiAl4	与 TA5 相似	与 TA5 相近
ZTA7	ZTiAl5Sn2. 5	与 TA7 相似	与 TA7 相近
ZTC4	ZTiAl6V4	与 TC4 相似	与 TC4 相近
ZTB32	ZTiMo32	耐蚀性高，在沸腾的体积分数为 40% 的硫酸和体积分数为 20% 的盐酸溶液中的耐蚀性能比工业纯钛有显著提高，是目前最耐还原性介质腐蚀的钛合金之一，但在氧化性介质中的耐蚀性能很低随着含铝量提高（过高），合金将变脆，加工工艺性能变差	主要用于制作化学工业中受还原性介质腐蚀的各种化工容器和化工机器结构件

③ 焊缝有易形成气孔的倾向。钛及钛合金焊接，气孔是较为常见的工艺性缺陷。气孔形成的因素很多，也很复杂，O_2、N_2、H_2、CO 和 H_2O 都可能引起气孔。但一般认为氢气是引起气孔的主要原因。气孔大多集中在熔合线附近，有时也发生在焊缝中心线附近。氢在钛中的溶解度随着温度的升高而降低，在凝固温度处就有跃变。熔池中部比熔池边缘温度高，故熔池中部的氢易向熔池边缘扩散富集。

防止焊缝气孔的关键是杜绝有害气体的一切来源，防止焊接区域被污染。

④ 易形成冷裂纹。由于钛及钛合金中的硫、磷、碳等杂质很少，低熔点共晶难以在晶界出现，而且当结晶温度区较窄和焊缝凝固时收缩量小时，很少会产生热裂纹。但是焊接钛及钛合金时极易受到氧、氢、氮等杂质污染，当这些杂质含量较高时，焊缝和热影响区性能变脆，在焊接应力作用下易产生冷裂纹。其中氢是产生冷裂纹的主要原因。氢从高温熔池向较低温度的热影响区扩散，当该区氢富集到一定程度后将从固溶体中析出 TiH_2 使之脆化；随着 TiH_2 析出将产生较大的体积变化而引起较大的内应力。这些因素，促成了冷裂纹生成的生成，而且具有延迟性质。

防止钛及钛合金焊接冷裂纹生成的重要措施，主要是避免氢的有害作用，减少和消除焊接应力。

2.2 金属材料的热处理

2.2.1 钢的热处理目的和种类

（1）热处理的目的

热处理是使固态金属通过加热、保温、冷却工序来改变其内部组织结构，以获得预期性能的一种工艺方法。

要使金属材料获得优良的力学、工艺、物理和化学等性能，除了在冶炼时保证所要求的化学成分外，往往还需要通过热处理才能实现。正确地进行热处理，可以成倍，甚至数十倍地提高零件的使用寿命。如用软氮化法处理的 3Cr2W8V 压铸模，使模具变形大为减少，热疲劳强度和耐磨性显著提高，由原来每个模具生产 400 个工件提高到可生产 30000 个工件。在机械产品中多数零件都要进行热处理，机床中需进行热处理的零件约占 60% ～ 70%，在汽车、拖拉机中约占 70% ～ 80%，而在轴承和各种工具、模具、量具中，则几乎占 100%。

热处理工艺在机械制造业中应用极为广泛，它能提高工件的使用性能，充分发挥钢材的潜力，延长工件的使用寿命。此外，热处理还可以改善工件的加工工艺性，提高加工质量。焊接工艺中也常通过热处理方法来减少或消除焊接应力，防止变形和产生裂缝。

（2）热处理的种类

根据工艺不同，钢的热处理方法可分为退火、正火、淬火、回火及表面热处理等，具体种类如图 2-3 所示。

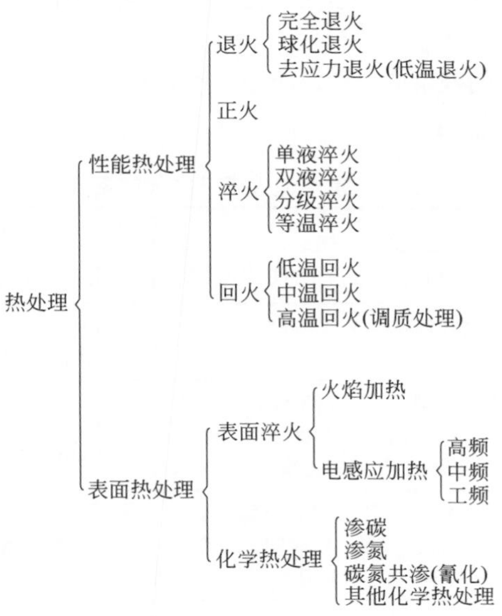

图 2-3　热处理的种类

热处理方法虽然很多，但任何一种热处理工艺都是由加热、保温和冷却三个阶段组成的。因此，热处理工艺过程可用“温度 - 时间”为坐标的曲线图表示，如图 2-4 所示，此曲线称为热处理工艺曲线。

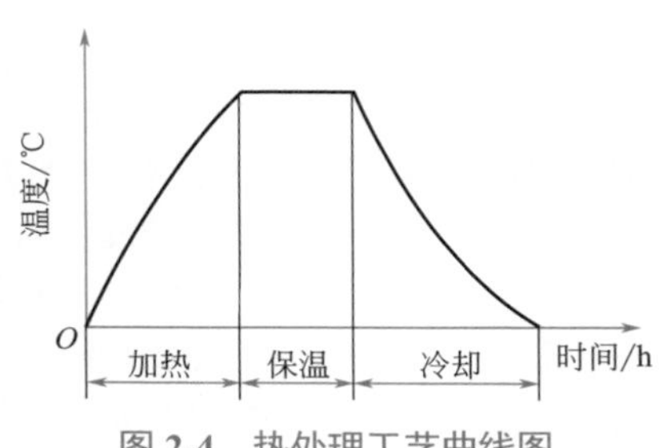

图 2-4　热处理工艺曲线图

热处理之所以能使钢的性能发生变化，其根本原因是由于铁有同素异构转变，从而使钢在加热和冷却过程中，其内部发生了组织与结

构变化。

1）退火

将工件加热到临界点 Ac_1（ 或 Ac_3）以上 30 ～ 50℃，停留一定时间(保温)，然后缓慢冷却到室温，这一热处理工艺称为退火。

退火的目的：

① 降低钢的硬度，使工件易于切削加工；

② 提高工件的塑性和韧性，以便于压力加工（ 如冷冲及冷拔)；

③ 细化晶粒，均匀钢的组织及成分，改善钢的性能或为以后的热处理作准备；

④ 消除钢中的残余应力，以防止变形和开裂。

常用退火工艺分类及应用见表 2-14。

表 2-14 常用退火工艺的分类及应用

分类	退火工艺	应用
完全退火	加热到 Ac_3 以上 20 ～ 60℃保温缓冷	用于低碳钢和低碳合金结构钢
等温退火	将钢奥氏体化后缓冷至 600℃以下空冷到常温	用于各种碳素钢和合金结构钢以缩短退火时间
扩散退火	将铸锭或铸件加热到 Ac_3 以上 150 ～ 250℃（通常是 1000 ～ 1200℃）保温 10 ～ 15h，炉冷至常温	主要用于消除铸造过程中产生的枝晶偏析现象
球化退火	将共析钢或过共析钢加热到 Ac_1 以上 20 ～ 40℃，保温一定时间，缓冷到 600℃以下出炉空冷至常温	用于共析钢和过共析钢的退火
去应力退火	缓慢加热到 600 ～ 650℃保温一定时间，然后随炉缓慢冷却（≤ 100℃ /h）至 200℃出炉空冷	去除工件的残余应力

2）正火

正火是将工件加热到 Ac_3（或 Ac_m）以上 30 ～ 50℃，经保温后，从炉中取出，放在空气中冷却的一种热处理方法。

正火后钢材的强度、硬度较退火要高一些，塑性稍低一些，主要因为正火的冷却速度增加，能得到索氏体组织。

正火是在空气中冷却，故缩短了冷却时间，提高了生产效率和设备利用率，是一种比较经济的方法，因此其应用较广泛。

正火的目的：

① 消除晶粒粗大、网状渗碳体组织等缺陷，得到细密的结构组织，提高钢的力学性能。

② 提高低碳钢硬度，改善切削加工性能。

③ 增加强度和韧性。

④ 减少内应力。

3）淬火

钢加热到 Ac_1（或 Ac_3）以上 30 ～ 50℃，保温一定时间，然后以大于钢的临界冷却速度 $v_{临}$冷却时，奥氏体将被过冷到 M_s 以下并发生马氏体转变，然后获得马氏体组织，从而提高钢的硬度和耐磨性的热处理方法，称为淬火。

淬火的目的：

① 提高材料的硬度和强度。

② 增加耐磨性。如各种刀具、量具、渗碳件及某些要求表面耐磨的零件都需要用淬火方法来提高硬度及耐磨性。

③ 将奥氏体化的钢淬成马氏体，配以不同的回火，获得所需的其他性能。

通过淬火和随后的高温回火能使工件获得良好的综合性能，同时提高强度和塑性，特别是提高钢的力学性能。

淬火常用的冷却介质及其冷却烈度见表 2-15。

表 2-15　常用冷却介质的冷却烈度

搅动情况	淬火冷却烈度（*H* 值）			
	空气	油	水	盐水
静止	0.02	0.25 ～ 0.30	0.9 ～ 1.0	2.0
中等	—	0.35 ～ 0.40	1.1 ～ 1.2	—
强	—	0.50 ～ 0.80	1.6 ～ 2.0	—
强 烈	0.08	0.18 ～ 1.0	4.0	5.0

常用淬火方法及冷却方式见图 2-5。

4）回火

将淬火或正火后的钢加热到低于 Ac_1 的某一选定温度，并保温一定的时间，然后以适宜的速度冷却到室温的热处理工艺，叫做回火。

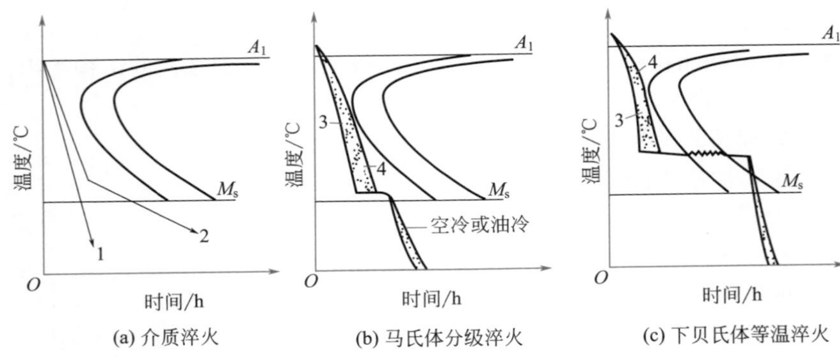

(a) 介质淬火　(b) 马氏体分级淬火　(c) 下贝氏体等温淬火

图 2-5　常用淬火方法的冷却示意图

1—单介质淬火；2—双介质淬火；3—表面；4—心部

回火的目的：

① 获得所需要的力学性能。在通常情况下，零件淬火后强度和硬度有很大的提高，但塑性和韧性却有明显降低，而零件的实际工作条件要求有良好的强度和韧性。选择适当的温度进行回火后，提高钢的韧性，适当调整钢的强度和硬度，可以获得所需要的力学性能。

② 稳定组织、稳定尺寸。淬火组织中的马氏体和残余奥氏体有自发转化的趋势，只有经回火后才能稳定组织，使零件的性能与尺寸得到稳定，保证工件的精度。

③ 消除内应力。一般淬火钢内部存在很大的内应力，如不及时消除，也将引起零件的变形和开裂。因此，回火是淬火后不可缺少的后续工艺。焊接结构回火处理后，能减少和消除焊接应力，防止裂缝。

回火工艺的种类、组织及应用见表 2-16。

表 2-16　回火工艺的种类、组织及应用

种类	温度范围	组织及性能	应用
低温回火	150 ～ 250℃	回火马氏体 硬度 58 ～ 64HRC	用于刃具、量具、拉丝模等高硬度及高耐磨性的零件
中温回火	350 ～ 500℃	回火托氏体 硬度 40 ～ 50HRC	用于弹性零件及热锻模等
高温回火	500 ～ 600℃	回火索氏体 硬度 25 ～ 40HRC	螺栓、连杆、齿轮、曲轴等

5）调质处理

调质是指生产中将淬火和高温回火复合的热处理工艺。

调质处理的目的：使材料得到高的韧性和足够的强度，即具有良好的综合力学性能。

6）表面淬火

在机械设备中，有许多零件（如齿轮、活塞销、曲轴等）是在冲击载荷及表面摩擦条件下工作的。这类零件表面要求高的硬度和耐磨性，而心部应要求具有足够的塑性和韧性，为满足这类零件的性能要求，应进行表面热处理。

表面淬火是仅对工件表面淬火的热处理工艺。根据加热方式的不同可分为火焰淬火、感应淬火和加热淬火等几种。

表面淬火的目的：使工件表面有较高的硬度和耐磨性，而心部仍保持原有的强度和良好的韧性。

7）时效处理

根据时效的方式不同可分为自然时效和人工时效。

① 自然时效是将工件在空气中长期存放，利用温度的自然变化，多次热胀冷缩，使工件的内应力逐渐消失，达到尺寸稳定目的的时效方法。

② 人工时效是将工件放在炉内加热到一定温度（钢加热到 100 ～ 150℃，铸铁加热到 500 ～ 600℃），进行长时间（8 ～ 15h）的保温，再随炉缓慢冷却到室温，以达到消除内应力和稳定尺寸目的的时效方法。

时效的目的：消除毛坯制造和机械加工过程中所产生的内应力，以减少工件在加工和使用时的变形，从而稳定工件的形状和尺寸，使工件在长期使用过程中保持一定的几何精度。

2.2.2 钢的化学热处理常用方法和用途

（1）化学热处理的分类

化学热处理的种类很多，根据渗入的元素不同，可分为渗碳、渗氮、碳氮共渗、渗金属等多种。常用的渗入元素及作用见表 2-17。

表 2-17 化学热处理常用的渗入元素及其作用

渗入元素	渗层深度 /mm	表面硬度	作用
C	0.3 ～ 1.6	57 ～ 63HRC	提高钢件的耐磨性、硬度及疲劳极限
N	0.1 ～ 0.6	700 ～ 900HV	提高钢件的耐磨性、硬度、疲劳极限、抗蚀性及抗咬合性，零件变形小

续表

渗入元素	渗层深度 /mm	表面硬度	作用
C、N（共渗）	0.25 ～ 0.6	58 ～ 63HRC	提高钢件的耐磨性、硬度和疲劳极限
S	0.006 ～ 0.08	70HV	减摩，提高抗咬合性能
S、N（共渗）	硫化物 <0.01 氮化物 0.01 ～ 0.03	300 ～ 1200HV	提高钢件的耐磨性及疲劳极限
S、C、N（共渗）	硫化物 <0.01 碳氮化合物 0.01 ～ 0.03	600 ～ 1200HV	提高钢件的耐磨性及疲劳极限
B	0.1 ～ 0.3	1200 ～ 1800HV	提高钢件的耐磨性、红硬性及抗蚀性

（2）钢的化学热处理的工艺方法

1）钢的渗碳

① 渗碳的目的及用钢。渗碳是将钢置于渗碳介质（称为渗碳剂）中，加热到单相奥氏体区，保温一定时间，使碳原子渗入钢表层的化学热处理工艺。

渗碳的目的：提高钢件表层的含碳量和形成一定的碳浓度梯度。工件渗碳后，经淬火及低温回火，表面获得高硬度，而其内部又具有良好的韧性。

渗碳件的材料一般是低碳钢或低碳合金钢。

② 渗碳的方式。渗碳的方法根据渗碳介质的不同可分为固体渗碳、盐浴渗碳和气体渗碳三种。

a. 固体渗碳：对加热炉要求不高，渗碳时间最长，劳动条件较差，工件表面的碳浓度不易控制。适用于小批量生产。

b. 盐浴渗碳：操作简单，渗碳时间短，可直接淬火；多数渗剂有毒，工件表面留有残盐，不易清洗，已限制使用。适用于小批量生产。

c. 气体渗碳：生产效率高，易于机械化、自动化和控制渗碳质量，渗碳后便于直接淬火。适用于大批量生产。

③ 渗碳后的组织及热处理。零件渗碳后，其表面碳的质量分数可达 0.85% ～ 1.05%。含碳量从表面到心部逐渐减少，心部仍保持原来的含碳量。在缓冷的条件下，渗碳层的组织由表向里依次为：过共析区、共析区、亚共析区（过渡层）。中心仍为原来的组织。

渗碳只改变了工件表面的化学成分，要使其表层有高硬度、高耐磨性，和心部良好的韧性相配合，渗碳后必须使零件淬火及低温回火。回火后表层显微组织为细针状马氏体和均匀分布的细粒渗碳体，硬度高达58～64HRC。心部因是低碳钢，其显微组织仍为铁素体和珠光体（某些低碳合金钢的心部组织为低碳马氏体及铁素体），所以心部有较高的韧性和适当的强度。

2）钢的渗氮

① 渗氮工艺及目的。渗氮是指在一定温度下，使活性氮原子渗入工件表面的化学热处理工艺。

渗氮的目的是提高零件表面硬度、耐磨性、耐蚀性及疲劳强度。

② 渗氮的方法。常用的渗氮方法有气体渗氮和离子渗氮。

3）碳氮共渗

① 碳氮共渗及特点。碳氮共渗是指在一定温度下，将碳、氮同时渗入工件表层奥氏体中，并以渗碳为主的化学热处理工艺。

碳氮共渗的方法有：固体碳氮共渗、液体碳氮共渗和气体碳氮共渗。目前使用最广泛的是气体碳氮共渗，目的在于提高钢的疲劳极限和表面硬度与耐磨性。

气体碳氮共渗的温度为820～870℃，共渗层表面碳的质量分数为0.7%～1.0%，氮的质量分数为0.15%～0.5%。热处理后，表层组织为含碳、氮的马氏体及呈细小分布的碳氮化合物。

a. 碳氮共渗的特点：加热温度低，零件变形小，生产周期短，渗层有较高的硬度、耐磨性和疲劳强度。

b. 用途：碳氮共渗目前主要用来处理汽车和机床上的齿轮、蜗杆和轴类等零件。

② 软氮化。软氮化是以渗氮为主的液体碳氮共渗。其常用的共渗介质是尿素[$(NH_2)_2CO$]。处理温度一般不超过570℃，处理时间仅为1～3h。与一般渗氮相比，渗层硬度低，脆性小。软氮化常用于处理模具、量具、高速钢刀具等。

4）其他化学热处理

根据使用要求不同，工件还采用其他化学热处理方法。如渗铝可提高零件抗高温氧化性，渗硼可提高工件的耐磨性、硬度及耐蚀性，渗铬可提高工件的抗腐蚀性、抗高温氧化性及耐磨性等。此外化学热处理还有多元素复合渗，使工件表面具有综合的优良性能。

2.2.3 钢的热处理分类及代号

参照 GB/T 12603—2005《金属热处理工艺分类及代号》标准，钢的热处理工艺分类及代号说明如下。

(1) 热处理分类

① 基础分类。根据工艺类型、工艺名称和实现工艺的加热方法，将热处理工艺按三个层次进行分类，见表 2-18。

表 2-18 热处理工艺分类及代号（摘自 GB/T 12603—2005）

工艺总称	代号	工艺类型	代号	工艺名称	代号
热处理	5	整体热处理	1	退火	1
				正火	2
				淬火	3
				淬火和回火	4
				调质	5
				稳定化处理	6
				固溶处理，水韧处理	7
				固溶处理＋时效	8
		表面热处理	2	表面淬火和回火	1
				物理气相沉积	2
				化学气相沉积	3
				等离子体增强化学气相沉积	4
				离子注入	5
		化学热处理	3	渗碳	1
				碳氮共渗	2
				渗氮	3
				氮碳共渗	4
				渗其他非金属	5
				渗金属	6
				多元共渗	7

② 附加分类。对基础分类中某些工艺的具体条件进一步分类。包括退火、正火、淬火、化学热处理工艺的加热介质（表 2-19），退火工艺方

法（表 2-20），淬火冷却介质和冷却方法（表 2-21），渗碳和碳氮共渗的后续冷却工艺，以及化学热处理中非金属、渗金属、多元共渗、熔渗四种工艺按渗入元素的分类。

表 2-19　加热介质及代号

加热方式	可控气氛（气体）	真空	盐浴（液体）	感应	火焰	激光	电子束	等离子体	固体装箱	流态床	电接触
代号	01	02	03	04	05	06	07	08	09	10	11

表 2-20　退火工艺及代号

退火工艺	去应力退火	均匀化退火	再结晶退火	石墨化退火	脱氢处理	球化退火	等温退火	完全退火	不完全退火
代号	St	H	R	G	D	Sp	I	F	P

表 2-21　淬火冷却介质和冷却方法及代号

冷却介质和方法	空气	油	水	盐水	有机聚合物水溶液	热浴	加压淬火	双介质淬火	分级淬火	等温淬火	形变淬火	气冷淬火	冷处理
代号	A	O	W	B	Po	H	Pr	I	M	At	Af	G	C

（2）热处理代号

1）热处理工艺代号

热处理工艺代号由以下几部分组成：基础分类工艺代号由三位数组成，附加分类工艺代号与基础分类工艺代号之间用半字线连接，采用两位数和英文字头做后缀的方法。

热处理工艺代号标记规定如下：

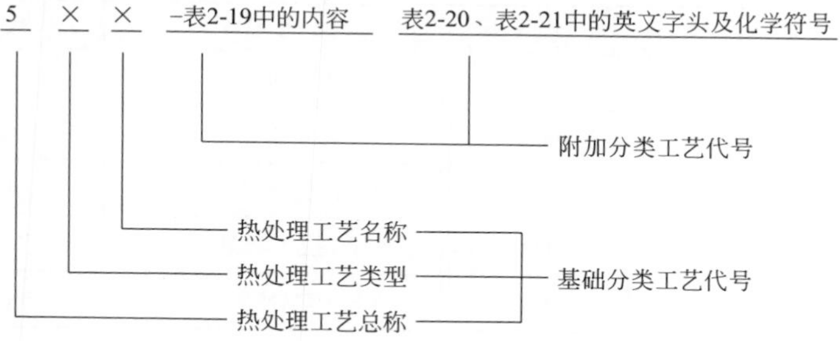

2）基础分类工艺代号

基础分类工艺代号由三位数组成，三位数均为JB/T 5992.7中表示热处理的工艺代号。第一位数字“5”为机械制造工艺分类与代号中表示热处理的工艺代号，第二、三位数分别代表基础分类中的第二、三层次中的分类代号。

3）附加分类工艺代号

① 当对基础工艺中的某些具体实施条件有明确要求时，使用附加分类工艺代号。

附加分类工艺代号接在基础分类工艺代号后面。其中加热方式采用两位数字，退火工艺和淬火冷却介质和冷却方法则采用英文字头表示。具体代号见表2-19～表2-21。

② 附加分类工艺代号，按表2-19～表2-21顺序标注。当工艺在某个层次不需要分类时，该层次用阿拉伯数字“0”代替。

③ 当对冷却介质和冷却方法需要用表2-21中两个以上字母表示时，用加号将两或几个字母连接起来，如H+M代表盐浴分级淬火。

④ 化学热处理中，没有表明渗入元素的各种工艺，如多元共渗、渗金属、渗其他非金属，可在其代号后用括号表示出渗入元素的化学符号。

4）多工序热处理工艺代号

多工序热处理工艺代号用半字线将各工艺代号连接起来，但除第一工艺外，后面的工艺均省略第一位数字“5”，如5151-33-01表示调质和气体渗碳。

5）常用热处理的工艺代号（表2-22）

表2-22　常用热处理工艺代号（GB/T 12603—2005）

工艺	代号	工艺	代号
热处理	500	火焰热处理	500-05
可控气氛热处理	500-01	激光热处理	500-06
真空热处理	500-02	电子束热处理	500-07
盐浴热处理	500-03	离子轰击热处理	500-08
感应热处理	500-04	流态床热处理	500-10

续表

工艺	代号	工艺	代号
整体热处理	510	流态床加热淬火	513-10
退火	511	盐浴加热分级淬火	513-10M
去应力退火	511-St	盐浴加热盐浴分级淬火	513-10H+M
均匀化退火	5111-H	淬火和回火	514
再结晶退火	511-R	调质	515
石墨化退火	511-G	稳定化处理	516
脱氢退火	511-D	固溶处理，水韧化处理	517
球化退火	511-Sp	固溶处理 + 时效	518
等温退火	511-I	表面热处理	520
完全退火	511-F	表面淬火和回火	521
不完全退火	511-P	感应淬火和回火	521-04
正火	512	火焰淬火和回火	521-05
淬火	513	激光淬火和回火	521-06
空冷淬火	513-A	电子束淬火和回火	521-07
油冷淬火	513-O	电接触淬火和回火	521-11
水冷淬火	513-W	物理气相沉积	522
盐水淬火	513-B	化学气相沉积	523
有机水溶液淬火	513-Po	等离子体增强化学气相沉积	524
盐浴淬火	513-H	离子注入	525
加压淬火	513-Pr	化学热处理	530
双介质淬火	513-I	渗碳	531
分级淬火	513-M	可控气氛渗碳	531-01
等温淬火	513-At	真空渗碳	531-02
形变淬火	513-Af	盐浴渗碳	531-03
气冷淬火	513-G	离子渗碳	531-08
淬火及冷处理	513-C	固体渗碳	531-09
可控气氛加热淬火	513-01	流态床渗碳	531-10
真空加热淬火	513-02	碳氮共渗	532
盐浴加热淬火	513-03	渗氮	533
感应加热淬火	513-04	气体渗氮	533-01

续表

工艺	代号	工艺	代号
液体渗氮	533-03	渗铬	536（Cr）
离子渗氮	533-08	渗锌	536（Zn）
流态床渗氮	533-10	渗钒	536（V）
氮碳共渗	534	多元共渗	537
渗其他非金属	535	硫氮共渗	537（S-N）
渗硼	535（B）	氧氮共渗	537（O-N）
气体渗硼	535-01（B）	铬硼共渗	537（Cr-B）
液体渗硼	535-03（B）	钒硼共渗	537（V-B）
离子渗硼	535-08（B）	铬硅共渗	537（Cr-Si）
固体渗硼	535-09（B）	铬铝共渗	537（Cr-Al）
渗硅	535（Si）	硫氮碳共渗	537（S-N-C）
渗硫	535（S）	氧氮碳共渗	537（O-N-C）
渗金属	536	铬铝硅共渗	537（Cr-Al-Si）
渗铝	536（Al）		

2.2.4 热处理工序的安排

热处理是为了改善工件材料的工艺性能或提高其力学性能和减小内应力，但热处理后的零件也会产生变形、脱碳、氮化等现象，所以热处理工序在加工过程中的位置就有着十分重要的作用，其位置的安排主要取决于零件材料和热处理的目的与要求。一般热处理工序的安排见表 2-23。

表 2-23 热处理工序的安排

热处理项目	目的和要求	应用场合	工序位置安排
退火	降低材料硬度，改善切削性能，消除内应力，细化组织使其均匀	用于铸、锻件及焊接件	在切削加工前
正火	改善组织，细化晶粒，消除内应力，改善切削性能	低碳钢及中碳钢	在切削加工之前或粗加工之后
调质	提高材料硬度、塑性和韧性等综合力学性能	中碳钢结构	粗加工之后，精加工之前

续表

热处理项目	目的和要求	应用场合	工序位置安排
淬 火	提高材料的硬度、强度和耐磨性	中等含碳量以上的结构钢和工具钢	半精加工之后，磨削之前
感应淬火	提高零件的表面硬度和耐磨性	含碳量较高的结构钢	半精加工之后部分除碳后再淬火
渗碳淬火	增加低碳钢表层含碳量，然后经淬火、回火处理，进一步提高其表层的硬度、耐磨性、疲劳强度等，而其内部仍保持着原来的塑性和韧性	低碳钢和低碳合金钢	精磨削或研磨之前
氮 化	使钢件形成高硬度的氮化层，增加其耐磨性、耐蚀性和疲劳强度等	38CrMoAlA 和 25Cr2MoV 等氮化钢	半精车后或粗磨、半精磨之后，精磨之前

第3章 焊接技术基础

3.1 金属焊接与热切割的基本知识

3.1.1 焊接原理、分类和特点

（1）焊接原理

在金属结构及其他机械产品的制造中，需将两个或两个以上零件连接在一起，使用的方法有螺栓连接、铆钉连接和焊接等（见图3-1）。前两种连接都是机械连接，是可拆卸的，而焊接则是利用两个物体原子间产生的结合作用来实现连接的，连接后不能再拆卸，成为永久性连接。

焊接不仅可以使金属材料永久地连接起来，而且可以使某些非金属材料达到永久连接的目的，如塑料焊接等，但生产中主要是用于金属的焊接。

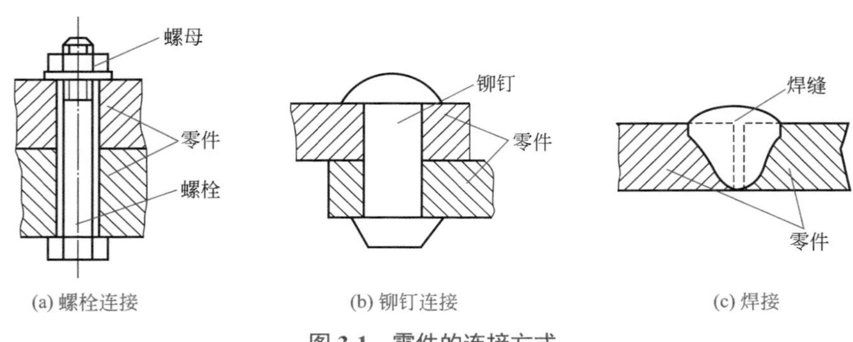

(a) 螺栓连接　(b) 铆钉连接　(c) 焊接

图3-1　零件的连接方式

焊接就是通过加热或加压，或两者并用，并且用或不用填充材料，

使工件结合在一起的一种方法。为了获得牢固接头，在焊接过程中必须使被焊工件中原子彼此接近到原子间的引力能够相互作用的程度。因此，对需要结合的地方通过加热使之熔化，或者通过加压（或者先加热到塑性状态后再加压），使原子或分子间达到结合与扩散，形成牢固的焊接接头。

焊接不仅可以应用于在静载荷、动载荷、疲劳载荷及冲击载荷下工作的结构，而且可以应用于在低温、高温、高压及有腐蚀介质条件下使用的结构。

随着社会生产和科学技术的发展，焊接已成为机械制造工业部门和修理行业中重要的加工工艺，也是现代工业生产中不可缺少的加工方法，如石油的勘探、钻采、输送；迅速发展的石油、化纤工业中的金属容器及塔、杆构件；造船、锅炉、汽车、飞机、矿山机械、冶金、电子、原子能及宇航等工业部门也都广泛采用焊接工艺。

（2）焊接方法的分类

按照焊接过程中金属所处的状态不同，可以把焊接方法分为熔焊（熔化焊）、压焊和钎焊三种类型。

① 熔焊。熔焊是将待焊处的母材金属熔化以形成焊缝的焊接方法。当被焊金属加热至熔化状态形成液态熔池时，原子间可以充分扩散和紧密接触，因此冷却凝固后，即可形成牢固的焊接接头。

② 压焊。压焊是在焊接过程中，对焊件施加压力（ 加热或不加热）以完成焊接的方法。这类焊接有两种形式，一是将被焊金属接触部分加热至塑性状态或局部熔化状态，然后施加一定的压力，以使金属原子相互结合形成牢固的焊接接头；二是不进行加热，仅在被焊金属的接触面上施加足够大的压力，借助于压力所引起的塑性变形，使原子相互接近而获得牢固的挤压接头。

③ 钎焊。钎焊是硬钎焊和软钎焊的总称。采用熔点比母材低的金属材料作钎料，将焊件和钎料加热到高于钎料的熔点，低于母材熔化温度，利用液态钎料润湿母材，填充接头间隙并与母材相互扩散实现焊件连接。

焊接方法的简单分类如图 3-2 所示。各种焊接方法的基本原理及用途见表 3-1。

为了适应工业生产和新兴技术中新材料、新产品的焊接需要，新的焊接方法将被不断研究出来。

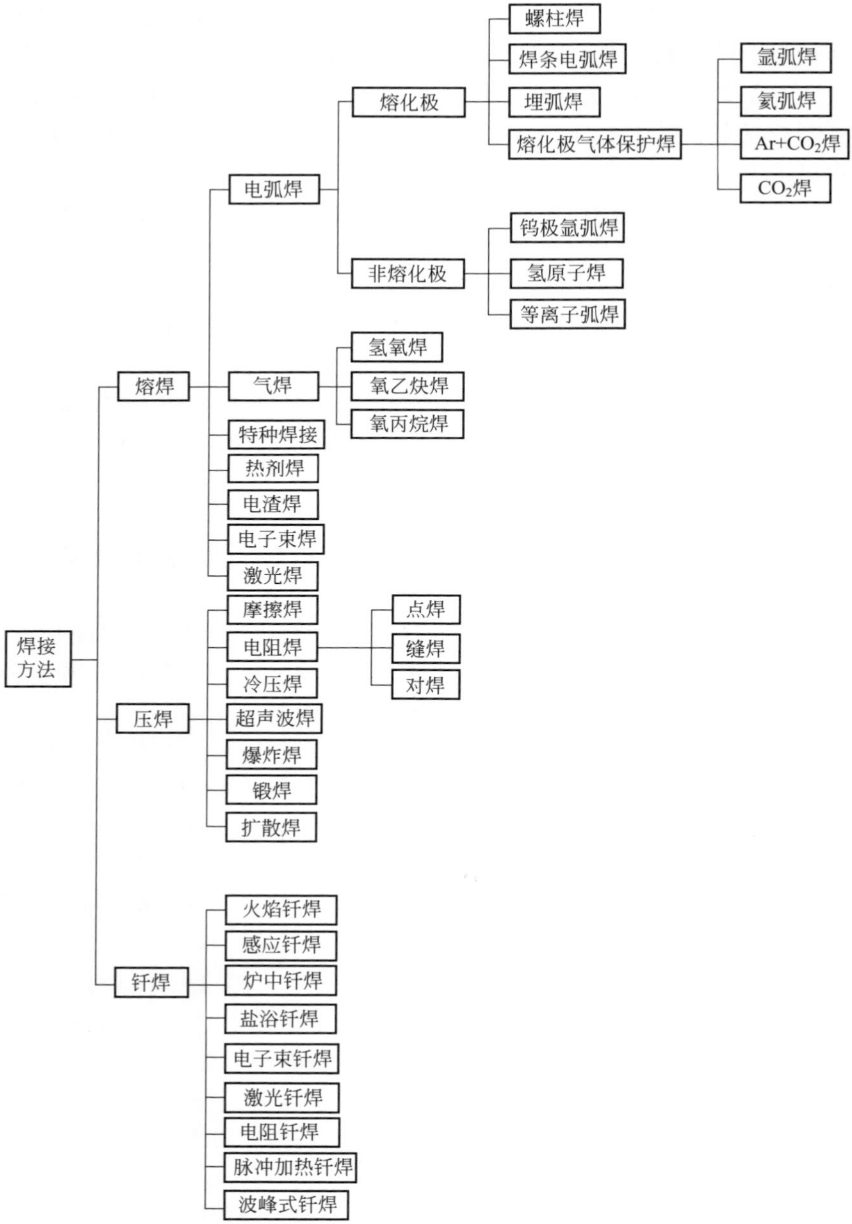

- 焊接方法
  - 熔焊
    - 电弧焊
      - 熔化极
        - 螺柱焊
        - 焊条电弧焊
        - 埋弧焊
        - 熔化极气体保护焊
          - 氩弧焊
          - 氦弧焊
          - Ar+CO_2焊
          - CO_2焊
      - 非熔化极
        - 钨极氩弧焊
        - 氢原子焊
        - 等离子弧焊
    - 气焊
      - 氢氧焊
      - 氧乙炔焊
      - 氧丙烷焊
    - 特种焊接
    - 热剂焊
    - 电渣焊
    - 电子束焊
    - 激光焊
  - 压焊
    - 摩擦焊
    - 电阻焊
      - 点焊
      - 缝焊
      - 对焊
    - 冷压焊
    - 超声波焊
    - 爆炸焊
    - 锻焊
    - 扩散焊
  - 钎焊
    - 火焰钎焊
    - 感应钎焊
    - 炉中钎焊
    - 盐浴钎焊
    - 电子束钎焊
    - 激光钎焊
    - 电阻钎焊
    - 脉冲加热钎焊
    - 波峰式钎焊

图 3-2　焊接方法的分类

表 3-1 各种焊接方法基本原理及用途

焊接方法		基本原理	用途
熔焊	螺柱焊	将金属螺柱或类似的其他紧固件焊于工件上的方法统称为螺柱焊	在船舶或汽车制造中焊接将木板固定于钢板上的螺柱，在大型建筑钢结构上焊接T形钉，以制造钢梁混凝土结构等
	焊条电弧焊	利用电弧作为热源熔化焊条和母材而形成焊缝的一种焊接方法	应用广泛，适用于短小焊缝焊接及全位置焊接
	埋弧焊	以连续送进的焊丝作为电极和填充金属，焊接时，在焊接区的上面覆盖一层颗粒状焊剂，电弧在焊剂层下燃烧，将焊丝端部和母材熔化，形成焊缝	适用于长焊缝焊接，焊接电流大，生产效率高，广泛应用于碳钢、不锈钢焊接，也可用于纯铜板焊接，易于实现自动化
	氩弧焊（熔化极）	采用焊丝与被焊工件之间的电弧作为热源来熔化焊丝与母材金属，并向焊接区输送氩气，使电弧、熔化的焊丝及附近的母材金属免受空气的有害作用，连续送进的焊丝不断熔化过渡到熔池，与熔化的母材金属熔合形成焊缝	用于焊接不锈钢、铜、铝、铁等金属
	CO_2 焊	原理与熔化极氩弧焊基本相同，只是采用 CO_2 作为焊接区的保护气体	主要用于焊接黑色金属
	氩弧焊（钨极）	采用钨极和工件之间的电弧使金属熔化而形成焊缝，焊接过程中钨极不熔化，只起电极作用，同时由焊炬的喷嘴送出氩气保护焊接区，还可根据需要另外添加填充金属	用于焊接不锈钢、铜、铝、铁等金属
	氢原子焊	是靠氢气在高温中的化学反应热以及电弧的辐射热来熔化金属和焊丝的一种焊接方法	主要用于碳钢、低合金钢及不锈钢薄板的焊接
	等离子弧焊	利用气体在电弧内电离后，经过热收缩效应和磁收缩效应产生的一束高温热源来进行熔化焊接，等离子体能量密度大、温度高，通常可达20000℃左右	用于焊接不锈钢、高强度合金钢、低合金耐热钢、铜、铁等，还可焊接高熔点及高导热性材料
	气焊	利用气体火焰作为热源来熔化金属的焊接方法，应用最多的是以乙炔为燃料的氧-乙炔焰，以氢气为燃料的氢氧焰及以液化石油气、天然气为燃料的氧丙烷焰、氧甲烷焰等	适用于焊接较薄的工件、有色金属及铸铁等

续表

焊接方法		基本原理	用途
熔焊	热剂焊	将留有适当间隙的焊件接头装配在特制的铸型内，当接头预热到一定温度后，将经过热剂反应形成的高温液态金属注入铸型内，使接头金属熔化实现焊接的方法	主要用于钢轨的连接或修理、铜电缆接头的焊接等
	电渣焊	利用电流通过熔渣产生电阻热来熔化母材和填充金属进行焊接，它的加热范围大，对厚的工件能一次焊成	焊接大型和很厚的零部件，也可进行电渣熔炼
	电子束焊	利用电子枪发射高能电子束轰击焊件，使电子的动能变为热能，以达到熔化金属形成焊缝的目的。电子束焊分真空电子束焊和非真空电子束焊两种	真空电子束焊主要用于尖端技术方面的活泼金属、高熔点金属和高纯度金属的焊接。非真空电子束焊一般用于不锈钢焊接
	激光焊	利用聚焦的激光光束对工件进行加热熔化的焊接方法	适用于铝、铜、银、不锈钢、钨等金属的焊接
	电阻点焊、缝焊	使工件处在一定的电极压力作用下，并利用电流通过工件所产生的电阻热将两工件之间的接触表面熔化而实现连接的焊接方法	适用于焊接薄板、板料
	电阻对焊	将两工件端面始终压紧，利用电阻热加热至塑性状态，然后迅速施加顶端压力（或不加顶端压力，只保持焊接时压力）完成焊接的方法	主要用于型材的接长和环形工件的对接
	摩擦焊	利用焊件表面相互摩擦所产生的热，使端面达到塑性状态，然后迅速顶锻完成焊接的方法	几乎所有能进行热锻且摩擦系数大的材料均可焊接，且可焊接异种材料
压焊	闪光对焊	对接工件接通电源，并使其端面移近到局部接触，利用电阻热加热这些接触点（产生闪光），使端面金属熔化，直至端面在一定深度范围内达到预定温度时，迅速施加顶锻力完成焊接的方法	用于中大截面工件的对接，不但可对接同种材料，也可对接异种材料
	冷压焊	不加热，只靠强大的压力，使两工件间接触面产生很大程度的塑性变形，工件的接触面上金属产生流动，破坏了氧化膜，并在强大的压力作用下，借助于扩散和再结晶过程使金属焊在一起	主要用于导线焊接

续表

焊接方法		基本原理	用途
压焊	超声波焊	利用超声波向工件传递振动产生的机械能并施加压力而实现焊接的方法	点焊和缝焊有色金属及其合金薄板
	爆炸焊	以炸药爆炸为动力，借助高速倾斜碰撞，使两种金属材料在高压下焊接成一体的方法	制造复合板材料
	锻焊	焊件在炉内加热至一定温度后再锤锻，使工件在固相状态下结合的方法	焊接板材
	扩散焊	在一定的时间、温度或压力作用下，两种材料在相互接触的界面发生扩散和界面反应，实现连接的过程	能焊接弥散强化高温合金、纤维强化复合材料、非金属材料、难熔和活泼性金属材料
钎焊		采用熔点比母材低的材料作填充金属，利用加热使填充金属熔化，母材不熔化，借助液态填充金属与母材之间的毛细现象和扩散作用实现工件连接的方法	一般用于焊接薄的、尺寸较小的工件

（3）焊接特点及应用

① 节约金属材料。用焊接比用铆接制成的金属结构可省去很多零件，因此能够节约金属 15% ～ 20% 。另外，同样的构件也可比铸铁、铸钢件节约很多材料。

② 减轻结构重量。采用焊接制成的构件可以在节省材料的同时减轻自身的重量，从而可以加大构件的承载能力。

③ 减轻劳动强度，提高生产率。焊接与铆接相比，劳动强度减轻。由于简化了生产准备工作，缩短了生产周期，因此提高了生产率。

④ 构件质量高。焊接可以将两块材料连接起来，同时焊缝是连续的，具有和母材相同或更高的力学性能，并且获得较高致密性（容器能达到水密、气密、油密），因而提高了产品结构的质量。

⑤ 焊接的材料厚度不受限制。金属焊接的方法很多，同一种焊接方法也可采用多种焊接工艺，因而焊接的材料厚度一般不受限制。

⑥ 金属焊接的不足之处：

a. 由于焊接一般是局部地、不均匀地加热、冷却或加压，所以焊后的金属易产生变形及应力。

b. 焊接接头的材质要发生一定的变化。

c. 焊接接头的裂纹在受力时会有延伸倾向，从而导致构件破坏。

（4）焊接方法的选择

选择焊接方法时首先应考虑满足技术要求及质量要求，在此前提下，尽可能地选择经济效益好、劳动强度低的焊接方法。表 3-2 给出了不同金属材料适用的焊接方法，不同焊接方法所适用材料的厚度不同。

表 3-2　不同金属材料所适用的焊接方法

材料	厚度/mm	手工电弧焊	埋弧焊	熔化极气体保护焊				管状焊丝气体保焊	钨极气体保护焊	等离子弧焊	电渣焊	气电立焊	电阻焊	闪光焊	气焊	扩散焊	摩擦焊	电子束焊	激光焊	硬钎焊							软钎焊
				喷射过渡	潜弧	脉冲喷射	短路过渡													火焰钎焊	炉中钎焊	感应加热钎焊	电阻加热钎焊	浸渍钎焊	红外线钎焊	扩散钎焊	
碳钢	≤3	△	△			△	△		△				△	△	△			△	△	△	△	△	△	△	△	△	△
	3～6	△	△	△	△	△	△	△	△				△	△	△		△	△	△	△	△	△	△	△	△	△	△
	6～19	△	△	△	△	△		△					△	△	△		△	△	△	△	△	△					△
	≥19	△	△	△	△	△		△			△	△		△	△		△	△			△					△	
低合金钢	≤3	△	△			△	△		△				△	△	△	△		△	△	△	△	△	△	△	△	△	△
	3～6	△	△	△		△	△	△	△				△	△		△	△	△	△	△	△	△				△	△
	6～19	△	△	△		△								△		△	△	△	△	△	△	△				△	
	≥19	△	△	△		△					△					△	△	△			△					△	
不锈钢	≤3	△	△			△	△		△	△					△	△		△	△	△	△	△	△	△	△	△	△
	3～6	△	△	△		△	△		△	△						△	△	△	△	△	△	△				△	△
	6～19	△	△	△		△				△						△	△	△	△	△	△	△				△	△
	≥19	△	△	△		△					△					△	△	△			△					△	

续表

材料	厚度/mm	手工电弧焊	埋弧焊	熔化极气体保护焊				管状焊丝气体保焊	钨极气体保护焊	等离子弧焊	电渣焊	气电立焊	电阻焊	闪光焊	气焊	扩散焊	摩擦焊	电子束焊	激光焊	硬钎焊							软钎焊
				喷射过渡	潜弧	脉冲喷射	短路过渡													火焰钎焊	炉中钎焊	感应加热钎焊	电阻加热钎焊	浸渍钎焊	红外线钎焊	扩散钎焊	
铸铁	3～6	△													△					△	△	△				△	△
	6～19	△	△	△				△							△					△	△	△				△	△
	≥19	△	△	△				△							△						△					△	
镍及其合金	≤3	△				△	△		△	△			△	△	△			△	△	△	△	△	△	△	△	△	△
	3～6	△	△	△		△	△		△	△			△	△			△	△	△	△	△	△				△	△
	6～19	△	△	△		△				△				△			△	△	△	△	△					△	
	≥19	△		△		△					△			△			△	△			△					△	
铝及其合金	≤3			△		△			△	△			△	△	△	△	△	△	△	△	△	△	△	△	△	△	△
	3～6			△		△			△				△	△		△	△	△	△	△	△			△		△	△
	6～19			△					△					△			△	△		△	△			△		△	
	≥19			△							△	△		△				△			△					△	
钛及其合金	≤3					△			△	△			△	△		△		△	△		△	△			△	△	
	3～6			△		△			△	△				△		△	△	△	△		△					△	
	6～19			△		△			△	△				△		△	△	△	△		△					△	
	≥19			△		△								△		△		△			△					△	

续表

材料	厚度/mm	手工电弧焊	埋弧焊	熔化极气体保护焊				管状焊丝气体保焊	钨极气体保护焊	等离子弧焊	电渣焊	气电立焊	电阻焊	闪光焊	气焊	扩散焊	摩擦焊	电子束焊	激光焊	硬钎焊							软钎焊
				喷射过渡	潜弧	脉冲喷射	短路过渡													火焰钎焊	炉中钎焊	感应加热钎焊	电阻加热钎焊	浸渍钎焊	红外线钎焊	扩散钎焊	
铜及其合金	≤3			△		△			△	△				△				△		△	△	△	△			△	△
	3～6			△		△				△				△			△	△		△	△		△			△	△
	6～19													△			△	△		△	△					△	
	≥19													△				△			△					△	
镁及其合金	≤3			△		△			△									△	△	△	△					△	
	3～6			△		△			△					△			△	△	△	△	△					△	
	6～19			△		△								△			△	△			△					△	
	≥19			△		△								△				△									
难熔金属	≤3					△			△	△				△				△		△	△	△	△		△	△	
	3～6			△		△				△				△				△		△	△					△	
	6～19													△				△									
	≥19																										

注：△—推荐的焊接方法。

不同焊接方法对接头类型、焊接位置的适应能力是不同的。电弧焊可焊接各种形式的接头，钎焊、电阻点焊仅适用于搭接接头。大部分电弧焊方法均适用于平焊位置，而有些方法，如埋弧焊、射流过渡的气体保护焊不能进行空间位置的焊接。表 3-3 给出了常用焊接方法所适用的接头形式及焊接位置。

表 3-3　常用焊接方法所适用的接头形式及焊接位置

适用条件		手工电弧焊	埋弧焊	电渣焊	熔化极气体保护焊				氩弧焊	等离子焊	气电立焊	电阻点焊	缝焊	凸焊	闪光对焊	气焊	扩散焊	摩擦焊	电子束焊	激光焊	钎焊
					喷射过渡	潜弧	脉冲喷射	短路过渡													
碳钢	对接	A	A	A	A	A	A	A	A	A	A	C	C	C	A	A	A	A	A	A	C
	搭接	A	A	B	A	A	A	A	A	A	C	A	A	A	C	A	A	C	B	A	A
	角接	A	A	B	A	A	A	A	A	A	B	C	C	C	C	A	C	C	A	A	C
焊接位置	平焊	A	A	C	A	A	A	A	A	A	C					A			A	A	
	立焊	A	C	A	B	C	A	A	A	A	A					A			C	A	
	仰焊	A	C	C	C	C	A	A	A	A	C					A			C	A	
	全位置	A	C	C	C	C	A	A	A	A	C					A			C	A	
设备成本		低	中	高	中	中	中	中	低	高	高	高	高	高	高	低	高	高	高	高	低
焊接成本		低	低	低	中	低	中	低	中	中	低	中	中	中	中	中	高	低	高	中	中

注：A—好；B—可用；C— 一般不用。

尽管大多数焊接方法的焊接质量可满足实用要求，但不同方法的焊接质量，特别是焊缝的外观质量仍有较大的差别。产品质量要求较高时，可选用氩弧焊、电子束焊、激光焊等。质量要求较低时，可选用手工电弧焊、CO_2 焊、气焊等。

自动化焊接方法对工人的操作技术水平要求较低，但设备成本高，管理及维护要求也高。手工电弧焊及半自动 CO_2 焊的设备成本低，维护简单，但对工人的操作技术水平要求较高。电子束焊、激光焊、扩散焊设备复杂，辅助装置多，不但要求操作人员有较高的操作水平，还应具有较高的文化层次及知识水平。选用焊接方法时应综合考虑这些因素，以取得最佳的焊接质量及经济效益。

3.1.2 热切割的原理、分类

热切割是利用热能将材料分离的方法。热切割方法的分类见图 3-3。按照加热能源的不同，金属热切割大致可分为气体火焰的热切割、气体放电的热切割和高能束流的热切割三种。

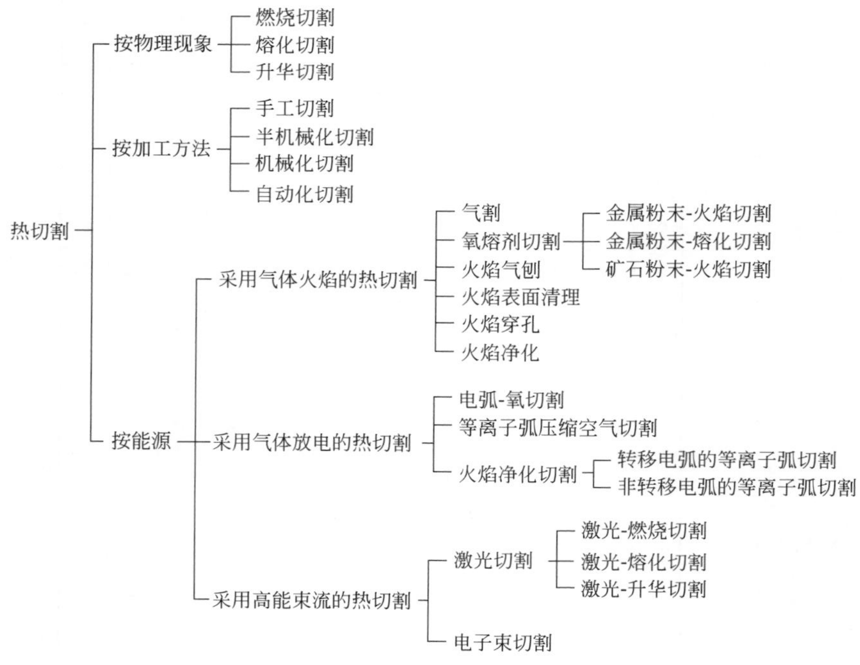

图 3-3 热切割方法的分类

（1）气体火焰热切割

气体火焰热切割是由金属氧化燃烧产生切割所需热量，氧化物或熔融物被切割氧流驱出的热切割方法。

① 气割。气割是采用气体火焰的热能将工件切口处预热到燃烧温度后，喷出高速切割氧流，使其燃烧并放出热量实施切割的方法。

气体火焰有：氧 - 乙炔焰、氧 - 丙烷焰、氧 - 液化石油气焰等。

② 氧熔剂切割。氧熔剂切割是在切割氧流中加入纯铁粉或其他熔剂，利用它们的燃烧和造渣作用实现切割的方法。

氧熔剂切割有：金属粉末 - 火焰切割、金属粉末 - 熔化切割、矿石粉末 - 火焰切割等。

采用气体火焰热切割的方法还有：火焰气刨、火焰表面清理、火焰穿孔、火焰净化等。

（2）气体放电热切割

① 电弧 - 氧切割。电弧 - 氧切割是利用电弧加切割氧进行切割的热切割方法。电弧在空心电极与工件之间燃烧，电弧和材料燃烧时产生的热量使材料能通过切割氧进行连续燃烧，熔融物被切割氧排出，反应过程沿移动方向进行而形成切口。

② 电弧 - 压缩空气气刨。电弧 - 压缩空气气刨是利用电弧及压缩空气在表面进行切割的热切割方法。

③ 等离子弧切割。即采用等离子弧的热能实现切割的方法。

a. 转移电弧的等离子弧切割。转移电弧进行等离子弧切割时，工件处于切割电流回路内，故被切割的材料必须是导电的。

b. 非转移电弧的等离子弧切割。非转移电弧进行等离子弧切割时，工件不必处于切割电流回路内，故可以切割导电及不导电的材料。

（3）高能束流热切割

① 激光切割。采用激光束的热能实现切割的方法。

a. 激光 - 燃烧切割。激光 - 燃烧切割是利用激光束将适合于火焰切割的材料加热到燃烧状态而进行切割的方法。在加热部位含氧射流将材料加热至燃烧状态并沿移动方向进行时，产生的氧化物被切割氧流驱出而形成切口。

b. 激光 - 熔化切割。激光 - 熔化切割是利用激光束将可熔材料局部熔化的切割方法。熔化材料被气体（惰性的或反应惰性的气体）射流排出，在割炬移动或工件（金属或非金属）进给时产生切口。

c. 激光-升华切割。激光-升华切割是利用激光束局部加热工件，使材料受热部位蒸发的切割方法。高度蒸发的材料受气体（压缩空气）射流及膨胀作用被驱出，在割炬移动或工件进给时产生切口。

② 电子束切割。电子束切割是利用电子束的能量将被切割材料熔化，熔化物蒸发或靠重力流出而产生切口。

3.2 焊接接头和坡口与焊缝符号

3.2.1 焊接接头和坡口的基本形式及应用特点

（1）焊接接头的特点及作用

熔焊时，不仅焊缝在焊接电弧作用下发生熔化到固态相变等一系列的变化，而且焊缝两侧相邻的母材，即熔合区和热影响区，也要发生一定的金相组织和力学性能的变化。所以说，焊接接头是由焊缝、熔合区和热影响区三部分组成的，见图 3-4。

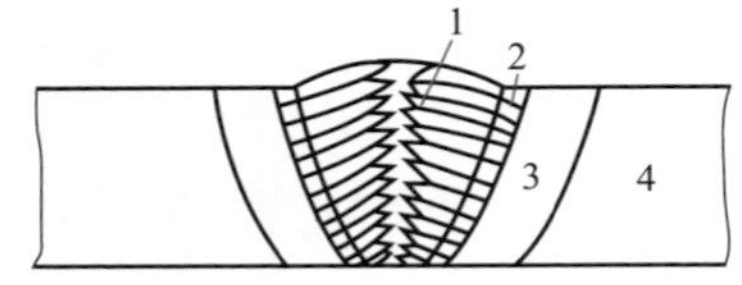

(a) 焊接接头的组成部分

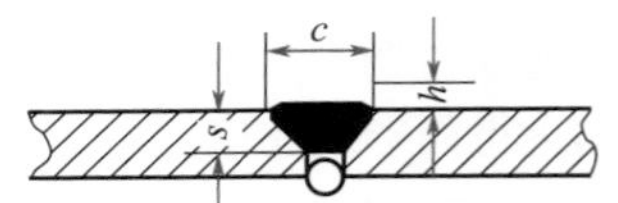

c表示焊缝宽度，h表示焊缝高度(余高)，s表示焊缝熔深

(b) 焊接接头尺寸

图 3-4　焊接接头示意图

1—焊缝；2—熔合区；3—热影响区；4—母材

1）焊接接头的主要作用

① 工作接头。主要进行工作力的传递，该接头必须进行强度计算，以确保焊接结构的安全可靠。

② 联系接头。虽然也参与力的传递，但主要作用是用焊接的办法使更多的焊件连接成一个整体，主要起连接作用。这类接头通常不作强度计算。

③ 密封接头。保证焊接结构的密封性，防止泄漏是其主要作用，可以同时是工作接头或联系接头。

2）焊接接头的特点

① 焊缝是焊件经过焊接后所形成的结合部分。通常由熔化的母材和

焊材组成，有时也全由熔化的母材构成。

② 热影响区是在焊接过程中，母材因受热（但是没有被熔化）金相组织和力学性能发生了变化的区域。

③ 熔合区是焊接接头中焊缝向热影响区过渡的区域。它是刚好加热到熔点和凝固温度区间的那部分。

（2）焊接接头的分类及选择

焊接接头是由两个或两个以上零件用焊接方法连接的，一个焊接结构通常由若干个焊接接头所组成；焊接接头按接头的结构形式主要可分为五大类，即对接接头、T 形接头、搭接接头、角接接头和端接接头等，有时焊接结构中还有其他类型的接头形式，如十字接头、斜对接接头、锁底对接接头等。

焊接接头基本类型如图 3-5 所示。

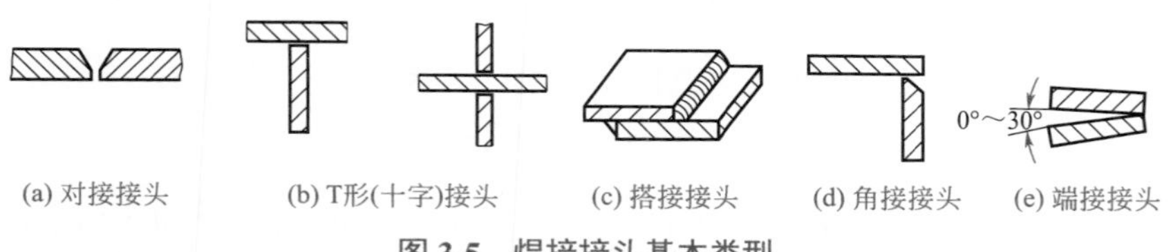

(a) 对接接头　(b) T形(十字)接头　(c) 搭接接头　(d) 角接接头　(e) 端接接头

图 3-5　焊接接头基本类型

① 对接接头。这种接头从受力的角度看，受力状况好，应力集中程度小，焊接材料消耗较少，焊接变形也较小，是比较理想的接头形式，在所有的焊接接头中，对接接头应用最广泛。为了保证焊缝质量，厚板对接焊往往是在接头处开坡口，进行坡口对接焊。

根据焊件的厚度、焊接方法和坡口准备的不同，对接接头可分为如下几种：

a. 不开坡口的对接接头。当钢板厚度在 6mm 以下，一般不开坡口，只留 1 ～ 2mm 的接缝间隙，如图 3-6 所示。但这也不是绝对的，在有些重要的结构中，当钢板厚度大于 3mm 时，就要求开坡口。

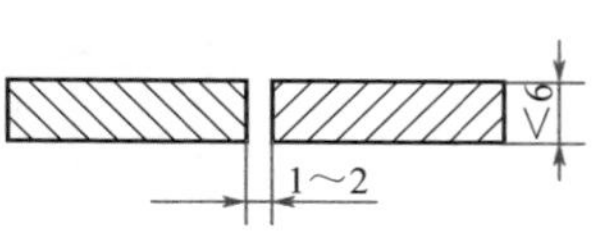

≤6

1～2

图 3-6　不开坡口的对接接头

b. 开坡口的对接接头。开坡口就是用机械、火焰或电弧等方法加工坡口的过程。将接头开成一定角度叫坡口角度，其目的是保证电弧能深入接头根部，使接头根部焊透，以及便于清除熔渣获得较好的焊缝成形，而且坡口能起到调

节焊缝金属中的母材和填充金属的比例作用。钝边（焊件开坡口时，沿焊件厚度方向未开坡口的端面部分）是为了防止烧穿，但钝边的尺寸要保证第一层焊缝能焊透。根部间隙（焊前在接头根部之间预留的空隙）也是为了保证接头根部能焊透。

②T形和十字接头。一焊件的端面与另一焊件表面构成直角或近似直角的接头，称为T形接头。T形接头的形式如图3-7所示。T形接头形式在焊接结构中被广泛采用，特别是在船舶的船体结构中约70%的焊缝是这种接头形式。按照焊件厚度和坡口准备的不同，T形接头可分为不开坡口、单边V形、K形以及双U形四种形式。

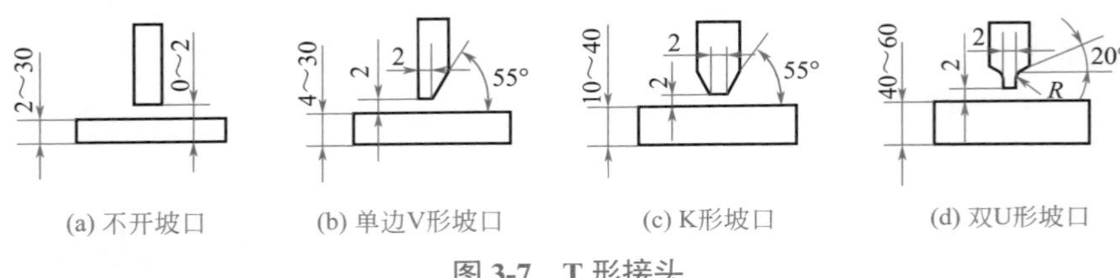

(a) 不开坡口　(b) 单边V形坡口　(c) K形坡口　(d) 双U形坡口

图 3-7　T 形接头

T形接头作为一般联系焊缝，钢板厚度在2～30mm时，可采用不开坡口，它不需要较精确的坡口准备。

T形接头通常有焊透和不焊透两种形式，见图3-8。开坡口的T形（十字）接头是否能焊透，要根据坡口的形状和尺寸而定。若T形接头的焊缝要求承受载荷，则应按照钢板厚度和对结构强度的要求，其强度可按对接接头计算，可分别选用单边V形、K形或双U形等坡口形式，使接头能焊透，保证接头强度。不焊透的T形和十字接头承受力和力矩的能力有限，所以，只能应用在不重要的焊接结构中。

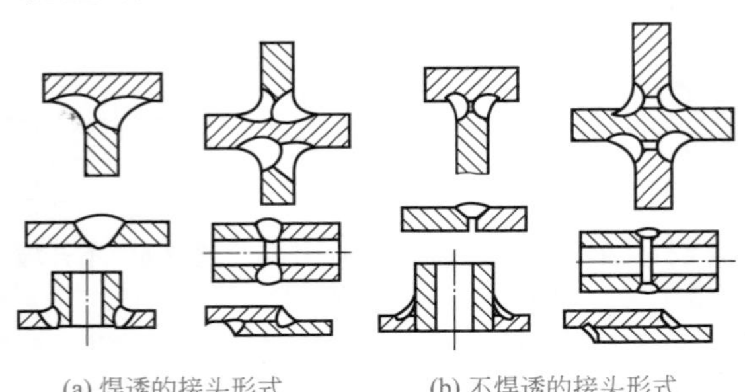

(a) 焊透的接头形式　(b) 不焊透的接头形式

图 3-8　焊透和不焊透的接头形式

③ 角接接头。两焊件端面间构成 30° ～ 135° 夹角，用焊接方法连接起来的接头，称为角接接头。角接接头形式如图 3-9 所示，多用于箱形构件上，这种接头的承载能力较差，多用于不重要的结构中。根据焊件厚度和坡口准备的不同，角接接头可分为不开坡口、单边 V 形坡口、V 形坡口及 K 形坡口四种形式，但开坡口的角接接头在一般结构中较少采用。

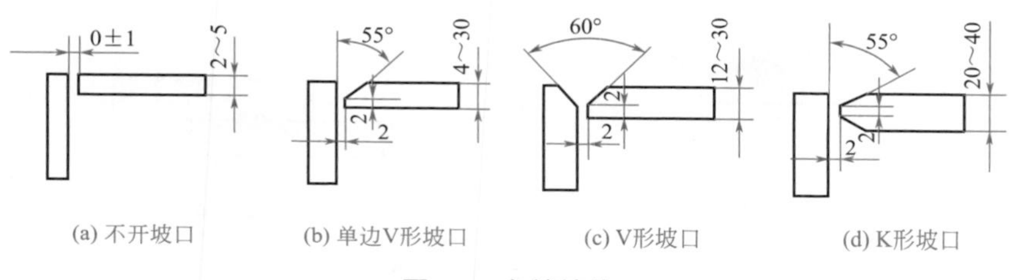

图 3-9　角接接头

④ 端接接头。这种接头是指将两焊件重叠放置或两焊件表面之间的夹角不大于 30°，用焊接连接起来的接头。端接接头多用于密封构件上，承载能力较差，不是理想的接头形式。

⑤ 搭接接头。这种接头是指将两个焊件部分重叠在一起，加上专门的搭接件，用角焊缝、塞焊缝、槽焊缝或压焊缝连接起来的接头。搭接接头应力分布不均匀、疲劳强度较低，不是理想的接头形式，但是，由于搭接接头焊前准备及装配工作较简单，所以在焊接结构中应用广泛。对于承受动载荷的焊接接头不宜采用搭接。常见的搭接接头形式如图 3-10 所示。

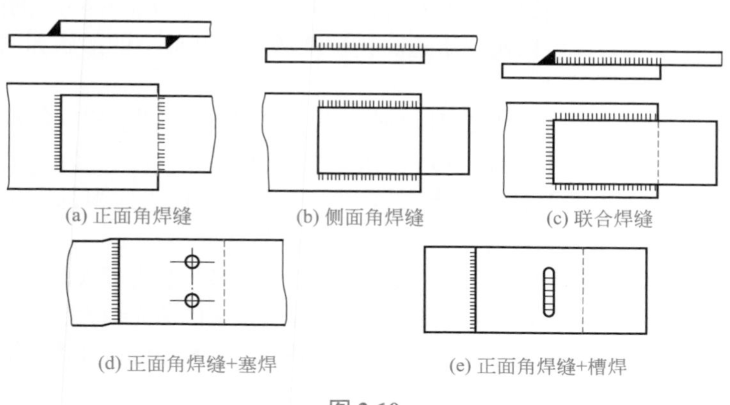

图 3-10

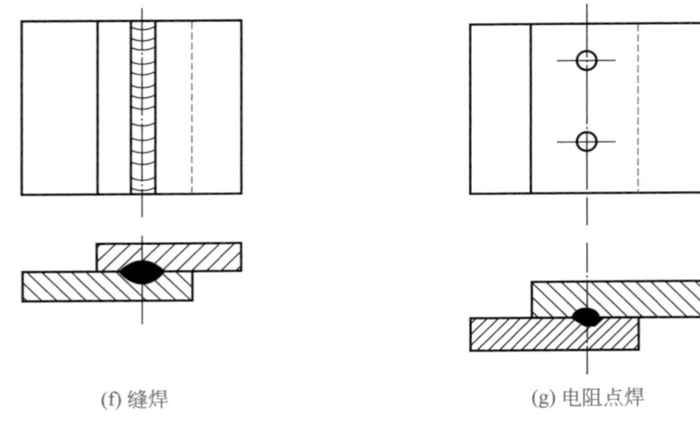

图 3-10　常见的搭接接头形式

（3）焊接坡口形状及选择技巧与诀窍

1）坡口的形状及选择原则与诀窍

① 坡口的形状。坡口就是根据设计和工艺的需要，将焊件的待焊接区域加工并装配成具有一定几何形状的沟槽，从而保证焊缝厚度满足技术要求。焊缝开坡口的作用有以下几点：

a. 保证焊缝熔透。某些焊缝如厚板对接焊缝、起重机工字梁盖板与腹板间的角焊缝等，设计要求为熔透焊缝。为了达到熔透效果，需要开坡口焊接。如果采用焊条电弧焊或二氧化碳（CO_2）气体保护焊，坡口根部留 2 ～ 3mm 的钝边；如果采用埋弧焊，坡口根部留 3 ～ 6mm 的钝边，并配合背面清根，可以实现熔透。典型熔透焊缝开坡口的形状如图 3-11 所示。

b. 保证焊缝厚度满足设计要求。某些焊缝如高层建筑的箱型柱棱角焊缝、电站钢结构的柱节点板角焊缝等（见图 3-12），为了满足需求，需要开适当坡口，使焊条或焊丝能够深入到接头的根部，保证接头质量。

c. 减小焊缝金属的填充量，提高生产效率。某些受力较大的厚板角焊缝，如果焊接贴角焊缝，焊脚尺寸很大，焊缝金属的填充量大，通过开适当坡口焊接，可减少焊缝金属的填充量，并有利于减小焊接变形，提高了生产效率。

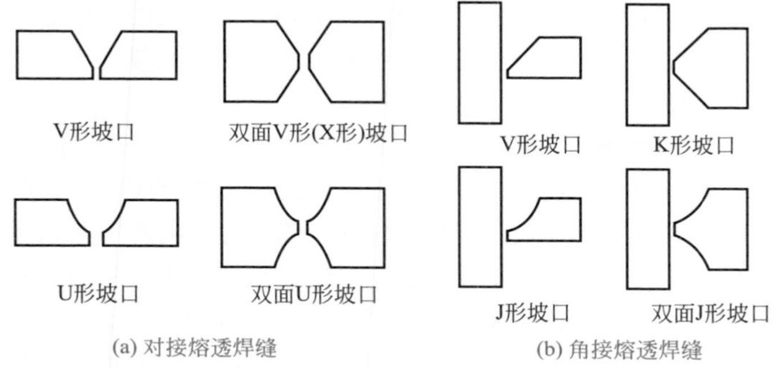

图 3-11　熔透焊缝坡口

d. 调整焊缝金属的熔合比。所谓熔合比，就是指熔焊时被熔化的母材部分在焊缝金属中所占的比例，熔合比用 $\gamma = A_m/(A_m + A_H)$ 来表示，其中 γ 表示熔合比，A_m 表示熔化的母材金属的面积（mm^2），A_H 表示填充金属的面积（mm^2），见图 3-13。

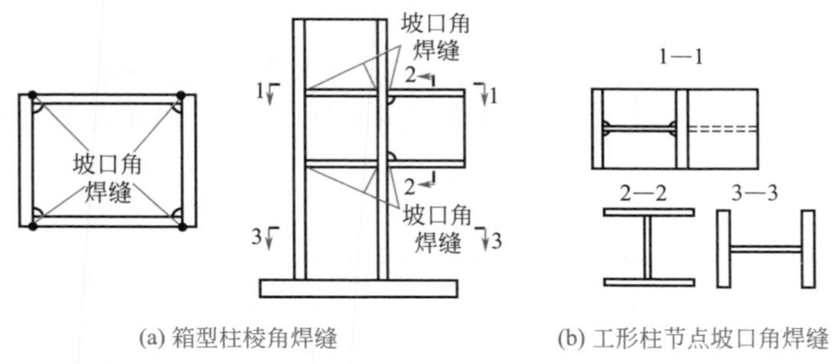

图 3-12　坡口角焊缝

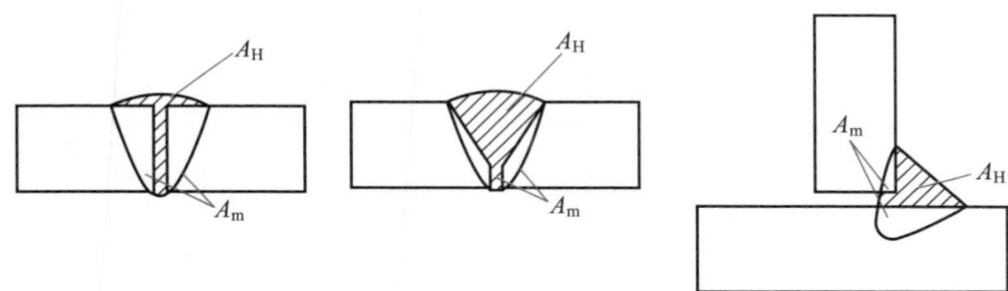

图 3-13　焊缝熔合比

坡口的改变会使熔合比发生变化。在碳钢、合金钢的焊接中，可以通过加工适当的坡口改变熔合比来调整焊缝金属的化学成分，从而降低裂纹的敏感性，提高接头的力学性能。

② 确定坡口的原则与诀窍。确定焊接坡口应遵循以下原则：

a. 焊接坡口应便于焊接操作。应根据焊缝所处的空间位置、焊工的操作位置来确定坡口方向，以便于焊工施焊。如在容器内部不便施焊，应开单面坡口在容器外面焊接。要求熔透的焊缝，在保证不焊漏的前提下，尽可能减小钝边尺寸，以减少清根量。再如，一条熔透角焊缝或对接焊缝，一侧为平焊，另一侧为仰焊，应在平焊侧开大坡口，仰焊侧开小坡口，以减小焊工的操作难度。

b. 坡口的形状应易于加工。应根据加工坡口的设备情况来确定坡口形状，其形状应易于加工。

c. 尽可能减小坡口尺寸，以节省焊接材料，提高生产效率。

d. 焊接坡口尽可能减小焊后焊件的变形。

③ 坡口形状选择。根据焊缝坡口的几何形状不同，焊缝的坡口形式有 I 形、V 形、双 Y 形、U 形、J 形，根据加工面和加工边（带钝边）的不同，又有带钝边单边 V 形、双边 V 形（即 X 形）、带钝边单边 V 形（即 K 形）、带钝边双面双边 U 形、带钝边单边 J 形等，表 3-4 为常用焊缝坡口的基本形状。

表 3-4　常用焊缝坡口的基本形状

坡口名称	对接接头	T 形接头	角接接头
I 形		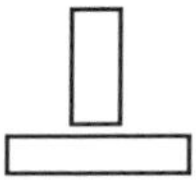	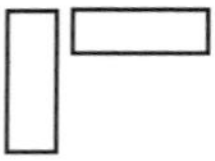
带钝边单边 V 形		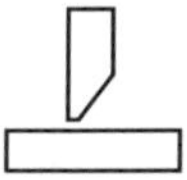	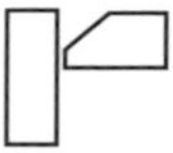
Y 形		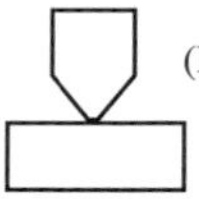 (K形)	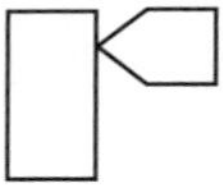 (K形)
双 V 形 （X 形）		—	—

续表

坡口名称	对接接头	T 形接头	角接接头
带钝边单边 J 形			
带钝边双 J 形（双面 J 形）			
带钝边单 U 形		—	—
带钝边双 U 形（双面 U 形）		—	—

2）坡口几何尺寸选择诀窍

坡口的几何尺寸包括坡口角度、坡口深度、根部间隙、钝边、根部半径，见图 3-14，每一个几何尺寸用一个字母表示。

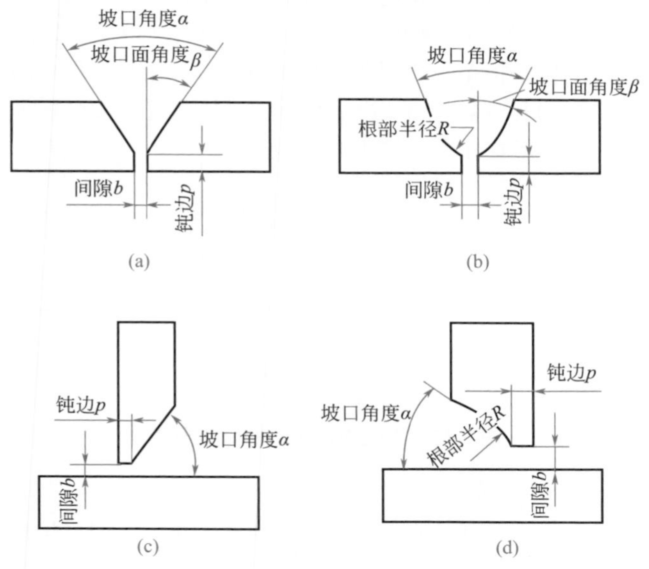

图 3-14 坡口的几何尺寸

① 坡口面角度（β）、坡口角度（α）选择。焊件表面的垂直面与坡口

面之间的夹角称为坡口面角度，用字母 β 表示；两坡口面之间的夹角称为坡口角度，用字母 α 表示。开单侧坡口时，坡口角度等于坡口面角度；开双侧坡口时，坡口角度等于两个坡口面角度之和。

② 坡口深度（H）选择。坡口深度是焊件表面至坡口底部的距离，用字母 H 表示。

③ 根部间隙（b）选择。焊前，在焊接接头根部之间预留的空隙，用字母 b 表示。要求熔透的焊缝，预留一定的根部间隙可以保证熔透。

④ 钝边（p）选择。焊件在开坡口时，沿焊件厚度方向未开坡口的端面部分称为钝边，用字母 p 表示。钝边的作用是防止焊缝根部焊漏。

⑤ 根部半径（R）选择。对于U形和J形坡口，坡口底部采用圆弧过渡。根部半径的作用是增大坡口根部的空间，使焊条或焊丝能够伸入到坡口根部，促使根部熔合良好。

3）不同焊接位置坡口选择技巧与诀窍

焊接位置不同，焊缝坡口的形式和坡口角度也不同，以便于焊接操作。例如，同样是板对接焊条电弧焊坡口，如果是平位焊接，采用的坡口形式如图3-15（a）所示；如果是横焊，则采用的坡口形式如图3-15（b）所示。再如，同样是板角焊缝焊条电弧焊坡口，如果是开坡口板水平位置焊接，采用的坡口形式如图3-15（c）所示；如果是开坡口板竖直位置焊接，则采用的坡口形式如图3-15（d）所示。

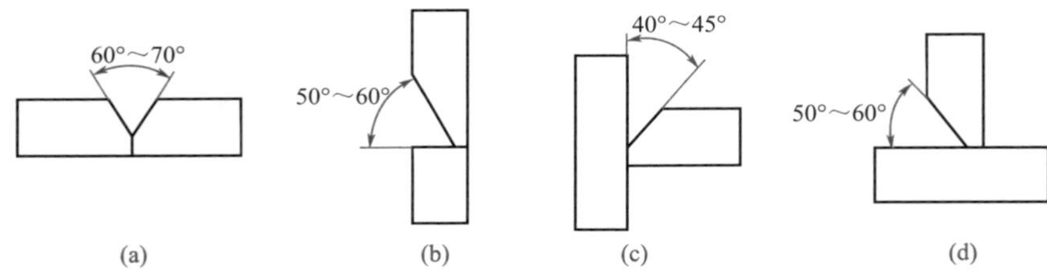

图3-15　不同焊接位置的坡口形式

4）坡口的加工方法

根据焊件的结构形式、板厚、焊接方法和材料的不同，焊接坡口的加工方法也不同，常用的坡口加工方法有剪切、铣边、刨削、车削、热切割和气刨等。

① 剪切。剪切一般用于I形坡口（即不开坡口）的薄板焊接边的加工。

另外，目前公路钢箱梁大桥的U形加强肋角焊缝的坡口也采用专用机床滚剪加工。

② 铣边。对于薄板I形坡口的加工，可以将多层钢板叠在一起，一次铣削完成，以提高坡口加工效率。

③ 刨削。对于中厚钢板的直边焊接坡口可以采用刨床加工，加工后的坡口平直、精度高，能够加工V形、U形或更为复杂的坡口。

④ 车削。对于圆柱体如圆管、圆棒、圆盘的圆形焊接坡口，可以在车床上采用车削方法加工。

⑤ 热切割。对于普通钢板的焊接坡口加工，可以采用火焰切割方法加工，不锈钢板的焊接坡口可以采用等离子弧切割方法加工。热切割方法加工坡口可以提高加工效率，尤其是曲线焊缝坡口，只能采用热切割方法，如管子相贯焊接坡口等。热切割坡口在焊接前应将坡口表面的氧化皮打磨干净。

⑥ 气刨。气刨坡口目前一般用于局部坡口修整和焊缝背面清根，气刨坡口应防止渗碳，焊接前必须将坡口表面打磨干净。

3.2.2 焊接位置的特点及选择诀窍

（1）常用焊接位置

焊接位置指熔焊时焊件接缝所处的空间位置，可用焊缝倾角和焊缝转角来表示，有平焊、立焊、横焊和仰焊位置等。在其位置上进行的焊接分别称为平焊、立焊、横焊和仰焊。

焊缝倾角，是指焊缝轴线与水平面之间的夹角，见图3-16。焊缝转角，是焊缝中心线（焊根和盖面层中心连线）和水平参照面Y轴的夹角，见图3-17。

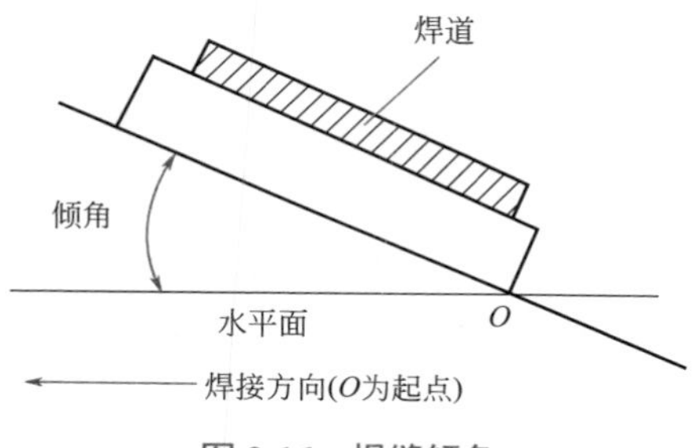

图3-16 焊缝倾角

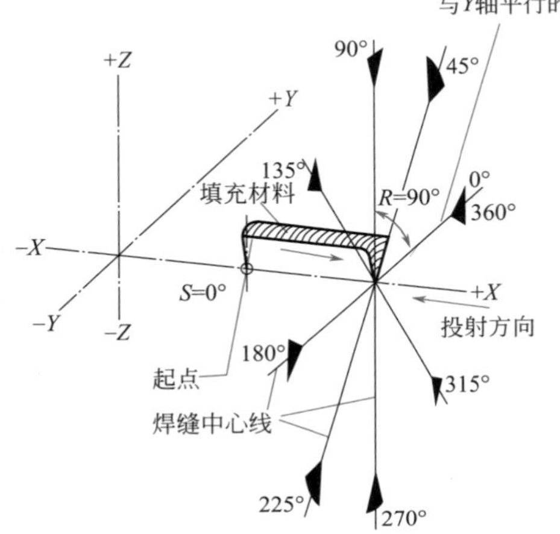

(a) S=0°(或360°)及R=90°的工作位置

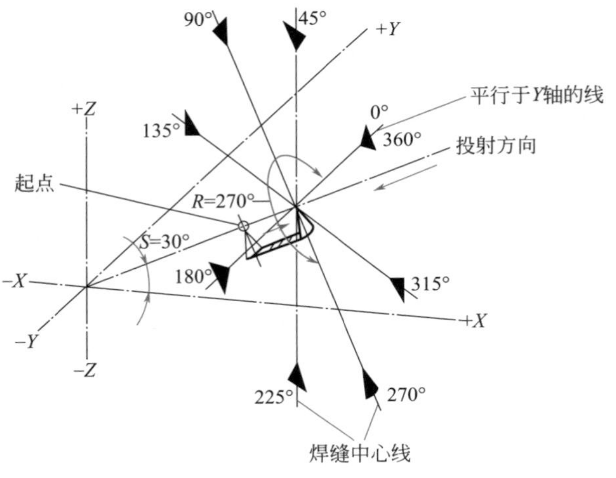

(b) S=30°(或360°)及R=270°的工作位置

图 3-17 焊缝转角

① 平焊位置。焊缝倾角 0°，焊缝转角 90° 的焊接位置，见图 3-18。

② 横焊位置。焊缝倾角 0°、180°，焊缝转角 0°、180° 的对接位置，见图 3-18。

③ 立焊位置。焊缝倾角 90°（立向上）、270°（立向下）位置，见图 3-18。

④ 仰焊位置。对接焊缝 0°、180°，转角 270° 的焊接位置，见图 3-18。

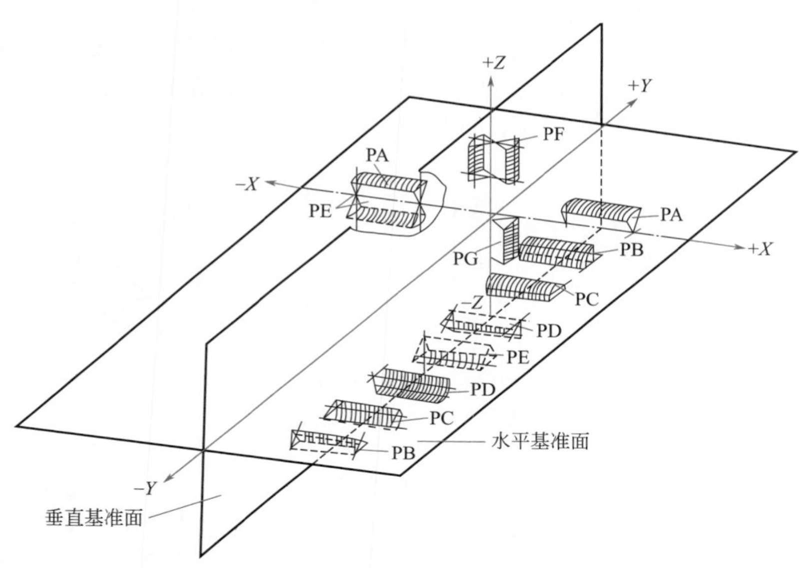

图 3-18 焊接位置

PA—平焊位置；PB—平角焊位置；PC—横焊位置；PD—仰角焊位置；PE—仰焊位置；PF—立角焊位置；PG—立焊位置

（2）典型焊接位置及其选择诀窍

① 板 + 板的焊接位置。板 + 板的焊接位置有五种，常用的有板平焊、板立焊、板横焊、板仰焊和船形焊。板 + 板的焊接位置如图 3-19 所示。

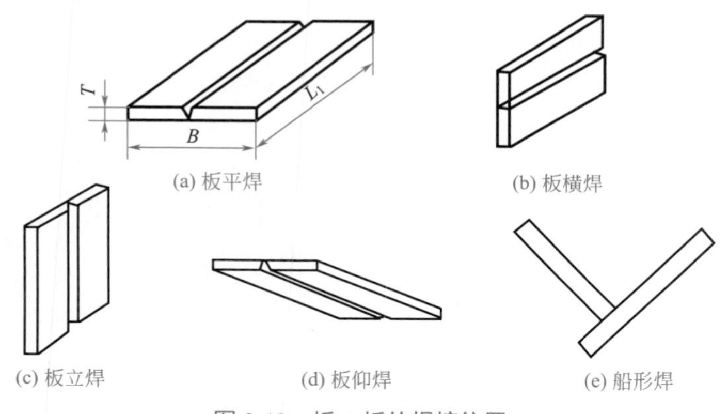

(a) 板平焊 (b) 板横焊 (c) 板立焊 (d) 板仰焊 (e) 船形焊

图 3-19 板 + 板的焊接位置

② 管 + 管的焊接位置。管 + 管的焊接位置常见的有管 + 管对接边转动边焊接，焊缝熔池始终处于平焊位置，称为管 + 管水平转动焊、管 + 管垂直固定焊、管 + 管水平固定焊、管 + 管 45° 固定焊等四种焊接位置。若管 + 管水平固定焊在焊接过程中，把管子固定不动，焊工变化焊接位置，习惯上称为全位置焊。管 + 管的焊接位置如图 3-20 所示。

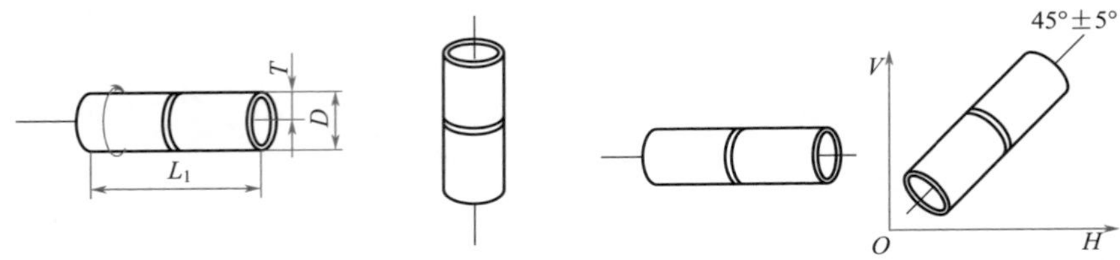

(a) 管＋管水平转动焊 (b) 管＋管垂直固定焊 (c) 管＋管水平固定焊 (d) 管＋管45°固定焊

图 3-20 管 + 管的焊接位置

③ 管 + 板的焊接位置。管 + 板接头种类有插入式管板角焊缝和骑座式管板角焊缝两种，管 + 板角焊缝焊接位置有管 + 板垂直俯位、管 + 板垂直仰位、管 + 板水平固定、管 + 板 45° 固定等四种焊接位置。管 + 板接头种类见图 3-21。管 + 板焊接位置见图 3-22。

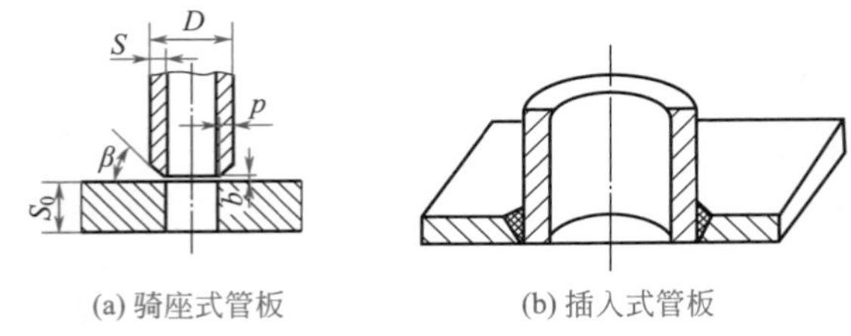

(a) 骑座式管板 (b) 插入式管板

图 3-21 管 + 板的接头类型

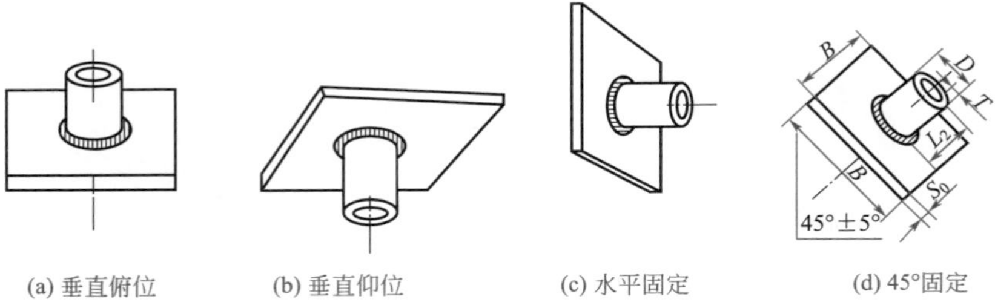

(a) 垂直俯位 (b) 垂直仰位 (c) 水平固定 (d) 45°固定

图 3-22 管 + 板的焊接位置

3.2.3 焊缝尺寸名称

（1）对接焊缝名称

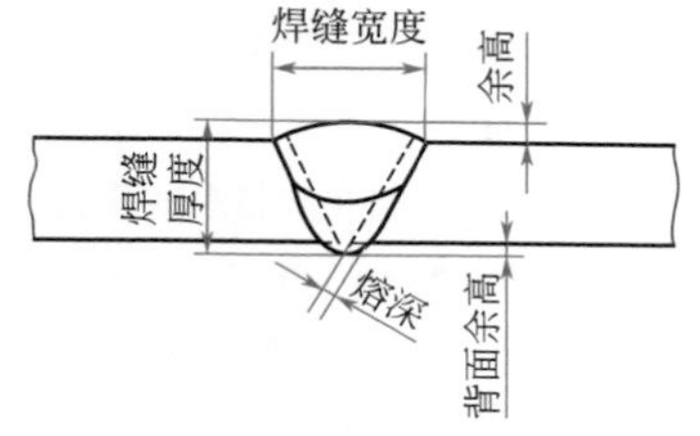

图 3-23 对接焊缝各部分名称

对接焊缝各部分尺寸名称如图 3-23 所示。焊缝的余高不能低于母材，但也不应太高，因为余高虽然能使焊缝的截面积增加，力学性能提高，但也使焊趾产生应力集中，而应力集中数值过大，往往会造成焊接结构的破坏。另外，焊缝余高过大，还会影响射线探伤的灵敏度，锅炉压力容器压力管道焊工考试规定：手工焊平焊位置余高为 0 ～ 3mm，其他焊接位置余高 0 ～ 4mm；机械化焊平焊位置与其他焊接位置余高相同，都是 0 ～ 3mm。

在焊接接头的横截面上，当填充焊缝金属材料（焊条或焊丝）一定时，熔深的大小决定了焊缝的化学成分。为了说明焊缝的形状特点，常用焊缝成形系数表示。熔焊的焊缝成形系数是：在单道焊缝横截面上焊缝宽度（B）与焊缝计算厚度（H）的比值（$\varphi=B/H$）。

（2）角焊缝名称

把两个焊件的端面构成 30° ～ 135° 夹角，用焊接连接起来的焊缝是角焊缝。角焊缝有两种形式，一种是焊缝表面有凸度的角焊缝，另一种是焊缝表面有凹度的角焊缝。有凸度的角焊缝容易在焊趾处产生应力集中，除非有特殊要求，一般很少采用。有凹度的角焊缝能较好地进行力的传递，是应用非常广泛的角焊缝截面形式。角焊缝各部分名称如图 3-24 所示。

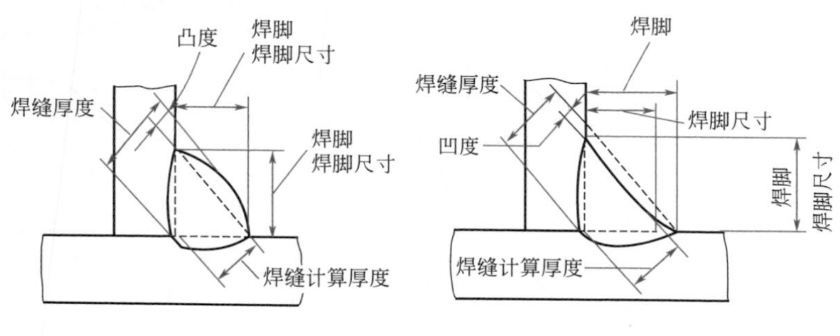

(a) 有凸度角焊缝

(b) 有凹度角焊缝

图 3-24 角焊缝各部分名称

3.2.4 焊缝符号及其标注方法

在图样上标注焊接方法、焊缝形式和焊缝尺寸的符号称为焊缝代号。

焊缝代号的国家标准为 GB/T 324—2008《焊缝符号表示方法》，标准修改采用国际标准 ISO 2553：1992。

焊缝符号主要由基本符号、辅助符号、补充符号、引出线和焊缝尺寸符号等组成。基本符号和辅助符号在图样上用粗实线绘制，引出线用细实线绘制。

（1）焊缝符号

① 基本符号。基本符号是表示焊缝横剖面形状的符号，它采用近似于焊缝横剖面形状的符号来表示，见表 3-5 。

表 3-5 基本符号

序号	焊缝名称	焊缝形式	符号	序号	焊缝名称	焊缝形式	符号
1	I 形焊缝			9	单边喇叭形焊缝		
2	V 形焊缝			10	角焊缝		
3	钝边 V 形焊缝			11	塞焊缝		
4	单边 V 形焊缝			12	点焊缝		
5	钝边单边 V 形焊缝			13	缝焊缝		
6	U 形焊缝			14	封底焊缝		
7	单边 U 形焊缝			15	堆焊缝		
8	喇叭形焊缝						

② 辅助符号。辅助符号是表示焊缝表面形状特征的符号，见表 3-6。

表 3-6　辅助符号

序号	名称	形式	符号	说明
1	平面			表示焊缝表面齐平
2	凹面	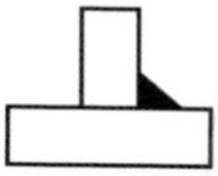		表示焊缝表面内陷
3	凸面			表示焊缝表面凸起
4	带垫板			表示焊缝底部有垫板
5	三面焊缝	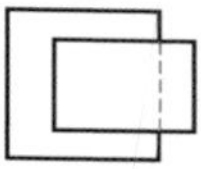		要求三面焊缝符号的开口方向与三面焊缝的实际方向画得基本一致

如不需要确切地说明焊缝的表面形状时，可以不用辅助符号。辅助符号的应用示例见表 3-7。

表 3-7　辅助符号的应用示例

名称	示意图	符号
平面 V 形对接焊缝		
凸面 X 形对接焊缝	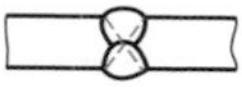	
凹面角焊缝		
平面封底 V 形焊缝		

③ 补充符号。补充符号是为了补充说明焊缝的某些特征而采用的符号，见表 3-8。补充符号的应用示例见表 3-9。

表 3-8　补充符号

序号	名称	示意图	符号	说明
1	带垫板符号①	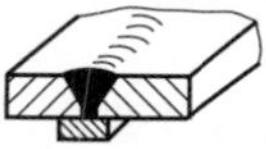		表示焊缝底部有垫板

续表

序号	名称	示意图	符号	说明
2	三面焊缝符号①		⊏	表示三面带有焊缝
3	周围焊缝符号		○	表示环绕工件周围焊缝
4	现场符号			表示在现场或工地上进行焊接
5	尾部符号		<	可以参照GB 5185标注焊接工艺方法等内容

① ISO 2553标准未作规定。

表3-9　补充符号应用示例

示意图	标注示例	说明
		表示V形焊缝的背面底部有垫板
		工件三面带有焊缝，焊接方法为手工电弧焊
		表示在现场沿工件周围施焊

(2) 焊缝尺寸符号及其标注位置与标注方法

1）一般要求

① 基本符号必要时可附带尺寸符号及数据，这些尺寸符号见表3-10。

表 3-10 焊缝尺寸符号

符号	名称	示意图	符号	名称	示意图
δ	工件厚度		e	焊缝间距	
α	坡口角度		K	焊角尺寸	
b	根部间隙		d	熔核直径	
p	钝边		S	焊缝有效厚度	
c	焊缝宽度		N	相同焊缝数量符号	N=3
R	根部半径		H	坡口深度	
l	焊缝长度		h	余高	
n	焊缝段数	n=2	β	坡口面角度	

② 焊缝尺寸符号及数据的标注原则，如图 3-25 所示。

a. 焊缝横截面上的尺寸，标在基本符号的左侧。

b. 焊缝长度方向尺寸，标在基本符号的右侧。

c. 坡口角度、坡口面角度、根部间隙等尺寸，标在基本符号的上侧或下侧。

d. 相同焊缝数量符号，标在尾部（国际标准 ISO 2553 对相同焊缝数量及焊缝段数未作明确区分，均用 n 表示）。

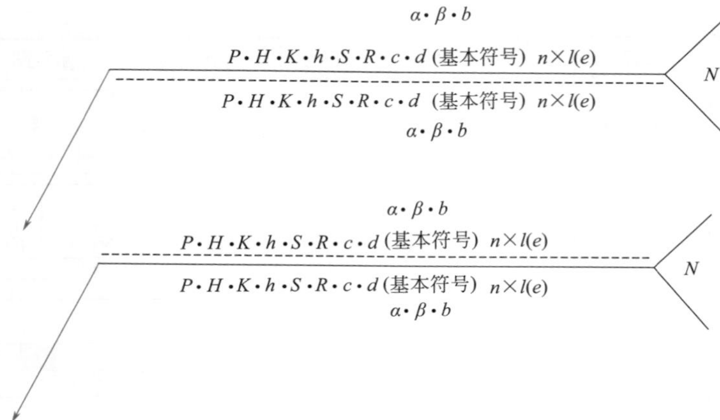

图 3-25　焊缝尺寸的标注原则

e. 当需要标注的尺寸数据较多又不易分辨时，可在数据前面增加相应的尺寸符号。

当箭头线方向变化时，上述原则不变。

2）焊缝尺寸的标注示例（表 3-11）

表 3-11　焊缝尺寸的标注示例

序号	名称	示意图	焊缝尺寸符号	示例
1	对接焊缝	S	S：焊缝有效厚度	S ∨
		S		S ‖
		S		S Y
2	卷边焊缝	S	S：焊缝有效厚度	S ‖
		S		S 八

续表

序号	名称	示意图	焊缝尺寸符号	示例
3	连续角焊缝	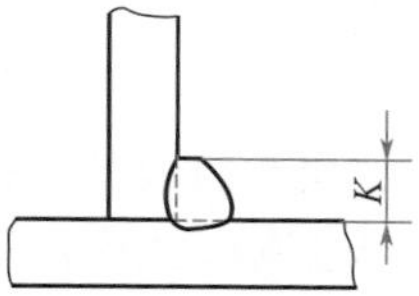	K：焊角尺寸	K◺
4	断续角焊缝	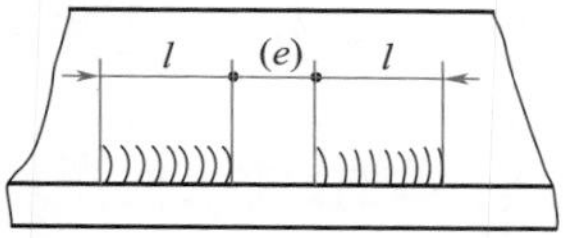	l：焊缝长度（不计弧坑） e：焊缝间距 n：焊缝段数	K◺ n×l(e)
5	交错断续角焊缝	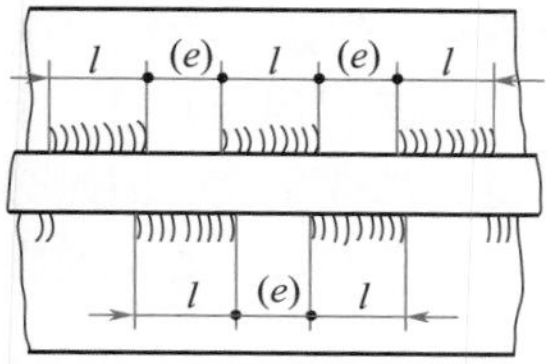	l、e、n 见序号4 K：见序号3	K n×l (e) / K n×l (e)
6	塞焊缝或槽焊缝	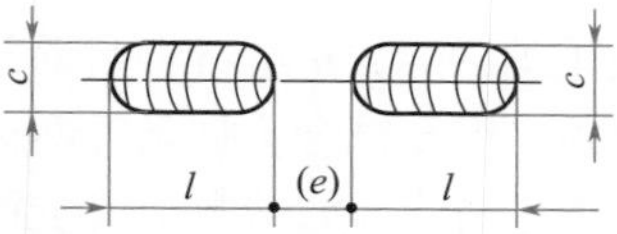	l、e、n 见序号4 c：槽宽	c ⊓ n×l(e)
		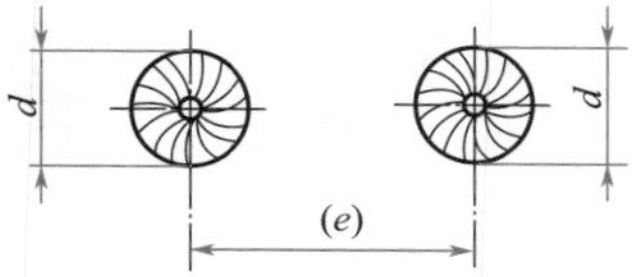	n、e 见序号4 d：孔的直径	d ⊓ n×(e)
7	缝焊缝	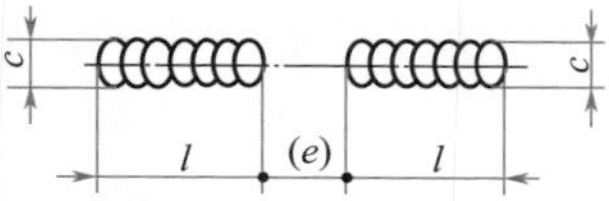	l、e、n 见序号4 c：焊缝宽度	c ⊖ n×l(e)
8	点焊缝	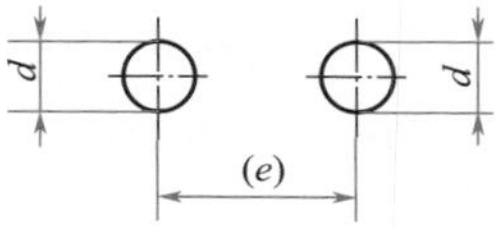	n：见序号4 e：间距 d：焊点直径	d ○ n×(e)

3.3 常用焊接材料及其选择诀窍

3.3.1 焊条及其选用诀窍

（1）焊条的分类

焊条是由焊芯（金属芯）和药皮（涂层）组成的焊接用的熔化电极。在焊条电弧焊过程中，焊条一方面起传导电流和引燃电弧的作用；另一方面又作为填充金属，与熔化的母材形成焊缝。

① 焊条按照药皮熔化后的熔渣性质，可分为酸性焊条和碱性焊条，一般金属材料的焊接主要选用酸性焊条。

② 焊条按用途可以分为以下几类：碳钢焊条、低合金钢焊条、钼和铬钼耐热钢焊条、不锈钢焊条、堆焊焊条、低温钢焊条、铸铁焊条、镍及镍合金焊条、铜及铜合金焊条、铝及铝合金焊条、特殊用途焊条等。

焊条是作为电弧焊用的焊接材料，焊条对焊接质量、生产效率和经济效益有着重要的作用。焊条的应用广泛，消耗量大。因此必须熟悉、掌握焊条的组成、作用、分类和性能，了解焊条对焊接质量的影响以及焊条质量的检验、储存保管、选用等知识。

（2）常用焊条的型号及选用诀窍

近年来，许多焊条标准已等效采纳国际先进标准，目前已推行的有碳钢焊条、低合金钢焊条、不锈钢焊条、铜及铜合金焊条等新标准。型号应包括以下含义：焊条、焊条类别、焊条特点（如熔敷金属抗拉强度、使用温度、焊芯金属类型、熔敷金属化学组成类型等）、药皮类型及焊接电源等。不同类型的焊条，其型号表示方法也不同。

1）碳钢焊条

①焊条型号表示方法如下：

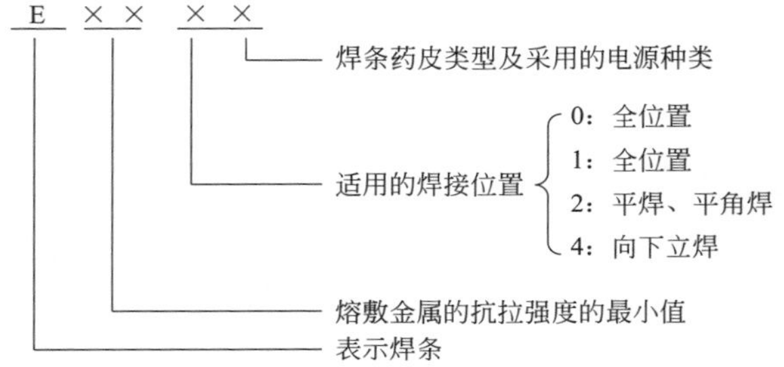

② 碳钢焊条型号划分。根据 GB/T 5117—2012《非合金钢及细晶粒钢焊条》标准规定，碳钢焊条一并列入非合金钢焊条。碳钢焊条型号按熔敷金属的抗拉强度、药皮类型、焊接位置和焊接电流种类划分，见表 3-12。

表 3-12 碳钢焊条型号

焊条型号	药皮类型	焊接位置	电流种类	力学性能		
				σ_b/MPa	$\sigma_{0.2}$/MPa	δ/%
E43 系列——熔敷金属抗拉强度 ≥ 430 MPa						
E4340	特殊型	平、立、仰、横	交流或直流正、反接	≥ 420	≥ 330	≥ 22
E4319	钛铁矿型					
E4303	钛钙型					
E4310	高纤维钠型		直流反接			
E4311	高纤维钾型		交流或直流反接			
E4312	高钛钠型		交流或直流正接			≥ 17
E4313	高钛钾型		交流或直流正、反接			
E4315	低氢钠型		直流反接			≥ 22
E4316	低氢钾型		交流或直流反接			
E4320	氧化铁型	平角焊	交流或直流正接			
E4322		平	交流或直流正、反接		不要求	
E4323	铁粉钛钙型	平、平角焊	交流或直流正、反接		≥ 330	≥ 22
E4324	铁粉钛型					≥ 17
E4327	铁粉氧化铁型		交流或直流正接			≥ 22
E4328	铁粉低氢型		交流或直流反接			

续表

焊条型号	药皮类型	焊接位置	电流种类	力学性能		
				σ_b/MPa	$\sigma_{0.2}$/MPa	δ/%
E50 系列——熔敷金属抗拉强度 ≥ 490 MPa						
E5010	钛铁矿型	平、立仰、横	交流或直流正、反接	≥ 490	≥ 400	≥ 22
E5002	铁钙型					
E5011	高纤维钾型		交流或直流反接			
E5014	铁粉钛型		交流或直流正、反接			≥ 17
E5015	低氢钠型		直流反接			≥ 22
E5016	低氢钾型		交流或直流反接			≥ 22
E5018	铁粉低氢型					
E5018M			直流反接		365 ～ 500	≥ 24
E5023	铁粉钛钙型	平、平角焊	交流或直流正、反接		≥ 400	≥ 17
E5024	铁粉钛型					
E5027	铁粉氧化铁型		交流或直流正接			≥ 22
E5028	铁粉低氢型		交流或直流反接			
E5048		平、立、仰、立向下				

注：1. 焊接位置栏中文字含义：平——平焊，立——立焊，仰——仰焊，横——横焊，平角焊——水平角焊，立向下——立向下焊。

2. 直径不大于 4.0mm 的 E5014、E5015、E5016 和 E5018 焊条及直径不大于 5.0mm 的其它型号的焊条可适用于立焊和仰焊。

3. E4322 型焊条适宜单道焊。

4. 新标准中 E4300 改为 E4340，E4301 改为 E4319，E5001 改为 E5010；新标准中已删除 E4322、E4323、E5018M、E5023 等型号，但考虑到实际生产中还有应用，所以表中予以保留。

碳钢焊条型号编制方法如下：字母“E”表示焊条；前两位数字表示熔敷金属抗拉强度的最小值，单位为MPa；第三位数字表示焊条的焊接位置，“0”及“1”表示焊条适用于全位置焊接，“2”表示适用于平焊及平角焊，“4”表示焊条适用于向下立焊；第三位和第四位数字组合时表示焊接电流种类及药皮类型；在第四位数字后面附加“R”表示耐吸潮焊条，附加“M”表示对吸潮和力学性能有特殊规定的焊条，附加“-1”表示对冲击性能有特殊规定的焊条。

③ 碳钢焊条型号举例：

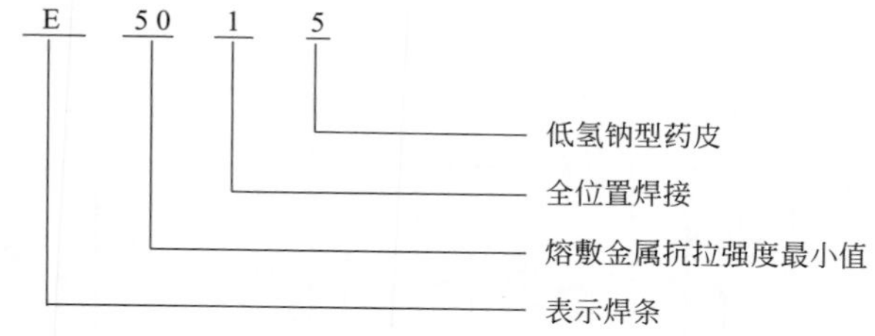

2）低合金钢焊条

① 焊条型号表示方法：

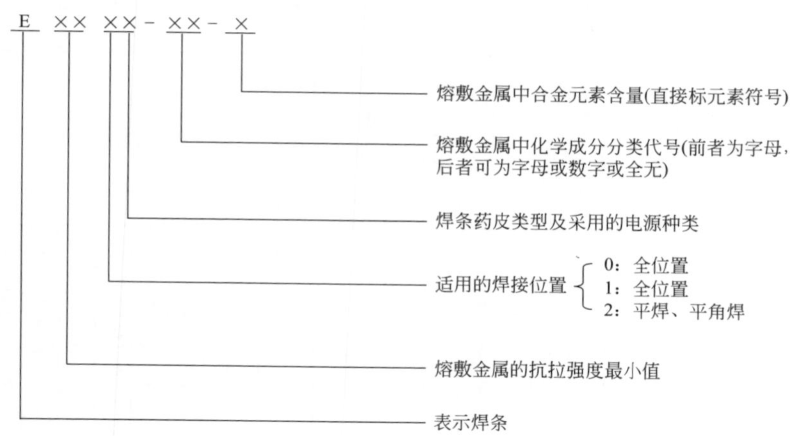

② 低合金钢焊条型号划分。低合金钢焊条型号按熔敷金属的力学性能、化学成分、药皮类型、焊接位置和焊接电流种类划分，见表3-13。

表 3-13　低合金钢焊条型号划分

焊条型号	药皮类型	焊接位置	电流种类	力学性能		
				σ_b/MPa	$\sigma_{0.2}$/MPa	δ/%
E50 系列——熔敷金属抗拉强度≥ 490 MPa						
E5003-X	钛钙型	平、立、仰、横	交流或直流正、反接	≥ 490	≥ 390	≥ 20
E5010-X	高纤维素钠型		直流反接			≥ 22
E5011-X	高纤维素钾型		交流或直流反接			
E5015-X	低氢钠型		直流反接			
E5016-X	低氢钾型		交流或直流反接			
E5018-X	铁粉低氢型					
E5020-X	高氧化铁型	平角焊	交流或直流正接			
		平	交流或直流正、反接			
E5027-X	铁粉氧化铁型	平角焊	交流或直流正接			
		平	交流或直流正、反接			
E55 系列——熔敷金属抗拉强度≥ 540 MPa						
E5500-X	特殊型	平、立、仰、横	交流或直流正、反接	≥ 540	≥ 440	≥ 16
E5503-X	钛钙型					
E5510-X	高纤维素钠型		直流反接			≥ 17
E5511-X	高纤维素钾型		交流或直流反接			
E5513-X	高钛钾型		交流或直流正、反接			≥ 16
E5515-X	低氢钠型		直流反接			≥ 22
E5516-X	低氢钾型		交流或直流反接			
E5518-X	铁粉低氢型					

续表

焊条型号	药皮类型	焊接位置	电流种类	力学性能		
				σ_b/MPa	$\sigma_{0.2}$/MPa	δ/%
E60 系列——熔敷金属抗拉强度≥ 590MPa						
E6000-X	特殊型	平、立、仰、横	交流或直流正、反接	≥ 590	≥ 490	≥ 14
E6010-X	高纤维素钠型		直流反接			≥ 15
E6011-X	高纤维素钾型		交流或直流反接			
E6013-X	高钛钾型		交流或直流正、反接			≥ 14
E6015-X	低氢钠型		直流反接			≥ 15
E6016-X	低氢钾型		交流或直流反接			
E6018-X	铁粉低氢型					
E6018-M			直流反接			≥ 22
E70 系列——熔敷金属抗拉强度≥ 690MPa						
E7010-X	高纤维素钠型	平、立、仰、横	直流反接	≥ 690	≥ 590	≥ 15
E7011-X	高纤维素钾型		交流或直流反接			
E7013-X	高钛钾型		交流或直流正、反接			≥ 13
E7015-X	低氢钠型		直流反接			≥ 15
E7016-X	低氢钾型		交流或直流反接			≥ 15
E7018-X	铁粉低氢型					
E7018-M			直流反接			≥ 16

续表

焊条型号	药皮类型	焊接位置	电流种类	力学性能		
				σ_b/MPa	$\sigma_{0.2}$/MPa	δ/%
E75 系列——熔敷金属抗拉强度≥ 740 MPa						
E7505-X	低氢钠型	平、立、仰、横	直流反接	≥ 740	≥ 640	≥ 13
E7516-X	低氢钾型		交流或直流反接			
E7518-X	铁粉低氢型					
E7518-M			直流反接			≥ 18
E80 系列——熔敷金属抗拉强度≥ 780 MPa						
E8015-X	低氢钠型	平、立、仰、横	直流反接	≥ 780	≥ 690	≥ 13
E8016-X	低氢钾型		交流或直流反接			
E8018-X	铁粉低氢型					
E85 系列——熔敷金属抗拉强度≥ 830 MPa						
E8515-X	低氢钠型	平、立、仰、横	直流反接	≥ 830	≥ 740	≥ 12
E8516-X	低氢钾型		交流或直流反接			
E8518-X	铁粉低氢型					
E8518-M			直流反接			≥ 15

续表

焊条型号	药皮类型	焊接位置	电流种类	力学性能		
				σ_b/MPa	$\sigma_{0.2}$/MPa	δ/%
E90 系列——熔敷金属抗拉强度≥ 880 MPa						
E9015-X	低氢钠型	平、立、仰、横	直流反接	≥ 880	≥ 780	≥ 12
E9016-X	低氢钾型		交流或直流反接			
E9018-X	铁粉低氢型					
E100 系列——熔敷金属抗拉强度≥ 980 MPa						
E10015-X	低氢钠型	平、立、仰、横	直流反接	≥ 980	≥ 880	≥ 12
E10016-X	低氢钾型		交流或直流反接			
E10018-X	铁粉低氢型					

注：1. 后缀字母 X 代表熔敷金属化学成分分类代号 A1、B1、B2 等。

2. 焊接位置栏中文字含义：平——平焊，立——立焊，仰——仰焊，横——横焊，平角焊——水平角焊。

3. 直径不大于 4.0mm 的 EXX15-X、EXX16-X 及 EXX18-X 型焊条及直径不大于 5.0mm 的其它型号焊条可适用于立焊和仰焊。

4. 力学性能栏中符号含义：σ_b——抗拉强度，$\sigma_{0.2}$——屈服强度，δ——伸长率。

③ 低合金钢焊条型号举例：

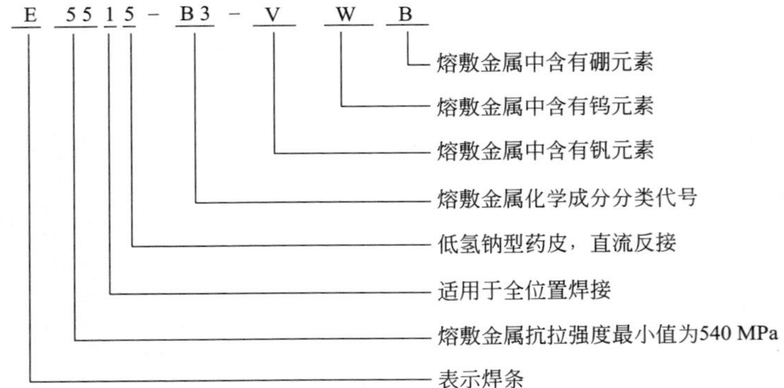

3）不锈钢焊条

① 焊条型号表示方法：

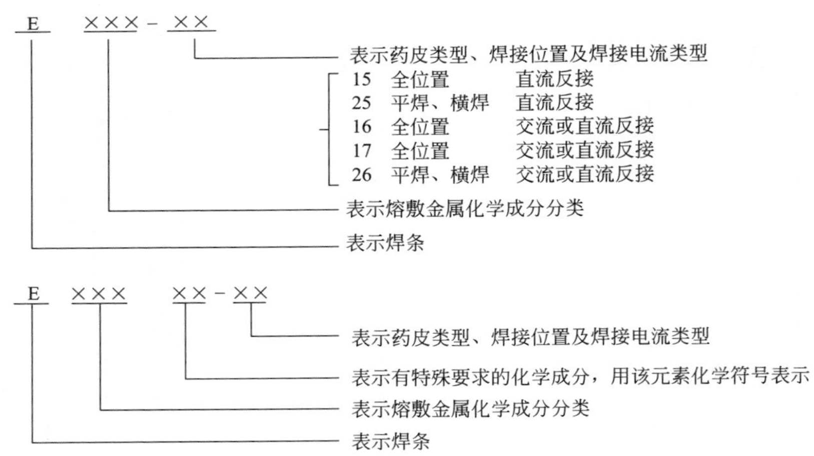

② 不锈钢焊条型号举例：

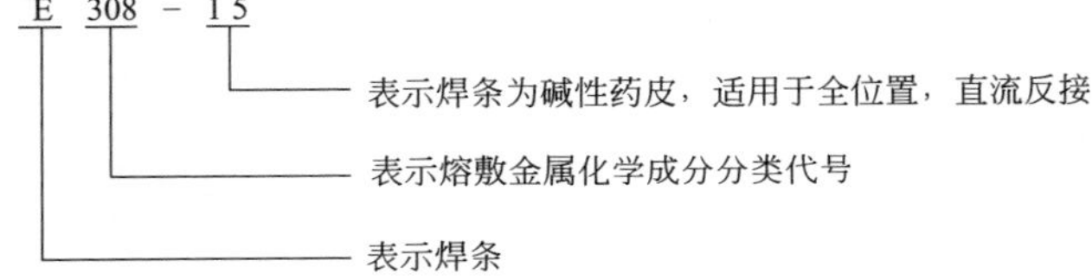

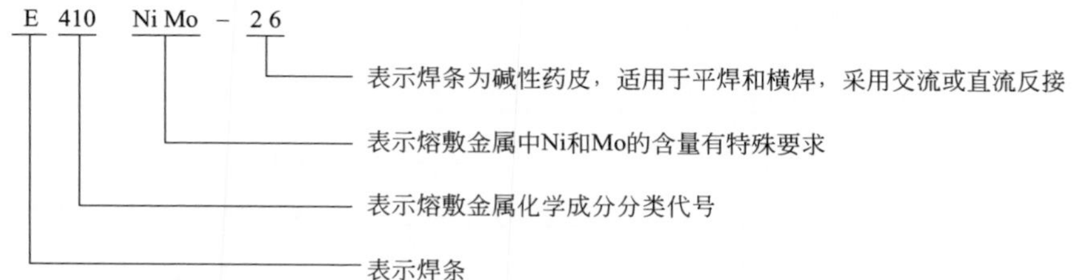

4）堆焊焊条

① 焊条型号及表示方法：

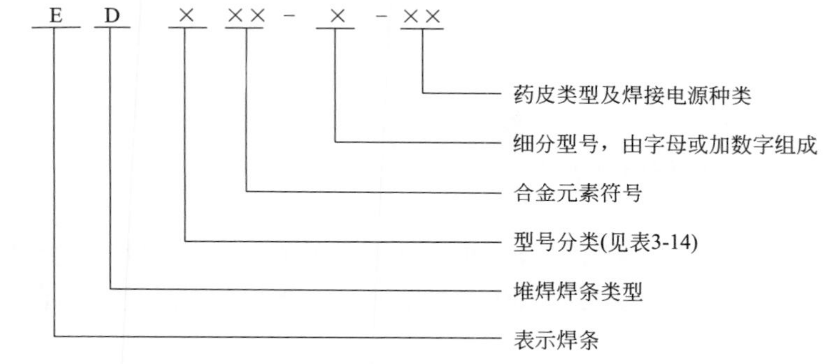

表 3-14　堆焊焊条型号与堆焊成分类型

型号分类	熔化金属化学成分组成类型	对应焊条牌号
EDP××-××	普通低、中合金钢	D10× ～ 24×
EDR××-××	热强合金钢	D30× ～ 49×
EDCr××-××	高铬钢	D50× ～ 59×
EDMn××-××	高锰钢	D25× ～ 29×
EDCrMn××-××	高铬锰钢	D50× ～ 59×
EDCrNi××-××	高铬镍钢	D50× ～ 59×
EDD××-××	高速钢	D30× ～ 49×
EDZ××-××	合金铸铁	D60× ～ 69×
EDZCr××-××	高铬铸铁	D60× ～ 69×
EDCoCr××-××	钴基合金	D80× ～ 89×
EDW××-××	碳化钨	D70× ～ 79×
EDT××-××	特殊型	D00× ～ 09×

② 堆焊焊条型号举例：

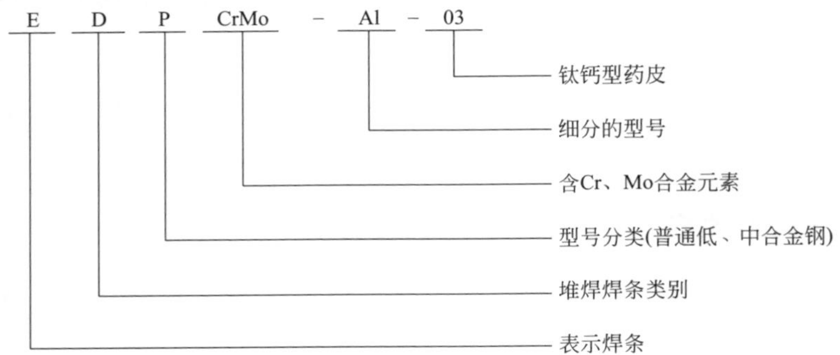

3.3.2 焊丝的作用、要求与选择诀窍

（1）焊丝的作用及要求

1）焊丝的作用

焊丝的作用在于传导电流、填充金属、过渡合金，自保护药芯焊丝在焊接过程中还起保护或脱氧和去氮等作用。焊丝是埋弧焊工艺方法的主要焊接材料。

焊丝在一般焊接过程中的作用是与焊件之间产生电弧并熔化，用以补充焊缝金属；手工钨极氩弧焊时，焊丝是主要的填充金属，并与熔化的母材混合形成焊缝；熔化极氩弧焊时，焊丝除上述作用外，还起传导电流、引弧和维持电弧燃烧的作用。

2）对焊丝的要求

为保证焊缝质量，对焊丝的要求很高，需对焊丝金属中各合金元素的含量作一定的限制，如降低含碳量，增加合金元素含量和减少硫、磷等有害杂质，以保证焊后各方面的性能不低于母材金属。使用时，要求焊丝表面清洁，不应有氧化皮、铁锈及油污等。

① 焊丝的化学成分应与母材的性能匹配，而且要严格控制其化学成分、纯度和质量。

② 为了补偿电弧过程化学成分的损失，焊丝的主要合金成分应比母材稍高。

③ 焊丝应符合国家标准并有制造厂的质量合格证书。

④ 手工钨极氩弧焊用焊丝，一般为每根长 500 ～ 1000mm 的直丝；

自动（机械化）焊接采用轴绕式或盘绕式的成盘焊丝。

⑤ 焊丝直径范围从 0.4mm（细小而精密的焊件用）至 9mm（大电流手工 TIG 焊或手工 TIG 表面堆焊用）。

（2）焊丝的分类

焊丝有多种分类方法，通常分类方法如图 3-26 所示。

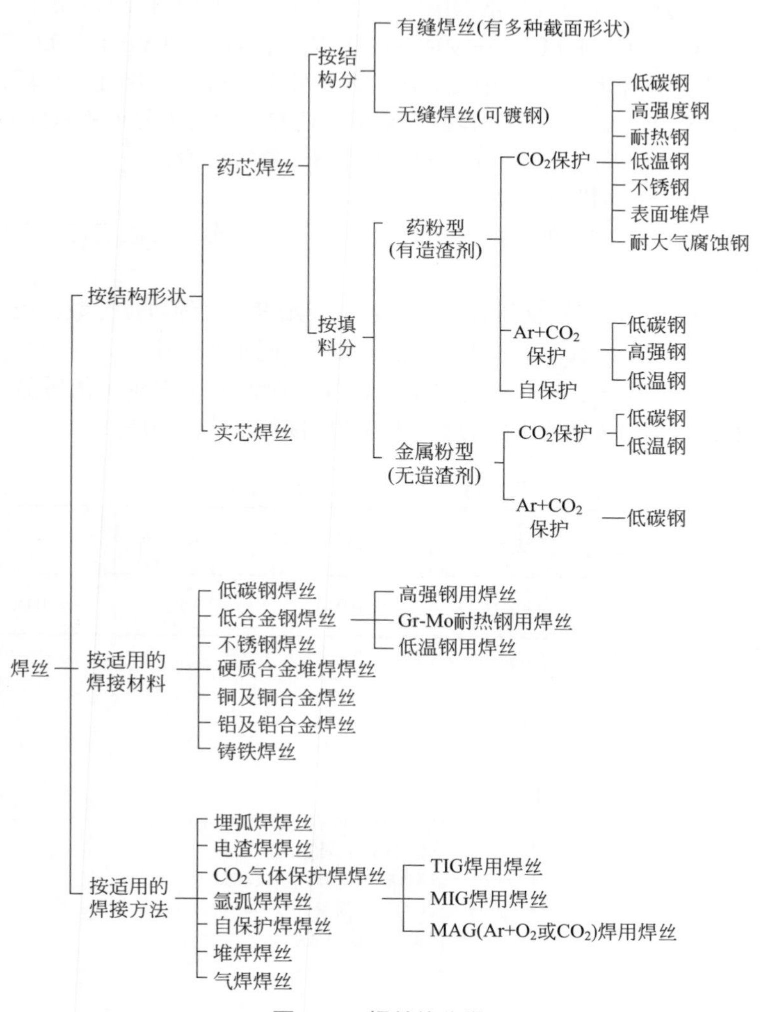

图 3-26　焊丝的分类

(3) 焊丝的型号、牌号及成分

1）焊丝的型号、牌号及成分

氩弧焊用焊丝可分为钢焊丝与有色金属焊丝两大类，其中钢焊丝包括实心焊丝与药芯焊丝两大类；埋弧焊用焊丝包括实心焊丝与药芯焊丝两大类。

焊丝的型号（牌号）是以国家标准为依据来进行划分的。现行有关国家标准有：GB/T 14957—1994《熔化焊用钢丝》和 YB/T 5092—2016《焊接用不锈钢丝》。标准中规定了焊丝的型号、分类、尺寸、外形、重量、技术要求、试验方法和检验要求等。这些焊丝的型号或牌号除 GB/T 8110 外，均以字母“H”表示焊丝，其牌号编制方法为：

① 以字母“H”表示焊丝。

② 在“H”之后的一位（千分位）或两位（万分位）数字表示含 C 量（平均约数）。

③ 化学元素符号及其后的数字表示该元素的大约质量分数，当主要合金元素的质量分数≤ 1% 时，可省略数字只记元素符号。

④ 在焊丝牌号尾部标有“A”或“E”时，分别表示“优质品”或“高级优质品”，表明有更低的 S、P 等杂质含量，见表 3-15。

表 3-15　焊丝中硫、磷的含量

代号	省略	A	B	C
w（S）、w（P）/%	≤ 0.035	≤ 0.030	≤ 0.020	≤ 0.015

注：S、P 的含量用质量分数（w）表示，如 w（S）、w（P）。

焊丝牌号举例：

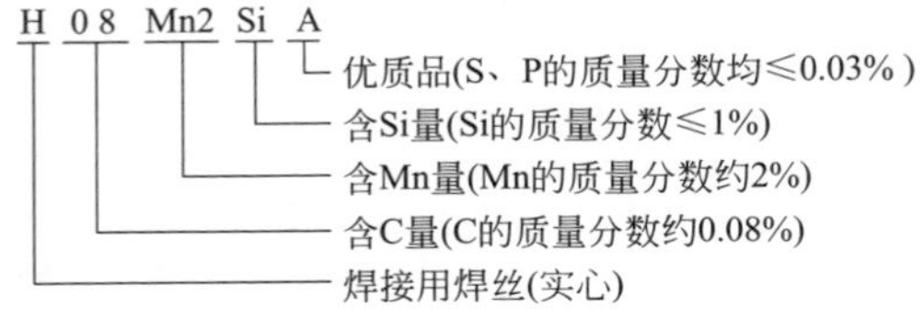

2）熔化焊用钢丝

① 牌号表示方法如下：

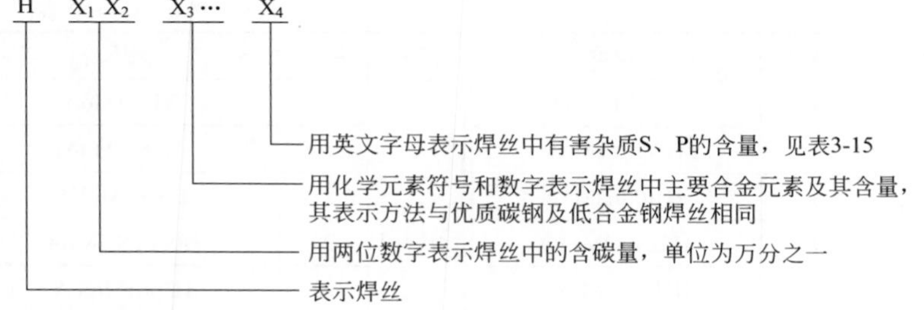

② 碳素结构钢、低合金结构钢熔化焊用钢丝见表 3-16。

③ 牌号举例：

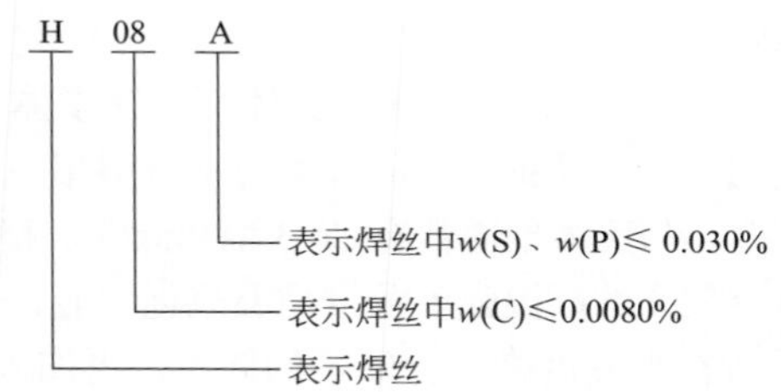

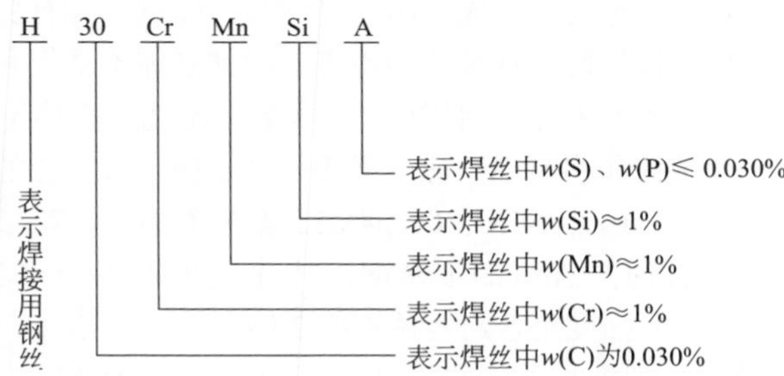

表 3-16 熔化焊用钢丝

钢种	序号	牌号	钢种	序号	牌号
碳素结构钢	1	H08A	合金结构钢	7	H10Mn2
	2	H08B		8	H08Mn2Si
	3	H08C		9	H08Mn2SiA
	4	H08MnA		10	H10MnSi
	5	H15A		11	H10MnSiMo
	6	H15Mn		12	H10MnSiMoTiA

续表

钢种	序号	牌号	钢种	序号	牌号
合金结构钢	13	H08MnMoA	合金结构钢	19	H13CrMoA
	14	H08Mn2MoA		20	H18CrMoA
	15	H10Mn2MoA		21	H08CrMoVA
	16	H08Mn2MoVA		22	H08CrNi2MoA
	17	H10Mn2MoVA		23	H30CrMnSiA
	18	H08CrMoA		24	H10MoCrA

注：根据供需双方协议，也可供给本表以外的牌号。

3）焊接用不锈钢丝

① 按显微组织划分，不锈钢可分为马氏体型、铁素体型、奥氏体型和双相不锈钢等几大类型。不锈钢焊丝的分类与不锈钢相一致，按显微组织划分也是这四大类型。马氏体型通常有Cr13型和低碳、超低碳Cr13型，前者含碳量较高，具有较高的高温强度及抗高温氧化性能，也具有一定的耐蚀性和耐磨性。后者在大幅度降低含碳量的同时，再加入4%～6%的Ni和少量的Mo、Ti等元素，成为高强高韧马氏体钢，具有良好的抗气蚀性、耐腐蚀和抗磨损性能。铁素体型也有普通铁素体不锈钢和超纯铁素体不锈钢两类，由于严格控制了钢中C+N含量，超纯铁素体不锈钢有着良好的加工性、焊接性和耐腐蚀性能。奥氏体型是应用最广泛的不锈钢，可大致分为Cr18-Ni8、Cr25-Ni20、Cr25-Ni35等几个小类。双相不锈钢是指铁素体和奥氏体各约占50%的不锈钢，具有抗点腐蚀、缝隙腐蚀和应力腐蚀等特性，其屈服强度是普通不锈钢的2倍。

② 牌号表示。根据相关标准的规定，不锈钢焊丝的牌号见表3-17。

表3-17　不锈钢焊丝牌号

类别	牌号	类别	牌号
奥氏体型	H1Cr19Ni9	奥氏体型	H00Cr21Ni10
	H0Cr19Ni12Mo2		H0Cr20Ni10Ti
	H00Cr19Ni12Mo2		H0Cr20Ni10Nb
	H00Cr19Ni12Mo2Cu2		H00Cr20Ni25Mo4Cu
	H0Crl9Nil4Mo3		H1Cr21Ni10Mn6
	H0Cr21Ni10		H1Cr24Ni13

续表

类别	牌号	类别	牌号
奥氏体型	H1Cr24Ni13Mo2	铁素体型	H1Cr17
	H00Cr25Ni22Mn4Mo2N	马氏体型	H1Cr13
	H1Cr26Ni21		H2Cr13
	H0Cr26Ni21		H0Cr17Ni4Cu4Nb
铁素体型	H0Cr14		

③ 常用不锈钢焊丝的选择要点与诀窍。

a. 常用的埋弧焊丝主要有直径 1.6mm、2mm、3mm、4mm、5mm 和 6mm 六种。

b. 奥氏体不锈钢在焊接过程中容易产生焊缝结晶裂纹，所以焊丝的选择原则是在无裂纹的前提下，保证焊缝的耐蚀性能和力学性能与母材基本相当，尽可能使焊丝的合金成分与母材成分相一致或相近。在不影响耐蚀性的条件下，希望焊缝中含有一定量的铁素体。但对于长期在高温下运行的焊缝，其铁素体含量应不超过 5%。

c. 马氏体钢是可以通过热处理来调整性能的，因此，要求焊缝成分尽量接近母材的成分。但为了防止冷裂纹，也可采用奥氏体焊丝，这种情况下焊缝强度要明显低于母材，也不宜再进行热处理。材质不均匀的接头，在循环温度的环境中有可能产生热疲劳裂纹，导致接头破坏。采用 Cr13 型焊丝焊接马氏体钢时，应严格控制焊丝中 S、P 及 Si 等元素，选用含有 Ti、Nb 或 Al 的焊丝，以细化晶粒并降低淬硬性。焊后应进行热处理，以提高接头的综合性能。

d. 铁素体钢在焊接过程中不发生相变，所以不产生硬化组织，但铁素体晶粒粗大化，脆化现象较严重，焊缝塑韧性下降。故选择焊丝时应采用有害元素 C、N、S、P 等含量低的焊丝。焊丝成分可以采用铁素体的 Cr17 焊丝，也可采用高 Cr、Ni 的奥氏体焊丝。采用同质焊丝，可以通过焊后热处理来恢复耐蚀性，改善接头塑性。采用异质焊丝可改善抗裂性，提高焊缝塑韧性等。但在某些腐蚀介质中，焊缝的耐蚀性可能与母材有很大不同，应充分注意。

e. 双相不锈钢用焊丝的特点是焊缝组织为奥氏体占优的双相组织，铁素体化元素 Cr、Mo 含量与母材相当，而奥氏体化元素 Ni 比母材提高 2% ～ 4%。另外，焊丝中还含有奥氏体化元素 N，但含量不宜太高，否则

会产生气孔。

f. 异种钢焊接用焊丝的选择要充分考虑到母材的化学成分、性能、接头形式和使用要求等，保证焊缝金属具有所要求的综合性能，如耐蚀性、耐热性、热强性等。焊丝的选用通常是就高不就低，即焊丝成分尽可能接近高成分的母材一方，如碳钢、低合金钢与不锈钢焊接时，应选用不锈钢焊丝。

（4）焊丝使用注意事项与禁忌

① 埋弧焊焊接电源一般为直流反极性。

② 埋弧焊采用实心焊丝 MIG 焊时，通常为喷射过渡，电弧长度在 4 ～ 6mm 为宜，过短易于产生气孔。

③ 为了防止焊接时气孔的产生，无论采用实心焊丝还是药芯焊丝焊接时，如果风速太大都要采取相应的防风措施。

（5）焊丝的保管与使用诀窍

① 防止焊丝吸收水分变潮湿，也不能因受潮后像焊条那样在高温下烘干，所以开封后的药芯焊丝应放置在湿度低的场所，防止结露或沾染污物。

② 焊丝装盘时，应将焊丝表面的油、铁锈和氧化皮等污物清理干净。

③ 焊接工作中要凭借领料单领取焊丝，随用随取，在焊接场地不得存放多余的焊丝，再次领用焊丝时必须将空盘返回。

3.3.3 焊剂的分类、用途与选择诀窍

焊剂是焊接时能够熔化形成熔渣和气体，对熔化金属起保护和冶金处理作用的一种颗粒状物质。其作用与焊条药皮相似，与焊丝（相当于焊条中焊芯）配合使用是决定焊缝金属化学成分和力学性能的重要因素。

（1）焊剂的分类

焊剂有多种分类方法，如可按用途分为钢用焊剂和有色金属用焊剂。钢用焊剂又可分为碳素钢、合金钢及高合金钢等用焊剂。一般常用的分类，如图 3-27 所示。

表 3-18 列出了熔炼焊剂与烧结焊剂的主要性能比较，可供选用焊剂时参考。黏结焊剂也可视为低温的烧结焊剂。由于烘干温度低（＜ 500℃ ）、吸潮倾向大、颗粒强度低等，目前作为产品供应尚属少见，多为自产自用。在某些特殊情况下，根据使用要求不同，可把熔炼焊剂和烧结焊剂按一定比例混合起来使用，也可称为混合焊剂。

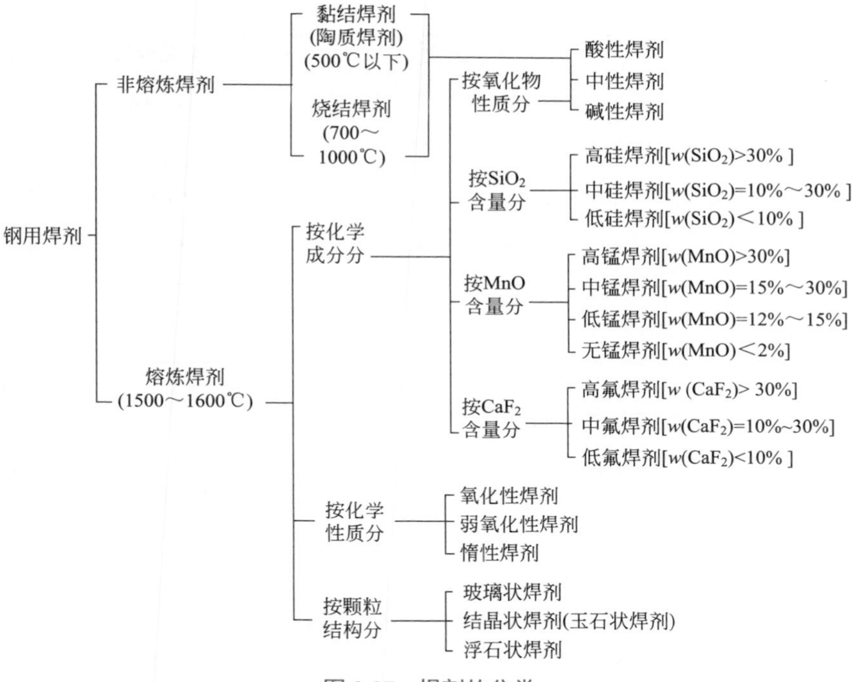

图 3-27　焊剂的分类

表 3-18　熔炼焊剂与烧结焊剂主要性能比较

比较项目		熔炼焊剂	烧结焊剂
一般特点		焊剂熔点较低，松装密度较大（一般 1.0 ～ 1.8g/cm³），颗粒不规则，但强度较高。生产中耗电多，成本高，焊接时焊剂消耗量较小	熔点较高，松装密度较小（一般 0.9 ～ 1.2g/cm³），颗粒圆滑呈球状（可用管道输送，回收时阻力小），但强度低，可连续生产，成本低，焊接时焊剂消耗量较大
焊接工艺性能	高速焊接性能	焊道均匀，不易产生气孔和夹渣	焊缝无光泽，易产生气孔、夹渣
	工艺参数焊接性能	焊道凸凹显著，易粘渣	焊道均匀，易脱渣
	吸潮性能	比较小，使用前可不必烘干	较大，使用前必须烘干
	抗锈性能	比较敏感	不敏感

续表

比较项目		熔炼焊剂	烧结焊剂
焊缝性能	韧性	受焊丝成分和焊剂碱度影响大	比较容易得到高韧性
	成分波动	焊接规范变化时成分波动小、均匀	焊接规范变化时焊剂熔化程度不同，成分波动较大，不易均匀
	多层焊性能	焊缝金属的成分变动小	焊缝金属成分变动较大
	脱氧能力	较差	较好
	合金剂的添加	几乎不可能	容易

（2）焊剂的牌号与型号

1）焊剂的牌号

①熔炼焊剂。熔炼焊剂的牌号由字母“HJ”和三位数字组成，如下：

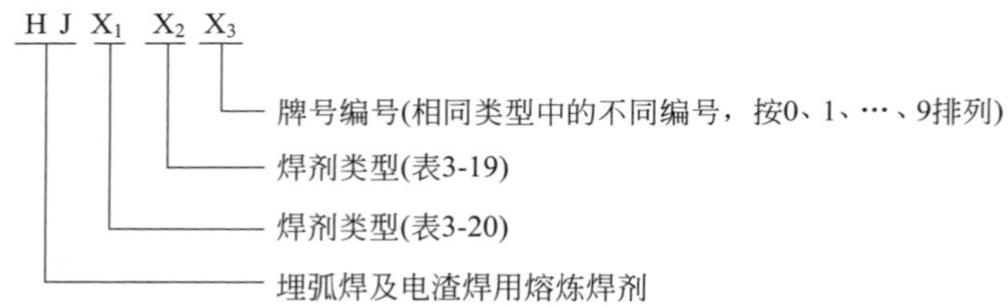

表 3-19　焊剂类型（X_2）

X_2	焊剂类型	$w(SiO_2)$/%	$w(CaF_2)$/%
1	低硅低氟	＜10	＜10
2	中硅低氟	10～30	
3	高硅低氟	＞30	
4	低硅低氟	＜10	10～30
5	中硅低氟	10～30	
6	高硅低氟	＞30	
7	低硅低氟	＜10	＞30
8	中硅低氟	10～30	
9	其他	不规定	不规定

表 3-20 焊剂类型（X_1）

X_1	焊剂类型	w(MnO)/%	X_1	焊剂类型	w(MnO)/%
1	无锰	＜2	3	中锰	15～30
2	低锰	2～15	4	高锰	＞30

同一牌号焊剂生产两种颗粒度时，在细颗粒焊剂牌号后面加字母“X”。焊钢用熔炼焊剂见表 3-21。

表 3-21 焊钢用熔炼焊剂

牌号	类别	牌号	类别
HJ130	无锰高硅低氟	HJ260	低锰高硅中氟
HJ131	无锰高硅低氟	HJ330	中锰高硅低氟
HJ150	无锰中硅中氟	HJ350	中锰中硅中氟
HJ151	无锰低硅高氟	HJ351	中锰中硅中氟
HJ172	无锰低硅高氟	HJ430	高锰高硅低氟
HJ230	低锰高硅低氟	HJ431	高锰高硅低氟
HJ250	低锰中硅中氟	HJ433	高锰高硅低氟
HJ251	低锰中硅中氟	HJ434	高锰高硅低氟
HJ252	低锰中硅中氟		

② 烧结焊剂。烧结焊剂用字母“SJ”和三位数字表示，如下：

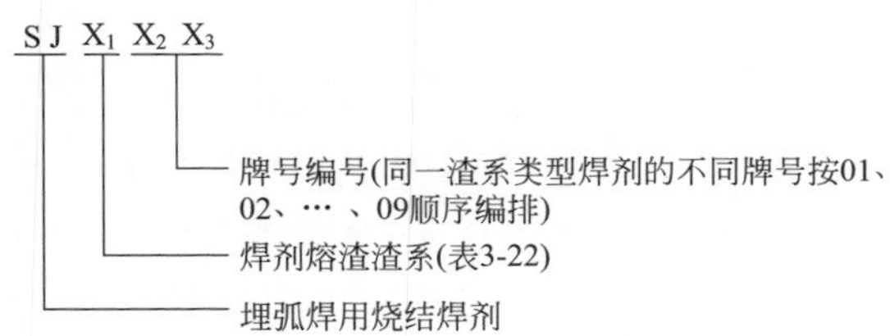

焊钢用烧结焊剂见表 3-23。

表 3-22 焊剂熔渣渣系（X_1）

X_1	熔渣渣系类型	主要化学成分（质量分数）组成类型
1	氟碱型	CaF_2 ≥ 15% $CaO+MgO+MnO+CaF_2$ ＞ 50% SiO_2 ＜ 20%
2	高铝型	Al_2O_3 ≥ 20%　$Al_2O_3+CaO+MgO$ ＞ 45%

续表

X_1	熔渣渣系类型	主要化学成分（质量分数）组成类型
3	硅钙型	$CaO+MgO+SiO_2 > 60\%$
4	硅锰型	$MnO+SiO_2 > 50\%$
5	铝钛型	$Al_2O_3+TiO_2 > 45\%$
6、7	其他型	不规定

表 3-23　焊钢用烧结焊剂

牌号	类型	牌号	类型
SJ101	氟碱型	SJ401	硅锰型
SJ201	高铝型	SJ501	铝钛型
SJ301	硅钙型	SJ502	铝钛型

2）焊剂的型号

焊剂的型号是依据有关标准的规定来划分的。目前有关焊剂的标准有GB/T 5293、GB/T 12470 和 GB/T 17854 等。

① 碳钢埋弧焊用焊剂。焊剂型号是根据埋弧焊焊缝金属的力学性能来划分的。而焊缝金属的力学性能与所配用的焊丝有关。焊剂型号的表示方法如下：

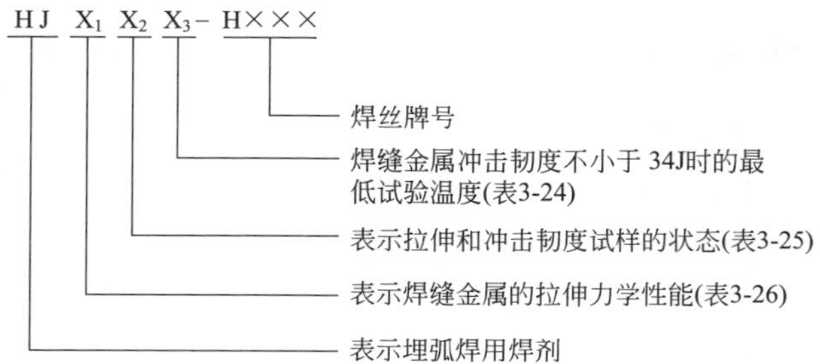

例如：HJ403-H08MnA 表示埋弧焊用熔炼焊剂，配合 H08MnA 焊丝，按相关标准所规定的焊接工艺参数焊接试样；试样为焊态时，焊缝的力学性能为 σ_b（412 ～ 538）MPa、$\sigma_{0.2}$ 不小于 304MPa、$\delta_5 \geqslant 22\%$，在 −30℃时冲击韧度≥ 34.3J/cm^2。这里应注意 HJ403 不是焊剂牌号，勿与焊剂牌号 HJ××× 相混。

表 3-24 焊缝金属冲击韧度要求——第三位（X_3）数字的含义

X_3	试验温度（t）/℃	a_K/J·cm^{-2}	X_3	试验温度（t）/℃	a_K/J·cm^{-2}
HJ$X_2X_2$0-H×××	—	无要求	HJ$X_1X_2$4-H×××	−40	≥ 34.3
HJ$X_1X_2$1-H×××	0	≥ 34.3	HJ$X_1X_2$5-H×××	−50	
HJ$X_1X_2$2-H×××	−20		HJ$X_1X_2$6-H×××	−60	
HJ$X_1X_2$3-H×××	−30				

表 3-25 试样状态 ——第二位（X_2）数字的含义

X_2	试样状态	X_2	试样状态
0	焊态	1	焊后热处理（620±15）℃保温 1h

表 3-26 焊缝金属拉伸力学性能要求——第一位（X_1）数字含义

X_1	σ_b/MPa	$\sigma_{0.2}$/MPa ≥	δ_5/%
HJ3$X_2X_3$0-H×××	412 ～ 538	304	22
HJ4$X_2X_3$0-H×××		330	
HJ5$X_2X_3$0-H×××	480 ～ 647	398	

② 低合金钢埋弧焊用焊剂。根据相关规定和标准，型号是根据埋弧焊熔敷金属力学性能和焊剂渣系来划分的。焊剂型号的表示方法及含义如下：

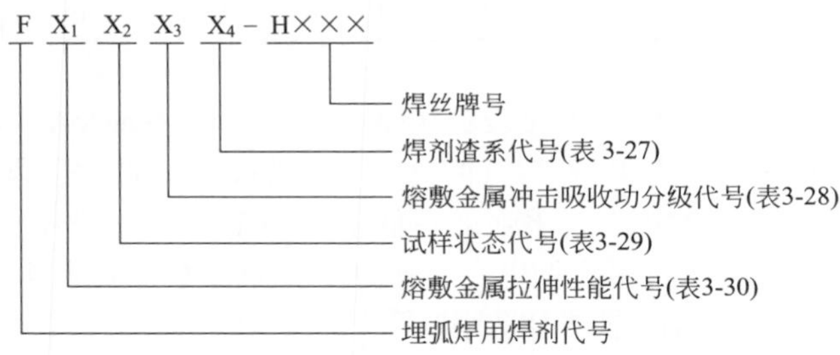

表 3-27 焊剂渣系分类及组成（X_4）

渣系代号 X_4	主要化学成分（质量分数）组成类型	渣系
1	$CaO+MgO+MnO+CaF_2 > 50\%$ $SiO_2 \leq 20\%$， $CaF_2 \geq 15\%$	氟碱型

续表

渣系代号 X_4	主要化学成分（质量分数）组成类型	渣系
2	$Al_2O_3+CaO+MgO>45\%$ $Al_2O_3\geqslant 20\%$	高铝型
3	$CaO+MgO+SiO_2>60\%$	硅钙型
4	$MnO+SiO_2>50\%$	硅锰型
5	$Al_2O_3+TiO_2>45\%$	铝钛型
6	不作规定	其他型

表 3-28　熔敷金属 V 形缺口冲击吸收功分级代号及要求（X_3）

冲击吸收功代号（X_3）	试验温度（t）/℃	A_{KV}/J	冲击吸收功代号（X_3）	试验温度（t）/℃	A_{KV}/J
0	—	无要求	1	0	≥ 27

表 3-29　试样状态代号（X_2）

试样状态代号（X_2）	试样状态	试样状态代号（X_2）	试样状态
0	焊态	1	焊后热处理状态

表 3-30　拉伸性能代号（X_1）及要求

X_1	σ_b/MPa	$\sigma_{0.2}$/MPa ≥	δ_5/%	X_1	σ_b/MPa	$\sigma_{0.2}$/MPa ≥	δ_5/%
5	480 ～ 650	380	22	8	690 ～ 820	610	16
6	550 ～ 690	460	20	9	760 ～ 900	680	15
7	620 ～ 760	540	17	10	820 ～ 970	750	14

例如：F5121-H08MnMoA 表示这种焊剂采用 H08MnMoA 焊丝；按标准所规定的焊接工艺参数焊接试件，试样需经热处理；熔敷金属的抗拉强度为（480 ～ 650）MPa，屈服强度不低于 380MPa，延长率不低于 22%；在 −20℃时 V 形缺口冲击吸收功不小于 27J；焊剂渣系为氟碱型。

（3）焊剂的作用、要求及选用诀窍

1）焊剂的作用

焊剂是埋弧焊过程中保证焊缝质量的重要材料，其作用如下：

① 焊剂熔化后形成熔渣，可以防止空气中氧、氮等气体侵入熔池，起机械保护作用。

② 向熔池过渡有益的合金元素，改善化学成分，提高焊缝金属的力

学性能。

③ 焊剂能促使焊缝成形良好。

不同焊剂的主要作用及选用诀窍见表3-31。

表3-31 不同焊剂的主要作用及选用诀窍

焊剂类型	主要用途
高硅型熔炼焊剂	根据含MnO量不同，有高锰高硅、中锰高硅、低锰高硅、无锰高硅四种焊剂，可向焊缝中过渡硅，锰的过渡量与SiO_2含量有关，也与焊丝中的含Mn量有关。应根据焊剂中MnO含量来选择焊丝。用于焊接低碳钢和某些低合金结构钢
中硅型熔炼焊剂	碱度较高，大多数属于弱氧化性焊剂，焊缝金属含氢量低，韧性较高，配合适当焊丝可焊接合金结构钢；加入一定量的FeO成为中硅型氧化焊剂，可焊接高强度钢
低硅型熔炼焊剂	对焊缝金属没有氧化作用，配合相应焊丝可焊接高合金钢，如不锈钢、热强钢等
氟碱型烧结焊剂	碱性焊剂，焊缝金属有较高的低温冲击韧性，配合适当焊丝可焊接各种低合金结构钢，用于重要的焊接产品。可用于多丝埋弧焊，特别适用于大直径容器的双面单道焊
硅钙型烧结焊剂	中性焊剂，配合适当焊丝可焊接普通结构钢、锅炉用钢、管线用钢，用多丝快速焊接，特别适用于双面单道焊，由于是短渣，可焊接小直径管线
硅锰型烧结焊剂	酸性焊剂，配合适当焊丝可焊接低碳钢及某些低合金钢，用于机车车辆、矿山机械等金属结构的焊接
铝钛型烧结焊剂	酸性焊剂，有较强的抗气孔能力，对少量铁锈及高温氧化膜不敏感，配合适当焊丝可焊接低碳钢及某些低合金结构钢，如锅炉、船舶、压力容器，可用于多丝快速焊，特别适用于双面单道焊
高铝型烧结焊剂	中等碱度，为短渣熔剂，工艺性能好，特别是脱渣性能优良，配合适当焊丝可用于焊接小直径环缝、深坡口、窄间隙等的低合金结构钢，如锅炉、船舶、化工设备等

2）焊剂的基本要求

① 焊剂应具有良好的冶金性能。焊剂配以适宜的焊丝，选用合理的焊接规范，焊缝金属应具有适宜的化学成分和良好的力学性能，以满足国标或焊接产品的设计要求。还应有较强的抗气孔和抗裂纹能力。

② 焊剂应有良好的焊接工艺性。在规定的工艺参数下进行焊接，焊接过程中应保证电弧燃烧稳定，熔合良好，过渡平滑焊缝成形好，脱渣

容易。

③ 焊剂应有一定的粒度。焊剂的粒度一般分为两种：一是普通粒度，为2.5～0.45mm（8目～40目）；二是细粒度为1.25～0.28mm（14目～60目）。小于规定粒度的细粉一般不大于5%，大于规定粒度的粗粉不大于2%。

④ 焊剂应具有较低的含水量和良好的抗潮性。出厂焊剂水的质量分数不得大于0.20%；焊剂在温度25℃、相对湿度70%的环境条件下，放置24h，吸潮率不应大于0.15%。

⑤ 焊剂中机械夹杂物（碳粒、铁屑、原料颗粒及其他杂物）质量分数不应大于0.30%。

⑥ 焊剂应有较低的硫、磷含量。其质量分数一般为S ≤ 0.06%，P ≤ 0.08%。

只有满足技术要求，符合国标的焊剂，才能在焊剂包装和使用说明书上标出牌号和型号。

（4）焊剂的选择原则、注意事项与禁忌

1）焊剂选择原则

① 焊接低碳钢时，一般选择高硅高锰型焊剂。若采用含Mn的焊丝，则应选择中锰、低锰或无锰型焊剂。

② 焊接低合金高强度钢时，可选择中锰中硅或低锰中硅等中性或弱碱性焊剂。为得到更高的韧性，可选用碱度高的熔炼型或烧结型焊剂，尤以烧结型为宜。

③ 焊接低温钢时，宜选择碱度较高的焊剂，以获得良好的低温韧性。若采用特制的烧结焊剂，它向焊缝中过渡Ti、B元素，可获得更优良的韧性。

④ 耐热钢焊丝的合金含量较高时，宜选择扩散氢量低的焊剂，以防止产生焊接裂纹。

⑤ 焊接奥氏体等高合金钢时，应选择碱度较高的焊剂，以降低合金元素的烧损，故熔炼型焊剂以无锰中硅高氟型为宜。

2）焊剂使用注意事项与禁忌

① 使用前应将焊剂进行烘干，熔炼型焊剂通常在250～300℃下焙烘2h，烧结焊剂通常在300～400℃下焙烘2h。

② 焊剂堆高影响到焊缝外观和X射线合格率。单丝焊接时，焊剂堆高通常为25～35mm；双丝纵列焊接时，焊剂堆高一般为30～45mm。

③ 当采用回收系统反复使用焊剂时，焊剂中可能混入氧化铁皮和粉尘等，焊剂的粒度分布也会改变。为保持焊剂的良好特性，应随时补加新的焊剂，且注意清除焊剂中混入的渣壳等杂物。

④ 注意清除坡口上的锈、油等污物，以防止产生凹坑和气孔。

⑤ 采用直流电源时，一般均采用直流反接，即焊丝接正极。

（5）焊剂的保管与使用诀窍

为了保证焊接质量，焊剂在保存时应注意防止受潮，搬运焊剂时要防止包装破损。使用前，必须按规定温度烘干并保温，酸性焊剂在 250℃下烘干 2h，碱性焊剂在 300 ～ 400℃下烘干 2h，焊剂烘干后应立即使用。使用回收的焊剂，应清除掉其中的渣壳、碎粉及其他杂物，与新焊剂混合均匀并按规定烘干后使用。使用直流电源时，均采用直流反接。

3.3.4 氩弧焊钨极的作用、要求与选用诀窍

（1）钨极的作用及其要求

1）钨极的作用

钨是一种难熔的金属材料，能耐高温，其熔点为 3653 ～ 3873K，导电性好，强度高。氩弧焊时，钨极作为电极，起传导电流、引燃电弧和维持电弧正常燃烧的作用。

2）对钨极的要求

钨极除应耐高温、导电性好、强度高外，还应具有很强的发射电子能力（引弧容易，电弧稳定），且电流承载能力大、寿命长、抗污染性好。

钨极必须经过清洗抛光或磨光。清洗抛光指的是在拉拔或锻造加工之后，用化学清洗方法除去表面杂质。对钨极化学成分的要求见表 3-32。

表 3-32 钨极的种类及化学成分要求

钨极牌号		化学成分（质量分数）/%				特点
		钨	氧化钍	氧化铈	其他元素	
纯钨极	W1	＞ 99.92	—	—	＜ 0.08	熔点和沸点都很高，空载电压要求较高，承载电流能力较小
	W2	＞ 99.85			＜ 0.05	
钍钨极	WTh-7	余量	0.1 ～ 0.9	—	＜ 0.15	比纯钨极降低了空载电压，改善了引弧、稳弧性能，增大了电流承载能力，有微量放射性
	WTh-10		1 ～ 1.49			
	WTh-15		1.5 ～ 2			
	WTh-30		3 ～ 3.5			

续表

<table>
<tr><th rowspan="2" colspan="2">钨极牌号</th><th colspan="4">化学成分（质量分数）/%</th><th rowspan="2">特点</th></tr>
<tr><th>钨</th><th>氧化钍</th><th>氧化铈</th><th>其他元素</th></tr>
<tr><td rowspan="3">铈钨极</td><td>WCe-5</td><td rowspan="3">余量</td><td rowspan="3">—</td><td>0.5</td><td rowspan="3">< 0.5</td><td rowspan="3">比钍钨极更容易引弧，电极损耗更小，放射性量也低得多，目前应用广泛</td></tr>
<tr><td>WCe-13</td><td>1.3</td></tr>
<tr><td>WCe-20</td><td>2</td></tr>
</table>

（2）钨极的种类、牌号及规格的选用诀窍

钨极按其化学成分分类，有纯钨极（牌号是 W1、W2）、钍钨极（牌号是 WTh-7、WTh-10、WTh-15）、铈钨极（牌号是 WCe-20）、锆钨极（牌号为 WZr-15）和镧钨极五种。长度范围为 76 ～ 610mm，可用的直径范围一般为 0.5 ～ 6.3mm。

1）各类钨极的特点与选用诀窍

① 纯钨极。*w*（W）为 99.85% 以上，纯钨极价格不太昂贵，一般用在要求不严格的情况。使用交流电时，纯钨极电流承载能力较低，抗污染能力差，要求焊机有较高的空载电压，故目前很少采用。

② 钍钨极。这是加入了质量分数为 1% ～ 2% 氧化钍的钨极，其电子发射率较高，电流承载能力较好，寿命较长并且抗污染性能较好。使用这种钨极时，引弧比较容易，并且电弧比较稳定。其缺点是成本较高，具有微量放射性。

③ 铈钨极。在纯钨中加入质量分数为 2% 的氧化铈，便制成了铈钨极。与钍钨极相比，它具有如下优点：直流小电流焊接时，易建立电弧，引弧电压比钍钨极低 50%，电弧燃烧稳定；弧柱的压缩程度较好，在相同的焊接参数下，弧束较长，热量集中，烧损率比钍钨极低 5% ～ 50%，修磨端部次数少，使用寿命比钍钨极长；最大许用电流密度比钍钨极高 5% ～ 8%；放射性极低。它是我国建议尽量采用的钨极。

④ 锆钨极。锆钨极的性能在纯钨极和钍钨极之间。用于交流焊接时，具有纯钨极理想的稳定特性和钍钨极的载流量及引弧特性等综合性能。

⑤ 镧钨极。目前还在研制之中，我国已将其定为第五类。

2）钨极牌号的定义

目前我国对钨极的牌号没有统一的规定，根据其化学元素符号及化学成分的平均含量来确定牌号是比较流行的一种，如图 3-28 所示的牌号举例，各类钨极的牌号及其化学成分见表 3-32。

3）钨极的规格选用

制造厂家按长度范围供给 76 ～ 610mm 的钨极；常用钨极的直径为 0.5mm、1.0mm、1.6mm、2.0mm、2.5mm、3.2mm、4.0mm、5.0mm、6.3mm、8.0mm 和 10mm 多种。

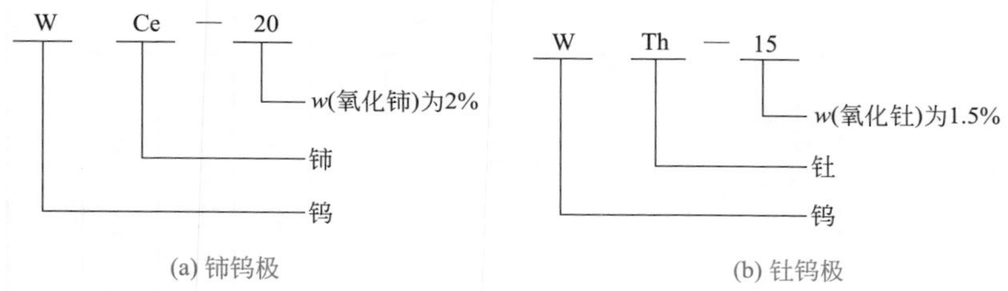

图 3-28 钨极牌号举例

（3）钨极的载流量选择诀窍

钨极的载流量又称钨极的许用电流。钨极载流量的大小，主要由直径、电流种类和极性决定。如果焊接电流超过钨极的许用值时，会使钨极强烈发热、熔化和蒸发，从而引起电弧不稳定，影响焊接质量，导致焊缝产生气孔、夹钨等缺陷；同时焊缝的外形粗糙不整齐。表 3-33 列出了根据钨极直径推荐的许用电流范围。在施焊过程中，焊接电流不得超过钨极规定的许用电流上限。

（4）钨极端部几何形状的选择诀窍

钨极端部形状对焊接电弧燃烧稳定性及焊缝成形影响很大。

使用交流电时，钨极端部应磨成半球形；在使用直流电时，钨极端部呈锥形或截头锥形，易于高频引燃电弧，并且电弧比较稳定。钨极端部的锥度也影响焊缝的熔深，减小锥角可减小焊道的宽度，增加焊缝的熔深。常用的钨极端部几何形状，如图 3-29 所示。

磨削钨极应采用专用的硬磨料精磨砂轮，应保持钨极磨削后几何形状的均一性。磨削钨极时，应采用密封式或抽风式砂轮机，磨削时应戴好口罩和防护镜，磨削完毕应清洗手和脸。

表 3-33　根据钨极直径推荐的许用电流范围

电极直径 /mm	直流电流 /A				交流电流 /A	
	正接（电极 -）		反接（电极 +）			
	纯钨	加入氧化物的钨	纯钨	加入氧化物的钨	纯钨	加入氧化物的钨
0.5	2 ~ 20	2 ~ 20	—	—	2 ~ 15	2 ~ 15
1.0	10 ~ 75	10 ~ 75	—	—	15 ~ 55	15 ~ 70
1.6	40 ~ 430	60 ~ 150	10 ~ 20	10 ~ 20	45 ~ 90	60 ~ 125
2.0	75 ~ 180	100 ~ 200	15 ~ 25	15 ~ 25	65 ~ 125	85 ~ 160
2.5	130 ~ 230	170 ~ 250	17 ~ 30	17 ~ 30	80 ~ 140	120 ~ 210
3.2	160 ~ 310	225 ~ 330	20 ~ 35	20 ~ 35	150 ~ 190	150 ~ 250
4.0	275 ~ 450	350 ~ 480	35 ~ 50	35 ~ 50	180 ~ 260	240 ~ 350
5.0	400 ~ 625	500 ~ 675	50 ~ 70	50 ~ 70	240 ~ 350	330 ~ 460
6.3	550 ~ 675	650 ~ 950	65 ~ 100	65 ~ 100	300 ~ 450	430 ~ 575
8.0	—	—	—	—	—	650 ~ 830

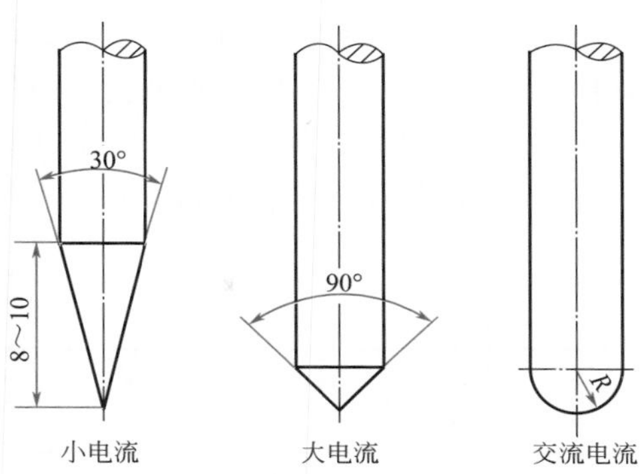

图 3-29 常用钨极端部几何形状

3.3.5 氩弧焊氩气的作用、要求与选择诀窍

(1) 氩气的性质

氩气（Ar）是一种无色、无味的单原子气体，相对原子质量为39.948。一般由空气液化后，用分馏法制取氩。

氩气的重量是空气的 1.4 倍，是氦气的 10 倍。因为氩气比空气重，所以氩气能在熔池上方形成一层较好的覆盖层。另外在焊接过程中用氩气保护时，产生的烟雾较少，便于控制焊接熔池和电弧。

氩气是一种惰性气体，在常温下与其他物质均不起化学反应，在高温下也不溶于液态金属。故在焊接有色金属时更能显示其优越性。在高温下，氩气直接离解为正离子和电子。因此能量损耗低，电弧燃烧稳定。

氩气对电弧的冷却作用小，所以电弧在氩气中燃烧时，热量损耗小，稳定性比较好；氩气对电极具有一定的冷却作用，可提高电极的许用电流值。

因为氩气的密度大，可形成稳定的气流层，故有良好的保护性能。同时分解后的正离子体积和质量较大，对阴极的冲击力很强，具有强烈的阴极破碎作用。氩气对电弧的热收缩效应较小，加上氩弧的电位梯度和电流密度不大，维持氩弧燃烧的电压较低，一般 10V 即可。故焊接时拉长电弧，其电压改变不大，电弧不易熄灭。这点对手工氩弧焊非常有利。

(2) 对氩气纯度的要求与选择诀窍

氩气是制氧的副产品。因为氩气的沸点介于氧、氮之间，差值很

小，所以在氩气中常残留一定数量的其他杂质，按国标规定，氩纯度应≥ 99.99%，具体技术要求见表 3-34。如果氩气中的杂质含量超过规定标准，在焊接过程中不但影响对熔化金属的保护，而且极易使焊缝产生气孔、夹渣等缺陷，使焊接接头质量变坏，并使钨极的烧损量增加。

表 3-34 纯氩的技术要求

项目名称	指标	项目名称	指标
氩含量 /%	≥ 99.99	氢含量 /%	≤ 5
氮含量 /×10^{-4}%	≤ 50	总碳含量 /×10^{-4}%（从甲烷计）	≤ 10
氧含量 /×10^{-4}%	≤ 10	水分含量 /×10^{-4}%	≤ 15

（3）氩气瓶及使用禁忌

氩气可在低于 -184℃的温度下以液态形式贮存和运送，但焊接用氩气大多装入钢瓶中供使用。

氩气瓶是一种钢质圆柱形高压容器，其外表面涂成灰色并注有绿色“氩”字标志字样（图 3-30）。目前我国常用氩气瓶的容积为 33L、40L、44L，最高工作压力为 15MPa。

氩气瓶在使用中严禁敲击、碰撞；瓶阀冻结时，不得用火烘烤；不得用电磁起重搬运机搬运氩气瓶；夏季要防日光曝晒；瓶内气体不能用尽，返厂氩气瓶余气压力应≥ 0.2MPa；氩气瓶一般应直立放置。

图 3-30 氩气瓶

3.4 焊工基本操作技能与技巧、诀窍与禁忌

3.4.1 常用坡口形式及加工方法与诀窍

（1）坡口形式及选用

根据设计或工艺需要，将焊件的待焊部位加工成一定的几何形状，经装配后形成的沟槽称为坡口。利用机械、火焰、电弧等方法加工坡口的过程称为开坡口，开坡口使电弧能深入坡口根部，保证根部焊透，便于清除焊渣以获得较好的焊缝成形，还能调节焊缝金属中母材和填充金属的比例。

坡口形式应根据结构形式、焊件厚度和技术要求选用；最常见的坡口形式有I形、V形、双V形、双V形带钝边、双U形坡口带钝边等。选择坡口形式时，在保证焊件焊透的前提下，应考虑坡口的形状容易加工、焊接生产率高和焊后工件的变形尽可能小等因素。双面坡口比单面坡口、U形坡口比V形坡口消耗的焊条少，焊后产生的变形小，但U形坡口加工较困难，一般只用于较重要的结构。

氩弧焊使用的电流密度较大，因此在焊接坡口的角度较小、钝边较大的情况下也能焊透；又由于焊枪喷嘴直径较焊条直径粗得多，因此焊厚板采用的U形坡口的圆弧半径较大，才能保证根部焊透。

（2）坡口常用加工方法与诀窍

利用机械（剪切、刨削和车削）、火焰或电弧（碳弧气刨）等方法加工坡口的过程称为开坡口。坡口的加工可以采用多种方法进行，根据焊接时构件的尺寸、形状与加工条件的不同，主要有以下几种常用的加工方法：

① 刨床加工。各种形式的直坡口都可采用边缘刨床或牛头刨床加工。

② 铣床加工。V形坡口、Y形坡口、双Y形坡口、I形坡口的长度不大时，在高速铣床上加工是比较好的。

③ 数控气割或半自动气割。可割出I形、V形、Y形、双V形坡口，通常培训时使用的单V形坡口试板都是用半自动气割机割出来的，没有钝边，割好的试板用角向磨光机（图3-31）打磨一下就能使用。

④ 手工加工。如果没有加工设备，可用手工气割、角向磨光机、电磨头（图3-32）、气动工具（图3-33）或锉刀加工坡口。

⑤ 车床加工。管子端面的坡口及管板上的孔，通常都在车床上进行加工。

图 3-31　角向磨光机

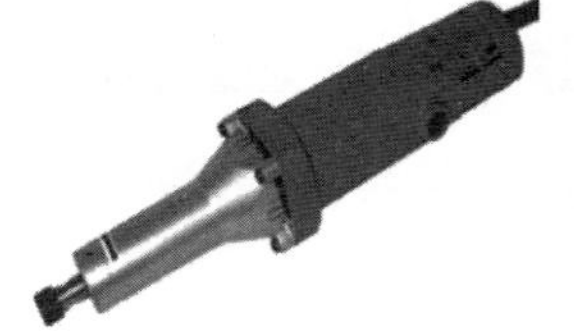

图 3-32　电磨头

图 3-33　常用的电动气铲

⑥ 钻床加工。只能加工管板上的孔，由于孔较大，必须使用大型钻床进行钻孔。

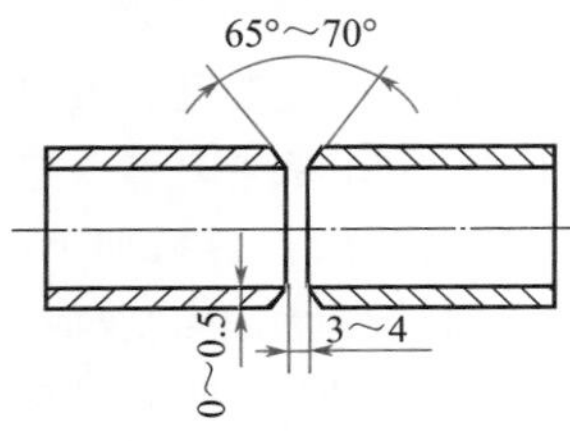

图 3-34　管子坡口形式

⑦ 管子坡口专用机床加工。管子端面上的坡口（图 3-34）可在专用设备上加工，十分方便。图 3-35 就是目前使用最多的两种气动管子坡口机。

目前无缝钢管件焊接坡口的加工大多采用端面铣削或车削（只有大管径时才采用磨削）。加工时，刀具与工件之间相对转动，且回转中心距保持一定。对于已经加工好的坡口边缘上的油、锈、水垢等污物在焊接前应进行清理和铲除，以便在焊接时获得较好的焊缝质量。有时还要用除油剂，如汽油、丙酮和四氯化碳等进行必要的清洗。

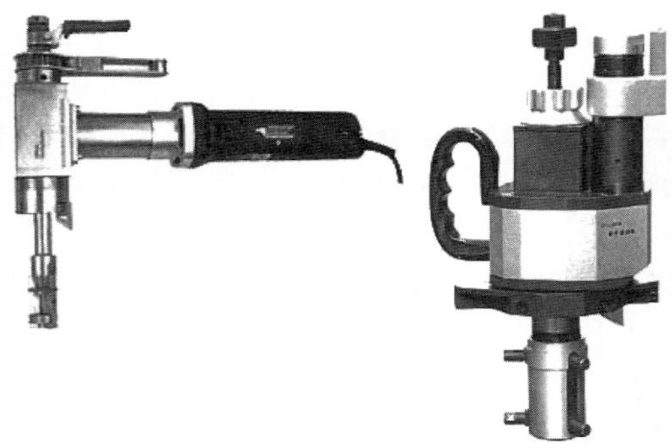

图 3-35　气动管子坡口机

3.4.2　焊接变形的控制和矫正方法与诀窍

（1）设计措施与诀窍

① 设计合理的焊接结构。设计合理的焊接结构，包括合理安排焊缝

的位置，减小不必要的焊缝；合理选用焊缝形状和尺寸；等等。如对于梁、柱一类结构，为减小弯曲变形，应尽量采用焊缝对称布置。

② 选用合理的焊缝尺寸。焊缝的形状和尺寸不仅关系到焊接变形，而且还决定焊工的工作量大小。焊缝尺寸增加，焊接变形也随之增大，但过小的焊缝尺寸，将会降低结构的承载能力，并使接头的冷却速度加快，产生一系列的焊接缺陷，如裂纹、热影响区硬度的增高等。因此在满足结构的承载能力和保证焊接质量的前提下，应根据板厚选取工艺上可能的最小焊缝尺寸。如常用于肋板与腹板连接的角焊缝，焊脚尺寸就不宜过大，所以一般对焊脚尺寸都有相应的规定。表3-35是低碳钢焊缝的最小焊脚尺寸推荐值。

表 3-35　低碳钢最小焊脚尺寸　mm

板厚	≤6	7～13	19～30	31～35	51～100
最小焊脚	3	4	6	8	10

焊接低合金钢时，因其对冷却速度比较敏感，焊脚尺寸可稍大于表中的推荐值。

③ 尽可能地减少焊缝的数量。适当选择板的厚度，可减少肋板的数量，从而可以减小焊缝和焊后变形矫正量，对自重要求不严格的结构，这样做即使重量稍大，仍是比较经济的。

对于薄板结构则可以用压型结构代替肋板结构，以减少焊缝数量，防止焊接变形。

④ 合理安排焊缝位置。焊缝对称于构件截面的中心轴，或使焊缝接近中心轴，可减小弯曲变形。焊缝不要密集，尽可能避免交叉焊缝，如焊接钢制压力容器在组装时，相邻筒节的纵焊缝距离、封头接缝与相邻筒节纵焊缝距离应大于3倍的壁厚，且不得小于100mm。

（2）工艺措施与诀窍

在焊接时采取适当的工艺措施，具体包括反变形法、利用装配顺序和焊接顺序控制焊接变形、热提法、对称施焊法、刚性固定法和锤击法等，可以控制或矫正焊接变形。

1）选择合理的装配和焊接顺序

① 选择合理的装配顺序。刚度大的结构变形小，刚度小的结构变形大。一个焊接结构的刚度是在装配、焊接过程中逐渐增大的，装配和焊接

顺序对焊接结构变形有很大的影响。因此在生产上常利用合理的装配来控制变形。对于截面对称、焊缝也对称的结构，采用先装配成整体，将结构件适当地分成部件，分别装配、焊接，然后再拼焊成整体，使不对称的焊缝或收缩量较大的焊缝能比较自由地收缩而不影响整体结构。然后再用合理的焊接顺序进行焊接，就可以减小变形。按此原则生产制造复杂的焊接结构，既有利于控制焊接变形，又缩短了生产周期。

② 选择合理焊接顺序。如果只有合理的装配顺序而没有合理的焊接顺序，变形照样会发生。因此大面积的平板拼接时必须还要有合理的焊接顺序。

a. 焊缝对称时采用对称焊。当结构具有对称布置的焊缝时，如采用单人先后的顺序施焊，则由于先焊的焊缝具有较大的变形，所以整个结构焊后仍会有较大的变形。对称布置的焊缝采用对称焊接（最好两个焊工对称地进行），使得由各条焊缝所引起的变形相互抵消。如果不能完全对称地同时进行焊接，允许焊缝先后焊接，但在焊接顺序上尽量做到对称，这样也能减小结构的变形。

b. 焊缝不对称时，先焊焊缝少的一侧。因为先焊的焊缝变形大，故焊缝少的一侧先焊时引起的总变形量不大，再用另一侧多的焊缝引起的变形来加以抵消，就可以减小整个结构的变形，这样焊后的变形量最小。

c. 复杂结构装焊。对于复杂的结构，可先将其分成几个简单的部件分别装焊，然后再进行总装焊接。这样可使那些不对称焊缝或收缩量较大的焊缝尽可能地自由收缩，不至于影响到整体结构，从而控制整体焊接变形。

d. 长焊缝焊接。对于焊件上的长焊缝，根据长度大小采用不同的焊接方向和顺序。如焊缝在 1m 以上时，可采用分段焊法、跳焊法；对于中等长度（0.5 ～ 1m）的焊缝，可采用分中对焊法。另外在焊接重要构件的焊缝（如压力容器等）时，必须认真按工艺要求操作，保证焊缝的质量。

e. 不同焊缝焊接。如果在结构上有几种不同形状的焊缝，应首先对接焊缝，然后再焊角焊缝及其他焊缝。组合成圆筒形焊件时，应首先焊纵向焊缝，然后焊横向焊缝。

2）反变形法

为了抵消焊接变形，在焊接前装配时先将焊件向与焊接变形相反的方向进行人为的变形。这种方法称为反变形法。例如V形坡口单面对接焊的角变形，采用反变形后，变形基本得以消除，如图3-36所示。有时为了消除变形可在焊前先将焊件顶弯。

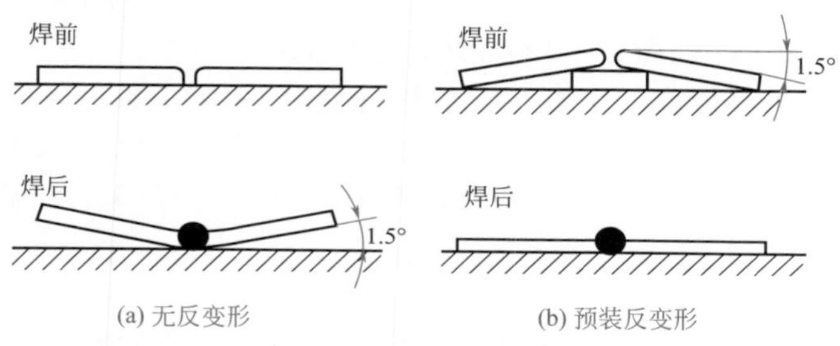

(a) 无反变形　　(b) 预装反变形

图 3-36　反变形控制

对于较大刚度的大型工件，下料时可将构件制成预定大小和方向的反变形。这种构件通常是采用腹板顶制上拱的办法来解决，在下料时预先将两侧腹板拼焊成具有大于桥式起重机跨度1/1000的上拱。

3）刚性固定法

焊前对焊件外加刚性拘束，强制焊件在焊接时不能自由变形，这种控制变形的方法叫刚性固定法。但这种方法会使得焊接接头中产生较大的残余应力，对于一些焊后易裂的材料应该谨慎使用。

4）分层焊接法

焊接厚度较大的焊件时，采用分层焊接，可减小焊接应力和变形。为了减小内应力，每一层最好焊成波浪形焊缝，如图3-37所示。焊接时第二层焊缝要盖住第一层焊缝，其焊缝比第一层长一倍；第三层焊缝要盖住第二层焊缝，长度比第二层长200～300mm；最后将短焊缝补满。这种方法可利用后面层焊接的热量对前层焊缝进行保温缓冷，消除应力，减小变形和防止焊缝产生裂纹。

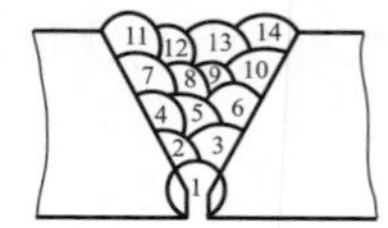

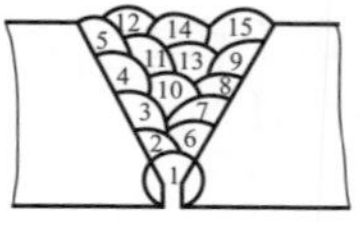

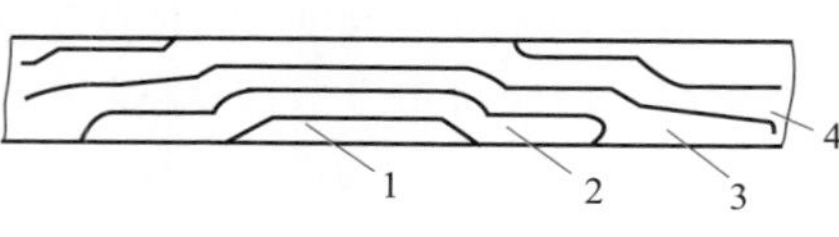

(a) 焊缝横截面分布　　(b) 焊缝纵截面及顺序

图 3-37　分层焊接与波浪形焊缝

5）焊件的预热和后热处理

对焊件进行焊前的预热既可减少焊件加热部分和未加热部分之间的温差，又可降低焊件的冷却速度，达到减小内应力和焊件变形的效果。

预热温度的高低一般由焊件的含碳量多少来决定。一般情况下：碳钢预热温度为 250 ～ 450℃，铝材预热温度为 200 ～ 300℃。

焊接结束后能够在炉中或保温材料中缓冷（退火），或进行回火处理，内应力会大大减小。焊件在炉中保温时间一般是 2 ～ 12h，也可保温到 24h 以上。回火在炉中进行，回火加热温度为 600 ～ 650℃，保温一定时间后随炉冷却。

6）散热法

焊接时用强迫冷却方法使焊接区域散热，使受热面积减小从而达到减小变形的目的。强制冷却可将焊缝周围浸入水中，也可使用铜冷却块增加焊件的散热。散热法对减小薄板焊件的焊接变形比较有效，但散热法不适用于焊接淬硬性较大的材料。

（3）焊接变形的矫正方法与诀窍

焊接结构在生产过程中，虽然采取了一系列措施，但是焊接变形总是不可避免的。当焊接产生的残余变形值超过技术要求时，必须采取措施加以矫正。

焊接结构变形的矫正有两种方法：机械矫正法和火焰矫正法。

1）机械矫正法技巧

采用手工锤击、压力机等机械方法使构件的材料产生新的塑性变形，这就使原来多段的部分得到了延伸，从而矫正了变形。对于薄板拼焊的矫正常采用多辊平板机；对于焊缝比较规则的薄壳结构，常采用窄轮辗压机的圆盘形焊缝及其两侧使之延伸来消除变形。

2）火焰矫正法技巧与诀窍

火焰加热所产生的局部压缩塑性变形，使较长的金属材料在冷却后缩短来消除变形。使用时应控制加热的温度及位置。对于低碳钢和普通低合金钢，常采用 600 ～ 800℃的加热温度。由于这种方法需要对构件再次加热至高温，所以对于合金钢等材料应当谨慎使用。

① 火焰矫正的方法有三种：

a. 点状加热法。多用于薄板结构。加热直径 $d \geqslant 15$mm，加热点中心距 a 为 50 ～ 100mm。

b. 线状加热法。 多用于矫正角变形、扭曲变形及筒体直径过大或椭圆度。

c. 三角形加热法。多用于矫正弯曲变形。

② 利用火焰矫正法的注意事项与禁忌：

a. 矫正变形之前应认真分析变形情况，制订矫正工作方案，确定加热位置及矫正步骤。

b. 认真了解被矫正结构的材料性质。焊接性好的材料，火焰矫正后材料性能变化也小。对于已经热处理的高强度钢，加热温度不应超过其回火温度。

c. 当采用水冷配合火焰矫正时，应在当钢材冷到失去红态时再浇水。

d. 矫正薄板变形若需锤击应用木锤。

e. 加热火焰一般采用中性焰。

3.4.3 手工钨极氩弧焊机操作技能与技巧、诀窍与禁忌

（1）典型手工钨极氩弧焊机的组成

1）手工钨极氩弧焊机组成部分

手工钨极氩弧焊机由以下三个部分组成。

① 焊枪与供气系统。包括氩气钢瓶、氩气专用减压阀（俗称氩气表）、输送氩气的高压管和钨极氩弧焊用焊枪。

② 焊接电源。因手工钨极氩弧焊电源的静特性与焊条电弧焊电弧相似，因此，任何焊条电弧焊的电源都可用作手工钨极氩弧焊的电源。旧式氩弧焊机都选配焊条电弧焊电源。

③ 控制箱。为了方便操作，采用控制箱，可自动控制氩气的输送和停止、自动引弧、断弧，以及焊接电流的递增和衰减。一些复杂的情况还要控制脉冲电流和基值电流的大小，以及脉冲频率和持续时间等。

专用手工钨极氩弧焊机只有焊枪和供气系统两部分。其焊接电源和控制系统装在一起。新式采用逆变电源的手工钨极氩弧焊机既小又轻。

2）WSM-250 型手工钨极脉冲氩弧焊机

① 使用性能与用途选择。WSM-250 型手工钨极脉冲氩弧焊机外形如图 3-38 所示，采用 $\phi1$ ～ 3mm 铈钨极可以焊接碳钢、不锈钢、钛合金、铜和铜合金等金属的薄板和中厚板。

② 主要结构和外部接线图。WSM-250 型焊机由焊接电源、控制箱、焊枪三部分组成，焊机的外部接线图如图 3-39 所示。

图 3-38 WSM- 250 型手工钨极脉冲氩弧焊机外形图

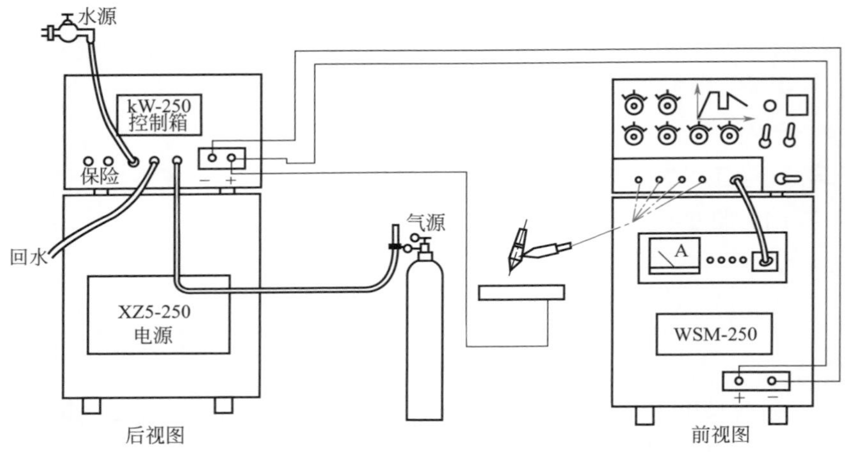

图 3-39 WSM-250 型手工钨极脉冲氩弧焊机外部接线图

3）WS-500 型直流手工钨极氩弧焊机

① 使用性能与用途选择。WS-500 型直流手工钨极氩弧焊机还可用于焊条电弧焊，其外形如图 3-40 所示，可焊接低碳钢、不锈钢、高强钢及 Cr-Mo 合金钢等的薄板及中厚板。

图 3-40 WS-500 型直流手工钨极氩弧焊机外形图

该焊机除了性能稳定、可靠、调节方便外，还有如下一些突出优点：

a. 使用范围广，尤其适用于中厚、薄板焊接和全位置焊接。

b. 采用高频引弧，引弧迅速、方便、可靠。

c. 具有调节范围宽、重复性好、工作可靠、调节方便等优点。

d. 具有引弧后电流缓升（软启动）和焊接结束电流缓降（衰减熄弧）控制功能，且缓升和缓降线性度好，可以根据焊接需要调节缓降时间，引弧时可避免大电流冲击，收尾时可填补弧坑。

e. 具有长焊短焊转换装置，以适应长焊缝间断焊和点焊的需要。

f. 该焊机可配用 ZX5 系列可控硅整流弧焊机，既可作手工弧焊机，也可作氩弧焊机，实现一机多用。

② 主要结构和外部接线。WS-500 型直流手工钨极氩弧焊机由控制系统的焊接电源、冷却水箱和供气系统（随机不包括氩气瓶）组成。其外部接线图如图 3-41 所示。其焊机的控制面板如图 3-42 所示。

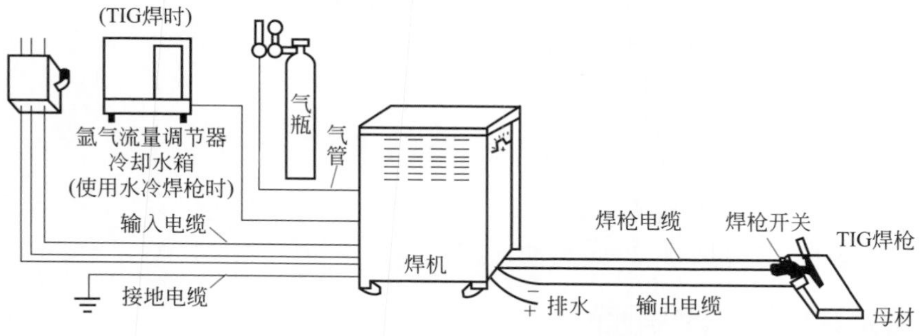

图 3-41 WS-500 型直流手工钨极氩弧焊机的外部接线图

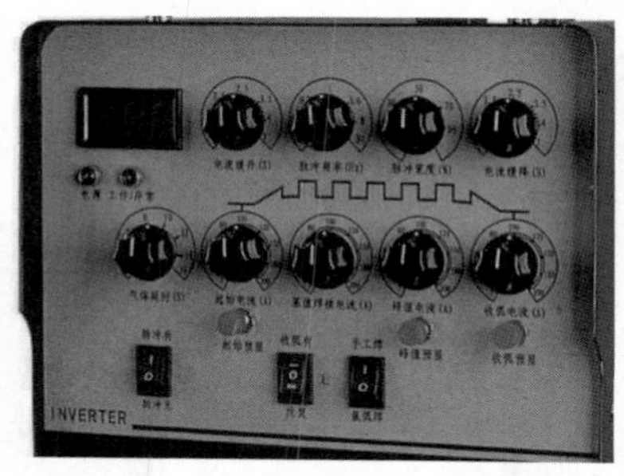

图 3-42 WS-500 型直流手工钨极氩弧焊机的控制面板

（2）氩弧焊机的安装与连接技巧与诀窍

以 WS-500 型手工钨极脉冲氩弧焊机为例说明氩弧焊机的安装与连接技巧与诀窍。

1）电源输入

焊机使用电源为 220V±10%/50Hz，应确保供电容量大于单台焊机用电容量。

2）焊机保护接地

在焊机后面有专门设置的接地端子（图 3-43），此接地端子在焊机使用过程中必须与大地连接牢固，以防止焊机外壳带电。

3）焊机安装位置

焊机必须放在坚固平坦、清洁不潮湿的地面。不可把焊机放在下述几个地方：

① 可能受到风吹雨淋的地方。

② 环境温度大于 40℃或低于零下 10℃的地方。

③ 有危害性或腐蚀性气体的地方。

④ 有高温蒸气的地方。

⑤ 有油性气体的地方。

⑥ 充满灰尘的地方。

⑦ 有振动、易碰撞的地方。

⑧ 周围空间小于 20cm 的地方。

图 3-43　焊机保护接地

图 3-44　接焊机线时焊机开关处于关闭状态

4）连接技巧

① 接焊机线时，应确认焊机开关处于关闭状态，严禁开关处于“开”状态下接电（图 3-44）。

② 所有接线应当接触可靠，带电导线无裸露。

具体的连接如图 3-45 所示。

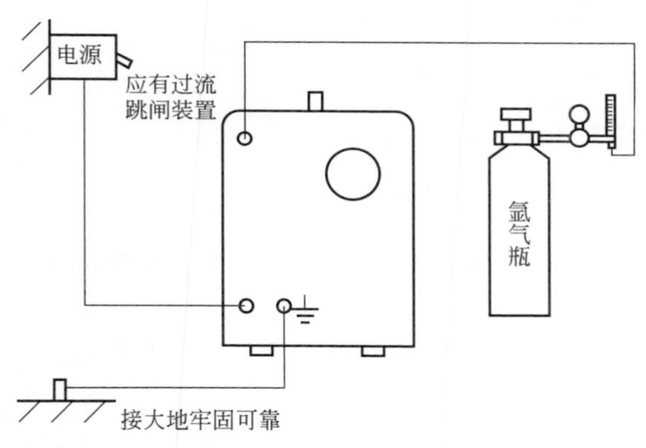

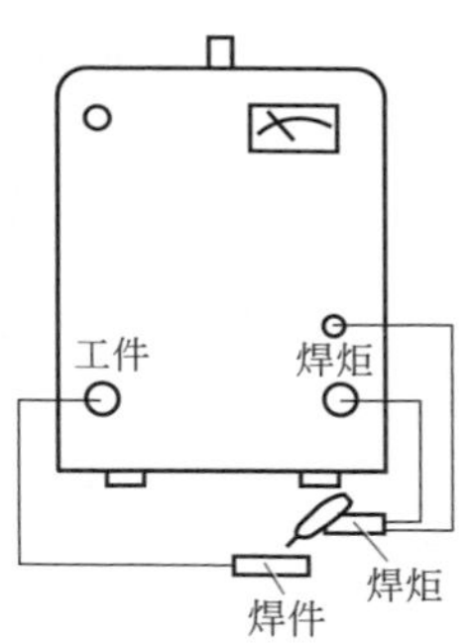

图 3-45　焊机的连接

应当特别注意的是，焊机输出、固定焊枪与连接焊件的螺母必须拧紧（图 3-46），以防接触不良而产生高温烧毁输出端子和焊枪。

图 3-46　连接处的紧固

5）焊机前后面板功能说明

① 前面板。前面板的结构如图 3-47 所示，前面板功能名称及在焊接过程中的作用如下。

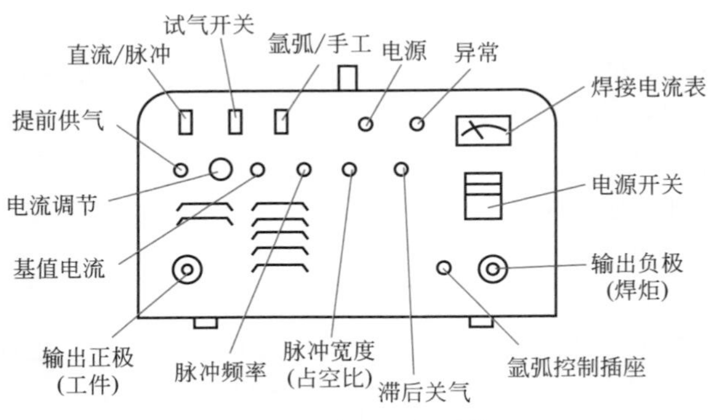

图 3-47　前面板的结构

a. 电源开关。用于开启与关闭焊机电源，此开关在焊机接电时必须处于“关闭”状态。

b. 电源灯（绿）。用于显示焊机是否通电，电源开关处于开状态，此灯为亮。

c. 异常灯（黄）。当焊机出现异常情况时此灯亮，亮时焊机应立即关闭电源。

d. 直流与脉冲转换开关。用于转换焊机输出为直流或脉冲，当此开关处于直流时焊机输出为直流，反之则为脉冲输出，手工焊时必须置于直流状态。

e. 氩弧焊、手工焊转换开关。用于焊机氩弧焊状态与手工焊状态的转换。

f. 试气开关。用于检查机内气阀工作是否正常的开关，处于开状态时气阀吸合氩气则会流出焊机，正常工作时此开关应处于关状态。

g. 焊接电流表。用于显示焊接时的电流。

h. 提前供气时间调节旋钮。用于调节氩气比电弧提前出现的时间。

i. 焊接电流调节旋钮。用于调节焊接电流的大小，顺时针旋转时电流增大。

j. 基值电流调节旋钮。此旋钮在脉冲状态下起作用。用于调节脉冲焊接时维持电弧电流的大小。

k. 脉冲频率调节旋钮。此旋钮在脉冲状态下才起作用。用于调节脉冲焊接电流出现的次数（快慢），脉冲频率越高，焊接波纹越密，反之，则越稀。

l. 脉冲宽度（占空比）。此旋钮在脉冲状态下才起作用。用于调节脉冲焊接电流持续时间的大小，脉冲宽度宽，焊缝相对宽而深，反之则窄而浅。

m. 滞后关气时间调节旋钮。用于调节电弧停止时，氩气继续供气时间的长短。

n. 氩气控制插座。用于连接焊炬开关的插座，此插座应与焊炬一同使用。

o. 工件端子。此端子为焊机输出正极，用于连接焊钳电缆。

p. 焊炬端子。此端子为焊机输出负极，用于连接焊炬及输送氩气，在氩弧焊状态下接焊炬，在手工焊状态下接焊钳。

② 后面板。后面板的结构如图 3-48 所示，其功能名称及在焊接过程中的作用如下。

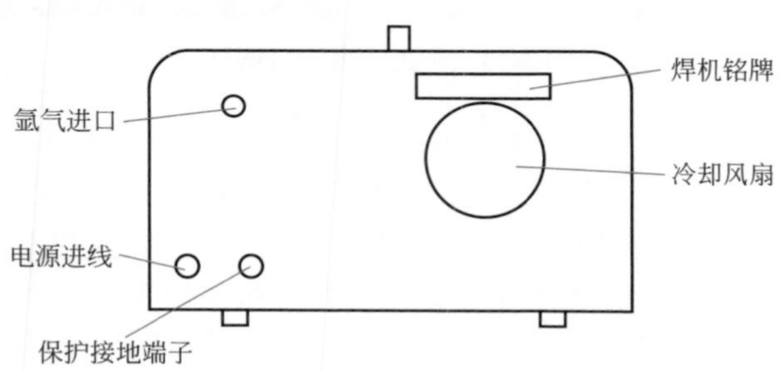

图 3-48 后面板的结构图

a. 氩气进口。用于连接氩气瓶氩气软管的气嘴。

b. 电源进线。焊机电源的进线。本机使用 220V±10% 电源，且不可错接到 380V 电源。

c. 接地端子。用于连接焊机外壳与大地的端子，必须牢固可靠，以防外壳带电。

d. 焊机铭牌。记载本焊机的基本技术参数。

e. 冷却风扇。用于焊机工作时散热，使用过程中不可用异物接触与遮盖进风口，以防止机内温度升高而损坏焊机。

面板功能位置图与实物可能会有所不同，有变化时，操作者应仔细观察，一般功能作用是不变化的。

(3) 焊机的调试技能、技巧与诀窍

在熟读及理解以上内容，并按上述要求连接好焊机后，即可对焊机进

行调试了。

将“氩弧焊 / 焊条焊”转换开关置于“焊条焊”位置，把“直流 / 脉冲”开关置于“直流”位置，此时可根据要求任意调节“焊接电流”旋钮，选用规范电流进行（图 3-49）。焊前应把氩气瓶开关打开，把氩气流量计上氩气流量开关选择到适当流量的位置上。

图 3-49　手工电弧焊接调试

将“氩弧焊 / 焊条焊”转换开关置于“氩弧焊”位置，把“直流 / 脉冲”开关置于“直流”位置，调节“电流调节”旋钮至合适的电流值，按下焊炬开关，氩弧焊机引弧方式为高频引弧，钨极无需与工件接触（为防止钨极烧损，切勿碰触焊件）即可引弧焊接。焊接结束后，松开焊枪开关，电弧熄灭，气体经“滞后关气时间”调节旋钮选择延时关闭时间（图 3-50）。

图 3-50　氩弧焊焊接调试

将“氩弧焊 / 焊条焊”转换开关置于“氩弧焊”位置，将“直流 / 脉冲”转换开关置于“脉冲”位置。调节“电流调节”“基值电流”旋钮，使电流大于基值电流即可产生脉冲焊的效果（图 3-51）。

图 3-51　脉冲焊效果调试

脉冲氩弧焊可以用来准确控制焊件的熔池尺寸，每个熔点加热和冷却迅速，适合焊接导热性能和厚度差别大的焊件。

负载持续率以百分率表示焊机必须在每一连续 10min 时间间隙内输出额定电流而不超过预定温度极限的那段时间。因此，60% 的负载持续率（国家标准的工业额定值）意味着，焊机可在每 10min 当中有 6min 输出额定电流。

应该特别注意的是，在额定电流情况下焊接时间不超过 6min，然后休止，再焊接，如要超过 6min 应降低焊机输出电流。

（4）氩弧焊设备保养技巧与故障处理诀窍

氩弧焊机的正确使用和维护保养，是保证焊机设备具有良好的工作性能和延长使用寿命的重要因素之一。因此，必须加强对氩弧焊机的保养工作。

1）氩弧焊设备的保养技巧

① 焊工工作前，应看懂焊接设备使用说明书，掌握焊接设备一般构造和正确的使用方法，并严格按照设备的使用说明书操作。

② 焊机应按外部接线图正确安装，并应检查铭牌电压值与网络电压值是否相符，不相符时严禁使用。

③ 焊机外壳必须接地，未接地或地线不合格时不准使用。

④ 焊接设备在使用前，必须检查水管、气管的连接是否良好，以保证焊接时正常供水、供气。

⑤ 氩气瓶要严格按照高压气瓶的使用规定执行，氩气瓶不能与焊接场地靠近，同时必须固定，防止摔倒。

⑥ 应定期检查焊枪的钨极夹头夹紧情况和喷嘴的绝缘性能是否良好。

⑦ 必须建立健全焊机一、二级设备保养制度，并定期进行保养。

⑧ 工作完毕或临时离开工作场地，必须切断焊机电源，关闭水源及气瓶阀门。

2）钨极氩弧焊机常见故障及消除方法与诀窍

钨极氩弧焊设备常见故障有水、气路堵塞或泄漏；钨极不洁引不起电弧，焊枪钨极夹头未旋紧，引起电流不稳；焊枪开关接触不良使焊接设备不能启动；等等。这些应由焊工排除。另一部分故障如焊接设备内部电子元件损坏或其他机械故障，焊工不能随便自行拆修，应由电工、钳工进行检修。钨极氩弧焊机常见故障和消除方法列于表 3-36 中。

表 3-36　钨极氩弧焊机常见故障和消除方法

故障现象	故障原因	消除方法
电源开关无法合上	输入整流桥滤波电容坏（多因接入 380V 所致）	更换
电流不可调节	① 电流调节电位器坏 ② 主控线路板有故障	① 更换 ② 修理
输出电流调不到额定值	① 输入电压过低 ② 输入电源线太细 ③ 配电容量太小 ④ 输出电缆太细、太长	① 检查 ② 加粗 ③ 增大 ④ 加粗
按下焊枪开关焊机不工作	① 焊枪开关线断 ② 控制插头插座线断	① 修理 ② 修理
不可高频引弧	① 引弧板坏 ② 放电间隙不正确 ③ 高压包坏 ④ 焊枪电缆接触不良	① 修理 ② 调整到 1 ～ 1.5mm ③ 更换 ④ 检查
焊缝气保护不好，氩气过量损失	① 焊枪气管烧穿 ② 氩气软管接头松 ③ 试气开关未关	① 更换 ② 检查紧固 ③ 关
焊枪气嘴无氩气	① 气阀堵塞 ② 焊枪气管漏气	① 检查疏通 ② 更换

第4章

焊条电弧焊

4.1 焊条电弧焊基础知识

4.1.1 焊条电弧焊的定义

焊条电弧焊是利用焊条与焊件间产生的电弧，将焊条和焊件局部加热到熔化状态时进行焊接的一种手工操作的电弧焊方法。

焊条电弧焊典型焊接装置的组成如图4-1所示，电弧区示意图如图4-2所示。

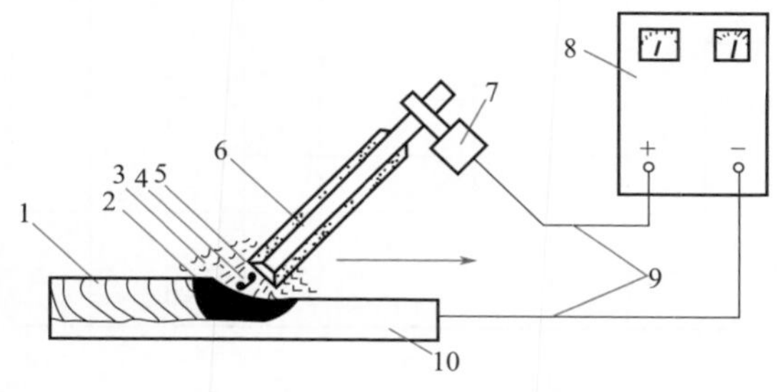

图4-1 焊条电弧焊装置组成

1—焊缝；2—熔池；3—保护气体；4—电弧；5—熔滴；6—焊条；7—焊钳；8—焊接电源；9—焊接电缆；10—焊件

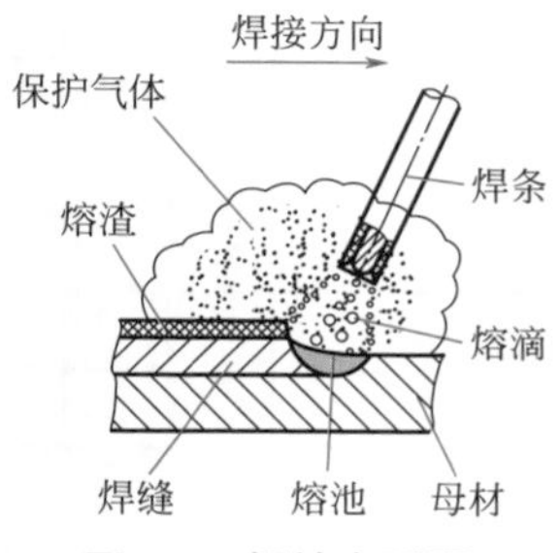

图4-2 焊接电弧区

4.1.2 焊条电弧焊的特点及适用范围

（1）焊条电弧焊的特点

焊条电弧焊是目前运用最广泛的一种焊接方法。其主要特点如下：

① 操作灵活，可达性好，适合在空间任意位置的焊缝，凡是焊条操

作能够达到的地方，都能进行焊接。

② 设备简单，使用方便，无论采用交流弧焊机还是直流弧焊机，焊工都能很容易地掌握，而且使用方便、简单、投资少。

③ 应用范围广，选择合适的焊条可以焊接许多常用的金属材料。

④ 焊接质量不够稳定，焊接的质量受焊工的操作技术、经验、情绪的影响。

⑤ 劳动条件差，焊工劳动强度大，还要受到弧光辐射、烟尘、臭氧、氮氧化合物、氟化物等有毒物质的危害。

⑥ 生产效率低，受焊工体能的影响，焊接工艺参数中焊接电流受到限制，加之辅助时间较长，因此生产效率低。

（2）焊条电弧焊的适用范围

焊条电弧焊大多用于 3 ～ 40mm 制件板材的焊接，如表 4-1 所示。

表 4-1　焊条电弧焊可焊工件厚度范围

因素	厚度 /mm									
	0.4	1.6	3.2	4.8	6.4	10	12.7	19	25	51	102…203
单层不开坡口	←	—	→								
单层开坡口			←	—	→						
多层			←	—	—	—	—	—	—	—	- - -
单层填角		←	—	—	—	→					

4.1.3　焊条的组成与分类

（1）焊条的组成

焊条是由焊芯（金属芯）和药皮（涂层）组成的焊接用的熔化电极。其外形和结构示意如图 4-3、图 4-4 所示。焊条的一端为引弧端，药皮被去掉了一部分，一般将引弧端的药皮磨成一定的角度，以使焊芯外露，便于引弧。低氢焊条为了更好的引弧性能，还常在引弧端涂上引弧剂，或在引弧端焊芯的端面钻一个小孔或开一个槽以提高电流密度，如图 4-4

（b）所示。焊条的另一端为夹持端，夹持端是一段长度为 15 ～ 25mm 的裸露焊芯，焊接时夹持在焊钳上。在靠近夹持端的药皮上印有焊条的牌号。

普通焊条的端面形状如图 4-5（a）所示，图 4-5（b）为双层药皮焊条，主要是为了改善低氢焊条的工艺性能，两层药皮的配方成分不同，图 4-5（c）的焊芯为一空心管，外皮包覆药皮，管子中心填充合金剂或涂料，这种焊条在含有多量合金粉的耐磨堆焊焊条中采用。常用的焊条直径有 ϕ2.5mm、ϕ3.2mm、ϕ4.0mm 三种。

图 4-3　焊条实物外形图

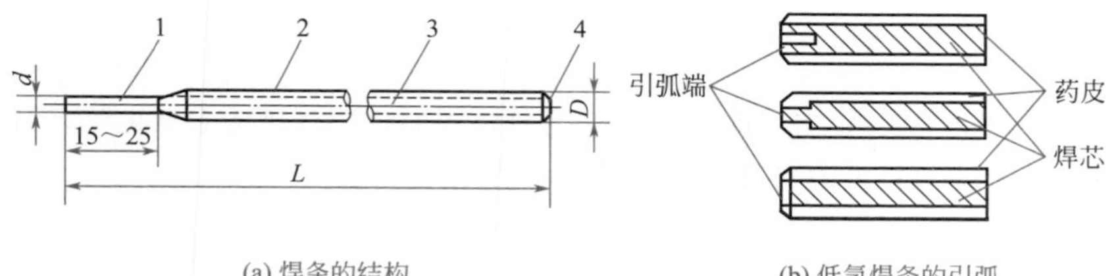

(a) 焊条的结构　　(b) 低氢焊条的引弧

图 4-4　焊条结构示意图

1—夹持端；2—药皮；3—焊芯；4—引弧端；

L—焊条长度；D—药皮直径；d—焊芯直径（焊条直径）

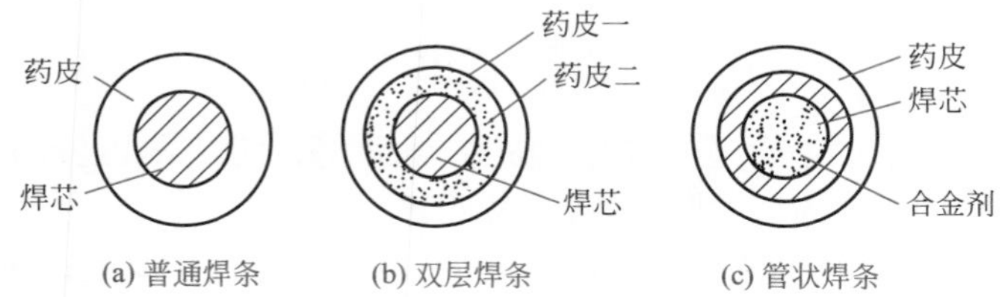

(a) 普通焊条　　(b) 双层焊条　　(c) 管状焊条

图 4-5　焊条端面形状

在焊条电弧焊过程中，焊条一方面起传导电流和引燃电弧的作用，另一方面又作为填充金属，与熔化的母材形成焊缝。

① 焊芯。焊条中被药皮包覆的金属就是焊芯，焊芯既是电极，又是熔化后的填充金属。焊芯的成分直接影响着熔敷金属的成分和性能。焊条电弧焊时，焊芯金属约占整个焊缝的 50% ～ 70%。

② 药皮。涂敷在焊芯表面的有效成分就是药皮，焊条药皮是由矿石粉末、铁合金粉、有机物和化工制品等原料按照一定的比例配置后压涂在焊芯表面上的一层涂料。药皮的主要作用是：

a. 保证电弧的集中、稳定，使熔滴金属容易过渡，如图 4-6 所示。

b. 在电弧的周围造成一种还原性或中性的气氛，以防止空气中的氧和氮等进入熔敷金属，如图 4-7 所示。

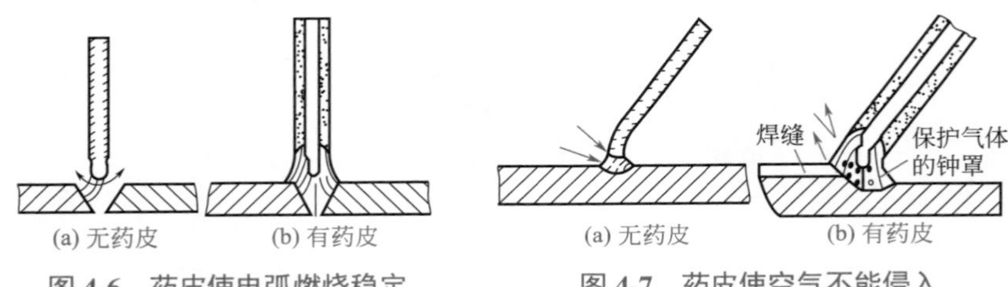

图 4-6　药皮使电弧燃烧稳定　　图 4-7　药皮使空气不能侵入

c. 生成的熔渣均匀地覆盖在焊缝金属表面，减缓焊缝金属的冷却速度，并获得良好的焊缝外形，如图 4-8 所示。

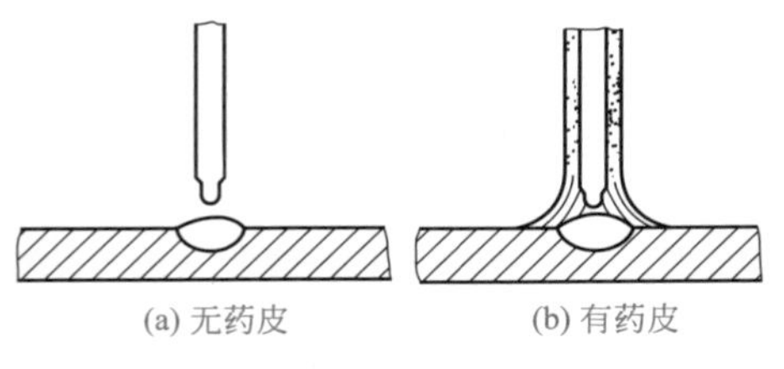

图 4-8　药皮使焊缝成形良好

d. 保证熔渣具有合适的熔点、黏度、密度等，使焊条能进行全位置焊接或容易进行特殊作业，例如向下的立焊等。

e. 药皮在电弧的高温作用下，发生一系列冶金化学反应，除去氧化物及 S、P 等有害杂质，还可以加入适当的合金元素，以保证熔敷金属具有所要求的力学性能或其他特殊的性能，如耐腐蚀、耐高热、耐磨损等。

此外，在焊条药皮中加入一定量的铁粉，可以改善焊接工艺性能或提高熔敷效率。

（2）焊条的种类及选择诀窍

焊条按照药皮熔化后的熔渣性质，可分为酸性焊条和碱性焊条，一般金属材料的焊接主要选用酸性焊条。酸性焊条引弧容易，电弧稳定，适用于交流和直流电源进行焊接，脱渣性好，对铁锈、油污、水分等不敏感，焊接时飞溅小，烟尘较少，但是焊缝的金属力学性能一般，主要适用于对焊缝连接要求不高的低碳钢板的焊接。碱性焊条电弧的稳定性较差，只能采用直流的焊接电源进行焊接，脱渣性较差，焊接时飞溅较大，烟尘较多，但焊缝金属的塑性、冲击韧性和抗裂性能较好，一般多用于对焊接质量要求较高的金属材料。酸性焊条和碱性焊条操作性能比较见表4-2。

表4-2 酸性焊条和碱性焊条操作性能比较

酸性焊条	碱性焊条
① 电弧稳定，可采用交、直流电源进行焊接（大多数情况下用交流电源进行焊接）	① 电弧不够稳定，除E4316、E5016外均须用直流反接电源进行焊接
② 对水、锈产生气孔的敏感性不大	② 对水、锈产生气孔的敏感性较大
③ 焊前对焊件表面的清理工作要求不高	③ 焊前对焊件表面的清洁工作要求高
④ 焊前需要经过75～150℃烘烤1h	④ 焊前须经过350～450℃烘烤1～2h
⑤ 焊接电流大	⑤ 焊接电流较小，较同直径的酸性焊条小10%左右
⑥ 可长弧操作	⑥ 需短弧操作，否则易引起气孔
⑦ 脱渣较方便	⑦ 坡口内第一层脱渣较困难，以后各层脱渣较容易
⑧ 焊接时烟尘较少	⑧ 焊接时烟尘较多

焊条按用途可以分为以下几类：碳钢焊条、低合金钢焊条、钼和铬钼耐热钢焊条、不锈钢焊条、堆焊焊条、低温钢焊条、铸铁焊条、镍及镍合金焊条、铜及铜合金焊条、铝及铝合金焊条、特殊用途焊条等。

4.2 焊条电弧焊工具设备及其使用

4.2.1 焊条电弧焊设备的选择与使用诀窍

(1) 焊机的种类

焊条电弧焊常用电焊机有交流电焊机（弧焊变压器）和直流电焊机（弧焊整流器）两种。

常用的交流电焊机也称弧焊变压器，它是一种特殊的变压器。BX1-315 型电焊机的外形如图 4-9（a）所示，其外部接线如图 4-9（b）所示。这种焊机的焊接电流的调节是通过转动调节手柄改变铁芯的位置来实现的[图 4-9（c）]。当调节手柄顺时针转动时，焊接电流增大；逆时针转动时，焊接电流减小。

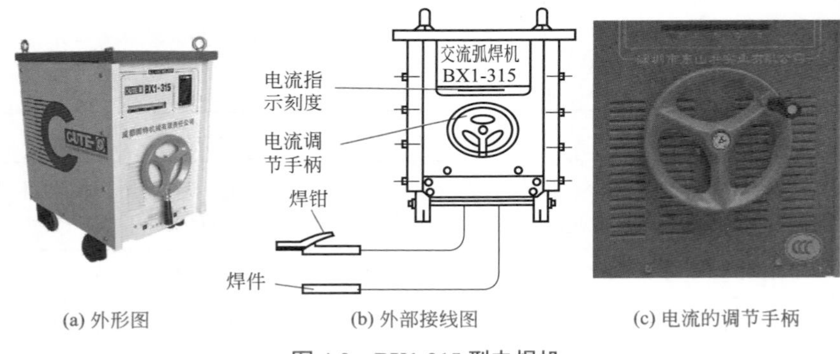

(a) 外形图　(b) 外部接线图　(c) 电流的调节手柄

图 4-9　BX1-315 型电焊机

BX3-400 型电焊机的外形如图 4-10（a）所示，其外部接线如图 4-10（b）所示。BX3-400 型电焊机的电流调节分粗调节和细调节两种。当顺时针转动手柄时，焊接电流减小；逆时针转动手柄时，焊接电流增大。

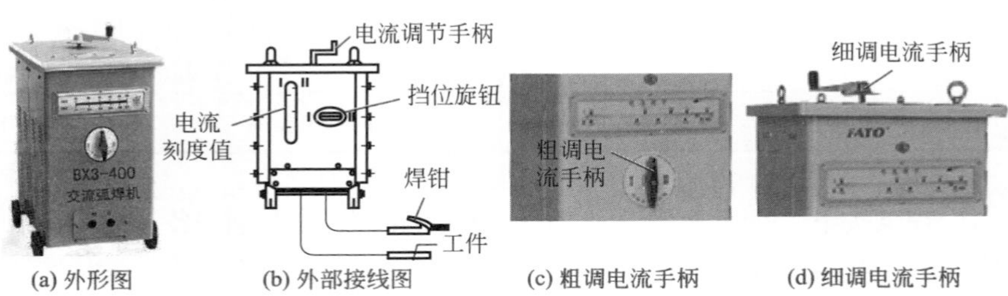

(a) 外形图　(b) 外部接线图　(c) 粗调电流手柄　(d) 细调电流手柄

图 4-10　BX3-400 型电焊机

ZX5-400型弧焊整流器是一种典型的将交流电变压、整流转换成直流电的弧焊电源。弧焊整流器的外形如图4-11（a）所示，其外部接线如图4-11（b）所示。焊接电流的调节是借助调节板上的焊接电流控制开关来进行的。沿着顺时针方向转动时，焊接电流增大；沿着逆时针方向转动时，焊接电流减小［图4-11（c）］。

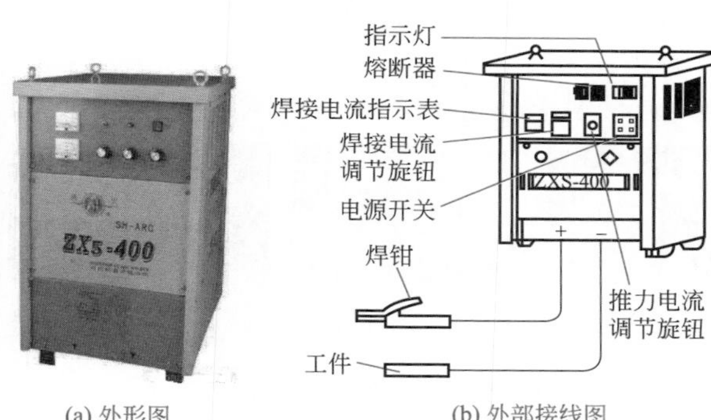

(a) 外形图　(b) 外部接线图　(c) 电流的调节旋钮

图4-11　ZX5-400型弧焊整流器

另外，简易弧焊变压器外形如图4-12（a）所示，可以根据需要选择220V和380V两种电源。BX6-160A型电焊机属于抽头式和动铁芯式电焊机，其外形如图4-12（b）所示。BX1-160型电焊机是典型的铁芯式电焊机，其外形如图4-12（c）所示。

(a) 简易弧焊变压器　(b) BX6-160A型电焊机　(c) BX1-160型电焊机

图4-12　电焊机

（2）电弧焊设备的正确使用诀窍

要用专用的接线鼻［图4-13（a）］将焊接电缆压紧［图4-13（b）］，

而且还要对压紧的螺钉进行一定的紧固（图 4-14），不得将裸露的线芯直接接在焊机的接线柱上。

(a) 专用接线鼻

(b) 用接线鼻压紧后的电缆

图 4-13　用专用接线鼻压紧电缆

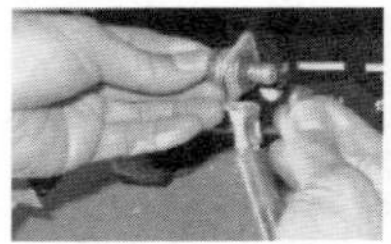

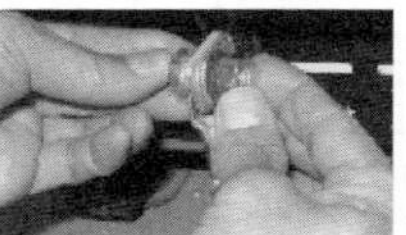

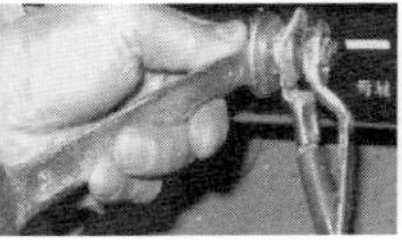

图 4-14　焊接电缆与接线柱的连接过程

不同负载持续率下焊机所允许的焊接电流值见表 4-3。

表 4-3　不同负载持续率下的焊接电流对照表

负载持续率 /%	100	80	60	40	20
焊接电流 /A	116	130	150	183	260
	230	257	300	363	516
	387	434	500	611	868

4.2.2　焊条电弧焊辅助设备及工具使用技巧

（1）辅助设备的使用技巧

焊钳外形如图 4-15（a）所示，其结构如图 4-15（b）。焊接电缆应使用接头连接器（图 4-16）进行牢固连接。滤光玻璃常用规格见表 4-4。

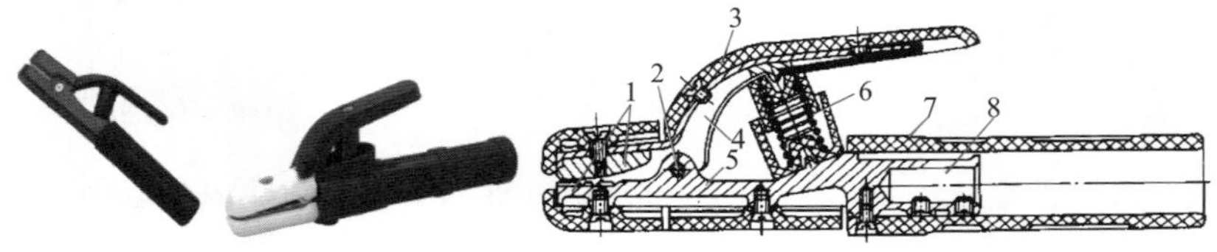

(a) 焊钳的外形图　　(b) 电焊钳的构造

图 4-15　焊钳结构图

1—钳口；2—固定销；3—弯臂罩壳；4—弯臂；5—直柄；6—弹簧；7—胶布手柄；8—焊接电缆固定处

图 4-16 电缆接头连接器

表 4-4 滤光玻璃常用规格

颜色号	7～8	9～10	11～12
颜色深度	较浅	中等	较深
适用焊接电流范围 /A	＜100	100～350	≥350
玻璃尺寸（厚×宽×长）/mm	2×50×107	2×50×107	2×50×107

焊条保温筒外形如图 4-17 所示，保持一定的温度防止焊条受潮，从而保证了焊条的工艺性能和焊接质量。

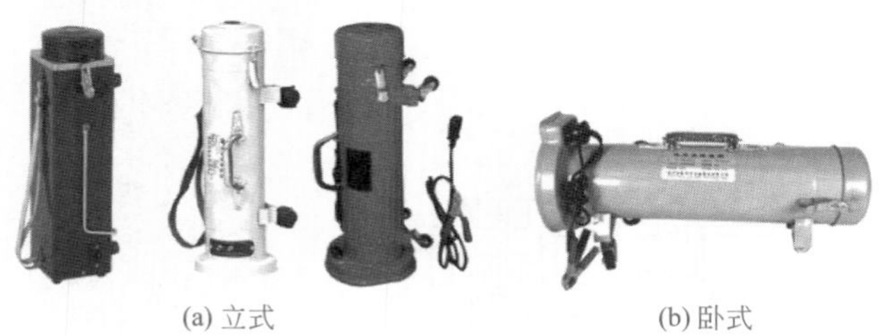

(a) 立式　　(b) 卧式

图 4-17 焊条保温筒

（2）辅助工具选用诀窍

角向磨光机的外形如图 4-18（a）所示。气铲又叫扁铲打渣机，外形如图 4-18（b）所示。电动磨头的外形如图 4-18（c）所示。手动切割机外形如图 4-18（d）所示。焊缝测量器外形如图 4-19 所示。焊缝测量器的使用方法如图 4-20 所示。其他辅助工具主要有手锤、敲渣锤、錾子、锉刀、锯弓、钢丝刷、钢卷尺、钢板尺、角尺、钢字码等（图 4-21）。

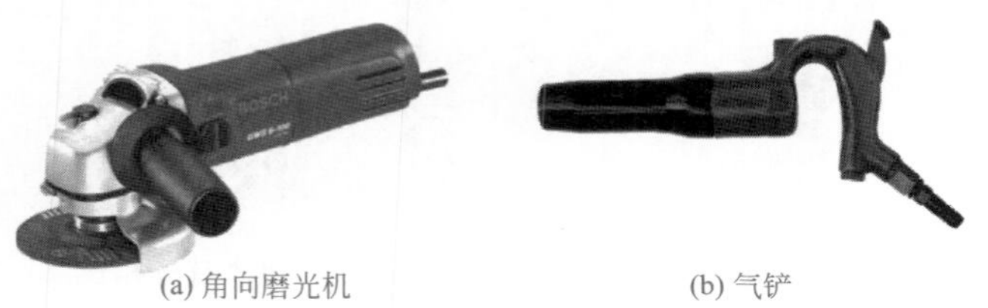

(a) 角向磨光机　　(b) 气铲

图 4-18

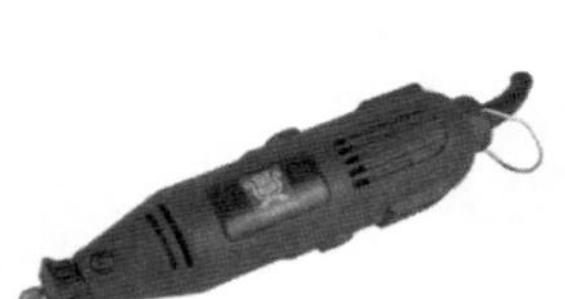

(c) 电动磨头　　(d) 手动切割机

图 4-18　常用辅助工具

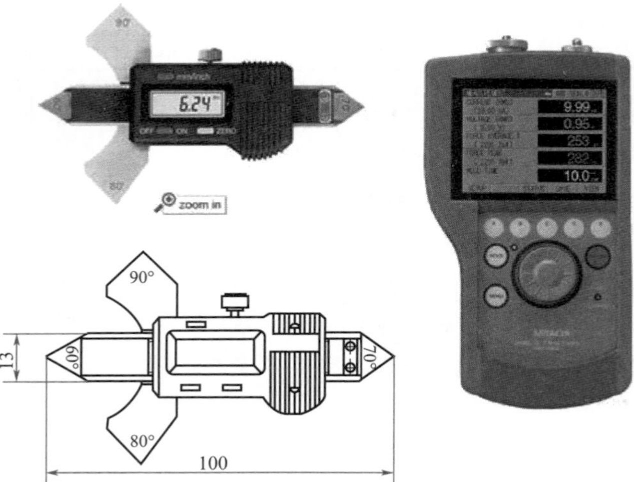

(a) 数显焊缝规　　(b) 手持式焊缝检测器

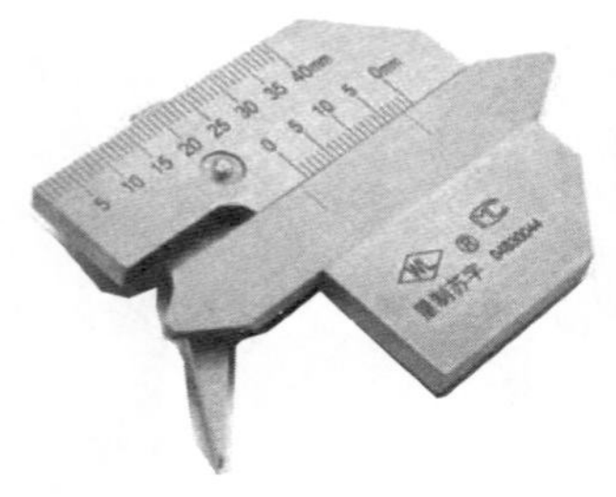

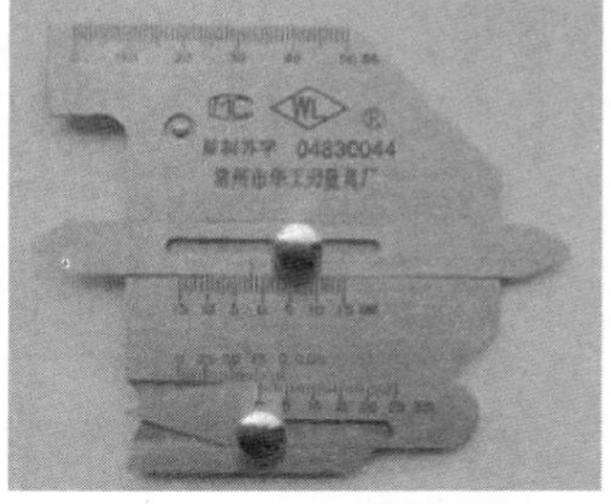

(c) 焊缝检测尺　　(d) 焊缝检测尺

图 4-19　焊缝测量器

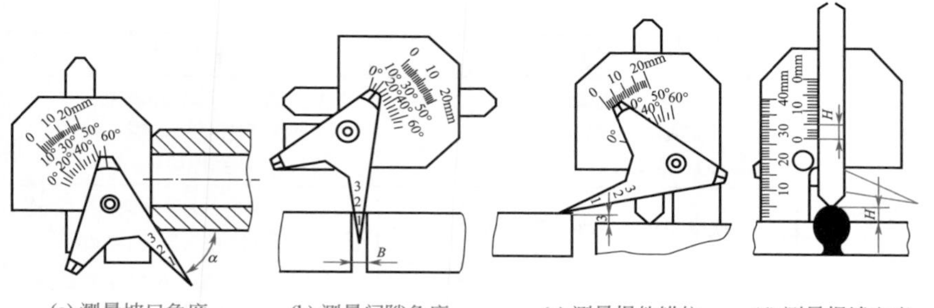

(a) 测量坡口角度　(b) 测量间隙角度　(c) 测量焊件错位　(d) 测量焊缝高度

图 4-20　焊缝测量器的用法

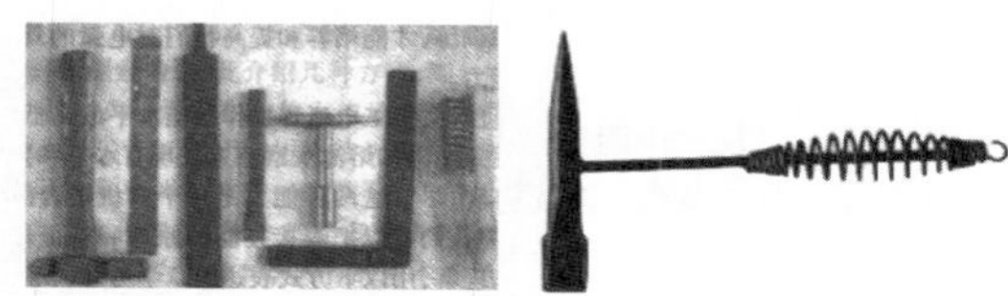

图 4-21　其他辅助工具

4.2.3　焊条电弧焊设备常见故障及解决方法

（1）弧焊变压器常见故障及解决方法与诀窍

使用新的弧焊变压器或长期停用的弧焊变压器时，应用 500MΩ 表检查绕组间及绕组与铁芯间的绝缘电阻，其值不应该低于 0.5MΩ。若低于此值必须进行干燥处理。可将弧焊变压器置于干燥场所或靠近热的烘炉边。使用期间应经常清洁其内部，采用风扇的弧焊变压器应对风扇及时进行维护保养，一般一年检修一次，更换润滑油。弧焊变压器的活动部分应保持整洁、灵活，且没有松动的现象。发生故障时要及时排除。

弧焊变压器常见的故障及排除方法见表 4-5。

表 4-5　弧焊变压器常见的故障及排除方法

故障特征	产生原因	排除方法
变压器外壳带电	① 电源线漏电并碰在外壳上 ② 一次或二次线圈碰外壳 ③ 弧焊变压器未接地线或地线接触不良 ④ 焊机电缆线碰焊机外壳	① 消除电源线漏电或解决碰外壳问题 ② 检查线圈的绝缘电阻值，并解决线圈碰外壳现象 ③ 检查地线接地情况并使之接触良好 ④ 解决焊接电缆碰外壳现象

续表

故障特征	产生原因	排除方法
变压器过热	① 变压器线圈短路 ② 铁芯螺杆绝缘损坏 ③ 变压器过载	① 检查并消除短路现象 ② 恢复损坏的铁芯螺杆绝缘 ③ 减小焊接电流
导线接触处过热	导线电阻过大或连接螺钉太松	认真清理导线接触面并拧紧连接处螺钉，使导线保持良好接触
焊接电流不稳	① 焊接电缆与焊件接触不良 ② 动铁芯随变压器的振动而滑动	① 使焊件与焊接电缆接触良好 ② 将动铁芯或其手柄固定
焊接电流过小	① 电缆线接头之间或与焊件接触不良 ② 焊接电缆线过长，电阻大 ③ 焊接电缆线盘成盘形，电感大	① 使接头之间，包括与焊件之间的接触良好 ② 缩短电缆线长度或加大电缆线直径 ③ 将焊接电缆线散开，不形成盘形
焊接过程中变压器产生强烈的“嗡嗡”声	① 动铁芯的制动螺钉或弹簧太松 ② 铁芯活动部分的移动机构损坏 ③ 一次、二次线圈短路 ④ 部分电抗线圈短路	① 旋紧制动螺钉，调整弹簧拉力 ② 检查、修理移动机构 ③ 消除一次、二次线圈短路 ④ 拉紧弹簧并拧紧螺母
电弧不易引燃或经常断弧	① 电源电压不足 ② 焊接回路中各接头接触不良 ③ 二次侧或电抗器线圈短路 ④ 动铁芯振动	① 调整电压 ② 检查焊接回路，使接头接触良好 ③ 消除短路 ④ 解决动铁芯在焊接过程中的松动
焊接过程中，变压器输出电流反常	① 铁芯磁回路中，由于绝缘损坏而产生涡流，使焊接电流变小 ② 电路中起感抗作用的线圈绝缘损坏，使焊接电流过大	检查电路或磁路中的绝缘状况，排除故障

（2）弧焊整流器常见故障及解决方法与诀窍

弧焊整流器的使用与维修在很多方面与弧焊变压器相同。所不同的是引入了整流部分，控制部分也比较复杂。

① 要特别注意硅整流元件和晶闸管元件的保护和冷却。冷却风扇的工作一定要可靠，应该进行定期维护、清理。风扇出现故障时，应立即停机排除。发现硅元件损坏后，要找出故障的原因，排除后方可更换新

的元件。

② 硅元件及电子线路要经常保持清洁、干燥。长期停机后启用前必须清理，并进行干燥处理后才能使用。

③ 焊接过程中，整流器如突然发生异常，如过大电流的冲击、突然无输出或性能突然变劣，应立即停机进行检查。

④ 电流调节盒或遥控盒要注意特别保护，不能用力过猛、强行扭动，以免拉脱焊头，折断电缆线，造成不必要的事故。

弧焊整流器常见的故障及解决方法见表4-6。

表4-6 弧焊整流器常见的故障及解决方法

故障特征	产生原因	解决方法
焊接电流不稳	① 气压开关抖动 ② 控制线圈接触不良 ③ 主回路交流接触器抖动	① 消除气压开关抖动 ② 恢复良好的接触 ③ 寻找原因，解决抖动现象
焊机壳漏电	① 电源接线误碰机壳 ② 焊机接地线不正确或接触不良 ③ 变压器、电抗器、电风扇及控制线路元件等碰外壳	① 解决与焊机壳体接触的电源线问题 ② 检查地线接法或清理接触点 ③ 逐一检查并解决碰外壳的问题
弧焊整流器空载电压过低	① 网络电压过低 ② 磁力启动器接触不良 ③ 变压器绕组短路	① 调整电压 ② 恢复磁力启动器的良好接触状态 ③ 消除短路
电风扇电动机不转	① 电风扇电动机线圈断线 ② 按钮开关的触头接触不良 ③ 保险丝熔断	① 恢复接触器功能 ② 更换损坏元件 ③ 更换保险丝
焊接电流调节失灵	① 焊接电流控制器接触不良 ② 整流器控制回路中元件被击穿 ③ 控制线圈匝间短路	① 修复接触器功能 ② 更换损坏元件 ③ 消除控制线圈中的短路，恢复控制线圈功能
焊接时电弧电压突然降低	① 整流元件被击穿 ② 控制回路断路 ③ 主回路全部或局部发生短路	① 更换损坏元件 ② 检修控制回路 ③ 检修主回路线路
电表无指示	① 主回路出现故障 ② 饱和电抗器和交流绕组断线 ③ 电表或相应的接线短路	① 修复主回路故障 ② 消除断线故障 ③ 检修电表

4.3 焊条电弧焊工艺

4.3.1 焊条的选用原则与实例

(1) 焊条的检验技巧

① 外观的检验。焊条外皮应该细腻光滑，无气孔和机械损伤，药皮无偏心，焊芯无锈蚀现象，引弧端有倒角，夹持端牌号标志清晰。

② 药皮强度的检验。将焊条平举 1m 高，自由落到光滑的厚钢板上，如图 4-22 所示。如药皮无脱落现象，则药皮强度合格。

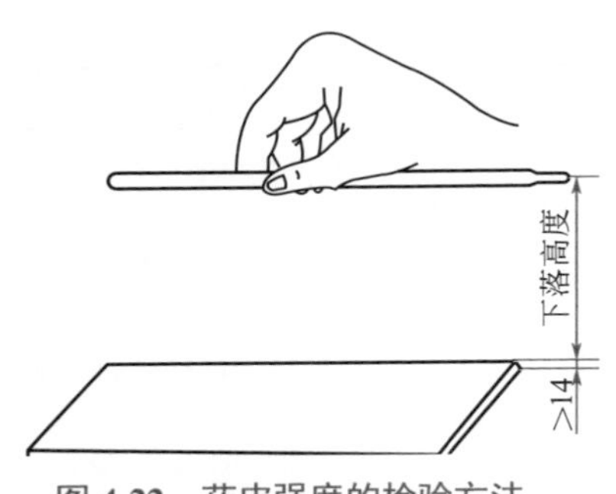

图 4-22 药皮强度的检验方法

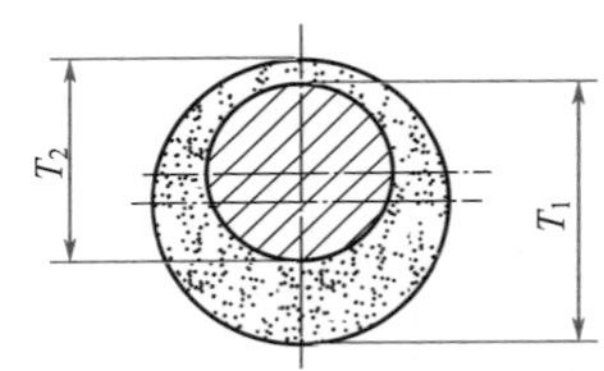

图 4-23 焊条的偏心度

③ 偏心度的检验。焊条偏心度如图 4-23 所示，图中 T_1 表示焊条断面药皮最大厚度与焊芯直径之和，T_2 表示的是同一断面药皮最小厚度与焊芯直径之和。焊条的偏心度应该在公差允许的范围内。如果偏心过大，焊接时会使电弧产生偏弧以及药皮成块脱落，影响焊接的质量。偏心度的计算可采用算式 $(T_1-T_2)/\left[\frac{1}{2}(T_1+T_2)\right]\times100\%$ 进行计算。焊条偏心的合格标准：直径不大于 2.5mm 的焊条，偏心度不应大于 7%；直径为 3.2mm 和 4.0mm 的焊条，偏心度不应大于 5%；直径不小于 5.0mm 的焊条，偏心度不应大于 4%。

④ 工艺性检验。焊条工艺性的检验主要包括电弧稳定性、再引弧性能和脱渣性等检验项目。用接受检验的焊条进行焊接试验，如果引弧很容易，电弧燃烧也稳定，且飞溅小，药皮熔化均匀，焊缝成形好，脱渣容易，则焊条的工艺性就好。其中，电弧稳定性检验中的断弧长度的检验是很重要的，其方法是将焊条垂直装夹在特制的支架上，焊条下方放置一块钢板，焊条与钢板分别为电源的两极，并接通电流表、电压表。接通电源

后，用炭棒引燃电弧，随着焊条的熔化，电弧长度逐渐增加，当达到一定的长度时，电弧自行熄灭。记录电流表、电压表的数值，待断电后测量从焊缝顶端至焊芯端头的距离 l，这个距离就是断弧长度，如图 4-24 所示。一般以 3 次的平均值为该焊条的断弧长度，断弧长度大者表明电弧稳定性较优。

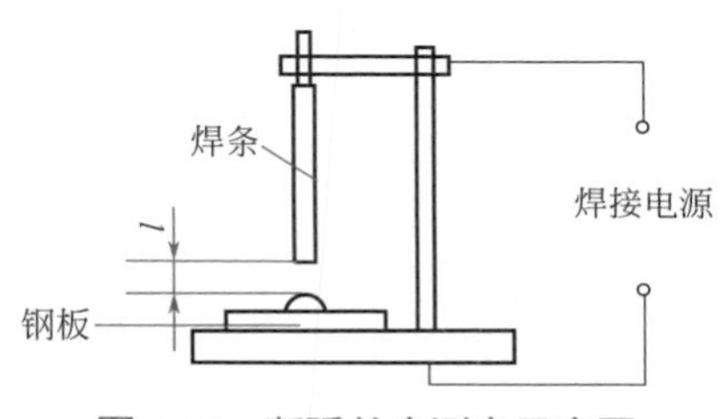

图 4-24 断弧长度测定示意图

⑤ 理化检验。焊接重要焊件时，应对焊条熔敷金属进行金相试验、化学分析及力学性能试验，以检验焊条质量，所有项目都合格时，焊条才合格。

⑥ 潮湿变质检验技巧：

a. 将几根焊条放在手掌上滚动，若焊条互相碰撞时，发出清脆的金属声，则焊条是干燥的；若发出低沉的沙沙声，则焊条已经受潮，需要烘干后再使用。

b. 将焊条在焊接回路中短路数秒，如果焊条表面“出汗”或出现颗粒状斑点，则焊条已受潮，不能正常使用。

c. 焊芯上有锈痕，则焊条也已经受潮。

d. 对于厚药皮焊条，缓慢弯曲至 120°，如果有大块药皮脱落或药皮表面无裂纹，都是受潮焊条，干燥的焊条在缓慢弯曲时，有小的脆裂声，继续弯曲至 120°，药皮受拉面有小裂纹出现。

e. 焊接时如果药皮成块地脱落，产生大量水蒸气或有爆裂现象，说明焊条已经受潮。

特别提示：已经受潮的焊条，若药皮脱落，则应该报废；虽然受潮但不严重的，可以烘干后再用。酸性焊条的焊芯有轻微的锈点，焊接时也基本能保证质量，但对重要焊接结构用的碱性焊条，生锈后则不能用。

（2）焊条的储存与保管诀窍

1）焊条储存与保管的意义

焊条药皮极易吸收空气中的水分而受潮。如果焊条药皮的含水量超过

了一定的程度，将会严重影响焊条操作时的工艺性能和焊接质量。水分在药皮中如果存在过多，焊接时就会引起巨大的飞溅，而且在焊缝中形成气孔，焊接某些合金钢时，还会促使形成延迟裂纹。同时，水分过多，也会引起焊芯产生黄斑、锈蚀等现象。因此，加强焊条的保管和储存对于保证焊接质量有十分重要的意义。

2）焊条储存与保管的方法与诀窍

① 焊条必须在干燥、通风良好的室内仓库中进行储藏。焊条储存在仓库内，不允许放置有害气体和腐蚀性介质，室内应保持整洁。

② 焊条应存放于架子上，架子离地面的高度应不小于 300mm，离墙壁距离不小于 300mm。室内应放置除湿剂，严防焊条受潮。

③ 堆放焊条时应该按照种类、牌号、批次、规格、入库时间分类堆放。每垛应有明确的标注，避免混乱。

④ 焊条在供给使用单位之后，至少在六个月内能保证继续使用。焊条的发放应做到先入库的先使用。

⑤ 特种焊条的储存和保管要严于一般的焊条，要堆放在仓库的指定区域内，受潮或包装损坏的焊条若没有经过处理不允许入库。

⑥ 对于受潮后药皮变色、焊芯有锈迹的焊条须经过烘干后进行质量评估，各方面性能指标达到要求后方可入库。

⑦ 焊条一次的出库量一般不能超过两天的用量，已经出库的焊条，焊工必须进行妥善的保管。

⑧ 焊条储存库内应设置温度计、湿度计。存放碱性焊条的室内温度应不低于 5℃，相对湿度应低于 60%。

⑨ 存放一年以上的焊条，在发放前应重新做各种性能试验，符合要求才可以进行发放，否则不应出库。

⑩ 焊条在使用前应严格按规定进行烘干。烘干后的焊条应放在 100 ～ 150℃的保温筒内，保温筒必须接于焊机的输出端，随取随用。

⑪ 碱性焊条在常温下放置的时间不得超过 4h，超过规定时间后应重新烘干，且重复烘干次数不宜超过 3 次。

⑫ 烘干焊条时，禁止将焊条突然放进高温筒内，或从高温筒中突然取出冷却，防止焊条因骤冷骤热而发生药皮开裂脱皮的现象。

⑬ 烘干焊条时，焊条不应成垛或成捆地堆放，应铺放成层状，焊条不能堆放太厚，一般为 1 ～ 3 层，避免焊条烘干时受热不均，使潮气不易排出。

⑭ 焊条烘干时应做好记录，记录上应有牌号、批号、温度和时间等内容。

(3) 焊条选用的基本原则与诀窍

选用焊条是焊接准备工作中很重要的一个环节。选用焊条时应遵循以下基本原则。

① 焊缝金属的使用性能要求。对于结构钢焊件，在同种钢焊接时，按与钢材抗拉强度等强的原则选用焊条；异种钢焊接时，按强度较低一侧的钢材选用；耐热钢焊接时，不仅要考虑焊缝金属室温性能，更主要的是根据高温性能进行选择；不锈钢焊接时，要保证焊缝成分与母材成分相适应，进而保证焊接接头的特殊性能；对于承受动载荷的焊缝，则要选用熔敷金属具有较高冲击韧度的焊条；对于承受静载荷的焊缝，只要选用抗拉强度与母材相当的焊条就可以了。

② 考虑焊件的形状、刚度和焊接位置等因素选用焊条。结构复杂、刚度大的焊件，由于焊缝金属收缩时，产生的应力大，应选用塑性较好的焊条。同一种焊条，在选用时不仅要考虑力学性能，还要考虑焊接接头形状的影响。因为，当焊接对接焊缝时，强度和塑性适中的话，焊接角焊缝时，强度就会偏高而塑性就会偏低。对于焊接部位难以清理干净的焊件，选用氧化性强的，对铁锈、油污等不敏感的酸性焊条，更能保证焊缝的质量。

③ 考虑焊缝金属的抗裂性。焊件刚度较大，母材中碳、硫、磷含量偏高或外界温度偏低时，焊件容易出现裂纹，焊接时最好选用抗裂性较高的碱性焊条。

④ 考虑焊条操作工艺性。焊接过程中，电弧应当稳定，飞溅少，焊缝成形美观，脱渣容易，而且适用于全位置焊接。为此，尽量选用酸性焊条，但是首先得保证焊缝的使用性能和抗裂性要求。

⑤ 考虑设备及施工条件。在没有直流电焊机的情况下，不能选用没有特别加稳弧剂的低氢型焊条；当焊件不能翻转而必须进行全位置焊接时，则应选用能在各种条件下进行空间位置焊接的焊条；在密闭的容器内进行焊接时，除考虑加强通风外，还要尽可能地避免使用碱性低氢型焊条，因为这种焊条在焊接过程中会放出大量有害气体和粉尘。

⑥ 考虑经济合理。在同样能保证焊缝性能要求的条件下，应当先用成本较低的焊条。如钛铁矿型焊条的成本比钛钙型焊条低得多，在保证性能的前提下，应选用钛铁矿型焊条。

4.3.2 焊条电弧焊工艺参数选择技巧与诀窍

（1）焊条的种类与牌号选择

焊条电弧焊焊条种类和牌号的选择原则前面已经有过介绍，但是实际工作中主要是根据母材的性能、接头的刚度和工作条件选择焊条。一般碳钢和低合金结构钢的焊接主要是按照等强度的原则选择焊条的强度等级，一般结构选用酸性焊条。

（2）焊接电源的种类与极性选择

通常根据焊条类型决定焊接电源的种类。除低氢钠型焊条必须采用直流反接外，低氢钾型焊条可采用直流反接或交流，酸性焊条常用交流电源焊接，也可以用直流焊接；焊接厚板时用直流正接，焊接薄板时用直流反接。

（3）焊条直径选择诀窍

焊条直径是根据焊件的厚度、焊接位置、接头形式、焊接层数等进行选择的。为提高焊接生产的效率，焊条直径应尽可能选用较大的。但是，太大直径的焊条焊接时容易造成未焊透或焊接成形不良等缺陷。厚度较大的焊件，搭接和T形接头的焊缝应选用较大直径的焊条进行焊接。对于小坡口的焊件，为保障根部焊透，宜采用较细直径的焊条，特别是打底时一般选用ϕ2.5mm或ϕ3.2mm焊条。不同的位置，选用的焊条直径也不尽相同，通常平焊选用较粗的ϕ4.0～6.0mm的焊条，立焊和仰焊时选用ϕ3.2～4.0mm的焊条，横焊选用ϕ3.2～5.0mm焊条。

（4）焊接电流选择诀窍

焊接电流是焊条电弧焊的主要参数，焊工在操作时需要调节的就是焊接电流。焊接电流的选择直接影响着焊接质量和劳动生产率。焊接电流大，熔深就大，焊条熔化得就快，焊接效率也高，但是太大时飞溅和烟雾就大，焊条的夹持端易发红，部分涂层会失效和崩落，产生焊接缺陷，使接头影响区晶粒粗大，接头韧性降低；焊接电流太小，引弧困难，焊条容易粘在焊件上，电弧不稳定，易产生焊接缺陷，生产效率低。因此，在保证焊接质量的前提下，尽量采用较大的焊接电流，以提高生产效率。但在采用同样直径的焊条焊接不同厚度的钢板时，电流就应该有所不同。一般说来，焊接厚度越大，焊接热量散失得就越快，要选用电流值的上限。图4-25是不同电流焊接时的焊缝成形效果。其中c处的焊接电流最为适中。因此焊接电流大小的选择主要是根据焊条直径、焊接位置、焊接层数等进行的。

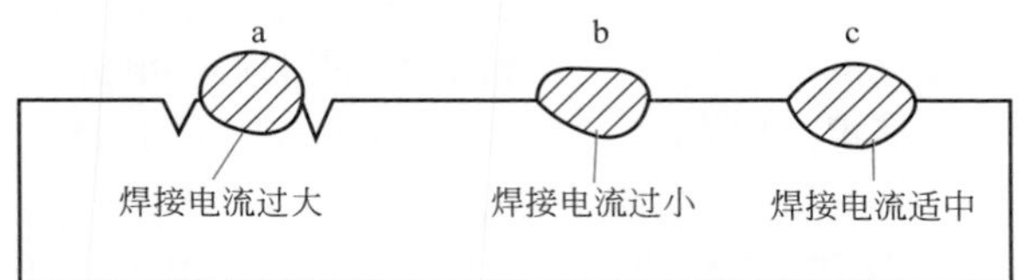

图 4-25 不同电流焊接时的焊缝成形效果

① 根据焊条直径选择焊接电流的诀窍。根据焊条直径选择焊接电流的具体情况见表 4-7。焊接电流的大小可根据经验公式 $I=(35\sim55)d$ 来进行估算，其中：I 为焊接电流，单位是 A；d 为焊条直径，单位是 mm。根据这个算式所确定的焊接电流范围，还要经过试焊才能最终满足焊接要求。可依据以下的经验来判断选择的电流是否合适。

表 4-7 各种直径焊条使用的焊接电流

焊条直径 /mm	1.6	2.0	2.5	3.2	4.0	5.0	6.0
焊接电流 /A	25 ～ 40	40 ～ 65	50 ～ 80	80 ～ 130	140 ～ 200	200 ～ 270	260 ～ 300

a. 听声音。焊接时可以从电弧的响声来判断电流的大小。当焊接电流较大时，会发出“哗哗”的声音；当焊接电流较小时，会发出“嘶嘶”的声音，容易断弧；焊接电流适中时，发出“沙沙”的声音，同时还夹杂着清脆的“噼啪”声。

b. 看飞溅。电流过大时，飞溅严重，电弧吹力大，爆裂声响大，可以看到大颗粒的熔滴向外飞出；电流过小时，电弧吹力小，飞溅小，熔渣和铁水不易分清。

c. 看焊条的熔化情况。电流过大时，焊条用不到一半就出现红热的情况，药皮有脱落的现象；电流过小时，焊条的熔化困难，易于焊条进行粘连。

d. 看熔池的状况。电流较大时，椭圆形熔池长轴较长；焊接电流较小时，熔池呈现扁形；电流适中时，熔池形状呈鸭蛋形。

e. 看焊缝成形。电流过大时，焊缝宽而低，易咬边，焊接波纹较稀少；电流较小时，焊缝窄而高，焊缝与母材熔合不良；电流合适时，焊缝成形较好，高度适中，过渡平滑。

② 根据焊接位置选择焊接电流的诀窍。当焊接的位置不同时，焊接的电流大小也不同。平焊时由于运条和控制熔池中的熔化金属都比较容易，可选择较大的焊接电流。立焊时，所用的焊接电流比平焊时要小10% ～ 15%；而横焊、仰焊时，焊接电流比平焊时要小 15% ～ 20%；使用碱性焊条时，比使用酸性焊条焊接的电流要减小 10%。

③ 根据焊接层数选择焊接电流的诀窍。通常情况下，打底所使用的焊接电流较小，有利于保证焊接质量；焊接填充时，采用较大的焊接电流；盖面焊接时，为了防止咬边，获得美观的焊缝成形，使用适中的焊接电流。

（5）电弧电压选择诀窍

焊条电弧焊时，焊缝的宽度主要是靠焊条的横向摆动幅度来控制的，因此电弧电压对焊缝的宽度没有明显的影响。当焊接电流调好以后，焊机的外特性曲线就决定了。实际上电弧电压主要是由电弧的长度来决定的。电弧长时电弧的电压就高，反之则低，在焊接的过程中电弧不宜过长，否则会出现电弧燃烧不稳定、飞溅大、熔池浅及产生咬边和气孔等焊接缺陷。如果电弧太短，容易粘焊条。一般情况下，电弧长度等于焊条直径的1/2 ～ 1 倍为好，相应的电弧电压为 16 ～ 25V。碱性焊条的电弧长度不超过焊条的直径，为焊条直径的一半较好，尽可能地选择短弧焊。酸性焊条的电弧长度应等于焊条的直径。

（6）焊接速度选择诀窍

焊接速度是指焊接过程当中焊条沿着焊接的方向移动的速度，即单位时间内完成的焊缝长度。焊接速度过快会造成焊缝变窄，严重凹凸不平，容易产生咬边及焊缝波形变尖；焊接速度过慢会使焊缝变宽，余高增加，功率降低。焊接速度还直接决定热输入量的大小，一般根据钢材的淬硬倾向来选择。焊条电弧焊时，在保证焊缝具有所要求的尺寸和外形及良好的熔合原则下，焊接速度由焊工根据具体情况灵活掌握。

（7）焊接层数选择诀窍

厚板的焊接，一般要求开坡口并采用多层焊或多层多道焊，如图 4-26 所示。多层焊和多层多道焊接头的显微组织较细，热影响区较窄。前一条焊道对后一条焊道起预热的作用，而后一条焊道对前一条焊道起热处理作用。因此，接头的延展性和韧性都比较好。特别是对易淬火钢，后焊道对前焊道的回火作用，可改善接头组织和性能。每层的焊道厚度不应该大于 4mm，如果每层的焊缝太厚，会使焊缝金属组织晶粒变粗，力学性能降低。

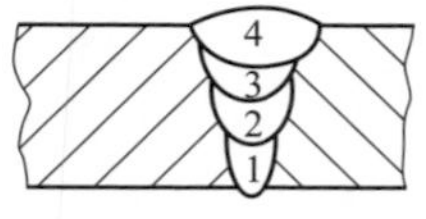

(a) 多层焊

(b) 多层多道焊

图 4-26　多层焊或多层多道焊

1 ～ 6—各焊道的顺序号

4.3.3　焊条电弧焊基本操作工艺、操作技巧与诀窍

（1）焊条电弧焊引弧技巧与诀窍

焊条电弧焊时，引燃电弧的过程称为引弧，其过程如图 4-27 所示。引弧是焊条电弧焊操作中最基本的动作，如果引弧的方法不当会产生气孔、夹渣等焊接缺陷。

(a) 引弧准备

(b) 引燃电弧

图 4-27　引燃焊接电弧的过程

1）引弧步骤、技巧与诀窍

① 因为焊条电弧焊是特殊作业，所以必须加强劳动保护。工作开始前必须按照焊工操作的严格要求，穿好特定的工作服，戴好专用工作帽，两手都要戴上电焊用的手套，其过程要求如图 4-28 所示。

② 在进行引弧操作前还要准备好焊接用的工件、合适的焊条和各种辅助工具（如锉刀、錾子、敲渣锤、手锤、钢丝刷等）。

③ 将等待进行引弧操作的焊件表面进行除水、除锈、除油污的处理，以避免在焊接时产生不必要的焊接缺陷，保证焊接引弧的质量，如图 4-29 所示。

④ 当以上工作都进行完毕，就要对焊接使用的焊钳和焊机的各接线处是否接触良好进行检验，只有接触良好的焊钳和各接线柱才能保证正常的焊接过程，如图 4-30 所示。

图 **4-28**　焊接前的劳动保护

图 **4-29**　引弧前的去污

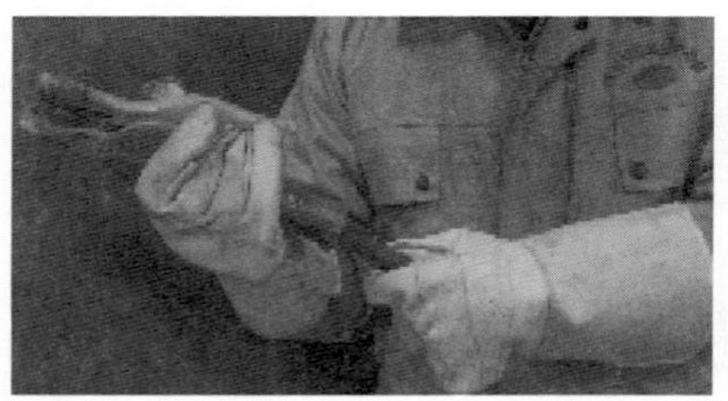

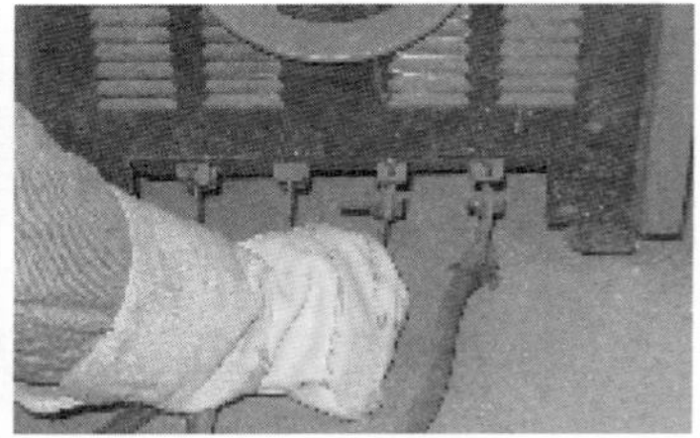

图 **4-30**　引弧前焊接设备的检验

⑤ 经过检验，确认焊钳及各接线柱都接触良好，才能合上电源，启动焊机开关，并根据引弧的要求调整好焊接电流的大小，其操作见图 4-31。

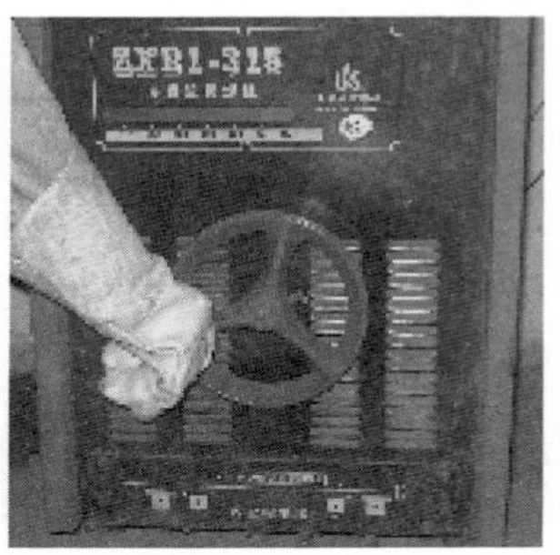

图 **4-31**　电源的合闸及焊接电流的调节

⑥ 把焊机的搭铁线（地线）与焊接用支架连接在一起（图 4-32），并把工件平放到焊接支架上。也可以把焊接电缆的地线固定在一块方钢上，便于使用时随时移动，见图 4-33。

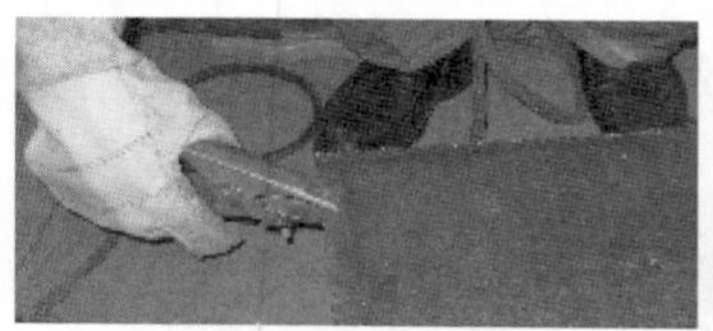

图 4-32　焊接地线的连接和工件的安放

⑦ 引弧准备工作完成后，通常用左手从焊条筒中取出适合焊接的焊条，如图 4-34（a）所示，右手手持焊钳，用大拇指按下焊钳的弯臂，用力打开焊钳的夹持部位［图 4-34（b）］，左手把焊条裸露的夹持端放进焊钳钳口夹持位置的凹槽内，如图 4-34（c）所示，这时立即松开焊钳的弯臂［图 4-34（d）］，不得夹在槽外或夹在焊条的药皮上，防止夹持不牢固或接触不良而影响焊接正常进行。经过这四个连续的动作，焊条的装夹工作就完成了。

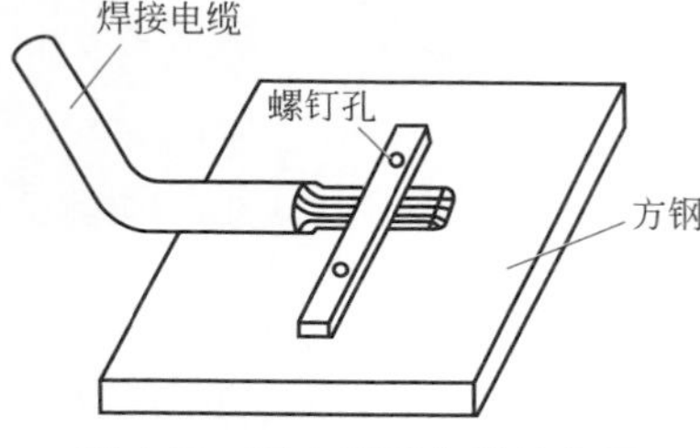

图 4-33　固定焊接电缆的方钢

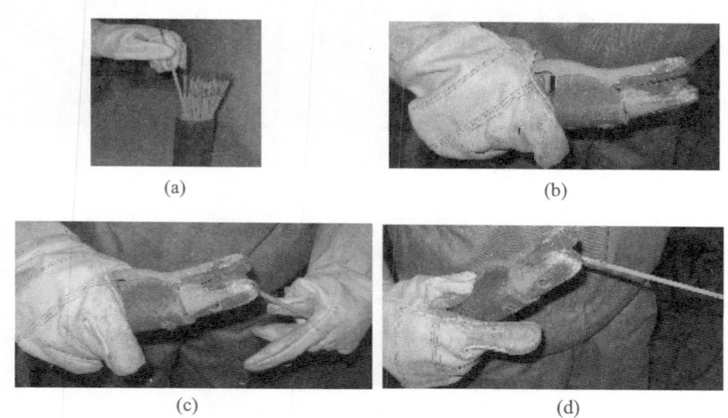

图 4-34　焊条的夹持

⑧ 焊条装夹完成后，就要开始进行引弧操作了。右手四个手指由下至上握住焊钳手柄，握住的位置尽量靠前，但也不能太靠近焊条端，以免焊接产生的热量烧伤手腕，大拇指放在与焊钳手柄方向一致的位置上，如图 4-35 所示。不要过分用力，以免焊接时右手过度疲劳。左手手持焊接面罩，做准备引弧的保护姿势。焊接面罩一定要拿稳，以免晃动产生焊接错觉（图 4-36）。

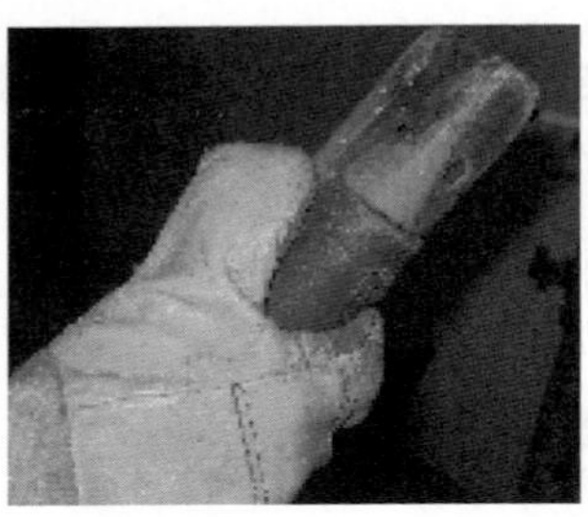
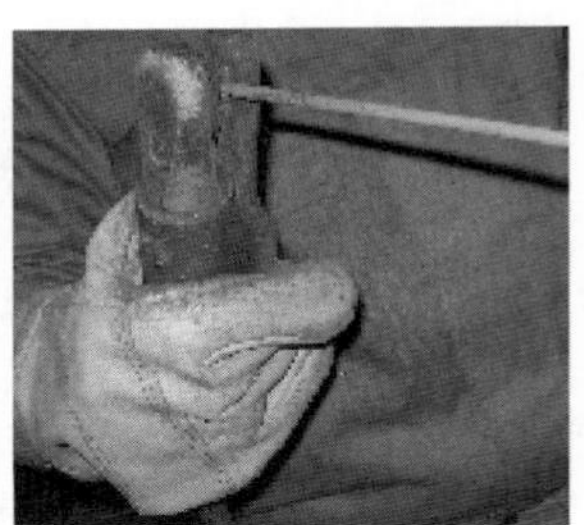

图 **4-35**　焊钳的握法

⑨ 当焊钳握好，并找准了引弧的位置且保持稳定时，开始进行引弧。引弧开始时立即同步地用焊接面罩遮住操作者的整个面部，以免焊接弧光伤害到操作者的眼睛和面部（图 4-37）。

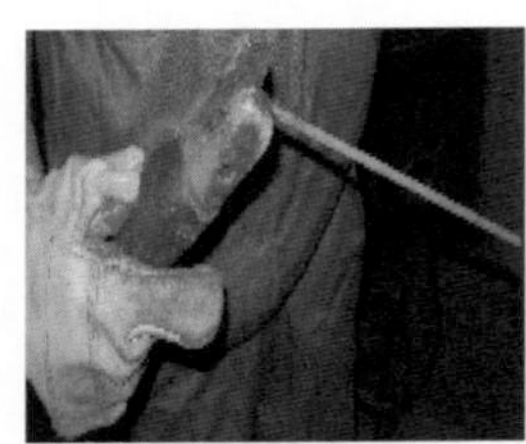
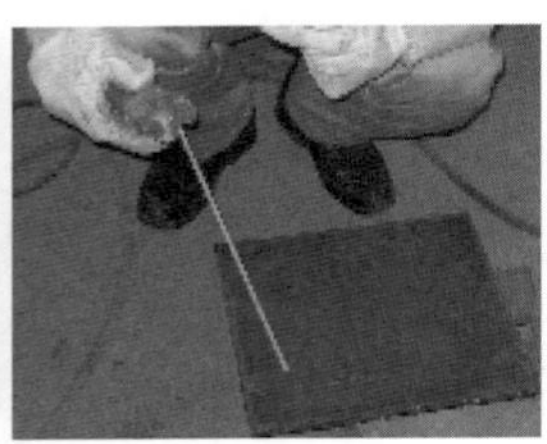

图 **4-36**　焊接前的预备动作

图 **4-37**　引弧开始前的保护

2）引弧方法与技巧、诀窍与禁忌

焊条电弧焊一般不采用不接触引弧方法，主要采用接触引弧方法。引弧的方法有两种即直击法和划擦法。

① 直击法。焊条电弧焊开始前，先将焊条的末端与焊件表面垂直轻轻一碰，便迅速将焊条提起，保持一定的距离，通常是 2 ～ 4mm 左右，电弧随之引燃并保持一定的温度燃烧，如图 4-38 所示。

直击法引弧的优点是不会使焊件表面造成电弧划伤的缺陷，又不受焊件表面大小及焊件形状的限制；不足的地方是引弧成功率比较低，焊条与焊件往往要碰击几次才能使电弧引燃并保持稳定燃烧，操作不容易掌握。

② 划擦法。将焊条末端对准引弧处，然后将手腕扭动一下，像划火柴一样，使焊条在引弧处轻微划擦一下，划动长度一般为 20mm 左右，电弧引燃后，立即使弧长保持在 2 ～ 4mm，并保持电弧燃烧稳定，如图 4-39 所示。

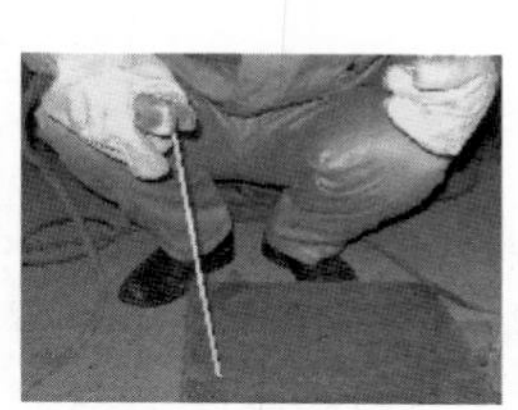

(a) 直击法操作图

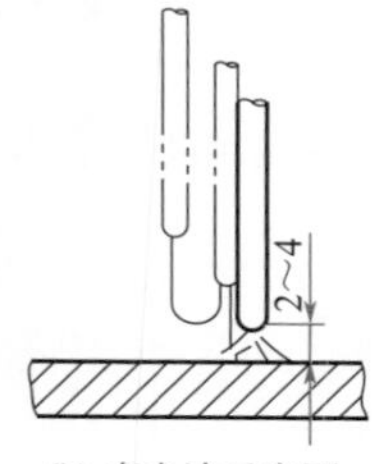

(b) 直击法示意图

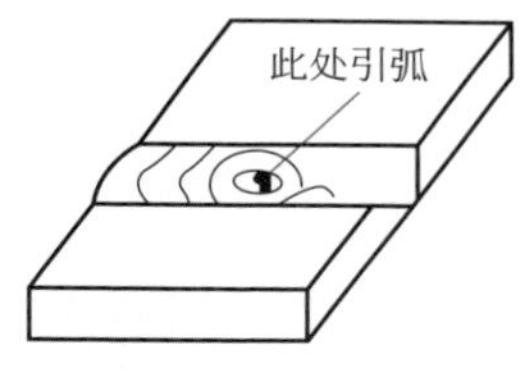

(c) 直击法接头处的引弧

图 4-38　直击法引弧

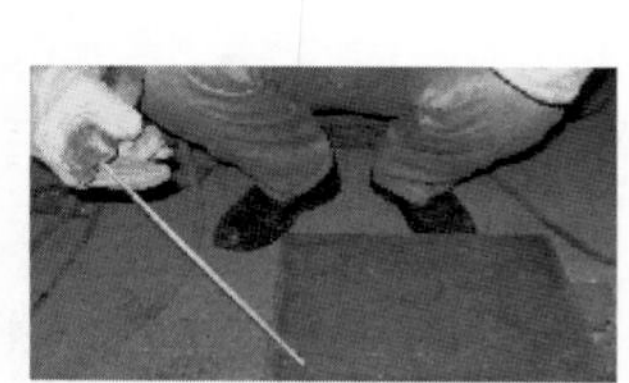

(a) 划擦法操作图

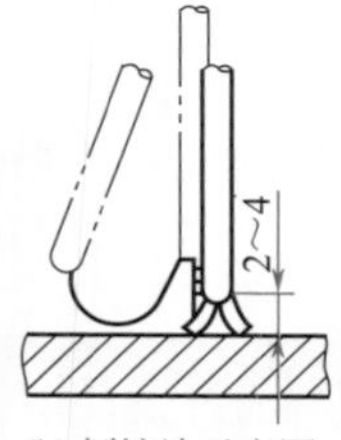

(b) 划擦法示意图

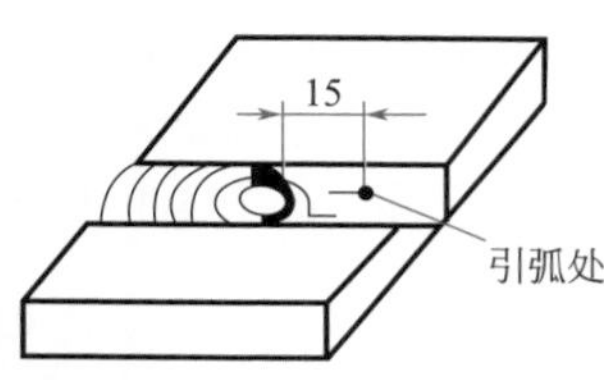

(c) 划擦法接头处的引弧

图 4-39　划擦法引弧

这种引弧方法的优点是电弧容易燃烧，操作简单，引弧效率高；缺点是容易损坏焊件的表面，有电弧划伤的痕迹，在焊接正式产品时应该尽量少用。

以上两种方法相比，划擦法比较容易掌握，但是在狭小工作面上或不允许烧伤焊件表面时，应该采用直击法引弧。直击法对初学者较难掌握，一般容易发生电弧熄灭或造成短路的现象，这是没有掌握好离开焊件时的速度或保持距离不适当的原因。如果操作时焊条上拉太快或提得太高，都不能引燃电弧或电弧只燃烧一瞬间然后就熄灭了［图 4-40

(a)]。相反，动作太大则可能使焊条与焊件粘在一起，造成焊接回路的短路[图4-40(b)]。

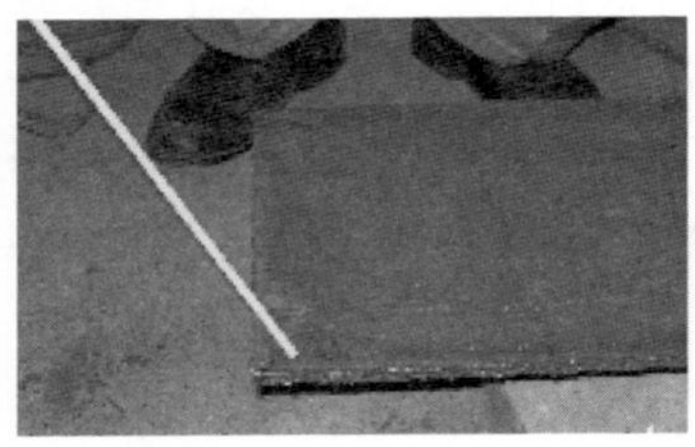

(a) 电弧过高

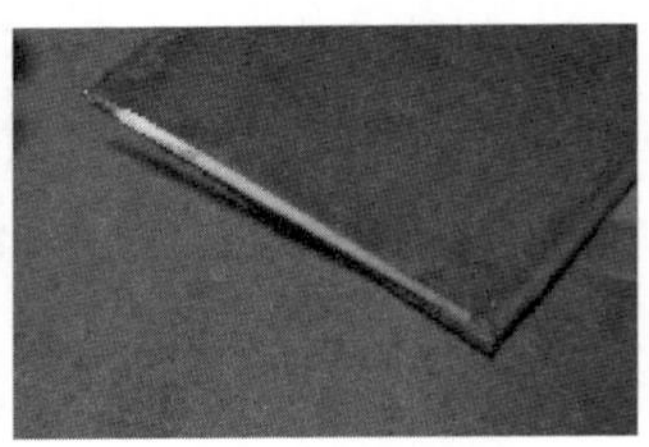

(b) 电弧过低

图 4-40　焊条电弧过高与过低

引弧时如果发生焊条和焊件粘在一起，只要将焊条左右摆动几下，就可以脱离焊件（图4-41）。如果此时还不能脱离焊件，就应该立即将焊钳放松（图4-42），使焊接回路断开，待焊条稍冷后再拆下。如果焊条粘住的时间过长，就会因为过大的短路电流使焊机烧坏。因此，引弧时手腕动作必须灵活和准确，而且要选择好引弧起始点的位置。

酸性焊条引弧时可以采用直击法或划擦法，但是碱性焊条引弧时，最好采用划擦法引弧，因为直击法引弧容易在焊缝中产生气孔。为了引弧方便，焊条的末端应该裸露出焊芯，如果焊条的端部有药皮套筒，可用戴手套的手捏除，如图4-43所示。

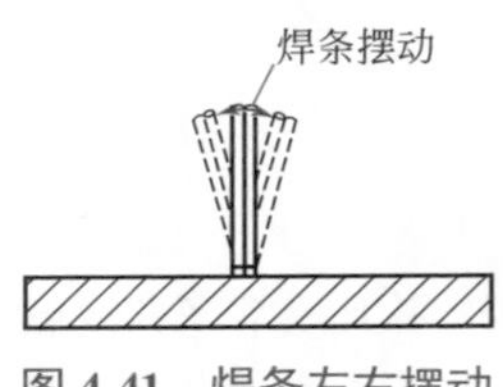

图 4-41　焊条左右摆动

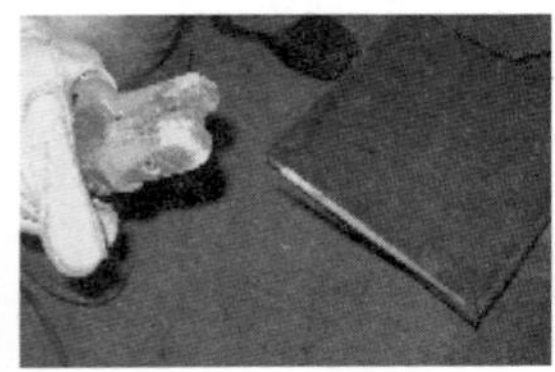

图 4-42　焊钳放松

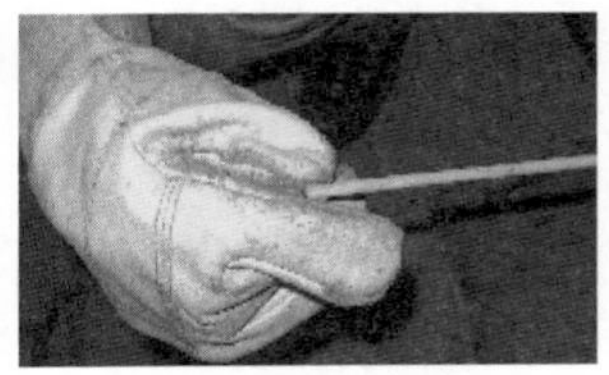

图 4-43　捏除焊条药皮

③ 引弧注意事项与禁忌：

a. 引弧训练时可以分别用E4303和E5015两种焊条在钢板上进行，在规定时间内引燃电弧的成功率越高，引弧的位置越准确，说明引弧的熟练程度就越高。

b. 实际训练时可以发现E5015焊条引弧时焊条粘住的现象比E4303焊条多得多，这是碱性焊条的普遍现象。也就是说碱性焊条的引弧比酸性焊条困难得多。

c. 训练时还可以将 E4303 和 E5015 两种焊条分别用交、直流焊机进行引弧，通过训练可以发现 E4303 焊条可以同时用交流或直流焊机进行引弧，而 E5015 焊条只能用直流弧焊机进行引弧，采用交流弧焊机时电弧无法引燃，这是因为 E5015 焊条药皮中含有萤石，影响了电弧燃烧的稳定性。所以，E5015 焊条一般采用直流弧焊机进行焊接。

（2）焊条电弧焊运条技巧与诀窍

焊接过程中，焊条相对焊缝所做的各种动作的总称叫运条。运条是整个焊接过程的重要环节，运条的好坏直接影响到焊缝的外表成形和内在质量，也是衡量焊接操作技术水平的重要标志之一。

1）运条的基本动作技巧

运条分三个基本的动作，即焊条沿中心线向熔池送进、焊条沿焊接方向的移动和焊条在焊缝宽度做横向的摆动（平敷焊时可不做横向摆动），如图 4-44 所示。

① 焊条沿中心线向熔池送进的技巧。焊接时要保持电弧的长度不变，则焊条向熔池方向送进的速度要与焊条熔化的速度相等（图 4-45）。如果焊条送进的速度小于焊条熔化的速度，则电弧的长度将逐渐增加，导致断弧的现象发生［图 4-46（a）］；如果焊条送进的速度太快，就会导致电弧迅速缩短，使焊条末端与焊件接触发生短路的现象，同时电弧也会随之熄灭［图 4-46（b）］。如果运送过快，焊条就会粘在焊件上，如图 4-47。

实际操作中焊条的送进速度代表着焊条熔化的快慢，可以通过改变电弧长度来调节焊条熔化的快慢，弧长的变化将影响焊缝的熔深及熔宽。长弧（弧长大于焊条的直径）焊接时，虽然可以加大熔宽，但电弧却飘忽不定，保护效果也差，飞溅大，熔深浅，焊接质量也会下降。所以一般情况下，应该尽量采用短弧（弧长等于或小于焊接直径）焊接。

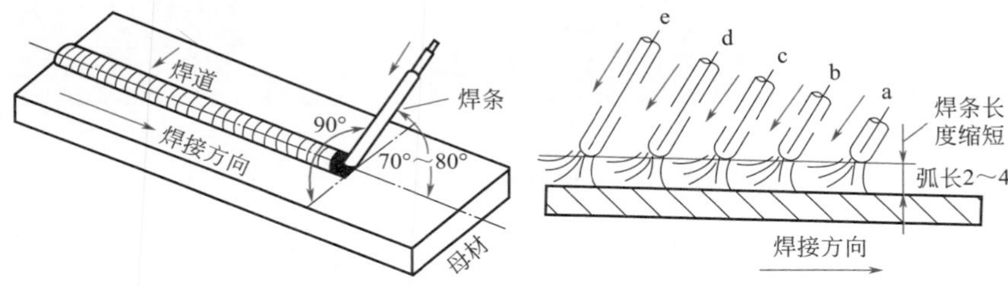

图 4-44　运条的基本动作　　图 4-45　电弧长度始终相等

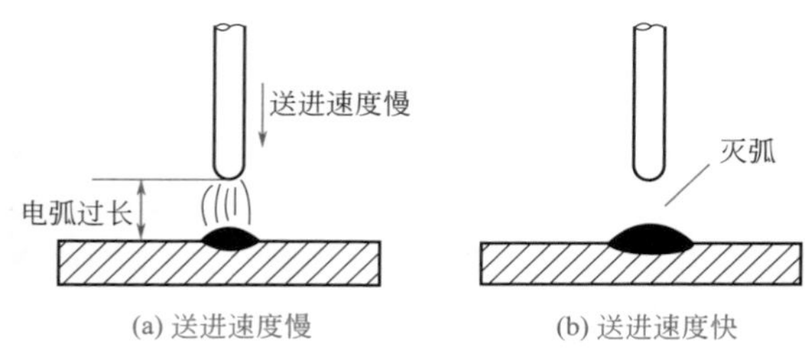

(a) 送进速度慢 (b) 送进速度快

图 4-46 焊条送进速度

② 焊条沿焊接方向移动的技巧。焊条沿焊接方向移动逐渐形成了焊道（图 4-48）。焊条沿焊接方向移动的快慢代表着焊接速度，即每分钟焊接的焊缝长度。焊条的移动速度对焊缝质量、焊接生产效率有很大的影响。如果焊条移动速度太快，电弧还来不及足够地熔化焊条与母材金属，产生未熔透或焊缝较窄的不良现象，如图 4-49（a）所示；如果焊条移动速度太慢，就会造成焊缝过高、过宽、外形不整齐，如图 4-49（b）所示；在焊接较薄焊件时容易烧穿，如图 4-49（c）所示。因此，移动时要根据具体的焊接情况适当进行，使焊缝均匀美观。

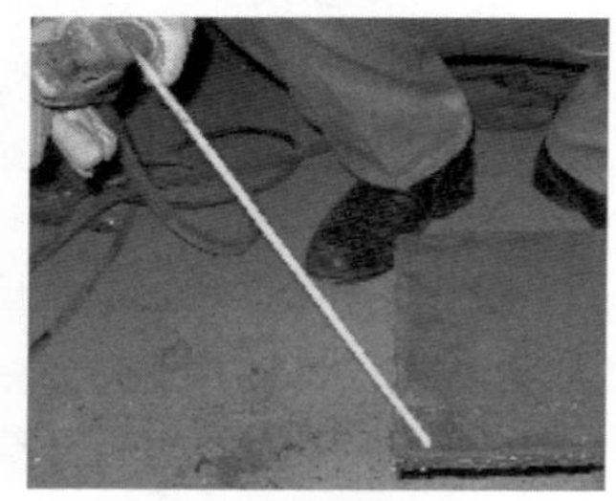

图 4-47 焊条和焊件粘连

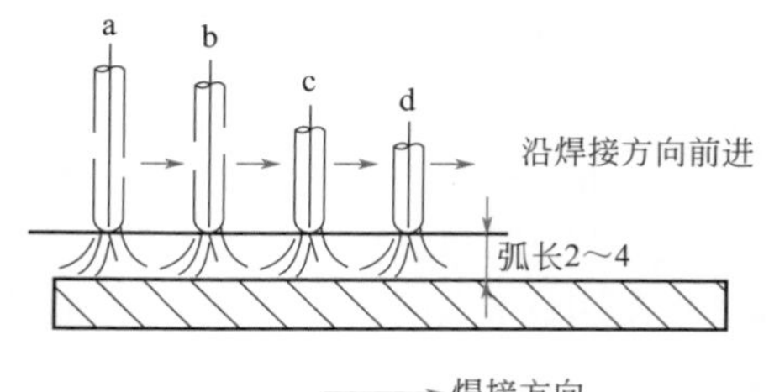

图 4-48 焊道的形成

(a) 速度过快

(b) 速度过慢

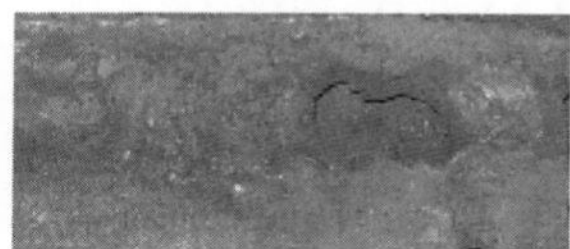

(c) 薄板被烧穿

图 4-49 焊接速度快慢的缺陷

③ 焊条在焊缝宽度做横向摆动的技巧。焊条横向的摆动作用是为了获得一定的焊缝宽度，如图 4-50 所示，并保证焊缝两侧熔合良好。其摆

动幅度应根据焊缝宽度的要求（如焊件的厚度、坡口的形式、焊缝层次）和焊条直径的粗细来决定。一般情况下，焊件越厚焊条摆动的幅度就越大［图 4-51（a）］，V 形坡口比 I 形坡口摆动要大［图 4-51（b）］，外层焊要比内层焊摆动大［图 4-51（c）］。

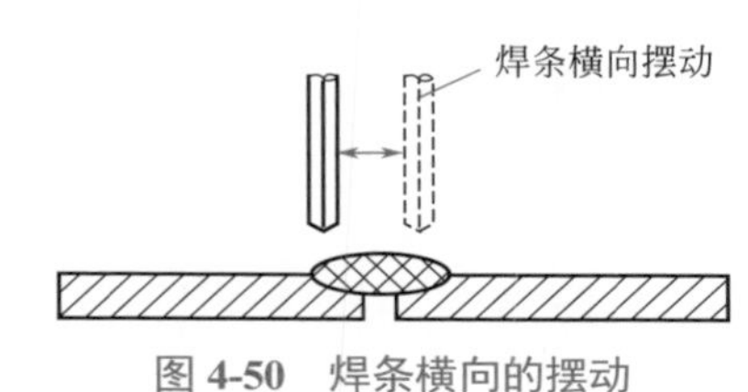

图 4-50　焊条横向的摆动

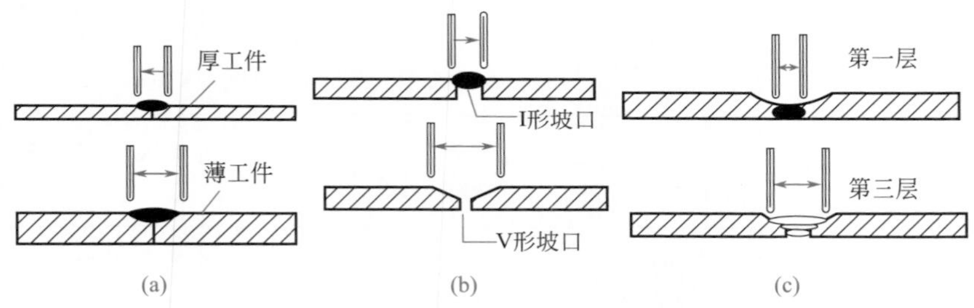

图 4-51　焊条横向摆动幅度

横向摆动时力求均匀一致，焊缝宽度整齐美观。这点可以观察焊机上的电流表和电压表，如两指针只做微小的摆动，就表明动作十分均匀了；如果两指针摆动的幅度很大，表明动作还不够熟练，需要进一步加强训练。

实际操作时还要根据熔池形状与大小的变化灵活调整运条动作，不能机械地分开，要使三者很好地协调，将熔池控制在所需要的形状与大小范围内。

2）运条的基本方法、技巧与诀窍

运条的方法有很多，操作者可以根据焊接接头形式、装配间隙、焊缝的空间位置、焊条直径与性能、焊接电流及操作熟练程度等因素合理地选择各种运条方法。运条常用的方法有直线形运条法、直线往复运条法、锯齿形运条法、月牙形运条法、斜三角形运条法、正三角形运条法、正圆圈形运条法、斜圆圈形运条法、8 字形运条法等，见表 4-8。

表 4-8　运条的基本方法、技巧与诀窍

序号	运条方法	图 示	说明
1	直线形		焊条沿焊接方向直线运动，电弧燃烧很稳定，可获得较大熔深
2	直线往复		焊接过程中，焊条末端沿着焊缝的纵向做往复直线运动
3	锯齿形		焊条末端在向前移动时，连续在横向做锯齿摆动，焊条末端摆动到焊缝两侧时应稍停片刻，防止焊缝出现咬边的缺陷
4	月牙形		焊条末端沿着焊接方向做月牙形横向摆动，摆动的幅度要根据焊缝的位置、接头形式、焊接宽度和焊接电流的大小来决定
5	斜三角形		焊条末端做连续的斜三角形运动，并不断地向前移动
6	正三角形		焊条末端做连续的正三角形运动，并不断地向前移动
7	正圆圈形		焊条末端连续做正圆圈形运动，并不断地向前移动，只适用于焊接较厚焊件的平焊缝
8	斜圆圈形		焊条末端在向前移动的过程中，连续不断地做斜圆圈形运动，适用于平、仰位置的T形焊缝和对接接头的横焊缝焊接
9	8 字形		焊条末端做 8 字形运动，并不断向前移动

（3）焊缝起头和接头技巧与诀窍

1）焊缝的起头技巧

焊接刚开始时由于焊件的温度较低，引弧后不能马上使焊件的温度迅速升高，因此，焊接起头的位置焊道会较窄，且余高也稍微显高，甚至会出现熔合不良和夹渣的缺陷。因此，为了避免产生这样的现象，在开始焊接时，引弧后先将电弧稍微拉长，对焊缝起点进行预热，然后适当地缩短电弧，进行正常的焊接，如图 4-52 所示。

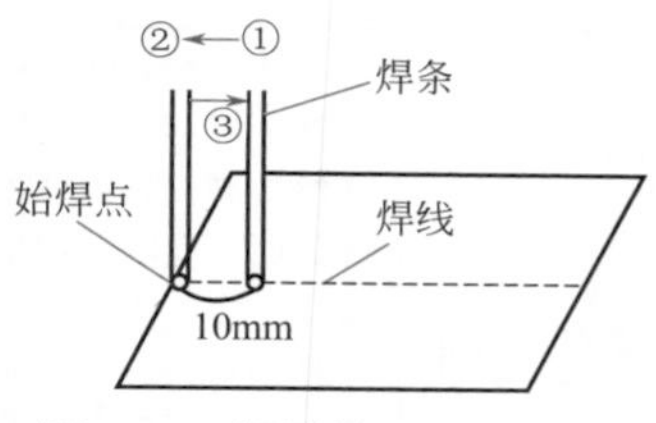

图 4-52　焊缝起头的方法

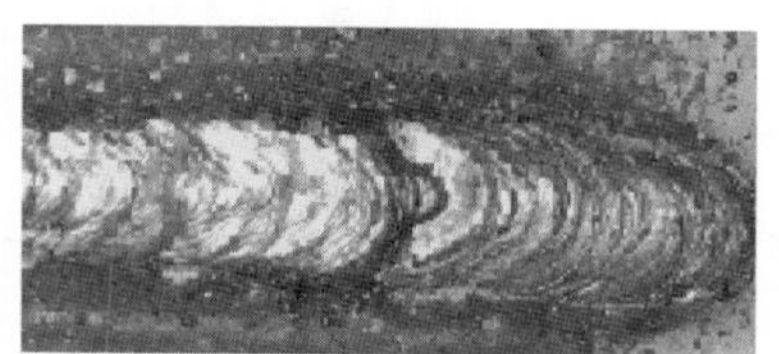

图 4-53　焊缝接头

2）焊缝的接头技巧

后焊接的焊缝与先焊接的焊缝的连接处称为焊缝的接头，如图 4-53 所示。焊条电弧焊时，由于受到焊条长度的限制或焊接位置的限制，在焊接过程中产生两段焊缝接头的情况是不可避免的，接头处的焊缝应力求均匀，防止产生过高、脱节、宽窄不一致等缺陷。

① 接头的种类。焊缝接头的种类有四种，即中间接头、相背接头、相向接头和分段退焊接头，见表 4-9。

表 4-9　焊缝接头的种类

接头名称	示意图	焊接方法	说明
中间接头			后焊焊缝从先焊焊缝收尾处开始焊接
相背接头			两端焊缝起头处接在一起。要求先焊焊缝起头稍低，后焊焊缝应在先焊焊缝起头处前 10mm 左右引弧，然后稍拉长电弧，并将电弧移至接头处，覆盖住先焊焊缝端部，待熔合好再向焊接方向移动

续表

接头名称	示意图	焊接方法	说明
相向接头	头 1 尾 尾 2 头	1 焊条停顿 2 快速向前 3熄弧 1焊接方向 2焊接方向 15mm	两段焊缝的收尾处接在一起。当后焊焊缝焊到先焊焊缝收弧处时，应降低焊接速度，将先焊焊缝弧坑填满后，以较快速度向前焊一段，然后熄弧
分段退焊接头	头 2 尾 头 1 尾	2 拉长电弧熄弧 焊条停顿 1 焊接方向2 焊接方向1	后焊焊缝的收尾与先焊焊缝起头处连接

② 接头注意事项与操作禁忌。

a. 接头要快。接头是否平整，与操作者技术水平有关，同时还和接头处的温度有关。温度越高，接头处熔合得越好，填充的金属合适（不多不少），接头平整。因此，中间接头时，熄弧时间越短越好，换焊条越快越好。

b. 接头要相互错开。多层多道焊时，每层焊道和不同层的焊道的接头必须相互错开一段距离，不允许接头相互重叠或在一条线上，以免影响接头强度。

c. 要处理好接头处的先焊焊缝。为了保证接头质量，接头处的先焊焊道必须处理好，没有夹渣及其他缺陷，最好焊透，接头区呈斜坡状。如果发现先焊焊缝太高，或有缺陷，最好先将缺陷清除掉，并打磨成斜坡状。

图 **4-54**　焊件的收弧

（4）焊缝收弧的方法技巧与诀窍

收弧是指一条焊缝焊接完成后如何填满弧坑的操作（图 4-54）。收弧是焊接过程中的关键动作，焊接结束时，如果立即将电弧熄灭，就会在焊缝收尾处产生凹陷很深的弧坑，如图 4-55 所示，不仅会降低焊缝收尾处的强度，还容易产生弧坑裂纹（图4-56）。过快地拉断电弧，使熔池中的气体来不及逸出，就会产生气孔等缺陷。为了防止出现这些缺陷，必须采取合理的收弧方法，填满焊缝收尾处的弧坑。

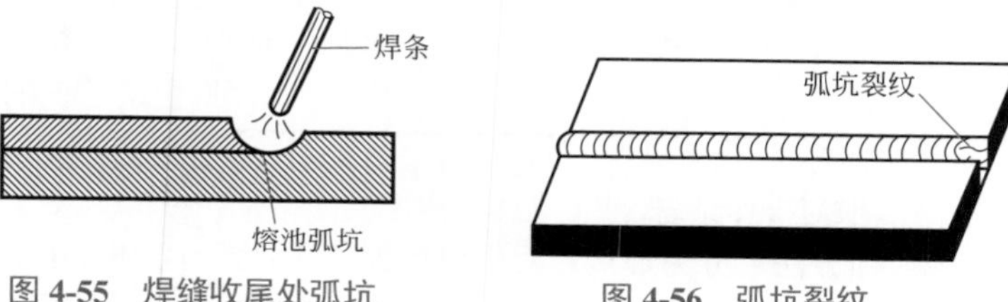

图 4-55　焊缝收尾处弧坑　　　图 4-56　弧坑裂纹

① 收弧的方法与技巧。收弧的方法主要有反复断弧法、划圈收弧法、回焊收弧法和转移收弧法，见表4-10。

表 4-10　收弧的方法与技巧

收弧方法	示意图	说明
反复断弧法	熄灭电弧　引燃电弧　焊接方向	反复断弧法也称灭弧法。焊条移到焊缝终点时，在弧坑处反复熄弧、引弧数次，直到填满弧坑为止
划圈收弧法	划圈收弧	焊条移至焊缝终点处，沿弧坑做圆圈运动，直到填满弧坑再拉断电弧，此法适用于厚板收弧
回焊收弧法	3移动2　变换角度　1　75°~80°　75°~80°　焊接方向	焊条移至焊缝终点时，电弧稍作停留，并向与焊接相反的方向回烧一段很小的距离（约10mm），然后立即拉断电弧

续表

收弧方法	示意图	说明
转移收弧法	—	焊条移至焊缝终点时，在弧坑处稍作停留，将电弧慢慢抬高，引到焊缝边缘母材坡口内，这时熔池会逐渐缩小，凝固后一般不出现缺陷

② 注意事项与操作禁忌。

a. 连弧收弧方法可分为焊接过程中更换焊条的收弧方法和焊接结束时焊缝收尾处的收弧方法。更换焊条时，为了防止产生缩孔，应将电弧缓慢地拉向后方坡口一侧约 10mm 后再衰减熄弧。焊缝收尾处应将电弧在弧坑处稍作停留，待弧坑填满后将电弧慢慢地拉长，然后熄弧。

b. 采用断弧法操作时，焊接过程中的每一个动作都是起弧和收弧的动作。收弧时，必须将电弧拉向坡口边缘后再熄弧，焊缝收尾处应采取反复断弧的方法填满弧坑。

4.3.4 焊条电弧焊平敷焊操作工艺、操作技巧与实例

常用的焊条电弧焊主要操作位置有平敷焊、V 形坡口平对接焊、I 形坡口平对接焊、平角焊、V 形坡口立对接焊、I 形坡口立对接焊、立角焊等。

焊条电弧焊平敷焊操作工艺与操作实例如下。

(1) 操作工艺过程与操作要点

平敷焊是在平焊位置上堆敷焊道的一种操作方法，如图 4-57 所示。其焊接工艺过程与操作要点见表 4-11。

表 4-11 平敷焊操作过程与操作要点

操作过程		示意图	操作说明
焊前准备	工件、焊条、焊机和辅助工具的准备等	焊接板料	① 工件。工件采用适合于焊接的低碳钢板两块，其选用标准为 300mm×200mm×5mm ② 焊条。焊条采用酸性焊条，牌号为 E4303 系列 ③ 焊机和辅助工具。焊机选用交流或直流焊机，其额定电流应大于 300A。辅助工具包括钢丝刷、錾子、锉刀及敲渣锤等

续表

操作过程		示意图	操作说明
操作步骤	平敷焊是焊条电弧焊的基本操作过程，是焊条电弧焊训练的必经之路，每个操作者都要熟练地掌握		焊接训练操作前用钢丝刷或者砂布除掉焊接工件上的油污、锈迹和其他斑点，露出焊接金属的本来光泽
		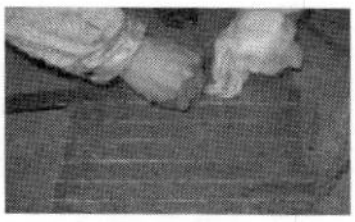	焊件清理完成后，用石笔在待焊工件上间隔均匀地划上直线，一般选择每隔30mm的距离
		 (a)  (b) 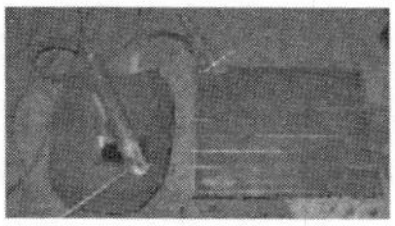(c)	工件按照焊接要求划好线后，平放在焊接支架上［图（a）］，并把焊接搭铁线（地线）连接在工件上或支架上［图（b）］；焊钳要放在工件的旁边，不要与工件相接触，以免造成焊机启动后的短路［图（c）］
		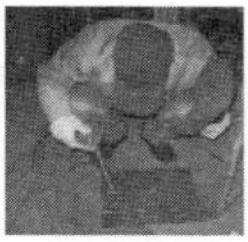 70°～80° 250左右 (a) 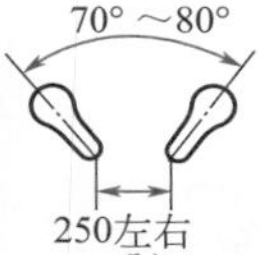 (b)	当准备工作完成后，合上电源开关启动焊机，调整到合适的焊接电流。平敷焊接时一般多采用蹲式［图（a）］，身体与焊件的距离要求比较近，这样有利于焊接时的操作和对焊接熔池进行观测，两脚成70°～80°的夹角，两脚的间距约在250mm［图（b）］
		 (a) 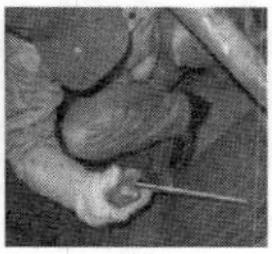 (b) 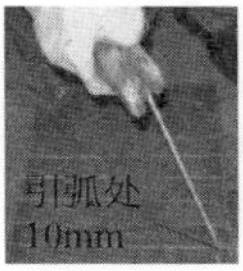 引弧处 10mm (c)  (d)	焊接姿势和位置找准后，用双手夹持好焊条［图（a）］，手持焊钳的胳膊可以依托在弯曲的膝腿上，也可以悬空无依托［图（b）］。将焊条对准划线的开始端，焊条头部距离焊件端部约10mm［图（c）］，立即用面罩遮住全部的面部，准备引燃电弧［图（d）］

续表

操作过程		示意图	操作说明
操作步骤	平敷焊是焊条电弧焊的基本操作过程，是焊条电弧焊训练的必经之路，每个操作者都要熟练地掌握	2长弧预热 移动 1引弧 3低压电弧施焊 焊接方向 10左右	手持焊钳的手腕向焊件处下弯，用直击法迅速引燃电弧，电弧引燃的瞬间立即稍拉长电弧，对起头处进行预热，然后压低（缩短）电弧长度，减小焊条与焊接方向的夹角，沿着焊件的最开始端施焊
		焊条 焊缝 90° 60°～80° 焊接方向 (a) <90° (b) (c)	引弧起头后，焊条立即与焊缝两侧的工件成90°的夹角，与焊接大方向成60°～80°的夹角，采用短弧（≤焊条直径）进入正常的焊接过程，如图（a）所示。在焊接的过程中很容易出现焊条偏向焊件一侧的现象［图（b）］，产生焊缝两侧高度不同的焊接结果［图（c）］，而且很容易产生由焊接角度小导致的夹渣

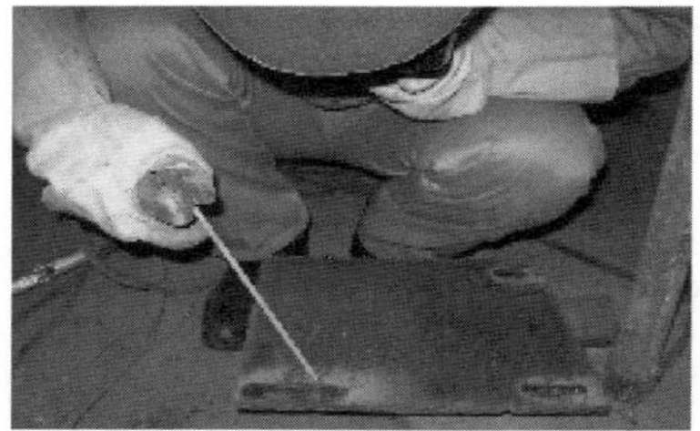

图 4-57　平敷焊操作

（2）运条方法、技巧与诀窍

平敷焊主要以直线形运条、直线往复运条和锯齿形运条为主，操作者在运条的过程中要特别仔细地观察焊接熔池的状态，要学会区分铁水和熔渣（表 4-12）。

表 4-12　平敷焊主要运条方法与技巧

运条方法	示意图	说明
直线形运条法	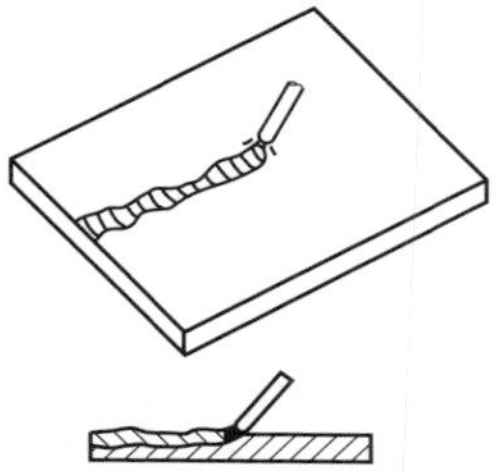	① 焊接电流调至 100 ～ 110A，操作姿势和焊条角度保持不变 ② 焊缝不美观、焊缝宽度和熔深不一致是主要缺陷
直线往复运条法	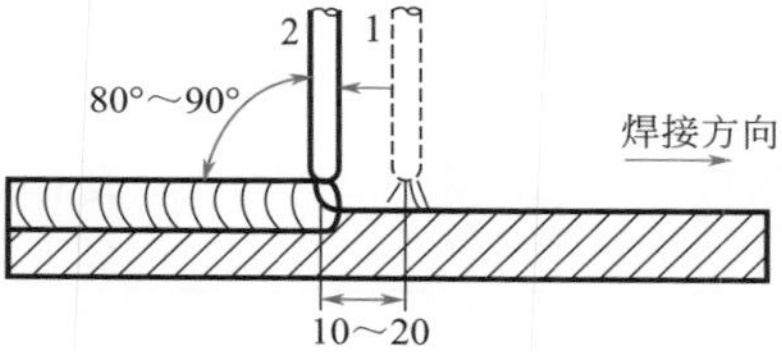 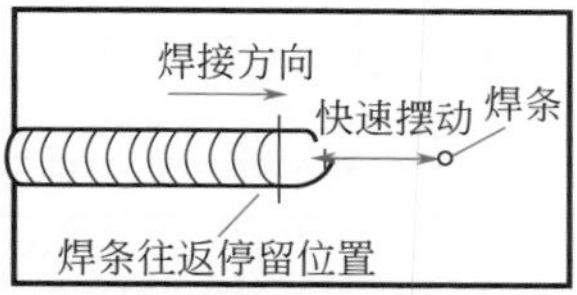 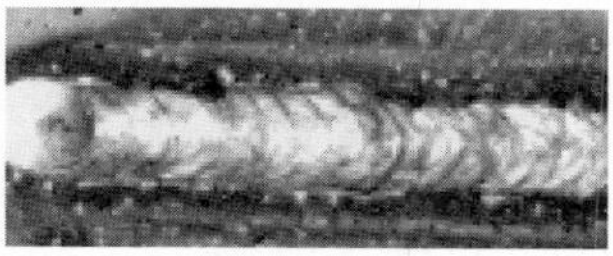 80°～90° 2 1 焊接方向 10～20 焊接方向 快速摆动 焊条 焊条往返停留位置	① 焊接电流调至 100 ～ 130A，姿势保持不变 ② 电弧长度约为 2 ～ 4mm，焊条沿着焊缝纵向快速往复摆动 ③ 容易出现焊条摆动速度过慢、向前摆动幅度过大、向后摆动停留位置靠前的现象，造成焊缝脱节
锯齿形运条法	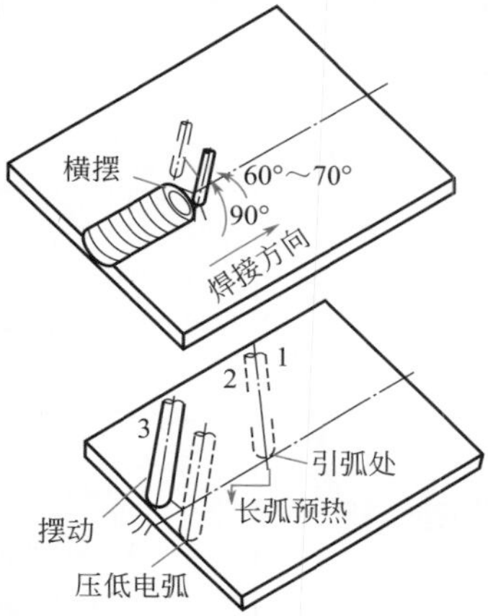 横摆 60°～70° 90° 焊接方向 2 1 3 引弧处 长弧预热 摆动 压低电弧	① 焊接电流调至 100 ～ 120A，姿势保持不变 ② 采用短弧，焊条在一般情况下要摆动 6 ～ 8mm，焊条在两侧停留的时间要相等，摆动的排列要尽量密集 ③ 容易出现焊条横摆过宽导致的焊缝过宽、焊波粗大、熔合不良等；横摆前进幅度过大（摆动排列稀疏），导致焊缝两侧不整齐、局部缺少填充金属、咬边等现象，焊缝可能呈蛇形

续表

运条方法	示意图	说明
锯齿形运条法		① 焊接电流调至 100 ～ 120A，姿势保持不变 ② 采用短弧，焊条在一般情况下要摆动 6 ～ 8mm，焊条在两侧停留的时间要相等，摆动的排列要尽量密集 ③ 容易出现焊条横摆过宽导致的焊缝过宽、焊波粗大、熔合不良等；横摆前进幅度过大（摆动排列稀疏），导致焊缝两侧不整齐、局部缺少填充金属、咬边等现象，焊缝可能呈蛇形

（3）收弧、接头、收尾及焊缝清理要点（表 4-13）

表 4-13　平敷焊收弧、接头、收尾及焊缝清理要点

名称	示意图	说明
收弧		焊接时焊缝的形成需要一根接一根的焊条进行焊接，熄灭电弧前应该缓慢拉长电弧至熄灭，以免产生弧坑缺陷或电弧熄灭后熔池冷却变成弧坑
接头	 (a)	接头开始前要清理干净原弧坑的熔渣，在原弧坑稍前处（约 10mm）开始引弧，电弧应稍拉长移动到原弧坑 2/3 处预热，压低电弧稍作停留，待原弧坑处熔合良好后向前移动进入正常的焊接过程，如图（a）所示。如果接头是按照锯齿形运条，就采用如图（b）所示的方法进行接头

续表

名称	示意图	说明
接头	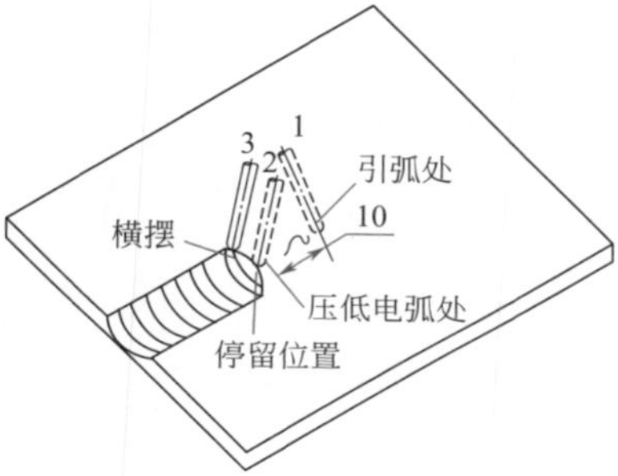 3 2 1 引弧处 10 横摆 压低电弧处 停留位置 (b)	
收尾	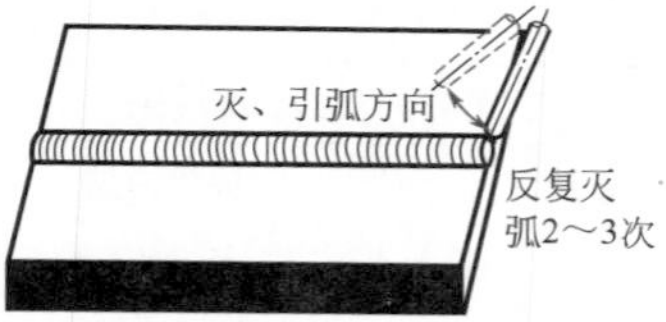 灭、引弧方向 反复灭弧2～3次	当焊条已经焊接到焊件终点时，就要进行收尾了，收尾时可以采用反复断弧收尾法进行，快速给熔池 2 ～ 3 滴铁水，填满弧坑熄弧
焊缝清理	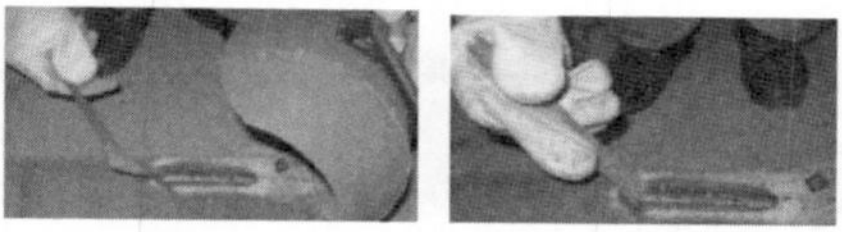 (a) (b)	用敲渣锤从焊缝侧面敲击熔渣使之脱落。为防止灼热的熔渣烧伤脸部皮肤，可用焊接面罩遮挡住熔渣［图（a）］，焊缝两侧飞溅物可用錾子进行清理［图（b）］

4.3.5 单面焊双面成形操作工艺、操作技巧与实例

（1）焊接特点

单面焊双面成形技术是采用普通焊条，以特殊的操作方法，在坡口的正面进行的焊接。焊接完成后要保证坡口的正、反两面都能得到均匀整齐、成形良好、符合质量要求的焊缝。

（2）接头形式

适用于焊条电弧焊单面焊双面成形的接头形式，主要有板状对接接

头、管状对接接头、骑座式（管板）接头，如图 4-58 所示。按接头位置的不同可以进行平焊、立焊等位置的焊接。

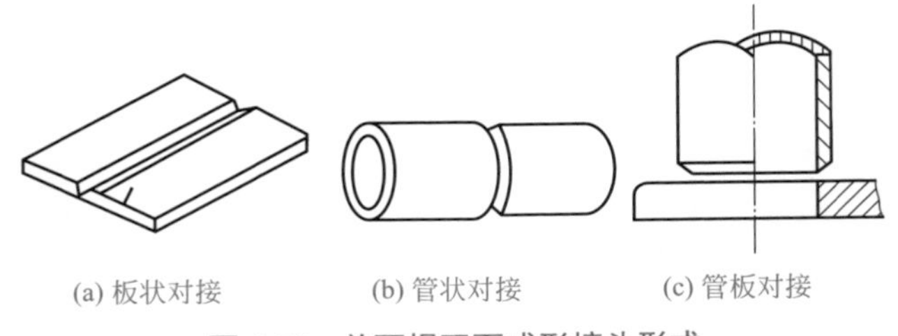

图 4-58 单面焊双面成形接头形式

（3）焊接参数选择

平焊位置单面焊双面成形焊条电弧焊的焊接参数见表 4-14。

表 4-14 平焊位置单面焊双面成形焊条电弧焊的焊接参数

焊层	焊条直径 /mm	E4303（J422）焊条	
		焊接电流 /A	焊接方法
打底层	ϕ3.2	95 ～ 110	断弧焊、二点击穿法。断弧频率：45 ～ 55 次 /min
填充层	ϕ4	175 ～ 190	连弧焊
盖面层	ϕ4	170 ～ 185	连弧焊

（4）操作技术与技巧

在此仅对在平焊位置进行的操作技巧予以介绍。单面焊双面成形的主要要求是焊件背面能焊出质量符合要求的焊缝，其关键是正面打底层的焊接。板厚为 12mm 的焊件对接平焊共有四层焊缝，即第 1 层为打底焊层，第 2、3 层为填充层，第 4 层为盖面层，焊缝层次分布如图 4-59 所示，焊接操作过程及操作技巧见表 4-15。

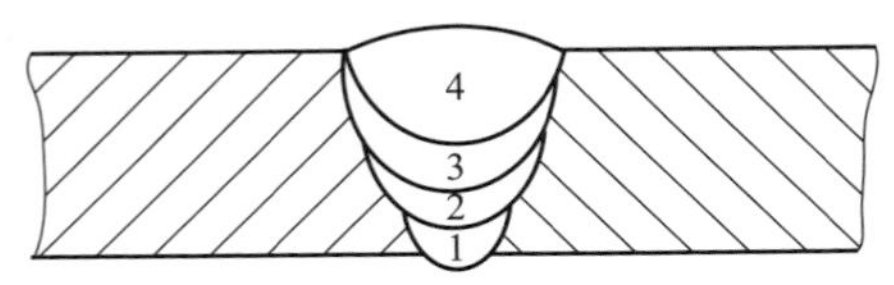

图 4-59 焊缝层次分布

表 4-15 单面焊双面成形操作技术过程

操作过程		示意图	具体说明
焊前准备	焊前准备工作复杂严格，准备充分会保证焊后焊缝的质量	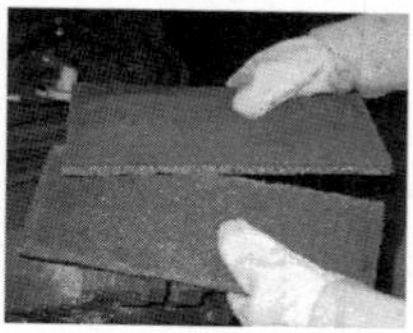 (a) 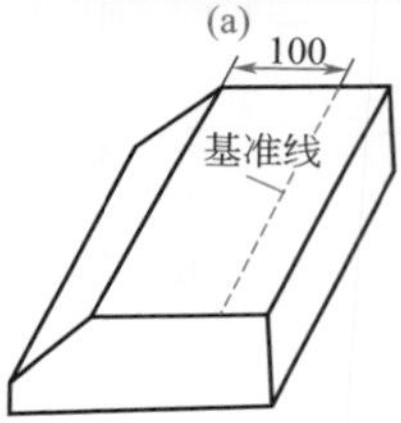 (b)	① 工件。低碳钢板两块，标准为 300mm×125mm× 12mm ② 焊条。焊条采用酸性焊条，牌号为 E4303 系列 ③ 焊机和辅助工具。焊机额定电流应大于 315A。主要辅助工具包括钢丝刷、錾子、锉刀、磨光机及敲渣锤等 ④ 焊件坡口面及坡口的边缘 20mm 以内打磨。将焊件削出钝边尺寸 0.5 ～ 1mm 左右。在距坡口边缘 100mm 左右的钢板表面，用划针划上与坡口边缘平行的平行线，打上样冲眼
操作步骤	装配定位	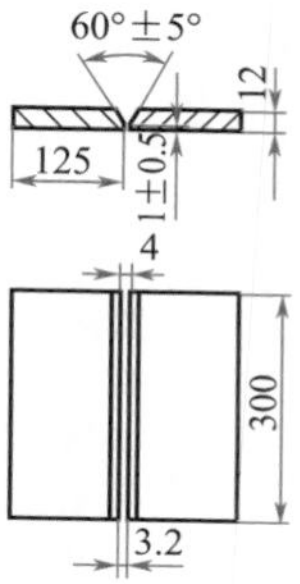	⑤ 焊件装配成 V 形坡口的对接接口，间隙起焊处为 3.2mm，终焊处为 4mm。在焊缝的始焊端和终焊端 20mm 内，用 ϕ3.2mm 的 E4303 焊条进行定位焊，焊缝长为 10 ～ 15mm，定位焊缝焊在焊缝的正面处，质量和要求与正式焊接一样
	反变形	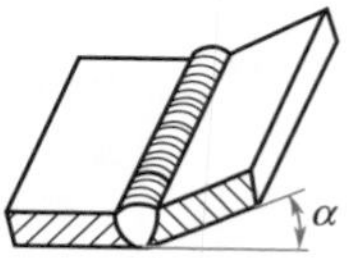 (a) 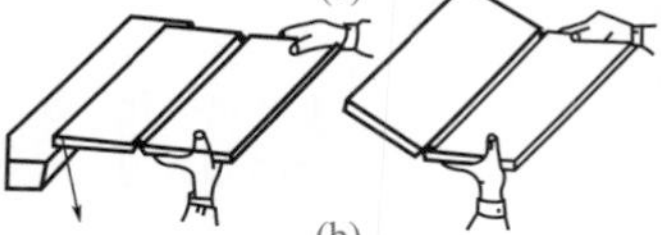 (b) 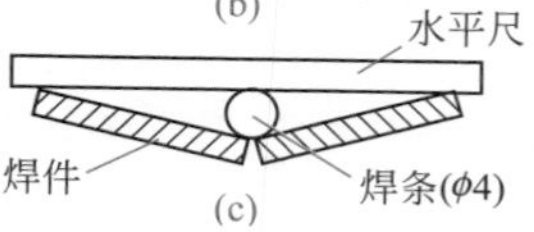 (c)	⑥ 焊件在焊接之后会产生角变形。大小用变形角 α 来度量。厚度为 12 ～ 16mm 的焊件变形角应控制在 3° 以内，需采取预防措施，防止焊后变形值超差。常用反变形法，即焊前将钢板两侧向下折弯，产生一个与焊后角变形相反方向的变形［图（b）］，反变形角 θ 约为 4° ～ 5°。可将水平尺搁于钢板两侧，中间能正好让一根直径为 4mm 的焊条通过即可［见图（c）］

续表

操作过程		示意图	具体说明
操作步骤	打底层（断弧法）	一点击穿 二点击穿 三点击穿	⑦ 用断弧法打底 ϕ3.2mm 焊条，电流 95 ～ 105A。从间隙较小的一端开始，在定位焊缝上引燃电弧，将稍长的电弧移到与坡口根部相接之处，约 1s 后听到电弧穿透坡口而发出“噗噗”声，同时可以看到定位焊缝以及相接的坡口两侧金属开始熔化形成熔池，此时迅速提起焊条熄灭电弧。此处所形成的熔池是整条焊道的起点，从这一点击穿焊接以后再引燃电弧，采用二点击穿法焊接
		30°～50°	⑧ 二点击穿操作是：第一个熔池重新引弧后，迅速将电弧移向熔池的左（或右）前方靠近根部坡口面上，压低焊接电弧，以较大的焊条倾角击穿坡口根部，迅速灭弧，约 1s 后在上述左（或右）侧坡口根部熔池尚未完全凝固时迅速引弧，并迅速将电弧移向第一个熔池的右（或左）前方靠近根部的坡口面上压低焊接电弧，以较大的焊条倾角直击坡口根部迅速灭弧 断弧法每引燃、熄灭电弧一次，完成一个焊点的焊接，其节奏控制在每分钟灭弧 45 ～ 55 次，根据坡口根部熔化程度，控制电弧灭弧频率。断弧焊中每个焊点与前一个焊点重叠 2/3，每个焊点只使焊道前进 1 ～ 1.5mm/s，打底层焊道正面背面焊缝高度控制在 2mm 左右

续表

操作过程		示意图	具体说明
操作步骤	打底层（断弧法）	10～15 ⑦③⑤ ①②④⑥	⑨ 焊条在 50 ～ 60mm 长时更换。迅速压低电弧，向焊接熔池边缘连续过渡几个熔滴，使背面熔池饱满，防止形成冷缩孔，迅速更换焊条，并在图中①的位置引燃电弧。以普通焊速沿焊道将电弧移到距焊缝末尾焊点的2/3处（②位置），在该处以长弧摆动两个来回（电弧经③位置→④位置→⑤位置→⑥位置）。看到被加热的金属有了“出汗”的现象后，在⑦位置压低电弧并停留 1 ～ 2s，待末尾焊点重新熔化并听到“噗、噗”两声后，迅速将电弧沿坡口的侧后方拉长电弧熄弧，更换焊条操作结束
	打底层（连弧法）	5～6	⑩ 断弧法打底用焊条 ϕ3.2mm，电流为 75 ～ 85A，起焊端装配间隙为 3mm，终焊端为 3.2mm，反变形角度为 3° ～ 4°。操作时，从定位焊缝上引燃电弧后，焊条即在坡口内做侧 U 形运条。电弧从坡口的一侧到另一侧做一次侧 U 形运动之后，即完成一个焊点的焊接。焊接频率为每分钟完成 50 个左右的焊点，逐个焊点重叠 2/3，一个焊点可使焊道沿焊接方向增长约 1.5mm。焊接过程熔孔明显可见，坡口根部熔化缺口为 1mm 左右，电弧穿透坡口的“噗噗”声非常清楚。一根焊条可焊长约 80mm 的焊缝 接头时，应该先在弧坑后 10mm 处引弧，然后以正常运条速度运至熔池的 1/2 处，将焊条下压，击穿熔池，再将焊条提起 1 ～ 2mm，使之在熔化熔孔前沿的同时，向前运条（以弧柱的 1/3 能在焊件背面燃烧为宜）施焊。收弧时缓慢将焊条向左或右后方带一下，随后提起收弧，可以避免产生冷缩孔

续表

操作过程		示意图	具体说明
操作步骤	焊接填充层	—	⑪ 填充层焊接用焊条 ϕ4mm，电流为 150 ～ 170A，焊条与焊接方向夹角为 80° ～ 85°，电弧长度 3 ～ 4mm，层间焊完成后仔细清渣。第三层焊缝（最后一条填充层）焊完后，其焊缝表面应离焊件表面约 1.5mm，以保持坡口两侧边缘的原始状态，为盖面层焊接打好基础
	焊接盖面层	—	⑫ 盖面层焊接 ϕ4mm 焊条，电流为 170 ～ 180A，焊条与焊接方向夹角为 75° ～ 80°。焊接中电弧的 1/3 弧柱应将坡口边缘熔合 1 ～ 1.5mm，摆动焊条要使电弧在坡口边缘稍作停留，待液体金属饱满后再运至另一侧，以免焊趾处产生咬边
	焊缝清理	—	⑬ 焊缝焊接完成后清除焊渣，将焊渣、焊接飞溅物等清除干净，检查焊缝的质量

4.4 常用金属材料的焊接工艺与实例

4.4.1 碳素钢的焊接实例

碳素钢按含碳量的不同可分为低碳钢、中碳钢、高碳钢三类。

（1）低碳钢的焊接技巧

1）焊前预热技巧

低碳钢焊接性能良好，一般不需要采用焊前预热特殊工艺措施，只有母材成分不合格（硫、磷含量过高）、焊件刚度过大、焊接时环境温度过低等时，才需要采取预热措施。常用的低碳钢容器类等产品，采用碱性焊条焊接时的预热温度见表 4-16。

表 4-16 常用的低碳钢典型产品的焊前预热温度

焊接场地环境温度 /℃（小于）	焊件厚度 /mm		预热温度 /℃
	导管、容器类	柱、桁架、梁类	
0	41 ～ 50	51 ～ 70	100 ～ 150
-10	31 ～ 40	31 ～ 50	
-20	17 ～ 30	—	
-30	16 以下	30 以下	

2）焊条的选择技巧

按照焊接接头与母材等强度的原则选择焊条。几种常用低碳钢焊接时选用的焊条见表 4-17。

表 4-17 几种常用低碳钢焊接时选用的焊条

牌号	焊条型号	
	普通结构件	重要结构件
Q195、Q215、Q235、08、10、15、20	E4313、E4303、E4301、E4320、E4311	E4316、E4315、E5016、E5015
20R、25、20g、22g	E4316、E4315	E5016、E5015

3）层间温度及回火温度控制技巧

焊件刚度较大，焊缝很长时，为避免在焊接过程中焊接裂纹倾向加大，要采取控制层间温度和焊后消除应力热处理等措施。焊接低碳钢时的层间温度及回火温度见表 4-18。

表 4-18 焊接低碳钢时的层间温度及回火温度

牌号	材料厚度 /mm	层间温度 /℃	回火温度 /℃
Q235、08、10、15、20	50 左右	＜ 350	600 ～ 650
	＞ 50 ～ 100	＞ 100	
25、20g、22g	25 左右	＞ 50	
	＞ 50	＞ 100	

4）焊接工艺要点与诀窍

① 焊前焊条要按规定进行烘干。为防止产生气孔、裂纹等缺陷，焊

前要清除焊件待焊处的油、污、锈、垢。

② 避免采用深而窄的坡口形式，以免出现夹渣、未焊透等缺陷。

③ 控制热影响区的温度，不能太高，其在高温下停留的时间不能太长，防止造成晶粒粗大。

④ 尽量采用短弧施焊。

⑤ 多层焊时，每层焊缝金属厚度不应大于5mm，最后一层盖面焊缝要连续焊完。

⑥ 低碳钢、低合金钢焊条电弧焊的焊接参数见表4-19。

表4-19 低碳钢、低合金钢焊条电弧焊的焊接参数

焊缝空间位置	焊件厚度或焊脚尺寸/mm	第一层焊缝		以后各层焊缝		打底焊缝	
		焊条直径/mm	焊接电流/A	焊条直径/mm	焊接电流/A	焊条直径/mm	焊接电流/A
平对接焊缝	2	2	55～60	—	—	2	55～60
	2.5～3.5	3.2	90～120			3.2	90～120
	4～5	3.2	100～130			3.2	100～130
		4	160～200			4	160～210
		5	200～260			5	220～250
	5～6	4	160～210			3.2	100～130
						4	180～210
	＞6			4	160～210	4	180～210
				5	220～280	5	220～260
	≥12			4	160～210	—	—
				5	220～280		
立对接焊缝	2	2	50～55	—	—	2	50～55
	2.5～4	3.2	80～110			3.2	80～110
	5～6		90～120				90～120
	7～10	3.2	90～120	4	120～160	3.2	90～120
		4	120～160				
	≥11	3.2	90～120				
		4	120～160	5	160～200		

续表

<table>
<tr><th rowspan="2">焊缝空间位置</th><th rowspan="2">焊件厚度或焊脚尺寸/mm</th><th colspan="2">第一层焊缝</th><th colspan="2">以后各层焊缝</th><th colspan="2">打底焊缝</th></tr>
<tr><th>焊条直径/mm</th><th>焊接电流/A</th><th>焊条直径/mm</th><th>焊接电流/A</th><th>焊条直径/mm</th><th>焊接电流/A</th></tr>
<tr><td rowspan="4">立对接焊缝</td><td rowspan="2">12 ～ 18</td><td>3.2</td><td>90 ～ 120</td><td rowspan="3">4</td><td rowspan="3">120 ～ 160</td><td rowspan="4">—</td><td rowspan="4">—</td></tr>
<tr><td>4</td><td>120 ～ 160</td></tr>
<tr><td rowspan="2">≥ 19</td><td>3.2</td><td>90 ～ 120</td></tr>
<tr><td>4</td><td>120 ～ 160</td><td>5</td><td>160 ～ 200</td></tr>
<tr><td rowspan="11">横对接焊缝</td><td>2</td><td>2</td><td>50 ～ 55</td><td rowspan="4">—</td><td rowspan="4">—</td><td>2</td><td>50 ～ 55</td></tr>
<tr><td>2.5</td><td rowspan="2">3.2</td><td>80 ～ 110</td><td rowspan="2">3.2</td><td>80 ～ 110</td></tr>
<tr><td rowspan="2">3 ～ 4</td><td>90 ～ 120</td><td>90 ～ 120</td></tr>
<tr><td>4</td><td>120 ～ 160</td><td>4</td><td>120 ～ 160</td></tr>
<tr><td rowspan="2">5 ～ 8</td><td rowspan="3">3.2</td><td rowspan="3">90 ～ 120</td><td>3.2</td><td>90 ～ 120</td><td>3.2</td><td>90 ～ 120</td></tr>
<tr><td rowspan="6">4</td><td rowspan="6">140 ～ 160</td><td>4</td><td>120 ～ 160</td></tr>
<tr><td rowspan="2">≥ 9</td><td>3.2</td><td>90 ～ 120</td></tr>
<tr><td>4</td><td>140 ～ 160</td><td>4</td><td>120 ～ 160</td></tr>
<tr><td rowspan="2">14 ～ 18</td><td>3.2</td><td>90 ～ 120</td><td rowspan="3">—</td><td rowspan="3">—</td></tr>
<tr><td>4</td><td>140 ～ 160</td></tr>
<tr><td>≥ 19</td><td>4</td><td>140 ～ 160</td></tr>
<tr><td rowspan="9">仰对接焊缝</td><td>2</td><td rowspan="3">—</td><td rowspan="3">—</td><td rowspan="3">—</td><td rowspan="3">—</td><td>2</td><td>50 ～ 55</td></tr>
<tr><td rowspan="2">3 ～ 5</td><td>3.2</td><td>90 ～ 110</td></tr>
<tr><td>4</td><td>120 ～ 160</td></tr>
<tr><td>5 ～ 8</td><td rowspan="2">3.2</td><td rowspan="2">90 ～ 120</td><td>3.2</td><td>90 ～ 120</td><td rowspan="6">—</td><td rowspan="6">—</td></tr>
<tr><td rowspan="2">≥ 9</td><td rowspan="5">4</td><td rowspan="5">140 ～ 160</td></tr>
<tr><td>4</td><td>140 ～ 160</td></tr>
<tr><td rowspan="2">12 ～ 18</td><td>3.2</td><td>90 ～ 120</td></tr>
<tr><td rowspan="2">4</td><td rowspan="2">140 ～ 160</td></tr>
<tr><td>≥ 19</td></tr>
</table>

续表

<table>
<tr><th rowspan="2">焊缝空间位置</th><th rowspan="2">焊件厚度或焊脚尺寸/mm</th><th colspan="2">第一层焊缝</th><th colspan="2">以后各层焊缝</th><th colspan="2">打底焊缝</th></tr>
<tr><th>焊条直径/mm</th><th>焊接电流/A</th><th>焊条直径/mm</th><th>焊接电流/A</th><th>焊条直径/mm</th><th>焊接电流/A</th></tr>
<tr><td rowspan="8">平角焊缝</td><td>2</td><td>2</td><td>55 ~ 65</td><td rowspan="4">—</td><td rowspan="4">—</td><td rowspan="8">—</td><td rowspan="8">—</td></tr>
<tr><td>3</td><td rowspan="2">3.2</td><td rowspan="2">100 ~ 120</td></tr>
<tr><td rowspan="2">4</td></tr>
<tr><td>4</td><td>160 ~ 200</td></tr>
<tr><td rowspan="2">5 ~ 6</td><td>4</td><td>160 ~ 200</td><td rowspan="2">—</td><td rowspan="2">—</td></tr>
<tr><td>5</td><td>220 ~ 280</td></tr>
<tr><td rowspan="2">≥ 7</td><td>4</td><td>160 ~ 200</td><td rowspan="2">5</td><td rowspan="2">220 ~ 280</td></tr>
<tr><td>5</td><td>220 ~ 280</td></tr>
<tr><td rowspan="8">船形焊缝</td><td>2</td><td>2</td><td>50 ~ 60</td><td rowspan="4">—</td><td rowspan="4">—</td><td rowspan="6">—</td><td rowspan="6">—</td></tr>
<tr><td>3 ~ 4</td><td>3.2</td><td>90 ~ 120</td></tr>
<tr><td rowspan="2">5 ~ 8</td><td>3.2</td><td>90 ~ 120</td></tr>
<tr><td>4</td><td>120 ~ 160</td></tr>
<tr><td rowspan="2">9 ~ 12</td><td>3.2</td><td>90 ~ 120</td><td rowspan="2">4</td><td rowspan="2">120 ~ 160</td></tr>
<tr><td>4</td><td>120 ~ 160</td></tr>
<tr><td rowspan="2">I 形坡口</td><td>3.2</td><td>90 ~ 120</td><td rowspan="2">4</td><td rowspan="2">120 ~ 160</td><td rowspan="2">3.2</td><td rowspan="2">90 ~ 120</td></tr>
<tr><td>4</td><td>120 ~ 160</td></tr>
<tr><td rowspan="6">仰角焊缝</td><td>2</td><td>2</td><td>50 ~ 60</td><td rowspan="3">—</td><td rowspan="3">—</td><td rowspan="4">—</td><td rowspan="4">—</td></tr>
<tr><td>3 ~ 4</td><td>3.2</td><td>90 ~ 120</td></tr>
<tr><td>5 ~ 6</td><td rowspan="2">4</td><td rowspan="2">120 ~ 160</td></tr>
<tr><td>≥ 7</td><td>4</td><td>140 ~ 160</td></tr>
<tr><td rowspan="2">I 形坡口</td><td>3.2</td><td>90 ~ 120</td><td rowspan="2">4</td><td rowspan="2">140 ~ 160</td><td>3.2</td><td>90 ~ 120</td></tr>
<tr><td>4</td><td>140 ~ 160</td><td>4</td><td>140 ~ 160</td></tr>
</table>

（2）中碳钢的焊接技巧与诀窍

中碳钢的含碳量较高，中碳钢焊接及焊补过程中容易产生的焊接缺陷是：

① 焊接接头脆化。

② 焊接接头易产生裂纹：热裂纹、冷裂纹、热应力裂纹。

③ 焊缝中易产生气孔。

为保证中碳钢焊后获得满意的焊缝成形、力学性能，通常采取如下措施:

a. 焊前预热技巧。焊前预热是焊接和焊补中碳钢的主要工艺措施。焊前预热方法有整体预热和局部预热两种。焊前整体预热除了有利于防止裂纹和淬硬组织外，还能有效地减小焊件的残余应力。

焊前预热温度的选择与含碳量、焊件尺寸、刚度和材料厚度有关。一般预热温度为 150 ～ 300℃，含碳量高，焊件厚度和结构刚度大时，预热温度可达到 400℃。如 $\delta \geqslant$ 100mm 的 45 钢，预热温度为 200℃ $< t_{预热} <$ 400℃。

b. 焊条的选择技巧。按照焊接接头与母材等强度的原则选择焊条，焊接中碳钢选用的焊条见表 4-20。

表 4-20 焊接中碳钢选用的焊条

牌号	焊条型号（牌号）		
	要求等强构件	不要求等强构件	塑性好的焊条
30、35 ZG270-500	E5016（J506） E5516-G（J556RH） E5015（J507） E5515-G（J557）	E4303（J422） E4301（J423） E4346（J426） E4315（J427）	E308-16（A101）（A102） E309-15（A307）
40、45 ZG310-570	E5516-G（J556）（J556RH） E5515-G（J557）（J557Mo） E6016-D1（J606） E6015-D1（J607）	E4303（J422） E4316（J426） E4315（J427） E4301（J423） E5015（J507） E5016（J506）	E310-16（A402） E310-15（A407）
50、55 ZG340-640	E6016-D1（J606） E6015-D1（J607）		

c. 层间温度及回火温度。焊件在焊接过程中的层间温度及焊后回火温度与焊件含碳量多少、焊件厚度、焊件刚度及焊条类型有关，常用的中碳钢焊接层间温度及回火温度见表 4-21。

d. 焊接工艺要点与诀窍。

a）选用直径较小的焊条，通常为 ϕ3.2 ～ 4mm。

b）焊接坡口尽量开成 U 形，以减少母材的熔入量。

c）焊后尽可能缓冷。

d）焊接过程中，宜采用锤击焊缝金属的方法减少焊接残余应力。

表 4-21　常用的中碳钢焊接时层间温度及回火温度

牌号	板厚 /mm	操作工艺		
		预热及层间温度 /℃	消除应力回火温度 /℃	锤击
25 30 35	≤ 25	＞ 50	—	不要
		＞ 50	600 ～ 650	不要
	＞ 25 ～ 50	＞ 100	600 ～ 650	要
		＞ 150	600 ～ 650	要
	＞ 50 ～ 100	＞ 150	600 ～ 650	要
45	＞ 100	＞ 200	600 ～ 650	要

e）采用局部预热时，坡口两侧加热范围为 150 ～ 200mm。

f）焊接过程中宜采取逐步退焊法和短段多层焊法。

g）采用直流反接电源。

h）在焊条直径相同时，焊接电流比焊接低碳钢时小 10% ～ 15%。

（3）高碳钢的焊接技巧

高碳钢含碳量较高［w(C) ＞ 0.6%］，淬硬倾向和裂纹敏感性很大，属于焊接性差的钢种。

高碳钢焊接及焊补过程中容易产生的缺陷是：

① 焊接接头脆化。

② 焊接接头易产生裂纹。

③ 焊缝中易产生气孔。

④ 使焊缝与母材金属力学性能完全相同比较困难。

为保证高碳钢焊后获得较满意的力学性能及焊缝成形，通常采取如下措施。

a. 焊前预热。高碳钢焊前预热温度较高，一般在 250 ～ 400℃范围，个别结构复杂、刚度较大、焊缝较长、板厚较厚的焊件，预热温度高于 400℃。

b. 焊条的选择。焊接接头力学性能要求比较高时，应选用焊条 E7015-D2（J707）或 E6015-D1（J607）；力学性能要求较低时，可选用 E5016 或 E5015 等焊条施焊，焊前焊件要预热，焊后要配合热处理，也可以使用不锈钢焊条 E310-15（A407）、E1-23-13-15、E2-26-21-16，这时，焊前可不必预热。

c. 层间温度及回火温度。高碳钢多层焊接时，各焊层的层间温度，应控制与预热温度等同。施焊结束后，应立即将焊件送入加热炉中，加热至

600 ～ 650℃，然后缓冷。

d. 焊接工艺要点：

a）仔细清除焊件待焊处油、污、锈、垢。

b）采用小电流施焊，焊缝熔深要浅。

c）焊接过程中要采用引弧板和引出板。

d）防止产生裂纹，可采用隔离焊缝焊接法，即先在焊接坡口上用低碳钢焊条堆焊一层，然后在堆焊层上进行焊接。

e）为减少焊接应力，焊接过程中，可采用锤击焊缝金属的方法减少焊件的残余应力。

4.4.2 低合金结构钢的焊接实例

（1）低合金结构钢的焊接性

低合金结构钢之所以具有较高的强度和其它特殊性能，是由于在钢中加入了一定数量的合金元素，通过合金元素对钢的组织产生作用，使钢达到了一定的性能要求，同时也在影响着钢的焊接性。低合金结构钢的焊接性及影响因素见表4-22。

表4-22 低合金结构钢的焊接性及影响因素

焊接性	影响因素
热影响区淬硬倾向	①化学成分：碳当量越大，淬硬倾向也越大 ②冷却速度：冷却速度越大，则淬硬倾向越大
氢白点	①焊条烘干温度 ②焊丝及待焊处油污 ③焊前预热温度、焊后热处理温度 ④大直径焊条、大电流连续施焊
冷裂纹	①焊缝金属内的氢 ②热影响区或焊缝金属的淬硬组织 ③焊接接头的拉应力
焊缝金属内的热裂纹	①焊缝金属的化学成分（如碳、硫、钢等元素的含量） ②焊接接头的刚度 ③焊接熔池的形状系数 ④Mn和S的比值

（2）焊接低合金结构钢焊条的选择诀窍

焊接低合金结构钢时，通常要根据所焊钢材的化学成分、力学性能、

裂纹倾向，焊接结构的工作条件、受力情况、形状及焊接施工条件等诸因素综合考虑选用焊条。焊条的选用原则主要如下。

1）按等强度原则

① 要求焊缝的强度等于或略高于母材金属的强度，不要使焊缝的强度超出母材强度太多。

② 当强度等级不同的低合金结构钢或者低合金结构钢与低碳钢相焊接时，要选用与强度等级较低的钢材相匹配的焊条焊接。

③ 焊条是按抗拉强度分类的，钢材是按屈服强度分类的，两者分类方法不同，焊前选用焊条时，必须考虑所焊钢种的抗拉强度。

2）按焊接结构重要程度选用酸、碱性焊条

选用酸、碱性焊条的原则，主要取决于钢材的抗裂性能以及焊接结构工作条件、施工条件、形态复杂程度、刚度等因素。对于重要的焊接结构，可选用碱性焊条。对于非重要的焊接结构，或坡口表面有油、污、锈、垢、氧化皮等脏物而又难以清理时，在焊接结构性能允许的前提下，也可以选用酸性焊条。

（3）低合金结构钢的焊前预热、层间温度及焊后热处理

预热有防止冷裂纹、降低焊缝和热影响区冷却速度、减小内应力等重要作用。低合金结构钢焊前是否需要预热，要慎重考虑。常用下列方法来确定低合金结构钢焊前是否需要预热。

① 从施焊环境温度考虑。板材施焊时的温度低于 0℃时要将引弧点四周 80mm 范围内预热至 150℃左右。当板材金属温度低于 -30℃时，应停止焊接施工。

② 从待焊件的板厚考虑。强度等级在 500 ～ 550MPa 的低合金钢，当板厚大于 25mm 时，一般要考虑进行 100℃以上温度的预热。强度等级越高，预热温度也相应越高。

焊后热处理的目的是改善焊缝接头组织及力学性能，消除焊接内应力，提高构件尺寸的稳定性，增强抗应力腐蚀性能，提高结构长期使用的质量稳定性和工作安全性。

（4）低合金结构钢的焊接工艺要点与诀窍

低合金结构钢的碳当量与钢材强度有关，碳当量低的，强度也低，焊接性较好。如屈服点 300 ～ 400MPa 的钢种，焊接性较好，焊接工艺也较简单。碳当量越大的钢种，其强度级别也越高，焊接性也越差，焊接工艺也就越复杂。常用的低合金结构钢焊接工艺要点见表 4-23。

表 4-23　常用的低合金结构钢焊接工艺要点

牌号	供货状态	屈服点 σ_s /MPa 及碳当量 WCE/%	焊接特点	工艺措施
Q295 09MnNb 09MnV 12Mn	热轧	σ_s：295 WCE： 0.28 ～ 0.34	碳当量较低，强度也不高，塑性、韧性、焊接性良好。钢材淬硬倾向小，一般情况下不出现淬硬组织，热影响区最高硬度 HV 在 350 以下，稍大于低碳钢 当焊接环境温度较低，焊件板材较厚，焊接接头刚度较大时，焊缝容易产生冷裂纹	① 需要焊缝与母材等强度的焊件，应选用相应强度级别的焊条 ② 不需要焊缝与母材等强度的焊件，为提高韧性、塑性，可选用强度略低于母材的焊条 ③ 在施焊场地环境温度 < 0℃时焊接，焊件应预热至 100 ～ 150℃ ④ 焊件板厚增加，其刚度也变大，则预热温度应提高 ⑤ 尽量选用低氢型焊条，非动载荷的构件、板材强度较低时，也可以用酸性焊条
Q345 12MnV 14Mnb 16Mn 18Nb		σ_s：345 WCE： 0.28 ～ 0.39		
Q390 15MnV 15MnTi 16MnNb		σ_s：390 WCE： 0.31 ～ 0.35		
Q420 14MnVTiRE 15MnVN	正火	σ_s：440 WCE：0.44	碳当量较高，焊接性变差，热影响区产生淬硬组织和焊接接头产生冷裂纹的可能性增大。焊后在从 800℃到 500℃冷却时，冷却速度越大，淬硬也越严重，产生冷裂纹的倾向亦加大 焊接热输入过小，热影响区产生淬硬组织，易产生裂纹；热输入过大，焊接接头塑性降低	① 根据设计要求，可选用焊缝与母材等强度的焊条，也可用强度略低于母材的焊条施焊 ② 适当控制焊接热输入和焊后冷却速度 ③ 尽量用低氢型焊条。焊件、焊条应保持在低氢状态 ④ 定位焊时，也应进行焊前预热 ⑤ 焊件板厚较大或强度级别较高时，焊后应及时进行热处理，或在 200 ～ 350℃保温 2 ～ 6h ⑥ 严禁在非焊接部分引弧

4.4.3　不锈钢的焊接技巧与诀窍

（1）不锈钢的焊接性及工艺措施与焊接诀窍

不锈钢按其成分可分为以铬为主和以铬、镍为主两大类，由这两种类型还可以发展出一系列耐热耐蚀钢，常用不锈钢的焊接性及工艺措施见表 4-24。

表 4-24 常用不锈钢的焊接性及工艺措施与焊接诀窍

类别	牌号	焊接性	工艺措施
奥氏体不锈钢	1Cr18Ni12 1Cr18Ni9 1Cr18Ni9Ti 1Cr18Ni12Mo2Ti 1Cr18Ni12Mo3Ti 1Cr18Ni11Nb 1Cr18Ni8Ni5N 0Cr25Ni20	① Cr、Ti 等合金元素在焊接时极易氧化烧损 ② 晶间腐蚀是 18-8 型钢极危险的一种破坏形式 ③ Cr-Ni 不锈钢的应力腐蚀占湿态腐蚀事例的 50%，在化工工程中用量最大的 18-8 型和 18-12Mo 型不锈钢设备应力腐蚀可占不锈钢应力腐蚀事例 80% 之多 ④ 焊接时容易出现热裂纹 ⑤ 焊缝中容易产生气孔 ⑥ 在熔合线附近被加热到 1300℃以上部位受到敏化温度重复加热，在腐蚀液中工作会发生刀状腐蚀 ⑦ 18-8 型钢在 500 ～ 875℃经一定时间加热后，会在焊缝中析出一种特殊性 σ 相 ⑧ 焊接过程中变形大 ⑨ 焊条中焊芯电阻率大，焊条容易发红	① 用短弧施焊，选用氧化性低的焊条，以稳定化元素 Nb 代替 Ti 渗合金 ② 使焊缝金属呈奥氏体加质量分数为 5% 的铁素体的双相组织，可减少和防止热裂纹 ③ 焊前仔细清除待焊处油、污、锈、垢 ④ 采用直流反接电源、短弧、高速焊，尽量减少焊缝截面积，焊条做横向摆动 ⑤ 焊接过程中，焊接处应采取强冷措施，减少焊接区在 450 ～ 850℃停留时间 ⑥ 焊后进行固溶化热处理（加热至 1050 ～ 1100℃，然后迅速冷却，稳定奥氏体组织），防止产生晶间腐蚀 ⑦ 多层焊时，层间温度＜ 60℃，每焊完一层焊缝，应仔细清除焊渣，与腐蚀介质接触的焊缝应最后施焊 ⑧ 严禁在焊接点以外处引弧，引弧时要用引弧板，收弧时必须填满弧坑 ⑨ 含有 Nb、Ti 稳定化元素的不锈钢，焊后进行稳定化处理（850 ～ 950℃保温 2h） ⑩ 选用合适的焊接材料，可以减少热裂纹（如减少 C、S、P，增加 Cr、Mo、Mn、Si 等元素） ⑪ 母材、焊材应严格保持低氢状态 ⑫ 合理选择焊接电流、焊接顺序及夹具固定等措施，防止产生焊接变形

续表

类别	牌号	焊接性	工艺措施
铁素体不锈钢	00Cr12 0Cr11Ti 0Cr13A1 1Cr17	① 热影响区 900℃以上的部位由于晶粒长大，使焊接接头塑性、韧性急剧下降，焊后热处理不能使晶粒细化 ② 在 600 ～ 800℃温度下长时间停留，会析出 σ 的脆性相 ③ 高铬铁素体不锈钢［w(Cr) > 16%］常温下韧性较低，当焊接接头刚度较大时，焊后容易产生裂纹 ④ 长时间在 400 ～ 600℃温度下停留，会发生“475℃”脆化 ⑤ 焊接过程中，应选用小的焊接热输入、大焊速、窄焊道焊接，焊条不做横向摆动	① 焊前仔细清除待焊处油、污、锈、垢 ② 视焊件具体情况（如结构刚度、使用情况、焊缝数量等），合理选用焊条 ③ 选用小的焊接热输入，缩短高温停留时间，不要连续施焊 ④ 高铬不锈钢焊前要预热到 70 ～ 150℃，防止产生裂纹 ⑤ 焊件出现 475℃脆化倾向时，焊后应进行 700 ～ 760℃回火处理，然后空冷 ⑥ 焊接厚度较大的焊件时，每焊完一道焊缝，用铁锤轻轻敲击焊接表面，改善接头性能 ⑦ 多层多道焊缝，后道焊缝应等前道焊缝冷至预热温度时，再进行焊接 ⑧ 为消除焊件中已析出的 σ 的脆性相，可以在 930 ～ 980℃下加热，然后于水中急冷，得到均匀的铁素体组织
马氏体不锈钢	1Cr13 2Cr13 1Cr17Ni2	① 这类钢焊接时主要的问题是淬火裂纹和延迟裂纹。热影响区具有强烈的淬硬化倾向并形成很硬的马氏体组织 当焊接接头刚度大或含氢量高时，在焊接应力作用下，由高温直接冷至 120 ～ 100℃以下，很容易产生冷裂纹。含碳量越高，裂纹倾向越大 ② 使用与母材同成分的焊条焊接时，焊前应预热，预热温度一般为 200 ～ 320℃，最好不要高于马氏体开始转变温度 ③ 焊件焊后不应从焊接高温直接升温进行回火处理，应先使焊件冷却，让焊缝和热影响区的奥氏体基本分解完。对于刚度较小的构件，可冷至室温后再回火 ④ 马氏体不锈钢导热性低，易过热，在热影响区产生粗大的组织	① 焊前仔细清洗待焊处油、污、锈、垢 ② 正确选择焊接顺序 ③ 采用与母材同成分焊条焊接时，需预热及焊后热处理。用奥氏体焊条焊接的接头，一般在焊后状态使用，视焊件厚度焊接时可不预热或低温预热 ④ 为提高塑性、减少应力，焊前应进行 200 ～ 320℃预热。焊接过程中要控制层间温度 ⑤ 可以采用大电流焊接，以减缓冷却速度 ⑥ 对大厚度的焊件，焊后冷至 100 ～ 150℃，保温 0.5 ～ 1h，然后再加热至回火温度，进行焊后回火处理 ⑦ 必须填满弧坑，防止产生弧坑裂纹 ⑧ 多层焊时，要严格进行每道焊缝的清渣，保证焊透 ⑨ 焊后不能进行热处理的焊件，可选用高塑性、韧性的奥氏体不锈钢焊条或镍基合金焊条

（2）不锈钢的焊接工艺与诀窍

不锈钢焊接过程中，焊条选择是否正确、焊前预热和焊后热处理是否得当，都直接影响焊接接头的质量。所以，焊条的选择主要根据焊件金属的化学成分、金属组织类别、焊件的工作条件及要求、焊件刚度大小等因素决定。根据上述因素再决定焊前预热、层间温度及焊后热处理温度。常用不锈钢的焊前预热、焊条选用及焊后热处理见表 4-25。

表 4-25　常用不锈钢的焊前预热、焊条选用及焊后热处理

类别	牌号	工作条件及要求	焊条型号及牌号	热规范 /℃	
				预热、层温	焊后热处理
奥氏体不锈钢	0Cr19Ni9	工作温度低于 300℃，要求有良好的耐腐蚀性	E308-16（A102） E308-15（A107）	原则上不进行	原则上不进行
	1Cr18Ni9 1Cr18Ni9Ti	抗裂、抗腐蚀性要求较高	（A122）		
		工作温度低于 300℃，要求有良好的耐腐蚀性	E347-16（A132） E347-15（A137）		
	00Cr19Ni11	耐腐蚀要求极高	E308L-16（A002）		
	0Cr17Ni12Mo2	抗无机酸、有机酸、碱及盐腐蚀	E316-16（A202） E316-15（A207）		
		要求有良好的抗晶间腐蚀性能	E318-16（A212）		
	0Cr19Ni13Mo3	抗非氧化性酸及有机酸腐蚀性能较好	E308L-16（A002） E317-16（A242）		
	0Cr18Ni11Ti 1Cr18Ni9Ti 0Cr18Ni12Mo2Ti	要求有耐热及耐腐蚀性能	E318V-16（A232） E318V-15（A237）		
	0Cr18Ni12Mo2Cu2	在硫酸介质中要求有更好的耐腐蚀性能	E317MoCu-16（A032） E317MoCu-16（A222）		

续表

类别	牌号	工作条件及要求	焊条型号及牌号	热规范/℃	
				预热、层温	焊后热处理
奥氏体不锈钢	0Cr18Ni14Mo2Cu2	抗有机酸、无机酸腐蚀，异种钢焊接	E317MoCu-16（A032） E317MoCu-16（A222）	原则上不进行	原则上不进行
	0Cr23Ni13	耐热、耐氧化，异种钢焊接	E309-16（A302） E309-15（A307）		
	0Cr25Ni20	高温，异种钢焊接	E310-16（A402） E310-15（A407）		
铁素体不锈钢	1Cr17 Y1Cr17	耐热及耐硝酸	E430-16（G302）	120～200	750～800
	1Cr17 Y1Cr17	耐热及耐有机酸	E430-15（G307）		
	0Cr13A1	提高焊缝塑性	E308-15（A107） E309-15（A307）	不进行	不进行
	Cr25Ti	抗氧化性	E309-15（A307）		760～780回火
	1Cr17Mo	提高焊缝塑性	E308-16（A102） E308-15（A107） E309-16（A302） E309-15（A307）		不进行
马氏体不锈钢	1Cr13 2Cr13	耐大气腐蚀及气蚀	E410-16（G202） E410-15（G207）	250～350	700～730回火
		耐热及耐有机酸腐蚀	E1-13-1-15（G217）		

续表

类别	牌号	工作条件及要求	焊条型号及牌号	热规范/℃	
				预热、层温	焊后热处理
马氏体不锈钢	1Cr13 2Cr13	要求焊缝有良好的塑性	E308-16（A102） E308-15（A107） E316-16（A202） E316-15（A207） E310-16（A402） E310-15（A407）	不进行（厚大件可预热至200℃）	不进行
	1Cr17Ni2	耐腐蚀、耐高温	E430-16（G302） E430-15（G307）	200	750～800回火
		焊缝的塑性、韧性好	E309-16（A302） E309-15（A307）		
		焊缝的塑性、韧性好	E310-16（A402） E310-15（A407）		
	1Cr12	在一定温度下能承受高应力，在淡水、蒸汽中耐腐蚀	E410-16（G202） E410-15（G207）	250～350	700～730回火

（3）不锈钢复合钢板的焊接工艺与诀窍

不锈钢复合钢板是用较薄的不锈钢板（如1Cr18Ni9Ti、1Cr18Ni12Mo2Ti、12CrMo等）作复层，通常布置在容器或管道的内部，防止侵蚀，再用较厚的结构钢板［如20、20g、Q235（09Mn2）、Q345（16Mn）、12CrMo等］作基层，以满足结构强度和塑性的要求。两种异种金属经轧制后就成为双金属的不锈钢复合钢板。

不锈钢复合钢板的焊接过程是：先焊基层一侧，然后从复层一侧铲除焊根，并用砂轮片打磨干净，经检验合格后，再焊过渡层及复层。

由于复合板中两种金属成分的物理性能和力学性能有很大差别，所以基层的焊接以保证接头的力学性能为原则，一般可参照碳素钢或低合金钢的焊接工艺。复层的焊接既要保证接头的耐腐蚀性能，又要获得满意的力学性能，焊接过程要遵守不锈钢的焊接工艺。

基层焊接时要避免熔化不锈钢复层，复层焊接时要防止基层金属熔入焊缝而降低铬、镍含量，从而降低复层焊缝的耐腐蚀性能和塑性。常用不锈钢复合钢板焊接的焊条选用见表 4-26。不锈钢复合钢板焊条电弧焊的焊接参数见表 4-27。

表 4-26　常用不锈钢复合钢板焊接的焊条选用

不锈钢复合钢板种类	焊条		
	基层	过渡层	复层
0Cr13+Q235	E4303	E309（A302）	E308（A102）
	E4315	E309（A307）	E308（A107）
0Cr13+16Mn	E5003	E309（A302）	E308（A102）
	E5015	E309（A307）	E308（A107）
0Cr13+12CrMo	E5515-B1 （R207）	E309-16 （A302）	E308-16 （A102）
		E309-15 （A307）	E308-15 （A107）
1Cr18Ni9Ti+Q235	E4303	E309-16 （A302）	E347-16 （A132）
	E4315	E309-15 （A307）	E347-15 （A137）
1Cr18Ni9Ti+Q345 （16Mn）	E5003	E309-16 （A302）	E347-16 （A132）
	E5015	E309-15 （A307）	E347-15 （A137）
Cr18Ni12MoTi+Q235	E4303	E309Mo-16 （A312）	E318-16 （A212）
	E4315		
Cr18Ni12MoTi+Q345 （16Mn）	E5003	E309Mo-16 （A312）	E318-16 （A212）
	E5015		
0Cr13+Q390 （15MnV）	E5003 E5015	E309-16（A302） E309-15（A307）	E308-16（A102） E308-15（A107）
1Cr18Ni9Ti+Q390 （15MnV）			E347-16（A132） E347-15（A137）
Cr18Ni12Mo2Ti+Q390 （15MnTi）	E5515-G E6015-D1	E309Mo-16（A312） E309-15（A307） E309-16（A302）	E318-16（A212） E316-16（A202） E316-15（A207）

表 4-27　不锈钢复合钢板焊条电弧焊的焊接参数

<table>
<tr><th rowspan="3">复合板总厚度/mm</th><th colspan="10">基层焊缝</th><th colspan="4">复层焊缝</th></tr>
<tr><th rowspan="2">总层数</th><th colspan="5">焊条直径/mm</th><th colspan="4">焊接电流/A</th><th rowspan="2">总层数</th><th rowspan="2">焊条直径/mm</th><th colspan="2">焊接电流/A</th></tr>
<tr><th>第一层</th><th>第二层</th><th>第三层</th><th>第四层</th><th>第五层</th><th>第一层</th><th>第二层</th><th>第三层</th><th>第四、五层</th><th>第一层</th><th>第二层</th></tr>
<tr><td>8～10</td><td rowspan="2">3</td><td>3</td><td>4</td><td>4</td><td rowspan="2">—</td><td rowspan="3">—</td><td>120～140</td><td>150～170</td><td>150～170</td><td rowspan="2">—</td><td>1～2</td><td>4</td><td>130～140</td><td>130～150</td></tr>
<tr><td>12～14</td><td rowspan="3">4</td><td rowspan="3">5</td><td rowspan="3">5</td><td>150～170</td><td>200～250</td><td>200～250</td><td rowspan="3">2</td><td rowspan="3">4</td><td rowspan="2">140～150</td><td rowspan="2">140～160</td></tr>
<tr><td>16～18</td><td>4</td><td rowspan="2">5</td><td rowspan="2">150～170</td><td rowspan="2">200～250</td><td rowspan="2">200～250</td><td rowspan="2">200～250</td></tr>
<tr><td>20</td><td>5</td><td>5</td><td>150～160</td><td>150～170</td></tr>
</table>

4.4.4　铸铁的焊接技巧与实例

铸铁是含碳质量分数 $w(C) > 2\%$ 的铁碳合金，按碳在铸铁中存在的形态不同，可分为白口铸铁、灰铸铁、可锻铸铁和球墨铸铁等。常用铸铁的种类、用途及碳的存在形式见表 4-28。

表 4-28　常用铸铁的种类、用途及碳的存在形式

种类	白口铸铁	灰铸铁	可锻铸铁	球墨铸铁
碳的存在形式	以渗碳体（Fe_3C）形式存在	以片状石墨形式存在	以团絮状石墨形式存在	以球状石墨形式存在
主要用途	性质硬而脆，切削加工困难，很少用于铸件，可制成可锻铸铁	有良好的铸造性能、切削加工性能及一定的力学性能。应用较广泛	由白口铸铁长期退火而成。适宜铸成形状复杂受冲击的薄型零件	可用来代替铸钢，被广泛用来制造耐磨损受冲击的重要零件

（1）铸铁焊条电弧焊的工艺要点

铸铁的焊补主要用四种焊接方法，这四种焊接方法要点见表 4-29。

（2）铸铁焊条的选用原则

铸铁焊接时，焊条选择正确与否，对保证焊缝质量有很重大的影响，具体选用原则见表 4-30。

表 4-29　铸铁焊条电弧焊的工艺要点

焊接方法	工艺要点
冷焊	① 较小的焊接电流，较高的焊接速度，焊条不做横向摆动，直流正接，短弧焊 ② 每次只焊 10 ～ 15mm 长的焊缝，层间温度＜ 60℃ ③ 焊后及时锤击焊缝 ④ 形状较复杂的薄型铸件，焊前将待焊处局部预热到 150 ～ 200℃ ⑤ 铸件冷焊后，需进行后热处理，后热处理温度薄型铸件为 100 ～ 150℃，厚壁铸件为 200 ～ 300℃。后热加温后，需用干燥石棉布覆盖铸件缓冷 ⑥ 焊前在裂纹两端钻止裂孔
铸铁芯焊条不预热电弧焊	① 小而浅的缺陷要开坡口予以扩大，面积须大于 8cm^2，深度要大于 7mm，坡口角度为 20° ～ 30°，铲挖出的待焊补的槽形状应当圆滑。为防止焊接时液态金属流散，在坡口周围边缘应用黄泥条或耐火泥围筑（高 6 ～ 8mm） ② 用较大的焊接电流，长电弧连续焊接，熔池温度过高时可稍停一下再焊（薄壁可用小电流） ③ 为达到焊后熔合区缓冷的目的，焊补处缺陷焊缝与母材齐平后，还应继续焊接，使余高加大，达到 6 ～ 8mm 高的凸台为止 ④ 焊前在裂纹两端钻止裂孔 ⑤ 每焊完一小段后，立即进行锤击处理 ⑥ 焊前应仔细清除待焊处油、污、锈、垢
半热焊	① 焊前铸件待焊处应预热至 400℃左右 ② 为使焊缝缓慢冷却，应选用大电流、连续焊，电弧应适当拉长并且一次焊成 ③ 焊后，加热被焊部位（600 ～ 700℃），使之缓冷 ④ 焊补裂纹时，注意在裂纹两端钻止裂孔。焊前仔细清理待焊处油、污、锈、垢
热焊	① 将焊件局部整体预热至 550 ～ 650℃，并保持焊件待焊处温度在焊接过程中不低于 400℃ ② 焊后再进行 600 ～ 650℃的消除应力退火 ③ 用较大的焊接电流连续施焊（按每毫米焊芯直径 50 ～ 60A 选用焊接电流），在焊边角处或缺陷底部时，焊接电流要小些 ④ 焊补裂纹时，应先在裂纹两端钻止裂孔

（3）设备修理中铸铁件的焊补方法及应用范围

机械设备中有些零部件是铸铁材料，当出现缺陷需要进行焊补时，其焊补方法及应用范围见表 4-31。

表 **4-30** 铸铁焊条的选用原则

选用原则	铸铁材料分类选用	焊条型号（牌号）
按铸铁材料类别选用	一般灰铸铁	EZFe（Z100）、EZV（Z116） EZV（Z117）、EZC（Z208） EZNi-1（Z308）、EZNiFe-1（Z408） EZNiCu-1（Z508、Z607、Z612）
	高强铸铁 焊后进行锤击	EZV（Z116）、EZV（Z117）、EZNiFe-1（Z408）
	球墨铸铁 焊前要预热至 500 ～ 700℃，焊后有正火或退火处理要求	EZCQ（Z238、Z238SnCu）
按焊后焊缝切削加工性能要求选用	焊后不能进行切削加工	EZFe（Z100、Z607）
	焊前预热，焊后经热处理后可能进行切削加工	EZC（Z208）
	焊前预热，焊后经热处理后可以切削加工	EZCQ（Z238、Z238SnCu）
	冷焊后可以切削加工	EZV（Z116）、EZNi-（Z308） EZNiFe-1（Z408）、EZNiCu-1（Z508、Z612）

表 **4-31** 铸铁件的焊补方法及应用范围

焊补铸铁件类别	材质	焊补要求	基本焊补方法	选用方法
机床导轨面研伤	灰铸铁	①硬度较均匀，可以切削加工 ②基本上无变形	采用冷焊法，焊条为 EZNiCu-1（Z508）、EZNi-1（Z308），或预热温度小于 200℃的热焊	—
100t 冲床床身裂纹	灰铸铁	①保证焊补处强度 ②消除焊接内应力	焊前用气焊炬局部预热至 100 ～ 150 ℃，用 EZNiFe-1（Z408）和 ENi-1（Z308）焊条交替焊接 每焊好一个焊段，立即进行锤击处理 焊后进行 100 ～ 150℃的后热处理，然后覆盖石棉布缓冷	为增加焊补区域强度，焊缝两侧用螺钉将 20mm 厚板与冲床相连接，板的四周用 EZNiFe-1（Z408）焊条与冲床床身焊接

续表

焊补铸铁件类别	材质	焊补要求	基本焊补方法	选用方法
压缩机缸或其它受压力较大的壳体、缸体或容器	灰铸铁、球墨铸铁或合金铸铁	①要求承受较大压力的水压试验 ②可能有切削加工要求	用EZNi-1（Z308）焊条或EZNiFe-1（Z408）焊条冷焊 用EZV（Z116、Z117）焊条冷焊	用奥氏体、铜铁焊条冷焊
受压不大的缸体或容器	灰铸铁	要求承受较小压力水压试验或煤油渗漏试验	用铜铁铸铁焊条或奥氏体铜铁焊条冷焊 要求切削加工的焊补处用镍基铸铁焊条焊补	—
大型立车卡盘裂纹	灰铸铁	焊后局部需切削加工	用EZNiFe-1（Z408）焊条进行冷焊	在受力大的焊缝处加补强板
1250轧辊辊脖磨损	球墨铸铁	焊后切削加工	用球墨铸铁焊芯焊条或用EZCQ型焊条	也可用EZNiFe-1（Z408）和EZV（Z116、Z117）焊条冷焊
镗床立面导轨研伤	灰铸铁	变形小并能切削加工	用EZNi-1（Z308）焊条冷焊	—
龙门刨导轨研伤	灰铸铁	变形小并能切削加工	用EZNiCu-1（Z508）焊条冷焊	—
汽车缸体和缸盖裂纹、穿孔及外形磨损	灰铸铁	焊后不加工	用铜铁焊条冷焊	用EZNi-1（Z308）和EZV（Z116、Z117）焊条冷焊
		焊后焊缝要求切削加工	用EZNi-1（Z308）或EZNiFe-1（Z408）冷焊	用EZC（Z208）焊条热焊也可以

对于深坡口的焊件，当母材的材质较差，但是焊缝强度要求较高时，可在坡口的两侧拧入钢质的螺栓，如图4-60所示。焊接时先绕螺栓进行焊接，再填满螺栓之间的空隙。焊接时为避免母材熔化过多，减少白口层，应尽量采用小电流、短弧、短焊道（一般每段焊道不超过50mm）、直线运条焊接，焊后应锤击焊缝，以消除应力，防止开裂，待温度降至60℃以下时再焊接下一道。

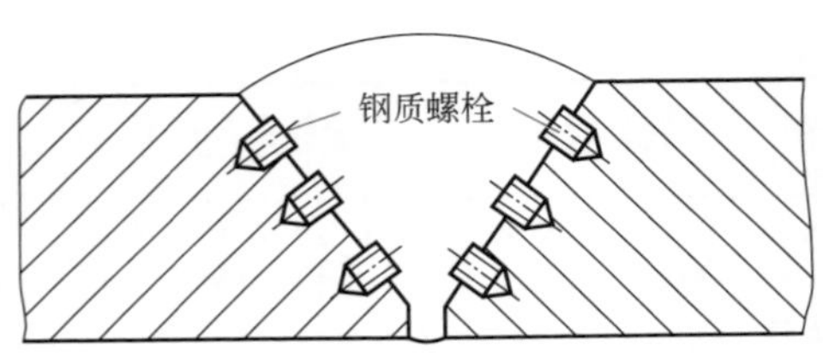

图 4-60 用螺栓增强焊缝连接强度

4.5 管、板焊条电弧焊典型工艺与操作技巧

4.5.1 板对接平焊工艺与操作

(1) V 形坡口平对接焊技巧与诀窍

当焊件的厚度超过 6mm 时，由于电弧的热量较难深入到焊件的根部，必须开单 V 形坡口或双 V 形坡口，采用多层焊或多层多道焊，如图 4-61 所示。

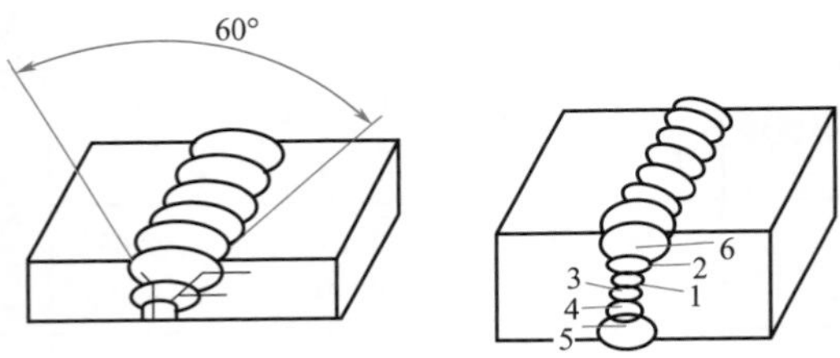

图 4-61 V 形和双 V 形的多层焊

① 焊接特点。V 形坡口的平对接焊重点就在根部的打底，很容易产生烧穿、夹渣等焊接缺陷。层与层之间也会出现夹渣、未熔合、气孔等缺陷。

工件的装配点固时要预留 2.5mm 的间隙，有利于焊件的焊透。在对焊件两端进行点固的时候，焊点长应在 10mm 左右，而且点焊缝不宜过高。更值得注意的是，为了防止焊接完成后的变形，应对焊件装配时留有 1° ～ 2° 的反变形量，如图 4-62 所示。

② 焊接工艺参数的选择。V 形坡口的平对接焊焊接工艺参数可参见表 4-32。

③ 操作过程。V 形坡口的平对接焊操作过程与要点见表 4-33。

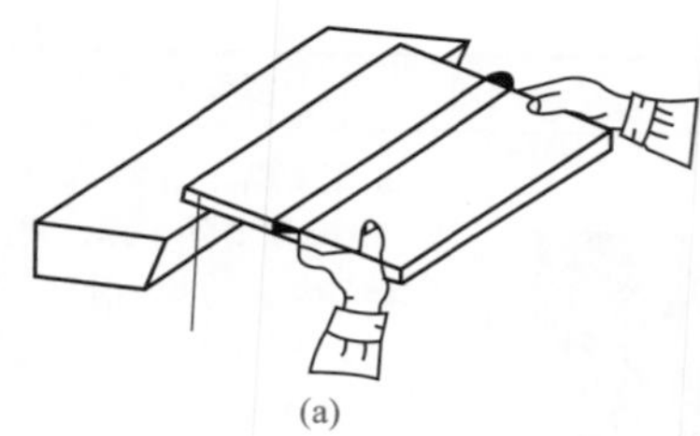
(a)

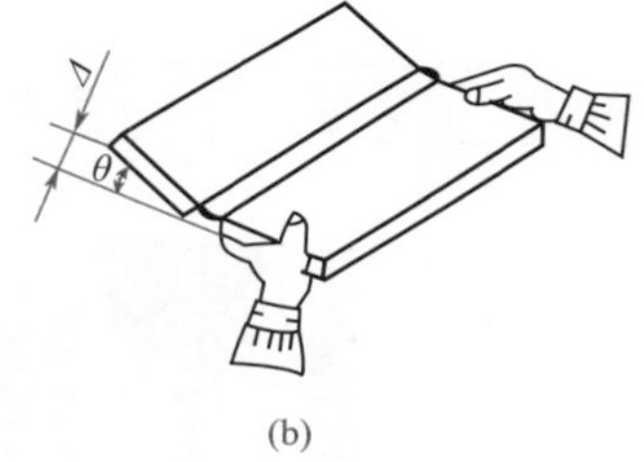

(b)

图 4-62 预留反变形量

表 4-32 V 形坡口的平对接焊（8mm 厚）焊接工艺参数

板厚 /mm	坡口形式	钝边 /mm	装配间隙 /mm	焊条直径 /mm	焊接电流 /A	焊接层次	运条方法
8	V 形	0.5 ～ 1	2.5 ～ 3	3.2	90 ～ 110	打底层	小锯齿形
				3.2 ～ 4.0	140 ～ 160	填充层	锯齿形
				4.0	140 ～ 150	盖面层	锯齿形

表 4-33 V 形坡口的平对接焊操作过程与要点

操作过程		示意图	操作说明
焊前准备	工件、焊条、焊机和辅助工具的准备等		① 工件。低碳钢板两块，其选择准备标准为 300mm×100mm×8mm ② 焊条。采用牌号为 E4303 的酸性系列 ③ 焊机和辅助工具。焊机额定电流应大于 300A。辅助工具有钢丝刷、錾子、锉刀、磨光机及敲渣锤等
操作步骤	V 形坡口的平对接焊操作是焊条电弧焊训练的提高，操作者更要熟练地掌握	70°～80° (a) 90° (b) (c) 3 1 2 (d)	① 打底焊。打底焊时选用直径为 ϕ3.2mm 的焊条进行操作。装配间隙较小时，采用小幅度锯齿形横向摆动，并在坡口两侧稍作停留，连续向前焊接，即采用连弧焊法打底［图(c)］；间隙较大时，用直线往复运条法，防止焊件被烧穿。如果间隙很大，按照图（d）进行

续表

<table>
<tr><th colspan="2">操作过程</th><th>示意图</th><th>操作说明</th></tr>
<tr><td rowspan="2">操作步骤</td><td rowspan="2">焊道分单面焊三层三道，即打底焊、填充焊和盖面焊。焊件放在水平面上，间隙小的一端放在左侧</td><td>(a)
75°～85°　90°
(b)
引弧处
(c)　(d)</td><td>② 填充焊。先将焊缝的熔渣、飞溅物清除干净，将打底层焊缝接头的焊瘤打磨平整[图（a）]，填充焊时的焊条角度如图（b）所示
填充焊时的焊接电流应比打底焊时稍大一些，选用直径 ϕ3.2mm 焊条进行焊接，用锯齿形运条法短弧施焊，摆动到两坡口侧面时，焊条稍作停留，待坡口两侧与母材熔合良好后方可移动，如图（c）。焊接时应控制好焊接的速度，使填充层焊道在3～4mm的厚度，各层之间的焊接方向应该以相反为好，接头相互错开不大于30mm，接头的方法如图（d）。收尾时填满弧坑</td></tr>
<tr><td>—</td><td>③ 盖面焊。焊缝正面的最后一层和背面焊缝都属于盖面焊，正面焊选择直径为 ϕ4.0mm 的焊条，采用锯齿形运条的方法横向摆动，以熔合坡口两侧1～1.5mm 的边缘，控制焊缝宽度，两侧要充分地停留，防止咬边现象产生。背面盖面层焊条选直径为 ϕ3.2mm 焊条，也用锯齿形运条方法进行焊接，但是要小幅度横向摆动</td></tr>
</table>

（2）I 形坡口平对接焊技巧与诀窍

当焊件的厚度在 4mm 左右时（一般为 3 ～ 6mm），直接进行装配后就可以开始正常焊接，如图 4-63 所示。

① 操作过程。I 形坡口平对接焊操作过程与要点见表 4-34。

② 注意事项与操作禁忌：

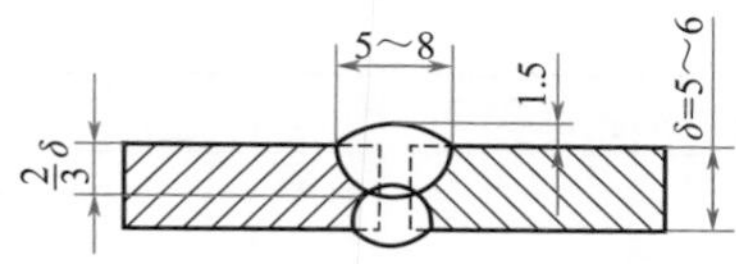

图 4-63 I 形坡口对接焊缝

表 4-34 I 形坡口平对接焊操作过程与要点

操作过程		示意图	操作说明
焊前准备	工件、焊条、焊机和辅助工具的准备等		① 工件。低碳钢板两块，标准为 300mm×100mm×4mm ② 焊条。焊条采用酸性焊条，牌号为 E4303 系列 ③ 焊机和辅助工具。焊机额定电流应大于 160A。辅助工具有钢丝刷、錾子、锉刀及敲渣锤等
操作步骤	焊件矫正	(a) (b)	① 由于焊件的厚度很小，因此很容易变形［图（a）］。为了防止装配时焊口的错边，必须对焊件进行矫正［图（b）］
	焊件清理		② 板材经过矫正后，铁锈、油污和其他痕迹用钢丝刷（磨光机更好）打磨干净，露出金属的本来光泽
	焊件的装配	定位焊 0～1 定位焊 10～15 10～15	③ 进行装配和定位。装配时要保证两板对接处平齐，无错边现象。对口间隙在 0～1mm 之间。定位焊时要选择好焊点，一般 4mm 左右的对板有两个定位焊点就可以了

续表

操作过程		示意图	操作说明
操作步骤	夹持焊条		④将定位焊装配好的焊件平放在焊接台架上，将焊接电流调节到100A左右，安装好搭铁线（地线），将焊条安装在焊钳上，夹持的方法既可以是平夹也可以是斜夹，如图所示
	起焊和运条	(a) 2长弧预热 移动 1引弧 3压低电弧施焊 焊接方向 10左右 (b) 焊条 焊缝 90° 60°～80° 焊接方向 (c)	⑤起头焊接时在板端内焊缝上10～15mm处引燃电弧，引燃的电弧立即移向焊缝的起焊部位，此时可以借助弧光的亮度找到焊接起始处，如图（a）。拉长电弧1～2s的时间后，随即把电弧压低，采用直线形或往复直线形运条的方法向前施焊，如图（b）。为了获得较大的熔深和宽度，运条的速度可以慢一些或焊条做微微的搅动。焊接时焊条的角度如图（c）
	熔渣与铁水的分离及熔池的形成	熔渣层 焊缝层 未被熔渣覆盖的铁水部分 母材 (a) 熔池形状呈椭圆形 熔渣 未被熔渣覆盖的铁水部分 (b)	⑥焊接中要仔细观察熔池的状态，正常情况下铁水与熔渣是处于分离状态的［图（a）］。熔渣覆盖铁水区域的大小，取决于焊接电流大小、焊接角度、电弧长度变化。没有被熔渣覆盖而显露的明亮清澈的铁水部分是“熔池形状”［图（b）］

续表

操作过程		示意图	操作说明
操作步骤	焊条倾角与直线往复运条	(a) (b)	⑦ 产生熔渣前立即减小焊条的倾斜角度，如图（a）所示，必要时还可以增加焊接电流，或选用 ϕ2.5mm 的焊条。如果焊件装配间隙过大，可以采用直线往复运条的方法避免烧穿，提高工作的效率［图（b）］
	起头、接头和收尾	—	⑧ 焊接收尾采用灭弧法，节奏要稍慢一点，直到填满弧坑后方可收弧

a. 先将两板的边缘用直线形或直线往复形运条的方法进行敷焊，清理焊渣后再用锯齿形运条进行连接焊，具体的操作顺序见图 4-64。

b. 厚度在 4mm 左右的钢板由于钢板薄、间隙较大，平焊时很容易产生烧穿的现象（图 4-65）。当出现这样的情况时可以进行必要的补焊。

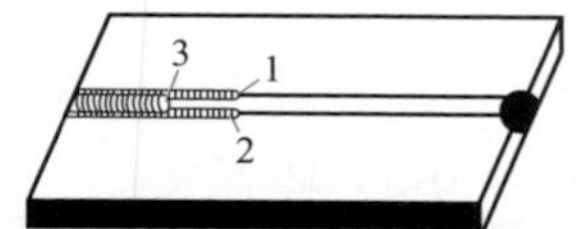

图 4-64　间隙过大的焊接方法
（操作顺序为由 1 到 3）

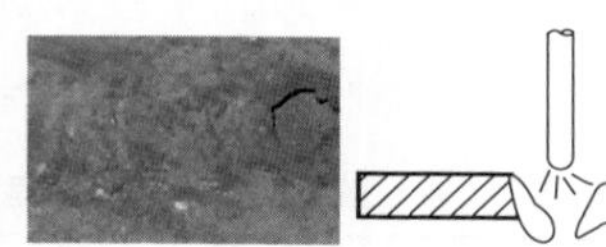
图 4-65　烧穿现象

补焊的方法是：

补焊时接弧的位置及补焊焊点的重叠和连接顺序如图 4-66（a）所示。补焊的原则是先焊外，后焊内，并使接弧的位置及温度分布对称均匀［图 4-66（b）］。补焊过程中如果产生的熔渣较多，更换焊条时可进行

必要的清渣处理，然后继续补焊，补焊好的焊缝如图 4-67 所示。

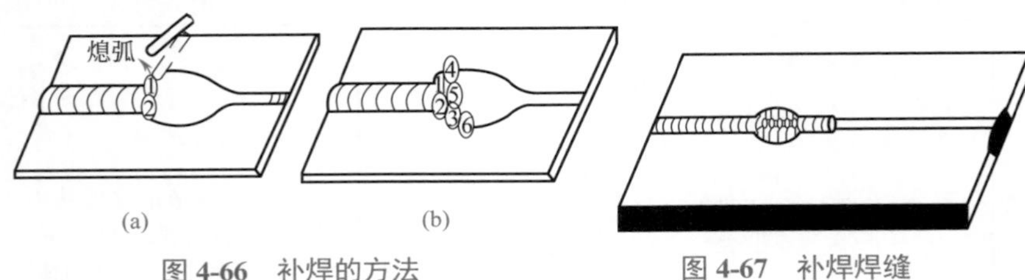

图 4-66　补焊的方法

图 4-67　补焊焊缝

4.5.2　板平角焊工艺与操作

平角焊包括角接接头、T 形接头以及搭接接头平焊，如图 4-68 所示。因角接接头、搭接接头和 T 形接头平焊的操作方法类似，这里只介绍 T 形接头的操作方法（图 4-69）。角焊接头所形成的焊缝称为角焊缝，角焊缝各位置的名称见图 4-70。角焊缝按照其截面的形状可分为四种（图 4-71），应用最多的是截面为直角等腰的角焊缝，焊接操作中力求焊出这样的形状。

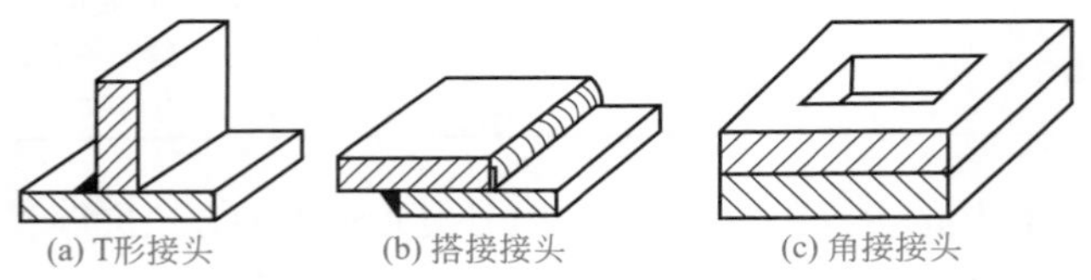

图 4-68　平角焊的接头形式

（1）焊接特点及工艺参数选择

① 焊接工艺参数。平角焊焊接时不同焊脚的焊接工艺参数可参看表 4-35。

表 4-35　不同焊脚的焊接工艺参数对照

焊接方法	焊脚尺寸 /mm	焊层（道）	焊条直径 /mm	焊接电流 /A	运条方法
单层焊	＜ 5	一层一道	3.2	120 ～ 140	直线形
两层焊	8 ～ 10	第一层	3.2	120 ～ 140	直线形
		第二层	4.0	160 ～ 180	斜圆圈形
两层三道焊	＞ 10	第一道	3.2	120 ～ 140	直线形
		第二、三道	4.0	160 ～ 180	直线形

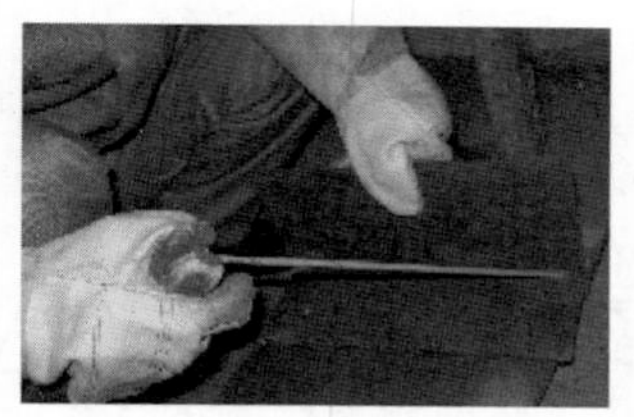

图 4-69 平角焊的操作

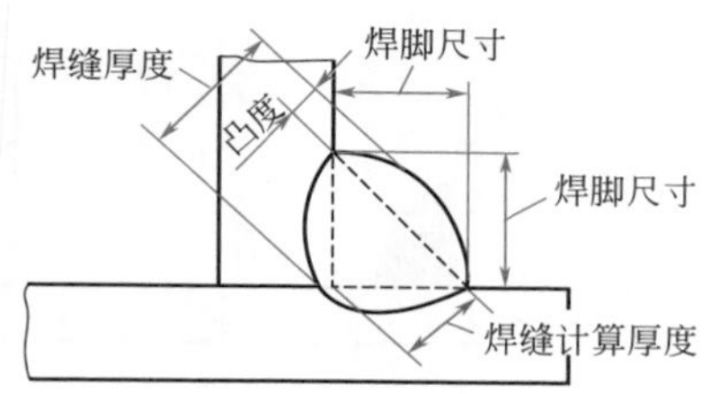

图 4-70 角焊缝各部位的名称

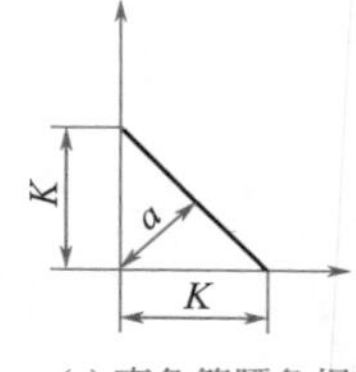

(a) 直角等腰角焊缝

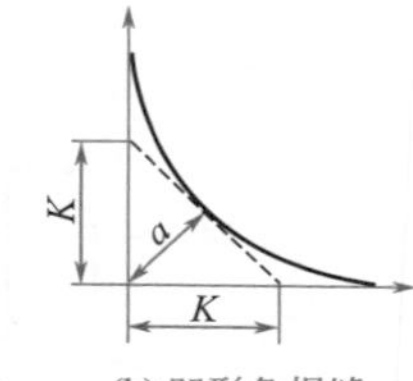

(b) 凹形角焊缝

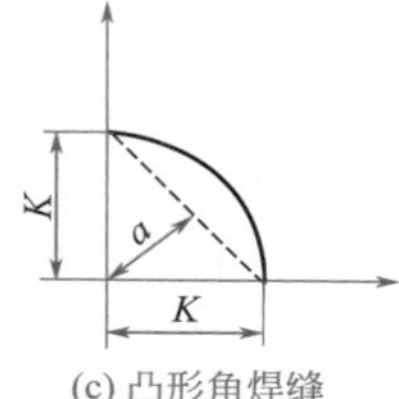

(c) 凸形角焊缝

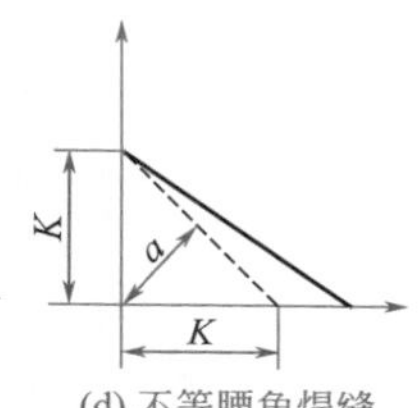

(d) 不等腰角焊缝

图 4-71 角焊缝的截面形状

② 焊接特点。可参照表 4-36 进行选择。角焊缝尺寸决定焊层数与焊缝道数，一般多采用单层焊，如图 4-72（a）；焊脚尺寸为 8 ～ 10mm 时，采用多层焊，如图 4-72（b）；焊脚尺寸大于 10mm 时，采用多层多道焊，如图 4-72（c）。焊脚的分布要对称，焊脚尺寸大小要均匀。从焊脚的断面分析，呈圆滑过渡状焊脚，应力集中最小，能提高接头的承载能力，如图 4-73 所示。角焊的操作容易产生咬边、未焊透、焊脚下垂等缺陷，如图 4-74 所示。

表 4-36 角焊的焊脚尺寸

钢板厚度 /mm	＞8 ～ 9	＞9 ～ 12	＞12 ～ 16	＞16 ～ 20	＞20 ～ 24
最小焊脚尺寸 /mm	4	5	6	8	10

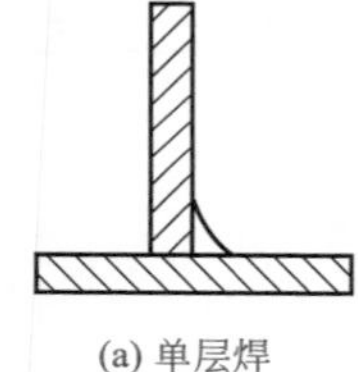

(a) 单层焊

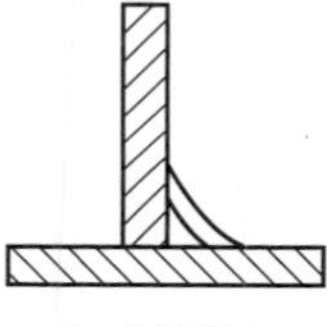

(b) 多层焊

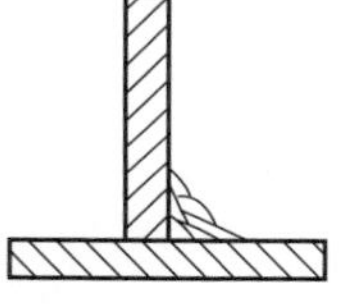

(c) 多层多道焊

图 4-72 焊层数与焊缝道数

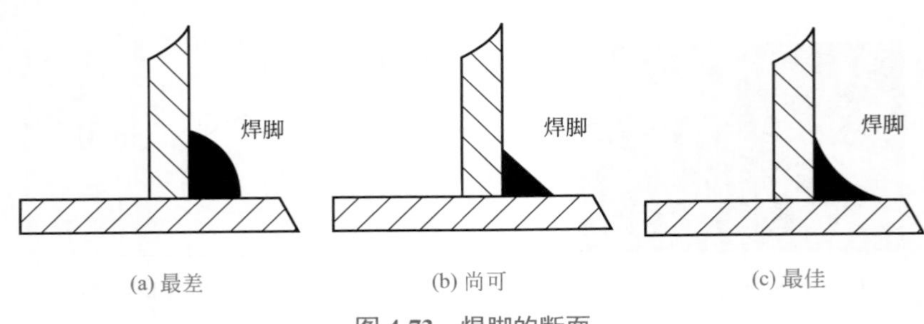

图 4-73 焊脚的断面

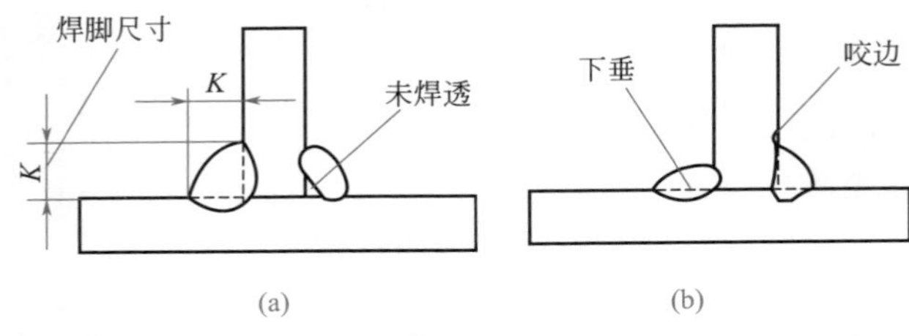

图 4-74 角焊产生的缺陷

③ 焊条角度。焊接时采用的焊接电流是相同板厚的对接平焊电流的1.1倍左右。当两板的厚度相等时焊条的角度为45°，两板的厚度不等时应偏向厚板一侧，见图4-75，保证两板的温度趋向均匀。

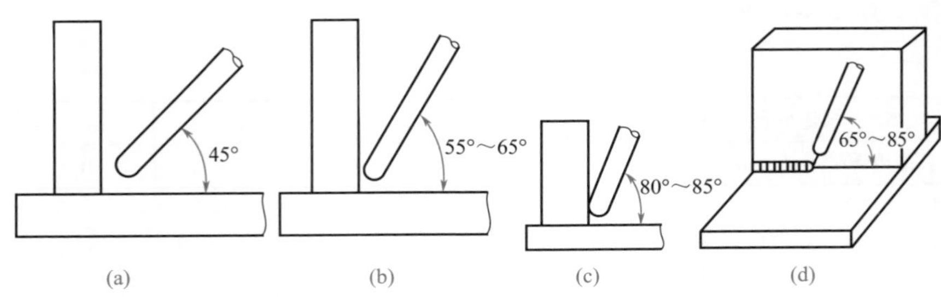

图 4-75 角焊时的焊条角度

（2）平角焊操作过程、操作技能与技巧

平角焊操作过程与要点见表4-37。

表 4-37 平角焊操作过程与要点

操作过程		示意图	操作说明
焊前准备	工件、焊条、焊机和辅助工具的准备等		① 工件。低碳钢板两块，标准为 300mm×100mm×8mm ② 焊条。焊条采用酸性焊条，牌号为 E4303 系列 ③ 焊机和辅助工具。焊机额定电流应大于 300A。辅助工具包括钢丝刷、角向磨光机、錾子、锉刀及敲渣锤等
操作步骤	工件清理	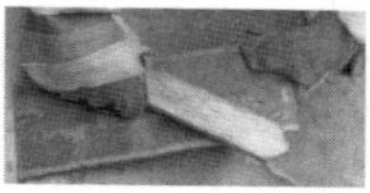	① 从水平板的正面中心向两侧 50 ～ 60mm 处清理铁锈、油污及其他斑点后，再将垂直板接口的边缘 30mm 内的铁锈、油污等清理干净
	装配定位	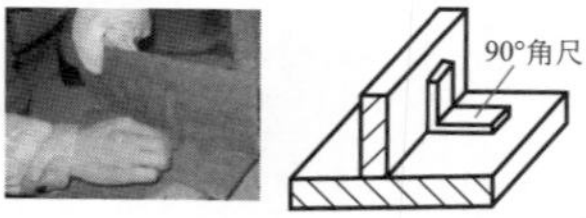 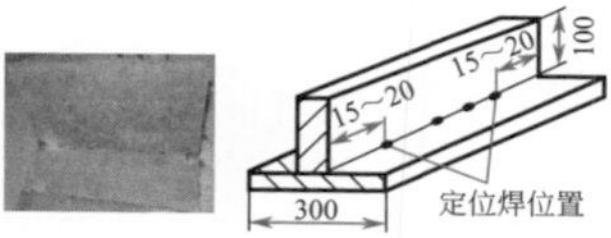 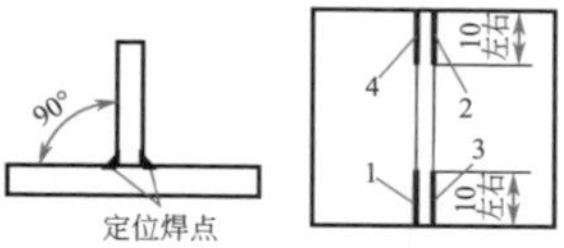 90°角尺 (a) 15～20 15～20 100 300 定位焊位置 (b) 90° 定位焊点 4 2 3 1 10左右 10左右 (c)	② 将清理干净的水平板平放在焊接支架上，用钢板尺测出工件两端的中心点，把垂直板放置在水平板中心划线处，在水平板和垂直板之间要预留 1 ～ 2mm 的间隙，以增加熔透的深度。用直角尺测量以保证两板的夹角为 90°［图（a）］，用 ϕ3.2mm 焊条进行定位焊，如图（b）所示。定位焊的位置应在焊件的两端且对称的点。定位焊的顺序如图（c）中的 1 → 2 → 3 → 4，定位焊缝长约 10mm，而且要求焊缝薄而牢固
	起头	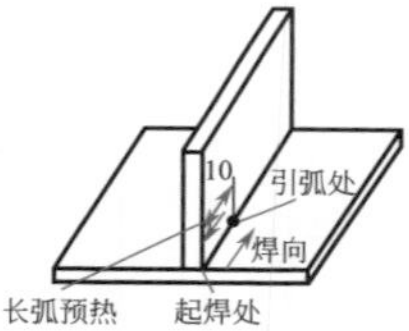 10 引弧处 焊向 长弧预热 起焊处	③ 平角焊起头时，在工件端部内 10mm 左右处引弧，引燃电弧后稍拉长电弧，移到工件始焊端部，然后压低电弧，开始正常焊接，如图所示

续表

操作过程		示意图	操作说明
操作步骤	单层焊	直线形 (a) 45° 60°～70° 焊接方向 (b) 药皮套管 焊向 套管边缘 (c) c e a b d (d)	④ 当焊脚的尺寸较小时进行单层焊，焊条的直径根据板厚可选择 ϕ3.2mm 和 ϕ4mm 两种，选用直线形运条方法进行单层施焊［图（a）］。单层焊中多采用短弧运条，焊接速度要均匀一致。焊条与水平板的夹角为 45°，与焊接方向成 60°～70° 夹角［图（b）］。其具体的操作方法如图（c）所示 平角焊焊接过程中很容易导致焊脚的尺寸过小及没有焊透。可采用斜圆圈形或锯齿形运条方法［图（d）］
	多层焊	第二层 第一层 斜圆圈形 斜锯齿形	⑤ 当焊脚尺寸为 8～10mm 时，采用两层两道焊法焊接。第一层用直径 ϕ3.2mm 的焊条，焊接电流 100～120A。采用直线形运条，收尾时把弧坑填满或略高些。焊第二层时将第一层的熔渣清除干净，用斜圆圈形或锯齿形运条，防止咬边缺陷（如图）

续表

操作过程		示意图	操作说明
操作步骤	多层多道焊	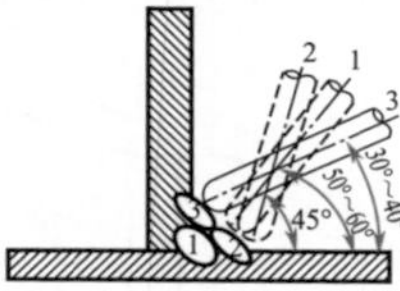 (a) 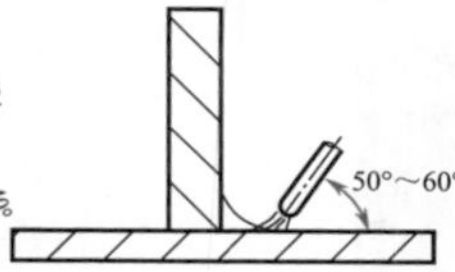 (b) 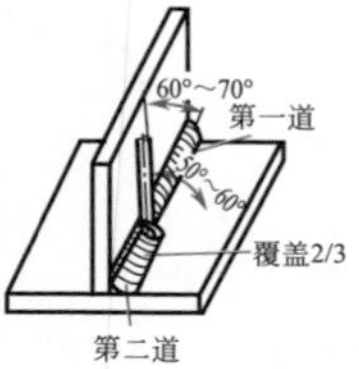 (c) 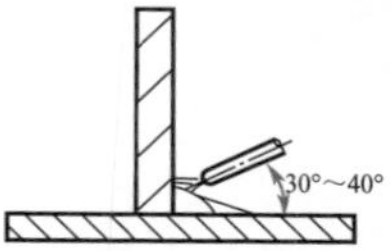 (d) 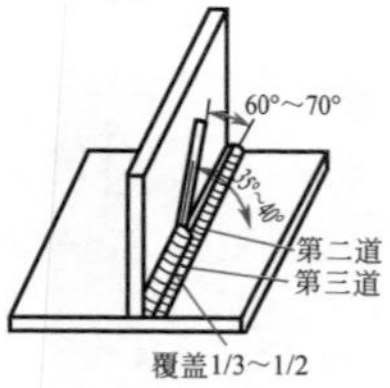 (e) 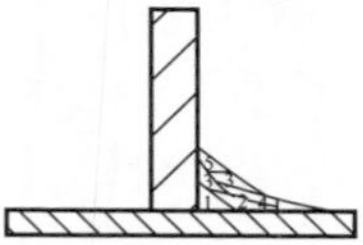 (f) 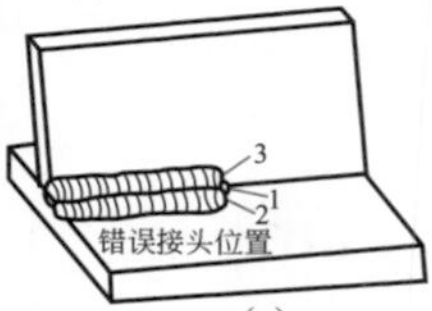 (g) 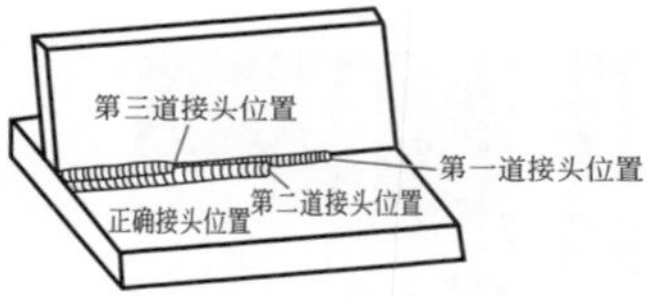 (h)	⑥ 焊脚尺寸大于 10mm 时采用多层多道焊［图（a）］。第一层（第一道）操作方法与单层焊接相同，第二层第一道（总第二道）焊接时，焊条与水平板夹角为 50° ～ 60°［图（b）］，保证水平板与焊道良好熔合，采用直线形或小斜圆圈形或小锯齿形运条法，使第二道焊道覆盖第一层焊道 2/3 以上［图（c）］。保持平直且宽窄一致，收尾填满弧坑不需要清渣。第二层第二道（总第三道）时焊条的前端在第二道焊道与垂直板夹角处，且与水平板的夹角为 30° ～ 40°［图（d）］。用直线形运条覆盖第二道焊道 1/3 ～ 1/2，如图（e）。防止产生咬边和焊脚下垂，收尾填满弧坑。当焊脚尺寸大于 12mm 时，还要采用三层六道焊接［图（f）］ 如果把各道之间的接头重叠在一起就是错误的［图（g）］，正确的方法是各道之间接头不重叠，且间隔不小于 30mm［图（h）］

4.5.3 板对接立焊工艺与操作

(1) V 形坡口立对接焊操作技巧与诀窍

所谓的立对接焊是指对接接头焊件处于立焊位置时的操作，如图 4-76

所示。立对接焊的特点是铁水和熔渣很容易分离，但是熔池的温度过高时铁水下淌严重，容易形成焊瘤（图 4-77）、咬边等缺陷。

图 4-76　立对接焊

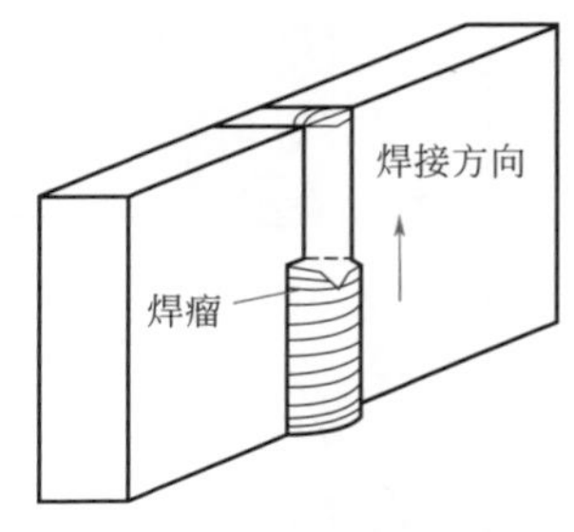

图 4-77　立焊缺陷

① 焊接姿势。立对接焊的基本操作姿势有蹲式、坐式和站式三种（图 4-78）。

(a) 蹲式

(b) 坐式

(c) 站式

图 4-78　立焊姿势

② 焊钳握法。焊钳的握法有正握法［图 4-79（a）］和反握法［图 4-79（b）］两种，焊接时一般常用正握法。

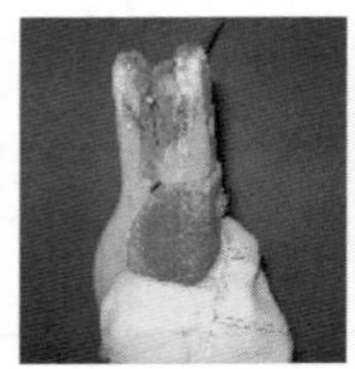

(a) 正握法

(b) 反握法

图 4-79　立焊焊钳的握法

厚度大于 6mm 的 V 形坡口立对接焊，为了使焊件厚度方向上全部焊透，一般情况下，要对焊件采取开V形坡口的方法进行施焊。

③ 焊接工艺参数选择。立对接焊（10mm厚钢板）焊接工艺参数选择见表4-38。

④ 操作过程、操作技巧与诀窍。立对接焊操作过程与说明见表4-39。

表4-38 立对接焊焊接工艺参数

坡口形式	对口间隙/mm	焊接层数	焊条直径/mm	焊接电流/A	运条方法
V形	2.5	打底层	3.2	90～100	灭弧微摆法
		填充层	3.2	95～105	锯齿形
		盖面层	3.2	90～100	锯齿形
		背面层	3.2	100～110	微摆锯齿形

表4-39 立对接焊操作过程与说明

操作过程		示意图	操作说明
焊前准备	工件、焊条、焊机和辅助工具的准备等		① 工件。低碳钢板两块，标准为300mm×100mm×8mm ② 焊条。焊条采用酸性焊条，牌号为E4303系列 ③ 焊机和辅助工具。焊机额定电流应大于300A。辅助工具包括钢丝刷、錾子、锉刀、磨光机及敲渣锤等
操作步骤	工件装配定位	10 2°～3° 对口间隙2.5	① 装配与定位以及定位焊的位置，都在焊件背面的两端头10mm处，对接时留对口间隙2.5mm，还要预留2°～3°的反变形量
	打底焊	微摆灭弧 微摆挑弧 70°～80°	② 打底选用直径为ϕ3.2mm的焊条，焊接电流调整到90～110A，焊条与焊缝形成的夹角为70°～80°，用挑弧微摆法或灭弧微摆法进行短弧焊接

续表

操作过程		示意图	操作说明
操作步骤	填充焊	锯齿形连摆	③ 电流可稍增大，焊条与焊缝的夹角在 60° ～ 70°，用锯齿形运条的方法，焊条摆动到两侧坡口面时，要稍作停留使两侧良好熔合，并保证扁圆形熔池外形 填充层最后一层焊道应低于焊件表面 1 ～ 1.5mm，并保证两侧坡口边缘整齐
	盖面焊	两侧停留	④ 焊接电流要比填充层的焊接电流小 10A 左右，焊条的角度稍大一些，用锯齿形运条的方法，摆动到坡口时进一步压低电弧并作停留，使坡口边缘熔化 1 ～ 2mm，防止咬边，中间过渡要快些，防止中间外凸或产生焊瘤。采用短弧，有节奏地快速左右摆动运条
	背面焊	—	⑤ 焊接电流取稍大值，运条与盖面焊时相同，横向摆动幅度要小些

（2）I 形坡口立对接焊操作技巧与诀窍

当焊件的对接接头厚度＜ 6mm 时，且处于立焊位置的操作，就称为 I 形坡口的立对接焊。与平焊相比薄板立焊是一种操作难度较大的焊接方法。

① 操作过程。I 形坡口立对接焊操作过程与说明见表 4-40。

表 4-40　I 形坡口立对接焊操作过程与说明

操作过程		示意图	操作说明
焊前准备	工件、焊条、焊机和辅助工具的准备等		① 工件。低碳钢板两块，标准为 300mm×100mm×5mm ② 焊条。采用酸性焊条，牌号为 E4303 系列，直径为 ϕ3.2mm 或 ϕ4.0mm ③ 焊机和辅助工具。焊机选用交流或直流焊机，其额定电流应大于 300A。辅助工具包括钢丝刷、錾子、锉刀、磨光机及敲渣锤等

续表

<table>
<tr><th colspan="2">操作过程</th><th>示意图</th><th>操作说明</th></tr>
<tr><td rowspan="3">操作步骤</td><td>工件装配定位</td><td> 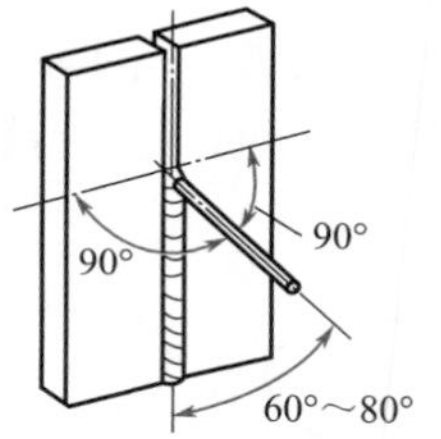90°
90°
60°～80°</td><td>① 装配与定位以及定位焊的位置，都在焊件的其中一面的两端头10mm处，对接时留对口间隙2.5～3mm
摆好立焊姿势和焊钳握法，采用合适焊条角度，使焊条处于两焊件接口与两焊件垂直（交角为90°）处，并与焊缝成60°～80°的夹角。借电弧向上的吹力托住熔池。采用ϕ2.5～ϕ4mm焊条。用小10%～15%焊接电流。用短弧焊接，缩短熔滴过渡到熔池中去的距离，使其顺利到达熔池</td></tr>
<tr><td>跳弧法焊接</td><td> 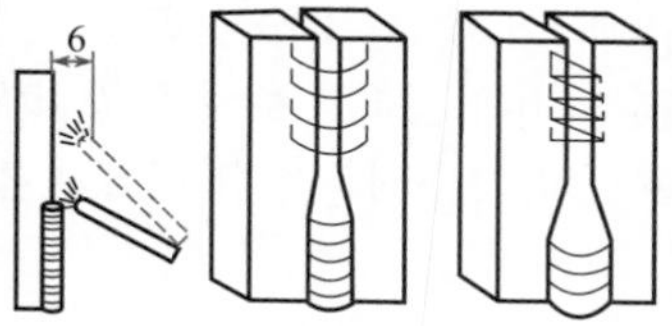6
(a) 跳弧法 (b) 月牙形 (c) 锯齿形</td><td>② 跳弧法。当熔滴脱离焊条末端过渡到对面的熔池后，立即将电弧向焊接方向提起，使熔化的金属有凝固的机会，通过面罩上的护目镜片可以看到熔池中白亮熔化金属迅速凝固，白亮部分迅速缩小。随后立即将电弧拉回熔池，当熔滴过渡到熔池后，再提起电弧。为了不使空气侵入熔池，电弧离开熔池的距离应尽可能短些，最大弧长不应超过6mm。采用月牙形和锯齿形运条</td></tr>
<tr><td>灭弧法收尾</td><td> 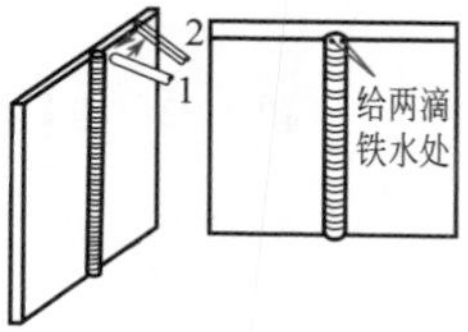2
1
给两滴铁水处</td><td>③ 灭弧法。当熔滴脱离焊条末端过渡到对面的熔池后，立即将电弧拉断熄灭，使熔化金属有瞬间凝固机会，随后重新在弧坑处引燃电弧，使燃弧和灭弧交替进行。灭弧时间在开始焊接时可以短一些，随着焊接时间的增长，灭弧时间也要稍长一些，避免烧穿及形成焊瘤。在焊缝收尾时灭弧法用得比较多，准确地在熔池左右侧给两三滴铁水，使弧坑饱满。可避免收弧时熔池宽度增加和产生烧穿及焊瘤等缺陷</td></tr>
</table>

② 注意事项与操作禁忌：

a. 焊接中要注意控制熔池的温度，当发现熔池呈扁平椭圆形［图 4-80（a）］时，说明熔池温度正合适；当发现熔池的下方出现鼓肚变圆［图 4-80（b）］时，说明熔池温度已经稍高，应立即调整运条的方法，即焊条在坡口两侧停留时间增加，加快中间过渡速度，并尽量缩短电弧的长度。如果不能把熔池恢复到扁平状态，而且鼓肚有增大［图 4-80（c）］时，就说明熔池温度已过高，应立即灭弧，给熔池冷却的时间，待熔池温度下降后再继续焊接。

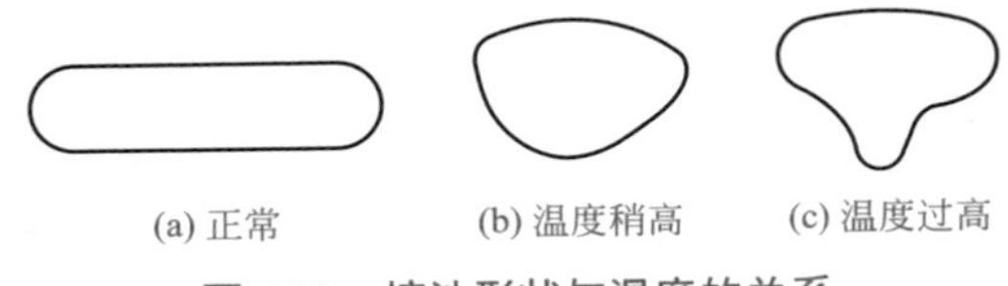

图 4-80　熔池形状与温度的关系

b. 焊波粗大。产生的原因是接弧位置过于偏上，正确接弧位置应与前一熔池重叠 1/3 ～ 1/2，如图 4-81 所示。焊缝由窄变宽时，焊条在空中做重新引弧的准备，即焊条稍作稳定，并平稳向下移动准备引弧，如图 4-82（a）所示。当熔池中心冷却到黄豆粒大小时，电弧正好在相应的位置引燃，如图 4-82（b）所示。

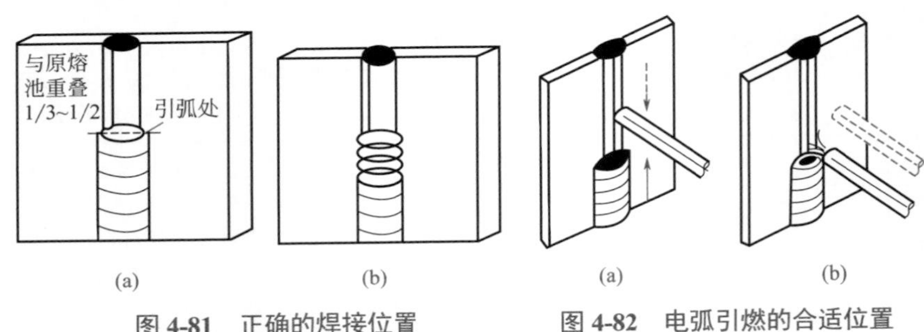

图 4-81　正确的焊接位置　　**图 4-82　电弧引燃的合适位置**

4.5.4　板对接立角焊工艺与操作

立角焊是 T 形接头焊件处于立焊位置时的焊接操作，如图 4-83 所示。

立角焊时在重力的作用下熔池中的液态金属容易下淌，甚至会产生焊瘤以及在焊缝两侧形成咬边（图 4-84）。

图 4-83　立角焊操作图

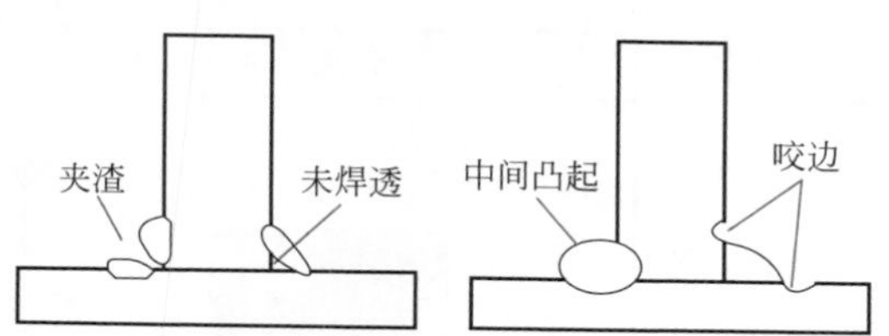

图 4-84　立角焊焊接缺陷

① 焊接工艺参数选择。立角焊焊接工艺参数选择见表 4-41。

表 4-41　立角焊焊接工艺参数

层次	焊条直径 /mm	焊接电流 /A	运条方法	焊脚尺寸 /mm
第一层	3.2	85 ～ 105	挑弧微摆法	5 ～ 6
第二层	3.2	95 ～ 115	锯齿形	8 ～ 10

② 焊条角度。当焊件的厚度相同时，为了使焊件能够均匀地受热，立焊操作焊条与两工件的角度为 45°，与焊缝中心线的交角为 75° ～ 90°（图 4-85）。根据工件厚度和焊脚尺寸要求，常用的运条方法有挑弧法、锯齿形［图 4-86（a）］、三角形［图 4-86（b）］。对于小尺寸焊脚可以采用单层焊，对于较大尺寸的焊脚采用多层焊。

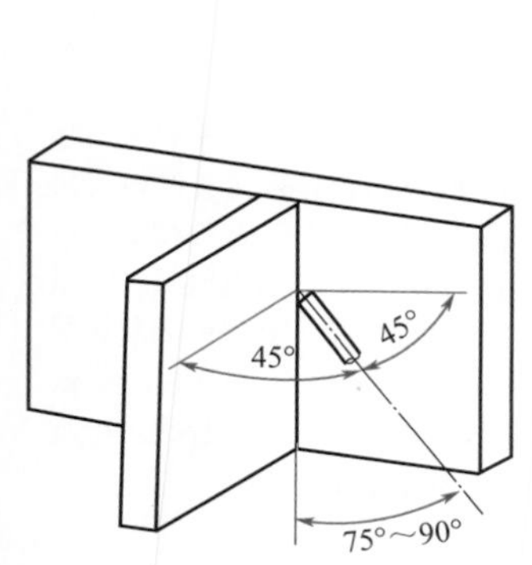

图 4-85　焊条角度

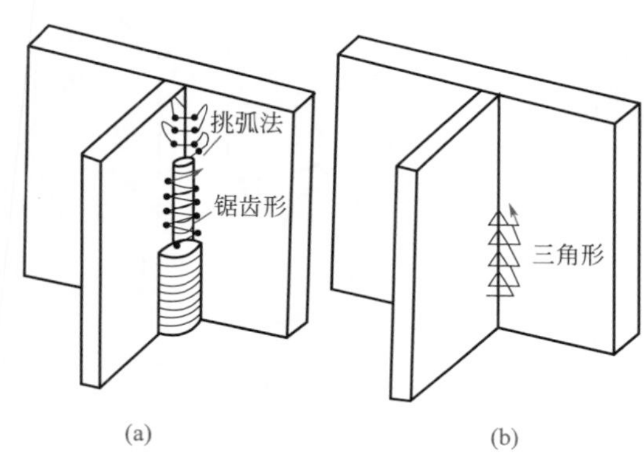

图 4-86　立角焊运条的方法

③ 操作过程。立角焊操作过程见表 4-42。

表 4-42　立角焊操作过程

操作过程		示意图	操作说明
焊前准备	工件、焊条、焊机和辅助工具的准备等		① 工件。低碳钢板两块，标准为 300mm×100mm× 8mm ② 焊条。焊条采用酸性焊条，牌号为 E4303 系列。 ③ 焊机和辅助工具。焊机额定电流应大于 300A。辅助工具包括钢丝刷、錾子、锉刀、磨光机及敲渣锤等
操作步骤	焊件清理与固定		① 把工件表面的铁锈及油污清理干净，露出金属的本来光泽，对变形的工件进行必要的矫正 ② 将焊件装配成 T 形接头，可以用 90° 的角度尺对角度进行检测，确定无偏斜后进行点固焊，要牢固美观 ③ 装配好的工件稳定放在支架上，焊件高度以方便蹲式操作为好，工件边缘与操作者视线在同一水平面为宜
	第一层焊道焊接	(a) (b) (c)	④ 在距离焊接工件的起焊端 20mm 以内，焊条沿着两板夹角从上至下在工件的起焊端定位焊缝处，用划擦法引燃电弧。电弧引燃后立即拉长对焊件的起焊端进行预热［图（a）］，然后压低电弧，采用短弧在起焊端进行微摆往复运条［图（b）］

续表

操作过程		示意图	操作说明
操作步骤	第一层焊道焊接	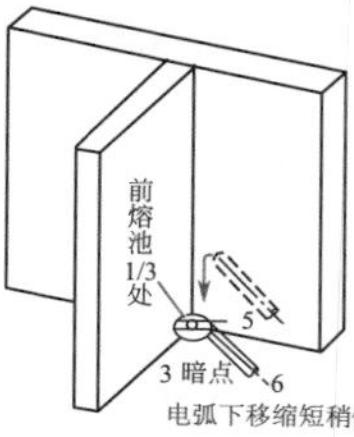 (d) 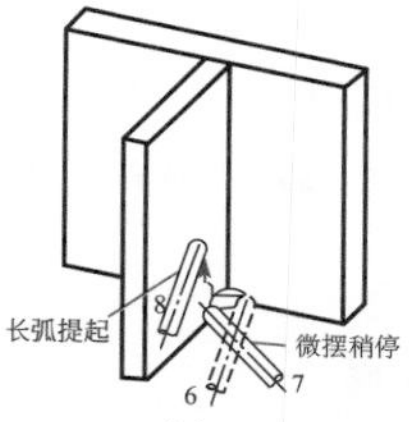 (e) 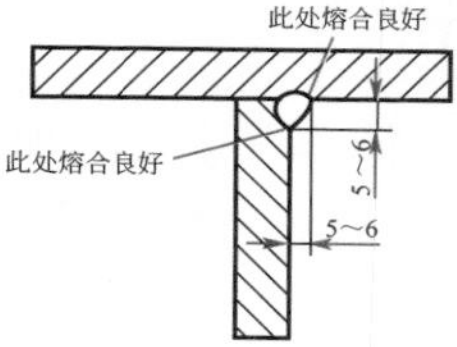 (f)	⑤ 当焊缝的根部形成了第一个椭圆形的熔池时，电弧要拉长向上提起［图（c）］，这时熔池可以稍有冷却的时间，当熔池冷却到成一个暗点且直径在 ϕ3mm 左右时，再将电弧下移并缩短到前一熔池 1/3 处［图（d）］ ⑥ 此时焊条稍作微摆使前后熔池重叠 2/3，新的熔池形成后电弧再次挑起［图（e）］，如此反复有节奏地进行，保证焊脚的尺寸为 5 ～ 6mm，焊缝的两侧熔合良好［图（f）］。接头和收尾的方法和立对接焊相同
	第二层焊道焊接	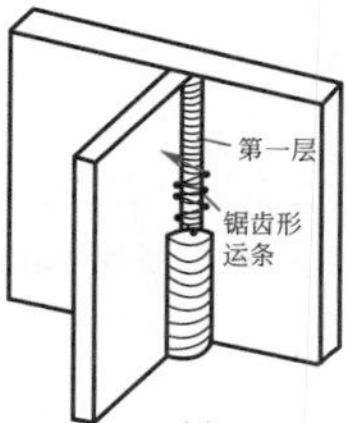 (a) 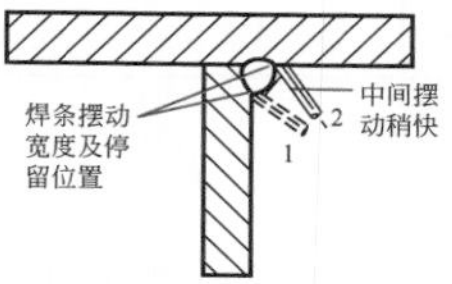 (b)	⑦ 第二层焊前，对第一层焊道熔渣及飞溅物进行彻底清理。采用短弧锯齿形运条，如图（a）所示 ⑧ 焊条角度与第一层相同，摆动宽度以焊条中心到达第一层焊道两侧与母材交界处为宜，两侧稍作停留，保证母材良好熔合，避免产生咬边缺陷，中间摆动稍大些，控制熔池温度，防止焊脚中间凸起［图（b）］。接头和收尾与立对接焊相同

4.5.5 薄板焊接工艺与操作

厚度不大于2mm的板焊接时一般都要采用薄板焊接技术。常见的薄板焊接主要是指对接焊、平角焊和搭接焊，如图4-87所示。薄板焊接的主要困难是很容易被烧穿、变形大及焊缝的成形不良。因此，薄板在采用搭接焊时比对接焊和平角焊容易把握一些。

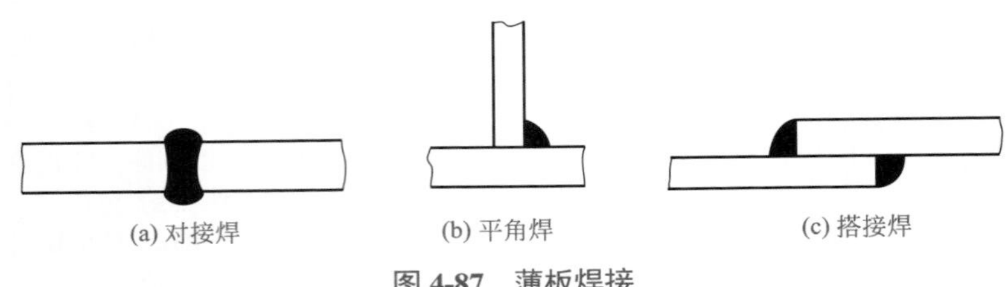

图4-87 薄板焊接

(1) 焊前准备

① 将焊件焊接处的油污、铁锈、水垢和剪边的毛刺棱角用清洁工具清除干净。油污、铁锈和水垢可用毛刷或钢丝刷清理，毛刺和棱角可用锉刀、砂布及磨光机进行打磨。

② 清理好的焊件要进行装配，因为焊件较薄，所以装配时的间隙越小越好，最大装配间隙不应该超过0.5mm，焊件的接头处错边量也不应超过板厚的1/3，重要的焊件还要更小（一般不超过板厚的1/6）。

③ 装配完成后，进行焊件的定位焊。定位焊缝要小，且呈现点状，虽然焊缝的装配间隙小，但是焊件两端的定位焊缝可以稍长一些，一般在10～15mm左右，定位焊的要求见表4-43。

表4-43 薄板定位焊要求

板厚/mm	接头形式	定位焊缝长度/mm	定位焊缝间距/mm
1.5～2	对接接头	3～4	40～60
	T形接头、搭接接头	5～6	60～80

(2) 焊接参数选择

由于薄板在焊接时很容易被烧穿，所以在焊接时要采用小直径的焊条和较小的焊接电流。薄板焊接的主要参数见表4-44。

表 4-44 薄板焊接的主要参数

<table>
<tr><th rowspan="2">焊接形式</th><th rowspan="2">板厚 /mm</th><th colspan="2">正面焊缝</th><th colspan="2">背面焊缝</th></tr>
<tr><th>焊条直径 /mm</th><th>焊接电流 /A</th><th>焊条直径 /mm</th><th>焊接电流 /A</th></tr>
<tr><td>对接平焊缝</td><td rowspan="3">1.5 ～ 2</td><td>2.5</td><td>55 ～ 60</td><td>2.5</td><td>60 ～ 65</td></tr>
<tr><td>T 形接头平角焊缝</td><td>2.5</td><td>60 ～ 70</td><td>3.2</td><td>100 ～ 120</td></tr>
<tr><td>搭接接头平角焊缝</td><td>2.5</td><td>55 ～ 60</td><td>—</td><td>—</td></tr>
</table>

（3）对接平焊操作技巧与诀窍

对接平焊的焊接角度如图 4-88 所示。焊接时采用直线形或直线往复运条方法。焊接过程中发现定位焊缝开裂或焊件变形使错边量加大时，应该停止焊接，用手锤将错边进行修复，再次定位牢固后继续开始焊接。可以移动的焊件，最好将焊件的一头垫起，使其倾斜一个角度（一般为 15° ～ 20° 左右）后再进行焊接，如图 4-89 所示。这样的措施可以有效提高焊接速度和减小熔深，对防止焊件的烧穿和减小变形量有利。有条件的薄板焊件都可以采取这种下坡焊，因为向下焊接时熔池较浅，焊接速度高，操作也比较简便，焊件不易被烧穿，所以，对有条件的薄板都要尽量采用这样的方法。焊接时采用短弧和快速直线运条法，运条的时候如发现有混渣的现象出现时，可以适当地拉长电弧，做向后推送熔渣的动作，防止产生夹渣的焊接缺陷。施焊过程中发现熔池温度过高将要塌陷时，应立即灭弧或采取跳弧的手段，使焊接熔池的温度降低，然后再次进行正常的焊接，以防止焊接时被烧穿。另外，为了避免较大焊接变形量的产生，可采用分段跳弧法或分段退焊法进行焊接。

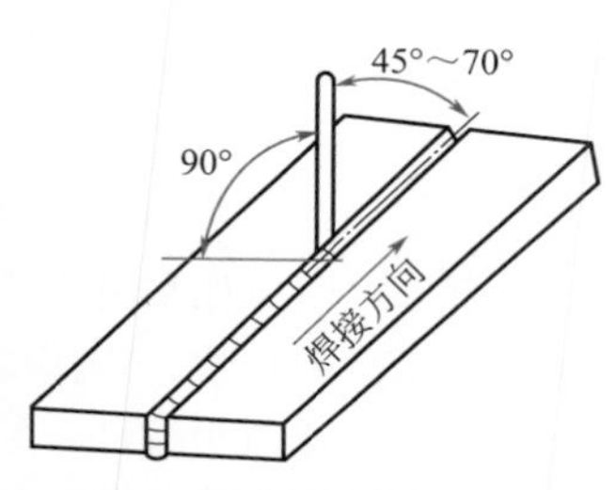

图 4-88 对接平焊时的焊条角度

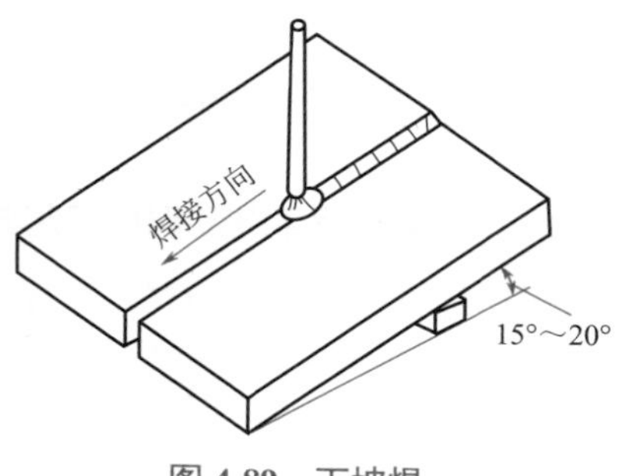

图 4-89 下坡焊

对于不能移动的焊件，可采用灭弧的方法进行焊接。就是焊一段后发现熔池将要烧穿时，立即灭弧，使焊缝处的温度得到降低，待温度降低后再进行焊接。也可以采用直线前后往复摆动进行焊接，注意向前时将电弧稍提高一些。

（4）T 形接头平角焊

T 形接头平角焊的焊接角度如图 4-90 所示。焊接时采用短弧和快速直线运条法，具体操作同（3）。

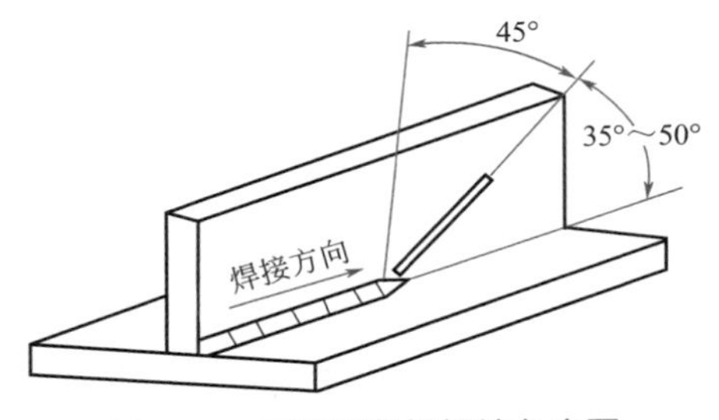

图 4-90　T 形平角焊焊接角度图

（5）搭接接头平角焊

搭接接头的焊接形式如图 4-91 所示，搭接接头平角焊的方法与 T 形接头基本相似。所不同的是焊接过程当中搭接的钢板边缘容易鼓起，如果发生这样的情况，一定要及时进行修复，然后再进行焊接。焊接时要注意将接缝处的钢板边缘整齐地熔化掉，防止产生咬边和焊脚不齐等缺陷。

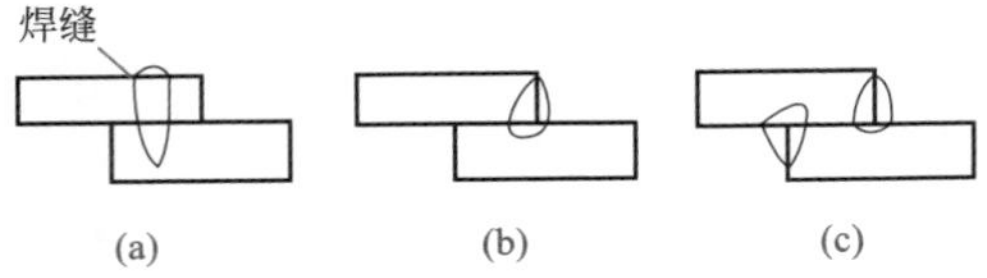

图 4-91　搭接接头的焊接形式

4.5.6　小管对接水平转动焊接工艺与操作

与板状材料的焊接相比，管焊的焊接首先要确立操作与观察更为小心精细的思想意识，就是在焊接时，接弧要更准确、节奏要稍快、焊接要短时、下手要轻柔。水平转动管焊接时，可采用两种方法进行焊接，一种是钢管放在滚轮架上，滚轮转动通过摩擦力带动钢管转动，钢管的转动速度就是焊接的速度；另一种是操作者戴头盔式面罩，一只手转动钢管，另一只手握住焊钳进行焊接，手转动钢管的速度就是焊接的速度，如图 4-92 所示，转动的手始终使焊件的被焊处处于平焊或立焊位置（爬坡位置）进行焊接（图 4-93），此方法操作简单。对于长度不大的不固定管子的环形焊口（如管段、法兰等），都可以采用平置转动的方法焊接。这种方法也适用于小直径容器环缝的单面焊双面成形。

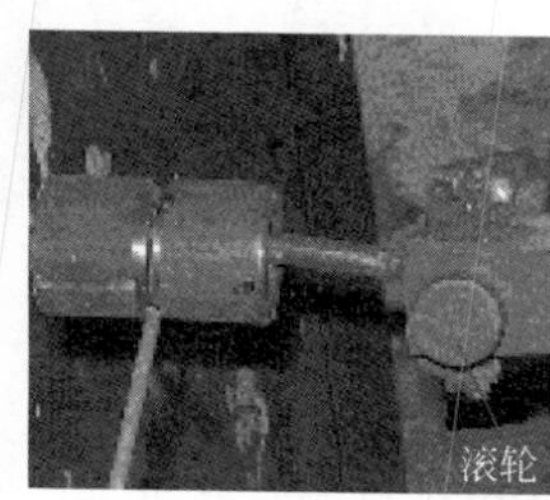

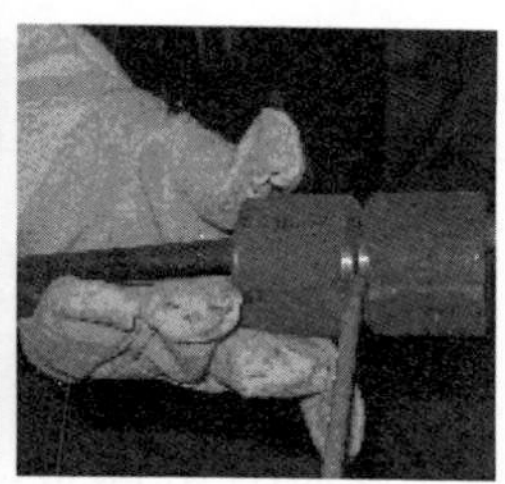

图 4-92　水平转动管焊接

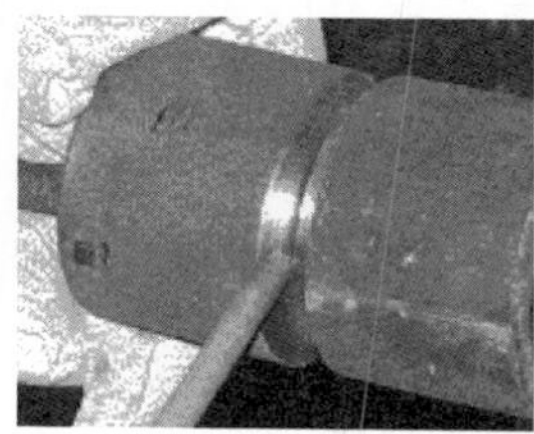

(a) 水平位置

(b) 爬坡位置

图 4-93　转动时焊接爬坡和水平位置

（1）焊接特点

① 焊件材料是低碳钢，焊接工作条件好，焊接操作比固定管容易，焊缝质量易得到保障，一般不会产生焊接裂纹。但因管子处于动态，管壁较薄时容易出现烧穿或未焊透的缺陷。

② 水平转动焊件时，焊接是在爬坡焊和水平焊之间的位置上完成的，可以进行连续的焊接，大大提高了焊接工作的劳动生产效率。

③ 因为是转动焊接，所以，最好有辅助转动的装置设备代替人工手动转动，可以使焊缝更加均匀美观。

（2）焊前准备技巧

① 焊件准备。焊件采用 ϕ51mm（直径）×3mm（厚度）×100mm（长

度）的低碳钢管两根，用车床在两钢管的一端加工出 30° 的 V 形坡口（图 4-94)，用辅助工具除掉钢管加工时的棱角毛刺，用清洁用具清除铁锈、油污和其他杂物。

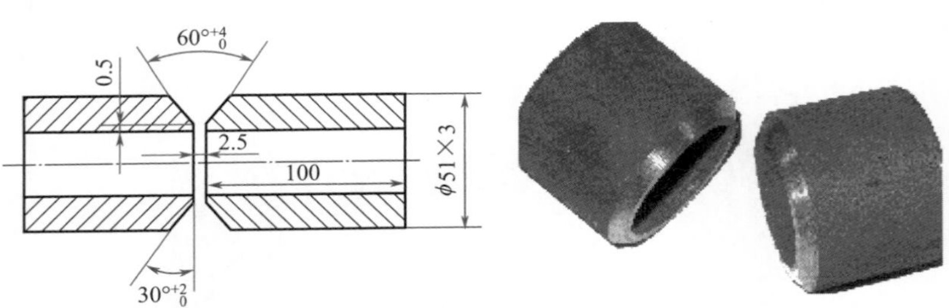

图 4-94　焊件的准备

② 焊条选择。焊条选用 E4303 型酸性焊条，焊条直径选用 ϕ2.5mm，焊前经 75 ～ 150℃烘干，并保温 2h。

③ 焊机选择。采用额定焊接电流大于 160A 的交流或直流焊机进行焊接。

④ 辅助工具、量具。焊条保温筒用来保持焊接时焊条的温度，角向打磨机用来清理焊缝，钢丝刷、敲渣锤用来清理焊件污物和碳渣，样冲、划针、焊缝万能量规用来划线和测量焊接角度。

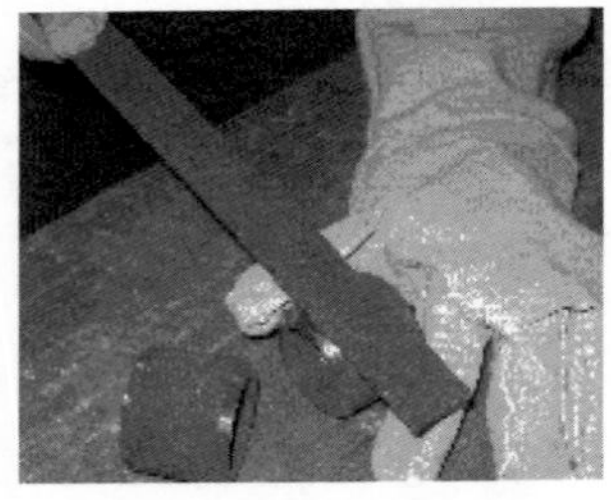

图 4-95　清理工件

⑤ 定位装配技巧与诀窍：

a. 用清洁工具将管子内外壁坡口两侧约 30mm 范围内的油、锈、污等仔细清理干净，露出金属本来的光泽（图 4-95)。

b. 准备好定位装配用的焊条，所用焊条和正式焊接时的焊条相同。定位时将钢管放在∟ 50×50×5 等边角钢的组装定位胎上（图 4-96)。

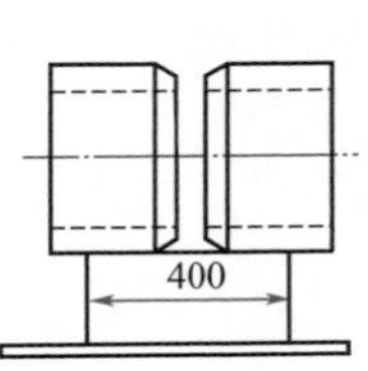

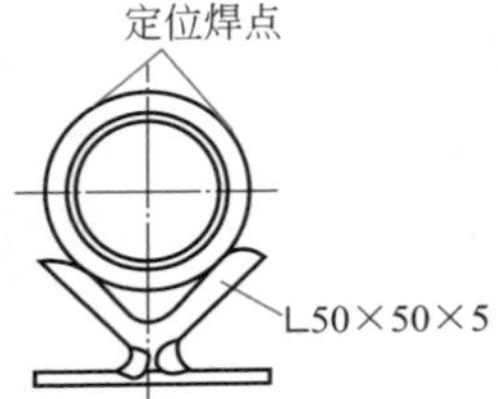

图 4-96　焊件的安放

c. 定位焊缝不得有任何缺陷，定位焊缝长度≤ 10mm，按照圆周方向均布 2 处，装配定位好的焊件应该预留间隙，并保证两焊件同心。定位焊除在管子坡口内直接进行外，也可以用连接板在坡口外进行装配点固。焊件的装配定位可采取以下三种形式中的任意一种，如图 4-97 所示。

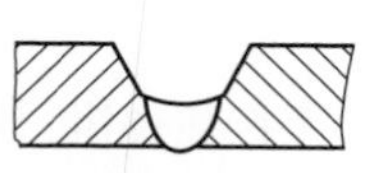
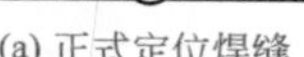
(a) 正式定位焊缝

(b) 非正式定位焊缝

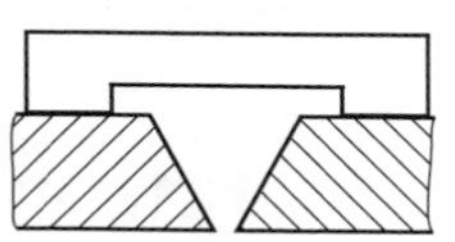
(c) 连接板定位焊缝

图 4-97　定位焊缝的几种方式

图 4-97（a）是直接在管子坡口内进行定位焊，定位焊缝是正式焊缝的一部分，因此定位焊缝应该保证焊透，没有焊接缺陷。焊件定位好后，将定位焊缝的两端打磨成缓坡形（图 4-98）。等到正式焊接焊至定位焊缝处时，只需要将焊条稍向坡口内给送，以较快的速度通过定位焊缝，过渡到前面的坡口处，继续向前施焊。

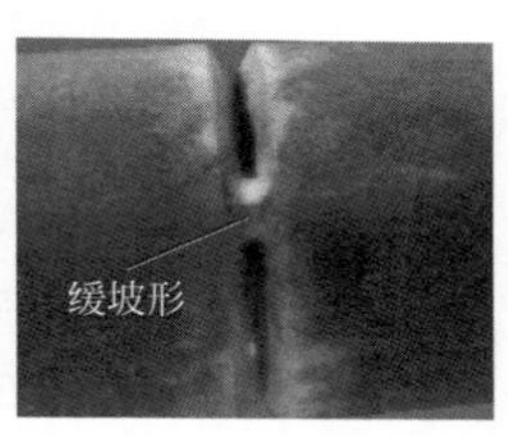

图 4-98　定位焊缝两端打磨成缓坡形

图 4-97（b）是非正式定位焊缝，焊接时应保持焊件坡口根部的棱边不被破坏，等正式焊接焊到此处时，将非正式定位焊缝打磨掉后，继续向前施焊。

图 4-97（c）是采用连接板进行的焊件固定，这种方法不破坏焊件的坡口，等正式焊接焊到连接板处时将连接板打掉，继续向前施焊。

d. 定位焊缝一般采用两处，且两处焊点相距 180°，正式焊接时的起点与两个定位焊点也要相距 180°。值得注意的是不管是采用哪种定位焊，都绝对不允许在仰焊的位置进行定位焊（6 点处）。

（3）操作过程与操作技巧

① 焊接层数及参数选择。ϕ51mm（直径）×100mm（长度）×3mm（厚度）低碳钢管的焊接属于对接水平滚动焊接，焊缝为两层两道比较适宜，如图 4-99 所示。其焊接参数见表 4-45。

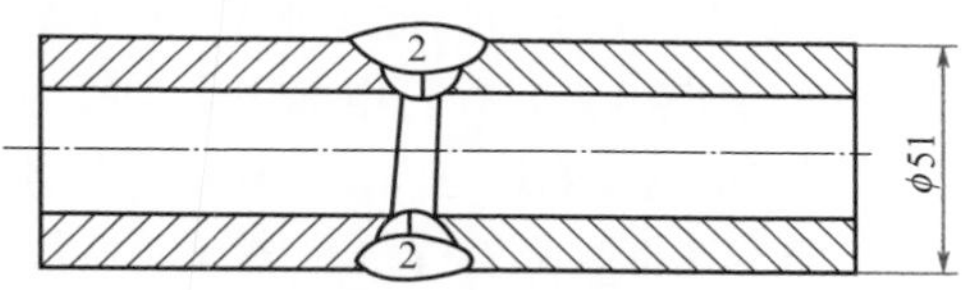

图 4-99　管对接水平滚动焊缝焊道分布

表 4-45 管对接水平滚动焊接参数

焊层	焊条直径 /mm	焊接电流 /A	备注
打底层（焊缝 1）	2.5	65 ～ 75	起焊点与两个定位焊点各相距 180°
盖面层（焊缝 2）	2.5	70 ～ 80	

② 打底层焊接技巧与诀窍：

a. 打底层焊接过程当中，一手转动管件，另一手握住焊钳，焊接电弧处在时钟的 12 点位置，原则上不动。管件坡口转到时钟 12 点位置与焊接电弧接触时就可以开始焊接了。在整个管件坡口焊接过程中，焊钳不动，管件的转动速度就是坡口的焊接速度。

b. 焊接操作手法一般采用断弧一点击穿法。当打底层的焊接熔池形成后，焊接金属熔池的前沿应该能够看到“熔孔”，熔孔使坡口两侧的上坡口面各熔化掉了 1 ～ 1.5mm。施焊过程中要注意掌握好三个要领，即一“看”、二“听”、三“准”。“看”就是要注意观察熔池的形状、熔池铁水的颜色、熔渣与铁水的分离、熔孔的大小，确保熔池形状基本一致、熔孔大小均匀，形成美观的焊缝。“听”就是用耳朵听到电弧击穿焊件根部而发出的“噗噗”声，没有这种声音就意味着焊件没有穿透。“准”就是要求每次引弧的位置与焊至熔池前沿的位置要准确，引弧位置如果超前，前后两个焊接熔池搭接过少，背面焊波间距过大、焊波疏密不均、背面焊缝不美观；引弧位置如果拖后，前后两个焊接熔池搭接过多，打底层焊缝凹凸不平，给盖面层焊缝焊接造成困难，同时，背面焊波间距不均匀，焊缝成形不美观。从焊缝受力状况看，一般后一个熔池搭接前一个熔池的 2/3 左右为好。

c. 在需要更换焊条而停弧时，可用即将更换掉的焊条头向熔池的后方点弧 2 ～ 4 下，用电弧热加温焊缝的收尾处，缓慢降低熔池的温度，将收弧时产生的缩孔消除或带到焊缝的表面，以便在更换的焊条引弧焊接时被熔化消除。

d. 打底层的焊接接头方法可以采用热接法和冷接法两种。采用热接法时，更换焊条的速度要快，就是在焊接熔池还呈红热状态时，立即在熔池的后面 10 ～ 15mm 处引燃电弧，并将电弧引至焊缝熔孔处。这时，电弧在熔孔处下探，听到“噗噗”两声电弧击穿声即可熄弧，转入正常的焊接。采用冷接法是在焊前先将收弧处焊缝打磨成缓坡形状，在熔池后面 10 ～ 15mm 处引燃电弧，并将电弧顺着缓坡移动至焊缝熔孔处。此时，电弧在熔孔处下探，听到“噗噗”两声电弧击穿声即可熄弧，转入正常焊接。

e. 打底层用断弧焊一点击穿法，断弧频率为 50 ～ 55 次 /min。

③ 盖面层焊接技巧与诀窍：

a. 盖面层焊接一般采用连弧焊，焊条位置仍在时钟 12 点位置，一手转动焊件，一手握住焊钳，原则上在时钟 12 点位置不动，转动焊件，当待焊的坡口与电弧接触时便开始焊接。在整个焊接过程当中，焊钳是不动的，只是焊件转动，焊件的转动速度就是焊接的速度。

b. 焊接过程中采用锯齿形运条的方法，横向摆动的幅度要小，运条到两侧时要稍作停留，以保证焊道边缘熔合良好，防止咬边缺陷的产生。

c. 采用短弧焊接，焊接速度不宜过快，以保证焊道层间熔合良好。

（4）焊缝清理

焊接完成后，用敲渣锤清除焊渣，用钢丝刷进一步将焊渣、焊接飞溅物等清除干净。

4.5.7 小管对接水平固定焊接工艺与操作

水平固定管焊是管口朝向左右，而焊缝呈立向环绕形旋转的焊接方式（图 4-100）。

（1）焊接特点

水平固定管焊的特点是：

① 同样的焊接电流（需要时也可以调整），一个完整的焊缝焊接过程要经过仰焊、斜仰焊、立焊、爬坡、平焊等多种焊接位置，因此运条方式、焊条角度的变化和操作者身体位置的变化都大。水平固定管焊也叫全位置焊，是焊接中难度最大的焊接位置之一。

② 由于管焊时焊接熔池的形状不好控制，所以焊接过程中，常出现打底层的根部第一层焊透的程度不均匀，焊道的表面凹凸不平。水平固定管焊 V 形坡口常见的焊缝根部缺陷见图 4-101。其中，位置 1 与 6 易出现多种缺陷；位置 2 易出现塌腰及气孔；位置 3、4 铁水与熔渣易分离，焊透程度良好；位置 5 易出现焊透程度过分，形成焊瘤或不均匀。

③ 如果焊接的管道要承受高温、高压，焊接时还必须采用单面焊双面成形的技术。这种技术对操作者的要求更高。

图 4-100　水平固定管焊

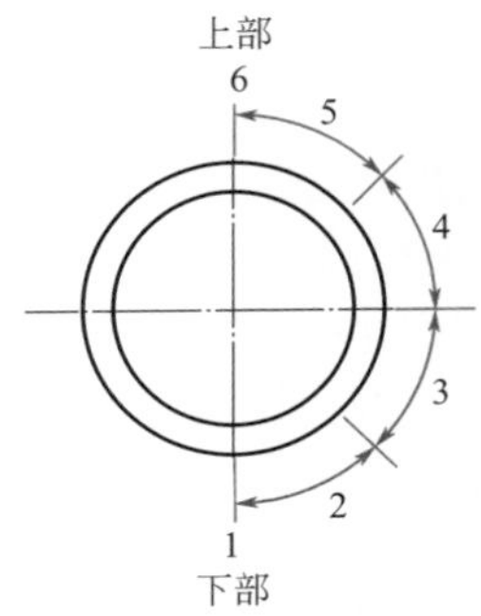

图 4-101　水平固定管焊 V 形坡口缺陷分布

（2）焊前准备技巧

① 焊件准备。焊件采用ϕ60mm（直径）×100mm（长度）×4mm（厚度）的低碳钢管两根，用车床在两钢管的一端加工出 30° 的 V 形坡口，用辅助工具除掉钢管加工时的棱角毛刺，用清洁用具清除铁锈、油污和其他杂物。

② 焊条选择。焊条选用 E4303 型酸性焊条，焊条直径选用 ϕ2.5mm 或 ϕ3.2mm，焊前经 75 ～ 150℃烘干，并保温 2h。

③ 焊机选择。采用额定焊接电流大于 160A 的交流或直流焊机进行焊接。

④ 辅助工具、量具。焊条保温筒用来保持焊接时焊条的温度，角向打磨机用来清理焊缝，钢丝刷、敲渣锤用来清理焊件污物和碳渣，样冲、划针、焊缝万能量规用来划线和测量焊接角度。

⑤ 定位装配技巧。装配定位的方法可参考水平转动管焊接。用直径 ϕ2.5mm 焊条，以焊接电流 90 ～ 100A 进行点固焊，焊点 5 ～ 10mm 长，焊点薄且没有气孔为最好（收弧时再给弧坑填 1 ～ 2 滴铁水），焊点的数量要根据管直径的大小确定，如图 4-102 所示。固定点焊要尽量避开操作难度大的仰焊部位，正确布置焊点及放置焊件。

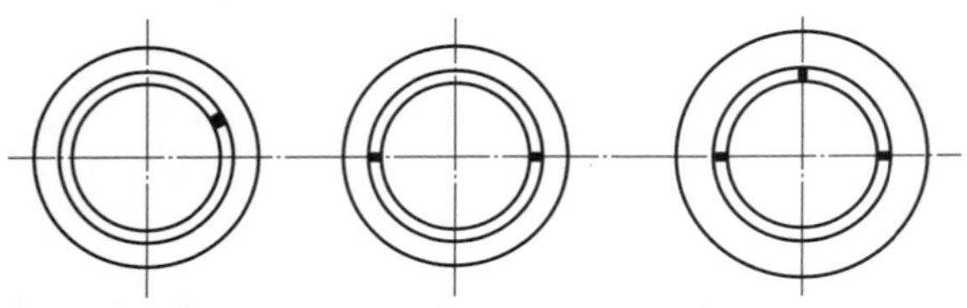

(a) 直径小于42mm　(b) 直径在42～76mm　(c) 直径在76～133mm

图 4-102　定位焊点数目及位置

（3）焊接工艺参数选择诀窍

不同壁厚的水平固定管焊接工艺参数见表 4-46。

表 4-46　不同壁厚水平固定管焊接工艺参数

<table>
<tr><th>壁厚 /mm</th><th>钝边尺寸 /mm</th><th>对口间隙 /mm</th><th colspan="2">运条方法</th><th>焊条型号
焊条直径 /mm</th><th>焊接电流 /A</th><th>层数</th></tr>
<tr><td>＜5</td><td>0.5～1</td><td>1～2</td><td colspan="2">小锯齿灭弧摆动</td><td>E4303
2.5 或 3.2</td><td>75～90</td><td>1</td></tr>
<tr><td rowspan="2">＞5</td><td rowspan="2">1～2</td><td rowspan="2">2～3</td><td>打底</td><td>直线灭弧或灭弧小摆动</td><td>E4303
2.5 或 3.2</td><td>80～100</td><td rowspan="2">≥2</td></tr>
<tr><td>盖面</td><td>小锯齿连灭弧结合</td><td>E4303
3.2</td><td>80～100</td></tr>
</table>

（4）操作工艺过程、操作技巧与诀窍

1）起头与焊接技巧

① 起头时应从仰焊部位中心提前 5～10mm 处开始引燃电弧，然后立即把电弧拉到开始焊接的位置，用长弧对焊件进行预热 2～3s，当坡口内有类似汗珠状铁水时，迅速压低电弧，用力将焊条往坡口的根部顶，当电弧击穿钝边发出“噗”声后，再按照预定的工艺参数进行连弧焊接，直到铁水与熔渣分离，立即灭弧。待温度稍有降低时，引燃电弧转入正常的焊接，如图 4-103 所示。为了保证焊接质量，在焊接前半圈时，应在水平位置最高点过去 5～10mm 处熄弧，并在起焊处与熄弧处的两端焊出缓坡。焊接时的焊条角度如图 4-104。

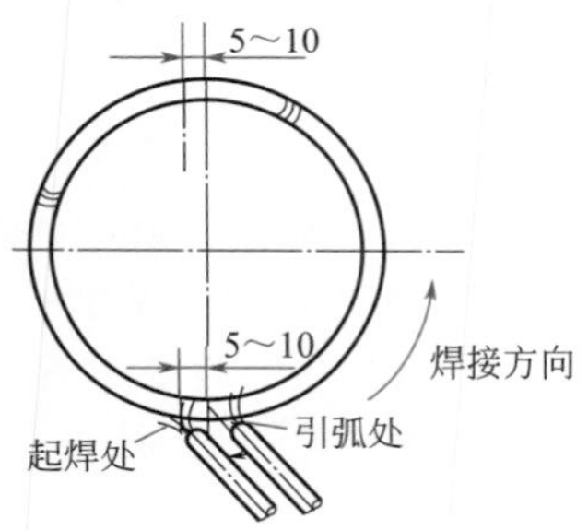

图 4-103　焊接时的起头

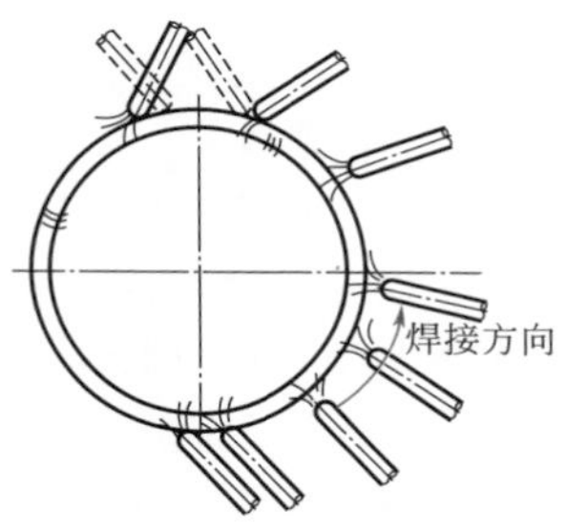

图 4-104　焊接时焊条的角度

② 焊接时焊条的摆动不宜超出坡口的边缘，并要保证焊条在两侧有停顿的时间，如图 4-105 所示。运条时采用小锯齿灭弧法，根据熔池的温度、形状、两侧熔合情况等合理选择接弧的位置、接弧时机、焊接时间。按照引弧→焊接→引弧……的节奏做到“稳”“准”“活”的协调。“稳”就是灭弧后焊条在空中要稍有稳定，且回焊引弧和焊接过程中要稳；“准”就是按照所选定的接弧位置准确地引弧，摆动的宽度和焊接的时间把握准确；“活”就是依靠手腕的力量灵活地摆动焊钳和焊条，灭弧起弧自如，利落干净。

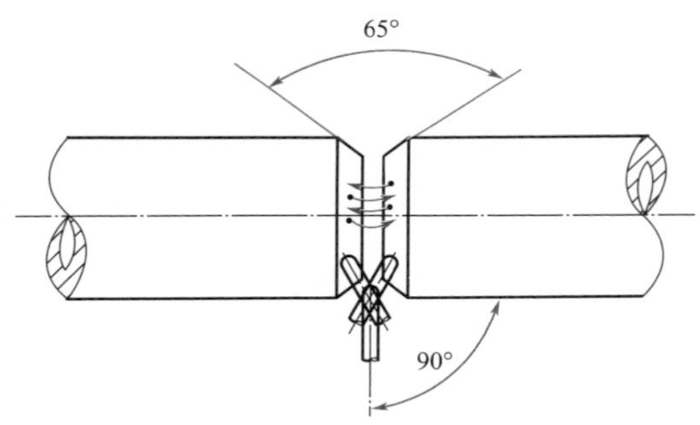

图 4-105　焊条的摆动

③ 接弧位置一般应该使焊条头与前一熔池重叠 2/3 以上；接弧的时机选择前一熔池铁水冷却到黄豆粒大小的“亮点”时，以电弧正好引燃为最佳；焊接的时间可根据熔池的温度、形状等加以灵活把握。

④ 当焊条快要燃烧殆尽需要灭弧时，必须用灭弧焊在熔池的边缘点 2 ～ 3 滴铁水，以防止气孔和冷缩孔的产生。接头时更换焊条速度尽量快，在接头弧坑的上方约 10mm 处引燃电弧，立即移向接头弧坑的上方长弧预热 2 ～ 3s，然后转入正常的焊接。

2）另一半管焊接

另一半的焊接方法与前一半相似，焊接前用磨光机或电弧割削成缓坡形，从仰焊位置开始焊接，这样有利于接头。用电弧割削的方法如图 4-106 所示，图（a）用长弧烤热接头，图（b）立即改变焊条的角度，图（c）用长弧及焊条头推吹至高处，图（d）转入正常的焊接。值得注意的是操作中要保持电弧燃烧的连续性，切忌灭弧。

水平固定管施焊时，两半圈堆焊道的接头状况如图 4-107 所示。

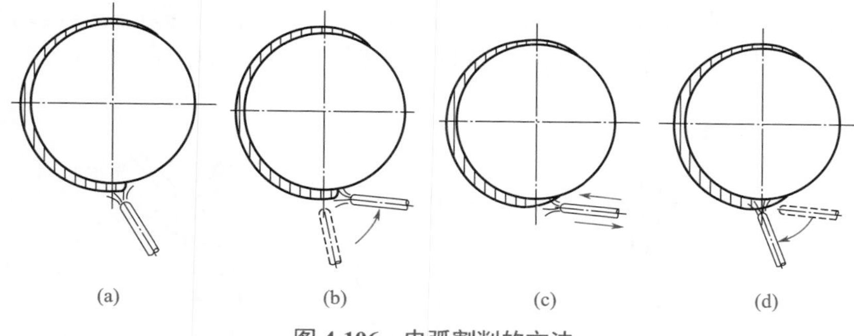

图 4-106　电弧割削的方法

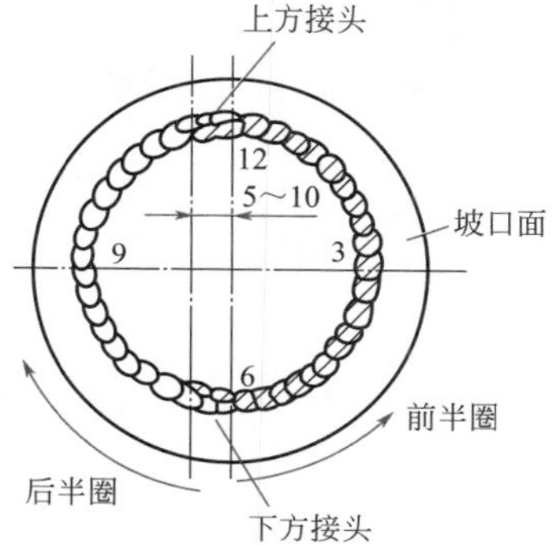

图 4-107　两半圈堆焊道的接头状况

3）仰焊、仰立焊位置的操作

仰焊位置时，无论焊接时是开始起头还是接头，由于温度较低，很容易产生夹渣或焊瘤等焊接缺陷。因此，在焊接过程中应该尽量保持电弧的连续施焊，等待温度提升之后，再根据实际的操作情况调整运条的方法，并转入正常的焊接，如图 4-108 所示；仰立焊位置时，易产生焊道的凸缺陷，因此焊条左右摆动时一定要到位，防止焊缝过渡不圆滑或焊缝过高而变凸，如图 4-109 所示。

4）爬坡焊、平焊位置的操作

当焊接到爬坡及平焊位置时，温度已经升到很高了，加上有一种快结束焊接的心理作用，会很不自然地就加快了焊接的频率，造成焊接热量的输入较大，因此，在管子的外部容易产生焊缝较低或凹陷，内部易下塌或产生焊瘤。操作时要采用连弧加灭弧相结合的方式进行，耐心地焊过中心

线 5 ～ 10mm。收弧时用灭弧法再给弧坑 1 ～ 2 滴的铁水，防止出现弧坑缺陷。焊接这个位置时也可将焊条的角度变化为如图 4-110 所示的角度。

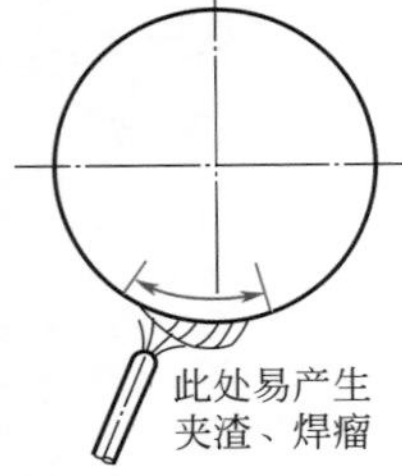

图 4-108　仰焊位置缺陷

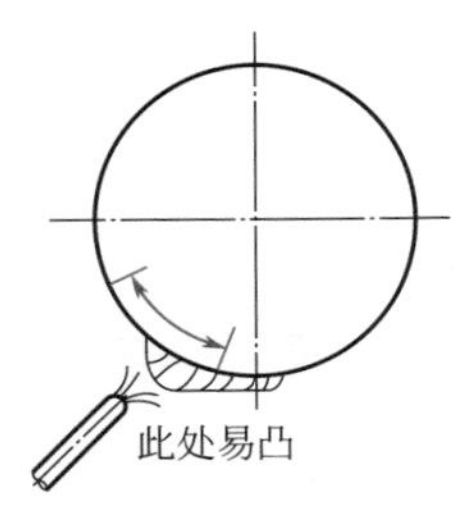

图 4-109　仰立焊位置缺陷

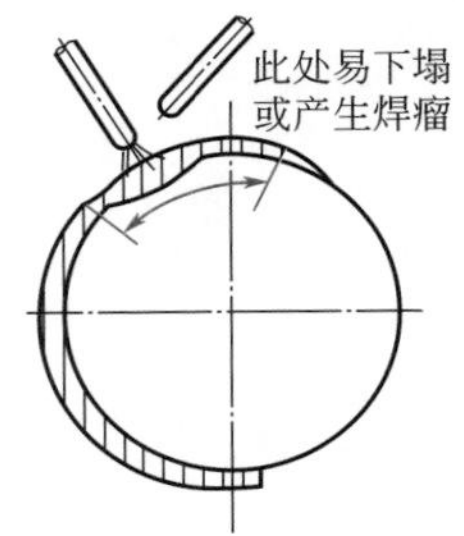

图 4-110　焊条角度的变化

第5章 埋弧焊

5.1 埋弧焊的特点及应用

埋弧焊是利用电弧在焊剂层下燃烧进行焊接的方法。其中，焊丝的给送和电弧的移动由专用机械控制完成。

5.1.1 埋弧焊的工作原理

埋弧焊时电弧热将焊丝端部及电弧附近的母材和熔剂熔化，熔入的金属形成熔池，凝固后成为焊缝，熔融的焊剂形成熔渣，凝固后成为渣壳覆盖于焊缝表面，如图 5-1（a）所示，埋弧焊焊接过程如图 5-1（b）。埋弧焊的电弧被掩埋在颗粒状焊剂下面，焊缝形成过程如图 5-2 所示。

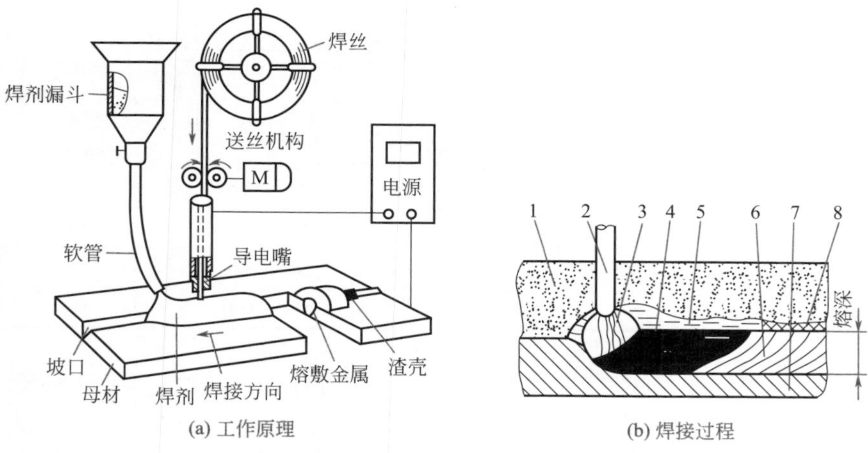

(a) 工作原理　　(b) 焊接过程

图 5-1　埋弧焊的工作原理及焊接过程

1—焊剂；2—焊丝；3—电弧；4—熔池金属；5—熔渣；6—焊缝；7—焊件；8—渣壳

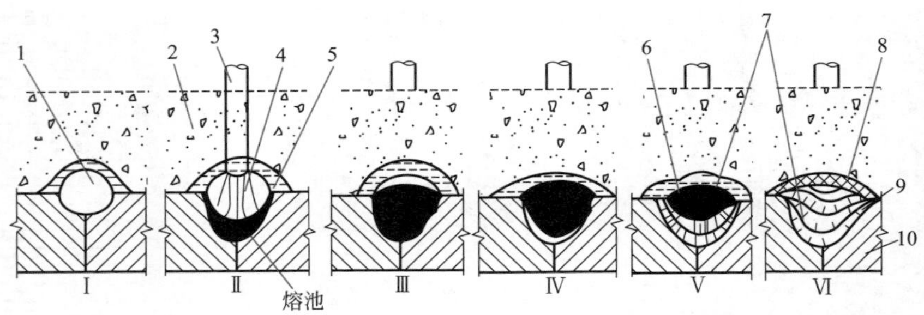

图 5-2　埋弧焊时焊缝的形成过程

1—气泡；2—焊剂；3—焊丝；4—电弧；5—熔池金属；6—熔渣；
7—焊缝；8—渣壳；9—已结晶的焊缝；10—母材

5.1.2　埋弧焊的特点

(1) 埋弧焊的优点

① 生产率高。埋弧焊时焊接电流大，则电流密度高。焊条电弧焊和埋弧焊的焊接电流、电流密度比较见表 5-1。由于熔渣隔热作用，热效率高，这样熔深大。单丝埋弧焊在焊件开 I 形坡口情况下，熔深可达 20mm。同时埋弧焊焊接速度高，厚 8 ～ 10mm 钢板对接，单丝埋弧焊焊接速度可达 50 ～ 80cm/min，而手工焊仅 10 ～ 13cm/min。为提高生产率，还可应用多丝埋弧焊，如双丝焊、三丝焊。

表 5-1　焊条电弧焊和埋弧焊的焊接电流、电流密度比较

焊条（焊丝）直径 /mm	焊条电弧焊		埋弧焊	
	焊接电流 /A	电流密度 /（A/mm^2）	焊接电流 /A	电流密度 /（A/mm^2）
2	50 ～ 65	16 ～ 25	200 ～ 400	63 ～ 125
3	80 ～ 130	11 ～ 18	350 ～ 600	50 ～ 85
4	125 ～ 200	10 ～ 16	500 ～ 800	40 ～ 63
5	190 ～ 250	10 ～ 18	700 ～ 1000	35 ～ 50

② 焊接接头质量好。焊剂的存在，保护了电弧及熔池，避免了环境的影响，而且熔池凝固缓慢，熔池冶金反应充分，对防止气孔、夹渣、裂纹的产生很有利。同时通过焊剂可向熔池渗合金，提高焊缝金属的力学性能。可以说，在通用的各种焊接方法中，埋弧焊的质量最好。

③ 自动调节。埋弧焊时，焊接参数可自动调节，保持稳定，这样既保证了焊缝质量，又减轻了焊工的劳动强度。

④ 劳动条件好。由于埋弧没有电弧光辐射，焊工的劳动条件较好。

（2）埋弧焊的缺点

埋弧焊缺点和不足主要有以下几个方面：

① 由于埋弧原因，电弧与坡口的相对位置不易控制。必要时应采用焊缝自动跟踪装置，防止焊偏。

② 由于使用颗粒状焊剂，非平焊位置不易采用埋弧焊，若采用埋弧焊则应有特殊的工艺措施，如使用磁性焊剂等。

③ 不适于厚度小于 1mm 的薄板焊接。

5.1.3 埋弧焊的应用范围

① 埋弧焊在很多方面具有其它焊接工艺方法无法替代的优点，所以它广泛地应用于工业生产的各个部门和领域，如金属结构、桥梁、造船、铁路车辆、工程机械、化工设备、锅炉与压力容器、冶金机械、武器装备等，是国内外焊接生产中最普遍的焊接方法。

② 埋弧焊还可以在基体表面上堆焊，以提高金属的耐磨、耐腐蚀等性能。

③ 埋弧焊除广泛地应用于碳素钢、低合金结构钢、不锈钢、耐热钢等的焊接外，还可以用于焊接镍基合金和铜合金，使用无氧焊剂还可以焊接钛合金。

5.2 埋弧焊设备的选择及使用

埋弧焊设备主要由焊接电源、埋弧焊机和辅助设备等构成。

5.2.1 埋弧焊电源选择诀窍

埋弧焊电源可以用交流、直流或交直流并用。单丝埋弧焊电源的选用诀窍见表 5-2。

表 5-2 单丝埋弧焊电源的选用

焊接电流 /A	焊接速度 /（cm/min）	电源类型
300 ～ 500	＞ 100	直流
600 ～ 1000	3.8 ～ 75	交流、直流
≥ 1200	12.5 ～ 38	交流

① 对于单丝、小电流（300 ～ 500A）可用直流电源，也可以采用矩形波交流弧焊电源。

② 对于单丝、中大电流（600 ～ 1000A），可用交流或直流电源。

③ 对于单丝、大电流（1200 ～ 1500A），宜用交流电源。

④ 对于双丝和三丝埋弧焊，焊接可用直流或交流电源，也可以交直流联用，多种组合形式。

⑤ 使用稳弧性差的焊剂时（如中氟和高氟焊剂），宜采用直流电源。

⑥ 弧焊逆变器作为弧焊电源的新发展很有前途，其特点是高效节能，体积小，重量轻，具有多种外特性，具有良好的动特性和弧焊工艺性能，调节速度快而且焊接参数可无级调节，可用微机或单旋钮控制调节（ZX7-400）。

5.2.2 焊接电弧的调节方法

(1) 焊接电弧自身调节

1）焊接电弧自身调节的要求

埋弧焊时，不仅要求引弧可靠，而且要求焊接参数在焊接过程中始终保持稳定，才能保证焊缝全长都能获得优良的质量。埋弧焊的主要焊接参数是焊接电流和电弧电压。外界许多因素会干扰焊接电流和电弧电压，其中主要的干扰因素是：

① 弧长方面的干扰。焊件表面不平、坡口加工不规则、装配质量不高、焊道上有定位焊缝等都会使电弧长度发生变化。

② 网络电压波动的干扰。当网络中有其他大型设备启动时，网络电压会突然降低。同一工作班中的不同时期，网络电压也不同。

2）焊接电弧自身调节的方法

有两种调节系统可以保证埋弧焊的正常进行。一种是等速送丝系统，另一种是均匀调节系统。

电弧自身调节系统（等速送丝）在焊接时，焊丝以预定的速度等速送进。其调节作用是利用电弧焊时焊丝的熔化速度与焊接电流和电弧电压之间固有的规律自动进行的。

这种电弧自身调节作用的强弱与焊丝直径、焊接电流和焊接电源外特性曲线的斜率有关。焊丝直径越细、焊接电流越大，电弧自身调节作用越强。对某一直径的焊丝存在一个临界电流值，见表 5-3。焊接电流等于或大于此值时，电弧自身调节作用增强（恢复时间短）、焊接过程稳定。焊丝直径大时，临界电流值较大，焊接电流的选择受到一定限制。缓降外特性曲线，焊接电源的电弧自身调节作用强。

表 5-3 电弧自身调节作用的临界电流值

焊丝直径 /mm	2	3	4	5
临界电流 /A	280	400	530	700

（2）焊接电弧强迫调节

焊接电弧强迫调节也叫电弧电压反馈自动调节系统（均匀调节系统）。这种调节系统利用电弧电压反馈控制送丝速度。在受到外界因素对弧长的干扰时，通过强迫改变送丝速度来恢复弧长，也称为均匀调节系统。

焊接过程中，系统不断地检测电弧电压，并与给定电压进行比较。当电弧电压高于维持静特性曲线所需值而使电弧工作点位于曲线上方时，系统将按比例加大送丝速度；反之，系统将自动减慢送丝速度。只有当电弧电压与给定电压使电弧工作点位于静特性曲线上时，电弧电压反馈调节系统才不起作用，此时焊接电弧处于稳定工作状态。

（3）两种调节系统的比较

熔化极电弧的自身调节系统和电弧强迫调节系统的特点比较见表 5-4。由表可看出，这两种调节系统对焊接电源的要求、焊接参数的调节方法及适用范围是不同的，选用时应注意。

表 5-4 两种调节系统的比较

比较项目	调节原理	
	电弧自身调节	电弧强迫调节
控制电路及机构	简单	复杂
采用的送丝方式	等速送丝	变速送丝
采用的电源外特性	平特性或缓降外特性	陡降或垂直（恒流）外特性
电弧电压调节方法	改变电源外特性	改变送丝系统给定电压
焊接电流调节方法	改变送丝速度	改变电源外特性
控制弧长恒定效果	好	好
网络电压波动的影响	电弧电压产生静态误差	焊接电流产生静态误差
适用的焊接直径 /mm	0.3 ～ 3.0	3.0 ～ 6.0

5.2.3 埋弧焊机选择与使用诀窍

(1) 埋弧焊机的分类方法及类型

1) 按用途分类

可分为通用和专用焊机两种。通用焊机广泛地用于各种结构的对接、角接、环缝和纵缝等的焊接生产；专用焊机是用来焊接某些特定结构或焊缝的焊机，如角焊缝埋弧焊机、T形梁埋弧焊机和带极埋弧焊机等。

2) 按焊接电弧调节方法分类

可分为等速送丝式和均匀调节式焊机两种。等速送丝式焊机是根据电弧自身调节作用原理设计的，适用于细焊丝或高电流密度的情况，国产焊机的型号有MZl-1000、MZ2-1500、MZ3-500等。均匀调节式焊机是根据电弧强迫调节作用原理设计的，适用于粗焊丝或低电流密度的情况，国产焊机的型号有MZ-1000、MZ-1-1000等。我国生产的一些新型焊机均按等速或均匀调节原理设计，可根据需要分别选购。

3) 按行走机构形式分类

可分为小车式、门架式和悬臂式三种。通用埋弧焊机大多采用小车式行走机构。

4) 按焊丝的形状分类

可分为丝极埋弧焊机和带极埋弧焊机两类。

① 丝极埋弧焊机。用焊丝做电极和填充金属，这类焊机最普遍。根据焊丝数目可细分为单丝、双丝和多丝埋弧焊机。

② 带极埋弧焊机。用一定宽度的薄钢带做电极和填充金属，这类焊机主要用于堆焊，可大大提高生产效率。

5) 按自动化程度分类

分为半自动化焊机和自动化焊机两大类。

① 半自动化焊机。主要由控制箱、送丝机构、带软管的焊接手把组成。典型焊机技术数据见表5-5。

表5-5 MB-400A型半自动化埋弧焊机的技术数据

电源电压/V	220
工作电压/V	25～40
额定焊接电流/A	400
额定负载持续率/%	100
焊丝直径/mm	1.6～2

续表

焊丝盘容量 /kg	18
焊剂漏斗容量 /L	0.4
焊丝送进速度调节方法	晶闸管调速
焊丝送进方式	等速
配用电源	ZX-400

② 自动化焊机。常用的自动化埋弧焊机有等速送丝和变速送丝两种，一般由机头、控制箱、导轨（或支架）组成。

等速送进式焊机的焊丝送进速度与电弧电压无关，焊丝送进速度与熔化速度之间的平衡只依靠电弧自身调节作用就能保证弧长及电弧燃烧的稳定性。

变速送进式焊机又称为等压送进式焊机，其焊丝送进速度由电弧电压反馈控制，依靠电弧电压对送丝速度的反馈调节和电弧自身调节的综合作用，保证弧长及电弧燃烧的稳定性。常用自动化埋弧焊机的主要技术数据见表 5-6。

表 5-6 常用自动化埋弧焊机的主要技术数据

型号	MZ-1000	MZ1-1000	MZ2-1500	MZ-2×1600	MZ9100	MU-2×300	MU1-1000-1
焊机特点	焊车	焊车	悬挂机头	双焊丝	悬臂单头	双头堆焊	带极堆焊
送丝方式	变速	等速	等速	直流等速 交流变速	变速 等速	等速	变速
焊丝直径 /mm	3 ～ 6	1.6 ～ 5	3 ～ 6	3 ～ 6	3 ～ 6	1.6 ～ 2	厚 0.4 ～ 0.8 宽 30 ～ 80
焊接电流 /A	400 ～ 1000	200 ～ 1000	400 ～ 1500	DC1000 AC1000	100 ～ 1000	160 ～ 300	400 ～ 1000
送丝速度 /（cm/min）	50 ～ 200	87 ～ 672	47.5 ～ 375	50 ～ 417	50 ～ 200	160 ～ 540	25 ～ 100
焊接速度 /（cm/min）	25 ～ 117	26.7 ～ 210	22.5 ～ 187	16.7 ～ 133	10 ～ 80	32.5 ～ 58.3	12.5 ～ 58.3
焊接电流种类	交、直	交、直	交、直	直、交	直	直	直
配用电源	ZX-1000	BX2-1000 ZX-1000	BX2-2000 ZX-1600	BX2-2000 ZX-1600	ZX-1000	AXD-300-1	ZX-1000

（2）埋弧焊机的选择与使用诀窍

下面以 MZ-1000 型埋弧焊机选择与使用为例进行说明。

1）焊机的性能

MZ-1000 型自动埋弧焊机是利用强迫调节原理工作的均匀调节式焊机，其外形如图 5-3 所示。这种焊机在焊接过程中靠改变送丝速度来进行自动调节，它可在水平位置或水平面倾斜不大于 10° 的位置焊接各种坡口的对接焊缝、搭接焊缝和角接焊缝等，并可借助焊接滚轮架焊接圆形焊件的内、外环缝。

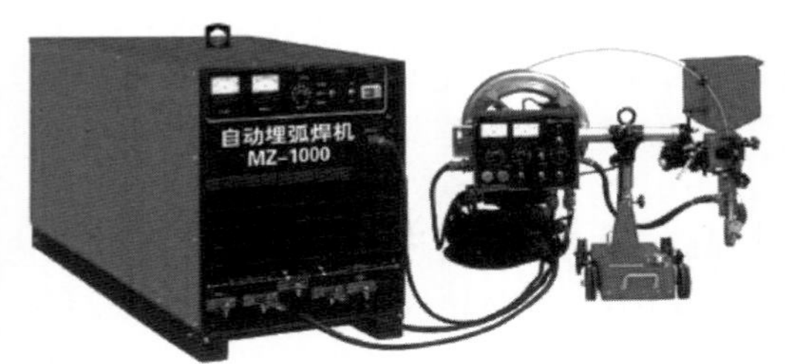

图 5-3　MZ-1000 型自动埋弧焊机

MZ-1000 型自动埋弧焊机由 MZT-1000 型焊接小车、MZP-1000 型控制箱和焊接电源三部分组成。

① MZT-1000 型焊接小车。这种焊机由机头、控制盘、焊丝盘、焊剂漏斗和焊接小车等部分组成，如图 5-4 所示。

a. 机头。机头的焊丝送进机构如图 5-5 所示，其传动系统如图 5-6 所示。

机头上装有 40W、2850r/min 直流电动机 1，经减速后带动主动送丝轮 5，焊丝被夹紧在主动送丝轮 5 和从动送丝轮 4 中间，夹紧力的大小可通过调节弹簧 2，经杠杆 3 加到从动送丝轮 4 上，送出的焊丝经矫直滚轮 6 矫直后，再经过导电嘴送到电弧区。送丝机构的传动系统如图 5-6 所示，直流电动机 1 经一对齿轮副 2 和蜗轮蜗杆 5 减速后，带动主动送丝轮 3。

送丝机在安装板上有四个 M10 的安装孔，安装在其它设备上时应采取绝缘措施，使送丝机与外部设备之间电气绝缘，并用摇表测试送丝机与外部设备之间的绝缘电阻，应大于或等于 2.5MΩ。安装时需注意分清送丝机的正反向，成对使用时一般正反向各一个。

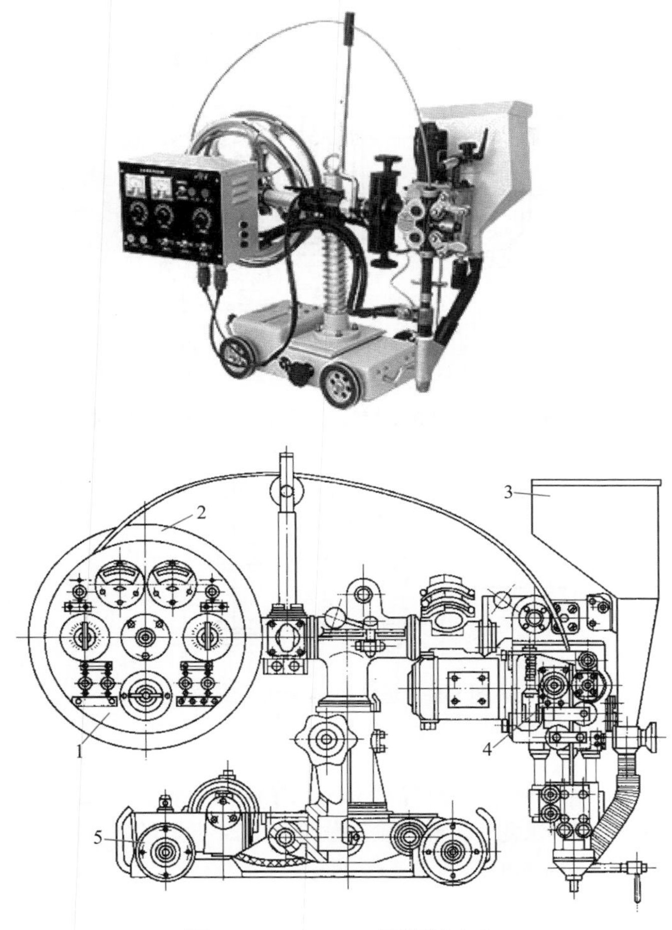

图 **5-4　MZT-1000** 型焊接小车

1—控制盘；2—焊丝盘；3—焊剂漏斗；4—机头；5—焊接小车

送丝机安装完成且电缆连接正确后，即可进行试操作。

a）用扳手顺时针旋转螺套，使弹簧不顶紧弯柄，轴承和送丝轮之间有穿过焊丝的间隙。

b）用扳手逆时针旋转拉杆，使滑块移到适当位置。

c）将焊丝从弯柄的长孔处穿过，使焊丝穿过送丝轮与轴承之间的间隙，逆时针旋转螺套，使弹簧顶紧弯柄，轴承和送丝轮之间有适合的压紧力。

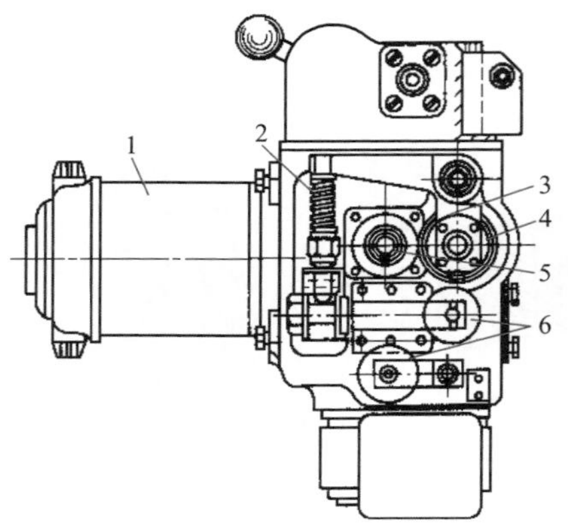

图 5-5　MZT-1000 型焊接小车机头的焊丝送进机构

1—电动机；2—调节弹簧；3—杠杆；4—从动送丝轮；5—主动送丝轮；6—矫直滚轮

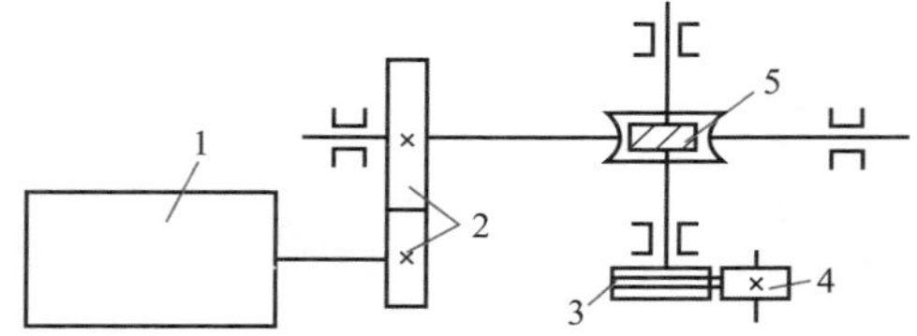

图 5-6　送丝机构传动系统图

1—电动机；2—齿轮副；3—主动送丝轮；4—从动送丝轮；5- 蜗轮蜗杆

d）接通送丝机电源，使焊丝下送，穿过两个矫丝轮之间的间隙，顺时针旋转拉杆，使滑块带动矫丝轮压紧焊丝，矫直焊丝。

e）机构调整完成后即可进行焊接。

f）定期清理机构各处积尘，在各转动、滑动处加注润滑油脂。每月定期清理电机炭刷积炭，炭粉容易形成短路。每月定期检查各绝缘处的绝缘电阻。经常检查各紧固件是否松动。

g）送丝机故障及处理方法，见表 5-7。

表 5-7　送丝机故障及处理方法

故障现象	故障原因	处理方法
焊丝打滑	① 轴承未压紧送丝轮 ② 焊丝直径小于 ϕ2.4mm ③ 焊丝太弯曲	① 调节螺套使焊丝被压紧 ② 更换合适的焊丝 ③ 剪去焊丝的弯曲部分

续表

故障现象	故障原因	处理方法
焊丝压痕太深	焊丝压紧力太大	调节螺套使焊丝有合适的压紧力
焊丝在送丝轮和矫丝轮之间弯曲	① 送丝阻力太大 ② 焊丝太细 ③ 矫丝轮把焊丝压得过紧	① 检查送丝管、导电杆、导电嘴是否堵塞，焊丝是否已顶在工件上 ② 更换粗一点的焊丝 ③ 调节拉杆，使压紧力合适
轴承转动不灵活	① 焊丝未压紧 ② 轴承坏	① 调节螺套压紧焊丝 ② 更换
矫丝轮转动不灵活	① 矫丝轮未压紧 ② 矫丝轮轮芯磨损	① 调节拉杆压紧焊丝 ② 更换
减速器有异响	减速器内部零件磨损或损坏	修复或更换
电机运转不正常	① 炭刷松动 ② 炭刷磨损 ③ 电机内部积炭太多	① 旋紧炭刷 ② 更换炭刷 ③ 清理积炭
送丝轮转向不对	电机电枢线未接正确	对调两根电枢线
控制器电源开关合上即送丝	电机和送丝机构（L 板）之间绝缘不良	检查绝缘，并恢复
空载启动焊接电源即有电流输出	送丝机和安装处之间绝缘不良	检查绝缘，并恢复

导电嘴的高低、左右，以及偏转角度都可以调节，以保证焊丝有合适的伸出长度，并能方便地调节焊丝对中位置。一根电源线接在导电嘴上。导电嘴是易损件，它对导电的可靠性及焊丝对中有一定影响，如果内孔磨损太大，则导电不好，焊接电流、电弧电压都不稳定，而且焊丝偏摆较大，焊缝不直，通常都根据焊丝直径选择导电嘴的大小，常用导电嘴的几种类型如图 5-7 所示。

b. 控制盘。控制盘上装有焊接电流表和电弧电压表等，如图 5-8 所示。

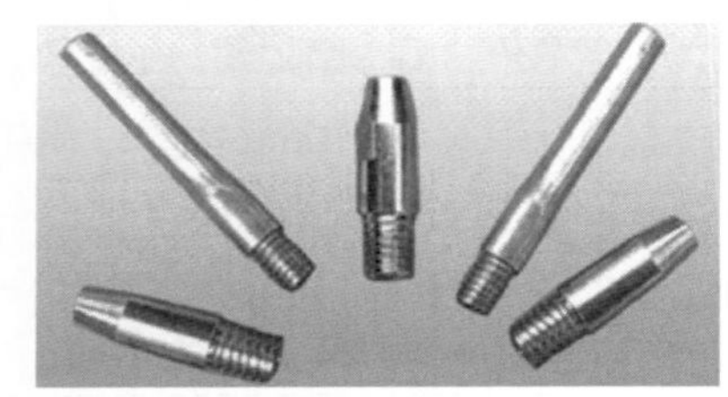

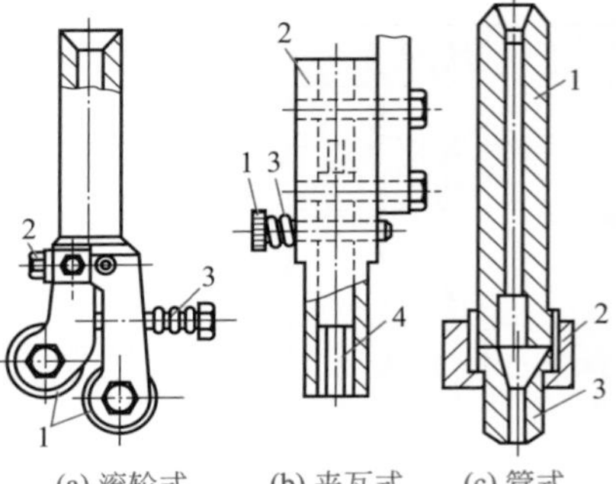

图 5-7 导电嘴结构示意图

（a）1—导电滚轮；2—压紧螺钉；3—弹簧

（b）1—压紧螺钉；2—接触夹瓦；3—弹簧；4—可换衬瓦

（c）1—导电杆；2—锁紧螺母；3—导电嘴

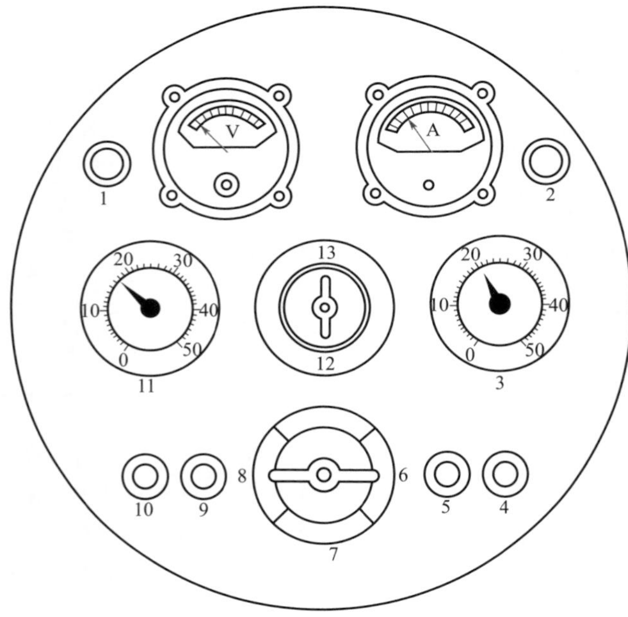

图 5-8 控制盘

1—启动按钮；2—停止按钮；3—焊接速度调整器；4—电流减小按钮；5—电流增大按钮；6—小车向后位置；7—小车停止位置；8—小车向前位置；9—焊丝向下按钮；10—焊丝向上按钮；11—电弧电压调整器；12—焊接；13—空载

c. 焊接小车。包括行走传动机构、行走轮及离合器等。行走机构的传动系统，如图 5-9 所示。行走电动机 1 经两级蜗轮蜗杆 2、4 减速后带动小车的两只行走轮 3。离合器 6 可通过手柄 5 进行操纵，当离合器脱离时，小车可用手推动，空载行走。焊接时，合上离合器，焊接小车由电动机驱动。这种小车由一台 40W、2850r/min 直流电动机拖动，焊接速度可在 15 ～ 70m/h 范围内均匀调节。

为能方便地焊接各种类型焊缝，并使焊丝正确地对准施焊位置，焊接小车的一些部件可在一定范围内移动和转动，如图 5-10 所示。

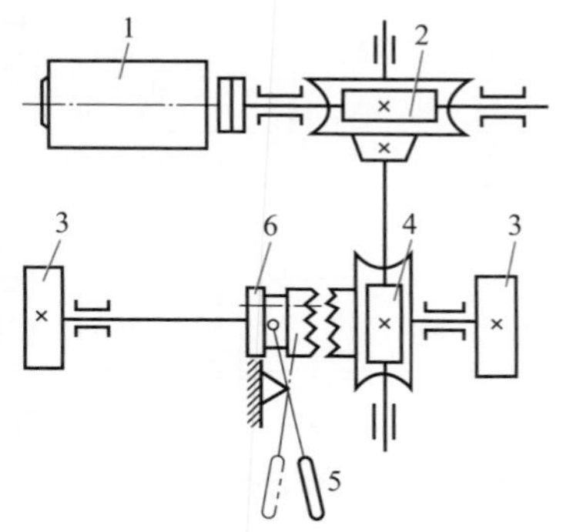

图 5-9　焊接小车行走机构传动系统

1—电动机；2,4—蜗轮蜗杆；3—行走轮；5—手柄；6—离合器

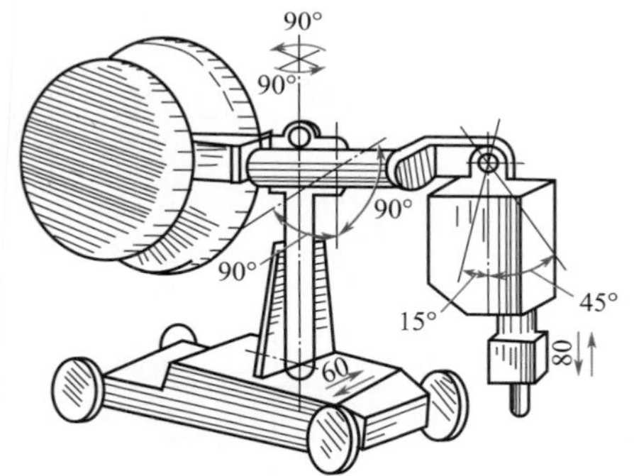

图 5-10　MZT-1000 型焊接小车可调节部件示意图

② MZP-1000 型控制箱。控制箱内装有电动机、发电机组、中间继电器、交流接触器、变压器、整流器、镇定电阻和开关等。

③ 焊接电源。可采用交流或直流电源进行焊接。采用交流电源时，一般配用 BX2-1000 型弧焊变压器；采用直流电源时，可配用具有下降特性的弧焊整流器。

2）技术数据

MZ-1000 型自动埋弧焊机的技术数据见表 5-8。

3）焊机的操作步骤与技巧

① 操作准备。

a. 按焊机外部接线要求（图 5-11、图 5-12），检查焊机的外部接线是否正确。

表 5-8 MZ-1000 型自动埋弧焊机的技术数据

项目	参考值	项目	参考值
型号	MZ-1000	焊缝平面的最大允许倾斜角	10°
电源电压	380V（50Hz）	焊丝盘可容纳焊丝质量	12kg
次级受载电压	初级 69～86V	焊剂漏斗可容纳焊剂容量	12L
焊接电流	400～1200A	焊车质量（不包括焊丝及焊剂）	65kg
焊丝直径	ϕ3～6mm	BX2-1000 型焊接变压器	
焊丝输送速度（电弧电压 30V 时）	0.5～2m/min	初级电压	380V，50Hz，单相
焊接速度	15～70m/h	额定输入容量	76kV·A
自动焊机装置	可移式	额定初级电流	196A
焊机头以小车垂直轴可旋转	±90°	额定焊接电流	1000A
焊机头横向位移	0～60mm	次级空载电压	69～78V
焊机头在焊缝垂直面上的向前倾斜角	45°	额定工作电压	44V
焊机头在焊缝垂直面上的侧面倾斜角	45°	额定负载持续率	60%
焊机头在垂直方向的位移	65mm	质量	560kg
焊接电流的调节方法	远距离控制		

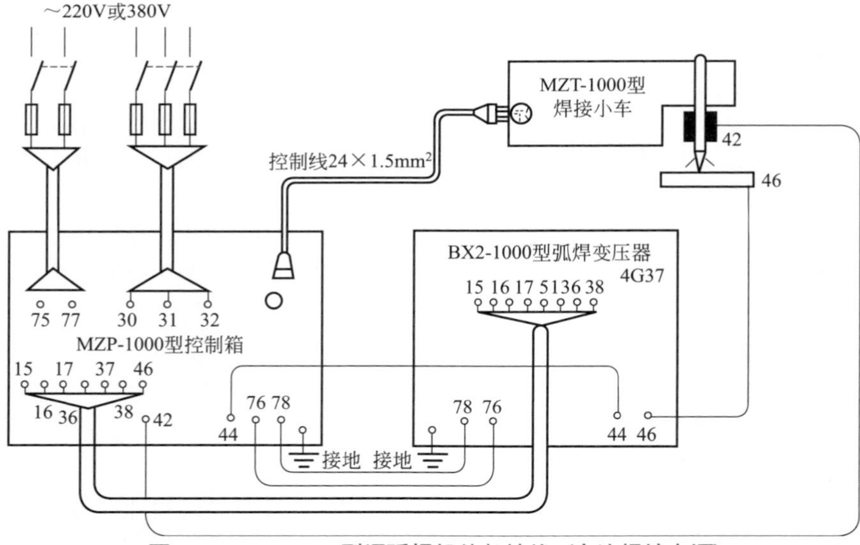

图 5-11 MZ-1000 型埋弧焊机外部接线（交流焊接电源）

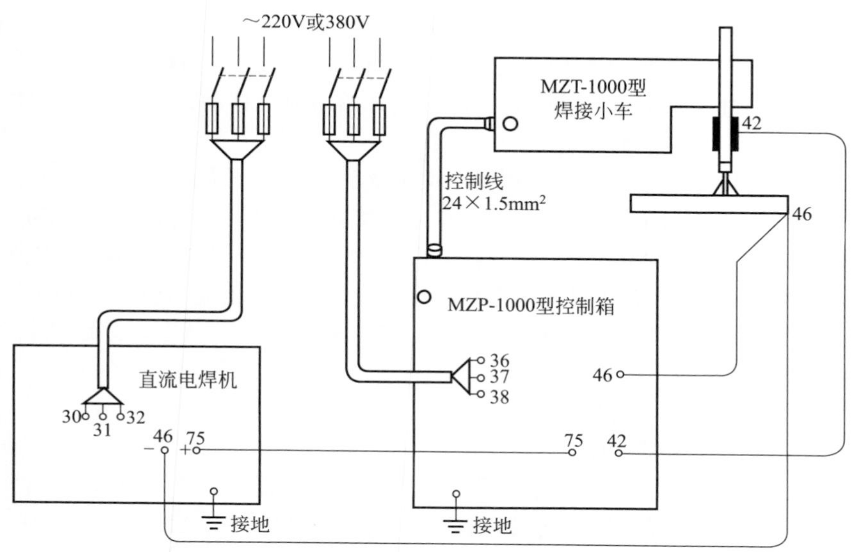

图 5-12 **MZ-1000 型埋弧焊机外部接线（直流焊接电源）**

b. 调整好轨道位置，将焊接小车放在轨道上。

c. 首先将装好焊丝的焊丝盘卡到固定位置上，然后把准备好的焊剂装入焊剂漏斗内。

d. 合上焊接电源的刀开关和控制线路的电源开关。

e. 调整焊丝位置，并按动控制盘上的焊丝向下按钮或焊丝向上按钮，如图 5-8 所示，使焊丝对准待焊处中心，并与焊件表面轻轻接触。

f. 调整导电嘴到焊件间的距离，使焊丝的伸出长度适中。

g. 将开关转到焊接位置上。

h. 按照焊接方向，将自动焊车的换向开关转到向前或向后的位置上。

i. 调节焊接参数，使之达到预先选定值。通过电弧电压调整器调节电弧电压，通过焊接速度调整器调节焊接速度，通过电流增大和电流减小按钮来调节焊接电源。在焊接过程中，电弧电压和焊接电流两者常需配合调节，以得到工艺规定的焊接参数。

j. 将焊接小车的离合器手柄向上扳，使主动轮与焊接小车减速器相连接。

k. 开启焊剂漏斗阀门，使焊剂堆敷在开焊部位。

② 焊接技巧。按下启动按钮，自动接通焊接电源，同时将焊丝向

上提起，随即焊丝与焊件之间产生电弧，并不断被拉长，当电弧电压达到给定值时，焊丝开始向下送进。当焊丝的送丝速度与熔化速度相等后，焊接过程稳定。与此同时，焊车也开始沿轨道移动，以便焊接正常进行。

在焊接过程中，应注意观察焊接电流和电弧电压表的读数及焊接小车的行走路线，随时进行调整，以保证焊接参数的匹配和防止焊偏，并注意焊剂漏斗内的焊剂量，必要时需立即添加，以免影响焊接工作的正常进行。焊接长焊缝，还要注意观察焊接小车的焊接电源电缆和控制线，防止在焊接过程中被焊件及其他东西挂住，使焊接小车不能前进，引起焊瘤、烧穿等缺陷。

③ 停止的技巧与诀窍。

a. 关闭焊剂漏斗的闸门。

b. 分两步按下停止按钮。第一步先按下一半，这时手不要松开，使焊丝停止送进，此时电弧仍继续燃烧，电弧慢慢拉长，弧坑逐渐填满。待弧坑填满后，再将停止按钮按到底，此时焊接小车将自动停止并切断焊接电源。

这步操作要特别注意：按下停止开关一半的时间若太短，焊丝易粘在熔池中或填不满弧坑；太长容易烧损焊丝嘴，需反复练习积累经验才能掌握。

c. 扳下焊接小车离合器手柄，用手将焊接小车沿轨道推至适当位置。

d. 回收焊剂，消除渣壳，检查焊缝外观。

e. 焊件焊完后，必须切断一切电源，将现场清理干净，整理好设备，并确定没有隐燃火种后，才能离开现场。近年我国已生产了一种新型按强迫调节原理工作的均匀调节式自动焊机，其型号为 MZ-1-1000A，这种焊机由机头和焊接电源（ZXG-1000R 型弧焊整流器）两个部件组成，能焊接位于水平面或与水平面倾斜角不大于 10° 的倾斜面内的各种坡口的对接焊缝、搭接焊缝和角接焊缝等。

这种焊机采用电弧电压反馈的变速送丝原理，电子电路灵敏度高，响应速度快，弧长非常稳定，使用直流弧焊电源电弧燃烧稳定，电网补偿好。能根据引弧时焊丝与焊件的接触情况自动实现反抽引弧或刮擦引弧，还能根据弧长自动熄弧，能保证焊接质量，简化操作，减轻劳动强度。

送丝和焊接小车移动均由直流电动机拖动，采用晶闸管无级调速，调速均匀可靠。

5.2.4 埋弧焊辅助设备的应用技巧

（1）焊接操作机的应用技巧

焊接操作机（又叫焊接操作架）的作用是将焊机机头准确地送到并保持在待焊位置上，或以选定的焊接速度沿规定的轨迹移动焊机。操作机与变位机、滚轮架等配合使用，可完成纵缝、环缝和螺旋缝的焊接和封头内表面堆焊等工作。

1）立柱式焊接操作机的使用技巧

立柱式焊接操作机外形如图 5-13 所示，其结构如图 5-14 所示。焊机装在横臂 2 一端。横臂可做垂直等速运动和水平无级调速运动，立柱可做 ±180° 回转，可以完成纵、环缝多工位的焊接。

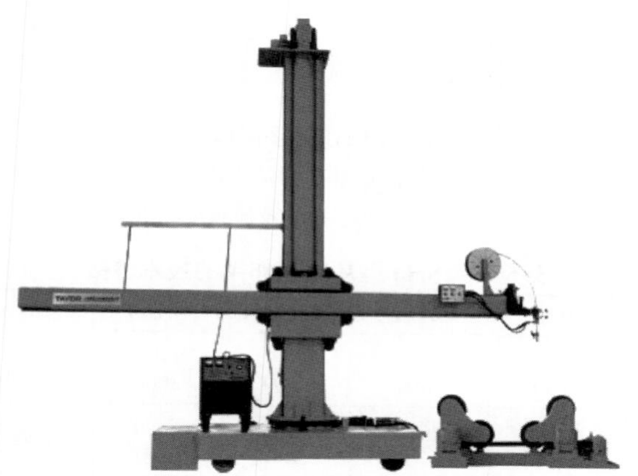

图 5-13 立柱式焊接操作机的应用

立柱式焊接操作机的技术数据见表 5-9。典型伸缩臂式焊接操作架的主要技术参数见表 5-10。

表 5-9 立柱式焊接操作机的技术数据

型号	名称	水平伸缩 /m	垂直升降 /m	可焊筒体直径 /mm
DWHJ	大环外	1.8 ～ 5.5	2.1 ～ 6.0	2000 ～ 4500
ZRHJ	中环纵	1.0 ～ 4.2	1.4 ～ 4.9	2000 ～ 3500
Z34	小环纵	≤ 3.4	≤ 3.0	800 ～ 3000

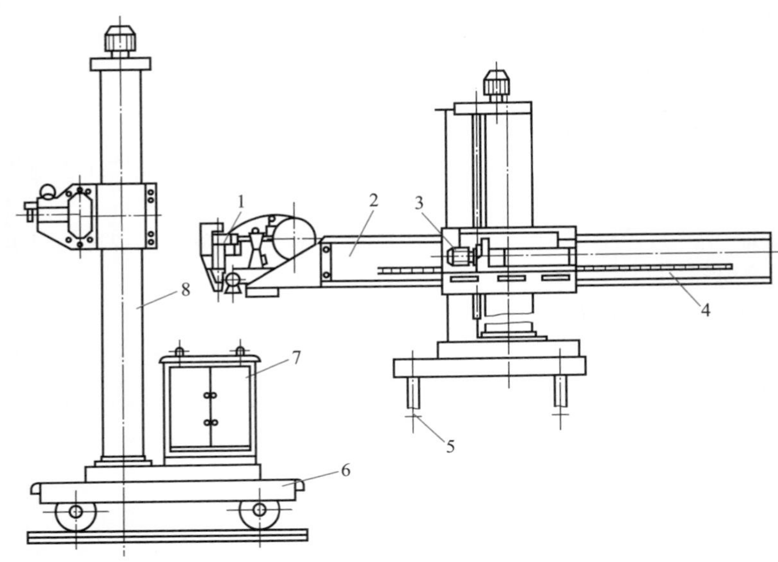

图 5-14　立柱式焊接操作机结构

1—自动焊小车；2—横臂；3—横臂进给机构；4—齿条；5—钢轨；6—行走台车；7—焊接电源及控制箱；8—立柱

表 5-10　SHJ 型焊接操作架的技术参数

型号	SHJ-1	SHJ-2	SHJ-3	SHJ-4	SHJ-5	SHJ-6
适用筒体直径 /mm	1000～4500	1000～3500	600～3500	600～3000	600～3000	500～1200
水平伸缩行程 /mm	8000（二节）	7000（二节）	7000（二节）	6000（二节）	4000	3500
垂直升降行程 /mm	4500	3500	3500	3000	3000	1400
横梁升降速度 /（cm/min）	100	100	100	100	100	30
横梁进给速度 /（cm/min）	12～120	12～120	12～120	12～120	12～120	12～120
机座回转角度 /（°）	±180	±180	±180	±180	固定	手动 ±360
台车进退速度 /（cm/min）	300	300	300	300	300	手动
台车轨距 /mm	2000	2000	1700	1600	1500	1000

2）平台式操作机的使用技巧

平台式操作机外形如图 5-15（a）所示，其结构如图 5-15（b）所示。焊机在操作平台上工作，平台能升降，台车能移动，适用于外纵缝、外环缝的焊接。

平台式操作机的技术数据见表 5-11。

(a) 外形图

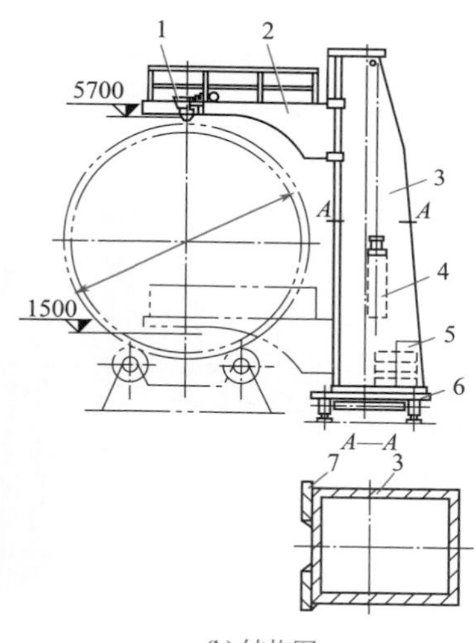

(b) 结构图

图 5-15　平台式操作机

1—埋弧焊机；2—操作平台；3—立柱；4—配重；5—压重；6—立柱行走小车；7—立柱平轨道

3）龙门式操作机的使用技巧

龙门式操作机的外形如图 5-16（a）所示，其结构如图 5-16（b）所示。焊机在龙门架上做横向移动及升降，龙门架可沿轨道纵向移动，适用于外纵缝和外环缝的焊接。

（2）滚轮架的选择及使用技巧

滚轮架按结构形式分为两类：第一类是长轴式滚轮架，其轴向一排为主动滚轮，另一排为从动滚轮，主要用于细长薄件的组对与焊接；第二类是组合式滚轮架，其主动滚轮架、从动滚轮架或者是混合式滚轮架（即在一个支架上有一个主动滚轮座和一个从动滚轮座）都是独立的。它们之间可根据焊件重量和长度任意组合，因此使用方便灵活，焊接滚轮架对焊件

适应性强，是目前应用最广泛的形式。当装焊壁厚较小、长度很长的筒形焊件时，可用几台混合式滚轮架的组合，这样，沿筒体长度方向均有主动轮驱动，使焊件不致打滑和扭曲。当装焊壁厚较大、刚度较好的筒形焊件时，常采用主动滚轮架和从动滚轮架的组合。这样即使主动滚轮架在筒体一端驱动焊件旋转，但因焊接滚轮架刚度较好，仍能保持转速均匀，不致发生扭曲变形。

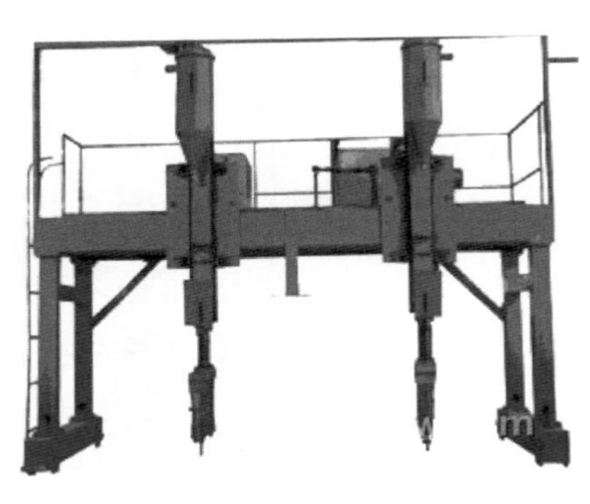

(a) 外形图

(b) 结构图

图 5-16　龙门式操作机

1—焊件；2—龙门架；3—操作平台；4—埋弧焊机和调整装置；5—限位开关

表 5-11　平台式操作机的技术数据

项目		数据
焊接最大直径 /mm		4500
平台伸出长度 /mm		3500
焊嘴中心与立柱距离	最大 /mm	3000
	最小 /mm	1000
平台升降行程 /mm		1500 ～ 5700
平台升降速度 /（m/h）		30
平台升降电机功率 /kW		2.2（交流）
小车行走电机功率 /kW		3（交流）

自调式焊接滚轮架是利用主动滚轮与焊件之间的摩擦力带动工件旋转的变位设备。可根据工件直径大小自动调节轮组的摆角，并能自动调心。

其主要用于管道、容器、锅炉、油罐等圆筒形工件的装配或焊接，当与焊接操作机、焊接电源配套时，可以实现工件的内外纵缝和内外环缝焊接。具有工艺先进、质量可靠、操作简单、传动噪声低、工件回转平稳等优点，是实现压力容器及筒状工件焊接自动化、半自动化的必备设备。

自调式焊接滚轮架滚轮驱动采用电磁调速电动机，可按焊接规范进行无极调速，具有焊接速度调速范围宽、转动平滑性好、低速特性硬等特点。当对主、从动滚轮的高度作适当的调整后，自调式焊接滚轮架也可进行锥体、分段不等径回转体的装配与焊接。对于一些非圆长形焊件，若将其卡在特制的环形卡箍内，也可在焊接滚轮架上进行装焊作业。

滚轮架外形如图 5-17（a）所示，其结构如图 5-17（b）所示。滚轮架的分类、特点及适用范围，见表 5-12。典型滚轮架的技术参数见表 5-13。

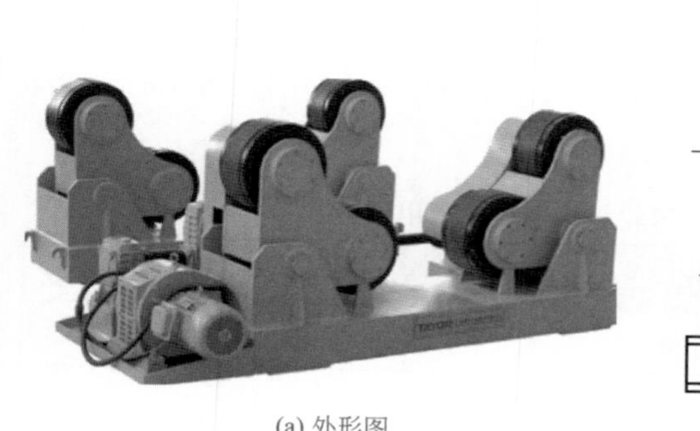

(a) 外形图

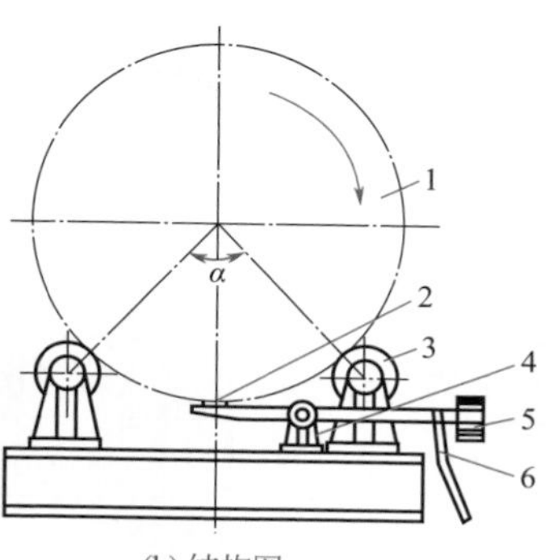

(b) 结构图

图 5-17 滚轮架

1—焊件；2—纯铜滑块；3—滚轮架；4—滑块支架；5—配重；6—地线

表 5-12 滚轮架分类、特点及适用范围

类别		特点	适用范围
组合式滚轮架	自调式	径向一组自动滚轮传动，中心距可自动调节	一般圆筒形焊件
	非自调式	径向一对主动滚轮传动，中心距可调节	一般圆筒形焊件
长轴式滚轮架		轴向一排主动滚轮传动，中心距可调节	细长焊件焊接及多段筒节的装焊

表 5-13　滚轮架的主要技术参数

型号	GJ-5	GJ-10	GJ-20	GJ-50	GJ-100
额定载荷 /t	5	10	20	50	100
筒体直径 /mm	600 ～ 2500	800 ～ 3900	800 ～ 4000	800 ～ 3500	800 ～ 4000
滚轮线速度 /（cm/min）	16.7 ～ 167	16 ～ 160	10 ～ 100	16 ～ 160	13.3 ～ 133
摆轮中心距 /mm×mm	ϕ406×120	ϕ400×180	ϕ406×230	ϕ500×300	ϕ560×320
电机功率 /kW	1350	1450	1700	1600	1700
质量 /t	0.75	1.1	2.2	4.0	7.5
外形尺寸（主动）（长 × 宽 × 高）/mm×mm×mm	2160×800×933	2450×930×1111	2700×990×1010	2780×2210×1160	2350×1500×1160

① 滚轮。滚轮是滚轮架的承载部分，要求有较大的刚度，并与焊件之间有较大的摩擦力，使传动平稳，在工作过程中不打滑，常见的滚轮结构见表 5-14。

表 5-14　滚轮结构特点及适用范围

形式	特点	适用范围
钢轮	承载能力强，制造简单	用于重型焊件
胶轮	钢轮外包硬橡胶，传动平稳，摩擦力大，但橡胶易压坏	用于 50t 以下的焊件
组合轮	钢盘与橡胶组合，承载能力比胶轮高，传动平稳	用于 50 ～ 100t 焊件
履带轮	大面积履带和焊件接触，有利于防止薄壁件变形，传动平稳，但制造较复杂	用于轻型薄壁大直径焊件

② 传动与调速技巧。组合式滚轮架的传动与调速有两种方式：一是采用一台直流电动机，经两组两级蜗轮蜗杆减速器传动两个主动滚轮；二是采用两台直流电动机，分别通过一级蜗轮减速器和一级小齿差行星齿轮减速器或行星摆线针轮减速器，来带动两个主动滚轮。

滚轮架调速范围为 3 ： 1 和 10 ： 1，大都采用无级调速，并设有空程快速。

③ 中心距的调节技巧。焊件中心与两个支承滚轮中心连线的夹角为 α，一般应取 50° ～ 90°，但常用的为 50° ～ 60°，如图 5-17（b）所示。滚轮架中心距的调节方法有有级调节式、自调式和丝杠式三种，见图 5-18。有级调节式是通过变换可换传动轴的长度来进行调节的；自调式滚轮架靠滚轮对的自由摆动，在规定范围内自动调节；丝杠式是利用丝杠调节把手转动双向丝杠，使滚轮中心距得到无级调节。

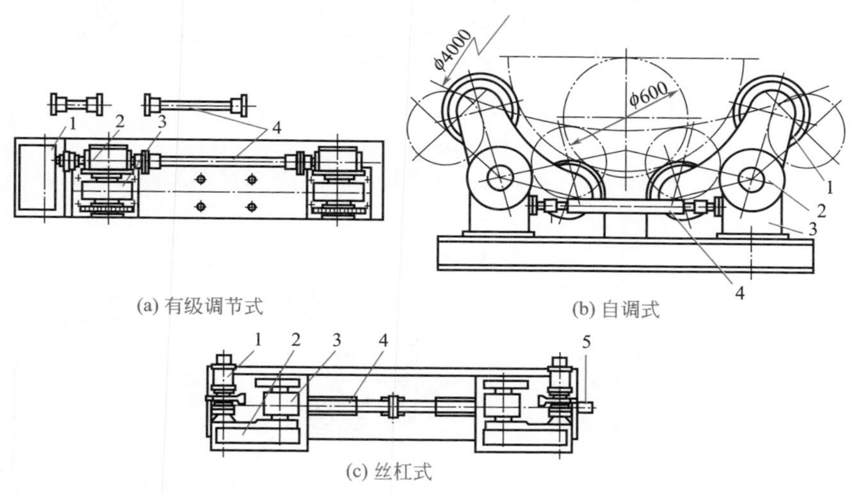

(a) 有级调节式

(b) 自调式

(c) 丝杠式

图 5-18　滚轮中心距的调节方式

（a）1—一级变速箱；2—二级变速箱；3—滚轮；4—可换传动轴

（b）1—滚轮副；2—滚轮轴承座；3—变速箱；4—传动轴

（c）1—电动机；2—减速箱；3—滚轮；4—双向丝杠；5—丝杠调节把手

（3）回转台的选择与使用

回转台是没有倾斜机构的变位机，用来焊接平面上的圆焊缝，或切割封头的余边，其外形如图 5-19（a）所示，结构如图 5-19（b）所示。还有一种椭圆轨迹的回转台，可以焊接水平面上的椭圆焊缝，保持整个椭圆轨迹的焊接速度不变。

（4）焊接变位机的使用

焊接变位机可将焊件回旋、倾斜，使焊缝处于水平、船形等易焊位置，便于焊接。常用的载重为 3t 的变位机，其外形如图 5-20（a）所示，

结构如图 5-20（b），其工作台用于紧固焊件，常见台面有方形、圆形、八角形和十字形。一般台面上开有 T 形槽，可安设夹紧装置或附加支臂，装焊轻而大的焊件。变位机的倾斜角度为 0° ～ 135°。回转机构采用机械传动，倾斜机构采用液压传动。工作台的回转可采用无级调速，多用于球体的拼焊和球面堆焊等。

(a) 外形图

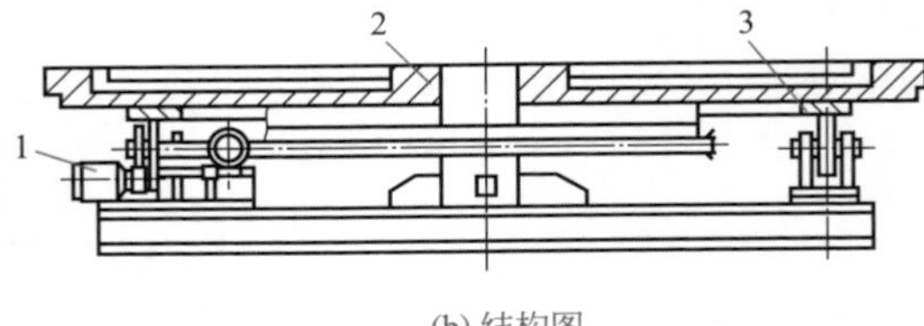

(b) 结构图

图 5-19　回转台

1—电动机和回转机构；2—回转工作台；3—支承滚轮

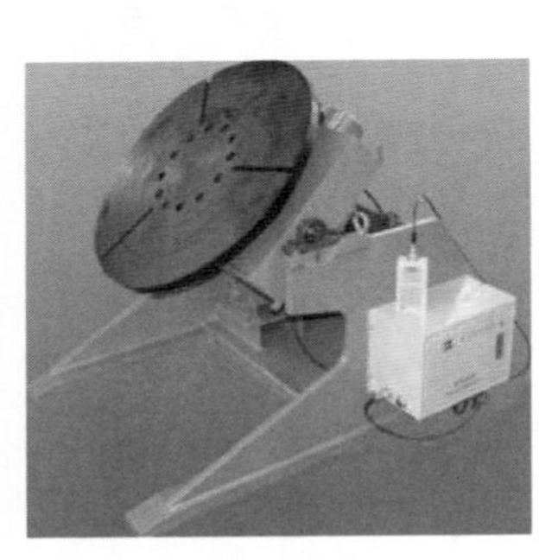

(a) 外形图

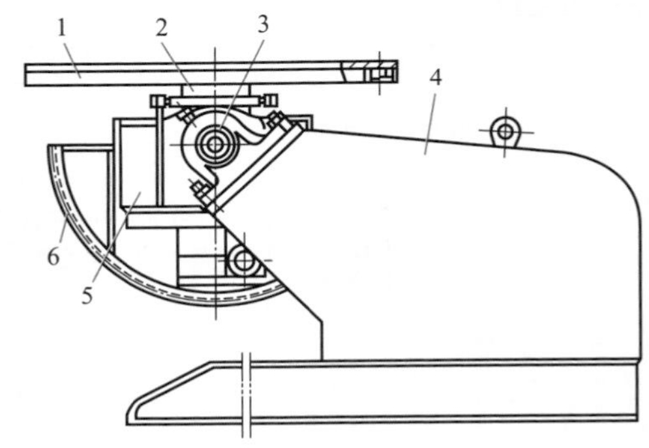

(b) 3t焊接变位机结构图

图 5-20　焊接变位机

1—工作台；2—回转主轴；3—倾斜轴；4—机座；5—回转机构；6—倾斜大齿轮

（5）焊剂输送与回收装置的选择与使用

埋弧焊时，散落在焊缝上及其周围的焊剂很多。焊后这些焊剂与渣壳往往混合在一起，需要经过回收、过筛等多道工序才能重复使用。焊剂输送与回收装置是一套自动化装备，可以在焊接过程中同时输送并回收焊剂，因而减轻了辅助工作的劳动强度，提高了工作效率。

1）焊剂循环系统的选择

焊剂循环系统是指焊剂从输送到回收的整个过程，有固定式和移动式两种。

① 固定式循环系统。整个焊剂输送与回收装置固定在焊件四周(图 5-21)，焊剂由焊剂漏斗 1 输送到焊接区，焊缝上的渣壳经清渣刀 6 清除后和焊剂一起掉落在筛网 5 上，渣壳经出渣口 4 被清除掉，焊剂经筛网 5 落入焊剂槽 3 中，用斗式提升机 2 提升至上面漏斗入口处，准备再次使用。这种系统只适于产品较小、产量大，或焊机不需移动的情况。

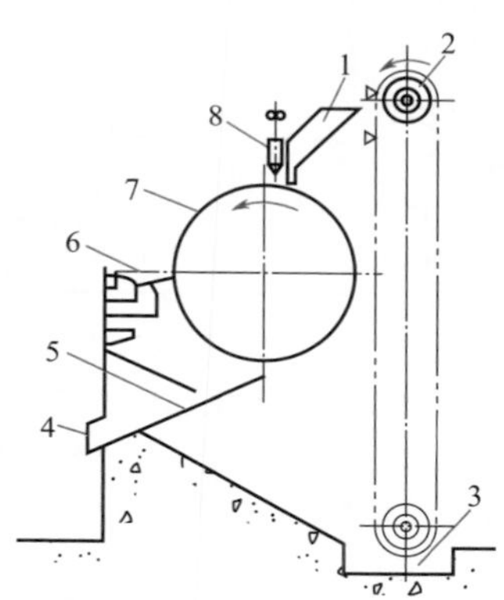

图 5-21　固定式循环系统

1—焊剂漏斗；2—斗式提升机；3—焊剂槽；4—出渣口；
5—筛网；6—清渣刀；7—焊件；8—焊丝

② 移动式循环系统。焊剂输送及回收装置装在自动焊机头上，随焊接小车同时移动，在距电弧 300mm 处回收焊剂，如图 5-22 所示。

2）焊剂输送器的使用

焊剂输送器是输送焊剂的装置，其外形如图 5-23（a）所示，结构如图 5-23（b）所示。当压缩空气经进气管及减压阀1，通入输送器上部时，即对焊剂加压，并使焊剂伴随空气经管路流到安装在焊头上的焊剂漏斗内，此时焊剂落下，空气自上口逸出。为使焊剂输送更加可靠，可在焊剂筒的出口处设置一管端增压器。

采用压缩空气输送焊剂时，必须装设气水分离器，先除净压缩空气中的水和油，防止水和油混入焊剂，防止产生气孔。

3）焊剂回收器的选用

焊剂回收器主要有电动吸入式、气动吸入式、吸压式和组合式四种形式，其作用是回收焊剂。

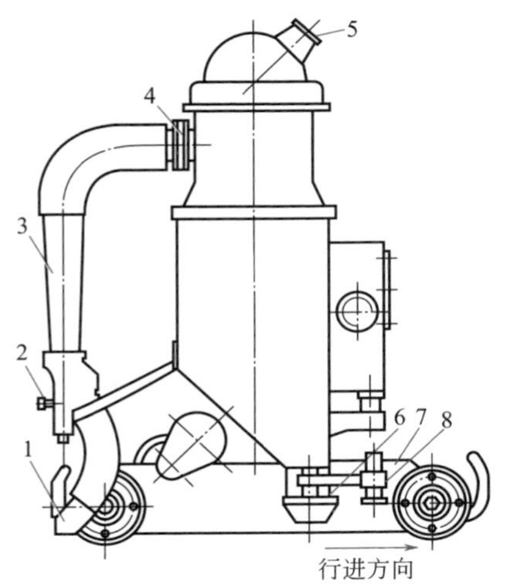

图 5-22　移动式循环系统

1—焊剂回收嘴；2—进气嘴；3—喷射器；4—焊剂箱进料口；5—出气孔；6—焊剂箱出料口；7—焊接小车；8—焊缝位置指示灯

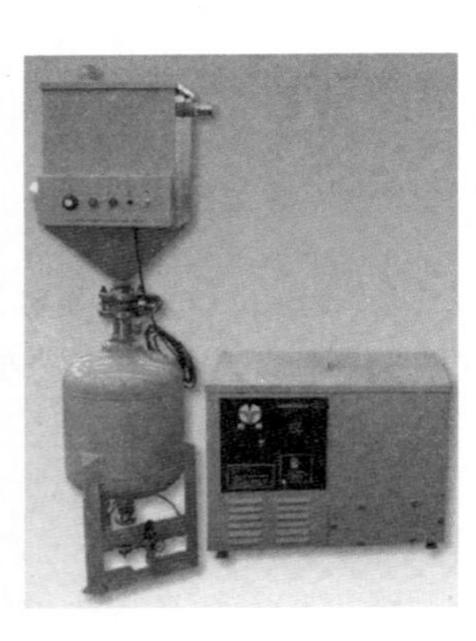

(a) 外形图

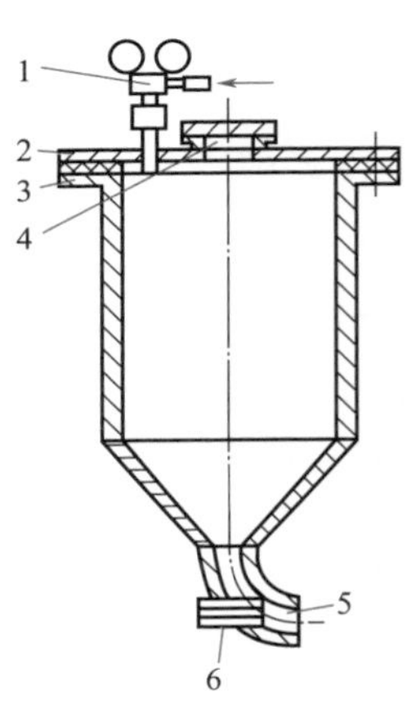

(b) 结构图

图 5-23　焊剂输送器

1—进气管及减压阀；2—桶盖；3—胶垫；4—焊剂进口；5—焊剂出口；6—管道增压器

（6）焊剂垫的作用及选用

钢板对接时，为防止烧穿的熔化金属流失，促使焊缝背面的成形，在焊缝背面加衬垫。焊剂铜槽垫板也是一种衬垫，但应用更广泛的是焊剂垫，即利用一定厚度的焊剂制成的焊缝背面的衬托装置。

1）橡胶膜式焊剂垫的使用

橡胶膜式焊剂垫的构造见图 5-24。工作时，在气室 5 内通入压缩空气，橡胶膜 3 向上凸起，焊剂被顶起，紧贴焊件的背面起衬托作用，这种焊剂垫常用于纵缝的焊接。

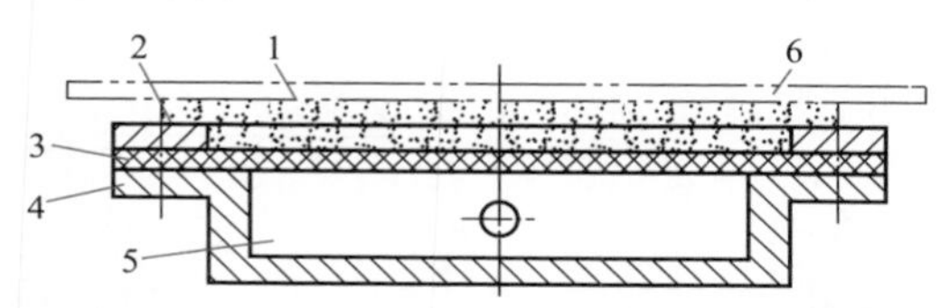

图 5-24 橡胶膜式焊剂垫

1—焊剂；2—盖板；3—橡胶膜；4—螺栓；5—气室；6—焊件

2）热固化焊剂垫的使用

生产中还常采用热固化焊剂垫，如图 5-25 所示。热固化焊剂垫长约 600mm，利用磁铁夹具固定于焊件底部。这种衬垫柔顺性大，贴合性好，安全方便，便于保管，其组成部分的作用为：

① 双面粘接带：使衬垫紧紧地与焊件贴合。

② 热收缩薄膜：保持衬垫形态度，防止衬垫内部组成物移动和受潮。

③ 玻璃纤维布：使衬垫表面柔软，以保证衬垫与钢板的贴合。

④ 热固化焊剂：热固化后起铜垫作用，一般不熔化，能控制在焊缝背面高度。

⑤ 石棉布：作为耐火材料，保护衬垫材料和防止熔化金属及熔渣滴落。

⑥ 弹性垫：在固定衬垫时，使压力均匀。

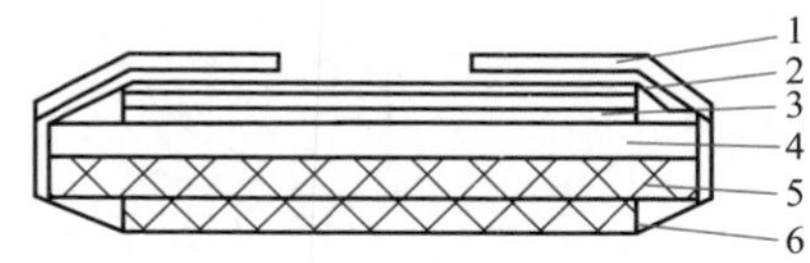

图 5-25 热固化焊剂垫

1—双面粘接带；2—热收缩薄膜；3—玻璃纤维布；4—热固化焊剂；5—石棉布；6—弹性垫

3）软管式焊剂垫的使用

软管式焊剂垫的构造如图 5-26 所示。压缩空气使充气软管 3 膨胀，焊剂 1 紧贴在焊件背面。整个装置由气缸 4 的活塞撑托在焊件下面，这种焊剂适用于长纵缝的焊接。

4）圆盘式焊剂垫的使用

圆盘式焊剂垫的构造见图 5-27。装满焊剂 2 的圆盘在气缸 4 的作用下紧贴在焊件背面，依靠滚动轴承 3 并由焊件带动回转，适用于环缝焊接。

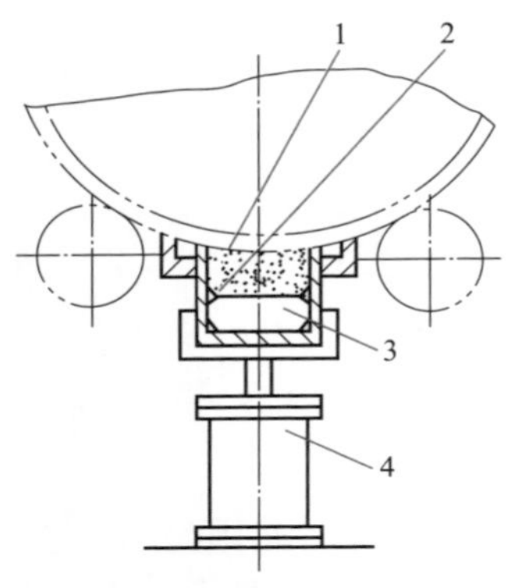

图 5-26　软管式焊剂垫

1—焊剂；2—帆布；3—充气软管；4—气缸

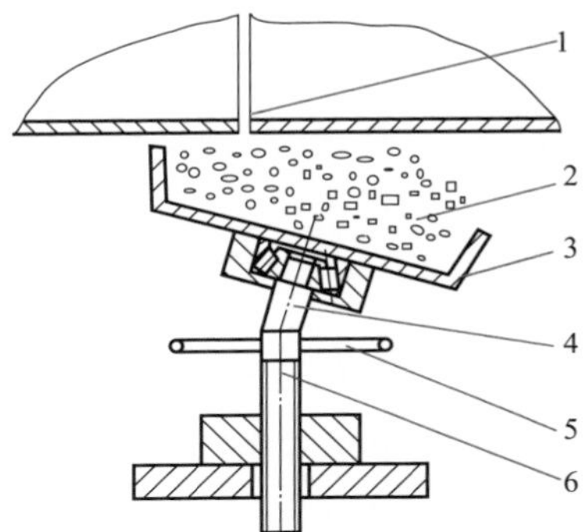

图 5-27　圆盘式焊剂垫

1—筒体环缝；2—焊剂；3—滚动轴承；4—气缸；5—手把；6—丝杠

5）带式环缝焊剂垫

带式环缝焊剂垫的构造见图 5-28。装满焊剂的焊剂漏斗 2 通过焊剂输送带 4 输送焊剂，依靠升降调节手轮 3 带动焊件回转，适用于环缝焊接。

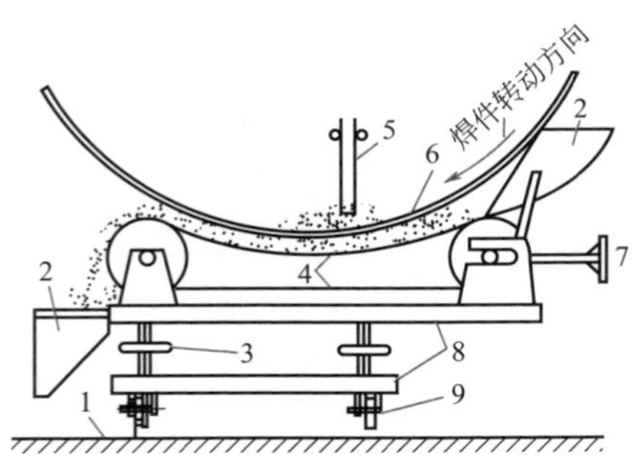

图 5-28　带式环缝焊剂垫

1—轨道；2—焊剂漏斗；3—升降调节手轮；4—焊剂输送带；5—焊丝；6—焊剂；7—输送带调节手轮；8—槽钢架；9—行走轮

（7）焊丝绕丝机的使用

焊前应清除焊丝表面上的防锈油。其方法是首先将焊丝夹在多层橡胶板中拉过，除去大部分油脂，然后通过煤油槽清除剩余油脂，最后通过绕丝机构使焊丝整齐地绕在焊丝盘中待用，如图 5-29 所示。

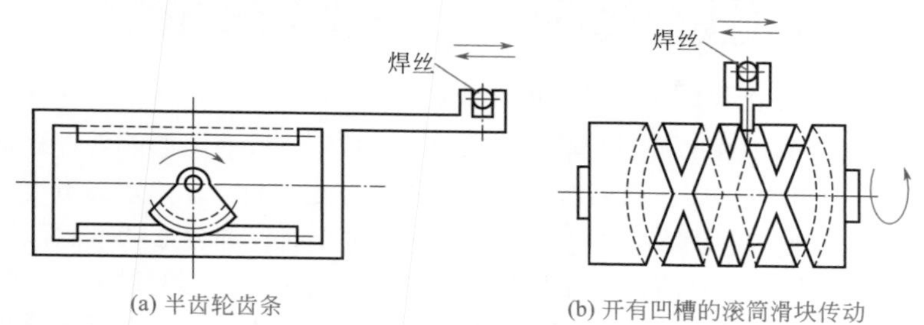

图 5-29　绕丝机

（8）焊丝除锈机的使用

埋弧焊对铁锈十分敏感，在焊缝中经常出现由铁锈所引起的气孔。铁锈通常存在于焊件的表面及焊丝上，因此焊前必须对焊件及焊丝表面进行除锈处理，常采用的焊丝除锈机结构如图 5-30 所示。

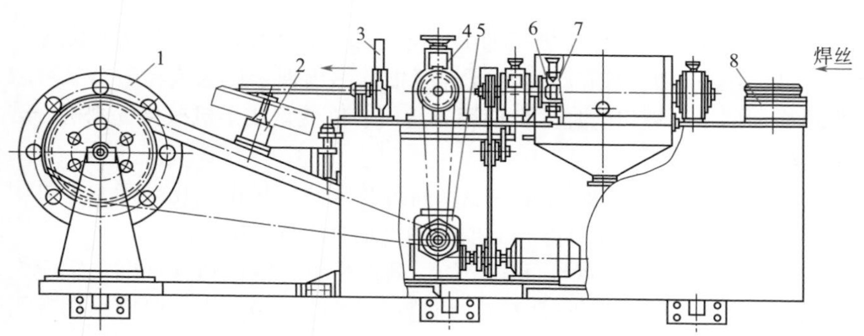

图 5-30　焊丝除锈机

1—外卷丝盘；2—内卷丝盘；3—剪丝机构；4—压紧轮；5—送丝机减速器；6—去锈转筒；7—砂轮；8—矫直机

焊丝经矫直机 8 矫直后，进入去锈转筒 6，穿过砂轮 7，由于砂轮以 1400 ～ 2900r/min 的高速旋转，焊丝通过时，焊丝上的铁锈被迅速清除掉。除锈后的焊丝自动进入外卷丝盘 1 内或内卷丝盘 2 内，待卷满一盘后，利

用剪丝机构3将其剪断，卷丝盘即可移装于焊接小车上，准备使用。当焊丝表面的锈蚀严重时，可采用拉丝除锈，拉丝模的孔径应比焊丝名义直径小0.2～0.5mm。

5.3 常用金属材料的埋弧焊工艺

5.3.1 焊接工艺及焊接参数的选择诀窍

埋弧焊的焊缝形状既关系到焊缝表面的成形，又直接影响着焊缝金属的质量。一般由焊缝形状系数 ψ 表示焊缝形状的特性，ψ 由焊缝宽度 c 与焊缝有效厚度 S（熔深）之比决定。当 ψ 值过小时，焊缝形状窄而深，焊缝容易产生气孔、夹渣、裂纹等缺陷；当 ψ 值过大时，熔宽过大或熔深浅会造成未焊透。埋弧焊时 ψ 值在1.3～2之间较为适宜。由于焊缝形状由焊接工艺参数决定，因此，正确选择焊接工艺参数十分重要。

与焊条电弧焊相比，埋弧焊需控制的焊接参数较多，对焊接质量和焊缝成形影响较大的焊接参数有焊接电流、电弧电压、焊接速度、焊丝直径与焊丝伸出长度、焊丝与焊件的相对位置（焊丝倾斜角度）、装配间隙与坡口的大小等，此外焊剂层厚度及粒度对焊缝质量也有影响。

（1）焊前准备诀窍

焊前的准备工作包括坡口加工、待焊部位的清理以及焊件的装配等。

① 按要求加工坡口，以保证焊缝根部不出现未焊透或夹渣，又可减少填充金属量。坡口的加工可使用刨边机、机械化或半机械化气割机、碳弧气刨等。

② 焊件清理主要是去除锈蚀、油污及水分，防止气孔的产生。可用喷砂、喷丸方法或手工清除，必要时用火焰烘烤待焊部位。

③ 装配焊件时应保证间隙均匀、高低平整，定位焊缝长度一般应大于30mm，且定位焊缝质量应与主焊缝质量要求一致。必要时应采用专用工装、夹具。

（2）焊接参数的选择诀窍

根据焊接工艺的不同要求，可以有单面焊或双面焊，有坡口或无坡口，有间隙或无间隙，有衬垫或悬空焊，单道焊或多道焊，等等。

① 焊剂垫上单面焊双面成形。埋弧焊时焊缝成形的质量主要与焊剂垫托力及根部间隙有关。所用的焊剂垫尽可能选用细颗粒焊剂，焊接参数的选择见表5-15。

表 5-15　焊剂垫上单面对接焊焊接参数的选择

板厚 /mm	根部间隙 /mm	焊丝直径 /mm	焊接电流 /A	电弧电压 /V	焊接速度 /（cm/min）	电流种类	焊剂垫压力 /kPa
3	0～1.5	1.6	275～300	28～30	56.7	交	81
3	0～1.5	2	275～300	28～30	56.7	交	81
3	0～1.5	3	400～425	25～28	117	交	81
4	0～1.5	2	375～400	28～30	66.7	交	101～152
4	0～1.5	4	525～550	28～30	83.3	交	101
5	0～2.5	2	425～450	32～34	58.3	交	101～152
5	0～2.5	4	575～625	28～30	76.7	交	101
6	0～3.0	2	475	32～34	50	交	101～152
6	0～3.0	4	600～650	28～32	67.5	交	101～152
7	0～3.0	4	650～700	30～34	61.7	交	101～152
8	0～3.5	4	725～775	30～36	56.7	交	—
10	3～4	5	700～750	34～36	50	交	—
12	4～5	5	750～800	36～40	45	交	—
14	4～5	5	850～900	36～40	42	交	—
16	5～6	5	900～950	38～42	33	交	—
18	5～6	5	950～1000	40～44	28	交	—
20	5～6	5	950～1000	40～44	25	交	—

② 铜衬垫上单面焊双面成形。铜衬垫的尺寸如图 5-31 所示，铜衬垫的尺寸选择见表 5-16，焊接参数的选择见表 5-17。

表 5-16　铜衬垫的截面尺寸选择　mm

焊件厚度	槽宽 *b*	槽深 *h*	曲率半径 *r*
4 ～ 6	10	2.5	7.0
6 ～ 8	12	3.0	7.5
8 ～ 10	14	3.5	9.5
12 ～ 14	18	4.0	12

表 5-17　铜衬垫上单面对接焊焊接参数选择

板厚 /mm	根部间隙 /mm	焊丝直径 /mm	焊接电流 /A	电弧电压 /V	焊接速度 /（cm/min）
3	2	3	380 ～ 420	27 ～ 29	78.3
4	2 ～ 3	4	450 ～ 500	29 ～ 31	68
5	2 ～ 3	4	520 ～ 560	31 ～ 33	63
6	3	4	550 ～ 600	33 ～ 35	63
7	3	4	640 ～ 680	35 ～ 37	58
8	3 ～ 4	4	680 ～ 720	35 ～ 37	53.3
9	3 ～ 4	4	720 ～ 780	36 ～ 38	46
10	4	4	780 ～ 820	38 ～ 40	46
12	5	4	850 ～ 900	39 ～ 40	38
13	5	4	880 ～ 920	39 ～ 41	36

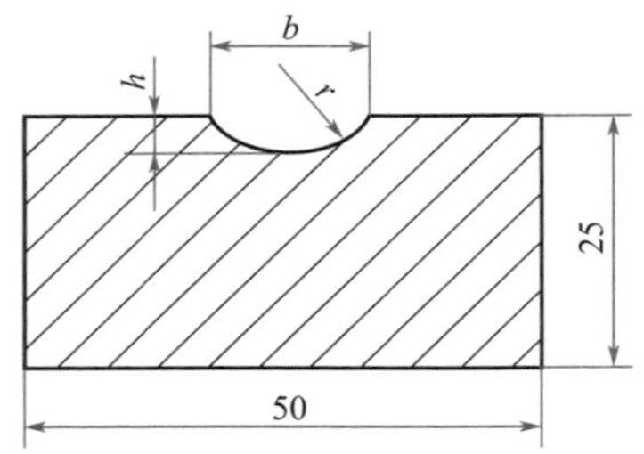

图 5-31　铜衬垫的截面

5.3.2 埋弧焊通用操作技术、技巧与诀窍

埋弧焊与其他焊接方法的不同之处是焊接参数由设备保证，焊工的任务是操作焊机，具体任务是按按钮，调整旋钮位置，根据焊缝的成形情况控制焊接参数，实际上焊工只是一名焊机的操作工。要保证焊接质量，焊工必须熟悉自动埋弧焊设备的操作步骤和方法，必须熟悉焊接参数与焊缝成形的影响，必须能根据焊接过程中观察到的现象及时调整设备位置和参数，及时处理焊接过程中可能遇到的一切问题。要求大家在培训过程中熟悉埋弧焊的工艺过程，牢牢地记住焊接参数与焊缝成形的关系，掌握埋弧焊机的操作要领。

埋弧焊基本的操作一般是从平敷焊接开始的。其操作主要是引弧和收弧，灵活调整焊接工艺参数的技巧，以及对埋弧焊机的熟练操纵。

（1）焊前准备

① 焊接设备。采用MZ-1000型埋弧自动焊机，其外部接线（分别采用交流或直流弧焊电源）如图5-11和图5-12所示。

② 碳弧气刨。采用侧面送风式刨枪，镀铜实心碳棒（ϕ6mm）、硅整流器弧焊电源及其外部接线如图5-32所示。

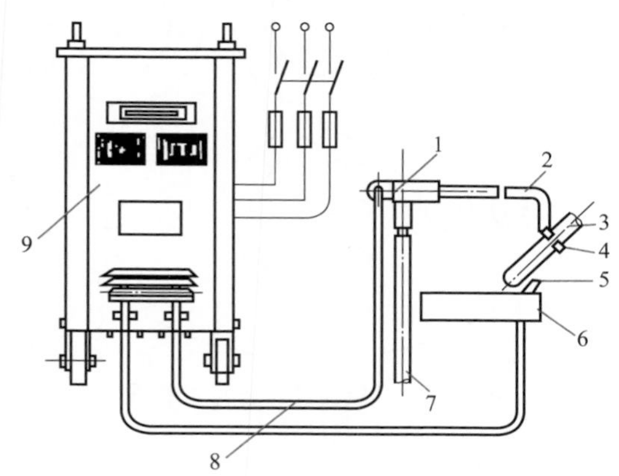

图5-32 碳弧气刨焊机外部接线图

1—接头；2—电风合一软管；3—碳棒；4—刨枪钳口；5—压缩空气气流；6—工件；7—进气胶管；8—电缆线；9—弧焊整流器

③ 焊剂。HJ401-H08A，焊前进行烘干。

④ 焊丝。H08A，直径4mm、6mm。

⑤ 焊件。低碳钢板，准备两种：长 × 宽 × 厚为 500mm×125mm×10mm，每组两块；长 × 宽 × 厚为 800mm×125mm×40mm，每组两块。

⑥ 引弧板和引出板。低碳钢板，长 × 宽 × 厚为 100mm×100mm×10mm。

（2）空车练习提高技能与技巧

焊工在进行正式埋弧焊的操作之前，应对埋弧焊的基本操作技能进行空车练习，直到熟练为止。空车练习是指熟悉焊接小车上几个主要按钮的作用及使用方法。首先将连接电源网络的刀开关合上，接通控制线路电源，将焊接小车上的控制旋钮 9 拨到空载位置（见图 5-33）。

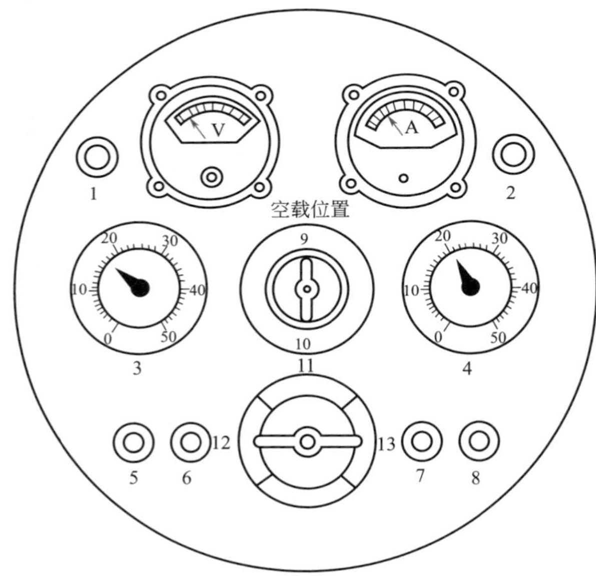

图 5-33　控制旋钮拨到空载位置

① 电流调节技巧。分别按下按钮 7（电流增大）和按钮 8（电流减小），弧焊变压器中的电流调节活动铁芯即开始前后移动，通过弧焊变压器外壳上的电流指示器，可以预先初步知道焊接电流的近似数值。如果采用弧焊发电机或弧焊整流器作为埋弧焊的焊接电源，则在空载时无法确定焊接电流值，真正的焊接电流值要待电弧引燃后从小车控制盘上的电流表上读出。

② 焊丝送进速度调节技巧。分别按下按钮 5（焊丝向上）和按钮 6（焊丝向下），焊丝即自动地上抽或下送，此时应检查焊丝的上、下运动是否灵活，有无故障。然后转动调节旋钮 3（电弧电压调整器）调节焊丝送丝速度，此时电弧电压即发生改变，但所需的电弧电压值要待电弧引燃后从小车控制盘上的电压表上读出。

③ 小车行走速度调节技巧。小车行走速度即焊接速度。先拨动旋钮 12、13，检查小车能否前、后（左、右）移动行走，然后转动旋钮 4(焊接速度调整器) 调节小车行走速度。但必须注意，旋钮盘上的数字并不代表具体的焊接速度值，所需的焊接速度可凭经验或实测得到。

(3) 操作要领与诀窍

取厚度 10mm 的钢板，沿 500mm 长度方向每隔 50mm 划一道粉线作为平敷焊焊道准线。然后将焊件处于架空状态焊接，如图 5-34。

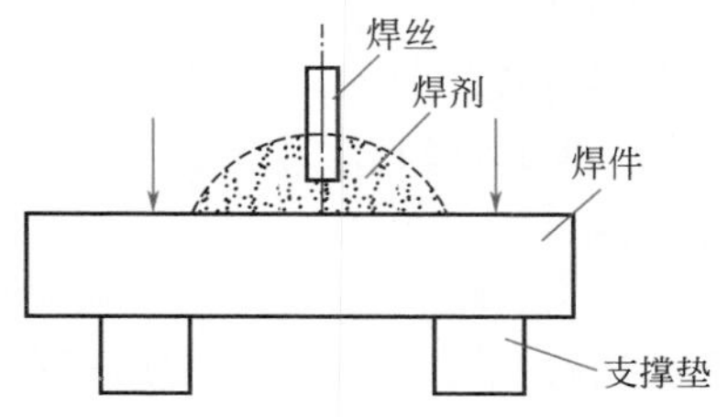

图 5-34　焊件处于架空状态

① 引弧前的操作步骤与技巧：

a. 检查焊机外部接线（图 5-11、图 5-12）是否正确。

b. 调整轨道位置，将焊接小车放在轨道上。

c. 将盘绕好的焊丝盘夹在固定位置上，然后把焊剂装入焊剂漏斗内。

d. 接通焊接电源和控制箱电源。

e. 调整焊丝位置，并按动控制盘上的向上或向下按钮，使焊丝向上或向下对准待焊处中心，并与焊件表面轻轻接触。调整导电嘴使焊丝伸出长度为 5 ～ 8mm。

f. 将开关转到焊接位置上。

g. 按焊接方向将自动焊车的换向开关转到向前或向后的位置。

h. 调节焊接工艺参数。选择 H08A 焊丝，直径 4mm，焊接电流 640 ～ 680A，电弧电压 34 ～ 36V，焊接速度 36 ～ 40m/h，可分别调节对应旋钮来获得。

i. 将离合器手柄向上扳，使主动轮与焊接小车减速器相连接。

j. 开启焊剂漏斗阀门，使焊剂堆敷在始焊部位。

② 引弧技巧。按下启动按钮，焊丝会自动向上提起（由接触状态），随即焊丝与焊件之间产生电弧，当达到电弧电压给定值时，焊丝便向下送进。当焊丝的送进速度与焊丝熔化速度同步后，焊接过程稳定。此时，焊接小车也开始沿轨道行走，焊机进入正常的焊接。

如果按启动按钮后，焊丝不能上抽引燃电弧，而把机头顶起，表明焊丝与焊件接触太紧或接触不良。需要适当剪断焊丝或清理接触表面，再重新引弧。

③ 焊接过程与操作技巧。焊接过程中，应随时观察控制盘上的电流表和电压表的指针、导电嘴的高低、焊接方向指示针的位置和焊缝成形。

如果电流表和电压表的指针摆动很小，表明焊接过程稳定。如果发现指针摆动幅度增大、焊缝成形不良时，可随时调节“电弧电压”旋钮、“焊接电源遥控”按钮、“焊接速度”旋钮。可用机头上的手轮调节导电嘴的高低，用小车前侧的手轮调节焊丝相对准线的位置。调节时操作者所站位置要与准线对正，以避免偏斜。

观察焊缝成形时，要等焊缝凝固并冷却后再除去渣壳，否则会影响焊缝的性能。通过观察焊件背面的红热程度，可了解焊件的熔透状况。若背面出现红亮颜色，则表明熔透良好；若背面颜色较暗，应适当减小焊接速度或适当增大焊接电流；若背面颜色白亮，母材加热面积前端呈尖状，则已接近焊穿，应立即减小焊接电流或适当提高电弧电压。

④ 收弧技巧。按停止按钮时应分两步。开始先轻轻往里按，使焊丝停止输送，然后再按到底，切断电源。如果一下就把按钮按到底，焊丝送给与焊接电源同时切断，会因送丝电动机的惯性继续向下送一段焊丝，使焊丝插入熔池中，发生与焊件黏结现象。当导电嘴较低或电弧电压过高时，采用这种不当的收弧方式，电弧会返烧到导电嘴，甚至将焊丝与导电嘴熔合在一起。

焊接结束后，要及时回收未熔化焊剂，清除焊缝表面渣壳，检查焊缝成形和表面质量。

初步练习技能掌握以后，操作者可用同一直径的焊丝采用不同的焊接电流、电弧电压和焊接速度进行平敷焊练习；再用不同直径的焊丝采用不同的焊接参数进行平敷焊练习；然后去除焊缝表面渣壳，用焊缝万能量规测量焊缝外表几何尺寸余高、焊缝宽度等；最后将试板横向切开（采用气割或金属切削切割），打磨后用金相腐蚀，显露焊缝断面形状，用焊缝万能量规测量焊缝厚度。将以上数据进行整理归纳，便得出埋弧焊时焊接参数对焊缝形状尺寸的影响的实测数据，为整个埋弧焊操作训练中灵活选取焊接参数打下了基础。

5.3.3 碳素钢埋弧焊操作实例

（1）焊丝与焊剂的选择与匹配

低碳钢埋弧焊时，为有利于熔池的氧化还原反应，保证焊缝的力学性能，应合理地选用匹配焊丝与焊剂。低碳钢埋弧焊常用焊丝见表 5-18。焊丝与焊剂的匹配见表 5-19。

表 5-18 低碳钢埋弧焊常用焊丝的化学成分（质量分数）/%

牌号	C	Si	Mn	Cr	Ni	Cu	S	P
H08A	≤ 0.10	≤ 0.030	0.30 ～ 0.55	≤ 0.20	≤ 0.30	≤ 0.20	≤ 0.030	≤ 0.030
H08E	≤ 0.10	≤ 0.030	0.30 ～ 0.55	≤ 0.20	≤ 0.30	≤ 0.20	≤ 0.020	≤ 0.020
H08MnA	≤ 0.10	≤ 0.07	0.80 ～ 1.10	≤ 0.20	≤ 0.30	≤ 0.20	≤ 0.030	≤ 0.030
H15A	0.11 ～ 0.18	≤ 0.03	0.35 ～ 0.65	≤ 0.20	≤ 0.30	≤ 0.20	≤ 0.030	≤ 0.030
H15Mn	0.11 ～ 0.18	≤ 0.03	0.80 ～ 1.10	≤ 0.20	≤ 0.30	≤ 0.20	≤ 0.040	≤ 0.040
H10Mn2	≤ 0.12	≤ 0.07	1.50 ～ 1.90	≤ 0.20	≤ 0.30	≤ 0.20	≤ 0.035	≤ 0.035
H10MnSi	≤ 0.14	0.60 ～ 0.90	0.80 ～ 1.10	≤ 0.20	≤ 0.30	≤ 0.20	≤ 0.035	≤ 0.035

表 5-19 低碳钢埋弧焊常用焊丝与焊剂的匹配

钢材牌号	焊丝	焊剂
Q235 Q255 Q275	H08A H08A H08MnA	HJ420 HJ431
15、20 20g 20R 25、30	H08A、H08MnA H08MnA、H10MnSi、H10Mn2 H08MnA H08MnA、H10Mn2	HJ430 HJ431 HJ330

（2）生产工艺实例：电站锅炉主焊缝的双面埋弧焊

1）技术要求

锅筒材料：20g，$\delta = 42$mm。

工作压力：3.82MPa。

焊缝表面：外形尺寸符合图样和工艺文件的规定，焊缝及热影响区表面无裂纹、未熔合、夹渣、弧坑、气孔和咬边。

焊缝 X 射线探伤：按 JB 4730—1994《压力容器无损检测》Ⅱ级标准。

焊接接头性能：σ_b=400 ～ 540MPa，σ_s=225 MPa，δ_5=23%，冷弯 α=180°，A_{Kv}=27J。

焊接接头宏观金相：没有裂纹、疏松、未熔合、未焊透。

2）焊接工艺

① 坡口形式及尺寸如图 5-35 所示。

② 选用的焊接材料为 ϕ5mm 的 H08MnA 焊丝和 HJ431。

③ 焊接参数见表 5-20，采用多层搭接焊，焊层分布如图 5-36 所示，层间温度为 100 ～ 250℃，焊丝偏移量见表 5-21。

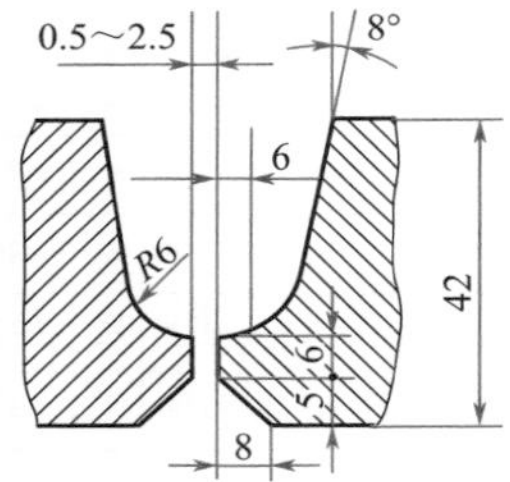

图 5-35　电站锅炉主焊缝对接坡口的形式及尺寸

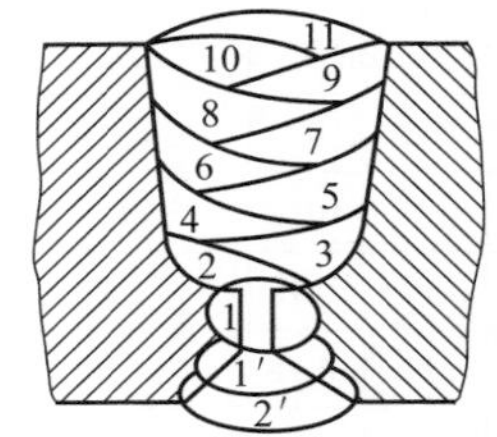

图 5-36　电站锅炉主焊缝的焊层分布图

表 5-20　电站锅炉主焊缝埋弧焊的焊接参数

焊接层次	焊接电流 /A	电弧电压 /V	焊接速度 /（cm/min）
1′	680 ～ 730	34 ～ 35	40 ～ 41.7
2′	750 ～ 770	34 ～ 35	40 ～ 41.7
背面气刨	炭精棒 ϕ7mm，槽深 4 ～ 5mm		
1	730 ～ 750	34 ～ 35	40 ～ 41.7
29	750 ～ 770	34 ～ 35	40 ～ 41.7
10	750 ～ 770	34 ～ 35	40 ～ 41.7
11	750 ～ 770	34 ～ 35	40 ～ 41.7

表 5-21　电站锅炉主焊缝埋弧焊的焊丝偏移量　　mm

焊接层次	焊丝位置
1′、2′、1′	焊缝坡口中心

续表

焊接层次	焊丝位置
2、3	4～5[①]
4、5、6、7	5～6[①]
8、9	6～7[①]
10、11	8～10[①]

①为焊丝距坡口侧壁的距离。

3）焊接检验

① 焊缝成形美观，过渡均匀，焊缝余高为1.5～3mm，焊缝宽35～38mm，焊缝表面无裂纹、咬边、未熔合、气孔等。

② 按相关标准和要求，100%探伤Ⅱ级合格。

③ 力学性能数据（见表5-22），均合格。

表5-22 电站锅炉主焊缝埋弧焊焊接接头的力学性能数据

检验项目	σ_s/MPa	σ_b/MPa	δ_5/%	弯曲	冲击功/J	
					焊缝	热影响区
焊缝拉伸	326～350	451～463	31～38.7	D=2S A=180° 合格	—	—
接头拉伸	—	447～461	—		—	—
侧弯	—	—	—		—	—
冲击	—	—	—	—	35～88	30～50

④ 宏观金相检查时，无任何肉眼可见缺陷。

5.3.4 不锈钢埋弧焊操作技巧与实例

适合埋弧焊焊接的不锈钢主要是奥氏体不锈钢。

（1）焊丝与焊剂的选择

焊接奥氏体不锈钢埋弧焊用焊丝的化学成分见表5-23，焊剂见表5-24。

表5-23 奥氏体不锈钢埋弧焊用焊丝的化学成分（质量分数）/%

牌号	C	Si	Mn	P	S	Ni	Cr	其它
H0Cr21Ni10	≤0.06	≤0.60	1.00～2.50	≤0.030	≤0.020	9.00～11.0	19.50～22.00	—
H00Cr21Ni10	≤0.03					9.00～11.0	19.50～22.00	—
H0Cr20Ni10Ti	≤0.06					9.00～10.50	18.50～20.50	Ti9×C%～1.00
H0Cr20Ni10Nb	≤0.08					9.00～11.0	19.00～21.50	Nb10×C%～1.00

表 5-24　奥氏体不锈钢埋弧焊用焊剂

焊丝	焊剂
H0Cr21Ni10	HJ151、HJ260、SJ601、SJ641
H00Cr21Ni10	HJ151、HJ260、SJ601、SJ641
H0Cr20Ni10Ti	HJ172、HJ151、HJ260、SJ601、SJ641
H0Cr20Ni10Nb	HJ172、HJ151、HJ260、SJ601、SJ641

（2）奥氏体不锈钢的焊接特点

焊接奥氏体不锈钢的主要问题是热裂纹、脆化、晶间腐蚀和应力腐蚀。

1）防止热裂纹的措施

① 对 18-8 型不锈钢，使焊缝金属组织为奥氏体 - 铁素体双相组织，铁素体含量为 4% ～ 12% 为宜。

② 减少 S、P 等杂质的含量。

③ 对 18-8 型不锈钢，在保证铁素体含量前提下，适当提高 Mn、Mo 含量，减少 C、Cu 含量。

④ 采用小的焊接热输入、低的层间温度。

⑤ 采用无氧焊剂。

2）防止 475℃脆化和相析出脆化的措施

① 选择合适的焊接参数，使焊接接头在 400 ～ 600℃和 650 ～ 850℃两个温度区间内有较快的冷却或加热速度。

② 发生脆化时，可以用热处理方法消除。600℃以上短时加热后空冷，可消除 475℃脆化；加热到 930 ～ 980℃急冷，可消除相析出脆化。

3）防止晶间腐蚀的措施

① 采用小的焊接热输入，多焊道，以及焊接过程中采用强迫焊接接头快冷的工艺措施，缩短焊接区在 450 ～ 850℃的停留时间。

② 用奥氏体 - 铁素体双相组织焊缝或含有 Ti、Nb 稳定元素及超低碳的焊丝。

③ 对焊后不再经受 450 ～ 850℃加热的结构，进行固溶处理，对含稳定元素 Ti、Nb 的不锈钢采用稳定化处理，见表 5-25。

表 5-25 奥氏体不锈钢埋弧焊的焊后热处理规范

热处理内容	工艺参数
完全退火	加热到 1065 ～ 1120℃，缓冷
退火	加热到 850 ～ 900℃，缓冷
固溶处理	加热到 1065 ～ 1120℃，水冷或缓冷
消除应力处理	加热到 850 ～ 900℃，空冷或急冷
稳定化处理	加热到 850 ～ 900℃，空冷

（3）焊接实例： $30m^3$ 不锈钢发酵罐的焊接

① 技术条件。钢板为 0Cr19Ni9，板厚 10mm，筒体直径为 2400mm，长为 9896mm, 工作压力为 0.25MPa，工作介质为发酵液蒸气，工作温度为 145℃。

② 焊接工艺规范。采用 I 形坡口，根部间隙为 4mm，坡口及两侧 50mm 以内应清理干净，不得有油污及杂质；焊丝为 H0Cr21Ni10，并清理干净，直径为 ϕ4mm；焊剂为 HJ260，烘干规范为 250℃保温 2h；电源为直流反接；焊接参数见表 5-26。

表 5-26 $30m^3$ 不锈钢发酵罐的焊接参数

正面焊缝			背面焊缝		
焊接电流 /A	电弧电压 /V	焊接速度 /（cm/min）	焊接电流 /A	电弧电压 /V	焊接速度 /（cm/min）
550	29	70	600	30	60

为防止 475℃脆化及相析出脆化，焊接过程中，采用反面吹风及正面及时水冷的措施，快速冷却焊缝。

焊后进行焊缝外观检验，外观合格则进行 20% 的 X 射线探伤，且符合 JB 4730—1994 标准Ⅱ级要求，同时对工艺检查试板进行 X 射线探伤和力学性能试验。合格后进行整体水压试验，试验压力为 0.31MPa。

5.3.5 铜及铜合金埋弧焊实例

埋弧焊电弧热量集中，焊接接头力学性能较高，对于纯铜、青铜焊接性较好，对于黄铜焊接性尚可，一般多在中等厚度纯铜件的焊接时采用，30mm 以下的纯铜板可以实现不预热埋弧焊。

（1）焊丝与焊剂的选择

铜及铜合金埋弧焊用焊丝的化学成分见表 5-27，焊剂见表 5-28。

表 5-27　铜及铜合金埋弧焊用焊丝的化学成分　　%

焊丝牌号	焊丝型号	Cu	Sn	Si	Mn	P	Pb	Al	Zn	杂质
HS201	HSCu	≥ 98.0	≤ 1.0	≤ 0.5	≤ 0.5	≤ 0.15	≤ 0.02	≤ 0.01		总和 ≤ 0.50
HS202	HSCu	99.8 ～ 99.6	—	—	—	0.20 ～ 0.40	—	—	—	—
HS220	HSCuZn-1	57 ～ 61	0.5 ～ 1.5	—	—	—	≤ 0.05	—	余量	总和 ≤ 0.50
HS221	HSCuZn-3	56.0 ～ 62.0	0.5 ～ 1.5	0.1 ～ 0.5	—		≤ 0.05	≤ 0.01	—	总和 ≤ 0.50
	HSCu	≥ 98.0	≤ 1.0	≤ 0.5	≤ 0.5	—	—	—	—	—

表 5-28　铜及铜合金埋弧焊用焊剂

类型	牌 号
中硅中氟	HJ150
低锰中硅中氟	HJ250
低锰高硅中氟	HJ260
中锰高硅中氟	HJ360
高锰高硅低氟	HJ431

（2）铜及铜合金埋弧焊的特点

① 坡口形式。埋弧焊的坡口形式见表 5-29。

表 5-29　铜及铜合金埋弧焊坡口形式

板厚 /mm	坡口形式	根部间隙 /mm	钝边 /mm	角度 /（°）
3 ～ 4	I	1	—	—
5 ～ 6	I	2.5	—	—
8 ～ 10	V	2 ～ 3	3 ～ 4	60 ～ 70
12 ～ 16	V	2.5 ～ 3.0	3 ～ 4	70 ～ 80
21 ～ 25	V	1 ～ 3	4	80
≥ 20	X	1 ～ 2	2	60 ～ 65
35 ～ 40	U	1.5	1.5 ～ 3.0	5 ～ 15

② 焊前预热。根据经验，纯铜埋弧焊时可不预热，但为保证焊接质量，对于厚度大于 20mm 的焊件最好采取局部预热（200 ～ 400℃），过高的预热温度会引起热影响区晶粒长大倾向，并产生剧烈氧化，以致形成气孔、夹渣，降低焊接接头力学性能。

③ 焊接用垫板。埋弧焊时采用焊剂垫，可采用纯铜或碳素钢槽支承焊剂垫。焊接双面焊的背面缝时，也适合在焊剂垫上进行。

④ 焊接参数。铜及铜合金埋弧焊的焊接参数见表 5-30。

表 5-30　铜及铜合金埋弧焊的焊接参数

材料	板厚/mm	坡口形式	焊接材料		焊丝直径/mm	焊接电流（直流反接）/A	电弧电压/V	焊接速度/(m/h)	备注
			焊丝	焊剂					
纯铜	5 ～ 6	对接	HS201 HS202	HJ430 HJ260 HJ150	4	500 ～ 550	35 ～ 40	25 ～ 20	单面单层加垫板
	10 ～ 12				5	700 ～ 800	40 ～ 44	20 ～ 15	
	16 ～ 20				6	900 ～ 1000	45 ～ 50	12 ～ 8	双面单层焊
	25 ～ 40	U 形			4 ～ 5	1000 ～ 1400	50 ～ 55	15 ～ 10	单面多层加垫板
黄铜	4	对接无坡口	HS220 HS221	HJ431	1.5	180 ～ 200	24 ～ 26	20	单面单层加垫板
	8				1.5	300 ～ 380	26 ～ 28	20	
	12				2.0	450 ～ 470	30 ～ 32	25	
	18	V 形			3.0	650 ～ 700	32 ～ 34	30	双面单层焊
铝青铜	10	对接	HSCuAl	HJ431 HJ150	2	450	35 ～ 36	25	
	15	V 形			3	550 ～ 650	35 ～ 36	25	单面双层加垫板
	26	X 形			4	750 ～ 800	36 ～ 38	25	单面多层加垫板

焊接极性为反接法，焊丝伸出长度为 35 ～ 40mm。焊丝垂直或前倾 10°，焊件水平或倾斜 5° ～ 10°，采用上坡焊。

（3）焊接实例：精馏塔纵缝的埋弧焊

板材为 TU1，厚度为 10mm；焊丝为 HS201，直径为 ϕ2.5mm；焊剂为 HJ431；坡口形式为 V 形，坡口角度为 60°，钝边为 4mm，根部间隙为 1 ～ 3mm。

采用双面焊，焊正面时背部采用焊剂垫，焊背面时也采用焊剂垫，焊剂垫与焊件压紧，不得有间隙。

采用直流反接电源，焊接参数见表5-31。

焊接接头检验：＞200MPa，＞25%，冷弯180°合格。耐腐蚀性能高于母材。

表5-31 精馏纵缝的埋弧焊焊接参数

焊接顺序	焊接电流/A	电弧电压/V	焊接速度/（cm/min）
正面	410	35	58
铲除焊根			
背面	410	35	58

5.4 埋弧焊工程应用实例及质量检查

5.4.1 单面焊双面成形平板对接焊工程实例

单面焊双面成形埋弧焊是采用较大的装配间隙和较强的焊接电流，在正面将焊件一次焊透，使熔池金属在衬垫上冷却凝固，达到反面也能成形的目的。这种方法可以提高生产率、减轻劳动强度和改善劳动条件。

（1）焊前准备

① MZ-1000型埋弧焊机一台，焊丝牌号H08A，直径4mm，焊剂牌号HJ431，焊件为Q235-A低碳钢，厚度10mm，长×宽为500mm×150mm。

② 辅助工具为錾子、扳手、钢丝钳等。

③ 辅助装置为铜垫-电磁平台，结构见图5-37。

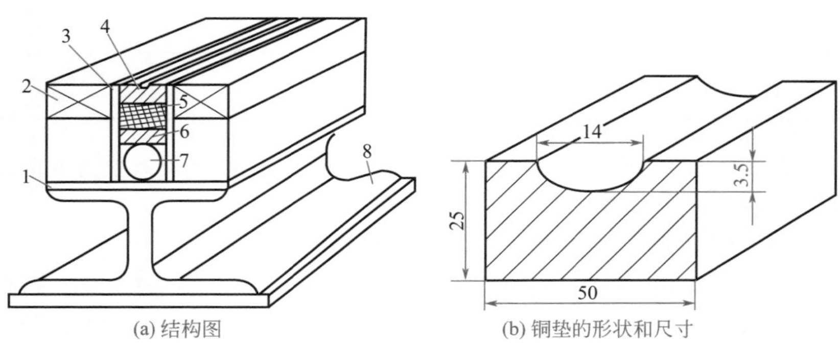

(a) 结构图　　(b) 铜垫的形状和尺寸

图5-37 铜垫-电磁平台

1—垫板；2—电磁铁；3—挡板；4—铜垫；5—石棉板；6—钢板；7—通气管；8—工字钢底座

（2）焊接参数

10mm 厚的 Q235-A 钢板在铜垫 - 电磁平台上进行单面焊双面成形埋弧焊的焊接参数，参见表 5-32。

表 5-32　单面焊双面成形焊接参数

焊件厚度 /mm	装配间隙 /mm	焊丝直径 /mm	焊接电流 /A	焊接电压 /V	焊接速度 /（m/h）
10	4	4	780 ～ 820	38 ～ 40	27

（3）焊接操作技能与技巧

首先清除焊件边缘的锈污，然后将焊件放于铜垫 - 电磁平台上，留出预先选定的装配间隙（不必进行定位焊），并使间隙中心对准铜垫成形槽的中心线，在焊件两端焊接引弧板和引出板。

铜垫 - 电磁平台是实现单面焊双面成形的装置。铜垫 4［见图 5-37（a）］由通气管 7 承托，通气管 7 内通入 0.4 ～ 0.5MPa 的压缩空气，使铜垫紧贴在焊件背面。电磁平台由六块电磁铁 2 组成，紧紧地吸住焊件。焊缝的反面成形由铜垫来控制，铜垫表面的凹槽槽形即为反面焊缝的形状。铜垫的形状和尺寸见图 5-37（b）。焊前在铜垫凹槽内撒满一层细颗粒焊剂，以保证背面焊缝有熔渣保护，并改善焊缝成形。焊接时铜垫内通冷却水，使铜垫在焊接过程中不致被熔化的液态金属粘牢或烧坏。

待焊件在平台上放好后便揿下按钮，使电磁铁通电并吸住焊件，这时便可正式启动焊机，进行焊接。焊接过程中，电弧在较大的间隙中燃烧，使预埋在缝隙间的和铜垫槽内的焊剂与焊件一起熔化。随着焊接电弧的向前推进，离开焊接电弧的液态金属和熔渣渐渐凝固，在反面焊缝表面与铜垫之间也形成一层渣壳。冷却后，关闭电磁铁电源，取出焊件，除去渣壳，便得到正、反两面都有良好成形的焊缝，见图 5-38。

单面焊双面成形的目的是使焊缝正、反面都能获得良好的成形。关键是在整个焊件的全长上对反面焊缝应有均匀的承托力，承托力太大或太小都会对焊缝的成形产生严重影响，见图 5-39。利用电磁平台吸住焊件，在通气管内保持一定的压力，能有效地克服这种现象。

单面焊双面成形埋弧焊的形式很多，但总要有一个可靠的衬托装置来衬托液态熔池金属，以保证熔化金属在其自重作用下不从熔池底部流失。这种衬托装置，焊工在培训过程中可以结合本厂的具体情况自制。自制的

衬托装置应符合以下的条件：在熔池高温作用下能保持自身形状，不会烧穿；沿焊件反面有良好的紧贴性，并要有一定的紧贴力，以防止液态金属从缝隙中流失并能控制反面焊缝的宽度和余高都比较均匀。

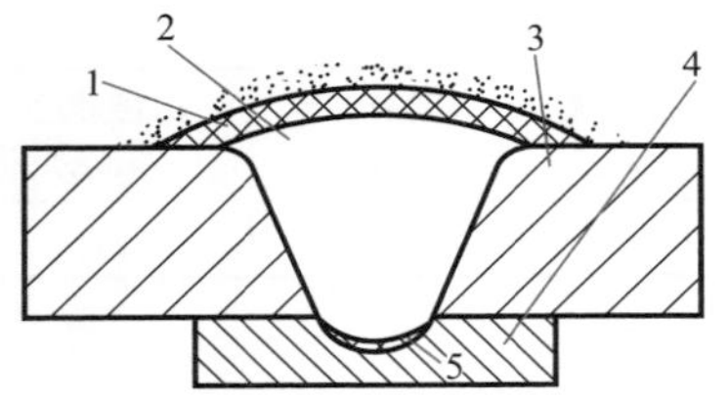

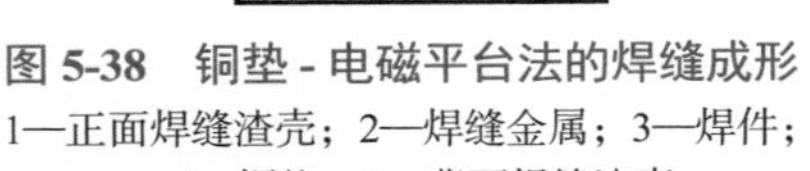

图 5-38　铜垫 - 电磁平台法的焊缝成形

1—正面焊缝渣壳；2—焊缝金属；3—焊件；4—铜垫；5—背面焊缝渣壳

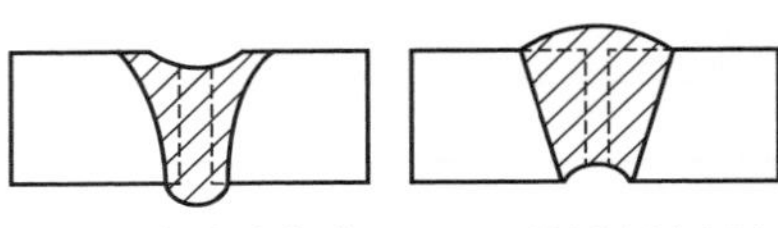

(a) 承托力过小时　　(b) 承托力过大时

图 5-39　承托力对焊缝成形的影响

有了良好的衬托装置，对于单面焊双面成形埋弧焊来说，选择合适的焊接参数至关重要。根据不同的焊件厚度选择对应的焊接参数，见表 5-33。

表 5-33　单面焊双面成形埋弧焊的焊接参数

焊件厚度 /mm	装配间隙 /mm	焊丝直径 /mm	焊接电流 /mm	电弧电压 /V	焊接速度 /（m/h）
3	2	3	380 ～ 420	27 ～ 29	47
4	2 ～ 3	4	450 ～ 500	29 ～ 31	40.5
5	2 ～ 3	4	520 ～ 560	31 ～ 33	37.5
6	3	4	550 ～ 600	33 ～ 35	37.5
7	3	4	640 ～ 680	35 ～ 37	34.5
8	3 ～ 4	4	680 ～ 720	35 ～ 37	32
9	3 ～ 4	4	720 ～ 780	36 ～ 38	27.5
10	4	4	780 ～ 820	38 ～ 40	27.5
12	5	4	850 ～ 900	39 ～ 41	23
14	5	4	880 ～ 920	39 ～ 41	21.5

5.4.2　高压除氧器筒体环缝焊接实例

（1）焊前准备

高压除氧器筒体的材料为 16MnR 钢，厚度 25mm，其坡口形式及尺寸如图 5-40 所示。筒体装配时，应避免十字焊缝，筒节与筒节、筒节与封头，相邻的纵缝应错开，错开间距应大于筒体壁厚的 3 倍，且不少于 100mm。定位焊缝应焊在坡口内，其焊缝长度为 30 ～ 40mm，间距为 300mm，用 E50150（J507）焊条。间隙要符合要求。

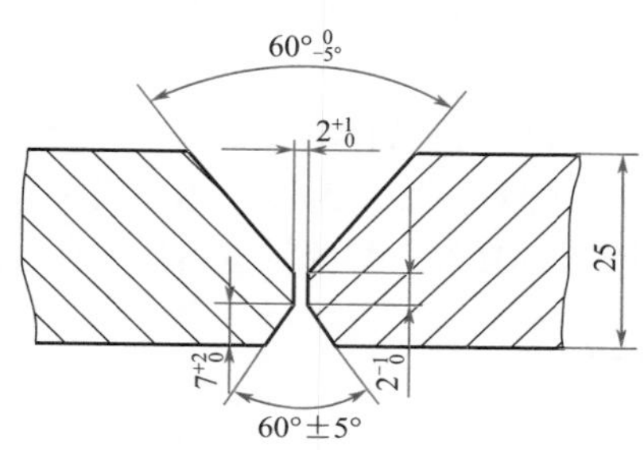

图 5-40　坡口形式及尺寸

将焊缝坡口及其两侧各 15mm 范围内的铁锈、氧化皮等污物清除干净，至露出金属光泽为止。焊条和焊剂要按规定烘干，焊丝表面油锈等须彻底清除，若局部弯折盘丝时应矫直。

（2）焊接技能与技巧

先采用焊条电弧焊焊接内环缝。焊接参数见表 5-34，待焊完内环缝后，用碳弧气刨清理焊根，再用埋弧焊方法焊接外环缝。采用 H12Mn2 焊丝，配 HJ431 焊剂，焊接参数见表 5-35。焊接过程中，应做好层间清理，以防产生夹渣等缺陷。

表 5-34　焊条电弧焊内环缝的焊接参数

焊接层次	焊丝直径 /mm	焊接电流 /A	电源极性
一层	4	160 ～ 180	直流反接
其他层	5	210 ～ 240	

表 5-35　高压除氧器筒体环缝埋弧焊的焊接参数

焊接层次	焊丝直径 /mm	焊接电流 /A	焊接电压 /V	焊丝速度 /（m/h）	电源极性
一层	4	650 ～ 700	34 ～ 38	25 ～ 30	直流反接
其他层	4	600 ～ 700	34 ～ 38	25 ～ 30	

（3）焊缝检查

焊后进行外观检查，其表面质量应符合如下要求：

① 焊缝外形尺寸应符合设计图样和工艺文件的规定，焊缝高度不低于母材表面，焊缝与母材应圆滑过渡。

② 焊缝及其热影响区表面应无裂纹、未熔合、夹渣、弧坑、气孔和咬边等缺陷。

③ 每条焊缝至少应进行 25% 的射线探伤（焊缝交叉部位必须包括在内）。射线探伤按钢熔化焊对接接头射线照相和质量分级规定执行。射线照相的质量要求不应低于 AB 级，焊缝质量不低于Ⅲ级为合格。

5.4.3 桥梁角焊接实例

（1）焊前准备

板梁材料为 Q345（16Mn）钢，板厚≥ 60mm，焊脚尺寸为 14mm，板梁外形如图 5-41 所示。焊接材料选用见表 5-36。

焊前，应将坡口及其两侧 20mm 区域内的油、锈、氧化皮和焊渣等影响焊接质量的杂质清理干净。焊条在使用前需经 350℃烘干 2h，焊剂在使用前经 250℃烘干 2h。装配定位采用 E5015 焊条，定位焊焊缝长度不小于 100mm，间隔 300mm，定位焊焊缝的焊脚尺寸为 8mm，定位焊之前预热 100℃。焊接之前，对板梁进行焊前预热，温度为 100 ～ 150℃。

表 5-36　板梁焊接的焊接材料选用表

名称	型号或牌号	规格直径/mm	用途	名称	型号或牌号	规格直径/mm	用途
焊条	E5015	4	补焊	焊丝	H08MnMoA	4	焊第二层
		5	定位焊	焊剂	HJ431	—	焊第一层
焊丝	H08MnA	2	焊第一层		HJ350	—	焊第二层

（2）焊接技巧

角焊缝首层焊缝在水平位置进行平角焊，其余各层，均在船形位置进行船形焊。焊接顺序为（1）→（6），如图 5-42 所示。焊接的主要焊接参数，见表 5-37。在焊接过程中，层间温度应控制在 100 ～ 200℃之间。

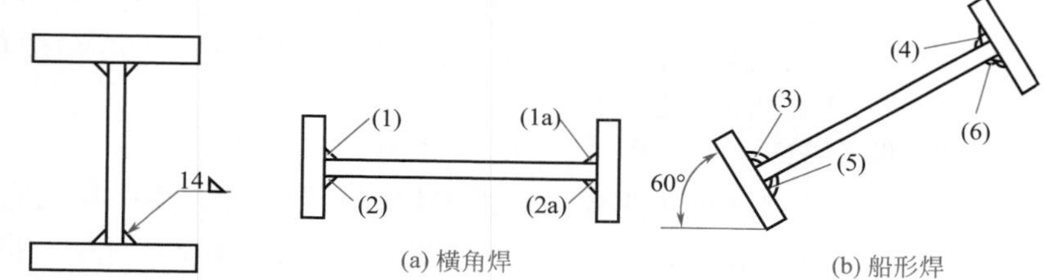

图 5-41 板梁外形结构图

图 5-42 焊接顺序示意图

表 5-37 板梁焊接的焊接参数

焊脚尺寸/mm	层数	道数	焊丝直径/mm	焊接电流/A	电弧电压/V	焊接速度/(m/h)	电源种类
8	1	1	2	350 ～ 400	30 ～ 35	20 ～ 25	交流
14	2	1	4	650 ～ 700	36 ～ 38	25 ～ 30	
		2	4	650 ～ 700	36 ～ 38	25 ～ 30	

（3）焊缝检查

① 外观检查。焊缝外表面应整齐、均匀，无焊瘤、气孔及表面裂纹，咬边深度不大于 0.8mm，咬边长度在每 300mm 长度内不超过 50mm。

② 磁粉探伤。角焊缝均作 100% 的磁粉探伤检查，不允许裂纹存在。不允许存在缺陷，允许修复补焊，补焊前应对补焊处局部预热 100 ～ 150℃。

5.4.4 锅筒窄间隙焊接实例

（1）焊前准备

锅筒材料为 19Mn6，壁厚为 80 ～ 100mm，坡口形式及尺寸如图 5-43 所示，焊接材料选用见表 5-38。

表 5-38 锅筒焊接的焊接材料选用表

名称	型号或牌号	规格直径 /mm	用途
焊条	E5015	4、5	打底
焊丝	S3Mo	4	环缝
焊剂	SJ101	—	环缝

注：S3Mo 焊丝从德国进口，相当于 H08MnMo 焊丝。

焊前将焊接区的污物清除干净，核对焊接材料的选用是否正确，检查焊条、焊剂是否经过烘干，并检查焊件是否达到预热温度（100 ～ 150℃）并检查焊接设备是否能正常工作。

（2）焊接技巧

首先在内坡口面处采用焊条电弧焊焊打底层焊道，第一层用直径 4mm 焊条，其他层用直径 5mm 焊条，每层一条焊道，分 3 ～ 4 层，将坡口焊满。然后在外坡口处进行埋弧焊，第一层采用一层一道焊法，焊接电流应偏上限，其他层采用一层二道焊法，连续地将其焊满至规定要求，焊接参数见表 5-39。

表 5-39　锅筒焊接的焊接参数

焊接方法	焊条直径 /mm	焊丝直径 /mm	焊接电流 /A	电弧电压 /V	焊接速度 /（m/h）	电源
焊条电弧焊打底	4	—	170 ～ 190	22 ～ 25	—	直流反接
	5	—	210 ～ 230	22 ～ 25	—	
埋弧焊	—	4	500 ～ 580	29 ～ 31	29 ～ 31	

（3）焊缝检查

① 外观检查不得有任何缺陷，如有缺陷应立即修复。

② 焊接接头分别进行 100% 的磁粉、射线及超声探伤检查。

5.4.5　管板不锈钢带极堆焊实例

（1）焊前准备

管板的基体材料为 20MnMo 钢，规格为 ϕ2000mm×210mm，管板的堆焊如图 5-44 所示。焊接材料的选用见表 5-40。

在堆焊开始之前，应做好下列工作：

① 对所选用的基体金属管板，需进行超声波探伤检查，不允许有超过规定的缺陷存在。

② 被堆焊的基体表面，应进行打磨并清理干净，检查其表面，不得有裂纹，以保证过渡层的质量和良好的外部成形。

表 5-40　管板堆焊的焊接材料选用表

名称	型号或牌号	规格 /mm	用途
带极	H00Cr28Ni21	60×0.6	过渡层堆焊
	H00Cr22Ni21	60×0.6	堆焊层堆焊

续表

名称	型号或牌号	规格 /mm	用途
焊剂	HJ260	—	堆焊
焊条	A312	—	

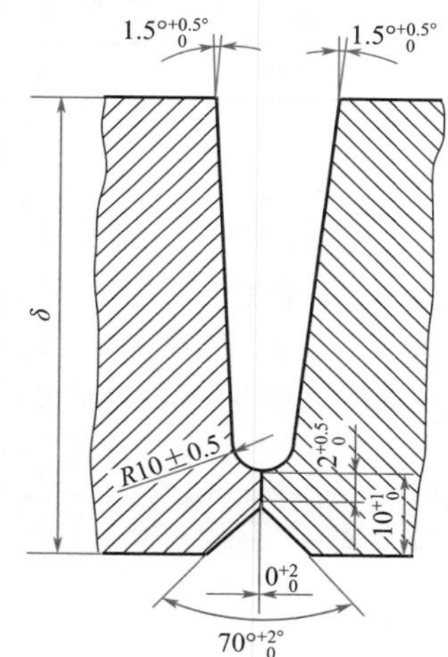

图 5-43　坡口形式及尺寸

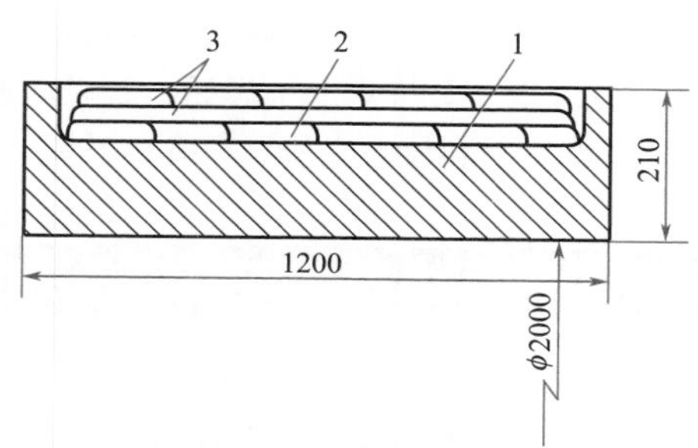

图 5-44　管板的堆焊

1—基体金属（管板）；2—过渡层；3—堆焊层

③ 在堆焊过渡层之前，须对基体进行预热，其温度为 100 ～ 120℃。

④ 不锈钢带极用丙酮将其表面的油污清洗干净。

⑤ 焊剂和焊条应按规定温度烘干和使用。

⑥ 用丙酮或无水乙醇将过渡层表面彻底清擦干净之后，才能焊堆焊层。

（2）堆焊操作技巧

为防止焊道过热和控制焊接变形，应从基体的中间向两侧对称进行堆焊，并且过渡层的堆焊方向要与堆焊层堆焊方向逆向。过渡层堆焊好，经 600℃保温 2h 的焊后热处理后，才能焊堆焊层。在堆焊过程中，应严格控制焊道之间的温度不超过 150℃。堆焊层数，除过渡层之外，要堆焊两层：第一堆焊层可以厚些，采用爬坡堆焊法，堆焊层厚度为 4 ～ 6mm；第二堆焊层稍薄些，采用下坡堆焊法，堆焊层厚度为 2 ～ 4mm。堆焊时，每条焊道需要相互重叠，重叠处宽度为 6 ～ 10mm。堆焊层表面凹凸太大或

者铲除内部缺陷后，均要进行打磨和补焊，补焊后的表面还要打磨至与堆焊面齐平，补焊用焊条电弧焊来完成，堆焊参数见表5-41。

表5-41　堆焊参数

焊接电流 /A	电弧电压 /V	焊接速度 /（m/h）	带极伸出长度 /mm	电源种类
950～1050	35～38	10～11	35～40	直流反接

（3）检查方法及要求

① 过渡层。过渡层堆焊后，应用放大镜进行外观检查，焊缝表面不得有裂纹、夹渣、气孔、咬边及弧坑等，并进行100%的超声探伤。

② 堆焊层。堆焊层堆焊后，其表面进行100%的着色探伤检查，其表面应平整，无裂纹、夹渣、气孔、凹陷、弧坑及深度大于0.5mm的咬边。

5.5　埋弧焊技能与技巧、诀窍与禁忌

5.5.1　埋弧焊机操作使用技能与技巧、诀窍与禁忌

（1）埋弧焊机选择与使用技巧与诀窍

以MZ-1-1000型埋弧焊机选择与使用为例说明如下。

1）埋弧焊机性能的选择诀窍

MZ-1-1000型埋弧焊机，是根据电弧自动调节原理设计的等速送丝式焊机，其控制系统简单，可使用交流或直流焊接电源，焊接各种坡口的对接、搭接焊缝，船形位置的角焊缝，容器的内、外环缝和纵缝，特别适用于批量生产。

焊机由焊接小车、控制箱和焊接电源三部分组成。

① 焊接小车。焊接小车的外形如图5-45所示。这种焊接小车的焊丝送进和小车驱动使用同一台电动机，结构紧凑、体积小、重量轻，其结构如图5-46。三相交流电动机2两头出轴，一头经送丝减速机10带动送丝轮送焊丝，另一头经行走减速机1驱动小车行走。电动机的下面装有前底架14，小车的前车轮12通过连杆5、13与前底架相连。电动机的外壳上装有一个扇形蜗轮15，与其啮合的蜗杆端头装有调节手轮7，通过它可使机头绕电动机的纵轴线转动一定角度（最大角度两边各为45°），以便调节焊丝，使它对准待焊位置。焊丝经矫直滚轮矫直后，被带手柄的偏心压紧

轮 9 压紧在送丝轮上，由电动机经送丝减速机 10 带动送丝轮转动，将焊丝经导电嘴 11 送往焊接区。小车的托架上还装有控制按钮盒 6、焊丝盘 3、电流和电压表 4 以及焊剂漏斗 8。小车的后车轮 16 经摩擦离合器与行走减速机 1 相连，通过调节离合器手轮 17 的松紧，可使小车的主动轮（后车轮）与电动机连接（由电动机驱动）或脱开（用手推动）。

图 5-45　MZ-1-1000 型埋弧焊机的焊接小车外形图

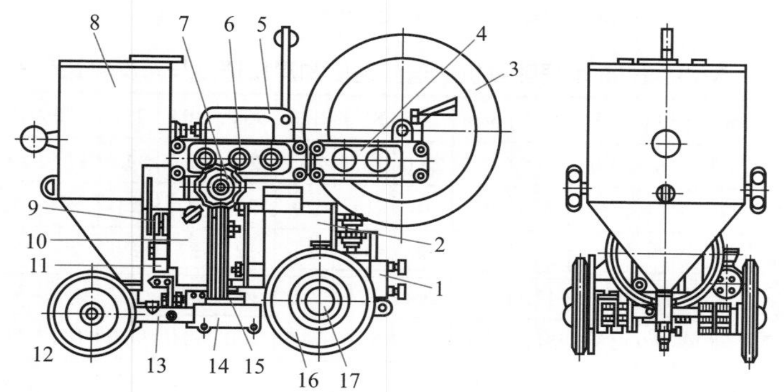

图 5-46　MZ-1-1000 型埋弧焊机的焊接小车结构图

1—行走减速机；2—电动机；3—焊丝盘；4—电流和电压表；5，13—连杆；6—控制按钮盒；7—调节手轮；8—焊剂漏斗；9—偏心压紧轮；10—送丝减速机；11—导电嘴；12—前车轮；14—前底架；15—扇形蜗轮；16—后车轮；17—离合器手轮

焊接小车的传动系统，如图 5-47 所示。电动机 1（0.2kW，2780r/min）轴的一端经一套蜗轮蜗杆 2 减速后带动一对可交换齿轮 6，再带动另一套蜗轮蜗杆 3，最后带动主动送丝轮 4 并送进焊丝，电动机 1 轴的另一端则先经两对蜗轮蜗杆 9 和 10 减速后，带动一对可交换齿轮 8，再经一套蜗轮蜗杆 7，最后带动小车主动轮 11 转动。可交换齿轮 6 和 8，需根据焊接参

数的要求进行变换，以便得到所需要的送丝速度和焊接速度。通过可交换齿轮对得到的送丝速度和焊接速度的值，见表 5-42。

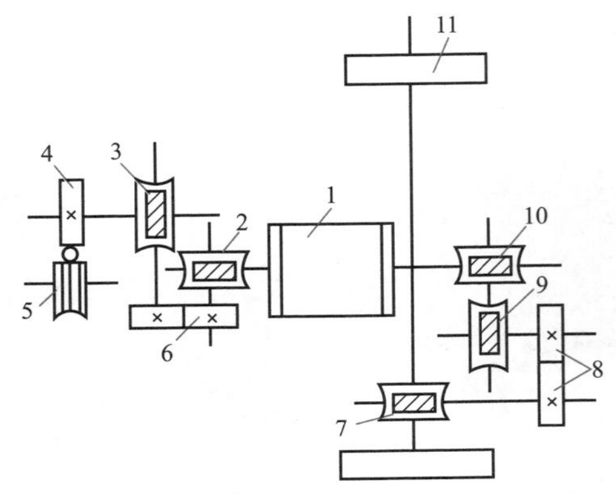

图 5-47　焊接小车的传动系统

1—电动机；2，3，7，9，10—蜗轮蜗杆；4—主动送丝轮；
5—从动送丝轮；6，8—可交换齿轮；11—小车主动轮

表 5-42　MZ-1-1000 型埋弧焊机的送丝速度和焊接速度与可交换齿轮的关系

送丝速度 /(m/h)	52.0	57.0	62.5	68.5	74.5	81.0	87.5	95.0	103	111	120	129	139
焊接速度 /(m/h)	16.0	18.0	19.5	21.5	23.0	25.0	27.5	29.5	32.0	34.5	37.5	40.5	43.5
主动轮齿数	14	15	16	17	18	19	20	21	22	23	24	25	26
从动轮齿数	39	38	37	36	35	34	33	32	31	30	29	28	27
送丝速度 /(m/h)	150	162	175	189	204	221	239	260	282	307	335	367	403
焊接速度 /(m/h)	47.0	50.5	54.5	59.0	63.5	69.0	74.5	81.0	88.0	96.0	104	114	126
主动轮齿数	27	28	29	30	31	32	33	34	35	36	37	38	39
从动轮齿数	26	25	24	23	22	21	20	19	18	17	16	15	14

焊接小车上加装或改装一定的部件后，可以焊接多种焊缝。焊接搭接或开 I 形坡口的对接焊缝时，焊接小车使用两个相同的带有橡胶轮缘的前车轮；焊接 V 形坡口的对接焊缝时，只需安装一个前车轮，并装上双滚轮导向器，导向器的滚轮引导焊接小车沿坡口移动，如图 5-48 所示。焊接时将前车轮悬空，只有当焊接到头，导向器离开坡口不起作用时，前车轮才开始作用；焊接船形位置焊缝时，机头回转一定的角度，焊车车轮在梁的腹板上行走，前底架上安装一单滚轮导向器 5，在焊缝底部滚动并导向。

焊车尾部再安装一根支杆，支杆端部的支承轮支承在梁的翼板上，图 5-49 为焊接船形位置的角焊缝。

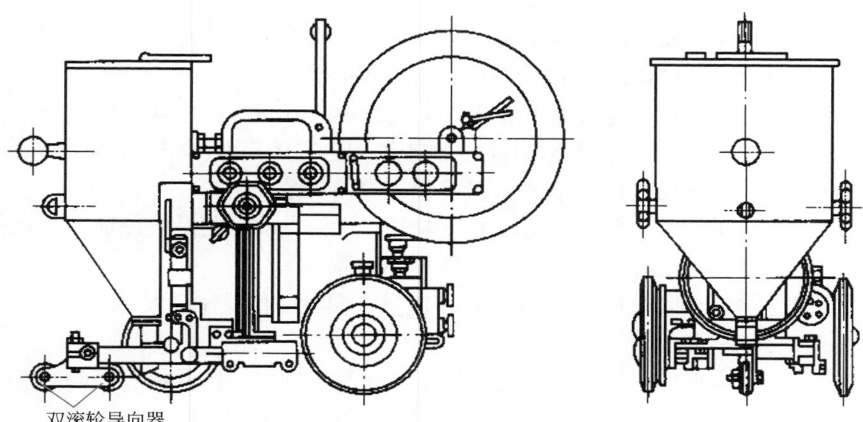

图 5-48 焊接开坡口的对接焊缝

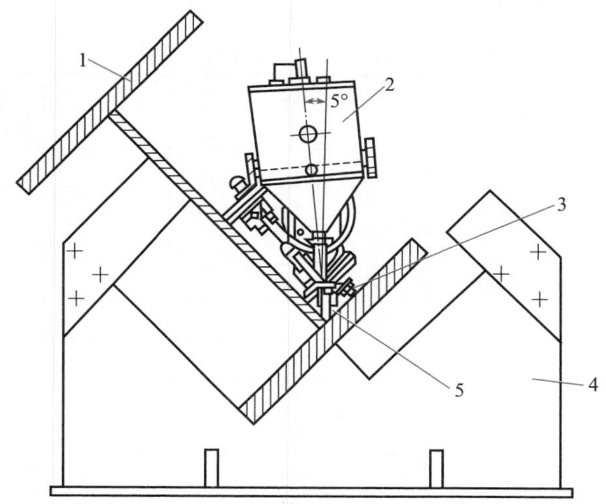

图 5-49 焊接船形位置的角焊缝

1—工字梁；2—焊接小车；3—支承轮；4—专用工作台；5—单滚轮导向器

② 控制箱。控制箱中装有中间继电器、接触器、降压变压器、电流互感器或分流器等。箱壁上装有控制电路的三相转换开关和接线板等。

③ 焊接电源。可配用 BX2-1000 型交流弧焊变压器，或具有缓降外特性的直流焊接电源。

2）焊机结构及使用特点

① 引弧方便。焊机可根据焊丝与工件不同的接触状态，自动进行短路引弧和刮擦引弧的转换而不需要人为操作选择。

② 电弧稳定。焊机配下降特性直流弧焊电源。采用电弧电压反馈式变速送丝控制系统，其理想的动静态响应，使焊机在整个焊接过程中均具有电流与电压稳定的电弧特性，最终保证焊接质量。

③ 熄弧可靠。焊机采用定电压熄弧方式，自动控制系统保证在焊接结束后焊丝既能填满熔坑，又不会烧坏导电嘴。

以上特点使焊机不但能保证焊接质量，而且简化操作，大大减轻焊工的劳动强度。

④ 结构组成。焊机的送丝和焊车移动等控制电路由晶体管、晶闸管等电子元件组成，速度调节均匀方便，工作可靠，结构简单，维修方便。

3）焊机主要技术规格

MZ-1-1000 型埋弧焊机主要技术规格见表 5-43。

表 5-43　MZ-1-1000 型埋弧焊机主要技术规格

项目		单位	参数值
电源电压		V	380
焊丝直径		mm	3 ～ 6
焊接电流	MZ-1-1000	A	200 ～ 1100
焊接速度		m/h	15 ～ 70
送丝速度（电弧电压 =35V）		m/h	30 ～ 120
左右旋转角		（°）	90
向前倾斜角		（°）	45
侧面倾斜角		（°）	±45
垂直位移		mm	85
横向位移		mm	±30
焊接电流的调节		远距离控制	Remote control
焊丝盘质量		kg	12
焊剂漏斗容量		L	12
外形尺寸		mm	1010×344×662
质量（包括焊丝及焊剂）		kg	70

4）操作步骤与使用诀窍

① 准备。

a. 按焊机外部接线图（图 5-50、图 5-51）检查焊机的外部接线是否正确。

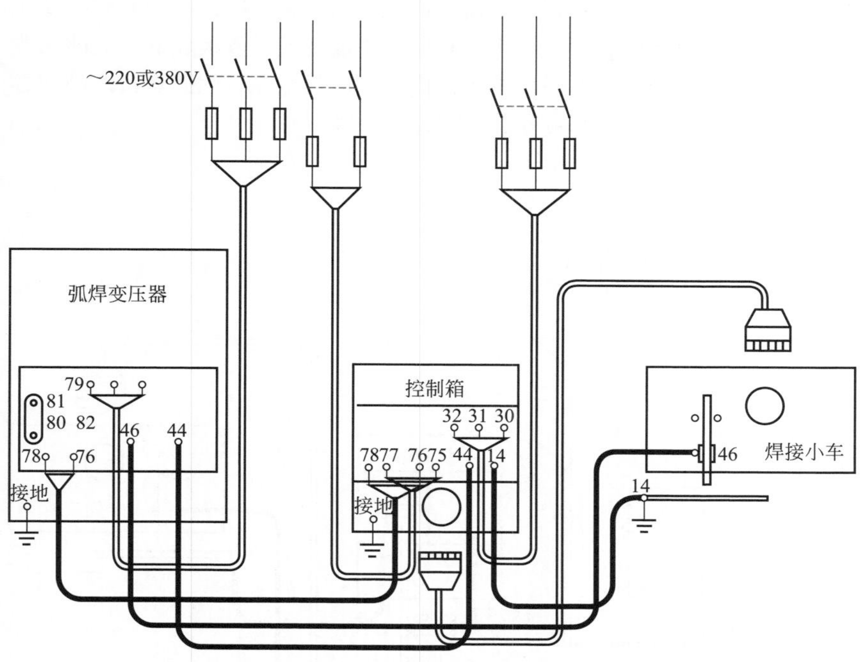

图 5-50 MZ-1-1000 型埋弧焊机外部接线（交流焊接电源）

b. 将焊车放在焊件的工作位置上。

c. 首先将装好焊丝的焊丝盘装到固定位置上，然后把准备好的焊剂装入焊剂漏斗内。

d. 闭合焊接电源的开关和控制线路的电源开关。

e. 调整焊接参数，使之达到预先选定值。

这种焊机调整焊接参数比较困难。需通过改变焊车行走机构的可交换齿轮对调节焊接速度，利用送丝机构的可交换齿轮对调节送丝速度和焊接电流，通过调节电源外特性调节电弧电压。但焊接电流与电弧电压是互相制约的。当电源外特性调好后，改变送丝速度，会同时改变焊接电流和电

弧电压。若送丝速度增加，因电弧变短，电弧静特性曲线下移，焊接电流随之增加，电弧电压稍降低；若送丝速度减小，电弧变长，电弧静特性曲线上移，焊接电流减小，电弧电压增加。这个结果与保证焊缝成形良好，要求焊接电流增加时电弧电压相应增加，焊接电流减小时电弧电压相应减小互相矛盾，因此为保证焊接电流与电弧电压互相匹配，必须同时改变送丝速度和电源外特性，但在生产过程中是不能变换送丝齿轮的，只能靠改变焊接电源的外特性，在较小的范围内调整电弧电压，因此焊接产品前必须通过试验预先确定好焊接参数才能开始焊接。

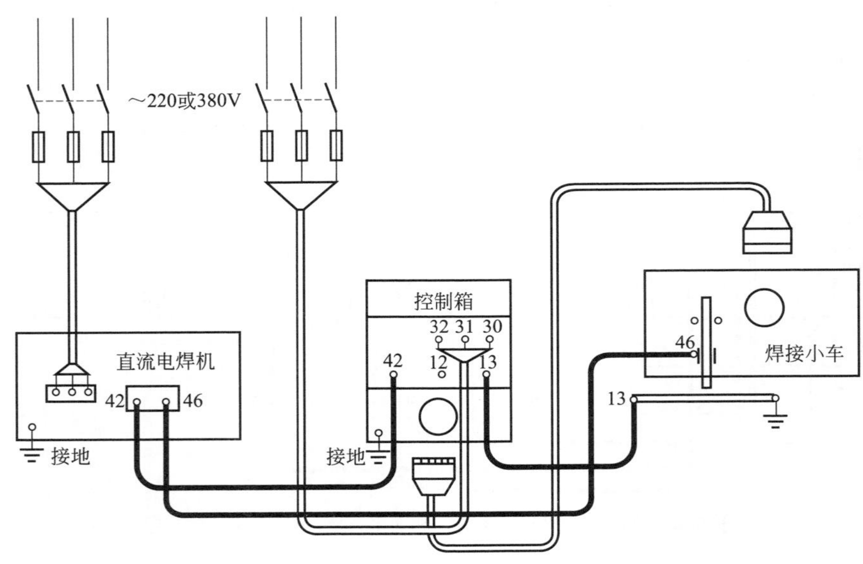

图 5-51　MZ-1-1000 型埋弧焊机外部接线（直流焊接电源）

f. 松开焊接小车的离合器，将焊接小车推至焊件起焊处，调节焊丝对准焊缝中心。

g. 通过按下按钮“向下—停止$_1$”（送丝）和按钮“向上—停止$_2$”（抽丝），使焊丝轻轻地接触焊件表面。

h. 旋紧焊接小车的离合器，并打开焊剂漏斗阀门撒放焊剂。

② 焊接技巧。按下“启动”按钮，接通焊接电源回路，电动机反转，焊丝上抽，电弧引燃。待电弧引燃后，再放开“启动”按钮，电动机变反转为正转，将焊丝送往电弧空间，焊接小车前进，焊接过程正常进行。

注意，必须控制好按“启动”按钮的时间。若时间太长，焊丝抽得太高，会烧坏焊丝嘴；若时间太短，电弧未稳定就向下送焊丝，可能将焊接小车顶起。

在焊接过程中，应注意观察焊接小车的行走路线，随时进行调整保证对中，并要注意焊剂漏斗内的焊剂量，及时添加，以免影响焊接工作正常进行。

③ 停止时的注意事项与禁忌。

a. 在焊接停止处，关闭焊剂漏斗阀门。

b. 先按下按钮“向下—停止$_1$”，电动机停止转动，小车停止行走，焊丝也停止送进，电弧拉长，此时弧坑被逐渐填满。待弧坑填满后，再按下按钮“向上—停止$_2$”，焊接电源切断，焊接过程便完全停止。然后放开按钮“向上—停止$_1$”“向上—停止$_2$”，焊接过程结束。

请注意：按停止按钮时切勿颠倒顺序，也不能只按“向上—停止$_1$”按钮，否则同样会发生弧坑填不满和焊丝末端与焊件粘住现象。若按两个按钮的间隔时间太长则会烧坏送丝嘴。

c. 松开小车离合器手轮，用手将焊接小车推至适当位置。

d. 收回焊剂，消除渣壳，检查焊缝外观。

e. 焊接完毕必须切断电源，将现场清理干净，确信无隐燃火源后，才能离开现场。

5）使用注意事项与操作禁忌

① 按外部接线图正确接线，并注意网络电压与焊机铭牌电压相等，电源要加接地线。

② 焊接电源三相控制进线有相序关系，接线时应保证风扇为上吹风。

③ 必须经常检查焊机的绝缘电阻，与电网有联系的线路及线圈应不低于 0.5MΩ，与电网无联系的线圈及线路应不低于 0.2MΩ。

④ 多芯电缆必须注意接头不能松动，避免接触不良影响焊接动作，并注意此电缆不能经常重复弯曲，以免内部导线折断。

⑤ 焊机允许在海拔高度不超过 1000m，周围介质温度不超过 40℃，空气相对湿度不超过 85% 的场合使用。

⑥ 焊机在装运和安装过程中，切忌振动，以免影响工作性能。

⑦ 焊机的安置应使焊机背面具有足够的空间，以供焊机通风，此空间宽度不小于 0.5m。

⑧ 定期检查和更换焊车与送丝机构的减速箱内润滑油脂，定期检查焊丝输送滚轮与进给轮，如有磨损，需按易损件附图制造更换。

⑨ 在焊接电流回路内各节点，如焊丝与工件的电缆接头导电嘴等必须保证接触良好，否则会造成电弧不稳，影响焊缝质量与外形。

⑩ 在网络电压波动大而频繁的场合，需考虑用专线供电，以确保焊缝质量。

⑪ 焊机及机头不能受雨水或腐蚀性气体的侵袭腐蚀，也不能在温度很高的环境中使用，以免电气元件受潮或腐烂或引起变值或损坏，影响运行性能。

⑫ 在焊机工作时必须注意按照相应的负载功率使用。经常保持焊机清洁，延长焊机寿命。本焊机虽系下降特性类型焊机，但大电流工作时，其短路电流值仍较大，若长时间短路亦将会使变压器、电抗器烧坏，所以使用时应尽可能避免短路现象的产生。

（2）埋弧焊机常见故障的排除方法与维护保养诀窍

1）埋弧焊机常见故障的排除方法与诀窍

焊工在操作前必须仔细了解焊接设备的结构和性能，熟悉焊接工艺和焊接方法，在焊接过程中出现故障时，应尽可能地及时检查并排除。

埋弧焊机常见故障、产生原因及排除方法见表 5-44、表 5-45。

表 5-44　自动化埋弧焊机的故障与排除方法

故障现象	产生的原因	排除方法
按下启动按钮，线路工作正常，但引不起弧	① 焊接电源未接 ② 电源接触器接触不良 ③ 焊丝与焊件接触不良 ④ 焊接电路无电压	① 接通焊接电源 ② 检查、修复接触器 ③ 使焊丝与焊件接触良好 ④ 检查电路，恢复电压
按下焊丝向上、向下按钮，焊丝动作不对或不动作	① 控制线路有故障，辅助变压器、整流器损坏，按钮接触不良 ② 感应电动机方向相反 ③ 发电机或电动机电刷接触不好	① 检查上述部件并修复 ② 改变三相感应电动机的输入接线 ③ 调整电刷
启动后焊丝一直向上反抽	电弧反馈接线未接或断开	将线接好
按下启动按钮后，继电器工作，接触器不能正常工作	① 中间继电器失常 ② 接触器线圈有问题 ③ 接触器磁性角铁接触面生锈或污垢太多	① 检修中间继电器 ② 检修接触器 ③ 清除锈或污垢

续表

故障现象	产生的原因	排除方法
焊机启动后，焊丝周期性地与焊件粘住，或常常断弧	①粘住是因电弧电压太低，焊接电流太小，或网络电压太低 ②常常断弧是因电弧电压太高，焊接电流太大，或网络电压太高	①增加电弧电压或焊接电流 ②减小电弧电压或焊接电流，改善网络负荷状态
线路工作正常，焊接参数正确，而送丝不均匀，电弧不稳定	①送丝压紧轮太松或已磨损 ②焊丝被卡住 ③送丝机构有故障 ④网络电压波动太大	①调整或更换压紧轮 ②清理焊丝 ③检查送丝机构 ④焊机可以使用专用线路
焊接过程中，焊车突然停止行走	①焊车离合器脱开 ②焊车车轮被电缆等物阻挡	①关紧离合器 ②排除车轮的阻挡物
焊接过程中，焊剂停止输送，或量小	①焊剂用完 ②焊剂漏斗阀门处被堵	①添加焊剂 ②清理并疏通焊剂漏斗
焊接过程中，机头或导电嘴的位置不时改变	焊车有关部件有游隙	检查清除游隙或更换磨损零件
焊丝未与焊件接触，焊接回路有电	焊车与焊件绝缘损坏	检查焊车车轮绝缘，检查焊车下面是否有金属物与焊件短路
焊丝在导电嘴中摆动，导电嘴以下的焊丝不时变红	①导电嘴磨损 ②导电不良	①更换新导电嘴 ②清理导电嘴
导电嘴末端随焊丝一起熔化	①电弧太长，焊丝伸出太短 ②焊丝送给和焊车皆已停止，电弧仍在燃烧 ③焊接电流太大	①增加焊丝送给速度和焊丝伸出长度 ②检查焊丝送给、焊车停止原因 ③减小焊接电流
焊接电路接通时，电弧未引燃，而焊丝粘在焊件上	焊丝与焊件接触太紧	使焊丝与焊件轻微接触
焊接停止后，焊丝与焊件粘住	①停止按钮按下速度太快 ②不经“停止$_1$”，而直接按下“停止$_2$”	慢慢按下“停止$_1$”，待电弧自然熄灭，再按“停止$_2$”

表 5-45　半自动化埋弧焊机故障排除诀窍

故障现象	产生原因	排除方法
按下启动开关，电源接触器不接通	① 熔断器有故障 ② 继电器损坏或断线 ③ 降压变压器有故障 ④ 启动开关损坏	检查、修复或更新
启动后，线路工作正常，但不起弧	① 焊接回路未接通 ② 焊丝与焊件接触不良	① 接通焊接回路 ② 清理焊件
送丝机构工作正常，焊接参数正确，但焊丝送给不均匀或经常断弧	① 焊丝压紧轮松 ② 焊丝送给轮磨损 ③ 焊丝被卡住 ④ 软管弯曲太大或内部太脏	① 调节压紧轮 ② 更换焊丝送给轮 ③ 整理被卡焊丝 ④ 软管不要太弯，用酒精清洗内部
焊机工作正常，但焊接过程中电弧常被拉断或粘住焊件	① 前者为网络电压突然升高 ② 后者是网络电压突然降低	① 减小焊接电流 ② 增大焊接电流
焊接过程中，焊剂突然停止漏下	① 焊剂用光 ② 焊剂漏斗堵塞	① 添加焊剂 ② 疏通焊剂漏斗
焊剂漏斗带电	漏斗与导电部件短路	排除短路
导电嘴被电弧烧坏	① 电弧太长 ② 焊接电流太长 ③ 导电嘴伸出太长	① 减小电弧电压 ② 减小焊接电流 ③ 缩短导电嘴伸出长度
焊丝在送给轮和软管口之间常被卷成小圈	软管的焊丝进口离送给轮距离太远	缩短此距离
焊丝送给机构正常，但焊丝不送不出	① 焊丝在软管中堵住 ② 焊丝与导电嘴焊住	① 用酒精洗净软管 ② 更换导电嘴
焊接停止时，焊丝与焊件粘住	停止时焊把未及时移开	停止时及时移开焊把

2）埋弧焊机的维护保养诀窍

埋弧焊机是较复杂、较昂贵的焊接设备，对焊机的维护和保养十分必要。

① 焊机必须根据设备说明书进行安装，外接网络电压应与设备要求电压相一致，外部电气线路安装要符合规定，外接电缆要有足够的容量（粗略按 5 ～ 7A/mm^2 计算）和良好的绝缘，连接部分的螺母要拧紧，带

电部分的绝缘情况要经过检查。焊接电源、控制箱、焊机的地线要可靠。若用直流焊接电源时，要注意电表极性及电动机的转向是否正确。线路接好后，先检查一遍接线是否正确，再通电检查各部分的动作是否正常。

② 必须经常检查焊嘴与焊丝的接触情况，若接触不好，应进行调整或更换。定期检查焊丝输送滚轮，如发现显著磨损时，必须更换。还要定期检查小车焊丝输送机构减速箱内各运动部件的润滑情况，并定期添加润滑油。

③ 经常保持焊机的清洁，避免焊剂、渣壳的碎末阻塞活动部件，影响焊接工作的正常进行和增加机件的磨损。

④ 焊机的搬动应轻拿轻放，注意不要使控制电缆碰伤或压伤，防止电气仪表因受振动而损坏。

⑤ 必须重视焊接设备的维护工作，要建立和实行必要的保养制度。

5.5.2 埋弧焊焊接缺陷产生原因、防止方法与诀窍

（1）埋弧焊质量标准与质量要求

经埋弧焊后所焊的板状试件应达到如下的质量标准。

① 外观质量。用肉眼检查焊缝正面和背面的缺陷性质和数量，也可用放大镜（不大于5倍）检查，用测量工具测定缺陷位置和尺寸，再用焊缝万能量规测量焊缝外形尺寸。焊缝表面应圆滑过渡到母材，表面不得有裂纹、未熔合、夹渣、气孔、焊瘤、未焊透、咬边和凹坑。试板焊后角变形的变形角度应≤3°。试板两端20mm长度内的缺陷不计。焊缝外形尺寸的要求见表5-46。对于I形坡口试板，焊缝直线度（指焊缝中心线扭曲或偏斜）应不大于2mm，焊缝宽度差应不大于2mm，比坡口增宽值可不测量。

表5-46 焊缝外形尺寸的要求 mm

试板厚度	焊缝余高	焊缝余高差	焊缝宽度	
			比坡口每侧增宽	宽度差
＜24	0～3	≤2	2～4	≤2
≥24	0～4			

坡口每侧增宽的测量方法见图5-52。试板的错边量应≤10%δ（δ为试件厚度），见图5-53。

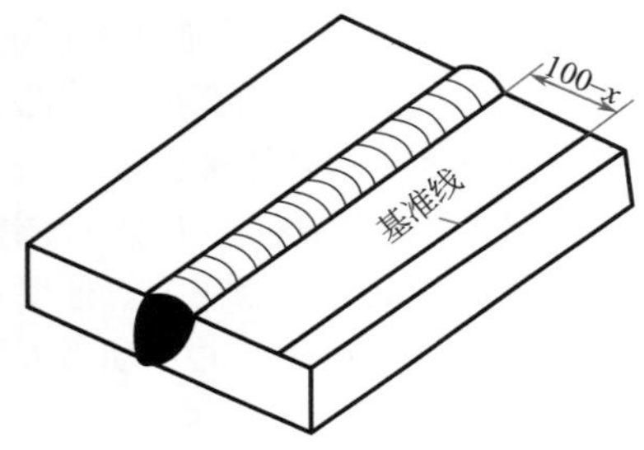

图 5-52 坡口每侧增宽的测量方法

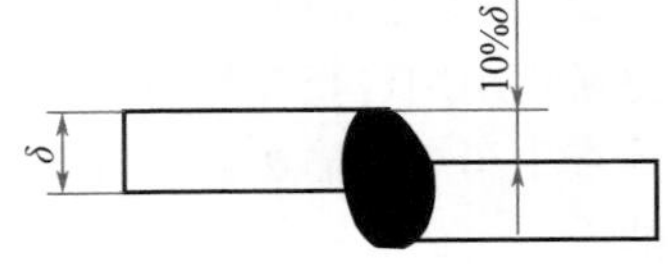

图 5-53 试板的错边量

② 内部质量。试板应经 X 射线探伤，焊缝的质量不低于钢熔化焊对接接头射线照相和质量分级的Ⅱ级为合格。

③ 力学性能。由于试件要求检查的是焊工的操作技能，所以只做弯曲试验（拉伸试验的结果主要取决于所用焊接材料的牌号，与焊工的操作技能关系不大，所以可不做）。弯曲试验按金属材料弯曲试验方法在试板两端分别截取面、背弯试样各一件，试样的弯曲角度为 180°（低碳钢），其加工方法及评定标准与焊条电弧焊平板试样相同。

（2）埋弧焊缺陷类型及特点

埋弧焊同其它各种熔焊一样。由于材料、设备、工艺等诸多方面因素的影响，也会产生焊接缺陷。金属熔化焊焊接缺陷可分为很多种类，常见的主要有以下三种。

1）裂纹

一般情况下，埋弧焊产生两种裂纹：热裂纹——结晶裂纹、冷裂纹——氢致裂纹。

① 结晶裂纹。其发生在焊缝金属。焊缝中的杂质在焊缝结晶过程中形成低熔点共晶，结晶时被推挤在晶界，形成液态薄膜，凝固收缩时焊缝金属受拉应力作用，液态薄膜承受不了拉应力而形成裂纹。

所以，要控制焊缝金属杂质的含量，减少低熔点共晶物的生成。同时焊缝形状对结晶裂纹的形成有明显的影响，熔宽与熔深比小易形成裂纹，熔宽与熔深比大抗结晶裂纹性较高。

② 氢致裂纹。其常发生于焊缝金属或热影响区，特别是低合金钢、中合金钢和高强度钢的热影响区易产生氢致裂纹。

防止氢致裂纹的措施：

a. 减少氢的来源，采用低氢焊剂，并注意焊剂的防潮，使用前严格烘干。焊丝和焊件坡口附近的锈、油污、水分等要清除干净。

b. 选择合理的焊接参数，降低钢材的淬硬程度，改善应力状态，有利于氢的逸出，必要时采取预热措施。

c. 采用后热或焊后热处理，有利于氢的逸出，并消除应力，改善组织，提高焊接接头的延性。改善焊接接头设计，防止应力集中，降低接头拘束度。选择合适的坡口形式，降低裂纹敏感性。

2）夹渣

埋弧焊时夹渣与焊剂的脱渣性有关，与坡口形式、焊件的装配情况及焊接工艺有关。

SJ101 比 HJ431 的脱渣性好，特别是窄间隙埋弧焊和小角度坡口焊接时，SJ101 对防止夹渣的产生极为有利。

焊缝成形对脱渣情况有明显影响，平面或凸的焊缝比深凹或咬边的焊缝更易脱渣。多层焊时前道焊缝与坡口边缘熔合充分，则易脱渣。深坡口焊时，多道焊夹渣可能性小。

3）气孔

① 焊接坡口及附近存在油污、锈等，在焊接时产生大量气体，促使气孔的产生，故焊前必须将其清除干净。

② 焊剂中的水分、污物和氧化铁屑都促使气孔的产生。焊剂的保管要防潮，焊剂使用前要按规范严格烘干。回收使用的焊剂应筛选。

③ 焊剂的熔渣黏度过大不利于气体释放，会在焊缝表面产生气孔。SJ402 焊剂抗气孔能力优于 HJ431，这是由于 SJ402 熔渣碱度偏低，熔渣有较高的氧化性，有助于防止氢气孔的产生；焊剂中氟化钙含量较高，高温下熔渣黏度低，有利于熔池中气体逸出；焊剂中加入有效的脱氧剂，能镇静熔池，防止一氧化碳气孔。

④ 磁偏吹及焊剂覆盖不良等工艺都促使气孔的产生，施焊时应注意防止。

⑤ 环境因素及板材的初始状态与气孔的产生有关。相对湿度高的环境易产生气孔，5℃以下时，空气中的水分冷凝成水附在板材表面，焊接时进入熔池形成气孔。为防止气孔的产生，应用气焊火焰对焊件坡口处进行烘干，使水分蒸发。

（3）埋弧焊常见缺陷的产生原因及排除方法与诀窍

埋弧焊焊缝中的常见缺陷有焊缝表面成形不良、咬边、未熔合、未焊透、夹渣、气孔、裂纹和焊穿等，它们产生的原因及排除方法见表 5-47。

表 5-47　埋弧焊常见缺陷的产生原因及排除方法与诀窍

缺陷名称		产生原因	排除方法
焊缝表面成形不良	宽度不均匀	① 焊接速度不均匀 ② 焊丝送给速度不均匀 ③ 焊丝导电不良	防止：① 找出原因排除故障 ② 找出原因排除故障 ③ 更换导电嘴衬套（导电块） 消除：酌情用焊条电弧焊补焊并磨光
	堆积高度过大	① 电流太大而电压过低 ② 上坡焊时倾角过大 ③ 环缝焊接位置不当（相对于焊件的直径和焊接速度）	防止：① 调节焊接参数 ② 调整上坡焊倾角 ③ 相对于一定的焊件直径和焊接速度，确定适当的焊接位置 消除：去除表面多余部分，并打磨圆滑
	堆积高度过低	焊剂圈过低并有黏渣，焊接时熔渣被黏渣拖压	防止：提高焊剂圈，使焊剂覆盖高达 30 ～ 40mm 消除：① 提高焊剂圈，去除黏渣 ② 适当补焊或去除重焊
	焊缝金属满溢	① 焊接速度过慢 ② 电弧电压过大 ③ 下坡焊时倾角过大 ④ 环缝焊接位置不当 ⑤ 焊接时前部焊剂过少 ⑥ 焊丝向前弯曲	防止：① 调节焊接速度 ② 调节电弧电压 ③ 调整下坡焊倾角 ④ 相对于一定的焊件直径和焊接速度，确定适当的焊接位置 ⑤ 调整焊剂覆盖状况 ⑥ 调节焊丝矫直部分 消除：去除后，适当刨槽并重新覆盖焊剂
咬边		① 焊丝位置或角度不正确 ② 焊接参数不当	防止：① 调整焊丝 ② 调节焊接参数 消除：用焊条电弧焊补焊后磨光
未熔合		① 焊丝未对准 ② 焊缝局部弯曲过甚	防止：① 调整焊丝 ② 精心操作 消除：去除缺陷部分后补焊
未焊透		① 焊接参数不当（如电流过小、电弧电压过高） ② 坡口不合适 ③ 焊丝未对准	防止：① 调整焊接参数 ② 修正坡口 ③ 调节焊丝 消除：去除缺陷部分后补焊，严重的需整条退修

续表

缺陷名称	产生原因	排除方法
夹渣	① 多层焊时层间清渣不干净 ② 多层分道焊时，焊丝位置不当	防止：① 层间彻底清渣 ② 每层焊后若发现咬边、夹渣必须清除修复 消除：去除缺陷后补焊
气孔	① 接头未清理干净 ② 焊剂潮湿 ③ 焊剂（尤其是焊剂垫）中混有垃圾 ④ 焊剂覆盖层厚度不当或焊剂漏斗阻塞 ⑤ 焊丝表面清理不够 ⑥ 电弧电压过高	防止：① 接头必须清理干净 ② 焊剂按规定烘干 ③ 焊剂必须过筛、吹灰、烘干 ④ 调节焊剂覆盖层高度，疏通焊剂漏斗 ⑤ 焊丝必须清理并快用 ⑥ 调整电弧电压 消除：去除缺陷后补焊
裂纹	① 焊件、焊丝、焊剂等材料配合不当 ② 焊丝中含 C、S 量较高 ③ 焊接区冷却速度过快 ④ 多层焊的第 1 道焊缝截面过小 ⑤ 焊缝成形系数太小 ⑥ 角焊缝熔深太大 ⑦ 焊接顺序不合理 ⑧ 焊件刚度大	防止：① 合理选配焊接材料 ② 选用合格焊丝 ③ 适当降低焊接速度，焊前预热，焊后缓冷 ④ 调整焊接参数，改进坡口 ⑤ 调整焊接参数和改变极性 ⑥ 减小焊接电流，降低焊接速度 ⑦ 合理安排焊接顺序 ⑧ 改进结构，降低刚度，焊前预热，焊后缓冷 消除：去除缺陷后补焊
焊穿	① 焊接电流（打底层）太大 ② 焊件装配间隙太大 ③ 焊接速度（打底层）太慢 ④ 钝边太薄	防止：① 减小打底层焊接电流 ② 缩小装配间隙 ③ 增加打底层焊接速度 ④ 增大钝边 消除：缺陷处修整后补焊

第6章 二氧化碳气体保护焊

6.1 二氧化碳气体保护焊基础知识

6.1.1 气体保护焊的特点及分类

（1）气体保护焊的定义与特点

1）气体保护焊的定义

气体保护焊属于以电弧为热源的熔化焊接方法。在熔焊过程中，为得到质量优良的焊缝，必须有效地保护焊接区，防止空气中有害气体侵入，以满足焊接冶金过程的需要，采用气体保护的形式。使用气体形式保护的气体保护电弧焊，能够可靠地保证焊接质量，弥补手工电弧焊的局限性，而且气体保护焊在薄板、高效焊接等方面还具备独特的优越性，因此在焊接生产中的应用日益广泛。

利用外加气体作为电弧介质并保护电弧和焊接区的电弧焊接方法，简称气体保护焊。气体保护焊直接依靠从喷嘴中连续送出的气流，在电弧周围形成局部的气体保护层，使电极端部、熔滴和熔池金属处于保护气罩内，机械地将空气与焊接区域隔绝，以保证焊接过程的稳定性和获得质量优良的焊缝。

气体保护焊按照所用的电极材料，有两类不同的方式（见图 6-1），一种是采用一根不熔化电极（钨极）的电弧焊，称为非熔化极气体保护焊；另一种是采用一根或多根熔化电极（焊丝）的电弧焊，称为熔化极气体保护焊。

2）气体保护焊的特点

气体保护焊与其他电弧焊接方法特点比较：

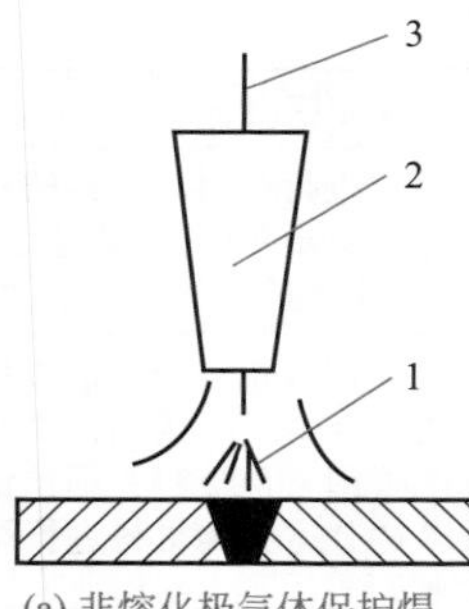

(a) 非熔化极气体保护焊

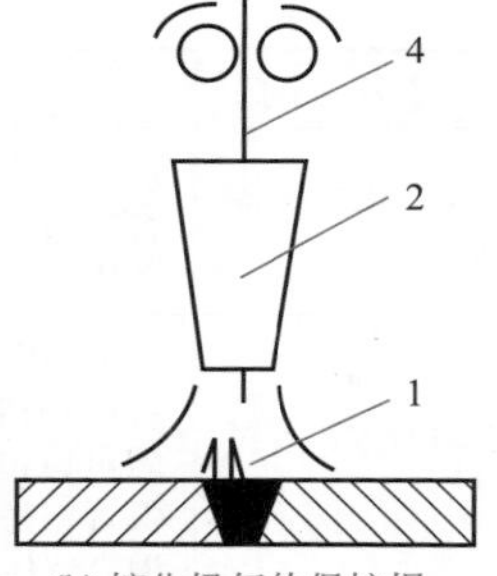

(b) 熔化极气体保护焊

图 6-1　气体保护焊方式示意图

1—电弧；2—喷嘴；3—钨极；4—焊丝

① 采用明弧焊时，一般不必用焊剂，故熔池可见度好，方便操作，而且保护气体是喷射的，适宜进行全位置焊接，不受空间位置的限制，有利于实现焊接过程的自动化，特别是空间位置的自动化焊接。

② 由于电弧在保护气流的压缩下热量集中，焊接熔池和热影响区很小，焊接速度较快，因此焊件变形及裂纹倾向不大，尤其适用于薄板的焊接。

③ 采用氩、氦等惰性气体保护，焊接化学性质较活泼和易于形成高熔点氧化膜的镁、铝、钛金属及其合金时，具有很高的焊接质量。

④ 在室外作业必须有专门的防风措施，否则会影响气体保护的效果；电弧的光辐射较强，焊接设备比较复杂，比焊条电弧焊设备价格高。

⑤ 焊接过程操作方便，没有熔渣或很少有熔渣，焊接后基本上不需要清渣。焊接过程无飞溅或飞溅很小。

⑥ 能够实现脉冲焊接，以减少热量的输入。

（2）气体保护焊的分类及应用范围

气体保护焊的分类方法有多种，有以保护气体不同分类的，有以电极是否熔化分类的，等等。常用的气体保护焊分类方法及应用见表 6-1。

表 6-1　常用的气体保护焊分类方法及应用

分类方法	名称	应用	备注
钨极氩弧焊	手工钨极氩弧焊 自动化钨极氩弧焊 脉冲钨极氩弧焊	薄板焊接、卷边焊接、小管对接根部焊道的焊接、根部焊道有单面焊双面成形要求的焊接	加焊丝或不加焊丝

续表

分类方法	名称	应用	备注
熔化极气体保护焊	半自动化熔化极氩弧焊	小批量的不能进行全自动焊接的铝及铝合金与不锈钢等材料的中厚板焊接、30mm厚板平焊，可一次焊成	加焊丝
	自动化熔化极氩弧焊	适用于中厚度铝及铝合金板的焊接，还可以焊接铜及铜合金、不锈钢；更换焊炬后可以进行低碳钢、合金钢、不锈钢的埋弧焊，还可以对上述金属材料进行熔化极混合气体保护焊	
	半自动化熔化极氩弧焊（全位置）	铝及铝合金、不锈钢等材料的全位置焊接	
	自动化熔化极氩弧焊（全位置）	适用于不锈钢、耐高温合金及其它化学性质活泼的金属材料全位置焊接	
	CO_2气体保护焊	低碳钢、低合金钢的焊接	

6.1.2 二氧化碳气体保护焊的工作原理及特点

（1）CO_2 气体保护焊的工作原理

利用自动送丝机构向熔池送丝，焊丝与工件间形成电弧，在 CO_2 气体保护下的熔化极气体保护焊接方法，称为 CO_2 气体保护焊，简称 CO_2 焊。它是利用从喷嘴中喷出的 CO_2 气体隔绝空气，保护熔池的一种先进的熔焊方法，其焊接过程与工作原理如图 6-2 所示。

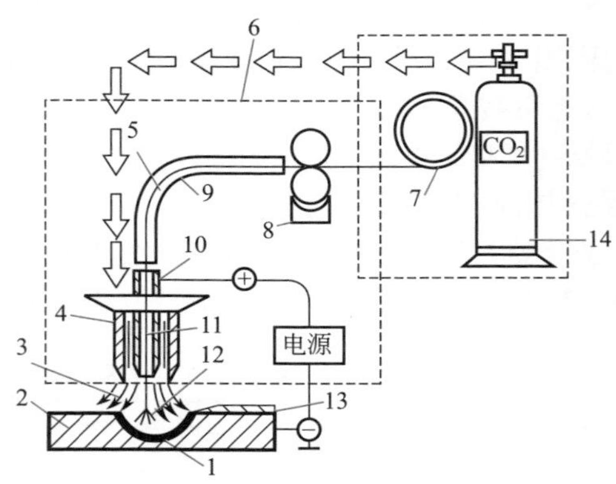

图 6-2　CO_2 气体保护焊的工作原理

1—熔池；2—焊件；3—CO_2 气体；4—喷嘴；5—焊丝；6—焊接设备；7—焊丝盘；8—送丝机构；9—软管；10—焊枪；11—导电嘴；12—电弧；13—焊缝；14—CO_2 气体罐

CO_2 气体保护焊属于活性气体保护焊，因此也称为 MAG 焊或 MAG-C 焊。从喷嘴中喷出的 CO_2 气体在高温下分解为 CO 并放出氧气。在焊接条件下，CO_2 和 O_2 会使铁和其它合金元素出现氧化、焊接过程产生飞溅、产生 CO 气孔等三个主要问题，温度越高 CO_2 气体的分解率就越高，放出的 O_2 就越多，产生问题的严重性也就越大。因此，在进行 CO_2 气体保护焊时，必须采取措施，防止母材和焊丝中合金元素的烧损及其它焊接缺陷的产生。

（2）CO_2 气体保护焊的工作特点

CO_2 气体保护焊绝大多数是以人工手持焊枪焊接，俗称“半自动”焊接，有时可以用滚轮架和小轨道车实现对圆筒形及平对接板的全自动焊接。

1）CO_2 气体保护焊的优点

CO_2 气体保护焊之所以能够在短时间内迅速得到推广，是因为有以下主要优点：

① 生产效率大大提高。

a. CO_2 气体保护焊采用的电流密度比手工电弧焊大得多。由表 6-2 可以看出，CO_2 气体保护焊采用的电流密度通常为 100 ～ 300A/mm^2，焊丝的熔敷速度高（如图 6-3 所示），母材的熔深大，对于 10mm 以下的钢板可以开 I 形坡口一次焊透，对于厚板可以加大钝边、减小坡口，以减少填充的金属，提高焊接的效率，如图 6-4 所示。

表 6-2　CO_2 气体保护焊与手工电弧焊的电流密度比较

焊接方法	焊丝直径 /mm	焊接电流使用范围 /A	电流密度 / (A/mm^2)
手工电弧焊	5	180 ～ 260	9.2 ～ 13.3
	3.2	70 ～ 120	3.7 ～ 15.0
	2.5	70 ～ 90	14.3 ～ 18.4
	2	40 ～ 70	12.7 ～ 22.3
CO_2 气体保护焊	1.2	120 ～ 350	106.2 ～ 309.7
	1	90 ～ 250	115.4 ～ 320.5
	0.8	50 ～ 150	100 ～ 300
	0.6	40 ～ 100	143 ～ 357

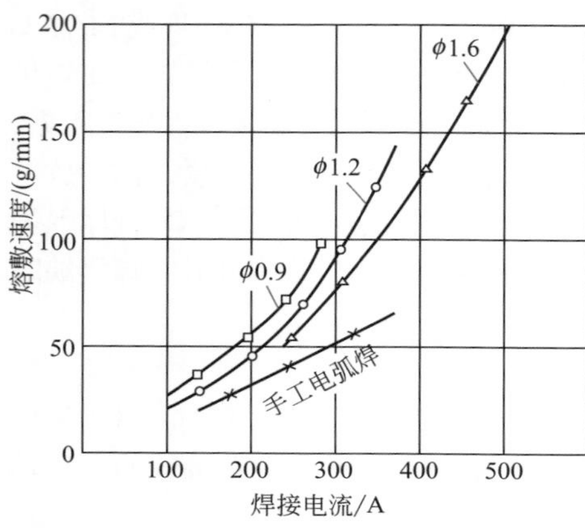

图 6-3　焊接电流对熔敷速度的影响

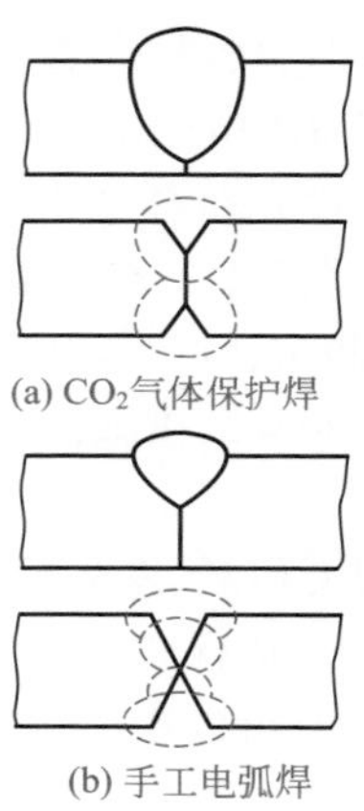

图 6-4　CO_2 气体保护焊与手工电弧焊坡口比较

b. CO_2 气体保护焊焊接过程中产生的熔渣极少，多层多道焊时层间可不必清渣。

c. CO_2 气体保护焊采用整盘焊丝（图 6-5），焊接过程中不必更换焊丝，因此减少了停弧更换焊条的时间，既节省了填充金属（没有焊条头的丢失），又减少了引燃电弧的次数，大大降低了因停弧产生焊接缺陷的可能性。

图 6-5　CO_2 气体保护焊焊丝

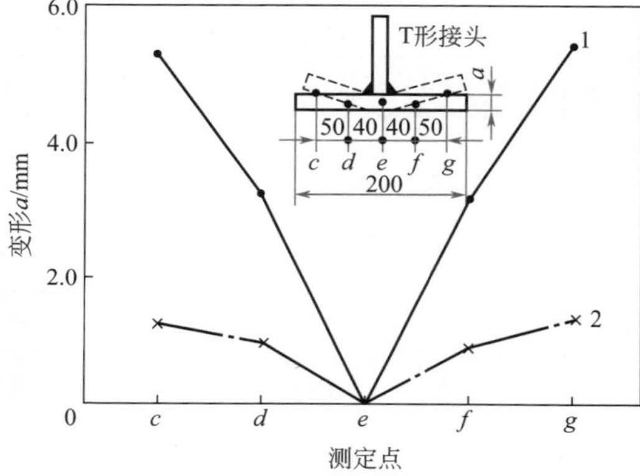

图 6-6　CO_2 气体保护焊与其它焊接的变形比较

1—手工电弧焊；2—CO_2 气体保护焊

② 对油锈不敏感。由于 CO_2 气体保护焊在焊接过程中有 CO_2 气体的分解，所以氧化性极强，对工件上的油、锈及其它脏物的敏感性就大大减小了，因此对焊前的清理要求也不是很高，只要工件上没有明显的黄锈，一般不必清除。

③ 焊接变形小。因为 CO_2 气体保护焊电流的密度高、电弧热量集中、CO_2 气体有冷却的作用、受热的面积相对较小，所以焊后工件的变形就小，如图 6-6 所示，特别是焊接薄板时可以减少矫正变形的工作量。

④ 冷裂倾向小。CO_2 气体保护焊焊缝中由于扩散的氢含量少，在焊接低合金高强度钢时，出现冷裂纹的倾向较小。

⑤ 采用明弧焊。CO_2 气体保护焊电弧可见性好，容易准确地对准焊缝进行施焊，观察和控制焊接熔接过程比较方便。

⑥ 操作简单。CO_2 气体保护焊采用的是自动送丝机构，操作简单，容易掌握，在手工电弧焊操作技术的基础上，工人经过短期的培训即可进行 CO_2 气体保护焊。

⑦ 焊接成本低。CO_2 气体的来源比较广泛，既有专业生产 CO_2 气体的，也有某些化工产品的副产品，所以价格相对较低，焊接过程当中电能的消耗也少，其焊接的成本大约是手工电弧焊的 40% ～ 50%。

2）CO_2 气体保护焊的缺点

① 焊接过程中的飞溅大。焊接过程中产生的 CO 气体如果出现在了熔滴里，就会由于气体的膨胀而导致处于向焊接熔池过渡中的熔滴爆炸，形成焊接时的金属飞溅。

② 焊接过程中合金元素容易被烧损。CO_2 气体及其在高温下分解出的 O_2 具有较强的氧化性，而且随着温度的升高，其氧化性不断地加强，在焊接过程中，强氧化的特性将导致合金元素的烧损。

③ 焊接过程中气体保护区的抗风能力弱。CO_2 气体保护焊时，由于 CO_2 气流的保护作用，把焊接电弧区周围的空气排挤出焊接电弧区，保护好处于高温状态下的电极、熔化金属和处于高温区域的近缝区金属，使这些位置不与周围的空气接触，防止了被空气中的 O_2 氧化。但是如果在焊接时 CO_2 气体保护作用被自然风破坏，CO_2 气体保护焊的焊缝质量将变差，因此在实施室外焊接时，CO_2 气体保护焊周围必须要有防风措施的保护。

④ 拉丝式焊枪比手工电弧焊的焊钳重。CO_2 气体保护焊拉丝式焊枪上有焊丝盘和送丝电动机，如图 6-7 所示。虽然送丝电动机的功率较小（一般为 10W 左右），焊丝盘的质量也不超过 1kg，但是整个焊枪要比手工

电弧焊焊钳重很多，因此增加了焊接操作时的劳动强度。而且在小范围内的操作更是不方便、不灵活。

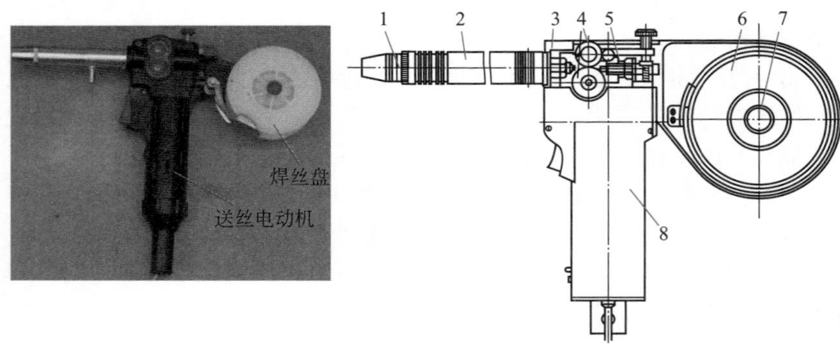

图 6-7 拉丝式焊枪

1—喷嘴；2—枪体；3—绝缘外壳；4—送丝轮；5—螺母；6—焊丝盘；7—压紧螺栓；8—送丝电动机

⑤ 焊接设备较复杂。CO_2 气体保护焊焊机主要由 7 个部分组成（图 6-8）：焊接电源、控制箱、送丝机构、焊枪（手工焊枪或自动焊小车）、CO_2 气体共气装置、遥控盒、冷却水循环装置（大电流焊接时用冷却焊枪）等。其设备的组成比焊条电弧焊机复杂，在需要经常移动的焊接现场焊接时，没有焊条电弧焊机动性好。

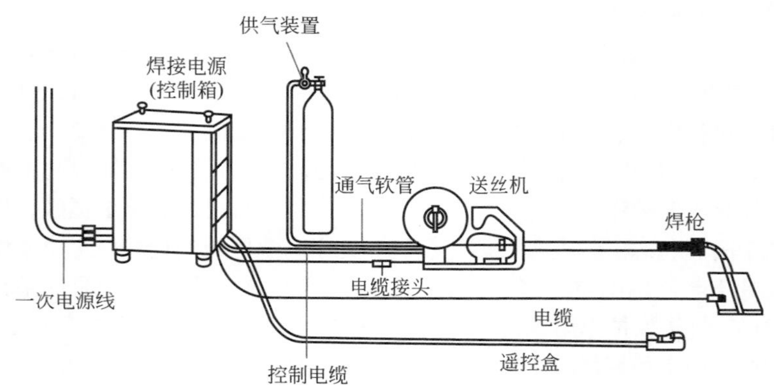

图 6-8 CO_2 气体保护焊设备组成

⑥ 气体保护焊焊机价格比焊条电弧焊焊机价格高。CO_2 气体保护焊

焊机价格是普通交流焊条电弧焊焊机的3倍，是直流焊条电弧焊焊机的1.5倍，价格较高。

6.1.3 二氧化碳气体保护焊的分类及应用

CO_2气体保护焊的分类主要有混合气体保护焊、气电立焊、CO_2气体保护电弧点焊、实心焊丝CO_2气体保护焊和药芯焊丝CO_2气体保护焊等五种。

（1）混合气体保护焊

混合气体保护焊与CO_2气体保护焊的不同之处是：以O_2与CO_2、Ar与CO_2或O_2和Ar与CO_2按照不同的比例混合成的气体作为保护气体进行焊接，简称为MAG-M焊。与CO_2气体保护焊相比，混合气体保护焊具有以下优点：

① 焊接飞溅小。采用ϕ1.2mm的焊丝，焊接电流为350A时，用Ar与CO_2混合气体作保护气体，在不同混合比时的飞溅率如图6-9所示。

② 合金元素烧损少。Ar与CO_2在不同混合比时，各类合金元素的过渡系数如图6-10所示。

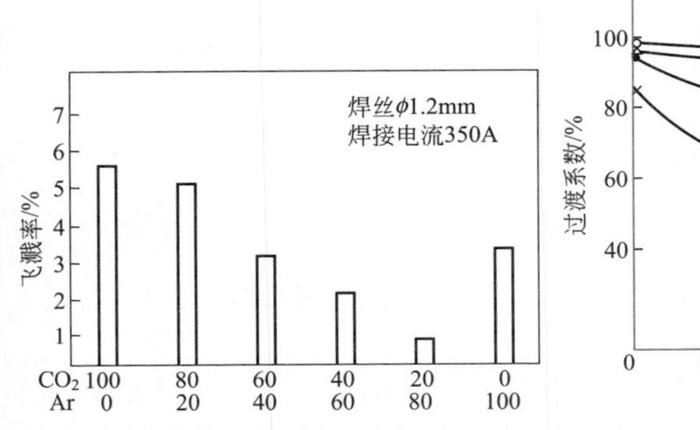

图6-9 不同混合比的飞溅率

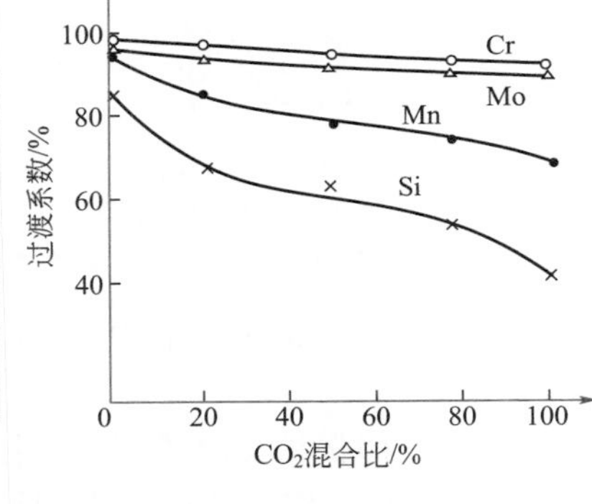

图6-10 不同混合比的合金元素过渡系数

③ 焊缝质量高。用混合气体保护焊焊接时，焊缝金属的冲击韧度比CO_2气体保护焊要高，含氧量却比CO_2气体保护焊偏低，如图6-11所示。

④ 薄板焊接时焊接参数范围较宽。不同混合比许用焊接参数变化范围见图6-12。

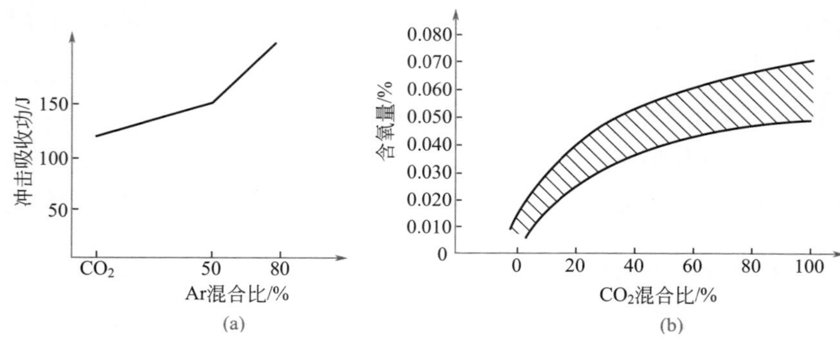

图 6-11　不同混合比焊缝金属的冲击吸收功与含氧量

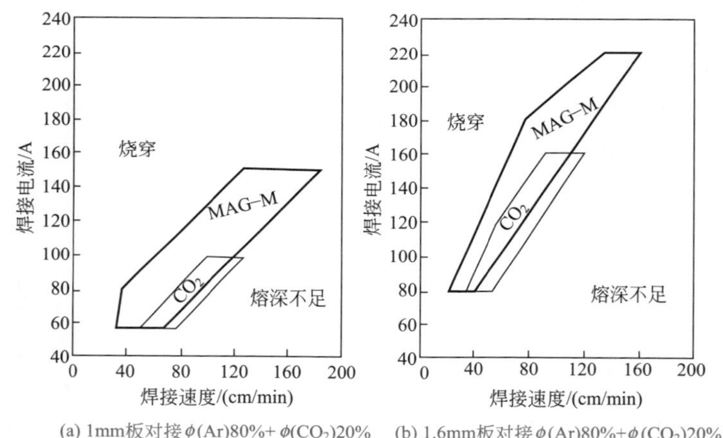

图 6-12　不同混合比时许用焊接参数的变化范围

混合气体保护焊除了用来焊接低、中碳钢外，还可以用来焊接低合金高强度钢，使用时应根据被焊接材料的不同选择混合气体的种类及比例。

（2）气电立焊

气电立焊是伴随普通熔化极气体保护焊和电渣焊发展而产生的一种新的熔化极气体保护电弧焊方法。保护气体可以是单一的气体（如 CO_2 气），也可以是混合气体（如 $Ar+CO_2$ 气）。焊丝可以是实心焊丝，也可以是药芯焊丝。

焊接过程中用水冷滑块挡住熔化的金属，使其强迫成形，实现立向位置的焊接。气电立焊的优点是：即使是开I形坡口的厚板也可一次焊接成形，生产效率相当高。常用于焊接12～80mm厚的低碳钢板或中碳钢板，也可以焊接奥氏体不锈钢板和其它金属合金。

气电立焊的焊接电源采用直流电源反接法。当采用陡降外特性时，可以通过对电弧电压的反馈来控制行走机构，用来保持焊丝伸出长度的稳定性；当采用平特性焊接电源时，可以采用手动控制或通过检测熔池上升高度来控制行走机构的自动提升。气电立焊的焊接电源容量要大，负载持续率要高，通常的焊接电流为450～650A，最大的焊接电流为1000A，负载持续率为100%。

气电立焊设备主要由焊接电源、焊枪、送丝机构、水冷滑块、送气系统、焊枪摆动机构、升降机构、控制装置等组成。除焊接电源外，其余部分都被组装在了一起，并随着焊接过程的进行而垂直向上移动，这种方法看似焊缝轴线处于垂直位置，但实际上是一种焊缝在垂直上升的平焊，因为焊丝是不断向下送进的。气电立焊的原理如图6-13所示。

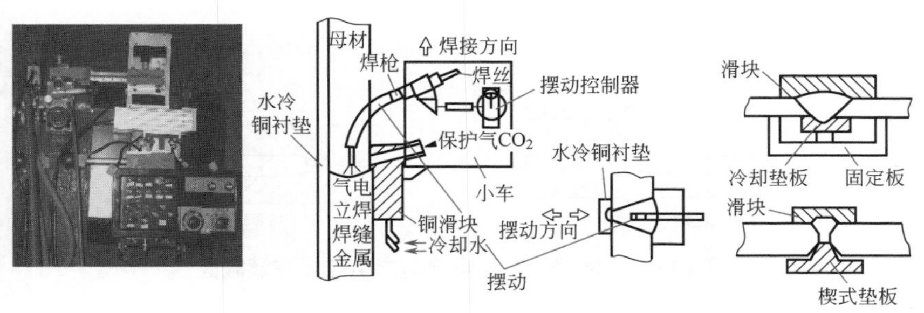

图6-13　气电立焊原理图

(3) CO_2气体保护电弧点焊

用外加气体作为电弧介质并保护电弧和点焊机区的电弧焊，简称气体保护电弧点焊。用CO_2气体作保护，在两块搭接的薄板上，利用燃烧的电弧来熔化上下两块金属构件，焊枪及焊件在焊接过程中都不动，由于焊丝的熔化，在上板表面形成一个铆钉形状。这种焊接的方法是通过电弧把一块板完全熔透到另一块板上来实现电弧点焊的。CO_2气体保护电弧点焊机原理如图6-14所示。

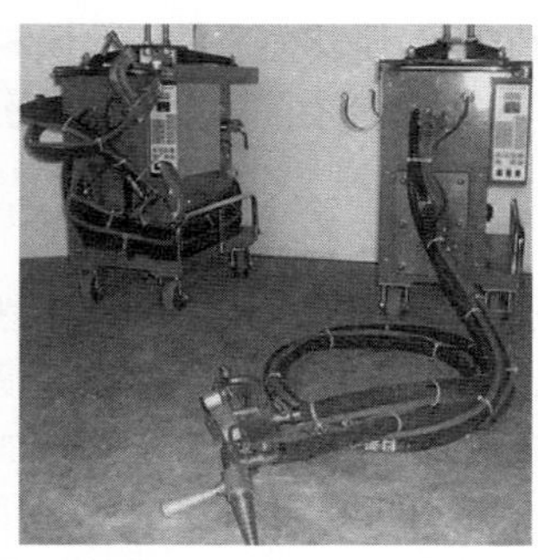

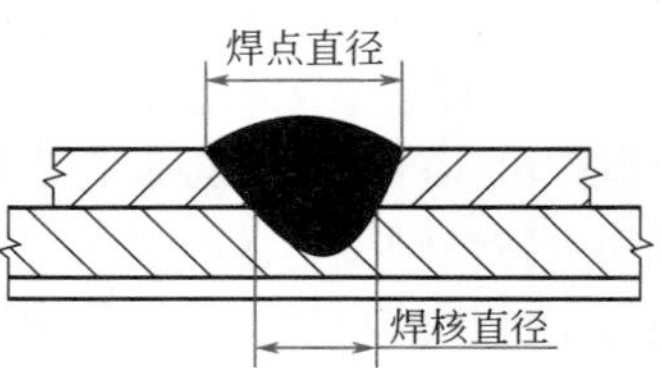

图 6-14 CO_2 气体保护电弧点焊机原理

CO_2 气体保护电弧点焊的板材一般不大于 5mm，较厚的板材也可以直接进行电弧点焊，但是在焊接前要在上板进行钻孔或冲孔，电弧通过该孔直接加热下板而形成焊缝，这种焊接的方法也称为塞焊。CO_2 气体保护电弧点焊有别于电阻点焊，电阻点焊是通过电极压紧两块薄金属板，此时，电极接通电源，电流则在两块薄金属板的接触面上产生电阻热，使接触面上流过电流的接触点熔化而形成焊点。气体保护电弧点焊与电阻点焊焊缝截面示意图见图 6-15。

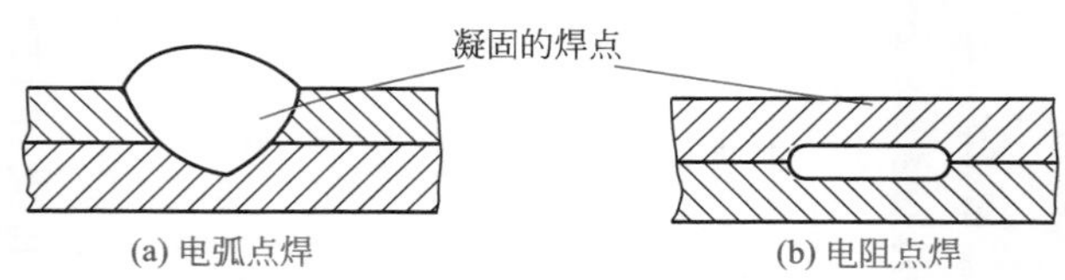

图 6-15 气体保护电弧点焊与电阻点焊焊缝截面

CO_2 气体保护电弧点焊焊接过程的特点是：被焊接的两个金属板要贴紧，中间无间隙，焊接电流要大，燃弧时间要短，焊机的空载电压要高些，一般要大于 70V，以保证焊接过程频繁引弧的可靠性。CO_2 气体保护电弧点焊常用的接头形式如图 6-16 所示。

在进行水平位置 CO_2 气体保护电弧点焊时，如果上下板厚度都在 1mm 以下，为了提高抗剪强度，防止烧穿，点焊时应加垫板。如果上板很厚，一般大于 6mm，熔透上板所需要的电流又不足时，可以先将上板开一个锥形孔，然后再施焊，也就是前面讲的“塞焊”。仰焊 CO_2 气体保护电弧点焊时，为了防止熔池金属的下落，在焊接参数选择上应尽量采用大的电流、低的电压、短的时间及大的气体流量。对于垂直位置的CO_2气体保护电弧点焊，其焊接时间要比仰位焊接时间更短。

因此，CO_2气体保护电弧点焊作为一种高效的点焊方法，以其点焊变形小和点焊机成本低的特点，在生产中获得了广泛的运用。

（4）实心焊丝CO_2气体保护焊

实心焊丝是CO_2气体保护焊中最常用的一种焊丝，由热轧线材经过拉拔加工而成。为了防止焊丝生锈，须对焊丝的表面（除不锈钢焊丝外）进行特殊的处理，目前主要是镀铜的处理，包括电镀、浸铜及化学镀铜等处理方法。实心焊丝实物如图 6-17 所示。

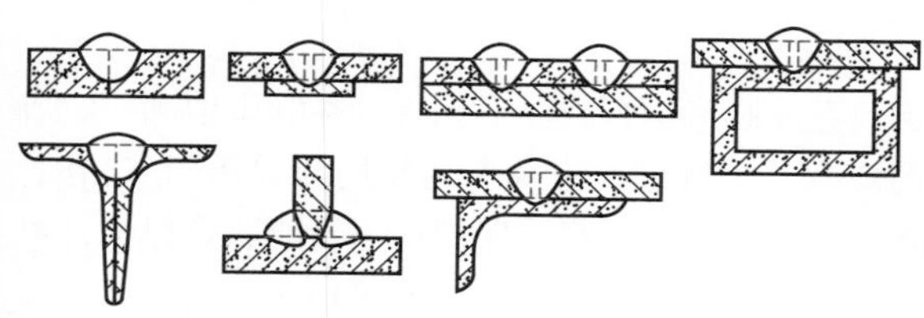

图 6-16　CO_2气体保护电弧点焊常用的接头形式

图 6-17　实心焊丝

采用实心焊丝CO_2气体保护焊时，保护气体是 100% 的CO_2气体，焊接过程中的飞溅大，焊接烟尘也大，焊缝成形后的冲击韧度较低，基本能满足力学性能的要求，保护气体的价格也最便宜，与 Ar、He 等气体比较更经济实惠，因此得到了最普遍的运用。

但在实际生产中多是采用CO_2（80%）+ O_2(20%)（体积分数）进行气体保护焊，这样比采用纯CO_2气体具有更强的氧化性，焊接电弧的热量会更高，可以大大提高焊接速度和焊缝熔透深度。

（5）药芯焊丝CO_2气体保护焊

药芯焊丝是由钢带和焊药组成的，焊药放在特制的钢带上，经包卷机的包卷和拉拔而成。焊接过程中可以用气体做保护的叫做气体保护焊用药芯焊丝，药芯焊丝用于CO_2气体保护焊的称为药芯焊丝CO_2气体保护焊。

焊接过程中，药芯焊丝在电弧的高温作用下产生气体和熔渣，起到造气保护和造渣保护作用，不另加气体保护的称为自保护药芯焊丝，用这种焊丝焊接的方法称为自保护药芯焊丝焊接。

1）药芯焊丝气体保护焊的原理

这种焊接方法的原理与实心焊丝CO_2气体保护焊的不同之处是利用

药芯焊丝代替实心焊丝进行焊接，如图 6-18 所示。

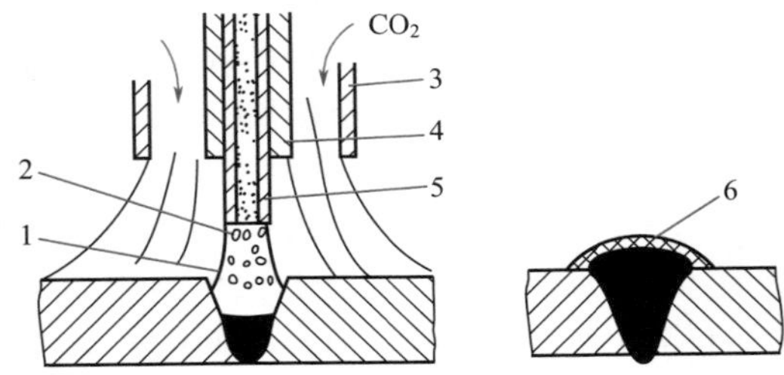

图 6-18　药芯焊丝气体保护焊原理图

1—电弧；2—熔滴；3—喷嘴；4—导电嘴；5—药芯焊丝；6—渣壳

药芯焊丝是利用薄钢板卷成圆形钢管或异形钢管，在管中填满一定成分的药粉，经拉制而成的焊丝，焊接过程中药粉的作用与焊条药皮相同。因此，药芯焊丝气体保护焊的焊接过程是双重保护——气渣联合保护，可获得较高的焊接质量。药芯焊丝的断面形状，如图 6-19 所示。

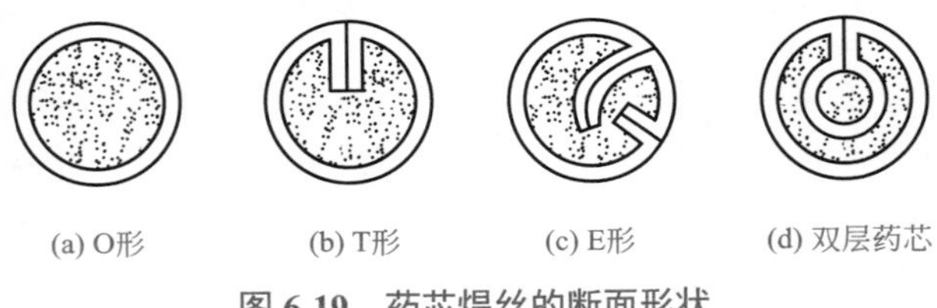

图 6-19　药芯焊丝的断面形状

2）药芯焊丝气体保护焊的特点

① 优点。

a. 熔化系数高。由于焊接电流只流过药芯焊丝的金属表皮，其电流密度非常高，产生大量的电阻热，使其熔化速度比相同直径的实心焊丝高。一般情况下药芯焊丝的熔敷率达 75% ～ 88%，生产效率是实心焊丝的 1.5 ～ 2 倍，是手工电焊条的 5 ～ 8 倍。

b. 焊接熔深大。由于电流只流过药芯焊丝的金属表皮，电流密度大，使焊道熔深加大。国外研究资料表明，当角焊缝的实际厚度加大时，其接头强度不因焊道外观尺寸的变化而变化。因此焊脚尺寸可以减小，焊脚减小可节约焊缝金属 50% ～ 60%。

c. 工艺性好。由于药芯中加了稳弧剂和造渣剂，因此电弧稳定，熔滴均匀，飞溅小，易脱渣，焊道成形美观，其良好的焊缝表面成形有利于提高焊接结构的动载性能。

d. 焊接成本低。药芯焊丝 CO_2 气体保护焊的总成本仅为手工电弧焊的 45.1%，并略低于实心焊丝 CO_2 气体保护焊。

e. 适应性强。通过改变药芯的成分可获得不同类型的药芯焊丝，以适应不同的需要。

总之，药芯焊丝 CO_2 气体保护焊是一种高效、节能、经济、工艺性好、焊接质量高的焊接工艺。

② 缺点。与实心焊丝 CO_2 气体保护焊相比有以下缺点：

a. 烟雾大。焊接时烟雾较大。

b. 焊渣多。焊渣较实心 CO_2 气体保护焊多，故多层焊时要注意清渣，防止产生夹渣缺陷。但渣量远少于手工电弧焊，因此清渣工作量并不大。

3）药芯焊丝气体保护焊的应用范围

药芯焊丝可用于焊接不锈钢、低合金高强度钢及堆焊。国外已将药芯焊丝广泛用于重型机械、建筑机械、桥梁、石油、化工、核电站设备、大型发电设备及采油平台等行业中，并取得了很好的效果，药芯焊丝的使用范围在逐渐地扩大。

6.2 二氧化碳气体保护焊设备

CO_2 气体保护焊的设备主要有两大类，一类是自动 CO_2 气体保护焊设备，另一类是半自动 CO_2 气体保护焊设备。自动 CO_2 气体保护焊设备常用粗焊丝，一般采用直径大于或等于 1.6mm 的焊丝进行焊接；半自动 CO_2 气体保护焊设备主要用细焊丝，一般采用直径小于或等于 1.2mm 的焊丝进行焊接。由于细丝 CO_2 气体保护焊的焊接工艺已经十分成熟，因此在生产中得到了大量广泛的运用，在此仅介绍细丝 CO_2 气体保护焊的设备，也就是半自动 CO_2 气体保护焊设备。

6.2.1 二氧化碳气体保护焊对设备的要求

CO_2 气体保护焊对设备的主要要求包括综合工艺性能、良好的使用性能和提高焊接过程稳定性的途径。

（1）综合工艺性能

焊接过程中要想焊出很好的达到焊接要求的 CO_2 气体保护焊接头，

必须要有综合性能强的焊接设备作为基础，焊接综合性能好的焊接设备是保证焊接接头质量的前提条件。这就需要焊接设备在焊接过程中能始终保持焊接引弧的容易性，而且电弧的自动调节能力要好，也就是在弧长发生变化时，焊接电流也要随之发生相应的变化，即弧长变长时，焊接电流的变化要尽量小；焊丝的长度变化时，产生的静态电压误差值要小，并且焊接时焊接参数的调节要方便灵活，准确度高，能够满足多种直径焊丝焊接的需求。

（2）良好的使用性能

CO_2 气体保护焊还要求焊机必须有良好的使用性能，即在焊接过程当中，焊枪要轻巧灵活，操作方便自如；送丝机构的质量要轻便小巧，方便焊接过程中的整体移动；提供保护气体的系统要顺畅，气体保护状况稳定良好；另外还要求焊机在发生故障进行维修时要方便简单，故障发生率越低越好；焊机的安全防护措施也是很关键的因素，要确保焊机有良好的安全性能的保障。

（3）提高焊接过程稳定性的途径

为了有效提高焊接过程中的稳定性，送丝机构的设计必须更趋于合理化，在焊接整个过程中要确保焊丝匀速稳定地送丝；焊机的外特性也要进行仔细选择，尽量达到合理的标准，弧压反馈送丝焊机采用下降外特性的电源，等速度送丝焊机选用平或缓降外特性电源。

因此，在进行 CO_2 气体保护焊时对设备要求的选择是很重要的步骤。

6.2.2　二氧化碳气体保护焊设备组成部分及作用

半自动 CO_2 气体保护焊设备的主要组成部分有焊接电源、供气系统、送丝系统、焊枪和控制系统等，半自动 CO_2 气体保护焊设备的连接示意图如图 6-20 所示。

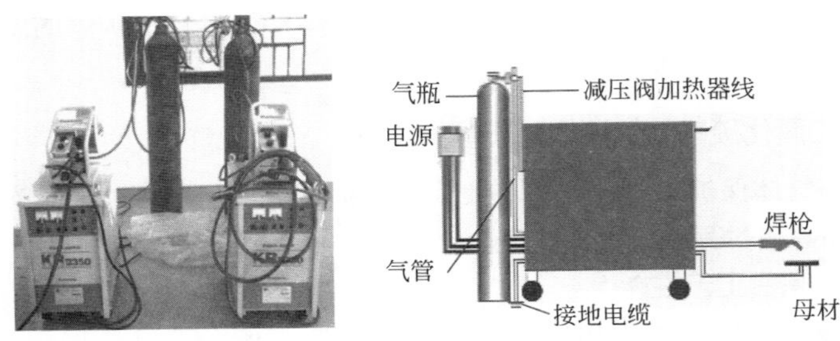

图 6-20　半自动 CO_2 气体保护焊设备连接示意图

① 焊接电源。半自动 CO_2 气体保护焊设备的焊接电源由一个平特性的三相晶闸管整流器及控制线路组成。面板上装有指示灯、仪表及调节旋钮等，如图 6-21 所示。

② 供气系统。半自动 CO_2 气体保护焊设备的供气系统由气瓶、减压流量调节器（又称减压阀）及管道组成，有时为了除水，气路中还需串联高压和低压干燥器，如图 6-22 所示。

图 6-21 焊接电源控制面板

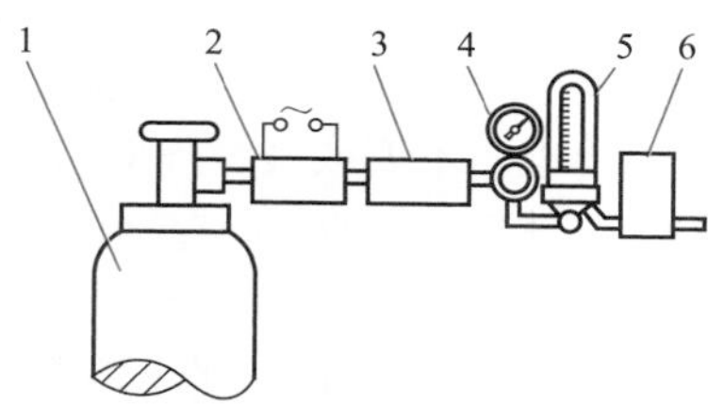

图 6-22 供气系统

1—CO_2 气瓶；2—预热器；3—高压干燥器；4—减压表；5—流量计；6—低压干燥器

③ 送丝系统。半自动 CO_2 气体保护焊设备的送丝机构是送丝的动力机构，它包括机架、送丝电动机、焊丝矫直轮、压紧轮和送丝轮等，还有卡装焊丝盘、电缆及焊枪的辅助机构，送丝机构如图 6-23 所示。要求送丝机构能匀速平稳地输送焊丝。

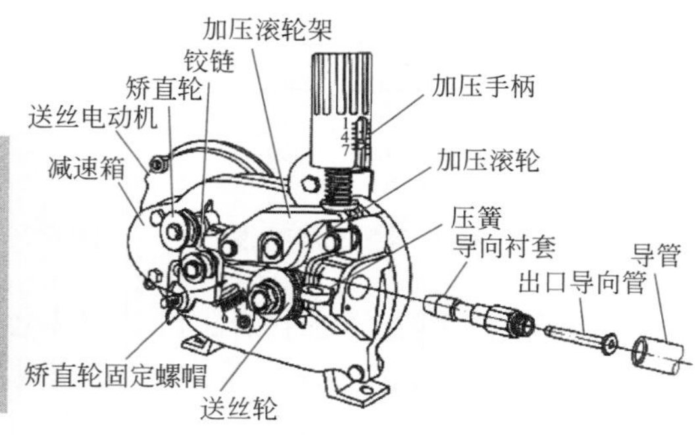

图 6-23 送丝系统

④ 焊枪。半自动 CO_2 气体保护焊设备的焊枪是用来传导电流、输送焊丝和保护气体的手持操作工具，焊枪实物如图 6-24 所示。

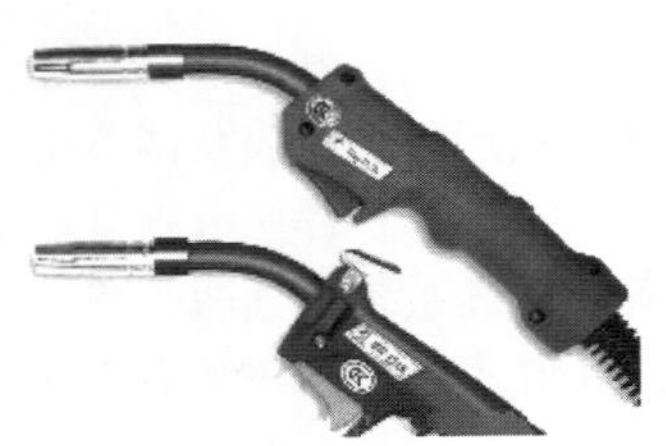

图 6-24 焊枪实物图

（1）焊接电源

1）对焊接电源的要求

CO_2 气体保护焊对焊接电源的要求主要包括具有平的或缓降的外特性曲线，具有合适的空载电压、良好的动特性和合适的调节范围。

① 具有平的或缓降的外特性曲线。电源输出电压和输出电流的关系称作电源的外特性，也就是当输出电流增加时，输出电压不变或缓慢降低的电源外特性称作平特性或缓降特性。因为 CO_2 气体保护焊使用的焊丝直径小，通常小于 1.6mm，焊接电流大、电流密度比焊条电弧焊高 10 倍以上，电弧的静特性处于上升段，如图 6-25 所示，所以，要采用平特性或缓降外特性的焊接电源时，如图 6-26 所示。采用平特性电源时，由于短路电流大，容易引弧，所以不易粘丝；电弧拉长后，电流迅速减小，不容易烧坏焊丝嘴，且弧长变化时会引起较大的电流变化，电弧的自调节作用强，焊接参数稳定，焊接质量好。电源外特性越接近水平线，电弧的自调节作用就越强，焊接参数越稳定，焊接质量也就越好。

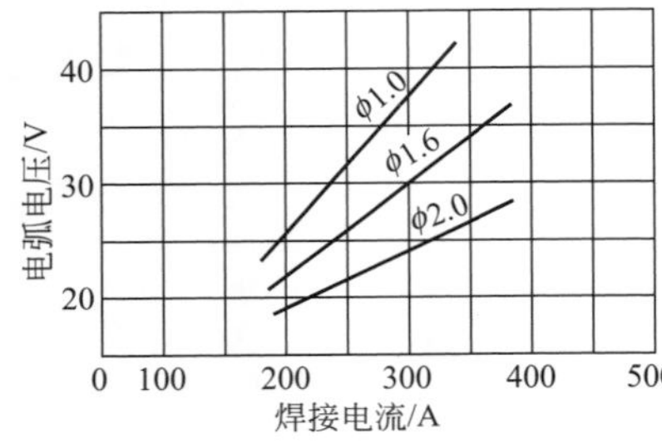

图 6-25 CO_2 电弧的静特性

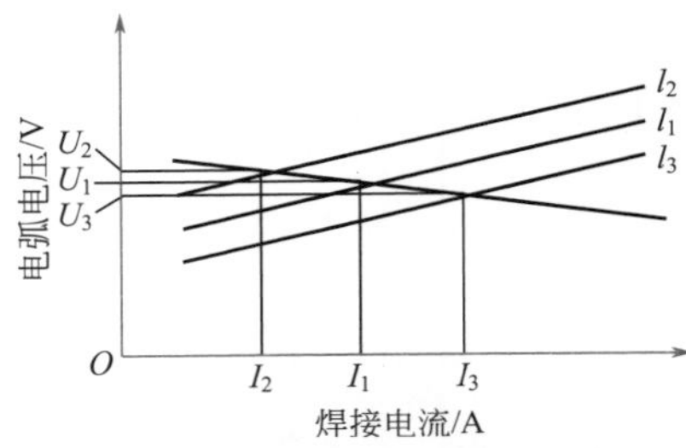

图 6-26 弧长变化时焊接电流的变化

如果设电弧稳定燃烧时弧长为 l_1，焊接电流为 I_1，电弧电压为 U_1。当某种原因使电弧变长至 l_2 时，焊接电流迅速减小为 I_2，焊丝熔化速度减慢，电弧长度变短，焊接电流增加，很快就恢复到 l_1。反之，若电弧变短至 l_3，则焊接电流迅速增加到 I_3，焊丝熔化速度加快，弧长增加，迫使焊接电流减小，很快恢复到 l_1。

② 具有合适的空载电压。气体保护焊机的空载电压为 38 ～ 70V。

③ 良好的动特性。焊接过程中焊丝和焊件间会发生频繁的短路与重

新引弧，如果焊机的输出电压和电流不能迅速地适应这种变化，电弧就不可能稳定地燃烧，甚至会熄灭，使焊接中断，焊机适应焊接电弧变化的这种特征称为电源的动特性。动特性良好的焊机，引弧容易，焊接过程稳定可靠，飞溅小，焊接时会有电弧平静、柔软、有弹性的感觉。

④ 合适的调节范围。能根据需要方便地调节焊接参数，满足不同焊接条件下生产的需要。

2）CO_2 气体保护焊电源的种类

根据焊接参数调节方法的不同，焊接电源可分为如下两类：

① 一元化调节电源。这种电源只需用一个旋钮调节焊接电流，控制系统自动使电弧电压保持在最佳状态，如果焊工对所焊焊缝成形不满意，可适当修正电弧电压，以保持最佳匹配，如图 6-27 所示就是一元化调节焊机的一种。

② 多元化调节电源。这种电源的焊接电流和电弧电压分别用两个旋钮调节，调节焊接参数较麻烦，如图 6-28 所示就是多元化调节焊机的一种。德国生产的 VARIOMIG600RV、日本大阪 Xmark Ⅲ 500PS 型 CO_2 气体保护焊机均采用了这种调节方式。

图 6-27　一元化调节焊机

图 6-28　多元化调节焊机

3）焊接电源的负载持续率

任何电气设备在使用时都会发热，如果温度太高，绝缘损坏，就会使电气设备烧毁。为了防止设备烧毁，必须了解焊机的额定焊接电流和负载持续率及它们之间的关系。

① 负载持续率。负载持续率可以按下式进行计算：

$$负载持续率=\frac{燃弧时间}{焊接时间}\times100\%$$

焊接时间是燃弧时间与辅助时间之和。当电流通过导体时，因导体都有电阻会发热，发热量与电流的平方成正比，电流越大，发热量越大，温度越高。当电弧燃烧（负载）时，发热量大，焊接电源温度升高；电弧熄灭（空载）时，发热量小，焊接电源温度降低。电弧燃烧时间越长，辅助时间越短，即负载持续率越高，焊接电源温度升高得越多，焊机越容易烧坏。

② 额定负载持续率。在焊机出厂标准中规定了负载持续率的大小。我国规定额定负载持续率为 60%，即在 5min 内，连续或累计燃弧 3min，辅助时间为 2min 时的负载持续率。

③ 额定焊接电流。在额定负载持续率下，允许使用的最大焊接电流称作额定焊接电流。

④ 允许使用的最大焊接电流。当负载持续率低于 60% 时，允许使用的最大焊接电流比额定焊接电流大，负载持续率越低，可以使用的焊接电流越大。

当负载持续率高于 60% 时，允许使用的最大焊接电流比额定焊接电流小。已知额定负载持续率、额定焊接电流和负载持续率时，可按下式计算允许使用的最大焊接电流：

$$\text{允许使用的最大焊接电流}=\sqrt{\frac{\text{额定负载持续率}}{\text{实际负载持续率}}}\times\text{额定焊接电流}$$

实际负载持续率为 100% 时，允外使用的焊接电流为额定焊接电流的 77%。

4）焊接电源的铭牌

铭牌上给出了焊接电源的参数。使用时应严格遵守铭牌上的全部规定。例如上海电焊机厂生产的 CO_2 气体保护焊机电源铭牌，见表 6-3。

表 6-3　CO_2 气体保护焊机电源铭牌

CO_2 气体保护焊机直流电源		
型号	YD 500S	额定输出电流 500A
额定输入电压	380V	额定输出电压 45V
额定输入	31.9kVA	额定负载持续率 60%
	28.1kW	重量　　172kg
相数	3 相	生产日期
频率	50/60Hz	出厂编号

（2）供气系统

本系统的功能是向焊接区提供流量稳定的 CO_2 保护气体。供气系统由气瓶、减压流量调节器、预热器、流量计及管路等组成。供气系统的各部件名称及功能如图 6-29 所示。

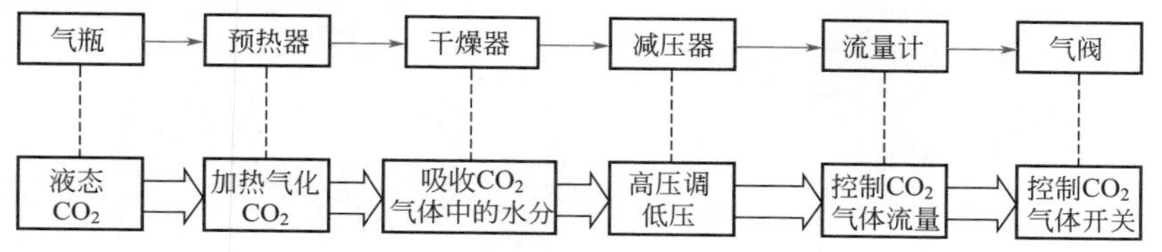

图 6-29 供气系统各部件名称及功能

① 减压流量调节器。减压流量调节器是将气瓶中的高压 CO_2 气体的压力降低，并保证保护气体输出压力稳定。

② 流量计。用来调节和测量保护气体的流量。

③ 预热器。高压 CO_2 气体经减压阀变成低压气体时，因体积突然膨胀，温度会降低，可能使气瓶口结冰，阻碍 CO_2 气体的流出，装上预热器可防止气瓶口结冰。

现在所使用的减压流量调节器用起来非常方便，这种调节器已将预热器、减压阀和流量调节器合成一体。常用的减压流量调节器有两种类型，如图 6-30、图 6-31 所示。没有浮子流量计的减压流量调节器结构简单，价格便宜，只依靠流量调节手轮上的刻度，就可判定 CO_2 气体流量的大小，但这种流量计不直观，精确度也比较差。有浮子流量计的减压流量调节器结构比较复杂，价格稍贵，可根据浮子的位置直观判定 CO_2 气体流量的大小，浮子越高，流量越大，但有浮子流量计很容易摔坏，使用时要特别小心。

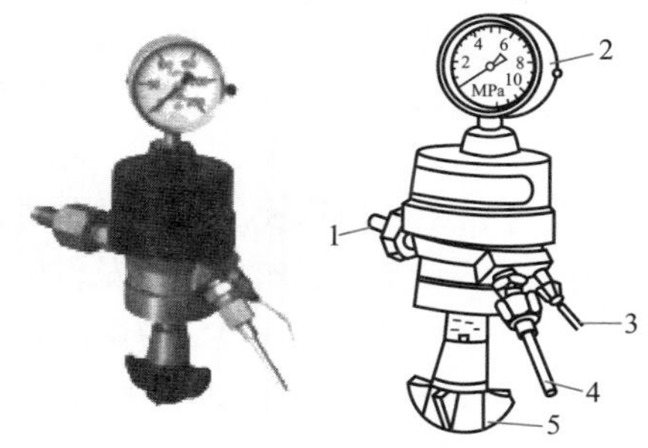

图 6-30 没有浮子流量计的减压流量调节器

1—进气口；2—高压表；3—预热器电缆；4—出气口；5—流量调节手轮

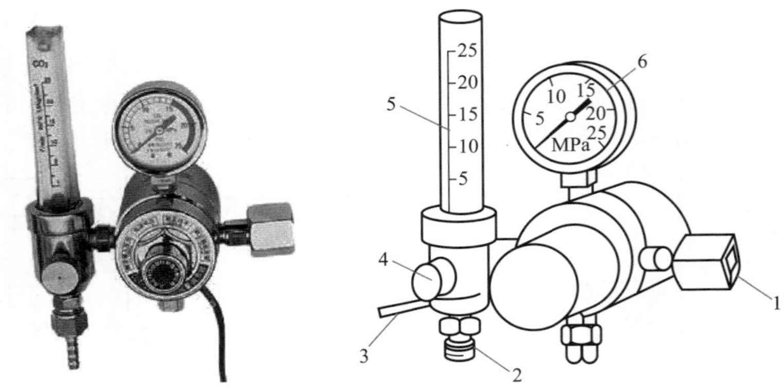

图 6-31　有浮子流量计的减压流量调节器

1—进气口；2—出气口；3—预热器电缆；4—流量调节旋钮；5—浮子流量计；6—高压表

（3）送丝系统

送丝系统主要由送丝机构（包括电动机、减速器、矫直轮、送丝轮）、送丝软管、焊丝盘组成。

1）对送丝机构的要求

① 送丝速度均匀稳定。

② 调速方便灵活。

③ 结构牢固，轻巧可靠。

2）送丝方式的选择

根据送丝方式不同，送丝系统可分为推丝式、拉丝式、推拉丝式和行星式四种。如图 6-32 和图 6-33 所示。

① 推丝式。推丝式是半自动熔化极气体保护焊应用最广泛的送丝方式之一，这种送丝方式的焊枪结构简单、轻便，操作和维修都比较方便，但是，焊丝送进的阻力较大，如果送丝软管过长，送丝稳定性变差，一般送丝软管长为 3 ～ 5m。

② 拉丝式。接丝式可分为三种形式。一种是将焊丝盘和焊枪分开，两者通过送丝软管连接；另一种是将焊丝盘直接安装在焊枪上。这两种都适合于细丝半自动焊。还有一种是不但焊丝盘与焊枪分开，送丝电动机也与焊枪分开，这种送丝方式可用于自动熔化极气体保护电弧焊。

③ 推拉丝式。推拉丝式的送丝软管可加长到 15m 左右，扩大了半自动焊的操作距离。焊丝的前进既靠后面的推力，又靠前面的拉力。利用

这两个力的合力来克服焊丝在软管中的阻力。送丝过程中，始终要保持焊丝在软管中处于拉直状态。这种送丝方式常用于半自动熔化极气体保护电弧焊。

④ 行星式。三轮行星式送丝机构见图6-33，是利用轴向固定的旋转螺母能轴向推送螺杆的原理设计而成的。三个互为120°的滚轮交叉地装置在一块底座上，组成一个驱动盘。这个驱动盘相当于螺母，是行星式送丝机构的关键部分，三个滚轮中间的焊丝相当于螺杆。驱动盘由小型电动机带动，要求电动机的主轴是空心的。在电动机的一端或两端装上驱动盘后，就组成一个行星式送丝机构单元。

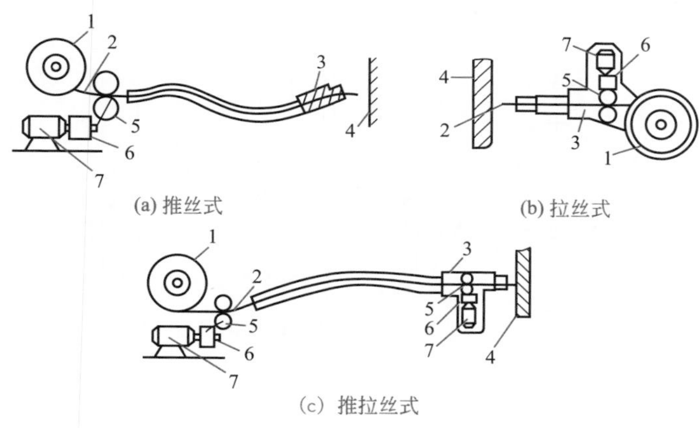

图6-32 送丝方式示意图

1—焊丝盘；2—焊丝；3—焊炬；4—焊件；5—送丝滚轮；6—减速器；7—电动机

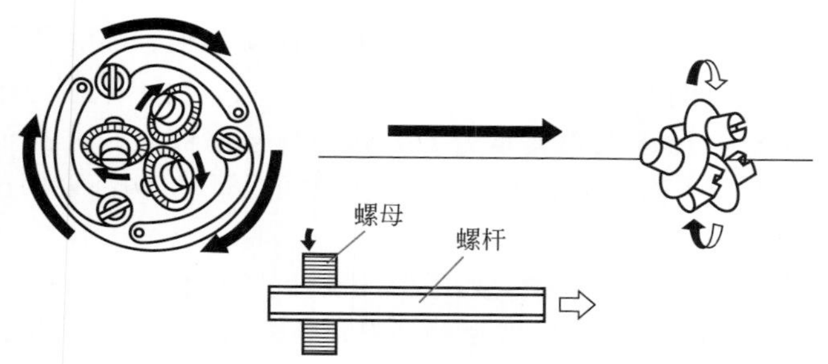

图6-33 三轮行星式送丝机构工作示意图

送丝机构工作时，焊丝从一端的驱动盘进入，通过电动机中空轴后，

从另一端的驱动盘送出。驱动盘上的三个滚轮与焊丝之间有一个预先调定的螺旋角，当电动机的主轴带动驱动盘旋转时，三个滚轮向焊丝施加一个轴向推力，将焊丝往前推送。在送丝过程中，三个滚轮一方面围绕焊丝公转，一方面绕着自己的轴自传。通过调节电动机的转速可调节焊丝送进速度。

3）推丝式送丝机构

常见的推丝式送丝机构如图 6-34 所示。装焊丝时应根据焊丝直径选择合适的 V 形槽，并调整好压紧力。若压紧力太大，将会在焊丝上压出棱边和很深的齿痕，送丝阻力增大，焊丝嘴内孔易磨损；若压紧力太小，则送丝不均匀，甚至送不出焊丝。

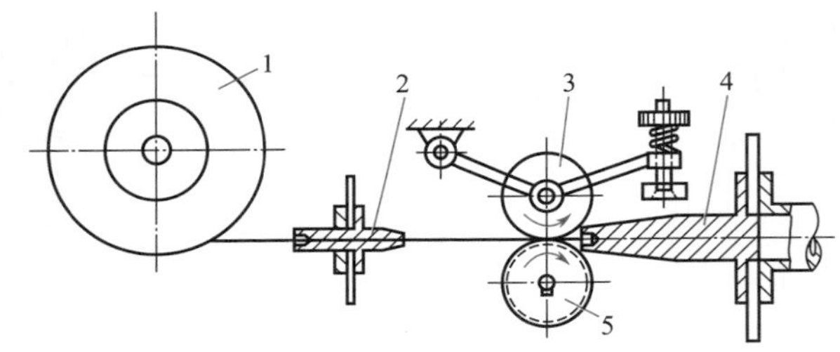

图 6-34 推丝式送丝机构

1—焊丝盘；2—进丝嘴；3—从动压紧轮；4—出丝嘴；5—主动送丝轮

4）送丝轮

根据送丝轮的表面形状和结构的不同，可将推丝式送丝机构分成两类：

① 平轮 V 形槽送丝机构。送丝轮上切有 V 形槽，靠焊丝与 V 形槽两个侧面接触点的摩擦力送丝，如图 6-35 所示，由于摩擦力小，送丝速度不够平稳。当送丝轮夹紧力太大时，焊丝易被夹扁，甚至压出直棱，会加剧焊丝嘴内孔的磨损。目前大多数的送丝机构都采用这种送丝方式。

② 行星双曲线送丝机构。采用特殊设计的双曲线送丝轮（如图 6-36 所示），使焊丝与送丝轮保持线接触，送丝摩擦力大，速度均匀，送丝距离大，焊丝没有压痕，能矫直焊丝。对带轻微锈斑的焊丝有除锈作用，且送丝机构简单，性能可靠，但双曲线送丝轮设计与制造较为麻烦。当前也有许多的厂家生产的焊机采用这种送丝方式。

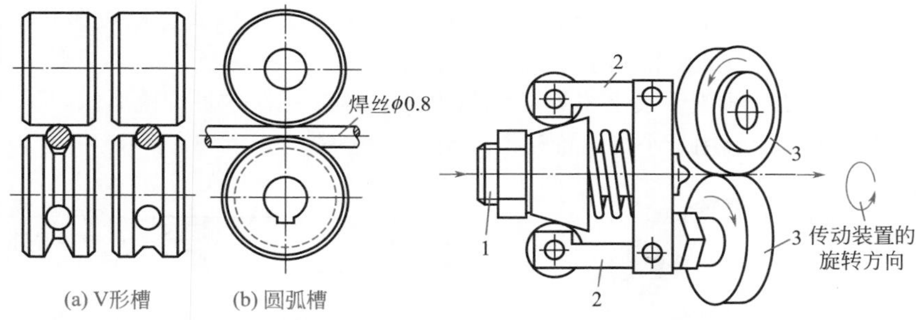

图 6-35 平轮 V 形槽送丝机构

图 6-36 行星双曲线送丝机构

1—进丝嘴；2—轮头；3—送丝轮

（4）焊枪

焊枪的种类根据送丝方式的不同，可分成拉丝式焊枪和推丝式焊枪两类。

1）拉丝式焊枪

拉丝式焊枪外形和结构图如图 6-37 所示。这种焊枪的主要特点是送丝速度均匀稳定，活动范围大，但是由于送丝机构和焊丝都装在焊枪上，所以焊枪的结构比较复杂、笨重，只能使用直径为 $\phi0.5 \sim 0.8$mm 的细焊丝进行焊接。

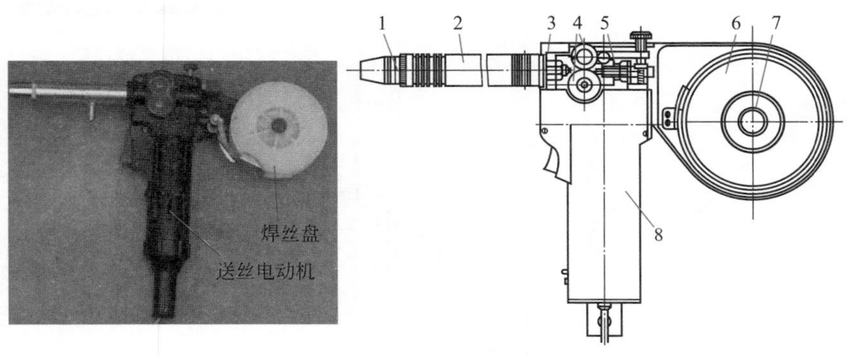

图 6-37 拉丝式焊枪外形和结构图

1—喷嘴；2—枪体；3—绝缘外壳；4—送丝轮；5—螺母；6—焊丝盘；7—压枪；8—电动机

2）推丝式焊枪

这种焊枪结构简单、操作灵活，但焊丝经过软管时受较大的摩擦阻

力，只能采用直径为ϕ1mm以上的焊丝进行焊接。推丝式焊枪按形状不同，可分为鹅颈式焊枪和手枪式焊枪两种。

① 鹅颈式焊枪。鹅颈式焊枪结构如图6-38所示。这种焊枪形似鹅颈，应用较为广泛，用于平焊位置时很方便。

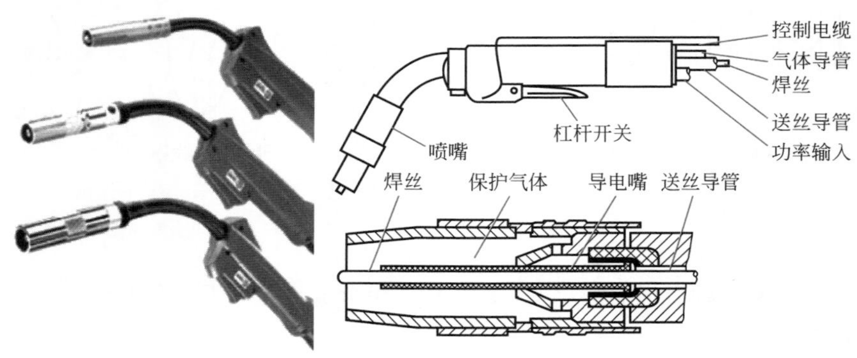

图6-38　鹅颈式焊枪

典型的鹅颈式焊枪头部结构如图6-39所示。它主要包括喷嘴、焊丝嘴、分流器、导管电缆等元件。

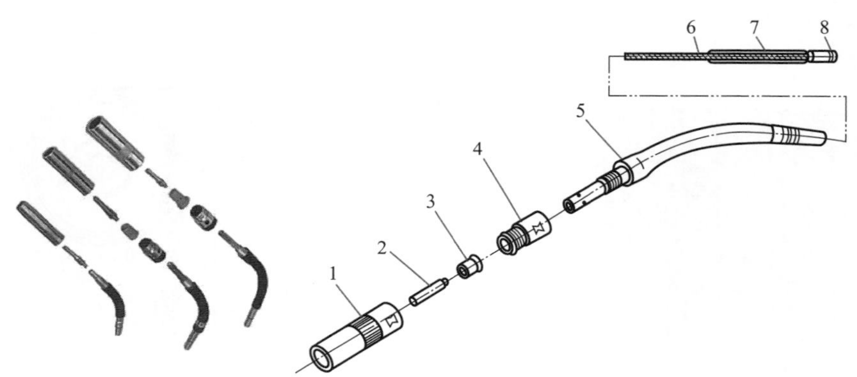

图6-39　鹅颈式焊枪头部的结构

1—喷嘴；2—焊丝嘴；3—分流器；4—接头；5—枪体；6—弹簧软管；7—塑料密封管；8—橡胶密封圈

a. 喷嘴。其内孔形状和直径的大小将直接影响气体的保护效果，要求从喷嘴中喷出的气体为上小下大的截头圆锥体，均匀地覆盖在熔池表面，如图 6-40 所示。喷嘴内孔的直径为 16 ～ 22mm，不应小于 12mm，为节约保护气体，便于观察熔池，喷嘴直径不宜太大。常用纯（紫）铜或陶瓷材料制造喷嘴，为降低其内外表面的粗糙度值，要求在纯铜喷嘴的表面镀上一层铬，以提高其表面硬度和降低粗糙度值。喷嘴以圆柱形为好，也可做成上大下小的圆锥形，如图 6-41 所示。焊接前，最好在喷嘴的内外表面上喷一层防飞溅喷剂，或刷一层硅油，便于清除黏附在喷嘴上的飞溅物并延长喷嘴使用寿命。

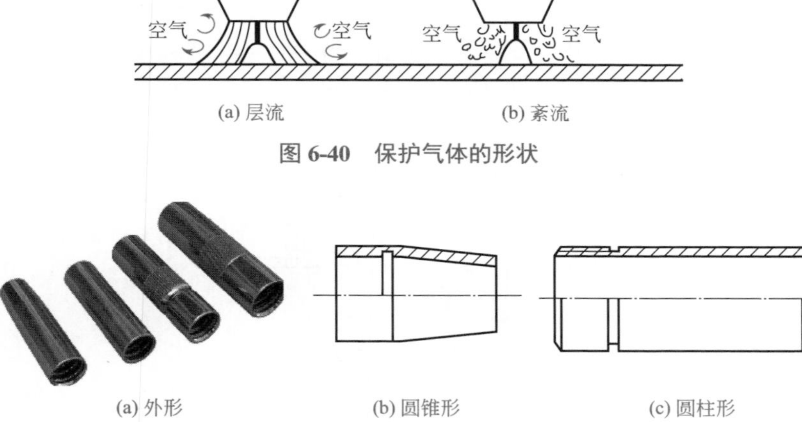

(a) 层流　　(b) 紊流

图 6-40　保护气体的形状

(a) 外形　　(b) 圆锥形　　(c) 圆柱形

图 6-41　喷嘴

b. 焊丝嘴。又称导电嘴，其外形如图 6-42（a）所示，它常用纯铜和铬青铜制造。为保证导电性能良好，减小送丝阻力和保证对准中心，焊丝嘴的内孔直径必须按焊丝直径选取，孔径太小，送丝阻力大；孔径太大则送出的焊丝端部摆动太厉害，造成焊缝不直，保护也不好。通常焊丝嘴的孔径比焊丝直径大 0.2mm 左右。

c. 分流器。分流器采用绝缘陶瓷制成，上有均匀分布的小孔，从枪体中喷出的保护气经分流器后，从喷嘴中呈层流状均匀喷出，可改善保护效果，分流器的结构如图 6-43 所示。

d. 导管电缆。导管电缆的外面为橡胶绝缘管，内有弹簧软管、纯铜导电电缆、保护气管和控制线，常用的标准长度是 3m，若根据需要，可采用 6m 长的导管电缆，其结构如图 6-44 所示，导管电缆由如下部分组成。

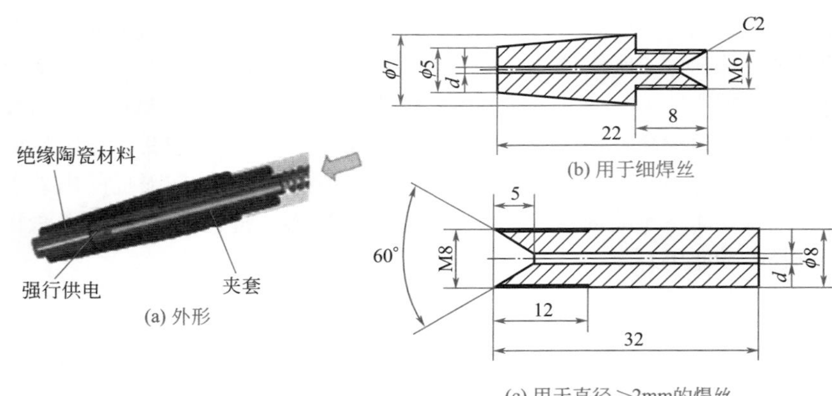

图 6-42 焊丝嘴

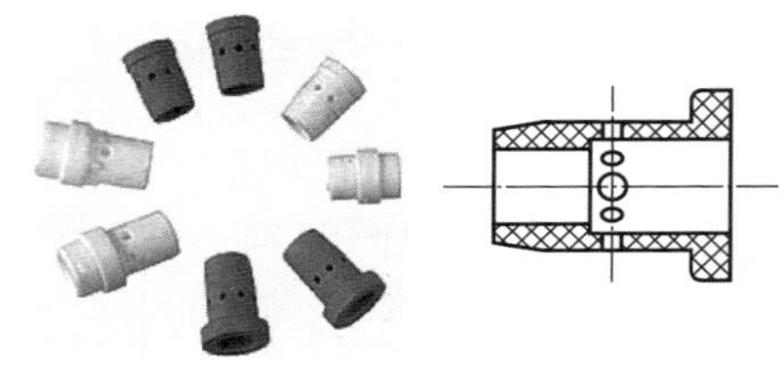

图 6-43 分流器

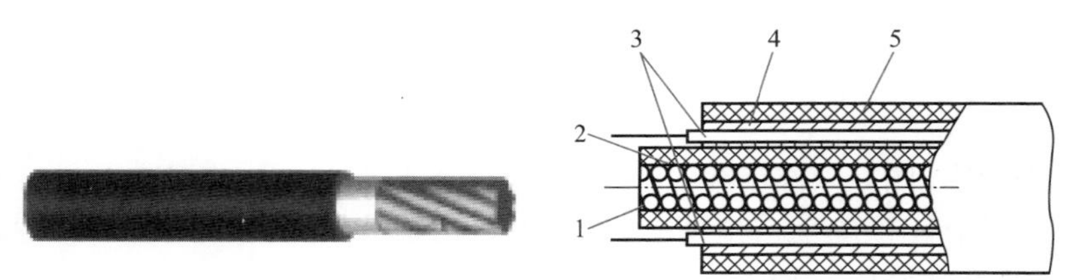

图 6-44 导管电缆结构图

1—可更换弹簧软管；2—内绝缘套管；3—控制线；4—电焊电源电缆；5—橡胶绝缘外套

a）弹簧软管。用不锈钢丝缠绕成的密排弹簧软管，保证硬度好、不生锈，以减少送丝时的摩擦阻力，弹簧软管的表面套有不透气的耐热塑料管。焊接过程中应注意以下事项：

（a）经常将弹簧软管内的铜屑及脏物清理干净，以减少送丝阻力。

（b）检查弹簧软管外的塑料管是否破损，如有破损就会漏气，焊接时因 CO_2 流量不够会产生气孔。若发现塑料层破裂、漏气，需及时更换。

（c）应根据焊丝直径，正确选择弹簧软管的内径，若焊丝粗，弹簧软管内径小，则送丝阻力就大；若焊丝细，弹簧软管内径大，送丝时焊丝在软管中容易弯曲，影响送丝效果。表 6-4 给出了不同焊丝直径的软管内径尺寸。

表 6-4 不同焊丝直径的软管内径

焊丝直径 /mm	软管直径 /mm	焊丝直径 /mm	软管直径 /mm
0.8 ～ 1.0	1.5	1.4 ～ 2.0	3.2
1.0 ～ 1.4	2.5	2.0 ～ 3.5	4.7

（d）如果熔化极气体保护焊用铝焊丝，因铝焊丝很软，必须采用内径合适的聚四氟乙烯软管，才能减少摩擦，保证顺利送丝。

b）内绝缘套管。防止弹簧软管外的塑料管破裂，并应保证整根导管电缆中焊接软电缆和焊丝的绝缘。

c）控制线。焊枪手柄上的控制开关供电用。

② 手枪式焊枪。手枪式焊枪的结构如图 6-45 所示，这种焊枪形似手枪，用来焊接除水平面以外的空间焊缝较为方便。焊接电流较小时，焊枪采用自然冷却，当焊接电流较大时，采用水冷式焊枪。

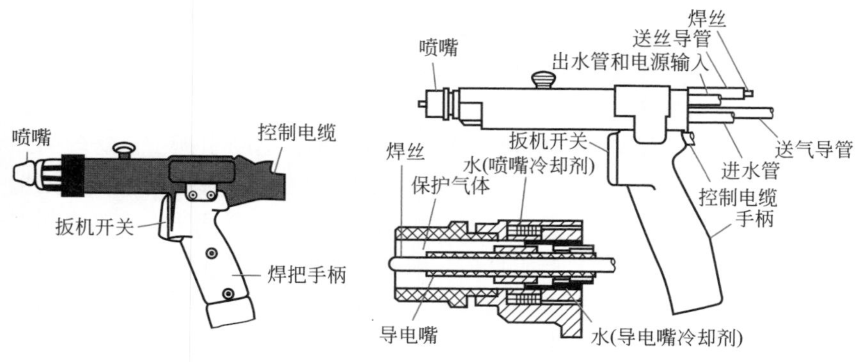

图 6-45 手枪式水冷焊枪

水冷式焊枪的冷却水系统由水箱、水泵、冷却水管和水压开关组成。水箱里的冷却水经水泵流经冷却水管，经过水压开关后流入焊枪，然后经冷却水管再流回水箱，形成冷却水循环。水压开关的作用是保证冷却水只有流经焊枪，才能正常启动焊接，用来保护焊枪。

(5) 控制系统

控制系统的作用是对供气、送丝和供电等系统实现控制。自动焊时，还可控制焊接小车或焊件运转等。CO_2 半自动保护焊机的控制系统由基本控制系统和程序控制系统组成。

1）基本控制系统的构成和作用

基本控制系统主要包括：焊接电源输出调节系统、送丝速度调节系统、小车行走速度调节系统（自动焊）和气体流量调节系统。它们的主要作用是在焊前和焊接过程中调节焊接电流或电压、送丝速度、焊接速度和气体流量的大小。

2）程序控制系统的主要作用

程序控制系统如图 6-46 所示，程序控制系统的主要作用有以下几个方面：

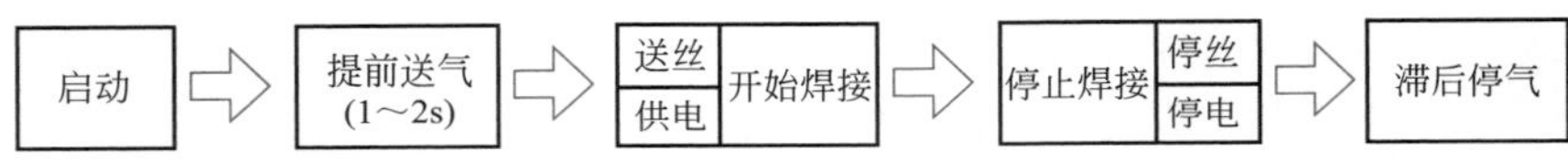

图 6-46　CO_2 半自动保护焊机程序控制方框图

① 控制焊接设备的启动和停止。

② 实现提前送气、滞后停气。

③ 控制水压开关动作，保证焊枪受到良好的冷却。

④ 控制送丝速度和焊接速度。

⑤ 控制引弧和熄弧。

熔化极气体保护焊的引弧方式一般有三种：爆断引弧、慢送丝引弧和回抽引弧。爆断引弧是指焊丝接触通电的工件，使焊丝与工件相接处熔化，焊线爆断后引弧；慢送丝引弧是指焊丝缓慢向工件送进，直到电弧引燃；回抽引弧是指焊丝接触工件后，通电回抽焊丝引燃电弧。熄弧方式一般有电流衰减（送丝速度也相应衰减，填满弧坑）和焊丝反烧（先停止送丝，经过一段时间后切断电源）。

6.3 二氧化碳气体保护焊焊接工艺

6.3.1 二氧化碳气体保护焊焊接工艺参数选择诀窍

对 CO_2 气体保护焊合理地选择焊接参数是保证焊缝质量、提高生产效率的重要条件。CO_2 气体保护焊的主要焊接参数包括焊丝直径、焊接电流、电弧电压、焊接速度、焊丝伸出长度、气体流量、电流极性、焊枪倾角、电弧对中位置、喷嘴高度等。

(1) 焊丝直径选择诀窍

焊丝直径越粗，允许使用的焊接电流就越大，通常根据焊件的厚薄、施焊位置及效率等要求来选择。焊接薄板或中厚板的立、横、仰焊缝时，多采用直径在 1.6mm 以下的焊丝。在具体的焊接过程中，焊丝直径的选择可参考表 6-5。焊丝直径对熔深的影响如图 6-47 所示。

表 6-5 焊丝直径的选择

焊丝直径 /mm	焊件厚度 /mm	施焊位置	熔滴过渡形式
0.8	1 ～ 3	各种位置	短路过渡
1.0	1.5 ～ 6	各种位置	短路过渡
1.2	2 ～ 12 中厚	各种位置	短路过渡
		平焊、平角焊	细颗粒过渡
1.6	6 ～ 25 中厚	各种位置	短路过渡
		平焊、平角焊	细颗粒过渡
2.0	中厚	平焊、平角焊	细颗粒过渡

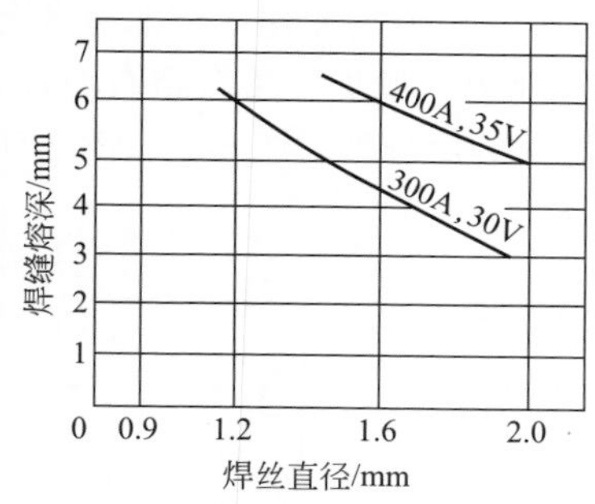

图 6-47 焊丝直径对熔深的影响

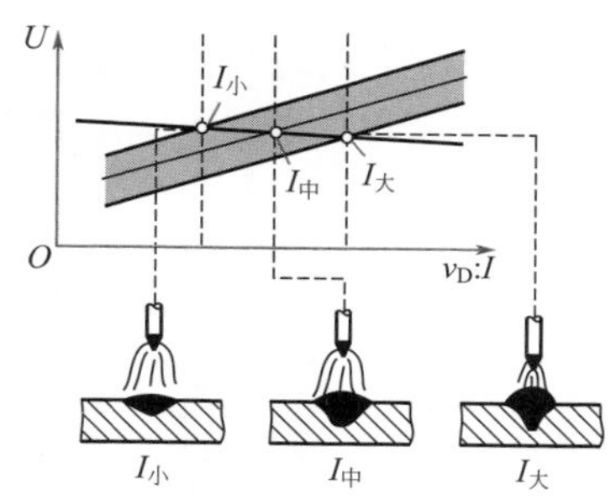

图 6-48 焊接电流对焊缝成形的影响

焊接电流相同时，熔深将随着焊丝直径的减小而增加。焊丝直径对焊丝的熔化速度也有明显的影响。当电流相同时，焊丝越细熔敷速度越高。目前，普遍采用的焊丝直径是 0.8mm、1. 0mm、1 .2mm 和 1.6mm 等几种。直径在 3 ～ 4 .5mm 的粗丝当前也有些焊接位置开始投入使用。

（2）焊接电流选择诀窍

焊接电流是CO_2气体保护焊的重要焊接参数之一，应根据焊件厚度、材质、焊丝直径、施焊位置及要求的熔滴过渡形式来选择焊接电流的大小。焊丝直径与焊接电流的关系见表6-6。每种直径的焊丝都有一个合适的电流范围，只有在这个范围内焊接才能稳定进行。通常直径0.8～1.6mm的焊丝，短路过渡的焊接电流在40～230A；细颗粒过渡的焊接电流在250～500A。

表 6-6　焊丝直径与焊接电流的关系

焊丝直径 /mm	焊接电流 /A
0.6	40～100
0.8	50～160
0.9	70～210
1.0	80～250
1.2	110～350
1.6	≥300

当电源外特性不变时，改变送丝速度，此时电弧电压几乎不变，焊接电流发生变化，送丝速度越快，焊接电流越大。在相同的送丝速度下，随着焊丝直径的增加，焊接电流也增加。焊接电流的变化对熔池深度有决定性影响，随着焊接电流的增大，熔深显著地增加，熔宽略有增加，如图6-48所示。焊接电流对熔敷速度及熔深的影响，如图6-49、图6-50所示。

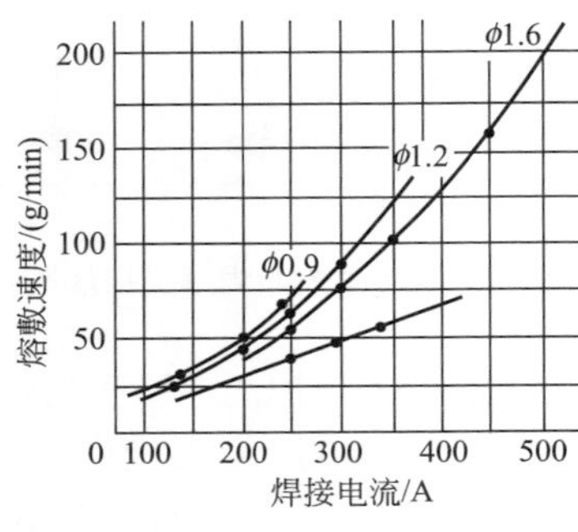

图 6-49　焊接电流对熔敷速度的影响

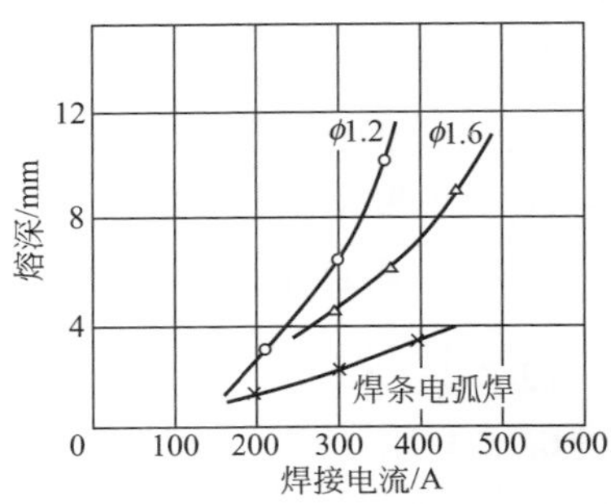

图 6-50　焊接电流对熔深的影响

由图可见，随着焊接电流的增加，熔敷速度和熔深都会增加。但是应该注意，焊接电流过大时，容易引起烧穿、焊漏和产生裂纹等缺陷，且焊件的变形大，焊接过程中飞溅很大；而焊接电流过小时，容易产生未焊透、未熔合和夹渣等缺陷以及焊缝成形不良。通常在保证焊透、成形良好的条件下，尽可能地采用大的焊接电流，以提高生产效率。

（3）电弧电压选择诀窍

电弧电压也是 CO_2 气体保护焊中重要的焊接参数之一。送丝速度不变时，调节电源外特性，此时焊接电流几乎不变，弧长将发生变化，电弧电压也会变化。电弧电压对焊缝成形的影响如图 6-51 所示。

随着电弧电压的增加，熔宽明显地增加，熔深和余高略有减小，焊缝成形较好，但焊缝金属的氧化和飞溅增加，力学性能降低。为保证焊缝成形良好，电弧电压必须与焊接电流配合适当。通常焊接电流小时，电弧电压较低；焊接电流大时，电弧电压较高。这种关系称为匹配。在焊接打底层焊缝或空间位置焊缝时，常采用短路过渡方式，在立焊和仰焊时，电弧电压应略低于平焊位置，以保证短路过渡过程稳定。短路过渡时，熔滴在短路状态一滴一滴地过渡，熔池较黏，短路频率为 5 ～ 100Hz。电弧电压增加时，短路频率降低。短路过渡的方式下，电弧电压和焊接电流的关系见图 6-52。通常情况下电弧的电压为 17 ～ 24V。

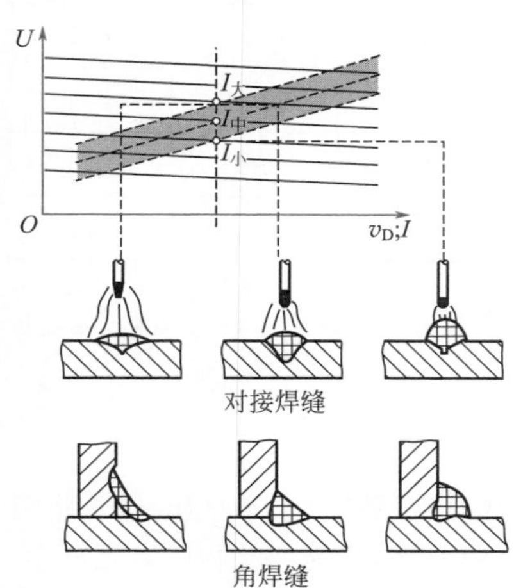

图 6-51　电弧电压对焊缝成形的影响

U—电弧电压；v_D—送丝速度；I—焊接电流

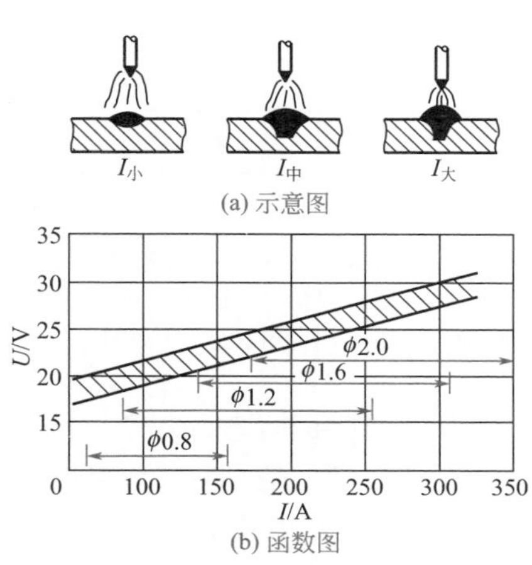

图 6-52　短路过渡时电弧电压与电流的关系

由图 6-52 可以得到，随着焊接电流的增大，合适的电弧电压也增大。电弧电压过高或过低对焊缝成形、飞溅、气孔及电弧的稳定性都有不利的影响。应注意焊接电压与电弧电压是两个不同的概念，不能混淆。

电弧电压是在导电嘴与焊件间测得的电压。而焊接电压则是电焊机上电压表显示的电压，它是电弧电压与焊机和焊件间连接电缆线上的电压降之和。显然焊接电压比电弧电压高，但对于同一台焊机来说，当电缆长度和截面不变时，它们之间的差值是很容易计算出来的，特别是当电缆较短、截面较粗时，由于电缆上的压降很小，可用焊接电压代替电弧电压；若电缆很长，截面又小，则电缆上的电压降不能忽略，在这种情况下，若用从焊机电压表上读出的焊接电压替代电弧电压将产生很大的误差。严格地说，从焊机电压表上读出的电压是焊接电压，不是电弧电压。如果想知道电弧电压，可按下式进行计算：

$$电弧电压 = 焊接电压 - 修正电压（V）$$

修正电压可从表 6-7 中查得。

表 6-7　修正电压与电缆长度的关系

电缆长度 /m	不同电流时的修正电压（电缆电压降）/V				
	100A	200A	300A	400A	500A
10	约 1	约 1.5	约 1	约 1.5	约 2
15	约 1	约 2.5	约 2	约 2.5	约 3
20	约 1.5	约 3	约 2.5	约 3	约 4
25	约 2	约 4	约 3	约 4	约 5

注：此表是通过计算得出来的。计算条件如下：焊接电流 ≤ 200A 时，采用截面为 38mm^2 的导线；焊接电流 ≥ 300A 时，采用截面为 60mm^2 的导线；当焊枪的电缆长度超过 25m 时，应根据实际长度修正焊接电压。

（4）焊接速度选择诀窍

焊接速度也是 CO_2 气体保护焊重要焊接参数之一。焊接时电弧将熔化金属吹开，在电弧下形成一个凹坑，随后将熔化的焊丝金属填充进去，如果焊接速度太快，这个凹坑不能完全被填满，将产生咬边或下陷等缺陷；相反，若焊接速度过慢时，熔敷金属堆积在电弧下方，使熔深减小，将产生焊道不匀、未熔合、未焊透等缺陷。焊接速度对焊缝成形的影响如

图 6-53 所示。

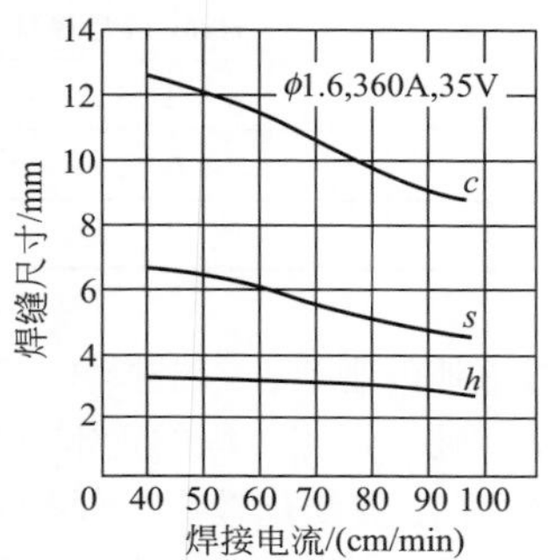

图 6-53　焊接速度对焊缝成形的影响

c—熔宽；h—余高；s—熔深

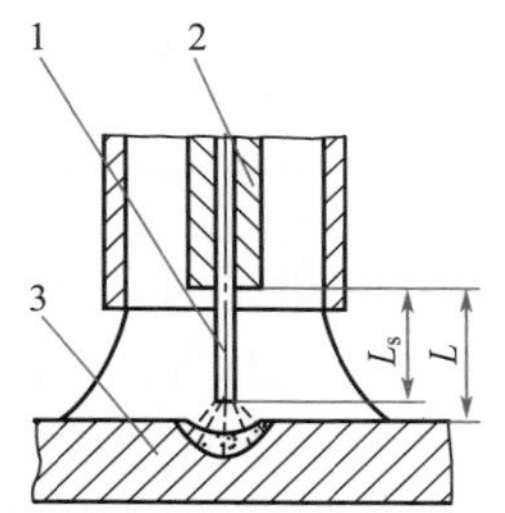

图 6-54　焊丝伸出长度

1—焊丝；2—导电嘴；3—母材；

L_s—焊丝伸出长度；L—导电嘴至母材的距离

由图 6-53 可见，在焊丝直径、焊接电流、电弧电压不变的条件下，焊接速度增加时，熔宽与熔深都减小。如果焊接速度过高，除产生咬边、未焊透、未熔合等缺陷外，由于保护效果变坏，还可能会出现气孔；若焊接速度过低，除降低生产率外，焊接变形将会增大。一般半自动焊时，焊接速度在 5 ～ 60m/h 范围内。

（5）焊丝伸出长度选择诀窍

焊丝伸出长度是指从导电嘴端部到焊丝端头间的距离（图 6-54），又叫干伸长，一般约等于焊丝直径的 10 倍，且不超过 15mm。

保持焊丝伸出长度不变是保证焊接过程稳定的基本条件之一。这是因为 CO_2 气体保护焊采用的电流密度较高，焊丝伸出长度越大，焊丝的预热作用越强，反之亦然。预热作用的强弱还将影响焊接参数和焊接质量。当送丝速度不变时，若焊丝伸出长度增加，因预热作用强，焊丝熔化快，电弧电压高，使焊接电流减小，熔滴与熔池温度降低，将造成热量不足，容易引起未焊透、未熔合等缺陷。相反，若焊丝伸出长度减小，将使熔滴与熔池温度提高，在全位置焊时可能会引起熔池铁液的流失。

预热作用的大小还与焊丝的电阻率、焊接电流和焊丝直径有关。对于不同直径、不同材料的焊丝，允许使用的焊丝伸出长度是不同的，实际操作时可参考表 6-8 进行选择。

表 6-8　焊丝伸出长度的允许值　mm

焊丝直径	焊丝牌号	
	H08Mn2Si	H06Cr19Ni9Ti
0.8	6 ～ 12	5 ～ 9
1.0	7 ～ 13	6 ～ 11
1.2	8 ～ 15	7 ～ 12

焊丝伸出长度过小时，妨碍焊接时对电弧的观察，影响操作；还容易因导电嘴过热夹住焊丝，甚至烧毁导电嘴，破坏焊接过程的正常进行。焊丝伸出长度太大时，因焊丝端头摆动，电弧位置变化较大，保护效果变差，使焊缝成形不好，容易产生焊接缺陷。焊丝伸出长度对焊缝成形的影响如图 6-55 所示。

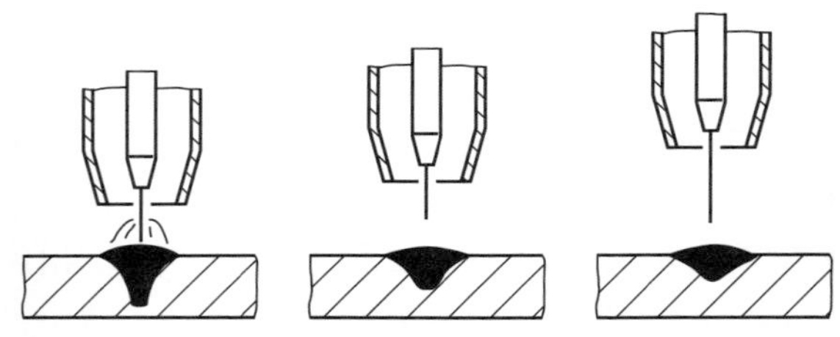

图 6-55　焊丝伸出长度对焊缝成形的影响

焊丝伸出长度小时，电阻预热作用小，电弧功率大、熔深大、飞溅少；伸出长度大时，电阻对焊丝的预热作用强，电弧功率小、熔深浅、飞溅多。焊丝伸出长度不是独立的焊接参数，通常焊工根据焊接电流和保护气流量确定喷嘴高度的同时，焊丝伸出长度也就确定了。

（6）电流极性选择诀窍

CO_2 气体保护焊通常都采用直流反接（反极性）：焊件接阴极，焊丝接阳极。焊接过程稳定、飞溅小、熔深大。直流正接时（正极性），焊件接阳极，焊丝接阴极，在焊接电流相同时，焊丝熔化快（其熔化速度是反极性的 1.6 倍），熔深较浅，余高大，稀释率较小，但飞溅较大。因此，根据这些焊接特点，正极性主要用于堆焊、铸铁补焊及大电流高速 CO_2 气体保护焊。

（7）气体流量选择诀窍

CO_2 气体的流量，应根据对焊接区的保护效果来选取。接头形式、焊接电流、电弧电压、焊接速度及作业条件对流量都有影响。流量过大或过小都将影响保护效果，容易产生焊接缺陷。通常细丝焊接时，流量为5～15L/min；粗丝焊接时，约为20L/min。焊接时一定要纠正“保护气流量越大保护效果越好”这个错误观念。保护效果并不是流量越大越好，当保护气流量超过临界值时，从喷嘴中喷出的保护气会由层流变成紊流，会将空气卷入保护区，降低保护效果，使焊缝中出现气孔，增加合金元素的烧损。

（8）焊枪倾角选择诀窍

焊接过程中焊枪轴线和焊缝轴线之间的夹角，称为焊枪的倾斜角度，简称为焊枪的倾角。焊枪的倾角是不容忽视的因素。当焊枪倾角在80°～110°之间时，不论是前倾还是后倾，对焊接过程及焊缝成形都没有明显的影响。但倾角过大（如前倾角 $\alpha > 115°$）时，将增加熔宽并减小熔深，还会增加飞溅。焊枪倾角对焊缝成形的影响如图6-56所示。

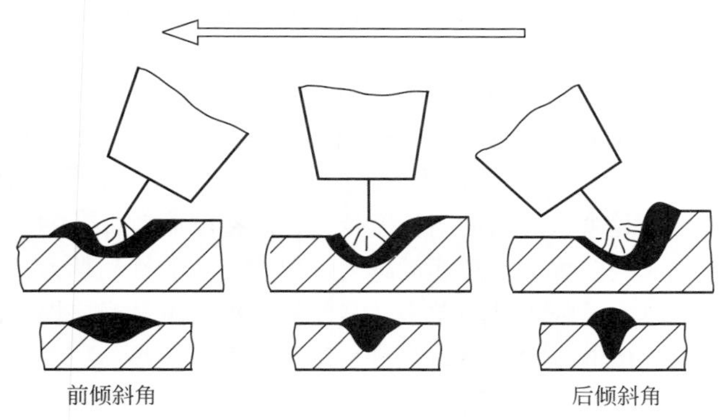

图6-56 焊枪倾角对焊缝成形的影响

由图6-56可以看出，当焊枪与焊件成后倾角时（电弧始终指向已焊部分），焊缝窄，余高大，熔深较大，焊缝成形不好；当焊枪与焊件成前倾角时（电弧始终指向待焊部分），焊缝宽，余高小，熔深较浅，焊缝成形好。通常焊工都习惯用右手持焊枪，采用左向焊法时（从右向左焊接），焊枪采用前倾角，不仅可得到较好的焊缝成形，而且能够清楚地观察和控制熔池，因此 CO_2 气体保护焊时，通常都采用左向焊法。

（9）电弧对中位置选择诀窍

在焊缝的垂直横截面内，焊枪的轴线和焊缝表面的交点称为电弧对

中位置，如图 6-57 所示，在焊缝横截面内，焊枪轴线和焊缝表面的夹角 β 和电弧对中位置，决定电弧功率在坡口两侧的分配比例。当电弧对中位置在坡口中心时，若 $\beta < 90°$，A 侧的热量多；若 $\beta = 90°$，A、B 两侧的热量相等；若 $\beta > 90°$，B 侧热量多。为了保证坡口两侧熔合良好，必须选择合适的电弧对中位置和 β 角。电弧对中位置是电弧的摆动中心，应根据焊接位置处的坡口宽度选择焊道的数目、对中位置和摆幅的大小。

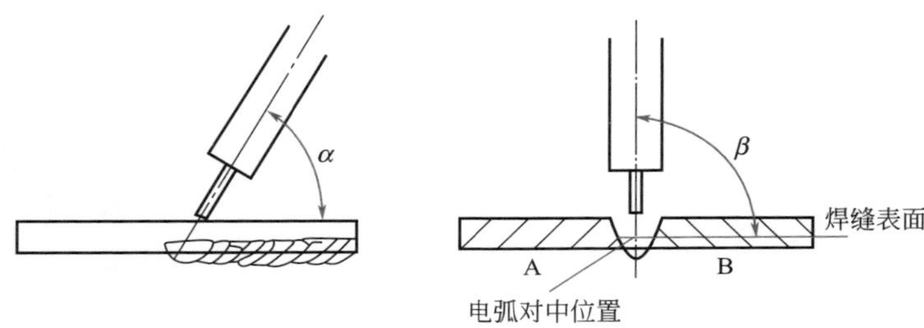

图 6-57 电弧的对中位置

（10）喷嘴高度与工件的距离选择诀窍

焊接过程中喷嘴下表面和熔池表面的距离称为喷嘴高度，它是影响保护效果、生产效率和操作的重要因素。喷嘴高度越大，观察熔池越方便，需要保护的范围越大，焊丝伸出长度越大，焊接电流对焊丝的预热作用越大，焊丝熔化越快，焊丝端部摆动越大，保护气流的扰动越大，因此要求保护气的流量越大；喷嘴高度越小，需要的保护气流量小，焊丝伸出长度短。通常根据焊接电流的大小参考图 6-58 选择喷嘴高度。

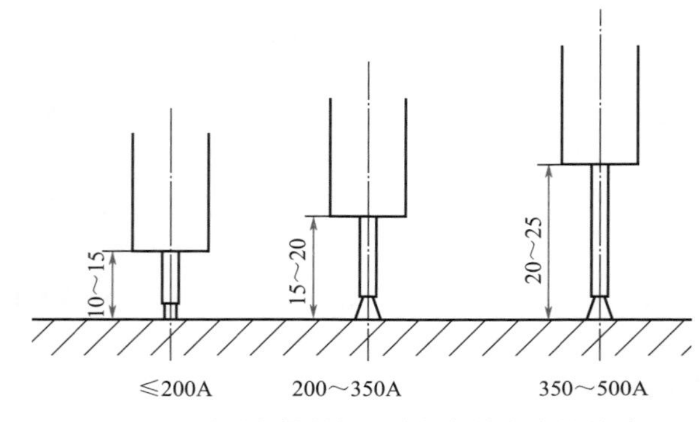

图 6-58 喷嘴与焊件间距离与焊接电流的关系

6.3.2 二氧化碳气体保护焊操作注意事项

CO_2 气体保护焊的质量是由焊接过程的稳定性决定的。而焊接过程的稳定性，除通过调节设备选择合适的焊接参数保证外，更主要的是取决于焊工实际操作的技术水平。因此每个焊工都必须熟悉 CO_2 气体保护焊的注意事项，掌握基本操作手法，才能根据不同的实际情况，灵活地运用这些技能，获得满意的焊接效果。

（1）选择正确的持枪姿势

由于 CO_2 气体保护焊焊枪比焊条电弧焊的焊钳重，焊枪后面又拖了一根沉重的送丝导管（如图 6-59 所示），因此焊接是较累的，为了能长时间坚持生产，每个焊工应根据焊接位置，选择正确的持枪姿势。采用正确的持枪姿势，焊工既不会感到太累，又能长时间稳定地进行焊接。

正确的持枪姿势应满足以下条件：

① 操作时用身体的某个部位承担焊枪的重量，通常手臂都处于自然状态，手腕能灵活带动焊枪平移或转动（图 6-60），不会感到太累。

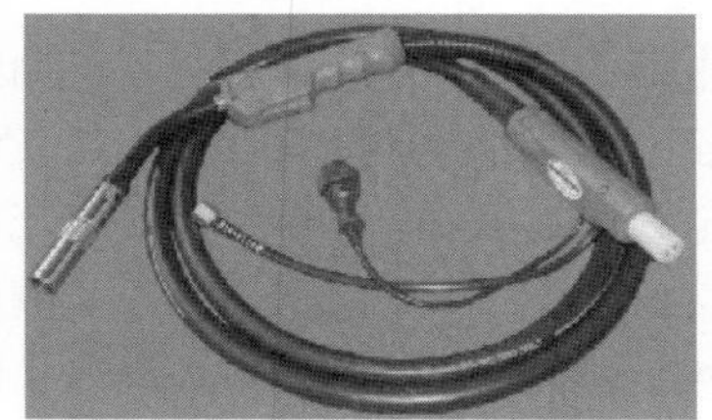

图 6-59 焊枪和送丝导管

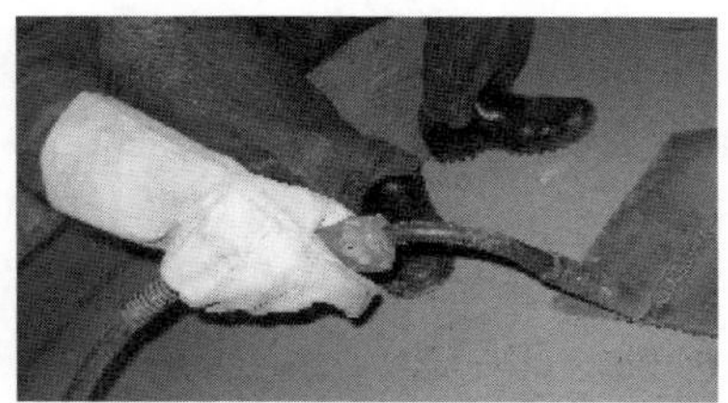

图 6-60 手腕能灵活带动焊枪

② 焊接过程中，软管电缆最小的曲率半径应大于 300mm，焊接时可随意拖动焊枪。

③ 焊接过程中，要维持焊枪倾角不变，还要能清楚、方便地观察到熔池。

④ 将送丝机放在合适的地方，保证焊枪能在需要焊接的范围内自由移动。

图 6-61 为焊接不同位置焊缝时的正确持枪姿势。

(a) 蹲位平焊

(b) 坐位平焊

(c) 立位平焊

(d) 站立立焊

(e) 站立仰焊

图 6-61 正确的持枪姿势

(2)控制好焊枪与焊件相对位置的技巧与诀窍

CO_2 气体保护焊及所有熔化极气体保护焊过程中，控制好焊枪与焊件的相对位置，不仅可以控制焊缝成形，而且还可以调节熔深，对保证焊接质量有特别重要的意义。所谓控制好焊枪与焊件的相对位置，包括以下三方面内容：控制好喷嘴高度、焊枪的倾斜角度、电弧的对中位置和摆幅。它们的作用如下。

① 控制好喷嘴高度的技巧。在保护气流量不变的情况下，喷嘴高度越大，保护效果就越差。

若焊接电流和电弧电压都已经调整好，此时送丝速度和电源外特性曲线也都调整好了。这种情况称为给定情况（下同）。实际的生产过程都是这种情况。开始焊接前，焊工都预先调整好了焊接参数，焊接时焊工是很少再调节这些参数的，但操作过程中，随着坡口钝边、装配间隙的变化，需要调节焊接电流。在给定情况下，可通过改变喷嘴高度、焊枪倾角等方法，来调整焊接电流和电弧功率分配等，以控制熔深和焊接质量，这个调整的过程有着很现实的意义。

这种操作方法的原理是“通过控制电弧的弧长，改变电弧静特性曲线的位置，改变电弧稳定燃烧工作点，达到改变焊接电流的目的”。弧长增加时，电弧的静特性曲线左移，电弧稳定燃烧的工作点左移，焊接电流减小。电弧电压稍提高，电弧功率减小，熔深减小；弧长降低时，电弧的静特性曲线右移，电弧稳定燃烧工作点右移，焊接电流增加，电弧电压稍降低，电弧的功率增加，熔深增加。

由此可见，在给定情况下，焊接过程中通过改变喷嘴高度，不仅可以改变焊丝的伸出长度，而且还可以改变电弧的弧长。随着弧长的变化可以改变电弧静特性曲线的位置，可以改变电弧稳定燃烧的工作点、焊接电流、电弧电压和电弧的功率，达到控制熔深的目的。

若喷嘴高度增加，焊丝伸出长度和电弧会变长，焊接电流减小，电弧电压稍提高，热输入减小，熔深减小；若喷嘴高度降低，焊丝伸出长度和电弧会变短，焊接电流增加，电弧电压稍降低，热输入增加，则熔深变大。

由此可见，在给定的情况下，除了可以改变焊接速度外，还可以用改变喷嘴高度的办法调整熔深。在焊接过程中若发现局部间隙太小、钝边太大的情况，可适当降低焊接速度，或降低喷嘴高度，或同时降低二者增加熔深，保证焊透。若发现局部间隙太大、钝边太小时，可适当提高焊接速度，或提高喷嘴高度，或同时提高二者。

② 控制焊枪的倾斜角度的技巧。焊枪的倾斜角度不仅可以改变电弧功率和熔滴过渡的推力在水平和垂直方向的分配比例，还可以控制熔深和焊缝形状。

由于气体保护焊及熔化极气体保护焊的电流密度比焊条电弧焊大得多（一般情况下大 20 倍以上），电弧的能量密度大。因此，改变焊枪倾角对熔深的影响比焊条电弧焊大得多。

具体在实践操作时还需注意以下几个问题：

a. 由于前倾焊时，电弧永远指向待焊区，预热作用强，焊缝宽而浅，成形较好。因此 CO_2 气体保护焊及熔化极气体保护焊都采用左向焊，自右向左焊接。平焊、平角焊、横焊都采用左向焊。立焊则采用自下向上焊接。仰焊时为了充分利用电弧的轴向推力促进熔滴过渡，采用右向焊。

b. 前倾焊（即左焊法）时，$\alpha > 90°$，α 角越大，熔深越浅；后倾焊（即右焊法）时，$\alpha < 90°$，α 角越小，熔深越浅。

③ 控制好电弧的对中位置和摆幅的技巧。电弧的对中位置实际上是摆动中心。它和接头形式、焊道的层数和位置有关。具体要求如下：

a. 对接接头电弧的对中位置和摆幅控制技巧。

a）单层单道焊与多层单道焊技巧。当焊件较薄、坡口宽度较窄，每层焊缝只有一条焊道时，此时电弧的对中位置是间隙的中心，电弧的摆幅较小，摆幅以熔池边缘和坡口边缘相切为最好，此时焊道表面稍下凹，焊趾处以圆弧过渡为最好，如图 6-62（a）所示；若摆幅过大，坡口内侧咬边，容易引起夹渣，如图 6-62（b）所示。

最后一层填充层焊道表面比焊件表面低 1.5 ～ 2.0mm，不准熔化坡口表面的棱边。焊盖面层时，焊枪摆幅可稍大，保证熔池边缘超过坡口棱边每侧 0.5 ～ 1.5mm，如图 6-63 所示。

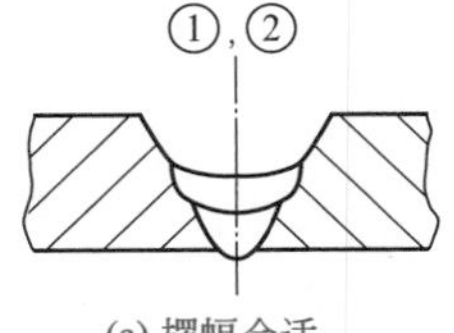

(a) 摆幅合适

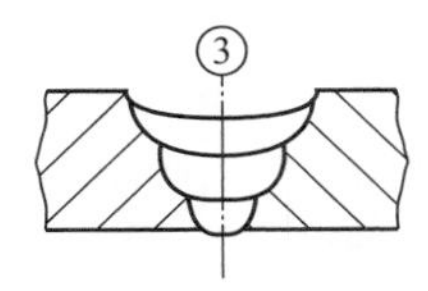

(b) 摆幅太大两侧咬边

图 6-62 每层一条焊道时电弧的对中位置和摆幅

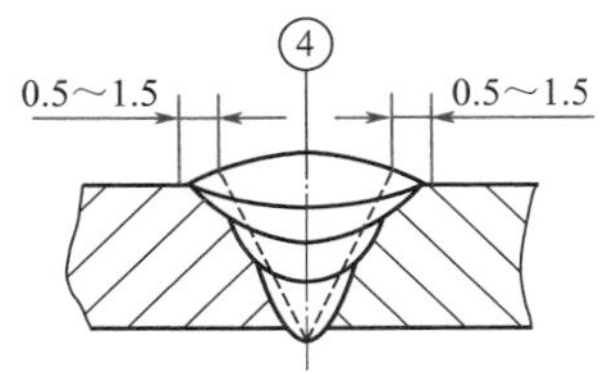

图 6-63 盖面层焊道的摆幅

b）多层多道焊技巧。多层多道焊时，应根据每层焊道的数目确定电弧的对中位置和摆幅。如果每层有两条焊道时，电弧的对中位置和摆幅如图 6-64 所示；如果每层有 3 条焊道时，电弧的对中位置和摆幅如图 6-65 所示。

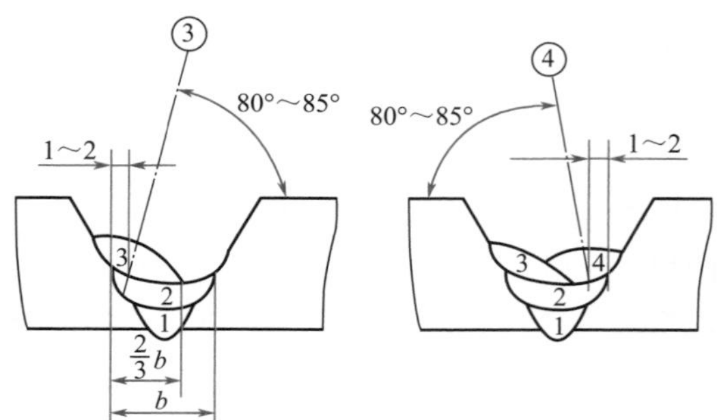

图 6-64　每层两条焊道时电弧的对中位置和摆幅

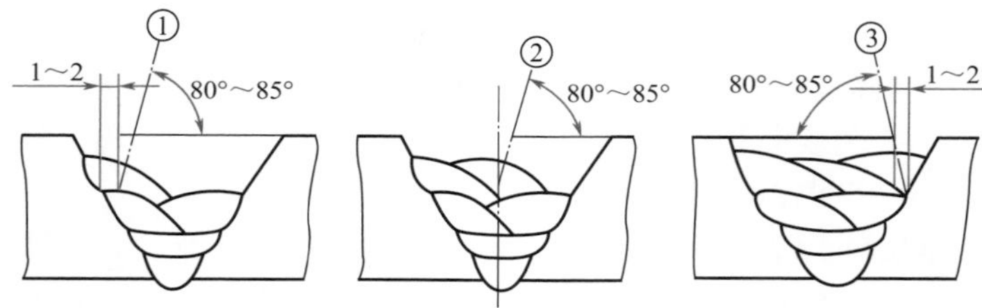

图 6-65　每层三条焊道时电弧的对中位置

b. T 形接头角焊缝电弧的对中位置和摆幅控制技巧。电弧的对中位置和摆幅对顶角处的焊透情况及焊脚的对称性影响极大。

a）焊脚尺寸 $K \leqslant$ 5mm，单层单道焊时，电弧对准顶角处，如图 6-66 所示。焊枪不摆动。

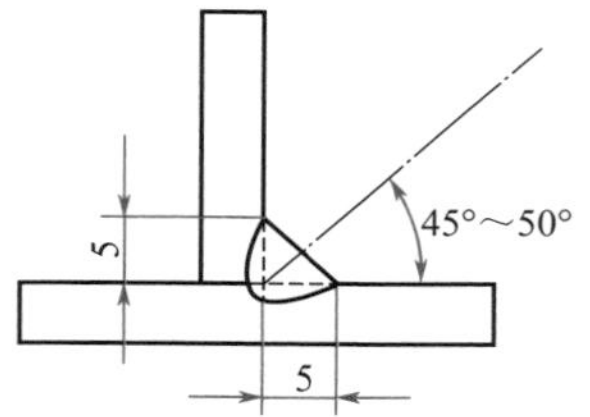

图 6-66　$K \leqslant$ 5mm 时电弧的对中位置

（焊丝直径 ϕ1.2mm，焊接电流 200 ～ 250A，电弧电压 24 ～ 26V）

b）单层单道焊焊脚尺寸 $K = 6 \sim 8$mm 时，电弧的对中位置如图 6-67 所示。

c）焊脚尺寸 $K = 10 \sim 12$mm，两层三道焊时，电弧的对中位置如图 6-68 所示。

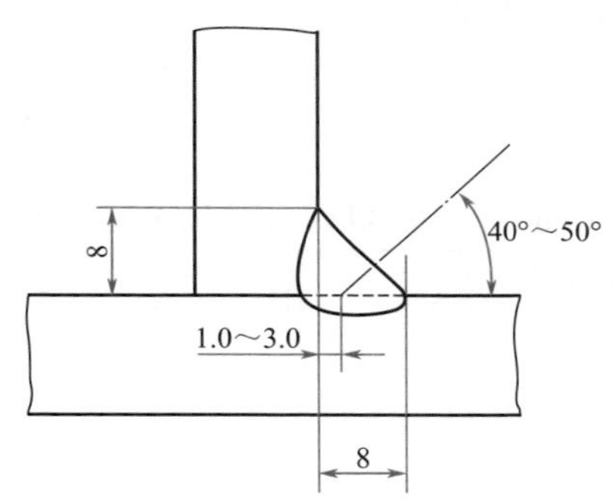

图 6-67　$K = 6 \sim 8$mm 时电弧的对中位置

（焊丝直径 ϕ1.2mm，焊接电流 260 ～ 300A，电弧电压 26 ～ 32V）

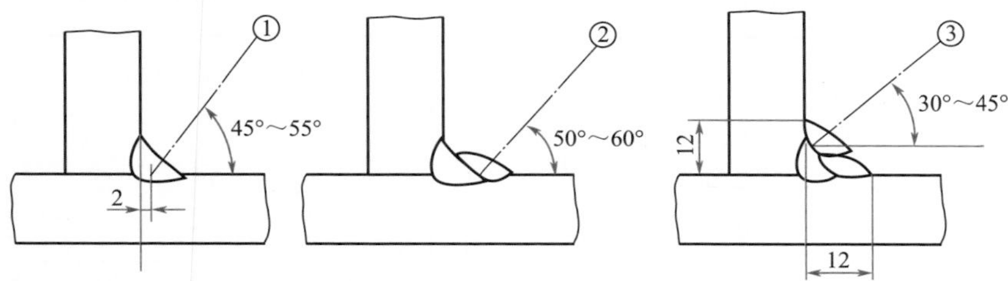

图 6-68　$K= 10 \sim 12$mm 两层三道焊时电弧的对中位置

d）焊脚尺寸 $K = 12 \sim 14$mm，两层四道焊时，电弧的对中位置如图 6-69 所示。

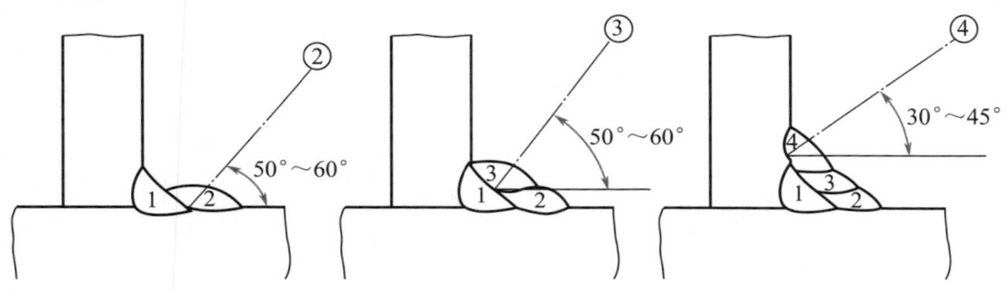

图 6-69　$K = 12 \sim 14$mm 时电弧的对中位置

c. 保持焊枪匀速向前移动的技巧。

整个焊接过程中，必须保持焊枪匀速前移，才能获得满意的焊缝；通常焊工应根据焊接电流的大小、熔池的形状、焊件熔合情况、装配间隙、钝边大小等情况，调整焊枪向前移动速度，力争匀速前进。

d. 保持摆幅一致的横向摆动技巧。

像焊条电弧焊一样，为了控制焊缝的宽度和保证熔合质量，CO_2 气体保护焊焊枪也要做横向摆动。焊枪的摆动形式及应用范围见表 6-9。

表 6-9　焊枪的摆动形式及应用范围

摆动形式	用途
	直线运动，焊枪不摆动 薄板及中厚板打底焊缝
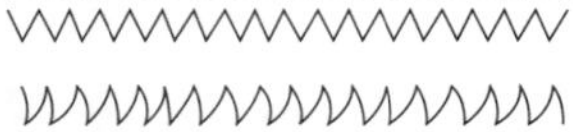	小幅度锯齿形或月牙形摆动 坡口小时及中厚板打底层焊缝
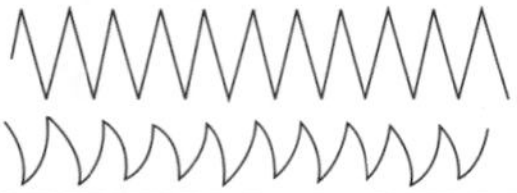	大幅度锯齿形或月牙形摆动 焊厚板第二层以后的横向摆动
	填角焊或多层焊时的第一层
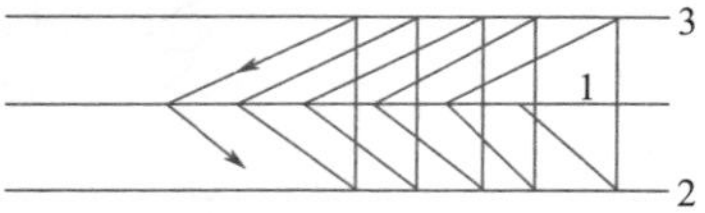 3 1 2	主要用于向上立焊要求长焊缝时，三角形摆动
 ⑧　⑥⑦④⑤②③　①	往复直线运动，焊枪不摆动 焊薄板根部有间隙、坡口有钢垫板或施工物时

为了减少热输入，减小热影响区，减小变形，通常不希望采用大的横向摆动来获得宽焊缝，提倡采用多层多道窄焊道来焊接厚板。当坡口小时，如焊接打底焊缝时，可采用锯齿形较小的横向摆动，如图 6-70 所示。当坡口大时，可采用弯月形的横向摆动，如图 6-71 所示。

图 6-70　锯齿形横向摆动

图 6-71　弯月形横向摆动

6.3.3 二氧化碳气体保护焊基本操作技巧与诀窍

与手工焊条电弧焊相同，CO_2 气体保护焊的基本操作技术也是引弧、收弧、接头、焊枪摆动等。由于没有焊条送进运动，焊接过程中只需控制弧长，并根据熔池情况摆动和移动焊枪就行了，因此 CO_2 气体保护焊操作比手工焊条电弧焊容易掌握。

CO_2 气体保护焊不仅要熟悉工艺，还要深入了解焊接参数对焊缝成形的影响。焊接参数的调整方法，很多都是理性的东西，进行基本操作之前，每个操作者都应调好相应的焊接参数，并通过训练不断地积累经验，并能根据试焊结果逐步判断焊接参数是否适应焊接的需求。

（1）引弧技巧

CO_2 气体保护焊与手工焊条电弧焊引弧的方法稍有不同，不采用划擦式或直击式引弧（图 6-72），主要是碰撞引弧，但引弧时不能抬起焊枪。具体操作步骤如下。

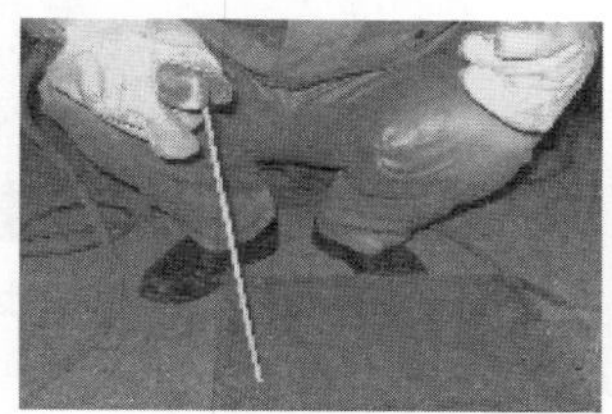

(a) 直击法

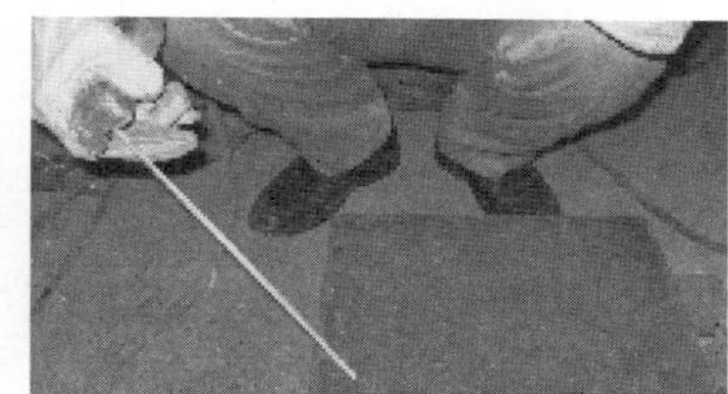

(b) 划擦法

图 6-72　手工焊条电弧焊引弧的方法

① 引弧前先按遥控盒上的点动开关或按焊枪上的控制开关（图 6-73），点动送出一段焊丝，焊丝伸出长度小于喷嘴与工件间应保持的距离，超长部分应剪去，如图 6-74 所示。若焊丝的端部呈球状，必须预先剪去，否则引弧困难。

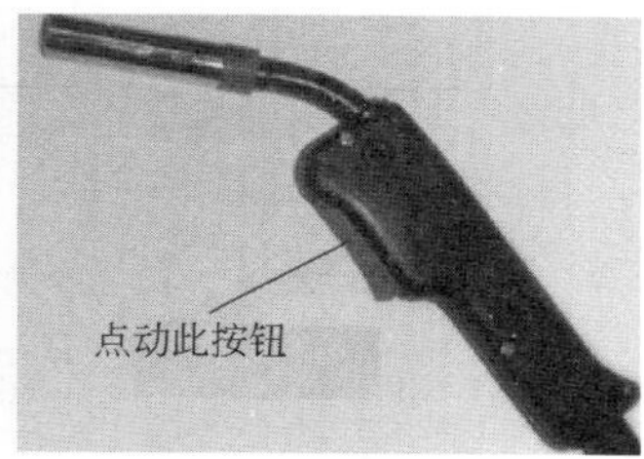

图 6-73　引弧前点动送出焊丝

图 6-74　引弧前剪去超长的焊丝

② 将焊枪按要求（保持合适的倾角和喷嘴高度）放在引弧处。注意此时焊丝端部与焊件未接触。喷嘴高度由焊接电流决定。如图 6-75 所示，如果开始训练时操作不熟练，最好双手持枪（图 6-76）。

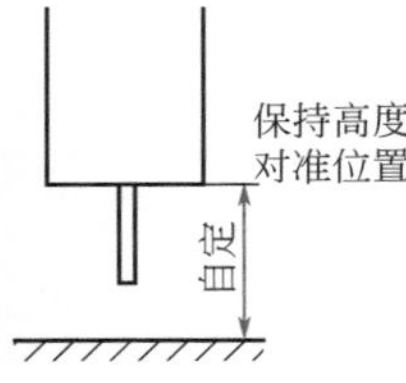

图 6-75　准备引弧，对准引弧的位置

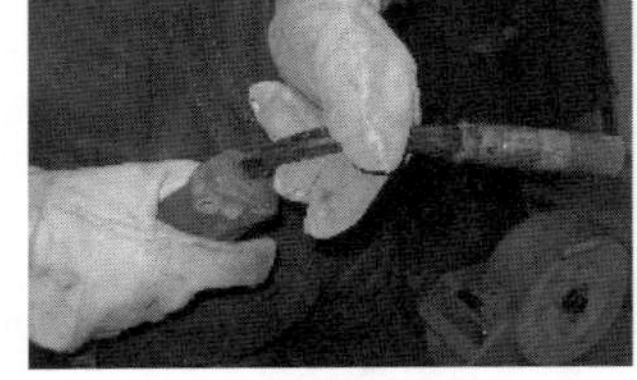

图 6-76　双手把持焊枪

③ 按焊枪上的控制开关，焊机自动提前送气，延时接通电源，保持高电压、慢送丝的状态，当焊丝碰撞焊件引起短路后，自动引燃电弧。短路时，焊枪有自动顶起的倾向，如图 6-77 所示，因此，引弧时要稍用力向下压住焊枪，防止因焊接短路时焊枪抬起太高、电弧太长而熄灭。

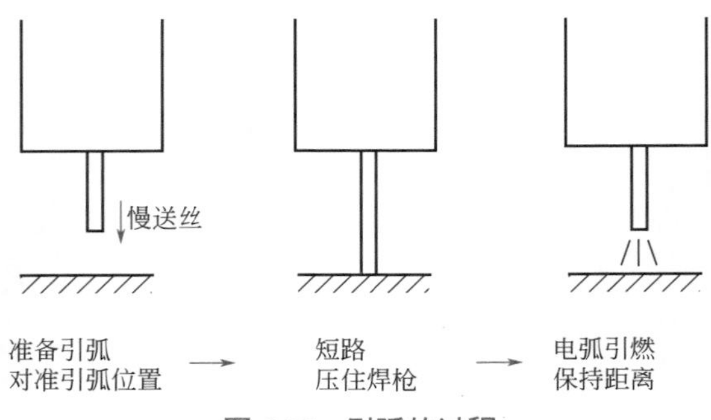

图 6-77　引弧的过程

（2）焊接技巧与诀窍

引燃电弧后，通常都采用左向焊法，焊接过程中，操作者的主要任务是保持焊枪合适的倾角、电弧对中位置和喷嘴高度，沿焊接方向尽可能地均匀移动，当坡口较宽时，为保证两侧熔合好，焊枪还要做横向摆动。操作者必须能够根据焊的过程，正确判断焊接参数是否合适。像焊条电弧焊一样，操作者主要依靠在焊接中仔细观察熔池情况、坡口面熔化和熔合情况、电弧的稳定性、飞溅的大小以及焊缝成形的好坏来选择焊接参数。

当焊丝直径不变时，实际上使用的焊接参数只有两组。其中一组的焊接参数用来焊薄板、空间焊缝或打底层焊道，另一组的焊接参数用来焊中厚板或盖面层焊道。下面讨论这两组焊接参数在焊接过程中的特点。

① 焊薄板、空间焊缝或打底层焊道的焊接参数。这组焊接参数的特点是焊接电流较小，电弧电压较低。在这种情况下，由于弧长小于熔滴自由成形时的熔滴直径，频繁地引起短路，熔滴为短路过渡，焊接过程中可观察到周期性的短路。电弧引燃后，在电弧热的作用下，熔池和焊丝都熔化，焊丝端头形成熔滴，并不断地长大，弧长变短，电弧电压降低。最后熔滴与熔池发生短路，电弧熄灭，电压急剧下降，短路电流逐渐增大，在电磁收缩力的作用下，短路熔滴形成缩颈并不断变细，当短路电流达到一定值后，细颈断开，电弧又重新引燃，如此不断地重复。

保证短路过渡的关键是电弧电压必须与焊接电流匹配，对于直径ϕ0.8mm、ϕ1.0mm、ϕ1.2mm、ϕ1.6mm 的焊丝，短路过渡时的电弧电压在20V 左右。采用多元控制系统的焊机进行焊接时，要特别注意电弧电压的配合。采用一元化控制的焊机进行焊接时，如果选用小电流，控制系统会自动选择合适的低电压，只需根据焊缝成形稍加修正，就能保证短路过渡。值得注意的是，采用短路过渡方式进行焊接时，若焊接参数合适，主要是焊接电流与电弧电压配合好，则焊接过程中电弧稳定，可观察到周期性的短路，可听到均匀的、周期性的“啪啪”声，熔池平稳，飞溅较小，焊缝成形也好。

如果电弧电压太高，熔滴短路过渡频率降低，电弧功率增大，容易烧穿，甚至熄弧。若电压太低，可能在熔滴很小时就引起短路，焊丝未熔化部分插入熔池后产生固体短路，在短路电流作用下，这段焊丝突然爆断，使气体突然膨胀，从而冲击熔池，产生严重的飞溅，破坏焊接过程。

② 焊中厚板填充层和盖面层焊道的焊接参数。这组焊接参数的焊接电流和电弧电压都较大，但焊接电流小于引起喷射过渡的临界电流，由于

电弧功率较大，焊丝熔化较快，填充效率高，焊缝长肉快。实际上使用的是半短路过渡或小颗粒过渡，熔滴较细，过渡频率较高，飞溅小，电弧较平稳，操作过程中应根据坡口两侧的熔合情况掌握焊枪的摆动幅度和焊接速度，防止咬边和未熔合。

（3）焊缝的收弧技巧

焊接结束前必须收弧，若收弧不当容易产生弧坑，并出现弧坑裂纹（火口裂纹）、气孔等缺陷。操作时可以采取以下措施：

① CO_2 气体保护焊机有弧坑控制电路时，焊枪在收弧处应停止前进，同时接通此电路，焊接电流与电弧电压自动变小，待熔池填满时断电。

② 如果气保焊机没有弧坑控制电路，或因焊接电流小没有使用弧坑控制电路时，在收弧处焊枪停止前进，并在熔池没有凝固时，反复断弧、引弧几次，直至弧坑填满为止。操作时动作要快，若熔池已凝固才引弧，则可能产生未熔合及气孔等缺陷。

不论采用哪种方法收弧，操作时需特别注意，收弧时焊枪除停止前进外，不能抬高喷嘴，即使弧坑已填满，电弧已熄灭，也要让焊枪在弧坑处停留几秒钟后才能移开，因为灭弧后，控制线路仍延迟送气一段时间，以保证熔池凝固时得到可靠的保护。若收弧时抬高焊枪，则容易因保护不良引起焊接缺陷。

（4）焊缝的接头技巧

CO_2 气体保护焊不可避免地要接头，为保证接头质量，建议按下述步骤进行操作：

① 将待焊接头处用角向磨光机打磨成斜面，如图 6-78 所示。

② 在斜面顶部引弧，引燃电弧后，将电弧移至斜面底部，转一圈返回引弧处后再继续向左焊接，如图 6-79 所示。

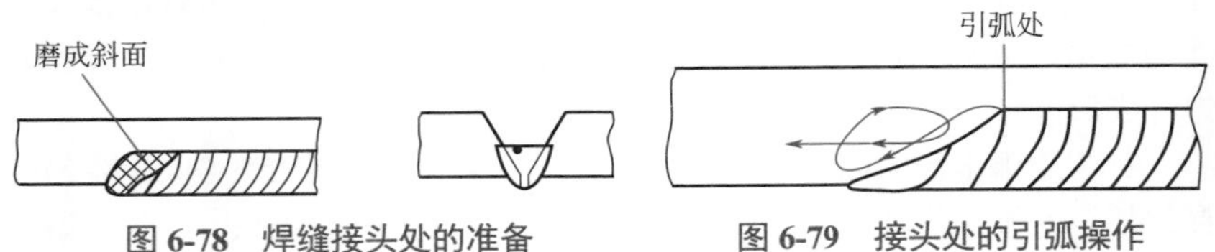

图 6-78　焊缝接头处的准备　　　图 6-79　接头处的引弧操作

值得注意的是这个操作很重要，引燃电弧后向斜面底部移动时，要注意观察熔孔，若没有形成熔孔则接头处背面焊不透；若熔孔太小，则接头处背面产生缩颈；若熔孔太大，则背面焊缝太宽或焊漏。

（5）定位焊技巧

由于 CO_2 气体保护焊时热量较焊条电弧焊大，因此要求定位焊缝有足够的强度。通常定位焊缝都不磨掉，仍保留在焊缝中，焊接过程中很难全部重熔，因此应保证定位焊缝的质量，定位焊缝既要熔合好，其余高又不能太高，还不能有缺陷，要求操作者像正式焊接那样焊接定位焊缝。定位焊缝的长度和间距应符合下述规定：

① 中厚板对接时的定位焊缝如图 6-80 所示。焊件两端应装引弧、收弧板。

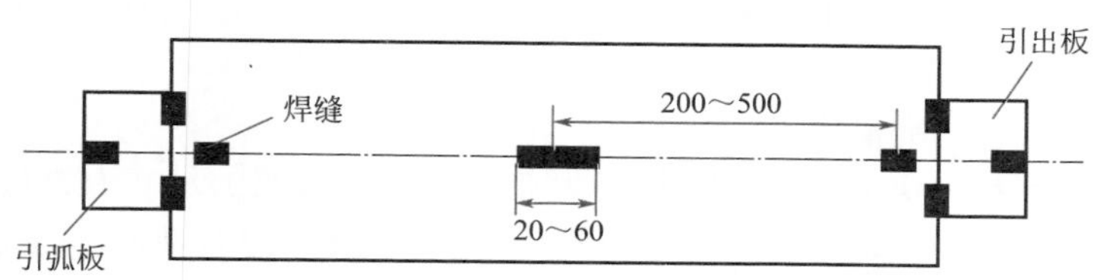

图 6-80　中厚板的定位焊缝

② 薄板对接时的定位焊缝如图 6-81 所示。焊工进行实际操作考试时，更要注意试板上的定位焊缝，具体要求还需要在每个考试项目中作详细的规定。

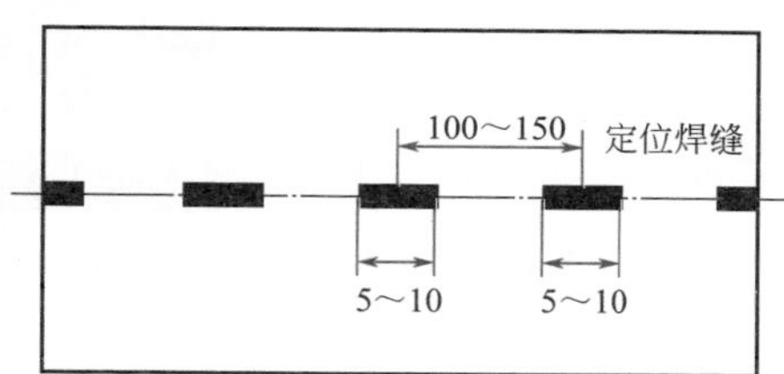

图 6-81　薄板对接时的定位焊缝

6.4　二氧化碳气体保护焊操作实例

6.4.1　板对接平焊的操作实例

板对接平焊的操作主要包括平敷焊基本操作和平板对接接头平焊、立焊、横焊、仰焊的单面焊双面成形焊接技术的操作。相对而言，平敷焊是很容易掌握的基础操作，而平板对接是在平敷焊的基础上要求更高的焊接

操作技术，是比较好掌握的，它是掌握空间各种位置焊接技术的保障，也是锅炉压力容器、压力管道焊应具备的基本焊接技术，是焊接取证实际考试的必考项目，焊工无论是初试还是复试都必须考平板对接平焊试板，有的部门甚至规定了这个项目考试不合格者不发给焊工合格证。因此，在训练过程中应体会并充分掌握操作要领，熟练地掌握单面焊双面成形的操作技能。

（1）平敷焊操作技术与诀窍

平敷焊是 CO_2 气体保护焊的焊接基础，是一项很容易掌握的焊接技能，只有在平敷焊接的基础上才能进行其他的焊接操作，因此，平敷焊接要能熟练地掌握。

1）焊件的准备技巧

① 板料一块（或两块），材料为 Q235A 钢，板料的尺寸为 300mm×120mm×12mm，如图 6-82 所示。如果是在一块板上进行训练，还要在板料上沿着长度的方向每隔 30mm 左右用石笔划一条线，作为焊接训练时的运条轨迹（如图 6-83 所示）。

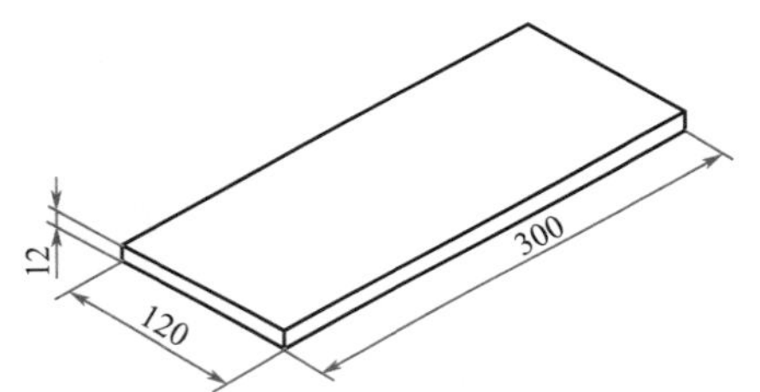

图 6-82　焊件的备料

② 焊件的矫平技巧。用目测的方法先观察焊件是否在下料的过程中有变形的可能（图 6-84），如果发现焊件已经变形，就要对其进行矫正，矫正时可以用手锤在平整的工作台上进行对比的矫正，也可以在台虎钳上对变形的部位直接进行锤击（图 6-85），达到矫正的目的。

③ 焊件的清理和安放技巧。

a. 焊件的清理技巧。焊件经过矫正后，就要进行清理了。用清理的工具（如钢丝刷、砂布、锉刀或角磨机等）清理焊件正反两面各 20mm 范围内的油污、铁锈、水分或其它污染物（图 6-86），并露出金属本身的光泽。

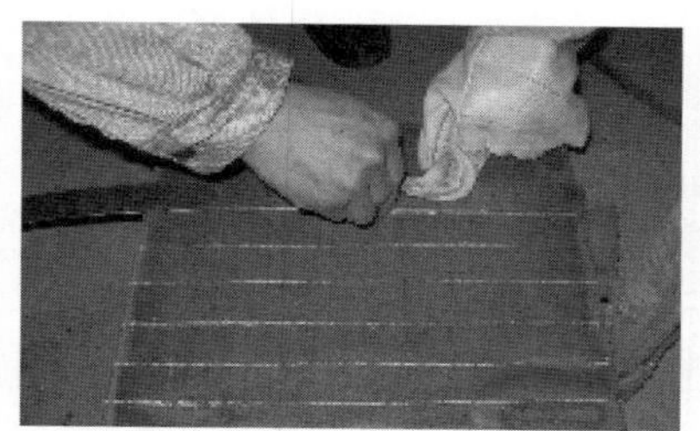
图 6-83　焊件的划线

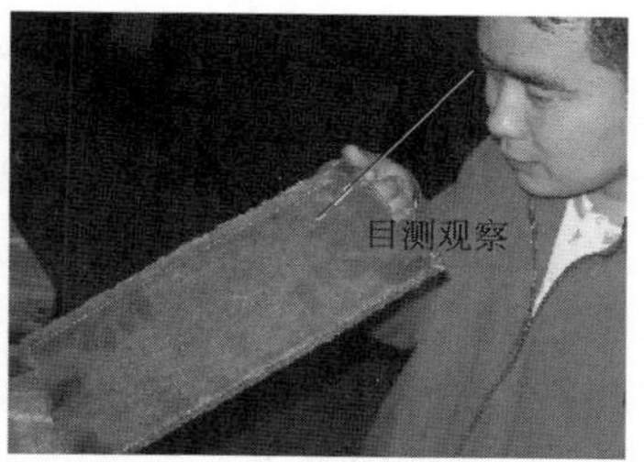

图 6-84　观察焊件是否变形

图 6-85　矫正变形的部位

图 6-86　焊件的清理

b. 焊件的安放技巧。工件按照焊接要求划好线后，平放在焊接支架上，并把焊接搭铁线（地线）连接在工件上或支架上；焊枪要放在工件的旁边，不要与工件相接触，以免造成焊机误启动后的短路。

2）焊接材料选择技巧

焊接时选择 H08Mn2SiA 焊丝，焊丝直径为 ϕ1. 0mm，焊丝使用前要对焊丝表面进行清理。CO_2 气体纯度要求达到 99.5%。

3）焊接设备选用技巧

采用 CO_2 气体保护焊半自动焊机进行焊接。

4）操作工艺过程、技巧与诀窍

① 焊接参数可参考表 6-10 进行选择。

表 6-10　平敷焊时的焊接参数

焊丝牌号及直径 /mm	焊接电流 /A	电弧电压 /V	焊接速度 /（m/h）	CO_2 气体流量 /（L/min）
H08Mn2SiA ϕ1. 0	130 ～ 140	22 ～ 24	18 ～ 30	10 ～ 12

② 焊接操作技巧。选择好焊接参数就要进行焊机参数的设置了，焊

接参数的设置是平敷焊接的关键，一般情况下焊接参数选定后，焊接开始后是不再更改的。当准备工作确定完成后，合上电源开关启动焊机。平敷焊接时一般多采用蹲式，身体与焊件的距离要求比较近，这样有利于焊接时的操作和对焊接情况进行观测，两脚成 70° ～ 80° 的夹角，两脚的间距约在 250mm。

a. 引弧技巧。焊接姿势和位置找准后，用单手（或双手）手持焊枪，手持焊枪的胳膊可以依托在弯曲的膝腿上（也可以悬空无依托）。将焊丝对准划线的开始端，焊丝头部距离焊件端部约 10mm，立即用面罩遮住全部的面部准备引燃电弧。

a）引弧是焊接的开始，采用直接短路法引弧，引弧前保持焊丝端部与焊件 2 ～ 3mm 的距离（不要接触过近），喷嘴与焊件间 10 ～ 15mm 的距离（图 6-87）。

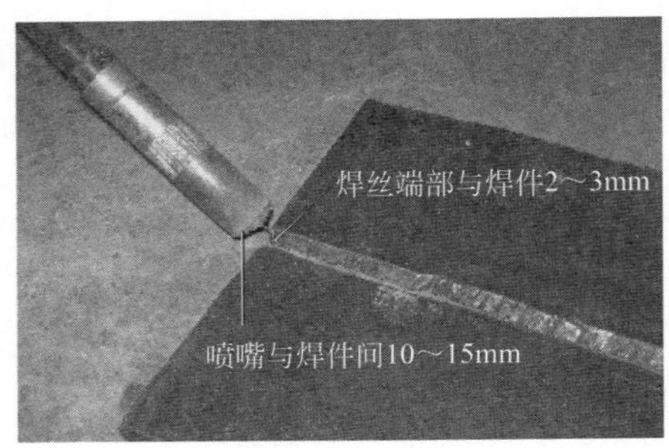

图 6-87　引弧前焊丝、喷嘴距焊件的距离

b）按动焊枪开关，引燃电弧。此时焊枪因短路有抬起的趋势，必须用均衡的力来控制好焊枪，将焊枪向下压，尽量减少焊枪回弹的冲击，保持喷嘴与焊件间的合适焊接距离（图 6-88）。如果是两块工件的对接平敷焊，就要采用引弧板进行引弧了（图 6-89），或者是在距离工件的端部 2 ～ 4mm 的地方引弧，然后再缓缓引向待焊接的部位，当焊缝金属熔合后，就可以按正常的焊接速度施焊了。

b. 直线焊接技巧。直线焊接形成的焊缝宽度稍窄，焊缝偏高，熔深要较浅些，如图 6-90 所示。在操作过程中，整条焊缝的形成，往往在始焊端、焊缝的连接、终焊端等处最容易产生缺陷，所以要采取以下特殊处理措施。

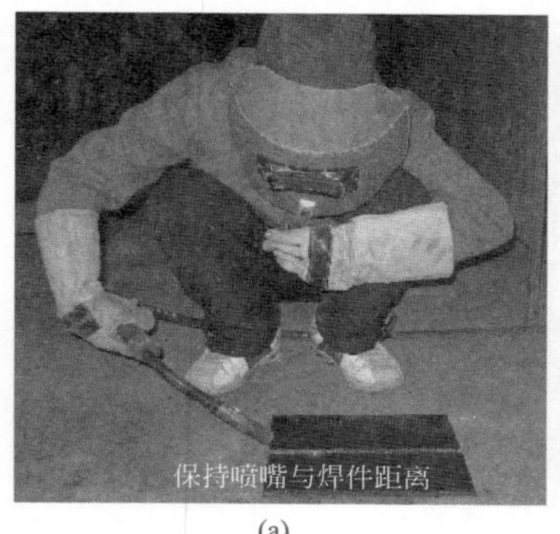

(a)

(b)

图 6-88　引燃电弧保持合适焊接距离

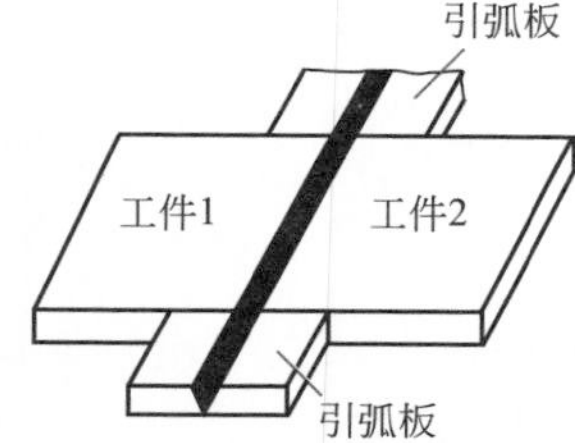

图 6-89　采用引弧板引弧

图 6-90　直线焊接形成的焊缝

a）始焊端焊件处于较低的温度，应在引弧之后，先将电弧稍微拉长一些，以此对焊缝端部进行适当的预热，然后再压低电弧进行起始端焊接[图 6-91（a）（b）]，这样可以获得具有一定熔深和成形比较整齐的焊缝，如图 6-91（c）所示为采取过短的电弧起焊而造成焊缝成形不整齐。若是重要焊件的焊接，可在焊件端加引弧板，将引弧时容易出现的缺陷留在引弧板上。

b）焊缝接头连接时接头的好坏直接影响焊缝质量，其接头的处理如图 6-92 所示。

直线焊缝连接的方法是：在原熔池前方 10 ～ 20mm 处引弧，然后迅速将电弧引向原熔池中心，待熔化金属与原熔池边缘吻合后，再将电弧引向前方，使焊丝保持一定的高度和角度，并以稳定的速度向前移动，见图 6-92（a）。摆动焊缝连接的方法是：在原熔池前方 10 ～ 20mm 处引弧，然后以直线方式将电弧引向接头处，在接头中心开始摆动，并在向前

移动的同时，逐渐加大摆幅（保持形成的焊缝与原焊缝宽度相同），最后转入正常焊接，见图 6-92（b）。

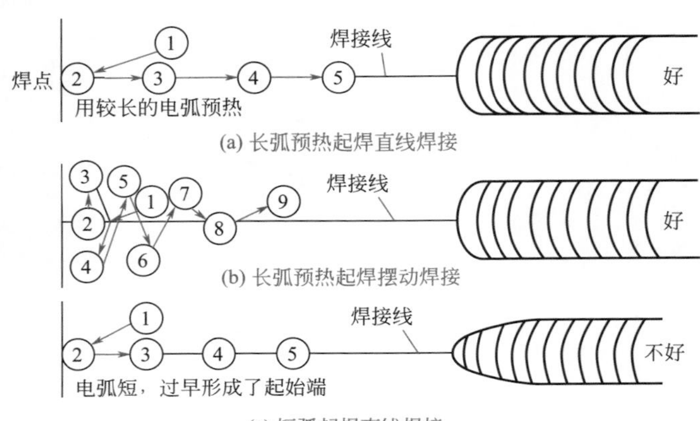

(a) 长弧预热起焊直线焊接

(b) 长弧预热起焊摆动焊接

(c) 短弧起焊直线焊接

图 6-91　起始端运条法对焊缝成形的影响

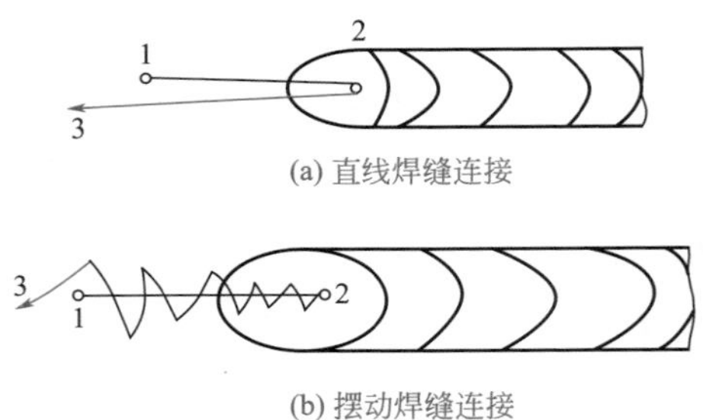

(a) 直线焊缝连接

(b) 摆动焊缝连接

图 6-92　焊缝接头连接的方法

c）焊缝终焊端若出现过深的弧坑，会使焊缝收尾处产生裂纹和缩孔等缺陷。若采用细丝 CO_2 保护气体短路过渡焊接，气体电弧长度短，弧坑较小，不需专门处理，若采用直径大于 1.6mm 的粗丝大电流进行焊接并使用长弧喷射过渡，弧坑较大且凹坑较深。所以，在收弧时，如果焊机没有电流衰减装置，应采用多次断续引弧方式填充弧坑，直至将弧坑填平。

直线焊接焊枪的运动方向有两种：一种是焊枪自右向左移动，称为左焊法；另一种是焊枪自左向右移动，称为右焊法。如图 6-93 所示。

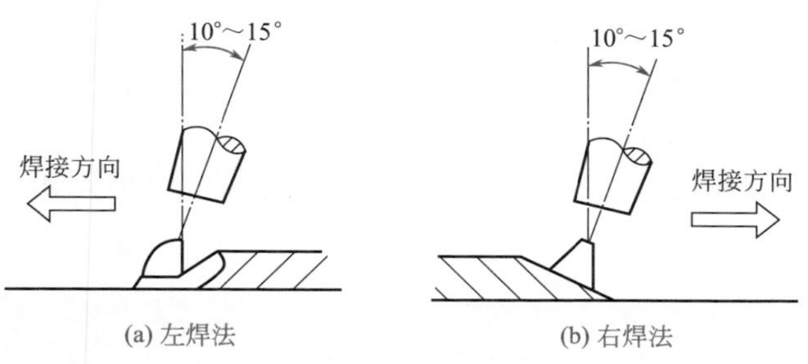

图 6-93　焊枪的运动方向

左焊法技巧。左焊法操作时，电弧的吹力作用在熔池及其前沿处，将熔池金属向前推延。由于电弧不直接作用在母材上，因此熔深较浅，焊道平坦且变宽，飞溅较大，保护效果好。采用左焊法虽然观察熔池困难些，但易于掌握焊接方向，不易焊偏。

右焊法技巧。右焊法操作时，电弧直接作用到母材上，熔深较大，焊道窄而高，飞溅略小，但不易准确掌握焊接方向，容易焊偏，尤其对接焊时更加明显。

所以，一般 CO_2 气体保护焊，均采用左焊法，前倾角为 10° ～ 15°。

③ 摆动焊接技巧。在半自动 CO_2 气体保护焊时，为了获得较宽的焊缝，往往采用横向摆动运动方式，常用的摆动方式有锯齿形、月牙形、正三角形、斜圆圈形等几种，如图 6-94 所示。摆动焊接时横向摆动运丝角度和起始端的运丝要领与直线焊接一样。在横向摆动运动时要注意以下要领的掌握：

a. 左右摆动的幅度要一致，摆动到焊缝中心时，速度应稍快，而到两侧时，要稍作停顿。

b. 摆动的幅度不能过大，否则，熔池温度高的部分不能得到良好的保护作用，一般摆动幅度限制在喷嘴内径的 1.5 倍范围内。

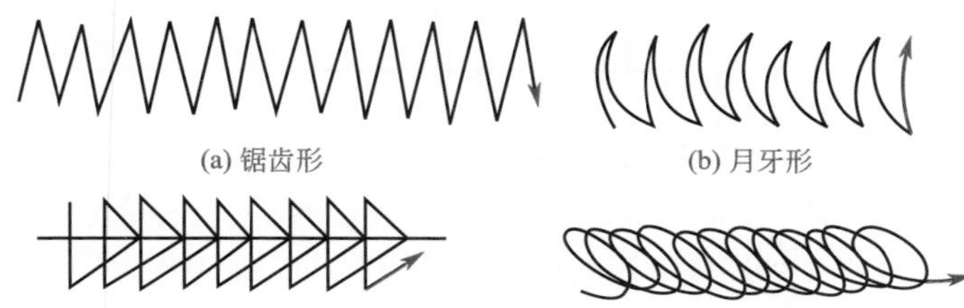

图 6-94　焊枪的几种摆动方式

④ 焊缝清理技巧。焊缝清理是焊接完成后很必要的一个环节，如果是采用药芯焊丝进行的焊接更要做好焊缝的清理。具体方法是用敲渣锤从焊缝侧面敲击熔渣使之脱落。为了防止灼热的熔渣烧伤脸部皮肤，可用焊接面罩遮挡住熔渣［图 6-95（a）］，焊缝两侧飞溅物可用錾子进行清理［图 6-95（b）］。

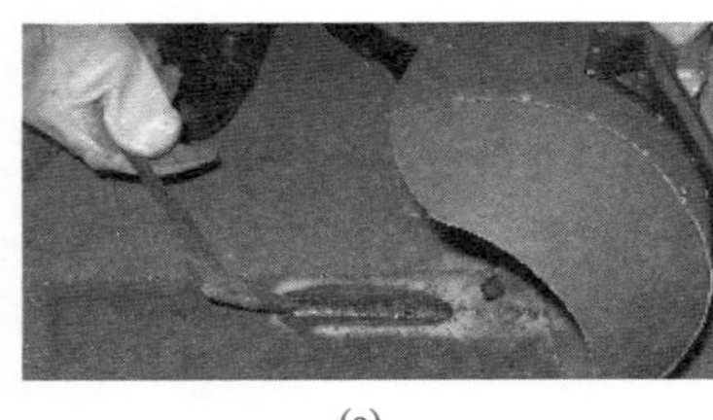

(a)

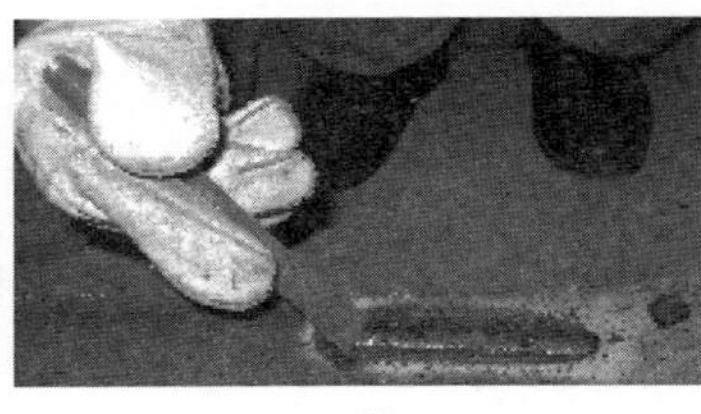

(b)

图 6-95　熔渣和焊缝的清理

5）焊接要求和标准

CO_2 气体保护平敷焊的焊接要求和标准见表 6-11。

表 6-11　CO_2 气体保护平敷焊的焊接要求和标准

焊接项目		焊接要求和标准
焊缝外观检查	焊缝长度	280 ～ 300mm
	焊缝宽度	14 ～ 18mm
	焊缝高度	1 ～ 3mm
	焊缝成形	要求波纹细腻、均匀、光滑
	平直度	要求基本平直、整齐
	起焊熔合	要求起焊饱满熔合好
	弧坑	无
	接头	要求不脱节、不凸高
	夹渣或气孔	缺陷尺寸≤ 3mm

（2）平板对接平焊操作技术与诀窍

开 V 形坡口的平板对接平焊是在平敷焊接的基础上加深的焊接技术，也是焊接操作者必须熟练掌握的焊接基本技术，平板对接平焊的操作姿势如图 6-96 所示。

当焊件的厚度超过了 6 ～ 8mm 时，由于焊接电弧的热量较难深入焊件的根部，必须开 V 形坡口或双 V 形坡口，采用多层焊或多层多道焊（如图 6-97 所示），才能使焊接达到更高的技术要求。

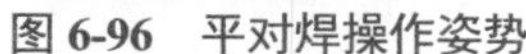
图 6-96　平对焊操作姿势

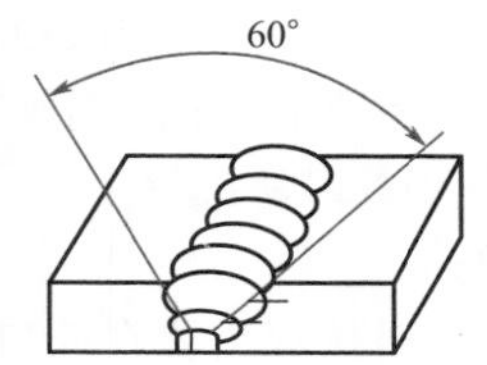

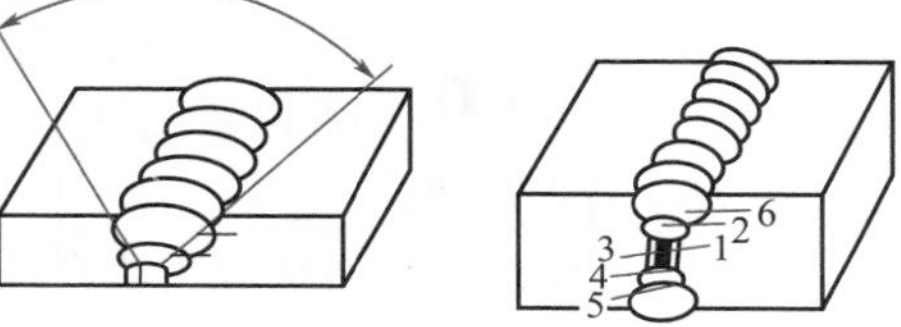

图 6-97　V 形和双 V 形的多层焊

开单 V 形坡口的平焊打底层焊道时，熔池的形状如图 6-98 所示。从横剖面看，熔池上大下小，主要靠熔池背面液态金属表面张力的向上分力维持平衡，支持熔融金属不下漏。因此，操作者必须根据装配间隙及焊接过程中焊件的升温情况的变化，适当灵活调整焊枪角度、摆动幅度和焊接速度，尽可能地维持熔孔直径不变，获得平直均匀的背面焊道。因此，必须认真、仔细地观察焊接过程中的情况，并不断地总结经验，才能熟练地掌握和提高单面焊双面成形的操作技术。

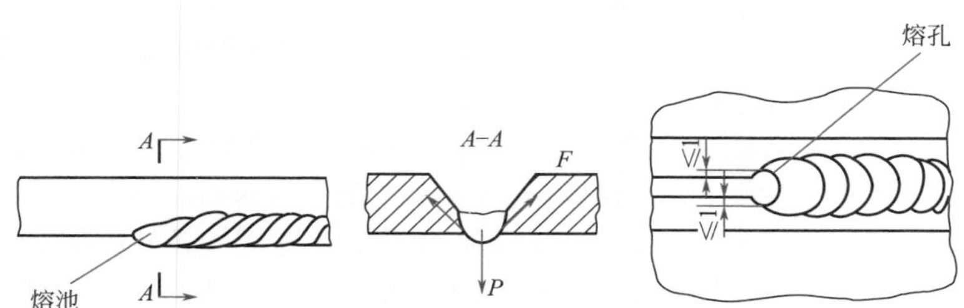

图 6-98　打底层焊道与熔池

F—表面张力；P—重力

1）焊前准备技巧

V 形坡口的平对接焊焊前准备主要包括工件、焊丝、CO_2 气体、焊机和辅助工具的准备等。

① 工件准备。工件采用适合于焊接的低碳钢板两块，其选择标准为 300mm×100mm×12mm。如果没有 12mm 厚的钢板，也可以选择 10mm

左右的钢板代替进行训练。

② 焊丝和 CO_2 气体的选择技巧。焊接时选择 H08Mn2SiA 焊丝，焊丝直径为 ϕ1. 0mm，使用前要对焊丝表面进行清理，CO_2 气体纯度要求达到 99.5%。

③ 焊机和辅助工具的选择。采用 CO_2 气体保护焊半自动焊机进行焊接。辅助工具主要包括清理焊件用的钢丝刷，整理焊件用的錾子、锉刀、磨光机及焊接过程中使用的敲渣锤等。

2）焊接特点与诀窍

由于 V 形坡口的平对接焊需要在坡口内进行多层焊，所以有很大的焊接难度，焊接的重点就在根部的打底，操作不当时很容易产生烧穿、夹渣等焊接缺陷。每一层之间也会出现夹渣、未熔合、气孔等缺陷。因此，V 形坡口的平对接焊在焊前应特别注意焊接工艺参数的选择和正确的操作方法。

值得一提的是，工件装配点固时要预留 2.5mm 的间隙，有利于焊件的焊透。在对焊件两端进行点固的时候，焊缝长应在 10mm 左右（如果是中厚度的板，焊缝在 15 ～ 50mm），而且定位焊缝不宜过长，如图 6-99 所示。另外，为了防止焊接完成后的变形，应在焊件装配时留有 1° ～ 2° 的反变形量，如图 6-100 所示。

3）操作工艺过程与诀窍

① 装配及定位焊技巧。板厚为 12mm 的工件装配间隙及定位焊见图 6-101，反变形量大小可参考图 6-102。

② 焊接参数选择诀窍。板厚为 12mm 的对接平焊焊接参数可以参考表 6-12 进行选择。这里推荐两组常用的参数仅供焊接时参考。第一组参数用 ϕ1.2mm 焊丝，焊接时比较难以掌握，但适用性较好；第二组用 ϕ1.0mm 焊丝，比较容易掌握，但是因 ϕ1.0mm 焊丝应用不是十分普遍，所以适用性很差，使用受到限制。

表 6-12　板厚为 12mm 对接平焊焊接参数

组别	焊接层次位置	焊丝直径 /mm	焊丝伸出长度 /mm	焊接电流 /mm	电弧电压 /V	气体流量 /（L/min）	层数
第一组	打底层	ϕ1.2	20 ～ 25	90 ～ 110	18 ～ 20	10 ～ 15	3
	填充层	ϕ1.2		220 ～ 240	24 ～ 26	20	
	盖面层	ϕ1.2		230 ～ 250	25	20	

续表

组别	焊接层次位置	焊丝直径 /mm	焊丝伸出长度 /mm	焊接电流 /mm	电弧电压 /V	气体流量 /（L/min）	层数
第二组	打底层	ϕ1.0	15 ～ 20	90 ～ 95	18 ～ 20	10	3
	填充层			110 ～ 120	20 ～ 22		
	盖面层			110 ～ 120	20 ～ 22		

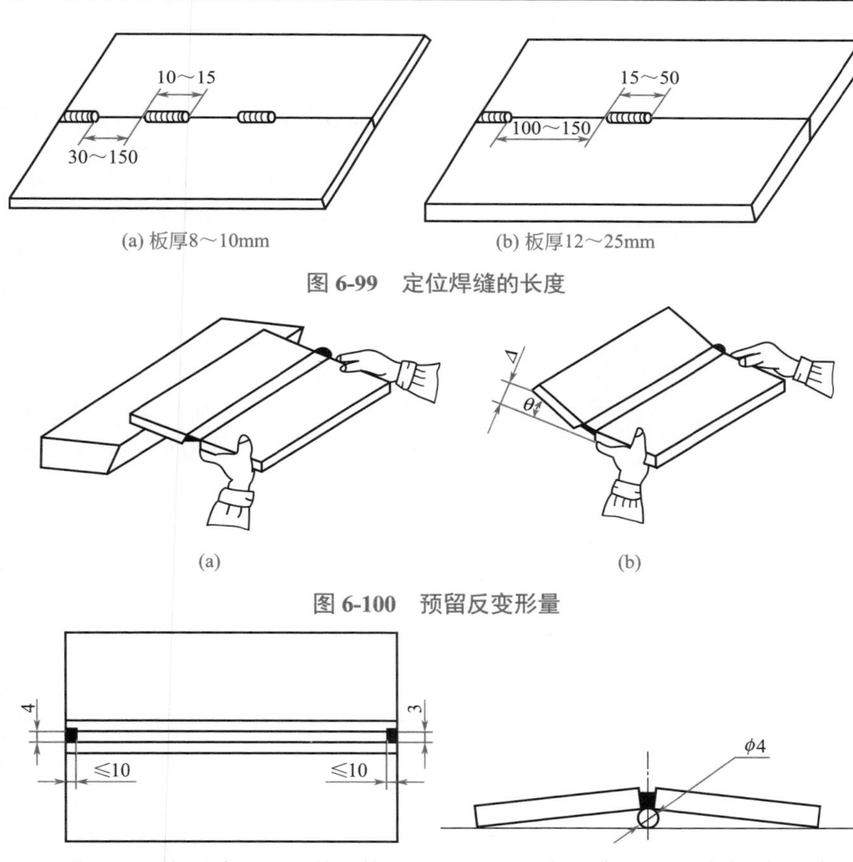

图 6-101　板厚为 12mm 的工件装配间隙及定位焊

图 6-102　板厚为 12mm 对接平焊反变形

③ 焊接要领与诀窍。

a. 焊枪角度与焊法选择诀窍。焊接时采用左向焊法，焊接层次为三层

三道，对接平焊的焊枪角度与电弧对中位置，如图 6-103 所示。

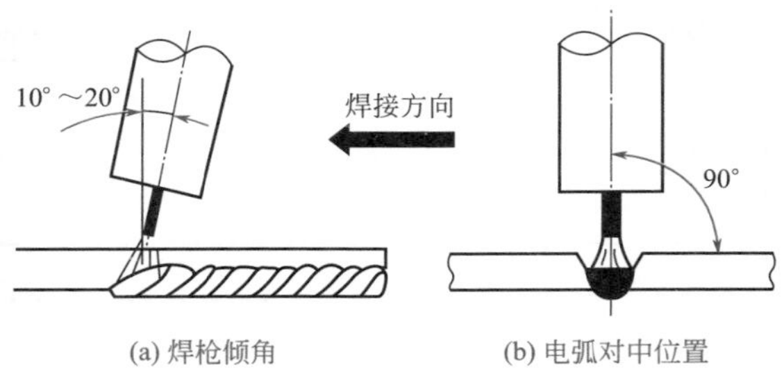

(a) 焊枪倾角　　(b) 电弧对中位置

图 6-103　焊枪角度与电弧对中位置

b. 焊件位置的摆放技巧。焊前要先检查装配时的间隙及预留的反变形是否合适，间隙小的一端应放在右侧（图 6-104）。

图 6-104　焊件位置的摆放

c. 打底焊注意事项与操作禁忌。调整好打底层焊道的焊接参数后，在焊件右端预焊点左侧约 20mm 处坡口的一侧引弧，待电弧引燃后迅速右移至焊件右端头定位焊缝上。当定位焊缝表面和坡口面熔合出现熔池后，向左开始焊接打底层焊道，焊枪沿坡口两侧做小幅度横向摆动，并控制电弧在离底边约 2 ～ 3mm 处燃烧，当坡口底部熔孔直径达到 4 ～ 5mm 时转入正常焊接。焊接打底层焊道时应注意以下事项：

a）打底层采用月牙形的小幅摆动焊接［图 6-105（a）］，焊枪摆动时在焊缝的中心移动稍快，摆动到焊缝两侧要稍作停顿（0.5 ～ 1s）。如果焊件的坡口间隙很大，应在横向摆动的同时做适当的前后移动的倒退式月牙形摆动，如图 6-105（b）所示。这种摆动可以避免电弧直接对准间隙，可以防止烧穿缺陷的产生。

b）因为电弧始终对准焊道的中心线在坡口内做小幅度横向摆动（图 6-106），而且在坡口两侧稍作了停留，所以，熔孔直径要比装配的间隙大 1 ～ 2mm。因此，焊接时要仔细观察熔孔，并根据间隙和熔孔直径的变化调整焊枪的横向摆动幅度和焊接速度，尽量地维持熔孔的直径不变，以保证获得宽窄和高低均匀的反面焊缝。

c）依靠电弧在坡口两侧的停留时间，保证坡口两侧熔合良好，使打底层焊道两侧与坡口结合处稍下凹，焊道表面保持平整，如图 6-107 所示。

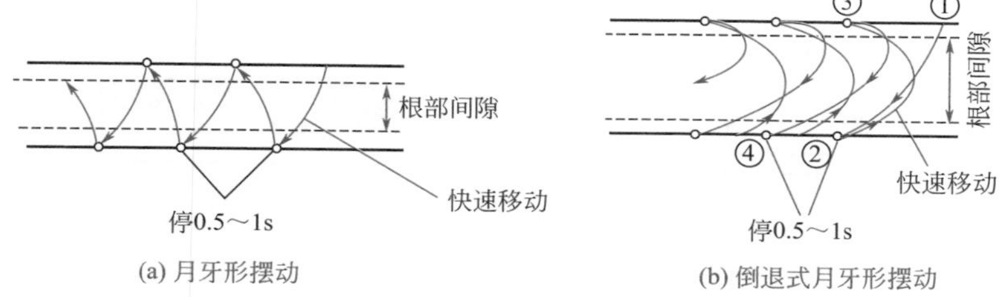

(a) 月牙形摆动　　(b) 倒退式月牙形摆动

图 6-105　焊枪的摆动方式

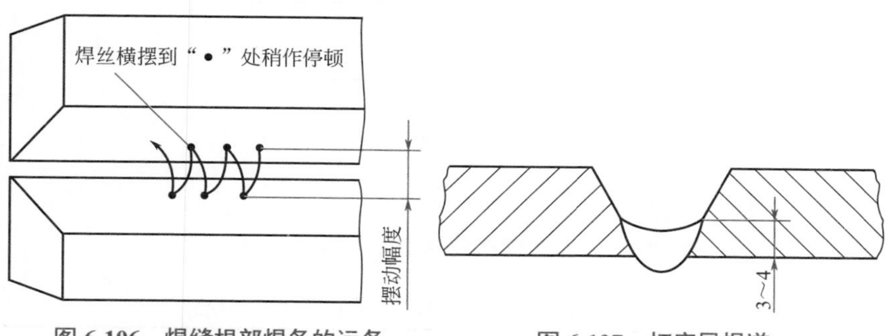

图 6-106　焊缝根部焊条的运条　　**图 6-107　打底层焊道**

d）焊接打底层焊道时，要严格控制喷嘴的高度，电弧必须在离坡口底部 2 ～ 3mm 处燃烧，保证打底层厚度不超过 4mm。

④ 填充焊技巧。调试好填充层工艺参数，在焊件的右端开始焊填充层，焊枪的横向摆动幅度稍大于打底层，注意熔池两侧熔合情况。保证焊道表面平整并稍下凹，并使填充层的高度低于母材表面 1.5 ～ 2mm，焊接时不允许烧化坡口棱边。

⑤ 盖面焊技巧。调试好盖面层工艺参数后，从右端开始焊接，需注意下列事项：

a. 保持喷嘴高度，焊接熔池边缘应超过坡口棱边 0.5 ～ 1.5mm，并防止咬边。

b. 焊枪横向摆动幅度应比填充焊时稍大，尽量保持焊接速度均匀，使焊缝外形美观。

c. 收弧时一定要填满弧坑，并且收弧弧长要短，以防止产生弧坑裂纹缺陷。

⑥ 填满弧坑的方法与技巧。焊接完成要终止时，填满弧坑的处理可以参考图 6-108 的几种方法进行。

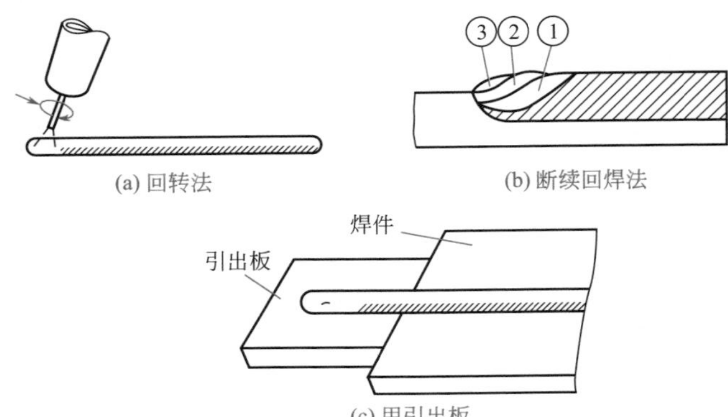

(a) 回转法　(b) 断续回焊法

(c) 用引出板

图 6-108　填满弧坑的几种处理方法

4）焊接要求和标准

CO_2 气体保护平对接焊的焊接要求和标准见表 6-13。

表 6-13　CO_2 气体保护平对接焊的要求和标准

焊接项目		焊接要求和标准
焊缝外观检查	焊缝宽度	焊缝每侧增宽 0.5 ～ 2mm
	焊缝宽度差	≤ 3mm
	焊缝余高	1 ～ 3（0 ～ 3）mm
	咬边	深度≤ 0.5mm
	焊缝成形	要求波纹细腻、均匀、光滑
	未焊透	深度≤ 1.5mm
	起焊熔合	要求起焊饱满熔合好
	弧坑	无
	接头	要求不脱节、不凸高
	夹渣或气孔	缺陷尺寸≤ 3mm
	背面凹坑	深度≤ 2mm
	背面焊缝余高	1 ～ 3mm

续表

焊接项目		焊接要求和标准
焊缝外观检查	错边	≤ 1.2mm
	角变形	≤ 3°
	裂纹、焊瘤、烧穿	不明显
焊缝内部质量检查		符合有关熔化焊接头射线照相和质量分级的标准

6.4.2 管板焊接的操作实例

管板焊接接头是锅炉压力容器、压力管道焊接结构和金属焊接结构焊接接头形式之一，根据管板接头结构的不同，管板焊接主要可以分为插入式管板对接和骑座式管板对接两种情况。插入式管板较好焊，只需保证焊根有一定的熔深和焊脚尺寸，焊缝内部缺陷在允许范围内就能合格。骑座式管板的焊接，除要求焊根背面成形外，还要保证焊脚尺寸，焊缝内部没有允许范围以外的缺陷才能合格。

焊接管板接头的最大难点是操作者必须根据焊接处管子圆周的曲率变化及时连续地转动手腕，并需要不断地调整焊枪的倾斜角度和电弧对中位置，才能保证获得背面成形良好、内部无缺陷、外部无咬边、焊脚尺寸合格的焊缝，需要反复练习，不断总结经验才能掌握。

（1）插入式管板对接焊操作技术与诀窍

CO_2 插入式管板对接焊是焊接插入式管板的基本焊接方法，是一种比较容易掌握的焊接技术、在练习过程中应掌握转腕技术、焊枪角度和电弧对中位置，焊出对称的焊脚。为节约焊件材料，插入式管板焊训练时可以采用如图 6-109 所示的方式进行装配，利用一块孔板焊两条焊缝。

1）焊前准备技巧

插入式管板焊焊前准备主要包括工件、焊丝、CO_2 气体、焊机和辅助工具的准备等。

① 工件准备技巧。工件采用适合于焊接的低碳钢管、板各一块，其选择标准为管 ϕ60mm×100mm×6mm（管厚），如果没有 6mm 厚的钢管，也可以选择厚度为 4mm 左右的无缝钢管来代替进行训练；板为 100mm×100mm×12mm，先在板上加工出 ϕ61mm 的插入孔，如果没有 12mm 厚的钢板，也可以用 10mm 左右的钢板来替代，如图 6-110 所示。

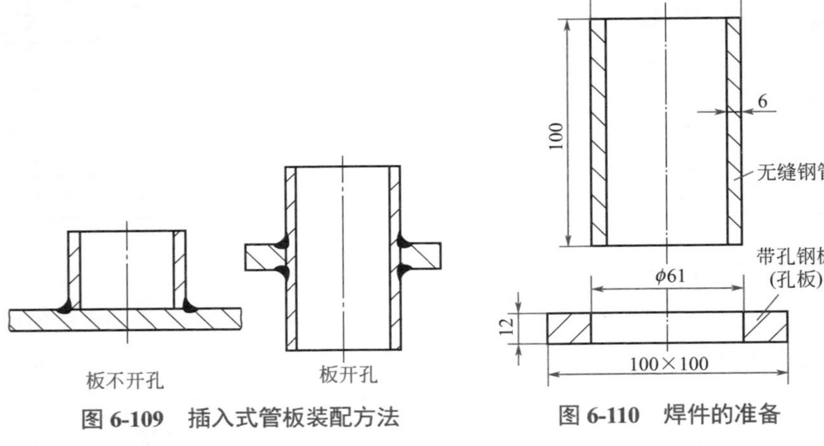

图 6-109　插入式管板装配方法　　图 6-110　焊件的准备

② 焊丝和 CO_2 气体的选择诀窍。焊接时选择 H08Mn2SiA 焊丝，焊丝直径为 φ1. 0mm，使用前要对焊丝表面进行清理，CO_2 气体纯度要求达到 99.5%。

③ 焊机和辅助工具的选用。采用 CO_2 气体保护焊半自动焊机进行焊接。辅助工具主要包括清理焊件用的钢丝刷，整理焊件用的錾子、锉刀、磨光机及焊接过程中使用的敲渣锤等。

2）操作工艺过程、技巧与诀窍

① 焊接参数选择。CO_2 气体保护插入式管板焊的焊接参数很重要，操作时可以选择表 6-14 中的数据作为焊接时的参考。

表 6-14　插入式管板焊的焊接参数

焊丝直径 /mm	焊丝伸出长度 /mm	焊接电流 /A	电弧电压 /V	气体流量 /（L/min）
1.2	15 ～ 20	130 ～ 150	20 ～ 22	15

② 焊接要领与诀窍。

a. 焊枪角度与焊法选择。插入式管板焊采用左向焊法，单层单道，其焊枪角度与电弧对中位置如图 6-111 所示。

b. 焊件位置摆放技巧。调整好焊接架的高度，将管板垂直放在焊接架上。保证操作者站立时焊枪能很顺手地沿待焊处移动，一个定位焊缝位于右侧的准备引弧处（如图 6-112）。

c. 焊接步骤与诀窍。

a）在焊件右侧定位焊缝上引弧，从右向左沿管子外圆焊接，焊完圆周的 1/4 ～ 1/3 后收弧，按图 6-113 的要求将收弧处磨成斜面。

b）迅速将弧坑转到始焊处，引弧，趁热接头立即再焊接管子圆周的 1/4 ～ 1/3。如此反复，直至焊到剩下最后的一段封闭焊缝为止。

c）焊接封闭焊缝前，需将已焊好的焊缝两头都打磨成斜面，如图 6-114 所示。

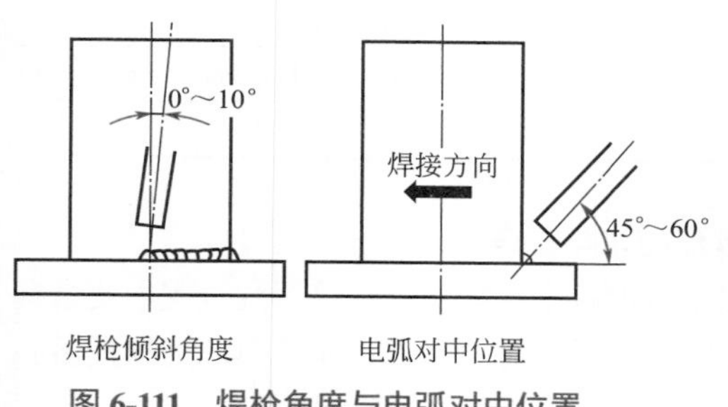

图 6-111　焊枪角度与电弧对中位置

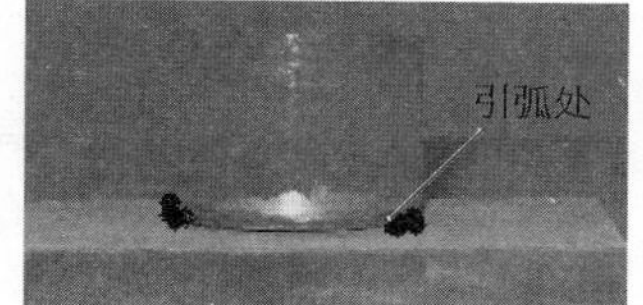

图 6-112　焊件的摆放

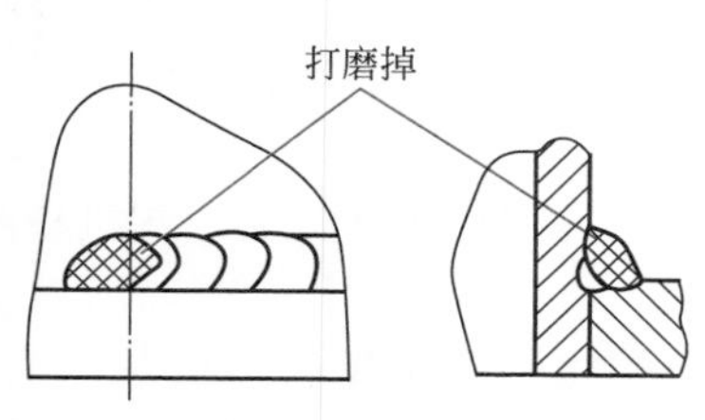

图 6-113　接头处打磨

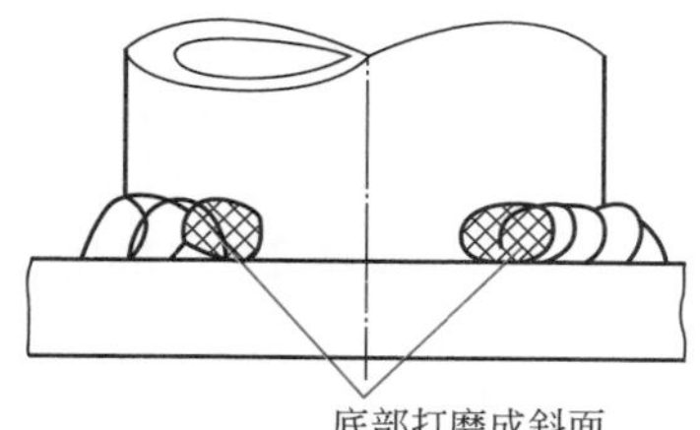

图 6-114　封闭焊缝接头处打磨要求

d）将打磨好的焊件转到合适的位置焊完最后一段焊缝，结束焊接时必须填满弧坑，并使接头不要太高。

e）清除焊道表面的焊渣及飞溅，特别要除净焊道两侧的焊渣。用角向磨光机打磨焊道正面局部凸起太高处。

3）焊接要求和标准

CO_2 气体保护插入式管板焊的要求和标准见表 6-15。

表 6-15 CO_2 气体保护插入式管板焊的要求和标准

焊接项目		焊接要求和标准
焊缝外观检查	板侧焊脚尺寸	5mm ≤ K ≤ 7mm
	板侧焊脚尺寸差	≤ 2mm
	管侧焊脚尺寸	5mm ≤ K ≤ 7mm
	管侧焊脚尺寸差	≤ 2mm
	咬边	深度≤ 0.5mm
	焊缝成形	要求波纹细腻、均匀、光滑
	起焊熔合	要求起焊饱满熔合好
	接头	要求不脱节、不凸高
	夹渣或气孔	缺陷尺寸≤ 3mm
	裂纹、烧穿	不明显

（2）骑座式管板对接焊操作技术与诀窍

焊接骑座式管板的焊接技术难度较高，操作者在练习的过程中要掌握转动手腕动作，以及焊枪的角度和电弧的对中位置，能够熟练地根据熔孔的大小，控制背面焊道的成形，并焊出匀称美观的焊脚。

骑座式管板的平焊是焊接骑座式管板的基本功，较难掌握，因为焊缝在圆周上，焊枪角度、电弧的对中位置需要随时改变，不仅要保证 T 形接头的焊脚对称，而且还要掌握单面焊双面成形技术。

1）焊前准备技巧与诀窍

骑座式管板对接焊前准备主要包括工件、焊丝、CO_2 气体、焊机和辅助工具的准备等。

a. 工件准备技巧。工件采用适合于焊接的低碳钢管、板各一块，其选择标准为管 ϕ60mm×100mm×6mm（管厚），如果没有 6mm 厚的钢管，也可以选择厚度为 4mm 左右的无缝钢管来代替进行训练；板为 100mm×100mm×12mm，先在板上加工出 ϕ52mm(与管同样直径) 的孔，如果没有 12mm 厚的钢板，也可以用 10mm 左右的钢板来替代，如图 6-115 所示。

b. 焊丝和 CO_2 气体选用。焊接时选择 H08Mn2SiA 焊丝，直径为 ϕ1. 0mm，使用前要对焊丝表面进行清理，CO_2 气体纯度要求达到 99.5%。

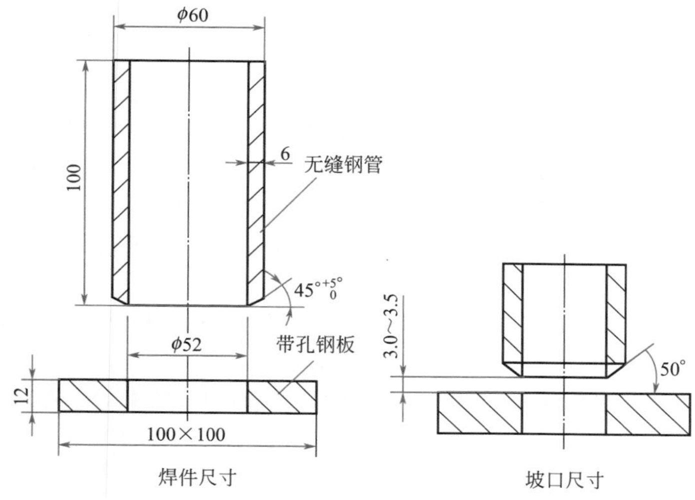

图 6-115 焊件的准备

c. 焊机和辅助工具的选择诀窍。焊接采用 CO_2 气体保护焊半自动焊机进行焊接。辅助工具主要包括清理焊件用的钢丝刷，整理焊件用的錾子、锉刀、磨光机及焊接过程中使用的敲渣锤等。

2）操作工艺过程与诀窍

① 焊接参数选择。CO_2 气体保护骑座式管板焊的焊接参数很重要，操作时可以选择表 6-16 中的数据作为焊接时的参考。

表 6-16 骑座式管板焊焊接参数

焊接层次	焊丝直径/mm	焊丝伸出长度/mm	焊接电流/A	电弧电压/V	气体流量/（L/min）
打底焊	φ1.2	15 ～ 20	90 ～ 110	19 ～ 21	12 ～ 15
盖面焊			130 ～ 150	22 ～ 24	

② 焊接操作要领与诀窍。

a. 焊枪角度与焊法选择。CO_2 气体保护骑座式管板焊采用左向焊法，二层两道，焊枪角度和电弧对中位置如图 6-115 所示。

b. 焊件位置摆放技巧。调整好焊接架的高度，将管板垂直放在试板架上，保证操作者站立时焊枪能很顺手地沿管子外圆转动，一个定位焊缝位于右侧的待引弧处。

c. 打底焊技巧与诀窍。调整好打底层焊道的焊接参数后，按下述步骤焊打底层焊道。

a）在定位焊缝上引弧，形成熔孔后，从右至左沿管子外圆焊接，焊枪稍上下摆动，保证熔合良好，并根据间隙调整焊接速度，尽可能地保持熔孔直径一致；焊接过程中，操作者的上身最好跟着焊枪的移动方向前倾，以便清楚地观察焊接熔池，直至在不易观察熔池处断弧，通常能焊完圆周的 1/4 ～ 1/3，若没有把握保证焊道与原定位焊缝熔合好，也可在定位焊缝的前面断弧。

b）用薄砂轮将收弧处打磨成斜面，并将定位焊缝磨掉。注意打磨时不能扩大间隙。

c）将待焊管板转个角度，使打磨好的斜面处于引弧处。在斜面上部引弧，并继续沿管子外圆进行焊接，直至在适当的位置断弧。

d）焊接最后一段封闭焊道前，将焊道两端都打磨成斜面，不得扩大间隙。

e）将打底层焊道接头处凸出的焊瘤磨掉，尽可能地保证焊脚尺寸一致。

d. 盖面焊诀窍。调试好盖面层焊道的参数后，按焊打底层焊道的步骤焊完盖面层焊道，焊接时应特别注意以下两点：

a）保证焊缝两侧熔合良好，焊脚大小对称。

b）焊枪横向摆动幅度和焊接速度尽可能地保持均匀，保证焊道外形美观，接头处平整。

c）清除焊道表面的焊渣及飞溅，特别要除净焊道两侧的焊渣。用角向磨光机打磨焊道正面局部凸起太高处。

3）焊接要求和标准

CO_2 气体保护骑座式管板焊的要求和标准见表 6-17。

表 6-17　CO_2 气体保护骑座式管板焊的要求和标准

焊接项目		焊接要求和标准
焊缝外观检查	板侧焊脚尺寸	5mm ≤ K ≤ 7mm
	板侧焊脚尺寸差	≤ 2mm
	管侧焊脚尺寸	5mm ≤ K ≤ 7mm
	管侧焊脚尺寸差	≤ 2mm
	咬边	深度≤ 0.5mm

续表

焊接项目		焊接要求和标准
焊缝外观检查	焊缝成形	要求波纹细腻、均匀、光滑
	起焊熔合	要求起焊饱满熔合好
	接头	要求不脱节、不凸高
	夹渣或气孔	缺陷尺寸≤ 3mm
	裂纹、焊瘤、未焊透	不明显

6.4.3 管子对接焊的操作实例

（1）小径管水平转动对接焊操作技术与诀窍

焊接小径管的对接接头，除了需要掌握单面焊双面成形操作技术外，还要根据管子的曲率半径不断地转动手腕，随时改变焊枪角度和对中位置。由于管壁较薄，采用 ϕ1.2mm 焊丝焊接时容易被烧穿。与板状材料的焊接相比，管的焊接首先要确立操作与观察更为小心精细的思想意识，就是在焊接时，接弧要更准确、节奏要稍快、焊接要短时、下手要轻柔。

水平转动管焊接时，可采用两种方法进行，一种是钢管放在滚轮架上，滚轮转动通过摩擦力带动钢管转动，钢管的转动速度就是焊接的速度；另一种是操作者戴头盔式面罩，一只手转动钢管，另一只手握住焊钳进行焊接，手转动钢管的速度就是焊接的速度，转动的手始终使焊件的被焊处处于平焊或立焊位置（爬坡位置），此方法操作简单。对于长度不大的不固定管子的环形焊口（如管段、法兰等），都可以采用平置转动的方法焊接。这种方法也适用于小径管环缝的单面焊双面成形。

1）焊接特点与要点

① 焊件材料是低碳钢，焊接工作条件好，焊接操作比固定管容易，焊缝质量易得到保障，一般不会产生焊接裂纹。但因管子处于动态，管壁较薄时容易出现烧穿或未焊透的缺陷。

② 水平转动焊件时，焊接是在爬坡焊和水平焊之间的位置上完成的，可以进行连续的焊接，大大提高了焊接工作的劳动生产效率。

③ 因为是转动焊接，所以，最好有辅助转动的装置设备代替人工手动转动，可以使焊缝更加均匀美观。

2）焊前准备诀窍

① 工件准备。焊件采用 ϕ51mm×100mm ×3mm（厚度）的低碳钢

管两根，用车床在两钢管的一端加工出30°的V形坡口（图6-116），用辅助工具除掉钢管加工时的棱角毛刺，用清洁用具清除铁锈、油污和其他杂物。

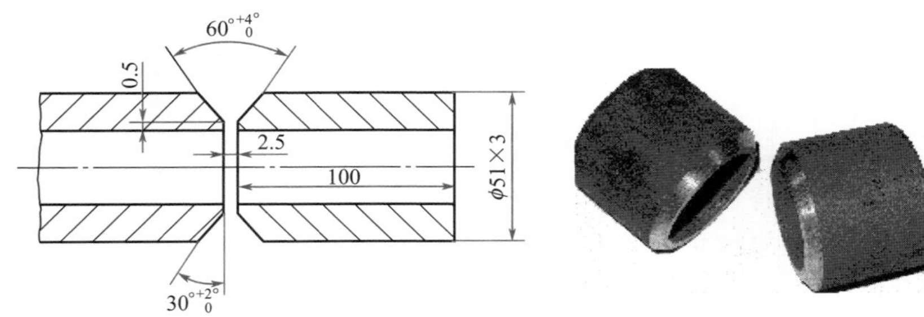

图6-116　焊件的准备

② 焊丝和CO_2气体的选择。焊接时选择H08Mn2SiA焊丝，焊丝直径为ϕ1. 2mm，使用前要对焊丝表面进行清理，CO_2气体纯度要求达到99.5%。

③ 焊机和辅助工具的选用。采用CO_2气体保护焊半自动焊机进行焊接。辅助工具主要包括清理焊件用的钢丝刷，整理焊件用的錾子、锉刀、磨光机及焊接过程中使用的敲渣锤等。

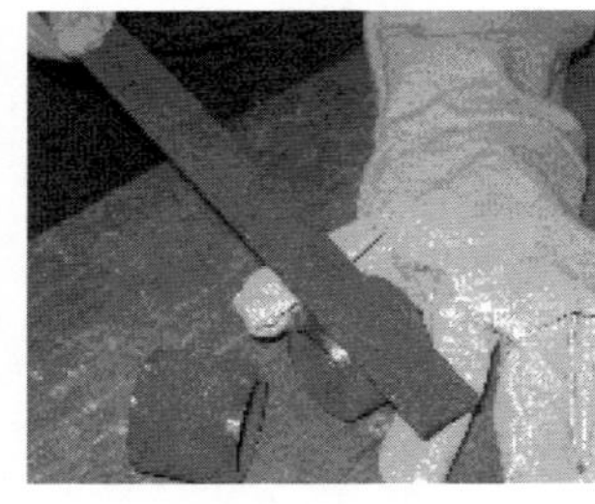

图6-117　清理工件

④ 定位装配技巧与诀窍。

a. 用清洁工具将管子内外壁坡口两侧约30mm范围内的油、锈、污等仔细清理干净，露出金属本来的光泽（图6-117）。

b. 定位时将钢管放在∟50×50×5等边角钢的组装定位胎上（图6-118）。

c. 定位焊缝不得有任何缺陷，定位焊缝长度≤10mm，按照圆周方向均布2处，装配定位好的焊件应该预留间隙，并保证两焊件同心。定位焊除在管子坡口内直接进行外，也可以用连接板在坡口外进行装配点固。焊件的装配定位可采取以下三种形式中的任意一种，如图6-119所示。

图6-119（a）是直接在管子坡口内进行定位焊，定位焊缝是正式焊缝的一部分，因此定位焊缝应该保证焊透，没有焊接缺陷。焊件定位好后，将定位焊缝的两端打磨成缓坡形（图6-120）。等到正式焊接焊至定位焊处

时，只需要将焊条稍向坡口内给送，以较快的速度通过定位焊缝，过渡到前面的坡口处，继续向前施焊。

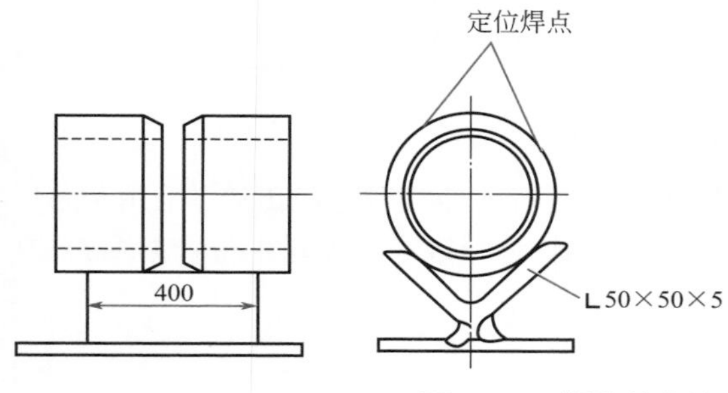

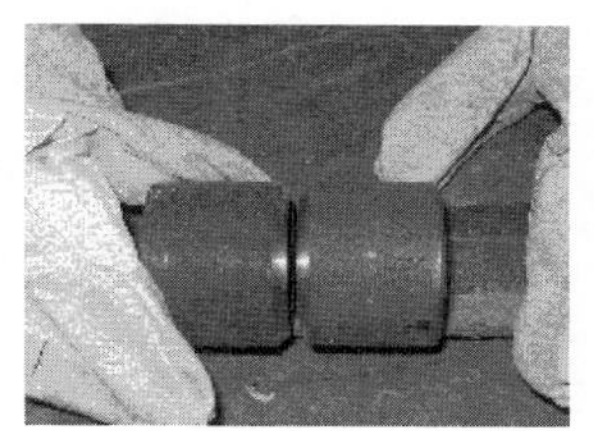

图 6-118　焊件的安放

图 6-119（b）是非正式定位焊，焊接时应保证焊件坡口根部的棱边不被破坏，等正式焊接焊到此处时，将非正式定位焊缝打磨掉后，继续向前施焊。

图 6-119（c）是采用连接板进行的焊件固定，这种方法不破坏焊件的坡口，等正式焊接焊到连接板处时将连接板打掉，继续向前施焊。

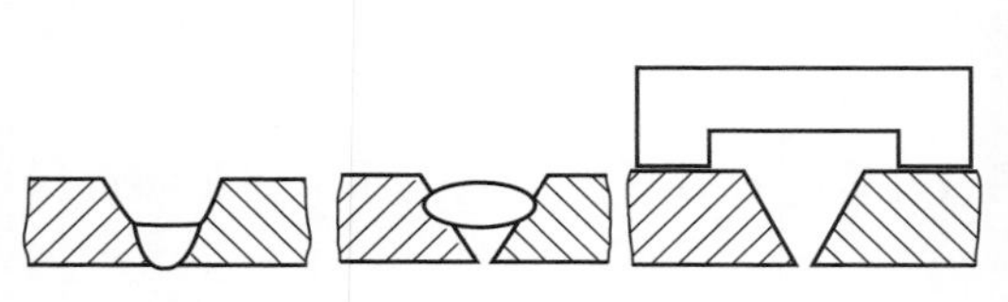

(a) 正式定位焊缝 (b) 非正式定位焊缝 (c) 连接板定位焊缝

图 6-119　定位焊缝的几种方式

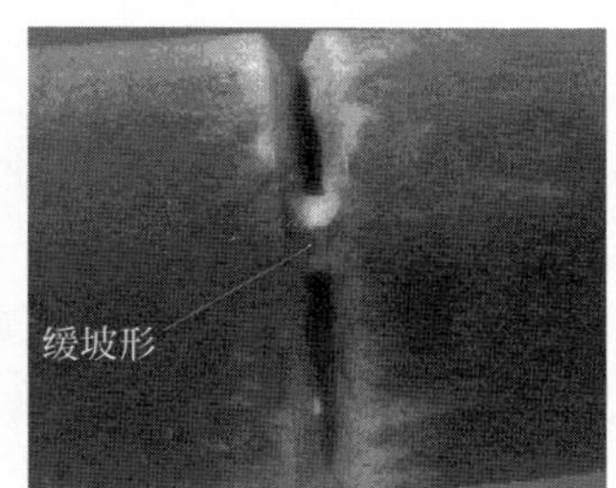

图 6-120　定位焊缝两端打磨成缓坡形

d. 定位焊缝一般采用两处，且两处焊点相距 180°，正式焊接时的起点与两个定位焊点也要相距 180°。值得注意的是，不管是采用哪种定位焊，都绝对不允许在仰焊的位置进行定位点焊（时钟 6 点处）。

3）操作工艺过程与诀窍

① 焊接参数选择。CO_2 气体保护小径管对接转动焊的焊接参数是很重要的，操作时可以选择表 6-18 中的数据作为焊接时的参考。

表 6-18　小径管对接转动焊焊接参数

焊丝直径/mm	焊丝伸出长度/mm	焊接电流/A	电弧电压/V	气体流量/(L/min)
ϕ1.2	15 ～ 20	90 ～ 110	19 ～ 21	15

② 焊接要领与诀窍。

a. 焊枪角度与焊法选择。CO_2 气体保护小径管对接转动焊采用左向焊法，单层单道焊，小径管水平转动的焊枪角度与电弧对中位置如图 6-121 所示。

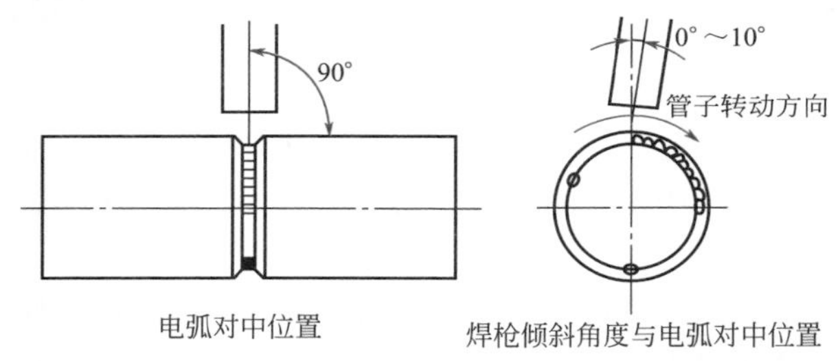

图 6-121　小径管对接转动焊焊枪角度与电弧对中位置

b. 焊件位置摆放技巧。调整好焊件架的高度，保证操作者坐着或站着都能方便地移动焊枪并转动焊件，将小径管放在焊件架上，一个定位焊缝摆在时钟 1 点的位置处。

c. 焊接技巧与诀窍。调试好焊接参数后，可以按照下述步骤进行焊接：

在时钟 1 点位置处定位焊缝上引弧，并从右向左焊至时钟 11 点位置处灭弧，立即用左手将管子按顺时针方向转一个角度，将灭弧处转到时钟 1 点位置处再焊接，如此不断地转动，直到焊完一圈为止。

焊接时要特别注意以下两点：

a）尽可能地右手持枪焊接，左手转动管子，使熔池始终保持在平焊位置，管子转动速度不能太快，否则熔融金属会流出，焊缝外形不美观。

b）因为焊丝较粗，熔敷效率较高，采用单层单道焊，既要保证焊件背面成形，又要保证正面美观，这很难掌握。为防止烧穿，可采用"断续"焊法，像收弧那样，用不断地引弧、断弧的办法进行焊接。

（2）小径管水平固定全位置焊操作技术与诀窍

水平固定管焊是管口朝向左右，而焊缝呈立向环绕形旋转的焊接方式。焊接过程中，管子轴线固定在水平位置，不准转动，必须同时掌握平焊、立焊、仰焊三种位置单面焊双面成形操作技能才能焊出合格的焊缝。

1）焊接特点

水平固定管焊的特点是：

① 同样的焊接电流（需要时也可以调整），一个完整的焊缝焊接过程要经过仰焊、斜仰焊、立焊、爬坡焊、平焊等多种焊接位置，因此运条方式、焊条角度的变化和操作者身体位置的变化都大。水平固定管焊也叫全位置焊，是焊接中难度最大的焊接位置之一。

② 由于管焊时焊接熔池的形状不好控制，所以焊接过程中，常出现打底层的根部第一层焊透的程度不均匀，焊道的表面凹凸不平。水平固定管焊V形坡口常见的焊缝根部缺陷见图6-122。其中，位置1与6易出现多种缺陷；位置2易出现塌腰及气孔；位置3、4铁水与熔渣易分离，焊透程度良好；位置5易出现焊透程度过分，形成焊瘤或不均匀。

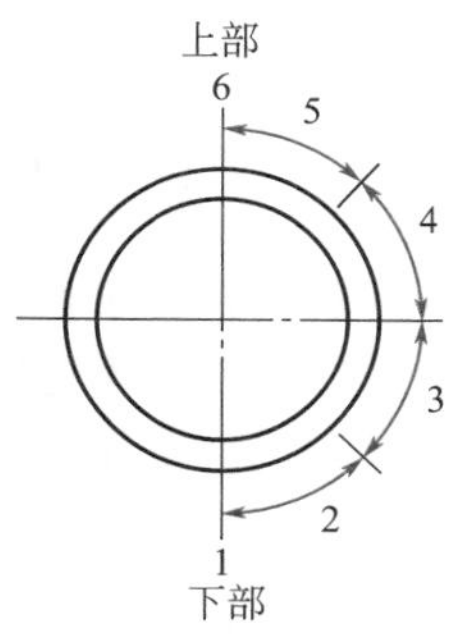

图6-122 水平固定管焊V形坡口缺陷分布

③ 如果焊接的管道要承受高温、高压，焊接时还必须采用单面焊双面成形的技术。这种技术对操作者的要求更高。

小径管水平固定全位置焊的焊前准备和小径管水平转动对接焊的准备工作基本相同，这里不再作详细的介绍。

2）操作工艺过程与诀窍

① 焊接参数选择。CO_2 气体保护小径管水平固定全位置焊的焊接参数是很重要的，操作时可以选择表6-19中的数据作为焊接时的参考。

表6-19 小径管水平固定全位置焊焊接参数

焊丝直径 /mm	焊丝伸出长度 /mm	焊接电流 /A	电弧电压 /V	气体流量 /（L/min）
ϕ1.2	15～20	90～110	19～21	15

② 焊接要领与诀窍。

a. 焊枪角度与焊法选择诀窍。小径管焊接时，将管子按时钟位置分成

左右两半圈。采用单层单道焊，焊接过程中，小径管全位置焊接焊枪的角度与电弧对中位置的变化如图 6-123 所示。

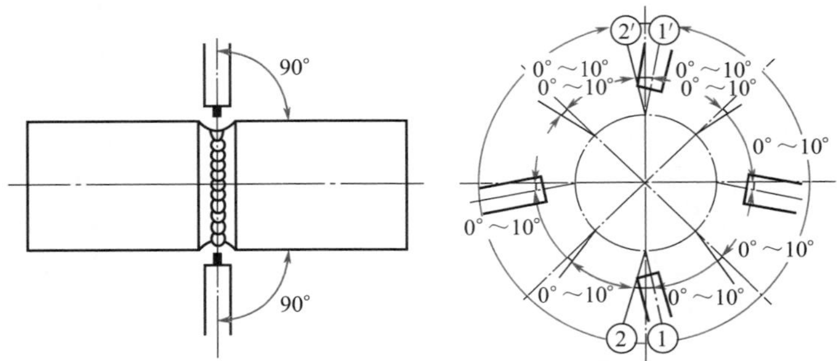

图 6-123　小径管全位置焊接焊枪的角度与电弧对中位置

b. 焊件位置摆放技巧。调整好卡具的高度，保证操作者单腿跪地时能从时钟 7 点位置处焊到 3 点位置处，操作者站着稍弯腰也能从 3 点位置处焊到 0 点位置处，然后固定小径管，保证小径管的轴线在水平面内，时钟 0 点位置在最上方。焊接过程中不准改变小径管的相对位置。

c. 焊接技巧与诀窍。调试好焊接参数后，可以参考下述步骤进行焊接：

a）在时钟 7 点位置处的定位焊缝上引弧，保持焊枪角度，沿顺时针方向焊至 3 点位置处断弧，不必填弧坑，但断弧后不能立即拿开焊枪，应利用余气保护熔池，至凝固为止。

b）将弧坑处第二个定位焊缝打磨成斜面。

c）在时钟 3 点位置处的斜面最高处引燃电弧，沿顺时针方向焊至 11 点位置处断弧。

d）将时钟 7 点位置处的焊缝头部磨成斜面，从最高处引燃电弧后迅速接好头，并沿逆时针方向焊至时钟 9 点位置处断弧。

e）将时钟 9 点位置和 11 点位置处的焊缝端部都打磨成斜面，然后从时钟 9 点位置处引弧，仍沿逆时针方向焊完封闭段焊缝，在 0 点位置处收弧，并填满弧坑。

注意：将正反手两段焊缝分为几段焊的目的是，使操作者在练习过程中掌握接头技术，为此焊接过程中可以多分几段，一旦学会了接头，两段焊缝最好一次完成。

6.5 焊机使用维护与焊接缺陷预防

6.5.1 焊机的操作和维护保养

（1）焊机的型号及发展趋势

1）焊机的型号与参数

CO_2 气体保护焊机的型号编制如图 6-124 所示。国产熔化极气体保护焊机的基本参数如表 6-20 所示。

图 6-124 CO_2 气体保护焊机型号编制

表 6-20 半自动 CO_2 气体保护焊机的基本参数

额定焊接电流等级/A	调节范围		额定负载电压/V	焊丝直径/mm	焊接速度/（m/min）	送丝速度/（m/min）		额定负载持续率/%	工作周期/min
	上限不小于	下限不大于				上限不小于 CO_2 气体保护焊	下限不大于		
160	160/22	40/16	22	0.6 0.8 1.0	—	9 ～ 12	3	60 或 100	5 或 10
200	200/24	60/17	24	0.8 1.0	—	9 ～ 12		60 或 100	5 或 10
250	250/27	60/17	27	0.8 1.0 1.2	—	12	3	60 或 100	5 或 10
315（300）	315（300）/30	80/18	30	0.8 1.0 1.2	0.2 ～ 1.0	12	3	60 或 100	5 或 10
400	400/24	80/18	34	1.0 1.2 1.6	0.2 ～ 1.0	12	3	60 或 100	5 或 10

续表

额定焊接电流等级/A	调节范围		额定负载电压/V	焊丝直径/mm	焊接速度/(m/min)	送丝速度/(m/min)		额定负载持续率/%	工作周期/min
	上限不小于	下限不大于				上限不小于 CO_2 气体保护焊	下限不大于		
500	500/39	100/19	39	1.0 1.2 1.6	0.2～1.0	12	3	60或100	5或10
630	630/44	110/19	44	1.2 1.6 2.0	0.2～1.0	12	2.4	60或100	5或10

2）熔化极气体保护焊机的类型

当前国产的半自动熔化极气体保护焊机主要有以下三种类型。

① 抽头式 CO_2 气体保护焊机。这种焊机的电源变压器的一次线圈有很多的抽头，可以通过开关改变一次线圈的匝数，改变电压比，实现有级调节焊机输出的直流电压，达到改变焊接电流和电弧电压的目的。这类焊机的结构比较简单，维修方便，价格也便宜。其送丝机可以放在电源内，也可以做成分体式的（图 6-125）。抽头式 CO_2 气体保护焊机的型号和技术参数见表 6-21。

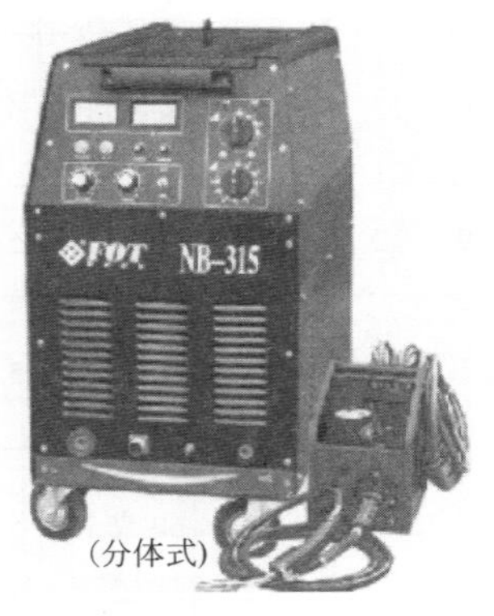

图 6-125　抽头式 CO_2 气体保护焊机（分体式）

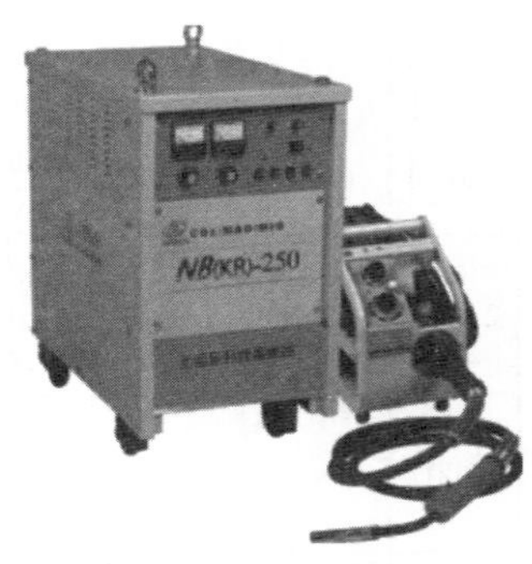

图 6-126　晶闸管式半自动熔化极气体保护焊机

表 6-21 抽头式半自动 CO_2 气体保护焊机的主要技术参数

型号	NBC-200	NBC-250	NBC-315	NBC-400
输入电压 /V	380			
相数	3			
焊接电压 /V	16 ～ 24	16 ～ 27	16 ～ 30	16 ～ 34
焊接电流 /A	30 ～ 200	30 ～ 250	30 ～ 315	30 ～ 400
负载持续率 /%	60			
送丝速度 /（m/min）	3 ～ 15			
保护气体	CO_2			
机身质量 /kg	105	115	135	140

② 晶闸管式半自动熔化极气体保护焊机。如图 6-126 所示，这种焊机的电源采用晶闸管或晶闸管模块控制，送丝机和焊枪采用分体式结构，焊工工作范围较大。这类焊机的控制精度高，电网电压波动时，通过控制电路可以自动补偿，保证焊接参数稳定。按照规定，当电网电压在 ±10% 的范围内变化时，焊接参数的变化范围≤ ±3%，一般都能达到 ±1%。因此，焊接质量好，生产效率高，已经广泛用于不锈钢、碳钢、铝及铝合金的焊接。当前晶闸管式半自动熔化极气体保护焊的型号和技术要求见表 6-22。

表 6-22 晶闸管式半自动熔化极气体保护焊机的主要技术参数

型　号	NB-200	NB-350	NB-500
输入电压 /V	380		
相数	3		
输入容量 /kV · A	7.6	18.1	31.9
空载电压 /V	34	52	66
输出电压 /V	DC15 ～ 25	DC16 ～ 36	DC6 ～ 45
输出电流 /A	DC50 ～ 200	DC50 ～ 350	DC60 ～ 500
适用焊丝直径 /mm	0.8 ～ 1.0	0.8 ～ 1.2	1.0 ～ 1.6
负载持续率 /%	60		
机身质量 /kg	98	128	168

③ 逆变式半自动熔化极气体保护焊机。如图 6-127 所示，这种焊机的电源用 IGBT 大功率器件做逆变元件，动态响应快，电弧稳定，具有设备

重量轻、空载损耗低、效率高、引弧快、焊接质量高、飞溅小、焊接参数稳定等优点。其主要技术参数见表 6-23。

图 6-127 逆变式半自动熔化极气体保护焊机

表 6-23 逆变式半自动熔化极气体保护焊机的主要技术参数

型号	NB-200	NB-350	NB-500
输入电压 /V	380		
输入容量 /kV·A	6.8	18	26.8
空载电压 /V	54	42	54
焊接电流 /A	200	350	500
负载持续率 /%	60		
适用焊丝直径 /mm	0.8 ～ 1.0	0.8 ～ 1.2	0.8 ～ 1.6
送丝速度 /（m/min）	0 ～ 13		
机身质量 /kg	34	38	42

3）焊机的发展趋势

近年来，随着机电控制和计算机技术的迅速发展，越来越多的 CO_2 气体保护焊设备采用了微处理机集中控制系统，因此，CO_2 气体保护焊变得更加稳定，有效保证了焊接质量，这也是全面推广 CO_2 气体保护焊的重要前提和条件。目前，在汽车、摩托车、集装箱等行业中已经成功实现了智能 CO_2 气体保护焊接，大大降低了操作人员的劳动强度，提高了焊接产品的质量和焊接生产效率。另外，集成电路板在焊接设备上的使用，也方便了焊接设备的维修。

（2）焊机的安装技巧与诀窍

1）安装要求

① 电源电压、开关、保险丝容量必须符合焊机铭牌上的要求。千万

不能将额定输入电压为220V的设备接在380V的电源上。

② 每台设备都用一个专用的开关供电，设备与墙距离应该大于0.3m，并保证通风良好。

③ 设备导电外壳必须接地线，地线截面积必须大于12mm²。

④ 凡需用水冷却的焊接电源或焊枪，在安装处必须有充足可靠的冷却水。为保证设备的安全，最好在水路中串联一个水压继电器，无水时可自动断电，以免烧毁焊接电源及焊枪。使用循环水箱的焊机，冬天应注意防冻。

⑤ 根据焊接电流的大小，正确选择电缆软线的截面。

如果焊接区离焊机较远，为减小线路损失，必须选择合适的焊接软线及地线截面。当焊接电缆允许压降为4V时，可按表6-24选定焊接软线的截面。

表6-24 焊接软线截面与距离的关系

电流/A	距离/m								
	20	30	40	50	60	70	80	90	100
	截面积/mm²								
100	30	38	38	38	38	38	38	50	50
150	30	38	38	38	50	50	60	80	80
200	38	38	38	50	60	80	80	100	100
250	38	50	50	60	80	100	100	125	125
300	38	50	60	80	100	100	125	125	—
350	38	50	80	80	100	125	—	—	—
400	38	60	80	100	125	—	—	—	—
450	50	80	100	125	—	—	—	—	—
500	50	80	100	125	—	—	—	—	—
550	50	80	100	125	—	—	—	—	—
600	80	100	125	—	—	—	—	—	—

2）焊机的安装步骤与操作技巧

焊机安装前必须认真地阅读设备使用说明书，了解基本要求后才能按以下步骤进行安装操作。

① 查清电源的电压、开关和保险丝的容量。这些要求必须与设备铭牌上标明的额定输入参数完全一致（图6-128）。

上海通用电焊机股份有限公司
NB-500KR 产品编号：08100279 制造日期：2008.10
标准号 GB15579.1-2004
60A/17V-500A/39V
X 60% 100%
U₀=65V I₂ 500A 387A
U₂ 39V 33.4V
U₁=380V 53A 40A
绝缘等级 H 防护等级 IP21S 重量 156Kg 冷却方式 风冷

图 6-128　铭牌的标注

② 焊接电源的导电外壳必须用截面积大于 12mm^2 的导线可靠接地。

③ 用电缆将焊接电源输出端的负极和焊件接好，将正极与送丝机接好（图 6-129）。CO_2 气体保护焊通常都采用直流反接，可获得较大的熔深和生产效率。如果用于堆焊，为减小堆焊层的稀释率，最好采用直流正接，这两根电缆的接法正好与上述要求相反。

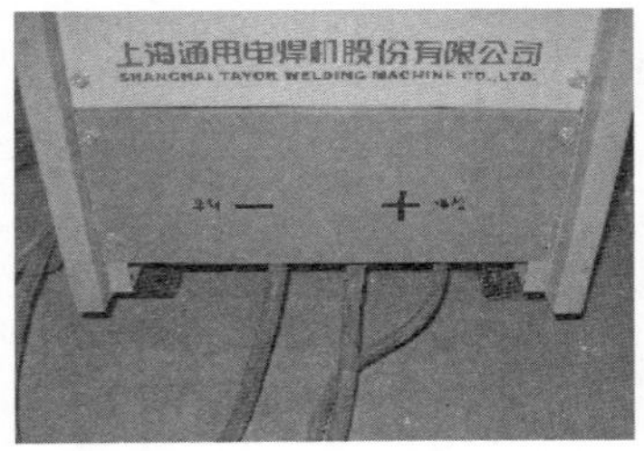

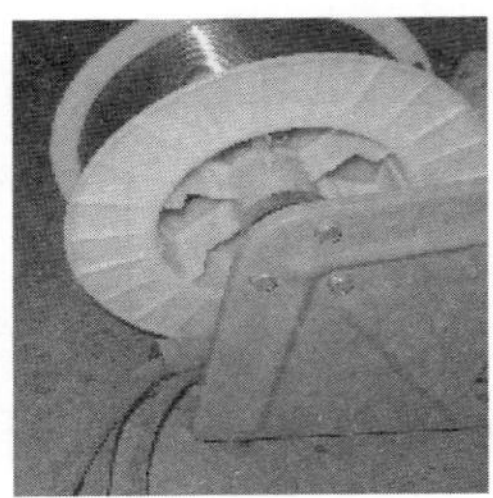

图 6-129　输出电缆的连接

④ 接好遥控盒插头，以便焊工能在焊接处灵活地调整焊接参数。

⑤ 将流量计至焊接电源及焊接电源至送丝机处的送气胶管接好（图 6-130）。

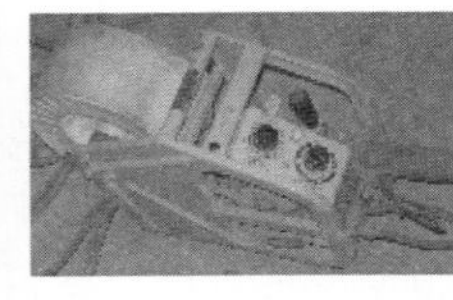

图 6-130　送气胶管的连接

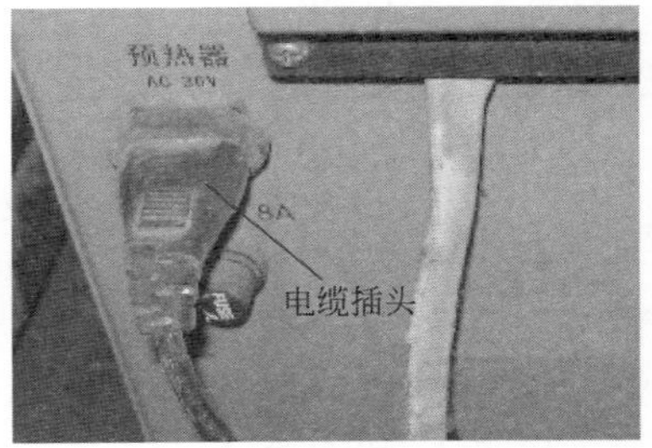

图 6-131　预热器与焊机的连接

⑥ 将减压调节器上预热器的电缆插头，插至焊机插座上并拧紧（图 6-131），接通预热器电源。

⑦ 将焊枪与送丝机接好（图 6-132）。

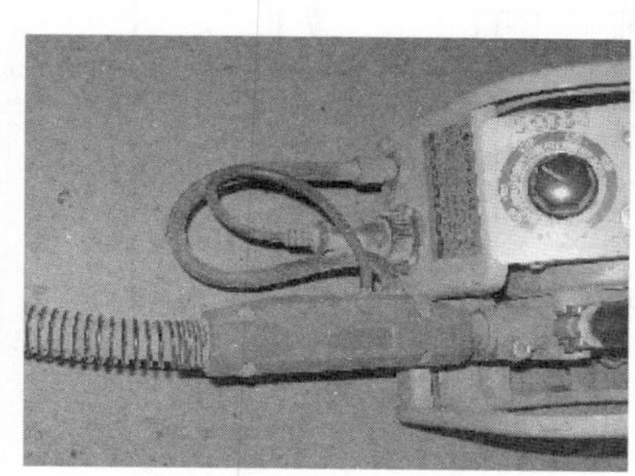
图 6-132　焊枪与送丝机的连接

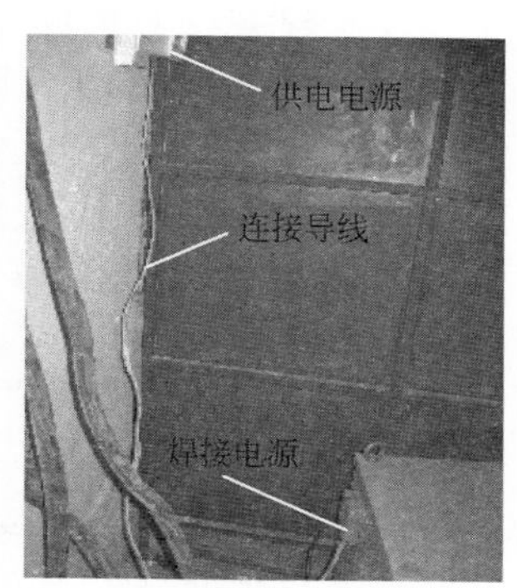

图 6-133　焊接电源与供电电源的连接

⑧ 若焊机或焊枪需用水冷却，则接好冷却水系统，冷却水的流量和水压必须符合要求。

⑨ 接好焊接电源至供电电源开关间的电缆（图 6-133）。若焊机固定不动，焊机至开关这段电缆按要求应从埋在地下的钢管中穿过。若焊机需移动，最好采用截面合适和绝缘良好的四芯橡套电缆（图 6-134）。

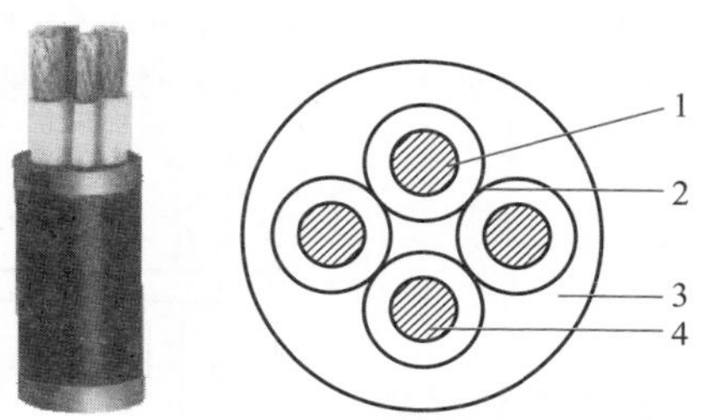

图 6-134　四芯橡套电缆

1—导体；2—绝缘；3—护套；4—接地线芯

（3）焊机使用注意事项和调整诀窍与禁忌

由上海电焊机厂生产的 YM-500S 型 CO_2 气体保护焊机。是典型的 CO_2 气体保护焊机。该焊机的焊接功能比较完善，工作性能较为可靠，而且使用寿命很长，其结构组成如图 6-135 所示，主要包括焊接电源、送丝

机、焊枪、遥控盒和 CO_2 气体减压调节器。

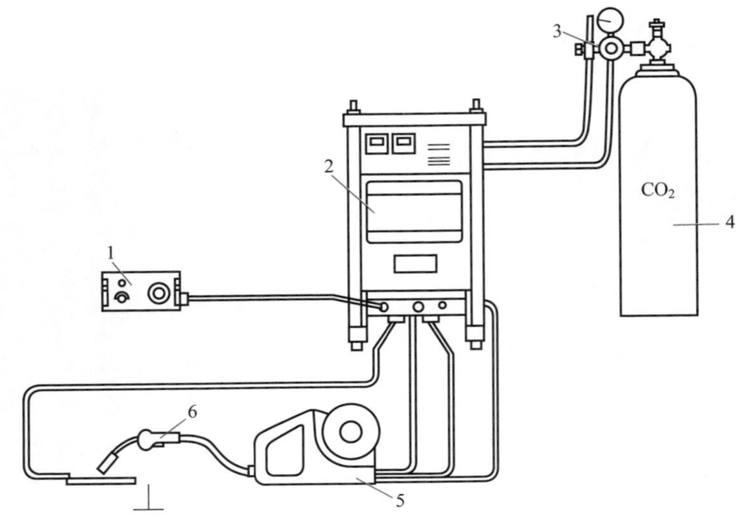

图 6-135　YM-500S 型 CO_2 气体保护焊机组成结构图

1—遥控盒；2—电源；3—减压调节器；4—气瓶；5—送丝机；6—焊枪

1）控制按钮的选择技巧

YM-500S 型 CO_2 气体保护焊机可采用直径 1.2mm 和 1.6mm 的焊丝，用纯 CO_2 或氩气与 CO_2 混合气进行焊接。焊接前需预先调整好这些开关的位置。调整方法如图 6-136 所示。这些开关必须在焊前调整好，焊接过程开始后一般不再进行调整。

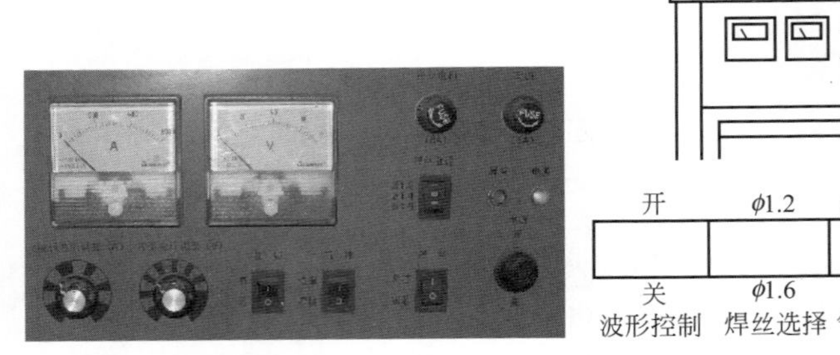

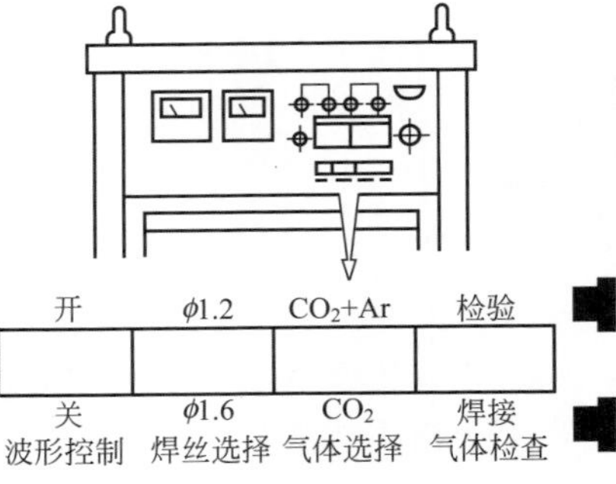

图 6-136　调整控制开关

2）装焊丝的技巧

图 6-137 为与 YM-500S 型 CO_2 气体保护焊机相配套的送丝机。焊丝的安装可以按以下步骤进行操作。

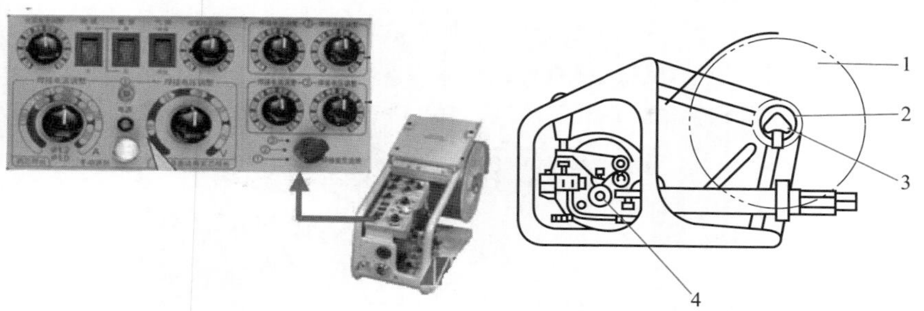

图 6-137　送丝机

1—焊丝盘；2—焊丝盘轴；3—锁紧螺母；4—送丝轮

① 将焊丝盘装在轴上并锁紧（图 6-138）。

② 将压紧螺钉 1 松开并转到左边，顺时针翻起压力臂 2，如图 6-139 所示。

③ 将焊丝通过矫直轮 3，并经与焊丝直径对应的 V 形槽插入导管电缆约 20 ～ 30mm。

④ 放下压力臂并拧紧压紧螺钉。

⑤ 调整矫直轮压力，矫直轮压紧螺钉的最佳位置如下：

对于直径 1.2mm 的焊丝，完全拧紧后再松开 1/4 圈。

对于直径 1.6mm 的焊丝，完全拧紧。

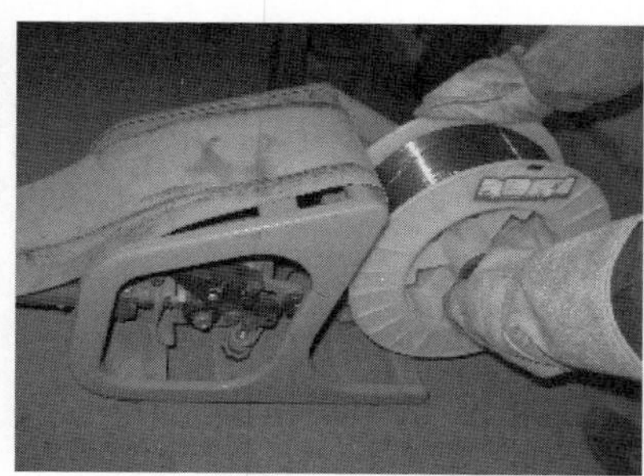

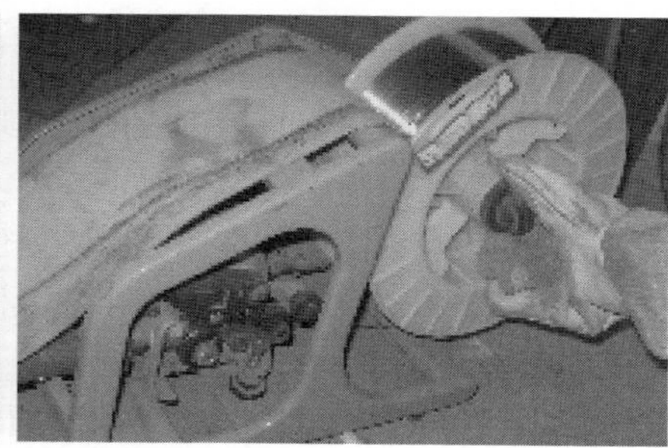

图 6-138　安装焊丝盘

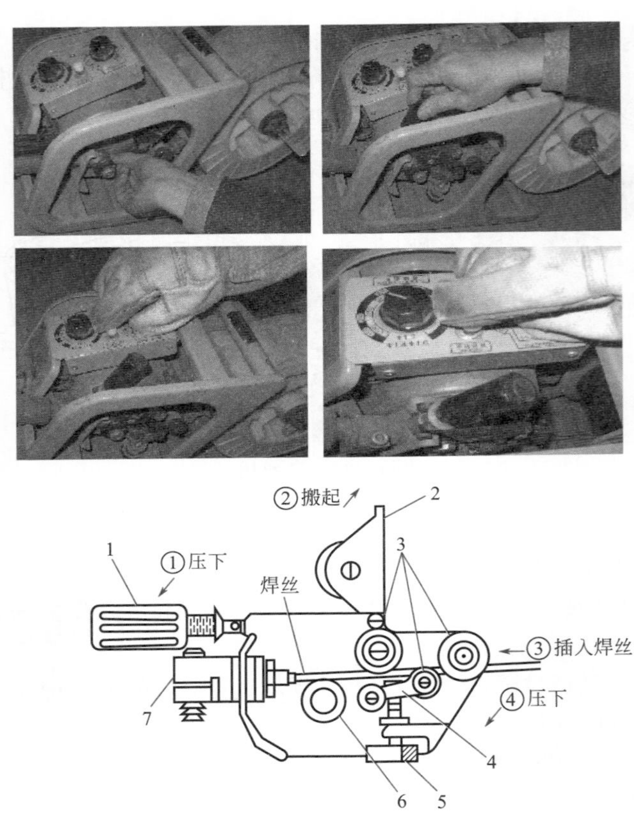

图 6-139　焊丝的安装步骤

按①②③④的顺序安装焊丝

1—压紧螺钉；2—压力臂；3—矫直轮；4—活动矫直臂；

5—矫正调整螺钉；6—送丝机；7—焊枪电缆插座

⑥ 按遥控器上的步进按钮，直到焊丝头超过导电嘴端 10 ～ 20mm 为止。

3）安装减压流量调节器并调整流量的技能与技巧

① 操作者站在气瓶嘴的侧面，缓慢开、闭气瓶阀门 1 ～ 2 次，检查气瓶是否有气，并吹净瓶口上的脏物（图 6-140）。

② 装上减压流量调节器，并沿顺时针方向拧紧螺母，然后缓慢地打开瓶阀，检查接口处是否漏气（图 6-141）。

③ 按下焊机面板上的保护气检查开关，此时电磁气阀打开，可慢慢

拧开流量调节手柄，流量调至符合焊接要求时为止（图 6-142）。

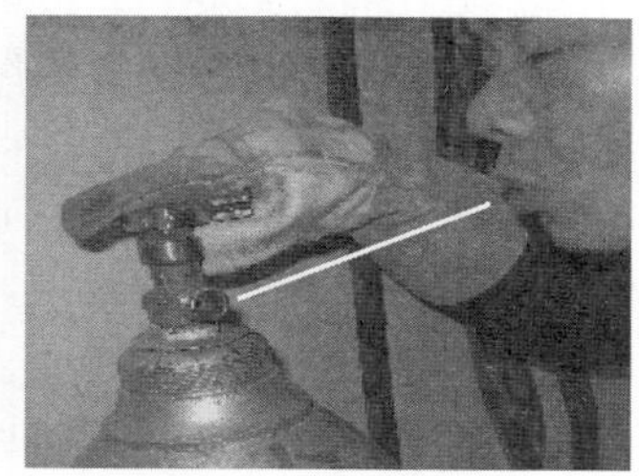

图 6-140　开闭气瓶

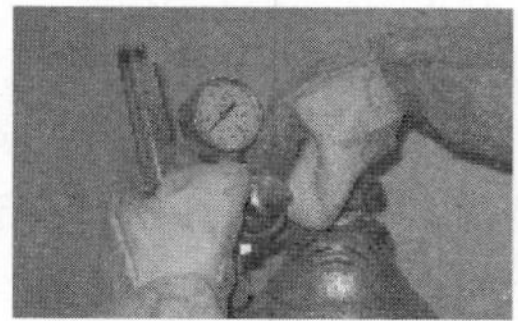
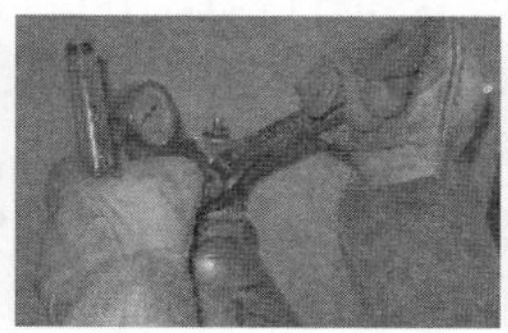

图 6-141　开启气瓶并检验

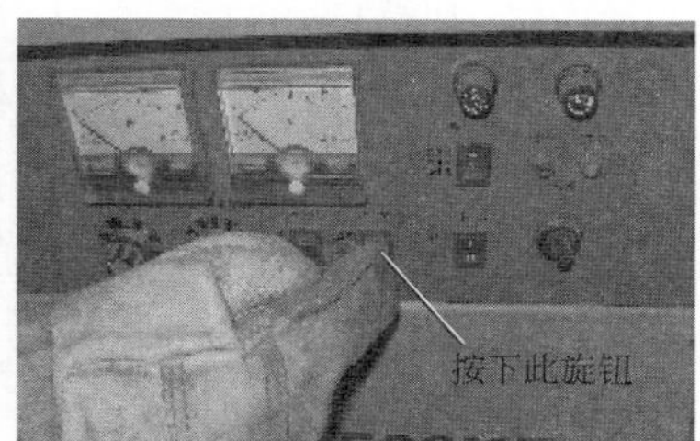

图 6-142　开启并调节气体流量

④ 流量调节好后，再按一次保护气体检查开关，此开关自动复位，气阀关闭，气路处于准备状态，一旦开始焊接，即按调好的流量供气。

4）选择焊机工作方式技巧与诀窍

YM-500S 型 CO_2 气体保护焊机有三种工作方式，可用“自锁、弧坑”控制开关（图 6-143）选择。此开关在焊机的左上方，位于电流表与电压表的下面。当自锁电路接通时，只要按一下

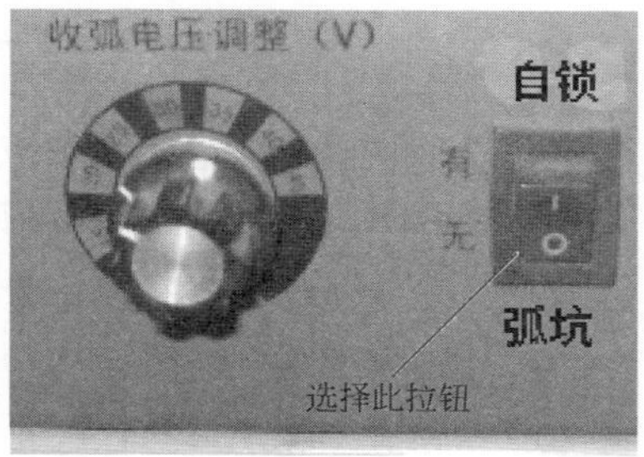

图 6-143　自锁、弧坑控制开关

焊枪上的控制开关，就可松开，焊接过程自动进行，焊工不必一直按着焊枪上的开关，操作时较轻松。当自锁电路不通时，焊接过程中焊工必须一直按着控制开关，只要松开此开关焊接过程立即停止。当弧坑电路接通时（ON 位置），收弧处将按预先选定的焊接参数自动衰减，能较好地填满弧坑。若弧坑电路不通（OFF 位置），收弧时焊接参数不变。

下面讨论每种工作方式的特点。

① 第一种工作方式。“工作方式选择开关”扳向上方时，为第一种工作方式。在这种工作方式下，自锁与弧坑控制电路都处于接通状态，焊接过程如图 6-144 所示。因为自锁电路处于接通状态，焊接过程开始后，即可松开焊枪上的控制开关，焊接过程自动进行，直到第二次按焊枪上的控制开关为止。当第二次按焊枪上的控制开关时，弧坑控制电路开始工作，焊接电流与电弧电压按预先调整好的参数衰减，电弧电压降低，送丝速度减小，第二次松开控制开关时，填弧坑结束。填弧坑时采用的电流和电压（即送丝速度），可分别用弧坑电流、弧坑电压旋钮进行调节。

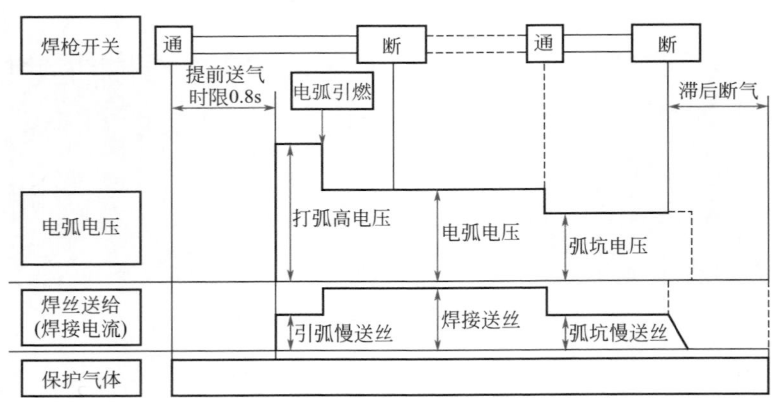

图 6-144　第一种工作方式的焊接过程

操作时应特别注意以下要点：焊枪控制开关第二次接通时间的长短是填弧坑时间。这段时间必须根据弧坑状况选择。若时间太短，弧坑填不满；若时间太长，弧坑处余高太大，还可能会烧坏焊丝嘴。

开关接通时间必须在实践中反复练习才能掌握。第一种控制方式，适用于连续焊长焊缝，焊接参数不需经常调整的情况。

② 第二种工作方式。“工作方式选择开关”扳在中间时为第二种工作

方式。在第二种工作方式下，自锁和弧坑控制电路都处于断开状态。焊接过程如图 6-145 所示。

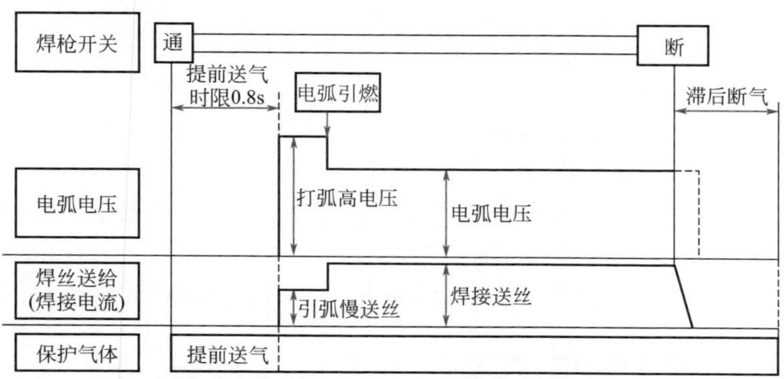

图 6-145　第二种工作方式的焊接过程

在这种工作方式下，焊接过程中不能松开焊枪上的控制开关，焊工较累。靠反复引弧、断弧的办法填弧坑。第二种工作方式适于焊接短焊缝和焊接参数需经常调整的情况。

③ 第三种工作方式。“工作方式选择开关”扳向下方为第三种工作方式。在第二种工作方式下，自锁电路接通，弧坑控制电路断开，焊接过程如图 6-146 所示。

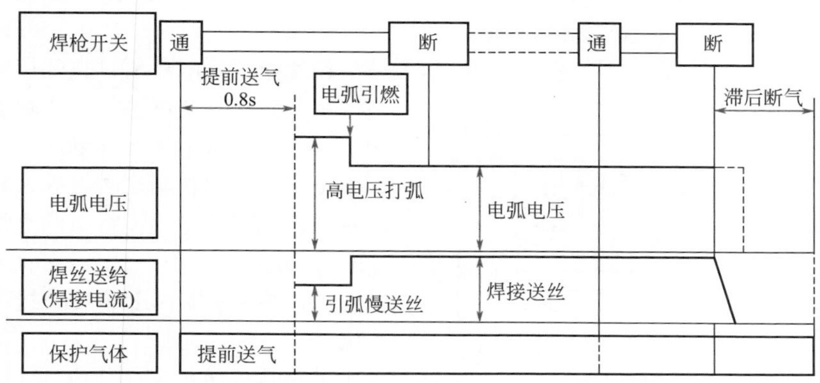

图 6-146　第三种工作方式的焊接过程

在第三种工作方式下，焊接过程一转入正常状态，焊工就可以松开焊

枪上的控制开关，自锁电路保证焊接过程自动进行。需要停止焊接时，第二次按焊枪上的控制开关，焊接过程立即自动停止，因弧坑控制电路不起作用，焊接电流不能自动衰减，为填满弧坑，需在弧坑处反复引弧、断弧几次，直到填满弧坑为止。

5）调整焊接参数的技巧与诀窍

YM-500S 型 CO_2 气体保护焊机采用一元化控制方式，调整焊接参数简单，通常按下述步骤进行。

① 将遥控盒上的输出焊接电流调整旋钮的指针旋至预先选定的焊接电流刻度处，电压微调旋钮调至零处，如图 6-147 所示。电流有两圈刻度，内圈用于直径为 1.2mm 的焊丝，外圈用于直径为 1.6mm 的焊丝。

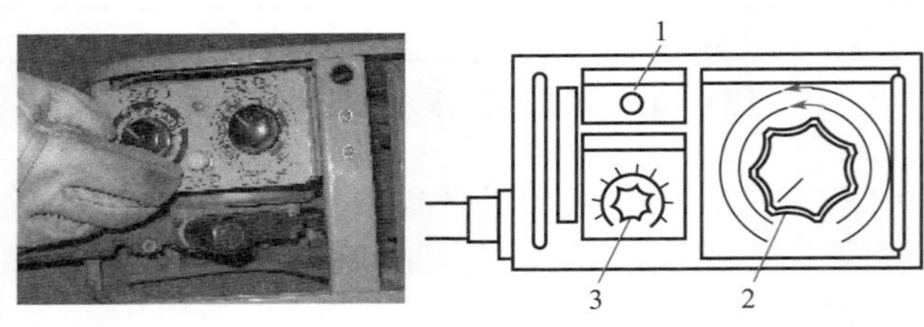

图 6-147　遥控盒

1—步进按钮；2—电流调节旋钮；3—电弧电压调节旋钮

② 引燃电弧，并观察电流表读数与所选值是否相符，若不符，则再调节输出旋钮至与电流读数相符为止。

③ 根据焊缝成形情况，用电压微调旋钮修正电弧电压值，直到焊缝宽度满意为止。若焊缝较窄或两边熔合不太好，可适当增加电压，将微调旋钮顺时针转动；若焊缝太宽或咬边，则降低电压，将微调旋钮逆时针转动。

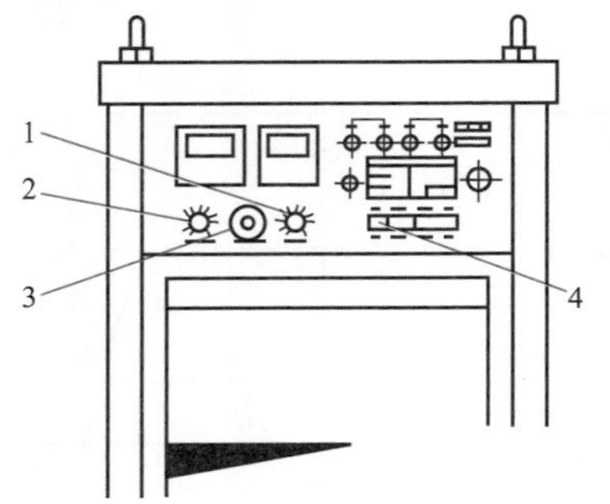

图 6-148　收弧焊接参数的调节

1—弧坑电压调节旋钮；2—弧坑电流调节旋钮；3—工作方式选择开关；4—波形控制开关

6）调整收弧焊接参数的技巧与诀窍

若选用弧坑控制工作方式（即第一种工作方式），则可用弧坑电流和弧坑电压调节旋钮，分别调节收弧电流和电压，如图 6-148 所示。

7）调整波形控制开关的诀窍

对于 CO_2 气体保护焊，当焊接电流在 100 ～ 180A 范围内时，由于熔滴是短路过渡和熔滴过渡的混合形式，飞溅大，电弧不稳定，焊缝成形不好。当波形控制电路接通后（开关按下时），如图 6-148 所示。在上述电流范围内，可改善焊接条件，减小飞溅，改善成形，并可提高焊接速度 20% ～ 30%。

（4）焊机维护保养的诀窍与禁忌

使用 CO_2 气体保护焊机必须要进行经常的维护和保养，其主要注意事项有以下几方面：

① 初次使用 CO_2 气体保护焊机前，必须认真仔细阅读使用说明书，了解与掌握焊机性能，并在有关专业人员的指导下进行操作。

② 严禁焊接电源短路。因为焊接电源的短路会造成焊机的温度迅速上升，严重时有可能烧毁焊机或其它辅助设施，所以，CO_2 气体保护焊机不能有频繁和长时间的短路现象。

③ 严禁用兆欧表（摇表）去检查焊机主要电路和控制电路。如需检查焊机绝缘情况或其他问题的时候，采用兆欧表时，必须将硅元件及半导体器件摘掉，才能进行。

④ 使用 CO_2 气体保护焊机必须在室温不超过 40℃、湿度不超过 85%、无有害气体和易燃易爆气体的环境中，CO_2 气瓶不得靠近热源或在太阳光下直接照射。

⑤ 焊机接地必须可靠。

⑥ 焊枪不准放在焊机上，也不得随意乱扔乱放，应放在安全可靠的地方。

⑦ 经常注意焊丝滚轮的送丝情况，如发现因送丝滚轮磨损而出现的送丝不良，应更换新件。使用时不宜把压丝轮调得过紧，但也不能太松，调到焊丝输出稳定可靠为宜。

⑧ 定期检查送丝机构齿轮箱的润滑情况，必要时应添加或更换新的润滑油。

⑨ 经常检查导电嘴的磨损情况，磨损严重时应及时更换。

⑩ 半自动 CO_2 焊机的送丝电动机要定期检查碳刷的磨损程度，磨损严重时要调换新的碳刷。

⑪ 必须定期对半自动 CO_2 焊焊丝输送软管以及弹簧管的工作情况进行检查，防止出现漏气或送丝不稳定等故障。对弹簧软管的内部要定期清

洗，并排出管内脏物。

⑫ 经常检查 CO_2 气体的预热器和干燥器的工作情况，保证对气体正常加热和干燥。

⑬ 操作结束后或临时离开工作现场时，要切断电源，关闭水源和气源。

6.5.2 二氧化碳气体保护焊常见缺陷种类及故障预防措施

CO_2 气体保护焊常见缺陷主要是由操作不当引起的。CO_2 气体保护焊常见故障有很多方面，主要包括设备机械部分调整不当和磨损引起的故障。

（1）操作缺陷种类及产生原因、预防方法与诀窍

CO_2 气体保护焊的操作缺陷有很多，主要包括气孔和未焊透。

1）气孔

CO_2 气体保护焊开始前，必须正确地调整好保护气体的流量，使保护气体能均匀地、充分地保护好焊接熔池，防止空气渗入。如果保护不良，将使焊缝中产生气孔。引起保护不良的主要原因有以下几个方面。

① CO_2 气体纯度低。CO_2 气体含水或含氮气较多，特别是含水量太高时，整条焊缝上都会有大小不同的气孔。

② 水冷式焊枪漏水。在焊接的很多特殊地方需要采用水冷式焊枪，但是焊枪里面又有漏水的现象，所以，焊接过程当中就最容易产生气孔。

③ 没有保护气体。焊接前由于疏忽根本就没有开启 CO_2 气瓶上的高压阀或预热器没有接通电源，就开始焊接。造成焊接时因没有保护气，整条焊缝上都是气孔。

④ 风速过大。在保护气流量合适的情况下，因天气和焊接环境的影响造成风速较大，使保护气体无法正常实现保护的额定范围，保护气体被快速的风力吹离了熔池，没有在焊缝的周围形成有效的最大保护，甚至没有保护作用，引起焊接时的气孔，如图 6-149 所示。

⑤ 气体流量不合适。CO_2 保护气体流量太小时，保护的范围也随之减小，因保护范围减小，不能完整可靠地保护焊接熔池［图 6-150（a）］；但是，CO_2 保护气体流量也不能太大，流量太大会产生涡流，将空气也卷入保护区内［图 6-150（b）］，造成保护失效。因此气体流量的不适宜，都会使焊缝中产生气孔。

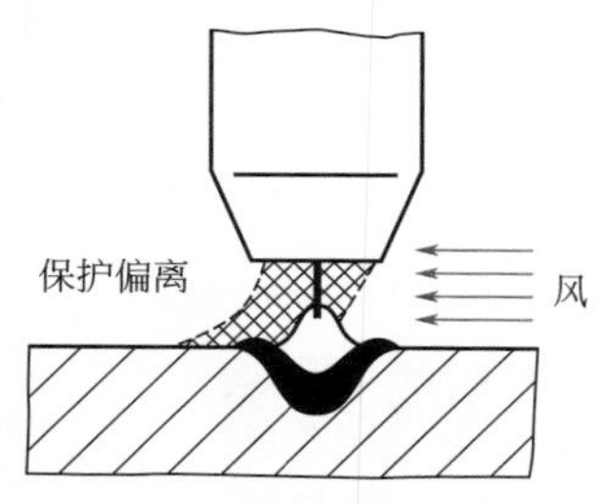

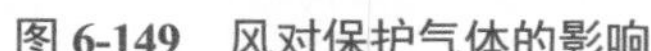
图 6-149 风对保护气体的影响

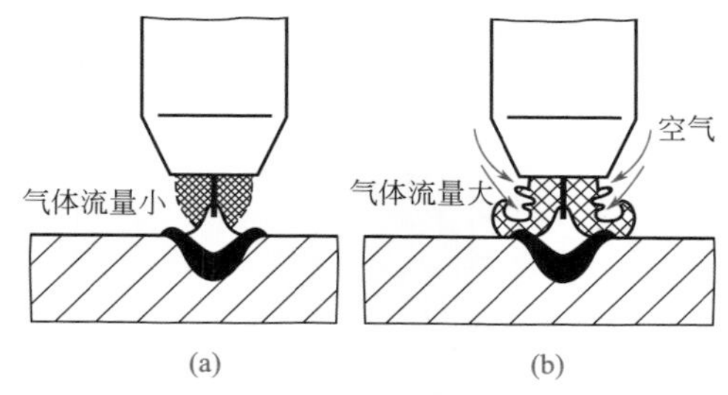

图 6-150 保护气体的流量

⑥ 喷嘴被飞溅堵塞。CO_2 保护气体焊接时由于可能产生不同程度的飞溅，当飞溅过多时就会堵塞气口，造成气体流量的衰减，保护的区域变小，如图 6-151 所示。因此，焊接过程中，喷射到喷嘴上的飞溅如果不进行及时的除去，就会导致保护气产生涡流，也会吸入空气，使焊缝产生气孔。所以，焊接过程中必须经常地清除喷嘴上的飞溅，并防止损坏喷嘴内圆的表面粗糙度。为便于清除飞溅，焊前最好在喷嘴的内、外表面喷一层防飞溅喷剂或刷一层硅油。

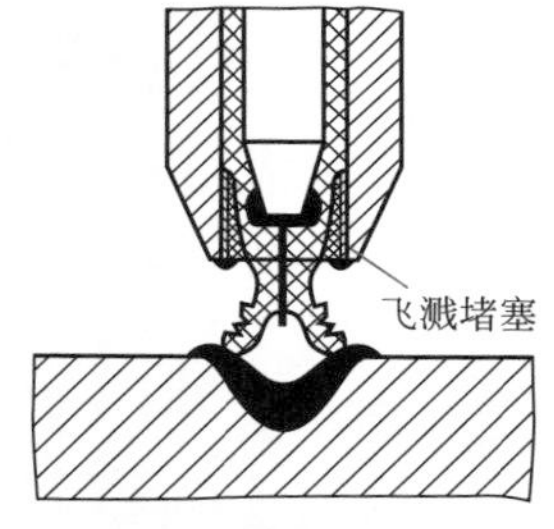

图 6-151 喷嘴被飞溅堵塞

防飞溅喷剂为一种高科技的水基润滑剂，焊前在喷嘴的内、外表面喷一层形成薄膜，防止焊接时飞溅物黏附在金属表面，焊接后易清洁。在焊接过程中，可以起到保护焊嘴、焊接表面和防止焊嘴黏合的作用。其主要特点为防止焊渣黏合和烧伤金属表面，防止焊枪积炭，无闪点和火点，不燃烧特别配方，适合各种烧焊，不含硅的无油性黏膜烧焊后无需打磨、敲击、磨平，焊渣容易清除，方便二次加工，无需溶剂型清洗剂。常用的防飞溅喷剂如图 6-152 所示。

防飞溅硅油是一种性能独特的有机硅非离子表面活性剂，在制作时可获得性能各异的各种有机硅表面活性剂，以满足防止焊接飞溅的需要。该产品的特点是表面张力更低、柔软特性更好并具有很强的抗静电性能，适于防止焊接飞溅。图 6-153 是桶装防飞溅硅油。

⑦ 焊枪倾角太大。焊接时如果焊枪的倾角太大（图 6-154），也会吸入空气，使焊缝中产生气孔。

⑧ 焊丝伸出长度太大或喷嘴太高。焊接时由于焊丝伸出长度太大或

喷嘴高度太大时，保护气体的保护效果不好，容易引起气孔，如图 6-155 所示。

图 6-152　防飞溅喷剂

图 6-153　桶装防飞溅硅油

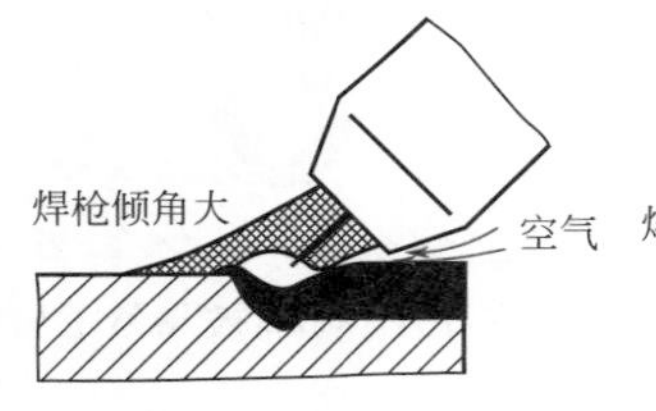

图 6-154　焊枪倾角太大

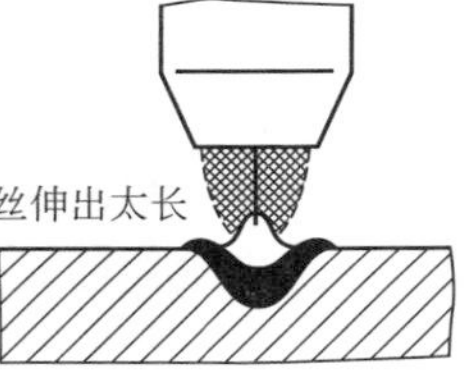

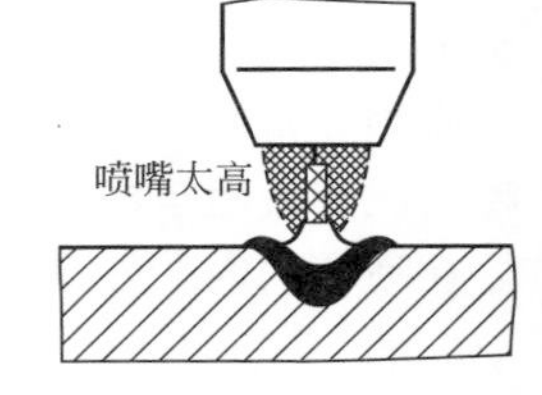

图 6-155　焊丝伸出太长和喷嘴太高

⑨ 弹簧软管内孔堵塞。弹簧软管内孔被氧化皮或其他脏物堵塞；其前半段密封塑胶管破裂或进丝嘴处的密封圈漏气，保护气从焊枪的进口处外泄，使喷嘴处的保护气流量减小，这也是产生气孔的重要原因之一。在这种情况下，往往能听到送丝机焊枪的连接处有漏气的“嘶嘶”声，通常在整条焊缝上都有气孔，焊接时还可看到熔池中有冒气泡的现象。

产生气孔的主要原因就是上面介绍的几种情况，另外，焊接区域内的油、锈或氧化皮太厚、未清理干净也是焊缝产生气孔的原因。

2）未焊透的原因及预防措施与诀窍

① 坡口加工或装配不当。焊接前的坡口加工也是焊接很重要的组成部分。如果坡口角太小、钝边太大、间隙太小、错边量太大都会引起未焊透缺陷，如图 6-156 所示。为防止未熔合，坡口角度以 40° ～ 60° 为宜。

② 打底层焊道不好。焊接时，由于打底层焊道凸起太高，容易引起

未熔合，如图 6-157 所示。因此焊接打底层时应控制焊枪的摆动幅度，保证打底层焊道与两侧坡口面要熔合好，焊缝表面下凹，两侧不能有沟槽，才能覆盖好上层焊缝。

③ 焊缝接头不好。接头处如果未修磨，或引弧不当，接头处极易产生未熔合，如图 6-158 所示。为保证焊缝接好头，要求焊接时将接头处打磨成斜面，在最高处引弧，并连续焊下去。

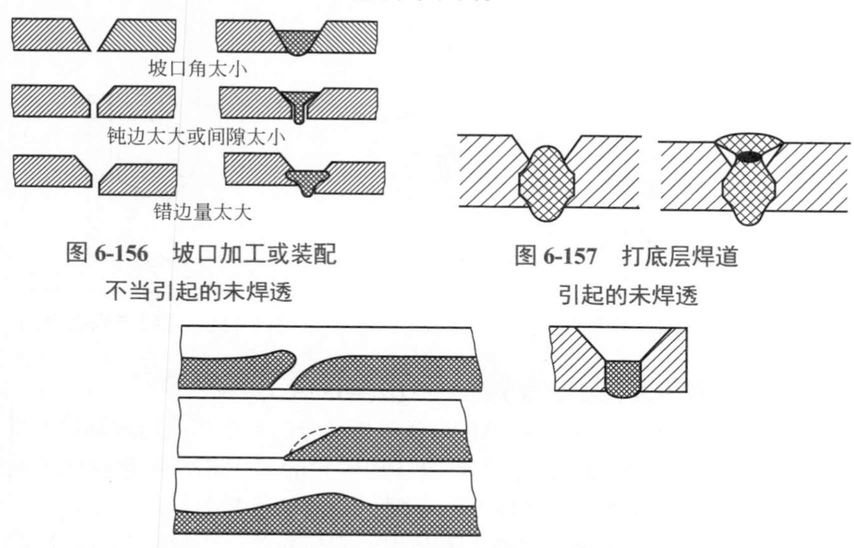

图 6-156　坡口加工或装配不当引起的未焊透

图 6-157　打底层焊道引起的未焊透

图 6-158　接头处的未熔合

④ 焊接参数不合适。平焊时焊接速度太小，焊接电流过大，使熔敷系数太大或焊枪的倾角 α 太大都会引起未焊透，如图 6-159 所示。所以，焊接过程中为了防止未焊透，必须根据熔合情况调整焊接速度，保证电弧位于熔池前部。

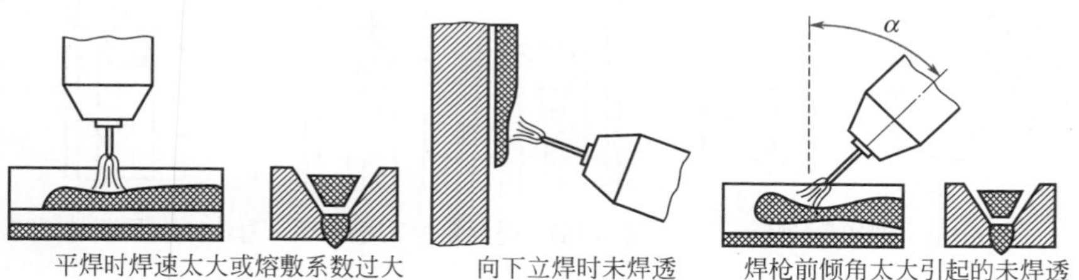

图 6-159　焊接参数不合适造成未熔合

⑤ 电弧位置不对。焊接时焊枪电弧没有对准坡口中心、焊枪摆动时电弧偏向坡口的一侧、电弧在坡口面上的停留时间太短，都会引起未焊透，如图 6-160 所示。

⑥ 焊接位置限制。焊接过程中，由于焊件的结构限制，使电弧无法形成对中或达不到坡口的边缘，也会导致未焊透的现象产生，如图 6-161 所示。

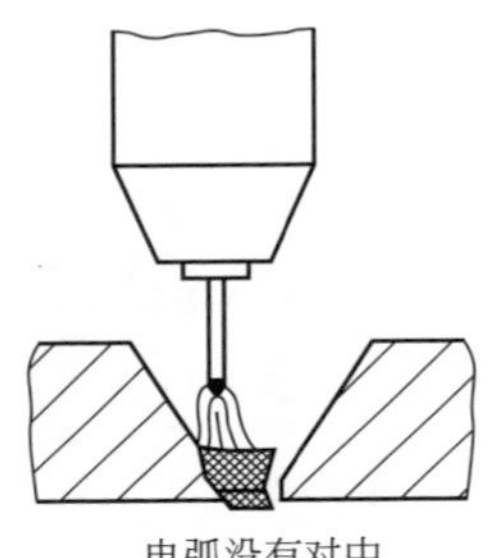

电弧没有对中

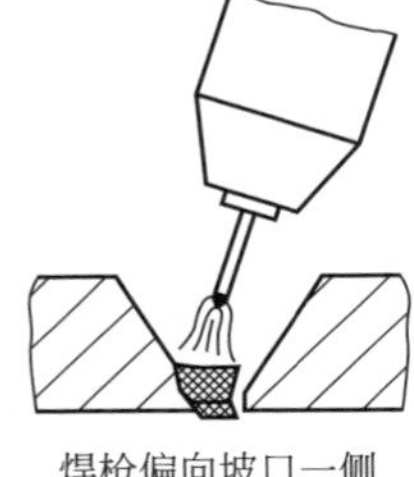

焊枪偏向坡口一侧

图 6-160　电弧位置不对

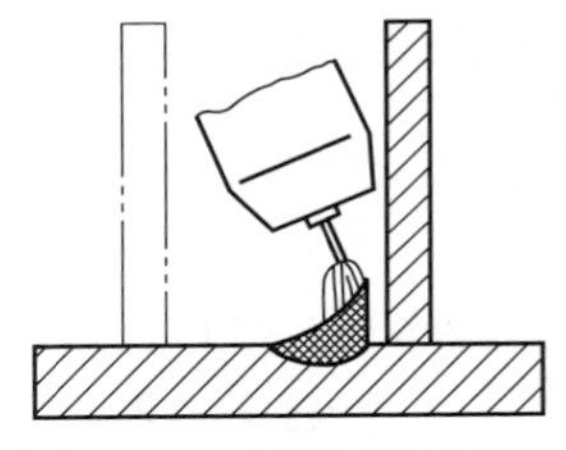

图 6-161　焊接结构的限制

（2）设备故障原因及预防措施、方法与诀窍

CO_2 气体保护焊设备故障是由设备机械部分的磨损和使用时调整不当引起的。故障的主要部位多在焊丝盘、送丝轮的 V 形槽、压紧轮、进丝嘴、弹簧软管、导电嘴、焊枪软管、喷嘴和地线的连接上。

① 焊丝盘。焊丝盘的故障主要是焊丝容易松落；送丝电动机有过载现象，送丝不均匀，电弧不稳定，焊丝很容易就被粘在了导电嘴上，如图 6-162 所示。产生这种故障的原因是焊丝盘制动轴太松或太紧，导致焊丝不能正常输出。

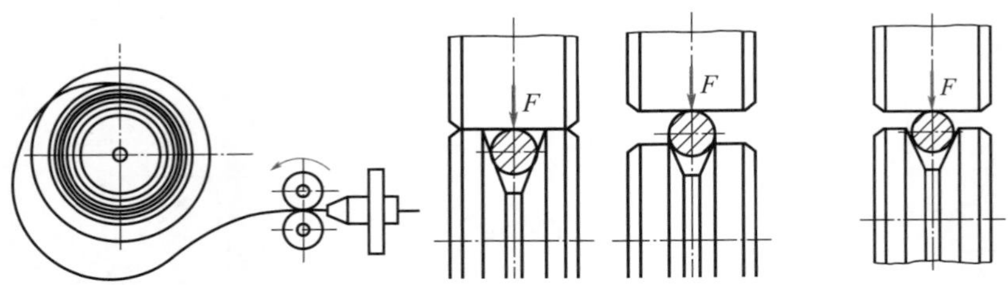

图 6-162　焊丝盘故障　　图 6-163　送丝轮 V 形槽故障　　图 6-164　压紧轮故障

② V 形槽。送丝轮的 V 形槽的故障主要是送丝速度不均匀和焊丝在

输送的时候产生变形，有时还可能有送丝困难的现象产生，如图 6-163 所示。产生这种故障的原因是送丝轮的 V 形槽已经磨损或 V 形槽本身就太大，另外 V 形槽如果太小就造成了焊丝因挤压而变形甚至无法正常输出焊丝，导致送丝困难。

③ 压紧轮。压紧轮的故障主要表现在焊丝送进时变形、送丝困难、焊丝嘴磨损较快，有时也会送丝不均匀，如图 6-164 所示。产生这种故障的主要原因是压紧轮的压力过大或过小。压力过大时焊丝输出空间变小，焊丝受到压力而变形，变形后的焊丝无法进行正常的输出，导致焊丝嘴磨损的速度加快；压力小时，输出焊丝的动力不够，焊丝的送进时快时慢，送丝速度不均匀。

④ 进丝嘴。进丝嘴的主要故障表现在焊丝容易打弯、焊丝送进不畅通；焊丝的摩擦阻力大，送丝受到阻碍，如图 6-165 所示。产生这种故障的主要原因是进丝嘴的孔口太大，或者进丝嘴与送丝轮之间的距离太大，焊丝在输送的过程中有活动的空间。但是进丝嘴过小时，又会使焊丝与嘴孔的摩擦阻力增加，使焊丝送进受到阻力。

⑤ 弹簧软管。弹簧软管的主要故障表现在焊丝容易打弯、送丝有时受阻。这是由软管的内径太大造成的，太大时焊丝的游动范围加大，所以，焊丝容易打弯；摩擦阻力大，送丝受阻也是其中的故障，原因是软管的内径太小或有脏物堵住了，要进行及时的清理；送丝不畅的原因是软管太短，焊丝无法伸张而运行不自由；焊丝过长也会导致焊丝的摩擦阻力增大，引起送丝困难甚至受阻，如图 6-166 所示。

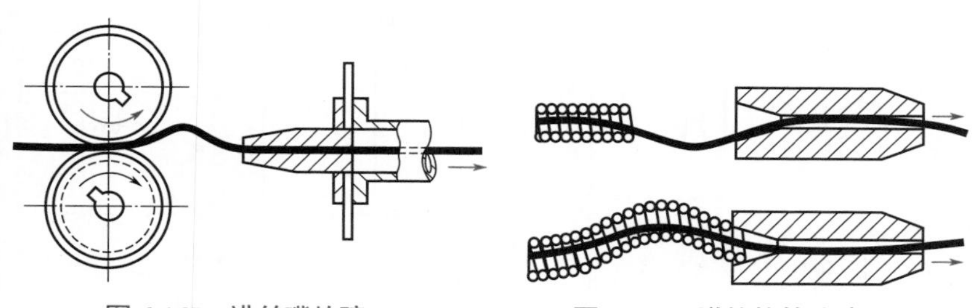

图 6-165 进丝嘴故障

图 6-166 弹簧软管故障

⑥ 导电嘴。当长期的焊接导致导电嘴磨损或本身孔径增大时，就会造成焊丝与导电嘴的接触点经常变化，以至于电弧不稳定，使得焊接时焊缝质量不好；如果导电嘴的孔径过小，就会增大焊丝与孔壁的摩擦，使焊

丝在送进过程中不通畅，严重时导致焊缝的夹铜，如图 6-167 所示。

⑦ 焊枪软管。如果焊枪软管的弯曲半径太小，就会使焊丝在软管中前进的摩擦阻力增加，焊丝的正常送进受到了阻碍，有时会导致速度不均匀或焊丝根本无法送出，如图 6-168 所示。

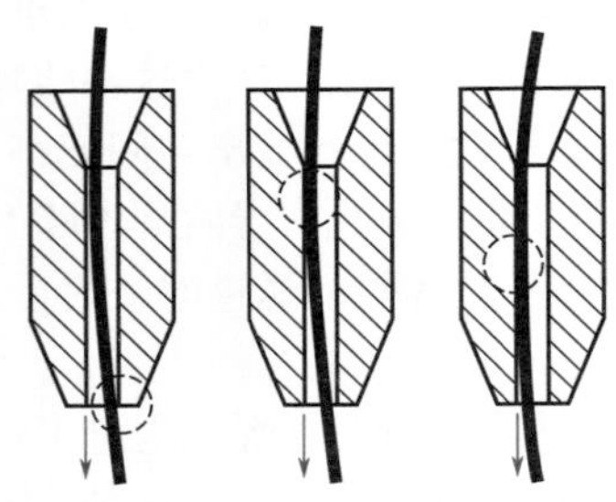
图 6-167　导电嘴故障

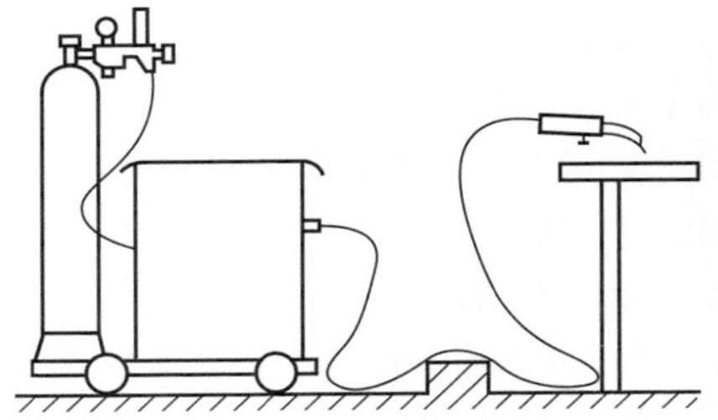
图 6-168　焊枪软管故障

⑧ 喷嘴。焊接过程中如果飞溅过大，导致飞溅堵死喷嘴，就会造成气体的保护效果不良，极易使焊缝产生气孔，焊接时的电弧也不稳定、不均匀；如果喷嘴有了松动的现象，就会在焊接时有空气吸入，气体的保护效果也会变坏，导致产生气孔，如图 6-169 所示。

⑨ 地线的连接。如果焊接时地线有松动或与焊件接触处有明显的锈迹，导致接触电阻增大，无法进行引弧，或勉强引弧后电弧的燃烧不稳定，如图 6-170。这时应该使焊机（工件）接地充分良好。

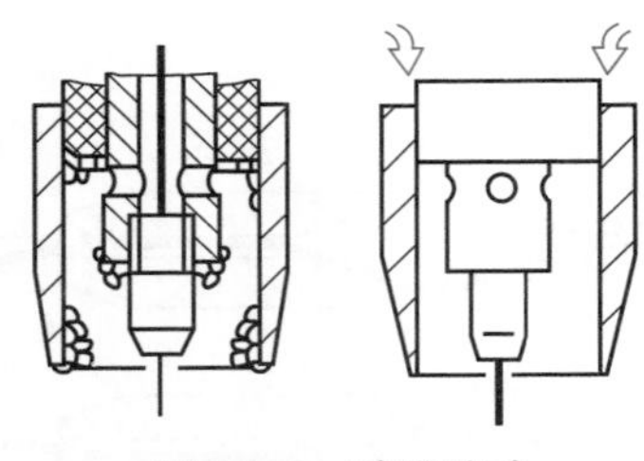
图 6-169　喷嘴故障

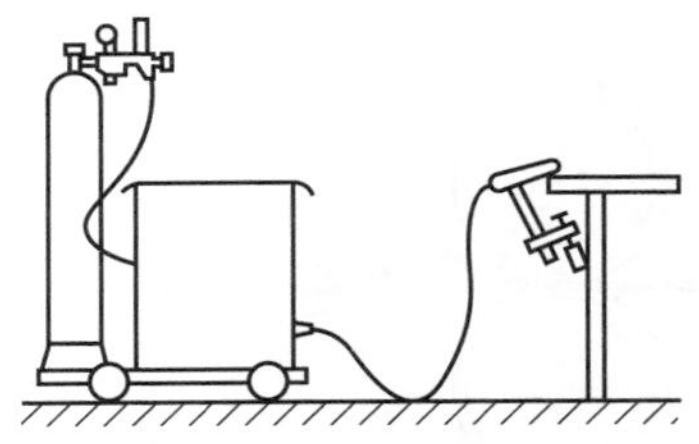
图 6-170　地线的连接故障

CO_2 设备的故障要在不断的焊接实战经验中积累和总结，只要通过长时间的实践操作训练，就会熟练把握设备的故障原因并及时进行排除。

第 7 章

手工钨极氩弧焊

7.1 手工钨极氩弧焊基础知识

7.1.1 氩弧焊的定义

氩弧焊是使用氩气作为保护气体的气体保护焊。氩弧焊过程如图 7-1 所示。

由于氩气是一种惰性气体，不会与金属起化学反应，所以不会造成被焊金属中的合金元素烧损，可充分保护熔池金属不被氧化。又因氩气在高温时不溶于液态金属中，所以焊缝不易产生气孔。因此，氩气的保护作用是有效和可靠的，同时还可以得到较高的焊接质量。

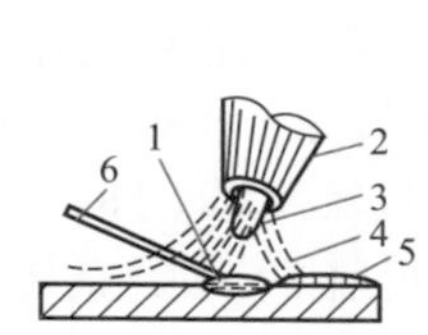

(a) 非熔化极(钨极)氩弧焊

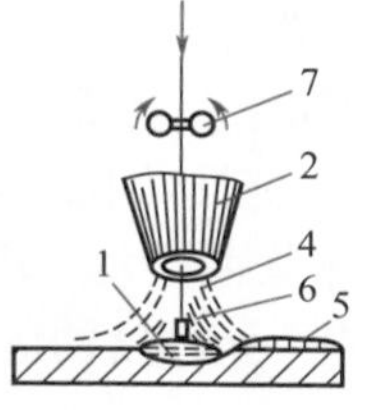

(b) 熔化极氩弧焊

图 7-1 氩弧焊示意图

1—熔池；2—喷嘴；3—钨极；4—气体；5—焊缝；6—焊丝；7—送丝滚轮

7.1.2 氩弧焊的特点

(1) 氩弧焊的优点

① 因为氩气是惰性气体，所以在高温下不分解，也不与焊缝金属发

生化学反应，不溶于液态的金属，所以气体保护的效果最好，焊接时可以有效保护好焊接熔池金属，是一种具有很高质量的焊接方法。

② 氩气是单原子气体，高温无二次吸放热分解反应，导电能力差，以及氩气流产生的压缩效应和冷却作用，使电弧热量集中、温度高，一般弧柱中心温度可达 10000K 以上，而焊条电弧焊的弧柱温度仅在 6000 ～ 8000K 左右。

③ 由于氩弧焊热量集中，从喷嘴中喷出的氩气又有冷却作用，因此焊缝热影响区窄，焊件的变形小。

④ 用氩气保护无焊渣，提高了焊接工作效率而且焊缝成形美观，质量好。

⑤ 氩弧焊采用的是明弧操作，熔池可见性好，便于观察和操作，操作技术容易掌握。

⑥ 氩弧焊焊接灵活，不受空间和位置的限制，适合于各种位置的焊接，容易实现机械化与半自动化。

⑦ 除黑色金属外，可用于焊接不锈钢、铝、铜等有色金属及其合金，也常用于结构钢管及薄壁件的焊接。

（2）氩弧焊的缺点

① 成本高。无论是氩气还是所使用的设备成本都很高。因此氩弧焊目前主要用于打底焊及有色金属的焊接。

② 氩气电离势高，引弧困难，尤其是钨极氩弧焊（TIG），需要采用高频引弧及稳弧装置等。

③ 安全防护问题。氩弧焊产生的紫外线强度是焊条电弧焊的 5 ～ 30 倍，在强烈的紫外线照射下，空气中氧分子、氧原子互相撞击生成臭氧（O_3），对焊工身体危害较大。另外钨极氩弧焊（TIG）若使用有放射性的钨极，对焊工也有一定程度的危害。目前推广使用的铈钨极对焊工的危害较小。

7.1.3 氩弧焊原理及分类

（1）氩弧焊的工作原理

钨极氩弧焊是利用惰性气体——氩气保护，用钨棒做电极的一种电弧焊焊接方法。焊接时钨极不熔化，这种非熔化极氩弧焊又称钨极氩弧焊，简称 TIG 焊。其焊接工作原理如图 7-2 所示，从喷嘴中喷出的氩气在焊接区造成一个厚而密的气体保护层隔绝空气，在氩气流的包围之中，电弧在钨极和焊件之间燃烧，利用电弧产生的热量熔化待焊处和填充焊丝，把两块分离的金属连接在一起，从而获得牢固的焊接接头。

（2）氩弧焊的分类

氩弧焊的种类有很多，其中主要的分类方式如图 7-3 所示。

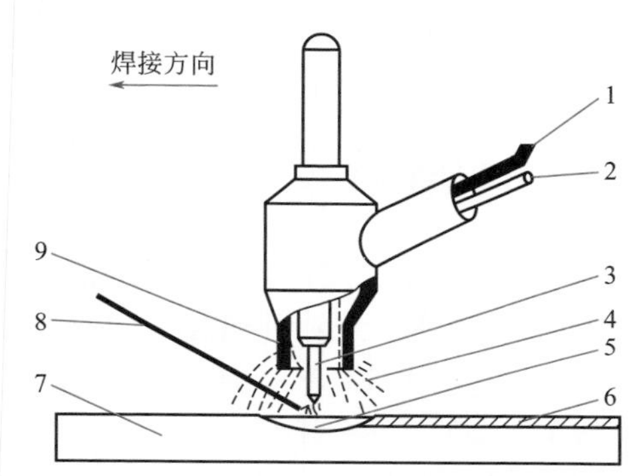

图 7-2　钨极氩弧焊的工作原理

1—电缆；2—保护气体导管；3—钨极；4—保护气体；5—熔池；6—焊缝；7—焊件；8—填充焊丝；9—喷嘴

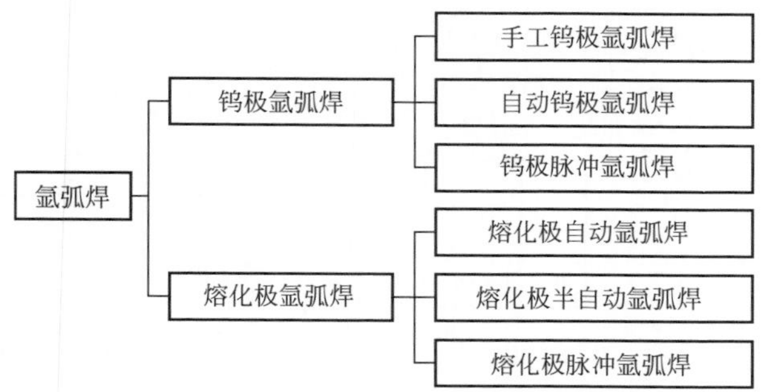

图 7-3　氩弧焊的分类

1）熔化极氩弧焊

熔化极氩弧焊是采用与焊件成分相似或相同的焊丝作电极，以氩气作保护介质的一种焊接方法。熔化极氩弧焊也称金属极氩弧焊，简称 MIG 焊。

熔化极氩弧焊又分为半自动、自动两种。熔化极半自动氩弧焊依靠手操纵焊枪，焊丝通过自动送丝机构经焊枪输出；熔化极自动氩弧焊，则由传动机构带动焊枪行走，送丝机构自动送丝，即大都以机械操作为主。

2）非熔化极氩弧焊

非熔化极氩弧焊采用高熔点钨棒作为电极，在氩气层流的保护下，依靠钨棒与焊件间产生的电弧热量来熔化焊丝（一般焊丝在钨极前方添入）和基本金属。

非熔化极氩弧焊也称钨极氩弧焊。钨极氩弧焊按操作方式的不同又可分为手工钨极氩弧焊和自动钨极氩弧焊。在我国，手工钨极氩弧焊应用很广泛，它可以焊接各种钢材和有色金属。在电站、锅炉等行业已普遍用于受热管子、集箱及管接头的打底焊。

3）钨极脉冲氩弧焊

如果在熔化极氩弧焊（MIG）或非熔化极氩弧焊（TIG）电源中加入脉冲装置，使焊接电流有规则地变化，即获得脉冲电流，用脉冲电流进行氩弧焊时称为钨极脉冲氩弧焊，通常用来焊接较薄的焊件。

脉冲氩弧焊电源示意图如图 7-4 所示。

① 脉冲电流波形。通过脉冲装置形成的脉冲，电流波形有多种形式，最常用的是方形波，如图 7-5 所示。

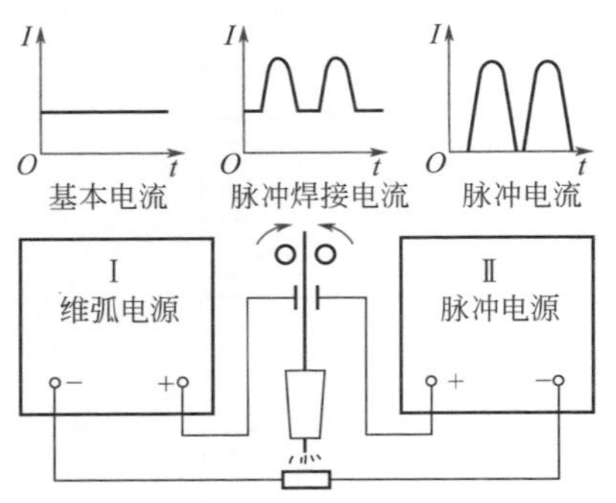

图 7-4　脉冲氩弧焊电源示意图

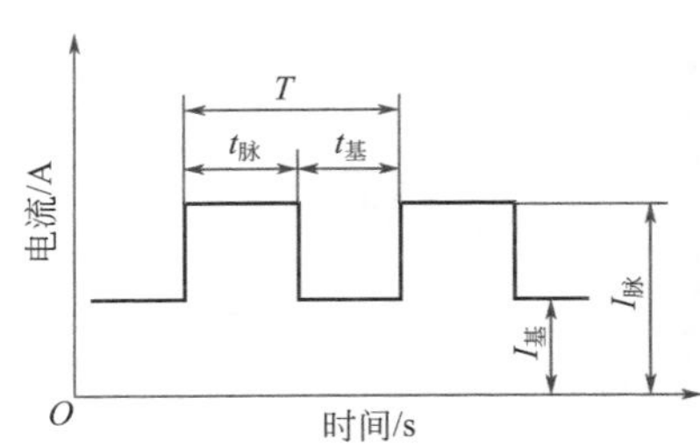

图 7-5　脉冲电流波形示意图

$I_{脉}$—脉冲峰值电流（A）；$t_{脉}$—脉冲维持时间（s）；
$I_{基}$—基值电流（A）；$t_{基}$—维持电弧燃烧时间（s）；
T—脉冲周期（s）

方形波脉冲电流包括下列参数：

a. 脉冲峰值电流（$I_{脉}$），是指供电弧用的最大焊接电流，用来熔化金属形成熔池。

b. 脉冲维持时间（$t_{脉}$），即供给脉冲电流焊接所用的时间。

c. 维持电流（$I_{基}$），指供给电弧用的最小电流值，它维持电弧燃烧和预热母材，这个电流又叫基值电流。

d. 维持电弧燃烧时间（$t_{基}$），即保持电弧在最小的焊接电流下燃烧的时间。

② 脉冲氩弧焊的工艺过程。当电极通过脉冲电流时，焊件在电弧热的作用下形成一个熔池，焊丝熔化滴入熔池（脉冲钨极氩弧焊时由外部填入），当出现维持电流时，由于热量减少，无熔化现象，熔池逐渐缩小，液态金属凝固形成一个焊点。当下一个脉冲电流到来时，原焊点的一部分与焊件新的对口处出现一个新熔池，如此循环，最后形成一条由许多相互搭接的焊点组成的链状焊缝，如图 7-6 所示。

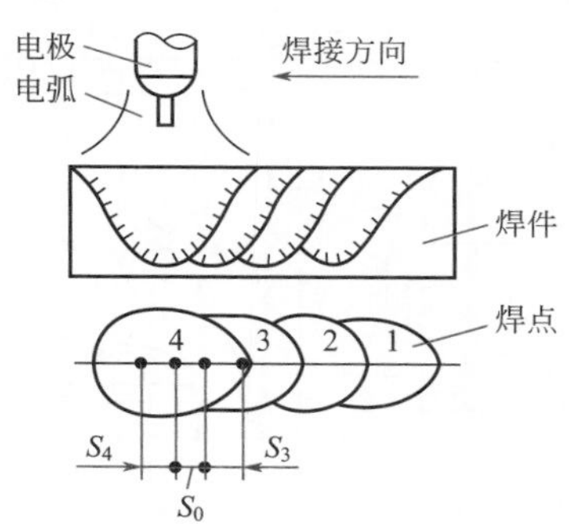

图 7-6　脉冲氩弧焊的焊缝形成过程

S_3—形成第三个焊点时脉冲电流作用区间；S_0—维弧电流作用区间；S_4—形成第四个焊点时脉冲电流作用区间

7.1.4　手工钨极氩弧焊应用特点

手工钨极氩弧焊是用钨作为电极，用氩气作保护气体的一种手工操作的焊接方法，焊接时，钨极不熔化，无电极金属的过渡问题。电弧现象比较简单，焊接工艺过程的再现性较强，焊接质量稳定，在许多重要的工业部门都有广泛的应用。它主要用于薄板的焊接，通常适合于 3mm 以下的薄板以及厚板的打底焊道。手工钨极氩弧焊应用特点如下：

① 焊接变形小。电弧能量比较集中，热影响区小，在焊接薄板时比采用气焊变形小。

② 焊接材料范围广。能焊接活泼性较强和含有高熔点氧化膜的铝、镁及其合金。适合于焊接有色金属及其合金、不锈钢、高温合金钢以及难

熔的金属等，常用于结构钢管及薄壁件的焊接。

③ 适于全位置焊接。操作时不受空间位置限制，适用于全位置焊接。焊缝区无熔渣，焊工在操作时可以清楚地看到熔池和焊缝的形成过程。

④ 焊接效率低。由于手工钨极氩弧焊熔敷率小，所以焊接速度较低。焊缝金属易受钨的污染，经常需要采取防风措施。

7.1.5 氩弧焊电流种类、特点及选择诀窍

氩弧焊电流的种类及特点见表 7-1。

表 7-1 氩弧焊电流种类及特点

	交流（AC）	直流（DC）	
		正接	反接
示意图	~	+ −	+ −
两极热量近似分配	焊件：50% 钨极：50%	焊件：70% 钨极：30%	焊件：30% 钨极：70%
钨极许用电流	较大	最大	小
熔深	中等	深而窄	浅而宽
阴极清理作用	有（焊件在负半波时）	无	有
适用材料	铝、铝青铜、镁合金等	除铝、铝青铜、镁合金以外其余金属	通常不采用（因为钨极烧损严重）

（1）直流钨极氩弧焊

直流钨极氩弧焊分为直流正接和直流反接两种。

① 直流正接。直流正接即焊件为正极，钨极为负极，是钨极氩弧焊中应用最广的一种形式。它没有去除氧化膜的作用，因此通常不能用于焊接活泼金属，如铝、镁及其合金。其他金属的焊接一般均采用直流正极性接法，因为不存在产生高熔点金属氧化物问题。

② 直流反接。直流反接即工件接负极，钨极接电源的正极，它有去除氧化膜的作用（俗称“阴极破碎”）。但是，直流反接的热作用对焊接是

不利的，因为钨极氩弧焊时阳极热量多于阴极，反极性时电子轰击钨极，放出大量的热，易使钨极烧损。所以，在钨极氩弧焊中，直流反极性接法除了焊铝、镁及其合金的薄板外很少采用。

（2）交流钨极氩弧焊

交流钨极氩弧焊是焊接铝、镁及其合金的常用方法。在负半波（工件为阴极）时，阴极具有去除氧化膜的清理作用，使焊缝表面光亮，保证焊缝质量；而在正半波（钨极为阴极）时，钨极得以冷却，同时可发射足够的电子，利于稳定电弧。但是，交流钨极氩弧焊存在着会产生直流分量和电弧稳定性差两个主要问题。产生直流分量使阴极清理作用减弱，增加电源变压器能耗，甚至有发热过大乃至烧毁设备的危险。交流钨极氩弧焊交流电过零点时，电弧稳定性差，要采取过零点时的稳弧措施。目前的钨极氩弧焊都采取了消除直流分量及稳弧措施。

① 交流钨极氩弧焊直流分量的产生。当采用交流钨极氩弧焊焊接铝合金时，明显地产生直流分量。这与钨极同母材的物理性能相差悬殊，正、负半波时的电弧导电特性不同有关。如图 7-7 所示，采用交流电源时，铝和钨极的极性是不断变化的。当钨极为负极时，因它的熔点较高（约 3400℃），钨极断面尺寸小，钨的热导率又小，落在钨极上的阴极斑点容易维持高温，因此，发射电子的能力很强，此时电弧电流较大，而电弧电压较低；反之，当铝工件为负极时，因为铝的熔点较低，导热性较好，断面尺寸又大，散热能力较强，铝的电子逸出功较高，故发射电子的能力较弱，所以电弧电流小，电弧电压较高。这样，交流电两个半波上的电弧电压和电弧电流都不相等，相当于电弧在两个半波里具有不同的导电性。由图 7-7 可知，钨极为负的半波的电弧电流大于铝工件为负的半波的电弧电流。这样，相当于在焊接回路中除了交流电源外，还串联了一个正极性的直流电源（钨极为负，工件为正），在焊接回路中形成直流分量（直流分量的方向是由工件流向钨极），此现象称为电弧的“整流作用”。这种相当于正极性的直流分量将显著降低阴极破碎作用，阻碍除去熔融金属表面的氧化膜，并使电弧不稳，焊缝易出现未焊透、成形差等缺陷。同时，由于直流分量的存在，使焊接变压器铁芯产生相应的直流磁通，容易使铁芯达到饱和，焊接变压器一次线圈激磁电流增加，损耗加大，甚至使变压器烧坏。因此，在交流钨极氩弧焊时，应尽量设法消除这种直流分量。

② 消除直流分量的方法。去除交流回路的直流分量的方法通常有四种：在焊接回路中串联蓄电池、串联电阻、串联可变电阻与整流元件并联

而成的线路和串联大电容等。四种方法如图 7-8 所示。

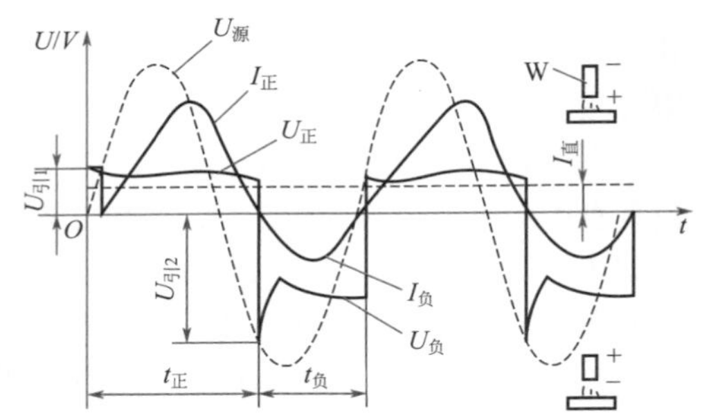

图 7-7　交流钨极氩弧焊直流分量示意图

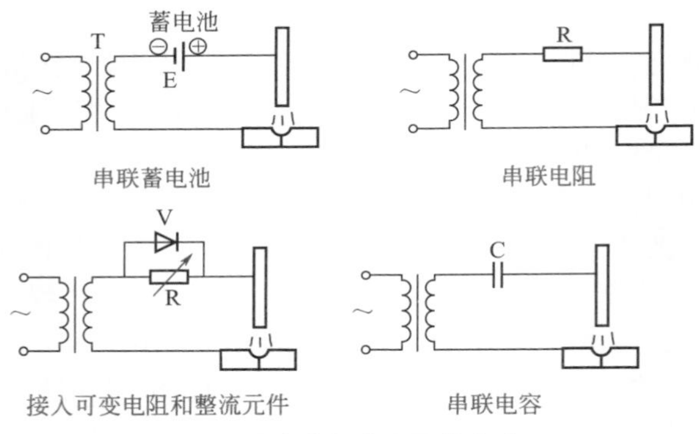

图 7-8　消除直流分量的方法

7.2　手工钨极氩弧焊设备

7.2.1　钨极氩弧焊机分类及组成

钨极氩弧焊机分手工和自动两类，典型的手工钨极氩弧焊机由焊接电源及控制系统组成，自动钨极氩弧焊机还包括焊接小车与控制机构。

（1）焊接电源

无论是直流还是交流钨极氩弧焊，都要求焊接电源具有陡降的或垂直下降的外特性。交流氩弧焊时，为使电弧燃烧稳定，如果不采取高频振荡器或脉冲稳弧器稳弧，要求交流电源要有较高的空载电压，交流电源还要有消除直流分量的装置。

① 直流电源。手工电弧焊用的直流弧焊发电机和磁放大器式弧焊整流器都可以用作直流手工钨极氩弧焊的电源。可控硅整流弧焊电源和晶体管弧焊电源可以给出恒流外特性，能自动补偿电网电压波动并具有较宽的电流调节范围。可控硅整流弧焊电源通过串联电抗器来改善焊接电流的脉动率，可调节脉冲电流，但频率较低，失真度较大。晶体管弧焊电源的动态响应速度高，电流脉动率小，调制的脉冲电流频率较高。

② 交流电源。普通手工电弧焊经过安装引弧、稳弧和消除直流分量等装置后，就可以作交流钨极氩弧焊电源。

a. 引弧装置。引弧装置有高频振荡器和高压脉冲发生器。高频振荡器用作引弧装置时，可在引弧完成以后自动消除，也可以一直在焊接回路中稳定电弧。为了减小高频电对操作者的有害影响，通常高频振荡器只作引弧，电弧引燃后自动切断。高压脉冲发生器可用作引弧装置，当交流弧焊变压器的电压升到负最大值时，高压脉冲发生器产生高达800V左右的电压，叠加在电源上，使钨电极与焊件之间的间隙被击穿而引燃电弧。

b. 稳弧装置。稳弧装置主要是高压脉冲发生器，当焊接电源由正半波向负半波转换时，高压脉冲发生器同步产生高电压，使电弧在转向时立即引燃，起稳弧作用。

c. 消除直流分量装置。多数焊机中都是串联电容器来消除直流分量。

NSA-120型交流手工钨极氩弧焊机采用高频振荡器引弧，采用高压脉冲发生器稳弧。NSA-300-1型交流手工钨极氩弧焊机采用高频振荡器引弧和高压脉冲发生器稳弧，并串联电容器来消除直流分量。NSA-400型、NSA-500-1型交流手工钨极氩弧焊机和NSA2-300-1型交流直流两用手工钨极氩弧焊机都采用高压脉冲发生器进行引弧和稳弧，串联电容器来消除直流分量。

③ 方波交流电源。方波交流电源是一种借助控制技术开发的可控硅交流弧焊变压器，通过电流负反馈自动调节可控硅触发角，以获得恒流特性，并消除直流分量。交流方波电源结构紧凑，耗材少，体积小。我国研制的交流方波手工钨极氩弧焊机，具有稳弧和消除直流分量的功能，能提高钨电极的载流能力，非接触引弧采用高频振荡器，电弧引燃后自动切除。

（2）控制系统

钨极氩弧焊机的控制系统主要包括引弧、稳弧、消除直流分量装置以及水、电、气路的控制系统。

① 高频振荡器。高频振荡器可输出 2000 ～ 3000V、150 ～ 260kHz 的高频高压电，其功率很小，由于输出电压很高，能在电弧空间产生强电场，一方面加强了阴极发射电子的能力，另一方面电子和离子在电弧空间被强电场加速，碰撞氩气粒子时容易电离，使引弧容易。

使用高频振荡器引弧时会产生一些不良影响。

a. 增加对周围空间的干扰，影响微控制系统的正常运行。

b. 焊接回路或焊接电缆的一些其他电子元件容易被击穿。

c. 危及焊工安全，容易被电击。

所以在进行操作时需要特别注意，在焊前和焊后调节焊枪的喷嘴和钨电极时，必须切断高频振荡器的电源。在钨电极刚灭尚未足够冷却前，高频振荡器能够在很大的间隙条件下引弧，因此要避免出现偶然的引弧和在不该引弧的地方引弧。

② 高压脉冲发生器。高压脉冲发生器是一种继高频振荡器之后出现的非接触引弧装置，它避免了高频电对人体的危害以及对空间的干扰和对一些元器件的损坏等。当电弧引燃后，高压脉冲发生器又起着稳弧的作用。

③ 电流衰减装置。钨极氩弧焊机一般都有电流衰减装置，它的主要作用是在焊接停止时，使焊接电流逐渐减小，填满弧坑，降低熔融金属的冷却速度，避免出现弧坑、裂纹等缺陷。直流电焊机通过控制励磁线圈的电流进行衰减，弧焊整流器利用控制绕组中的电流衰减，从而实现焊接电流的衰减，晶体管、可控硅直流弧焊电源或交流方波电源通过控制给定信号来实现焊接电流衰减。

④ 水、电、气路控制系统。水、电、气路控制系统主要用来控制和调节气体、冷却水以及电的工艺参数，在焊接启动和停止时使用。

⑤ 手工钨极氩弧焊的控制过程。首先按下焊枪上的启动开关，此时接通电磁气阀使保护气路接通，延时线路主要是控制提前送气和滞后停气。经过延时接通主电路，产生空载电压，接通高频振荡器，使电极和工件之间产生高频火花并引燃电弧。如果是直流焊接，则高频振荡器停止工作；如果是交流焊接，则高频振荡器继续工作。进入正常焊接时，冷却水路循环开始接通。当启动开关断开时，焊接电流开始衰减，延时后，主电路切断，焊接电流消失，再经过延时后，电磁气阀断开，停止送气，焊接结束。水、电、气路控制系统必须保证上述控制过程。

(3)钨极氩弧焊机的型号及技术数据

非熔化极氩弧焊机的型号和技术数据见表 7-2。

表 7-2 非熔化极氩弧焊机的型号和技术数据

焊机名称	焊机型号	工作电压/V	额定电流/A	电极直径/mm	主要用途
手工钨极氩弧焊机	NSA-300-1	20	300	1～5	焊接铝及铝合金，厚度为 1～6mm
交流手工氩弧焊机	NSA-400	12～30	400	1～7	焊接铝及铝合金
	NSA-500-1	20	500	1～7	
直流手工氩弧焊机	NSA1-300-2	12～20	300	1～6	焊接不锈钢及铜等金属
交直流手工钨极氩弧焊机	NSA2-160	15	160	0.5～3	焊接厚度在 3mm 以下的不锈钢、铜、铝等
直流手工氩弧焊机	NSA1-400	30	400	1～6	焊接厚度为 1～10mm 的不锈钢及铜等金属
交直流自动氩弧焊机	NZA2-300-2	12～20	300	1～6	焊接不锈钢，耐热钢，镁、铝及其合金
交直流两用手工、自动氩弧焊机	NZA2-250	10～20	250	1～6	焊接铝及其合金、不锈钢、高合金钢、纯铜等
手工钨极氩弧焊机	NZA4-300	25～30	300	1～5	焊接不锈钢、铜及其他有色金属构件
交直流氩弧焊机	WSE-160	16.4	160	1～3	交直流手工焊和氩弧焊
	WSE-250	20	250	1～4	交直流氩弧焊
	WSE-315	22.6	315	1～4	交直流手工焊和氩弧焊
	WSE5-315	33	315	1～4	
直流手工钨极氩弧焊机	WS-200	18	200	1～3	用于不锈钢及铜、银、钛等合金的焊接
	WS-250	22.5	250	1～4	
	WS-300	24	300	1～5	
	WS-400	—	400	1～4	

续表

焊机名称	焊机型号	工作电压/V	额定电流/A	电极直径/mm	主要用途
交流手工氩弧焊机	WSJ-300	—	300	1～4	用于铝及铝合金的焊接
	WSJ-400	—	400	1～5	
脉冲氩弧焊机	WSM-250	—	250	1～4	用于不锈钢及铜、银、钛等合金的焊接
	WSM-400	—	400	1～5	
交流手工钨极氩弧焊机	WSJ-500	—	500	1～7	用于铝及铝合金的焊接
	WSJ-630	—	630	1～7	

7.2.2 手工钨极氩弧焊设备的技术特性与选用

手工钨极氩弧焊（手工 TIG 焊）设备主要由焊接电源、控制系统、焊枪、供气和供水系统以及指示仪表组成，如图 7-9 所示。自动钨极氩弧焊机还包括行走机构和送丝机构。手工熔化极气体保护焊机除没有行走机构外，与自动钨极氩弧焊机相同。

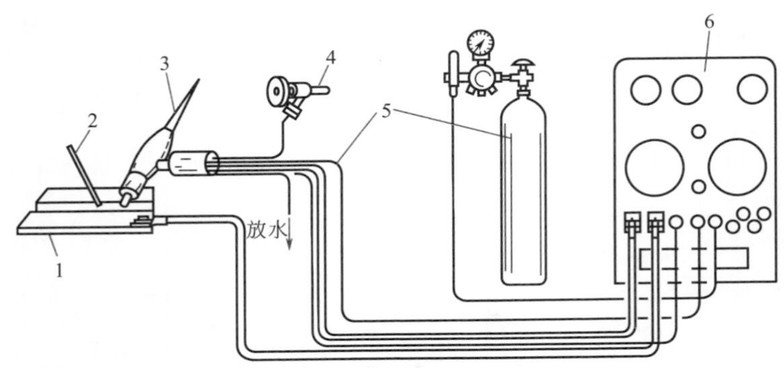

图 7-9 手工钨极氩弧焊设备组成示意图

1—焊件；2—焊丝；3—焊炬；4—冷却系统；5—供气系统；6—焊接电源

(1) 常用氩弧焊机的型号编制方法

根据国家标准 GB/T 10249—2010《电焊机型号编制方法》的相关规定，氩弧焊机型号由汉语拼音字母及阿拉伯数字组成。

氩弧焊机型号的编排次序如图 7-10 所示。

① 型号中 $\times_1$、$\times_2$、$\times_3$、$\times_6$ 各项用汉语拼音字母表示。

② 型号中 $\times_4$、$\times_5$、$\times_7$ 各项用阿拉伯数字表示。

③ 型号中 $\times_3$、$\times_4$、$\times_6$、$\times_7$ 项如不用时，其他各项排紧。

④ 附注特征和系列序号用于区别同小类的系列和品种，包括通用和专用产品。

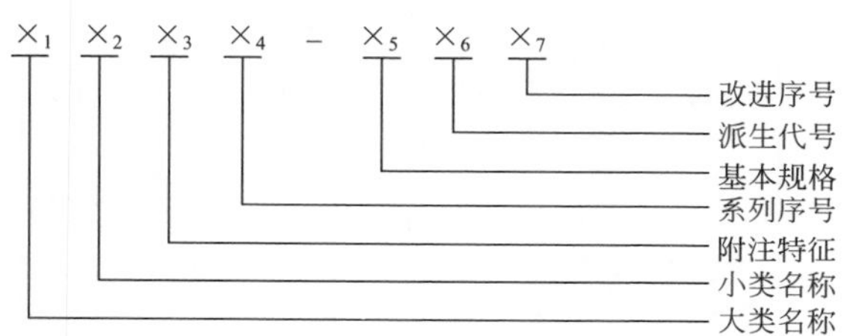

图 7-10　氩弧焊机型号的编排次序

⑤ 派生代号按汉语拼音字母的顺序编排。

⑥ 改进序号，按生产改进次数连续编号。

⑦ 可同时兼作两大类焊机使用时，其大类名称的代表字母按主用途选取。

⑧ 气体保护焊机型号代表字母，见表 7-3。

手工钨极脉冲氩气及混合气体保护焊机的型号举例如图 7-11 所示，其额定焊接电流为 250A 和 150A。

表 7-3　气体保护焊机型号代表字母及序号

$\times_1$		$\times_2$		$\times_3$		$\times_4$		$\times_5$	
代表字母	大类名称	代表字母	小类名称	代表字母	附注特征	数字序号	系列序号	单位	基本规格
		Z	自动焊	省略	直流	省略	焊车式		
						1	全位置焊车式		
		S	手工焊	J	交流	2	横臂式		
						3	机床式		
W	TIG焊机	D	点焊	E	交直流	4	旋转焊头式	A	额定焊接电流
						5	台式		
		Q	其他	M	脉冲	6	机械手式		
						7	变位式		
						8	真空充气式		

续表

$\times_1$		$\times_2$		$\times_3$		$\times_4$		$\times_5$	
代表字母	大类名称	代表字母	小类名称	代表字母	附注特征	数字序号	系列序号	单位	基本规格
N	MIG MAG 焊机	Z B L D U G	自动焊 半自动焊 螺柱焊 点焊 堆焊 切割	省略 M C	氩气、混合气体保护直流 氩气、混合气体保护脉冲 二氧化碳保护	省略 1 2 3 4 5 6 7	焊车式 全位置焊车式 横臂式 机床式 旋转焊头式 台式 机械手式 变位式	A	额定焊接电流
K	控制器	D F T U	点焊 缝焊 凸焊 堆焊	省略 F Z	同步控制 非同步控制 质量控制	1 2 3	分立元件 集成电路 微机	kV·A	额定容量

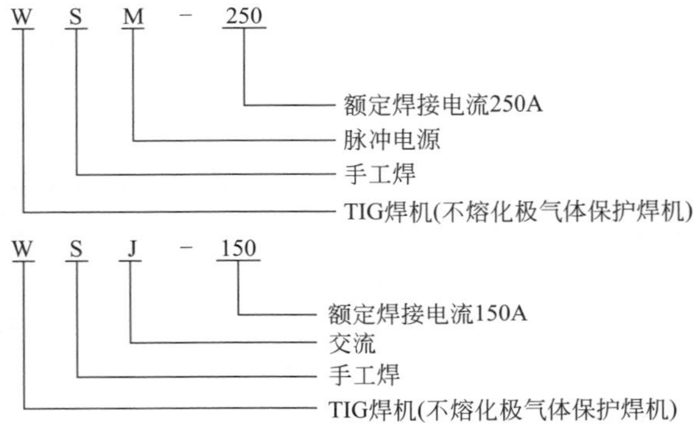

图 7-11 手工钨极脉冲氩气及混合气体保护焊机的型号举例

(2) 手工钨极氩弧焊机系列及其技术特性与选用诀窍

手工钨极氩弧焊机是常用的氩弧焊机，其技术特性与选用诀窍如下。

1）交流手工钨极氩弧焊机技术特性与选用诀窍

① 优点：这类焊机是应用范围较广的焊机，具有较好的热效率，能提高钨极的载流能力，而且使用交流电源，价格相对较便宜。最大的优点

是交流电弧在负半波时（焊件为负极时），大质量氩离子高速冲击熔池表面，可将浮在熔池表面的高熔点氧化膜清除干净，使熔化了的填充金属能够和熔化了的母材熔合在一起，从而可改善铝及其合金的焊接性，能获得优质焊缝，这种作用称为阴极清理作用，又称阴极破碎作用或阴极雾化作用。正是利用这个优点，使交流钨极氩弧焊机成为焊接铝、镁及其合金的重要设备。

② 缺点：交流钨极氩弧焊机的缺点有两个，其一是必须采用高频振荡器或高压同步脉冲发生器引弧，其二是必须使用电容器组或其他措施清除交流焊接电流中的直流成分。

国产交流手工钨极氩弧焊机属于 WSJ 系列，其技术数据见表 7-4。

表 7-4 交流手工钨极氩弧焊机型号及技术数据

技术数据	型号		
	WSJ-150	**WSJ-400**	**WSJ-500**
电源电压 /V	380	220	220/380
空载电压 /V	80	80 ～ 88	80 ～ 88
额定焊接电流 /A	150	400	500
电流调节范围 /A	30 ～ 150	60 ～ 400	50 ～ 500
额定负载持续率 /%	35	60	60
钨极直径 /mm	ϕ1 ～ 2.5	ϕ1 ～ 5	ϕ1 ～ 5
引弧方式	脉冲	脉冲	脉冲
稳弧方式	脉冲	脉冲	脉冲
冷却水流量 /（L/min）	—	1	1
氩气流量 /（L/min）	—	25	25
用途	焊接厚度为 0.3 ～ 3mm 的铝及铝合金、镁及其合金	焊接铝和镁及其合金	焊接铝和镁及其合金

2）直流手工钨极氩弧焊机技术特性与选用诀窍

① 优点：这类氩弧焊机电弧稳定，结构最简单。为了实现不接触引弧，也需要用高频振荡器引弧，这样既可使引弧可靠，引弧点准确，又可以防止接触引弧处产生夹钨。

② 缺点：由于钨极允许使用的最大电流受极性影响，这类焊机只能在直流正接的情况下（焊件接正极）工作。常用来焊接碳素钢、不锈钢、耐热钢、钛及其合金、铜及其合金。

直流手工钨极氩弧焊机可以配用各种类型的具有陡降外特性的直流弧焊电源。目前最常用的是配用逆变电源的直流手工钨极氩弧焊机，这类焊机属于 WS 系列。常用逆变直流手工钨极氩弧焊机的型号见表 7-5。

3）交 / 直流两用手工钨极氩弧焊机技术特性与选用诀窍

这类焊机可通过转换开关，选择进行交流手工钨极氩弧焊或直流手工钨极氩弧焊。还可用于交流焊条电弧焊或直流焊条电弧焊，也是一种多功能、多用途焊机。

交 / 直流两用手工钨极氩弧焊机属于 WSE 系列，国产交 / 直流两用手工钨极氩弧焊的型号和技术数据，见表 7-6。

4）交流方波 / 直流多用途手工钨极氩弧焊机技术特性与选用诀窍

这类焊机可用于交流方波氩弧焊、直流氩弧焊、交流方波焊条电弧焊和直流焊条电弧焊。其交流方波自稳弧性好，交流方波正、负半波宽度可调，能消除交流氩弧焊产生的直流分量，可获得最佳焊接质量，也可自动补偿电网电压波动对焊接电流的影响，并具有体积小、重量轻、功能强、一机多用等特点，最适用于焊接铝、镁、钛、铜及其合金，还可用来焊接各种不锈钢、碳钢和高低合金钢。

交流方波 / 直流多用途手工钨极氩弧焊机属于 WSE5 系列。其型号和技术参数见表 7-7。这类焊机广泛用于石油、化工、航空航天、机械、核工业、建筑和家电业等部门中焊接结构的焊接。

5）手工钨极脉冲氩弧焊机技术特性与选用诀窍

这类焊机采用脉冲电流进行焊接。特别适合于宇航、航空、原子能、机电、轻纺等工业中的不锈钢、铜或钛及其合金、碳钢、合金钢等薄焊件及管板、管子结构的全位置焊。

手工钨极脉冲氩弧焊机属于 WSM 系列。由于其实现脉冲使用的元件及工作方式不同，这类焊机的小类不同，国产 WSM 系列手工钨极脉冲氩弧焊机有以下几类：

① 晶体管式脉冲钨极氩弧焊机选用诀窍。这类焊机主控系统简单、电流均匀、响应速度快、整机可靠性高，适于焊接厚度＜ 1.5mm 的不锈钢、铂、银、镍等金属及其合金。其型号和技术数据见表 7-8。

表 7-5 逆变直流手工钨极氩弧焊机的型号及技术数据

参数	普通直流手工氩弧焊机型号					场效应管直流手工氩弧焊机型号			
	WS-63	WS-125	WS-250	WS-300	WS-400	WS-63	WS-100	WS-160	WS-315
电源电压 /V	单相 220/380	3 相 380	3 相 380	3 相 380	3 相 380	−220（±10%）	−220（±10%）	−220（±10%）	3 相 380
额定输入容量 /kVA	3.5	9.0	16	25	33	2.0	3.0	4.8	9
额定焊接电流 /A	6.5	125	250	300	400	63	100	160	315
电流调节范围 /A	4 ～ 65	10 ～ 130	10 ～ 250	20 ～ 300	20 ～ 400	4 ～ 63	4 ～ 100	4 ～ 160	8 ～ 315
额定负载持续率 /%	60								
引弧方式	高频引弧								
焊枪	—	—	250A 水冷	200A 水冷	500A 水冷	空冷	空冷	空冷	300A 水冷
用途	焊接厚度在 0.5mm 以下的不锈钢薄板	焊接不锈钢、铜、钛等金属及其合金	焊接 δ=1 ～ 10mm 不锈钢、高合金钢、铜等	焊接 δ=1 ～ 10mm 不锈钢、高合金钢、铜等	焊接不锈钢、铜以及除铝、镁以外的有色金属及合金	该机适用于不锈钢、铜、钛等金属的焊接。采用场效应（EFT）脉冲宽度调制（PWM）逆变技术，和专用模块电路设计，并具有体积小、重量轻等特点。可进行焊条电弧焊，又可进行氩弧焊。该机在钨极氩弧焊时，引弧特别容易			
备注	设有提前送气、滞后关气和自动线性衰减装置								

表 7-6　国产交 / 直流两用手工钨极氩弧焊机的型号与技术数据

参数		型号				
		WSE-150	WSE-160	WSE-250	WSE-300	WSE-400
电源电压、相数及频率 /（V/ 相 /Hz）		380/1/50	380/1/50	380/1/50	380/1/50	380/1/50
额定输入容量 /kV·A			7.2	22		
额定焊接电流 /A		150	直流 160 交流 120	250	300	400
电流调节范围 /A		15 ～ 180		直流 25 ～ 250 交流 40 ～ 250		50 ～ 450
最大空载电压 /V		82		直流 75 交流 85		
额定负载持续率 /%		35	40	60	60	60
质量 /kg	焊接电源	150	210	230		
	控制箱	42				230
	焊枪	大 0.4，小 0.3				

表 7-7　国产交流方波 / 直流多用途手工钨极氩弧焊机型号及技术数据

型号		WSE5					
规格		160	200	250	315	400	500
电源电压 /V		220/380	380	380	380	380	380
电源相数		单相					
额定输入容量 /kV·A		13	16	19	25	32	40
额定焊接电流 /A		160	200	250	315	400	500
最大空载电压 /V		70	70	72	73	76	78
电流调节范围 /A	DC	5 ～ 160	12 ～ 200	10 ～ 250	10 ～ 315	10 ～ 400	10 ～ 500
	AC	20 ～ 160	30 ～ 200	25 ～ 250	30 ～ 315	40 ～ 400	50 ～ 500
额定负载持续率 /%		35					

表 7-8 晶体管式脉冲钨极氩弧焊机技术数据

参数	型号			
	WSM-63 型脉冲钨极氩弧焊机			WSM-63 型多功能钨极氩弧焊机
电源电压 /V	单相 ×220			3 相 ×220
电源频率 /Hz	50			
空载电压 /V	50			—
负载持续率 /%	60	35	100	60
额定焊接电流 /A	63	80	50	63
脉冲频率 /Hz	0.5、1、2、4、10、20			—
脉冲占空比	0.3 ～ 0.7			—
电流递增时间 /s	2			0 ～ 5
电流递减时间 /s	1.5 ～ 10			0 ～ 10
脉冲基值时间 /s	—			0.003 ～ 0.8
脉冲峰值时间 /s	—			0.003 ～ 0.8
说明	—			能输出直流、高频脉冲电流、低频脉冲电流、高频 + 低频脉冲电流，电流调节范围广、适用范围宽、焊接质量好，能替代微束等离子弧焊，并具有恒电流外特性

② WSM-75 型场效应管开关型钨极脉冲氩弧焊机选用诀窍。这类焊机采用 VDMOS 场效应管做控制元件，利用脉宽调制原理获得垂直陡降外特性，适用于焊接不锈钢、碳钢、铜或钛及其合金。具有以下特点：

a. 采用脉冲开关技术控制场效应管，使电源效率从 50% 提高到 80%，高效节能。

b. 可输出多种电流，如直流、高频脉冲电流、低频脉冲电流、高频 + 低频脉冲电流，具有多种功能。

c. 采用高频 + 低频脉冲电流焊接，可利用高频脉冲增加电弧的稳定性和挺度，还可利用低频脉冲调节焊接的热输入，解决了薄板和超薄板的焊接难题。可焊接厚度为 0.2 ～ 2.0mm 的焊件。

WSM-75 型场效应管开关型钨极脉冲氩弧焊机技术数据见表 7-9。

表 7-9 WSM-75 型场效应管开关型钨极脉冲氩弧焊机技术数据

参数	技术数据
电源电压	单相，380V/50Hz
输入容量	2.8kVA
负载持续率	80%
空载电压	40V
基值电流	3 ～ 75A
峰值电流	3 ～ 75A
脉冲频率	0.5 ～ 20Hz

③ WSM 系列逆变式手工钨极脉冲氩弧焊机技术特性与选用诀窍。

这类焊机采用 20kHz IGBT 模块逆变技术，具有体积小、重量轻、高效节能、动特性好等优点，在规定范围内，各种焊接参数都可进行无级调节并具有陡降外特性的特点。

WSM 系列逆变式手工钨极脉冲氩弧焊机具有电流自动衰减装置、提前送气和滞后停气功能、网络电压补偿装置以及负压、过流、过热、缺相等保护功能等。工作性能稳定可靠，焊机的型号和技术数据见表 7-10。

表 7-10 WSM-160/200 型逆变式手工钨极脉冲氩弧焊机的技术数据

参数	型号	
	WSM-160	WSM-200
输入电源电压 /V	3 相 380	
频率 /Hz	50	
负载持续率 /%	60	
额定焊接电流 /A	160	200
电流调节范围 /A	8 ～ 160	10 ～ 200
钨极直径 /mm	1 ～ 3	
氩气流量 /(L/min)	5 ～ 15	5 ～ 18
重量 /kg	35	40
外形尺寸 长 /mm× 宽 /mm× 高 /mm	610×300×400	870×310×400

（3）钨极氩弧焊焊枪的组成及功能要求

钨极氩弧焊焊枪主要由枪体、喷嘴、电极夹持装置、导气管、冷却水管、按钮开关等组成。

1）焊枪的功能

钨极氩弧焊焊枪的主要功能是夹持钨极、传导焊接电流、输送保护气体及启动停止焊接等。

2）焊枪的基本要求

① 电极夹持要保证电极装夹方便，有利于钨极的装夹及送进，并能保证钨极对中。

② 导电性能良好，能满足一定电容量的要求；采用循环水冷却的枪体要保证冷却性能良好，冷却水顺利流通，有利于持久工作。

③ 喷嘴和焊枪要绝缘，以免发生短路和防止因喷嘴烧坏使焊接中断。

3）焊枪枪体组成

焊枪枪体的结构和形状对氩气的保护作用有很大影响，应保证气流良好。

① 进气部分。焊枪进气部分的主要功能是使保护气体进入焊枪后能减速、均匀混合及镇静，尽量减小气体的紊流程度，为气体在焊枪内的顺利流通创造良好的条件。焊枪进气方式有轴向进气和径向进气两种。

a. 轴向进气方式，如图 7-12（a）所示，这种进气方式在保护气体进入焊枪后容易产生偏流，影响保护效果。因此，进气部分结构通常设计成具有一定体积的空腔，即镇静室。在镇静室中加上挡气板，见图 7-12（b），使气流进入焊枪后能够减速并均匀混合。

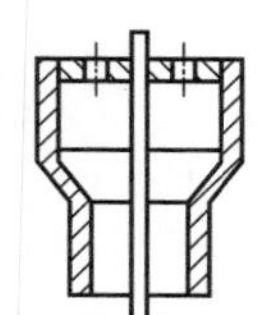

(a) 轴向进气方式

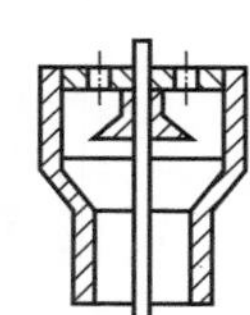

(b) 带挡板的轴向进气方式

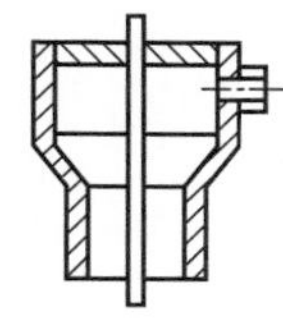

(c) 径向进气方式

图 7-12　焊枪进气部分的结构形式

b. 径向进气方式，如图 7-12（c）所示。保护气体从径向直接进入焊枪气室，促进了气体的减速及均匀混合，使气体沿气室横截面积的分布比较均匀，该种结构形式目前被广泛应用。

② 导气部分。导气部分的主要作用是把气体从气室引到喷嘴。由于保护气体从气室流出时具有很大的紊流度，要求导气通道有足够的长径比，这样会增加焊枪长度，使操作不便。为了提高焊枪的保护性能，一般

在导气部分加一个气筛装置以减少紊流。

③ 出气部分。喷嘴是焊枪的出气部分，其结构形状与尺寸对喷出气体的状态及保护效果有很大的影响，其结构要求如下：

a. 喷嘴内的气流通道应比较光滑，保证气体流通顺畅。

b. 气流在焊枪中喷出时，以最小的体积损耗获得最充分的保护。

c. 结构简单，容易加工，易于焊接操作。

④ 喷嘴。喷嘴一般由纯铜（俗称紫铜）、石英或陶瓷材料制成，为了保证焊枪带电体与喷嘴绝缘，通常采用陶瓷喷嘴。陶瓷喷嘴的寿命较长，高温下不易断裂。喷嘴的上部有较大的空间缓冲气流，下部为圆柱形通道，有时在气体通道中加设多层铜丝网或多孔隔板。

⑤ 氩弧焊焊枪型号的编制及实例。

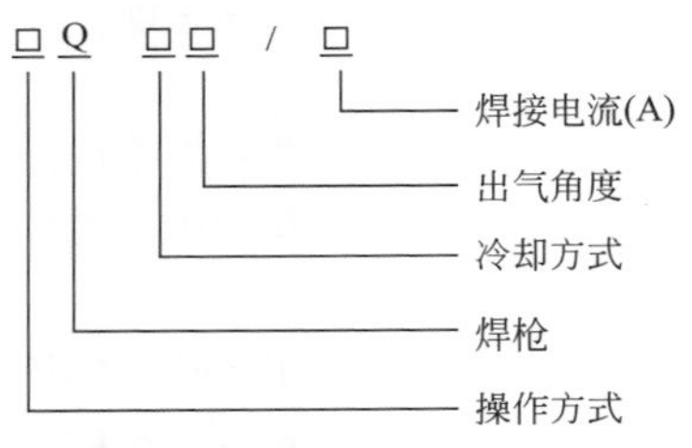

图 7-13 焊枪的型号编制及含义

a. 焊枪的型号编制及含义：如图 7-13 所示，其中，操作方式一般不标字母，标字母 Z 时表示自动焊枪，标字母 B 时表示半自动焊枪。出气角度是指焊枪和工件平行时，保护气喷射方向和焊件间的夹角。在冷却方式中，S 代表水冷，Q 代表气冷。

b. 钨极氩弧焊焊枪实例。图 7-14 为 QS-85°/250 型水冷式氩弧焊焊枪结构分解图。

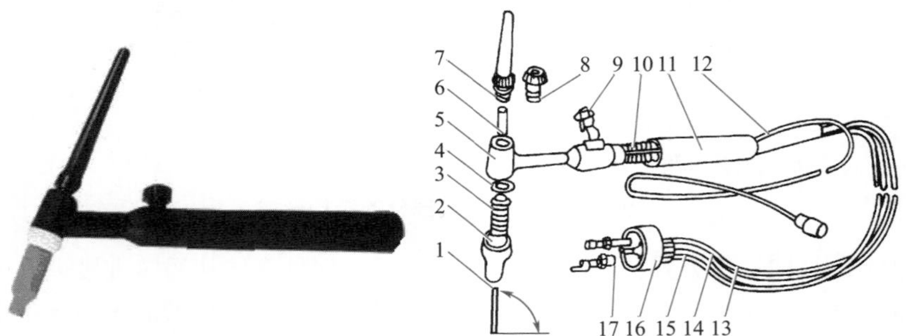

图 7-14 QS-85°/250 型水冷式氩弧焊焊枪结构分解图

1—钍钨极；2—陶瓷喷嘴；3—导流件；4，8—密封圈；5—枪体；6—钨极夹头；7—盖帽；9—船形开关；10—扎线；11—手把；12—插头；13—进气管；14—出水管；15—水冷缆管；16—活动接头；17—水电接头

（4）供气系统和水冷系统

① 供气系统。供气系统由高压气瓶、减压器、浮子流量计和电磁气阀组成，如图 7-15 所示。高压气瓶内储藏高压保护气体，减压器将高压气瓶内的高压气体降至焊接时所需要的压力。流量计用来调节和测量气体的流量，流量计的刻度出厂时按空气标准标定，用于氩气时要加以修正。电磁气阀通过控制系统来控制气流的通断。一般通常把流量计和减压器做成一体。

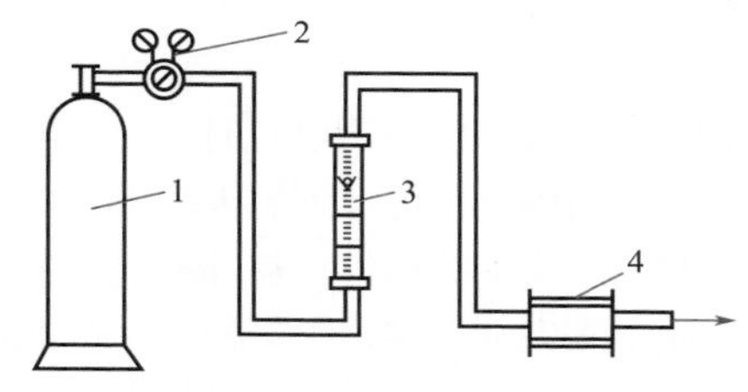

图 7-15　供气系统组成

1—高压气瓶；2—减压器；3—流量计；4—电磁气阀

② 水冷系统。一般许用电流大于 150A 的焊枪都为水冷式，用水冷却焊枪和钨极。对于手工水冷式焊枪，通常将焊接电缆装入通水软管中做成水冷电缆，大大提高了电流密度，减轻了电缆重量，个别的还在水路中接入水压开关，保证冷却水具有一定的压力。

7.3 手工钨极氩弧焊的焊接工艺

7.3.1 手工钨极氩弧焊（MIG 焊）的焊接工艺参数的选择

手工钨极氩弧焊（简称 MIG 焊）的焊接工艺主要是指氩弧焊焊缝的坡口形式和焊接参数的选择。厚度≤ 3mm 的碳钢、低合金钢、不锈钢、铝及其合金的对接接头，以及厚度≤ 2.5mm 的高镍合金，一般开I形坡口。厚度在 3 ～ 12mm 的上述材料，可开 V 形和 Y 形坡口。对 V 形坡口的角度要求如下：碳钢、低合金钢与不锈钢的坡口角为 60°，高镍合金为 80°；用交流电焊接铝及其合金时，通常为 90°。

手工钨极氩弧焊焊接参数对焊缝成形的影响很大。手工钨极氩弧焊的主要工艺参数有钨极直径、焊接电流、电弧电压、焊接速度、电源种类和极性、钨极伸出长度、喷嘴直径、喷嘴与工件间距离及氩气流量等。

（1）焊接电流与钨极直径的选择诀窍

通常根据焊件的材质、厚度和接头的空间位置选择焊接电流。焊接电流增加时，熔深增大；焊缝宽度与余高稍增加，但增加得很少。

手工钨极氩弧焊用钨极的直径是一个比较重要的参数，因为钨极的直径决定了焊枪的结构尺寸、重量和冷却形式，会直接影响焊工的劳动条件和焊接质量。因此，必须根据焊接电流，选择合适的钨极直径。如果钨极较粗，焊接电流很小，由于电流密度低，钨极端部温度不够，电弧会在钨极端部不规则地飘移，电弧很不稳定，破坏了保护区，熔池被氧化，焊缝成形不好，而且容易产生气孔。

当焊接电流超过了相应直径的许用电流时，由于电流密度太高，钨极端部温度达到或超过钨极的熔点，可看到钨极端部出现熔化迹象，端部很亮。当电流继续增大时，熔化了的钨极在端部形成一个小尖状突起，逐渐变大形成熔滴，电弧随熔滴尖端飘移，很不稳定，这不仅破坏了氩气保护区，使熔池被氧化，焊缝成形不好，而且熔化的钨滴落熔池后会产生夹钨缺陷。

当焊接电流合适时，电弧很稳定。表 7-11 是不同直径、不同牌号钨极允许使用的电流范围。

表 7-11　不同直径及牌号钨极允许使用的电流范围

钨棒直径 /mm	焊接电流 /A			
	交流电流		直流正接	直流反接
	W	WTh	W，WTh	W，WTh
0.5	5 ～ 15	5 ～ 20		—
1.0	10 ～ 60	15 ～ 80	15 ～ 18	—
1.6	50 ～ 100	70 ～ 150	70 ～ 150	10 ～ 20
2.4	100 ～ 160	140 ～ 235	150 ～ 250	15 ～ 30
3.2	150 ～ 210	225 ～ 325	250 ～ 400	25 ～ 40
4.0	200 ～ 275	300 ～ 425	400 ～ 500	40 ～ 45
4.8	250 ～ 350	400 ～ 525	500 ～ 800	55 ～ 80

从表 7-11 中可看出同一种直径的钨极，在不同的电源和极性条件下，允许使用的电流范围是不同的。相同直径的钨极，直流正接时许用电流最大，直流反接时许用电流最小，交流时许用电流介于二者之间。

当电流种类和大小变化时，为了保持电弧稳定，应将钨极端部磨成不同形状，如图 7-16 和图 7-17 所示。实践表明，钨极端部的形状对焊接许用电流大小和焊缝成形有影响。一般在焊接薄板和焊接电流较小时，可用小直径的钨极并将其末端磨成尖锥角，大约 30°，这样，电弧容易引弧和稳定。但在焊接电流较大时仍用尖角，会因电流密度过大，使末端过热熔化并增加烧损，使弧柱明显地扩散飘荡不稳而影响焊缝成形。因此，在大电流焊接时，要求钨极端部磨成钝锥角，一般大于 90° 或呈带有平顶的锥形。

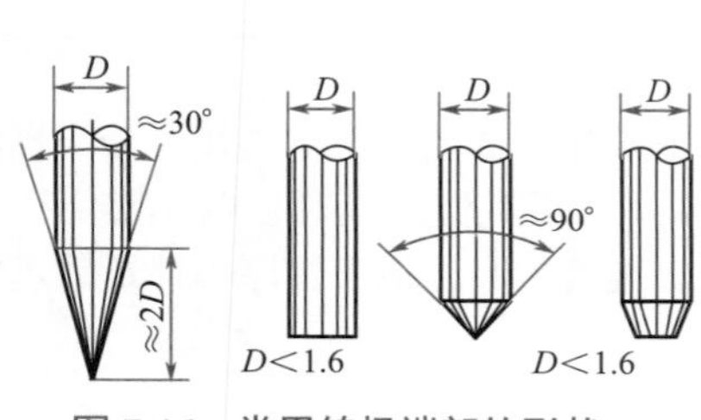

图 7-16　常用钨极端部的形状

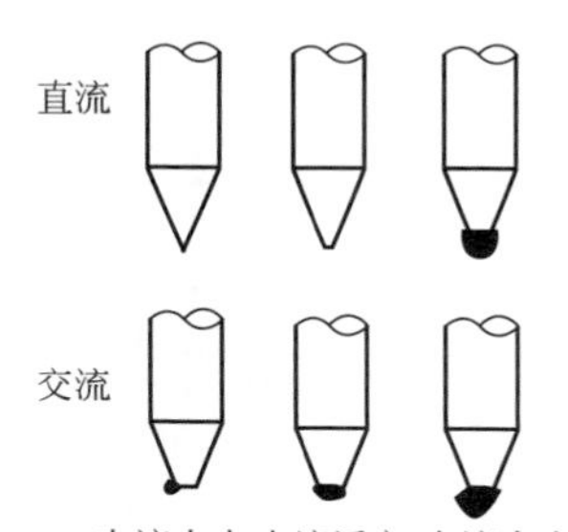

图 7-17　电流与钨极尖部形状

（2）电弧电压的选择技巧

电弧电压主要由弧长决定，弧长增加时，焊缝宽度增加，熔深稍减小。若电弧太长，容易引起未焊透及咬边，而且保护效果也不好；若电弧太短，很难看清熔池，而且送丝时容易碰到钨极引起短路，使钨极受污染，加大钨极烧损，还容易造成夹钨。通常使弧长近似等于钨极直径。

（3）焊接速度的选择技巧

焊接速度增加时，熔深和熔宽减小。焊接速度太快时，容易产生未焊透，焊缝高而窄，两侧熔合不好；焊接速度太慢时，焊缝很宽，还可能产生焊漏烧穿等缺陷。手工钨极氩弧焊时，通常都是焊工根据熔池大小、熔池形状和两侧熔合情况随时调整焊接速度。

选择焊接速度时，应考虑以下因素：

① 在焊接铝及铝合金以及高导热性金属时，为减少变形，应采用较快的焊接速度。

② 焊接有裂纹倾向的合金时，不能采用高速度焊接。

③ 在非平焊位置焊接时，为保证较小的熔池，避免铁水下流，尽量

选择较快的焊速。

（4）焊接电源种类与极性选择技巧

氩弧焊采用的电流种类和极性选择与所焊金属及其合金种类有关。有些金属只能用直流电正极性或反极性，有些交、直流电流都可使用。因而需根据不同材料选择电源和极性，见表 7-12。

表 7-12　焊接电源种类与极性的选择

电源的种类与极性	被焊金属材料
直流正极性	低合金高强度钢、不锈钢、耐热钢，铜、钛及其合金
直流反极性	各种金属的熔化极氩弧焊
交流电源	铝、镁及其合金

直流电没有极性变化，电弧燃烧很稳定。直流电源的连接可分为直流正接、直流反接两种，如图 7-18 所示。采用直流正接时，电弧燃烧稳定性更好。直流正极性时，焊件接正极，温度较高，适于焊厚焊件及散热快的金属。

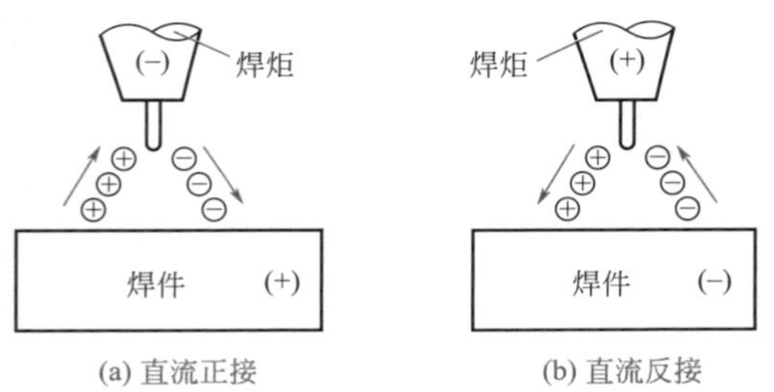

图 7-18　直流电源的连接

采用交流电焊接时，具有阴极破碎作用，即焊件为负极时，因受到正离子的轰击，焊件表面的氧化膜破裂，使液态金属容易熔合在一起，通常都用来焊接铝、镁及其合金。

（5）喷嘴直径与氩气流量选择技巧

喷嘴直径（指内径）越大，保护区范围越大，要求保护气的流量也越大。可按下式选择喷嘴内径：

$$D=(2.5\sim3.5)d_w$$

式中　D——喷嘴直径或内径，mm；

d_w——钨极直径，mm。

通常焊枪选定以后，喷嘴直径很少能改变，因此实际生产中并不把它当作独立焊接参数来选择。当喷嘴直径决定以后，决定保护效果的是氩气流量。氩气流量太小时，保护气流软弱无力，保护效果不好。氩气流量太大时，容易产生紊流，保护效果也不好。保护气流量合适时，喷出的气流是层流，保护效果好。可按下式计算氩气的流量：

$$Q=(0.8\sim1.2)D$$

式中 Q——氩气流量，L/min；

D——喷嘴直径，mm。

D 小时 Q 取下限；D 大时 Q 取上限。

实际工作中，通常可根据试焊情况选择流量。流量合适时，保护效果好，熔池平稳，表面明亮没有渣，焊缝外形美观，表面没有氧化痕迹；若流量不合适，保护效果不好，熔池表面上有渣，焊缝表面发黑或有氧化皮。

选择氩气流量时还要考虑以下因素：

① 外界气流和焊接速度的影响。焊接速度越大，保护气流遇到的空气阻力越大，它使保护气体偏向运动的反方向；若焊接速度过大，将失去保护。因此，在增加焊接速度的同时应相应地增加气体的流量。

在有风的地方焊接时，应适当增加氩气流量。一般最好在避风的地方焊接，或采取挡风措施。

② 焊接接头形式的影响。对接接头和T形接头焊接时，具有良好的保护效果，如图7-19（a）所示。在焊接这类工件时，不必采取其它工艺措施；而进行端头焊及端头角焊时，保护效果最差，如图7-19（b）所示。在焊接这类接头时，除增加氩气流量外，还应加挡板，如图7-20所示。

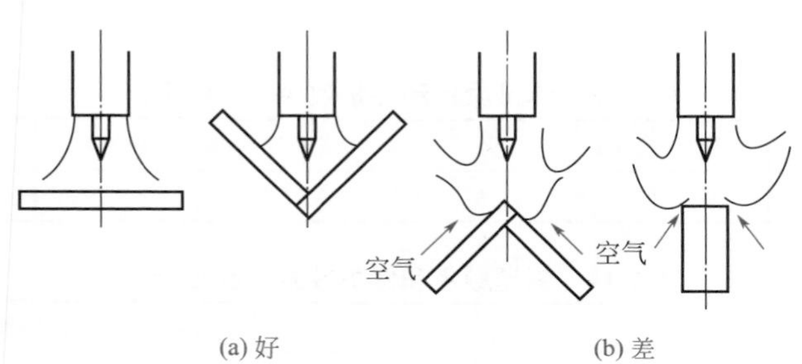

图 7-19 氩气的保护效果

此外，焊接电流、电压、焊枪倾斜角度、填充丝送入情况对保护气体层也有一定影响。为了得到满意的保护效果，在生产实践中，必须考虑诸因素的综合影响。为了评定保护效果到底如何，一般可用如下的方法进行试验：

a. 用铝板作为工件，采用交流电源，选择一定的焊接参数。起弧后，焊枪固定不动，燃烧 5 ～ 10s 后，切断电源，使电弧熄灭。这时，铝板上留下如图 7-21 所示的图形。如果保护良好，铝板上可分辨出一个明显的银白色光亮圆圈，这是氩气保护良好和阴极破碎作用的结果。如果保护不好，则几乎看不到光亮的表面。此光亮圆圈即为有效保护区。有效保护区的直径可作为衡量保护效果的尺度。

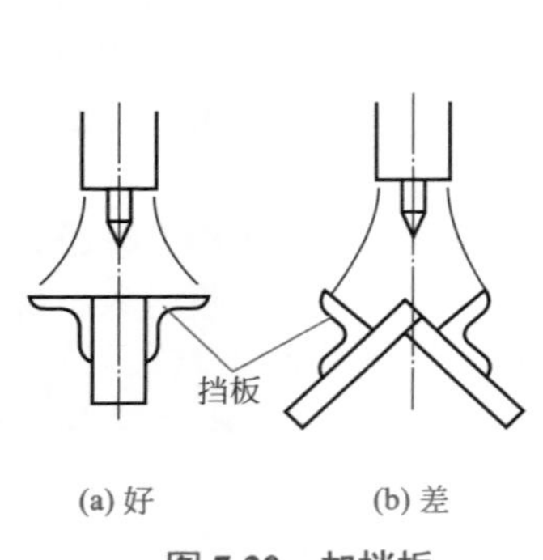

图 7-20　加挡板

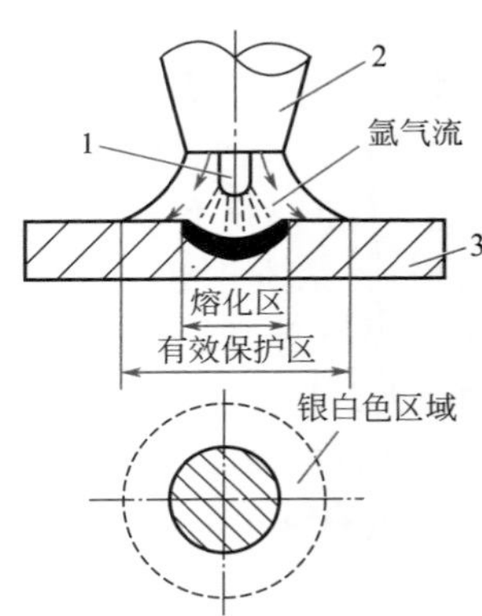

图 7-21　有效保护区域

b. 进行试验时，也可用不锈钢作为试验工件，采用直流电源。在此情况下，未被氧化的区域呈光亮的银白色，而氧化区域呈暗黑色。实际生产中，鉴别气体保护效果还可用焊缝外表变色情况来判断，见表 7-13 和表 7-14。

表 7-13　焊缝颜色和保护效果（不锈钢）

焊缝颜色	银白、金黄	蓝	红灰	灰色	黑
保护效果	最好	良好	较好	不良	最差

表 7-14　焊缝颜色和保护效果（钛合金）

焊缝颜色	亮银白色	橙黄色	蓝紫色	青灰色	白色氧化钛粉末
保护效果	最好	良好	较好	不良	最差

对氧化、氮化非常敏感的金属及其合金（如钛及其合金）采用氩弧焊时，要求有更好的保护效果。提高保护效果的具体措施有：加大喷嘴直径、加拖罩（以增大保护区域）及背面保护。某厂在焊接钛合金时，所用的拖罩及背面保护装置如图 7-22 和图 7-23 所示。

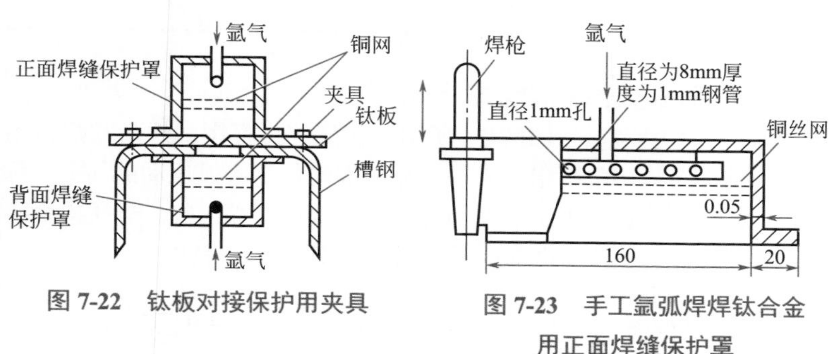

图 7-22　钛板对接保护用夹具

图 7-23　手工氩弧焊焊钛合金用正面焊缝保护罩

拖罩及背面保护装置应单独通入氩气。焊接时，为防止钛合金在 400 ～ 500℃氧化、氮化及吸氢，要求拖罩紧贴工件，拖罩做成高而窄，内加铜网，以增加氩气流的稳定性。为防止钛合金焊缝晶粒长大，应采取小参数多层焊接。

（6）钨极伸出长度选择技巧

为了防止电弧热烧坏喷嘴，钨极端部应凸出喷嘴以外。钨极端头至喷嘴端头的距离叫钨极伸出长度。钨极伸出长度越小，喷嘴与焊件间距离越近，保护效果越好，但过近会妨碍观察熔池。通常焊对接缝时，钨极伸出长度为 5 ～ 6mm 较好；焊角焊缝时，钨极伸出长度为 7 ～ 8mm 较好。

（7）喷嘴与工件间距离选择技巧

这是指喷嘴端面和焊件间距离，这个距离越小，保护效果越好，但能观察的范围和保护区都小；这个距离越大，保护效果越差。

（8）焊丝直径选择技巧

根据焊接电流的大小，选择焊丝直径，表 7-15 给出了它们之间的关系。

表 7-15　焊接电流与焊丝直径的匹配关系

焊接电流 /A	焊丝直径 /mm	焊接电流 /A	焊丝直径 /mm
4 ～ 20	≤ 1.0	200 ～ 300	2.4 ～ 4.5

续表

焊接电流 /A	焊丝直径 /mm	焊接电流 /A	焊丝直径 /mm
20 ～ 50	1.0 ～ 1.6	300 ～ 400	3.0 ～ 6.0
50 ～ 100	1.0 ～ 2.4	400 ～ 500	4.5 ～ 8.0
100 ～ 200	1.6 ～ 3.0		

（9）左焊法与右焊法的选择技巧

左焊法与右焊法，如图 7-24 所示。在焊接过程中，焊丝与焊枪由右端向左端移动，焊接电弧指向未焊部分，焊丝位于电弧运动的前方，称为左焊法。如在焊接过程中，焊丝与焊枪由左端向右端施焊，焊接电弧指向已焊部分，填充焊丝位于电弧运动的后方，则称为右焊法。

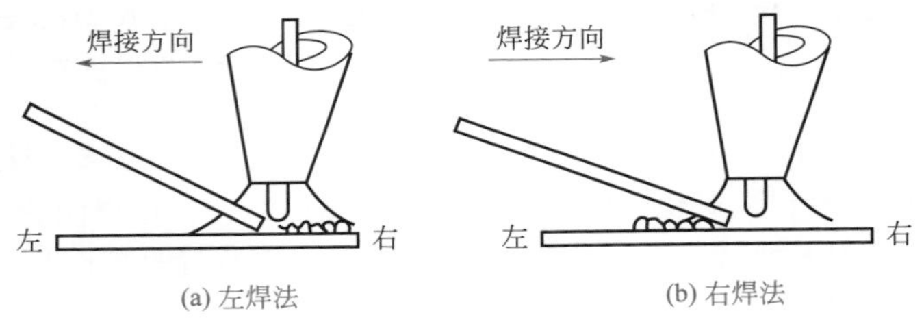

(a) 左焊法　　(b) 右焊法

图 7-24　左焊法和右焊法

1）左焊法的优缺点

① 优点：

a. 焊工视野不受阻碍，便于观察和控制熔池情况。

b. 焊接电弧指向未焊部分，既可对未焊部分起预热作用，又能减小熔深，有利于焊接薄件（特别是管子对接时的根部打底焊和焊易熔金属）。

c. 操作简单方便，初学者容易掌握。特别是国内很大一部分手工钨极氩弧焊工，多系从气焊工改行（因左向焊法在气焊中应用最普遍），因而更增大了这种方法使用的普遍性。

② 缺点：主要是焊大工件，特别是多层焊时，热量利用率低，因而影响熔敷效率。

2）右焊法的优缺点

① 优点：

a. 由于右焊法焊接电弧指向已凝固的焊缝金属，使熔池冷却缓慢，有利于改善焊缝金属组织，减少出现气孔、夹渣的可能性。

b. 由于电弧指向焊缝金属，因而提高了热利用率，在相同的热输入时，右焊法比左焊法熔深大，因而特别适合于焊接厚度较大、熔点较高的焊件。

② 缺点：

a. 由于焊丝在熔池运动后方，影响焊工视线，不利于观察和控制熔池。

b. 无法在管道上（特别是小径管）施焊。

c. 掌握较难，焊工一般不喜欢用。

7.3.2 手工钨极氩弧焊的基本操作技能、技巧与诀窍

手工钨极氩弧焊的基本操作技术包括引弧、焊接与接头、填丝和收弧等方面。焊接过程中始终要注意以下要点：

① 保持正确的持枪姿势，随时调整焊枪角度及喷嘴高度，既有可靠的保护效果，又便于观察熔池。

② 注意焊后钨极形状和颜色的变化。焊接过程中如果钨极没有变形，焊后钨极端部为银白色，则说明保护效果好；如果焊后钨极发蓝，说明保护效果较差；如果钨极端部发黑或有瘤状物，说明钨极已被污染，多半是焊接过程中发生了短路，或沾了很多飞溅，使头部变成了合金，必须将这段钨极磨掉，否则容易夹钨。

③ 送丝要匀，不能在保护区搅动，防止卷入空气。

（1）引弧技巧

手工钨极氩弧焊多采用引弧器引弧，如高频振荡器或高压脉冲发生器，使氩气电离而引燃电弧。其优点是：钨极与工件不接触就能在施焊点直接引燃电弧，钨极端头损耗小；引弧处焊接质量高，不会产生夹钨缺陷。

没有引弧器时，可用纯铜板或石墨板做引弧板。引弧板放在焊接坡口上，或放在坡口边缘，不允许钨极与引弧板或坡口面直接接触引弧。

（2）定位焊技巧

为了防止焊接时工件受热膨胀引起变形，必须保证定位焊缝的距离，可按表 7-16 选择。定位焊缝将来是焊缝的一部分，必须焊牢，不允许有缺陷，如果该焊缝要求单面焊双面成形，则定位焊缝必须焊透。必须按正式的焊接工艺要求焊定位焊缝，如果正式焊缝要求预热、缓冷，则定位焊

前也要预热，焊后要缓冷。

表 7-16　定位焊缝的间距

板厚 /mm	0.5 ～ 0.8	1 ～ 2	＞2
定位焊缝的间距 /mm	≈20	50 ～ 100	≈200

定位焊缝不能太高，以免焊接到定位焊缝处接头困难，如果碰到这种情况，最好将定位焊缝磨低些，两端磨成斜坡，以便焊接时好接头。如果在定位焊缝上发现裂纹、气孔等缺陷，应将该段定位焊缝打磨掉重焊，不允许用重熔的办法修补。

（3）定位焊缝焊接技巧

焊前为固定焊件的相对位置，以保证整个结构件得到正确的几何形状和尺寸而进行的焊接操作叫定位焊，俗称点固焊。定位焊缝都比较短小，焊接过程中都不去掉，而成为正式焊缝的部分保留在焊缝中，因此定位焊缝的质量好坏及位置、长度和高度等是否合适，将直接影响正式焊缝的质量及焊件的变形。根据经验，生产中发生的一些重大质量事故，如结构变形大，出现未焊透及裂纹等缺陷，往往是由定位焊不合格造成的，因此定位焊必须引起足够的重视。所用的焊条及对焊工操作技术熟练程度的要求，应与正式焊缝完全一样，甚至应更高些。当发现定位焊缝有缺陷时，应该铲掉或打磨掉并重新焊接，不允许留在焊缝内。

进行定位焊缝的焊接时应注意以下几点：

① 必须按照焊接工艺规定的要求焊接定位焊缝。采用与正式焊缝相同牌号、相同规格的焊条，用相同的焊接工艺参数施焊；若工艺规定焊前需预热，焊后需缓冷，则定位焊缝焊前也要预热，焊后也要缓冷，预热温度与正式焊接时相同。

② 定位焊缝的引弧和收弧端应圆滑不应过陡，防止焊缝接头时两端焊不透。定位焊缝必须保证熔合良好，焊道不能太高。

③ 定位焊为间断焊，工件温度较正常焊接时稍低，由于热量不足而容易产生未焊透，故焊接电流应比正式焊接时稍高 10% ～ 15% 左右。定位焊后必须尽快焊接，避免中途停顿或存放时间过长。

④ 定位焊缝的长度、余高、间距等尺寸一般可按表 7-17 选用。但在个别对保证焊件尺寸起重要作用的部位，可适当增加定位焊的焊缝尺寸和数量。

表 7-17　定位焊缝的参考尺寸

焊件厚度 /mm	焊缝余高 /mm	焊缝长度 /mm	焊缝间距 /mm
≤4	<4	5～10	50～100
4～12	3～6	10～20	100～200
>12	>6	15～30	200～300

⑤ 定位焊缝不能焊在焊缝交叉处或焊缝方向发生急剧变化的地方，通常至少应离开这些地方 50mm 才能焊定位焊缝。

⑥ 为防止焊接过程中工件裂开，应尽量避免强制装配。经强行组装的结构，其定位焊缝长度应根据具体情况加大，并减少焊定位焊缝的时间。

⑦ 在低温下焊接时定位焊缝易开裂，为了防止开裂，应尽量避免强行组装后进行定位焊；定位焊缝长度应适当加大，而且应特别注意，定位焊后应尽快进行焊接并焊完所有接缝，避免中途停顿和长时间闲置。

（4）焊接操作和接头技巧

1）打底层的技巧

打底层焊道应一气呵成，不允许中途停止。打底层焊道应具有一定厚度：对于壁厚 $\delta \leqslant 10$mm 的管子，其厚度不得小于 2mm；壁厚 $\delta > 10$mm 的管子，其厚度不得小于 4mm。打底层焊道需经自检合格后，才能进行填充盖面焊。

2）焊接操作技巧

焊接时要掌握好焊枪角度、送丝位置，力求送丝均匀，才能保证焊道成形。为了获得比较宽的焊道，保证坡口两侧的熔合质量，氩弧焊枪也可横向摆动，但摆动频率不能太高，幅度不能太大，以不破坏熔池的保护效果为原则，由焊工灵活掌握。焊完打底层焊道后，焊第二层时，应注意不得将打底层焊道烧穿，防止焊道下凹或背面剧烈氧化。

3）焊缝接头的质量控制技巧

无论打底层或填充层焊接，控制接头的质量都是很重要的。因为接头是两段焊缝交接的地方，由于温度的差别和填充金属量的变化，该处易出现超高、缺肉、未焊透、夹渣（夹杂）、气孔等缺陷。所以焊接时应尽量避免停弧，减少接头次数。但由于实际操作时，需更换焊丝、更换钨极、焊接位置需变化或要求对称分段焊接等，必须停弧，因此接头是不可避免

的。问题是应尽可能地设法控制接头质量。

控制焊缝接头质量的方法与技巧：

① 焊缝接头处要有斜坡，不能有死角。

② 重新引弧的位置在原弧坑后面，使焊缝重叠 20 ～ 30mm，重叠处一般不加或只加少量焊丝。

③ 熔池要贯穿到焊缝接头的根部，以确保接头处熔透。

（5）填丝的基本操作技能与技巧

1）填丝的基本操作技巧

① 连续填丝技巧。这种填丝操作技术较好，对保护层的扰动小，但比较难掌握。连续填丝时，要求焊丝比较平直，用左手拇指、食指、中指配合送丝，无名指和小指夹住焊丝控制方向，如图 7-25（a）所示。

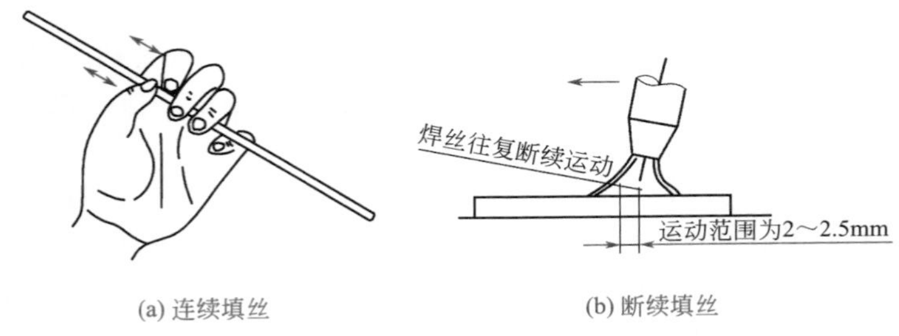

图 7-25　手工 TIG 焊的填丝操作

连续填丝时手臂动作不大，待焊丝快用完时才前移。当填丝量较大、采用强工艺参数时，多采用此法。

② 断续填丝（又叫点滴送丝）技巧。以焊工的左手拇指、食指、中指捏紧焊丝，焊丝末端应始终处于氩气保护区内。填丝动作要轻，不得扰动氩气保护层，以防止空气侵入。更不能像气焊那样在熔池中搅拌，而是靠焊工的手臂和手腕的上、下反复动作，将焊丝端部的熔滴送入熔池，全位置焊时多用此法。如图 7-25（b）所示。

③ 焊丝贴紧坡口与钝边一起熔入的技巧。即将焊丝弯成弧形，紧贴在坡口间隙处，焊接电弧熔化坡口钝边的同时也熔化焊丝。这时要求对口间隙应小于焊丝直径，此法可避免焊丝遮住焊工视线，适用于困难位置的焊接。

2）填丝注意事项与禁忌

① 必须等坡口两侧熔化后才填丝，以免造成熔合不良。

② 填丝时，焊丝应与工件表面夹角成 15°，敏捷地从熔池前沿点进，随后撤回，如此反复动作。

③ 填丝要均匀，快慢适当。过快时焊缝余高大，过慢则焊缝下凹和咬边。焊丝端头应始终处在氩气保护区内。

④ 对口间隙大于焊丝直径时，焊丝应跟随电弧做同步横向摆动。无论采用哪种填丝动作，送丝速度均应与焊接速度适应。

⑤ 填充焊丝，不应把焊丝直接放在电弧下面，把焊丝抬得过高也是不适宜的，不应让熔滴向熔池“滴渡”。填丝位置正确与否的示意，如图 7-26 所示。

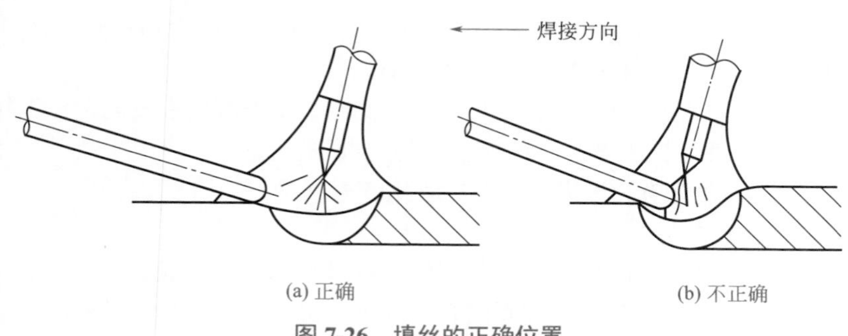

图 7-26　填丝的正确位置

⑥ 操作过程中，如不慎使钨极与焊丝相碰，发生瞬间短路，将产生很大的飞溅和烟雾，会造成焊缝污染和夹钨。这时，应立即停止焊接，用砂轮磨掉被污染处，直至磨出金属光泽。被污染的钨极，应在别处重新引弧，熔化掉污染端部，或重新磨尖后，方可继续焊接。

⑦ 撤回焊丝时，切记不要让焊丝端头撤出氩气保护区，以免焊丝端头被氧化，在下次点进时进入熔池，造成氧化物夹渣或产生气孔。

（6）收弧的技巧

收弧不当，会影响焊缝质量，使弧坑过深或产生弧坑裂纹，甚至造成返修。

一般氩弧焊设备都配有电流自动衰减装置，无电流衰减装置时，多采用改变操作方法来收弧，其基本要点是逐渐减少热量输入，如改变焊枪角度、拉长电弧、加快焊速。对于管子封闭焊缝，最后的收弧一般多采用稍拉长电弧重叠焊缝 20 ～ 40mm，在重叠部分不加或少加焊丝。

停弧后，氩气开关应延时 10s 左右再关闭（一般设备上都有提前送气、

滞后关气的装置)，焊枪停留在收弧处不能抬高，利用延迟关闭的氩气保护收弧处凝固的金属，可防止金属在高温下继续氧化。

7.3.3 焊前与焊后检查技巧与诀窍

(1) 焊机的焊前检查技巧

焊机焊前的检查工作大体可分为以下三个方面：

1）检查水路

在确认有水、水管无破损情况下，开启水阀，检查水路是否畅通，并确定好流量。

2）检查气路

① 检查氩气钢瓶颜色是否符合规定（国家标准规定氩气钢瓶为灰色），钢瓶上有否质量合格标签，钢瓶内是否有氩气。

② 按规定装好减压表，开启氩气瓶阀门，检查减压表及流量计工作是否正常，并按工艺要求，调整流量计达到所需流量。

③ 检查气管有无破损，接头处是否漏气。

3）检查电路

① 检查电源。检查控制箱及焊接电源接地（或接零）情况。

② 合闸送电。焊工要注意站在刀开关一侧，戴手套穿绝缘鞋用单手合闸送电。

③ 启动控制箱电源开关。空载检查各部分工作状态，如发现异常情况，应通知电工及时检修；如无异常情况，即可进行下一步工作。

(2) 负载检查

在正式操作前，应对设备进行一次负载检查。主要通过短时焊接，进一步检查水路、气路、电路系统工作是否正常；进一步发现在空载时无法暴露的问题。

(3) 焊后检查技巧

1）关闭水路

检查时应注意关闭水阀。

2）关闭气路

先关闭氩气瓶高压气阀，再松开减压表螺钉。要注意确保气瓶内氩气不全部用尽，至少保留 0.2 ～ 0.3MPa 气压，并关紧阀门，使气瓶保持正压，防止气瓶内压力过低而吸入空气，使充气时气瓶内氩气纯度降低。

3）关闭电源

① 拉闸断电时，焊工应注意站在刀开关一侧，单手用力拉断。

② 关闭控制箱电源开关。

③ 将焊枪连同输气管、输水管、控制多芯电缆等盘好挂起。

7.4 手工钨极氩弧焊操作技巧与实例

7.4.1 手工钨极氩弧焊平板焊接操作实例

（1）平敷焊接操作技术与工程实例

平敷焊接是氩弧焊操作的基础，每个操作者都必须从平敷焊接的基本操作开始进行练习，只有当平敷焊接的操作达到了一定的水平后才能提高其他焊接方式的技术。

1）焊件的准备技巧

① 板料 2 块，材料为低碳钢板，板料的尺寸（长 × 宽 × 厚）为 200mm ×100mm ×2.5mm。

② 矫平技巧。用肉眼仔细观察焊件是否有翘曲的现象存在，如果有，要用手锤进行适当的矫正。

③ 清理板料正反两侧各 20mm 范围内的油污、氧化膜、水分及其他污染物，直至露出金属本身的光泽。

④ 焊接材料选择。焊接时选择 HS331 焊丝，焊丝直径为 ϕ2mm，焊丝使用前对焊丝表面要进行清理、保温。氩气纯度要求达到 99.99%。

⑤ 焊接设备选用。手工钨极氩弧焊机及其他辅助设施。

2）焊件与焊丝清理技巧与诀窍

材料的表面氧化薄膜必须清除干净，尤其是焊件接口处。清理方法有两种：

① 化学清理法技巧。首先用汽油或丙酮去除油污，然后将焊件和焊丝放在碱性溶液中浸蚀，取出后用热水冲洗，再将焊件和焊丝放在 30% ～ 50% 的硝酸溶液中进行中和，最后用热水冲洗干净并烘干。

② 机械清洗法与清洗技巧。在去除油污后，用钢丝刷或砂布将焊接处和焊丝表面清理至露出金属光泽。还可以用刮刀清除焊件表面的氧化皮。

3）焊接参数选择

焊接时选用直径为 ϕ2mm 的钨极，焊丝直径可选择 ϕ2mm，焊接电流

约为 70 ～ 100A，氩气流量为 6 ～ 7L/min。

4）焊接工艺操作技能与技巧

① 引弧技巧。首先将焊机的水、电、气路都接通，焊工穿戴好必需的工作服，戴好头戴式面罩，然后将钨极夹持在焊枪内，即可按预先选定的焊接参数进行引弧练习（图 7-27）。

根据所用焊机的不同，引弧可分为接触短路引弧法和高频高压引弧法两种。

a. 接触短路引弧法操作技巧。引弧时，将钨极与焊件轻微接触，然后迅速提起，在钨极与焊件之间即产生电弧，其方法与焊条电弧焊时用焊条引弧相似，如图 7-28 所示。

图 7-27　引弧前的准备

图 7-28　接触短路引弧法

接触短路引弧法的优点是所用氩弧焊机构造简单，但在引弧过程中钨极端部的钨会沾污焊缝金属，使焊缝中产生夹钨缺陷。克服的办法是在引弧点附近放一块纯铜板或石墨板，先在这种板上引弧，待电弧引燃并稳定燃烧后，再将电弧移到焊件上燃烧。接触短路引弧法的另一个缺点是引弧时短路电流较大，钨极容易烧损。

b. 高频高压引弧法操作技巧。在氩弧焊机的控制箱内装上特殊的高频高压发生装置，引弧时，这种装置能短时产生高达 2000 ～ 3000V 的空载电压。焊工开始引弧时，将焊枪移近焊件，待钨极端头与焊件的距离约 2 ～ 3mm 时，按动焊枪上的电源开关，高频高压装置立即产生作用，高电压加在钨极与焊件之间，会将空气击穿，电弧就开始引燃，如图 7-29 所示。由于高电压对操作者人身有危险，通常将其频率提高到 150 ～ 260kHz，利用高频电强烈的集肤效应，使高压电对人体不造成危害。

高频高压引弧法的优点是引弧操作简单，引弧过程中钨极与焊件不接触，所以避免了接触短路引弧法容易在焊缝中产生夹钨和钨极烧损较快等缺点。高频高压引弧法的缺点是焊机构造较复杂，且在焊接区域周围会产生高频电磁场，接触人体后，在体内会产生感应的脉冲电流，对焊工的健康有一定的影响。但由于引弧时间较短，前后只有几秒，待电弧引燃稳定燃烧后，高频电磁场就消失，所以这种影响并不大。为了防护，焊接电缆应有铜网编织屏蔽套并可靠接地（图 7-30）。

图 7-29 高频高压引弧法

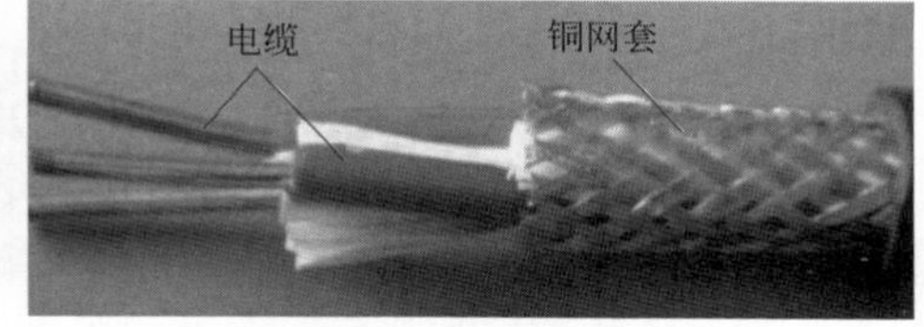

图 7-30 铜网屏蔽套电缆

目前国产的手工钨极氩弧焊机均配备高频高压发生装置，所以焊工在操作培训时，应以练习这种引弧法为主。

② 操作技术与技巧。电弧引燃后，要稍停留几秒，使母材上形成熔池后，再添加填充焊丝，以保证熔敷金属和母材很快地熔合。焊接方向采用左焊法，即自右向左进行焊接。

焊接时，焊枪和焊丝的操作要领见图 7-31。电弧引燃后，应使焊枪的轴线与焊件表面的夹角约成 75°，并将电弧做环向移动，直到形成所要求的熔池，然后再做横向摆动，使焊缝达到必需的宽度。添加填充焊丝时，要求填充焊丝相对于焊件表面倾斜 15°，并缓慢地向焊接熔池给送，填充焊丝切勿与钨极接触，否则焊丝会被钨极污染，熔入熔池后形成夹钨。

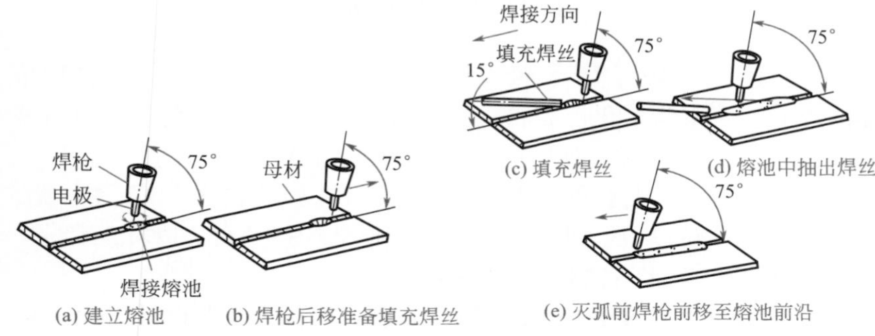

图 7-31 焊枪、填充焊丝与焊件表面的相对位置

焊丝的送进动作是保证焊缝质量的一个重要关键，其送进方法通常有两种。一种方法是左手捏住焊丝的远端，靠左臂移动送进。这种方法的效果不够理想，因捏紧部位离焊丝端头较远，焊丝易抖动，还使端头易触及钨棒，从而破坏焊接过程，影响焊接质量。另一种方法是用左手拇指与食指捏住焊丝的下部，往电弧加热区送进焊丝，这样可以防止焊丝端头抖动的缺点，送进焊丝的动作见图 7-32。

其操作要领与诀窍如下：

当焊丝端头位于氩弧焊直接加热区以外的氩气保护圈内时，用左手的拇指和食指捏住，并且用中指和虎口配合托住焊丝，左手的姿势见图 7-32（a）。需要送进焊丝时，捏住焊丝的拇指和食指伸直，即可将焊丝端头送入电弧直接加热区，左手的姿势见图 7-32（b）。然后借助中指和虎口托住焊丝，迅速弯曲拇指、食指，向上倒换捏住焊丝的位置，恢复图 7-32（a）所示的左手姿势。如此重复，直至焊完。焊丝送进时，注意不要把焊丝移至氩气保护圈外，因为灼热的焊丝端头在空气中很容易被氧化，熔化时，熔滴滴入熔池内，会增加熔池金属的含氧量，降低焊缝的质量。

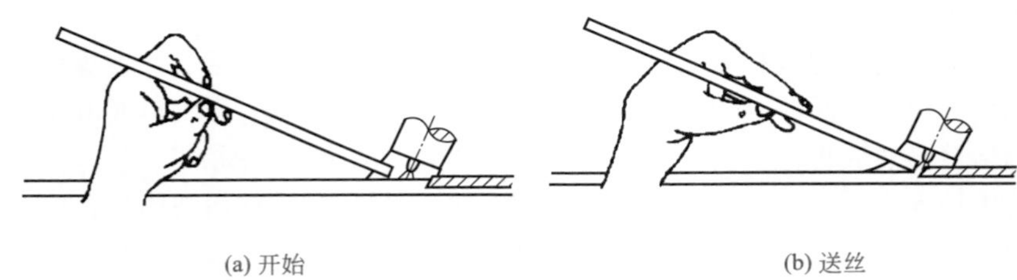

(a) 开始　　(b) 送丝

图 7-32　焊丝送进的动作

焊接过程中若中途停顿或焊丝用完再继续焊时，要用电弧把原熔池的焊缝金属重新熔化，形成新的熔池后再加焊丝，并与前焊道重叠 4 ～ 5mm，在重叠处要少加焊丝，使接头处能圆滑过渡。

③ 收弧技巧。收弧处的弧坑内，容易产生弧坑裂纹、气孔等缺陷，应采取电流衰减的方法，即电流自动由大到小地逐步下降，以填满弧坑。

常用电流衰减的方法有下列两种：

a. 用焊枪把手上的按钮断续送电，使弧坑填满，也可在焊机的焊接电流调节电位器上接出一个脚踏开关，收尾时逐步断开开关。

b. 焊机的控制部分本身附有自动衰减电流的装置。

焊接结束后，应检查钨极端头表面的颜色，若表面呈褐色、黄绿色或蓝色，表明端头氧化严重，形成了钨的氧化物，应当磨去之后再用。

（2）I形坡口对接焊操作技术与工程实例

1）焊件的准备技巧

① 板料2块，材料为低碳钢板，板料的尺寸（长×宽×厚）为200mm×50mm×2.5mm。

② 矫平技巧。用肉眼仔细观察焊件是否有翘曲的现象存在，如果有要用手锤进行适当的矫正。

③ 清理板料正反两侧各20mm范围内的油污、氧化膜、水分及其他污染物，直至露出金属光泽，清理方法如前。

2）焊接材料选用技巧

选择HS331焊丝，焊丝直径为ϕ2mm，注意使用前对焊丝表面进行清理保温。氩气纯度要求达到99.99%。

3）焊接设备选用

手工钨极氩弧焊机及其他辅助设施。

4）操作工艺过程、技巧与诀窍

① 定位焊技巧。根据焊件的厚度，采取I形坡口对接，不留间隙组对，定位焊时先焊焊件两端，然后在中间加定位焊点。定位焊可以不添加焊丝，直接利用母材的熔合进行定位。也可以添加焊丝进行定位焊，但必须待焊件边缘熔化形成熔池后再加入焊丝，定位焊缝宽度应小于最终焊缝宽度。定位焊之后，必须矫正焊件保证不错边，并作适当的反变形，以减小焊后变形。

② 焊接操作技巧与诀窍。由于焊件本身的物理和化学性质及其所处的工艺条件，焊接时容易出现下列问题：

a. 易氧化。在焊件表面生成的难熔的氧化金属薄膜，阻碍金属之间的熔合。因此，焊前要对焊件、焊丝做必要的清理，焊接时要注意对焊接区域进行气体保护。

b. 易产生气孔。要认真对焊件、焊丝油污和潮气进行清除，控制氢的来源，焊接过程尽可能少中断，采用短弧焊接。

c. 易焊穿。焊接金属由固态转变为液态时无颜色变化，焊接时常因熔池温度过高无法察觉而导致焊穿。尤其是铝合金的焊接，加热时间要短，焊接速度要快，要控制层间温度。

操作时采用左焊法，焊丝、焊枪与焊件之间角度如图 7-33 所示，钨极伸出长度以 3 ～ 4mm 为宜，起焊时电弧在起焊处稍停片刻，用焊丝迅速触及焊接部位进行试探，感觉到该部位变软开始熔化时，立即添加焊丝，焊丝的添加和焊枪的运行动作要配合协调。焊枪应平稳而均匀地向前移动，并保持适当的电弧长度。焊丝端部位于钨极前下方，不可触及钨极。钨极端部要对准焊件接口的中心线，防止焊缝偏移和熔合不良，焊丝端部的往复送丝运动应始终在氩气保护区范围内，以免氧化。

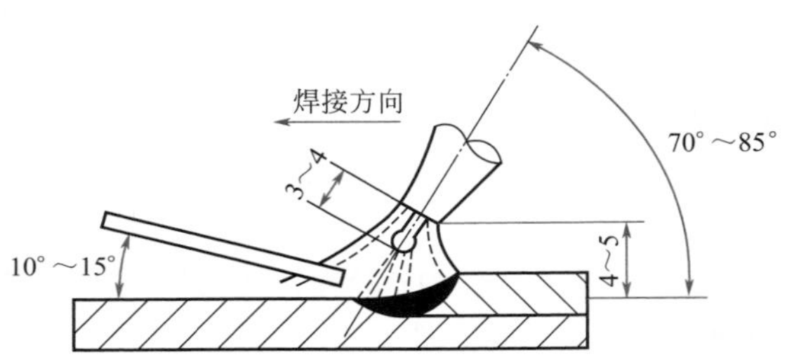

图 7-33　焊丝、焊枪与焊件的相对位置

焊接过程中，若局部接口间隙较大时，应快速向熔池添加焊丝，然后移动焊枪。如果发现有下沉趋向时，必须断电熄弧片刻，再重新引弧继续焊接。收弧时，要多送一些焊丝填满弧坑，防止发生弧坑裂纹。

(3) V 形坡口对接焊操作技术与工程实例

平板的 V 形坡口对接焊是氩弧焊中常用的焊接手段，主要包括对接平焊、对接向上立焊、对接横焊和对接仰焊。不管是哪一种对接方式，在焊接前都必须进行焊接前的准备。

焊前准备是氩弧焊练习或焊接的必要过程，其主要包括试板（焊件）的准备、焊接材料的选择、焊前的清理、装配与定位焊以及焊件的打钢印、划线等工作。

1）V 形坡口对接平焊操作技术与诀窍

① 试板的准备技巧。手工钨极氩弧焊很少用来焊厚件，目前主要用于焊接薄件或用于重要产品的打底焊，因此所有试板多采用 3 ～ 6mm 薄钢板，其尺寸为 6mm×300mm×100mm，60°V 形坡口，如图 7-34 所示。

试板的材质可根据工厂的情况任选 Q235、20g 和 Q345（16Mn）钢板，建议选用 Q345（16Mn）钢板。考试用试板坡口必须用刨床或铣床加工，保证试板和坡口面的平面度，并注意坡口应无钝边。练习用试板可用半自动气割割成。

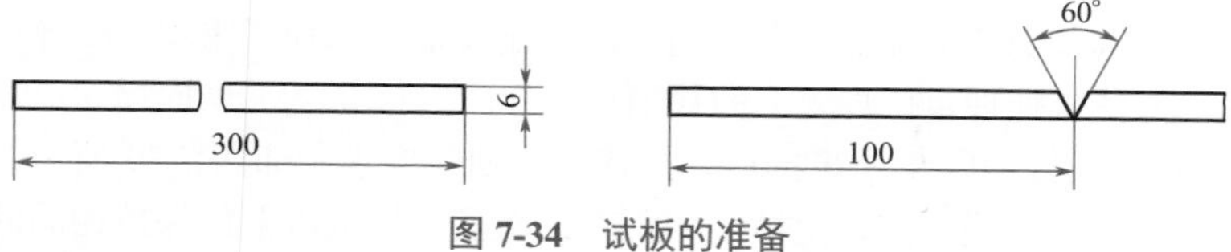

图 7-34 试板的准备

② 焊接材料的选择诀窍。

a. 焊丝选择。选用 H08Mn2Si 或 H05MnSiAlTiZr，直径 ϕ2.5mm，截成每根 800 ～ 1000mm 的焊丝，并用砂布及棉纱擦净焊丝上的油、锈等脏物，必要时还可用丙酮清洗，如图 7-35 所示。

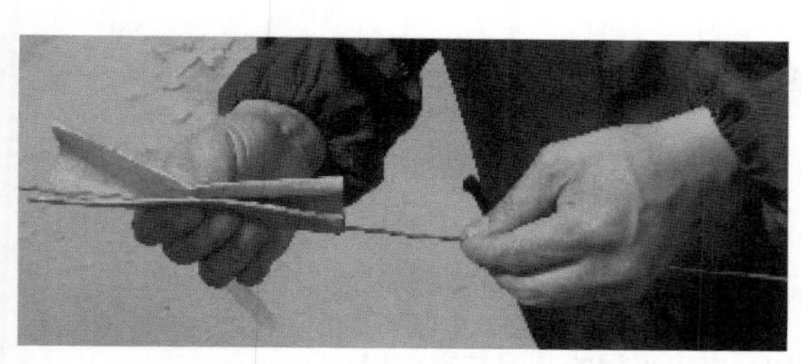

图 7-35 焊丝的清理

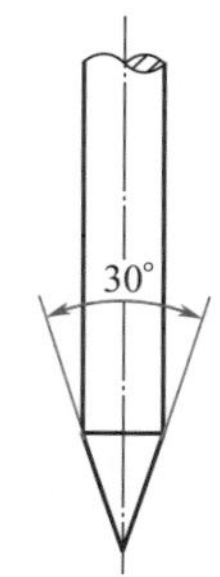

图 7-36 钨极形状

b. 氩气选择。氩气的要求纯度为 99.95% 以上。

c. 钨极选择。牌号为 WTh-15 的钍钨极，规格 ϕ2.5mm×175mm，端部磨成 30° 圆锥形，如图 7-36 所示。

③ 焊前清理技巧。因氩弧焊对油锈很敏感，为保证焊接质量，必须重视试板的焊前清理，最好用角向磨光机打磨净待焊区的油、锈及其他污物，直至露出金属本身光泽为止。打磨范围如图 7-37 所示。

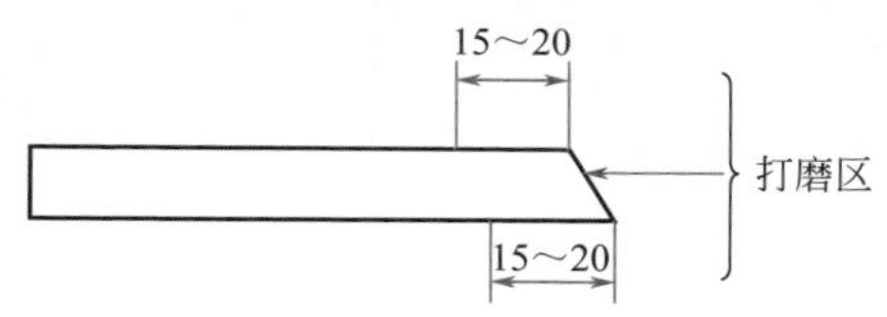

图 7-37 焊前打磨区域

④ 装配与定位焊技巧。定位焊缝位于试板的两端，长度 $l \leqslant 15$mm，必须焊透，不允许有缺陷。其位置如图 7-38 所示。

如定位焊缝有缺陷，必须将有缺陷的定位焊缝磨掉后重焊，不允许用重熔的办法来处理定位焊缝上的缺陷。

⑤ 试板打钢印与划线技巧。打钢印和划线要求，如图 7-39 所示。焊前应记录好基准线和坡口上棱边的距离，而且每块试板上都保持相同的距离，以便焊后计算每侧焊缝的增宽。

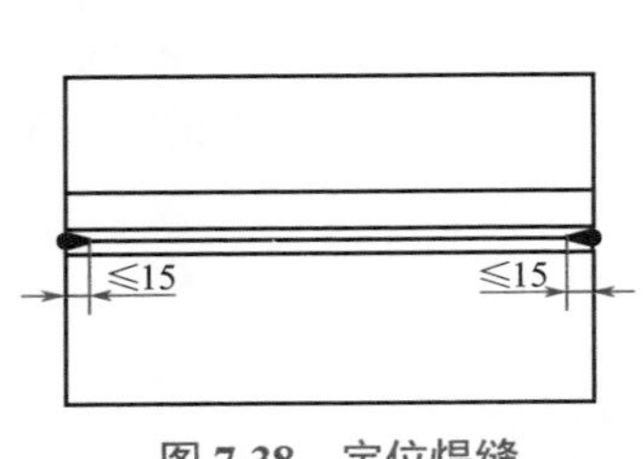

图 7-38 定位焊缝

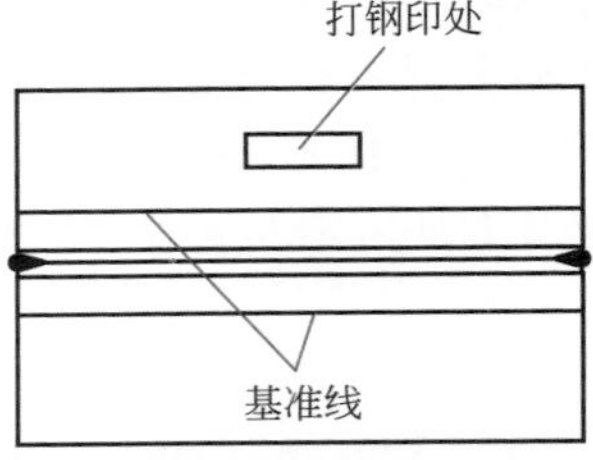

图 7-39 打钢印与基准线

⑥ 操作工艺过程与操作技巧与诀窍。

a. V 形坡口对接平焊的操作，首先还是装配与定位焊，装配与定位焊除了按照焊前准备的要求进行之外，还要具体参照表 7-18。

表 7-18 对接平焊的装配与定位焊

坡口角度 /（°）	装配间隙 /mm	钝边 /mm	后变形角 /（°）	错边量 /mm
60	始焊端：2 终焊端：3	0	3	≤ 1

b. 焊接参数选择。V 形坡口对接平焊的焊接参数可参考表 7-19 进行选择。

表 7-19 对接平焊的焊接参数

焊接层次	焊接电流 /A	电弧电压 /V	氩气流量 /（L/min）	钨极直径	焊丝直径	钨极伸出长度	喷嘴直径	喷嘴至焊件距离
				/mm				
打底层	90 ～ 100	12 ～ 16	7 ～ 9	2.5	2.5	4 ～ 8	10	≤ 12
填充层	100 ～ 110							
盖面层	110 ～ 120							

c. 焊接要点与诀窍。平焊是最容易的焊接位置，其持枪方法如图 7-40 所示。焊枪角度与填丝位置，如图 7-41 所示。

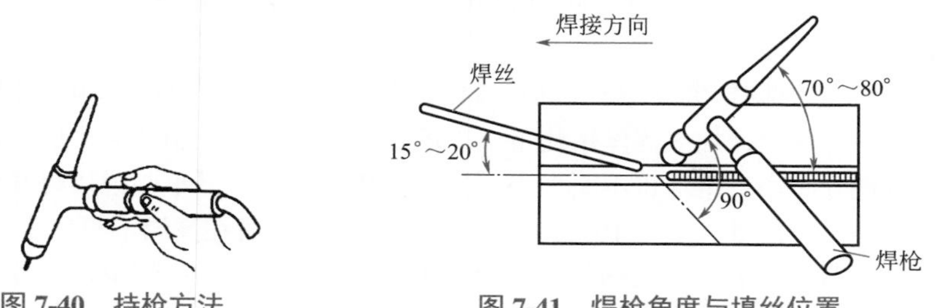

图 7-40　持枪方法

图 7-41　焊枪角度与填丝位置

焊接时焊道的分布可按照三层三道进行；试板应固定在水平位置，间隙小的一端放在右侧。

a）打底层技巧。

● 焊缝引弧技巧。打底层焊道焊接时，在试板右侧定位焊缝上进行引弧。

● 焊接技巧。引燃电弧后，焊枪停留在原位置不动，稍预热后，当定位焊缝外侧形成熔池，并出现熔孔后，开始填丝，自右向左焊接。打底层焊时，应减小焊枪倾角，使电弧热量集中在焊丝上，采用较小的焊接电流，加快焊接速度和送丝速度，熔滴要小，避免焊缝下凹和烧穿。焊丝填入动作要熟练、均匀，填丝要有规律，焊枪移动要平稳，速度一致。施焊中密切注意焊接参数的变化及相互关系，随时调整焊枪角度和焊接速度。当发现熔池增大，焊缝变宽并出现下凹时，说明熔池温度太高，这时，应减小焊枪与试件的夹角，加快焊接速度；当熔池小时，说明熔池温度低，应增加焊枪倾角，减慢焊接速度，通过各参数之间的良好配合，保证背面焊道良好的成形。

● 焊缝接头技巧。当焊丝用完，需更换焊丝，或因为其他原因需暂时终止焊接时，需要接头。

在焊道中间停止焊接时，可松开焊枪上的按钮开关，停止送丝。如果焊机有电流衰减控制功能，则仍保持喷嘴高度不变，待电弧熄灭、熔池完全冷却后，再移开焊枪；若焊机没有电流衰减控制功能，则松开按钮开关后，稍抬高焊枪，待电弧熄灭、熔池冷却凝固到颜色变黑后再移开焊枪。

接头前先检查原弧坑处焊缝的质量，如果保护好，没有氧化皮和缺

陷，可直接接头；如果有氧化皮或缺陷，最好用角向磨光机将氧化皮或缺陷磨掉，并将弧坑前端磨成斜面。在弧坑右侧 15 ～ 20mm 处引燃电弧，并慢慢向左移动，待原弧坑处开始熔化形成熔池和熔孔后，继续填丝焊接。

● 焊缝收弧技巧。焊至试板末端时，应减小焊枪与焊件的夹角，使热量集中在焊丝上，加大焊丝熔化量，以填满弧坑。切断控制开关，这时焊接电流逐渐减小，熔池也不断缩小，焊丝抽离电弧区，但不要脱离氩气保护区，停弧后，氩气延时 10s 左右关闭，防止熔池金属在高温下氧化。

如果焊机没有电流衰减控制功能，则在收弧处慢慢抬起焊枪，并减小焊枪倾角，加大焊丝熔化量，待弧坑填满后再切断电流。

b）填充层焊接技巧。操作步骤和注意事项与打底层焊道相同。

焊接时焊枪应横向摆动，一般做锯齿形运动就行，其焊枪的摆动幅度要求比焊打底层焊道时稍大，在坡口两侧稍停留。保证坡口两侧熔合好，焊道均匀。填充层焊道应比试板表面低 1mm 左右，不要熔化坡口的上棱边。

c）盖面层焊接技巧。焊盖面层焊道时，要进一步加大焊枪摆动幅度，保证熔池两侧超过坡口棱边 0.5 ～ 1.5mm，根据焊道的余高决定填丝速度。

2）V 形坡口对接向上立焊操作技术与诀窍

① 装配与定位焊技巧。V 形坡口对接向上立焊的操作首先还是装配与定位焊，装配与定位焊除了按照焊前准备的要求进行之外，还要具体参照表 7-20。

表 7-20　对接向上立焊的装配与定位焊

坡口角度 /（°）	装配间隙 /mm	钝边 /mm	后变形角 /（°）	错边量 /mm
60	始焊端：2 终焊端：3	0	3	≤ 1

② 焊接参数选择。V 形坡口对接向上立焊的焊接参数可参考表 7-21 进行选择。

③ 焊接要点与诀窍。立焊难度大，主要特点是熔池金属下坠，焊缝成形不好，易出现焊瘤和咬边，因此除具有平焊的基本操作技能外，应选用偏小的焊接电流，焊枪做上凸月牙形摆动，并随时调整焊枪角度来控制

熔池的凝固。避免铁液下流，通过焊枪移动与填丝的有机配合，获得良好的焊缝成形。

表 7-21 对接向上立焊的焊接参数

焊接层次	焊接电流 /A	电弧电压 /V	氩气流量 /（L/min）	钨极直径	焊丝直径	钨极伸出长度	喷嘴直径	喷嘴至焊件距离
				/mm				
打底层	80 ～ 90	12 ～ 16	7 ～ 9	2.5	2.5	4 ～ 8	10	≤ 12
填充层	90 ～ 100							
盖面层	90 ～ 100							

焊枪角度与填丝位置如图 7-42 所示。试板应固定在垂直位置，其小间隙的一端放在最下面。

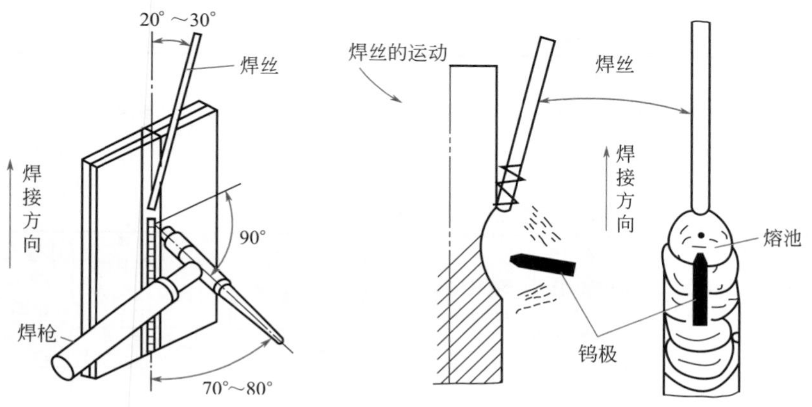

图 7-42 对接向上立焊焊枪角度与填丝位置

图 7-43 对接向上立焊最佳填丝位置

a. 打底层焊接技巧。在试板最下端的定位焊缝上引燃电弧，先不填丝，待定位焊缝开始熔化，形成熔池和熔孔后，开始填丝向上焊接，焊枪做上凸的月牙形运动，在坡口两侧稍停留，保证两侧熔合好，焊接时应注意，焊枪向上移动的速度要合适，特别要控制好熔池的形状，保持熔池外沿接近水平的椭圆形，不能凸出来，否则焊道外凸成形不好。尽可能让已焊好的焊道托住熔池，使熔池表面像一个水平面匀速上升，这样焊缝外观较平整。立焊最佳填丝位置如图 7-43 所示。

b. 填充层焊接技巧。焊填充层焊道时，焊枪摆动幅度可稍大，以保证坡口两侧熔合好，焊道表面平整，焊接步骤、焊枪角度、填丝位置与打底层焊相同。但注意，焊接时不能熔化坡口上表面的棱边。

c. 盖面层焊接技巧。焊盖面层焊道时，除焊枪摆幅较大外，其余都与打底层焊相同。

焊填充层、盖面层前，最好能将先焊好的焊道表面凸起处磨平。

3）V 形坡口对接横焊操作技术与诀窍

① 装配与定位焊技巧。V 形坡口对接横焊的操作首先还是装配与定位焊，装配与定位焊除了按照焊前准备的要求进行之外，还要具体参照表 7-22。

表 7-22　对接横焊的装配与定位焊

坡口角度 /（°）	装配间隙 /mm	钝边 /mm	后变形角 /（°）	错边量 /mm
60	始焊端：2 终焊端：3	0	6 ～ 8	≤ 1

② 焊接参数。V 形坡口对接横焊的焊接参数可参考表 7-23 进行选择。

表 7-23　对接横焊的焊接参数

焊接层次	焊接电流 /A	电弧电压 /V	氩气流量 /（L/min）	钨极直径	焊丝直径	钨极伸出长度	喷嘴直径	喷嘴至焊件距离
				/mm				
打底层	90 ～ 100	12 ～ 16	7 ～ 9	2.5	2.5	4 ～ 8	10	≤ 12
填充层	100 ～ 110							
盖面层	100 ～ 110							

③ 焊接要点与操作诀窍。横焊时要避免上部咬边，下部焊道凸出下坠，电弧热量要偏向坡口下部，防止上部坡口过热，母材熔化过多。

焊道分布为三层四道，如图 7-44 所示，用右焊法。

a. 试板位置放置技巧。试板垂直固定，坡口在水平位置，其小间隙的一端放在右侧。

b. 打底层焊接技巧。焊接时保证根部焊透，坡口两侧熔合良好。焊枪角度和填丝位置如图 7-45 所示。

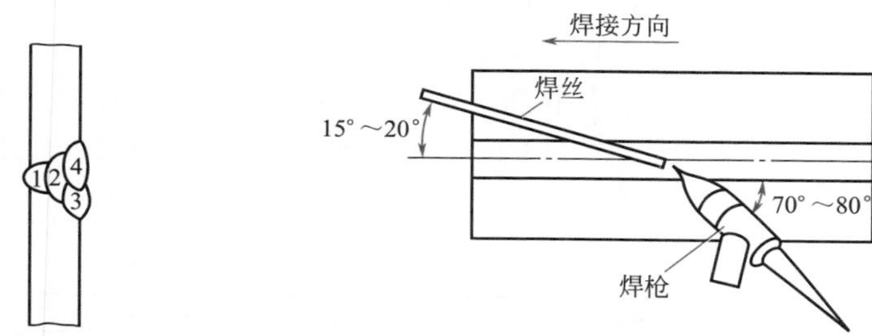

图 7-44　对接横焊的焊道分布　　图 7-45　对接横焊的焊枪角度和填丝位置

在试板右端引弧，先不填丝，焊枪在右端定位焊缝处稍停留，待形成熔池和熔孔后，再填丝并向左焊接。焊枪做小幅度锯齿形摆动，在坡口两侧稍停留。正确的横焊加丝位置如图 7-46 所示。

c. 填充层。焊填充层焊道时，除焊枪摆动幅度稍大外，焊接顺序、焊枪角度、填丝位置都与打底层焊相同。但注意，焊接时不能熔化坡口上表面的棱边。

d. 盖面层焊接技巧。焊盖面层焊道时，盖面层有两条焊道，焊枪角度和对中位置如图 7-47 所示。

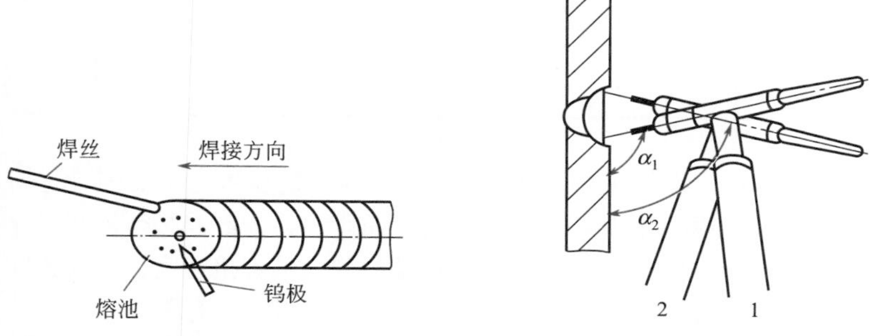

图 7-46　正确的横焊加丝位置　　图 7-47　对接横焊盖面层的焊枪角度与对中位置

焊接时可先焊下面的焊道 3，后焊上面的焊道 4（如图 7-44，下同）。焊下面的盖面层焊道 3 时，电弧以填充层焊道的下沿为中心摆动，使

熔池的上沿在填充层焊道的 1/2 ～ 2/3 处，熔池的下沿超过坡口下棱边 0.5 ～ 1.5mm。焊上面的焊道 4 时，电弧以填充层焊道上沿为中心摆动，使熔池的上沿超过坡口上棱边 0.5 ～ 1.5mm，熔池的下沿与下面的盖面层焊道均匀过渡。保证盖面层焊道表面平整。

4）V 形坡口对接仰焊操作技术与诀窍

① 装配与定位焊技巧。V 形坡口对接仰焊的操作首先还是装配与定位焊，装配与定位焊除了按照焊前准备的要求进行之外，还要具体参照表 7-24。

表 7-24　对接仰焊的装配与定位焊

坡口角度 /(°)	装配间隙 /mm	钝边 /mm	后变形角 /(°)	错边量 /mm
60	始焊端：2 终焊端：3	0	3	≤ 1

② 焊接参数选择。V 形坡口对接仰焊的焊接参数可参考表 7-25 进行选择。

表 7-25　对接仰焊的焊接参数

<table>
<tr><th rowspan="2">焊接层次</th><th rowspan="2">焊接电流 /A</th><th rowspan="2">电弧电压 /V</th><th rowspan="2">氩气流量 /（L/min）</th><th>钨极直径</th><th>焊丝直径</th><th>钨极伸出长度</th><th>喷嘴直径</th><th>喷嘴至焊件距离</th></tr>
<tr><th colspan="5">/mm</th></tr>
<tr><td>打底层</td><td>80 ～ 90</td><td rowspan="3">12 ～ 16</td><td rowspan="3">7 ～ 9</td><td rowspan="3">2.5</td><td rowspan="3">2.5</td><td rowspan="3">4 ～ 8</td><td rowspan="3">10</td><td rowspan="3">≥ 12</td></tr>
<tr><td>填充层</td><td>90 ～ 100</td></tr>
<tr><td>盖面层</td><td>90 ～ 100</td></tr>
</table>

③ 焊接要点与操作诀窍。这是板对接最难焊的位置，主要困难是熔池和焊丝熔化后在重力作用下下坠比立焊严重得多，为此，必须控制好焊接热输入和冷却速度，采用较小的焊接电流，较大的焊接速度，加大氩气流量，使熔池尽可能小，凝固尽可能快，以保证焊缝外形美观。

a. 焊道分布：三层三道。

b. 试板位置：试板固定在水平位置，坡口朝下，其间隙小的一端放在右侧。

c. 打底层焊技巧。焊接时焊枪角度如图 7-48 所示。

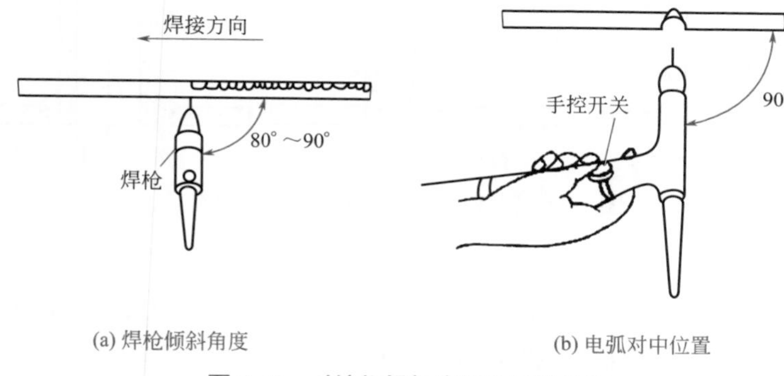

(a) 焊枪倾斜角度　　(b) 电弧对中位置

图 7-48　对接仰焊打底层的焊枪角度

在试板右端定位焊缝上引弧，先不填丝，待形成熔池和熔孔后，开始填丝并向左焊接。焊接时要压低电弧，焊枪做小幅度锯齿形摆动，在坡口两侧稍停留，熔池不能太大，防止熔融金属下坠。焊缝接头时可在弧坑右侧 15 ～ 20mm 处引燃电弧，迅速将电弧左移至弧坑处加热，待原弧坑熔化后，开始填丝转入正常焊接。焊至试板左端收弧，填满弧坑后灭弧，待熔池冷却后再移开焊枪。

d. 填充层焊接技巧。焊接步骤与打底层焊相同，但摆动幅度稍大，保证坡口两侧熔合好，焊道表面平整，离试板表面约 1mm，不准熔化棱边。

e. 盖面层焊接技巧。焊枪摆幅加大，使熔池两侧超过坡口棱边 0.5 ～ 1.5mm，熔合好，成形好，无缺陷。

7.4.2　手工钨极氩弧焊管板焊接操作实例

（1）焊前准备技巧

1）试件准备技巧

所有练习项目可选用管子壁厚为 3 ～ 6mm，外径 22 ～ 60mm 的无缝钢管，长 100mm。孔板选用 12mm 钢板，其尺寸为 12mm×100mm×100mm。加工要求如图 7-49 所示。建议选用管径为 51mm、壁厚 3mm 的无缝钢管做试件。

2）焊接材料的选择诀窍

① 焊丝选择。选用 H08Mn2Si 或 H05MnSiAlTiZr、直径 ϕ2.5mm、每根长 800 ～ 1000mm 的焊丝，并用砂布将焊丝打磨出金属光泽。

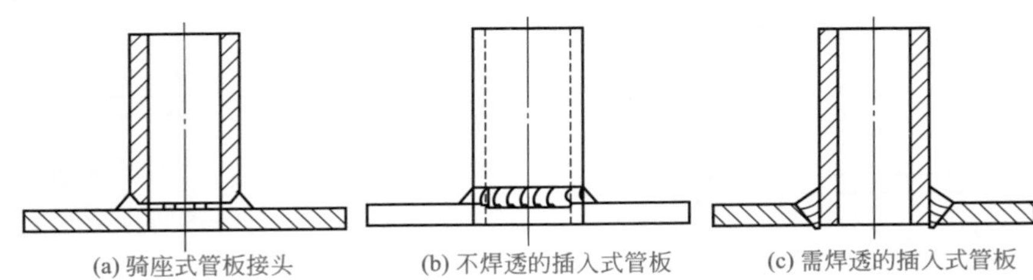

(a) 骑座式管板接头　(b) 不焊透的插入式管板　(c) 需焊透的插入式管板

图 7-49　管板接头的结构及焊前打磨区

② 氩气选择。要求氩气纯度≥ 99.5%。

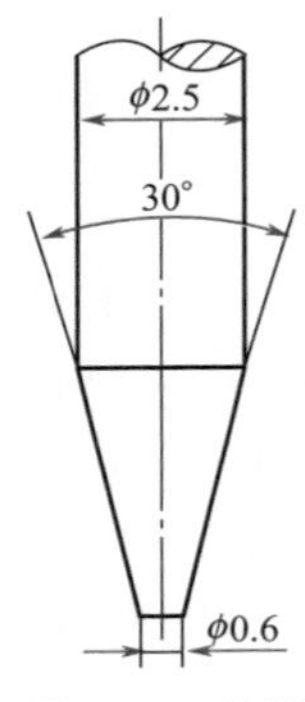

图 7-50　钨极打磨形状

③ 钨极选择。牌号 WTh-15，规格 ϕ2.5mm×175mm。端部打磨成圆锥形。如图 7-50 所示。

3）焊前清理技巧

氩弧焊试件焊前必须认真打磨，除净焊接区的油、锈及其他脏物。

4）装配与定位焊技巧与诀窍

定位焊缝 3 处，均布于管子外圆周上，必须保证焊接质量，定位焊缝必须熔合好，每处长度≤ 10mm，不允许有气孔、夹渣或其他缺陷，如发现缺陷，必须将有缺陷的定位焊缝全部磨掉重焊，不允许重熔，定位焊缝的位置如图 7-51 所示。

5）打钢印及位置代号

要求参见图 7-52。

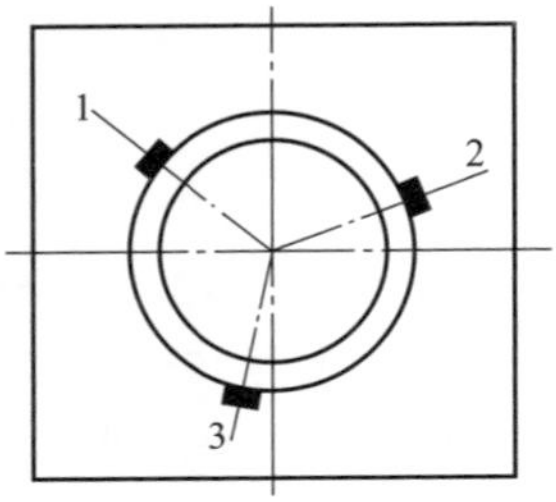

图 7-51　定位焊缝的位置

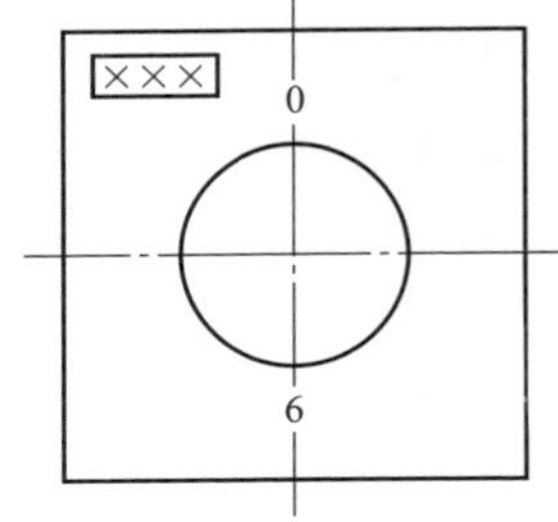

图 7-52　打钢印位置和标记

（2）插入式管板对接操作技术、技巧与诀窍

插入式管板对接可根据实际生产的需要分为不焊透的插入式管板焊接

和需焊透的插入式管板焊接。

1）不焊透的插入式管板焊接操作技术与诀窍

不焊透的插入式管板焊接是比较容易掌握的项目，焊接时只要能保证根部焊透，焊脚尺寸对称、外形美观、尺寸均匀无缺陷就行。不焊透的插入式管板焊接主要有管板垂直固定俯焊、管板垂直固定仰焊和管板水平固定全位置焊。

① 管板垂直固定俯焊操作技术与诀窍。

a. 焊接参数选择见表 7-26。

表 7-26　管板俯焊的焊接参数

焊接电流 /A	电弧电压 /V	氩气流量 /（L/min）	钨极直径	焊丝直径	喷嘴直径	喷嘴至焊件距离
			/mm			
90 ～ 100	11 ～ 13	6 ～ 8	2.5	2.5	8	≤ 12

b. 焊接要点与操作技巧。单层单道，左焊法。焊枪倾斜角度和电弧的对中位置如图 7-53 所示。

焊接步骤与操作技巧如下：

a）调整钨极伸出长度技巧。钨极伸出长度的调整方法，如图 7-54 所示。

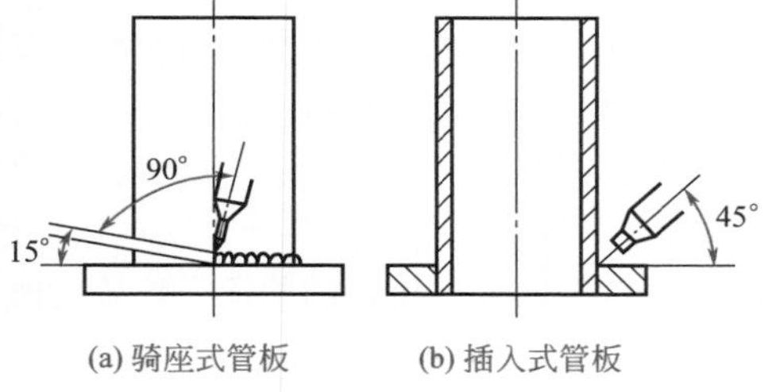

图 7-53　管板俯焊焊枪倾斜角度和电弧的对中位置

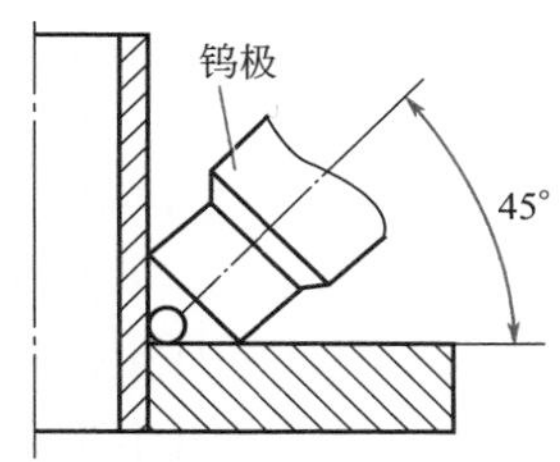

图 7-54　调整钨极伸出长度

b）焊缝引弧技巧。在试件右侧的定位焊缝上引燃电弧，先不加焊丝，引燃电弧后，焊枪稍摆动，待定位焊缝开始熔化并形成明亮的熔池后，开始加焊丝，并向左焊接。

c）焊缝焊接技巧。焊接过程中，电弧应以管子与孔板的顶角为中心

开始横向摆动，摆动幅度要适当，使焊脚均匀，注意观看熔池两侧和前方，当管子和孔板熔化的宽度基本相等时，焊脚尺寸就是对称的。为了防止管子咬边，电弧可稍离开管壁，从熔池前上方填丝，使电弧的热量偏向孔板。

d）焊缝接头技巧。在原收弧处右侧 15 ～ 20mm 的焊缝上引弧，引燃电弧后，将电弧迅速左移到原收弧处，先不加焊丝，待需接头处熔化形成熔池后，开始加焊丝，按正常速度焊接。

e）焊缝收弧技巧。当一圈焊缝快焊完时停止送丝，待原来的焊缝金属熔化，与熔池连成一体后再加焊丝，填满弧坑后断弧。

通常封闭焊缝的最后接头处容易未焊透，焊接时必须用电弧加热根部，待顶角处熔化后再加焊丝。如果怕焊不透，也可将原来的焊缝头部磨成斜坡，这样更容易接好头。

② 管板垂直固定仰焊操作技术与诀窍。

a. 焊接参数选择（见表 7-27）。

表 7-27　管板仰焊的焊接参数

焊接电流 /A	电弧电压 /V	氩气流量 /（L/min）	钨极直径 /mm	焊丝直径 /mm	喷嘴直径 /mm	喷嘴至焊件距离 /mm
80 ～ 90	11 ～ 13	6 ～ 8	2.5	2.5	8	≤ 12

b. 焊接要点与诀窍。仰焊是难度较大的焊接位置，熔化的母材和焊丝熔滴易下坠。必须严格控制焊接热输入和冷却速度。焊接电流稍小些，焊接速度稍快，送丝频率加快，但要减少送丝量，氩气流量适当加大，焊接时尽量压低电弧。焊缝采用二层三道，左焊法。

a）打底层焊接技巧。焊打底层焊道应保证顶角处的熔深，焊枪的倾斜角度和电弧对中位置如图 7-55 所示。

在右侧定位焊缝上引燃电弧，先不加焊丝，待定位焊缝开始熔化并形成熔池后，开始加焊丝，并向左焊接。

焊接过程中要尽量压低电弧，电弧对准顶角向左焊接，保证熔池两侧熔合好，焊丝熔滴不能太大，当焊丝端部熔化形成较小的熔滴时，立即送入熔池中，然后退出焊丝，发现熔池表面下凸时，应加快焊接速度，待熔池稍冷却后再加焊丝。

b）盖面层焊接技巧。盖面层焊缝有两条焊道，焊枪的倾斜角度和电弧的对中位置如图 7-56 所示。先焊下面的焊道，后焊上面的焊道。

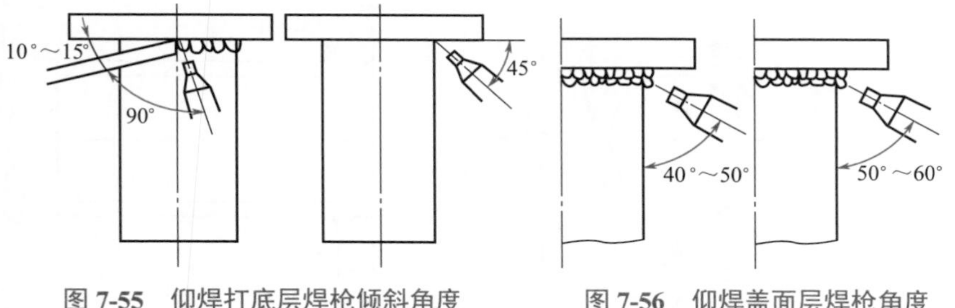

图 7-55　仰焊打底层焊枪倾斜角度和电弧对中位置

图 7-56　仰焊盖面层焊枪角度与对中位置

焊接步骤与焊打底层焊道相同。

③ 管板水平固定全位置焊操作技术与诀窍。

a. 焊接参数选择（见表 7-28）。

b. 焊接要点与诀窍。两层两道，每层焊缝都分成前、后两半圈，依次焊接，一条定位焊缝在时钟 7 点处。

表 7-28　管板水平固定全位置焊的焊接参数

焊接电流 /A	电弧电压 /V	氩气流量 /（L/min）	钨极直径	焊丝直径	喷嘴直径	喷嘴至焊件距离
			/mm			
80 ～ 90	11 ～ 13	6 ～ 8	2.5	2.5	8	≤ 12

a）打底层焊接技巧。将试件管子轴线固定在水平位置，时钟 0 点位置处在正上方。

焊枪的倾斜角度和电弧对中位置如图 7-57 所示。在时钟 7 点位置左侧 10 ～ 20mm 处引燃电弧后，迅速退到定位焊缝上，先不加焊丝，待定位焊缝处熔化形成熔池后，开始加焊丝，并按顺时针方向焊至时钟 11 点处。

然后从时钟 6 点位置处引弧，先不加焊丝，电弧按逆时针方向移到焊缝端部预热，待焊缝端部熔化形成熔池后，加焊丝，按逆时针方向焊至时钟 11 点位置处左侧，停止送丝，待焊缝熔化时加丝，焊接完打底层焊道的最后一个封闭接头。

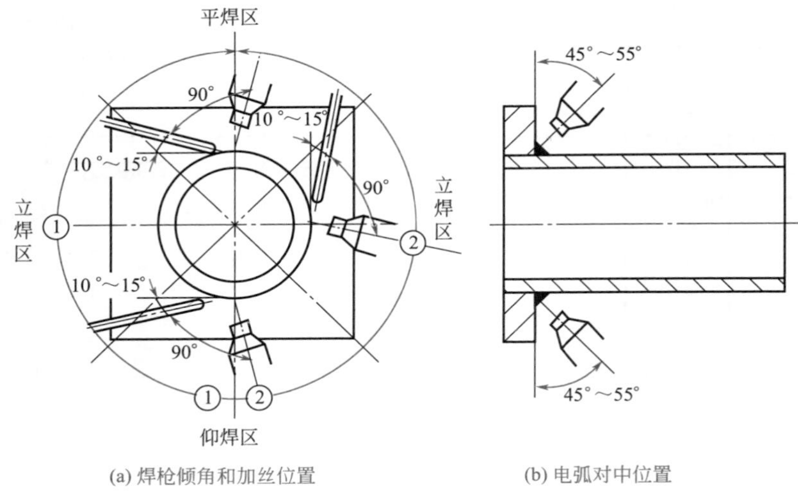

(a) 焊枪倾角和加丝位置

(b) 电弧对中位置

图 7-57　管板全位置焊的焊枪角度与对中位置

b）盖面层焊接技巧。按焊打底层焊道的顺序焊完盖面层焊道，焊接时焊枪摆幅稍宽，保证焊脚尺寸符合要求。

2）需焊透的插入式管板焊接操作技术与诀窍

需焊透的插入式管板的焊接技术是锅炉、压力容器、压力管道焊工的必备技术，也是焊接难度最大的接头形式，焊工必须同时掌握平板对接接头单面焊双面成形和平板 T 形接头角焊缝的焊接技术，并能够根据管子圆周曲率的变化，随时调整焊枪倾斜角度、加丝位置、电弧对中位置，获得满意的焊接结果。

由于这类管板试件选用的孔板较厚，通常都选用 12mm 厚的板，坡口角度较大，需填充的焊肉较多，为了提高焊接质量，降低成本，通常只采用手工钨极氩弧焊焊接打底层焊道，填充层和盖面层焊道根据焊接工艺要求，则选用焊条电弧焊、CO_2 气体保护焊或混合气体保护焊焊接。

需焊透的插入式管板焊接主要包括管板水平转动俯焊、管板垂直固定俯焊、管板垂直固定仰焊和管板水平固定全位置焊。

① 管板水平转动俯焊操作技术与诀窍。

a. 装配与定位焊技巧。将管子插在孔板中间，保证管子端面和孔板下平面齐平，管子与孔板间隙沿圆周方向均匀分布。焊 3 条定位焊缝，每条长 10 ～ 15mm，尽可能小，必须焊牢，不允许有缺陷，沿圆周方向均匀分布。

b. 试件的位置放置技巧。要求管子轴线与水平面垂直，孔板放在水平面上。注意：必须保证管板接头焊接区背面悬空，背面焊道能自由成形，电接触可靠，能可靠引弧和燃弧。试件的一条定位焊缝在焊工的右侧。

c. 焊接要点与技巧。采用左焊法，焊枪的角度和加丝位置与电弧对中位置如图 7-58 所示。

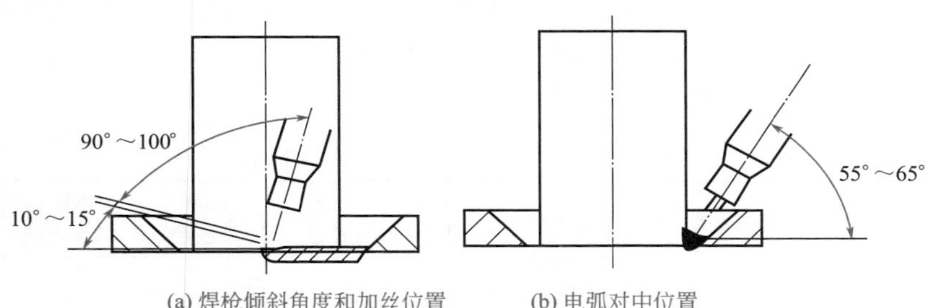

(a) 焊枪倾斜角度和加丝位置　(b) 电弧对中位置

图 7-58　俯焊焊枪角度与电弧对中位置

d. 焊接参数选择（见表 7-29）。

表 7-29　管板水平转动俯焊的焊接参数

焊接电流 /A	电弧电压 /V	氩气流量 /（L/min）	钨极直径	焊丝直径	喷嘴直径	喷嘴至焊件距离
			/mm			
90 ～ 100	11 ～ 13	6 ～ 8	2.5	2.5	8	≤ 12

e. 焊接要点与诀窍。

a）在焊缝的右侧定位焊缝上引燃电弧，原地预热，暂不加丝。待定位焊缝和两侧坡口熔化，形成熔池后，电弧移到定位焊缝左侧，压低电弧，听见击穿声，看见熔孔，且熔孔直径合适时，转入正式向左焊接，开始加丝。

b）焊到打底层焊道的 1/4 ～ 1/3 处时，熄弧。将弧坑转到右侧，在弧坑右侧引燃电弧，暂不加丝，原地预热，待弧坑和两侧坡口熔化形成熔池后，电弧移到弧坑左端，下压电弧，待听见击穿声，看见熔孔，且熔孔直径合适时，继续向左焊接，开始加丝。如此反复，直到焊完打底层焊道为止。

c）当焊到定位焊缝两端时，停止加丝，减慢焊接速度，看见焊缝和定位焊缝熔合后，才能继续施焊。

d）焊到打底层焊道的封闭处时，必须接好最后一个接头。

② 管板垂直固定俯焊操作技术与诀窍。

a. 装配与定位焊技巧。装配与定位焊要求与不焊透的插入式管板焊接的管板垂直固定俯焊内容相同。

b. 试件的位置放置技巧。与不焊透的插入式管板焊接的管板垂直固定俯焊内容相同。但试件需固定牢，焊接过程中不准移动。

c. 焊接参数选择（见表 7-30）。

表 7-30　管板垂直固定俯焊的焊接参数

焊接电流/A	电弧电压/V	氩气流量/（L/min）	钨极直径	焊丝直径	喷嘴直径	喷嘴至焊件距离
			/mm			
90 ～ 100	11 ～ 13	6 ～ 8	2.5	2.5	8	≤ 12

d. 焊接要点与技巧。与管板水平转动的需焊透的插入式管板完全相同，但焊接过程中不准移动试件的位置，焊工必须围绕试件转一圈，才能焊完打底层焊道。

③ 管板垂直固定仰焊技巧与诀窍。这种位置比俯焊难。焊接时必须使熔池尽可能小，防止液态金属流失，保证焊缝成形美观。

a. 装配与定位焊技巧。要求与管板水平转动的需焊透的插入式管板相同。

b. 试件的位置放置技巧。管子轴线垂直向下，孔板在上面，焊缝在仰焊位置。将试件固定在便于焊接的地方。

c. 焊接参数选择（见表 7-31）。

表 7-31　管板垂直固定仰焊的焊接参数

焊接电流/A	电弧电压/V	氩气流量/（L/min）	钨极直径	焊丝直径	喷嘴直径	喷嘴至焊件距离
			/mm			
80 ～ 90	11 ～ 13	6 ～ 8	2.5	2.5	8	≤ 12

d. 焊接要点与操作技巧。

a）左焊法，焊枪的倾斜角度和加丝位置与电弧对中位置如图 7-59 所示。

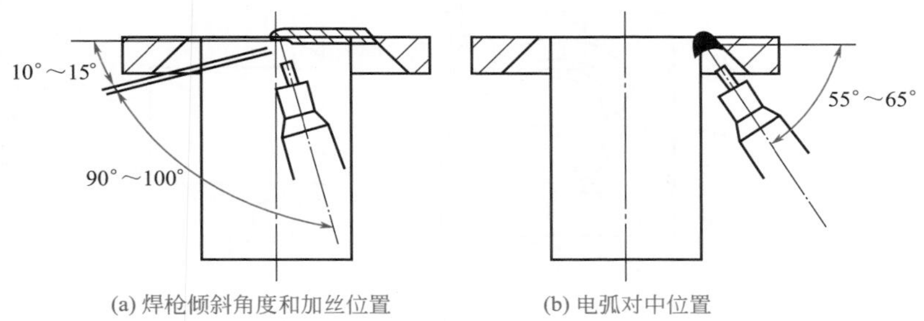

图 7-59　仰焊焊枪角度与电弧对中位置

b）在焊缝的右侧定位焊缝上引燃电弧，原地预热，暂不加丝，待定位焊缝及两侧坡口熔化，形成熔池后，电弧移到定位焊缝左侧，上顶电弧，待听见击穿声，看见熔孔，且熔孔直径合适时，开始向左焊接，加焊丝。焊工可跟随熔池位置旋转，继续向左焊接。

c）焊到定位焊缝两端时，停止加丝，放慢焊接速度，保证定位焊缝两端焊透，熔合好。

d）焊到打底层焊道封闭处时，必须接好最后一个接头。

④ 管板水平固定全位置焊操作技术与诀窍。这是比较难焊的位置，具体如下。

a. 装配与定位焊技巧。要求与管板水平转动的需焊透的插入式管板相同。

b. 试件位置放置技巧。管子轴线在水平面内，孔板在垂直面内，一条定位焊缝在时钟 7 点位置处，时钟 0 点位置处在正上方。

c. 焊接参数选择（见表 7-32）。

表 7-32　管板水平固定全位置焊的焊接参数

焊接电流/A	电弧电压/V	氩气流量/（L/min）	钨极直径	焊丝直径	喷嘴直径	喷嘴至焊件距离
			/mm			
100 ～ 120	12 ～ 14	8 ～ 12	2.5	2.5	8	≤ 12

d. 焊接要点与诀窍。将管板焊缝分为左、右两半圈，由下往上焊接。

a）焊枪角度和加丝位置与电弧对中位置，如图 7-60 所示。

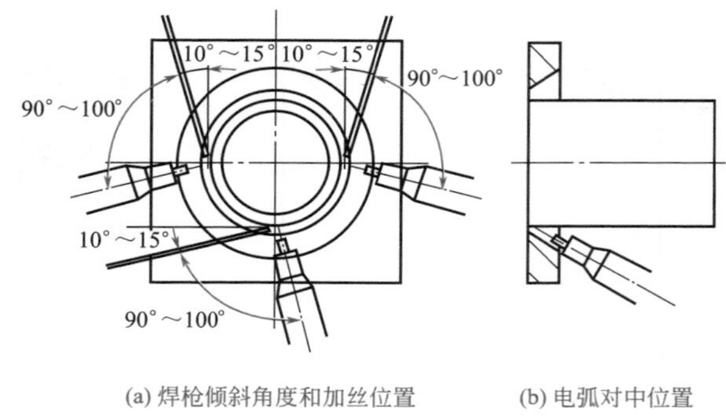

(a) 焊枪倾斜角度和加丝位置　　(b) 电弧对中位置

图 7-60　焊枪角度与电弧对中位置

b）在时钟 7 点位置处的定位焊缝上引燃电弧进行预热，暂不加丝，待定位焊缝及两侧坡口熔化，形成熔池后，电弧沿逆时针方向移到定位焊缝右端，向内压电弧，听见击穿声，看见熔孔，且熔孔直径合适时，开始逆时针向上焊接，加焊丝，经时钟 3 点位置处一直焊到时钟 11 点位置处定位焊缝的右侧停止。注意要接好头。

c）在时钟 7 点位置处的定位焊缝上引燃电弧，原地预热，待定位焊缝和坡口两侧熔化形成熔池后，电弧移到定位焊缝左侧，上顶电弧，待听见击穿声，看见熔孔，且熔孔直径合适时，开始转入顺时针方向正式焊接、加丝，一直焊到时钟 11 点位置处，注意接好头，完成打底层焊道的焊接。

⑤ 管板 45° 固定全位置焊操作技术与诀窍。

a. 装配与定位焊技巧。要求与管板水平转动的需焊透的插入式管板相同。

b. 试件位置放置技巧。将管子轴线和水平面成 45° 角固定好，焊接过程中不准改变位置。一条定位焊缝在时钟 7 点位置处，时钟 0 点处在最上方。

c. 焊接参数选择（见表 7-33）。

d. 焊接要点。与水平固定需焊透的插入式管板的焊接步骤完全相同。注意：焊接过程中焊枪的倾斜角度、加丝位置与电弧对中位置必须在焊接熔池所在位置进行水平移动，并保证其相对位置不变，电弧在水平方向摆动，因此焊缝上的鱼鳞纹方向与管子轴线成 45° 角。

表 7-33 管板 45° 固定全位置焊的焊接参数

焊接电流 /A	电弧电压 /V	氩气流量 /(L/min)	钨极直径	焊丝直径	喷嘴直径	喷嘴至焊件距离
			/mm			
100 ~ 120	12 ~ 14	8 ~ 12	2.5	2.5	8	≤ 12

（3）骑座式管板对接操作技术、技巧与诀窍

这是结构焊工必须要掌握的焊接技术，比不需焊透的插入式管板难焊。骑座式管板焊接难度较大，既要保证单面焊双面成形，又要保证焊缝正面均匀美观，焊脚尺寸对称。再加上管壁薄，孔板厚，坡口两侧导热情况不同，需控制热量分布，这也增加了难度。通常都靠打底层焊保证焊缝背面成形，靠填充层和盖面层焊保证焊脚尺寸和外观质量。

骑座式管板对接的主要焊接形式有管板垂直固定俯焊、管板垂直固定仰焊和管板水平固定全位置焊。

1）管板垂直固定俯焊操作技术与诀窍

① 焊接参数选择（见表 7-34）。

表 7-34 管板俯焊的焊接参数

焊接电流 /A	电弧电压 /V	氩气流量 /（L/min）	钨极直径	焊丝直径	喷嘴直径	喷嘴至焊件距离
			/mm			
80 ~ 100	11 ~ 13	6 ~ 8	2.5	2.5	8	≤ 12

② 焊接要点与诀窍。采用两层两道，左焊法。俯焊焊枪的角度与电弧对中位置如图 7-61 所示。焊前先在试板上调节好焊接参数和钨极伸出长度。调整钨极伸出长度的办法如图 7-54 所示。

a. 打底层焊接技巧。焊打底层焊道需保证根部焊透，焊道背面成形。将试件固定在垂直俯位处，一个定位焊缝在右侧。在右侧的定位焊缝上引燃电弧，先不加焊丝，电弧在原位稍摆动，待定位焊缝熔化，形成熔池和熔孔后送焊丝，待焊丝端部熔化形成熔滴后，轻轻地将焊丝向熔池推一下，将铁液送到熔池前端的熔池中，以提高焊道背面的高度，防止未焊透和背面焊道焊肉不够的缺陷。

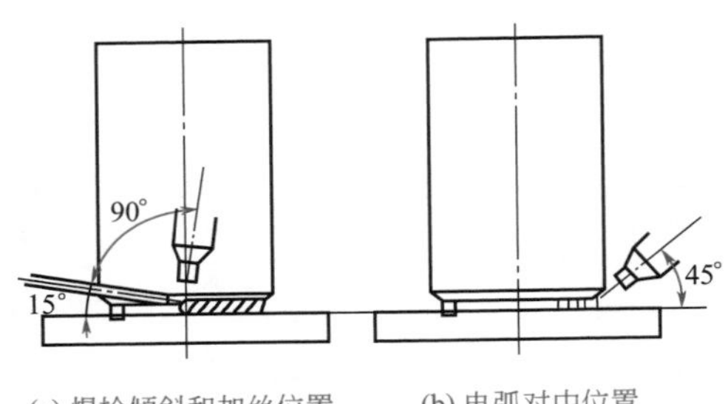

(a) 焊枪倾斜和加丝位置　　(b) 电弧对中位置

图 7-61　管板俯焊焊枪的角度与电弧对中位置

焊至其他的定位焊缝处时，应停止送丝，利用电弧将定位焊缝熔化并和熔池连成一体后，再送丝继续向左焊接。焊接时要注意观察熔池，保证熔孔的大小一致，防止管子烧穿。若发现熔孔变大，可适当减小焊枪与孔板间的夹角，增加焊接速度，减小电弧在管子坡口侧的停留时间，或减小焊接电流，使熔孔变小；若发现熔孔变小，则应采取与上述相反的措施，使熔孔增大。

焊缝收弧时，先停止送丝，随后断开控制开关，此时焊接电流衰减，熔池逐渐缩小，当电弧熄灭，熔池凝固冷却到一定温度后，才能移开焊枪，以防收弧处焊缝金属被氧化。

焊缝接头时，应在弧坑右方 10 ～ 20mm 处引燃电弧，并立即将电弧移到需接头处，先不加焊丝，待接头处熔化，左端出现熔孔后再加丝焊接。

焊至封闭处，可稍停填丝，待原焊缝头部熔化时再填丝，保证接头处熔合良好。

b. 盖面层焊接技巧。盖面层焊道必须保证熔合好，无缺陷。

焊前可先将打底层焊道上局部的凸起处打磨平。仍从右侧打底层焊道上引弧，先不加丝，待引弧处局部熔化形成熔池时，开始填丝，并向左焊接。

焊盖面层焊道时，焊枪横向摆动幅度较大，需保证熔池两侧与管子外圆周及孔板熔合好。其他操作要求与打底层焊道相同。

2）管板垂直固定仰焊操作技术与诀窍

这个位置比俯焊难焊，但比对接板仰焊容易，因为管子的坡口可托住熔池，有点像横焊，但比横焊难焊。

① 焊接参数选择（见表 7-35）。

表 7-35 管板仰焊的焊接参数

焊接电流 /A	电弧电压 /V	氩气流量 /（L/min）	钨极直径	焊丝直径	喷嘴直径	喷嘴至焊件距离
			/mm			
80 ～ 100	11 ～ 13	6 ～ 8	2.5	2.5	8	≤ 12

② 焊接要点与诀窍。两层三道，焊道分布如图 7-62 所示。

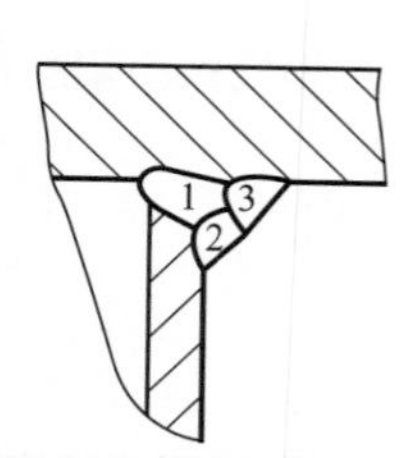

图 7-62 仰焊焊道分布

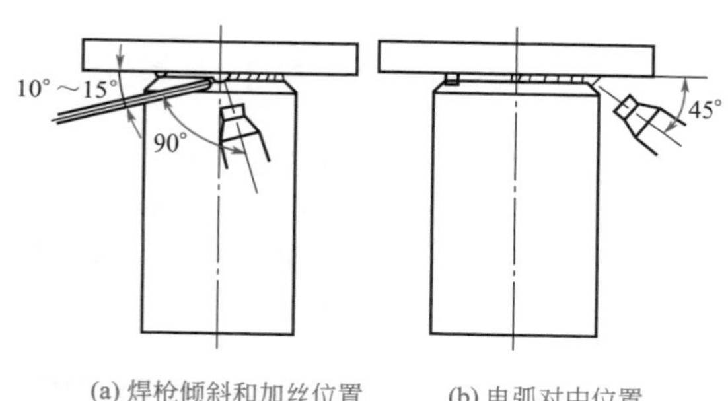

(a) 焊枪倾斜和加丝位置　(b) 电弧对中位置

图 7-63 仰焊打底层焊的焊枪角度与电弧对中位置

a. 打底层焊接技巧。焊接时焊枪角度与电弧对中位置如图 7-63 所示。

焊接时，将试件在垂直仰位处固定好，一个定位焊缝在最右侧。

在右侧的定位焊缝上引燃电弧，先不加焊丝，待坡口根部熔化，形成熔池熔孔后，再加焊丝从右向左焊接。

焊接时电弧尽可能地短些，熔池要小，但要保证孔板和管子坡口面熔合好，根据熔孔和熔池表面情况调整焊枪角度和焊接速度。

管子侧坡口根部的熔孔超过原棱边应≤ 1mm。否则背面焊道太宽太高。

焊缝需接头时，在接头处右侧 10 ～ 20mm 处引燃电弧，先不加焊丝，待接头处熔化形成熔池和熔孔后，再加焊丝继续向左焊接。

b. 盖面层焊接技巧。盖面层有两条焊道，先焊下面的焊道 2，后焊上面的焊道 3（见图 7-62）。仰焊盖面层焊道的焊枪角度，如图 7-64 所示。

焊下面的盖面层焊道 2 时，电弧对准打底层焊道的下沿，焊枪做小幅度锯齿形摆动，保证熔池的下沿超过管子坡口棱边 1.0 ～ 1.5mm，熔池的

上沿在打底层焊道的 1/3 ～ 1/2 处。

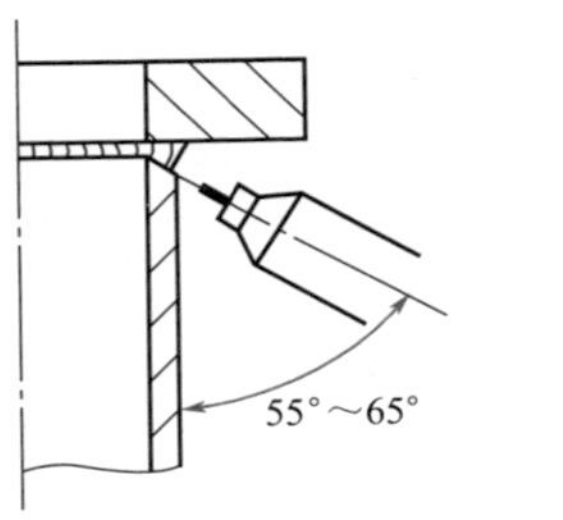

(a) 焊枪倾斜角度

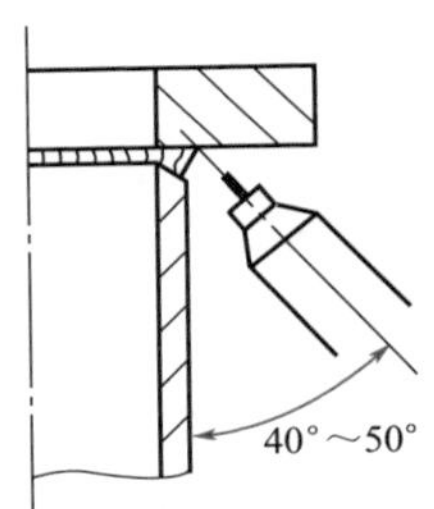

(b) 电弧对中位置

图 7-64　仰焊盖面层焊的焊枪角度与电弧对中位置

焊上面的焊道 3 时，电弧以打底层焊道上沿为中心，焊枪做小幅度摆动，使熔池将孔板和下面的焊道圆滑地连接在一起。

3）管板水平固定全位置焊操作技术与诀窍

① 焊接参数选择（见表 7-36）。

表 7-36　管板全位置焊的焊接参数

焊接电流/A	电弧电压/V	氩气流量/(L/min)	钨极直径	焊丝直径	喷嘴直径	喷嘴至焊件距离
			/mm			
80 ～ 100	11 ～ 13	6 ～ 8	2.5	2.5	8	≤ 12

② 焊接要点与诀窍。这是最难焊的项目，必须同时掌握平焊、立焊和仰焊技术才能焊好这个位置的试件。

为叙述方便，试件用通过管子轴线的垂直平面将试件焊缝分成两半圈，并按时钟钟面将试件分成 12 等份，时钟 0 点处在最上方。

两层两道。先焊打底层焊道，后焊盖面层焊道，每层都分成两半圈，先按逆时针方向焊前半圈，后按顺时针方向焊后半圈。

a. 打底层焊接技巧。将试件管子轴线固定在水平位置，时钟 0 点处在正上方。

焊枪角度和填丝位置有两种情况，全位置焊焊枪角度与电弧对中位置如图 7-61 所示。

在时钟 6 点位置处左侧 10 ～ 15mm 处引燃电弧，先不加焊丝，待坡口根部熔化，形成熔池和熔孔后，开始加焊丝，并按逆时针方向焊接至0点处。然后从时针6点位置处引燃电弧。先不加焊丝，待焊缝开始熔化时，按顺时针方向移动电弧。当焊缝前端出现熔池和熔孔后，开始加焊丝，继续沿逆时针方向焊接。焊至接近时钟0点处时，停止送丝，待原焊缝处开始熔化时，迅速加焊丝，使焊缝封闭。这是打底层焊道的最后一个接头，要防止烧穿或未熔合。

b. 盖面层焊接技巧。焊接顺序和要求与焊打底层焊道相同，但焊枪的摆动幅度稍大。

7.4.3 手工钨极氩弧焊管子对接焊操作实例

空间不同位置管子对接接头的焊接技术，也是焊工必须掌握的操作技能。为叙述方便，直径不超过ϕ60mm的无缝钢管简称为小径管，直径ϕ133mm以上的无缝钢管简称为大径管。

（1）焊前准备技巧

1）试件的准备技巧

选用20无缝钢管，小径管尺寸为ϕ42mm×5mm×100mm。大径管尺寸为ϕ133mm×10mm×120mm，其加工要求如图7-65所示。试件可根据练习情况自定管径、壁厚及材质，但需符合有关考试规定。

2）焊前清理技巧

用锉刀、砂布、钢丝刷或角向磨光机等工具，将管内、外壁的坡口边缘20mm范围内除净铁锈、油污和氧化皮等杂质，使其露出金属光泽。但应特别注意，在打磨过程中不要破坏坡口角度和钝边尺寸，以免给打底层焊带来困难。

3）装配与定位焊技巧

管子在装配与定位焊时，使用的焊丝和正式焊接时相同。定位焊时，室温应不低于15℃，定位焊缝均布3处，长10～15mm，采用搭桥连接，不能破坏坡口的棱边。当焊至定位焊缝处时，用角向砂轮机将定位焊缝磨掉后再进行焊接。坡口间隙：时钟6点处间隙为2mm，时钟0点处间隙为1.5mm。坡口钝边自定。

4）焊接材料与设备选择技巧

① 焊接电源选择。采用直流正接法（管子接正极，焊枪的钨极接负极）。

② 焊接材料选择。焊丝选用H05MnSiAlTiZr，规格ϕ2.5mm，截成每

根 800 ～ 1000mm 长，并用砂布将焊丝打磨出金属光泽；保护气体是纯度 99.99% 的氩气；钨棒牌号 WTh-15，规格 ϕ2.5mm×175mm，其端部修磨的几何形状如图 7-66 所示。

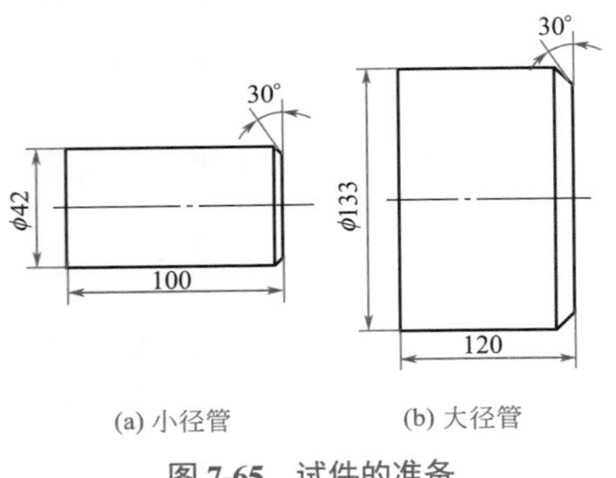

(a) 小径管　　(b) 大径管

图 7-65　试件的准备

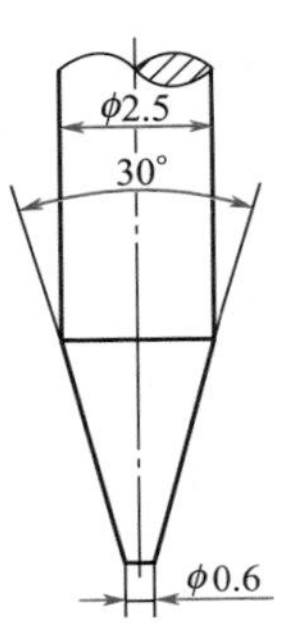

图 7-66　钨极端部的几何形状

（2）焊后检验方法与诀窍

小径管需经外观、通球、断口、冷弯检验，大径管需经外观、X 射线探伤及断口检验。检验要求如下。

外观检验时，经操作者眼睛或小于 5 倍的放大镜检验外观，并用测量工具测定缺陷的位置和尺寸。应符合以下规定：

① 焊缝表面应是原始状态，没有加工或补焊痕迹。外观尺寸符合表 7-37 规定。

表 7-37　焊缝外形尺寸表　　单位：mm

焊接方法	焊缝余高	焊缝余高差	焊缝宽度	
			比坡口每侧增宽	宽度差
手工钨极氩弧焊	0 ～ 3	≤ 2	0.5 ～ 2.5	≤ 3

② 焊缝表面不允许有裂纹、未熔合、夹渣、气孔、焊瘤和未焊透缺陷。

③ 允许的焊接缺陷。咬边深度小于等于 0.5mm，焊缝两侧咬边总长度不应超过焊缝有效长度的 10%。背面凹坑：当 $\delta \leqslant$ 5mm 时，深度 $\leqslant 25\%\delta$，且 ≤ 1mm；当 δ>5mm 时，深度 $\leqslant 20\%\delta$，且 ≤ 2mm。

外径小于或等于 ϕ76mm 的管子作通球试验。管外径大于或等于

ϕ32mm 时，通球直径为管内径的 85%。管外径 <ϕ32mm 时，通球直径为管内径的 75%。

① X 射线探伤技巧。管外径 ≥ ϕ76mm 的管子试件需按照国家标准进行探伤，射线透照质量不应低于 AB 级，焊缝缺陷等级不低于Ⅱ级为合格。

② 力学性能试验技巧。

a. 断口试验技巧。小径管任取两个试件作断口试验，断面上没有裂纹和未熔合，其他缺陷应符合表 7-38 的规定。每个试件位置的两个断口试样检验结果，均符合上述要求才合格，否则为不合格。

表 7-38　小径管试件的断口检验标准

裂纹、未熔合、未焊透	背面凹坑 /mm	气孔（单个）/mm		夹渣（单个）/mm		气孔和夹渣
	深度	径向长度	轴向、周向长度	径向长度	轴向、周向长度	在任何 10mm 焊缝长度内
不允许	≤ 25%δ 且 ≤ 1	≤ 30%δ 且≤ 1.5	≤ 2	25%δ	30%δ	≤ 3 个

注：1. 沿圆周方向 10%δ 范围内，气孔和夹渣的累计长度不大于 δ（δ 为管子壁厚）。
2. 沿壁厚方向同一直线上各种缺陷总和不大于 30%δ，且不大于 1.5mm。

b. 冷弯试验技巧。按图 7-67 规定位置截取冷弯试样。

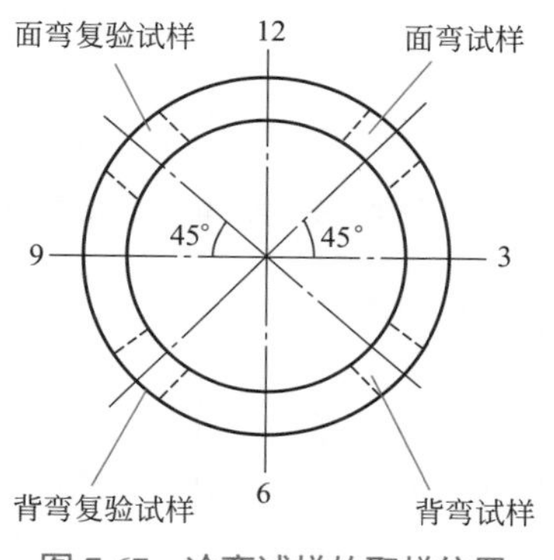

图 7-67　冷弯试样的取样位置

试样按规定加工后作冷弯试验，背弯和面弯两个试件都合格为合格，

若只有一个试样合格，允许另取样复试，复试合格为合格，否则不合格。

（3）小径管对接焊操作技术与诀窍

1）小径管水平转动对接焊操作技巧与诀窍

① 焊接参数选择（见表 7-39）。

表 7-39　小径管水平转动对接焊的焊接参数

焊接电流 /A	电弧电压 /V	氩气流量 /（L/min）	预热温度（最低）	层间温度（最高）	钍钨极直径	焊丝直径	喷嘴直径	喷嘴至焊件距离
			/℃		/mm			
90 ~ 100	10 ~ 12	6 ~ 10	12	250	2.5	2.5	8	≤ 10

② 焊接要点与诀窍。定位焊缝可只焊一处，位于时钟 6 点位置处，保证该处间隙为 2mm。焊两层两道，焊枪倾斜角度与电弧对中位置如图 7-68 所示。

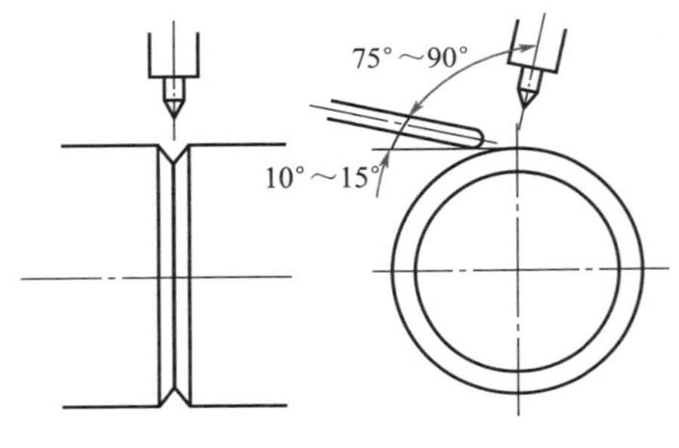

(a) 电弧对中位置　　(b) 焊枪倾斜角度

图 7-68　小径管水平转动对接焊焊枪倾斜角度与电弧对中位置

焊前将定位焊缝放在时钟 6 点位置处，并保证时钟 0 点位置处间隙为 1.5mm。

a. 打底层焊接技巧。在时钟 0 点位置处引燃电弧，管子先不动，也不加丝，待管子坡口熔化并形成明亮的熔池和熔孔后，管子开始转动并开始加焊丝。

焊接过程中焊接电弧始终保持在时钟 0 点位置处，始终对准间隙，可稍作横向摆动，应保证管子的转动速度和焊接速度一致。焊接过程中，填充焊丝以往复运动方式间断送入电弧内的熔池前方，成滴状加入。焊丝送进要有规律，不能时快时慢，这样才能保证焊缝成形美观。焊接过程中，试管与焊丝、喷嘴的位置要保持一定距离，避免焊丝扰乱气流及触到钨极。焊丝末端不得脱离氩气保护区，以免端部被氧化。

当焊至定位焊缝处时，应暂停焊接。收弧时，首先应将焊丝抽离电弧区，但不要脱离氩气保护区，同时切断控制开关，这时焊接电流衰减，熔池随之缩小，当电弧熄灭后，延时切断氩气时，焊枪才能移开。

将定位焊缝磨掉，将收弧处磨成斜坡并清理干净后，管子暂停转动与加焊丝，在斜坡上引燃电弧，待焊缝开始熔化时，加丝接头，焊枪回到时钟 12 点位置处时管子继续转动，至焊完打底层焊道为止。

打底层焊道封闭前，先停止送进焊丝和转动，待原来的焊缝头部开始熔化时，再加丝接头，填满弧坑后断弧。

b. 盖面层焊接技巧。焊盖面层焊道时，除焊枪横向摆动幅度稍大外，其余操作与打底层焊接时相同。

2）小径管垂直固定对接焊操作技巧与诀窍

① 焊接参数选择，见表 7-40。

表 7-40　小径管垂直固定对接焊的焊接参数

焊接层次	焊接电流/A	电弧电压/V	氩气流量/（L/min）	焊接电源极性	预热温度（最低）	层间温度（最高）	钍钨极直径	焊丝直径	喷嘴直径	喷嘴至焊件距离
					/℃		/mm			
打底层	90 ～ 95	10 ～ 12	8 ～ 10	直流正接	15	250	2.5	2.5	8	≤ 8
盖面层	95 ～ 100		6 ～ 8							

② 焊接要点与诀窍。定位焊缝可以只焊一处，保证该处间隙为 2mm，与它相隔 180° 处间隙为 1.5mm，将管子轴线固定在垂直位置，其间隙小的一侧在右边。焊两层三道，盖面层焊上下两道。

a. 打底层焊接技巧。焊枪倾斜角度和电弧对中位置如图 7-69 所示。

焊接时在右侧间隙最小处引弧，先不加焊丝，待坡口根部熔化形成熔池熔孔后送进焊丝，当焊丝端部熔化形成熔滴后，将焊丝轻轻地向熔池里推一下，并向管内摆动，使铁液送到坡口根部，以保证背面焊缝的高度。填充焊丝的同时，焊枪小幅度做横向摆动并向左均匀移动。

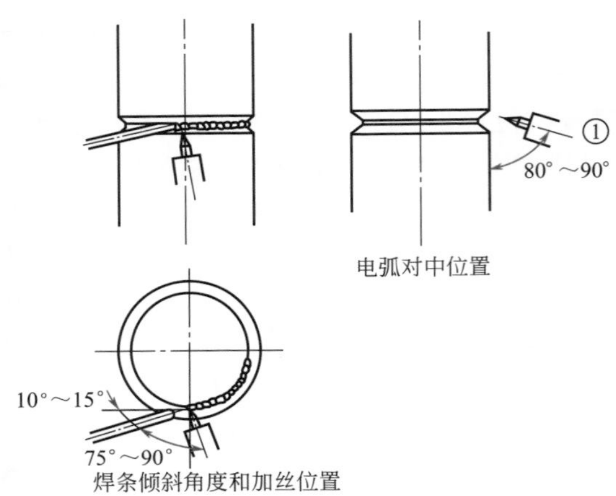

图 7-69　打底层焊道焊枪的倾斜角度和对中位置

在焊接过程中，填充焊丝以往复运动方式间断地送入电弧内的熔池前方，在熔池前呈滴状加入。焊丝送进要有规律，不能时快时慢，这样才能保证焊缝成形美观。当焊工要移动位置暂停焊接时，应按收弧要点操作。焊工再进行焊接时，焊前应将焊缝收弧处修磨成斜坡状并清理干净，在斜坡上引弧，移至离接头 8 ～ 10mm 处，焊枪不动，当获得明亮清晰的熔池后，即可添加焊丝，继续从右向左进行焊接。

小径管垂直固定打底层焊道焊接时，熔池的热量要集中在坡口的下部，以防止上部坡口过热，母材熔化过多，产生咬边或焊缝背面的余高下坠。

b. 盖面层焊接技巧。盖面层焊缝由上、下两道组成，先焊下面的焊道，后焊上面的焊道，焊枪倾斜角度和电弧对中位置如图 7-70 所示。

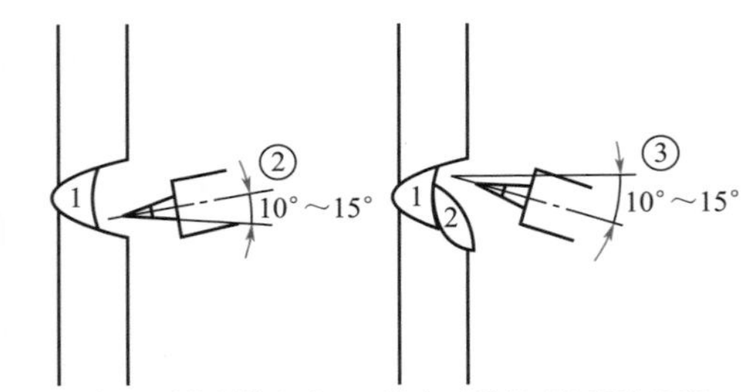

图 7-70　盖面层焊道焊枪的角度与电弧对中位置

焊下面的盖面层焊道时，电弧对准打底层焊道下沿，使熔池下沿超出管子坡口棱边 0.5 ～ 1.5mm，熔池上沿在打底层焊道 1/2 ～ 2/3 处。焊上面的盖面层焊道时，电弧对准打底层焊道上沿，使熔池上沿超出管子坡口 0.5 ～ 1.5mm，下沿与下面的焊道圆滑过渡，焊接速度要适当加快，送丝频率加快，适当减少送丝量，防止焊缝下坠。

3）小径管水平固定全位置焊操作技术与诀窍

① 焊接参数选择（见表 7-41）。

表 7-41 小径管水平固定全位置焊的焊接参数

焊接电流 /A	电弧电压 /V	氩气流量 /（L/min）	预热温度（最低）	层间温度（最高）	钍钨极直径	焊丝直径	喷嘴直径	喷嘴至焊件距离
			/℃		/mm			
90 ～ 100	10 ～ 12	6 ～ 10	15	250	2.5	2.5	8	≤ 10

② 焊接要点与诀窍。为方便焊接，小径管焊接时，将管子焊缝按时钟位置分成左右两半圈，定位焊缝可只焊一处，位于时钟 0 点位置，保证该处间隙为 2mm，6 点处间隙为 1.5mm 左右。焊两层两道，焊枪倾斜角度和电弧对中位置如图 7-71 所示。

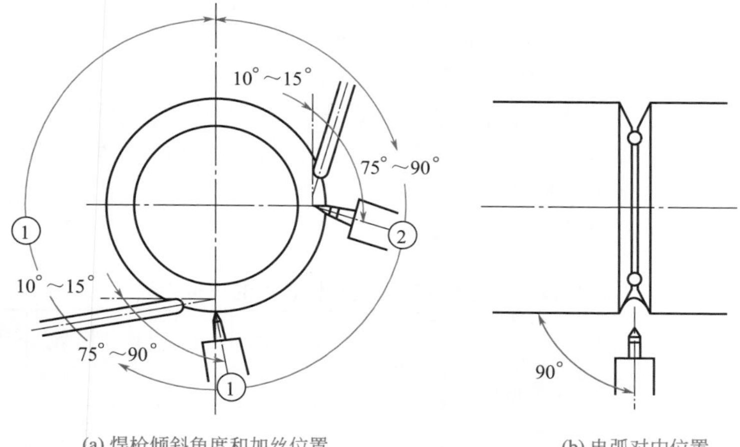

(a) 焊枪倾斜角度和加丝位置　　(b) 电弧对中位置

图 7-71 小径管全位置焊焊枪角度

a. 打底层焊接技巧。将管子固定在水平位置，定位焊缝放在时钟 0 点位置处，其间隙较小的一端放在 6 点位置处。在仰焊部位时钟 6 点位置处往左 10mm 处引弧，按逆时针方向进行焊接。焊接打底层焊道时要严格控制钨极、喷嘴与焊缝的位置，即钨极应垂直于管子的轴线，喷嘴至两管的距离要相等。引燃电弧后，焊枪暂留在引弧处不动，当获得一定大小的明亮清晰的熔池后，才可往熔池填送焊丝。焊丝与通过熔池的切线成 15° 送入熔池前方，焊丝沿坡口的上方送到熔池后，要轻轻地将焊丝向熔池里推一下，并向管内摆动，从而能提高焊缝背面高度，避免凹坑和未焊透。在填丝的同时，焊枪沿逆时针方向匀速移动。

焊接过程中填丝和焊枪移动速度要均匀，才能保证焊缝美观。

焊至时钟 0 点位置处时，应暂时停止焊接。收弧时，首先应将焊丝抽离电弧区，但不要脱离保护区，然后切断控制开关，这时焊接电流逐渐衰减，熔池也相应减小。当电弧熄灭后，延时切断氩气时，焊枪才能移开。

水平固定小径管焊完一侧后，焊工转到管子的另一侧位置。焊前，应首先将定位焊缝除掉，将收弧处（时钟 0 点位置处）和引弧处（时钟 6 点位置处）修磨成斜坡状并清理干净后，在时钟 6 点斜坡处引弧移至左侧离接头 8 ～ 10mm 处，焊枪不动，当获得明亮清晰的熔池后填加焊丝，按顺时针方向焊至时钟 0 点处，接好最后一个头，焊完打底层焊道。

b. 盖面层焊接技巧。焊盖面层焊道时，除焊枪横向摆动幅度稍大、焊接速度稍慢外，其余与焊打底层焊道时相同。

4）小径管 45° 固定全位置焊操作技术与诀窍

这种位置比水平固定小径管对接焊难。焊工除要掌握水平固定小径管焊接技术外，焊接时，焊枪的倾斜角度、加丝位置和电弧位置还必须跟随焊接熔池的位置水平移动。

① 焊接参数选择（见表 7-42）。

表 7-42　小径管 45° 固定全位置焊的焊接参数

焊接电流/A	电弧电压/V	氩气流量/（L/min）	预热温度（最低）	层间温度（最高）	钍钨极直径	焊丝直径	喷嘴直径	喷嘴至焊件距离
			/℃		/mm			
90 ～ 100	10 ～ 12	8 ～ 10	15	250	2.5	2.5	10	≤ 10

② 焊接要点。为方便焊接，焊接时将管子焊缝按时钟位置分为左右两半圈。定位焊缝 3 处均布，一处在时钟 7 点位置处，保证时钟 6 点位置处间隙为 3mm，时钟 0 点位置处间隙为 4mm。管子轴线和水平面成 45°角固定好。

焊打底层焊道和盖面层焊道时焊枪的倾斜角度、加丝位置及电弧对中位置见图 7-71。注意：焊接过程中焊枪的倾斜角度、加丝位置、电弧对中位置除保持相同的相对关系外，还必须跟随坡口中心线进行水平移动。焊接步骤及要求与水平固定小径管对接焊相同。

第8章 电阻焊

8.1 电阻焊基础知识

8.1.1 电阻焊基础

电阻焊是工件组合后通过电极施加压力，利用电流流过接头的接触面及邻近区域产生的电阻热进行焊接的方法。电阻焊与其他焊接相比有两大显著不同点：一是焊接的热源是电阻热，故称电阻焊；二是焊接时需施加压力，故属于压焊。电阻焊具有生产效率高、成本低、节省材料、易于自动化等优点，因此已经被广泛用于航空、航天、能源、电子、汽车、轻工等工业部门，是现代焊接技术中最重要的焊接工艺之一。

（1）焊接热量及其影响因素

1）焊接的热量

电阻焊时，电流通过焊件产生的热量由下式确定

$$Q=I^2Rt$$

式中 Q——产生的热量，J；

I——焊接电流，A；

R——两电极之间的电阻，Ω；

t——通电时间，s。

公式说明决定电阻焊接热量的是焊接电流、两极之间的电阻和通电时间三大因素。热量的一部分用来形成焊缝，另一部分散失于周围金属中。形成一定焊缝所需的电流大体与通电时间的平方根成反比，因此如果通电时间很短，则焊接所需的电流非常大。

两电极之间的电阻 R 随着焊接方法不同而不同。例如电阻焊点焊的

电阻只是由两焊件本身电阻 R_w、它们之间的接触电阻 R_c 和电极与焊件之间的接触电阻 R_{cw} 组成，如图 8-1 所示。即 $R=2R_w+R_c+2R_{cw}$。

2）影响焊接热量的因素

① 电阻。

a. 焊件的电阻值 R_w。对于点焊，焊件的电阻值 R_w 就是电流流经两电极直径所限定的金属圆柱体的电阻，该电阻与焊件厚度、材料的电阻率成正比，与电极与焊件间接触面的直径平方成反比。当焊件和电极确定后，电阻 R_w 就取决于焊件材料的电阻率。通常是电阻率高的金属材料的导热性差，如不锈钢，点焊时产热容易而散热难，因此可以用较小的焊接电流（几千安）；电阻率低的金属一般导热性好，如铝合金，点焊时产热难而散热易，故须用很大的焊接电流，高达几万安。

各种金属材料的电阻率与温度有关，如图 8-2 所示。随着温度升高，电阻率也增大，而且金属熔化时的电阻率比熔化前还高。例如，低碳钢从常温到熔化，其电阻率差约 7 倍。另一方面随着温度升高，金属塑性变形容易，其压溃强度降低，使工件与工件、工件与电极之间的接触面积增大，却引起工件电阻减小。于是在焊接过程中工件的电阻实际上是按图 8-3 所示的曲线变化的，即开始时增加，然后又逐渐下降。对于铝合金，这种变化并不明显，说明焊接铝合金时，R_w 的作用不大，而主要是工件之间的接触电阻 R_c 起作用。

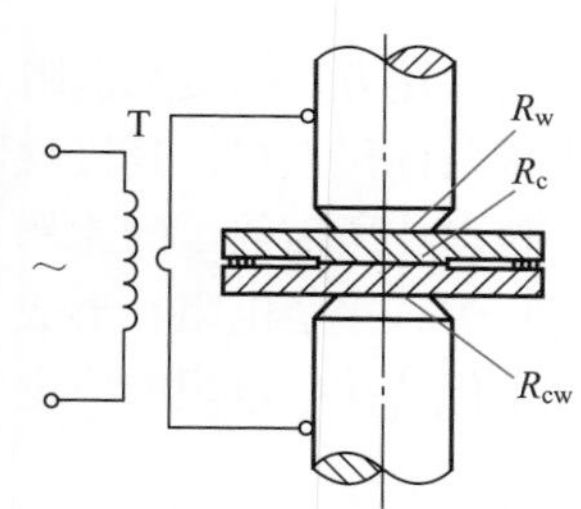

图 8-1　点焊时电阻的分布

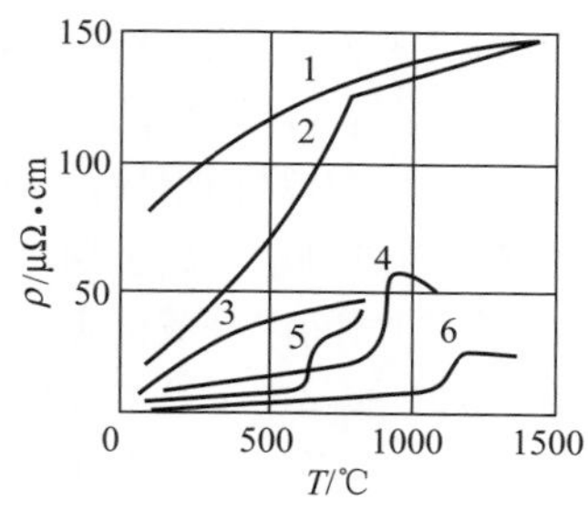

图 8-2　几种金属的电阻率 ρ 与温度 T 的关系

1—不锈钢；2—低碳钢；3—镍；4—黄铜；5—铝；6—纯铜

b. 焊件间的接触电阻 R_c。任何两平面接触时，从微观看都只能在个别凸出点上发生接触，电流须沿这些接触点通过，电流流线在该点附近产生弯曲，于是构成了接触电阻；另一方面，工件和电极表面有高电阻率的氧

化物或脏物层，也使电流受到阻碍，也构成接触电阻。过厚的氧化物或脏物层甚至不能通过电流。

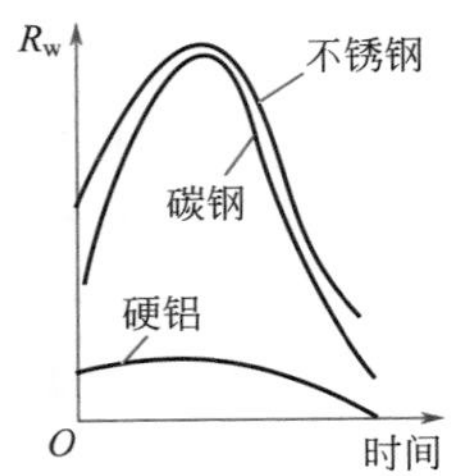

图 8-3 焊接过程中工件的电阻变化曲线

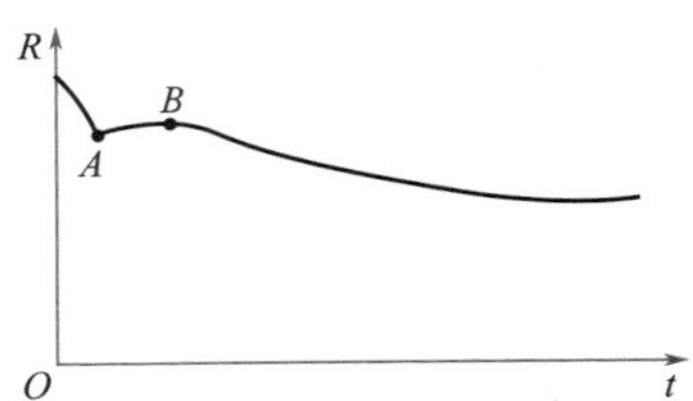

图 8-4 点焊（低碳钢）动态电阻曲线

接触电阻大小与电极压力、材料性质、表面状态及温度有关。随着电极压力增大，工件表面凸点被压溃，氧化膜也被破坏，接触点数量和面积随之增加，于是接触电阻相应减小。若材质较软，则压溃强度低，接触面增加，也使接触电阻减小。表面状态除上述有氧化物等存在改变了接触电阻外，表面加工的粗糙程度也影响着接触电阻。表面越粗糙则凸点越少，于是接触面积越少，导致接触电阻越大。故表面质量不稳定，就影响着接触电阻的稳定性。

在焊接过程中，随着温度升高，接触点的金属压溃强度逐渐下降，接触面积急剧增加，接触电阻将迅速下降。对钢焊件而言，当温度达 873K，或对铝合金达 623K 左右时，其接触电阻几乎完全消失。

所以除闪光对焊（电阻焊的一种）外，其他电阻焊接方法的接触电阻在焊接过程中随温度升高而很快消失。若用常规焊接条件作点焊，其接触电阻产生的热量与总热量之比不超过 10%，即占熔核形成所需热量的比例不大。但在很短的时间内完成的点焊，如电容储能点焊，接触电阻在形成熔核所需的热量中都起决定性的作用。在这种情况下保持接触电阻的稳定性十分重要，故必须保证工件表面准备良好。

c. 电极与工件间的接触电阻 R_{cw}。电阻 R_{cw} 的存在对焊接不利。若 R_{cw} 过大，容易使工件和电极间过热而降低电极的使用寿命，甚至使电极和工件接触表面烧坏。由于电极材料通常是铜合金，其电阻率和硬度一般都比工件微低。所以 R_{cw} 比 R_c 小，（一般可按 $R_{cw} \leqslant 0.5R_c$ 估算），对于点焊，R_{cw} 对熔核的形成影响很小。

d. 点焊过程的动态电阻。电阻焊时影响焊接区电阻的因素很多，错综复杂。而且在焊接过程中工件与工件、工件与电极的接触状态、焊接温度场及电场都在不断地变化，也引起焊接区的电阻不断变化。

描述焊接过程中电阻变化的曲线称动态电阻曲线，如图 8-4 所示的是低碳钢点焊的动态电阻曲线。从图中可以看出，焊接开始时，接触电阻较大，随着加热焊接区温度提高，接触面积增大，使接触电阻减小，其作用远大于电阻率增高的影响。所以曲线迅速下降，直到 *A* 点。随着温度提高，材料塑性增强，这时接触电阻的作用较为次要，电阻率随温度升高而增大，起主导作用，于是电阻上升，直到 *B* 点。温度进一步上升，熔核的出现、长大，导电面积的增大，又使电阻有所下降，并渐趋平稳。点焊的动态电阻标志着焊接区加热和熔核长大的特征，故常用来作监控焊点质量的物理参量。

② 焊接电流。电阻焊的焊接电流对产热的影响比电阻和通电时间大，是平方正比关系，因此是必须严格控制的重要参数。引起电流变化的原因主要是电网电压波动和阻焊变压器二次回路阻抗变化，这是由于回路的几何形状变化或在二次回路中引入了不同量的磁性金属。对于阻焊整流器，二次回路阻抗变化对电流无明显影响。

随着焊接电流的增大，点焊熔核尺寸和接头的抗剪强度将增大，图 8-5 是典型焊点抗剪强度与电流大小的关系，图中 *A*B 段相当于未熔化焊接，*B*C 段相当于熔化焊接，接近 *C* 点，抗剪强度增加缓慢，说明电流的变化对抗剪强度影响小，故点焊时应选用接近 *C* 点的焊接电流。超过 *C* 点后，由于出现飞溅或工件表面压痕过深，抗剪强度明显降低。电流过大还会导致母材过热、电极迅速损耗等。

除电流总量外，电流密度对加热也有显著影响，增大电极接触面积或凸焊时凸点尺寸过大，都会降低电流密度和焊接热量，从而使接头强度下降。反之，电流密度过大，将导致焊缝金属飞溅，形成空腔、焊缝开裂及力学性能降低等后果。

③ 通电时间。电阻点焊时，为了保证熔核尺寸和熔核强度，焊接时间和焊接电流在一定范围内可以互为补充，总热量既可通过调节电流也可通过调节焊接时间来改变。但传热情况与时间有关。为了获得一定强度的熔核，可以采用大电流和短时间，即所谓强条件（又叫硬规范）焊接。也可以采用小电流和长时间，即所谓弱条件（又叫软规范）焊接。在生产中选用强条件还是弱条件要取决于金属的性质、厚度和所用焊接电源的功率。例如点焊导热性好的铝合金，若采用小电流和长时间，则产生的热量

可能大部分被传向周围而无法成核。故一般对不同性能和厚度的金属所需的焊接电流和通电时间仍须设置上、下限，超过此限，将无法形成合格的熔核。

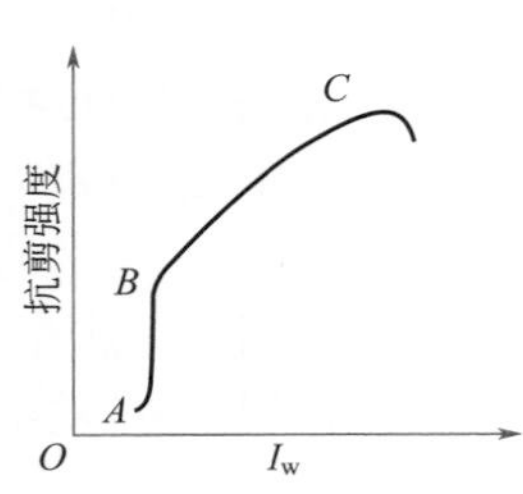

图 8-5　焊接电流 I_w 对焊点抗剪强度的影响

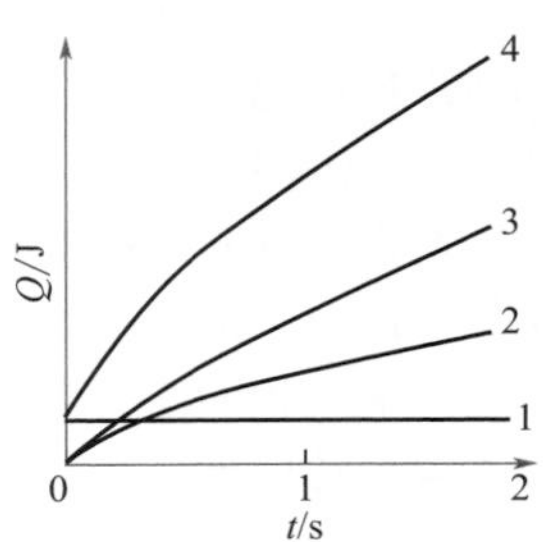

图 8-6　点焊热量分配与焊接时间关系

1—加热焊接区所需热量；2—焊接区向周围散发热量；3—电极散发热量；4—总热量 Q

④ 电极压力。电极压力对两电极间总电阻 R 有显著影响，随着电极压力增大，引起界面接触电阻减少。此时，焊接电流虽因电阻减少而略有增加，但不会因 R 减少而引起产热量的减小。所以熔核强度总是随电极压力的增大而降低。为了使焊接热量达到原有水平，保持熔核强度不变，在增大电极压力的同时，也应适当增大焊接电流或延长焊接时间以弥补电阻减小的影响。若电极压力过小，将引起金属飞溅，也会引起熔核强度下降。在确定电极压力时，还必须考虑到备料或装配质量，如果工件已经变形，以致焊接区不能紧密接触，则需采用较高的电极压力以克服这种变形。

⑤ 其他因素的影响。

a. 电极形状及其材料。电极的接触面积决定着电流密度和熔核的大小，电极材料的电阻率和导热性关系着热量的产生和散失。电极必须有合适的强度和硬度，不至于在反复加压过程中发生变形和损耗，使接触面积加大，接头强度下降。

b. 工件表面状况。工件表面上带有氧化物、铁锈或其他杂质等不均匀覆层时，会因接触电阻的不一致，导致各个焊点产生的热量大小不一致，引起焊接质量的波动。所以焊前彻底清理待焊表面是获得优质焊接接头的必备条件。

c. 金属成分。被焊金属的电阻率直接影响焊接时的电阻加热。高电导率的金属，如铜和银，即使在很高电流密度下产热也很少，而且此少量的热会迅速传到周围母材和电极中去。金属成分决定了自身的比热容、熔点、熔化潜热和热导率。这些特性与熔化金属和随后形成焊缝所需的热量有关，将单位质量的金属加热至熔化所需的热量对大多数金属而言几乎是一样的。例如不锈钢和铝，两者点焊特性差别很大，但加热到熔点时每公斤金属所需热量相同，而铝的电导率和热导率差不多是不锈钢的 10 倍，因此铝向周围母材和电极散热比不锈钢大，焊接铝所需电流要比不锈钢大得多。

（2）热平衡与温度分布

1）热平衡

点焊时，焊接所产生的热量一部分用来加热焊接区金属，形成足够尺寸的熔核，另一部分用来补偿向周围物质传导、辐射的热损失，以形成焊接过程的动态热平衡。从理论和实践可以得出焊接区所需热量与加热时间无关，仅与焊件几何尺寸和金属材料的物理性能有关。但是通过热传导向焊接区周围和电极散失的热量不仅与焊件的几何尺寸和物理性能有关，还与焊接时间有关，如图 8-6 所示。

有效热量 Q_1 粗略估算约占总热量的 10% ～ 30%，铝、铜等导热性好的金属仅占 10% 左右，导热性略差的金属如低碳钢等，所占比例高些。焊接时，Q_1 必须得到保证，这是获得应有熔核强度的必要热量。

向熔核周围金属传导的热损失，随金属材料热导率不同而不同，一般约占总热量的 20%。向电极传导的热损失一般占总热量的 30% ～ 50%，是热量损失最多的部分。这部分热损失与电极材料、形状及冷却条件有关，也和焊接条件有关，用强条件比弱条件焊接的热损失少。由工件表面辐射的热损失很小，一般不超过总热量的 5%。

2）温度分布

焊接区的温度场是产热与散热的综合结果，点焊的温度分布如图 8-7 所示，轴向温度梯度较大，最高温度总是在焊接区中心处，因工件间接触面上的电阻大，电流集中、密度大，析热强烈，而且远离电极，散热条件最差，该处温度超过被焊金属熔点 T_m 的部分便形成熔化核心，熔核中熔化金属强烈搅拌，使熔核温度和成分均匀化，限制了熔核内部的温升。一般熔核温度比金属熔点 T_m 高约 300 ～ 500K。由于电极散热作用，熔核沿轴向成长速度慢于径向成长速度，故呈椭球状。工件与电极的接触表面的

温度通常不超过（0.4 ～ 0.6）T_m。

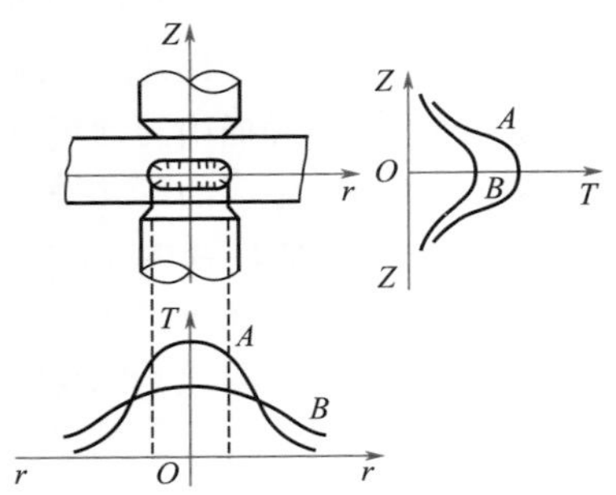

图 8-7　点焊时的温度分布

A—焊钢时；*B*—焊铝时

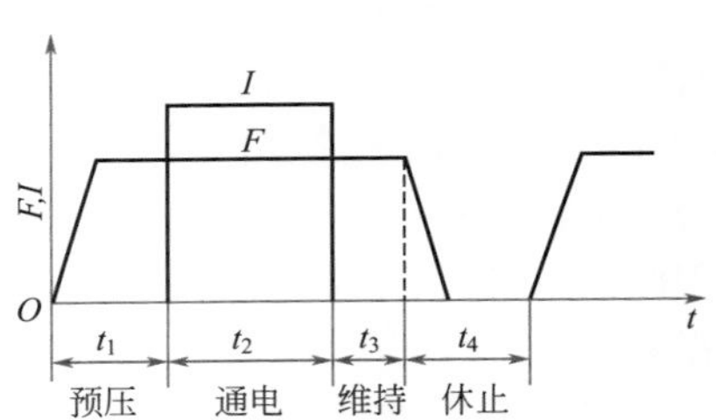

图 8-8　一般点焊和凸焊的焊接循环

I—焊接电流；*F*—电极力；*t*—时间

缝焊的温度分布与点焊略有不同，由于熔核不断形成，对已焊部位起到后热作用，对未焊部位起到预热作用，故温度分布要比点焊平坦。又因已焊部位有分流加热以及盘状电极离开后散热条件变坏，故温度分布沿工件前进方向前后不对称，刚从盘状电极离开的一方温度较高。焊接速度越大，这种不对称性越明显。采用强条件（即硬规范）或步进式缝焊，能改善此现象，已接近点焊的温度分布。温度分布曲线越平坦，接头热影响区越大，工件表面易过热，电极越易磨损。因此在焊接功率允许条件下宜用强条件焊接。

3）焊接循环

加压和通电是电阻焊过程的重要条件，不同加压和通电时间、不同的电极压力和电流强度及其变化形式等就组成了各种焊接循环。点焊和凸焊的焊接循环由“预压”“通电”“维持”和“休止”四个基本阶段组成，如图 8-8 所示。

① 预压时间 t_1。从电极开始下降到焊接电流开始接通的时间。这一时间是为了确保在通电之前电极压紧工件，使工件间有适当的压力，建立良好的接触，以保持接触电阻稳定和导电通路。

② 通电时间 t_2。焊接电流通过焊件并产生熔核的时间。

③ 维持时间 t_3。焊接电流切断后，电极压力继续保持的时间，在此时间内，熔核冷却并凝固。

④ 休止时间 t_4。从电极开始提起到电极再次下降，准备下一个待焊点

压紧工件的时间。此时间只适用于焊接循环重复进行的场合。它是电极退回、转位、卸下焊件或重新放置焊件所需的时间。

点焊和凸焊（电阻焊的一种）过程中通电焊接必须是在电极压力达到满值且稳定后进行的。否则可能因压力过低、接触电阻太大而引起强烈飞溅，或因压力前后不一致，影响加热，造成熔核强度的波动。电极提起也必须在电流全部切断之后，否则电极与工件之间会引起火花，甚至烧穿工件。在直流冲击波焊机上尤其要注意。如图 8-9 所示为加压与通电配合不当的焊接循环。开始时电极压力不足就过早通电，结束时电流尚未切断就提起电极。

最简单的焊接循环是在整个焊接过程中供给均匀恒定的焊接电流和压力。实际生产中，为了改善接头的性能，有时采用递增或递减的控制。例如，对于厚度或刚度大的工件，常采用加大预压压力的办法，以保证工件接触紧密，创造良好的导电条件，一般选择预压压力 F_p=（1.5 ～ 2.5）F_w（F_w 为焊接压力）。为了提高生产率，在保证预压压力稳定的前提下，尽量缩短预压时间。点焊时，熔核四周被高温塑性金属所封闭，冷却结晶不能自由收缩，在熔核中容易形成缩孔、气孔或裂纹。为了防止和减少这类缺陷的产生，熔核冷却结晶期间必须在电极压力作用下进行。如果焊接较厚的工件（铝合金大于 1.5 ～ 2mm，钢大于 5 ～ 6mm），因熔核四周的固态壳体较厚，常采用加大电极压力的点焊循环，如图 8-10 所示。加顶锻压力的时间须在断电后 0 ～ 0.2s 范围内，提前加压会把熔化金属挤出，引起飞溅；加压太晚，熔核凝固，就不再起锻压作用了。

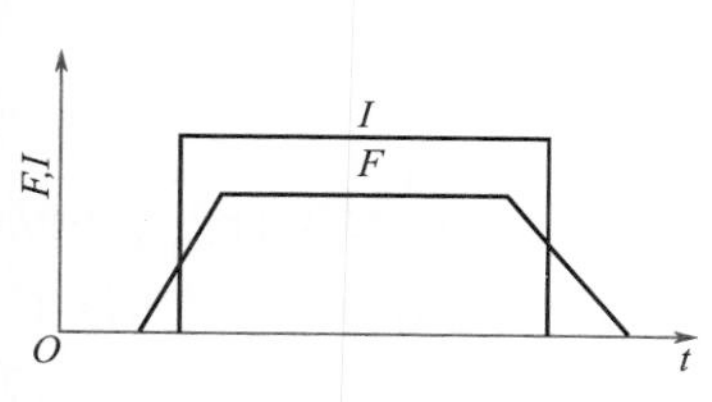

图 8-9　点焊过程加压与通电配合不当的焊接循环

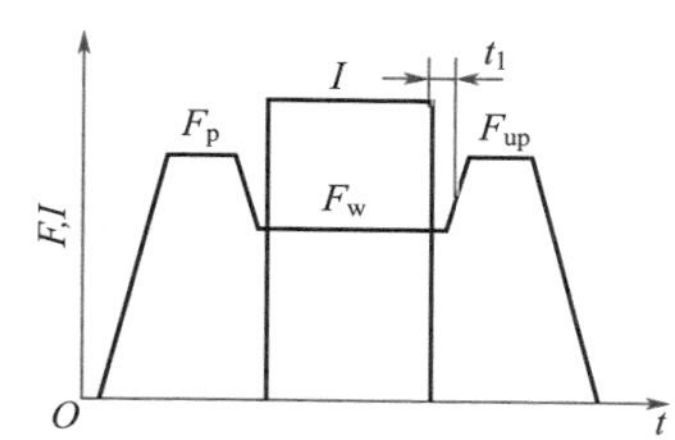

图 8-10　加大电极压力的点焊循环

F_p—预压压力；F_w—焊接压力；F_{up}—顶锻压力

焊接过程中可根据需要控制焊接电流，使之递增或递减。电流递增是使焊接电流从低值经数个周波增到所需的电流值，它适用于大电流焊接以

及有氧化皮的材料和大多数镀层金属的焊接。电流递减是使焊接电流逐步降到低值，这有助于延长冷却时间，对某些可热处理的金属能焊成优质熔核，故适用于焊接限制冷却速度的钢。如淬火钢的点焊或凸焊，不仅需要缓冷，有时还需要焊后热处理以细化晶粒，这时常在焊后再用一低值电流进行热处理，还可加大电极压力配合。

有些铝合金焊接性较差，需要采用较复杂的焊接循环。图 8-11 为在直流脉冲焊机上点焊 2A12T3 铝合金的焊接循环。铝合金电导率和热导率较高，必须采用较大电流和较短时间，才能有足够的热量形成熔核，又能减少表面过热，避免电极黏附及电极铜向铝表面层扩散，降低接头耐腐蚀性能；铝合金的塑性温度范围窄，线胀系数大，必须采用较大的电极压力，尤其像 2A12T3 等裂纹倾向大的铝合金，更应加大顶锻压力，使熔核凝固时有足够的塑性变形，减少拉应力，以避免裂纹产生。对于厚度大于 2mm 的铝合金一般还需像图 8-11 中虚线所示增加预压压力和缓冷电流脉冲。

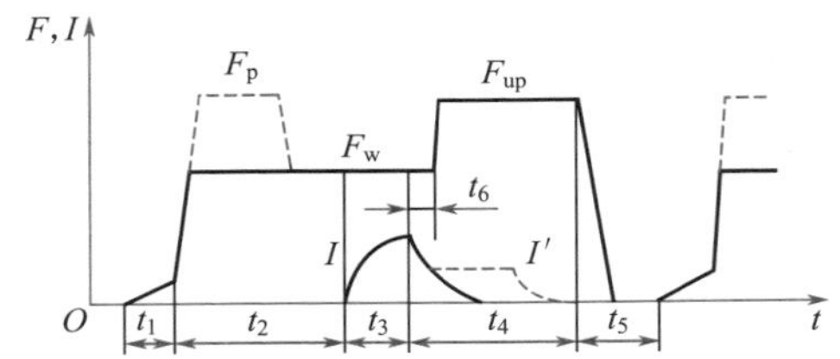

图 8-11　2A12T3 铝合金的点焊循环

F_p—预压压力；F_w—焊接压力；F_{up}—顶锻压力；I—焊接电流脉冲；I'—缓冷电流脉冲；t_1—电极落下时间；t_2—预压时间；t_3—焊接时间；t_4—锻压时间；t_5—休止时间；t_6—锻压滞后时间

4）金属材料电阻焊的焊接性

金属材料对电阻焊的适应性比熔焊好，因为电阻焊的冶金过程比熔焊简单，一般无需考虑空气的影响等问题。影响金属电阻焊焊接性的因素主要是它的物理和力学性能。

① 材料的导电、导热性。基本规律是导电性好的材料其导热性也好。材料的导电性、导热性越好，在焊接区产生的热量越小，散失的热量也越多，焊接区的加热就越困难。点焊时，就要求有大容量的电源，采用大电流、短时间的强条件施焊，并使用导电性好的电极材料。

② 材料的高温、常温强度。这是决定焊接区金属塑性变形程度与飞

溅倾向大小的重要因素之一。材料的高温、常温强度越高，焊接区的变形抗力越大，焊接中产生必要塑性变形所需的电极压强就越高。因此，必须增大焊机的力学性能和机架刚度。电极应具有较高的高温强度。为了提高焊接区金属塑性变形程度，可以采用弱条件式双脉冲等参数进行焊接。

③ 材料的线胀系数。材料的线胀系数越大，焊接区的金属在加热和冷却过程中体积变化就越大。若焊接时，加压机构不能实时地适应金属体积的变化，则在加热熔化阶段可能因金属膨胀受阻而使熔核上的电极力增大，甚至挤破塑性环而产生飞溅；在冷却结晶阶段，熔核体积收缩时，由于加压机构的摩擦力抵消一部分电极力，使电极力减小，结果使熔核内部产生裂纹、缩孔等缺陷。此外，结构焊后翘曲变形也加大。

④ 材料对热的敏感性。有淬火倾向的金属、经变形强化或调质处理的材料，热敏感性都比较大，在焊接热循环作用下，在不同程度上使接头的力学性能发生变化。如易淬火钢会产生淬火组织，严重时产生裂纹；经冷作强化的材料易产生软化等，使接头承载能力下降。故对热敏感的材料焊接性较差。

⑤ 材料的熔点。熔点越高的金属材料，其焊接性越差，因焊接时电极与材料接触面的温度较高，使电极头部受热变形并加速磨损。

此外，材料的塑性温度范围宽窄对焊接性也有影响，例如铝合金，其塑性温度范围较窄，对焊接参数的波动非常敏感，它要求使用能精确控制焊接参数和随动性能好的电焊机。而低碳钢则因其塑性温度区间宽，其焊接性很好。极易氧化的金属，其焊接性一般都较差，因为这些金属表面形成的氧化物熔点和电阻一般都较高，给焊接带来困难。

（3）电阻焊的特点及用途

电阻焊主要的工艺特点如下。

① 电阻焊是利用焊件内部产生的电阻热，由高温区向低温区传导，用来加热及熔化金属实现焊接的。它属于内部分布能源。

② 电阻焊的焊缝是在压力下凝固或聚合结晶的，属于压焊范畴，具有锻压特征。

③ 由于焊接热量集中，加热时间短，所以焊接热影响区小，焊接变形与应力也小，通常焊后不需要矫正和热处理。

④ 电阻焊的熔核始终被固体金属包围，熔化金属与空气隔绝，焊接冶金过程比较简单。

⑤ 电阻焊焊接过程通常不需要焊条、焊丝、焊剂、保护气体等焊接

材料，所以焊接成本低。

⑥ 操作简单，容易实现机械化与自动化，劳动条件好。

⑦ 电阻焊生产效率高，可与其他工序一起安排在组装焊接生产线上，但是，闪光焊因有火花喷溅，生产过程需要进行隔离。

⑧ 由于电阻焊设备功率大，机械化、自动化程度高，使得设备一次性投资较大，设备维修困难，而且，常用大功率单相交流焊机不利于电网的正常运行。

⑨ 点焊、缝焊的搭接接头不仅增加构件的重量，而且还使接头的抗拉强度及疲劳强度降低。

⑩ 对电阻焊焊接质量，目前还缺乏可靠的无损检测方法，只能靠工艺试样、破坏性试验来检查，以及靠各种监控技术来保证。

8.1.2 电阻焊分类及应用

（1）按工艺特点分类

按工艺特点分，电阻焊有点焊、凸焊、缝焊、电阻对焊和闪光对焊五类。图 8-12 为这五类电阻焊的原理示意图。

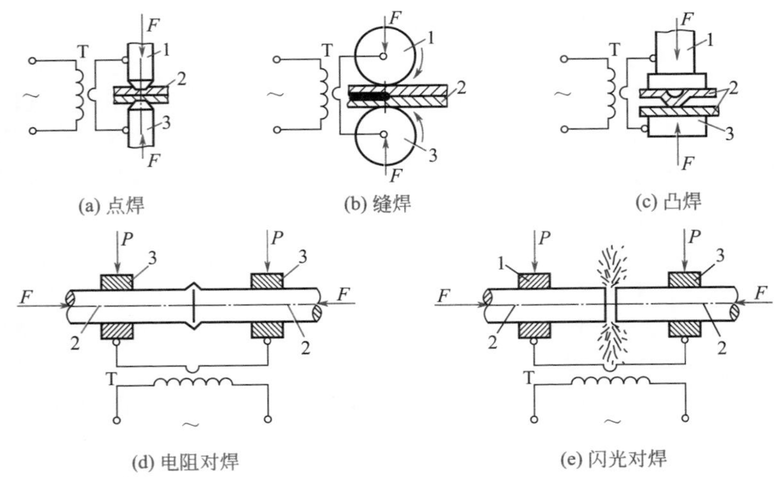

图 8-12 电阻焊的原理图

1,3—电极；2—工件；*F*—电极力（顶锻力）；*P*—夹紧力；T—电源（变压器）

① 点焊。如图 8-12（a）所示，两工件 2 由棒状铜合金电极 1 和 3 压紧后通电加热，在工件之间生成椭球状的熔化核心，切断电流后该核心冷

凝而形成熔核，它便成为连接两工件的点状焊缝。按供电方式不同，点焊分为单面点焊和双面点焊，前者只从工件一侧供电，后者从工件两侧供电。按一次形成熔核的数量分为单点焊和多点焊。多点焊是使用两对以上的电极，在同一工序上完成多个熔核的焊接。每一个熔核可以根据需要一次连续通电，或多次通电完成焊接，前者称单脉冲焊，后者称多脉冲焊。

点焊的接头形式必须是搭接。在汽车、铁路车辆、飞机等薄板冲压件的装配焊接生产线上应用很多，现已逐渐转变为由机器人来操作。

② 缝焊。缝焊原理与点焊相同，区别在于缝焊是以圆盘状铜合金电极 1、3（又称滚轮电极）代替点焊的棒状电极，如图 8-12（b）所示。焊接时，滚轮电极压紧工件 2 的同时，并做滚动，使工件产生移动。电极在滚动过程中通电，每通一次电就在工件间形成一个熔核。连续通电，在工件间便出现相互重叠的熔核，从而形成连续的焊缝。亦可断续通电或滚轮电极以步进式滚动通电，从而获得重叠的熔核。

缝焊接头也须是搭接形式，由于焊缝是熔核的连续，所以缝焊常用于焊接要求气密或液密的薄壁容器，如油箱、水箱、暖气包、火焰筒等。

③ 凸焊。凸焊是点焊的一种变型，如图 8-12（c）所示。焊接前首先在一个工件上预制凸点（或凸环等），焊接时在电极压力下电流集中从凸点通过，电流密度很大，凸点很快被加热、变形和熔化而形成熔核。凸焊在接头上一次可焊成一个或多个熔核。在汽车、飞机、仪器、无线电等工业部门应用较多，如紧固件、金属网的焊接和无线电元器件的封装等。

④ 电阻对焊。如图 8-12（d）所示，焊接时将工件 2 置于夹具（电极）1、3 中夹紧，并使两工件端面压紧，然后通电加热；当工件端面及附近金属被加热到一定温度时，断电并突然增大压力进行顶锻，两工件便在固态下对接起来。

电阻对焊的接头表面较光滑，无毛刺。但高温时对接的端面易受空气侵袭，形成夹杂而降低接头力学性能。若质量要求较高时，则在保护气氛（如氩气、氮气等）下进行焊接。

接头形式多为对接，焊件断面形状一般是圆形，如轴、杆、管子等，在管道、拉杆、小链环等的生产中使用。

⑤ 闪光对焊。如图 8-12（e）所示，将工件 2 置于夹具（电极）1、3 中夹紧后，先通电，然后使两工件端面缓慢靠拢接触，一开始两端面总是个别点相接触加热，因电流密度大而熔化形成液态金属过梁。过梁温度进一步升高便发生爆破，以火花形式向外喷射而构成闪光。两工件不断送进

靠拢，闪光就连续不停，待闪光加热使整个端面达到一定温度后，突然加速送进工件并加压顶锻，这时闪光停止，熔化金属全部被挤出结合面之外，靠工件材料的塑性变形便形成牢固的对接接头。焊后接头表面有喷溅和挤出来的毛刺，须铲除。

闪光对焊因加热区窄，工件端面加热均匀，氧化夹杂和熔化金属被挤出，故接头质量较高。常在重要的受力构件，如轴、锅炉管道、钢轨、大直径油管等的对接焊中使用。

（2）按接头形式分类

按接头形式可把电阻焊归纳成搭接接头电阻焊和对接接头电阻焊两大类，前述的点焊、凸焊和缝焊同属搭接接头电阻焊类，电阻对焊和闪光对焊都属对接接头电阻焊类。

根据上述两种分类法，便可综合成如图 8-13 所示的电阻焊各种类型。

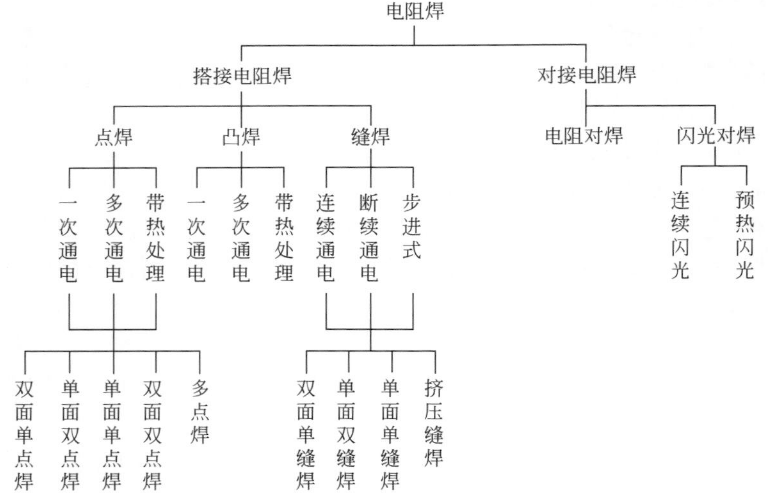

图 8-13　电阻焊的分类

（3）按焊接电流种类分类

按电阻焊使用的电流分，有交流、直流和脉冲三类。用交流的电阻焊中，应用最多的是工频（50Hz）交流电阻焊；将工频变频后，使用 3 ～ 10Hz 的称为低频电阻焊，主要用于大厚度或大断面焊件的点焊和对焊；使用 150 ～ 300Hz 的称为中频电阻焊，使用 2.5 ～ 450kHz 的称为高频电阻焊，中、高频电阻焊通常都用于焊接薄壁管。

近年来已开始采用二次侧整流的直流电源，这样可以用小功率焊接较厚大的工件，具有节能等技术经济效果。

脉冲焊有电容储能焊和直流脉冲焊（又称直流冲击波焊）等。其特点是通电时间短，电流峰值高，加热和冷却很快，因此适于导热性好的金属，如轻金属和铜合金的焊接。

8.2 电阻焊设备及焊接工艺

8.2.1 电阻焊设备的基本知识

电阻焊设备是指利用电阻加热原理进行焊接的一种设备。按焊接工艺特点分，电阻焊设备有点焊机、凸焊机、缝焊机和对焊机等四类；若按供能方式分，则有单相工频电阻焊机、二次整流电阻焊机、三相低频电阻焊机、储能电阻焊机和逆变式电阻焊机等。目前产量最多、应用最广的是单相工频电阻焊机，但由于它的负载功率因数低，和对电网造成不利影响等缺点，所以近年来逐渐发展出了后面这几种电阻焊机，其中逆变式电阻焊机成为今后发展的主流。

（1）电阻焊设备的基本构成与型号编制

1）电阻焊设备的基本构成

一般电阻焊设备由三个主要部分组成：

a. 以阻焊变压器为主，包括电极与二次侧回路组成的焊接回路。

b. 由机架和有关夹持工件以及施加焊接压力的传动机构组成的机械装置。

c. 能按要求接通电源，并可控制焊接程序中各阶段时间及调节焊接电流的控制电路。

① 电阻焊设备的主电力电路。电阻焊设备的主电力电路又称功率电路。它包括从电网开始的所有一、二次主电流所流经的路程组件，如图 8-14 所示。

在单相工频电阻焊机的主电力电路中［图 8-14（a）］，包括机械的或电子的开关装置、焊接变压器和二次焊接回路组件；在电容储能电阻焊机的主电力电路中［见图 8-14（b）］，包括直接接入电网的整流装置、充电电容器组、极性转换开关、充放电开关、分流二极管、阻焊变压器和二次回路组件；在低频电阻焊机的电路中［图 8-14（c）］，包括整流装置、极性转换开关、阻焊变压器和二次回路组件；二次整流电阻焊机中［图 8-14

(d)] 包括开关装置、阻焊变压器、二次整流组件和其他二次回路组件；逆变式电阻焊机中 [图 8-14 (e)]，包括整流装置、逆变器、阻焊变压器和二次整流组件（直流点焊时）。

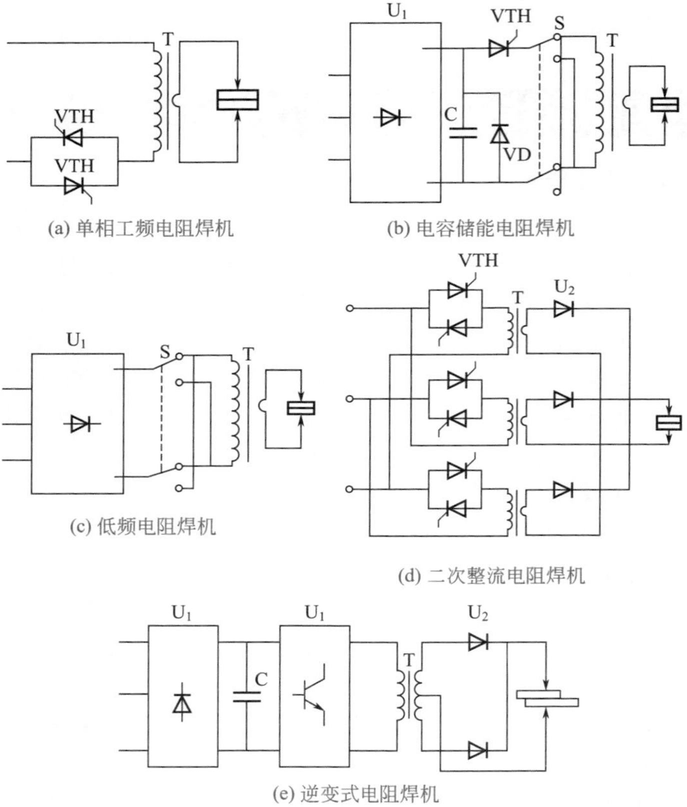

(a) 单相工频电阻焊机

(b) 电容储能电阻焊机

(c) 低频电阻焊机

(d) 二次整流电阻焊机

(e) 逆变式电阻焊机

图 8-14　各种电阻焊机的主电力电路

T—阻焊变压器；S—极性转换开关；U_2—二次整流元件；

U_1—整流装置；VTH—晶闸管；UI—逆变器；C—电容器（组）；VD—分流二极管

② 电阻焊机的机械装置。电阻焊机的机械装置包括机架、电极加压机构、夹紧机构、顶锻机构、电极握杆、传动机构等。机架应具有足够的刚度、稳定性和满足安装要求，目前多采用钢板或钢管的焊接结构。

电极加压机构有杠杆传动、电动凸轮传动、气压传动、气 - 液压传动等多种形式。可以使电极做直线或弧线运动，但以直线运动为最好。焊前应能调节压力和施焊位置，加压要快速、摩擦力小，当焊件厚度有变化时，压力应无显著变化。

夹紧机构有弹簧、偏心凸轮、螺旋、气压、液压及气 - 液压等多种形式，要求有足够的夹紧力和接触面积，夹紧过程快速而平稳，顶锻时工件不能滑动，钳口的距离和对中应能调节。

顶锻机构有弹簧、杠杆 - 弹簧、电动凸轮、气压、液压及气 - 液压等形式，均应保证有足够的顶锻力和顶锻速度。

缝焊机焊轮的传动机构一般经蜗杆副、齿轮副减速，也可用谐波减速装置。一般横向缝焊机的下焊轮为主动轮，纵向缝焊机的上焊轮为主动轮。也可采用差动齿轮，使上下焊轮均为主动轮。

③ 电阻焊设备的控制装置。电阻焊设备的控制装置用以实现焊接电流、电极压力、夹紧力、顶锻力等焊接参数的调节与控制，保证焊接循环中各阶段参数的动态波形相互匹配及时间控制。对要求严格控制焊接质量的焊机可实现参数的自动调整和质量监控。

对焊接电流的控制最简单的是电磁接触器，精确的有离子开关（引燃管或闸流管），现已被电子开关取代。电子开关控制分同步、半同步和非同步。现在越来越多的设备采用同步控制，它能使焊接电流在电网电压的固定相位接通或断开，还能用移动相位角实现热量控制。

电极压力的控制是通过控制气缸等加压器的电磁阀来实现的。

各循环程序的控制通常由程序转换电路和定时电路组合而成的控制单元实现。目前已用晶体管控制，并逐渐推广集成电路控制。定时电路多用计数器控制。

电阻焊机控制器已越来越多地采用微机控制，可以实现电网电压补偿、电流斜率控制、功率因数自适应、恒电流、自动补偿电极端面增大等功能，还可以设定数种焊接参数，对参数进行监控、记录以及对多台焊机的群控等。

2）电阻焊设备的型号编制方法

按照 GB/T 10249—2010《电焊机型号编制方法》，电阻焊机及控制器等产品型号编制的原则与方法有统一规定，它由大类名称、小类名称、附注特征、系列序号、基本规格、派生代号等组成。表 8-1 列出了各种电阻焊机的代号含义。

当前有从美国西亚基公司（Sciaky）引进的六种系列电阻焊机技术，有些品种已大批量生产，其型号列于表 8-2 中。

表 8-1 电阻焊机型号的含义

序号	型号	含义
1	DN-100	通用工频点焊机，电极垂直运动，额定容量为 100kV·A
2	DR-4000	电容储能点焊机，电极垂直运动，最大储能 4000J
3	FZ3-100	二次整流缝焊机，悬挂式，额定容量 100kV·A，第三种派生产品，第 3 次改进
4	KD3-200	微机点焊控制器，配用点焊机，容量为 200kV·A

表 8-2 引进国外电阻焊机系列产品及其型号

产品系列	焊机类型	型号举例
S 系列	工频点焊机	S04325A 型
KT 系列	工频、阻焊变压器与焊钳一体式焊机	KT826-A 型
C 系列	工频、悬挂式点焊机	C130S-A2
M 系列	工频、缝焊机	M272-6A 型
二次整流焊机	点焊机或凸焊机	P260CC-10A（点焊机） E2012T6-A 型（凸焊机）
三相低频焊机	点焊机或缝焊机	P300DT0-A 型（点焊机） M300STI-A 型（缝焊机）

（2）电阻焊设备的通用技术条件及电源的负载持续率

1）电阻焊设备的通用技术条件

为了保证电阻焊设备的正常运行，发挥其最大效能，我国制定了 GB 15578—2008《电阻焊机的安全要求》、GB/T 8366—2021《电阻焊　电阻焊设备　机械和电气要求》、JB/T 10110—1999《电阻焊机控制器　通用技术条件》和 JB/T 9529—1999《电阻焊机变压器　通用技术条件》等标准，对电阻焊设备的使用条件和主要技术要求作了规定，摘要如下。

① 使用条件。

a. 空气自然冷却的焊机，海拔不超过 1000m，周围空气最高温度不大于 40℃。

b. 通水冷却的焊机，进水口的水温不大于 30℃，最低为 5℃，冷却水的压力应能保证必需的流量，水质应符合工业用水标准。

c. 电网供电参数：220V 或 380V，50Hz。在下列电网供电品质条件下焊机应能正常工作。

电压波动：在 ±10% 内（当频率为额定值时）。频率波动：不大于 ±1%（当电压为额定值时）。

② 主要技术要求。见表 8-3。

表 8-3　电阻焊机主要技术要求

<table>
<tr><th>项 目</th><th colspan="8">技术要求</th></tr>
<tr><td>绝缘及介电强度</td><td colspan="8">① 焊机中不与地相接的电气回路，在规定的使用条件下，其对地绝缘电阻应不低于 2. 5MΩ
② 焊机中不与地相接，工作电压为以下值时的电气回路，应能承受下列规定试验电压值 (50Hz±5Hz，接近正弦波)，持续 1min</td></tr>
<tr><td rowspan="19">空载</td><td colspan="8">阻焊变压器在额定电源电压、额定级数时，其空载视在功率及空载电流应不大于下列规定数值：</td></tr>
<tr><td rowspan="3">变压器标称功率 /kV•A</td><td rowspan="3">空载视在功率 S_0/V•A</td><td colspan="6">不同电压时的空载电流 I_{10}/A</td></tr>
<tr><td colspan="6">额定一次电压</td></tr>
<tr><td>220V</td><td>380V</td><td>415V</td><td>500V</td><td>550V</td><td>660V</td></tr>
<tr><td>5</td><td>1000</td><td>4.5</td><td>2.6</td><td>2.4</td><td>2.0</td><td>1.8</td><td>1.5</td></tr>
<tr><td>10</td><td>1800</td><td>8.2</td><td>4.7</td><td>4.3</td><td>3.6</td><td>3.3</td><td>2.7</td></tr>
<tr><td>16</td><td>2600</td><td>11.6</td><td>6.7</td><td>6.2</td><td>5.1</td><td>4.7</td><td>3.9</td></tr>
<tr><td>25</td><td>3750</td><td>17.0</td><td>9.9</td><td>9.0</td><td>7.5</td><td>6.8</td><td>5.7</td></tr>
<tr><td>40</td><td>5600</td><td>25.5</td><td>14.7</td><td>13.5</td><td>11.2</td><td>10.2</td><td>8.5</td></tr>
<tr><td>63</td><td>8200</td><td>37.2</td><td>21.6</td><td>19.7</td><td>16.4</td><td>14.9</td><td>12.4</td></tr>
<tr><td>80</td><td>8800</td><td>40.0</td><td>23.2</td><td>21.2</td><td>17.6</td><td>16.0</td><td>13.3</td></tr>
<tr><td>100</td><td>10000</td><td>45.5</td><td>26.3</td><td>24.1</td><td>20.0</td><td>18.2</td><td>15.2</td></tr>
<tr><td>125</td><td>11250</td><td>51.1</td><td>29.6</td><td>27.1</td><td>22.5</td><td>20.5</td><td>17.0</td></tr>
<tr><td>160</td><td>12800</td><td>58.2</td><td>33.7</td><td>30.8</td><td>25.6</td><td>23.3</td><td>19.4</td></tr>
<tr><td>200</td><td>14000</td><td>63.6</td><td>36.8</td><td>33.7</td><td>28.0</td><td>25.5</td><td>21.2</td></tr>
<tr><td>250</td><td>15000</td><td>68.2</td><td>39.5</td><td>36.1</td><td>30.0</td><td>27.3</td><td>22.7</td></tr>
<tr><td>315</td><td>15750</td><td>71.6</td><td>41.4</td><td>38.0</td><td>31.5</td><td>28.6</td><td>23.9</td></tr>
<tr><td>400</td><td>20000</td><td>90.9</td><td>52.6</td><td>48.2</td><td>40.0</td><td>36.4</td><td>30.3</td></tr>
<tr><td colspan="8">注：对额定视在功率小于 160kV•A 的阻焊变压器与焊钳或焊枪连成一体的焊机，其空载视在功率与空载电流的允许值可比上述数值大 2.5 倍</td></tr>
</table>

续表

项目	技术要求
二次最大短路电流	当以间接方法测定二次最大短路电流（即以二次电流与阻焊变压器变压比的乘积计算）时，允差为 -10%; 当以直接方法测定二次最大短路电流时，不小于规定值的 95%
压力	气动压缩空气系统的额定压力规定为 0.5MPa，系统中所有零部件的连接处应能在 0.6MPa 压力下可靠地工作 液压系统工作时应无噪声与冲击，油温不得超过 70℃。系统的传动机构应能承受 1.5 倍工作压力 5min，但不大于油泵允许试验压力 加压机构应保证电极间压力稳定，电极压力实际值与额定值之差不应超过额定值的 ±8%
冷却水	冷却系统的所有零件和连接处应该保证在 0.15 ～ 0.3MPa 的工作压力下能可靠地工作，并应装有溢流装置
安全	除满足一般电气、机械的基本安全要求外，暴露和可能被接触到的电路，其电压均应小于或等于交流 36V，直流 48V 阻焊变压器的二次绕组应与机身连接，机身上应有不小于 8mm 的接地螺栓及标志
结构	焊机结构及可以拆卸的部件应考虑到装卸、起重及运输的要求
外观	阻焊变压器的一次绕组、导轨的滑动表面以及轴承等处应加保护。焊机的漆层应光滑平整，厚度均匀，无裂纹、气泡。除摩擦配合的钢铁材料零件外，应有符合 JB 2836《电工产品的电镀层和化学覆盖层》中第Ⅱ类规定的保护层
注：以上所有项目，均须在出厂试验时进行试验	
负载持续率为 50% 的标称功率 I_{2n}	测定在标称焊接周期内焊机按实际或假设的工作运行而不过载时，从阻焊变压器的各个不同调节挡上所取得的最大电流（温升不超过下列限值）

续表

<table>
<tr><th>项 目</th><th colspan="7">技术要求</th></tr>
<tr><td rowspan="8">温升</td><td rowspan="2">阻焊变压器的冷却介质</td><td rowspan="2">测定方法</td><td colspan="5">不同绝缘等级时的温升限值 /K</td></tr>
<tr><td>A</td><td>E</td><td>B</td><td>F</td><td>H</td></tr>
<tr><td rowspan="3">空气</td><td>电阻法</td><td>60</td><td>75</td><td>85</td><td>105</td><td>130</td></tr>
<tr><td>热电偶法</td><td>60</td><td>75</td><td>85</td><td>110</td><td>135</td></tr>
<tr><td>温度计法</td><td>55</td><td>70</td><td>80</td><td>100</td><td>120</td></tr>
<tr><td rowspan="3">水</td><td>电阻法</td><td>70</td><td>85</td><td>95</td><td>115</td><td>140</td></tr>
<tr><td>热电偶法</td><td>70</td><td>85</td><td>95</td><td>120</td><td>145</td></tr>
<tr><td>温度计法</td><td>65</td><td>80</td><td>90</td><td>110</td><td>130</td></tr>
<tr><td>刚度</td><td colspan="7">焊机应有必要的刚度。可测定焊机工作电极表面接触误差、电极台板平行度或电极臂挠度</td></tr>
<tr><td>工作可靠性</td><td colspan="7">工作可靠性应在该焊机允许的最大电气、机械负荷及最高生产率的条件下进行鉴定</td></tr>
<tr><td>生产率</td><td colspan="7">点焊机：每分钟点焊数
凸焊机：每分钟凸焊数
缝焊机：每分钟缝焊长度
对焊机：每小时对焊接头数</td></tr>
<tr><td>焊接质量</td><td colspan="7">应以该焊机设计所能焊接的额定焊件厚度或截面为标准</td></tr>
<tr><td>互换性</td><td colspan="7">按相同图样生产的焊机，其零件或部件应具有互换性</td></tr>
</table>

此外，控制通电时间的铭牌刻度值和实际值的关系确定应在额定电压下试验。铭牌刻度值和实测值的误差不得超过表 8-4 的规定。

表 8-4 焊接通电时间允差

刻度值	铭牌刻度与实际值之差	
	同步控制	非同步控制
最小指示值	0	±15%
中间指示值	±10%	
最大指示值		

2）电阻焊电源的负载持续率

阻焊变压器是周期性工作的，每一个周期是指焊接通电时间（负载持续时间）与断电时间（空载时间）之和。焊接通电时间与全周期时间之比，用百分数来表示，称为电阻焊电源的负载持续率。表示为：

$$负载持续率=\frac{通电时间}{通电时间+断电时间}\times 100\%$$

按照 ISO 669《电阻焊接　电阻焊接设备　机械和电气要求》标准规定，电阻焊电源的负载持续率为 50%。当该值为 50% 时所允许的电流值和功率值称为电阻焊电源的额定电流值和额定功率值。对于任意负载持续率下的焊接电流和功率，可用等值发热量进行换算，如下：

$$I_B=I_A\sqrt{\frac{A\%}{B\%}}$$

$$P_B=P_A\sqrt{\frac{A\%}{B\%}}$$

式中　I_A、I_B——$A\%$、$B\%$ 负载持续率下的焊接电流；

P_A、P_B——$A\%$、$B\%$ 负载持续率下的功率。

假定电阻焊机在额定负载持续率 $A\%$ 下的额定电流值 I_A 已知，那么在任意负载持续率 $B\%$ 下，用上式可求出许用的焊接电流 I_B。求任意 $B\%$ 下的功率 P_B 也是这样。

（3）电阻焊机的工作循环与技术经济指标

1）电阻焊机的工作循环

电阻焊机的工作循环是指每一个焊接周期内电极压力和焊接电流随时

间的动态变化及相互关系。各种电阻焊机可输出不同的电流形态，它和与之相应的压力形态配合就构成了各种焊机的工作循环，以适应不同工件的工艺要求。焊机的档次越高，可构成的工作循环越多，适用的工件和材料的范围就越广。图 8-15 为各种焊机部分工作循环和不同的电流和压力形态。

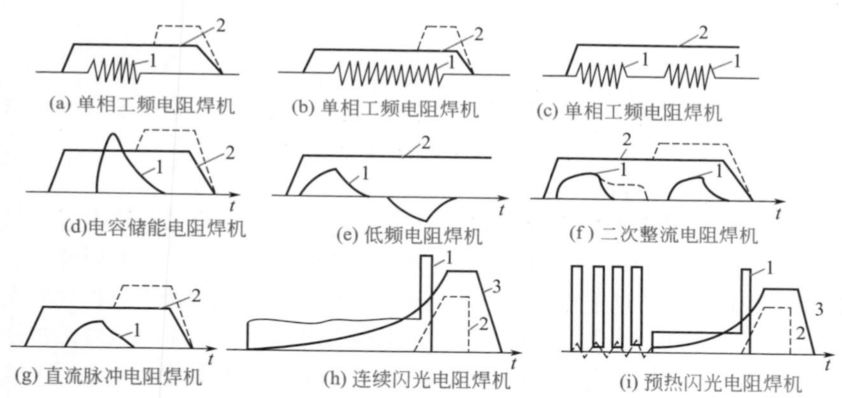

图 8-15　电阻焊机的各种工作循环及不同的电流和压力形态

1—电流；2—压力；3—位移

2）电阻焊机的技术经济指标

评价一台电阻焊机的技术水平高低、先进程度以及它的经济效果时，常常采用如下指标。

① 额定电源电压、电网频率、一次电流、焊接电流、短路电流、连续焊接电流和额定功率时焊接变压器的级数。

② 最大、最小及额定电极压力或顶锻压力、夹紧力。

③ 额定最大、最小臂伸和臂间开度（指点、凸、缝焊机）。

④ 缝焊机最大、最小焊轮的线速度。

⑤ 短路时的最大功率及最大允许功率，额定级数下的短路功率因数。

⑥ 冷却水及压缩空气耗量。

⑦ 适用的焊件材料、厚度或断面尺寸。

⑧ 额定负载持续率。

⑨ 焊机重量、焊机生产率、可靠性指标、寿命及噪声等。

⑩ 焊机的各种控制功能。

每一台电阻焊机产品的技术经济指标，通常在产品的技术文件中给出。

8.2.2 常用电阻焊机

常用的电阻焊设备主要有点焊机、凸焊机、缝焊机和对焊机。其中点焊机是电阻焊中最常用的设备之一，也是工业生产中最主要的电阻焊接设备。

（1）点焊机

点焊机按机械结构不同分为四种基本类型：摇臂型、直压型、移动型和多点型。

1）摇臂型点焊机

摇臂型点焊机是最简单的固定式点焊机，其型号及主要技术数据见表 8-5。它是利用杠杆原理由上电极臂施加电极压力，上、下电极臂为长圆柱形构件，既传递电极压力，又传递焊接电流。上电极绕上电极臂的支承轴做圆弧运动，当上、下电极与工件接触加压时，上、下电极臂必须处于平行位置，才能获得良好的加压状态。电极臂必须有足够刚度，否则电极间会发生滑移，引起熔核飞溅。

表 8-5 固定式点焊机的型号及主要技术数据

型号		DN-16	DN-100	DN2-200	DN3-100
额定容量 /kV·A		16	100	200	100
一次电压 /V		220/380	380	380	380
二次电压 /V		1.76 ～ 3.52	4.05 ～ 8.14	4.42 ～ 8.35	3.65 ～ 7.3
次极电压调节参数		8	16	16	8
额定负载持续率 /%		50	50	20	20
电极	最大压力 /N	1500	1400	1400	5500
	工作行程 /mm	20	20	—	—
电极臂间距 /mm		150	—	—	—
电极臂有效伸长 /mm		250	500	500±50	800
冷却水消耗量 /（L/h）		120	810	810	700
压缩空气		—	0.55MPa 810 L/h	0.55MPa $33m^3/h$	0.55MPa $15m^3/h$
焊件厚度 /mm		3+3	—	6+6	2.5+2.5
生产率 /（点 /h）		60	—	65	60

续表

质量 /kg	240	1950	850	850
外形尺寸（长×宽×高）/mm×mm×mm	1015×510×1090	1300×570×1950	1300×570×1950	1610×700×1500
用　途	点焊低碳钢薄板和钢丝	点焊低碳钢零件	可以焊接低碳钢或不锈钢、铝和铝合金	单点焊低碳钢

摇臂型点焊机有三种操作方法：脚踏、气动和电动机 - 凸轮。

① 脚踏式。图 8-16（a）是典型脚踏式摇臂点焊机外形图，其结构如图 8-16（b）所示。摇臂杆 3 能绕支承轴 2 转动，当踩踏板 1 时，上电极向下压下电极，施加到踏板上的力由弹簧 4 传递到摇臂杆上，电极压力是通过螺母 5 对弹簧 4 压缩的程度进行调节。通电的开关由掣子 6 触发，通电时间长短由焊工掌握。焊后由弹簧 7 使上电极退出、复位。

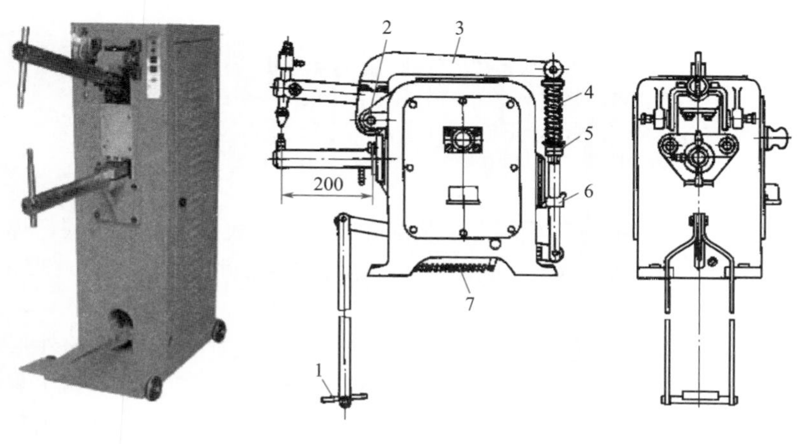

(a) 外形图　　(b) 结构图

图 8-16　脚踏式摇臂点焊机

1—踏板；2—支承轴；3—摇臂杆；4—弹簧；5—螺母；6—掣子；7—复位弹簧

这类点焊机的进深范围为 30 ～ 1200mm，变压器容量为 10 ～ 300kV·A，最适于小批量生产的加工车间用。

② 气动式。用气缸代替脚踏式点焊机的脚踏杆、连杆和弹簧。它实际上是用气缸压力代替人的脚踏力。图 8-17（a）是气动式摇臂点焊机的

外形图，图 8-17（b）为其结构。气缸行程须与机臂空间成比例，气缸直径须与所需电极压力和进深 *A* 成比例。由气缸提供的焊接压力与空气压力成正比，并由减压器控制。

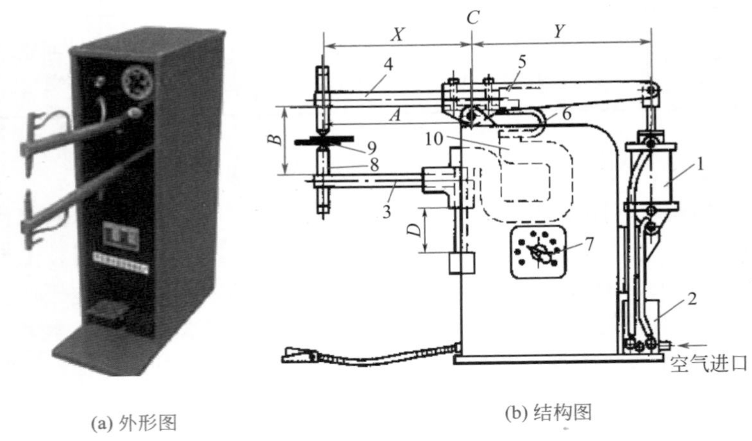

(a) 外形图　　(b) 结构图

图 8-17　气动式摇臂点焊机

A—进深；*B*—机臂空间；*C*—摇臂中心线；*D*—下机臂调整量；
1—气缸；2—气阀；3—下机臂；4—上机臂；5—摇臂；6—二次柔性导线；
7—电流调节器（抽头转换器）；8—电极夹头；9—电极；10—变压器

这类点焊机最适于需要最小装配时间的中、大批生产用。国产焊机容量为 60～100kV·A，一般配用 KD7 型控制器，可焊接 2.5mm+2.5mm 钢板。

③ 电动机 - 凸轮式。典型的电动机 - 凸轮式摇臂点焊机的外形如图 8-18（a）所示，其结构如图 8-18（b）所示。杠杆 7 由电动机 1 驱动的凸轮 6 代替脚踏力或气缸压力来推动而进行焊接。机臂的空间由焊接凸轮升量和进深决定。焊接压力取决于弹簧 8 的压缩量和杠杆力臂比。图中 3 为离合器，由踏板 4 控制，电流由卡爪 9 拨动接触器 10 而导通。这类点焊机的准备和调节比脚踏式和气动式困难，它适用于大批量生产，或没有压缩气源的场合。

值得注意的是，摇臂式点焊机无论如何操作，随着上下机臂伸长的增加，其电极压力、焊接电流都会有所降低。

(a) 外形图

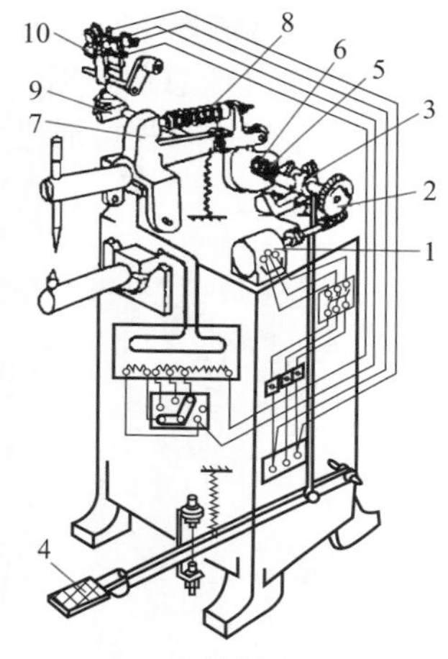

(b) 结构图

图 8-18　电动机 - 凸轮式摇臂点焊机

1—电动机；2—蜗轮蜗杆；3—离合器；4—踏板；5—弹簧；6—凸轮；7—杠杆；8—弹簧；9—卡爪；10—接触器

2）直压型点焊机

直压型点焊机的上电极在导向构件的控制下做直线运动，电极压力由气缸或液压缸直接作用产生。如图 8-19（a）所示为直压型点焊机的外形，其结构如图 8-19（b）所示。主要由机身、阻焊变压器、气压式加压系统、上下电极、水冷系统等组成。配用 KD 型点焊同步控制箱。

① 机身。机身由型材和钢板焊成，其中有几根管柱兼作压缩空气的储气室，保证焊机有足够稳定的工作压力。机身前面的上部有悬臂 9 用以安装压力传动装置，侧面装有转换开关和手动三通气阀 7 等，机身前面中部装有支臂 12，用以支承下电极 11，机身内装有阻焊变压器 3 和级数调节插座（刀开关）2。机身上面装有电磁气阀 6 和减压器 5，背面安有控制器 4。机身左侧设门，打开后可调节电流级数，其余三侧设护板。

② 阻焊变压器。该机型的变压器为单相多铁式，二次线圈由多根铜管并联弯曲焊接而成，并在两端头与两个铜块焊牢，而铜块则通过软铜片组与焊机的上、下电极相连。

③ 加压系统。图 8-20 为气压传动的加压系统。气缸为系统的中心部件，为三气室结构，由两个活塞将气缸内隔为三个气室，具有两个行程；当两个

活塞停于上部最顶点时，为安放工件用的最大行程，叫做安装行程。当上活塞停于气缸任意部位时，限制了下活塞运行距离，即为焊接中使用的焊接行程。焊接行程可通过调节头部螺母 7、8 来改变上活塞停留位置。

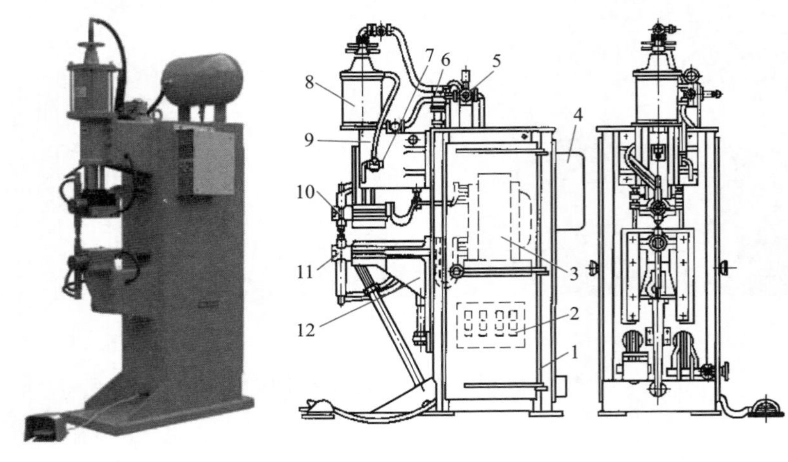

(a) 外形图　　(b) 结构图

图 8-19　直压型点焊机

1—机身；2—级数调节插座；3—阻焊变压器；4—控制器；5—减压器；6—电磁气阀；7—手动三通气阀；8—气缸；9—悬臂；10—上电极；11—下电极；12—支臂

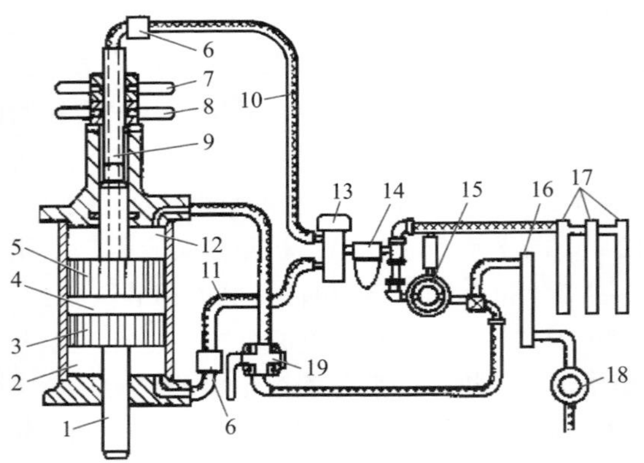

图 8-20　气压式加压系统

1—活塞杆；2,4—下气室与中气室；3,5—上、下活塞；6—节流阀；7—锁紧螺母；8—调节螺母；9—导气活塞杆；10,11—气管；12—上气室；13—电磁气阀；14—油杯；15—调压阀；16—高压储气筒；17—低压储气筒；18—气阀；19—三通开关

气路工作过程是：高压气（0.5 ～ 0.6MPa）经气阀 18 进入高压储气筒 16 储存，以保证气缸活塞动作中有足量气体。高压气由 16 分两支送向气缸，一支未经调节的气体经由三通开关 19 送入上气室 12；另一支高压气经调压阀 15 调节至焊接压力后，经电磁气阀 13 后分两路经气管 10、11 送入气缸中气室或下气室。改换三通开关 19 把手位置，决定气缸上气室高压气的出入，以选择工作状态（工作行程或安装行程）。而改变电磁气阀内活塞杆的位置，即决定了中、下气室内调压气的进出（有无焊接压力）。调节节流阀 6，可决定中、下气室进出气的快慢，使之既能提高生产率，又避免对焊件施加冲击性载荷。油杯 14 供润滑油给电磁气阀及活塞用，低压储气筒 17 用以储存低压气，便于稳定焊接压力。

为了提高焊机加压系统的随动性，提高对熔核胀缩反应的灵敏度，近年来焊机加压机构多采用薄膜式气缸及滚柱式导轨，以降低摩擦力。当焊机加压空间位置受限制或要求结构紧凑时，多采用液压或气 - 液压的加压机构。液压加压机构压力稳定，液压缸尺寸小，但需配置油泵、油箱及较精密的液压元件，维修复杂，其加压随动性不如气压式好，通常只在大容量直压型点焊机上采用。

直压型点焊机的电极臂长一般在 200 ～ 800mm，最长达 1200mm，电源容量一般在 5 ～ 600kV・A 之间。小容量点焊机电极压力机构用手工操作，中等容量点焊机用气缸操作，大容量（如 500kV・A 以上）用液压缸操作。

3）移动型点焊机

移动型点焊机分为悬挂式和便携式两类。前者重量较大，须悬挂在一定空间位置，使用时可在一定范围内移动，它主要用于焊接一般固定式点焊机不能或不便焊接的低碳钢工件，这些工件多是大型或较重的制品，如汽车工业中车身或建筑工地上的钢筋网点焊等。后者可随身携带，但其额定功率很小，主要用于维修工作。

① 悬挂式点焊机。这类点焊机由阻焊变压器、气压装置、气动点焊钳、弹簧平衡器、通水电缆、吊架、控制箱等组成。容量较大的普通悬挂式点焊机，其阻焊变压器和焊钳是分离的。小容量的或部分逆变式点焊机，因阻焊变压器体积小，常同焊钳连成整体。焊接时，焊钳上两电极夹紧工件，然后通电完成一个焊点。

a. 分体式悬挂点焊机。如图 8-21 所示为阻焊变压器和焊钳分离的悬挂式点焊机。阻焊变压器 1 和焊钳 7 分别悬挂在吊架 4 上。气压装置如电磁气阀 3、变换器 2 等附在变压器上，控制箱可放在变压器上，较多的是

放在地面便于调节。焊接时，变压器通过水冷软电缆 5 向焊钳输送焊接电流。因软电缆长，增加了二次回路的阻抗，所以这种悬挂式点焊机变压器二次空载电压较固定式点焊机高 2 ～ 4 倍。

图 8-22 为典型焊钳的基本构造，为气缸 - 杠杆加压机构。通常一台焊机可配备两把不同构造的焊钳，以适应不同形状产品的焊接，两焊钳可分别调节焊接参数，但应错开使用，即不能两把焊钳同时使用。

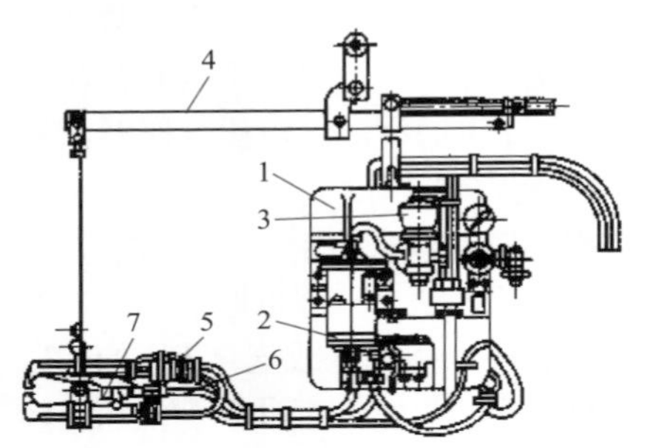

图 8-21　阻焊变压器和焊钳分离的悬挂式点焊机

1—阻焊变压器；2—变换器；3—电磁气阀；4—吊架；5—软电缆；6—气管；7—焊钳

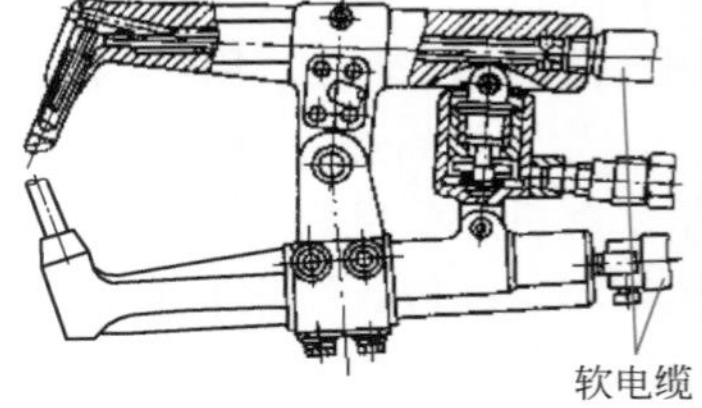

图 8-22　典型焊钳的基本构造

在汽车制造中有些部位只能进行单面点焊，这时焊钳已不适用，需改用如图 8-23 所示的点焊枪。焊枪上只接一根电缆，另一根接到工件上。图 8-23（a）为手压式焊枪，电极 1 压力由人力通过压缩弹簧 2 施加到工件上，弹簧缩短时就抬起顶块 3，使之触动按钮 4 即接通焊接电流。电缆接在接头 6 上。图 8-23（b）为千斤顶式焊枪，电极压力是由气（或液）压缸直接作用到电极上。使用这种焊枪时，必须与工装配合，为缸体提供产生反作用力的支承。

b. 整体式悬挂点焊机。图 8-24 为阻焊变压器与焊钳连成一体的悬挂式点焊机的典型代表。变压器、气缸和焊钳三者结合得很紧凑，气缸的压力经过三点式杠杆系统传递给电极。有些焊机可配用不同形状和长度的焊臂，以适用于不同需要的焊接。由于没有二次长电缆阻抗的影响，二次空载电压与固定式点焊机相同，其焊接质量稳定。此外其使用和维修方便。这类点焊机的额定功率为 2.5 ～ 110kV·A，可焊钢板厚度（短臂时）从 1.5mm+1.5mm 到 6mm+6mm，电极力（气压 0.6MPa）短臂时为 1.8 ～ 6kN。

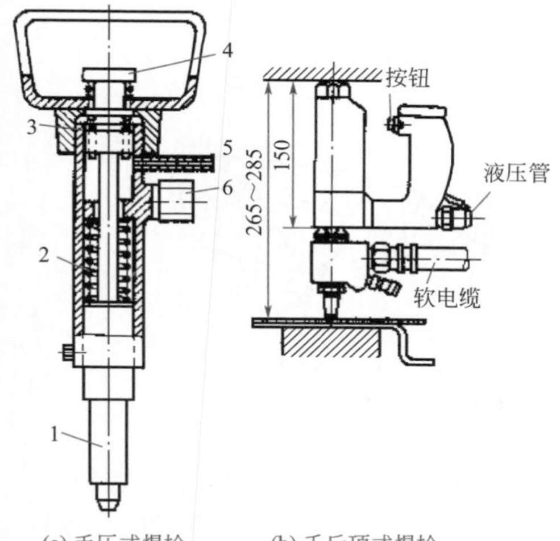

(a) 手压式焊枪　　(b) 千斤顶式焊枪

图 8-23　单面点焊枪

1—电极；2—压缩弹簧；3—顶块；4—按钮；5—气管；6—电缆接头

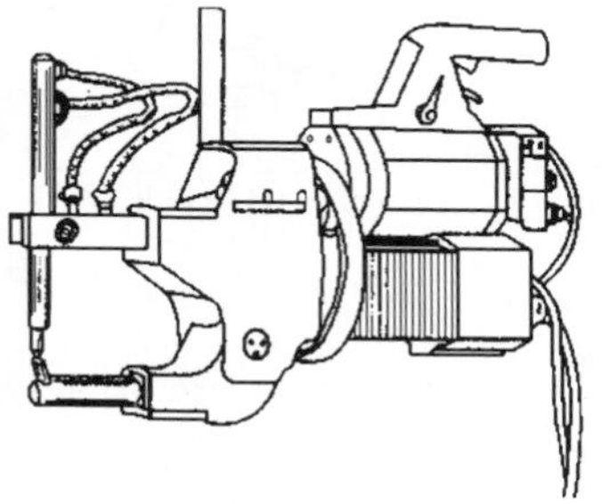

图 8-24　整体式悬挂点焊机（KT-826）

② 便携式点焊机。便携式点焊机又称手提式点焊机，主要用于维修工作中的薄钢板焊接。这类焊机的容量小，故阻焊变压器体积小、重量轻。目前较多的是把焊钳（或焊枪）与阻焊变压器组合成整体，而阻焊变压器采用空气自然冷却。为了简化结构和减轻重量，电极压力一般由操作者施加。图 8-25 分别示出两种不同形式的便携式点焊机的外形，图 8-25（a）适于双面单点焊，图 8-25（b）适于单面双（单）点焊，它可以对一般悬挂式伸不到位的大面积薄板加薄板或薄板加厚板进行点焊，不受面积、方位、角度和形状的影响。如果将其中一个电极换成大面积接触面作导电体，就成为单面单点焊。

以上移动型点焊机的焊钳都是靠人力使之移动，现代大量生产中基本上已把焊钳（有些还包括阻焊变压器）安装在机器人的手臂上，由机器人代替人力完成点焊的操作，成为点焊机器人。

4）多点型点焊机

① 特点。多点型点焊机是大批量生产中的专用设备，有如下特点：

a. 一次焊接四个至数十个熔核，甚至多达一百多个，生产率高，要比普通点焊机快数倍至数十倍。

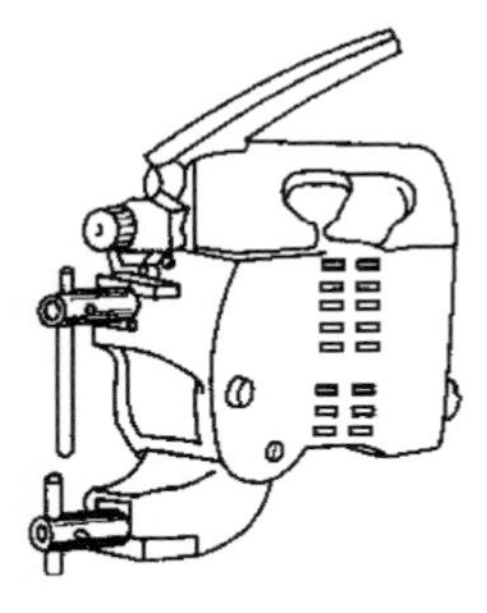

(a) 钳式(KT-218)

(b) 枪式(GT224-A)

图 8-25　便携式点焊机

b. 焊接过程中按不同要求可分为半自动程序控制和自动程序控制。

c. 设备专业性强，一般一种多点型点焊机只适用于焊接一种类型的工件。

d. 阻焊变压器的二次绕组通常为双二次式，电极的导电方式一般为单面馈电，工件一面有压痕。

② 基本结构与组成。多点型点焊机通常由机身、阻焊变压器、焊枪、工作台、加压系统、冷却系统和控制系统等组成。机身上的阻焊变压器和焊枪的数量与分布取决于工件的形状尺寸、所需熔核的数量以及完成这些熔核的工艺程序。

a. 机身。它是多点型点焊机的结构基础，有三种结构形式。

a）“C”形弓背式机身。结构比较简单，适用于焊接狭长的和点数不多的工件。

b）龙门式机身。图 8-26 是这种机身的典型结构，它是专用于焊接钢筋网格的多点型点焊机。从图中看出它是由上横梁 9，左、右柱（支承座）7 和下横梁（底座）1 组成，是横向宽而纵向窄的框架结构。阻焊变压器 10 和焊枪 6 排列在龙门架的横梁上。支承工件的工作平台 3 由上升油缸 2 实现升降。焊接时，工件通过龙门框架有规则地纵向移动，一般每分钟可焊 200 多个熔核。

用于生产板式散热器片、卡车车身侧板和生产线钢带连接的多点焊，也多采用龙门式机身。

c）四柱式机身。它是在机架底座的四个角处用四根立柱与上顶架连接，构成立体的四柱式框架机身。这样的机身刚度大，可承受较大的复合应力。通常用于外形尺寸较大、结构形状复杂和焊点分布不规则的工件。例如“东风”牌卡车上的底板加强梁多点焊，因工件上有近200个熔核，且分布不规则，需用86把焊枪，有横有竖地布置，整台焊机庞大而复杂。

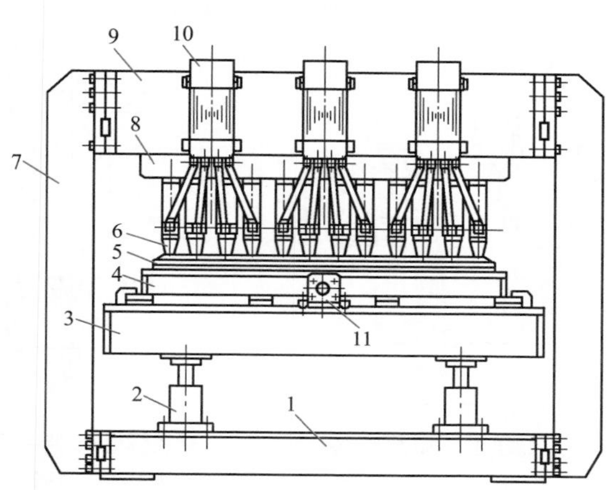

图 8-26　龙门框架式多点型点焊机

1—底座；2—上升油缸；3—工作平台；4—电极座；5—下电极；6—焊枪；7—支承座；8—焊枪配油板；9—上横梁；10—阻焊变压器；11—位移油缸

b. 多点焊变压器。考虑到工件上熔核位置复杂和密集的特点以及保证各焊接回路电气相对平衡等因素，多点焊变压器设计力求小而轻，外形瘦长。其铁芯宜采用冷轧硅钢片，一次绕组采用F级绝缘漆包扁线。此外，采用双二次绕组结构，并通水冷却，以及采用环氧树脂浇注工艺。

c. 工作台。用以支承工件，上面设置有下电极和辅助夹具。在焊接过程中工作台常做升降、前后位移或旋转等动作。一般多点型点焊机工作台面较大，在快速升降中要求平衡和同步。单面双点馈电式点焊机的下电极一般为非固定式，分组安装在可调节的支架上，下电极调节支架则安装在工作平台上，供调节下电极水平标高（图8-27）。下电极内设冷却水管，因其散热面积比上电极大，冷却水管可多组串联。下电极一般不做成整平面，而是开出沟槽，使与上电极对应处形成凸台。

为了使工件进入工作台后能与下电极保持良好接触，在工作台上应适当设置夹具，简单的平板工件可用手动夹具，复杂工件宜用气动夹具。

d. 焊枪。它是传递电极压力和焊接电流的执行机构，由液压缸或气缸

与电极导电块等组成，图 8-28 为其示意图。对焊枪的要求是惯性小、动作灵活，在焊接过程中焊点金属受热变形时，电极压力反应灵敏。此外，体积要小型化，为此常采用液压式焊枪。气压式焊枪的缺点是体积较大，但它可以做到工作场地无油污、维修方便、成本低。

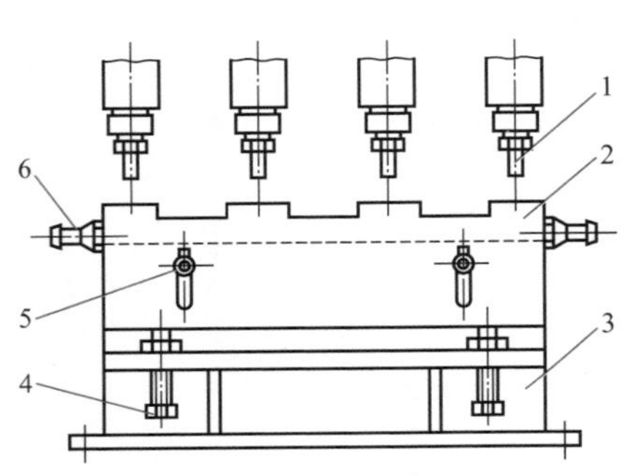

图 8-27　多点型点焊机的下电极结构

1—上电极；2—下电极板；3—调节支架；4—调节螺钉；5—紧固螺钉；6—冷却水管

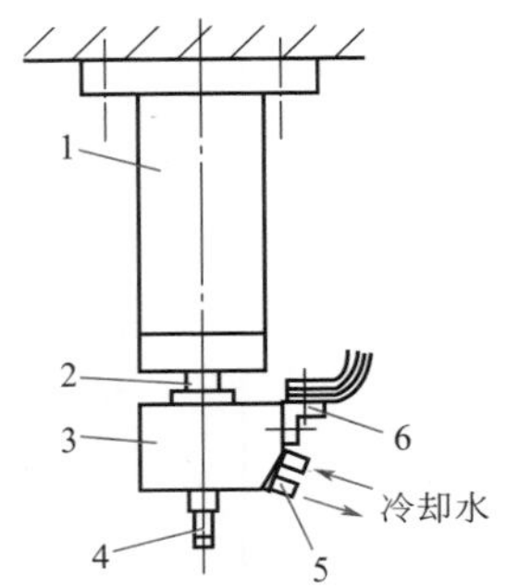

图 8-28　焊枪示意图

1—缸体；2—活塞杆；3—导电块；4—上电极；5—冷却水接头；6—电接头

e. 控制系统。多点型点焊机运行一般分两部分进行控制，一是程序控制，其功能有程控功能、联锁功能、记忆功能、手动与自动任选功能、动作位置显示功能等；另一是焊接时间控制，使用的是焊接时间调节器，其工作原理与通用点焊机类似，按焊接循环分四个阶段（预压、焊接、锻压、休止）。每个阻焊变压器设置一个时间调节器，当每个二次回路面积和阻抗不一样时，便可分别调节到最佳参数。

当前多点型点焊机多采用单面双点焊方式，一台大型焊机可焊数百点。为了适应加速产品改型的需要，目前已逐步研制出每个工位只完成 10 ～ 30 余点的多点型点焊机。扩散工位后当工件结构改型或更改尺寸时，易于变动焊接工位；焊机的设计与制造简单，维修方便；另外，焊点少时焊枪可交叉布局，增大焊点间距，可以使用气压式焊枪以降低焊接电流分流。

（2）凸焊机

1）特点

凸焊是点焊的变种，其焊接过程与原理和点焊相同，因此所用的凸焊机与点焊机基本相同，凸焊示意图见图 8-29，凸点形状示意图见图 8-30。

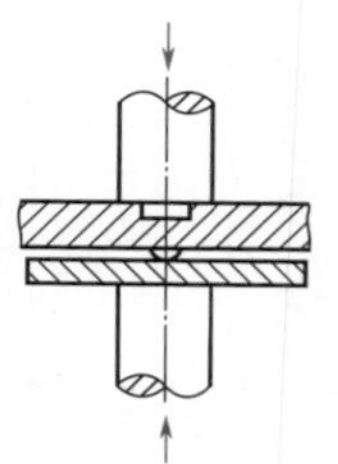

图 8-29 凸焊示意图

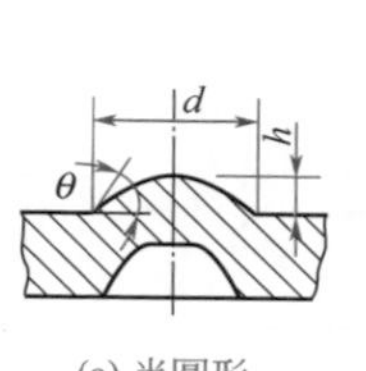

(a) 半圆形

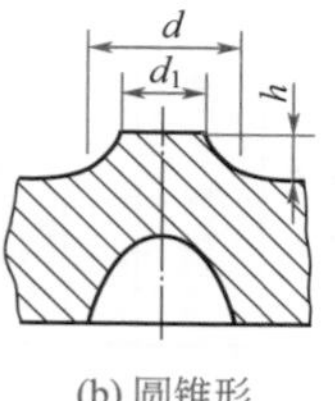

(b) 圆锥形

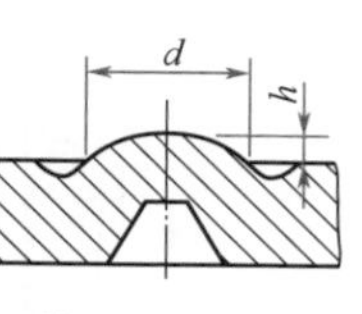

(c) 带溢出环形槽的半圆形

图 8-30 凸点形状示意图

凸焊和点焊的区别在于以下几点：

① 上下电极不是圆棒状而是平板状，其工作面为平面，通常都开有标准的 T 形槽用以安装螺栓。

② 焊机所需功率和电极压力较大。这取决于同时施焊的凸点数或凸环的面积。

③ 一般电极加压只适于直压型，即上电极垂直于其工作面移动。

凸焊机有通用的，也有专用的。若在通用凸焊机的上、下电极上，加进点焊附件，就变成凸焊和点焊两用机，如图 8-31 所示。凸焊机电源多为工频交流，近年来逐渐采用二次整流电源，这样可以保证各熔核质量均匀而稳定。

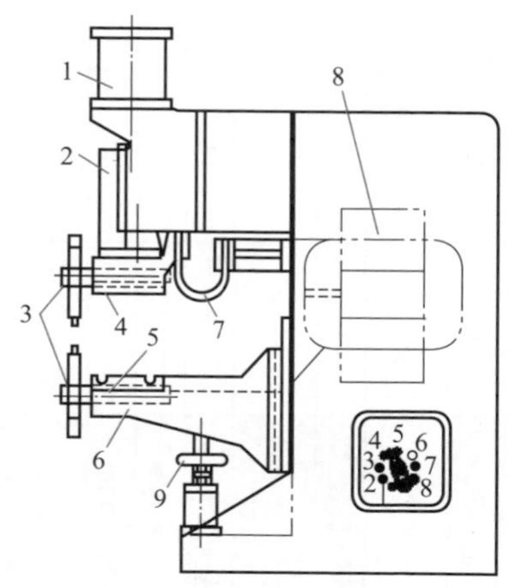

图 8-31 点焊和凸焊组合焊机

1—气缸或液压缸；2—压头；3—点焊附件；4—上台面；
5—下台面；6—升降台；7—柔性导线；8—阻焊变压器；9—升降台支承

2）凸焊机的技术数据

凸焊机的型号及主要技术数据见表 8-6。

表 8-6 凸焊机的型号及主要技术数据

型号	TN-63	TN-125	TN-400	TZ-3X63-1	TZ-100	TR-3000	E2012-T6A
一次电压 /V	380	380	380	380，三相	380	380	380，三相
额定容量 /kV•A	63	125	400	63	100	储能 3000J	260
额定负载持续率 /%	50	50	20	50	50	20	50
二次空载电压 /V	3.65 ～ 7.3	4.42 ～ 8.85	5.42 ～ 10.84	3.55 ～ 7.10	4.13 ～ 8.26	充电电压 420V	2.75 ～ 7.6
二次电压调节级数	16	16	16	8	8	2	—
低碳钢焊件最大厚度 /mm	5+5	6+6	8+8	8+8	4+4	铝点焊 1.5 +1.5	—
电极间最大压力 /kN	6.6	14	35	14.7	14.7	—	20
上电极工作行程 /mm	20	20	30	15 ～ 100	20	—	25 ～ 100
上电极辅助行程 /mm	60	80	90	85	60	—	
压缩空气压力 /MPa	0.55	0.55	0.55	0.3	0.4	—	0.5
冷却水消耗量 /L・h⁻¹	810	810	1200	2800	2040	180	—
外形尺寸 /mm×mm×mm	1330×570 ×1950	1330×570 ×1950	1610×773 ×2550	2035×740 ×2260	1375×540 ×2192	—	1990×1100 ×2400
质量 /kg	600	600	1500	—	—	—	—
配用控制器型号	KD2 系列	KD2 系列	KD4	KD2- 系列	程序控制器	—	DFIT 1110L6S 型
备注	通用，工频	通用，工 频	通用，工频	三个单相变压器，六相半波整流	二次整流	电容储能	三相全波整流（二次整流）

（3）缝焊机

缝焊是用一对滚盘电极代替点焊圆柱形电极，在焊接过程中，与焊件做相对运动，从而产生一个个熔核相互搭叠的密封焊缝的焊接方法。缝焊机除电极及其驱动机构外，其他如机身、阻焊变压器、气缸和压头等基本上与点焊机相同。缝焊机的电极是两个（有时只用一个）可以滚动的滚轮，故称滚轮电极，又称滚盘或焊轮。焊接时一个或两个滚轮电极由电动机通过传动机构驱使其转动。

缝焊机很少用液压缸，因所需电极压力不是很大。为了补偿电极磨损，可在活塞杆和压头之间采用可调连接或可调行程的气缸。下电极的位置及其固定结构一般是可调节的，以适应焊接所需的操作高度。薄板的缝焊多用连续驱动的系统，对于较厚的工件和某些金属材料（如铝合金）的焊接，必须采用步进式（即间歇式）驱动系统，以便在焊缝熔核凝固时保持电极力。

1）缝焊机的分类

① 缝焊机按滚轮电极相对于电极臂位置的布置可分为横向焊机、纵向焊机和通用焊机三种类型。

a. 横向缝焊机。滚轮的轴线与电极臂平行或同轴，焊接时形成焊缝的走向与焊机的电极臂相垂直。这种焊机用于焊接平板的长焊缝及圆周环形焊缝，图 8-32（a）表示的是焊接筒体的环焊缝。

b. 纵向缝焊机。滚轮的轴线与电极臂相垂直，焊接时形成焊缝的走向与电极臂平行。这种焊机用于焊接平板的短焊缝及圆筒形容器的纵向焊缝，图 8-32（b）表示的是焊接圆筒体的纵缝。

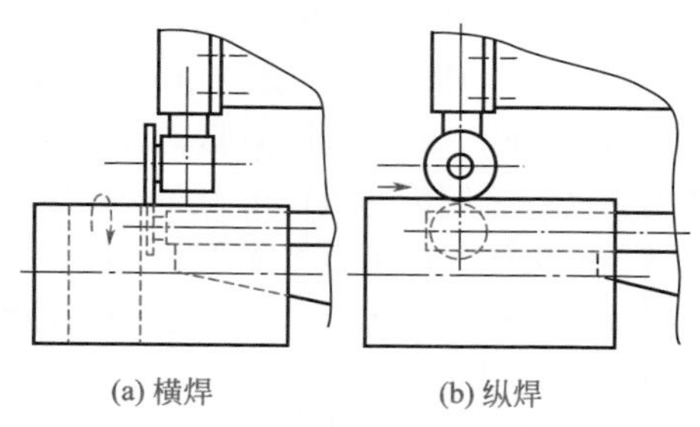

(a) 横焊　　(b) 纵焊

图 8-32　缝焊机工作示意图

c. 通用缝焊机。这种焊机的电极可作 90° 旋转，而下电极臂和下电极有两套，一套用于焊横向焊缝，另一套用于焊纵向焊缝，可根据需要而互

换。按电源供电种类分，缝焊机有工频交流、三相低频交流、二次整流、电容储能等类型，以工频交流应用最广，其余用于特殊场合。

② 缝焊机按滚盘转动和馈电方式可分为连续缝焊、断续缝焊和步进缝焊三种。

a. 连续缝焊。焊件在两个滚盘电极间连续移动（即滚盘连续旋转），焊接电流也在连续通过，这种工艺方法容易造成滚盘发热及磨损，熔核附近也容易过热，焊缝下凹。

b. 断续缝焊。焊件在两个滚盘电极间连续移动（即滚盘连续旋转），焊接电流断续通过，滚盘有冷却的时间，滚盘发热及磨损较连续缝焊小些，但是，在熔核冷却时，滚盘一定程度地离开焊件，不能充分地挤压焊缝，使某些金属的焊缝容易产生缩孔。

c. 步进缝焊。将焊件置于两滚盘中间，滚盘电极连续加压，间歇滚动，在滚盘停止滚动时通电，这种交替进行的缝焊法即为步进缝焊。焊接过程中，焊件断续移动，电流在焊件静止时通过，熔核在全部结晶过程中都有顶锻压力存在，所以焊缝熔核致密，但是这种工艺方法需要比较复杂的机械装置。

③ 按安装方式分为固定式和移动式。

④ 按馈电方式分为双侧缝焊机和单侧缝焊机。

⑤ 按滚盘数目分为双滚盘缝焊机和单滚盘缝焊机。

⑥ 按加压机构的传动方式分为脚踏式、电动凸轮式、气压式。

2）缝焊机的组成

缝焊机外形如图 8-33（a）所示，由机架、焊接变压器、加压机构、控制箱等部件组成，其结构如图 8-33（b）所示。

多数连续驱动滚轮的传动是由恒速交流电动机经减速器减速后，再经万向接头和传动杆传至滚轮。速度范围由驱动设计和电极直径决定。用可调速的直流电动机驱动，可使传动机构更为简单、紧凑和灵活。传动机构的布置可以是单由上电极或单由下电极作主动，或者上、下电极均是主动。但通用缝焊机都是上电极作主动。滚轮电极可由滚花轮或齿轮带动，图 8-34 为一些电极驱动的方法。

滚花轮带动电极就是使用与电极周缘接触的滚花轮依靠摩擦力带动滚轮电极转动［图 8-34（a）（b）（d）］。这种驱动方法即使在电极直径磨损时也能保持恒定的线速度。齿轮驱动是使滚轮电极的转动轴由一个变速驱动的齿轮系统带动［图 8-34（c）（e）（f）］。采用齿轮驱动时，随着滚轮电极直径磨损，线速度将减小，但可用提高驱动速度来补偿。

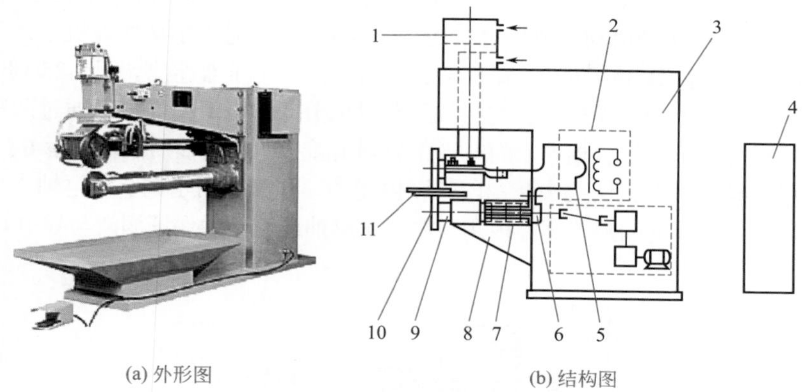

(a) 外形图

(b) 结构图

图 8-33 缝焊机简图

1—加压机构；2—阻焊变压器；3—机座；4—控制箱；5—二次线圈；6—柔性母线；7—支座；8—撑杆；9—机臂；10—电极；11—焊件

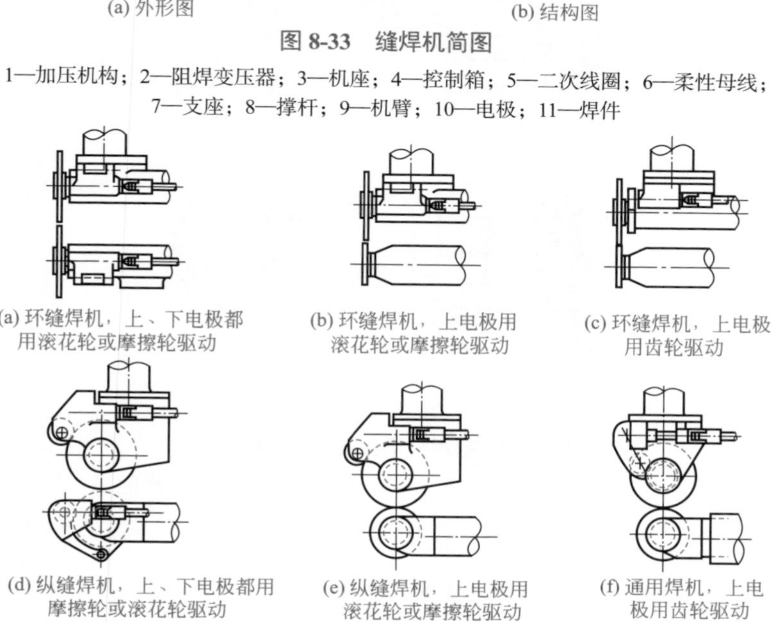

(a) 环缝焊机，上、下电极都用滚花轮或摩擦轮驱动

(b) 环缝焊机，上电极用滚花轮或摩擦轮驱动

(c) 环缝焊机，上电极用齿轮驱动

(d) 纵缝焊机，上、下电极都用摩擦轮或滚花轮驱动

(e) 纵缝焊机，上电极用滚花轮或摩擦轮驱动

(f) 通用焊机，上电极用齿轮驱动

图 8-34 典型缝焊电极和驱动布置

3）缝焊机滚轮的导电

缝焊机的机头需具有传动、加压和导电三种功能。传动和导电的要求相互矛盾，传动要求轴和衬套间的间隙适当增大，而导电要求间隙尽量小。目前有三种导电方式：滚动接触导电、滑动接触导电和耦合导电。

滚动接触导电是靠滚柱轴承传导，因其导电性差而很少采用；耦合导电只适于某些大功率缝焊机，故一般缝焊机主要是采用滑动接触导电。图 8-35 示出两种滑动接触导电机构。图 8-35（a）适于小功率焊机用，其导电轴 2 在衬套 3 中转动，盖板 4 压紧衬套并与变压器连接。图 8-35（b）适于中等以上功率焊机用，它将加压与导电分开。电流由导电轴通过两铜夹紧板与变压器二次相连，而电极压力则由盖板 4 通过前后滚珠轴承 6、8 作用于导电轴上，使机头在一段长度内受力。弹簧 5 用于调节导电轴 2 与导电板 7 之间的间隙，间隙内用石墨、蓖麻油或锭子油保证润滑与导电。

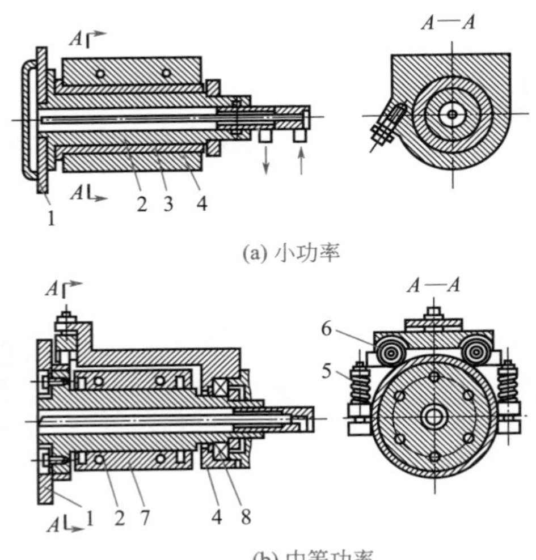

图 8-35　缝焊机机头的滑动接触导电

1—滚盘；2—导电轴；3—衬套；4—盖板；5—弹簧；6, 8—滚珠轴承；7—导电板

4）缝焊机的技术数据

缝焊机的型号及主要技术数据见表 8-7。

表 8-7　缝焊机的型号及主要技术数据

型号	FN1-100-1	FN1-150-1	FN1-150-2
额定容量 /kV·A	100	150	
一次电压 /V	380	380	
一次额定电流 /A	264	395	

续表

<table>
<tr><td colspan="2">二次空载电压调节范围 /V</td><td>3.34 ～ 6.68</td><td colspan="5">3.88 ～ 7.76</td></tr>
<tr><td colspan="2">二次电压调节级数</td><td>8</td><td colspan="5">8</td></tr>
<tr><td colspan="2">额定负载持续率 /%</td><td>50</td><td colspan="5">50</td></tr>
<tr><td colspan="2">最大电极压力 /N</td><td>8000</td><td colspan="5">8000</td></tr>
<tr><td rowspan="2">电极行程 /mm</td><td>工作</td><td>50</td><td colspan="5">50</td></tr>
<tr><td>最大</td><td>130</td><td colspan="5">130</td></tr>
<tr><td colspan="2">电极有效伸出长度 /mm</td><td>400</td><td colspan="5">800</td></tr>
<tr><td rowspan="2">焊接圆筒时</td><td>圆筒直径 /mm</td><td rowspan="2"></td><td>ϕ300</td><td>ϕ400</td><td>ϕ300</td><td>ϕ300</td><td>ϕ400</td></tr>
<tr><td>电极有效伸长 /mm</td><td>100</td><td>400</td><td>520</td><td>585</td><td>650</td></tr>
<tr><td colspan="2">可焊低碳钢厚度 /mm</td><td>2+2</td><td colspan="5">2+2</td></tr>
<tr><td colspan="2">焊接速度 /（m/min）</td><td>1.0 ～ 4.0</td><td colspan="3">1.2 ～ 4.3</td><td colspan="2">0.89 ～ 3.1</td></tr>
<tr><td colspan="2">冷却水消耗数量 /（L/h）</td><td>1000</td><td colspan="3">1000</td><td colspan="2">750</td></tr>
<tr><td rowspan="2">压缩空气</td><td>压力 /MPa</td><td>0.5</td><td colspan="5">0.5</td></tr>
<tr><td>消耗量 /（m^3/h）</td><td>1.5 ～ 2.5</td><td colspan="5">1.5 ～ 2.5</td></tr>
<tr><td colspan="2">电动机功率 /kW</td><td>1.1</td><td colspan="5">1</td></tr>
<tr><td colspan="2">质量 /kg</td><td>1000</td><td colspan="5">2000</td></tr>
<tr><td colspan="2">外形尺寸（长 × 宽 × 高）/mm×mm×mm</td><td>1120×750×2050</td><td colspan="5">2200×1000×2250</td></tr>
<tr><td colspan="2">配用控制箱型号</td><td>KF1200</td><td colspan="5">KF1200</td></tr>
<tr><td colspan="2">用途</td><td colspan="6">缝焊无镀层的低碳钢及合金钢板</td></tr>
<tr><td colspan="2">备注</td><td>横焊</td><td colspan="3">横焊</td><td colspan="2">纵焊</td></tr>
</table>

(4) 对焊机

1) 对焊机的组成与分类

对焊机的外形如图 8-36(a)所示，其典型结构组成如图 8-36(b)。可归纳为机架(座)、导向机构、固定夹座、可动夹座、夹紧机构、送进机构、电源(变压器)和调节与控制系统等部分。

固定夹座安装在机架工作台面的固定位置上，但在某些焊机中则留出有限调节量，以便电极和工件对中。可动夹座安装在机架工作台面的导轨上，并与闪光及顶锻的送进机构相连接。夹持工件和向工件传送电流的上下电极(钳口)安装在夹座上。一般将阻焊变压器装在机架内，用软铜导线与夹座连接。

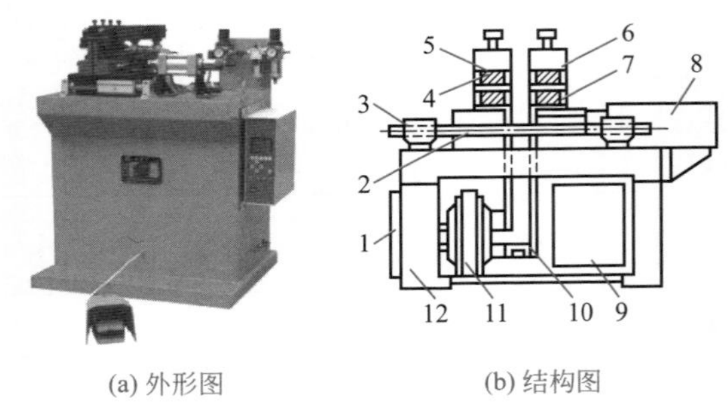

(a) 外形图　　(b) 结构图

图 8-36　对焊机简图

1—级数调节器；2—导轨；3—导轨衬套；4—上电极；5—固定夹座(带夹钳)；6—可动夹座(带夹钳)；7—下电极(钳口)；8—闪光及顶锻的送进机构；9—控制面板；10—软铜导线；11—变压器；12—焊机机架

对焊机按工艺方法分为闪光对焊机和电阻对焊机两大类，两者的构造相似，主要区别在于焊接时可动夹座的运动和传递这个运动的机构不同。闪光对焊机又分为连续闪光对焊机和预热闪光对焊机。

按送进机构分，对焊机分为弹簧式、杠杆式、电动凸轮式、气压送进液压阻尼式和液压式等。按夹紧机构分，有偏心式、杠杆式、螺栓式，而杠杆和螺栓式又分为手动式和机械传动式；机械传动则有电动、气动、液动或气液联动等形式。按自动化程度分，有手动、半自动和自动对焊机。按用途分，则有通用对焊机和专用对焊机等。

2）机架

对焊机上所有组件均安装在机架上，焊接过程中机架要承受强大的顶锻压力（有些高达 100×10^4 N），故必须具有足够的强度和刚度。小型机架可用铸造机构，大型机架用焊接结构。机架上的工作台有水平、倾斜和直立三种形式，如图 8-37 所示。

3）送进机构

对焊机送进机构的作用是使工件同可动夹座（含夹紧机构）一起按预定的移动曲线移动，并保证传递必要的顶锻压力。

对送进机构的要求是：

① 保证可动夹座按所要求的移动曲线工作；

② 提供焊接所必需的顶锻压力；

③ 能均匀平衡地移动而没有冲击和振动；

④ 当预热时，能往返地移动。

根据焊接方法和焊机的自动化程度，目前送进机构有弹簧式、手动杠杆式、电动凸轮式和气压或液压式等。

弹簧式送进机构只适用于小功率（10kV • A）和压力小于 750 ～ 1000N 的电阻对焊机，在闪光对焊机上不适用，为使压力变化不大于 5%，要求弹簧具有足够的长度。手动杠杆式送进机构多用于 100kV • A 以下的中、小功率焊机中，图 8-38 为这种送进机构的示意图。其顶锻压力靠人工掌握而不够稳定，顶锻速度较小，劳动条件较差，焊接质量在很大程度上取决于焊工的操作水平。电动凸轮式送进机构多用于中等功率以上自动闪光对焊机，其传动原理如图 8-39（a）所示，为了使电流的切断、电动机的停转与可动夹座的移动可靠地配合，凸轮 K 的转轴上装置两个辅助凸轮 K_1 和 K_2，以便在指定时刻关断行程开关，凸轮 K 外形的选择必须满足闪光和顶锻的要求，典型的凸轮及其展开图如图 8-39（b）所示，该曲线就是预定焊接过程可动夹座位移的曲线。凸轮顶锻区段不能做得过陡，否则易卡住，顶锻速度受影响，一般为 20 ～ 25mm/s。气压或气 - 液压复合送进机构多用于中、大功率自动闪光对焊机。图 8-40 为国产 UNl7-150 型对焊机采用气 - 液压复合的送进机构原理图，其动作过程主要包括预热、闪光和顶锻。其中，闪光和顶锻留量由装在焊机上的行程开关和凸轮来控制，调节各个凸轮和行程开关的位置即可调节其留量。焊接结束后，动夹具返回，DZT_1 ～ DZT_3 均断电，针形活塞 6 已恢复原位，动夹具以较快速度回到原始位置。这类送进机构的顶锻压力大，控制准确，但结构复杂。

大功率的焊机则多采用液压传动。

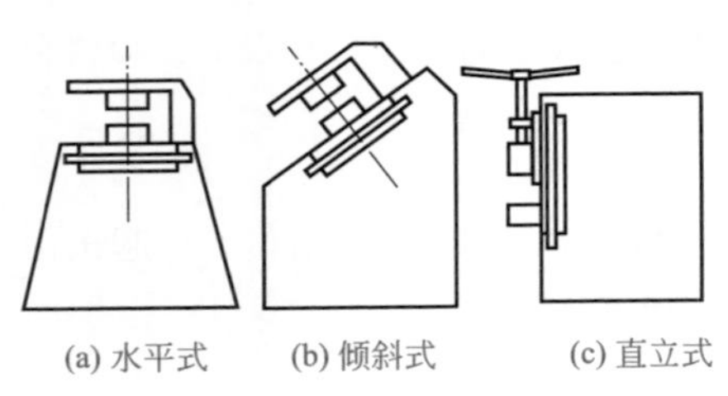

(a) 水平式　(b) 倾斜式　(c) 直立式

图 8-37　对焊机工作台的形式

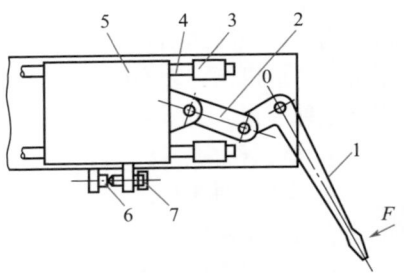

图 8-38　手动杠杆式送进机构

1—曲柄杠杆；2—连杆；3—滑动轴承；4—导轨；5—可动夹座；6，7—限位开关

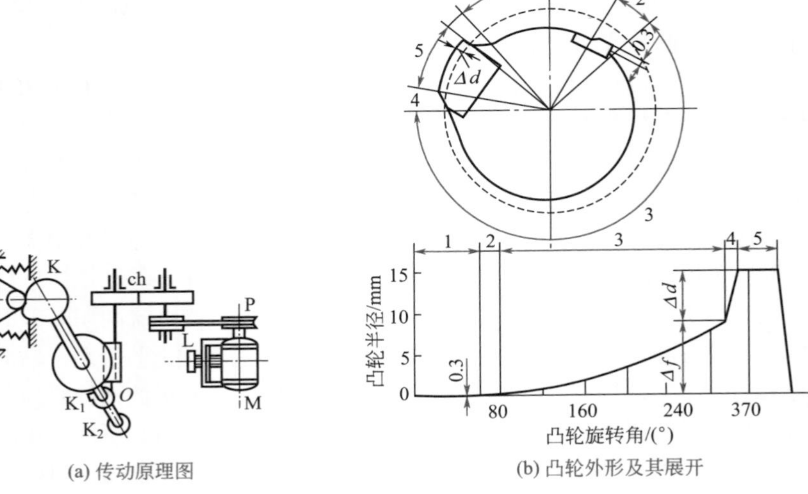

(a) 传动原理图　(b) 凸轮外形及其展开

图 8-39　电动凸轮式送进机构

4）夹紧机构

夹紧机构的功能是：使工件准确地对中定位；夹紧工件，并足以传递水平方向的顶锻压力；给工件输送焊接电流。一般由两个夹具组成，一个固定，称静夹具；另一个可移动，称动夹具。静夹具安装在机架上的固定座板上，它与阻焊变压器二次线圈的一端相接，但必须与机架绝缘；动夹

具安装在动座板上，和阻焊变压器二次线圈的另一端相接，动座板通过导轨在机架上可左右移动。

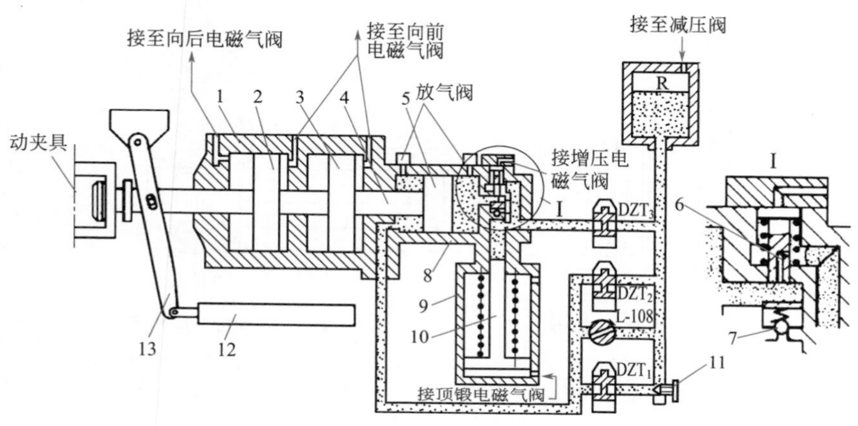

图 8-40　UNl7-150 型对焊机的送进机构

1—缸体；2，3—气缸活塞；4—活塞杆；5—液压缸活塞；6—针形活塞；7—球形阀；8—阻尼液压缸；9—顶锻气缸；10—顶锻气缸的活塞杆兼液压缸活塞；11—调预热速度的手轮；12—标尺；13—行程放大杆；$DZT_{1、3}$—电磁换向阀（常开）；DZT_2—电磁换向阀（常闭）；L-108—节流阀；R—油箱

夹具的形式较多。图 8-41 为手动“C”形螺栓夹具，这种夹具简单，夹紧力强，但零件多，夹紧费时，只能适用于小件的单件和小批生产。图 8-42 为手动偏心轮夹具，这种夹具操作简单、动作快，但夹紧力不大，且不够稳定，一般只适用于 25kV·A 以下的对焊机。图 8-43 为杠杆 - 螺栓夹具，这种夹具结构简单，工作可靠，夹紧速度较快，但操作动作多，劳动强度大，夹紧力小，一般不超过 40kN，主要用于中小功率（100kV·A 以下）的自动对焊机中。图 8-44 为气压式夹具，利用压缩空气作动力源，这种夹具压力稳定，操作简便，易于实现自动化，而且动作迅速，生产率高。但夹紧力受压缩气源压力（一般为 607.95kPa 左右）的限制而不能很大。大功率对焊机一般都采用液压或气 - 液压复合式夹具，这样的夹具体积小，结构紧凑，夹紧力大而稳定，但结构复杂、维修困难。图 8-45 是气 - 液压复合式夹具的原理图，利用气压使液体增压，然后利用增压后的液体压力去夹紧工件。这种夹具压力缸体积小、动作快，不需要液压泵，多用于大、中型对焊机。

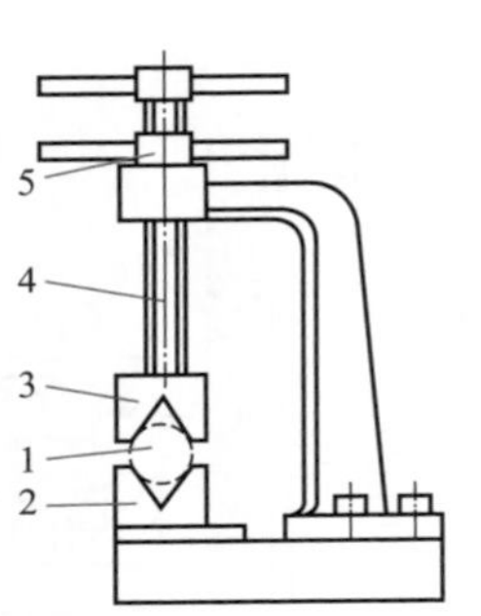

图 8-41　手动“C”形螺栓夹具

1—工件；2—下钳口（电极）；3—上钳口（电极）；4—螺杆；5—防松螺母

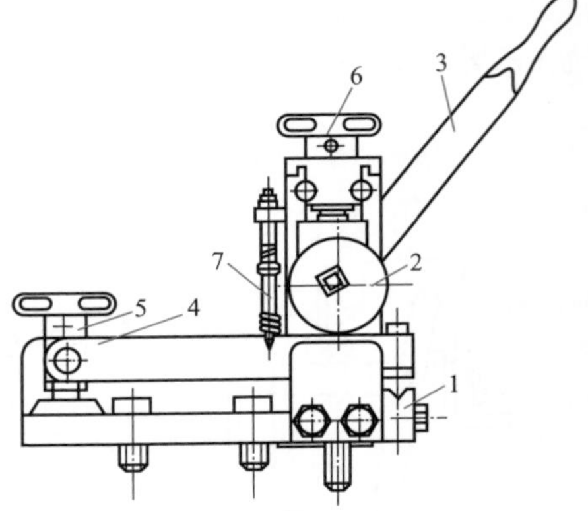

图 8-42　手动偏心轮夹具

1—下电极；2—偏心轮；3—手柄；4—杠杆；5, 6—螺栓；7—弹簧

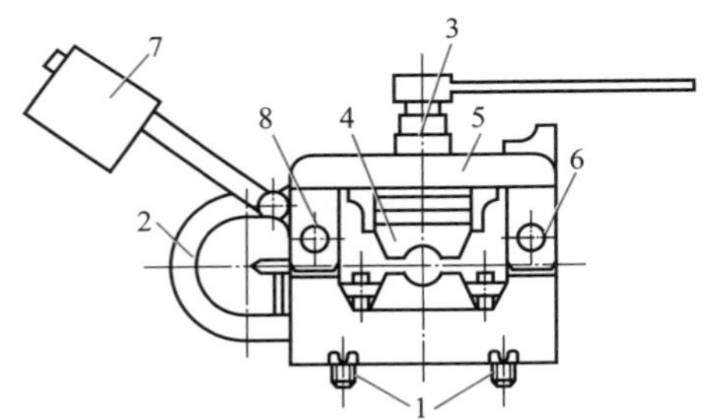

图 8-43　杠杆 - 螺栓夹具

1—固定螺钉；2—滑道；3—螺栓；4—电极；5—杠杆；6—挂钩；7—配重；8—支点

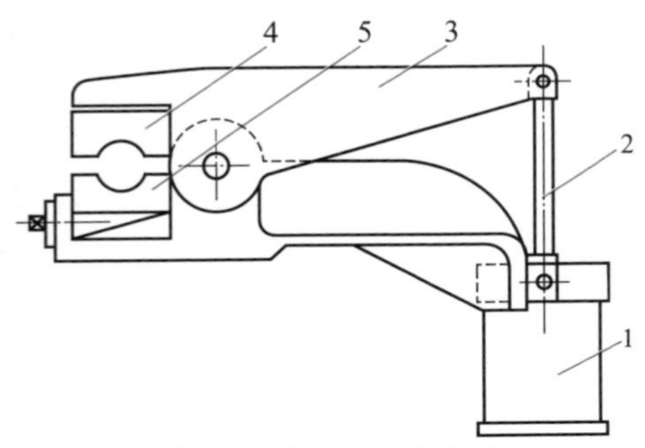

图 8-44　气压式夹紧机构

1—气缸；2—活塞杆；3—杠杆；4，5—电极

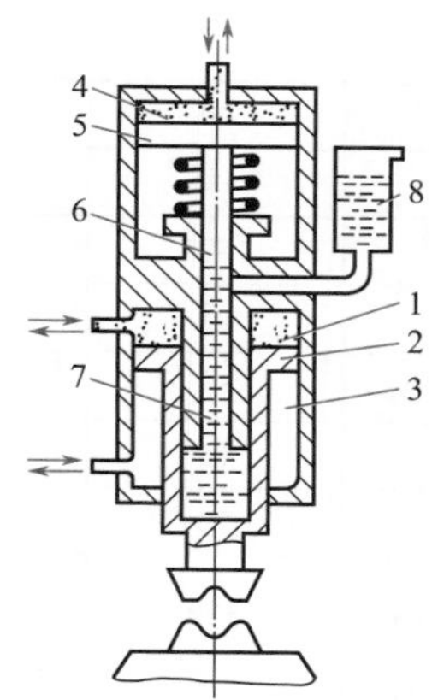

图 8-45　气 - 液压复合式夹紧机构

1—气缸中气室；2—活塞；3—气缸下气室；4—气缸上气室；5—活塞；6—液压活塞；7—液压缸及液压油；8—储油器

5）对焊特点及对焊机技术数据

① 对焊的特点是：

a. 焊件断面上可以加热到高温塑性状态，也可以加热到熔化状态，顶锻时部分金属被挤出接头，所以，达到熔点的金属不可能成为焊缝的组成部分。

b. 焊件尺寸范围较大，最小的对焊零件为直径 ϕ4mm、截面积约为 0.126mm^2 的金属丝，最大的零件是截面积超过 10^{5}mm^2 的钢坯。焊件可以在一瞬间实现整个断面的对接。

c. 两个焊件的截面形状必须完全一致才可以焊接，尺寸的差别应小于 15%，厚度差别应小于 10%。

d. 接头的形式是对接接头。

② 对焊机的型号及主要技术数据，见表 8-8。

表 8-8　对焊机的型号及主要技术数据

型号	UN1-25	UN1-75	UN1-100
额定容量 /kV · A	25	75	100
一次电压 /V	220/380	220/380	380
二次电压调节范围 /V	1.76 ～ 3.52	3.52 ～ 7.04	4.5 ～ 7.6
二次电压调节级数	8	8	8

续表

<table>
<tr><td colspan="3">额定负载持续率 /%</td><td>20</td><td>20</td><td>20</td></tr>
<tr><td colspan="3">钳口最大夹紧力 /N</td><td>—</td><td>—</td><td>35000 ～ 40000</td></tr>
<tr><td rowspan="2">最大顶锻 /N</td><td colspan="2">弹簧加压</td><td>1500</td><td>—</td><td>—</td></tr>
<tr><td colspan="2">杠杆加压</td><td>10000</td><td>30000</td><td>40000</td></tr>
<tr><td colspan="3">钳口最大距离 /mm</td><td>50</td><td>80</td><td>80</td></tr>
<tr><td rowspan="2">最大进给 /mm</td><td colspan="2">弹簧加压</td><td>15</td><td>—</td><td>—</td></tr>
<tr><td colspan="2">杠杆加压</td><td>20</td><td>30</td><td>50</td></tr>
<tr><td rowspan="5">最大焊接截面积 /mm²</td><td>杠杆加压</td><td>低碳钢</td><td>300</td><td>600</td><td>1000</td></tr>
<tr><td rowspan="4">弹簧加压</td><td>低碳钢</td><td>120</td><td>—</td><td>—</td></tr>
<tr><td>铜</td><td>150</td><td>—</td><td>—</td></tr>
<tr><td>黄铜</td><td>200</td><td>—</td><td>—</td></tr>
<tr><td>铝</td><td>200</td><td>—</td><td>—</td></tr>
<tr><td colspan="3">焊接生产率 /（次 /h）</td><td>110</td><td>75</td><td>20 ～ 30</td></tr>
<tr><td colspan="3">冷却水消耗量 /（L/h）</td><td>120</td><td>200</td><td>200</td></tr>
<tr><td colspan="3">质量 /kg</td><td>275</td><td>455</td><td>465</td></tr>
<tr><td rowspan="3">外形尺寸</td><td colspan="2">长 /mm</td><td>1340</td><td>1520</td><td>1580</td></tr>
<tr><td colspan="2">宽 /mm</td><td>500</td><td>550</td><td>550</td></tr>
<tr><td colspan="2">高 /mm</td><td>1300</td><td>1080</td><td>1150</td></tr>
<tr><td colspan="3">用　途</td><td colspan="3">用于电阻对焊或闪光对焊焊接低碳钢和有色金属焊件</td></tr>
</table>

8.3 电阻焊焊接工艺、操作技巧与诀窍

8.3.1 点焊工艺、操作技巧与诀窍

1）熔核质量

点焊接头的强度取决于熔核的几何尺寸及其内外质量。熔核的几何尺寸如图 8-46 所示，一般要求熔核直径随板厚增加而增大。

熔核在焊件上的熔化高度 h_n 与焊件厚度 δ 的比例称为焊透率（A），通常规定 A 在 20% ～ 80% 范围内。试验表明，熔核直径符合要求时，取 $A \geqslant 20\%$ 便可保证熔核的强度。A 过大，熔核接近焊件表面，使表面金属过热，晶粒粗大，易出现飞溅或熔核内产生缩孔、裂纹等缺陷，接头承载能力下降。一般不允许 $A > 80\%$。

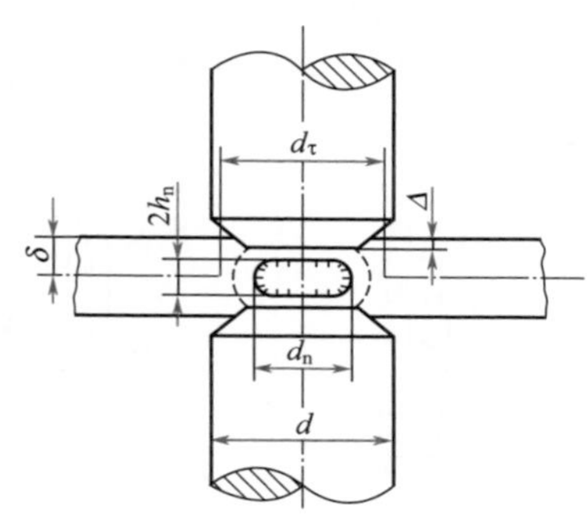

图 8-46　熔核的几何尺寸

δ—焊件厚度；d—电极直径；d_n—熔核直径；d_τ—塑性环外径；h_n—熔核高度；Δ—压痕深度

电极在焊件表面上留下压痕的深度，是熔核获得锻压的标志，但不能过深，否则影响焊件表面美观度和光滑度，减小该处断面尺寸，造成过大的应力集中，使熔核强度下降。电极压力越大时，焊接时间越长，或焊接电流越大时，压痕就越深。为了减小压痕深度，可采用较硬的规范及较大的电极端面尺寸。

2）点焊方法和种类

点焊方法很多，按供电方向和在一个焊接循环中所能形成的焊点数可归纳为双面供电和单面供电，其中双面供电包括双面单点焊、双面双点焊和双面多点焊（图 8-47）；而单面供电则包括单面双点焊、单面单点焊和单面多点焊（图 8-48）。

3）点焊接头的设计

点焊接头必须采用搭接形式，由两个或两个以上等厚度或不等厚度的工件组成，如图 8-49 所示。设计点焊接头时应考虑下列因素。

① 接头的可达性。接头的可达性是指点焊电极必须能方便地抵达构件的焊接部位。为此，须熟悉点焊设备的各种类型，注意市售电极和电极夹头的形状和尺寸，要使装到焊机上的电极都能达到每个待焊点。

② 边距与搭接量。边距是指从熔核中心到板边的距离。该距离上的母材金属应能承受焊接循环中熔核内部产生的压力。若熔核太靠近板边，则边缘处母材过热并向外挤压，减弱对熔核的拘束，还可能导致飞溅，如

图 8-50 所示。最小边距取决于被焊金属的种类、厚度、电极面形状和焊接条件。屈服点高的金属、薄件或用强条件焊时，可取较小值。搭接量是指接头重叠部分的尺寸。最小搭接量通常是最小边距的两倍，若搭接量太小，则边距必然不足，就会出现如图 8-50 所示的不良现象。推荐最小搭接量见表 8-9。

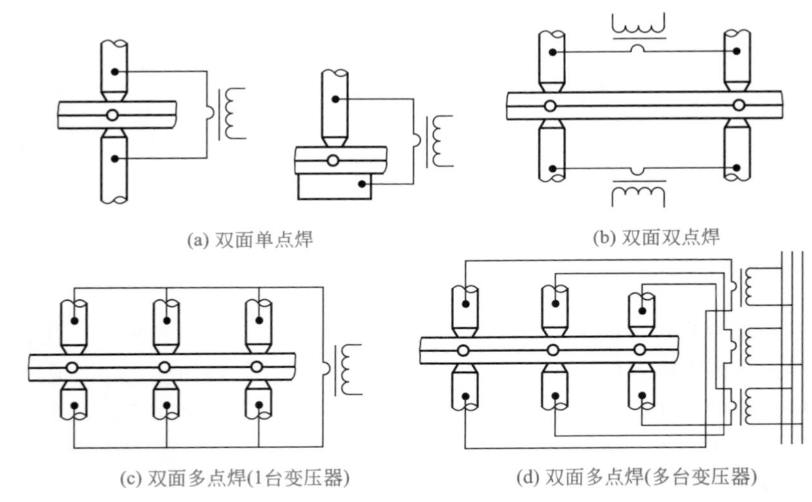

(a) 双面单点焊
(b) 双面双点焊
(c) 双面多点焊(1台变压器)
(d) 双面多点焊(多台变压器)

图 8-47 双面供电点焊

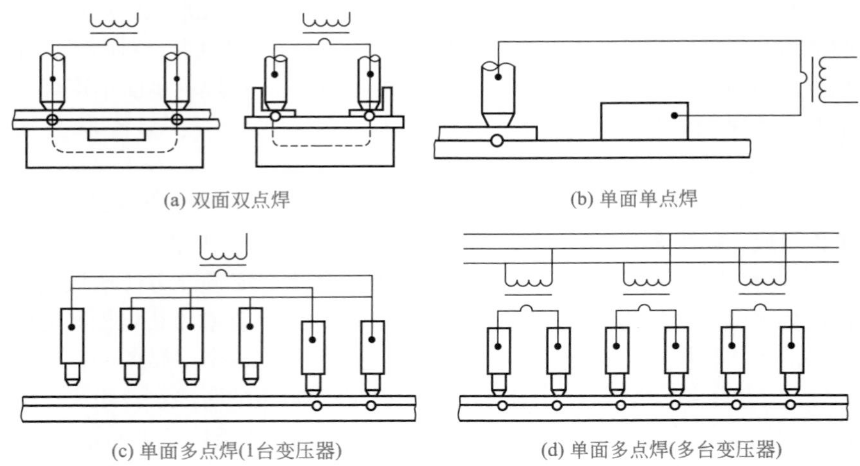

图 8-48 单面供电点焊

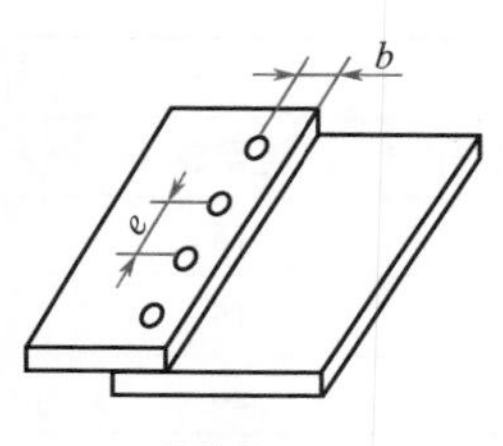

(a) 搭接接头

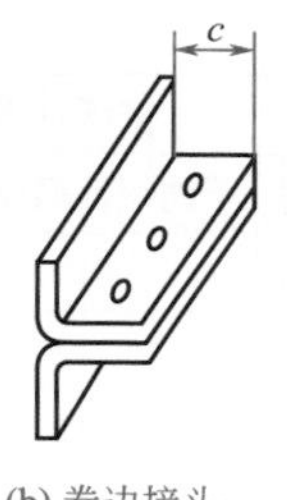

(b) 卷边接头

图 8-49 点焊接头的基本形式

b—边距；*e*—点距；*c*—搭接量

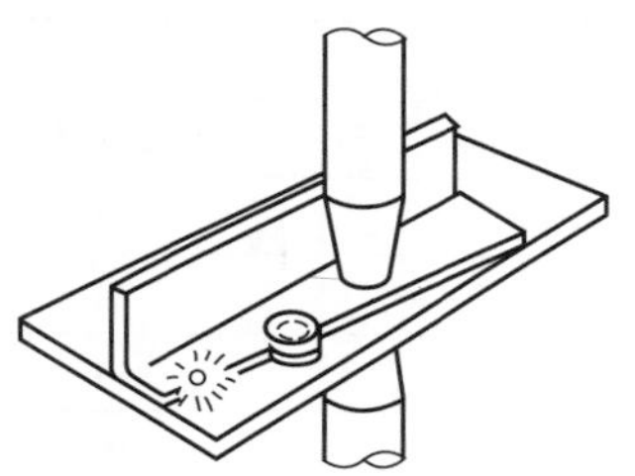

图 8-50 不正确的边距和搭接量的不良影响

表 8-9 点焊接头的最小搭接量 mm

最薄板件厚度	单排熔核			双排熔核		
	结构钢	不锈钢及高温合金	轻合金	结构钢	不锈钢及高温合金	轻合金
0.5	8	6	12	16	14	22
0.8	9	7	12	18	16	22
1.0	10	8	14	20	18	24
1.2	11	9	14	22	20	26
1.5	12	10	16	24	22	30
2.0	14	12	20	28	26	34
2.5	16	14	24	32	30	40
3.0	18	16	26	36	34	46
3.5	20	18	28	40	38	48
4.0	22	20	30	42	40	50

③ 点距。点距是指相邻两熔核的中心距离。设计时规定点距最小值主要是考虑分流的影响。该最小值与被焊金属的厚度、电导率、表面清洁度以及熔核直径有关。表 8-10 为推荐的点距最小值。

表 8-10 点焊接头的最小点距 mm

最薄板件厚度	被焊金属		
	结构钢	不锈钢及高温合金	轻金属
0.5	10	8	15
0.8	12	10	15

续表

最薄板件厚度	被焊金属		
	结构钢	不锈钢及高温合金	轻金属
1.0	12	10	15
1.2	14	12	15
1.5	14	12	20
2.0	16	14	25
2.5	18	16	25
3.0	20	18	30
3.5	22	20	35
4.0	24	22	35

④ 装配间隙。必须使互相配合的焊件装在一起时，要求沿接头方向上没有间隙或只有极小的间隙，因为靠压力消除间隙将耗去一部分电极力，使焊接的压力降低。若装配间隙不均匀，则造成焊接压力的波动，从而引起各熔核强度不一致。过大的间隙会引起严重飞溅。许用间隙取决于焊件刚度和厚度，刚度与厚度越大，许用间隙越小，通常取 0.1 ～ 2mm。

⑤ 厚度比。点焊两个或更多个不同厚度的同种金属时，有一个有效焊接的最大厚度比，它是由外侧工件的厚度决定的。

当点焊两种厚度的碳钢时，最大厚度比为 4 ： 1；点焊三种厚度的接头时，外侧两板的厚度比不得大于 2.5 ： 1。如果厚度比大于此数，则须从工艺方面采取措施（如改变电极形状或成分等）来保证外侧焊件的焊透率。通常薄板的焊透率不能小于 10%，厚板的焊透率应达到 20% ～ 30%。

点焊三层板件时，推荐的最小点距是点焊两块较厚外侧板的点距的 1.3 倍。

4）点焊工艺、操作技巧与诀窍

① 焊前工件表面清理技巧。当焊件表面有油污、水分、油漆、氧化膜及其他脏物时，表面接触电阻急剧增大，且在很大范围内波动，直接影响到焊接质量的稳定性。为保证接头质量稳定，点焊（也包括凸焊和缝焊）前必须对工件表面进行清理。清理方法分机械清理和化学清理两种，前者有喷砂、喷丸、刷光、抛光、磨光等，后者常用的是酸洗或其他化学药品。主要是将金属表面的锈皮、油污、氧化膜、脏物溶解和剥蚀掉。这

两种清理方法一般是根据焊件材料、供应状态、结构形状与尺寸、生产规模、生产条件及对焊接质量的要求等因素选定的。表 8-11 列举了几种常用金属材料化学清理用的腐蚀液。

表 8-11 化学清理用的溶液成分

金属	腐蚀用溶液	中和用溶液	*R* 允许值 /μΩ
低碳钢	① 每升水中 H_2SO_4 200g、NaCl 10g、缓蚀剂六次甲基四胺 1g，温度 50 ～ 60℃ ② 每升水中 HCl 200g、六次甲基四胺 10g，温度 30 ～ 40℃	每升水中 NaOH 或 KOH 50 ～ 70g，温度 20 ～ 25℃	600
结构钢、低合金钢	① 每升水中 H_2SO_4 100g、HCl 150g、六次甲基四胺 10g，温度 50 ～ 60℃ ② 0.8L 水中 H_3PO_4 65 ～ 98g、Na_3PO_4 35 ～ 50g、乳化剂 OP 25g、硫脲 5g	同上 每升水中 $NaNO_3$ 5g，温度 50 ～ 60℃	800
不锈钢、高温合金	0.75L 水中 H_2SO_4 110g、HCl 130g、HNO_3 10g，温度 50 ～ 70℃	10% 的苏打溶液，温度 20 ～ 25℃	1000
钛合金	0.6L 水中 HCl 416g、HNO_3 70g、HF 50g	—	1500
铜合金	① 每升水中 HNO_3 280g、HCl 1.5g、炭黑 1 ～ 2g，温度 15 ～ 25℃ ② 每升水中 HNO_2 100g、H_2SO_4 180g、HCl 1g，温度 15 ～ 25℃	—	300
铝合金	每升水中 H_3PO_4 110 ～ 155g、$K_2Cr_2O_7$ 或 $Na_2Cr_2O_7$ 0.8 ～ 1.5g，温度 30 ～ 50℃	每升水中 HNO_3 15 ～ 25g，温度 20 ～ 25℃	80 ～ 120
镁合金	0.3 ～ 0.5L 水中 NaOH 300 ～ 600g、$NaNO_3$ 40 ～ 70g、$NaNO_2$ 150 ～ 250g，温度 70 ～ 100℃	—	120 ～ 180

② 点焊的焊接参数选择诀窍。点焊的焊接参数主要有焊接电流 I_w、焊接时间 t_w、电极力 F_w 和电极工作面尺寸 d_e 等。它们之间密切相关，而且可在相当大的范围内变化来控制焊点的质量。

a. 焊接电流选择诀窍。焊接电流是影响析热的主要因素，析热量与电流的平方成正比。随着焊接电流增大，熔核的尺寸或焊透率 A 是增加

的。在正常情况下，焊接区的电流密度应有一个合理的上、下限。低于下限时，热量过小，不能形成熔核；高于上限时，加热速度过快，会发生飞溅，使焊点质量下降。但是，当电极力增大时，产生飞溅的焊接电流上限值也增大。在生产中当电极力给定时，通过调整焊接电流，使其稍低于飞溅电流值，便可获得最大的点焊强度（图 8-51）。

焊接电流脉冲形状及电流的波形对焊接质量有一定的影响。从工艺上看，焊接电流波形陡升与陡降会因加热和冷却速度过快而引起飞溅或内部产生收缩性缺陷。具有缓升与缓降的电流脉冲和波形，则有预热与缓冷作用，可有效地减少或防止飞溅与内部收缩性缺陷。因此，调节脉冲的形状、大小和次数，都可以改善接头的组织与性能。

b. 焊接时间确定。焊接时间是指电流脉冲持续时间，它既影响析热又影响散热。在规定焊接时间内，焊接区析出的热量除部分散失外，将逐渐积累，用于加热焊接区使熔核逐渐扩大到所需的尺寸。所以焊接时间对熔核尺寸的影响也与焊接电流的影响基本相似，焊接时间增加，熔核尺寸随之扩大，但过长的焊接时间就会引起焊接区过热、飞溅和搭边压溃等。通常是按焊件材料的物理性能、厚度、装配精度、焊机容量、焊前表面状态及对焊接质量的要求等确定通电时间的长短。图 8-52 为几种典型材料点焊的，焊件厚度与焊接电流、焊接时间的关系。

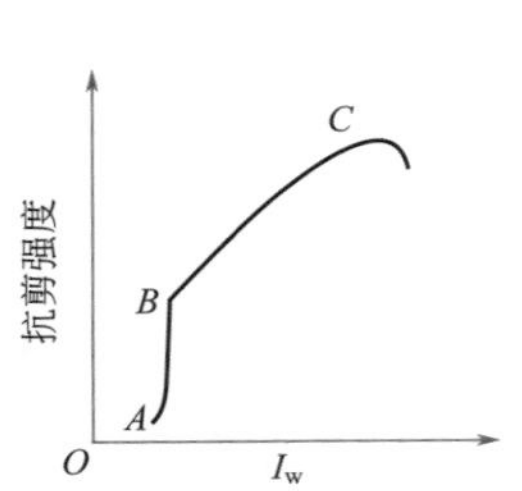

图 8-51　焊接电流 I_w 对焊点抗剪强度的影响

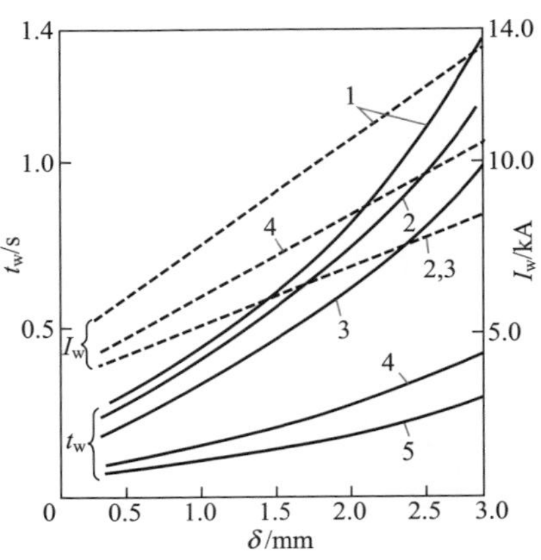

图 8-52　点焊焊件厚度与焊接电流、焊接时间的关系

1—低、中合金钢；2—特殊高温合金；3—高温合金；4—不锈钢；5—铜合金

c. 电极力选择。电极力对熔核形成有着双重作用。它既影响熔核的接触电阻，即影响热源的强度与分布，又影响电极散热的效果和焊接区塑性变形及核心的致密程度。当其他参数不变时，增大电极力，则接触电阻减小，散热加强，因而总热量减少，熔核尺寸减小，特别是焊透率降低很快，甚至没焊透；若电极力过小，则板间接触不良，其接触电阻虽大却不稳定，甚至出现飞溅和熔核的内、外缺陷。因此，在一般情况下，若焊机容量足够大，就可以在增大电极力的同时，相应地增大焊接电流，以提高焊接质量的稳定性。

在对某些常温或高温强度较高、线胀系数较大、裂纹倾向较严重的金属材料或刚度大的结构进行焊接时，为了避免产生焊前飞溅和熔核内部收缩性缺陷，不用恒压电极力，而采用阶梯形或马鞍形的电极力。

d. 电极工作面的形状和尺寸选择。电极端面和电极本体的结构形状、尺寸及其冷却条件影响着熔核几何尺寸与熔核强度。对于常用的圆锥形电极，其电极体越大，电极头的圆锥角 α 越大，则散热越好。但 α 角过大，其端面不断受热磨损后，电极工作面直径 d_e 迅速增大；若 α 过小，则散热条件差，电极表面温度高，更易变形磨损。

为了提高点焊质量的稳定性，要求焊接过程中电极工作面直径 d_e 变化尽可能小。为此，α 角一般在 90° ～ 140° 范围内选取；对于球面形电极，因其头部体积大，与焊件接触面扩大，电流密度降低及散热能力加强，其结果是焊透率会降低，熔核直径会减小。但焊件表面的压痕浅，且为圆滑过渡，不会引起大的应力集中；而且焊接区的电流密度与电极力分布均匀，熔核质量易保持稳定；此外，上、下电极安装时对中要求低，稍有偏斜时，对熔核质量影响小。显然，焊接热导率低的金属时，如不锈钢焊接，宜使用电极工作面较大的球面或弧面形电极。

③ 点焊时电流的分流及控制技巧。焊接时不通过焊接区而流经焊件其他部分的电流为分流。同一焊件上已焊的熔核对正在焊的熔核就能构成分流，焊接区外焊件间的接触点也能引起分流，如图 8-53 所示。

实际操作中是不希望产生分流现象的。因为分流使焊接区的有效电流减小，析热不足而使熔核尺寸减小，导致熔核强度下降；分流电流在电极 - 焊件接触面一侧集中过密，将因局部过热造成飞溅、烧伤焊件或电极、熔核偏斜等；由于形成分流的偶然因素很多，使得焊接电流不稳定，从而焊接质量也不稳定。

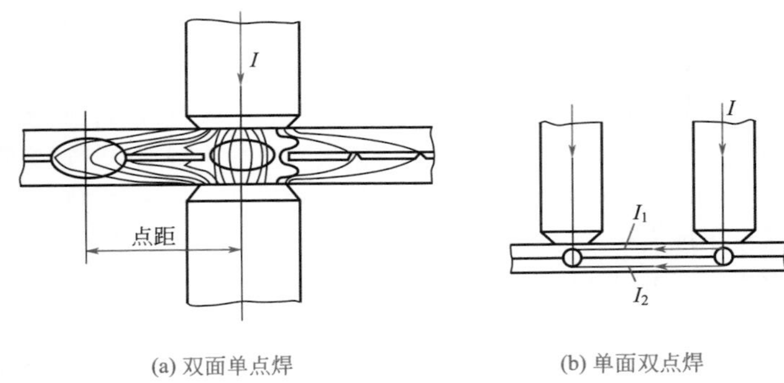

(a) 双面单点焊　　(b) 单面双点焊

图 8-53　点焊电流分流

影响分流的因素很多，零件材料、结构、点距、表面状态和装配质量等都能影响分流的大小。实质上分流的大小取决于焊接区的总电阻与分路阻抗之比，分路阻抗越小，则分流就越大。减小分流的常用措施有以下几点。

a. 选择合适的点距。为了减小分流，通常按焊件材料的电阻率和厚度规定点距的最小值。材料的电阻率越小，板厚越大，焊件层数越多，则分流越大，所允许的最小点距也应增大。

b. 焊前清理焊件表面。表面上存在有氧化膜、油垢等脏物时，焊接区总电阻增大，使分流增大。

c. 提高装配质量。待焊处装配间隙大，其电阻增加，使分流增大。因此，结构刚度较大的材料或多层板进行组装时，应提高装配质量，尽量减小装配间隙。

d. 适当增大焊接电流，以补偿分流的影响。由于结构设计需要或其他原因，分流不可避免时，为了保证熔核具有足够几何尺寸，应加大焊接电流，以补偿分流的损失。例如，不锈钢与高温合金进行连续点焊时，其焊接电流是正常点焊的焊接电流的 1.4 ～ 1.6 倍。

e. 其他特殊措施。分流对单面双点焊影响较大，如图 8-53（b）所示。对于厚度相等的焊件，因分路阻抗小于焊接区的总电阻，故分流大于焊接区通过的电流。为了减小分流，通常在焊件下面衬以导电衬垫，如图 8-54（a）所示，使 $I_w=I_1+I_2 \geqslant I_1$；对于厚度不同或材料不同的焊件，应尽量将两电极放在分路电阻较大的一侧，即放在较薄板件或导电性差的材料的一侧，如图 8-54（b）、（c）所示。

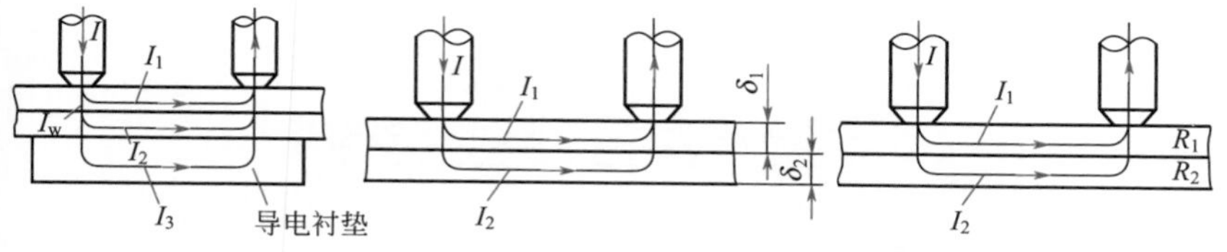

(a) 等厚同种材料点焊　(b) 不等厚同种材料点焊($\delta_1 < \delta_2$)　(c) 等厚异种材料点焊($R_1 > R_2$)

图 8-54　单面双点焊减小分流措施

8.3.2　凸焊工艺、操作技巧与诀窍

(1) 凸焊的工艺特点

凸焊是在一焊件的表面上预先加工出一个或多个凸起点，使其与另一焊件表面相接触、加压，并通电加热，凸起点压溃后，使这些接触点形成焊点的电阻焊方法。它可以代替点焊将小零件互相焊接或将小零件焊到大件上。

① 凸焊点的形成过程。凸焊是在点焊基础上发展起来的，凸焊点的形成机理与点焊点基本相似，是点焊点的一种变形。图 8-55 表示了一个凸焊点的形成过程，图（a）是带凸点工件与不带凸点工件相接触；图（b）是电流已开始流过凸点，从而将其加热至焊接温度；电极力将已加热的凸点迅速压溃，然后发生熔合，形成核心，如图（c）所示；完成后的焊点如图（d）所示。在这里看出，凸点的存在提高了结合面的压强和电流密度，有利于结合面氧化膜破裂与热量集中，使熔核迅速形成。

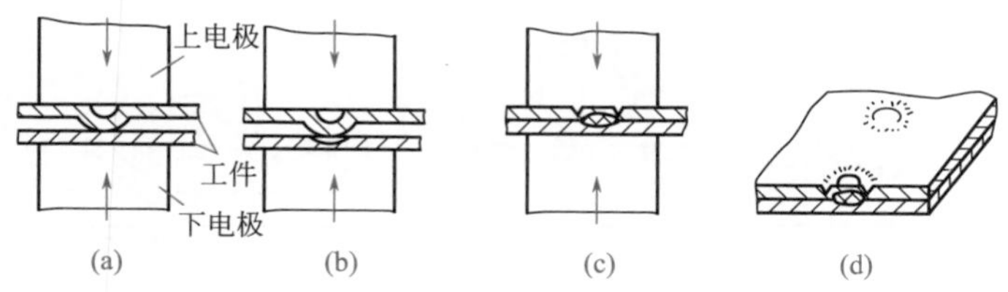

(a)　(b)　(c)　(d)

图 8-55　凸焊点的形成过程

② 凸焊接头的基本形式。凸焊接头的连接部位必须是搭叠的，因此，接头的形式有搭接接头、T 形接头和十字接头。搭接接头主要用于平面上板件的连接，如图 8-56 所示。当零件的端部须与板件连接时，就构成 T 形接头，如图 8-57 所示。当丝、棒或管子之间需交叉连接时，就采用十

字接头，如图 8-58 所示。

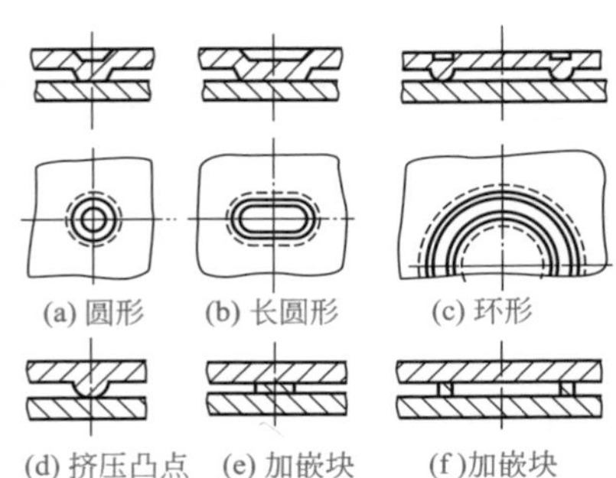

图 8-56　凸焊的搭接接头

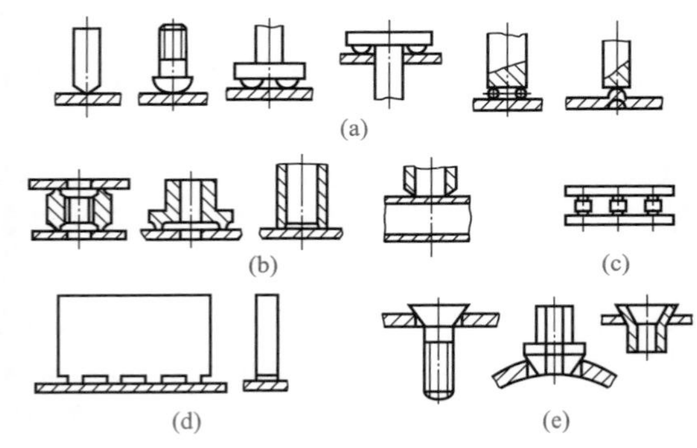

图 8-57　凸焊的 T 形接头

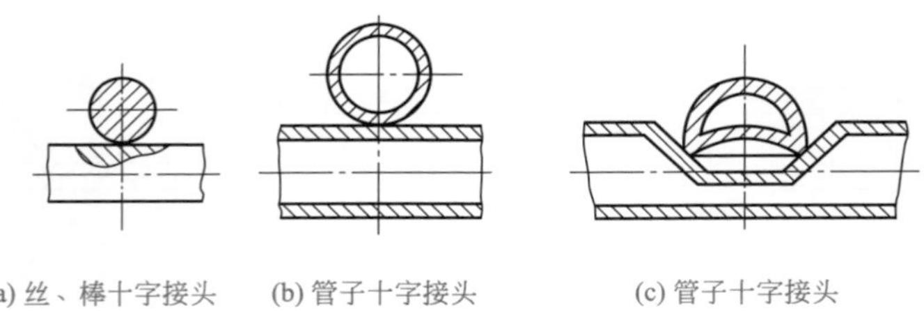

图 8-58　凸焊的交叉十字接头

③ 凸焊点的形状。搭接接头的凸焊点可以是圆形、长圆形和环形。环形凸焊点能形成环状强固的密封接头。凸焊点通常通过冲压或挤压方法来制备。当在焊件上制备凸点有困难时，可以在焊件之间以加嵌块的方法

代替凸焊点，如图 8-56（e）（f）所示。若使用具有特殊成分的合金嵌块，就可获得合金化的接头，以提高接头的力学性能。T 形接头的凸焊点须在待连接端面上制备，一般用机械加工方法加工成“V”形、半球形或凸环形，也可充分利用零件原有的型面、倒角、孔洞等构成凸焊所需的点或线的接触，如图 8-57（e）所示。十字接头也是利用了焊件外型面之间的点或线接触形成焊接所需的凸点。

（2）凸焊的优缺点

1）优点

① 在焊机的一个焊接循环内可同时焊接多个焊点，一次能焊多少焊点，取决于焊机对每个凸点能施加的均匀电极力和焊接电流大小。

② 由于焊接电流集中在凸点上，并且不存在通过相邻焊点的分流问题，所以可以采用较小的搭接量和较小的点距。

③ 凸焊点的位置比点焊点的位置更精确，而且由于凸点大小均匀，所以凸焊点质量更为稳定，因而，凸焊点的尺寸可比点焊点小。

④ 由于可以将凸点设置于一个零件上，所以可以最大限度地减轻另一零件外露表面的压痕。

⑤ 凸焊采用的平面大电极，其受热和磨损程度比点焊电极小得多，延长了使用寿命，因而节省了修整和拆换电极时间，并降低了电极保养费用。

⑥ 由于能用较小的凸点同时焊接多点，故可获得变形小的焊接构件。

⑦ 凸焊可以有效地克服熔核偏移，因而可焊厚度比大（达 6 ∶ 1）的零件。

2）缺点

① 有时为了预制一个或多个凸点而需要额外工序。

② 在用同一电极同时焊数个焊点时，工件的对准和凸点的尺寸（尤其是高度）必须保持高精度公差，以保证均匀的电极力和焊接电流，才能使各焊点质量均匀一致。

③ 同时焊接多个焊点时，需使用高电极压力、高机械精度的大功率焊机，其加压机构应有较高的随动性。

3）凸焊的适用范围

从被焊金属看，凸焊主要用于焊接低碳钢、低合金钢和低合金高强度钢，也适于焊接奥氏体不锈钢和镀锌钢等，但不宜用于如铝、铜、镍

等软金属。因为这些金属没有足够的强度保持凸点形状，在压力下凸点压溃过快。

凸焊最适于焊接的板件厚度在 0.5 ～ 3.2mm 范围。0.25mm 厚的工件采用凸焊时，必须对凸点作严格设计和使用低惯性的焊接机头和具有快速随动装置的焊机。厚度小于 0.25mm 的工件一般不宜用凸焊，而应是采用点焊。

板厚在 3.2mm 以上的凸焊是有限制的，不仅需要大设备和大功率，而且焊点中缩孔可能增大；由于完全压溃凸点困难，使钢板翘曲增加；由于大焊机随动性较慢而使金属飞溅增加。

被焊产品的类型，多是将紧固件、安装件，如螺母、螺钉、托架、销子、轴套、把手和夹子等用凸焊焊到各种产品上。凸焊的另一重要应用是生产各种金属网格制品，如混凝土网格、货架、框篮、禽舍等。

（3）凸焊工艺、操作技巧与诀窍

根据凸焊点形成过程，要获得质量优良而稳定的焊点，被焊两工件之间必须是凸点相接触；凸焊时，电极必须随着凸点被压溃而迅速下降；多点凸焊时，各点的压力和电流应均衡。为此，要求上、下电极平行度好，各凸点的形状和尺寸（尤其是高度）应均匀一致；焊接参数须协调配合，务必使焊件接触点两侧达到热平衡。

1）凸焊电极选择诀窍

如果电阻点焊用的电极头足够大，能完全包括被焊凸点或包括同时被焊的一组凸点，则该电极即可用于凸焊。为了尽量减少工件上的划痕或压痕，用于单点凸焊的电极头直径应大于凸点直径的两倍。在多点凸焊中，电极端面必须大到超过该组凸点的边界大约一个凸点的直径，如图 8-59 所示。

单点凸焊电极常用平面形点焊电极，有时还按零件形状加工成专用的电极，如图 8-60 所示。

多点凸焊电极的结构形式较多，可在一块导电的底座板上安装若干个单点凸焊电极，或用一定形状的电极块焊接几个凸焊点，该电极块能覆盖住全部焊点，并能对各焊点均匀加压，通过基本相同的电流。如果电极因不均匀磨损或焊件有局部变形，造成电极与焊件接触不良时，则不能用整体的电极块，而应改用能对焊件均匀加压的平衡式电极结构。

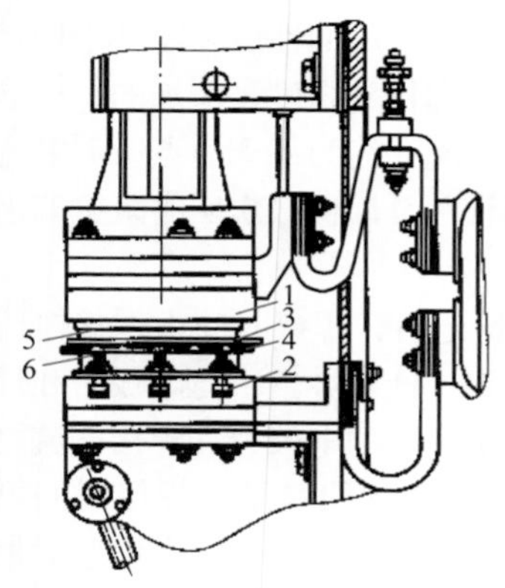

图 8-59 平板多点凸焊电极

1—上电极平板；2—下电极平板；3，4—焊件；5，6—上、下电极

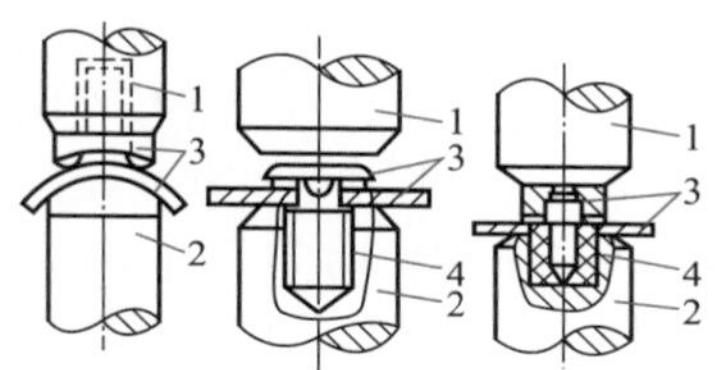

图 8-60 单点凸焊专用电极

1—上电极；2—下电极；3—工件；4—绝缘层

电极平板是凸焊机上的重要部件，它一般不直接焊接零件，主要是作为安装电极、夹具或电极底座板的基础，但它须向焊件传输电流和压力。电极平板的尺寸已标准化，但主要是限于平板上的 T 形槽，T 形槽用于安装电极或夹具的螺钉，槽的数量取决于焊机的容量，最少 2 条，大容量焊机则有 3 ～ 4 条槽。在凸焊机的上、下电极平板上，T 形槽应相互垂直布置。

凸焊电极通常采用在电导率、强度、硬度和耐热性等方面具有最好综合性能的材料制造，以提高抗变形能力和耐磨性能。

2）凸焊焊接参数选择诀窍

凸焊的焊接参数主要是电极力、焊接电流和焊接时间。

① 电极力选择。凸焊的电极力应足以在凸焊点达到焊接温度时将其完全压溃，并使两工件紧密贴合。故电极力的大小必须根据被焊金属的性能、凸点的尺寸和一次焊成凸点的数量等确定。电极力大小影响着析热与散热，在其他参数不变时，电极力过大会过早地压溃凸点，失去凸点的固有作用，同时会因电流密度减小而降低接头的强度；压力过小时又会引起严重飞溅。除电极力大小要合适外，电极压力的速度也应合适，需平稳而无冲击。

② 焊接电流选择。凸焊所需电流比点焊同样一个焊点时小，但在凸焊点完全压溃之前电流必须能使凸点熔化。应该采用在合适的电极力下不

至于挤出过多金属的最大电流。通常是根据被焊金属的性能和厚度来确定焊接电流大小。随着焊接电流增大，熔核尺寸和接头强度是增加的，但这种影响比点焊时小。多点凸焊时，总的焊接电流大约为每个凸点所需电流乘以凸点数，然后根据凸点的公差、工件形状以及焊机二次回路阻抗等因素作适当调整。

③ 焊接时间选择。当焊件材料和厚度给定后，焊接时间由焊接电流和凸点刚度决定，对于焊接性能较好的低碳钢或低合金钢，与电极力和焊接电流相比，焊接时间是次要的。通常是确定合适的电极力和焊接电流之后，再调节焊接时间，直至达到满意为止。基本规律是随着焊接时间增长，熔核尺寸和接头强度增大，但这种增大有限，因熔核增大会引起后期飞溅，使接头质量下降。一般凸焊的焊接时间比普通点焊长，而电流比点焊小。多点凸焊的焊接时间稍长于单点凸焊，以减小因凸点高度不一致而引起各点加热上的差异。

凸焊参数的特点也和点焊一样，由焊接电流与通电时间的不同匹配决定。

8.3.3 缝焊工艺、操作技巧与诀窍

缝焊是电阻焊的一种，它是一种利用电流通过工件所产生的电阻热并施加压力形成连续焊缝的方法。缝焊的焊缝，实质上就是由一连串重叠的焊点组成，故具有较好的气密性和液密性。焊缝上这些焊点的形成过程与点焊相同，也分加压、通电加热和冷却结晶三个阶段。

（1）缝焊的优缺点

缝焊的原理与点焊或凸焊没有本质区别，只是缝焊的焊缝是由重叠的焊点形成。若与点焊或凸焊相比较，则有如下优缺点。

① 优点：

a. 可以获得气密或液密的焊接接头。

b. 缝焊的焊缝宽度比点焊或凸焊的焊点直径窄，因而缝焊的搭边宽度（或边距）较小。

② 缺点：

a. 由于点距小，其焊接电流的分流比点焊大。若不采用步进式缝焊，焊接时每个焊点在形成过程中其压力是变化的。这是由滚轮电极连续滚动而引起的。

b. 一般须在一条直线上或在曲面的曲线上进行焊接。

c. 在焊件上沿滚轮电极行走的路径必须没有障碍，否则须采取改变滚轮电极的设计等特殊措施才能实现焊接。

d. 利用纵向缝焊机焊接的接头，其长度受到电极臂长（也叫进深）的限制。

由于缝焊具有上述特点，因此，一般多用于要求气密或液密的薄壁金属结构的焊接中，如油箱、水箱、火焰筒、锥体等，在汽车、拖拉机、食品罐头、包装、喷气式发动机等工业部门广泛应用。

（2）缝焊电极

1）电极形状选择

实际生产中应用最多的是圆盘状的滚轮电极，其工作表面的形状有平面形、单边倒角平面形、双边倒角平面形、圆弧形和薄的圆弧形等，如图 8-61 所示。通常是根据焊件的材料和结构选用。

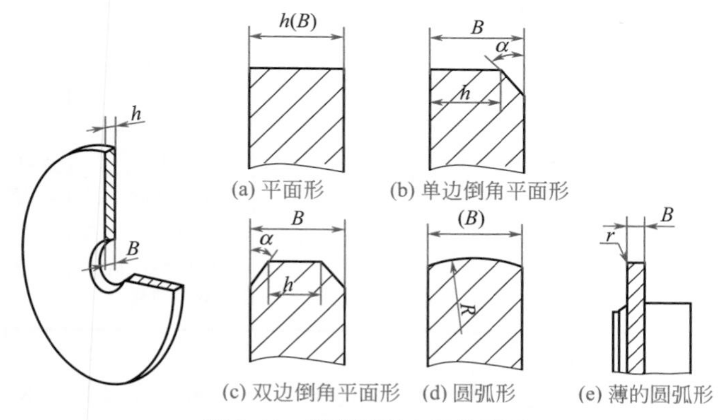

图 8-61　缝焊滚轮电极的形状

平面形滚轮电极常用于焊接厚度小于 2mm 的低碳钢板或薄板挤压焊缝。这种电极对安装、调整、使用与保养要求较高，否则会影响焊接质量和电极寿命。单边倒角或双边倒角的平面滚轮电极有较高的强度，能在较高电极力下焊接而不变形。用于焊接镀锌钢板时，因接触面积小，电流密度大，效果较好。

圆弧形滚轮电极焊出的焊缝外观较好，焊接时散热容易，压痕过渡均匀，常用于焊接轻合金，如铝及其合金等。薄的圆弧形滚轮电极其厚度只有普通电极的 1/3，焊接时可提高电流密度和加快焊接速度和减少电极消耗。

2）电极尺寸选择

滚轮电极的基本尺寸是滚轮直径、厚度 B 及工作面宽度 h。滚轮直径取决于缝焊机的尺寸和焊件结构，一般在 50 ～ 600mm 之间，常用尺寸为 90 ～ 350mm。滚轮的厚度 B 和工作面宽度 h 一般按经验公式确定，见表 8-12。为了避免板材在焊接时过度变形，工作面宽度不得小于 3mm。

表 8-12　缝焊滚轮电极形状与尺寸

平面形	单边或双边倒角平面形	圆弧形	薄圆弧形
(图：h、B)	(图：h、B、α)	(图：R、B)	(图：r、B)
等厚焊件时 $B=h=2\delta+2mm$ 式中　δ——焊件厚度，mm 不等厚焊件，$\delta_1<\delta_2$ 时 $B_1=h_1=2\delta_1+2mm$ $B_2=h_2=2\delta_1+2mm$	$h=2\delta+2mm$ $B=4\delta+2mm$ $\alpha=30° \sim 60°$	焊接铝及其合金时 当 $\delta=0.5 \sim 1.5mm$ 时 $R=50mm$ 当 $\delta=1.5 \sim 2.0mm$ 时 $R=75mm$	$B=4 \sim 6mm$ $r=B/2$

若焊后焊件上压痕过深，可以将滚轮的工作面宽度设为表 8-12 中计算值的 1.5 倍。对于厚板焊件，因焊接电流和电极力都较高，也必须适当增加滚轮的厚度和工作面宽度，以降低电流密度和电极压强，减少滚轮的发热和变形。

3）电极的正确选择技巧与使用诀窍

为了使缝焊质量好而稳定，并延长电极使用寿命，使用时应注意以下几点。

① 必须充分了解各种电极材料的性能并能正确选择。

② 应优先选用通用型标准电极。选择电极的形状和尺寸时，既要考虑焊件的结构特点和工艺要求，还要考虑缝焊机的结构特点。如图 8-62 所示的是在内圆或凹曲面上焊接窄凸缘时的例子，为了避免与侧壁相碰，

上面可选用一个小直径的滚轮电极［图（a）］，或者采用其中一个轴线倾斜的大直径滚轮电极［图（b）］。前者要求使用上、下滚轮电极轴线平行的缝焊机，而后者要求使用传动轴角度可以调节的缝焊机。

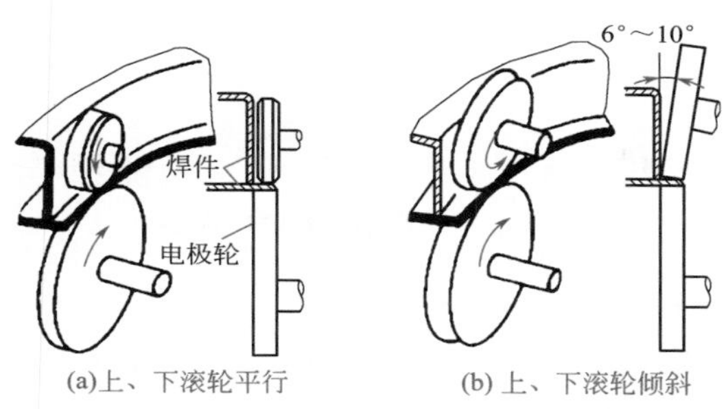

图 8-62 弯形焊件边缘的缝焊

③ 焊前应正确安装和调整电极，它的全部零部件和紧固件应牢固地与焊机连接，并有足够的刚度。

④ 为了减少电极的磨损、变形和黏附，应重视电极的冷却。通常采用外部水冷。焊接非钢铁材料和不锈钢时，用清洁的自来水冷却；焊接一般钢铁材料时，为防止焊件生锈，常用质量分数为 5% 的硼砂水溶液冷却。须保证水路通畅和有足够的水流量，以带走电极中的热量。

⑤ 缝焊电极多采用滑动接触导电，滚轮、导电轴、衬套、导电板等配合面之间应保持清洁和紧密接触，不允许有油脂、油污、微小的氧化皮碎屑等不良导电物，也不得有严重锈蚀现象，否则会增加焊接回路的接触电阻，造成不应有的过热。

⑥ 对电极应建立定期的维修保养，对其形状和尺寸应严格按工艺文件要求修整。采用轧花轮整形刀能除去滚轮工作面上的薄层氧化物，还能保持滚轮形状基本不变，使电流密度、压强和焊接质量稳定。

⑦ 当焊机容量不足时，避免延长焊接时间；当焊件装配不良时，避免采取提高电极力的做法，因为这些做法都会缩短电极的使用寿命。

（3）缝焊接头设计

缝焊最适用的接头是搭接接头，搭接接头有如图 8-63 所示三种基本情况。平板搭接接头在焊接时，部分焊件进入焊接回路内，会影响焊接参数的恒定；卷边搭接接头焊接时，焊件处于焊接回路之外，可以保证整个接头焊接条件的恒定，使整个焊缝质量能保持一致。

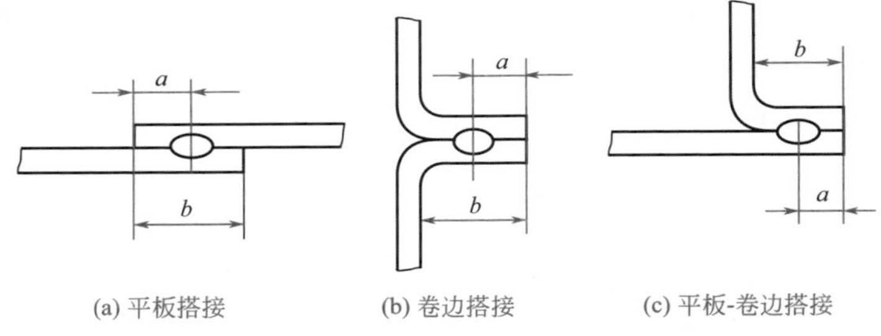

(a) 平板搭接　(b) 卷边搭接　(c) 平板-卷边搭接

图 8-63　缝焊的三种搭接接头

设计搭接接头时须注意两点。

① 充分考虑缝焊的焊接可达性，使滚轮电极能达到焊接部位，且在焊接过程中滚轮电极通行无阻。

② 要留出合适的搭接量 b，它除了保证所需的焊缝宽度外，还需留出适当的边距 a，以防止电极力挤坏母材边缘，影响焊缝质量。但又不能留得过大，否则夹缝易积累油污和水分，给随后的加工和使用带来不利，而且增加材料消耗和零件重量。搭接量 b 的大小目前主要按焊件厚度凭经验确定，一般不小于焊件厚度的 5 ～ 6 倍。板厚超过 3mm 的搭接一般不再采用缝焊，因为在经济性上与电弧焊相比，已经失去了优势。

（4）缝焊焊接参数选择诀窍

缝焊的焊接参数与点焊基本相同，有焊接电流、焊接时间、电极力、滚轮工作面宽度、缝焊速度和休止时间等。它们对焊接质量的影响与点焊大致相似，而且它们之间有些是相互影响、共同起作用的。例如，焊接时产生的热量，可以通过增加或减少焊接电流和通电时间进行直接控制，又可通过增加或减少电极压力进行间接控制，因为电极压力影响接触电阻。所以当研究某参数的影响时，常常需使其他参数保持不变。

合格焊缝的标准应当是获得符合焊缝强度要求的熔核尺寸，该熔核必须无缩孔，焊缝表面状况良好。为了保证接头的气密或液密性，熔核重叠的程度应大约为熔核长度的 15% ～ 20%，平均焊透率为最薄件的 45% ～ 50%，一般应在 30% ～ 70% 范围内。

① 焊接电流选择。在给定的加热 - 冷却循环以及焊接速度下，焊接电流的大小决定焊缝金属在母材中的熔深，随着焊接电流的增大，熔核的熔

透率和重叠率是增加的，因而接头强度也增大。但超过获得最高接头强度的电流值后，再增加电流已没意义，不但变得不经济，而且还可能产生过深的印痕，甚至引起焊缝烧穿，电极的损耗也增加。

在进行焊接参数调节时，若采用的是较短的加热时间或较高的焊接速度，则需较大的焊接电流；与点焊相比，因点距小，焊接电流分流大，故缝焊的焊接电流应是相同条件下点焊焊接电流的 1.15 ～ 1.4 倍，甚至更大些。

② 电极压力选择。电极压力影响着接触电阻，因而影响了焊接电流的产热作用。当采用较小的电极压力时，焊接电流的微小变化都会对焊缝质量有很大影响。因此，电极压力应足够高，以便能有较宽的电流变化范围。此外，电极压力不足时，难以消除焊缝内部收缩性缺陷，而且由于电极与工件之间的接触电阻过大而烧损电极，因而缩短电极寿命；还能使界面熔融的金属喷溅出来。但是，过高的电极压力会使焊件产生很深的压痕；电极会迅速变成蘑菇状，大大地减小接触电阻，从而需要增加焊接电流。

③ 滚轮电极尺寸选择。滚轮电极尺寸主要指滚轮直径和工作面的宽度，两者都影响到焊接区的电流分布和散热条件，还影响到电极自身的使用寿命。

滚轮电极工作面的宽度是根据焊件设计所要求的焊缝宽度来选取，而焊缝的宽度则是按焊件厚度来确定；滚轮直径的大小取决于焊件的厚度和材质，选择的原则与点焊电极尺寸的选择相同，即保证焊接区的最高温度位于两焊件的结合面上。

当厚度、材料相同的平面焊件进行双面缝焊时，上、下滚轮的直径与工作面宽度应相同；当焊接曲面上的焊缝时，下滚轮（位于曲面内）的直径和工作面宽度应比上滚轮的小些，否则就会出现熔核偏移结合面的位置，如图 8-64 所示。图（b）不正确是因下电极直径大于上电极，其散热条件优于上电极，故熔核偏向上板（$\delta_{上}$）一侧；图（d）虽然上、下电极直径相同，但由于是曲面焊件，下电极与下板（$\delta_{下}$）接触的面积较大，其散热条件优于上板，故熔核也偏向上板 $\delta_{上}$一侧。如果遇到上、下焊件厚度不同，或厚度和材料均不相同的情况，这时就要求根据材料的导电、导热性能以及厚件散热比薄件快的特性来确定滚轮电极的直径和工作面宽度。这里的关键在于保证工件结合面两侧热平衡。表 8-13 列出了不同情况下，上、下滚轮直径的选择，其电极材料是相同的。

表 8-13 按缝焊接头特征选择上、下滚轮直径

接头特征	焊缝	平面上直线焊缝		
	材料①	相同	相同	不同
	板厚	$\delta_{上}=\delta_{下}$	$\delta_{上}<\delta_{下}$	$\delta_{上}=\delta_{下}$
滚轮电极的选择	上、下滚轮直径	$d_{上}=d_{下}$	$d_{上}<d_{下}$	$d_{上}>d_{下}$
	示意图			

接头特征	焊缝	曲面上曲线焊缝				
	材料①	相同	不同	不同	不同	不同
	板厚	$\delta_{上}=\delta_{下}$	$\delta_{上}<\delta_{下}$	$\delta_{上}<\delta_{下}$	$\delta_{上}=\delta_{下}$	$\delta_{上}=\delta_{下}$
滚轮电极的选择	上、下滚轮直径	$d_{上}>d_{下}$	$d_{上}=d_{下}$	$d_{上}>d_{下}$	$d_{上}\gg d_{下}$	$d_{上}=d_{下}$
	示意图					

① A 材料的电导率和热导率小于 B 材料。

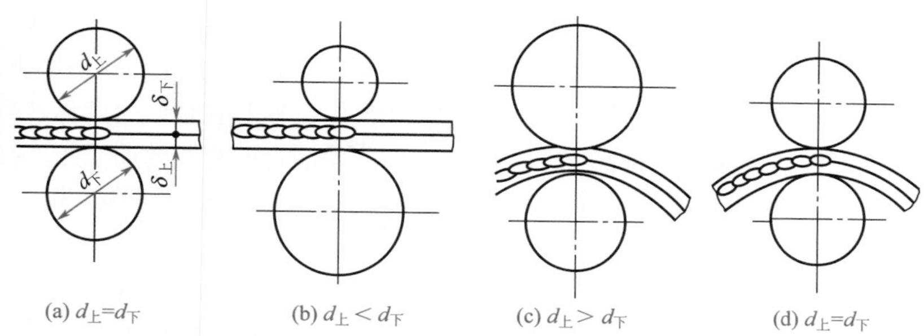

(a) $d_上=d_下$　(b) $d_上<d_下$　(c) $d_上>d_下$　(d) $d_上=d_下$

图 8-64　材料与厚度相同焊件缝焊滚轮直径选择

注：（a）（c）正确，（b）（d）不正确

④ 加热和冷却时间选择。缝焊时主要是通过加热时间控制熔核尺寸，用冷却时间和焊接速度控制熔核重叠率。在较低焊接速度时，加热时间与冷却时间之比为 1.25 ∶ 1 ～ 2 ∶ 1，可获得最好的结果。随着焊接速度增加，其点距增加，甚至焊点不再重叠，为了获得熔核重叠的气密接头，这时加热时间与冷却时间的比例也相应增加。故在较高焊接速度时，加热时间与冷却时间之比为 3 ∶ 1 或更高。

⑤ 焊接速度选择。缝焊速度大小直接影响滚轮对焊件上各焊点作用时间的长短，从而影响加热时间、冷却时间及电极压力在焊接区结合面上作用的效果。焊接速度取决于焊件的材质与厚度，以及焊缝内外质量的要求。若要提高焊接速度，为了保证焊透率和重叠率，就必须提高焊接电流和加热时间而减少冷却时间。但是，这种焊速的提高是有限的，因为增大焊接电流会使工件表面被烧损和产生电极粘连，反而会降低焊缝强度和电极使用寿命。较低的焊接速度，可以增加电极对焊点的作用时间，电极力作用的效果会更好。在电流密度不变条件下，可减少飞溅、裂纹和缩孔倾向。尤其是当焊接厚度大、高温强度高的焊件时，因其裂纹倾向大，宜选用较低的焊接速度。

上述焊接参数的选定方法通常是根据焊接技术要求，从已有资料数据中进行初选，然后结合生产实际条件进行验证试验。如果所用参数未达到质量要求，则根据上述各焊接参数对焊接质量的影响，在适当范围内改变一个参数，而固定其余参数进行反复试验，直到达到要求为止。

8.3.4　对焊工艺、操作技巧与诀窍

电阻对焊是高温塑性状态下的一种焊接方法，焊接时两工件待焊端面始终压紧，利用电阻热加热至塑性状态，然后迅速施加顶锻压力而完成焊

接。从过程看，和电阻点焊一样分预压、通电加热和顶锻三个阶段。从加热程度看，与点焊有明显区别，电阻对焊在结合面处并不需要加热至熔化，而仅仅加热至塑性状态（即低于被焊金属的熔点），使其在顶锻时容易产生塑性变形即可。因为这种高温下的塑性变形能使结合面之间的原子距离接近，以致发生了相互作用，生成共同晶粒（再结晶）而形成牢固的接头。

所以电阻对焊是加热和加压综合作用的工艺过程。

电阻对焊具有接头光滑、毛刺小、焊接过程简单、无弧光和飞溅、易于操作等优点。但是，接头的力学性能较低，焊前对接头待焊面的准备要求较高，特别是大断面对焊尤为困难。

主要适用于对焊直径在 20mm 以内的棒材或线材，不适于大断面对焊和薄壁管对焊。大断面对焊时，因断面很难做到全面接触，而未接触部分被氧化，顶锻时难以把它排挤出去，从而导致接头质量下降。薄壁管对焊的困难主要是顶锻时容易引起管壁压曲失稳。

可焊的金属材料有碳钢、不锈钢、铜合金和许多铝合金等。对于低碳钢焊件，其直径宜在 16mm 以下，个别可达 25mm 左右。铜对焊时用电量大，一般不采用电阻对焊。有一些铝合金焊接时，需要精确地控制顶锻力才能成功。

（1）对焊接头的获得

要获得优质的电阻焊接头，必须创造如下基本条件。

① 整个焊件结合面加热要均匀，温度适当，且沿焊件轴线方向有合适的温度分布。一般最高加热温度为（0.8 ～ 0.9）T_f（T_f 为被焊材料的熔点）。若温度过高，则产生过热，晶粒粗大，降低接头性能；若温度过低，金属不易产生塑性变形，使焊接困难。为了保证加热均匀，结合面应尽量做到平整对齐，否则会产生局部未熔合。

② 结合面上不应有阻碍金属原子间相互作用和结晶的氧化物或其他夹杂，这些夹杂往往是造成接头质量不高的主要原因。因此，焊前必须彻底清理干净，并尽量减少或防止在高温时结合面受到空气侵蚀而氧化。对于重要焊件，可以采用惰性气体保护措施。

③ 被焊两金属应具有良好的高温塑性。这样，在顶锻时，就能使焊接区产生足够的且大体一致的塑性变形。

（2）对焊工艺、操作技巧与诀窍

1）焊前准备技巧

焊前主要是做接头的准备工作。要求是待焊面必须干净、加热均匀，达到焊缝全面熔合而无未熔合和产生夹杂等缺陷。一般待焊面应平整光洁并垂直于顶锻力的方向；焊前应把待焊面清洗干净，除去尘土、油、氧化物和其他夹杂。由于加热，待焊面在高温下易引起氧化。因此在备料时应考虑如何减少这种氧化或设法把已氧化部分排挤掉。

如图 8-65 所示为几种电阻对焊接头端面的结构，图 8-65（a）为平端面的接头。这种接头准备工作简单，但只适用于小直径工件对接。直径较大的工件宜采用如图 8-64（b）和图 8-64（c）所示的具有平锥面或尖锥面形状的端面。这样不仅加热均匀，而且容易去除加热过程中产生的氧化物。此外焊后接头处向外鼓起量也比较小。图 8-65（d）是带凸缘的端面，焊接开始时凸缘先熔合，使内表面与空气隔离，可减少加热时端面的氧化。小直径金属丝对接焊时，其端部可做成双面坡口状，这种凿子形状的端部是用切丝工具切断时形成的。在焊机上安装时应使凿形端接触并互成90°，如图 8-66 所示。

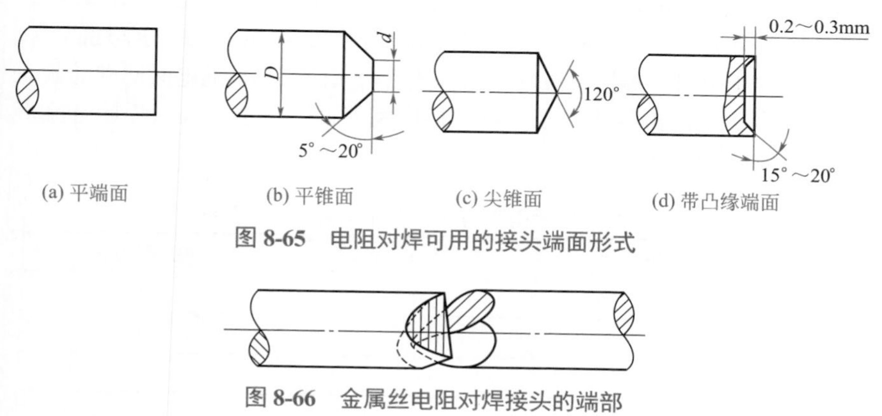

图 8-65　电阻对焊可用的接头端面形式

图 8-66　金属丝电阻对焊接头的端部

2）焊接参数选择诀窍

电阻对焊主要的焊接参数有：焊件调伸长度、焊接电流（或焊接电流密度）、焊接通电时间、焊接压力、顶锻压力和顶锻留量等。这些参数对焊件的加热和形变均有重大影响。

① 调伸长度的选择诀窍。调伸长度是指焊件伸出夹钳电极端面的长度。调伸长度对焊件轴线上温度分布有较大影响。选择调伸长度时，须考虑两个因素：两焊件的热平衡和顶锻时稳定性。随着调伸长度加大，温度场变为缓降，塑性温度区变宽。若调伸长度过大，则接头金属在高温区停

留时间较长，接头易过热，顶锻时易失稳而旁弯；若调伸长度过短，则由于钳口的散热增强，使工件冷却过于强烈，于是温度场陡降，塑性温度区变窄，增加了塑性变形的困难。

一般碳素钢电阻对焊的调伸长度 l_0 取（0.5 ～ 1）d（d 为圆料的直径或方料的边长）。铝和黄铜 l_0 为（1 ～ 2）d。相同材料和相同截面形状与尺寸的两焊件，其调伸长度应相等，若截面大小不同，则截面大的焊件调伸长度应适当加长。如果焊接异种金属，则采用不相等的调伸长度，即电导率、热导率、熔点较高的金属，其伸出的长度相对要长些，以调节结合面两侧的温度分布。

② 焊接电流和通电时间的选择诀窍。在电阻对焊中，焊接电流常以电流密度来表示。焊接电流和通电时间是决定工件析热的两个主要参数，二者在一定范围内可以互相匹配。即可以用大电流密度、短时间（强焊接条件），也可用小电流密度、长时间（弱焊接条件）进行焊接。但焊接条件过强时，加热不易均匀或加热区变窄、塑性变形困难，容易产生未焊透缺陷；过弱的条件，则会使结合面严重氧化，接头区晶粒粗大，影响接头的力学性能。

焊接钢材时，焊接电流密度随着截面增大而减小，通电时间则随截面增大而加长。表 8-14 提供了根据不同碳钢棒截面积选择最大焊接电流密度和最短加热时间的资料。

表 8-14　碳钢电阻对焊的电流密度和加热时间

焊件截面积 /mm^2	电流密度 /（$A \cdot mm^{-2}$）	加热时间 /s
25	200	0.6
50	160	0.8
100	140	1.0
250	90	1.5

③ 焊接压力和顶锻压力选择诀窍。电阻对焊时，在加热阶段的压力称为焊接压力，在顶锻阶段的压力称为顶锻压力。前者影响接触面的析热强度，后者影响塑性变形。从焊接循环的角度看，等压式的顶锻压力等于焊接压力，一般多用于含碳量较低钢的焊接；变压式的焊接压力一般较小，以充分利用焊件间接触电阻集中析热。顶锻时用较大的压力，使接头产生较大的塑性变形，故多用于焊接合金钢、非钢铁金属及其合金等。焊接压力不能取得过低，否则会引起飞溅，增加结合面氧化程度，并在接口

附近造成疏松。

采用等压式的焊接循环时，对钢铁材料焊接压力可取20～40MPa，对非钢铁金属取10～20MPa；采用变压式焊接循环时，对钢铁材料焊接压力可取10～15MPa，非钢铁金属取1～8MPa，顶锻压力一般都是焊接压力的十几倍至几十倍。例如，焊接合金钢时，顶锻压力约100～500MPa，焊铜时为300～500MPa。

④ 焊接加热留量的选择诀窍。在电阻对焊时，常利用加热过程中焊件的缩短量（又叫加热留量）去控制加热温度。

线材对焊时，合适的加热留量是：低碳钢为（0.5～1）*d*（*d*为线材直径）；铝和黄铜为（1～2）*d*；纯铜为（1.5～2）*d*。顶锻时的顶锻留量一般为加热留量的30%～40%。若带电顶锻则取0.05*d*。截面较大的低碳钢电阻对焊时，加热留量和顶锻留量大体相等。随着截面积增大，加热留量也相应增加。表8-15为低碳钢电阻对焊加热留量与截面的关系。淬火钢焊接的加热留量应增加15%～20%。截面积大于300mm^{2}的焊件，一般应在保护气体中焊接。

表8-15 电阻对焊加热留量与截面关系

焊件截面积/mm^2	25～100	250	500～1000
加热留量/mm	0.8～1.0	1.5～1.8	2.0～2.5

8.4 常用金属材料的电阻焊与工程实例

8.4.1 金属材料的点焊操作技巧与诀窍

（1）常用金属材料的点焊技巧与诀窍

1）低碳钢的点焊技巧与诀窍

低碳钢具有很好的点焊焊接性。由于碳的质量分数低[$w(C)<0.25\%$]，其电阻率和热导率适中，需要焊机的功率不大；塑性温度区宽，易获得所需的塑性变形而不必使用很大的电极力；碳和其他合金元素含量低，无高熔点氧化物，一般不产生淬火组织或夹杂；结晶温度区间窄，高温强度低，热膨胀系数小，因而开裂倾向小。

所以低碳钢可以在通用交流点焊机上焊接，采用简单焊接循环。在较大范围内调节各焊接参数，也能获得满意的焊接质量。表8-16为低碳钢板点焊的推荐焊接参数（单相工频交流电）。

表 8-16　低碳钢板点焊的推荐焊接参数（单相工频交流电）

板厚/mm	电极		最小点距/mm	最小搭接量/mm	最佳条件（A类）					中等条件（B类）				
	最大 d_1 /mm	最小 D /mm			电极压力/kN	焊接时间/周波	焊接电流/kA	熔核直径/mm	抗剪力(±14%)/kN	电极压力/kN	焊接时间/周波	焊接电流/kA	熔核直径/mm	抗剪力(±17%)/kN
0.4	3.2	10	8	10	1.15	4	5.2	4.0	1.8	0.75	8	4.5	3.6	1.6
0.5	4.8	10	9	11	1.35	5	6.0	4.3	2.4	0.90	9	5.0	4.0	2.1
0.6	4.8	10	10	11	1.50	6	6.6	4.7	3.0	1.00	11	5.5	4.3	2.8
0.8	4.8	10	12	11	1.90	7	7.8	5.6	4.4	1.25	13	6.5	4.8	4.0
1.0	6.4	13	18	12	2.25	8	8.8	5.8	6.1	1.50	17	7.2	5.4	5.1
1.2	6.4	13	20	14	2.70	10	9.8	6.2	7.8	1.75	19	7.7	5.8	6.8
1.6	6.4	13	27	16	3.60	13	11.5	6.9	10.6	2.40	25	9.1	6.7	10.0
1.8	8.0	16	31	17	4.10	15	12.5	7.4	13.0	2.75	28	9.7	7.1	11.8
2.0	8.0	16	35	18	4.70	17	13.3	7.9	14.5	3.00	30	10.3	7.6	13.7
2.3	8.0	16	40	20	5.80	20	15.0	8.6	18.5	3.70	37	11.3	8.4	17.7
3.2	9.5	16	50	22	8.20	27	17.4	10.3	31.0	5.00	50	12.9	9.9	28.5

注：工频 50Hz，1 周波 =0.02s。

2）易淬火钢的点焊技巧与诀窍

易淬火钢是指加热后快速冷却时易产生马氏体组织的钢，其含碳量一般都较高。由于点焊冷却速度很快，焊接这类钢时必然产生硬脆的马氏体组织，当应力较大时，就会产生裂纹。为了消除淬火组织、改善接头性能，通常采用电极间焊后回火的双脉冲点焊工艺。采用双脉冲点焊工艺时注意：两脉冲之间的间隔时间一定要保证使熔核冷却到马氏体转变点 M_s 温度以下；回火电流脉冲的幅值要适当，以避免焊接区的金属重新超过奥氏体相变点而引起二次淬火。

易淬火钢不宜采用单脉冲点焊，因单脉冲点焊虽然可以采用长的焊接时间延缓冷却速度，但仍不能避免产生淬火组织。表 8-17 为中碳钢［w（C）=0.15% ～ 0.60%］点焊的焊接参数，表 8-18 为两种低合金钢点焊的焊接参数。

表 8-17 中碳钢［w(C)=0.15% ～ 0.60%］点焊的焊接参数

板厚/mm	电极端部直径/mm	工艺参数						熔核直径/mm	最大拉剪力/kN
		电极力/kN	焊接		冷却时间/ms	回火			
			时间/ms	电流/kA		时间/ms	电流/kA		
0.5	3.8	1.9	60	12.9	140	60	10.8	3	2.5
0.8	4.8	3.9	80	13.6	220	80	11.6	4.2	4.5
1.0	5.8	5.35	100	13.9	340	100	12.0	5.1	6.9
1.2	6.8	6.85	120	14.3	500	160	12.2	5.9	9.75
1.6	8.6	9.65	180	15.1	860	360	12.8	7.5	16.75
2.0	10.5	12.5	320	16.3	1460	500	13.9	9.2	25.3
2.6	13.5	16.8	560	18.9	2760	1020	16.0	11.6	39.3
2.9	14.2	18.8	640	20.6	3420	1260	17.4	12.9	48.8
3.5	15.8	21.7	880	24.3	4740	1840	20.4	15.3	64.5
4.0	16.0	23.0	1060	26.3	5860	2420	21.0	17.3	77.5

表 8-18 25CrMnSiA、30CeMnSiA 钢双脉冲点焊的焊接参数

板厚/mm	电极端面直径/mm	电极压力/kN	焊接时间/周波	焊接电流/kA	间隙时间/周波	回火时间/周波	回火电流/kA
1.0	5 ～ 5.5	1 ～ 1.5	22 ～ 32	5 ～ 6.5	25 ～ 30	60 ～ 70	2.5 ～ 4.5
1.5	6 ～ 6.5	1.8 ～ 2.5	24 ～ 35	6 ～ 7.2	25 ～ 30	60 ～ 80	3 ～ 5

续表

板厚/mm	电极端面直径/mm	电极压力/kN	焊接时间/周波	焊接电流/kA	间隙时间/周波	回火时间/周波	回火电流/kA
2.0	6.5～7.0	2～2.8	25～37	6.5～8	25～30	60～85	3.5～6
2.5	7.0～7.5	2.2～3.2	30～40	7～9	30～35	60～90	4～7

注：工频 50Hz，1 周波 =0.02s。

3）镀层钢板的点焊技巧与诀窍

① 焊接特点。镀层钢板通常是指表面镀锌或铝的钢板。点焊这类钢板有如下特点。

a. 表层极易破坏而失去镀层的保护作用。

b. 电极易与镀层黏附，使用寿命缩短。

c. 与低碳钢点焊相比，适用的点焊焊接参数范围较窄，特别是对焊接电流的波动极敏感。

d. 镀层金属的熔点通常低于钢板，加热时先熔化的镀层金属使两板间的接触面扩大，电流密度减小。因此，焊接电流应比无镀层钢大；为了将已熔化的镀层金属排挤于结合面，电极压力应比无镀层钢高。

② 镀锌钢板的点焊。镀锌钢板大致分为电镀锌钢板和热浸镀锌钢板，前者的镀层较后者薄。

镀锌钢板点焊比低碳钢点焊困难，除上述一些特点外，锌层黏附到电极上，锌原子易向电极扩散，使铜电极合金化，使其导电、导热性能变坏。连续点焊时，电极头将迅速过热变形，熔核强度逐渐降低，直至产生未焊透。

推荐用锥头平面电极，用表 8-19 中 2 类电极材料制成，当对熔核外观要求高时，可采用表 8-19 中 1 类电极材料。电极锥角为 120°～140°，考虑到装配等特殊情况时，也可用较小的锥角。电极端面直径取两焊件中薄件厚度的 4～5 倍。若使用焊钳时，建议采用端面球半径为 25～50mm 的球面电极。为了提高电极使用寿命，可采用嵌有钨块的复合电极，以表 8-19 中 1 类电极材料做电极基体，如图 8-67 所示。

焊镀锌钢板的焊接电流比焊无镀锌层低碳钢板增大约 50%，镀层越厚，越不均匀，所需电流越大。焊接时间也应增加 25%～50%，以使两焊件间的熔化锌层能均匀地挤于焊接区周围。焊后锌层均布于熔核周围，仍可保持原有保护作用。

表 8-19 镀层钢板点焊电极和附件用材料的成分和性能

类	编号	名称	成分①（质量分数）/%	材料形式	硬度 HV（30kgf,294.2N）（最小值）	电导率 /MS·m⁻¹（最小值）	软化温度 /℃（最低值）
1	1	Cu-ETP	Cu99.9（+Ag 微量）	棒≥ 25mm 棒< 25mm 锻件 铸件	85 90 50 40	56 56 56 50	150
	2	CuCd1	Cd=0.7 ～ 1.3	棒≥ 25mm 棒< 25mm 锻件	90 95 90	45 43 45	250
2	1	CuCr1	Cr=0.3 ～ 1.2	棒≥ 25mm 棒< 25mm 锻件 铸件	125 140 100 85	43 43 43 43	475
	2	CuCr1Zr	Cr=0.5 ～ 1.4 Zr=0.02 ～ 0.2	棒≥ 25mm 棒< 25mm 锻件	130 140 100	43 43 43	500

① 材料的成分供参考，应按照本表所示性能加工。

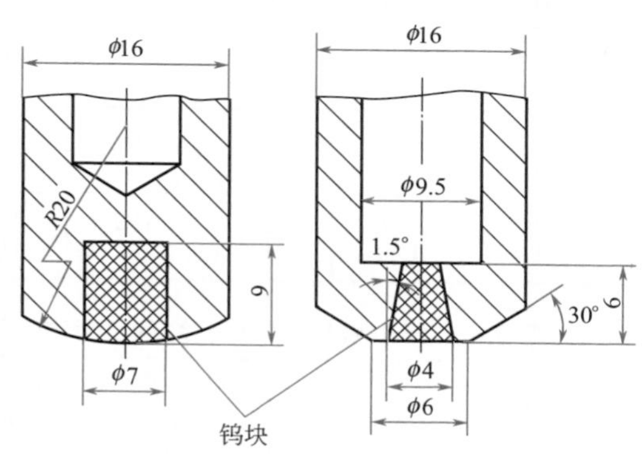

图 8-67 嵌钨复合电极

由于所用焊接电流较大、焊接时间又较长，为了避免产生飞溅，在增加焊接电流和通电时间的同时，也应增加电极力，这也有利于把熔化的镀层挤到焊接区周围。一般电极力应增加 10% ～ 25%。表 8-20 为镀锌钢板点焊的焊接参数。

4）不锈钢的点焊技巧与诀窍

不锈钢含有大量 Cr、Ni 等合金元素，按含合金成分不同分为奥氏体不锈钢、铁素体不锈钢和马氏体不锈钢。在点焊结构上用得最多的是奥氏体不锈钢，其次为马氏体不锈钢。奥氏体不锈钢的电阻率大，常温时约为低碳钢的 5 倍，热导率小，仅为低碳钢的 1/3，具有很好的焊接性，可采用较小的焊接电流、较短的通电时间。由于电阻率大，减少了通过已焊焊点的分流，故可适当减小点距。不锈钢线胀系数大，焊接薄壁结构时，易产生翘曲变形。不锈钢的高温强度高，故需提高电极力，否则，会出现缩孔及结晶裂纹。推荐采用表 8-21 中硬度较高电极合金，以提高电极的使用寿命。若加热时间延长，热影响区扩大并有过热时，则近缝区晶粒粗大，甚至出现晶界熔化现象。冷轧钢板则出现软化区，使接头性能降低。故宜采用偏硬的焊接条件。表 8-22 为奥氏体不锈钢点焊的推荐焊接参数。

表 8-20　镀锌钢板点焊的焊接参数

镀层种类		电镀锌			热浸镀锌		
镀层厚 /μm		2 ~ 3	2 ~ 3	2 ~ 3	10 ~ 15	15 ~ 20	20 ~ 25
焊接工艺参数	级别	板厚 /mm					
		0.8	1.6	2.0	0.8	1.6	2.0
电极压力 /kN	A B	2.6 1.8	4.7 3.6	5.9 4.5	2.3 2.0	4.6 3.9	5.8 4.9
焊接时间 / 周波	A B	11 16	22 32	28 40	11 16	22 32	28 40
焊接电流 /kA	A B	10.5 8.5	14.8 12.0	16.5 13.4	11.2 9.2	15.8 13.0	17.7 14.6

表 8-21　不锈钢点焊电极和附件用材料的成分和性能

编号	名称	成分①(质量分数)/%	材料形式	硬度 HV (30kgf)(最小值)	电导率 /MS·m^{-1}(最小值)	软化温度 /°C(最低值)
1	CuCo2Be	Co=2.0 ~ 2.8 Be=0.4 ~ 0.7	棒≥ 25mm 棒＜ 25mm 锻件 铸件	180 190 180 180	23 23 23 23	475
2	CuNi2Si	Ni=1.6 ~ 2.5 Si=0.5 ~ 0.8	棒≥ 25mm 棒＜ 25mm 锻件 铸件	200 200 168 158	18 17 19 17	500

① 材料的成分供参考，应按照本表所示性能加工。

表 8-22　奥氏体不锈钢点焊的推荐焊接参数

材料厚度 /mm	电极直径 /mm	焊接时间 /s	电极力 /N	焊接电流 /kA
0.3+0.3	3.0	0.04 ～ 0.06	800 ～ 1200	3 ～ 4
0.5+0.5	4.0	0.06 ～ 0.08	1500 ～ 2000	3.5 ～ 4.5
0.8+0.8	5.0	0.10 ～ 0.14	2400 ～ 3600	5 ～ 6.5
1.0+1.0	5.0	0.12 ～ 0.16	3600 ～ 4200	5.8 ～ 6.5
1.2+1.2	6.0	0.14 ～ 0.18	4000 ～ 4500	6.0 ～ 7.0
1.5+1.5	5.5 ～ 6.5	0.18 ～ 0.24	5000 ～ 5600	6.5 ～ 8.0
2.0+2.0	7.0	0.22 ～ 0.26	7500 ～ 8500	8 ～ 10
2.5+2.5	7.5 ～ 8	0.24 ～ 0.32	8000 ～ 10000	8 ～ 11
3.0+3.0	9 ～ 10	0.26 ～ 0.34	10000 ～ 12000	11 ～ 13

注：点焊 2Cr13Ni4Mn9 不锈钢时，电极力应比表中的值大 50% ～ 60%。

马氏体不锈钢多在淬火后低温或高温回火状态下使用。这种钢点焊后将再次淬硬，使接头塑性下降。为了改善接头力学性能，应采用焊后在电极间回火处理的双脉冲点焊工艺。一般不采用电极的外部水冷，以免因淬火而产生裂纹。表 8-23 为马氏体不锈钢双脉冲点焊焊接参数。

表 8-23　马氏体不锈钢（2Cr13、1Cr11Ni2W2MoVA）双脉冲点焊焊接参数

薄件厚度 /mm	焊接		脉冲间隔时间 /s	回火处理		电极力 /N
	电流 /kA	时间 /s		电流 /kA	时间 /s	
0.3	5 ～ 5.5	0.06 ～ 0.08	0.08 ～ 0.18	3 ～ 4	0.08 ～ 0.1	1500 ～ 2000
0.5	4.5 ～ 5	0.08 ～ 0.12	0.08 ～ 0.2	2.5 ～ 3.7	0.1 ～ 0.16	2500 ～ 3000
0.8	4.5 ～ 5	0.12 ～ 0.16	0.1 ～ 0.24	2.5 ～ 3.7	0.14 ～ 0.2	3000 ～ 4000
1	5 ～ 5.7	0.16 ～ 0.18	0.12 ～ 0.28	3 ～ 4.3	0.18 ～ 0.24	3500 ～ 4500
1.2	5.5 ～ 6	0.18 ～ 0.2	0.18 ～ 0.32	3.2 ～ 4.5	0.22 ～ 0.26	4500 ～ 5500
1.5	6 ～ 7.5	0.2 ～ 0.24	0.2 ～ 0.32	4 ～ 5.2	0.2 ～ 0.3	5000 ～ 6500
2	7.5 ～ 8.5	0.26 ～ 0.3	0.24 ～ 0.42	4.5 ～ 6.4	0.3 ～ 0.34	8000 ～ 9000
2.5	9 ～ 10	0.3 ～ 0.34	0.28 ～ 0.46	5.8 ～ 7.5	0.34 ～ 0.44	10000 ～ 11000
3	10 ～ 11	0.34 ～ 0.38	0.3 ～ 0.5	6.5 ～ 9	0.42 ～ 0.5	12000 ～ 14000

5）铝合金的点焊技巧与诀窍

用于焊接结构的铝合金一般是变形铝合金。它分冷作强化和热处理强

化两大类。冷作强化铝合金是通过冷加工硬化的办法提高其高温强度，耐腐蚀性能好，通称防锈铝合金，又叫软铝，如5A02、5A03、3A21等。这类铝合金具有较好的塑性，点焊性能较好。热处理强化铝合金是通过热处理来提高其强度，如2A11、2A12等，又称硬铝，7A04称超硬铝。这类铝合金含Cu，耐腐蚀性能降低，一般采用表面包覆纯铝层或阳极化处理进行表面保护。

铝合金与钢铁材料相比，具有导电、导热性好，线胀系数大，表面易氧化而形成较大的接触电阻等共同特性。进行点焊时，有如下特点。

① 因电阻率小、热导率大，故要求采用大电流、短时间的焊接条件。焊接电流约为同等厚度的低碳钢点焊的4～5倍，因此需使用大功率焊机。

② 表面易过热，导致电极铜离子向纯铝包覆层扩散，降低保护作用，也引起电极与焊件相互黏结，电极磨损加剧，使熔核表面质量下降。

③ 焊接时易产生飞溅，由于表面极易氧化而形成较高的接触电阻，瞬间通以强大电流就会使接触面上局部电流密度过大，焊件瞬时熔化而产生早期飞溅；由于线胀系数大，在加热过程中熔核形成并不断扩大，若这时焊机加压机构随动性不好，则造成后期飞溅，影响熔核质量和电极使用寿命。

④ 塑性温度区窄，易于出现缺陷。对于硬铝合金，裂纹倾向大，因含有铜与铝生成的低熔点共晶分布于晶界上，在熔核冷凝结晶时，如果没有足够电极力，则形成较大的收缩变形和应力，使熔核产生热裂纹。对此，宜采用阶梯形或马鞍形的电极力。

⑤ 接头强度波动大，其原因主要是焊件表面氧化膜清理不彻底或清理后存放时间过长，又重新产生不均匀的氧化薄膜。鉴于铝合金点焊有上述特点，所用的点焊机须具有如下特性。

a. 能在短时间内提供大电流。

b. 电流的波形最好有缓升缓降的特点。

c. 能提供阶梯形或马鞍形电极力。

d. 机头的惯性和摩擦力小，电极的随动性好。

e. 能精确控制焊接参数，且不受电网电压波动的影响。

当前国内使用最多的是容量为300～600kV·A的直流脉冲、三相低频和二次整流焊机，个别容量高达1000kV·A。也有使用单相交流焊机的，但仅用于不重要的焊件。

应采用导电、导热性好的球面状电极，以利于压固熔核和散热。由于电流密度大和不可避免有氧化膜存在，焊接时电极易黏着，故须经常修整电极。每修整一次可焊点数与焊接条件、焊件材质、表面清理情况、有无电流波形调制、电极材料及其冷却情况等因素有关。通常点焊纯铝时约焊 5 ～ 10 点修整一次，焊接 5A06、2A12 时为 25 ～ 30 点。

按材料电阻率和高温屈服点不同，常把铝合金分成 A、B 两类。A 类铝合金具有较高的电阻率和高温屈服点，如 5A06、2A12T3、T4、7A04T6 等，焊接时裂纹和飞溅倾向大，焊接性较差，通常要求采用缓升缓降的电流波形和较高的顶锻压力；B 类铝合金电阻率与高温屈服点较低，如 5A030、3A210、2A120、7A040 等，焊接性稍好，当焊接厚度不大的焊件时，可不用提高顶锻压力。

采用阶梯形电极力时，顶锻压力滞后于断电的时间很重要，通常是 0 ～ 2 周波，若加得过早，就等于增大了焊接压力，影响加热，导致焊点强度下降；若加得过迟，则熔核在冷却结晶时早已形成裂纹，加压已无济于事。

表 8-24 为上述 A、B 两类铝合金用交流焊机的点焊焊接参数，表 8-25 为用直流脉冲焊机点焊的焊接参数。

为了最大限度减小分流的影响，铝合金板熔核的最小间距一般不小于板厚的 8 倍，表 8-26 为推荐的点距与搭边宽度。

6）铜合金的点焊技巧与诀窍

铜合金点焊的焊接性几乎与其电阻率成正比变化，电阻率小的铜合金很难焊，而电阻率大的则较容易焊。

表 8-24　交流焊机点焊铝合金的焊接参数

材料厚度 /mm	A 类合金			B 类合金		
	电极力 /N	焊接电流 /kA	焊接时间 /s	电极力 /N	焊接电流 /kA	焊接时间 /s
0.5+0.5	2200	17	0.08	1300	16	0.08
0.8+0.8	3500	19	0.10	1900	18	0.10
1.0+1.0	4500	24	0.12	2500	22	0.12
1.5+1.5	6500	30	0.16	3500	27	0.14
2.0+2.0	8000	35	0.20	5000	32	0.18

表 8-25　直流脉冲焊机点焊铝合金的焊接参数

材料厚度/mm	参数特点	A类铝合金								B类铝合金				
		加压方式	电极力参数			电流脉冲				加压方式	电极力 F_w/N	焊接电流/kA	焊接时间/s	顶锻压力 F_f/N
						主脉冲		缓冷脉冲						
			F_w/N	F_f/N	t_f/s	I_w/kA	t_w/s	I_{po}/kA	t_{po}/s					
0.8+0.8	硬规范	Ⅱ	3500	5000	0.06	26	0.04			Ⅰ	2000	25	0.04	F_f=22000 t_f=0.2s
1.0+1.0			4000	8000	0.06	29	0.04				2500	29	0.04	
1.5+1.5			5000	14000	0.08	41	0.06				3500	35	0.06	
2.0+2.0			7000	19000	0.12	51	0.10				5000	45	0.10	
2.5+2.5			9000	26000	0.16	59	0.14				65000	49	0.14	
3.0+3.0			12000	32000	0.20	64	0.16				8000	57	0.18	
0.5+0.5	硬规范	Ⅱ	2000			20	0.02	12	0.04					
0.8+0.8			3000	7000	0.06	25	0.04	15	0.08					
1.0+1.0			4000	8000	0.08	29	0.04	18	0.08					
1.5+1.5			5000	11000	0.12	40	0.06	20	0.12					
2.0+2.0			8000	18000	0.14	55	0.08	25	0.16					
2.5+2.5			12000	28000	0.18	64	0.10	32	0.2					
3.0+3.0			15000	36000	0.20	73	0.12	37	0.24					
1.5+1.2	软规范	Ⅱ	4000	10000	0.16	31	0.12							
2.0+2.0			6000	16000	0.24	34	0.20							
2.5+2.5			8000	22000	0.28	40	0.24							
3.0+3.0			10000	30000	0.34	45	0.28							

注：加压方式Ⅰ为不变压力，Ⅱ为阶形变化的压力。

表 8-26　铝合金点焊最小搭边宽度、点距和排间距离　　mm

板厚	最小搭边宽度	最小点距	排间最小距离
0.8	9.5	9.5	6
1.0	13	13	8
1.6	19	16	9.5
2.0	22	19	13
3.2	29	32	16

铜的电阻率很小（$0.015\Omega\cdot m\times10^{-6}$），不宜用点焊方法焊接。铜合金的种类很多，每一类合金随着加入合金元素及其含量的不同其电阻率在很大范围内变动，例如各种黄铜中硅黄铜（HSi80-3）电阻率为 $0.20\Omega\cdot m\times10^{-6}$，比锰黄铜（HMn58-2）约高一倍，而锰黄铜的电阻率又比普通黄铜（H80）高一倍，显然点焊硅黄铜要比普通黄铜来得容易。其他各种青铜、白铜等铜合金也有类似情况。

铜合金点焊要求使用具有足够容量和适当电极力的点焊机。由于这类合金的塑性范围窄，故最好使用机头惯性小的焊机，而且须精确控制焊接电流和通电时间。最好采用强焊接条件进行焊接，以防止飞溅和电极与焊件的粘连。焊接高电阻率的黄铜、青铜和铜镍合金时，可采用 2 类电极材料作电极；焊接低电阻率的黄铜（如铜锌合金等）和青铜（如铬青铜等）时，可用表 8-19 中 1 类电极材料，也可采用镶嵌钨块的复合电极，以减小向电极散热。

表 8-27 为 H75 黄铜点焊的焊接参数，表 8-28 为 0.9mm 厚各种铜合金点焊的焊接参数。

表 8-27　H75 黄铜点焊的焊接参数

板厚 /mm	电极力 /kN	焊接时间 / 周波	焊接电流 /kA	拉剪力 /N
0.8	3	6	23	1500
1.2	4	8	23	2300
1.6	4	10	25	2900
2.3	5	14	26	5300
3.2	10	16	43	8500

表 8-28　0.9mm 厚各种铜合金点焊的焊接参数

牌号	名称	电极力 /kN	焊接时间 / 周波	焊接电流 /kA
H85	85 黄铜	1.82	5	25

续表

牌号	名称	电极力 /kN	焊接时间 / 周波	焊接电流 /kA
H80	80 黄铜	1.82	5	24
H70	70 黄铜	1.82	4	23
H60	60 黄铜	1.82	4	22
H50	50 黄铜	1.82	4	19
QSn7-0.2	7-0.2 锡青铜	2.12	5	19.5
QAl10-3-1.5	10-3-1.5 铝青铜	2.32	4	19.0
QSi1-3	1-3 硅青铜	1.82	5	16.5
QSi3-1	3-1 硅青铜	1.82	5	16.5
HMn58-2	58-2 锰青铜	1.82	5	22
HAl77-2	77-2 铝黄铜	1.82	4	22

注：用表 8-19 中 1 类电极材料作电极，锥角 30°，锥形平面，电极端面直径 5mm。

（2）不等厚板的点焊操作技巧与诀窍

当材料相同而厚度不等的焊件点焊时，若用相同尺寸的电极，则由于结合面与强烈散热的两电极距离不同，使上、下两焊件散热条件不同，所以其温度场分布不对称，熔核偏向厚板侧，如图 8-68 所示。

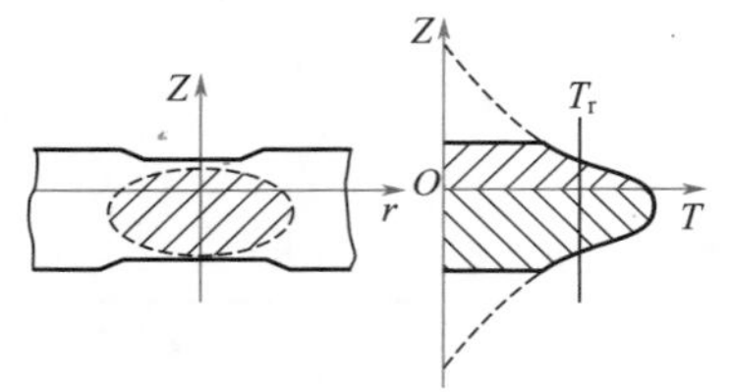

图 8-68　不同厚度焊件点焊时沿 Z 轴温度分布及熔核的位置

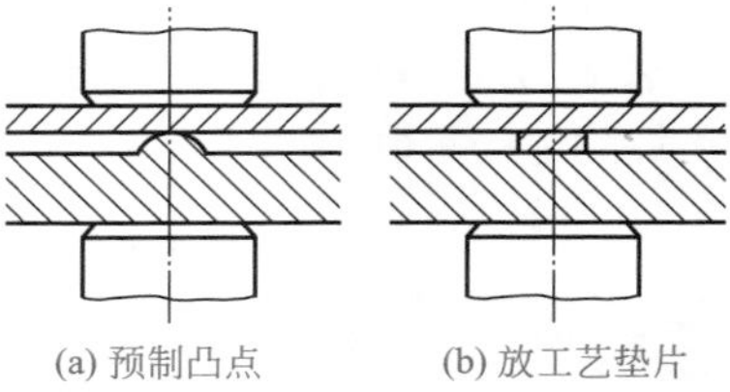

图 8-69　提高接触面上电流密度

偏移结果使结合面上熔核尺寸小于核心最大尺寸，降低了熔核强度，严重时会造成未熔合，产生熔核偏移现象，随两焊件厚度比增大而加剧，焊接条件（规范）越软，其散热作用越强，偏移也越大。

为了保证接头强度，一般要求薄板一侧的焊透率不小于 10%，厚板侧应达到 20% ～ 30%。为此，应设法控制焊接区析热和散热条件，调整焊接区的温度场，使加热最高温度区接近焊件的结合面。具体措施有以下几点。

① 提高接触面上的电流密度，增强发热。如图 8-69 所示，在薄件或零件上预制凸点，或在接触面上放工艺垫片，使接触面上电流密度增大，析热集中于接触面附近，从而使熔核形成在结合面上。凸点尺寸可参考下章凸焊接头设计部分；垫片材料、厚度由薄件厚度和材质而定，一般用厚为 0.2 ～ 0.3mm 的箔片。导热性差而熔点较高的不锈钢箔可用于焊接铜或铝合金，坡莫合金箔片可用于焊耐热合金。

② 调节散热条件。尽量使接触面两侧散热均衡。可以采用不同直径的电极，在厚件一侧用较大直径的电极以增大厚件的散热，在薄件一侧用小直径电极以减少薄件的散热，如图 8-70 所示；或者上、下电极采用不同的电极材料，在薄件一侧用热导率较厚件侧为小的电极材料，或者增加薄板侧电极端面至其内部冷却水孔底部的距离，均能起到减小薄件的散热条件的作用，使熔核恰好在结合面上形成。

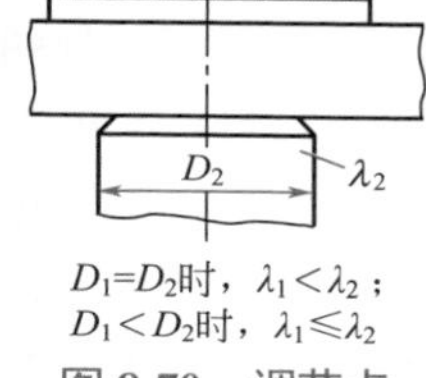

$D_1=D_2$时，$\lambda_1<\lambda_2$；
$D_1<D_2$时，$\lambda_1\leqslant\lambda_2$

图 8-70 调节点焊散热条件

③ 采用强条件（硬规范）焊接。强条件是电流大、通电时间短，能充分利用结合面处接触电阻的集热作用，而且加热时间短，热损失相对地减少，使结合面上的温度较高，核心偏移较小。所以电容储能点焊不同厚度板时，其熔核偏移小。

表 8-29 为不同厚度零件点焊的焊接参数。

表 8-29 不同厚度零件点焊的焊接参数

材料	厚度/mm	焊接电流/kA	通电时间/s	电极力/kN	电极端面直径/mm		备注
					薄件一侧	厚件一侧	
1Cr18Ni9Ti	0.2+1.0	6	0.1	1.7	5	10	用厚度为 0.1 ～ 0.2mm 的 1Cr18Ni9Ti 钢垫片
	1.0+14	7.5	0.1	1.7	5	10	
	0.2+14	7.5	0.1	1.7	5	10	
黄铜	0.8+6.5	10	0.1	1.0	5	7	用厚度为 0.1 ～ 0.2mm 的黄铜垫片
	0.8+20	11	0.1	1.0	5	7	
	0.15+8	12	0.1	1.0	5	10	
	0.15+8	7.5	0.1	2.2	5	5	用 0.2mm 不锈钢垫片
	0.15+6.5	10	0.1	0.7	5	7	用 0.1 ～ 0.2mm 黄铜垫片

续表

材料	厚度/mm	焊接电流/kA	通电时间/s	电极力/kN	电极端面直径/mm		备注
					薄件一侧	厚件一侧	
2A12	0.5+2	12	0.1	1.0	5	10	—
	1.0+4.0	18	0.1	1.5	6	12	—

（3）异种材料点焊操作技巧与诀窍

当焊接两种导电和导热性能不同的金属材料时，焊接区热量的产生、散失与不同厚度板点焊特点类似。当厚度相同时，导热性好而电阻率低的材料就相当于薄件，熔核总是偏向导热性差、电阻率大的材料一侧。因此，调整熔核偏移所采取的措施与上述板厚度不等的点焊类似。

如果是不等厚的异种材料点焊，则导热性差的材料为薄件时核心偏移可得到一定改善；导热性差的材料为厚件时，核心偏移就更为严重，就必须采取措施。

异种材料点焊还需要注意材料的冶金焊接性问题。两种材料能否很好地熔合在一起；是否会形成金属间化合物；在室温与高温下塑性变形能力如何；在同一焊接工艺条件下，高熔点材料与低熔点材料能否获得大致相当的塑性变形等，都须综合考虑解决。一般应把注意力放在使结合面两边金属的温度及变形程度接近，并能互溶且生成固溶体，形成良好的交互结晶而无脆性金属间化合物。当两者性质相差很远难以组合时，可用中间材料作为过渡层，以避免产生脆性金属间化合物。例如铝合金和低合金钢组合点焊时，可以在低合金钢待焊面预先镀上一层（厚度以 μm 计）铜或银；碳钢与黄铜组合点焊时，可在低碳钢表面先镀一层锡；等等。

表 8-30 为部分异种金属材料点焊的焊接参数。

表 8-30　部分异种金属材料点焊的焊接参数

材料	板厚/mm	电极端直径/mm		电极力/kN	通电时间/周波	焊接电流/kA
		导电性差侧	导电性好侧			
镍铬合金+不锈钢	1.0+1.0	7	5	2.5	5	5

续表

材料	板厚 /mm	电极端直径 /mm		电极力 /kN	通电时间 / 周波	焊接电流 /kA
		导电性差侧	导电性好侧			
不锈钢 + 低碳钢	1.0+1.0	10	5	2.0	5	6
不锈钢 + 黄铜	1.0+0.8	7	5	1.8	5	9
低碳钢 + 黄铜	1.0+0.8	7	5	1.0	5	7

8.4.2 常用金属的凸焊要点、操作技巧与诀窍

(1) 低碳钢凸焊操作技巧与诀窍

低碳钢焊接性很好，如果工件表面清洁而无铁锈、氧化皮以及过多的油污、油脂和其他杂质，都能获得良好的焊点。薄油层一般不会造成不良结果，但有厚而不均匀轧制磷皮的钢，未经清除是不能焊接的。焊前工件剪切边缘和冲孔边缘的毛刺也应清除，否则在凸点被压溃时，这些毛刺将形成电流和电极力的分路，影响焊点质量。

表 8-31 为单相交流等厚度低碳钢板凸焊的焊接参数。

低碳钢螺母凸焊时，宜采用较短时间，否则会使螺纹变色降低精度，电极力不能过低，否则会引起凸点位移。

碳钢丝交叉凸焊的焊接参数主要取决于金属丝直径和金属丝被压到一起时的压下率（压下率 = 交叉点焊前和焊后高度差 / 钢丝直径 ×100%）。接头强度随着压下率增加而提高。表 8-32 和表 8-33 分别为冷拔丝与热拔丝交叉凸焊的焊接参数。

(2) 不锈钢凸焊操作技巧与诀窍

奥氏体钢板凸焊并不困难，由于电流和电极力集中于界限分明的焊点区，从而减少了过热对不锈钢的不良影响。凸点的设计与成形方法与碳钢相同。当零件厚度不同时，凸点应设在较厚的零件上以获得较好的热平衡。焊前钢材表面应清洁，去除表面氧化膜、油漆、油脂和油污等。凸焊时，需用比低碳钢高的电极压力。表 8-34 为不锈钢板凸焊的焊接参数。

表 8-31　单相交流等厚度低碳钢板凸焊的焊接参数

板厚/mm	凸点高 H/mm	凸点直径 D/mm	最小点距/mm	最小搭边量/mm	通电时间/ms（t_1/t_2）			电极力/（kN/点）（P_1/P_2）			焊接电流/（kA/点）			拉剪力/（kN/点）		
					A	B	C	A	B	C	A	B	C	A	B	C
0.23	无	无	8	6.5	80			0.38			4.9			0.6		
0.29			8	6.5	100			0.52			5.2			0.9		
0.40			8	6.5	100			0.80			5.3			1.4		
0.50			8	6.5	100			1.05			5.4			1.9		
0.60	0.62	2.3	10	6.5	60	100	100	0.7	0.7	0.4	4.5	3.9	3.0	1.7	1.5	1.3
0.80	0.75	2.6	12	8.0	60	120	160	0.93	0.8	0. 57	6.2	4.9	3.5	3	2.4	1.9
1.00	0.90	2.9	14	9.5	80	160	240	1.3	0.93	0.7	7.7	5.7	3.95	4.4	3.5	2.7
1.2	1.00	3.3	16.5	11	120	240	300	1.75	1.2	0.9	8.8	6.4	4.5	5.6	4.6	3.7
1.6	1.15	3.9	20	13	160	340	460	2.65	1.75	1.5	10.6	7.8	5.5	6.4	7.2	5.9
2.0	1.25	4.7	24	14.5	240	460	600	4.45	2.5	2.2	12.2	9.0	6.5	11.4	10	8.4
2.3	1.30	5.3	27.5	16.5	260	540	720	4.45	3.0	2.7	13.2	9.7	7.2	14.1	12.3	10.5
2.6	1.40	5.9	30.5	22	300	600	820	5.4	3.6	3.2	13.9	10.4	8.0	16.8	14.8	12.6
3.2	1.50	7.2	37.5	22.5	400	760	1040	7.1	4.7	4.4	15.1	11.5	9.4	23.0	19.8	17.1

续表

板厚/mm	凸点高 H/mm	凸点直径 D/mm	最小点距/mm	最小搭边量/mm	通电时间/ms (t_1/t_2)			电极力/(kN/点) (P_1/P_2)			焊接电流/(kA/点)			拉剪力/(kN/点)		
					A	B	C	A	B	C	A	B	C	A	B	C
4.0	1.65	8.8	45	23.5	260/1060	260/1060	260/1060	9/19	6.5/12.5		15.8	11.3		34.5	24	
	1.55	6.9	41	20.5												
5.0	2.15	10.9	52	27.5	360/1760	360/1760	360/1760	14/26	7.5/14.5		19.2	14.0		52.0	36	
	1.80	8.6	45.5	23.5												
6.0	2.7	13	61	32.5	480/2340	480/2340	480/2340	12/34	9.5/17.8		22.6	16.7		75.0	51	
	2.2	10.1	51.5	27												

注：1. 凸点尺寸可随板材强度有较大变化。

2.A 为仅 1 个凸点时，B 为有 2 个凸点时，C 为有 3 个以上凸点时。

3.4.0mm 以上厚板采用渐增电流及加大顶锻压力参数，表中 t_1/t_2 及 P_1/P_2 分别指电流上升时间 / 电流稳定时间及焊接压力 / 顶锻压力，如图 8-71 所示。

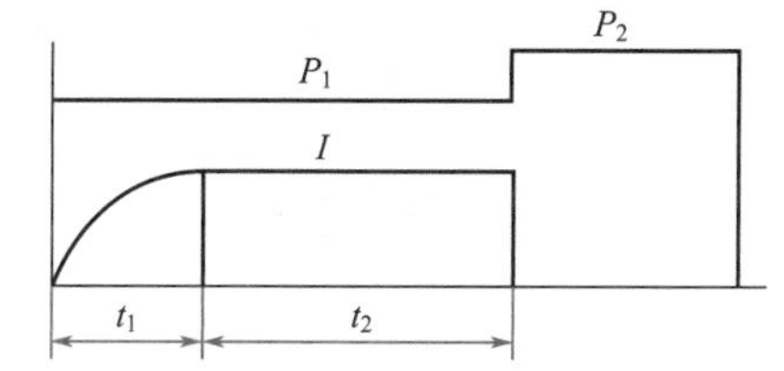

图 8-71　电流上升时间、电流稳定时间及焊接压力、顶锻压力

表 8-32　冷拔丝交叉凸焊的焊接参数

钢丝直径/mm	焊接通电时间/周波	15% 压下率			30% 压下率			50% 压下率		
		电极压力/N	焊接电流/A	焊点强度/N	电极压力/N	焊接电流/A	焊点强度/N	电极压力/N	焊接电流/A	焊点强度/N
冷拔丝										
1.6	5	450	600	2000	670	800	2220	890	1000	2450
3.2	10	560	1800	4340	1160	2650	5000	1160	3400	5560
4.8	17	1600	3300	8900	2670	5000	10700	3340	6000	11100
6.4	23	2580	4500	16500	3780	6700	18700	5520	8600	19600
7.9	30	3670	6200	22700	6450	9300	27100	8900	11400	28900
9.5	40	4890	7400	29800	9160	11300	37100	13300	14400	39100
11.1	50	6230	9300	42700	12900	13800	50300	19800	17400	52900
12.7	60	7560	10300	54300	15100	15800	60500	23600	21000	64900

表 8-33　热拔丝交叉凸焊的焊接参数

钢丝直径/mm	焊接通电时间/周波	15% 压下率			30% 压下率			50% 压下率		
		电极压力/N	焊接电流/A	焊点强度/N	电极压力/N	焊接电流/A	焊点强度/N	电极压力/N	焊接电流/A	焊点强度/N
热拔丝										
1.6	5	450	600	1560	670	800	1780	890	1000	2000
3.2	10	560	1850	3340	1160	2770	3780	1160	3500	4000
4.8	17	1600	3500	6670	2670	5100	7560	3340	6300	8000
6.4	23	2580	4900	12500	3780	7100	13300	5520	9000	13800
7.9	30	3670	6600	20500	6450	9600	22200	8900	12000	23600
9.5	40	4890	7700	27600	9160	11800	30300	13300	14900	32000
11.1	50	6230	10000	39100	12900	14800	42700	19800	18000	45400
12.7	60	7560	11000	51200	15100	16500	55200	23600	22000	57800

表 8-34　不锈钢板凸焊的焊接参数

板厚/mm	凸点尺寸/mm		电极力/kN	焊接时间/周波	焊接电流/kA
	直径 *d*	高度 *h*			
0.5	1.75	0.5	2	8	4

续表

板厚 /mm	凸点尺寸 /mm		电极力 /kN	焊接时间 / 周波	焊接电流 /kA
	直径 *d*	高度 *h*			
0.8	2.5	0.6	3.2	12	5.6
1.0	3.0	0.7	4.0	13	6.6
1.5	4.0	0.9	6.0	18	9.0
2.0	4.75	1.0	8.0	21	11.0
2.5	5.5	1.0	10	23	12.5
3.0	7.0	1.5	12	24	14.0

（3）镀层钢板凸焊操作技巧与诀窍

镀层钢板凸焊主要是指镀锌、铅、锡或铝的低碳钢的凸焊。与点焊相比，凸焊更易于实现。由于凸焊的平面电极接触面大、电流密度小，镀层物对电极的黏附较小。表 8-35 为镀锌钢凸焊的焊接参数。

表 8-35　镀锌钢凸焊的焊接参数

凸点所在板厚 /mm	平板板厚 /mm	凸点尺寸 /mm		电极力 /kN	焊接时间 / 周波	焊接电流 /kA	熔核直径 /mm	抗剪强度 /kN
		直径 *d*	高度 *h*					
0.7	0.4 1.6	4.0 4.0	1.2 1.2	0.5 0.7	7 7	3.2 4.2		
1.2	0.8 1.2	4.0 4.0	1.2 1.2	0.35 0.6	10 6	2.0 7.2		
1.0	1.0	4.2	1.2	1.15	15	10.0	3.8	4.2
1.6	1.6	5.0	1.2	1.8	20	11.5	6.2	9.3
1.8	1.8	6.0	1.4	2.5	25	16.0	6.2	14
2.3	2.3	6.0	1.4	3.5	30	16.0	7.5	19
2.7	2.7	6.0	1.4	4.3	33	22.0	7.5	22

8.4.3　常用金属材料缝焊操作技巧与诀窍

各种金属材料对缝焊的适应性与点焊相似，焊接时产生的问题基本相同。

（1）低碳钢缝焊操作技巧与诀窍

低碳钢含碳量低，且有很好的塑性与适中的导电、导热性能，故具有很好的焊接性，在通用交流缝焊机上，采用简单的焊接循环就可获得满意的焊接质量。表 8-36 是低碳钢搭接缝焊的焊接参数，表中给出三种焊接速度，根据用途和设备条件选用。当自动焊时，若设备容量足够时可用高速焊；若容量不够，须降低速度才能保证所需的熔宽和熔深时，宜用低速焊；用手扶移动工件时，为了便于对准预定位置，多用中速焊；若没气密性要求时，焊接速度可以提高；如果采用薄电极缝焊，则电极压力和焊接电流均可相应减小，焊接速度可适当提高。低碳钢缝焊时，须注意以下几点。

① 低碳钢属铁磁性材料，当焊接时焊件需逐渐伸入焊接回路时（如筒体纵缝焊属这种情况），回路感抗将逐渐增大，焊接电流逐渐减小，导致熔核尺寸减小，严重时产生未焊透。为了防止由此产生焊接质量问题，可采取下列措施。

a. 把焊缝分成两段，每段都从中间焊至两端。

b. 把长缝分成几段，逐段调整焊接电流去抵消焊接电流的变化。

c. 采用二次整流式缝焊机。

d. 采用具有恒流控制动能的控制箱。

② 随着板厚增加，焊件刚度加大，受压时不易产生变形，焊接区难以紧密贴合，分流增大，使作用在焊接区的电流和电极力减少。此外，由于熔核尺寸增大，冷却结晶时，产生收缩性缺陷的倾向也增大。因此，随着板厚增加，焊接电流和电极力要适当增加，而焊接速度要适当降低，焊接时间适当延长。

③ 含碳量偏高的低碳钢焊接时，由于焊接区加热和冷却速度大，金属在高温停留时间短，可能产生淬火组织。因此，缝焊时，不宜用过硬的焊接条件和过强的外部水冷。

（2）不锈钢缝焊操作技巧与诀窍

缝焊结构用得最多的不锈钢是奥氏体不锈钢，它的焊接性很好，但由于它的电导率和热导率均较低，故缝焊时宜用小的焊接电流和短的焊接时间。其高温强度高，须采用较大的电极压力和中等的焊接速度。由于它的线胀系数比低碳钢大，必须注意防止焊接变形。为了避免由于过热引起碳铬化合物析出，宜采用偏硬的焊接条件焊接，同时加强外部水冷电极。

表 8-36 低碳钢搭接缝焊的焊接参数（气密性接头）

板厚/mm	滚盘尺寸/mm			电极压力/kN		最小搭接量/mm		高速焊接				中速焊接				低速焊接			
	最小 *b*	标准 *b*	最大 *B*	最小	标准	最小 *b*	标准 *b*	焊接时间/周波	休止时间/周波	焊接电流/kA	焊接速度/$cm \cdot min^{-1}$	焊接时间/周波	休止时间/周波	焊接电流/kA	焊接速度/$cm \cdot min^{-1}$	焊接时间/周波	休止时间/周波	焊接电流/kA	焊接速度/$cm \cdot min^{-1}$
0.4	3.7	5.3	11	2.0	2.2	7	10	2	1	12.0	280	2	2	9.5	200	3	3	8.5	120
0.6	4.2	5.9	12	2.2	2.8	8	11	2	1	13.5	270	2	2	11.5	190	3	3	10.0	110
0.8	4.7	6.5	13	2.5	3.3	9	12	2	1	15.5	260	3	2	13.0	180	2	4	11.5	110
1.0	5.1	7.1	14	2.8	4.0	10	13	2	2	18.0	250	3	3	14.5	180	2	4	13.0	100
1.2	5.4	7.7	14	3.0	4.7	11	14	2	2	19.0	240	4	3	16.0	170	3	4	14.0	90
1.6	6.0	8.8	16	3.6	6.0	12	16	3	1	21.0	230	5	4	18.0	150	4	4	15.5	80
2.0	6.6	10.0	17	4.1	7.2	13	17	3	1	22.0	220	5	5	19.0	140	6	6	16.5	70
2.3	7.0	11.0	17	4.5	8.0	14	19	4	2	23.0	210	7	6	20.0	130	6	6	17.0	70
3.2	8.0	13.6	20	5.7	10	16	20	4	2	27.5	170	11	7	22.0	110	6	6	20.0	60

注：*b* 为滚盘接触面宽度，*B* 为滚盘厚度。

表 8-37 为奥氏体不锈钢缝焊的焊接参数。

表 8-37　奥氏体不锈钢缝焊的焊接参数

焊接厚度/mm	滚轮宽度/mm	焊接时间/s	间隔时间/s	焊接电流/kA	电极力/N	焊接速度/（m/min）
0.3+0.3	3.0～3.5	0.02～0.04	0.02～0.04	4.5～5.5	2500～3000	1.0～1.5
0.5+0.5	4.5～5.5	0.02～0.06	0.04～0.06	6.0～7.0	3400～3800	0.8～1.2
0.8+0.8	5.0～6.0	0.04～0.10	0.06～0.08	7.0～8.0	4000～5000	0.6～0.8
1.0+1.0	5.5～6.5	0.08～0.10	0.06～0.08	8.0～9.0	5000～6000	0.6～0.7
1.2+1.2	6.5～7.5	0.08～0.12	0.06～0.10	8.5～10.0	5500～6200	0.5～0.6
1.5+4.5	7.0～8.0	0.10～0.14	0.10～0.14	9.0～12.0	6000～7000	0.4～0.6
2.0+2.0	7.5～8.5	0.14～0.16	0.12～0.18	10.0～13.0	7000～8000	0.4～0.5

（3）铝合金缝焊操作技巧与诀窍

铝合金缝焊有许多特点与点焊相似，由于铝合金电导率高，缝焊时分流严重，焊接电流要比点焊时提高 15%～50%，电极压力提高 5%～10%。考虑到使用大功率的单相交流缝焊机会严重影响电网三相负荷的均衡，故国内铝合金缝焊均采用三相供电的直流脉冲或二次整流步进式缝焊机。为了加强散热，一般采用球面滚轮电极，并须外部水冷。还要适当增加滚轮修整次数。表 8-38 为用 FJ-400 型直流脉冲缝焊机焊接铝合金的焊接参数。

表 8-38　铝合金缝焊的焊接参数

板厚/mm	滚轮的球面半径/mm	步距（点距）	3A21、5A03、5A06				2A12T3、T4、7A04T6			
			电极压力/kN	焊接时间/周波	焊接电流/kA	每分钟点数	电极压力/kN	焊接时间/周波	焊接电流/kA	每分钟点数
1.0	100	2.5	3.5	3	49.6	120～150	5.5	4	48	120～150
1.5	100	2.5	4.2	5	49.6	120～150	8.5	6	48	120～150
2.0	150	3.8	5.5	6	51.4	100～120	9.0	6	51.4	80～100
3.0	150	4.2	7.0	8	60.0	60～80	10	7	51.4	60～80

（4）镀层钢缝焊操作技巧与诀窍

钢板表面镀层的目的是耐腐蚀或装饰，或两者兼有。进行缝焊时，不仅要获得强度足够的接头，还要求能保持镀层的功能。按强度要求，缝焊工艺与无镀层钢板是相似的。考虑到镀层要求，则须对焊接参数作必要调整。这时要注意镀层对接触电阻的影响、允许的电极压痕、镀层与母材金属形成合金的倾向和与电极发生粘连等因素。

这里重点介绍最常用的表面镀锌的低碳钢板的缝焊。

镀锌是为了防腐蚀，但镀锌后的低碳钢比不镀锌的难焊。主要因镀锌层的熔点低（约 419℃），在焊接过程中镀锌层首先熔化，在滚轮电极与焊件及焊件与焊件的接触面上流布，使接触面积增大，电流密度减小，而电极与焊件接触面的锌层熔化后，与电极工作面黏结，使铜电极合金化（CuZn），其导电、导热性能变坏。锌的沸点为 906℃，当温度超过此温度时，锌即蒸发。在熔核内形成气孔或裂纹，扩散到热影响区则导致接头脆化，在应力作用下可能产生裂纹。试验证明，焊透率越小（10% ~ 26%），裂纹缺陷就越少；缝焊速度高时，散热条件差，表面过热且熔深大，则易产生裂纹。所以在保证熔核直径和接头强度条件下，应尽量选用小电流、低焊速和强烈的外部冷却。对滚轮电极宜采用压花钢轮传动，以便随时修整滚轮电极尺寸并清理其表面。

表 8-39 是各种镀锌钢板缝焊的参数选择。

表 8-39　各种镀锌钢板缝焊的焊接参数

镀层种类及厚度	板厚/mm	滚盘宽度/mm	电极压力/kN	时间/周波		焊接电流/kA	焊接速度/(cm/min)
				焊接	休止		
热镀锌钢板(15 ~ 20μm)	0.6	4.5	3.7	3	2	16	250
	0.8	5.0	4.0	3	2	17	250
	1.0	5.0	4.3	3	2	18	250
	1.2	5.5	4.5	4	2	19	230
	1.6	6.5	5.0	4	1	21	200
电镀锌钢板(2 ~3μm)	0.6	4.5	3.5	3	2	15	250
	0.8	5.0	3.7	3	2	16	250
	1.0	5.0	4.0	3	2	17	250
	1.2	5.5	4.3	4	2	18	230
	1.6	6.5	4.5	4	1	19	200

续表

镀层种类及厚度	板厚/mm	滚盘宽度/mm	电极压力/kN	时间 / 周波		焊接电流/kA	焊接速度/(cm/min)
				焊接	休止		
磷酸盐处理防锈钢板	0.6	4.5	3.7	3	2	14	250
	0.8	5.0	4.0	3	2	15	250
	1.0	5.0	4.5	3	2	16	250
	1.2	5.5	5.0	4	2	17	230
	1.6	6.5	5.5	4	1	18	200

图 8-72 中介绍了两种可提高镀锌钢板缝焊质量的焊接方法。图 8-72（a）是在电极与焊件之间垫金属箔法，焊接电流通过盖在焊件上的金属箔传导到焊件上实现焊接。冷却水通过嘴子喷到焊接区，并冲洗掉焊接区表面锌的氧化物，这使导电不良的锌氧化物不致粘连在滚轮电极的工作面上，保护了滚轮工作表面。图 8-72（b）是采用两根约 ϕ2mm 的铜丝分别嵌入上、下滚轮 1 的中间槽内，用铜丝压紧焊件，当滚轮旋转时，借压力和摩擦力带动铜丝和焊件前进，同时进行缝焊。使用过的铜丝，清除其表面上黏结的锌垢后，可继续使用。

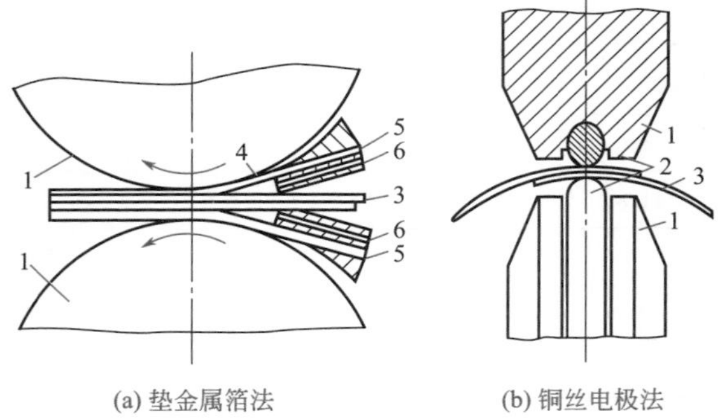

图 8-72　镀锌钢板缝焊方法示意图

1—滚轮；2—铜丝；3—工件；4—金属箔；5—供金属箔的嘴子；6—供冲洗液的嘴子

镀铝耐热耐蚀钢板和镀铅钢板（75Pb25Sn）焊接时出现的问题及采取的措施与焊接镀锌钢板相似，同样需要保持电极良好工作状态和保证电极充分冷却等。

表 8-40 和表 8-41 分别为镀铝钢板和镀铅钢板的缝焊的焊接参数。

表 8-40 镀铝钢板缝焊的焊接参数

板厚 /mm	滚盘宽度 /mm	电极压力 /kN	时间 / 周波		焊接电流 /kA	焊接速度 /（cm/min）
			焊接	休止		
0.9	4.8	3.8	2	2	20	220
1.2	5.5	5.0	2	2	23	150
1.6	6.5	6.0	2	2	25	130

表 8-41 镀铅钢板缝焊的焊接参数

板厚 /mm	滚盘宽度 /mm	电极压力 /kN	时间 / 周波		焊接电流 /kA	焊接速度 /（cm/min）
			焊接	休止		
0.8	7	3.6 ～ 4.5	3 5	2 2	17 18	150 250
1.0	7	4.2 ～ 5.2	2 5	1 1	17.5 18.5	150 250
1.2	7	4.5 ～ 5.5	2 4	1 1	18 19	150 250

8.5 典型电阻焊工程应用实例

8.5.1 低碳钢薄板的点焊

（1）焊前准备

点焊前，应该清除焊件表面的油污、氧化皮、锈垢等不良导体，因为它们的存在，既影响了电阻热量的析出，影响熔核形成，并导致熔核缺陷产生，使接头强度与焊接生产率降低，又会减少电极寿命。所以，焊件表面清理是焊前十分关键的工作。

表面清理有两种，即机械清理和化学清理。

机械清理：用旋转钢丝刷清扫，金刚砂毡轮抛光，小的零部件可以采用喷砂、喷丸处理。

化学清理：主要工艺过程是焊件去油、酸洗、钝化等，用于成批生产或氧化膜较厚的碳钢。冷轧碳钢化学清理溶液的成分及工艺见表 8-42。

表 8-42　冷轧碳钢化学清理溶液的成分及工艺

溶液成分及温度	中和溶液
（脱脂用）	先在 70 ～ 80℃热水中，后在冷水中冲净
工业用磷酸三钠　Na_3PO_4　50kg/m³	
煅烧苏打　Na_2CO_3　25kg/m³	
氢氧化钠　NaOH　40kg/m³	
温度　60 ～ 70℃	
（酸洗用）	常温下，在 50 ～ 70kg/m³ 氢氧化钠或氢氧化钾溶液中中和
硫酸　H_2SO_4　0.11m³	
氯化钠　NaCl　10kg	
KCl 填充剂　1kg	
温度　50 ～ 60℃	

① 焊机选择。选用直压式点焊机 DN-63，其主要技术数据见表 8-43。

表 8-43　直压式点焊机 DN-63 主要技术数据

型号	电流特性	额定功率 /kV·A	负载持续率 /%	二次空载电压 /V	电极臂长 /mm	可焊接板厚度 /mm
DN-63	工频	63	50	3.22 ～ 6.67	600	钢：4+4

② 焊件准备。Q235 钢板尺寸（长 × 宽 × 厚）为 150mm× 30mm× 2mm，共两块板。焊件的形状见图 8-73。焊件用剪板机下料。

③ 焊接辅助工具和量具准备。活扳手、150mm 卡尺、台虎钳、锤子、点焊试片撕裂装置、抛光机、砂纸、焊点腐蚀液、低倍放大镜、钢丝钳等。

（2）焊前装配定位焊及焊接技巧与诀窍

首先，用锉刀和砂纸进行电极的修磨，尽量使电极表面光滑。按试件调整电极钳口，使两个钳口的中心线对准，同时，调整好钳口的距离，把两焊件按图 8-73 标注的尺寸进行点焊定位焊，其焊接参数见表 8-44。

在焊接过程中，应该注意如下几点：焊件要在电极下放平，防止出现表面缺陷；要随时观察点焊点的表面质量，及时对电极表面的端头进行修理；对焊接表面的要求应比较严格，要求焊后无压痕或压痕很小时，可以把表面要求比较高的一面放在下电极上，同时，尽可能地加大下电极表面直径；在焊接过程中以及焊接结束之前，应该分阶段地进行点焊试件的焊接质量鉴定，及时调整焊接参数；焊接结束后，关闭电源、气路和冷却水。

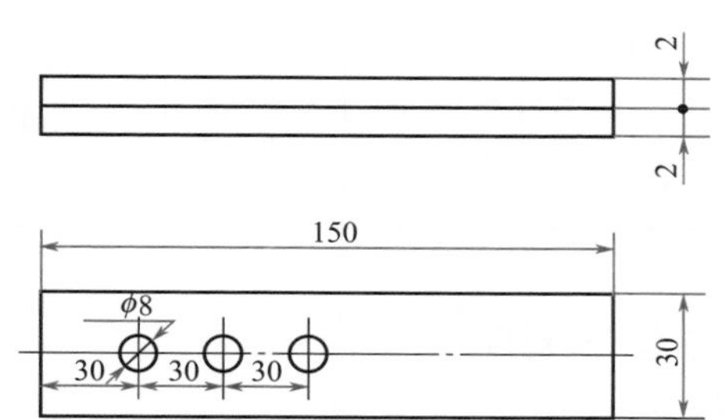

图 8-73 低碳钢薄板（2mm +2mm）点焊定位尺寸

表 8-44 低碳钢薄板（2mm +2mm）点焊的焊接参数

板厚/mm	电极直径/mm	焊接通电时间/周波	电极压力/N	焊接电流/kA	熔核直径/mm	抗剪强度/kN
2+2	φ8	20	4700	13.3	7.9	14500

（3）焊点表面清理要求

检查焊点表面在焊接过程中的飞溅情况，及时清除表面飞溅物的残渣。

（4）焊点质量检验技巧

① 用合理的焊接参数焊接的焊点，其熔核直径将随着焊件的厚度增大而增大，但要满足如下的关系式：

$$d_m = 2\delta + 0.003$$

式中 d_m——熔核直径，mm；

δ——两个焊件中最薄的焊件厚度，mm。

② 在电极的压力作用下，焊件表面会形成凹陷，其深度要满足：

$$\Delta = (0.1 \sim 0.15)\delta$$

式中 δ——两个焊件中最薄的焊件厚度，mm。

焊接过程中，若焊件表面形成的凹陷较深，那是熔核核心金属溢出过多所致。

焊点的质量检验结果见表 8-45。

表 8-45　低碳钢薄板点焊质量

熔核直径 /mm	表面凹陷 /mm	裂纹	烧穿	飞溅	X 射线检测	金相检验
6.5 ～ 7.5	0.2 ～ 0.3	不允许	不允许	只要熔深足够，稍有飞溅也算合格	X 射线照片显示：暗环淡时，熔深不够；暗环深时，熔深较大	无多孔性缺陷

8.5.2　低碳钢钢筋的闪光对焊

（1）焊前准备

焊前仔细清除两根钢筋接头端面处的油、污、锈、垢，并把端头处的弯曲部分切掉。

① 焊机选择。UNI-25 杠杆挤压弹簧顶锻式对焊机，主要技术数据见表 8-46。

表 8-46　UNI-25 杠杆挤压弹簧顶锻式对焊机主要技术数据

额定容量 /kV	一次电压 /V	二次电压调节范围 /V	二次电压调节级数	额定负载持续率 /%	最大进给 /mm
25	220/380	1.76 ～ 3.52	8	20	15 ～ 20

② 焊件准备。Q235 钢 ϕ6mm 对接。

③ 焊接辅助工具和量具准备。活扳手、150mm 卡尺、台虎钳、手锯、锤子、抛光机、砂纸、焊点腐蚀液、低倍放大镜和钢丝钳等。

（2）焊前定位及焊接技巧

选好焊接参数进行焊前试焊，低碳钢筋（ϕ6mm+ϕ6mm）闪光对焊焊接参数见表 8-47。

表 8-47　低碳钢筋（ϕ6mm+ϕ6mm）闪光对焊焊接参数

钢筋直径 /mm	伸出长度 /mm	顶锻留量 /mm	顶锻压力 /MPa	烧化留量 /mm	烧化时间 /s
6+6	11±1	1.3	60	3.5	1.9

焊接操作过程如下：首先，按焊件的形状调整焊机钳口，使钳口的中

心线对准，找好钳口的距离，同时，调整好行程螺钉；将待焊的钢筋放在两个钳口上，然后将两个夹头夹紧、压实，此时，握紧手柄并将两个钢筋的端面顶紧并通电，利用电阻热对接头端面进行预热；当接头加热至塑性状态时，拉开钢筋端面，使两接头端面有 1 ～ 2mm 的间隙，此时，焊接过程进入闪光阶段，火花喷溅，待露出新的金属表面后，迅速将两钢筋端面顶紧，并在断电后继续进行加压顶紧。

（3）焊件表面清理要求

检查焊点表面在焊接过程中的飞溅情况，及时清除表面飞溅物的残渣。

（4）焊件质量检验技巧

① 外观检查技巧。用 10 倍的放大镜检查焊缝的尺寸、表面质量、焊件是否错位、焊件是否弯曲、焊件的接头处是否有焊瘤并＞ 3mm。

② 宏观金相检验技巧。有无气孔、夹渣、裂纹和缩孔等。

③ X 射线检查。检查内部缺陷。

④ 弯曲试验。评定焊接接头的抗弯能力，检查焊接缺陷对抗弯能力的影响。

⑤ 拉伸试验。评定焊接接头的抗拉能力，检查焊接缺陷对抗拉强度的影响。

焊接质量标准见表 8-48。

表 8-48 低碳钢筋（ϕ6mm+ϕ6mm）闪光对焊焊接质量

外观检查	宏观金相检验	X 射线检查	弯曲试验	拉伸试验
焊接接头处没有错位、弯曲现象，焊接接头处的焊瘤 ≤ 2.5mm	合格	符合图样要求	合格	合格

8.5.3 管材对焊

管材对焊在锅炉制造、石油化工、设备制造和管道工程中广泛应用。由于管材多在高温、高压及腐蚀性介质中工作，对焊接质量要求严格。通常根据管子截面和材料选择连续或预热闪光焊，如大直径厚壁钢管一般用预热闪光对焊。焊接管子的电极夹钳有半圆形和 V 形两种，当管径与壁厚的比值大于 10 时，宜选用半圆形电极夹钳，以防止管子被夹紧力压扁，

比值小于 10 时可用 V 形夹钳。为了防止顶锻时，管子在电极中滑动，电极夹钳应有适当的工作长度，管径为 20 ～ 50mm 时，工作长度为管径的 2 ～ 2.5 倍；管径为 200 ～ 300mm 时，为 1 ～ 1.5 倍。

表 8-49 为低碳钢和合金钢管连续闪光对焊的焊接参数。表 8-50 为大截面低碳钢管预热闪光对焊的焊接参数。

表 8-49　20 钢、12Cr1MoV 及 12Cr18Ni12Ti 钢管连续闪光对焊的焊接参数

钢种	尺寸 /mm	二次空载电压 /V	伸出长度 2*L*/mm	闪光留量 /mm	平均闪光速度 /（mm/s）	顶锻留量 /mm	有电流顶锻量 /mm
20	25 ×3 32 ×3 32 ×4 32 ×5 60 ×3	6.5 ～ 7.0	60 ～ 70	11 ～ 12 11 ～ 12 15 15 15	1.37 ～ 1.5 1.22 ～ 1.33 1.25 1.0 1.0 ～ 1.15	3.5 2.5 ～ 4.0 4.5 ～ 5.0 5.0 ～ 5.5 4.0 ～ 4.5	3.0 3.0 3.5 4.0 3.0
12Cr1MoV	32 ×4	6.0 ～ 6.5	60 ～ 70	17	1.0	5.0	4.0
12Cr18Ni12Ti	32 ×4	6.5 ～ 7.0	60 ～ 70	15	1.0	5.0	4.0

表 8-50　大截面低碳钢管预热闪光对焊的焊接参数

管子截面 /mm	二次空载电压 /V	伸出长度 2*L* /mm	预热时间 /s		闪光留量 /mm	平均闪光速度 /（mm/s）	顶锻留量 /mm	有电流顶锻量 /mm
			总时间	脉冲时间				
4000	6.5	240	60	5.0	15	1.8	9	6
10000	7.4	340	240	5.5	20	1.2	12	8
16000	8.5	380	420	6.0	22	0.8	14	10
20000	9.3	420	540	6.0	23	0.6	15	12
32000	10.4	440	720	8.0	26	0.5	16	12

图 8-74 是制冷设备中铜管与铝管闪光对焊的例子。其属异种金属对焊，其焊接特点如前述。两管子外径均为 8mm，铝管壁厚 1.3mm，铜管壁厚为 1.5mm。由于铝的熔点低，焊接时烧损比铜大，同时也是为获得较好的热平衡，使铝管的调伸长度等于铜管的 10 倍。为了获得外观良好的接头和除去管子外部毛刺，采用了带有工具钢镶块的电极夹钳，这样可以夹持热影响区，使顶锻时挤出的塑性金属最小，并能被清除掉。焊后用铰孔法清除管内的毛刺。

表 8-51 为其闪光对焊的焊接参数。

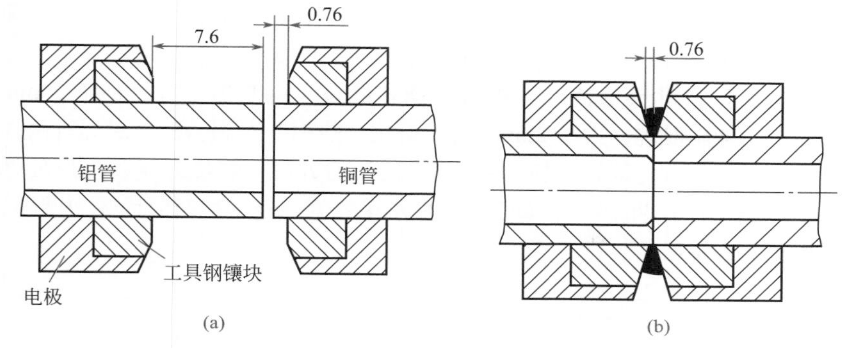

图 8-74 制冷设备铜与铝管闪光对焊

表 8-51 制冷设备中铜与铝管闪光对焊的焊接参数

调伸长度/mm		闪光电流/A	闪光时间/s	闪光留量/mm	顶锻电流/A	顶锻时间/s	顶锻留量/mm	顶锻力/kN	夹紧力/kN
铜管	铝管								
0.76	76	9000（电压 4.5V）	1	5	19000	0.033	2.5	22.24	4.45

8.5.4 环形零件对焊

汽车轮辋、自行车车圈、链环、轴承环、齿轮的轮缘等环形零件常用对焊来制造。环形零件对焊的主要问题是焊接电流有分流和焊件有变形反弹力，如图 8-75 所示。由于分流需增加焊机的容量，随着环形件直径减小、截面增大和材料电阻率减小，分流增大。为了补偿分流损失，焊接时需采用较高的二次空载电压。如果在焊接时能增加环形件的阻抗，就可以减小分流。因此，若有可能在环形件上套一个可拆卸的磁轭，即可达到减小分流的目的。变形反弹力的方向与顶锻力方向相反，它是一种变形阻力，起到削弱顶锻力的作用，焊后松夹时，会对接头产生拉伸。因此，选择顶锻力时，必须克服变形反弹力的这种影响，同时需延长无电顶锻时间，以防止反弹力把接头拉断。

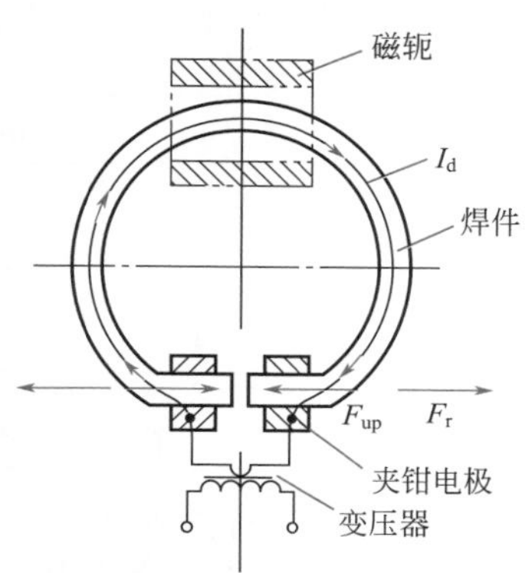

图 8-75 环形零件对焊示意图

I_d—分流；F_{up}—顶锻力；F_r—变形反弹力

汽车轮辋和自行车车圈多用连续闪光对焊，钳口形状与所焊工件截面形状相适应，通常下钳口为馈电电极。

锚链、传动链等链环多用低碳钢和低合金钢制造，直径小于 20mm 时，可用电阻对焊；大于 20mm 时，可用预热闪光对焊。链环对焊有两种方案，如图 8-76 所示。只有一个对接接头的方案，焊接分流和变形反弹力不可避免；有两个接头同时对焊的方案避免了分流和变形反弹力问题，但焊机的容量增加。

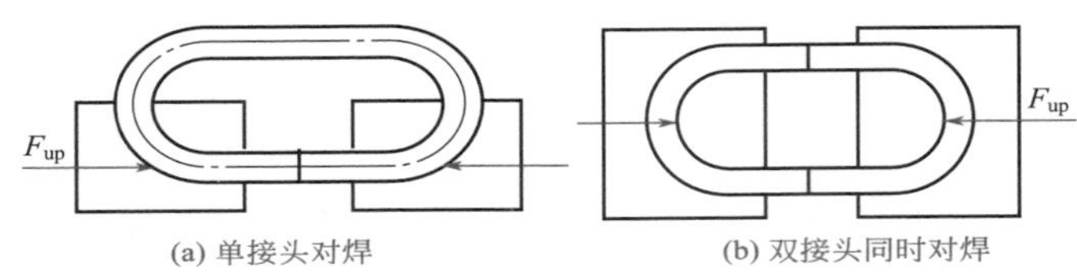

(a) 单接头对焊　　(b) 双接头同时对焊

图 8-76　链环对焊的工艺方案

表 8-52 和表 8-53 分别列出链环电阻对焊和锚链闪光对焊的焊接参数。

表 8-52　链环电阻对焊的焊接参数

直径/mm	焊机额定功率/kV·A	二次电压/V	焊接时间/s		每分钟焊接链环数
			通电	断电	
19.8	250	4.4 ～ 4.55	4.5	1.0	6.4
16.7	250	3.4 ～ 3.55	5.0	1.0	6.4
15.0	175	3.8 ～ 4.0	3.0	1.0	6.6
13.5	175	3.8 ～ 4.0	2.5	1.0	8.8
12.0	175	2.8	1.5	0.8	8.6

表 8-53　锚链闪光对焊的焊接参数

锚链直径/mm	二次电压/V	一次电流/A		预热间断次数	焊接通电时间/s	顶锻速度	闪光速度/(mm/s)	留量/mm					
		闪光	短路					接口间隙	等速闪光	加速闪光	有电顶锻	无电顶锻	合计
28	9.27	420	550	2 ～ 4	19±1	45 ～ 50	0.9 ～ 1.1	1.5	4	2	1.0 ～ 1.5	1.5	10～11
31	10.3	450	580	3 ～ 5	22±1.5	45 ～ 50	0.9 ～ 1.1	2	4	2	1.0 ～ 1.5	1.5	10～11
34	10.3	460	620	3 ～ 5	24±2	45 ～ 50	0.8 ～ 1.0	2	4	2	1.5	1.5	11～12
37	8.85	480	680	4 ～ 6	28±2	30	0.8 ～ 1.0	2.5	5	2	1.5	1.5～2	12～13
40	10.0	500	720	5 ～ 7	30±2	30	0.7 ～ 0.9	2	5	2	1.5 ～ 2.0	2	12～13

第 9 章

电渣焊

9.1 电渣焊基础知识

电渣焊是利用电流通过液体熔渣所产生的电阻热进行焊接的方法。根据使用的电极形状不同，可以分为丝极电渣焊、板极电渣焊、熔嘴电渣焊等。由于电渣焊是在垂直位置或接近垂直位置进行焊接，为了保证熔池形状、强制焊缝成形，在接头两侧采用铜滑块作为成形卡具（或在一侧采用固定垫板），铜滑块内部应通有冷却水。

9.1.1 电渣焊的特点

① 适于大厚度的焊接。焊件均为 I 形坡口，只留一定尺寸的装配间隙便可一次焊接成形。所以生产率高、焊接材料消耗较少。理论上能焊接的板厚是无限的，但实际上要受到设备、电源容量和操作技术等方面限制，常焊的板厚约在 13 ～ 500mm。

② 适于焊缝处于垂直位置的焊接。垂直位置对于电渣焊形成熔池及焊缝的条件最好。也可用于倾斜焊缝（与地平面的垂直线夹角≤ 30°）的焊接。所以焊缝金属中不易产生气孔及夹渣。

③ 焊接热源是电流通过液体熔渣而产生的电阻热。电渣焊时电流主要由焊丝或板极末端经渣池流向金属熔池。电流场呈锥形，是电渣焊的主要产热区。锥形流场的作用是造成渣池的对流，把热量带到渣池底部两侧，使母材形成凹形熔化区。电渣焊渣池温度可达 1600 ～ 2000℃。

④ 具有逐渐升温及缓慢冷却的焊接热循环曲线。由于电渣焊的热源特性，使得焊接速度缓慢、焊接热输入较大。电渣焊的热影响区宽度很大，而且高温停留时间比较长，因此热影响区晶粒长大严重。图 9-1 为

100mm 厚钢板电渣焊及多层埋弧焊的热循环曲线对比，表 9-1 为焊接参数及热循环参数的对比。

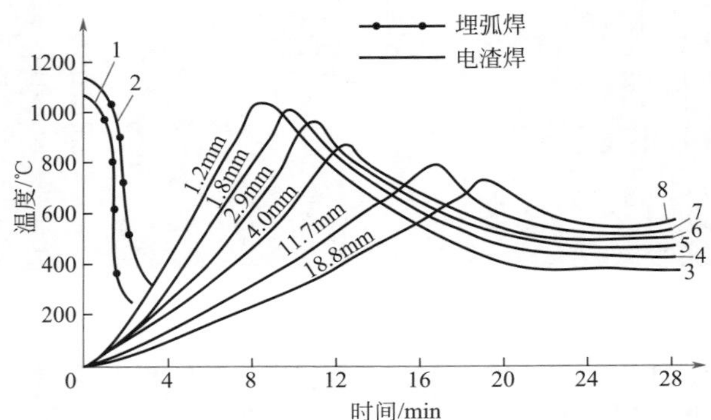

图 9-1　100mm 厚钢板电渣焊及多层埋弧焊热循环曲线对比

曲线 1、2—埋弧焊；曲线 3 ～ 8—电渣焊

表 9-1　100mm 厚钢板电渣焊及多层埋弧焊焊接参数及热循环参数

项　目		电渣焊	埋　弧　焊	
			曲线 1	曲线 2
焊接参数	焊接电流 /A	450	500	500
	焊接电压 /V	38 ～ 40	32 ～ 34	32 ～ 34
	焊接速度 /（m/h）	0.7 ～ 0.8	40	6.12
	热输入 /（J/cm）	81×10^4	1.53×10^4	6.12×10^4
热循环参数	加热至最高温时间 /s	640	3	5
	1000℃以上停留时间 /s	95	2.5	7
	700 ～ 350℃冷却时间 /s	620	12	55
	350 ～ 200℃冷却时间 /s	1620	20	220
	热影响区宽度 /mm	16	2	5

⑤ 液相冶金反应比较弱。由于渣池温度低，熔渣的更新率也很低，液相冶金反应比较弱，所以焊缝化学成分主要通过填充焊丝或板极合金成分来控制。此外，渣池表面与空气接触，熔池中活性元素容易被氧化烧损。

⑥ 为了改善焊缝的组织及力学性能，必须进行焊后热处理。电渣焊焊缝的晶粒粗大，焊缝热影响区严重过热，在焊接低合金钢时，焊缝和热影响区会产生粗大的魏氏组织。进行焊后热处理可以改善焊缝组织及力学

性能。电渣焊焊缝中产生气孔、夹渣的倾向较低，焊接易淬火钢时，产生裂纹的倾向较小。

9.1.2 电渣焊的分类及应用

根据电渣焊所使用电极的形状以及是否固定，电渣焊工艺可分为丝极电渣焊、板极电渣焊、熔嘴电渣焊、管极电渣焊等几种方法。

（1）丝极电渣焊

丝极电渣焊如图 9-2 所示。使用的电极为焊丝，焊丝是通过导电嘴被送入熔池，焊机机头随熔池的上升而向上移动，并带动导电嘴上移。焊丝还可以在接头间隙中往复摆动，从而可以获得比较均匀的熔宽和熔深。对于比较厚的焊件可以采用 2 根、3 根或多根焊丝。丝极电渣焊由于焊丝位置及焊接参数都容易调节，所以适用于环焊缝焊接、高碳钢及合金钢的对接、T 形接头的焊接，缺点是这种方法的设备及操作比较复杂。在一般的对接及 T 形接头中较少采用。

（2）板极电渣焊

板极电渣焊如图 9-3 所示。板极电渣焊所使用的电极为板状。板极由送进机构不断向熔池中送进。板极可以是铸件也可以是锻件。这种工艺适于不宜拉成焊丝的合金钢材料的焊接，所以多用于模具钢、轧辊等的堆焊与焊接工作。由于板极一般是焊缝长度的 4 ～ 5 倍，因此送进机构高大，焊接时如果板极晃动，易与焊件接触而短路。所以操作比较复杂，一般不用于普通材料的焊接。

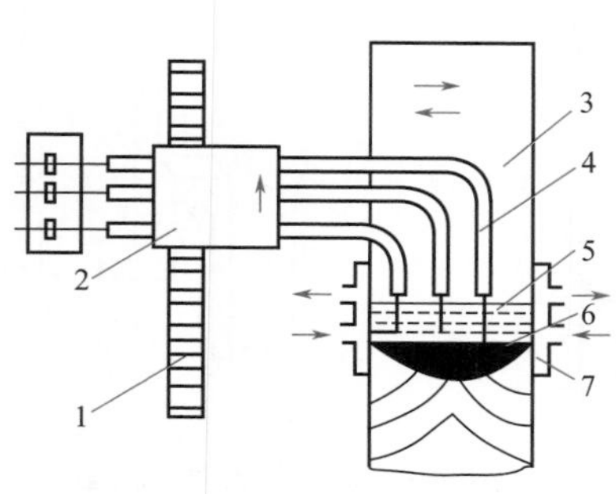

图 9-2 丝极电渣焊示意图

1—导轨；2—焊机机头；3—焊件；4—导电杆；5—渣池；6—金属熔池；7—水冷成形滑块；

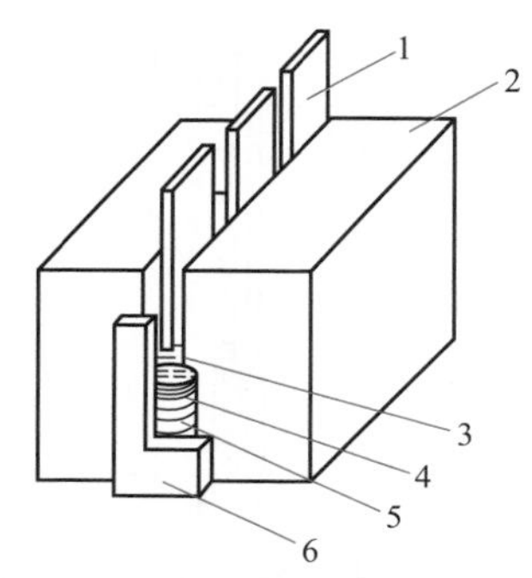

图 9-3 板极电渣焊示意图

1—板极；2—焊件；3—渣池；4—金属熔池；5—焊缝；6—水冷成形滑块

（3）熔嘴电渣焊

熔嘴电渣焊如图 9-4 所示。熔嘴电渣焊的熔化电极为焊丝及固定于装配间隙中的熔嘴。熔嘴是根据焊接断面形状，由钢板和钢管点固焊接而成的。焊接时熔嘴不用送进，与焊丝同时熔化进入熔池，所以适于变断面焊件的焊接。随着焊件厚度的不同，熔嘴的数量可以是单个，也可以是多个。这种工艺方法的设备简单、操作方便。目前已成为对接、角接焊缝的主要焊接方法。但是熔嘴的制作及安装比较费时间。

（4）管极电渣焊

管极电渣焊如图 9-5 所示。它是熔嘴电渣焊的一个特例。当焊件很薄时，熔嘴即可简化为一根或两根涂有药皮的管子。所以，管极电渣焊的电极是固定在装配间隙中的带有涂料的钢管和管中不断向渣池中送进的焊丝。由于涂料的绝缘作用，管极不会与焊件短路。所以焊件的装配间隙可以缩小。这样就可以节省焊接材料与提高焊接生产率。管极电渣焊多用于薄板及曲线焊缝的焊接。通过管极上的涂料，还可以适当地向焊缝中渗合金以改善焊缝组织、细化晶粒。

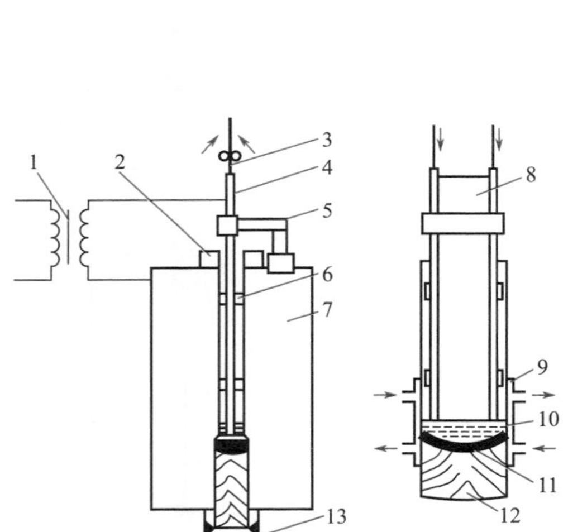

图 9-4　熔嘴电渣焊示意图

1—电源；2—引出板；3—焊丝；4—熔嘴钢管；5—焊嘴支架；6—绝缘块；7—焊件；8—熔嘴钢板；9—水冷成形滑块；10—渣池；11—金属熔池；12—焊缝；13—引弧板

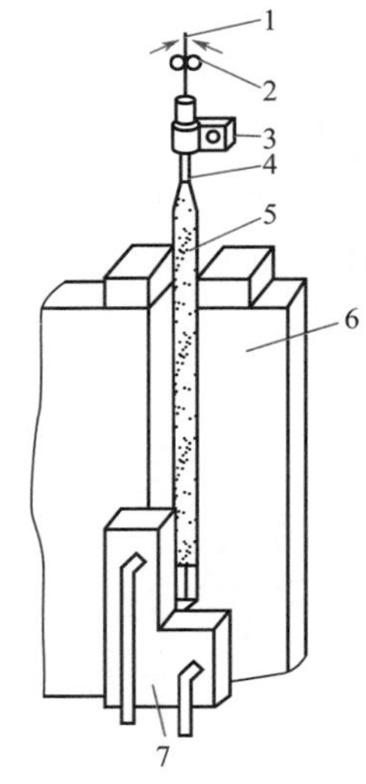

图 9-5　管极电渣焊示意图

1—焊丝；2—送丝滚轮；3—管极支架机构；4—管极钢管；5—管极涂料；6—焊件；7—水冷成形滑块

总之，电渣焊工艺适用于焊件厚度较大的焊缝，难于采用其它工艺进行焊接的曲线或曲面焊缝；受到现场施工或起重能力的限制，必须在垂直位置进行焊接的焊缝；高碳钢、铸铁等焊接性差的金属焊接；以及大面积的堆焊；等等。

9.1.3 电渣焊的适用范围

电渣焊的适用范围主要有以下几点：

① 可焊接的金属。主要用于钢材或铁基合金的焊接。其中低碳钢和中碳钢很容易焊接。由于冷却缓慢，也适于焊接高碳钢和铸铁。采取适当措施也可以焊接低合金钢、不锈钢和镍基合金等。

② 可焊接的厚度。一般宜焊接板厚在 30mm 以上工件，小于 30mm 的板在经济上不如埋弧焊和气电立焊。电渣焊虽没有厚度上限，但受设备条件限制，丝极电渣焊一般可焊板厚达 400mm，更大厚度则用板极电渣焊和熔嘴电渣焊，其厚度可达 1m。目前世界上已焊成焊缝厚度为 3m 的锤座。

③ 可焊接的接头。等厚板之间的对接接头最易焊，也最常用。其次是 T 形接头、角接头和十字接头。

④ 可焊接的结构。应用最多的是厚板结构，其次是大断面结构、圆筒形结构和变断面结构（包括具有曲线或曲面焊缝的结构）。这些结构在机器制造、重型机械、锅炉压力容器、船舶、高层建筑等工业部门中经常遇到。

9.2 电渣焊设备及焊接工艺

9.2.1 电渣焊设备的组成及分类

各种电渣焊方法的设备组成及要求见表 9-2。

（1）丝极电渣焊设备

1）电源

电渣焊可用交流或直流电源。电渣焊设备的交流电源可采用三相或单相变压器，直流电源可采用硅弧焊整流器或晶闸管弧焊整流器。电渣焊电源应保证避免出现电弧放电过程或电渣 - 电弧的混合过程，否则将破坏正常的电渣过程。因此，电源的特性必须是空载电压低、感抗小（不带电抗器）的平特性电源。由于电渣焊的焊接时间长，中间不能停顿，所以焊接

电源负载持续率应按 100% 考虑。常用的电渣焊电源有 BP_{1-3}×1000 和 BP_{1-3}×3000 电渣焊变压器，其主要技术数据见表 9-3。

表 9-2　电渣焊设备组成及要求

方法	组成	基本要求
丝极电渣焊	交流电源 送丝机构 焊丝摆动机构 水冷成形滑块 提升机构	电源：平或缓降特性 空载电压 35 ～ 55V 单极电流 600A 以上 送丝机构：等速控制 调速范围：60 ～ 450m/h 摆动机构：行程 250mm 以下可调，调速范围 20 ～ 70 m/h 提升机构：等速或变速控制，调速范围 50 ～ 80 m/h
管状焊丝 电渣焊	直流电源 送丝机构 焊丝摆动机构 水冷成形滑块 提升机构	
管极电渣焊 熔嘴电渣焊	交流电源 送丝机构 固定成形块	
板极电渣焊	交流电源 板极送进机构 固定成形块	板极送进机构：手动或电动，调速范围 0.5 ～ 2 m/h

表 9-3　电渣焊变压器的主要参数

型号		BP_{1-3}×1000	BP_{1-3}×3000
一次额定电压 /V		380	380
二次电压调节范围 /V		38 ～ 53.4	7.9 ～ 63.3
额定负载持续率 /%		80	100
焊接电流 /A	负载持续率 100% 时	900	3000
	负载持续率 80% 时	1000	—
额定容量 /kV · A		160	450
相数		3	3
冷却方式		通风机，功率 1kW	一次侧空冷，二次侧空冷
外形尺寸（长 × 宽 × 高）/mm×mm×mm		1400×940 ×1685	1535 ×1100× 1480
主要特点与用途		可同时供给三根焊丝电流，每根最大电流 1000A，二次电压有 18 挡供调节。具有平直外特性	可作丝极或板极电渣焊用，具有平直外特性

2）机头

机头包括送丝机构、摆动机构、行走机构、控制系统和导电嘴等。图 9-6 是典型三丝极电渣焊机机头。

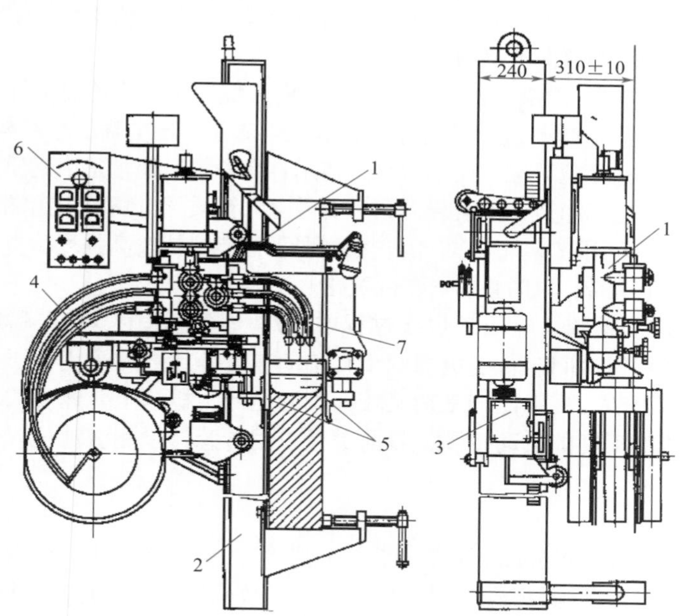

图 9-6 三丝极电渣焊机机头（**A-372P** 型）

1—三丝极焊机机头；2—钢轨；3—行走小车；4—水平往复移动机构；5—成形装置；6—控制盒；7—导电嘴

① 送丝和摆动机构。送丝机构的作用是将焊丝从焊丝盘以恒定的速度经导电嘴送向熔渣池。送丝机最好由单独的驱动电动机和给送轮给送单根焊丝，但是一般是利用多轴减速箱由一台电动机带动，若干对给送轮给送多根焊丝。送丝速度可均匀无级调节。对于直径为 ϕ2.4mm 和 ϕ3.2mm 的焊丝，其送丝速度约在 17 ～ 150mm/s 的范围。

当每根焊丝所占工件厚度超过 70mm 时，焊丝应做横向摆动，以扩大单根焊丝所焊的工件厚度。焊丝的摆动是由做水平往复摆动的机构，通过整个导电嘴的摆动来完成的。摆动的幅度、摆动的速度以及摆至两端的停留时间应能调节，一般采用电子线路来控制摆动动作。

② 行走机构。电渣焊机的行走机构是用来带动整个机头和滑块沿焊

缝做垂直移动的。有有轨式和无轨式两种形式，有轨式行走机构是使整个机头沿与焊缝平行的轨道移动。齿条式行走机构是由直流电动机、减速箱、爬行齿轮和齿条组成，齿条用螺钉固定在专用的立柱上而成为导轨。行走速度应能无级调节和精确控制，因为焊接时，整个机头要随熔池的升高而自动地沿焊缝向上移动。

③ 导电嘴。丝极电渣焊机上的导电嘴是将焊接电流传递给焊丝的关键器件，而且对焊丝进行导向并把它送入熔渣池。导电嘴要求结构紧凑、导电可靠、送丝位置准确而不偏移、使用寿命长等。通常是由钢质焊丝导管和铜质导电嘴组成，前者导向，后者导电。铜质导电嘴的引出端位置靠近熔渣，最好用铍青铜制作，因它在高温下仍能保持较高强度。整个导电嘴都缠上绝缘带，以防止它与工件短路。

④ 控制系统。电渣焊焊接过程中的焊丝送进速度、导电嘴横向摆动距离及停留时间、行走机构的垂直移动速度等参数均采用电子开关线路控制和调节。其中比较复杂又较困难的是行走机构上升速度的自动控制和熔渣池深度的自动控制，目前都是采用传感器检测渣池位置并加以控制。

3）滑块

滑块是强制焊缝成形的冷却装置，焊接时，随机头一起向上移动，其作用是保持熔渣池和金属熔池在焊接区内不致流失，并强迫熔池金属冷却形成焊缝，通常用导热性良好的纯铜制造并通冷却水。它可分为前、后冷却滑块，前冷却滑块悬挂在机头的滑块支架上，滑块支架的另一根支杆通过对接焊缝的间隙与后滑块相连。此支杆的长度取决于工件的厚度。滑块由弹簧紧压在焊缝上，对不同形状的焊接接头，使用不同形状的滑块，如图 9-7 ～图 9-9 所示。调整滑块的高低可改变焊丝的伸出长度。

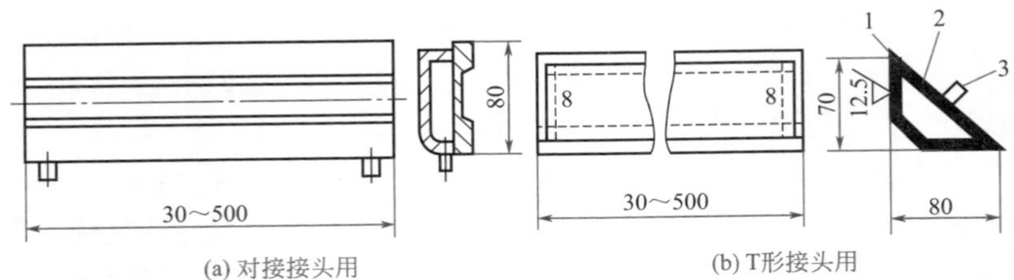

(a) 对接接头用　　(b) T形接头用

图 9-7　固定式水冷成形块

1—铜板；2—水冷罩壳；3—管接头

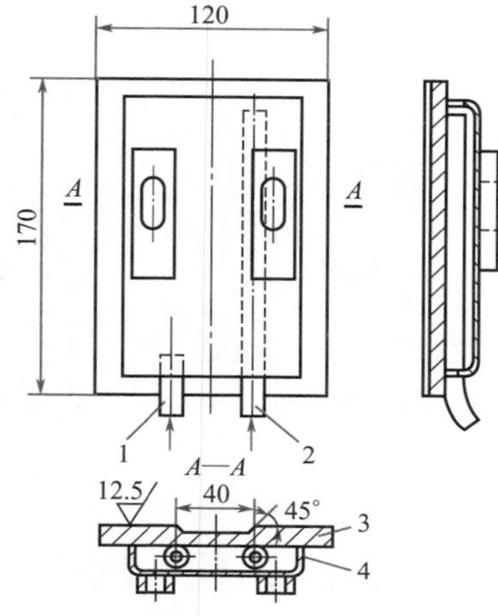

图 9-8 移动式水冷成形块

1—进水管；2—出水管；3—铜板；4—水冷罩壳

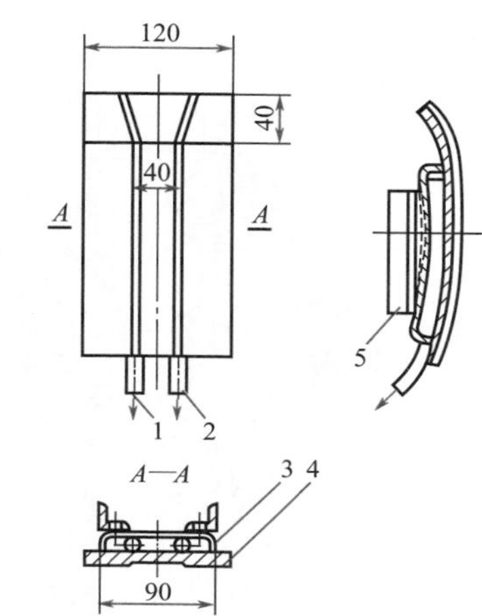

图 9-9 环缝电渣焊内成形滑块

1—进水管；2—出水管；3—薄钢板外壳；4—铜板；5—角铁支架

（2）熔嘴电渣焊设备

熔嘴电渣焊设备由电源、送丝机构、熔嘴夹持机构、挡板及机架等组成。其中电源与丝极电渣焊电源相同。由于熔嘴电渣焊主要用于焊接大断面工件，须采用大功率的焊接电源，如 $BP_{1-3}\times3000$ 型变压器。

1）送丝机构

由直流电动机、减速箱、焊丝给送装置和机架等组成。送丝速度一般在 45 ～ 200m/h 范围内无级调节。一般是用一台直流电动机送进单根或多根焊丝，每一根焊丝都有一个焊丝给送装置（图 9-10）。该装置可以根据熔嘴尺寸或熔嘴间距不同将弓形支架 8 在支架滑动轴 5 上移动。焊丝 6 是通过主动轮 7 和压紧轮 4 送入熔嘴板上的导向管内。各主动轮均装在同一根主动轴上。通过手柄 1 使顶杆 3 顶紧压紧轮 4 以获得对焊丝足够的压紧力，保证在主动轮 7 的带动下使焊丝送进。多丝焊时，各焊丝同步给送。

2）熔嘴夹持机构

熔嘴夹持机构主要是保证在焊缝间隙内的熔嘴板固定不动，同时在装配和焊接过程中能随时调节熔嘴的位置，使它处于缝隙中间。对夹持机构的要求是：具有足够刚度，且便于安装；能保证熔嘴处在间隙中间，并调节方便，熔嘴与工件以及熔嘴之间的绝缘必须可靠。常用的单熔嘴夹持装

置如图 9-11 所示。

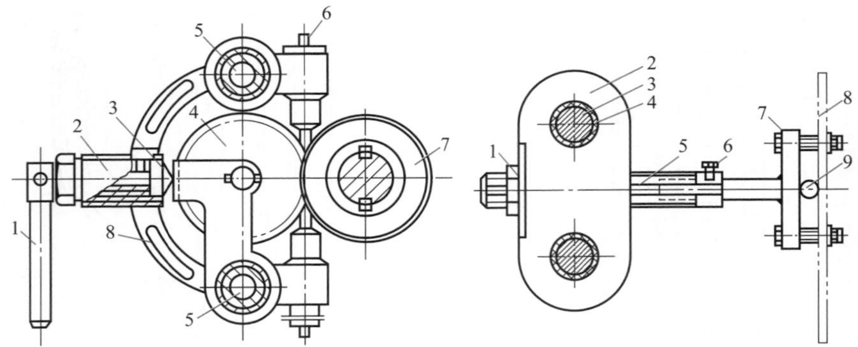

图 9-10　熔嘴电渣焊焊丝送进装置

1—手柄；2—环形套；3—顶杆；4—压紧轮；5—支架滑动轴；6—焊丝；7—主动轮；8—弓形支架

图 9-11　单熔嘴夹持机构

1—左右位置调节螺母；2—滑动支架；3—绝缘圈；4—支架滑动轴；5—螺杆；6—垂直位置固定螺钉；7—夹持板；8—熔嘴板；9—调整轴

大断面熔嘴电渣焊时，焊前根据熔嘴的数量，通过两根支架滑动轴 4 将各单熔嘴夹持装置组成一个多熔嘴的夹持机构。安装时，先在工件上按熔嘴夹持机构所需宽度，在两边各焊上一块钢板，然后将熔嘴夹持机构与钢板连接固定。熔嘴与熔嘴夹持机构的连接，是通过熔嘴夹持装置上的夹持板 7，用螺钉紧固的。熔嘴板位置的调节是通过调节螺母 1 和固定螺钉 6 进行，可以做前后移动和左右摆动。通过调节调整轴 9 两侧的螺钉就可以调节熔嘴板的垂直度。该夹持机构不能使熔嘴在垂直方向上下移动。若需做少量移动，将在熔嘴板上与夹持板连接的孔割成长孔即可。

管极电渣焊时，使用上述单根送丝机构即可，也可利用焊丝直径和送丝速度范围相同的埋弧焊机或气体保护焊机的送丝机构来完成单丝送进。

（3）电渣压焊设备

1）分类

电渣压焊设备由焊接电源、焊接夹具和控制箱三部分组成。按组合方式分，有分体式和一体式。前者是三组成部分分立，其焊接电源可以利用现有的电弧焊机电源，不必另行购置以减少成本。后者是控制箱和电源合成一体，焊接夹具和电缆独立，或把控制器中电气监控部分装在焊接夹具上，其余装在焊接电源上。

如果按操作方式分电渣压焊机有手动式和自动式两种。手动式焊机使用时，由焊工按按钮，接通焊接电源，将上钢筋上提或下送，引燃电弧，再缓缓地将上钢筋下送，至适当时候，根据预定时间所给予的信号，加快下送速度，使电弧过程转变成电渣过程，最后用力向下顶压，切断焊接电源，焊接结束。使用自动焊机时，由焊工按按钮，自动接通焊接电源，通过电动机使上钢筋移动来引燃电弧，自动地完成电弧、电渣及顶锻过程，并切断焊接电源。

钢筋电渣压焊是在建筑工地现场进行的，即使采用自动焊机，钢筋的安装和焊剂装卸等也均需辅助工操作。

2）焊接电源

钢筋电渣压焊可以采用容量较大（额定焊接电流 500A 或以上）的弧焊电源。交流或直流均可，用直流电焊接过程更为稳定。常用的交流弧焊电源有 BX3-500-2、BX3-630、BX2-700 和 BX2-1000 等，直流电源可以是 ZX5-630 等晶闸管弧焊整流器或硅整流器。焊机的容量是根据所焊钢筋直径选定。

当前专用的钢筋电渣压焊机的电源常和控制器构成一体。

这里仅介绍较为典型的 HYS-630 型竖向钢筋电渣压焊机，表 9-4 是该焊机的技术参数。这种焊机是专门为建筑行业现场施工中 $\phi14\sim36$mm 竖向钢筋的接长而研制的电渣压焊机，具有如下几个特点：

① HYS-630 型竖向钢筋电渣压焊机由包括控制系统在内的一体式焊接电源、控制器和焊接夹具组成。一台焊接电源可配两套或多套焊接夹具进行流水作业，提高工作效率，比普通电弧搭接焊提高 8 ～ 10 倍，比气压焊提高 1 ～ 1.5 倍。

② 焊接电源输入回路采用晶闸管控制，控制灵敏可靠，与接触式控制相比，振动小、噪声低。

③ 每个钢筋接头焊接结束，控制系统自动切断输入电源，消除了空载损耗，节约电能。

④ 焊接夹具体积小，重量轻，移动方便，适于焊接密度较大的钢筋。

⑤ 既可用于竖向钢筋电渣压焊，又可用于焊条电弧焊和电弧切割。

此外，还有其他类型的竖向钢筋电渣压焊机，如 HDS 系列、LDZ 型和 MH-36 型等。

表 9-4　HYS-630 型竖向钢筋电渣压焊机主要技术参数

参数名称	技术数据
电源电压	单相 380V/50Hz
额定输出电流 /A	630
额定负载持续率 /%	35
输出电流调节范围	65A/22V ～ 750A/44V
可焊钢筋直径 /mm	ϕ14 ～ 36
外形尺寸：长 × 宽 × 高 /mm×mm×mm	710×480×940

3）焊接夹具

竖向钢筋电渣压焊用的夹具有手动的和自动的两类，通常是由立柱、传动机构、上下夹钳、焊剂罐等组成。上面安装有监控器，如控制开关、二次电压表、时间显示器等，夹具应具有如下技术性能：

① 对上下钢筋能准确定位，上下同心，且能牢固夹紧。

② 能移动上钢筋，方便灵活。

③ 能传导焊接电流，且接触良好。

④ 焊剂罐直径应与钢筋直径相适应，装卸焊剂要方便，能防止焊接过程中焊剂罐被烧毁和焊剂泄漏。

⑤ 具有足够的强度和刚度，结实耐用。在最大允许载荷下移动灵活，调整与操作便利。

⑥ 通过所装监控器能准确地掌握各项焊接参数。

9.2.2　电渣焊焊接工艺、操作技巧与诀窍

（1）焊接接头选择及焊件的装配技巧与诀窍

1）焊接接头选择技巧

电渣焊的基本接头形式是对接接头，也可采用其他的接头形式，如 T 形接头、角接头、端接头等。这些接头大部分都采用 I 形坡口，对于特殊的接头形式，则需设计专用的滑（挡）块。表 9-5 为各种形式电渣焊接头的设计形式。电渣焊最适于焊接方形的或矩形的断面，当需要焊接其他形状时，一般应将其端部拼成（或铸成）矩形断面，如图 9-12 为工件接头的断面形状。

表 9-5　电渣焊接头形式

接头形式		图形：标注方式	图形：详图
常用接头	对接接头	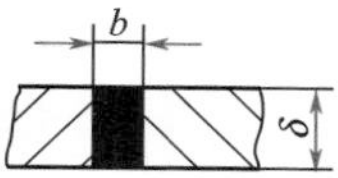 b　δ	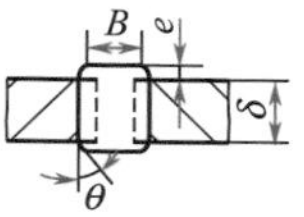 B　e　δ　θ
	T形接头	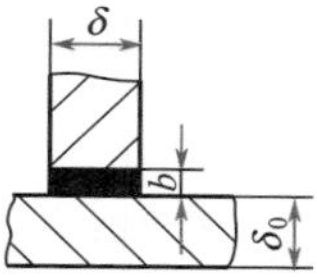 δ　b　δ_0	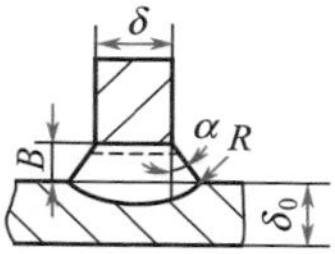 δ　α　R　B　δ_0
	角接接头	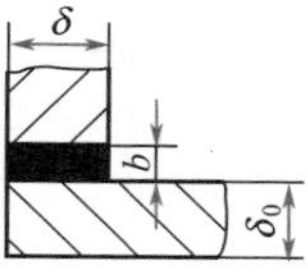 δ　b　δ_0	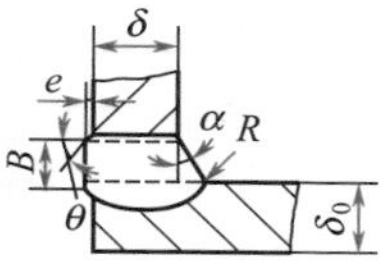 δ　e　α　R　B　θ　δ_0
特殊接头	叠接接头	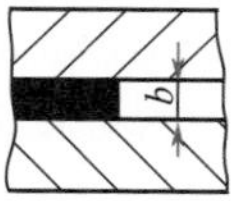 b	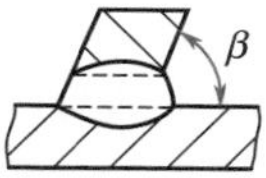 β
	斜角接头	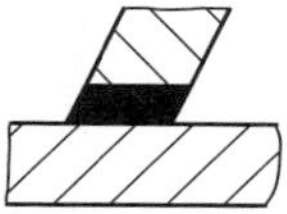	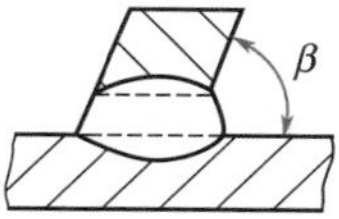 β
	双T形接头	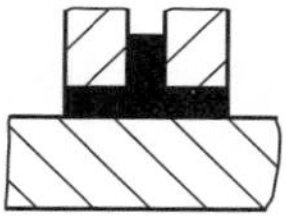	固定式水冷成形板 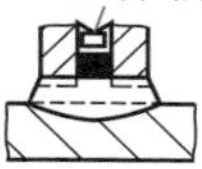

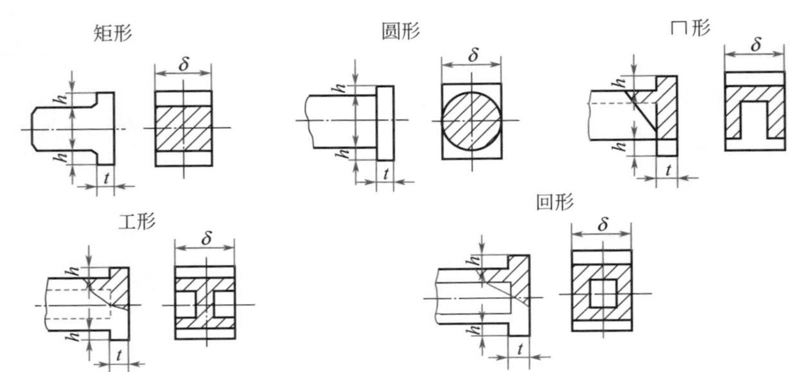

图 9-12　工件接头的断面形状

2）焊件装配技巧与诀窍

① 定位板。定位板的作用是将待焊的焊件连接固定，在焊接过程中能有效地控制焊接变形。因此，要求定位板有一定的刚度，定位板的厚度应根据焊件的厚度（或重量）来确定。

② 引弧板。电渣焊在引弧造渣初期时，由于焊接热量的不足，焊接接头处温度较低，起焊端存在一些焊接缺陷，不能形成良好的焊缝，因此，采用引弧板，把焊接质量不稳定的部分留在正式焊缝之外，焊后予以割掉。

③ 引出板。由于电渣焊的渣池及焊缝的末端容易出现缩孔，影响焊缝质量，需要采用引出板将这部分引出焊缝的有效区域，焊后予以割掉。

直缝电渣焊的引弧板和引出板的材质，原则上与焊件的材质相同，其宽度与焊件的厚度相同，高度在 80 ～ 100mm，厚度为 80 ～ 100mm。环缝电渣焊的引弧板和引出板的材质，原则上与焊件的材质相同，引弧板一般为斗式。

④ 焊件装配技巧。

a. 焊缝的宽度与焊件的厚度有关，各种厚度焊件对接和 T 形接头的焊缝宽度见表 9-6，各种厚度的焊件的装配间隙见表 9-7。对接接头及 T 形接头装配时，在焊件的两侧对称焊上定位板，定位板距焊件的两端距离为 200 ～ 300mm，长焊缝中间要增加定位板的数量，定位板之间距离一般为 1 ～ 1.5m。对于厚度大于 400mm 的大断面焊件，定位板的厚度可选用 70 ～ 90mm。

表 9-6　各种厚度焊件对接和 T 形接头的焊缝宽度　mm

焊件厚度	50 ～ 80	80 ～ 120	120 ～ 200	200 ～ 400	＞ 400
焊缝宽度	25	26	27	28	30

表 9-7　各种厚度焊件的装配间隙　mm

焊件厚度	50 ～ 80	80 ～ 120	120 ～ 200	200 ～ 400	400 ～ 1000	＞ 1000
对接接头装配间隙	28 ～ 30	30 ～ 32	31 ～ 33	32 ～ 34	34 ～ 36	36 ～ 38
T 形接头装配间隙	30 ～ 32	32 ～ 34	33 ～ 35	34 ～ 36	36 ～ 38	38 ～ 40

b. 待焊件装配定位完后，将焊件运往电渣焊机处，并使装配间隙处于垂直位置。

3）控制焊接变形的措施与诀窍

电渣焊时，影响焊接变形的因素很多，为了防止产生变形，常在装配过程中采取措施控制变形。

① 直缝电渣焊变形的控制技巧。长度小于 1000mm 的直焊缝焊接时，焊缝的上部和下部变形差异不大，其收缩变形量约为 3 ～ 5mm。其后，收缩变形量随着焊缝长度的增加而呈线性增加，即每增加 1000mm 长焊缝，收缩变形增加 1.5 ～ 2mm。因此，在进行装配时应按此规律预装反变形，焊缝的上部装配间隙应比下部加大。

② 环缝电渣焊的变形控制技巧。环缝收缩变形量产生在引弧板附近，其最大的收缩变形量产生在引弧点，对面两处的变形差值为 3 ～ 6mm，所以在装配时按此规律进行预装反变形。

③ 多道焊缝变形的控制技巧。经过多道电渣焊焊接的金属结构，焊接变形比较复杂，一般的做法是：焊接直焊缝时，反变形量可按单道直缝的下限考虑；环焊缝焊接时，为了避免增大焊接变形和减少焊接应力，注意相邻的两焊缝的引弧位置应该错开 180°。

（2）丝极电渣焊工艺、操作技巧与诀窍

1）焊接参数的选择原则

丝极电渣焊的焊接参数较多，焊接参数选择正确与否，对电渣焊焊缝的质量和生产效率都有重要的影响，因此，焊接参数的选择要遵循如下一定的原则：

① 选择的焊接参数能保证电渣过程有良好的稳定性。

② 电渣焊过程中，焊接参数能防止产生焊接缺陷。

③ 选择的焊接参数，能保证焊接接头的力学性能符合设计要求。

④ 电渣焊的焊接参数应有利于防止焊接结构的变形。

⑤ 所选择的电渣焊的焊接参数能够提高焊接生产效率。

丝极电渣焊的焊接参数主要有焊接电压、焊接电流、渣池深度、装配间隙、焊丝伸出长度、焊丝摆动速度、焊丝的根数、焊丝距水冷成形滑块距离和冷却滑块出水温度等。

2）焊接参数的选择技巧与诀窍

① 焊接电压的选择技巧。焊接电压实际上是高温锥体的电压降，随着焊接电压的提高，焊接热输入增加，从而使焊缝的宽度（金属熔池宽度）和熔池的深度都有所增加。焊接电压对电渣焊焊缝熔宽的影响见表 9-8。

表 9-8　焊接电压对电渣焊焊缝熔宽的影响

焊接电压范围 /V	34 ～ 38	38 ～ 40	41 ～ 44
焊接电压增值 /V	1	1	1
单侧母材熔深增值 /mm	＜ 1.6	2.0 ～ 2.4	＞ 3.0

如果焊接电压过小，则使渣池的温度降低，有可能出现未焊透，同时，还可能发生由于焊丝与金属熔池的短路而引起渣池熔渣的飞溅，从而破坏焊接过程的稳定性；如果焊接电压过大，可能使渣池因过热而沸腾，这种情况不仅破坏了焊接过程的稳定性，而且由于焊丝与渣池表面之间发生电弧而产生未焊透。常用的焊接电压应控制在 34 ～ 48V 范围内。

② 焊接电流的选择技巧。电渣焊的焊接电流与送丝速度成正比关系，送丝速度越大，则焊接电流越大。由于焊接电流的增加，使焊接熔池中的热源中心下沉，从而电磁压缩效应对金属熔池的作用力也增加，因此使金属的熔池深度增加。

实践表明，焊接电流对焊缝宽度的影响规律是：在一定的焊接电流范围内，焊缝宽度随焊接电流的增加而增加。当焊接电流超过一定的数值后，焊缝的宽度反而随焊接电流的增加而减小。出现这种现象的原因是，当焊接电流在一定范围内时，渣池的热量正比于焊接电流值，即电流大，则渣池的热能也大，温度就高，因此焊缝的宽度也随之增大。当焊接电流超过一定数值时，由于电流过大，使焊丝末端与金属熔池间距离减小，高温锥体部分被温度低于渣池的金属熔池所包围，因此，对焊件边缘的加热作用减弱，从而降低了母材的宽度。

综上所述，在保证焊缝熔宽的情况下，适当增加焊接电流可以提高焊接生产效率。常用的焊接电流范围为 400 ～ 700A。

③ 装配间隙的确定技巧。装配间隙对金属熔池的宽度影响很大，在焊接电压、焊接电流及渣池深度不变的情况下，焊缝的熔宽随着装配间隙的增大而增加。这是因为装配间隙增大时，渣池容积增大，金属熔池液面上升减慢，由于渣池容积增大，熔池的热量增加，使焊件边缘的热输入增加，则焊缝的熔宽也随之增加。装配间隙过小，在焊接过程中，容易使导电嘴与焊件短路，影响焊接过程的正常进行。装配间隙也不能过大，这不仅增加了填充金属，降低了生产率，而且还会产生未焊透。通常装配间隙应选择在 28 ～ 36mm 范围内。

④ 渣池的深度选择技巧。渣池深度主要影响焊缝的熔宽。为了保持电渣过程的稳定性，渣池必须具有一定的容积和深度。当焊接条件和参数一定时，焊缝的熔宽随着渣池的深度增加而减小。这是因为在焊接过程中，当电渣焊渣池深度增加时，由于焊丝伸入渣池内的长度增加，促使焊接电流的分流作用加强，造成熔化焊接边缘的热量减小，所以焊缝的熔宽也减小了。

渣池深度过浅，在电渣焊过程中，渣池可能发生飞溅，甚至有出现电弧的现象，这样会降低焊接质量。当渣池深度过深时，在相同的焊接参数条件下，由于焊接电流的分流，使渣池的温度有所降低，可能导致未焊透等缺陷。

渣池的深度，也与送丝速度有关，随着送丝速度的增加，也要相应地增加渣池深度。此外，渣池的深度还与焊件的厚度有关，应根据母材的厚度选择渣池的深度，见表 9-9。合适的渣池深度为 70 ～ 40mm。

表 9-9　根据母材的厚度选择渣池深度　　mm

母材厚度	渣池深度
40 ～ 100	70 ～ 60
100 ～ 200	60 ～ 50
200 ～ 350	50 ～ 40
350 ～ 500	40 ～ 35

⑤ 焊丝伸出长度的选择技巧。电渣焊过程中，随着焊丝伸出长度的增加，焊接电流略有减少，从而造成焊缝熔宽减小。在焊接过程中，有时通过调节焊丝伸出长度来调节焊接电流。

焊丝伸出长度过短，导电嘴距渣池过近，此时容易造成导电嘴过热、变形及磨损甚至烧坏，同时渣池的飞溅也容易堵塞导电嘴，使焊接过程不稳定；焊丝伸出长度过长时，会降低焊丝在焊件间隙中的准确位置，从而影响焊缝熔宽的均匀性，严重时还会造成未焊透缺陷。通常焊丝伸出长度为 60 ～ 80mm。

⑥ 焊丝的摆动速度选择。焊丝的摆动速度增加时，焊缝的熔宽略减小，但是焊缝熔宽的均匀性好。焊丝摆动速度对焊接过程的稳定性影响很小，通常，焊丝的摆动速度为 30 ～ 40m/h。

⑦ 焊丝的根数选择。焊丝根数增加，对焊接过程的稳定性影响很小，当焊丝根数增加时，焊缝熔宽的均匀性好，焊接生产率高，但操作较复杂、生产准备时间较长。

⑧ 焊丝距水冷成形滑块的距离选择。焊丝距水冷成形滑块距离对焊缝表面成形影响较大，焊丝距水冷成形滑块距离过大，焊接时容易产生未焊透；焊丝距水冷成形滑块距离过小，容易与水冷成形滑块产生电弧，影响渣池的稳定性，严重时会击穿滑块，在焊接过程中漏水，甚至中断焊接。焊丝距水冷成形滑块距离一般为 8 ～ 12mm，停留时间控制在 4 ～ 6s 范围内。

⑨ 冷却滑块的出水温度选择。冷却滑块出水温度在焊接过程中不是主要焊接参数，但是，其对结晶速度有影响，一般控制在 30 ～ 40℃范围内。

（3）熔嘴电渣焊工艺、操作技巧与诀窍

熔嘴电渣焊按工件截面形状分为等断面熔嘴电渣焊和变断面熔嘴电渣焊两种。前者用的熔嘴结构简单，均为等断面的，因而可以焊接很厚的工件，故又称大断面熔嘴电渣焊；后者用的熔嘴形状必须随工件断面的改变而改变，其焊接工艺较为复杂。这里只对大断面熔嘴电渣焊的工艺作介绍。

1）熔嘴的准备技巧

熔嘴电渣焊通常选用直径为 3mm 的焊丝，熔嘴的典型结构形式如图 9-13 所示，较多的是用 4 ～ 6mm 的钢管焊到熔嘴板上，作为导丝管，焊丝从管内向熔池输送。也有用 1mm 薄板定位焊到熔嘴板上构成导线管，

或用冲压方法把钢板压出半圆导丝槽再焊到熔嘴板上，等等。

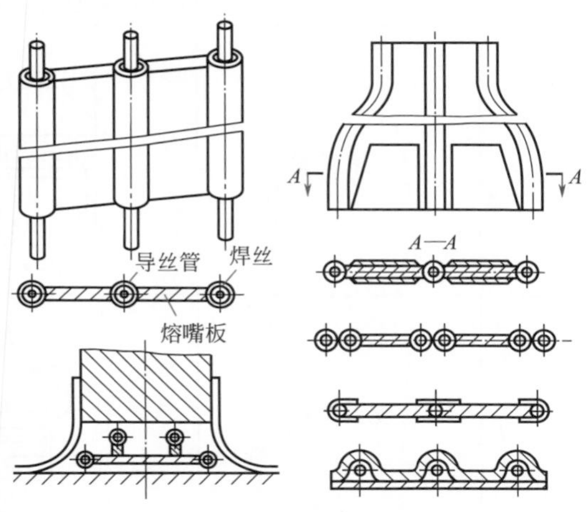

图 9-13 熔嘴的典型结构形式

熔嘴是焊缝填充金属的一部分，故熔嘴材料应按焊缝金属化学成分的要求和焊丝一起综合考虑选择。例如，焊接 20Mn2SiMo 钢时，若选用 H10Mn2 焊丝，熔嘴板则选用 15Mn2SiMo 钢，以保证焊缝金属与母材成分相近。

熔嘴板的厚度一般为装配间隙的 30% 左右。熔嘴板的宽度和数量则由焊缝厚度（即工件断面大小）来决定。当工件厚度小于 160 ～ 200mm 时，多采用单熔嘴焊接，厚度大于 200mm 时，宜采用多熔嘴焊接。熔嘴数目最好是 3 的倍数，以便采用跳极接线法保证三相电流平衡。表 9-10 为各种焊接接头单熔嘴焊接时的位置。表 9-11 为多熔嘴在大断面对接接头中的排列位置。

表 9-10 各种焊接接头单熔嘴焊接时的位置

接头形式	熔嘴位置示意图	
对接接头	双丝熔嘴	

续表

接头形式	熔嘴位置示意图	
对接接头	三丝熔嘴	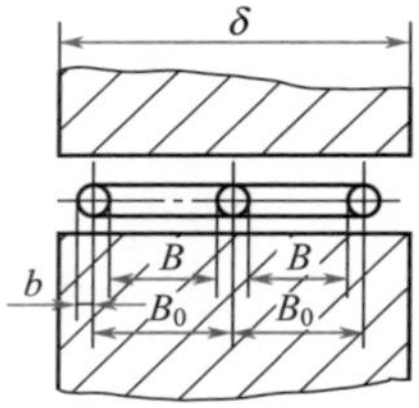
T 形接头	双丝熔嘴	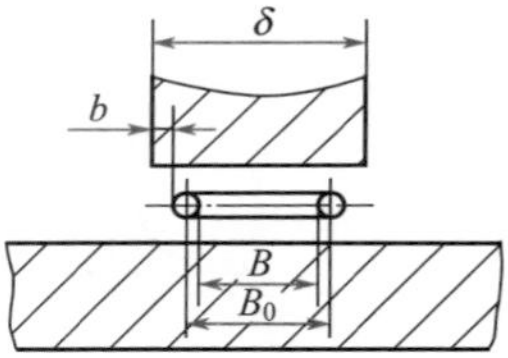
角接头	双丝熔嘴	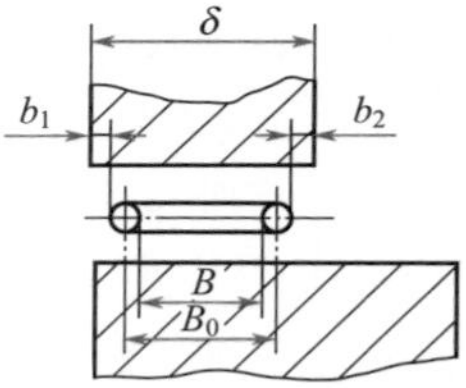

表 9-11　多熔嘴在大断面对接接头中的排列位置

单丝熔嘴	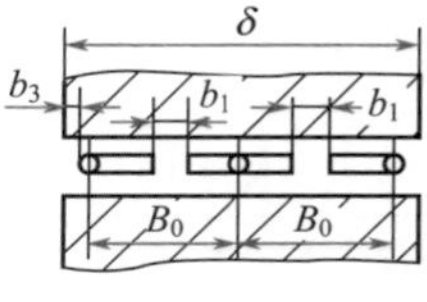
双丝熔嘴	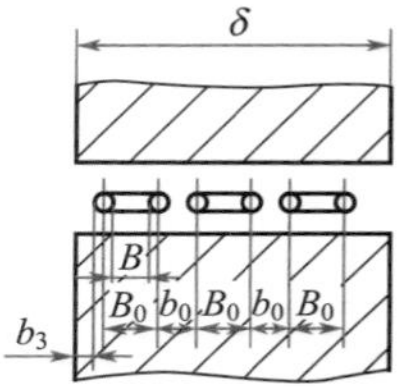

续表

混合熔嘴	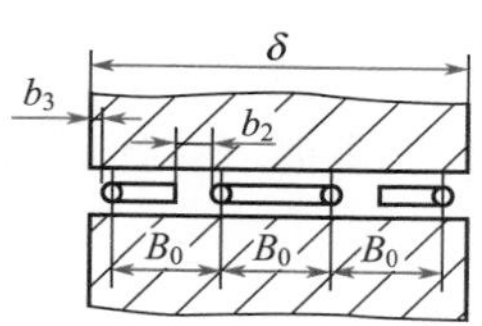

2）焊前准备技巧

工件的安装与丝极电渣焊方法一样，按一定的装配间隙用“冂”形铁装在一起，并装好起焊槽和引出板，再把熔嘴安装在间隙中心并固定在夹持机构上，夹持机构应使熔嘴与工件绝缘。为了防止焊接过程中熔嘴因受热变形而与工件短路，需在熔嘴两边放置绝缘物。绝缘物有熔化的和不熔化的两种，熔化的绝缘物随熔嘴一起熔入渣池，因此其材料不应含有会增加焊缝金属杂质和破坏电渣过程稳定的成分。常用玻璃纤维作绝缘材料，先把它卷成条状，放在水玻璃中浸透，晾干后再放入烘箱烘干，然后切成块把它塞在熔嘴板两边，各绝缘块尽量不要放在同一水平面上，而是互相错开，以免较多绝缘块同时熔入渣池。不熔化的绝缘物可以是耐高温的水泥石棉板或竹楔条等，它能随熔池上升而自由向上移动。

熔嘴电渣焊的焊缝强制成形装置一般采用固定式水冷成形板，高度为200～350mm，以便于观察焊接过程和测量渣池深度为宜。长焊缝时，每侧可采用两块水冷成形板交替使用。

安装完毕，应通入焊丝检查熔嘴是否通畅，检查冷却水系统是否正常，设备一般要作空载试车。

3）引弧造渣技巧

当熔嘴数目不多时，可以采用平底的起焊槽进行起焊造渣。当熔嘴数目较多时，就很难做到同时送丝引弧，因此建议采用如图9-14所示的阶梯形或斜面形起焊槽起焊造渣。操作时先送入工件两侧焊丝，引弧后形成渣池，随着熔渣向中间流动，再依次送进其他的焊丝，由此逐渐建立渣池。

引弧电压一般为45～50V，送丝速度约100～120m/h，待渣池深度达到要求，再逐步降低电压和加大送丝速度，进入正常焊接。

4）正常焊接与收尾技巧

熔嘴电渣焊进入正常焊接和收尾的注意事项和操作方法与丝极电渣焊基本相同。在收尾时，焊丝送给速度必须减慢，而焊接电压稍微增高些，在切断电源后，还需短时间断续送进焊丝，以填满缩孔，防止产生裂纹。

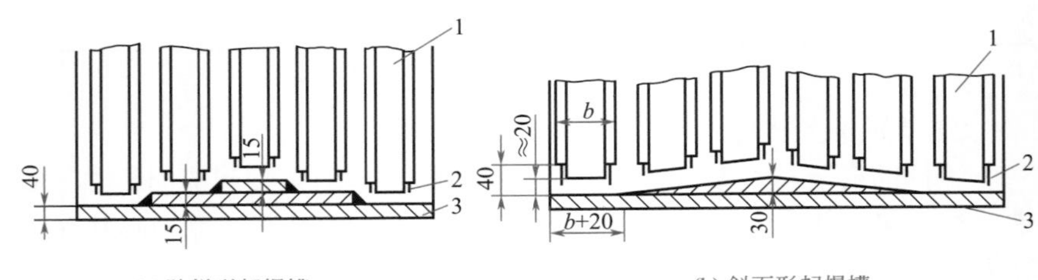

图 9-14　大断面熔嘴电渣焊起焊槽

1—熔嘴；2—焊丝；3—起焊槽底板

5）焊接参数选择

表 9-12 列出了几种材料熔嘴电渣焊的典型焊接参数。

（4）电渣压焊工艺、操作技巧与诀窍

电渣压焊又称接触电渣焊，它是依据电渣焊基本原理，在建筑工程施工现场钢筋混凝土结构的钢筋连接中应用而发展起来的，所以又称钢筋电渣压焊。

1）焊接原理和过程

电渣压焊是将两钢筋安装成竖立对接形式，利用焊接电流通过钢筋待接端面间的接触点，使之在焊剂层下发生电弧过程和电渣过程，由所产生的电弧热和电渣的电阻热熔化两待接端面，加压后即完成连接的一种焊接方法。图 9-15 是钢筋电渣压焊的焊接过程示意图，大体上可分为引弧过程、电弧过程、电渣过程和顶锻过程四个阶段，每个阶段焊接电压和焊接电流的波形图如图 9-16 所示。

① 引弧过程。上、下钢筋分别与弧焊电源的两输出端连接，钢筋待连接的两端埋于焊剂之中，两端面之间留一定间隙。如果采用接触引弧法，则通电后使两待接端面轻接触（短路）再提起，即能引燃电弧；或者在通电前在两端面间隙之间预填入金属丝或金属屑作为引弧媒介，通电后即点燃电弧。

表 9-12　几种材料熔嘴电渣焊的焊接参数[①]

结构形式	工件材料	接头形式	工件厚度/mm	熔嘴数目/个	装配间隙/mm	焊接电压/V	焊接速度/(m/h)	送丝速度/(m/h)	渣池深度/mm
非刚性固定结构	Q235A Q345 20 钢	对接接头	80	1	30	40 ～ 44	≈1	100 ～ 120	40 ～ 45
			100	1	32	40 ～ 44	≈1	150 ～ 160	45 ～ 55
			120	1	32	42 ～ 46	≈1	180 ～ 190	45 ～ 55
		T 形接头	80	1	32	44 ～ 48	≈0.8	100 ～ 110	40 ～ 45
			100	1	34	44 ～ 48	≈0.8	130 ～ 140	40 ～ 45
			120	1	34	46 ～ 52	≈0.8	160 ～ 170	45 ～ 55
	25 钢 20MnMo 20MnSi	对接接头	80	1	30	38 ～ 42	≈0.6	70 ～ 80	30 ～ 40
			100	1	32	38 ～ 42	≈0.6	90 ～ 100	30 ～ 40
			120	1	32	40 ～ 44	≈0.6	100 ～ 110	40 ～ 45
			180	1	32	46 ～ 52	≈0.5	120 ～ 130	40 ～ 45
			200	1	32	46 ～ 54	≈0.5	150 ～ 160	45 ～ 55
		T 形接头	80	1	32	42 ～ 46	≈0.5	60 ～ 70	30 ～ 40
			100	1	34	44 ～ 50	≈0.5	70 ～ 80	30 ～ 40
			120	1	34	44 ～ 50	≈0.5	80 ～ 90	30 ～ 40
	35 钢	对接接头	80	1	30	38 ～ 42	≈0.5	50 ～ 60	30 ～ 40
			100	1	32	40 ～ 44	≈0.5	65 ～ 70	30 ～ 40
			120	1	32	40 ～ 44	≈0.5	75 ～ 80	30 ～ 40
			200	1	32	46 ～ 50	≈0.4	110 ～ 120	40 ～ 45

续表

结构形式	工件材料	接头形式	工件厚度/mm	熔嘴数目/个	装配间隙/mm	焊接电压/V	焊接速度/(m/h)	送丝速度/(m/h)	渣池深度/mm
非刚性固定结构	35 钢	T 形接头	80	1	32	44 ~ 48	≈0.5	50 ~ 60	30 ~ 40
			100	1	34	46 ~ 50	≈0.4	65 ~ 75	30 ~ 40
			120	1	34	46 ~ 52	≈0.4	75 ~ 80	30 ~ 40
刚性固定结构	Q235A Q345 20 钢	对接接头	80	1	30	38 ~ 42	≈0.6	65 ~ 75	30 ~ 40
			100	1	32	40 ~ 44	≈0.6	75 ~ 80	30 ~ 40
			120	1	32	40 ~ 44	≈0.5	90 ~ 95	30 ~ 40
			150	1	32	44 ~ 50	≈0.4	90 ~ 100	30 ~ 40
		T 形接头	80	1	32	42 ~ 46	≈0.5	60 ~ 65	30 ~ 40
			100	1	34	44 ~ 50	≈0.5	70 ~ 75	30 ~ 40
			120	1	34	44 ~ 50	≈0.4	80 ~ 85	30 ~ 40
大断面结构	35 钢 20MnMo 20MnSi	对接接头	400	3	32	38 ~ 42	≈0.4	65 ~ 70	30 ~ 40
			600	4	34	38 ~ 42	≈0.3	70 ~ 75	30 ~ 40
			800	6	34	38 ~ 42	≈0.3	65 ~ 70	30 ~ 40
			1000	6	34	38 ~ 44	≈0.3	75 ~ 80	30 ~ 40

① 焊丝直径为 3mm，熔嘴板厚 10mm，熔嘴管尺寸为 ϕ10mm×2mm，熔嘴尺寸须按相关标准进行选定。

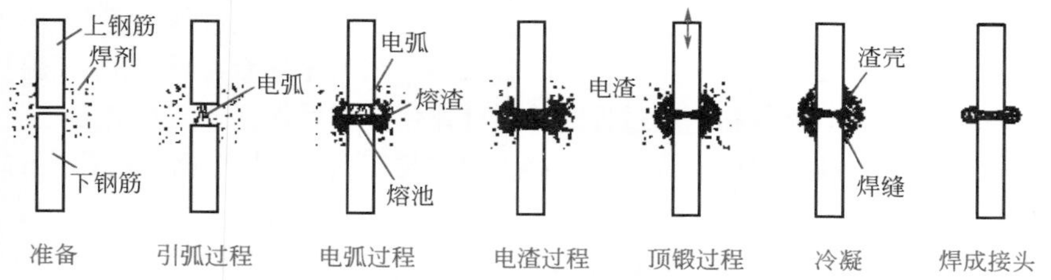

图 9-15　钢筋电渣压焊的焊接过程示意图

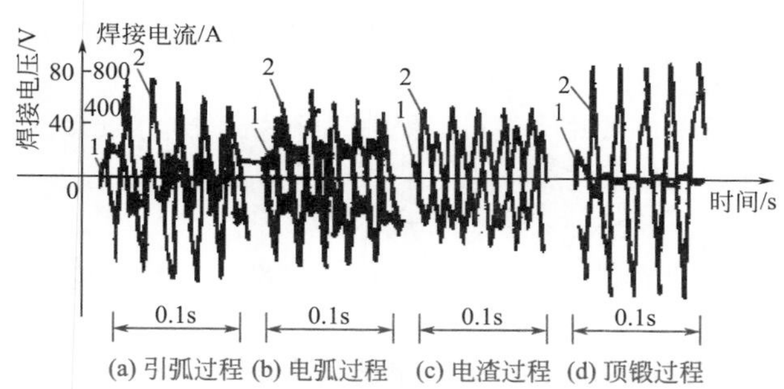

图 9-16　钢筋电渣压焊焊接过程各阶段的焊接电压与焊接电流波形图

1—焊接电压；2—焊接电流

② 电弧过程。点燃后的电弧连续燃烧，电弧热将周围焊剂和钢筋待接两端面熔化，不久在下钢筋端面处形成金属熔池，熔渣则覆盖在金属熔池周围而起隔绝空气的保护作用。随着电弧的燃烧，上、下钢筋端部逐渐熔化，为了保持电弧的稳定，上钢筋要不断下送，下送速度应与钢筋熔化速度相适应。

③ 电渣过程。随着电弧继续燃烧，焊剂和钢筋端部熔化量增加，熔池和熔渣加深，待到一定深度后加快上钢筋下送速度，使其端部直接和渣池接触，这时电弧熄灭，因熔渣是导电的，所以就从电弧过程变为电渣过程。这时电流流过液体熔渣产生的电阻热（达 1600 ～ 2000℃ ）对钢筋两端部继续加热熔化。

④ 顶锻过程。待电渣过程产生的电阻热使上、下钢筋端面已均匀加热时，迅速将上钢筋向下顶压，把液态金属和熔渣全部挤出，随即切断电源，焊接结束。待冷凝后打掉渣壳，在连接处露出金属光泽的焊包，就完成了一个完整的钢筋对接接头的焊接。

从整个焊接过程看出，焊接接头经历着冶金过程和热过程，液态金属和熔渣进行着氧化、还原、渗合金、脱氧等一系列化学冶金反应，两钢筋端部经受了电弧过程和电渣过程的热循环作用。焊后焊缝外部凸出部分呈树枝状结晶，具有熔焊的特征，而焊缝中部是在液态金属被挤去后产生的塑性再结晶连接，具有压焊的特征。

2）电渣压焊的特点和适用范围

电渣压焊焊接的工件一般是具有较大断面的两个棒状构件，接头是对接形式，焊接时工件轴线竖向或斜向（倾斜度在 4 ∶ 1 范围内）。对接的两截面通常是相同的，可以是圆形、方形或异形的截面。工件的材料目前主要是碳钢和低合金钢。

当前电渣压焊主要用于建筑工程中圆形钢筋的对接连接，它和过去用电弧焊接相比，有如下优点。

① 投入少、产量大、质量好和成本低。

② 工效高，速度快，每个作业组可焊 180 ～ 200 个接头，加快了土建总体施工进度。

③ 节约大量钢材和能源，耗电量是搭接焊的 1/10。

④ 改善了焊工劳动条件，避免了高温和电弧伤害。

也和其他电渣焊一样，焊接加热慢，接头高温停留时间长，焊后焊接区多是粗大的结晶组织，会影响接头的韧性。此外，焊接后接头处呈凸包状，外凸较高。这个焊缝金属外凸部分对接头强度不起加强作用。对于钢筋来说，只要焊后这部分表面光洁圆滑无缺陷，且凸出高度不超过 4mm，可以不进行加工。有些设计规范规定，这种竖向电渣焊接头只能用于竖向受力，不能横置用于梁、板等构件的水平钢筋。

3）电渣压焊焊剂选择

竖向钢筋电渣压焊用的焊接材料只有焊剂而无需填充金属。由于对焊剂的要求和作用与普通电渣焊无大的区别，故原则上普通电渣焊用的焊剂都可以用于电渣压焊。实际施工中仍以高锰高硅低氟的 BJ431 型焊剂应用最多。有些设计规范规定，采用埋弧焊用的焊剂，如焊接 I 级钢筋用 F5004 焊剂，焊 Ⅱ 级钢筋用 F6004 焊剂，两者均属硅锰型焊剂。也有一种 YD40- ⅢR 钢筋电渣压焊专用焊剂，该焊剂具有起弧容易、燃烧稳定、电渣过程平稳等优点。

4）焊接工艺与操作技巧

① 焊前准备技巧。在下料中，钢筋的端头必须调直，保证钢筋连接

的同心度；焊剂不能受潮，必要时应烘干后使用，否则会引起气孔；焊剂装填要均匀以保证焊包圆且正；垫焊剂的石棉垫应垫好，防止在施焊过程中焊剂漏掉或跑浆；装配时，焊接夹具的上下钳口应夹紧于上、下钢筋的适当位置，钢筋一经夹紧，严防晃动，以免上、下钢筋错位和夹具变形。

② 焊接技巧。非自动焊时，应先引弧，进行电弧过程，然后转变为电渣过程。密切注意焊接电压的高低，及时调整钢筋的下送速度以保证电压在 25 ～ 45V 之间。当出现焊剂熔化往上翻时，表明焊接即将完成。最后，在断电的同时，迅速下压上钢筋，以挤出熔化金属和熔渣，所施加的顶压力约为 0.4 ～ 0.5MPa。

电渣压焊的焊接参数主要是焊接电流、焊接电压和焊接通电时间，表 9-13 所列参数可供参考，当直径不同的两钢筋焊接时，应按直径较小的钢筋选择参数。焊接的时间应以引弧正常时算起，有经验的焊工，靠听声、看浆等都可以恰到好处地掌握焊接全过程。

表 9-13　钢筋电渣压焊主要焊接参数

钢筋直径/mm	焊接电压/V		焊接电流/A	焊接通电时间/s	
	电弧过程	电渣过程		电弧过程	电渣过程
14	35 ～ 45	22 ～ 27	200 ～ 220	12	3
16			200 ～ 250	14	4
18			150 ～ 300	15	5
20			300 ～ 350	17	5
22			350 ～ 400	18	6
25			400 ～ 450	21	6
28			500 ～ 550	24	6
32			600 ～ 650	27	7
36			700 ～ 750	30	8
40			850 ～ 900	33	9

③ 结束技巧。卸压后不久应松开上钳口，让整个接头处在无拘束条件下冷却，停歇适当时间后，再回收焊剂和卸下焊接夹具。敲去渣壳，露出整个焊接接头，焊接全部结束。正常接头处是比较光滑的圆环状焊包，其凸出的高度应在 4mm 以上。

9.3 电渣焊技术与工程应用实例

9.3.1 电渣焊操作技术、技巧与诀窍

(1) 基本操作技能、技巧与诀窍

1）焊前准备技巧

① 试件尺寸及要求。

a. 试件材料。选用 20g。

b. 试件及坡口尺寸，见图 9-17。

c. 焊接位置。垂直位置。

d. 焊接要求。双面成形。

e. 焊接材料选择。焊丝 H10Mn2，直径 3mm，焊剂 360 或 HJ301（HJ431），使用前焊丝必须除油、锈，焊剂必须经 250℃焙烘 2h。

f. 焊机选择。HS-1000 型电渣焊机。

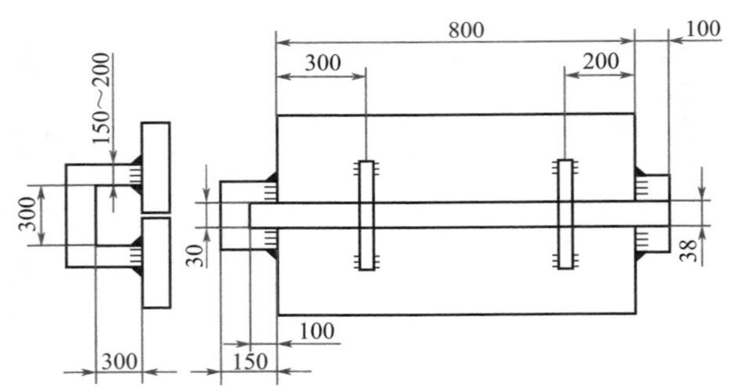

图 9-17 试件及坡口尺寸示意图

② 试件清理技巧。

a. 坡口加工技巧。试件的坡口加工可以采用刨边机或其他机械加工方法进行，也可采用自动或半自动气割的方法来达到要求。但要求坡口边缘应成直角，表面不得有深度大于 3mm、宽度大于 5mm 的凹坑，波浪度不大于 1.5mm/m，全长不得超过 4mm。

b. 清理技巧。清除坡口面及其正反两侧各 40mm 范围内的油、锈和氧化铁等脏物，至露出金属光泽。

③ 试件装配技巧。

a. 试件装配定位焊技巧。见图 9-17。

b. 装配间隙确定。下端 30mm、上端 38mm。

c. 试件上下端焊上引出板及引弧板。其尺寸如图 9-17 所示，材料牌号及厚度同试件。

d. 按图示尺寸装上“Ⅱ”形板两块，其装焊位置及尺寸如图 9-17 所示，焊脚高度应不小于 30mm。

e. 试件装配错边量，应小于等于 2mm。

2）工艺参数选择

焊接的工艺参数选择见表 9-14。

表 9-14 焊接工艺参数

板厚 /mm	焊丝数量 / 根	装配间隙 /mm	焊接电压 /V	焊接电流 /A	渣池深度 /mm	焊丝伸出长度 /mm
100	2	30 ～ 38	42 ～ 48	450 ～ 550	55 ～ 65	80

焊丝间距 /mm	焊丝摆动速度 /（m/h）	焊丝滑块距离 /mm	焊丝停留时间 /s	焊接速度 /（m/h）	焊丝送进速度 /（m/h）
55 ～ 60	39	10	3	1.2 ～ 1.4	200 ～ 300

3）操作要点及注意事项与禁忌

① 焊前准备技巧。

a. 检查试件装配质量，并装于试件固定架上。

b. 调试焊机，检查冷却水路及滑块与工件接合情况，水路应畅通无漏水，滑块应与工件贴紧。

c. 焊丝盘内存量必须达到一次焊完试件的用量，中途不得停焊；焊丝上油、锈及脏物必须清除干净。

d. 造渣采用单丝造渣，先调整其中一根焊线于间隙中心，将焊丝与引弧板密接，放入少量焊剂。采用较高的焊接电压（比正常大 2 ～ 4V）和较低的送丝速度（一般为 120 ～ 150m/h），利用电弧过程进行造渣，在造渣时必须间断地加入少量焊剂。当渣池达一定深度后，即建立稳定的电渣过程时，调整焊丝位置，送入第二根焊丝，逐步增加摆幅至要求后即可按正常规范进行焊接。

② 焊接过程中的注意事项与禁忌。

a. 应保持规范的稳定性，注意并调节焊丝在坡口间隙中的位置及距滑

块的距离。

b. 定期测量渣池深度，并均匀添加焊剂。

c. 当发生漏渣时，应将送丝速度降至 120 ～ 150m/h，并立即加入适量焊剂，以恢复要求的渣池深度。

d. 应注意冷却滑块对于工件的压紧程度，当漏渣时，要及时用石棉泥堵塞。当滑块产生过热时，要及时找出原因。

e. 由于停电等原因，使电渣过程被迫中断时，只能采用气割割除焊缝重焊。

③ 收尾工作技巧。

a. 必须在引出板上收尾，以便将杂质与缩孔引出焊件外。

b. 避免收缩裂纹与填满缩孔，收尾时应降低焊接电压和送丝速度。

c. 收尾后不应放掉渣池中的熔渣，以免产生裂纹。

（2）I 形对接接头电渣焊操作技能、技巧与诀窍

1）焊前准备技巧

① 工件准备技巧。设计的电渣焊接头应标注焊缝宽度尺寸。在焊前备料时工件接边尺寸应扣除该焊缝宽度。

工件在装配前应将焊接端面和表面两侧各 50mm 范围内的铁锈、油污等脏物清除干净。在焊接端面两侧表面各 70mm 范围内也应保持平整光滑，以便冷却滑块能紧贴工件，并能顺利地滑行。

② 工件装配技巧。装配时，应根据接头设计和工艺要求留出装配间隙和上下端间隙之差值（反变形量）。对接接头和 T 形接头的装配间隙一般等于焊缝宽度加上焊缝的横向收缩量。表 9-15 给出不同厚度工件装配间隙的经验数据。由于沿焊缝高度焊缝横向收缩量不同，焊缝上端装配间隙应比下端大，当工件厚度小于 150mm 时，其差值约为焊缝长度的 0.1%；厚度在 150 ～ 400mm 时，约为焊缝长度的 0.1% ～ 0.5%；厚度大于 400mm 时，约为焊缝长度的 0.5% ～ 1%。装配间隙用定位板来固定，图 9-18 为常用接头的装配图。定位板的形状如图 9-19 所示。由于丝极电渣焊在工件一侧要安放电渣焊机头，并向间隙送进焊丝，只能在工件另一侧焊上定位板。定位板的分布，距工件两端约为 200 ～ 300mm，较长的焊缝中间要设数个定位板，其间距一般为 1 ～ 1.5m。定位板厚度视工件厚度而定，一般为 50mm，对于厚度大于 400mm 的大断面工件，可选 70 ～ 90mm，其余尺寸也相应加大。

工件装配时应尽量减少错边，一般直缝不得超过 ±2mm。

表 9-15　不同厚度工件的装配间隙　　mm

工件厚度	50～80	80～120	120～200	200～400	400～1000	＞1000
对接接头装配间隙	28～30	30～32	31～33	32～34	34～36	36～38
T 形接头装配间隙	30～32	32～34	33～35	34～36	36～38	38～40

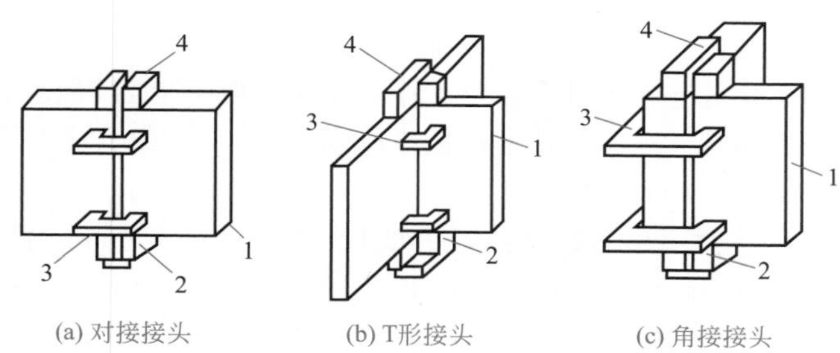

图 9-18　对接接头、T 形接头装配图

1—工件；2—起焊槽；3—定位板；4—引出板

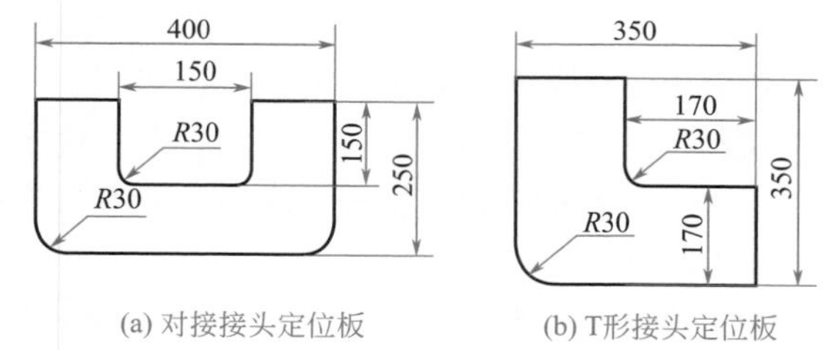

图 9-19　定位板

在工件下端焊上起焊槽，上端焊上引出板，起焊槽的槽宽与下端装配间隙相同，槽深约 100mm，槽壁厚一般在 50mm 左右；引出板的高度在 80mm 左右，其厚度在 50mm 以上。环焊缝对接焊则采用特殊的起焊和引出技术。

③ 水冷滑（挡）块的准备技巧。每次焊前均须对水冷成形滑（挡）块进行认真检查。首先检查并校平滑（挡）块，使其与工件之间无明显缝隙，以保证焊接过程不漏渣。其次要保证不渗漏，以免焊接过程中漏水，迫使焊接过程中止。此外，应检查进出水方向，确保从滑块下端进水，上端出水，以防止焊接时水冷成形滑块内产生蒸汽，造成爆渣的伤人事故。

④ 其他准备技巧。焊丝的准备要求计算好焊丝用量、焊好焊丝的接头、对焊丝进行去油除锈等工作；对电气设备、机械设备、工装等进行认真检查。必要时，进行空载试车，因为中途出现停焊事故时，返工很麻烦，必须保证连续焊完整条焊缝。

2）焊接操作技能、技巧与禁忌

① 引弧造渣技巧。当采用固态不导电焊剂时，渣池的建立从引弧开始，由电弧熔化焊剂而逐渐形成稳定渣池。引弧在起弧槽内进行。为了便于引弧，可在槽内预先放入一些铁屑，再洒上约 15 ～ 20mm 厚的一层焊剂，然后通电并送进焊丝引弧。为了易于引弧和加速造渣过程，造渣阶段应采用较高的电压（一般比正常焊接电压高 2 ～ 4V）和电流以及较低的送丝速度（一般为 100 ～ 120m/h）。

操作时的注意事项与禁忌：焊丝伸出长度以 40 ～ 50mm 为宜，太长易引起爆断，过短则溅起的熔渣易堵塞导电嘴。引出电弧后，要逐步加入焊剂将电弧压住，以防飞溅。当陆续加入的焊剂熔化并使渣池达到一定深度时，即可将焊接电压和送丝速度调到正常值，并开动焊机上升，进入正常焊接过程。

若使用固态导电焊剂造渣，则开始时只需将焊丝与焊剂短路，通电后借助电阻热把焊剂熔化而形成池。整个过程无电弧产生。

② 正常焊接技能与技巧。在正常电渣焊接过程中，须始终保持焊接。参数的恒定，才会获得稳定的焊接过程并形成高质量的焊缝金属。为此，在操作中应注意以下几点：

a. 经常测量渣池深度，严格按照工艺进行控制，以保持稳定的电渣过程。一旦发生漏渣，必须迅速降低送丝速度，并立即逐步加入适量焊剂，以恢复到预定的渣池深度。

b. 在整个焊接过程中不要随便改变焊接电流和电压等能量参数，保持渣池温度恒定。

c. 经常调整焊丝使之处于装配间隙的中心位置，并使其距滑块的距离符合工艺要求，以保证工件焊透，熔宽均匀，焊缝成形良好。

d. 经常检查水冷成形滑块的出水温度及流量。

如果由于某种原因使焊接被迫停止时，则可采取如下补救措施。先将液态熔渣放掉，并立即将缩孔的部位割成斜角，如图 9-20 所示。装上滑块，在斜角下角处重新引弧造渣，并在靠近尖角处添加焊剂，以使靠近斜坡处的渣池温度不致降低，尽可能减小补焊处未焊透的程度。焊后再将斜角下角处的缺陷铲去，用优质焊条补焊好。

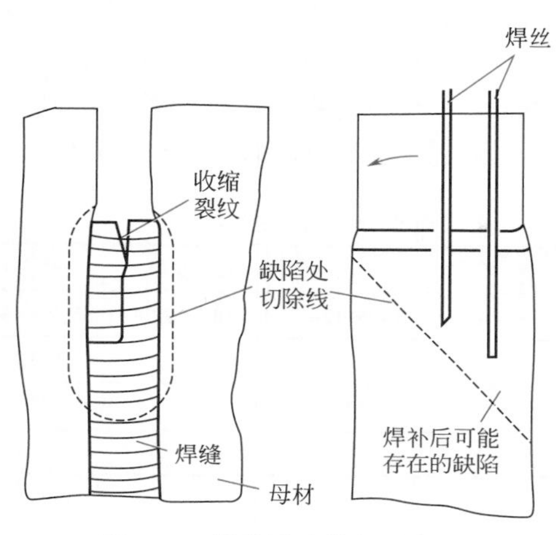

图 9-20 焊缝缺陷修复示意图

③ 收尾操作技巧。焊缝收尾处最易产生缩孔、裂纹和有害杂质等，故必须在引出板处进行收尾。一般是逐渐减小电流和电压直至断电。断电后不能立即放掉渣池，以免产生裂纹，但又要及时切除引出板及引出部分的焊缝金属，以避免引出部分产生裂纹而扩展到正式焊缝金属上。

④ 焊后的工作技巧。焊后应立即割去定位板、起焊槽和引出板等，并仔细检查焊缝一面有无表面缺陷，对表面缺陷要立即用气割或碳弧气刨清除，然后补焊。尽快进炉热处理。若进炉过晚，则由于电渣焊后焊接应力很大而产生冷裂纹。

（3）环缝电渣焊操作技能、技巧与诀窍

厚壁筒体对接环缝电渣焊与直缝电渣焊在工艺上的主要区别是：

① 工件在施焊过程中连续转动。

② 焊缝首尾要封闭，因而开始焊接和收尾工作较复杂。

③ 工件绕自身轴线旋转时，沿厚度方向上各点线速度不同，金属熔池有径向外流现象。

④ 水冷滑块分置于外圆和内圆表面上。由于上述这些特点，在工艺上需采取一些特殊技术措施。

1）焊前准备技巧

筒体对接环缝采用I形坡口，其制备和清理与前述直缝焊接前准备相

同。装配时，通常把工件的外圆先划分 8 等分线，如图 9-21 所示。然后按图所示位置焊上起焊板及定位塞铁，再将另一段工件装配好，并与起焊板及定位塞铁焊牢。为了保证焊接过程不产生漏渣，两段工件内圆、外圆的平面度应小于 1mm。由于环缝各点横向收缩不均匀，故应装配成反变形，其反变形量以不等装配间隙来控制，如表 9-16 所示。

表 9-16　环缝的装配间隙　mm

8 等分线号	工件厚度				
	50 ～ 80	80 ～ 120	120 ～ 200	200 ～ 300	300 ～ 450
8 号线	29	32	33	34	36
5 号线	31	34	35	36	40
7 号线	30	33	34	35	37

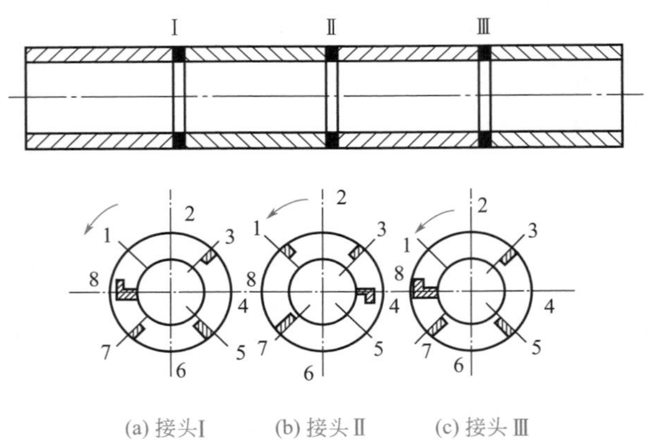

图 9-21　环缝装配时各个接头起焊槽及定位塞铁布置图

有多条环缝的工件装配时，为了减少挠曲变形，相邻焊缝起焊槽位置应错开 180°。装配好的工件要吊放在滚轮架上，为了确保转动时安全、平稳，两滚轮距应使夹角在 60° ～ 90° 之间，每个滚轮架放置在每段工件的中心处并固定在刚度大的平台上。工件放在滚轮架上后，需用水平仪检测工件是否处于水平，并转动几周以确定其轴向窜动的方向，面对该窜动方向放置一止推滚轮，以防止产生轴向窜动。

在焊接环缝时，工件转动，渣池和金属熔池基本保持在固定位置，所以内、外圆水冷成形滑块必须固定不动，图 9-22 为环缝内、外圆水冷成形滑块支撑装置示意图。要求该装置能保证滑块在整个焊接过程中，始终紧贴工件的内、外壁而不产生漏渣。

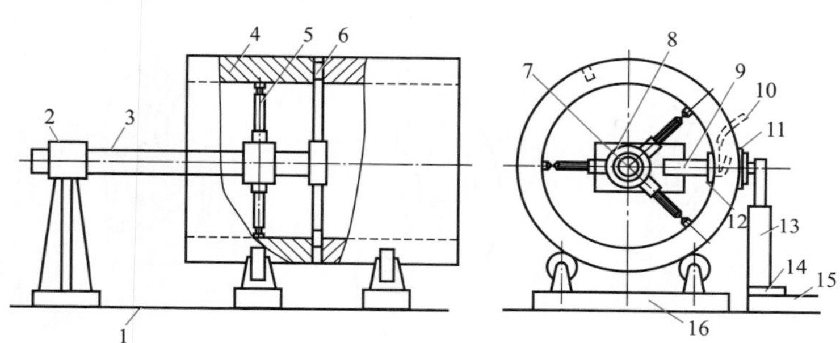

图 9-22　环缝内、外圆水冷成形滑块支撑装置示意图

1—焊接平台；2—夹紧架；3—固定钢管；4—工件；5—可调节螺钉；6—装配定位塞铁；7—固定板；8—滚珠轴；9—滑块顶紧装置；10—导电嘴；11—外圆水冷成形滑块；12—内圆水冷成形滑块；13—滑块上下移动机构；14—滑块前后移动机构；15—焊机底座；16—滚轮架

焊前通过调节螺钉及其伸出的长短和调节夹紧架 2 的高低，使固定钢管 3 的中心线与工件中心线重合以保证工件转动时内圆水冷成形，滑块始终贴紧工件内圆；通过调节滑块上下移动机构 13 的高低，使外圆水冷成形滑块中心线和工件中心线重合，调节滑块前后移动机构 14，使滑块能贴紧在工件的外圆上。

装配好后，应使工件转动一周，检查工件的转动是否正常和平衡，是否产生轴向窜动，内、外圆水冷成形滑块是否紧贴工件，等等。

2）焊接操作技巧

当工件厚度小于 100mm 时，环缝引弧造渣可以采用平底的起焊槽。当厚度大于 100mm 时，常采用斗式起焊槽，以减少起焊部分将来的切削工作量。图 9-23 为环缝斗式起焊槽引弧造渣过程示意图。开始先用一根焊丝引弧造渣，渣池形成后，逐渐转动工件，渣液面扩大，放入第 1 块起焊塞铁，塞铁和装配间隙中的工件侧面点焊牢，随着工件不断转动，渣液面不断扩大，送入第 2 根焊丝，再随渣液面进一步扩大，依次放入第 2 块起焊塞铁并点焊牢。再安上外圆水冷成形滑块，逐步摆动焊丝，进入正常焊接。

在正常焊接过程中的一些注意事项：除和前述直缝焊接时一样外，还要注意随着工件不断转动，要依次用气割割去工件间隙中的定位塞铁，并沿内圆切线方向割掉起焊部分，以形成引出部分的侧面，如图 9-24 所示。

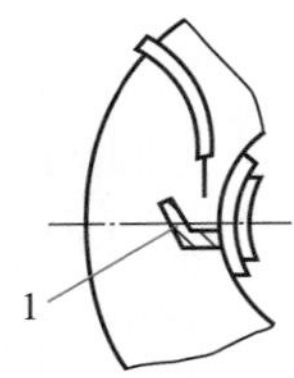

(a) 斗式起焊槽引弧造渣

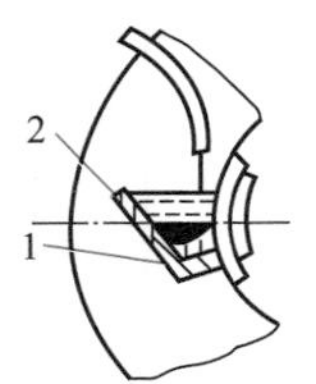

(b) 放入第1块起焊塞铁

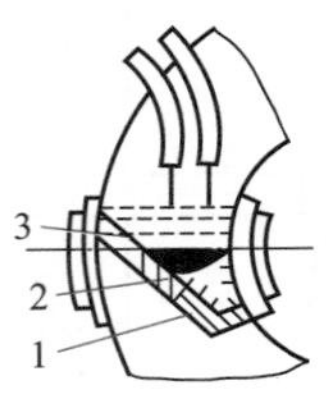

(c) 放入第2块起焊塞铁

图 9-23　环缝斗式起焊槽引弧造渣示意图

1—斗式起焊槽；2—第 1 块起焊塞铁；3—第 2 块起焊塞铁

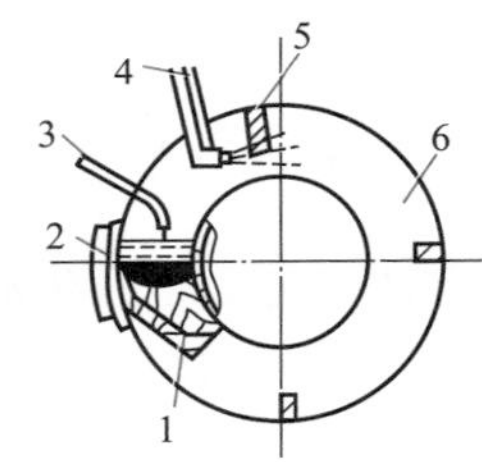

(a) 用气割割去定位塞铁　　(b) 气割起焊部分

图 9-24　环缝焊接过程操作示意图

1—起焊槽；2—水冷成形滑块；3—导电嘴；4—气割炬；
5—定位塞铁；6—工件；7—焊缝金属

3）收尾操作技巧

环缝收尾的引出操作方法较多，目前多在引出处焊上“冂”形引出板，将渣池引出焊件，如图 9-25 所示。当门形引出板转至和地面垂直位置时，工件停止转动，此时工件内切割好的引出部分也与地面垂直［图 9-25（b）］。随着渣池上升，逐步放上外部挡板，机头随之上升。这时要注意，要使焊丝尽量靠近内壁，以保证与内壁焊透，但又要防止导电嘴与内壁发生短路。待渣池已全部引出工件后，逐渐降低焊接电流和电压。

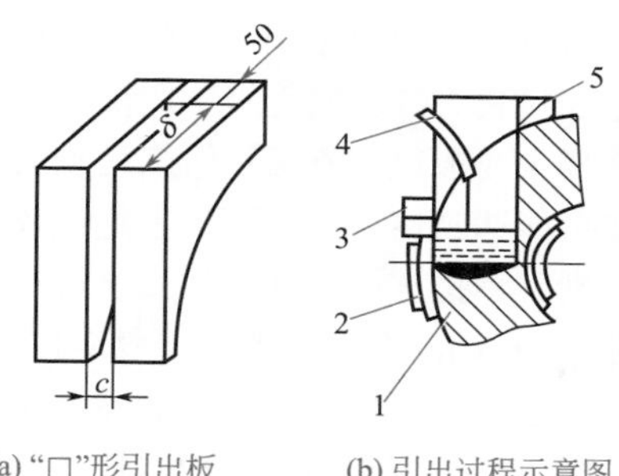

(a)"冂"形引出板　(b)引出过程示意图

图 9-25　环缝引出部分操作示意图

1—焊缝金属；2—水冷成形滑块；3—外部挡板；4—导电嘴；5—"冂"形引出板

（4）管极电渣焊操作技能、技巧与诀窍

1）装配技能与技巧

在保证焊透的前提下，减小装配间隙可使焊接速度增加，从而降低焊接热输入，有利于提高接头力学性能，但过小的装配间隙，会因渣池太小而影响电渣过程稳定性。常用装配间隙为 20 ～ 35mm。上部间隙比下部稍大，一般每米的间隙差为 1.5mm 左右。装配间隙用"冂"形铁固定，然后装上起焊槽和引出板。再将管极夹持装置固定在工件上或固定在工件上端的固定板上。若一根管极不够长时，可将几根焊在一起接长后使用。管极用铜夹头夹紧，以利于导电。管极在装配间隙中的位置可以利用管极夹持装置调整对中。管极一般距引弧板 15 ～ 25mm。在焊接长焊缝时，为了避免管极电压降过大和防止管极因自身电阻热而熔断，可以沿着管极长度方向设置几个导电点。

2）引弧造渣技巧

其过程与一般电渣焊相似，但为了防止因渣池上升太快而产生起始端未焊透，在造渣过程中应采用较低的送丝速度，可采用 200m/h 左右。引弧电压应高一些，因管状熔嘴上电压降较大（每米约为 3V），一般应保持在 48 ～ 50V 左右。当渣池接近工件时，逐步将送丝速度调整到正常所需的范围。

3）焊接技巧与诀窍

为了保证电渣过程的稳定和焊缝上、下熔宽基本一致，在送丝速度一定的情况下，应尽可能保持渣池电压和渣池深度基本不变。由于电压表指示的电压值为渣池电压和管极压降之和，而管极较细长，自身压降较

大，所以为了保持渣池电压变化尽量小，应随着管极长度熔短，而适当减小焊接电压，特别是焊接长焊缝，而管极中间又无导电点时，这样做尤为重要。焊接电流的选择主要取决于管极钢管断面积大小，取得过大，会使管极温升过高，药皮可能达到熔化状态而失去绝缘效能，一旦与工件接触起弧，会造成管极熔断，焊接被迫中断；焊接电流过小，会产生未熔合缺陷，并且焊接速度低，接头晶粒长大严重。表 9-17 为管极钢管断面积与承受焊接电流的范围。送丝速度比一般电渣焊高一些，这有利于改善接头的力学性能。但也不能太高，否则焊缝表面粗糙，并可能出现裂纹，常用 200 ～ 300m/h。熔渣的深度应比一般电渣焊略大一些，这是因为管极电渣焊的渣池体积小，不易稳定，通常采用 35 ～ 55mm。表 9-18 为管极电渣焊常用的焊接电流和电压。

表 9-17　管极钢管断面积与承受焊接电流的范围

钢管规格 /mm×mm	ϕ14×4	ϕ14×3	ϕ12×4	ϕ12×3	ϕ10×3
截面积 /mm^2	126	104	100	85	65
电流范围 /A	630 ～ 820	520 ～ 700	500 ～ 650	425 ～ 550	320 ～ 420

表 9-18　管极电渣焊常用的焊接电流和电压

板厚 /mm	钢管规格 /mm	钢管截面积 /mm^2	焊丝直径 /mm	焊接电压 /V	焊接电流 /A
20 ～ 24	ϕ12×4	100	3.0 ～ 3.2	42 ～ 40	500 ～ 550
25 ～ 50	ϕ12×4	100	3.0 ～ 3.2	46 ～ 40	500 ～ 600
50 ～ 100	ϕ12×4	100	3.0 ～ 3.2	55 ～ 45	500 ～ 600

4）收尾技巧

与一般电渣焊一样，适当降低电压，断电后仍需继续送焊丝以填满“熔坑”。

（5）板极电渣焊操作技能、技巧与诀窍

1）装配技巧

在保证母材熔深、焊接过程稳定、板极与工件不发生短路与起弧情况下，应尽可能地减小装配间隙，以提高焊接生产率。按实践经验，板极与工件之间的距离一般为 7 ～ 8mm，板极厚度加上两侧距离即为装配间隙。安装时，装配间隙应是上大下小，其差值视工艺试验的结果而定。

板极的数目由被焊工件的厚度和板极宽度而定。单板极可焊工件厚度小于 110 ～ 150mm。厚的工件宜用多板极，为了使电源三相负荷均匀，板极数目尽可能取 3 的倍数。板极应置于装配间隙的中心线上，多板极的极间距离一般为 8 ～ 13mm。板极电渣焊时，通常采用深槽的冷却成形板，其槽深约为 10 ～ 15mm，因此板极外侧边缘同工件表面应对齐或凸出不大于 5mm，但是当板极很厚时，也可凹入工件表面。

其余装配工作和要求与一般电渣焊相同。

2）引弧造渣技巧

由于板极断面面积大，引弧造渣比丝极困难。为此，常将板极端部切成 60° ～ 90° 尖角，也可切成或焊上宽度较小的板条。造渣方法除采用铁屑引弧造渣或导电焊剂无弧造渣外，还可以采用注入熔渣法，即先将焊剂放在坩埚内熔化，然后注入起焊槽内，立即建立电渣过程。在多板极焊接时，所有板极同时向下送进，各板极端部形状和尺寸相同，端面在同一水平面上。当焊接较厚工件时，为便于造渣，可以利用厚度为 2mm 的钢板在起焊槽的底板上焊引弧槽，如图 9-26 所示。

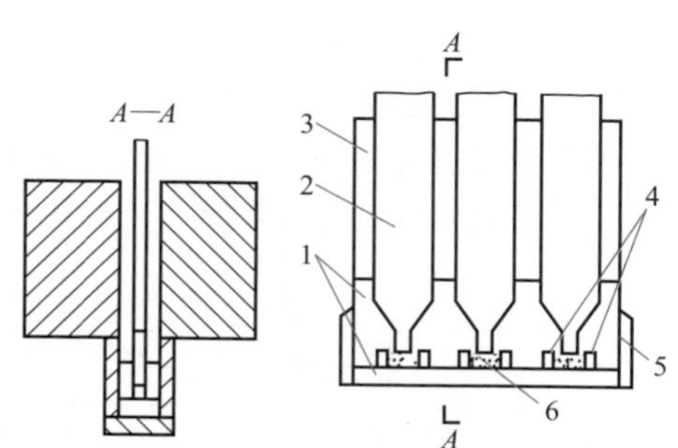

图 9-26　利用引弧槽造渣示意图

1—起焊槽；2—板极；3—工件待焊面；4—引弧槽；5—冷却成形装置；6—焊剂

3）焊接技巧与诀窍

在正常焊接过程中，主要监控焊接电流（板极送进速度）、焊接电压和渣池深度。焊接电流按板极断面积来确定，一般板极的电流密度取 0.4 ～ 0.8A/mm^2，当工件厚度较小时，可以增加到 1.2 ～ 1.5A/mm^2。由于板极电渣焊的焊接电流波动范围大，难以准确测量和控制，所以可根据试焊时所得的焊接电流和板极送进速度之间的比例关系，正确地控制板极送

进速度。一般取 0.5 ～ 2m/h，常用 1m/h；焊接电压常用 30 ～ 40V。焊接电压过高，则板极末端插入渣池过浅，而且母材熔深过大，增加母材在焊缝中的比例而降低抗裂性能；渣池的深度一般为 30 ～ 35mm。若过深，则母材熔深减小，可能造成焊缝成形不良或产生未焊透。若过浅，电渣过程不稳。当板极送进速度很大或工件很厚时，可适当增加渣池的深度，在焊接过程中，不仅要经常检查和调整上述焊接参数，还要注意防止板极与工件、板极与冷却成形板（块），及板极与板极之间产生接触短路。为此，可在板极送进机构上加导向装置，或在上述各部位之间用层压板或竹条绝缘。

4）收尾技巧

焊缝收尾方法除同样可采用间断送进板极，逐渐减小焊接电流和电压外，还可以采用间断供电办法：停电约 5 ～ 15s，依次增加；供电时间 10 ～ 15s，依次减小。这样重复进行 5 ～ 7 次。

9.3.2 典型电渣焊工程实例

（1）立辊轧机机架的熔嘴电渣焊实例

1）焊件结构形式

立辊轧机机架的结构及尺寸如图 9-27 所示。机架材质为 ZG270-500 钢，质量为 90t。机架的结构比较复杂，它是由左右牌坊及前面、后面的上下横梁组成。机架的上下横梁分段处为空心截面。在焊接接头部分将横梁的空心截面铸造成矩形截面，以适应电渣焊工艺的要求。

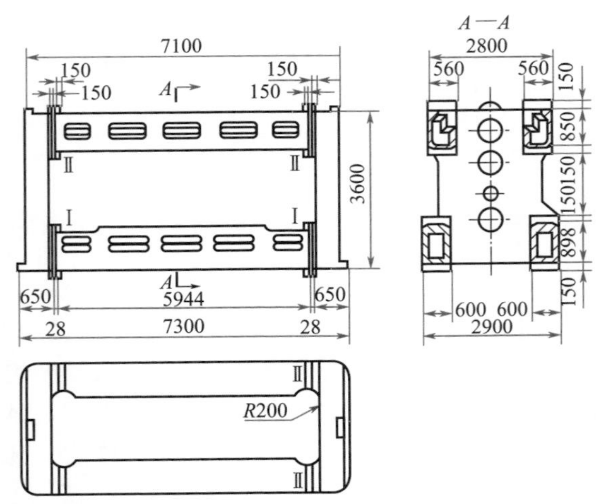

图 9-27 立辊轧机机架

2）焊接方案的制订

机架的左右牌坊与四个横梁之间有 8 个焊接接头。每个牌坊有 4 个焊接接头，如图 9-28 所示，可以分两次进行焊接。首先焊接接头Ⅱ，然后翻身再焊接接头Ⅰ。焊接坡口的形式及尺寸如图 9-29 所示。

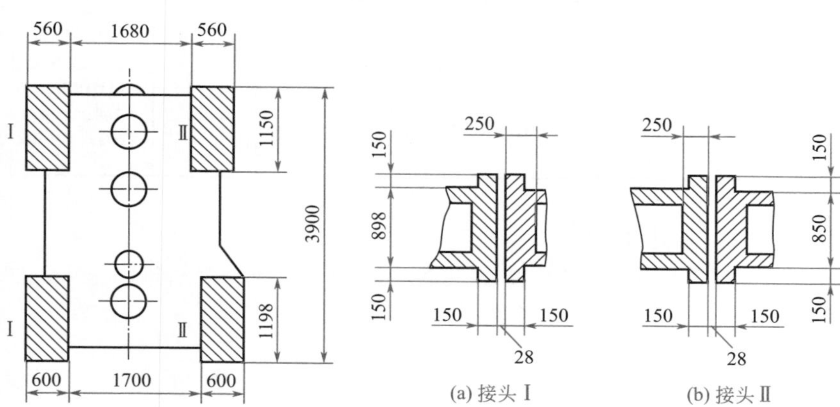

图 9-28 立辊轧机机架的焊接接头 图 9-29 立辊轧机机架的焊接接头坡口形式尺寸

焊接方法均采用多熔嘴电渣焊。熔嘴排列尺寸及引弧板尺寸见图 9-30。

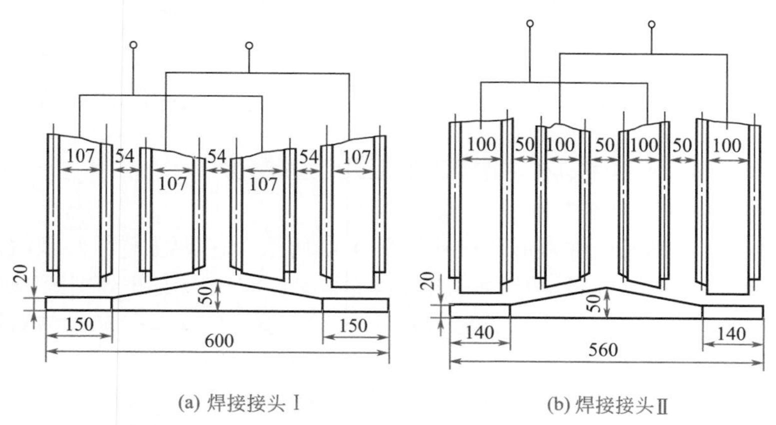

(a) 焊接接头Ⅰ (b) 焊接接头Ⅱ

图 9-30 立辊轧机机架电渣焊熔嘴排列尺寸及引弧板尺寸

3）焊接参数的选择

立辊轧机机架的电渣焊焊接参数见表 9-19。

表 9-19　立辊轧机机架的电渣焊焊接参数

接头	焊缝位置	焊接断面尺寸（宽 × 高）/mm×mm	熔嘴数量/块	熔嘴尺寸（厚 × 宽）/mm×mm	丝距比 *a*/*b*	电弧电压/V	送丝速度/（m/h）	备注
Ⅱ	上横梁与牌坊	560×1150	4	10×100	1.83	38 ～ 42	72 ～ 74	焊接材料：焊丝 ϕ3.2mm，H10Mn2 焊剂：HJ431 熔嘴：10Mn2
Ⅰ	下横梁与牌坊	600×1198	4	10×107	1.83	38 ～ 42	72 ～ 74	

4）焊后热处理

为了改善焊接接头的组织及性能，立辊轧机机架焊后进行正火及回火。其正火 - 回火热处理条件如图 9-31 所示。

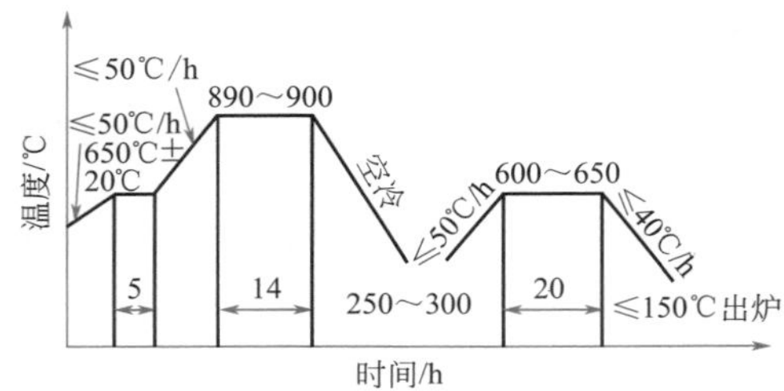

图 9-31　立辊轧机机架正火 - 回火的热处理条件

（2）ϕ250mm 轧机中辊支架的板极电渣焊实例

1）焊件结构形式

中辊支架毛坯件外形及尺寸如图 9-32 所示，它是锻压 - 焊接联合结构。根据工艺的可能性及节约原材料的原则，将中辊支架分别锻制成 5 块。其中件 1 与件 2 受力不大，使用 45 钢制造。件 3 承受最大的弯矩，采用 40Cr 钢制造。

中辊支架分 5 块进行锻造加工，然后用 4 条焊缝焊接成为一体。这种工艺方案既保证了原设计的要求，又节约近 50% 的 40Cr 钢。

2）焊接方案的制订

选用板极电渣焊工艺进行焊接。焊前焊件装配情况如图 9-33 所示。板极材料选用 40Cr 钢，经锻造加工制成 10mm×50mm×1500mm 的扁钢，焊剂为 HJ431。

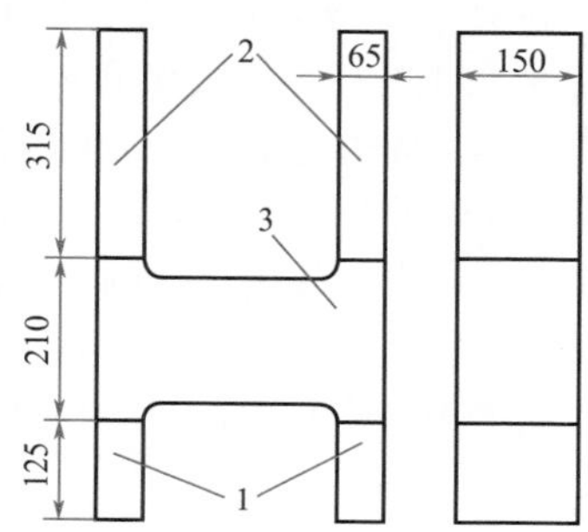

图 9-32　中辊支架毛坯外形及尺寸

3）焊接参数的选择

电弧电压 36 ～ 38V；焊接电流 800A；焊接电流密度 1.6A/mm^2；渣池深度 35mm；装配间隙 28 ～ 30mm。

4）焊后热处理

采用正火处理，焊件在加热炉中，经 2.5h 使焊件达到 800 ～ 820℃，保温时间为 3h。然后由炉中取出空冷。

（3）钢柱隔板缝焊实例

目前高层建筑的钢结构中很多箱形钢柱内的隔板焊缝采用了熔嘴电渣焊中的管极电渣焊进行焊接。下面简要介绍其具体应用。

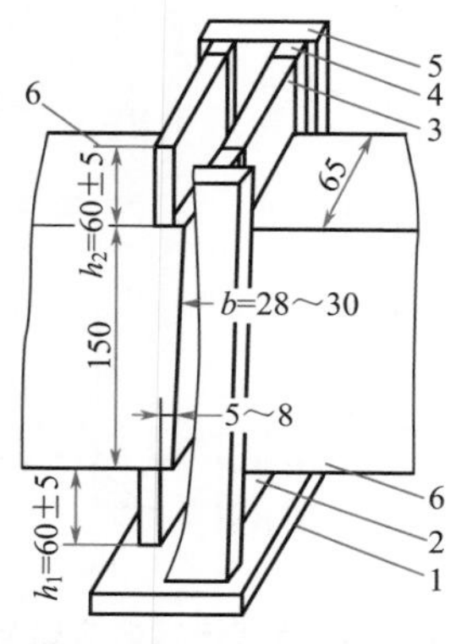

图 9-33　焊前装配图

1—引弧底板；2—引弧侧板；3—挡渣板；4—垫板；5—侧挡渣板；6—焊件

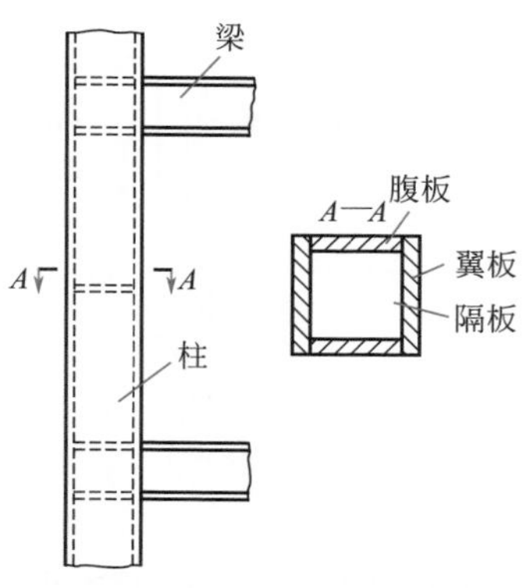

图 9-34　高层建筑钢结构中的箱形柱

1）钢柱上隔板焊缝的特点

在钢结构的箱形柱设计中，为了提高其刚度和抗扭能力，在柱子内部设置有横隔板，横隔板与钢柱壁板（腹板和翼板）构成T形接头，如图9-34所示。设计要求横隔板周边与壁板之间的四条连接焊缝（称隔板焊缝）须全部熔透。由于柱内空间小，在封闭结构内的四条隔板焊缝若用电弧焊施焊将遇到可达性问题。通过装焊顺序调整可以焊接其中三条焊缝，待封上第四块壁板形成封闭的箱形空间后，最后一条焊缝就无法施焊了。由于这类箱形柱的壁板和隔板厚度都较厚，恰好在管极电渣焊的适用范围之内，用它焊接就解决了这个难题。

2）焊前准备技巧

管极电渣焊实际上是用带药皮的直金属管子当作熔嘴的熔嘴电渣焊，因此焊接区应构成可放置直金属管子的孔道。根据隔板和壁板构成T形接头的特点，通过减小隔板宽度尺寸，对其待焊端开I形坡口，并在待焊部位的两侧装焊挡板，于是壁板、隔板和两块挡板就构成了供熔嘴电渣焊用的矩形孔道，如图9-35所示。此两挡板材料与母材相同，焊后无需割去。

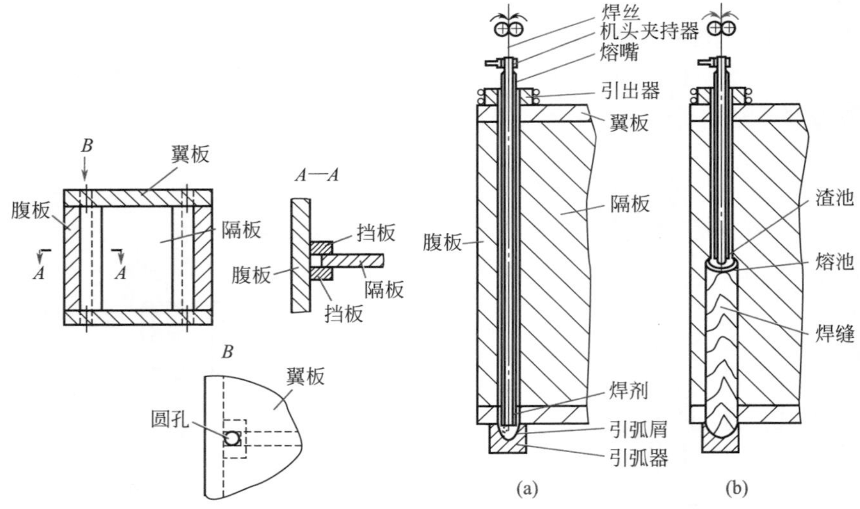

图9-35　箱形柱管状熔嘴电渣焊的准备

图9-36　钢柱管状熔嘴电渣焊装置与焊接过程示意图

此外，还须在孔道顶端和底端的翼板上各钻一个圆孔，其孔径比管极外径略大。上端孔外安装一个用纯铜做的引出装置，能通冷却水；下端孔外安装一个也是纯铜做的引弧器。图 9-36（a）是管极电渣焊焊前整个装置的示意图。

为了防止因焊接该焊缝引起钢柱的旁弯变形，一般都采取每块隔板左、右两端各设置一个同样的焊道，两个焊道对称同时施焊。

3）焊接材料

制造建筑钢结构用的材料主要是 Q235 钢和 Q345 钢两种，有时用 Q390 钢。焊接 Q235 钢一般选用 H08MnA 焊丝，焊接 Q345 钢选用 H10MnSi 或 H08MnMoA 焊丝；焊接 Q390 钢则可选用 H08MnA 或 H08MnMoVA 焊丝。

焊剂可采用 HJ360 和 HJ431 两种。

管状熔嘴通常是自行制作，其钢管一般选用 10、16 或 20 冷拔无缝钢管，其直径根据接头尺寸选用不同规格，其管壁厚约 2 ～ 3mm，但管内径要和焊丝直径相匹配。其涂料除起绝缘作用外，还起稳定电渣过程的作用，还可加入少量合金元素，以提高焊缝金属的力学性能，其主要成分与焊剂的性质尽量相近，表 9-20 是涂料配方举例。

表 9-20　管状熔嘴涂料配方举例

材料	锰矿粉	钛白粉	滑石粉	白云石	石英粉	萤石粉
质量分数 /%	36	8	21	2	21	12

为了保证顺利起弧，起弧前常在引弧器内预先放少许引弧屑，它取自软钢的切屑。

4）焊接设备选择

管状熔嘴电渣焊用的设备与普通熔嘴电渣焊设备基本相同，只是在送丝机构和熔嘴夹持机构上略有区别，稍作改装即可使用。

近年有生产专用的管状熔嘴电渣焊机，如 ZH-1250 型焊机，其主要特点是主电源采用晶闸管控制技术，动特性好，输出稳定，大电流焊接时，发热量少，可靠性高；送丝机构采用组合式送丝轮，提高其使用寿命，更换方便；机头位置三坐标调节，方便调整熔嘴位置，且设有熔嘴倾斜微调机构，调整方便；熔嘴夹持机构适合不同直径的熔嘴，更换熔嘴方便。图 9-37 是该焊机的外形图，其焊接小车结构简图如图 9-38 所示。

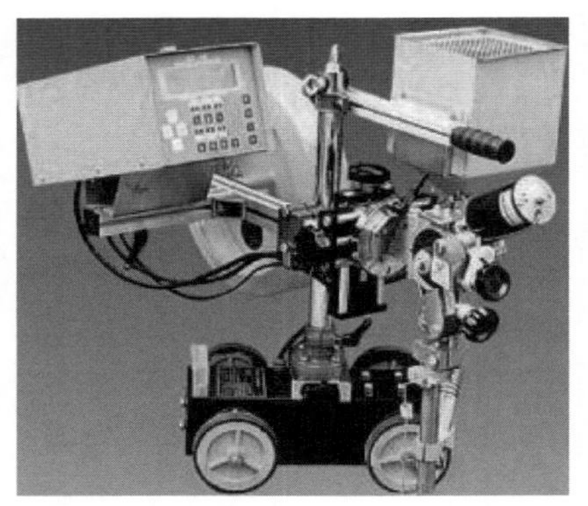

图 9-37　ZH-1250 型焊机外形

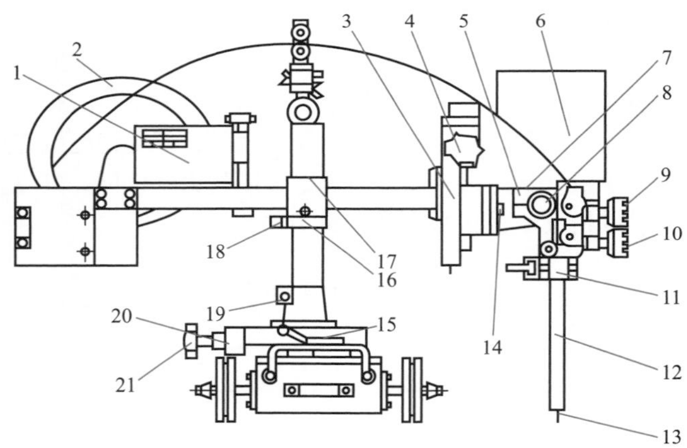

图 9-38　ZH-1250 型管状熔嘴电渣焊机焊接小车结构简图

1—机头控制箱；2—焊丝盘；3—纵向调节机构；4—机头垂直调节手柄；5—回转机构；6—焊剂漏斗；7—机头左右旋转螺钉；8—电动机减速调节机构；9—焊丝压紧手轮；10—焊丝矫直手轮；11—熔嘴夹紧机构；12—熔嘴；13—焊丝；14—机头侧面调节机构；15—拨叉机构；16，17—横梁锁紧机构；18—立柱回转手柄；19—焊车回转锁紧手柄；20—横向调节机构；21—机头水平调节手柄

若无专用电渣焊机，也可以采用 MZ-1000 型埋弧焊机（如图 9-39）改装。电源为交流，单极额定焊接电流 1000A 已满足要求。其送丝机构具有送丝速度电压反馈的功能，电压较高时送丝速度加快，电压降低时送丝随即减慢。

5）焊接参数

主要焊接参数有：焊丝直径、焊接电压、焊接电流、渣池深度和装配间隙。其中焊接电流和焊丝送给速度成严格的正比关系。要保证良好熔透，最大的影响因素是焊接电压。焊接电压越大，熔深越大。在焊接电压相同时，提高焊接电流，熔深反而减少。

渣池深度对熔池也有很大影响，渣深减小，熔深增加；渣深增大，则熔深减小。一般渣深为 40 ～ 50mm 时，焊接最稳定。表 9-21 为钢柱隔板和壁板管状熔嘴电渣焊的焊接参数，以供参考。

6）注意事项

① 应确保电源有充分的容量，使焊接电流和电压比较稳定。

② 焊接区内应彻底清除水、油、锈及其他有害异物。

③ 不得使用潮湿的或混有异物的焊剂和生锈的焊丝，不得使用吸潮、脱皮、破损或变质的管状熔嘴。

图 9-39　MZ-1000 型埋弧焊机外形

④ 仔细地调整熔嘴在坡口中的相对位置，使坡口四周钢板均可获得均衡的熔深。焊接过程中必须保持熔嘴的位置不出偏差，不和坡口四周钢板发生短路。

当腹板和隔板厚度相差悬殊时，要注意使焊接区四周金属受热均衡，以获得相同的熔深。例如，当腹板厚度远大于隔板时，焊接时腹板散热快，这时熔嘴的位置应略偏向腹板侧，如图 9-40（a）所示；若腹板较薄，散热慢易烧穿，则在腹板外侧增设水冷铜滑块以降低腹板的温度，如图 9-40（b）所示；当隔板较薄，用最小直径的管状熔嘴也难以施焊时，可以按如图 9-40（b）所示的用钢板条局部增厚隔板进行焊接。

表 9-21　钢柱管状熔嘴电渣焊的焊接参数

坡口形式	隔板厚度 t/mm	焊丝直径 /mm	管口外径 /mm	坡口间隙 /mm	焊接电压 /V	焊接电流 /A	焊接速度 /(cm/min)	渣池深度 /mm
	12	2.4	8 或 10	18	30 ～ 38	250 ～ 400	1.6 ～ 1.8	25 ～ 45
	16	2.4	8 或 10	18	30 ～ 38	250 ～ 400	1.6 ～ 2.8	25 ～ 45
	20	2.4 或 3.2	10	22	32 ～ 40	350 ～ 400	1.5 ～ 2.7	35 ～ 55
	25	2.4 或 3.2	12	25	32 ～ 40	380 ～ 440	1.5 ～ 2.5	35 ～ 35
	30	2.4 或 3.2	12	25	34 ～ 42	400 ～ 480	1.4 ～ 1.9	35 ～ 55
	40	2.4 或 3.2	12	28	40 ～ 44	450 ～ 500	1.2 ～ 1.5	35 ～ 55
	50	2.4 或 3.2	12	28	40 ～ 46	450 ～ 550	1.1 ～ 1.4	35 ～ 55
	60	2.4 或 3.2	12	28	40 ～ 48	480 ～ 600	1.0 ～ 1.4	35 ～ 55

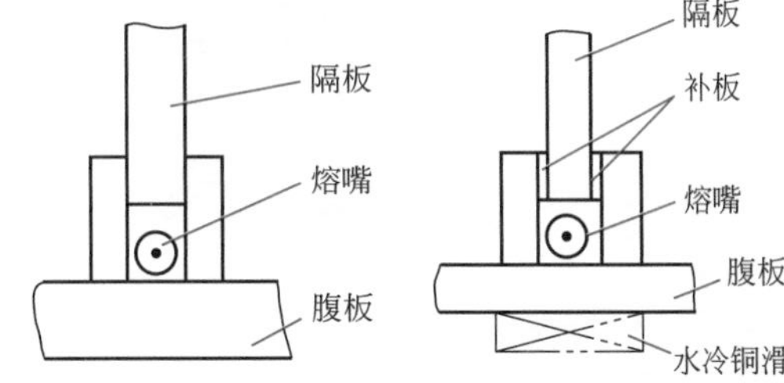

(a) 按板厚调整熔嘴的相对位置　　(b) 薄板局部增厚和强迫散热

图 9-40　按不同板厚调整焊接工艺措施

⑤ 挡板与壁板、隔板应尽可能紧密贴合，其间隙控制在 0.5mm 以下，并用耐火泥对其间隙进行密封处理。

⑥ 焊接过程中，时刻注意渣池深度，并调整之，可采用添加焊剂的方法，使渣池保持适当的深度。

⑦ 为了防止箱形柱焊后出现超标的旁弯或扭曲变形，应对两个焊道同步、同规范进行焊接，且必须一次焊成，中途不停顿。为此焊接参数必须是经过焊接工艺评定合格的，焊前要做好一切准备工作和备足所需焊接材料和各种器材。

⑧ 焊后焊缝须经超声波检验，不合格的焊缝须钻掉重新焊接。

9.4 电渣焊缺陷及质量检验

9.4.1 电渣焊接头的缺陷及质量检验

（1）质量检验

电渣焊接头的质量检验主要有外观检查和无损检测。

① 外观检查。焊后清除熔渣、割去起焊槽和引出板后检查焊接接头是否存在表面裂纹、未焊透、未熔合、夹渣、气孔等缺陷。如有这些缺陷应清除后进行焊补。

② 无损检测是对接头内部质量进行检查，主要采用超声波检测。对重要结构也可采用射线检测和磁粉检测。电渣焊接头中的面状缺陷，如裂纹、未焊透、未熔合等，具有方向性，因此对不同接头的超声波检测要选用不同形式的探头进行探测。

（2）电渣焊接头常见缺陷及其产生原因

电渣焊接头常见缺陷产生原因及其预防措施，见表 9-22。

9.4.2 电渣压焊质量与检验

（1）电渣焊接头的力学性能

研究表明，在合理焊接工艺条件下焊成的接头，在其拉伸试验中是断在母材上的，且抗振性能良好。只是焊缝金属的冲击韧度比母材和热影响区低，约为母材的 43.6%。但综合性能仍能满足一般工程的使用要求。

表 9-22 电渣焊接头常见缺陷及预防措施

名称	特征	产生原因	预防措施
热裂纹	① 热裂纹一般不伸展到焊缝表面，外观检查不能发现，多数分布在焊缝中心，呈直线状或放射状，也有的分布在等轴晶区和柱晶区交界处。热裂纹表面多呈氧化色彩，有的裂纹中有熔渣 ② 裂纹产生于焊接结束处或中间突然停止焊接处	① 焊丝送进速度过大造成熔池过深，是产生热裂纹的主要原因 ② 母材中的 S、P 等杂质元素含量过高 ③ 焊丝选用不当 ④ 引出结束部分的裂纹主要是由于焊接结束时，焊接送丝速度没有逐步降低	① 降低焊丝送进速度 ② 降低母材中 S、P 等杂质元素含量 ③ 选用抗热裂纹性能好的焊丝 ④ 金属件冒口应远离焊接面 ⑤ 焊接结束前应逐步降低焊丝送进速度
冷裂纹	冷裂纹多存在于母材或热影响区，也有的由热影响区或母材向焊缝中延伸。冷裂纹在焊接结构表面即可发现，开裂时有响声，裂纹表面有金属光泽	冷裂纹是由于焊接应力过大，金属较脆，因而沿着焊接接头处的应力集中处开裂（缺陷处） ① 复杂结构，焊缝很多，没有进行中间热处理 ② 高碳钢、合金钢焊后没及时进炉热处理 ③ 焊接结构设计不合理，焊缝密集，或焊缝在板的中间停焊 ④ 焊缝有未焊透、未熔合缺陷，又没及时清理 ⑤ 焊接过程中断，咬边没及时焊补	① 设计时，结构上避免密集焊缝及在板中间停焊 ② 焊缝很多的复杂结构，焊接一部分焊缝后，应进行中间清除应力热处理 ③ 高碳钢、合金钢焊后应及时进炉，有的要采取焊前预热、焊后保温措施 ④ 焊缝上的缺陷要及时清理，停焊处的咬边要趁热挖补 ⑤ 室温低于 0℃时，电渣焊后要尽快进炉，并采取保温措施
未焊透	焊接过程中母材没有熔化，与焊缝之间造成一定缝隙，内部有熔渣，在焊缝表面即可发现	① 焊接电压过低 ② 焊丝送进速度太小或太快 ③ 渣池太深 ④ 电渣过程不稳定 ⑤ 焊丝或熔嘴距水冷成形滑块太远，或在装配间隙中位置不正确	① 选择适当的焊接参数 ② 保持稳定的电渣过程 ③ 调整焊丝或熔嘴，使其距水冷成形滑块距离及在焊缝中位置符合工艺要求

续表

名称	特征	产生原因	预防措施
未熔合	焊接过程中母材已熔化，但焊缝金属与母材没有熔合，中间有片状夹渣，未熔合一般在焊缝表面即可发现，但也有不延伸至焊缝表面的情况	① 焊接电压过高，送丝速度过低 ② 渣池过深 ③ 电渣过程不稳定 ④ 熔剂熔点过高	① 选择适当的焊接参数 ② 保持电渣过程稳定 ③ 选择适当的熔剂
气孔	氢气孔在焊缝断面上呈圆形，在纵断面上沿焊缝中心线方向生长，多集中于焊缝局部地区	主要是有水分进入渣池 ① 水冷成形滑块漏水 ② 耐火泥进入渣池 ③ 熔剂潮湿	① 焊前仔细检查水冷成形滑块 ② 熔剂应烘干
	一氧化碳气孔在焊缝横截面上呈密集的蛹形 在纵截面上沿柱晶方向生长，一般整条焊缝都有	① 采用无硅焊丝焊接沸腾钢，或含硅量低的钢 ② 大量氧化铁进入渣池	① 焊接沸腾钢时采用含硅焊丝 ② 工件焊接面应仔细清除氧化皮，焊接材料应去锈
夹渣	常存在于电渣焊焊缝中或熔合线上，常呈圆形，有熔渣	① 电渣过程不稳定 ② 熔剂熔点过高 ③ 熔嘴电渣焊时，采用玻璃丝棉绝缘时，绝缘块进入渣池数量过多	① 保持电渣过程稳定 ② 选择适当熔剂 ③ 不采用玻璃丝棉的绝缘方式

（2）焊接接头的质量检验

在生产现场对焊接接头只能进行外观检查，其力学性能试验是按批随机抽查其抗拉强度。对外观质量有以下几点要求。

① 焊包周围匀称，凸出钢筋表面高度应大于或等于 4mm。

② 电极与钢筋接触处，无明显烧伤缺陷。

③ 接头的弯折角不大于 4°。

④ 接头处轴线偏移不超过钢筋直径的 1/10，同时不大于 2mm。

拉伸试验是在建筑现场中以 300 个同级别钢筋接头作为一批，不足 300 个接头的也作为一批，随机截取 3 个试件进行拉伸试验，这 3 个试件的抗拉强度均不得低于该级别钢筋的抗拉强度。若有一个不合格，则再取 6 个试件进行复验，复验中若仍有一个不合格，则判定该批接头为

不合格品。

（3）电渣压焊缺陷及消除措施

钢筋电渣压焊常见的焊接缺陷及其消除措施见表 9-23。

表 9-23　钢筋电渣压焊常见的焊接缺陷及其消除措施

焊接缺陷	消除措施
轴线偏移	① 矫直钢筋端部 ② 正确安装夹具和钢筋 ③ 避免过大的顶压力 ④ 及时修理和更换夹具
弯折	① 矫直钢筋端部 ② 注意安装与调整上钢筋 ③ 避免过早卸夹具 ④ 修理和更换夹具
咬边	① 减小焊接电流 ② 缩短焊接时间 ③ 注意下钳口的起始点，确保上钢筋顶压到位
未焊合	① 增大焊接电流 ② 适当增加焊接时间 ③ 检修夹具，保证上钢筋下送自如
焊包不均匀	① 钢筋端面力求平整 ② 填装焊剂尽量均匀 ③ 适当延长焊接时间，以增加熔化量
气孔	① 按规定焊前烘干焊剂 ② 清除钢筋焊接端部的油、锈 ③ 确保钢筋埋入焊剂的深度符合要求
烧伤	① 钢筋导电处去锈，使之与电极夹良好接触 ② 尽量夹紧钢筋
焊包下淌	① 彻底封堵焊剂罐的漏孔 ② 避免焊后过快回收焊剂

第10章
等离子弧焊接与切割

10.1 等离子弧基础知识

10.1.1 等离子弧特点

等离子弧焊接与切割是在钨极氩弧焊的基础上形成的，是焊接领域中较有发展前途的一种先进工艺。利用等离子弧的高温，它可以焊接电弧焊所能焊接的金属材料，甚至解决了氩弧焊所不能解决的极薄金属焊接问题，还可以切割氧 - 乙炔焰不能切割的难熔金属和非金属。等离子弧具有高能量密度的压缩电弧，等离子弧焊接与切割已经成为合金钢及有色金属又一重要的加工工艺。目前，这项技术已经得到了广泛的应用。

（1）等离子弧的形成

一般焊接电弧是在未受到外界约束的情况下进行的，弧柱的直径随电弧电流及电压的变化而变化，能量不是高度集中，温度限制在 5730 ～ 7730℃，故称为“自由电弧”。如果对自由电弧的弧柱进行强迫“压缩”，就能将导电截面收缩得比较小，从而使能量更加集中，弧柱中气体充分电离，如图 10-1 所示。这样的电弧称为等离子弧。

等离子体是除固体、液体、气体之外物质的第四种存在形态，由气态物质电离而成，是由荷正电的离子、荷负电的电子和部分未电离的中性原子等粒子组成的，具有良好导电性的类似气体的物质。等离子弧是一种压缩的电弧，弧柱横切面减小，电流密度加大，电离程度提高。等离子弧比一般自由电弧能量更集中，弧柱温度更高，选取适当规范可以使等离子弧焰流具有很高的流速，产生很大的机械冲刷力，因此它成为适用于焊接、切割等加工的一种更为理想的能源。

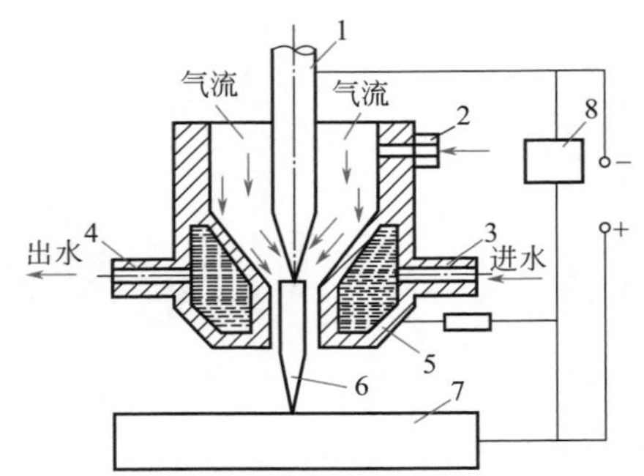

图 10-1　等离子弧产生装置原理示意图

1— 钨极；2—进气管；3—进水管；4—出水管；5—喷嘴；6—等离子弧；7—焊件；8—高频振荡器

对自由电弧的弧柱进行的强迫压缩作用通称“压缩效应”。“压缩效应”有如下三种形式：

① 机械压缩效应。如图 10-2（a）所示，在钨极（负极）和焊件（正极）之间加上一较高的电压，通过激发使气体电离形成电弧，此时，用具有一定压力的气体作用于弧柱，强迫其通过水冷喷嘴细孔，弧柱便受到机械压缩，使弧柱截面积缩小，称为机械压缩效应。

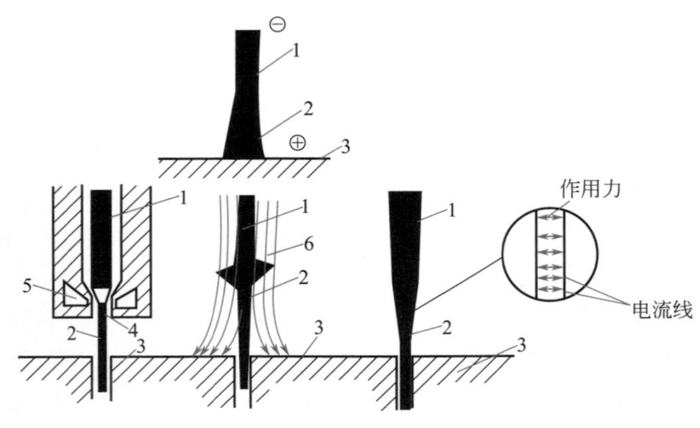

(a) 机械压缩效应　(b) 热收缩效应　(c) 磁收缩效应

图 10-2　等离子弧的压缩效应

1—钨极；2—电弧；3—工件；4—喷嘴；5—冷却水流；6—冷却气流

② 热收缩效应。当电弧通过水冷喷嘴，同时又受到不断送给的高速等离子气体流（氩气、氮气、氢气等）的冷却作用时，弧柱外围形成一个低温气流层，电离度急剧下降，迫使弧柱导电截面进一步缩小，电流密度进一步提高，弧柱的这种收缩称为热收缩效应［图 10-2（b）］。

③ 磁收缩效应。电弧弧柱受到机械压缩和产生热收缩效应后，喷嘴处等离子弧的电流密度大大提高。若把电弧看成一束平行的同向电流线，则其自身磁场所产生的电磁力，使之相互吸引，由此而产生电磁收缩力，这种磁收缩作用，迫使电弧更进一步地受到压缩，如图 10-2（c）所示。

在以上三种效应的作用下，弧柱被压缩到很细的程度，弧柱内气体也得到了高度的电离，温度高达 16000 ～ 33000℃，能量密度剧增，而且电弧挺度好，具有很强的机械冲刷力，形成高能束的等离子弧。

（2）等离子弧的特性

等离子弧的特点主要有以下几点：

① 温度高、能量集中。由于等离子弧的弧柱被压缩，使气体达到高度的电离，产生很高的温度。弧柱中心温度为 18000 ～ 24000K。等离子弧的能量集中，其能量密度可达 10^5 ～ 10^6W/cm^2。而自由状态的钨极氩弧弧柱中心温度 14000 ～ 18000K，能量密度小于 10^5W/cm^2。因此，等离子弧用于切割时，可切割任何金属，如导热性好的铜、铝等，以及熔点较高的铂、钨、各种合金钢、铸铁、低碳钢及不锈钢等。

② 导电及导热性能好。等离子弧的弧柱内，带电粒子经常处于加速的电场中，具有高导电及导热性能。所以在较小的断面内能够通过较大的电流，传导较多的热量。

③ 电弧挺直度好，稳定性强。经过压缩之后的等离子弧，形状发生了很大的变化，变成圆柱形，与一般电弧相比，弧柱发散角度仅为 5°，而自由状态的钨极氩弧为 45°，因而等离子弧具有较好的稳定性，弧长变化敏感性小，并且等离子弧的挺直度好，外界气流和磁场对等离子弧的影响较小，较少发生电弧偏吹和漂移现象。

④ 冲击力大。等离子弧在机械压缩、热收缩及磁收缩三种收缩效应的作用下，断面缩小，电流密度大，温升高，内部具有很大的膨胀力，迫使带电粒子从喷嘴高速喷出，焰流速度可达 300m/s 以上。因此，可以产生很大的冲击力。用于焊接，可以增加熔深；用于切割，可以吹掉熔渣；用于喷涂，可以喷出粉末等。

10.1.2 等离子弧类型及应用实例

(1) 等离子弧的类型及适用对象

根据电源的不同接法，等离子弧可以分为非转移型弧、转移型弧、联合型弧三种。

① 非转移型弧。钨极接电源负极，喷嘴接电源正极。等离子弧在钨极与喷嘴内表面之间产生［图 10-3（a）］，连续送入的等离子气体穿过电弧空间，形成从喷嘴喷出的等离子焰。这种等离子弧产生于钨极与喷嘴之间，工件本身不通电，而是被间接加热熔化，其热量的有效利用率不高，故不宜用于较厚材料的焊接和切割。

② 转移型弧。钨极接电源负极，工件和喷嘴接电源正极。首先在钨极和喷嘴之间引燃小电弧，随即接通钨极与工件之间的电路后，再切断喷嘴与钨极之间的电路，同时钨极与喷嘴间的电弧熄灭，电弧转移到钨极与工件间直接燃烧，这类电弧称为转移型弧［图 10-3（b）］。这种等离子弧可以直接加热工件，提高了热量有效利用率，故可用于中等厚度以上工件的焊接与切割。

③ 联合型弧。转移型弧和非转移型弧同时存在的等离子弧称为联合型弧［图 10-3（c）］。联合型弧的两个电弧分别由两个电源供电。主电源加在钨极和工件间产生等离子弧，是主要焊接热源。另一个电源加在钨极和喷嘴间产生小电弧，称为维持电弧。维持电弧在整个焊接过程中连续燃烧，其作用是维持气体电离，即在某种因素影响下，等离子弧中断时，依靠维持电弧可立即使等离子弧复燃。联合型弧主要用于微弧等离子焊接和粉末材料的喷焊。

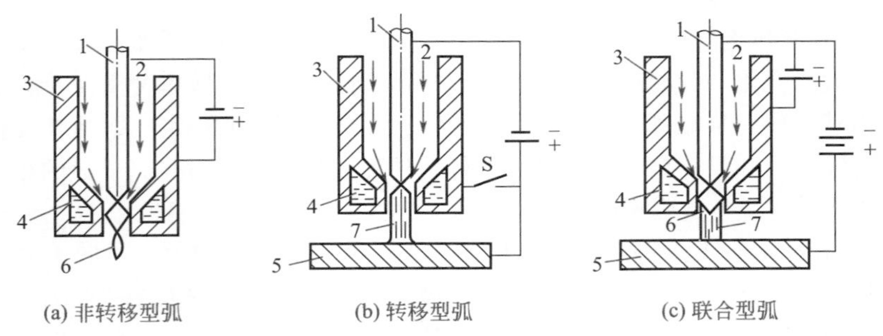

图 10-3 等离子弧的形式

1—钨极；2—等离子气；3—喷嘴；4—冷却水孔；5—工件；6—非转移型弧；7—转移型弧

（2）等离子弧的生产应用实例

等离子弧的应用有很多，随着等离子弧技术的不断成熟与发展，它将广泛地被应用在生产的各个方面。目前其主要的应用有以下几方面。

① 等离子弧焊接。等离子弧可以焊接高熔点的合金钢、不锈钢、镍及镍合金、钛及钛合金、铝及铝合金等（图 10-4）。充氩箱内的等离子弧还可以焊接钨、钼、铌、钽、锆及其合金。

② 等离子弧切割。等离子弧可以切割不锈钢、铸铁、钛、钼、钨、铜及铜合金、铝及铝合金等难以切割的材料（图 10-5）。采用非转移型等离子弧，还可以切割花岗石、碳化硅等非金属。

③ 等离子弧堆焊。等离子弧堆焊可分为粉末等离子弧堆焊和填丝等离子弧堆焊（图 10-6）。等离子弧堆焊是用等离子弧作主热源，用非转移型弧作二次热源，其特点是堆焊的熔敷速度较高、堆焊层熔深浅、稀释率低，并且稀释率及表面形状易于控制。

图 10-4　等离子弧焊接

图 10-5　等离子弧切割

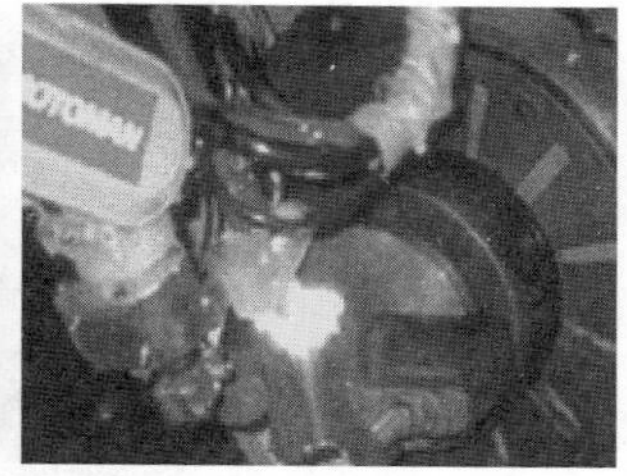

图 10-6　等离子弧堆焊

④ 等离子喷涂。等离子喷涂是以等离子焰流（即非转移型等离子弧）为热源，将粉末喷涂材料加热并加速，喷射到工件表面上形成喷涂层的工艺方法（图 10-7）。

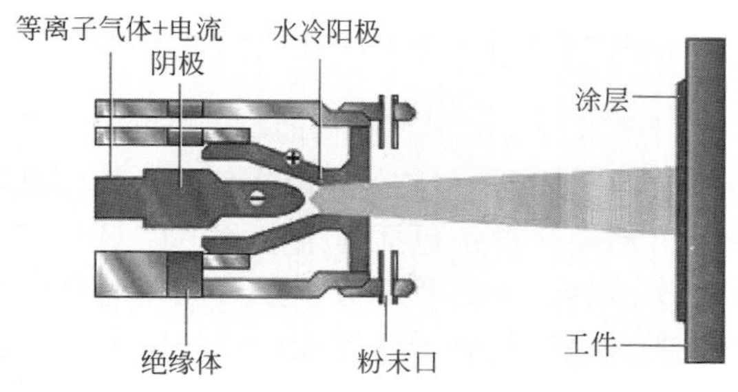

图 10-7　等离子喷涂

⑤ 其他方面的应用。等离子弧的特点使其在冶金、化工以及空间技术领域中都有许多重要的应用。等离子弧的温度高、能量集中、气流速度快，可使用各种工作介质，并且它的功率及各种特性均有很大的调节范围，这些特点使等离子弧的实际应用有着非常广阔的前景。

10.2 等离子弧焊接与切割设备

10.2.1 等离子弧焊接设备的组成及选择实例

等离子弧焊接是国内外近年来才发展起来的一项先进工艺。它几乎可以焊接电弧焊所能焊接的所有材料和多种难熔金属及特种金属材料，并具有很多优越性。在极薄金属焊接方面，它解决了氩弧焊所不能进行的材料和焊件的焊接。

借助水冷喷嘴对电弧的拘束作用，用获得较高能量密度的等离子弧进行焊接的方法，称为等离子弧焊接。等离子弧焊接是利用具有特殊构造的等离子焊枪所产生的高温等离子弧来熔化金属（见图 10-8），它所采用的工作气体可分为离子气和保护气两种。

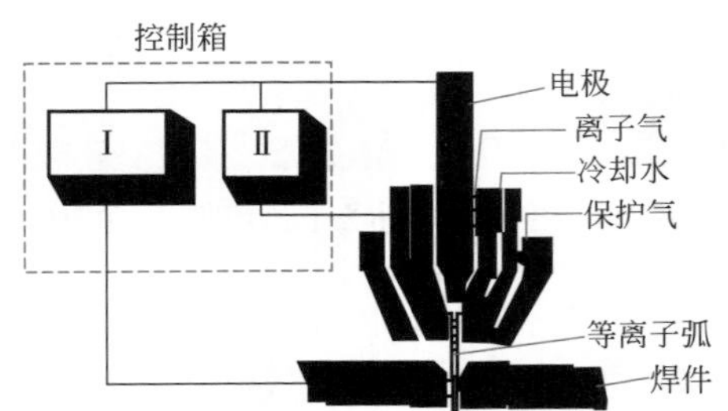

图 10-8 等离子弧焊接示意图

I—等离子弧焊接电源；II—启动电弧电源

等离子弧焊设备可分为手工焊和自动焊设备两类。手工焊设备包括焊接电源、控制电路、焊枪、气路及水路等部分，其外部连接如图 10-9 所示。机械化（自动焊）设备包括焊接电源、控制电路、焊枪、气路及水路、焊接小车或转动夹具等部分。按照焊接电流的大小，等离子弧焊设备可以分为大电流等离子弧焊接设备和微束等离子弧焊接设备两类。

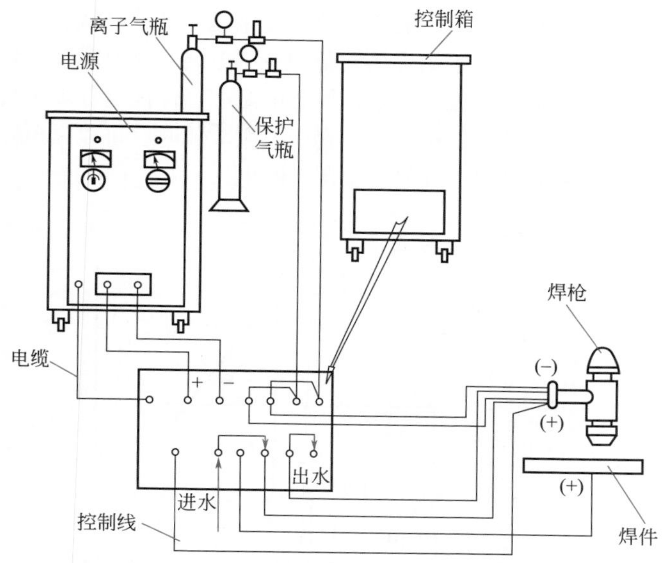

图 10-9 等离子弧焊接外部线路连接示意图

(1) 焊接电源的选择诀窍

等离子弧焊接电源具有下降或垂降外特性。采用纯 Ar 或 φ_{Ar}93%+φ_{H_2}7% 的混合气体作离子气时，电源空载电压为 65 ～ 80V。如果采用纯 He 或 φ_{H_2} 高于 7% 的 H_2 及 Ar 的混合气体时，为了可靠地引弧，则需要采用具有较高空载电压的焊接电源。

大电流等离子弧大都采用转移型。首先在钨极与喷嘴之间引燃非转移型弧，然后再在钨极与工件之间引燃转移型弧。转移型弧产生之后随即切除非转移型弧。因此，转移型弧和非转移型弧可以合用一个电源。

电流低于 30A 的微束等离子弧焊接，都是采用联合型弧。因为焊接过程中需要同时保持非转移型弧与转移型弧，所以需要采用两个独立的电源。

(2) 控制电路的作用及选择诀窍

控制电路的设计，就是使焊接设备按照焊件的焊接程序控制图的要求完成一系列的规定动作。图 10-10 为焊接程序控制图。控制电路应当保证焊接程序的实施，如调节离子气预通时间、保护气预通时间、焊件预热时间、电流衰减时间、离子气流衰减时间以及保护气滞后时间等。脉冲等离

子弧焊接的控制电路，还应当能够调节基值电流、脉冲电流、占空比或脉冲频率等。对于微束等离子弧焊接设备的控制电路，还要能够分别调节非转移型弧和转移型弧的电流。总之，控制电路应当保证全部焊接过程自动按规定的程序进行。此外，在焊接过程中发生故障时，可以紧急停车；若冷却水中断或堵塞时，焊接过程立即自动停止。

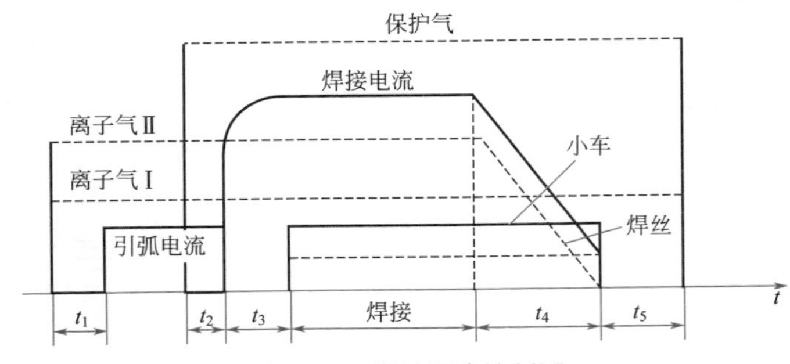

图 10-10　焊接程序控制图

t_1—预通离子气时间；t_2—预通保护气时间；t_3—预热时间；t_4—电流衰减时间；t_5—滞后关气时间

（3）等离子弧引燃装置的使用技巧

对于大电流等离子弧焊接系统，可在焊接回路中叠加高频振荡器或小功率高压脉冲装置。依靠产生的高频火花或高压脉冲，在钨极与喷嘴之间引燃非转移型弧。

微束等离子弧焊接系统引燃非转移型弧的方法有两种。一种是利用焊枪上的电极移动机构（弹簧机构或螺钉调节）向前推进电极，当电极尖端与压缩喷嘴接触后，回抽电极即可引燃非转移型弧。另一种方法是采用高频振荡器引燃非转移型弧。

（4）气路和水路系统

气路系统如图 10-11 所示。手工等离子弧焊气路比氩弧焊多一条输送离子气流的气路。水路系统与氩弧焊相似。冷却水由焊枪下部通入，再由焊枪上部流出，以保证对焊嘴和钨极的冷却作用。一般进水压力不小于0.2MPa。

（5）典型等离子弧焊机的型号及技术数据

大电流等离子弧焊机的型号及技术数据见表 10-1。

微束等离子弧焊机的型号及技术数据见表 10-2。

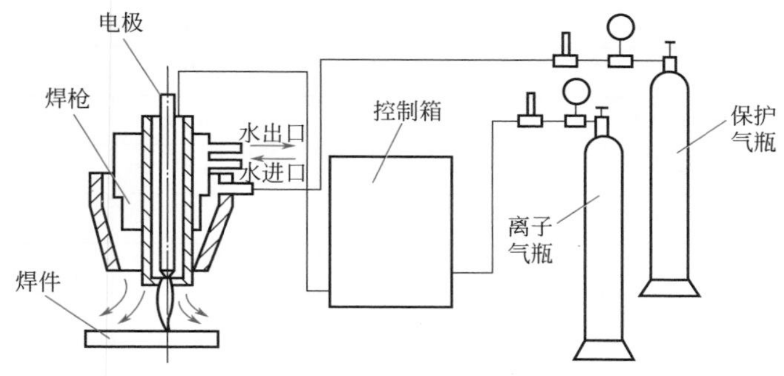

图 10-11 等离子弧焊气路系统

表 10-1 大电流等离子弧焊机的型号及技术数据

焊机名称	自动等离子弧焊机	手工交流等离子弧焊机	自动等离子弧焊接切割机
电源电压 /V	380	380	380
相数	3	1	3
电源频率 /Hz	50	50	50
电源型号	—	BX1-160	ZX-315
额定负载持续率 /%	—	60	60
空载电压 /V	100	150/110/80	70
额定焊接电流 /A	100	160	315
电流调节范围 /A	10 ～ 100	15 ～ 200	40 ～ 360
维弧空载电压 /V	140	—	—
维弧电流 /A	3	—	—
提前送气时间 /s	35	0.2 ～ 10	—
滞后停气时间 /s	5	2 ～ 15	—
冷却水耗量 /（L/h）	60	180	240
离子气（Ar）耗量 /（L/h）	60 ～ 160	100 ～ 800	—
保护气（Ar）耗量 /（L/h）	100 ～ 1000	100 ～ 800	—
控制器外形尺寸 /mm×mm×mm	720×510×1160	500×700×900	700×480×1610
控制器质量 /kg	250	75	—

表 10-2　微束等离子弧焊机的型号及技术数据

型号	LH-16	LH3-16	LH8-16
电源电压 /V	220	220	220
频率 /Hz	—	50	50 ～ 60
空载电压 /V	60	120	80（主弧）
额定焊接电流 /A	16	16	16
焊接电流调节范围 /A	10 ～ 40	—	—
维弧空载电压 /V	60%	—	60%
维弧电流 /A	0.4 ～ 16	0.1 ～ 20	0.4 ～ 16
电流调节范围 /A	≥ 80	100	—
冷却水流量 /（L/min）	—	3	—
离子气（Ar）耗量 /（L/h）	≥ 1	0.5	—
提前送气时间 /s	—	60	—
保护气（Ar）耗量 /（L/h）	—	600	—
脉冲频率调节范围 /Hz	—	—	1 ～ 20
脉冲占空比调节	—	—	0.25 ～ 0.75
控制器外形尺寸 /mm×mm×mm	670×450×560	560×330×1020	570×280×440
控制器质量 /kg	85	—	33

10.2.2　等离子弧焊接焊枪结构及选用诀窍

（1）焊枪结构及选用诀窍

焊枪是等离子弧焊接时，产生等离子弧并且进行焊接的装置。等离子弧焊枪主要由上枪体、下枪体和喷嘴三部分组成。上枪体的作用是固定电极、冷却电极、导电、调节钨极内缩长度等。下枪体的作用是固定喷嘴和保护罩，对下枪体及喷嘴进行冷却，输送离子气与保护气，以及使喷嘴导电，等等。上、下枪体之间要求绝缘可靠，气密性好，并有较高的同轴度。

图 10-12 是手工等离子弧焊枪结构示意图，图 10-13 为电流容量 300A、喷嘴采用直接水冷的大电流等离子弧焊枪。图 10-14 是电流容量为 16A、喷嘴采用间接水冷的微束等离子弧焊枪。

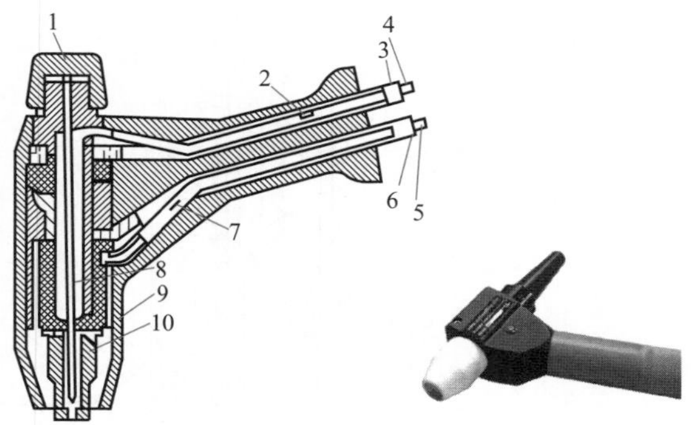

图 10-12　手工等离子弧焊枪结构示意图

1—绝缘帽；2—离子气进口；3—冷却水出口；4—非转移型弧和转移型弧导线（接电源正极）；5—非转移型弧导线（接电源正极）；6—冷却水进口；7—保护气进口；8—钨电极；9—保护气罩；10—压缩喷嘴

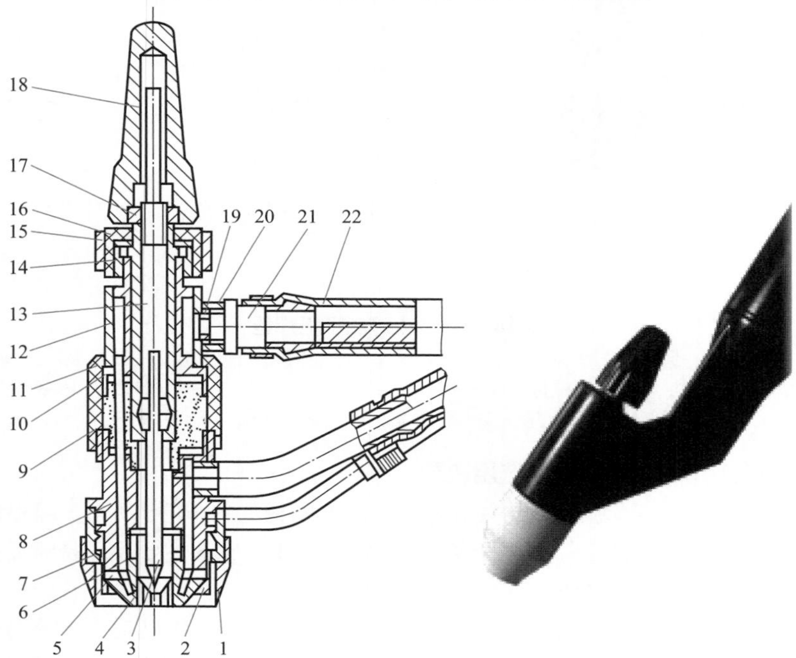

图 10-13　大电流等离子弧焊枪

1—保护罩；2—喷嘴压盖；3—钨极；4—喷嘴；5，6—密封垫圈；7—气筛；8—下枪体；9—绝缘柱；10—密封垫圈；11—绝缘套；12—上枪体；13—钨极夹；14—套筒；15—压紧螺母；16—绝缘帽；17—调节螺钉；18—绝缘罩；19—密封垫圈；20—黄铜垫圈；21—水电接头；22—绝缘把手

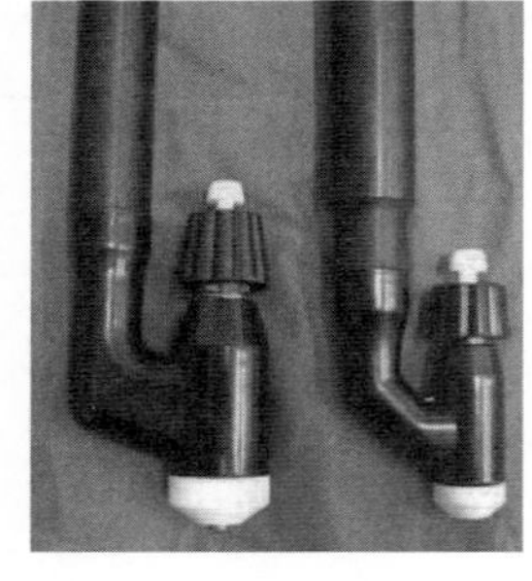

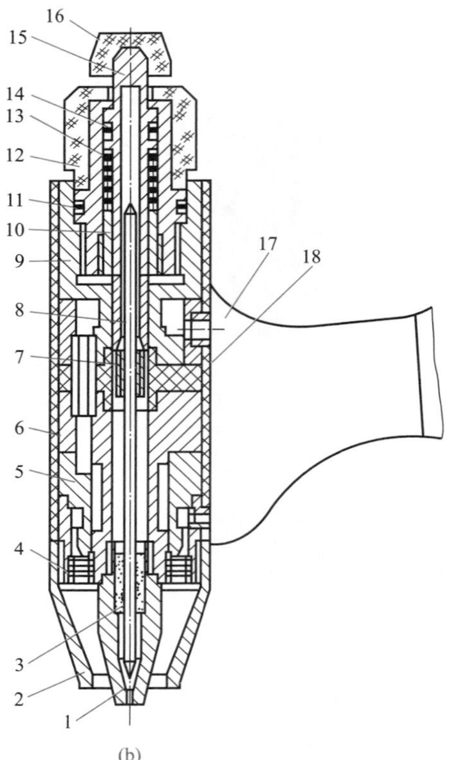

(a) (b)

图 10-14 微束等离子弧焊枪

1—喷嘴；2—保护罩；3—对中环；4—气筛；5—下枪体；6—绝缘套；7—钨极夹；8—钨极；9—上枪体；10—调节螺母；11—密封垫圈；12—绝缘罩；13—压缩弹簧；14—密封垫圈；15—钨极套筒；16—绝缘帽；17—焊枪把手；18—绝缘柱

（2）焊枪喷嘴结构及选用诀窍

喷嘴是等离子弧焊枪的关键零件，基本结构如图 10-15 所示。喷嘴的结构类型及尺寸对等离子弧的性能起决定性作用，它的主要尺寸是喷嘴孔径 d、孔道长度 l、压缩角 α。

① 喷嘴结构。图 10-15（a）（b）喷嘴为圆柱形压缩孔道，是等离子弧焊中应用广泛的类型。图 10-15（c）为收敛扩散单孔型喷嘴，它减弱了对等离子弧的压缩作用，但是这种喷嘴适用于大电流、厚板的焊接。图 10-15（b）喷嘴为圆柱三孔型。三孔型喷嘴除了中心主孔外，其左右各有一个小孔，相互对称。从这两个小孔喷出的等离子气流可将等离子弧

产生的圆形温度场改变成椭圆形。当椭圆形温度场的长轴平行于焊接方向时，可以提高焊接速度和减小焊缝热影响区宽度。例如，圆柱三孔型喷嘴比单孔型可提高焊接速度 30% ～ 50%。

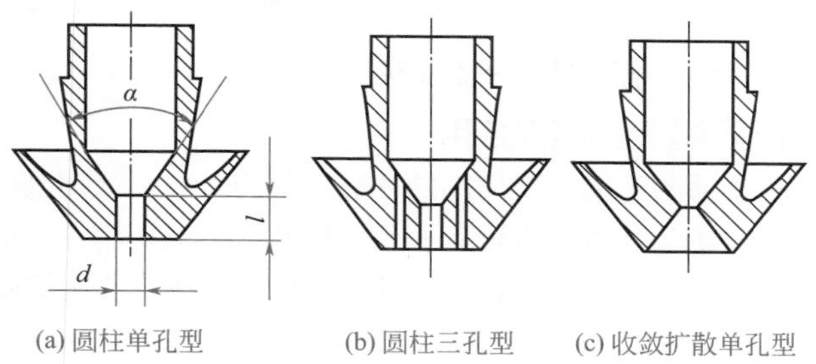

图 10-15　喷嘴的基本结构

② 喷嘴孔径 d 。孔径 d 将决定等离子弧的直径和能量密度。d 的大小是由电流及离子气流量来决定的。表 10-3 列出了等离子弧电流与喷嘴孔径间的关系。对于一定的电流值和离子气流量，孔径越大，其压缩作用越小。如果孔径过大，失去压缩作用；孔径过小，则会引起双弧现象，破坏等离子弧的稳定性。

表 10-3　等离子弧电流与喷嘴孔径间的关系

喷嘴孔径 *d*/mm	0.8	1.6	2.1	2.5	3.2	4.8
等离子弧电流 /A	1 ～ 25	20 ～ 75	40 ～ 100	100 ～ 200	150 ～ 300	200 ～ 500
离子气流（Ar）/（L/min）	0.24	0.47	0.94	1.89	2.36	2.83

③ 喷嘴孔道长度 l。当孔道直径 d 为定值时，孔道长度 l 增大则对等离子弧的压缩作用也增强。通常以 l/d 表示喷嘴孔道的压缩特征，称为孔道比。常用的孔道比见表 10-4。当孔道比超过一定值时，也会造成双弧现象。

表 10-4　喷嘴孔道比

喷嘴孔径 *d*/mm	孔道比 *l/d*	压缩角 *α*/（°）	等离子弧类型
0.6 ～ 1.2	2.0 ～ 6.0	25 ～ 45	联合型弧
1.6 ～ 3.5	1.0 ～ 1.2	60 ～ 90	转移型弧

④ 压缩角 α。压缩角对等离子弧的压缩影响不大。考虑到与钨极端部形状的配合，通常选取 α 角为 60° ～ 90°，其中应用较多的是 60°。

⑤ 喷嘴材料及冷却方式选择。一般选用纯铜为喷嘴材料。大功率喷嘴必须采用直接水冷方式，为提高冷却效果，喷嘴壁厚应不大于 2 ～ 2.5mm。

10.2.3 等离子弧切割原理、分类及应用特点

(1) 等离子弧切割原理及应用

利用等离子弧的热能实现切割的方法，称为等离子弧切割。等离子弧切割的原理是以高温、高速的等离子弧为热源，将被切割件局部熔化，并利用压缩的高速气流的机械冲刷力，将已熔化的金属或非金属吹走而形成狭窄切口，如图 10-16 所示。

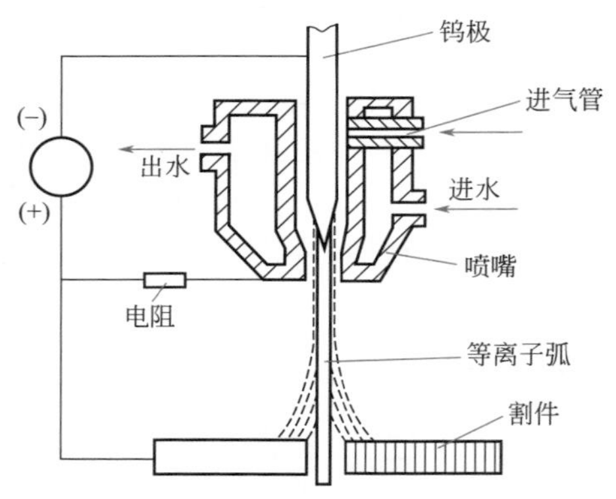

图 10-16　等离子弧切割示意图

等离子弧是一种比较理想的切割热源，它可以切割氧 - 乙炔焰和普通电弧所不能切割或难以切割的铝、铜、镍、钛、铸铁、不锈钢和高合金钢等，并能切割任何难熔金属和非金属。其切割速度快，生产效率高，热影响区变形小，割口比较狭窄、光洁、整齐且不粘渣，质量好。

等离子弧切割均采用具有陡降外特性的直流电源，要求具有较高的空载电压和工作电压，一般空载电压在 150 ～ 400V 之间。通用电源类型有两种：一种是专用弧焊硅整流器电源，另一种可用两台以上普通弧焊发电机串联。电极采用钍钨极或铈钨极。工作气体采用氮、氩、氢以及它们的混合气体，常用的是氮气。

等离子弧切割的工艺参数，主要有空载电压、切割电流、工作电压、

气体流量、切割速度、喷嘴到割件的距离、钨极到喷嘴端面的距离及喷嘴尺寸等。工艺参数的选择方法是：首先根据割件厚度和材料性质选择合适的功率，根据功率选择切割电流大小，然后决定喷嘴孔径和电极直径，再选择适当的气体流量及切割速度，便可获得质量良好的割缝。

等离子弧切割原理与一般氧 - 乙炔焰切割原理有本质上的不同。它主要是依靠高温高速的等离子弧及其焰流，把被切割的材料局部熔化及蒸发并吹离基体，随着等离子弧割炬的移动而形成狭窄的切缝。

等离子弧柱的温度高，远远超过所有金属和非金属的熔点，因此等离子弧切割过程不是依靠氧化反应，而是靠熔化来切割材料，因而比氧 - 乙炔焰切割方法的适用范围大得多，能够切割大部分金属和非金属材料。

采用转移型等离子弧切割金属材料时，其热源来自三个方面：切口上部的等离子弧柱的辐射能量、切口中部的阳极斑点的能量和切口下部的等离子弧焰流的热传导能量（图 10-17）。其中阳极斑点的能量对切口的热作用最为强烈。

（2）等离子弧切割分类

等离子弧切割分普通等离子弧切割、水再压缩等离子弧切割和空气等离子弧切割三种。

1）普通等离子弧切割及使用场合

普通等离子弧切割又有转移弧和非转移弧之分，非转移弧适宜切割非金属材料。图 10-18 为等离子弧切割原理示意，等离子弧切割的离子气与切割气共用一路气体，所以割炬结构简单。为提高等离子弧能量，切割气宜采用双原子气体。切割薄板可采用小电流等离子弧（微束等离子弧）。

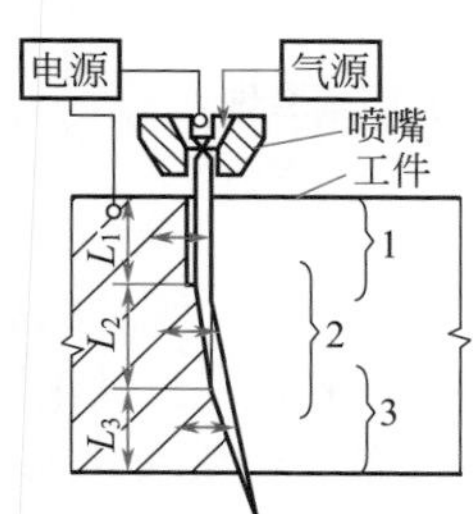

图 10-17　切割时能量分布示意图

L_1—弧柱切割区的长度；L_2—阳极斑点切割区的长度；L_3—等离子弧焰切割区的长度；1—弧柱作用区；2—阳极斑点作用区；3—等离子弧焰作用区

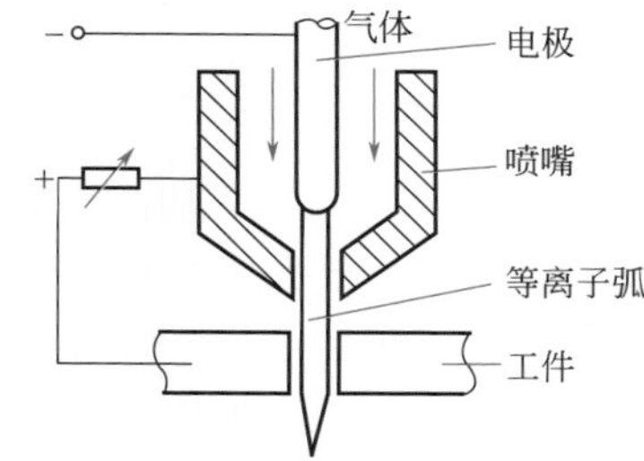

图 10-18　等离子弧切割原理

2）水再压缩等离子弧切割及使用场合

水再压缩等离子弧除切割气流外，还从喷嘴中喷出高速水流。高速水流有三种作用：增加喷嘴的冷却，从而增强电弧的热收缩效应；一部分压缩水被蒸发，分解成氢与氧一起参与构成切割气体；由于氧的存在，特别是在切割低碳钢和低合金钢时，引起剧烈的氧化反应，增强了材质的燃烧和熔化。

水再压缩等离子弧切割通常在水中进行，这样不仅减小了割件的热变形，而且水还吸收了切割噪声、电弧紫外线、灰尘、烟气、飞溅等，因而大大改善了工作环境。图 10-19（a）（b）分别表示压缩水的两种喷射形式，其中径向喷水式对电弧的压缩作用更强烈。水再压缩等离子弧切割的缺点是：由于割枪置于水中，引弧时先要排开枪体内的水，因而离子气流量增大，引弧困难，必须提高电源的空载电压；水对引弧高频电有强烈的吸收作用，因而在割枪结构上要增强枪体与水的隔绝，必须提高高频振荡器的功率；水的电阻比空气小得多，因而易于发生双弧现象。

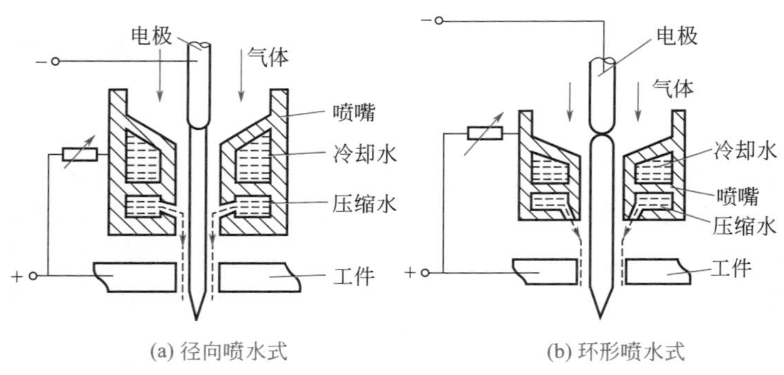

图 10-19　水再压缩等离子弧切割原理

3）空气等离子弧切割及使用场合

空气等离子弧切割分为两种形式，图 10-20（a）所示的离子气和切割气都为压缩空气，因而割枪结构简单，但压缩空气的氧化性很强，不能采用钨极，而应采用纯锆、纯铪或其合金做成镶嵌式电极。图 10-20（b）所示的离子气为惰性气体，切割气为压缩空气，因而割枪结构复杂，但可以采用钨极。空气等离子弧的温度为 10000 ～ 18000K，分解和电离后的氧会与割件金属产生强烈的氧化反应，因而适宜切割碳钢和低合金钢。

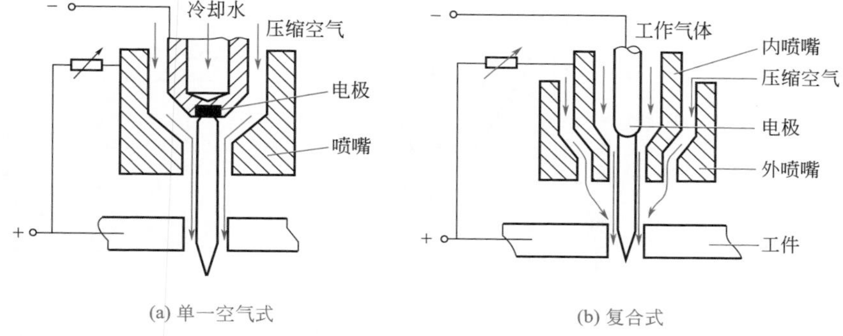

图 10-20　空气等离子弧切割原理

空气等离子弧切割摒弃了传统的用惰性气体作离子气，采用取之不尽的干燥空气经压缩后直接接入喷嘴作为工作气体。空气是氮的体积分数约为 80% 和氧的体积分数约为 20% 的混合气，其切割性能介于氮等离子弧和氧等离子弧之间。因此既可用于切割不锈钢和铝合金，也适合于切割碳素钢和低合金钢等。

由于等离子弧中含有氧气，切割碳素钢时，切口中氧与铁的放热反应提供附加的热量，同时生成表面张力低、流动性好的 FeO 熔渣，改善了切口中熔融金属的流动特性，因此不但切割速度快，而且切割面较光洁，切口下线基本上不粘渣，切割面的倾斜角也小（一般在 3° 以下）。但是，空气对高温状态的钨会产生氧化反应，为此，采用锆、铪或其合金作电极。为了提高电极寿命，电极一般做成直接水冷的镶嵌式形状。小电流时，也可不用水冷。

空气等离子弧切割法的主要缺点是:

① 切割面上附有氧化物层，焊接时焊缝中会产生气孔。因此，用于焊接的切割边，需用砂轮打磨，耗费工时。

② 电极和喷嘴易损耗，使用寿命短，需经常更换。

由于压缩空气成本低，尤其是加工工业中应用最多的碳素钢和低合金钢的切割速度快、热变形小，颇受工业部门的重视。切割不锈钢和铝合金时，氧与铝和不锈钢中的铬起反应，形成高熔点氧化物，因此切割面比较粗糙。

空气等离子弧切割与气割法的切割速度比较见图 10-21。由图可见，空气等离子弧切割速度比低压扩散形喷嘴快好几倍。

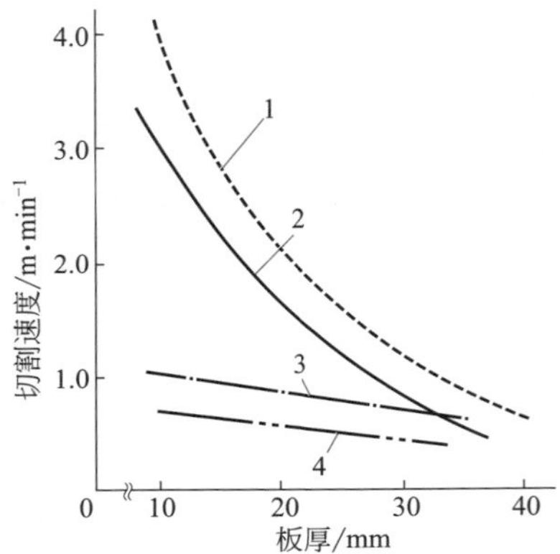

图 10-21　空气等离子弧切割速度与气割速度比较

1—250A 空气等离子弧切割（割断速度）；2—250A 空气等离子弧切割（实用切割速度）；3—高压扩散形割嘴（切割氧压力 1.57MPa）气割；4—低压扩散形割嘴（切割氧压力 0.69MPa）气割

空气等离子弧切割按所使用的工作电流大小一般分大电流切割法和小电流切割法。大电流空气等离子弧切割，其工作电流在 100A 以上，实际使用时多为 150 ～ 300A，采用水冷式割炬结构，其应用面并不很广。

小电流空气等离子弧切割，其工作电流小于 100A。因切割电流低，喷嘴和电极等受热减少，一般不需使用水冷却，而用空气冷却即可，从而使割炬结构简化、重量减轻、体积缩小，甚至可制成微型笔状割炬。图 10-22 所示为小电流空气等离子弧切割的原理图。

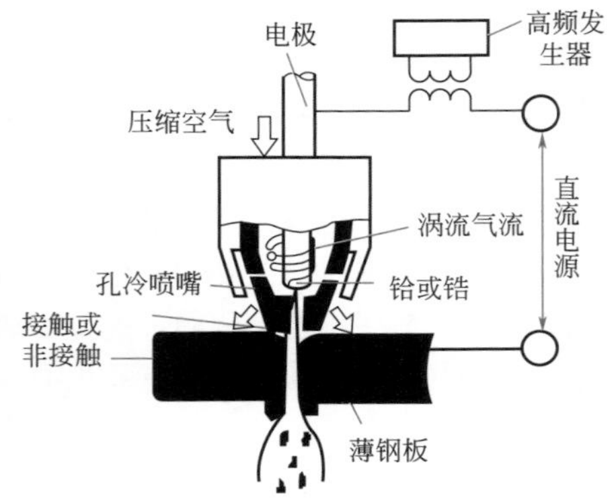

图 10-22　小电流空气等离子弧切割原理图

由于小型割炬既可手持切割又可安装到各种小型切割机上使用，耗电量也小，而且能用同一把割炬切割碳素钢、不锈钢及有色金属，适应性好，特别适合多品种、小批量生产的中小企业使用。

小电流空气等离子弧切割的工艺特点：

a. 可切割厚 0.1mm 的薄金属，包括镀锌板和表面预先涂装的彩色板，切割后不影响涂装层的质量。因此在钣金及薄板零件的裁切中可替代剪切、锯切等机械切割法，提高零件的加工精度，可解决机械切割难以加工的曲线边和内部开孔等困难。

b. 切割质量好，切口宽度小，熔渣黏附少。在采用接触式工艺切割薄板时，其质量甚至优于气割，而且切割变形大大减小。

c. 可施行接触式切割。通过适当地选择喷嘴孔径和气体流量，某些切割电流低于 70A 的割炬可将喷嘴直接靠在工件上进行切割（即接触式切割），且不会产生“双弧”现象，大大改善了切割性能以及操作性和安全性。

小电流等离子弧接触式与非接触式切割的工艺操作性对比见表 10-5。

表 10-5 接触式与非接触式切割的工艺操作性比较

项目	接触式切割	非接触式切割
切割性能	切口宽度小 切口上缘不熔塌 切割面近于垂直 熔渣黏附很少	切口宽度大 切口上缘出现熔塌 切割面有斜角 略有粘渣现象
操作性	电弧长度固定 割炬抖动少	电弧长度有波动 割炬抖动较大
安全性	遮光好，不刺人眼 喷嘴与工件同电位，防触电性好	弧光强，刺眼 需借助保护罩绝缘

（3）等离子弧切割特点

等离子弧能量集中，温度高，具有很大的机械冲击力，并且电弧稳定，因而等离子弧切割具有下列特点：

① 可以切割目前常用的任何金属。包括黑色金属、有色金属及各种高熔点金属，如不锈钢、耐热钢、铸铁，以及钨、钼、钛、铜、铝及它们的合金等。切割不锈钢、铝等达 200mm 以上。采用非转移型等离子弧还

可以切割各种非金属材料，如耐火砖、混凝土、花岗岩、碳化硅等。

② 切割速度快，生产率高。例如切 10mm 厚的铝板，速度可达 200 ～ 300m/h，切 12mm 厚的不锈钢板，速度可达 100 ～ 130m/h。

③ 切割质量高。切口狭窄，光洁整齐，切口的变形及热影响区小，硬度及化学成分变化小，通常可以切后直接进行焊接，无需再对坡口进行加工清理等。

④ 切割厚板的能力不及气割，切口宽度和切割面斜角较大。但切割薄板时采用特种割炬或工艺可获得接近垂直的切割面。

10.2.4 等离子弧切割设备的组成及应用实例

（1）等离子弧切割设备组成及作用

等离子弧切割装置的构成如图 10-23 所示，通常由电源、高频发生器、供气系统、冷却水（气）系统、控制系统（控制箱）、割炬和切割工作台等装置和部件组成。其主要装置和部件的功能和组成示于表 10-6。

表 10-6 手工等离子弧切割装置的主要部件及其功能

装 置	功能及组成
电 源	供给切割所需的工作电压和电流，并具有相应的外特性。目前基本上使用直流电源
高频发生器	引燃等离子弧，通常设计成能产生 3 ～ 6kV 高电压、2 ～ 3MHz 高频电流。一旦主电弧建立，高频发生器电路自行断开。现在某些国产小电流空气等离子弧采用接触引弧方式，则不需高频发生器
供气系统	连续、稳定地供给等离子弧工作气体。通常由气瓶（包括压力调节器、流量计）或小型空气压缩机、供气管路和电气阀等组成。使用两种以上工作气体时需设气体混合器和储气罐
冷却水（气）系统	向割炬（和电源）供给冷却水，冷却电极、喷嘴（和电源）等使之不致过热。通常可以使用自来水，当需要量大或采用内循环冷却时，需配备水泵 水再压缩等离子弧切割装置，还要供给喷射水，需配高压泵。同时对冷却和喷射水的水质要求较高，有时需配冷却水软化装置 小电流空气等离子弧和氧等离子弧割炬只采用气冷时，不设水冷系统，由供气系统供给
割炬	产生等离子弧并施行切割的部件，对切割效率和质量有直接的影响
控制系统（控制箱）	控制电弧的引燃、工作气体和冷却水的压力和流量及调节切割参数等

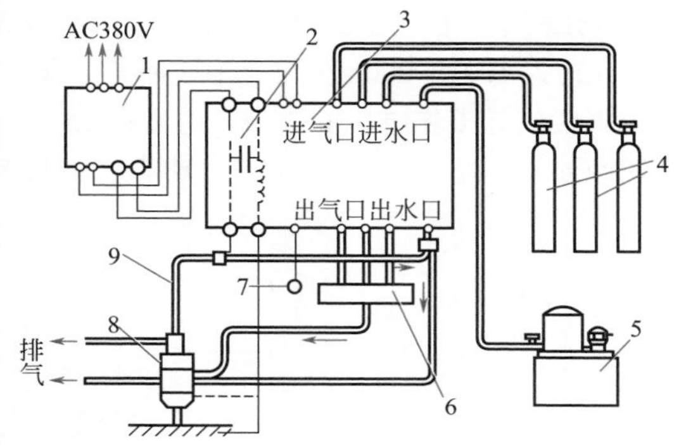

图 10-23　等离子弧切割设备组成示意图

1—直流电源；2—高频发生器；3—控制箱；4—气瓶；5—冷却水泵；6—气体混合器；7—启动开关；8—割炬；9—水冷电缆

（2）等离子弧切割电源选择诀窍

1）等离子弧切割对电源的基本要求

等离子弧切割采用直流电源，它应符合下列基本要求：

① 具有陡降外特性曲线；

② 具有高的空载电压和工作电压；

③ 引燃主电弧时电流上升不能太快。

根据等离子弧的静特性和切割过程中弧长频繁波动的现象，为保持稳定的等离子弧，电源的外特性应具有比焊条电弧焊电源更陡的、接近恒流特性的曲线。如图 10-24 所示，为等离子弧切割用电源的典型外特性曲线。

如图 10-24 所示，外特性为缓降特性时，一旦工作气体流量增大，电弧电压升高时，电弧静特性曲线就可能上移至电源外特性曲线的上面而发生灭弧现象。另外，等离子弧切割过程中，阳极斑点在切口中上下频繁地跳动引起弧长不断变化，且割炬高度的变动也会引起弧长改变。在缓降特性的场合，电流的波动值 ΔI_2 较大，易使切割过程不稳定。而在陡降特性场合，电流波动值 ΔI_1 很小（图 10-25），就能保证切割参数稳定，而且还能减少由于电流突然增大而引起双弧的可能性，有利于防止电极、喷嘴的烧损。

另一方面，由于切割通常使用氮、氧、氢等双原子气体，这些气体电离前要吸收大量分解热，电离电压较高，再加上等离子弧直径很细，电

流密度极高，所以弧柱单位长度上的电压降也大，因此等离子弧的工作电压比电弧焊要高，约为 100 ～ 200V。为维持这种高电压电弧的稳定燃烧，电源的空载电压一般应是工作电压的 2 倍，通常在 150 ～ 400V 之间（随所用的工作气体而异），切割大厚度板用的大功率电源要求空载电压高达 500V。

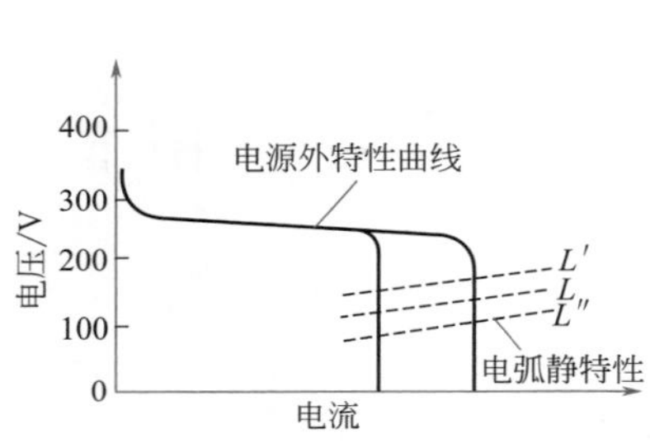

图 10-24　等离子弧切割用电源的典型外特性

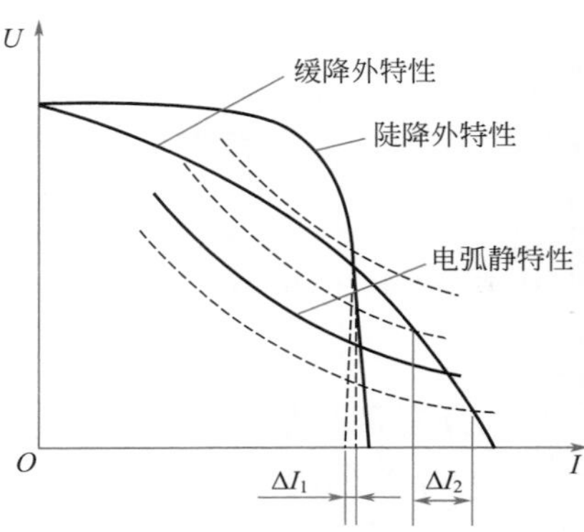

图 10-25　电弧外特性对电弧稳定性的影响

2）等离子弧切割电源的类型及选用

现有等离子弧切割用的电源品种：

① 三相磁饱和放大器硅整流电源；

② 三相动铁分磁式整流电源；

③ 饱和电抗器整流电源；

④ 晶闸管桥式整流电源；

⑤ 漏磁变压器加抽头电抗器整流电源；

⑥ 晶体管逆变电源。

现在国外生产的等离子弧切割电源的类型主要是：工作电流 100A 以下采用晶体管逆变电源，电流 100 ～ 700A 采用晶闸管桥式整流电源，电流大于 700A 时才采用饱和电抗器整流电源。

目前国产等离子弧切割电源按额定电流分：100A 及 100A 以下、250A、400A、500A 和 1000A 型等。前两种电流主要用于空气等离子弧切割，其中 100A 以下的也有晶体管逆变式的，还开发出了小电流等离子弧切割和焊条电弧焊两用逆变式电源。

当需要使用大电流切割厚件时，可将两台同型等离子弧切割电源并联使用。根据这一原理，国内已生产出多割炬和单割炬都适用的空气等离子弧切割机。

3）典型手工等离子弧切割机的技术数据

① 非氧化性气体等离子弧切割机。非氧化性气体（Ar、$Ar+H_2$、N_2、N_2+H_2、N_2+Ar 等）等离子弧主要适用于厚度较大的不锈钢和铝合金等有色金属。这类切割机国产的有 LG-400-1 型（自动切割和手工切割两用）及 LG3-400-1 型、LG-500 型和 LG-250 型（手工切割用）等，主要技术数据见表 10-7 和表 10-8。

表 10-7　LG-400-1 型等离子弧切割机技术数据

项目		数值	备注
控制箱电源电压 /V		220（交流）	—
切割电源空载电压 /V		330（交流）	—
额定切割电流 /A		400	—
电流调节范围 /A		100 ～ 500	—
额定负载持续率 /%		60	—
工作电压 /V		100 ～ 150	—
引弧电流（小电弧电流）		30 ～ 50	—
电极直径 /mm		5.5	—
自动切割速度 /m • h^{-1}		3 ～ 150	—
切割厚度 /mm	碳钢、铝、 不锈钢、纯铜	80 50	最大切割 100mm —
引弧气体流量 / L • h^{-1}		400	—
提前通引弧电流时间 /s		2	—
滞后关闭气流时间 /s		3	—
切割（主电弧）气体流量 /L • h^{-1}		约 3000	进气压为 0.3 ～ 0.4MPa
气体成分		工业纯氮气（99.9%）	也可用工业纯氢或氩氢、氮氢混合气体
冷却水流量 / L • h^{-1}		3 以上	—
切割圆弧直径 /mm		120 以上	—
切缝左右方向		250	—
切缝高低方向		150	—
沿切缝垂直的侧面倾角 / (°)		向内向外各 10	—
沿切缝前后倾角 / (°)		任意角度	—

表 10-8 国产非氧化气体手把式等离子弧切割机技术数据

<table>
<tr><th colspan="2">型号</th><th>LG3-400</th><th>LG3-400-1</th><th>LG-500</th><th>LG-250</th></tr>
<tr><td colspan="2">额定切割电流 /A</td><td>400</td><td>400</td><td>500</td><td>320</td></tr>
<tr><td colspan="2">引弧电流（小弧电流）/A</td><td>40</td><td>—</td><td>50 ～ 70</td><td>—</td></tr>
<tr><td colspan="2">工作电压 /V</td><td>60 ～ 150</td><td>75 ～ 150</td><td>—</td><td>150</td></tr>
<tr><td colspan="2">额定负载持续率 /%</td><td>60</td><td>60</td><td>60</td><td>60</td></tr>
<tr><td colspan="2">电极直径 /mm</td><td>5.5</td><td>5.5</td><td>6</td><td>5</td></tr>
<tr><td rowspan="4">切割厚度 /mm</td><td>碳素钢</td><td>—</td><td>—</td><td>150</td><td>10 ～ 40</td></tr>
<tr><td>不锈钢</td><td>40</td><td>60</td><td>150</td><td>10 ～ 40</td></tr>
<tr><td>铝</td><td>60</td><td>—</td><td>150</td><td>—</td></tr>
<tr><td>纯铜</td><td>40</td><td>—</td><td>100</td><td>—</td></tr>
<tr><td rowspan="6">电源</td><td>型号</td><td>AX8-500</td><td>—</td><td>—</td><td>—</td></tr>
<tr><td>台数</td><td>2 ～ 4</td><td>—</td><td>—</td><td>—</td></tr>
<tr><td>输入电压 /V</td><td>ϕ3、380</td><td>ϕ3、380</td><td>ϕ3、380</td><td>ϕ3、380</td></tr>
<tr><td>空载电压 /V</td><td>120 ～ 300</td><td>125 ～ 300</td><td>100 ～ 250</td><td>250</td></tr>
<tr><td>工作电流范围 /A</td><td>125 ～ 600</td><td>140 ～ 400</td><td>100 ～ 500</td><td>80 ～ 320</td></tr>
<tr><td>控制箱电压 /V</td><td>AC220</td><td>—</td><td>—</td><td>—</td></tr>
<tr><td rowspan="3">工作气体及流量 /L · min^{-1}</td><td>氮气纯度 /%</td><td>—</td><td>99.99</td><td>99.7</td><td>—</td></tr>
<tr><td>引弧</td><td>12 ～ 17</td><td>—</td><td>6.3</td><td>—</td></tr>
<tr><td>主电弧</td><td>17 ～ 58</td><td>67</td><td>67</td><td>—</td></tr>
<tr><td colspan="2">冷却水流量 /L · min^{-1}</td><td>1.5</td><td>4</td><td>3</td><td>—</td></tr>
<tr><td colspan="2">手工割炬尺寸 /mm×mm×mm</td><td>ϕ50×100×300</td><td>ϕ40×53×227</td><td>—</td><td>—</td></tr>
</table>

② 空气等离子弧切割机。自 20 世纪 80 年代中期起，我国一些研究所和焊接设备制造厂相继研制并生产出空气等离子弧切割机。目前已经有各种功率、不同品种的切割机可供选用，既有小电流的，也有大电流的，有的在技术上颇有特色。

（3）等离子弧切割控制箱及其使用

电气控制箱主要包括程序控制继电器、接触器、高频振荡器、电磁气阀、水压开关等。等离子弧切割程序图如图 10-26 所示，它是根据所需要的程序进行控制的，其动作要点如下：

① 切割前可调节气体流量、小车速度（自动切割时），可用高频放电火花检查电极与喷嘴的同心度。

② 提前送气及滞后关闭气体，以保护电极不被氧化。

③ 用高频振荡器引燃非转移型电弧，并在非转移型电弧建立后自动切除高频。

④ 可靠地从非转移型电弧过渡到转移型电弧，转移型电弧建立后，非转移型电弧自行熄灭。

⑤ 冷却水未接入、流量不足或中间断水时，切割机不能启功，已经启动的应立即停止工作，以防喷嘴烧坏。

⑥ 切割终了或由于其他原因使电弧熄火时，控制线路可自动断路。

⑦ 当切割电源短路或过载时，保护装置能自动切断网络电源。

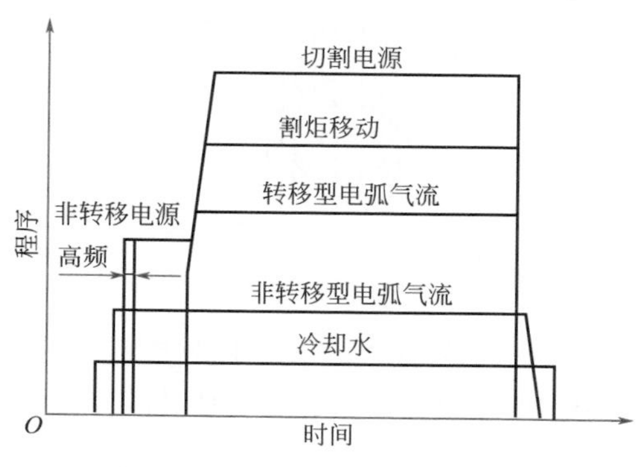

图 10-26　等离子弧切割程序图

（4）等离子弧切割水路系统及其作用

用水冷却喷嘴、电极，同时还附带冷却限制非转移型电弧气流的水冷电阻及水冷导线， 以保证割炬能稳定地持续工作。根据冷却电极的方式，冷却水路通常有间接水冷电极和直接水冷电极两种。

图 10-27 为间接水冷电极的水路示意图。冷却水从喷嘴下部进入，冷却喷嘴后通过上腔体再对电极进行间接冷却。水流量应控制在 3L/min 以

上，水压为 0.15 ～ 0.2MPa，冷却水可用自来水或循环水。

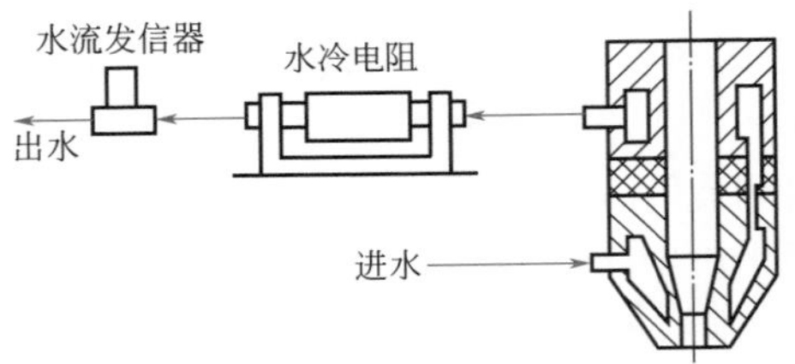

图 10-27　间接水冷电极水路系统示意图

要求强烈冷却的大功率等离子弧割炬须对喷嘴和电极分别进行冷却，以延长电极和喷嘴的使用寿命。其水流量应在 10L/min 以上，此时需用水泵进行循环冷却，一般可用 11/2PC-3 型（扬程 41.3m，流量 $4m^3/h$）或类似型号的水泵。图 10-28 为直接水冷电极的水路示意图。

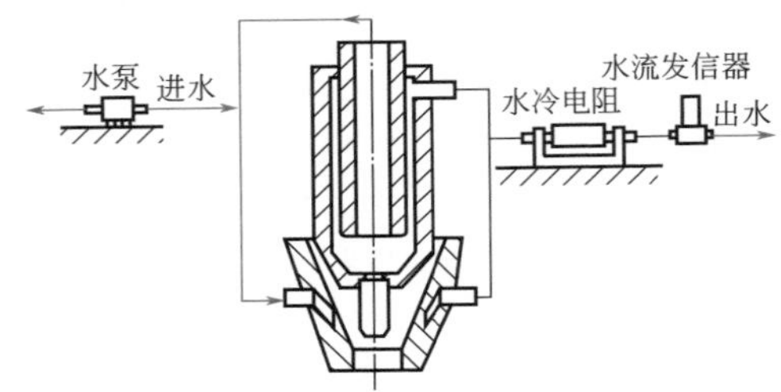

图 10-28　直接水冷电极水路系统示意图

为防止工作时，在未通水或水流量过小的情况下造成喷嘴和电极的烧坏事故，在水路系统中要设置水流发信器，使其能自动切断电源，不能引燃电弧或进行切割。

等离子弧气割对冷却水的水质和洁净度有一定的要求。不洁净水中的杂物会积聚在水路和割炬中，影响冷却效果，并腐蚀电缆和管路的接口处。在一般等离子弧切割时，进水管宜使用透明软管，目视水中没有浮游物或不带其他颜色即可。为防止水中带有电离物质，可采用测定电阻的办法检查，以阻值大于 5kΩ · cm 为准。

（5）等离子弧切割气路系统及其作用

气体是作为等离子弧的介质压缩电弧，防止电极氧化和保护喷嘴不被烧坏等。稳定地连续供应气体是保证稳定进行等离子弧切割的重要条件之一，所以必须保证气路系统畅通无阻。

根据工作气体是使用单一气体还是混合气体，供气系统有单一气体气路（图 10-29）和混合气体气路（图 10-30）两种。气路中设置储气筒是为了在开始切割前减小气流的冲击作用，便于引弧；而在切割结束时能滞后断气，保护电极不受氧化。气体混合筒用于使两种气体混合均匀。输送气体的管路不宜太长，输气管可以采用硬橡胶管。气体工作压力一般调节到 0.25 ~ 0.3MPa。流量计应安装在各气阀的后面，流量计的选择视切割厚度及常用流量而定，一般应选余量大一些，使用的流量通常不要超过所用流量计满刻度值的一半，以免电磁气阀接通瞬间冲击损坏流量计。

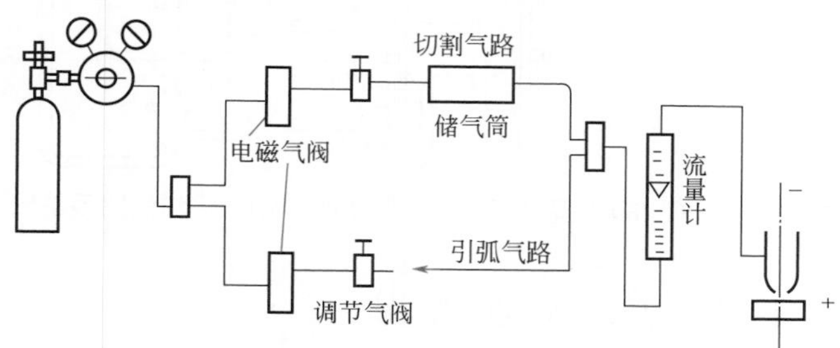

图 10-29　单一气体气路系统图

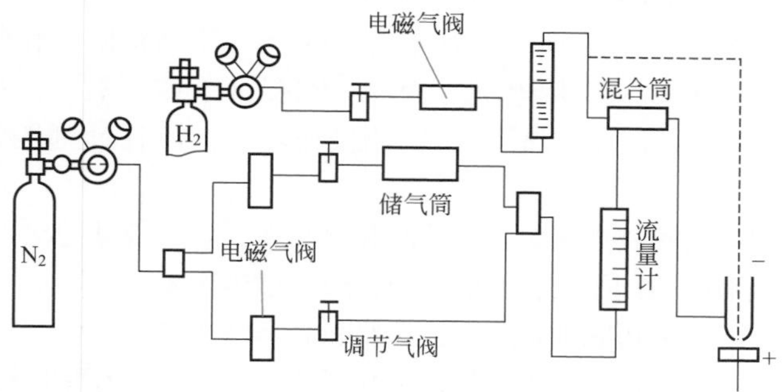

图 10-30　混合气体气路系统图

使用氢气时更要严防管路漏气，氢气管路最好不要经过控制箱，以免漏气时，在密封的控制箱内氢气与空气混合，当氢气体积达到 4% ～ 73% 这个范围时遇继电器触点产生的火花而引起爆炸。图 10-31 为国产 LG-400-1 型等离子弧气割机的冷却水路与气路系统图。

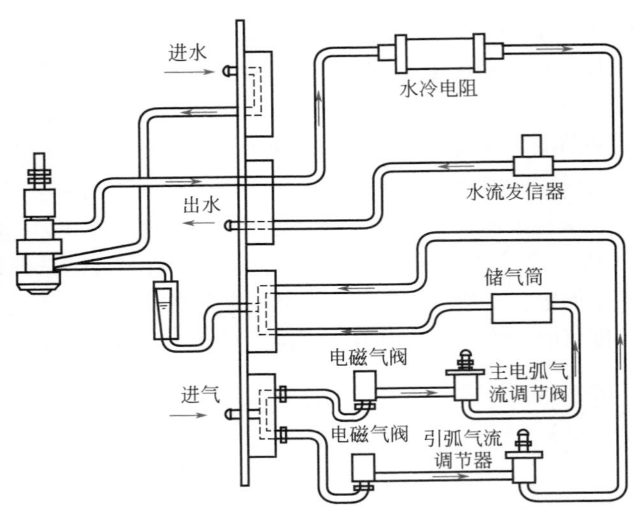

图 10-31　LG-400-1 型等离子弧气割机的冷却水路与气路系统图

10.2.5　等离子弧切割工具使用技巧与诀窍

（1）割炬的使用要求

等离子弧割炬（也称割枪）是产生等离子弧并进行切割的关键部件，其一般构造如图 10-32 所示。它主要由割炬本体、电极组件、喷嘴和压帽等部分组成。手动割炬则带有把手。具体结构随工作气体的种类、气体流动方式和所用电极等而异。在保证工作可靠的前提下，割炬结构应尽量小些，以减轻重量，使操作灵便。所设计割炬要达到下列要求：

① 电极与喷嘴要严格对中，即同心度要高，以提高切割效果。

② 电极和喷嘴能得到良好的冷却，防止过热损坏。

③ 上下腔体要可靠地绝缘，连接要稳固牢靠。

④ 通水、通气部件及连接须保证水密和气密，不得出现泄漏。

⑤ 进气孔的位置和尺寸要与所选用的电极和喷嘴相匹配，以获得稳定的、压缩良好的等离子弧。

（2）割炬中工作气体流动方式及特性

割炬中工作气体流动的基本形式有轴流式和涡旋式两种，如图 10-33 所示。

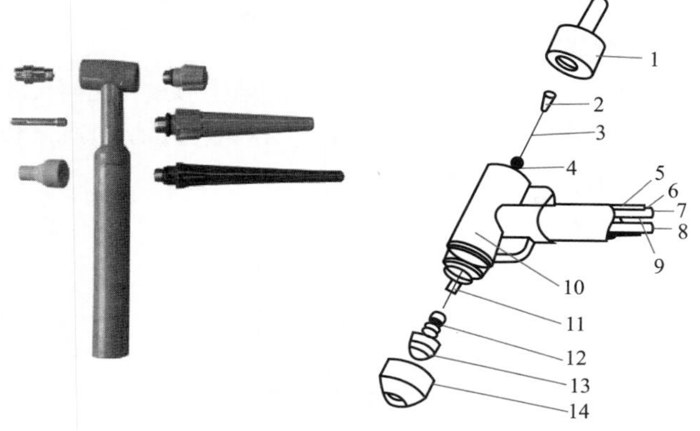

图 10-32　等离子弧割炬的一般构造

1—割炬盖帽；2—电极夹头；3—电极；4，12—O 形环；5—工作气体进气管；6—冷却水排水管；7—切割电缆；8—小弧电缆；9—冷却水进水管；10—割炬体；11—对中块；13—水冷喷嘴；14—压盖

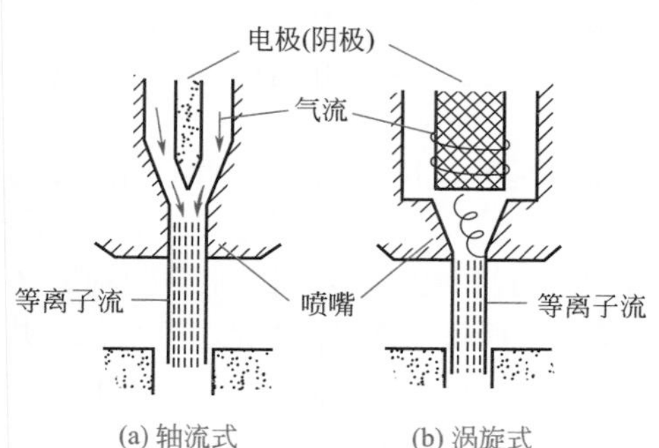

图 10-33　割炬中工作气体流动方式

轴流式（气流平行于电极轴线流动）的优点是：电弧引燃容易，弧柱长，指向性好，割炬结构较简单，用气量相对较少，可能切割的厚度大。缺点是：等离子弧对气体流量变动的敏感性较大。

涡旋式（气流以螺旋状旋转方式流动）气流其中心部位和周边的气体密度不同，中心疏而周边密，因此周边部分气体的电离度差，沿电弧外围形成一个“冷气套”，既保护喷嘴，又加强了对电弧的压缩作用，使弧柱温度升高，有助于提高切割速度。同时，当气体流量稍有变化时，因中心部位的气体密度随气体流量的变化很小，故对电弧的稳定性几乎无影响。

不足之处是割炬制造较复杂，可能切割厚度较轴流式小。

(3) 等离子弧割炬喷嘴选用技巧

喷嘴是等离子弧割炬的核心部分，它的结构形式和几何尺寸对等离子弧的压缩和稳定起主要作用，直接关系到切割能力、切口质量和喷嘴的寿命。喷嘴的几何形状示于图 10-34。

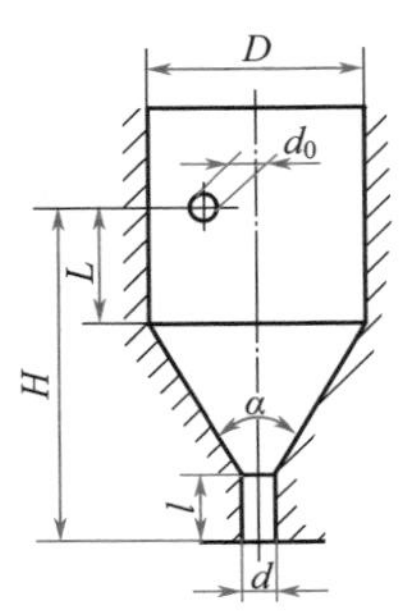

图 10-34　喷嘴和割炬内腔几何形状

D—气室直径；H—气室高度；L—进气孔高度；d—喷嘴孔径；d_0—进气孔径；l—压缩孔道长度；α—压缩角

① 喷嘴孔径 d 和压缩孔道长度 l 选择。喷嘴孔道是对电弧进行压缩的主要“关口”。喷嘴孔径越小，孔道长度越大，则对等离子弧的压缩作用越强烈，能量越集中，切割能力越强，切割质量越高。但喷嘴孔径过小，孔道长度太长时，等离子弧就不稳定，甚至引不起弧，并且容易产生双弧（即不仅在电极与工件间存在电弧，而且还产生通过喷嘴的电弧），使喷嘴烧毁。为防止喷嘴严重烧损，对不同孔径的喷嘴有其相应的许用极限电流（表 10-9）。

表 10-9　防止喷嘴严重烧损的极限电流

喷嘴孔径 /mm	2.4	2.8	3.0	3.2	3.5	＞4.0
许用最大工作电流 /A	200	250	300	340	360	＞400

实践证明，当喷嘴孔径与压缩孔道长度比为 1 ：（1.5 ～ 1.8）时较为合适。在常用规范下，喷嘴孔径取 2.4 ～ 4mm，压缩孔道长度为 4.0 ～ 7.0mm。喷嘴孔径根据切割用气体种类、电流大小和切割材料厚度而定。喷嘴孔径与电流大小存在正比例关系。

② 压缩角 α 选择。压缩角 α 大小主要影响电弧的压缩程度。压缩角小时，电弧压缩加强，但太小会使电弧不稳定，而且由于喷嘴内腔壁和电极距离太近而容易造成与电极间的起弧现象。实践证明，α 角在 30° 左右时，等离子弧稳定，压缩程度好，切割能力强。

③ 进气孔高度 L 和进气孔径 d_0 选择。进气孔高度 L 和进气孔径 d_0 对切割能力和切割质量都有影响。试验证明，气室直径 D =12mm，气室高度 H = 33 ～ 37mm 时，进气孔高度 L =12 ～ 14mm 较适宜。切向进气孔应稍有一点下倾角，绝不允许有上倾角。进气孔径 d_0 以 4 ～ 5mm 为宜，否则会造成气流紊乱，影响等离子弧的稳定。

④ 喷嘴材料和结构形式选择。喷嘴一般用导热性好的纯铜制作。喷嘴结构如图 10-35 所示，其壁厚为 1 ～ 2mm。壁太厚，水冷效果差；过薄，热容量小，易于烧毁。喷嘴孔道表面粗糙度要求达到 *Ra* 1.6μm 以下。为了减少产生双弧的因素，孔道出口处应当有一圆滑过渡的小圆弧 *R*2 或 0.5mm×45° 小倒角。

喷嘴的形状，特别是端部的形状，制造厂商有各自的技术诀窍。一般来说，有图 10-36 所示的几种形状。其中图 10-36（a）出口段呈直筒形，其特点是热收缩效应强，易使喷出后的等离子流保持细长状态。图 10-36（b）的出口段下部做成扩口形，是为避免产生双弧而设计的。图 10-36（c）所示的出口段形状是为了缓和因电极与喷嘴孔对中不良使等离子流产生偏心而采取的措施，一旦当上段倾斜角过大时，喷出后等离子流易因扩展而分散。通常以采用图 10-36（a）（b）的形状为多。

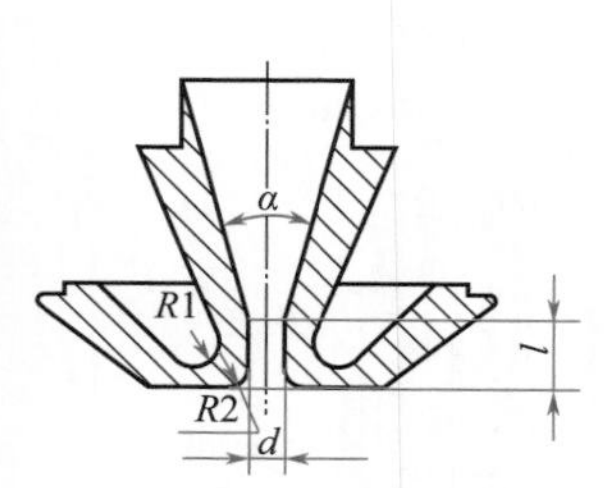

图 10-35　喷嘴结构形状

*R*1—圆角；*R*2—倒角；*d*—喷嘴孔径；
α—压缩角；*l*—压缩孔道长

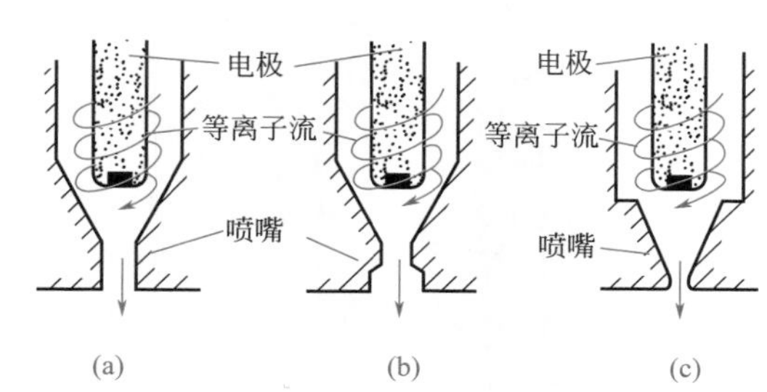

图 10-36　喷嘴端部的形状

等离子弧气割喷嘴常用的基本结构类型如图 10-37 所示。

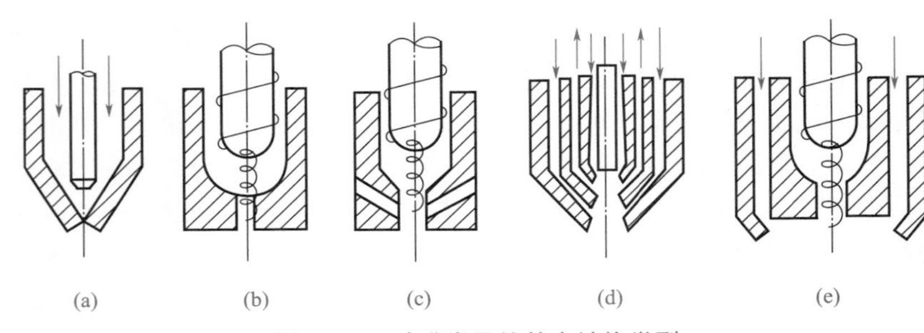

图 10-37　喷嘴常用的基本结构类型

（4）等离子弧割炬结构组成部分及选用实例

等离子弧割炬的具体结构，各制造厂的产品各不相同，常见的手工等离子弧割炬如图 10-38 ～图 10-41 所示。

如图 10-38 所示为 LG-400-1 型等离子弧切割机用割炬的结构示意图。这种割炬的电极与喷嘴的同心度是靠割炬零件的加工精度来保证的，没有特殊的调整机构。通常称之为中心不可调式割炬。

图 10-39 为 LG-500 型切割机用的中心可调式割炬结构示意图，由于可以灵活地调整电极与喷嘴的同心度，所以对零件的加工精度和电极的平直度要求都低。

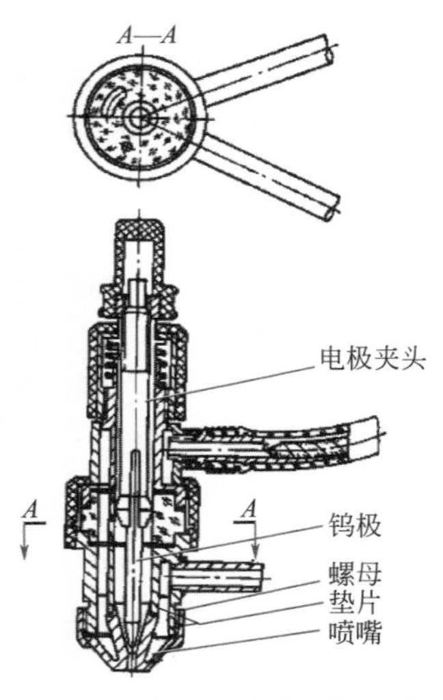

图 10-38　大电流涡流式割炬结构（中心不可调式结构）

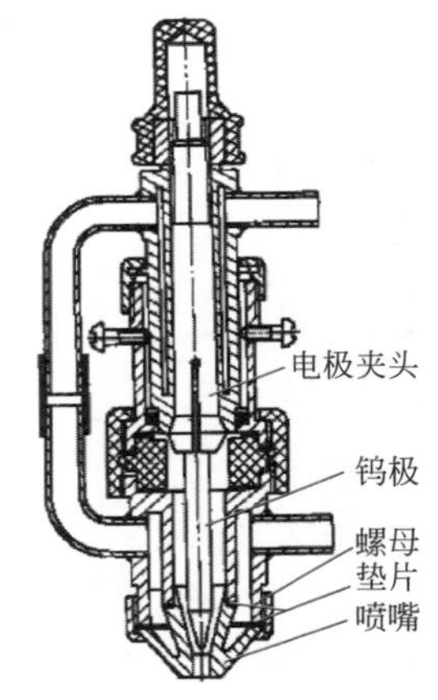

图 10-39　大电流涡流式割炬结构（中心可调式）

图10-40为环氧树脂浇铸割炬的结构示意图。上下腔体的绝缘层和割炬外壳都是由环氧树脂材料浇铸而成的，不但绝缘性能好，而且加工工序大大简化。

图10-41为大电流空气等离子弧割炬的结构示意图，适用工作电流为250～300A。电极使用锆极（尺寸为2.5mm×7mm）嵌装在纯铜座内的结构，工作气流为涡旋式。喷嘴和电极分别通水直接冷却。喷嘴孔径为3mm，孔道长度4mm，电极端头至喷嘴端面的距离取10mm。

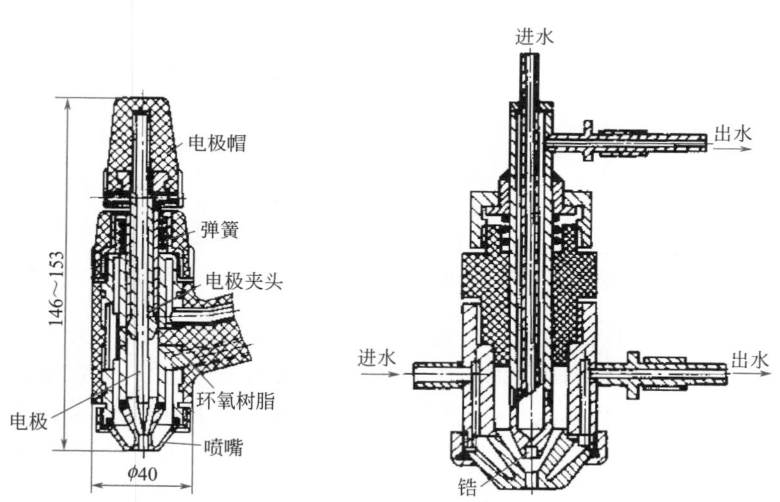

图10-40 环氧树脂浇铸的割炬结构　图10-41 大电流空气等离子弧割炬结构示意图

工作电流小于100A的割炬，大都采用气冷式，因此结构可大为简化。

10.3 等离子弧焊接工艺

10.3.1 等离子弧焊基本方法及选择诀窍

（1）等离子弧焊基本方法及适用场合

① 穿透型等离子弧焊特点及其适用场合。电弧在熔池前穿透形成小孔，随着热源移动在小孔后形成焊道的焊接方法称为穿透型等离子弧焊。等离子弧的能量密度大、等离子流力大，可将焊件熔透并产生一个贯穿焊件的小孔（图10-42）。被熔化的金属在电弧吹力、表面张力及金属重力相

互作用下保持平衡。焊枪前进时，小孔在电弧后方锁闭，形成完全熔透的焊缝。

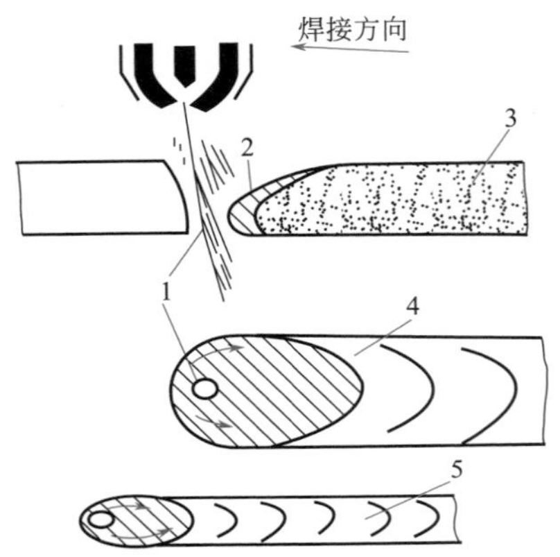

图 10-42　穿透型（小孔）等离子弧焊

1—小孔；2—熔池；3—焊缝；4—焊缝正面；5—焊缝背面

小孔效应只有在足够的能量密度条件下才能形成。当板厚增大时所需的能量密度也要增加，然而等离子弧能量密度的提高受到一定限制，所以穿透型等离子弧焊只能在一定板厚范围内实现。表 10-10 列出了各种材料一次焊透的厚度。

表 10-10　各种材料一次焊透的厚度

材料	不锈钢	钛及钛合金	镍及镍合金	低合金钢	低碳钢
焊接厚度范围 /mm	≤ 8	≤ 12	≤ 6	≤ 7	≤ 8

② 熔透型等离子弧焊特点及其适用场合。熔透型等离子弧焊即在焊接过程中熔透焊件的焊接方法，简称熔透法。这种焊接方法在焊接过程中只熔透焊件而不产生小孔效应。当离子气流量较小，弧柱压缩程度较弱时，等离子弧的穿透能力也较低。这种方法多用于板厚小于 3mm 的薄板单面焊双面成形以及厚板的多层焊。

③ 微束等离子弧焊特点及其适用场合。利用小电流（通常在 30A 以下）进行焊接的等离子弧焊，通常称为微束等离子弧焊。它是采用 ϕ0.6 ～ 1.2mm 的小孔径压缩喷嘴及联合型弧。微束等离子弧又称为针状等离子弧，当焊接电流小于 1A 时，仍有较好的稳定性，其特点是能够焊接细丝

及箔材。焊件变形量及热影响区的范围都比较小。

（2）等离子弧焊双弧现象及预防措施与诀窍

在采用转移型弧焊接时，有时除了在钨极和焊件之间燃烧的等离子弧外，还会产生在钨极、喷嘴、焊件之间燃烧的串列电弧。这种现象称为双弧，如图 10-43 所示。双弧现象使主弧电流降低，正常的焊接或切割过程被破坏，严重时将会导致喷嘴烧毁。

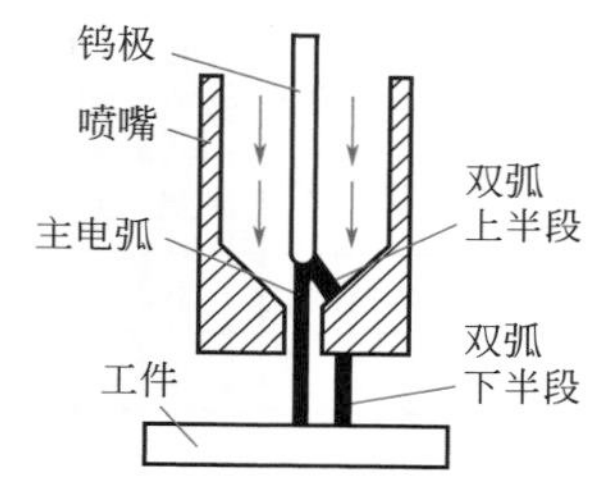

图 10-43　双弧现象

防止产生双弧现象的措施与诀窍：

① 正确选择电流及离子气流量。

② 减少转弧时的冲击电流。

③ 喷嘴孔道不要太长。

④ 电极和喷嘴应尽可能对中。

⑤ 喷嘴至焊件的距离不要太近。

⑥ 电极内缩量不要太大。

⑦ 加强对喷嘴和电极的冷却。

10.3.2　等离子弧焊接头形式、焊件装配与夹紧诀窍

（1）等离子弧焊接头形式及其选择

等离子弧焊的通用接头形式有：I 形、单面 V 形及 U 形坡口，以及双面 V 形和 U 形坡口。除对接接头外，等离子弧焊也适用于焊接角焊缝及 T 形接头。

厚度大于 1.6mm，但小于表 10-10 所示的厚度值的焊件，可采用 I 形坡口，使用小孔法单面一次焊成。对于厚度较大的厚件，可采用大钝边、小角度坡口对接形式。第一道焊缝采用穿透型法焊接，填充焊道采用熔透法。

当焊件厚度在 0.05 ～ 1.6mm 之间时，通常采用熔透法焊接，其接头形式如图 10-44 所示。

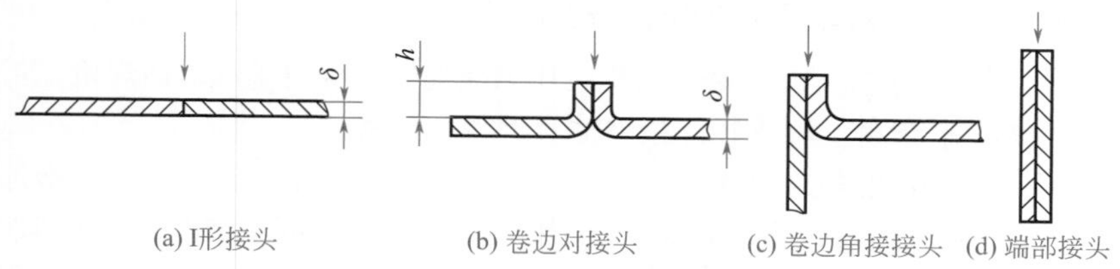

(a) I形接头　(b) 卷边对接头　(c) 卷边角接接头　(d) 端部接头

图 10-44　等离子弧焊的薄板接头形式

δ—板厚；h—卷边高度，$h=(2\sim5)\delta$

（2）等离子弧焊焊件装配要求与夹紧技巧

小电流等离子弧焊的引弧处坡口边缘必须紧密接触，间隙不应超过金属厚度的10%，难以达到此项要求时，必须添加填充金属。对于厚度小于0.8mm的金属，焊接接头的装配、夹紧要求见表10-11，装配尺寸要求如图10-45、图10-46所示。

表10-11　厚度小于0.8mm的薄板对接接头装配要求

焊缝形式	间隙 b（最大）	错边 E（最大）	压板间距 C		垫板凹槽宽 B	
			（最小）	（最大）	（最小）	（最大）
I形坡口焊缝	0.2δ	0.4δ	10δ	20δ	4δ	16δ
卷边焊缝	0.6δ	1δ	15δ	30δ	4δ	16δ

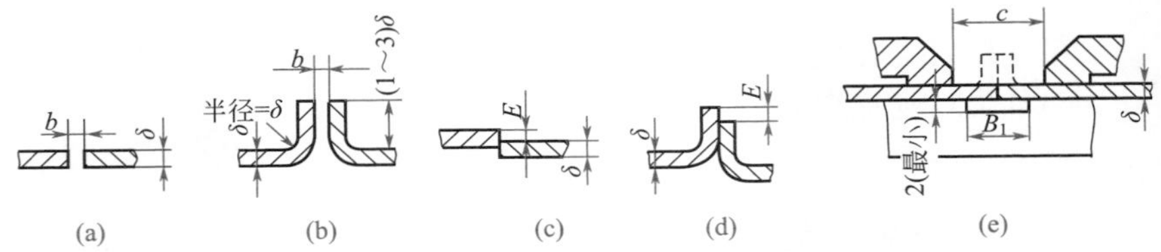

图10-45　厚度小于0.8mm的薄板对接接头装配要求1

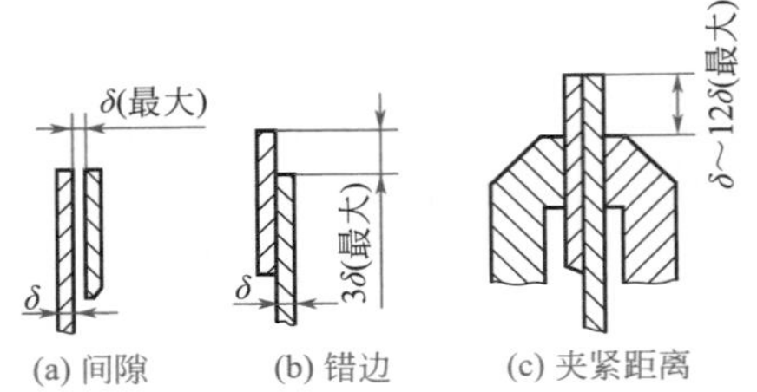

图10-46　厚度小于0.8mm的薄板对接接头装配要求2

10.3.3　等离子弧焊气体的选择诀窍

进行等离子弧焊时，必须向焊枪压缩喷嘴输送等离子气，向焊枪保护气罩输送保护气体，以保护焊接熔池及近缝区金属。

① 焊接中通常选用Ar气作为离子气，它适于所有金属。为了增加输入给焊件的热量，提高焊接生产率及接头质量，可在Ar气中分别加入H_2、He等气体。例如，焊接不锈钢或镍合金时，可在Ar中加入体积分数为5%～7.5%的H_2。焊接钛及钛合金时，在Ar中加入体积分数为

50% ～ 75% 的 He。焊接铜可以采用体积分数为 100%He 或 100%N_2。

② 大电流等离子弧焊用气体选择见表 10-12，其离子气和保护气成分相同。如果不同，将影响等离子弧的稳定性。

③ 小电流等离子弧焊用气体选择见表 10-13。这种工艺采用 Ar 气作为离子气，使非转移型弧容易引燃及稳定燃烧。保护气的成分可以和离子气相同，也可以不同。

表 10-12　大电流等离子弧焊用气体选择

金属	厚度 /mm	焊接方法	
		穿透法	熔透法
碳素钢（铝镇静钢）	＜ 3.2	Ar	Ar
	＞ 3.2	Ar	He75%+Ar25%
低合金钢	＜ 3.2	Ar	Ar
	＞ 3.2	Ar	He75%+Ar25%
不锈钢	＜ 3.2	Ar，Ar92.5%+H_2 7.5%	Ar
	＞ 3.2	Ar，Ar95%+H_2 5%	He75%+Ar25%
铜	＜ 2.4	Ar	He75%+Ar25%，He
	＞ 2.4	不推荐	He
镍合金	＜ 3.2	Ar，Ar92.5%+H_2 7.5%	Ar
	＞ 3.2	Ar，Ar95%+H_2 5%	He75%+Ar25%
活性金属	＜ 6.4	Ar	Ar
	＞ 6.4	Ar+He（He50% ～ 75%）	He75%+Ar25%

表 10-13　小电流等离子弧焊用气体选择

金属	厚度 /mm	焊接方法	
		穿透法	熔透法
铝	＜ 1.6	不推荐	Ar，He
	＞ 1.6	He	
碳素钢（铝镇静钢）	＜ 1.6	不推荐	Ar，He75%+Ar25%
	＞ 1.6	Ar，He75%+Ar25%	Ar，He75%+Ar25%
低合金钢	＜ 1.6	不推荐	Ar，He，Ar+ H_2（H_2 1% ～ 5%）
	＞ 1.6	He75%+Ar25%	Ar，He，Ar+ H_2（H_2 1% ～ 5%）

续表

金属	厚度 /mm	焊接方法	
		穿透法	熔透法
不锈钢	所有厚度	$Ar+H_2$（H_2 1% ～ 5%）	Ar，He，$Ar+H_2$（H_2 1% ～ 5%）
		Ar，He75%+Ar25%	
		$Ar+H_2$（H_2 1% ～ 5%）	
铜	＜ 1.6	不推荐	He75%+Ar25%
			He75%+Ar25%
	＞ 1.6	He	He
镍合金	所有厚度	Ar，He75%+Ar25%	Ar，He，$Ar+H_2$（H_2 1% ～ 5%）
		$Ar+H_2$（H_2 1% ～ 5%）	
活性金属	＜ 1.6	Ar，He75%+Ar25%，He	Ar
	＞ 1.6	Ar，He75%+Ar25%，He	Ar，He75%+Ar25%

10.3.4 等离子弧焊电极的选择诀窍

（1）电极材料的选择

等离子弧焊枪采用钍钨或铈钨电极。国外也有采用锆质量分数为 0.15% ～ 0.40% 的锆钨电极。表 10-14 列出了钍钨电极的许用电流范围。

表 10-14　钍钨电极直径与许用电流范围

电极直径 /mm	0.25	0.50	1.0	1.6	2.4	3.2	4.0	5.0 ～ 9.0
电流范围 /A	≤ 15	5 ～ 20	15 ～ 80	70 ～ 150	150 ～ 250	250 ～ 400	400 ～ 500	500 ～ 1000

（2）电极端部形状的选择

常用的电极端部形状如图 10-47 所示。为了便于引弧及保证等离子弧的稳定性，电极端部一般磨成 30° ～ 60° 的尖锥角，或者顶端稍微磨平。当钨极直径大、电流大时，电极端部也可磨成其它形状，以减慢烧损。

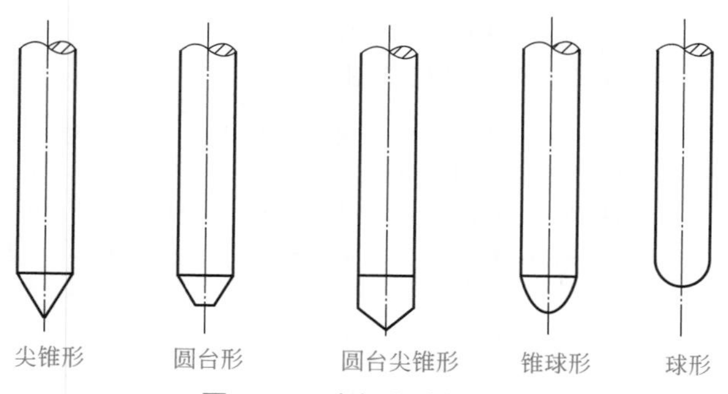

图 10-47　电极的端部形状

（3）电极内缩长度 l_g 选择

图 10-48（a）表示了电极内缩长度。它对于等离子弧的压缩与稳定性有很大的影响。一般选取 $l_g = (1 \pm 0.2)$ mm。l_g 增大，则压缩程度提高；l_g 过大，则易产生双弧现象。

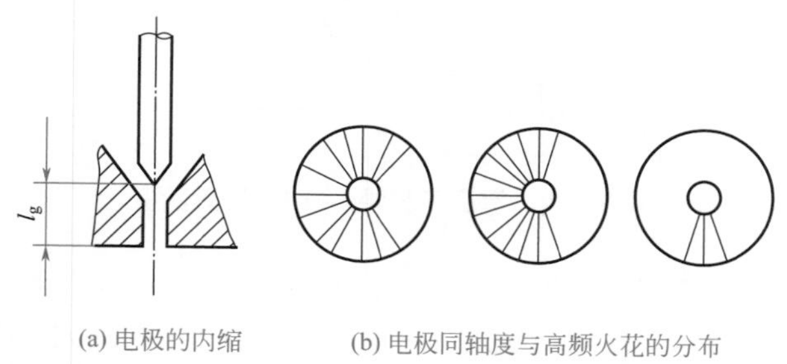

(a) 电极的内缩　　(b) 电极同轴度与高频火花的分布

图 10-48　电极的内缩长度和同轴度

（4）电极与喷嘴的同轴度要求

电极与喷嘴的同轴度对于等离子弧的稳定性及焊缝成形有重要的影响。电极偏心会造成等离子弧偏斜、焊缝成形不良以及容易形成双弧。电极的同轴度可根据电极与喷嘴之间的高频火花分布情况进行检测［图 10-48（b）］，焊接时一般要求高频火花布满圆周的 75% ～ 80% 以上。

10.3.5　常用金属等离子弧焊焊接参数选择诀窍

影响等离子弧焊质量的因素很多，除工艺参数外，还有焊件材料性质、焊枪结构的合理性、枪体的加工精度等因素。如喷嘴对电极的同心度不能保证小于 0.05mm 时，则电弧不稳定，焊缝极易产生咬边等缺陷。下

面专门讨论工艺参数对焊缝成形的影响。

(1) 等离子弧焊工艺参数及其影响

等离子弧焊的工艺参数很多，其中重要的有焊接电流（$I_{焊}$）、焊接速度（$V_{焊}$）和离子气流量（$Q_{离}$）。另外，还有喷嘴孔径（d_c）、电极内缩长度（L_y）、喷嘴端面到焊件的距离（H）及保护气流量（$Q_{保}$）、孔道长度（L_c），如图 10-49 所示。下面就对 $I_{焊}$、$V_{焊}$、$Q_{离}$三个重要参数加以阐述。

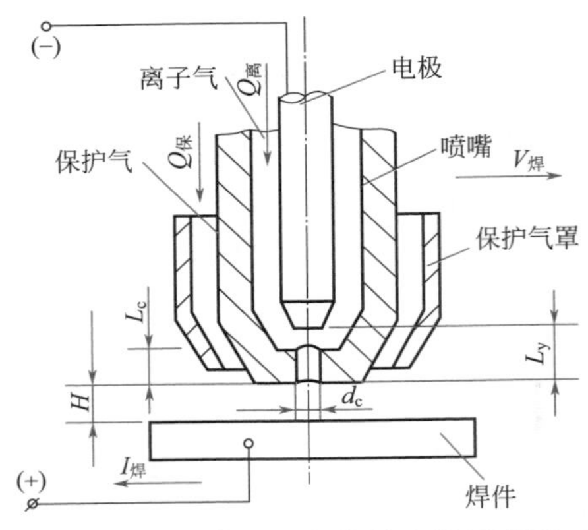

图 10-49　等离子弧焊焊接参数示意图

① 焊接电流（$I_{焊}$）的选择。$I_{焊}$增加，等离子弧穿透力强。$I_{焊}$根据板材厚度或熔透要求来确定。$I_{焊}$过小，不能形成小孔；$I_{焊}$过大，则小孔直径过大，造成熔池金属坠落。

② 焊接速度（$V_{焊}$）的选择。在其他等离子弧焊工艺参数不变的情况下，$V_{焊}$增加，小孔直径随之减小，甚至消失。反之，$V_{焊}$过低，造成焊件金属过热，背面焊缝金属下陷或熔池泄漏。$V_{焊}$的确定与$I_{焊}$有关。为了获得稳定的小孔效应和平滑焊缝的成形，当$Q_{离}$一定，必须保持在$V_{焊}$提高的同时，提高$I_{焊}$；若$V_{焊}$一定，在$Q_{离}$增加时减少$I_{焊}$。

③ 离子气流量（$Q_{离}$）控制。$Q_{离}$增加，则等离子流力和熔透力增大。在其他条件不变的情况下，为了形成稳定的小孔效应，必须保证有足够的离子气流量。当喷嘴孔径确定后，$Q_{离}$随$I_{焊}$、$V_{焊}$而定。

(2) 等离子弧焊焊接工艺参数的选择诀窍

① 一般小孔型等离子弧焊和熔透型等离子弧焊用工艺参数的参考值

推荐于表 10-15 和表 10-16。

表 10-15　小孔型等离子弧焊工艺参数

材料类型	厚度/mm	接头及坡口形式	$I_{焊}$/A 直流正接	电弧电压/V	$V_{焊}$/(cm/min)	气体成分	气体流量/(L/min) $Q_{离}$	气体流量/(L/min) $Q_{保}$	备注
碳钢	3.2	I 形对接	185	28	30	Ar	6.1	28	碳钢
不锈钢（焊缝反面采用保护气体）	3.2	I 形对接	115	30	61	Ar95%+$H_2$5%	2.8	21	H=1.2mm，其他金属H=4.8mm
	4.8	I 形对接	165	36	41		6.1	21	
	9.5（根部焊缝加填充金属）	60° V形钝边高4.8mm	230	36	23		5.7	21	
			220	40	18		11.8	83	

表 10-16　熔透型等离子弧焊工艺参数

材料牌号	板厚/mm	焊接电流/mm	电弧电压/V	焊接速度/(cm/min)	离子气流量/(L/min)	保护气流量/(L/min)	喷嘴直径/mm	备注
不锈钢	0.025	0.3	—	12.7	0.2	8（Ar95%+$H_2$5%）	0.75	卷边
	0.25	5	30	30	0.5	7 Ar	0.6	卷边
	0.2	4.3	25	—	0.4	5 Ar	0.8	对接（反面垫铜）
	1.0	2.7	25	27.5	0.6	6 Ar	1.2	手工对接
	3.2	100	—	25.4	0.7	12（Ar+$H_2$5%）	2.2	手工对接
钛	0.2	5	—	15.0	0.2	8（Ar）	0.75	手工对接
纯铜	0.075	10	—	15.0	0.28	9.5（Ar+75%He）	0.75	手工对接

② 碳素钢和低合金钢、不锈钢、钛合金、铜和黄铜等常用金属材料穿透型等离子弧焊的焊接参数见表 10-17。

③ 熔透型等离子弧焊的焊接参数见表 10-18 及表 10-19。中、小电流（0.2 ～ 100A）熔透型等离子弧焊通常采用联合型弧。由于维弧（非转移型弧）的存在，使得主弧在很小的电流（< 1A）下稳定燃烧。维弧电流一般选用 2 ～ 5A，因为维弧的阳极斑点位于喷嘴孔壁上，如果维弧电流

过大容易烧坏喷嘴。

表 10-17　穿透型等离子弧焊的焊接参数

材料	厚度/mm	接头形式及坡口形式	电流（直流正接）/A	电弧电压/V	焊接速度/（cm/min）	气体成分（体积分数）	气体流量/（L/min）		备注
							离子气	保护气	
碳素钢和低合金钢	3.2（1010）	I 形对接	185	28	30	Ar	6.1	28	小孔技术
	4.2（4130）		200	29	25		5.7	28	
	6.4（D6ac）		275	33	36		7.1	28	
不锈钢	2.4		115	30	61	$Ar95\%+H_2 5\%$	2.8	17	
	3.2		145	32	76		4.7	17	
	4.8		165	36	41		6.1	21	
	6.4		240	38	36		8.5	24	
	9.5 根部焊道	V 形坡口	230	36	23		5.7	21	
	9.5 填充焊道		220	40	18	He	11.8	83	填充丝
钛合金	3.2	I 形对接	185	21	51	Ar	3.8	28	小孔技术
	4.8		175	25	33		3.5	28	
	9.9		225	38	25	He75%+Ar25%	15.0	28	
	12.7		270	36	25	He50%+Ar50%	12.7	28	
	15.1	V 形坡口	250	39	18		14.2	28	
铜和黄铜	2.4	I 形对接	180	28	25	Ar	4.7	28	
	3.2		300	33	25	He	3.8	25	一般熔化技术
	6.4		670	46	51		2.4	28	一般熔化技术
	2.0（Cu70-Zn30）		140	25	51	Ar	3.8	28	小孔技术
	3.2（Cu70-Zn30）		200	27	41		4.7	28	

表 10-18　熔透型等离子弧焊的焊接参数

材料	板厚 /mm	焊接电流 /A	电弧电压 /V	焊接速度 /（cm/min）	离子气 Ar /（L/min）	保护气（体积分数） /（L/min）	喷嘴孔径 /mm	备注
不锈钢	0.025	0.3	—	12.7	0.2	8（Ar+H_2 1%）	0.75	卷边焊
	0.075	1.6	—	15.2	0.2	8（Ar+H_2 1%）	0.75	
	0.125	1.6	—	37.5	0.28	7（Ar+H_2 0.5%）	0.75	
	0.175	3.2	—	77.5	0.28	9.5（Ar+H_2 4%）	0.75	
	0.25	5	30	32.0	0.5	7 Ar	0.6	
	0.2	4.3	25	—	0.4	5 Ar	0.8	对接焊（有铜垫板）
	0.2	4	26	—	0.4	6 Ar	0.8	
	0.1	3.3	24	37.0	0.15	4 Ar	0.6	
	0.25	6.5	24	27.0 ～ 27.5	0.6	6 Ar	0.8	
	1.0	8.7	25	20.0	0.6	11 Ar	1.2	
	0.25	6	—	12.5	0.28	9.5（H_2 1%+ Ar）	0.75	
	0.75	10	—	15.0	0.28	9.5（H_2 1%+ Ar）	0.75	
	1.2	13	—	25.4	0.42	7（Ar+H_2 8%）	0.8	
	1.6	46	—	20.0	0.47	12（Ar+H_2 5%）	1.3	手工对接
	2.4	90	—	25.4	0.7	12（Ar+H_2 5%）	2.2	
	3.2	100	—	30.0	0.7	12（Ar+H_2 5%）	2.2	
镍合金	0.15	5	22	15.0 ～ 20.0	0.4	5 Ar	0.6	对接焊
	0.56	4 ～ 6	—	15.0 ～ 20.0	0.28	7（Ar+H_2 8%）	0.8	
	0.71	5 ～ 7	—	12.5 ～ 17.5	0.28	7（Ar+H_2 8%）	0.8	
	0.91	6 ～ 8	—	12.5 ～ 15.0	0.33	7（Ar+H_2 8%）	0.8	
	1.2	10 ～ 12	—	15.0	0.38	7（Ar+H_2 8%）	0.8	
钛	0.75	3	—	15.0	0.2	8 Ar	0.75	手工对接
	0.2	5	—	12.5	0.2	8 Ar	0.75	
	0.37	8	—	25.0	0.2	8 Ar	0.75	
	0.55	12	—	20.0	0.2	8（He+Ar25%）	0.75	

续表

材料	板厚 /mm	焊接电流 /A	电弧电压 /V	焊接速度 /（cm/min）	离子气 Ar /（L/min）	保护气（体积分数） /（L/min）	喷嘴孔径 /mm	备注
哈斯特洛伊合金	0.125	4.8	—	25.0	0.28	8 Ar	0.75	对接焊
	0.25	5.8	—	50.0	0.28	8 Ar	0.75	
	0.5	10	—	—	0.28	8 Ar	0.75	
	0.4	13	—	—	0.66	4.2 Ar	0.9	
不锈钢丝	ϕ0.75	1.7	—	—	0.28	7（Ar+H_2 15%）	0.75	搭接时间 1s
	ϕ0.75	0.9	—	—	0.28	7（Ar+H_2 15%）	0.75	焊接时间 0.6s
镍丝	ϕ0.12	0.1	—	—	0.28	7 Ar	0.75	搭接热电偶
	ϕ0.37	1.1	—	焊一点为 0.2s	0.28	7 Ar	0.75	
	ϕ0.37	1.0	—	12.5	0.28	7（Ar+H_2 2%）	0.75	
钽丝与镍丝 ϕ0.5		2.5	—	15.0	0.2	9.5 Ar	0.75	点焊
纯铜	0.025	0.3	—		0.28	9.5（Ar+H_2 0.5%）	0.75	卷边
	0.075	10			0.28	9.5（Ar+ e75%）	0.75	对接

表 10-19　薄板端接接头等离子弧焊焊接参数

金属	板厚 /mm	电流（直流正接）/A	焊接速度 /（cm/min）	保护气体（体积分数）
不锈钢	0.03	0.3	12	Ar99%+H_2 1%
	0.13	1.6	36	Ar99%+H_2 1%
	0.25	4.0	12	Ar99%+H_2 1%
钛	0.08	1.6	12	Ar
	0.20	3.0	12	Ar
Ni-21%Cr-19%Fe	0.13	1.5	24	Ar99%+H_2 1%
	0.25	3.0	8	Ar
	0.51	6.5	18	Ar
Fe-18%Ni-18%Co	0.26	9.0	51	Ar95%+H_2 5%

10.3.6 等离子弧焊基本操作技能、技巧与诀窍

(1) 操作技能要点

要熟悉等离子弧焊的基本步骤，正确使用等离子弧焊机，掌握等离子弧焊的引弧、收弧方法及熔透型等离子弧焊操作的基本技能。

(2) 焊前准备诀窍

① 设备选择。LH-30 等离子弧焊机、氩气瓶、QD-1 型单级反作用式减压表、LZB 型转子流量计 2 个。

② 等离子弧焊枪。

③ 铈钨极。直径 ϕ1.0mm。

④ 焊件。不锈钢板长 × 宽 × 厚为 200mm×100mm×1.0mm。

⑤ 不锈钢焊丝。直径 ϕ1.0mm。

⑥ 保护用品。面罩、工作服、胶鞋、绝缘手套等。

⑦ 铜垫板。

(3) 平敷焊操作技巧与诀窍

1）焊前检查技巧

① 检查焊机气路、水路、电路系统接头位置是否正确，固定是否牢靠。

② 检查电极和喷嘴同心度。接通高频振荡回路，让高频火花加于电极和喷嘴之间，若高频火花呈圆周状均匀分布，则同心度最佳；对于等离子弧焊来说，火花布满圆周 80% 以上，认为同心度合格。

③ 将焊件上的油污清洗干净。

2）选择焊接工艺参数（见表 10-20）

表 10-20 熔透型等离子弧焊工艺参数

焊接电流 /A	电弧电压 /V	焊接速度 /（cm/min）	离子气体 Ar 流量 /（L/min）	保护气体 Ar 流量 /（L/min）	喷嘴孔径 /mm
2.6 ～ 2.8	25	27.5	0.6	11	1.2

3）引弧技巧

打开气路、水路，合上电源闸刀开关，按操纵按钮，提前送气，接通高频振荡回路及电极与喷嘴的电源回路，非转移型弧点燃；接着，焊枪对准焊件，转移型弧建立，主弧电流形成，可对焊件进行等离子弧焊。此时

维弧（非转移型弧）电路的高频电路自动断开，维弧电流消失。

另一种引弧方法是电极与喷嘴接触，即气路、水路、电源都进入开机状态后，按操纵按钮，维弧回路空载电压加上，调整电极向下，使其先与喷嘴短路，然后回抽向上，这样电极与喷嘴之间产生电弧，维弧（即非转移型弧）建立。焊枪对准焊件，等离子弧建立，而维弧回路断开，起弧过程完成，进入等离子弧焊过程。

采用熔透法焊接时，纵缝、环缝都在焊件上直接引弧。

对小孔型焊接电弧的引弧，板厚小于 3mm 的纵缝和环缝，可直接在焊件上引弧。建立小孔的地方一般不会产生缺陷，但焊件厚度较大时，因等离子弧焊电流较大，引弧处容易产生气孔、下凹等缺陷。对于纵缝可采用引弧板解决，先在引弧板上挖出小孔，然后再过渡到焊件上去。但环缝必须在焊件上直接引弧，此时，要求电源和离子气流量都具有可控制性，即具有斜率递增控制手段，以满足在焊件上直接引弧的需要。

4）焊接技巧

等离子弧焊过程，无论手工与自动，其操作方法与氩弧焊相似。

5）收弧技巧

采用熔透法焊接时，收弧可在焊件上进行，但要求离子气流量和焊接电流应有衰减装置，避免焊接收弧时产生弧坑等缺陷。若衰减装置也不能满足收弧时的要求，允许适当加入与母材金属一致的焊丝熔化金属，以补足收弧弧坑。

采用小孔法焊接时，厚板纵缝采用引出板将小孔闭合在引出板上。而厚板环缝则与引弧时情况相似，在焊件上收弧，但采取斜率递减控制法，逐渐减小电流和离子气流量来闭合小孔。

（4）平对接焊操作技巧与诀窍

① 接头形式选择技巧。对低碳钢、低合金钢及不锈钢，焊件厚度大于 1.6mm 且小于 8mm 时，可不开坡口，采用小孔型单面焊一次成形。对于厚度较大的焊件，须开坡口对接焊。与钨极氩弧焊相比，应采用较大的钝边和较小的坡口角度（如 10mm 厚度的焊件，钝边厚度 5mm、坡口角度 60°）。

焊件厚度在 0.05 ～ 1.6mm 之间，通常采用熔透型焊接，常用接头形式为 I 形、卷边对接接头、端接接头。

本焊件为不锈钢板，厚度为 1.0mm，采用熔透型等离子弧焊，I 形对接接头，不留间隙对接焊，并控制根部间隙不超过板厚的1/10，不出现错边。焊前将焊件油污清理干净，置于铜垫板上夹紧，如图10-50所示。

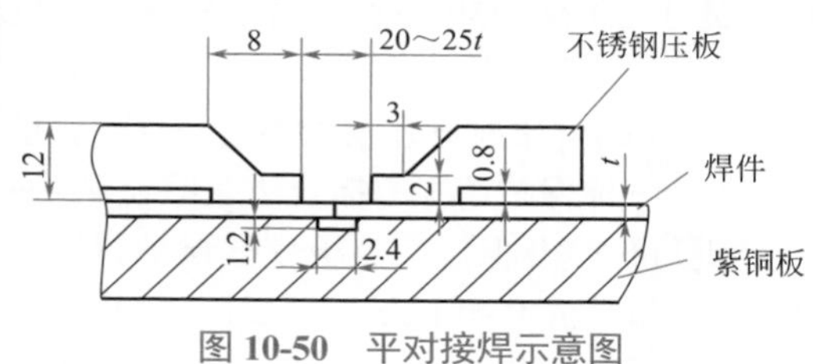

图10-50 平对接焊示意图

② 焊接工艺参数选择，见表10-21。

表10-21 平对接焊焊接工艺参数

焊接电流/A	电弧电压/V	焊接速度/（cm/min）	离子气体Ar流量/（L/min）	保护气体Ar流量/（L/min）	喷嘴孔径/mm
2.6～2.8	25	27.5	0.6	11	1.2

③ 焊接技巧与诀窍。焊接时采取左焊法，焊枪与焊件夹角80°左右，焊丝与焊枪的夹角90°左右。焊枪始终对准焊件接口，并注意观察焊件的熔透情况，适时、有规律地添加焊丝。焊枪移动要平稳，速度要均匀，喷嘴与焊件距离保持在4～5mm之间。当焊至焊缝末端时，适当添加焊丝，断开按钮，随电流衰减熄灭电弧。

10.3.7 等离子弧焊质量缺陷及防止措施

等离子弧焊焊缝的缺陷可分为表面缺陷及内部缺陷两大类。

（1）焊缝的表面缺陷

焊缝的表面缺陷包括：余高过大、咬边、未焊透、未填满、表面裂纹等。

（2）焊缝的内部缺陷及防止措施

焊缝的内部缺陷包括：气孔、未熔合、内部裂纹等。其中以气孔、裂纹、咬边等缺陷为最常见。

等离子弧焊的焊缝缺陷与被焊金属材质、焊前的清理准备、焊接参数、气体保护条件等因素有关。

① 气孔。当焊件的焊前清理不彻底、焊接电流过大、电弧电压过高、焊接速度过快，以及填充焊丝送进太快等时，都会造成焊缝中产生气孔。其防止措施是注意调整焊接参数，使焊接电流、电弧电压、焊接速度、送丝速度等处于最佳参数状态；同时还应调整焊枪位置，使之适当后倾。

② 裂纹。被焊金属的材质成分、物理性能及冶金性能、焊接过程中焊件受到拘束力，以及气体保护情况等都会诱发焊接裂纹的出现。裂纹的防止措施是对焊件进行预热及保温、改善气体保护条件、调整焊接热输入、降低胎卡具对焊件所造成的拘束力。

③ 咬边。等离子弧焊时焊缝的咬边缺陷可分为单侧咬边与双侧咬边。产生咬边的原因是焊接电流过大、焊接速度过快、离子气流量过大、电极与喷嘴不同心、焊枪向一侧倾斜，以及装配错位、产生磁偏吹现象等。咬边缺陷的防止措施是修整焊件装配错位处、调整电极与喷嘴的同心度、将电极对准焊缝位置的中心、正确连接电缆线，并且对焊接参数进行逐项检查并找出最佳值进行焊接。

10.4 等离子弧切割工艺

10.4.1 等离子弧切割的类型及应用特点

等离子弧切割的分类主要有空气等离子弧切割、氧气等离子弧切割、双层气体等离子弧切割以及水再压等离子弧切割，这些等离子弧的切割工艺都是不尽相同的。

（1）空气等离子弧切割工艺及应用特点

空气等离子弧切割是利用空气压缩机提供的压缩空气作为工作气体和排除熔化金属的气流。由于空气主要是由氮气和氧气组成，故空气等离子弧切割特征介于氧气等离子弧和氮气等离子弧之间。按操作过程分接触式和非接触式两种。接触式即是切割时压缩喷嘴与工件直接接触或紧贴割件表面，一般只适用于切割薄板。非接触式则是切割时压缩喷嘴距割件 3 ～ 6mm，这种方式在生产中应用较广。空气等离子弧切割除了用于切割不锈钢、合金钢、铝和铜等材料外，还适于切割厚 40mm 以下的碳钢。

表 10-22 是小电流空气等离子弧切割工艺参数，表 10-23 是大电流空

气等离子弧切割低碳钢的工艺参数。

表 10-22 小电流空气等离子弧切割工艺参数

材料	厚度/mm	切割电流/A	空气压力/MPa	空气流量/（L/min）	压缩喷嘴孔径/mm	切割速度/（mm/min）
碳钢	2 4 6 8	25	0.343	8	1.0	＞1000 700 400 220
不锈钢	2 4 6 8	25	0.343	8	1.0	＞1000 610 400 200
铝	2 4	25	0.343	8	1.0	1020 350

表 10-23 大电流空气等离子弧切割工艺参数

材料	切割电流/A	板厚/mm	切割速度/（mm/min）	压缩喷嘴孔径/mm	气体流量/（L/min）	割缝宽度/mm		切割面斜度 θ/(°)		备注
						上口	下口	左	右	
低碳钢	150	4.5	5800	1.8	35	3.4	2.0	10.0	6.3	压缩喷嘴高度6mm
		6	4300	1.8	35	3.5	2.0	9.1	4.5	
		9	2400	1.8	35	3.6	2.1	6.2	3.2	
		12	2000	1.8	35	3.7	2.1	4.1	2.7	
		16	1400	1.8	35	3.7	2.2	2.8	2.1	难以获得无粘渣切口
		19	900	2.3	40	4.0	2.3	2.2	1.7	
低碳钢	250	6	5000	2.5	40	4.3	2.1	5.5	4.3	压缩喷嘴高度6mm
		9	3800			4.4	2.3	4.8	3.6	
		12	3100			4.4	2.4	4.3	3.1	
		16	2000			4.5	2.6	3.5	2.6	
		19	1600			4.6	2.8	3.2	2.2	难以获得无粘渣切口
		25	1100			4.7	3.1	2.8	1.6	

用空气等离子弧切割不锈钢时，向空气中加入 3% ～ 3.5% 碳化氢气体（$C_3H_3+C_4H_{10}$）作为工作气体，能大大提高切割边缘的耐蚀性。例如，用此法切割 18-8 型不锈钢，切割后切割边缘年腐蚀速度从 8.3mm/a（采用空气等离子弧切割）降到了 2.0mm/a 以下。表 10-24 是空气加碳化氢混合气体等离子弧切割不锈钢的工艺参数。

表 10-24　空气加碳化氢混合气体等离子弧切割不锈钢的工艺参数

材料厚度 /mm	切割电流 /A	工作电压 /V	切割速度 /（mm/min）	空气流量 /（L/min）	碳化氢气流量 /（L/min）
5	100	130 ～ 160	100	40	1.2 ～ 1.3
12	200	130 ～ 155	100	60	1.8 ～ 2.0

操作技术方面，当采用接触式割炬切割时，应先将割炬头轻放在割件被切割处。按动割炬开关，待电弧点燃、切穿起割点处后，移动割炬，切割速度由慢过渡到正常。

采用非接触式割炬切割起弧时，应将压缩喷嘴孔中心线对准割件边缘引弧切割；切割过程中，可通过切割电弧形态来控制切割速度。一般切割电弧向后倾斜 10° ～ 20° 时，切割速度较适合。若切割电弧向后倾斜大于 3°，则切割速度过快，容易增大切口粗糙度，切口易偏。若电弧向后倾斜小于 10°，则切割速度过慢，易造成切口宽，压缩喷嘴损耗过快。当切割快完毕收弧时，应放慢切割速度。尽量使切割电弧垂直于被切工件表面，并应防止割件被切断后突然与割炬头相碰。

使用空气等离子弧切割时，应尽量避免在厚度≥ 4mm 的板上直接打孔，即便要打孔也应先使割炬向切割方向倾斜 30° 左右，以防止打孔时飞溅物堵塞压缩喷嘴，打孔后再将割炬垂直于割件表面。

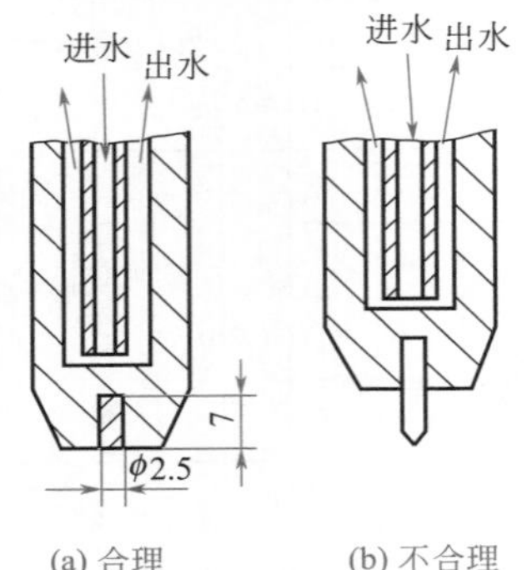

(a) 合理　(b) 不合理

图 10-51　锆或铪电极镶嵌的形式

采用锆或铪电极空气等离子弧切割时，还必须保证锆或铪电极有可靠的冷却，以延长电极的工作寿命。一般当电极深度消耗到镶嵌的锆或铪电极的直径时，电极即不能使用，应当更换。更换电极时应先关闭切割机，并注意电极的镶嵌形式。图 10-51（a）中电极镶嵌较合理，而

图 10-51（b）中采用镶钨极的形式使电极伸出一段是不合理的。伸出的一段会因冷却条件差而很快烧损。

（2）氧气等离子弧切割工艺及应用特点

氧气等离子弧切割是采用氧气作为工作气体，除利用等离子弧作为热源外，还可利用氧气与金属强烈的氧化燃烧反应热，加快切割速度，同时吹掉金属熔渣，形成割缝。

它的主要优点是：与空气等离子弧切割相比，切割速度更快，切割面质量更好，表面无粘渣，尤其是表面无氮化物层，割后即可焊接；而且割缝宽度和热变形都较小，一般用于切割厚度在 40mm 以下的碳钢。切割不锈钢、铝或铝合金，也能获得较满意的效果。这种切割方法的不足是电极和压缩喷嘴损耗快。例如，大电流氧气等离子弧切割时铪电极的寿命主要取决于引弧次数，且引弧次数越多，寿命越短，而压缩喷嘴的使用寿命一般是电极寿命的 80%。因此要求操作者起弧后尽可能不中断切割过程，以延长电极的使用寿命。小电流氧气等离子弧切割的工艺参数可参考表 10-25 和表 10-26。

表 10-25　小电流氧气等离子弧切割工艺参数 1

材料	板厚 /mm	切割电流 /A	压缩喷嘴孔径 /mm	工作气体流量 /（L/min）	切割速度 /（mm/min）		割缝宽度 /mm		备注
					正常切割	无粘渣切割	上口	下口	
不锈钢	0.6	80	1.4	15	＞ 6000	3550	2.1	1.6	压缩喷嘴高度 5mm，氧气压力 0.39MPa
	1.2				＞ 6000	3550	2.3	1.4	
	2.6				5400	1900	2.6	1.2	
	3.2				4800	1600	2.6	1.1	
	5.0				3200	1100	2.8	1.0	
	10.0				1250	600	2.9	1.0	
	15.0				700	500	3.1	1.6	
碳钢	0.5	80	1.4	15	＞ 6000	6000	2.4	1.5	压缩喷嘴高度 5mm，氧气压力 0.39MPa
	1.0				＞ 6000	6000	2.4	1.5	
	1.6				＞ 6000	5800	2.5	1.4	
	2.3				4500	4300	2.6	1.3	
	3.2				3800	2850	2.6	1.2	
	4.5				2800	2050	2.8	1.1	
	6.0				2000	1450	3.0	1.2	
	9.0				1000	750	3.3	1.6	
	12.0				700	500	3.6	2.4	

表 10-26　小电流氧气等离子弧切割工艺参数 2

材料厚度/mm	切割速度/（mm/min）	压缩喷嘴孔径 /mm	气体流量/（L/min）	割缝宽度/mm		切割面斜度 θ/(°)		备注
				上口	下口	左	右	
4.5	6000	1.8	35	3.6	1.1	13.0	6.7	气割材料：碳钢压缩喷嘴高度 6mm
6.0	4500	1.8	35	3.8	1.3	10.0	5.0	
9.0	2700	1.8	35	4.2	1.7	7.3	3.7	
12.0	2200	1.8	35	4.6	1.9	6.0	3.0	
16.0	1700	2.3	40	4.9	2.2	5.3	2.7	略有熔渣黏附，切割过程不稳定
19.0	1100	2.3	40	5.2	2.4	4.7	2.3	

（3）双层气体等离子弧切割工艺及应用特点

双层气体等离子弧切割原理如图 10-52 所示。这种切割方法采用内外两层压缩喷嘴，内压缩喷嘴通入常用的工作气体氮气或氩气，外压缩喷嘴通入压缩空气或氧气、二氧化碳等氧化性气体。这样一方面利用氧化性气体在切割区的化学放热反应产生的热量，提高了切割速度；另一方面又增强了等离子弧的压缩，提高了电弧的能量密度，并使之更加稳定，切口质量变好。同时，也避免了氧化性气体与电极直接接触，延长了电极的工作寿命。

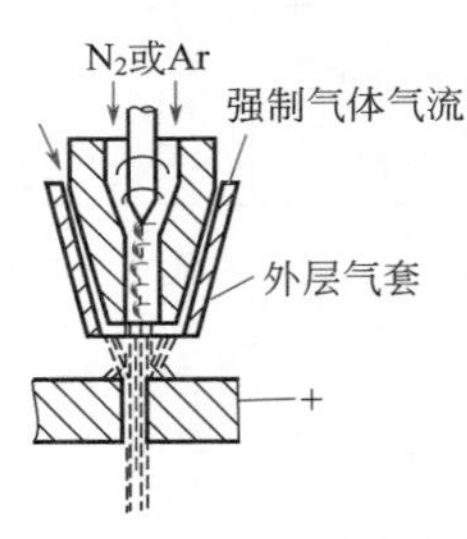

图 10-52　双层气体等离子弧切割原理图

如果采用氮气和二氧化碳双层气体切割，其效果要比仅用氮气切割好，可获得窄的割缝、良好的垂直度，黏附熔渣少；而且不容易产生双弧现象，有效地延长了压缩喷嘴的寿命。

（4）水再压缩等离子弧切割工艺及应用特点

水再压缩等离子弧切割类似于双层气体等离子弧切割，即割炬除了由内压缩喷嘴喷出工作气体外，在外压缩喷嘴用高速流动的水束代替双层气体中的外层气体，对等离子弧进一步压缩，并和等离子弧一道迅速排开熔化金属。

喷出压缩喷嘴的高速水流有两种进水方式，其中一种为高压水流径向进入压缩喷嘴孔道，再从割炬喷出；另一种为轴向进入压缩喷嘴外围后以环形水流从割炬喷出。高速高压水流在割炬中，一方面对压缩喷嘴起冷却作用，另一方面对电弧起再压缩作用。尤其是径向进水对电弧的再压缩作用比较强烈。

喷出的水束一部分被电弧高温蒸发，分解为氧和氢，初生态的氧与金属发生化学反应，产生热量，进一步加大了切割热源；而氢与工作气体共同组成切割气体，使等离子弧有更高的能量。另一部分水束未被电弧蒸发、分解，但对电弧有较强的冷却作用，带走一部分热量。因而常使电弧变短，故一般不适用于较厚工件的切割。切割时，水流量应该控制适当，以减少带走热量的不利作用，提高切割能力。

高压高速水流还可以冷却割件，使切缝平整和割后工件热变形减小、切缝宽度减小。外层水流还可抑制弧光、有毒气体和烟尘的有害影响，大大改善劳动条件。

水再压缩等离子弧切割时，由于水的冷却等因素，降低了电弧的热能效率。为了保持足够的切割效率，在切割电流一定条件下，切割电压比一般等离子弧切割电压要高，且应增加引弧功率。

水再压缩等离子弧切割工艺参数见表10-27。

表10-27 水再压缩等离子弧切割工艺参数

材料	工件厚度/mm	压缩喷嘴孔径/mm	工作电压/V	切割电流/A	压缩水流量/(L/min)	氮气流量/(L/min)	切割速度/(cm/min)
低碳钢	3	$\phi3$	145	260	2	52	500
	3	$\phi4$	140	260	1.7	78	500
	6	$\phi3$	160	300	2	52	380
	6	$\phi4$	145	380	1.7	78	380
	12	$\phi4$	155	400	1.7	78	250
	12	$\phi5$	160	550	1.7	78	290
	51	$\phi5.5$	190	700	2.2	123	60
不锈钢	3	$\phi4$	140	300	1.7	78	500
	19	$\phi5$	165	575	1.7	78	190
	51	$\phi5.5$	190	700	2.2	123	60
铝	3	$\phi4$	140	300	1.7	78	572
	25	$\phi5$	165	500	1.7	78	203
	51	$\phi5.5$	190	700	2	123	102

10.4.2 等离子弧切割用气体及电极的选择诀窍

（1）等离子弧切割用气体及其选择诀窍

等离子弧切割金属材料时，可用氩、氮、氢、氧或它们的混合气体作为切割用气体。依据被切割材料的种类及厚度、切割工艺条件，选择合适的气体种类。等离子弧切割常用气体的选择及其适用性见表10-28和表10-29。

表 10-28 等离子弧切割常用气体的选择

工件厚度 /mm	气体种类、组成（体积分数）	空载电压 /V	切割电压 /V
≤ 12	N_2	250 ～ 350	150 ～ 200
≤ 150	$Ar+N_2$（N_2 60% ～ 80%）	200 ～ 350	120 ～ 200
≤ 200	N_2+H_2（N_2 50% ～ 80%）	300 ～ 500	180 ～ 300
≤ 200	$Ar+H_2$（H_2 约 35%）	250 ～ 500	150 ～ 300

表 10-29 各种气体在等离子弧切割中的适用性

气体	主要作用	备注
Ar、$Ar+H_2$、$Ar+N_2$、$Ar+H_2+N_2$	切割不锈钢、有色金属及合金	Ar 仅用于切割薄金属
N_2、N_2+H_2		N_2 作为水再压缩等离子弧的工作气体，也可用于切割碳素钢
O_2（或粗氧）、空气	切割碳素钢和低合金钢，也用于切割不锈钢和铝	重要的铝合金构件一般不用

① 氩气。氩气为单原子气体，原子量大，热导率小，且电离势低，因此易形成电离度高且稳定性好的等离子弧。氩气是惰性气体，它对防止电极、喷嘴烧损有益。用单纯氩气作切割气体时，空载电压较低，但其携热性差、热导率小和弧柱较短，不适宜切割厚度较大的工件。尤其是氩气成本较高，因此通常并不单独使用。

② 氮气。氮气的电离势虽也较低，但原子量较氩气小，它是双原子气体，分子分解时吸收热量较大，导热和携热性较好，加之氮气等离子弧的弧柱长、切割能力大，故常单独用作工作气体。但因原子量较氩气小，要求电源具有很高的空载电压。

氮气在高温时会与金属起反应，对电极的侵蚀作用较强，尤其在气体压力较高的场合，宜加入氩或氢。另外，用氮气作工作气体时会使切割面氮化，在切割时产生的氮氧化物较多。

③ 氢气。氢气原子量最小，导热性能好，分解时吸收大量的分解热，故纯氢气不宜形成稳定的等离子弧，因此通常不把氢气单独作为切割气体。另外氢具有还原性，有助于改善切割面的质量。

④ 氧气。氧气是双原子气体，离解热高、携热性好，在切割时投入工件的热量多，故可单独用作工作气体。它具有氧化性，尤其在切割铁基金属时，既发生高温等离子弧的熔割过程，又有铁 - 氧燃烧放热过程，增加热量，能加速切割进程。但是，一般的钨极会被迅速烧损，故须采用特种电极材料和割炬结构。

⑤ 空气。空气是氮和氧等的混合物。空气中含约 80% 的氮和约 20% 的氧，它的主要特性与氮接近，又具有氧化性的一些特点，是应用最多的一种工作气体。但它兼有氮气和氧气的不足之处。

氩气、氮气、氢气中任意两种气体混合使用，它们之间相互取长补短，各自发挥其特长。用氢气时，必须重视使用安全问题，除注意管路、接头、阀门等一定不能漏气外，还应注意切割完后及时关闭。使用氮 - 氢混合气体进行切割时，为使引弧容易，一般先通氮气，引燃电弧后再打开氢气阀。切割完毕，应先关闭氢气。

（2）等离子弧切割电极的选择诀窍

等离子弧切割时，通常采用直流正接，即电极接负，工件接正。选择电极材料时，应选择电子发射能力强、逸出功小、在切割时电极烧损小的材料。实践证明，用高熔点的钨作电极，其烧损仍相当严重。在钨中加入少量的氧化钍而制成的钍钨极，其烧损量比纯钨极小且电弧稳定。但钍钨极内含质量分数为 1.2% ～ 2.0% 的氧化钍，由于钍是放射性元素，对制造者和使用者都有一定的危害，目前国内已不采用。近年来，国内已广泛生产和采用了铈钨极（含氧化铈的质量分数为 3%）。这种材料的电极，其电子发射能力和抗烧损情况都比钍钨极好，它烧损后电极端部仍能保持尖头，这对于维持长时间稳定地切割及保持电弧压缩效果，提高切割效率都是有利的。同时铈钨极没有放射性，这有利于操作者的劳动保护。因此，应尽量采用铈钨极。

等离子弧切割用电极有笔形和镶嵌结构两种。除电极材料的性质外，电极直径、形状也影响电极的烧损和电弧的稳定性。电极端部不宜太尖或

太钝。太尖钨极易烧损，太钝则阴极斑点容易漂移，影响切割的稳定性，甚至产生双弧或烧坏喷嘴。笔形电极见图 10-53。有的使用单位，把电极磨成尖形，燃烧后把尖头烧去，自然形成一种最合适的电极形状。

镶嵌结构电极由纯铜座和发射电子电极金属组成，其结构形式见图 10-54，电极金属使用铈钨、钇钨合金及锆和铪等，通常采用直接水冷方式，可以承受较大的工作电流，并减少电极损耗。

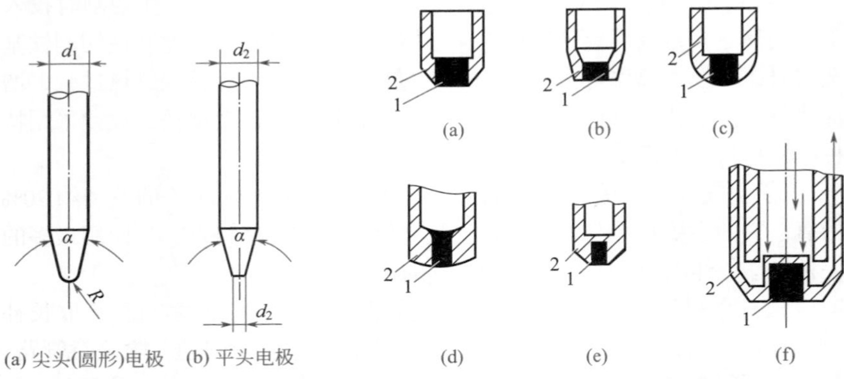

图 10-53　笔形电极端部形状　**图 10-54　直接水冷式镶嵌电极的形状和结构形式**

1—电极；2—纯铜座

10.4.3　常用金属等离子弧切割工艺参数选择实例

（1）等离子弧切割工艺参数选择依据

1）等离子弧切割的主要工艺参数

等离子弧切割的主要工艺参数包括：工作气体的种类和流量、电源的空载电压和工作（切割）电压、喷嘴孔径、电极的内缩量、工作（切割）电流、喷嘴与工件的距离（即喷嘴高度）和切割速度等。

2）切割材料的类别及切割件的厚度是选择切割工艺参数的依据

如材料厚度大，就应选用较大的电弧功率和喷嘴孔径。厚度相同但材质不同的工件，其切割参数也不同。例如纯铜和不锈钢，纯铜虽熔点较不锈钢低，但其热导率是不锈钢的 18 倍，因此切割纯铜时，必须选用更大的电弧功率。

3）切割时输入能量的大小主要取决于电弧功率及切割速度

电弧功率大，显然可以相应地提高切割速度，从而获得高生产率。电弧功率的提高，可以通过增加切割电流或工作电压来实现，但电流增加往往使电极、喷嘴的烧损加快，因此一般都希望通过提高电弧电压来提高电弧功率。但电弧电压也不是一个完全可以独立调节的参数，它也受其他参数的影响。

（2）等离子弧切割主要工艺参数的选定及对切割过程的影响

1）工作气体的选择诀窍

工作气体种类对等离子弧切割过程的影响及选用已在等离子弧焊中作了详述。

气体流量一般根据喷嘴孔径和材料的厚度确定。气体流量大，电弧的压缩程度增高，等离子弧的冲力也大，所能切割的厚度就大。但流量过大，会造成电弧不稳定，且冷气流过多地带走电弧的热量，反而使切割能力降低，切割口质量恶化。表10-30表明了氮气流量对切割质量的影响。

表10-30 氮气流量对切割质量的影响

序号	切割电流/A	切割电压/V	气体流量/（L/h）	切口宽度/mm	切口表面质量
1	240	84	2050	12.5	渣多
2	225	88	2000	8.5	有渣
3	225	88	2600	8.0	轻渣
4	230	90	2700	6.5	无渣
5	235	82	3300	10	有渣
6	230	84	3500	—	无渣

通常，某一种割炬在设计时已定好工作气体流量的大小，一般按规定值供给气体流量即可，不宜随意变动。当切割材料的厚度差别较大时，可适当作些调整。

2）空载电压和切割电压的选择诀窍

切割电压是切割过程中最主要的工艺参数之一，但它并不是一个独立的工艺参数，它除与电源空载电压大小有关外，还取决于工作气体种类和流量、喷嘴的结构、喷嘴与工件间的距离和切割速度等。这些参数确定后，切割电压也就自然地确定。如气体流量增加、喷嘴与工件的距离加大，都会使切割电压相应升高。空载电压与使用的工作气体的电离度相关，根据预定使用的工作气体种类和切割厚度，在切割电源设计时已确

定。但它会影响到切割电压。

一般来说，工作电压高，电弧功率增大，切割能力也就提高。国内在切割厚度大的不锈钢时，常采用提高切割电压，而不借助增大切割电流的方法。但电压高，特别是手工切割时，存在安全问题。

3）喷嘴孔径的选择

喷嘴孔径根据切割材料的厚度和工作气体的种类确定。当使用氩气或氩气 + 氢气混合气时，喷嘴孔径宜选用偏小值，而用氮气作工作气体时，则应选偏大值。小电流等离子弧切割，因所切割材料厚度范围小，通常割炬只配用一个孔径的喷嘴。

4）电极内缩量的选择

电极内缩量指电极端头至喷嘴内表面的距离 ΔL_y（图 10-55）。由于 ΔL_y 不易测量，在已知喷嘴孔道长度的条件下，常用 L_y 表示。

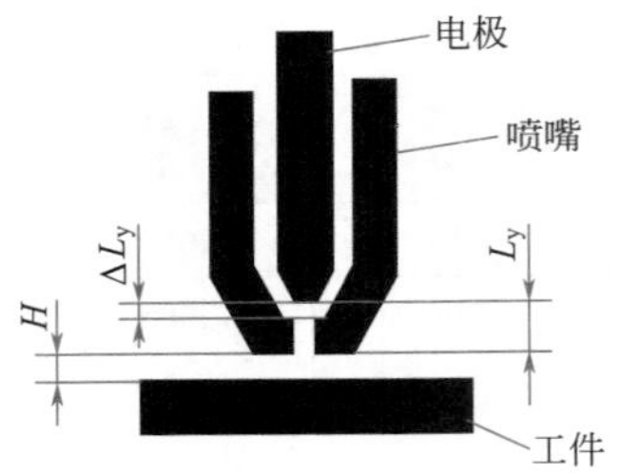

图 10-55　电极内缩量 ΔL_y 和喷嘴高度 H 示意图

电极内缩量是一个很重要的参数，它极大地影响电弧压缩效果及电极的烧损，因而极大地影响切割效果及切割的稳定性。内缩量越大，电弧的压缩效果越好，但太大，电弧稳定性就差，且易产生双弧而烧坏喷嘴。内缩量太小，电弧不能受到很好的压缩，电极也易烧损。如果电极端头伸进喷嘴孔，会使切割能力降低甚至无法实现切割。电极端头的最佳位置应处于气流的射吸区，这种场合，端头处于相对“真空”状态，电极不易烧损，而且电弧也能受到良好的压缩。原则上，一般取 8 ～ 11mm 为宜。

5）喷嘴与工件距离的选择

喷嘴到工件的距离 H（图 10-55）对切割效率和切口宽度有明显的影响。距离过大，电弧在空间穿过的时间过长，辐射热损耗加大，且弧柱扩散，切割速度必然降低，并且切口加宽。距离过小，虽能加快切割速度，但在大电流切割时易引起双弧。过小时还可能造成喷嘴与工件短路，应适量减小这一距离。对于一般厚度的工件，取 6 ～ 8mm 为宜。当切割厚度更大的工件时，可增大到 10 ～ 15mm。割炬与切割件表面应垂直。为了有利于排出熔渣，割炬也可以保持一定的后倾角度。

6）切割电流的选择

切割电流应根据喷嘴孔径大小而定，图 10-56（a）给出了切割电流与喷嘴孔径的关系。切割电流也可按下式选取：

$$I=(70\sim100)d$$

式中 I——切割电流，A；

d——喷嘴孔径，mm。

对已经确定的喷嘴而言，存在一个最有效的切割电流值，此时极限切割速度最大。若切割电流过大，切割速度反而下降，还易产生双弧。另外，选用切割电流时还需考虑工件的厚度和材质［图 10-56（b）］。显然工件厚度大，电流也应增大，但喷嘴孔径也需相应增大。材质不同，如切割等厚的铜，因铜的热导率大，切割电流就应增加。

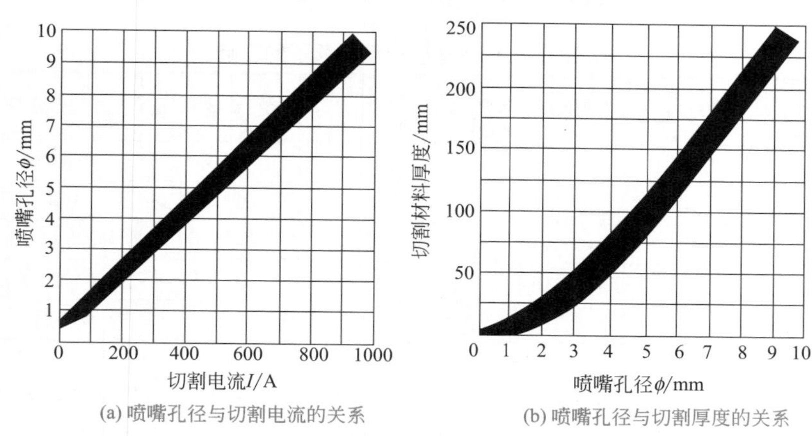

(a) 喷嘴孔径与切割电流的关系　　(b) 喷嘴孔径与切割厚度的关系

图 10-56　喷嘴孔径与切割厚度及切割电流的关系

为了防止喷嘴严重烧损，对各种孔径的喷嘴都规定了允许使用的临界电流值（见表 10-31）。其不同孔径喷嘴在切割时的适应工作电流见表 10-32。

表 10-31　防止喷嘴严重烧损的极限电流

喷嘴孔径 /mm	2.4	2.8	3.0	3.2	3.5	＞4.6
许用最大工作电流 /A	200	250	300	340	360	＞400

表 10-32　不同孔径喷嘴在切割时的适应工作电流

喷嘴孔径 /mm	2.4	2.8	3.0	3.2	3.5	4.0
工作电流 /A	135 ～ 160	185 ～ 215	210 ～ 245	240 ～ 280	290 ～ 340	275 ～ 440

7）切割速度的选择

切割速度不仅是反映切割生产率的一个重要指标，而且极大地影响着切割质量。切割速度高，则切口区受热小、切口窄、热影响区小。但速度过快，切口下缘乃至切割面上会粘渣，甚至割不穿工件。切割速度过慢，不仅切割效率降低，而且切口加宽、切割面倾斜度增大、切口底部粘渣形成“熔瘤”（图 10-57)，切割质量变差。表 10-33 示出在切割电流和电压基本相同的条件下切割速度对切割质量的影响。

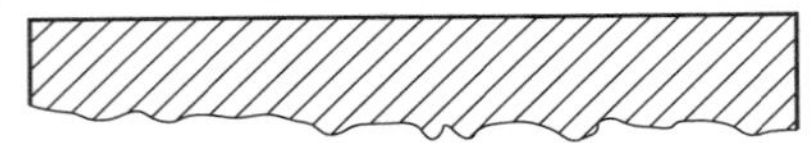

图 10-57　切口底部粘渣形成“熔瘤”

表 10-33　切割速度对切割质量的影响

序号	切割电流 /A	切割电压 /V	切割速度 /m·h^{-1}	切口宽度 /mm	切口表面质量
1	160	110	60	5.0	略有渣
2	150	115	80	4.0 ～ 5.0	无渣
3	160	110	104	3.4 ～ 4.0	光洁无渣
4	160	110	110	—	有渣
5	160	110	115	—	切不透

通常，以切口下缘无粘渣或少量挂渣时的切割速度为适宜，即使稍有后拖量也是允许的。另外，当手工切割薄金属时， 由于受到手动速度的限制，切割速度一般只能达到 1m/min 左右。因此，要注意根据工件的材质和厚度选用工作电流合适的割炬，以获得良好的切割质量。如选用功率偏大的割炬，因手动速度低于该功率时的合适切割速度，反而会使切割质量变差。

10.4.4　等离子弧切割基本操作技能、技巧与操作实例

(1) 等离子弧切割基本操作技能与技巧

等离子弧切割分为转移型和非转移型两种。非转移型等离子弧切割的

操作方法与氧 - 乙炔气体火焰的切割操作方法相似。而转移型等离子弧切割时，割炬和工件构成电回路，工件是等离子弧存在的不可缺少的一极，在切割过程中，如果割炬与工件距离过大（大于 10mm 时），就可能发生断弧。

由于等离子弧割炬的结构较大，切割时可见性差，操作起来不太方便，因此其操作难度要比氧 - 乙炔气割大。

1）切割前的准备工作

① 钨极材料、直径、形状的确定技巧。等离子弧切割过程中，如果钨极的烧损少，则切割过程稳定。通常采用钍的质量分数为 1.5% ～ 2.5% 的 WTh-15 和 WTh-30 钍钨棒作电极，其烧损量比纯钨电极小，电弧也较稳定。

等离子弧切割时，通常是根据工件厚度来选择切割电流，再根据切割电流来确定钨极直径。钍钨极的电流密度控制在 20A/mm^2 以内较合适。若电流密度太高，钍钨极发热很大，烧损严重；若电流密度过小，电弧不稳定，影响切割质量。钍钨极的直径与最大工作电流的关系见表 10-34。

表 10-34　钍钨极直径与最大工作电流

钍钨极直径 /mm	4	5	6
最大工作电流 /A	250	360	550

钨极端部的形状影响电弧的稳定性。使用时，钨极端部磨成一定角度所产生的焰流比平面形状时稳定，见图 10-58。

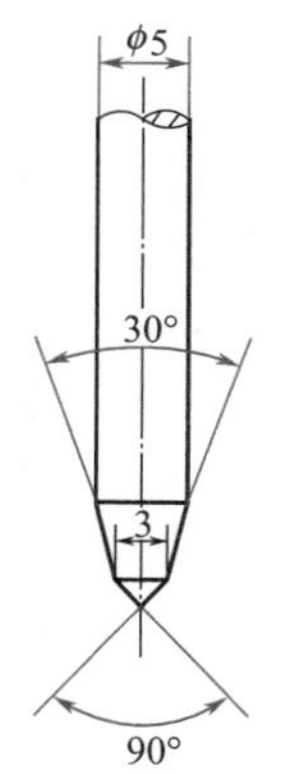

(a) 锥度改变的钨极端部

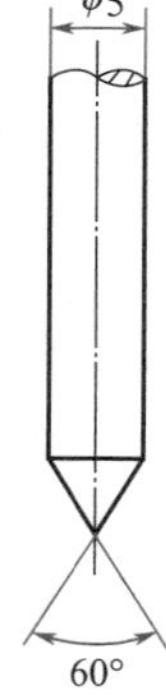

(b) 锥度不改变的钨极端部

图 10-58　钨极端部的形状

② 电源极性的选择技巧。为了使等离子弧能稳定燃烧并减少钨极烧损，等离子弧切割时均采用直流正接，即钨极接负极，工件接正极。

③ 调整钨极与喷嘴的同心度技巧。钨极与喷嘴的同心度不良，会严重影响切割能力、切割质量和喷嘴寿命。为了保证在切割时钨极与喷嘴的同心度，在切割之前应细致地调节，然后再引燃电弧。检查同心度的方法是，观察高频振荡在钨极与喷嘴间产生的电火花在喷嘴孔四周是否分布均匀。电火花布满喷嘴四周时，同心度最好。若电火花只占喷嘴圆周不足1/2，说明同心度不好，应调整好后再继续使用。

2）起切点选择技巧

切割前，应把切割工件表面的起切点清理干净，使之导电良好。对厚大工件或表面不清洁的工件最好用小电弧把起切点预热一下，然后再闭合大电流开关，使转弧顺利。

切割时应从工件边缘开始起切，等到工件边缘切穿后再移动割炬。如果被切工件不允许这样做，可先在被切工件上钻一个直径约为ϕ15mm的小孔，作为切割的起切点，以避免在等离子弧的强大吹力下，熔渣向四周飞溅，便于操作。尤其在飞溅严重的情况下，熔渣堵塞喷嘴，或堆积在喷嘴上与工件形成双弧，会使喷嘴烧坏。工件厚度不大时，也可不预先钻孔，切割时将割炬在切缝垂直平面内后倾一个角度，或将割件放在倾斜或垂直的位置，使熔渣容易排开，直至切割时再恢复正常的切割姿势和位置。

3）切割速度选择技巧

切割过程开始后，割炬移动的快慢对切割质量有重大的影响。速度过大和过小都得不到质量满意的切口，割炬移动过快，在切口前端有熔融金属上翻的现象，不能切透；移动过慢，除了切口宽而不齐、热影响区加大外，还往往因工件已经切透，把电弧拉得过长而熄灭，使切割过程中断。在保证切透的前提下，割炬移动速度应尽量大一些。此外，由小电弧转为切割电弧时的移动速度尤为重要，因为一方面转弧过程本身对电弧连续燃烧不利；另一方面刚起弧时工件是“冷”的，对维持电弧燃烧也很不利，因此转弧前应利用小电弧在起切点稍稍停顿一下，待电弧已经稳定燃烧并开始切透时，立即向前移动。

4）割炬的角度选择技巧

在整个切割过程中，割炬应与切口平面保持垂直，不然切口发生偏斜，切口不光洁，在切口底面造成熔瘤。为了提高切割速度进而提高生产率，通常可将割炬在切口所在平面内向与切割方向相反的方向倾斜一个角度（0°～45°），见图 10-59。当切割厚板、采用大功率时，后倾角应小些；切割薄板、采用小功率时，后倾角应大些。

（2）大厚度工件切割特点及操作技巧

1）大厚度工件切割特点

① 大厚度工件的散热能力强，热量耗损增加，所以要求等离子弧有较大的功率，所用喷嘴孔径和钨极直径均应相应增大。

② 等离子弧应具有较大的吹力，弧柱应拉得较长。其主要方法是调节气体流量，使等离子弧白亮的部分长而挺直有力。

③ 切割厚的工件时，电弧的不稳定性增加，因此必须采用较大的气体流量和空载电压较高的电源。专用等离子弧切割电源的空载电压达 400V，可满足切割厚工件的要求。采用直流弧焊机串联时，常需要 3 台以上的焊机进行串联。

④ 切割厚的工件时，等离子弧的功率较大，由小弧转为切割弧时，电流突变，往往会引起电弧中断和喷嘴烧坏的现象。对此，可以采取分级转弧的办法，在切割回路中串入限流电阻（约 0.4Ω），降低转弧时的电流值，然后再把电阻短路掉，使等离子弧转入正常切割规范，其线路图如图 10-60 所示。

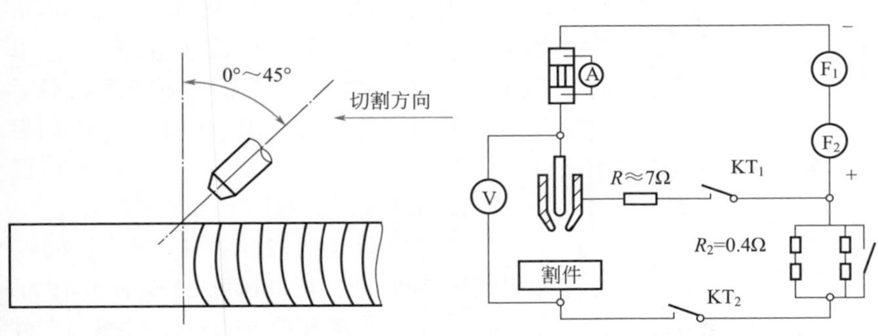

图 10-59　切割时割炬的后倾角　　图 10-60　分级转弧电路示意图

2）操作练习技能、技巧

练习件采用不锈钢板，长 × 宽 × 厚为 500mm×200mm×12mm。

按前述切割要点对练习用割件表面仔细进行清理，并沿 500mm 方向每隔 25mm 划一割线，沿线打上样冲眼。切割时具体参数可参考

如下：

电极直径	5.5mm
电极尖端到喷嘴孔外端面距离	10mm
喷嘴孔到割件表面距离	8mm
切割用气体	工业纯氮，纯度 99.9%
引弧用气流	0.4m^3/h
切割用气流	3m^3/h
非转移弧电流	30 ～ 50A
工作电压值	100 ～ 120V
喷嘴孔径	3.5mm
切割电流	300A
切割电压	130V
切割速度	120m/h

操作时要反复练习起割和正常等离子弧切割。通过练习，达到起割准，并由非转移弧过渡到转移弧要稳，不产生熄弧，没有未割透和熔瘤，割缝沿线平直，割口表面光洁。

(3) 等离子弧切割不锈钢法兰操作实例

以 1Gr18Ni9Ti 不锈钢法兰的切割为例：法兰的外径为 219mm，内径为 60mm，厚度为 20mm。切割机型号 LG-400-1，工作台采用多柱式支架，如图 10-61 所示，以防止切割时将支架割断，避免工件切割到最后时由于被切下部分的重力作用，使工件下垂而发生错口。

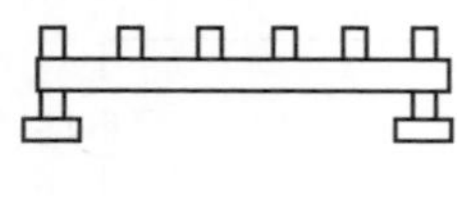

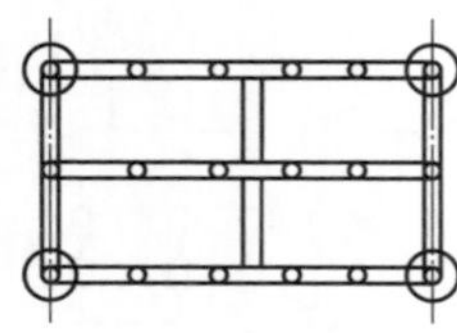

图 10-61　多柱式支架

1）切割方法与工艺参数

手工切割。切割电流 320A；切割电压 160V；气体体积流量 2400L/h；切割速度 25 ～ 30m/h；铈钨棒直径 ϕ5.8mm；喷嘴孔径 ϕ5.0mm；喷嘴与工件距离 8 ～ 10mm。

2）操作步骤

① 将 LG-400-1 型等离子弧切割机安装好，由于采用手工切割，故把连接小车控制电缆多芯插头“Z”断开，将手工切割的控制电缆多芯插头“S”接通（如图 10-62 中的双点画线所示）。

② 确保切割机安装接线无误，再进行水、电、气以及高频引弧等的

检测。检测完毕即可准备切割。

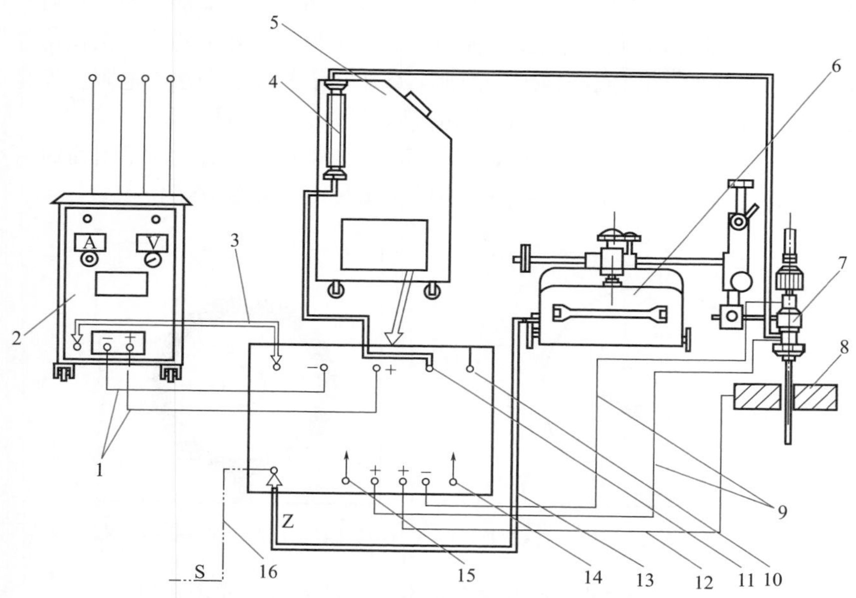

图 10-62 LG-400-1 型等离子弧切割机外部安装接线图

1—电源电缆（A=70mm^2）；2—切割电源（ZX400）；3—多芯电缆；4—流量计；5—控制箱（LG-400-1）；6—自动行走机构；7—割炬；8—工件；9—水冷电缆；10—进气；11—出气；12—电源电缆（A=70mm^2）；13—多芯电缆；14—出水；15—进水；16—手动割炬控制电缆

③ 按待切割零件的图纸设计工艺尺寸，在不锈钢板上先划好线，见图 10-63。划线时要留出切口余量。余量按下列经验公式计算：

$$b = \delta / 5 + 8$$

式中 b——切口宽，mm；

δ——被切工件厚度，mm。

在离法兰内圆切割线一定距离处钻一个 ϕ412mm 的孔，作为切割内圆时的起弧孔。

④ 将已划好线的钢板放在多柱式支架上，注意放平。

⑤ 先切割法兰的内圆。接通电源，手持割炬，使割炬喷嘴距离工件 8 ～ 10mm，将割炬上的开关扳向前，这时电路被接通，切割机各部分动作程序与自动切割相同。起弧从起切点开始，由小电弧转到大电弧后进入正常切割。

若电弧引燃后因故不能进行切割，需要将电弧断开时，只要将手动割炬远离切割工件，将拨动开关从前面的位置拨回来，随即推向前，然后再扳回，电弧即被切断。注意在这种断开引弧过程中，开关的拨动按钮第一次扳回后所停留的时间必须短，否则会烧坏割炬的喷嘴和水冷电阻。停止切割时，将拨动开关推向前，随后再拨回，即可停止切割。

⑥ 切割好法兰内圆后再切割其外圆，切割方法同前，但是引弧时可不必钻孔，而从离被切工件一定距离的边缘起切，见图 10-64。

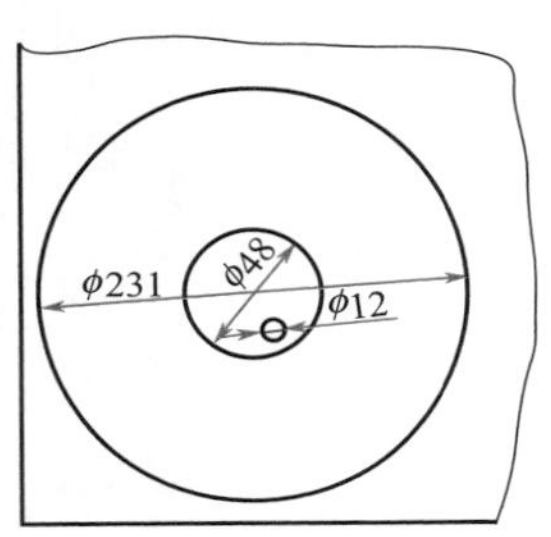

图 10-63　法兰切割工艺尺寸设计

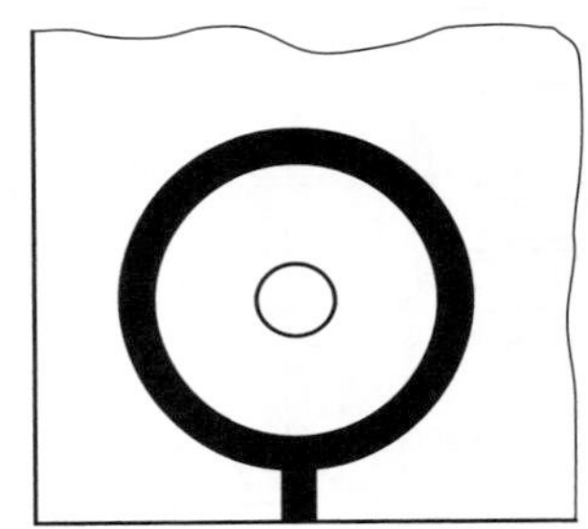

图 10-64　切割法兰外圆示意图

⑦ 切割完毕，关掉电源开关和气源，关闭冷水和总电源开关。

10.4.5　等离子弧切割质量缺陷及防止措施

（1）等离子弧切割切口质量要求及控制措施

等离子弧切割质量主要是指切口质量，切口质量主要以切口宽度、切口垂直度、切口表面粗糙度、切纹深度、切口底部熔瘤及切口热影响区硬度和宽度来评定。等离子弧切口的表面质量介于氧 - 乙炔切割和带锯切割之间，当板厚在 100mm 以上时，因在较低的切割速度下熔化较多的金属，往往形成粗糙的切口。

良好切口的标准是：其宽度要窄，切口横断面呈矩形，切口表面光洁，无熔渣或挂渣，切口表面硬度应不妨碍切后的机加工。

1）切口宽度和平面度要求

切口宽度是指由切割束流造成的两个切割面在切口上缘的距离。在切口上缘熔化的情况下，指紧靠熔化层下两切割面的距离。

等离子弧切口的上部往往较下部切去较多的金属，使切口端面稍微倾斜，上部边缘一般呈方形，但有时稍呈圆形。等离子弧切割的切口宽度比氧 - 乙炔切割的切口宽度宽 1.5 ～ 2 倍，随板厚增加，切口宽度也增加。

对板厚在25mm以下的不锈钢或铝，可用小电流等离子弧切割，切口的平直度是很高的，特别是切割厚度8mm以下的板材，可以切出小的棱角，甚至不需加工就可直接进行焊接，这是大电流等离子弧切割难以得到的。这对薄板不规则曲线下料和切割非规则孔提供了方便。

切割面平面度是指过所测部位切割面上的最高点和最低点，按切割面倾角方向所作两条平行线的间距。

等离子弧切口表面存在约0.25～3.80mm厚的熔化层，但切口表面化学成分没有改变。如切割含Mg5%的铝合金时，虽有0.25mm厚的熔化层，但成分未变，也未出现氧化物。若用切割表面直接进行焊接也可以得到致密的焊缝。切割不锈钢时，由于受热区很快达到649℃的临界温度，使碳化铬不会沿晶界析出。因此，用等离子弧切割不锈钢是不会影响它的耐腐蚀性的。

2）切口熔瘤消除方法与诀窍

在切割面上形成的宽度、深度及形状不规则的缺口，使均匀的切割面产生中断。切割后附着在切割面下缘的氧化铁熔渣称为挂渣。

以不锈钢为例，由于不锈钢熔化金属流动性差，在切割过程中不容易把熔化金属全部从切口吹掉。不锈钢导热性差，切口底部容易过热，这样切口内残留有未被吹掉的熔化金属，就和切口下部熔合成一体，冷却凝固后形成所谓的熔瘤或挂渣。不锈钢的韧性好，这些熔瘤十分坚韧，不容易去除，给机械加工带来很大困难。因此，去除不锈钢等离子弧切割的熔瘤是一个比较关键的问题。

在切割铜、铝及其合金时，由于其导热性好，切口底部不易和熔化金属重新熔合。这些熔瘤虽“挂”在切口下面，但很容易去除。

采用等离子弧切割工艺时，去除熔瘤的具体措施与诀窍如下。

① 保证钨极与喷嘴的同心度。钨极与喷嘴的对中不好，会导致气体和电弧的对称性被破坏，使等离子弧不能很好地压缩或产生弧偏吹，切割能力下降，切口不对称，引起熔瘤增多，严重时引起双弧，使切割过程不能顺利进行。

② 保证等离子弧有足够功率。等离子弧功率提高，即等离子弧能量增加，弧柱拉长，使切割过程中熔化金属的温度提高和流动性好，这时在高速气流吹力的作用下，熔化金属很容易被吹掉。增加弧柱功率可提高切割速度和切割过程的稳定性，使得有可能采用更大的气流量来增强气流的吹力，这对消除切口熔瘤十分有利。

③ 选择合适的气体流量和切割速度。气体流量过小时吹力不够，容易产生熔瘤。当其他条件不变时，随着气体流量增加，切口质量得到提高，可获得无熔瘤的切口。但过大的气体流量却导致等离子弧变短，使等离子弧对工件下部的熔化能力变差，割缝后拖量增大，切口呈V形，反而又容易形成熔瘤。

3）避免双弧的产生

转移型等离子弧的双弧现象的产生与具体的工艺条件有关。在等离子弧切割中，双弧的存在必然导致喷嘴的迅速烧损，轻者改变喷嘴孔道的几何形状，破坏电弧的稳定条件，影响切割质量；重者使喷嘴被烧损而漏水，迫使切割过程中断。为此，等离子弧切割与等离子弧焊接一样，必须从影响双弧形成的因素着手，避免双弧的出现。

4）大厚度工件切割质量控制措施

生产中已能用等离子弧切割厚度100～200mm的不锈钢，为了保证大厚度板的切割质量，应注意以下几方面的问题。

① 随着切割厚度的增加，切口金属的熔化量随之增加，因此所需等离子弧的功率比较大，所用喷嘴孔径和电极直径均要相应加大。为了减小喷嘴与电极的烧损，靠提高工作电压来提高等离子弧功率比单纯依靠增大电流的方法更为理想。

② 切割大厚度工件时，为使切口底部获得足够热量，应使弧柱拉长，并具有更大的吹力。其主要方法是调节气体流量及改换气体成分。利用氮-氢混合气体，能使等离子弧白亮部分长而挺直有力。氩-氢混合气体也有同样效果，氩-氮-氢混合气体的切割效果更好，但氢气成本高，故不推荐使用。

③ 随着切割厚度增加，等离子弧的阳极斑点潜入切口的深度增加，工作电压很高。此外，斑点在切口中上下大幅度跳动，电压波动加剧，电弧不稳定性增加，为此必须采用具有较高空载电压的电源。

④ 由于等离子弧功率较大，因而当其由辅助弧（小弧）转为切割弧（大弧）时，电流突变，电弧易中断，喷嘴容易烧坏。为防止上述现象出现，要求设备必须具有可靠的电流递增装置。

⑤ 随着切割厚度的增加，起割时常常遇到困难。这是因为工件厚度大，热容量大，且工件底部距离喷嘴太远，弧焰端部已软弱无力。为使底部预热足够，势必大大地延长割炬在起切处的停留时间，但这会使工件上部熔坑太大，电弧拉得过长，甚至断弧，而仍不能切透。实践经验表明，

大厚度工件切割时，不必等到完全切透时才开始移动割炬。起切时，停留一段时间进行预热后，可以慢慢地向前移动割炬，使等离子弧逐渐进入工件上部已经形成的切口中，切口对等离子弧及其焰流继续起压缩作用，使等离子弧及其焰流刚度增强，因而对工件下部冲刷及热传导作用加强，逐渐把底部切透。这时切口的后拖量显得比正常切割情况下大一些，但继续切下去会逐渐转入正常。当然停留时间过短或割炬移动太快也是不行的，那样将造成翻浆。工件底部预热太差时，不能切透。

（2）等离子弧切割切口缺陷产生原因及改善措施

等离子弧手工切割时，如果条件允许，在起切点端面处伸入割炬直接预热工件底部，则起切过程会比较顺利地进行。等离子弧切割时的切口缺陷产生原因、预防方法和改善措施见表10-35。

表10-35 等离子弧切割切口缺陷产生原因及预防和改善措施

缺陷类型	产生原因	预防和改善措施
双弧的产生	①电极对中不良 ②割炬气室的压缩角太小或压缩孔道过长 ③喷嘴水冷差 ④切割时等离子弧焰流上翻或熔渣飞溅至喷嘴 ⑤电极的内伸长度较长，气流量太小 ⑥喷嘴离工件太近	①调整电极和喷嘴的同心度 ②改进割炬结构尺寸 ③加大冷却水流量 ④改变割炬角度或先在工件上钻好切割孔 ⑤减小电极的内伸长度，增大气流量 ⑥把割炬稍加抬高
小弧引不起来	①高频振荡器放电间隙不合适 ②电极内缩过大或与喷嘴短路 ③未接通引弧气流	①调整高频振荡器放电间隙 ②调整电极内缩量 ③检查引弧气流回路
断弧（主要指由小弧转为切割弧时）	①割炬抬得过高（转移型） ②工件表面有污垢或导线与工件接触不良 ③喷嘴压缩孔道过长或喷嘴孔径过小 ④气流量太大 ⑤电极内伸长度太长 ⑥电源空载电压过低	①适当压低割炬 ②切割前把工件表面清理干净或用小弧烧一遍待切的区域，导线与工件要接触良好 ③改变喷嘴的结构尺寸 ④减小气流量 ⑤把电极适当下调 ⑥提高电源空载电压或增加电机串联台数

续表

缺陷类型	产生原因	预防和改善措施
电极烧损严重	① 电极材料不合适 ② 气体纯度不高 ③ 电流密度太大 ④ 气流量太小 ⑤ 电极头部磨损得太尖	① 应采用钍钨极、铈钨极 ② 改用纯度高的气体或设法提纯 ③ 改用直径大一些的电极或减小电流 ④ 适当加大气体流量 ⑤ 电极头部角度增大些
喷嘴使用寿命短	① 电极与喷嘴同心度不良 ② 气体纯度不高 ③ 切割电流一定时，喷嘴孔径小或压缩孔道长 ④ 喷嘴冷却不良	① 切割前调好电极与喷嘴的同心度 ② 改用纯度高的气体 ③ 改用大一些的喷嘴孔径或适当减小压缩孔道长度 ④ 设法加强冷却水对喷嘴的冷却，若喷嘴壁厚，可适当减薄
喷嘴急速烧坏	① 主要因产生双弧而烧坏 ② 气体严重不纯，电极成段烧断致使喷嘴与电极短路 ③ 操作不慎，喷嘴与工件短路 ④ 忘记通水或工作时突然断水，转弧时气流量没有加大或突然停气	① 出现双弧时应立即切断电源，然后找出产生双弧的原因并加以克服 ② 换用纯度高的气体或增加提纯装置 ③ 防止喷嘴与工件短路 ④ 最好采用水压开关和电磁气阀，气路最好采用硬橡胶管
切口熔瘤	① 等离子弧功率不够 ② 气流量过小或过大 ③ 切割速度过小 ④ 电极偏心或割炬在割缝两侧有倾角时，易在切口一侧造成熔瘤 ⑤ 切割薄板时，在窄边易出现熔瘤	① 适当加大功率 ② 把气体流量调节至合适 ③ 适当提高切割速度 ④ 调整电极的同心度，割炬应保持在割缝所在平面内 ⑤ 加强窄边的散热
切口面粗糙	① 工件表面有油锈、污垢 ② 气流量过小 ③ 切割速度和割炬高度不均匀	① 切割前将工件清理干净 ② 适当加大气体流量 ③ 熟悉操作技术
切不透	① 等离子弧功率不够 ② 切割速度太快 ③ 气流量太大 ④ 喷嘴与工件距离太大	① 增大功率 ② 降低切割速度 ③ 适当减小气流量 ④ 把喷嘴降低

（3）常用金属材料的切口缺陷及产生原因

常用金属材料的切口缺陷及产生原因见表 10-36。

表 10-36 常用金属材料的切口缺陷及产生原因

缺陷类型	产生原因		
	低碳钢	不锈钢	铝
上表面切口呈圆形	速度过快，喷嘴距离过大	速度过快，喷嘴距离过大	此缺陷不经常出现
上表面有割瘤	喷嘴距离过大	喷嘴距离过大，气流中氢气含量过高	喷嘴距离过大
上表面粗糙	此缺陷不经常出现	喷嘴距离过大，气流中氢气含量过高，速度过大	气流中氢气含量过小
侧面呈过大下降坡口	速度过快，喷嘴距离过大	速度过快，喷嘴距离过大	速度过快，气流中氢气含量太小
侧面呈凹形	此缺陷不经常出现	气流中氢气含量过大	气流中氢气比例过大，速度太慢
侧面呈凸形	速度太快	速度太快，气流中氢气含量太小	此缺陷不经常出现
背面边缘呈圆形	速度过快	此缺陷不经常出现	此缺陷不经常出现
背面有割瘤	气流中氢气含量过大，速度过慢，喷嘴距离过小	速度太慢，气流中氢气比例过大	速度过快
背面粗糙	喷嘴距离过小	此缺陷不经常出现	气流中氢气含量太小

10.5 等离子弧焊接与切割工程实例

10.5.1 不锈钢筒体等离子弧焊工程实例

（1）不锈钢筒体结构及形状尺寸

化纤设备 S441 过滤器结构见图 10-65，其材质为 1Cr18Ni12Mo2。GR-201 高温高压染色机部件结构见图 10-66，其材质为 1Cr18Ni9Ti。

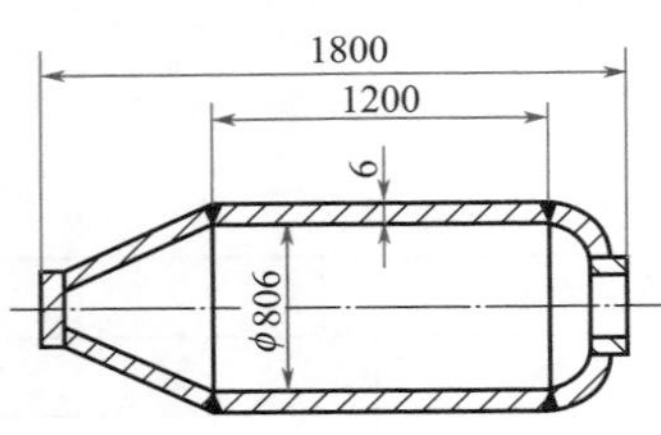

图 10-65　S441 过滤器结构

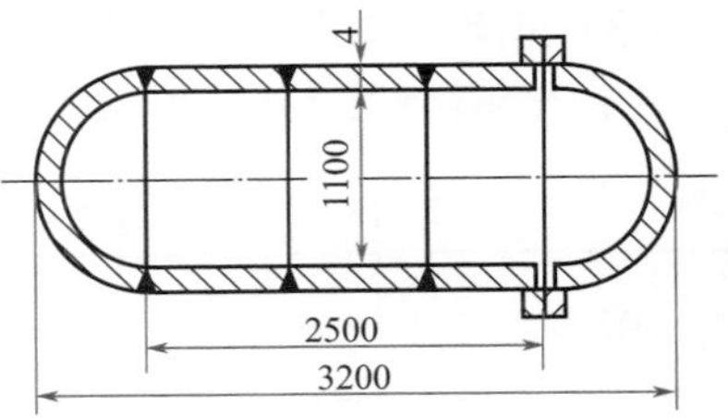

图 10-66　GR-201 高温高压染色机部件结构

(2) 不锈钢筒体等离子弧焊工艺与操作技巧

1）焊接设备的选择

采用 LH-300 型等离子弧焊机。焊枪为大电流等离子弧焊枪及对中可调式焊枪。使用的喷嘴为有压缩段的收敛扩散三孔型。

2）焊接参数的选择

等离子弧焊焊接参数见表 10-37。

表 10-37　等离子弧焊焊接参数

板厚 /mm	喷嘴直径 /mm	氩气流量 /（L/min）			焊接速度 /（mm /min）	焊接电流 /A	电弧电压 /V	焊丝直径 /mm
		离子	保护	拖罩				
4	3	6 ～ 7	12	15	350 ～ 400	200 ～ 220	23 ～ 24	0.8 ～ 1.0
5	3.2	7 ～ 8	12	15	350	250	26 ～ 28	0.8 ～ 1.0
6	3.2	8 ～ 9	15	20	260 ～ 280	260 ～ 280	28 ～ 30	0.8 ～ 1.0
8	3.2	12 ～ 13	15	20	320	320	30	1.0
8	3.2	9 ～ 10	15	20	280	280	32.5	1.0
10	3.2	15	15	20	340	340	32	1.0
10	3.5	9 ～ 10	15	20	280 ～ 290	280 ～ 290	32 ～ 34	1.0

3）焊接工艺要点及操作技巧

① 坡口形式为 I 形。板材经剪床下料，使用丙酮清除油污后即可进行装配、焊接。

② 接头装配时不留间隙，使剪口方向一致（剪口向上），进行装配定位，定位焊缝间距≤ 300mm。

③ 直缝及筒体纵缝在焊接卡具中焊接，并装有引弧板及引出板。

④ 筒体环缝焊接头处有 30mm 左右的重叠量，熄弧时焊件停转，电

流、气流同时衰减，并且电流衰减稍慢，焊丝继续送进以填满表面弧坑。

⑤ 为保证焊接质量及合理使用保护气体，焊缝的保护形式采用以下两种：焊缝背面为分段跟踪通气保护，焊缝正面附加拖罩保护。直形及弧形拖罩长度均为 150mm，分别用于直缝及环缝焊接，弧形拖罩的半径为焊件半径加 5 ～ 8mm。

4）焊接质量分析

接头的抗拉强度为 580 ～ 590MPa，冷弯角 $\alpha > 120°$。接头经检测无裂纹。经腐蚀试验及金相分析，焊缝质量达到产品的技术要求。

10.5.2 双金属锯条等离子弧焊工程实例

（1）双金属锯条的材质及要求

一般机用锯条是由高速钢制成的，实际上只是锯条的齿部需要选用高速钢材质，采用等离子弧焊焊接双金属的方法可以合理使用高速钢，节约贵重材料。焊接锯条外形如图 10-67 所示，齿部用高速钢，背部用低合金钢，这样不仅可以节约高速钢，合理使用材料，而且可以提高锯条的使用寿命，因为背部的低合金钢具有良好的韧性，不易折断。双金属锯条的材质化学成分及硬度值见表 10-38。刃部材料为 W18Cr4V，规格为 490mm×9.5mm×1.8mm 冷轧带钢。背部材料为 65Mn，规格为 490mm×30mm×1.8mm 冷轧带钢。以上材料均为退火状态。

表 10-38　双金属锯条的材质化学成分及硬度

牌号	ω_C	ω_{Mn}	ω_{Si}	ω_S	ω_P
W18Cr4V	0.1 ～ 0.8	≤ 4	≤ 4	＜ 0.03	＜ 0.03
65Mn	0.62 ～ 0.7	0.9 ～ 1.2	0.17 ～ 0.57	＜ 0.045	＜ 0.045

牌号	ω_W	ω_{Cr}	ω_V	ω_{Mo}	HRC	用途
W18Cr4V	17.5 ～ 19	3.5 ～ 4.4	1 ～ 1.4	≤ 0.3	24	刃部材料
65Mn	—	—	—	—	≤ 29	背部材料

（2）双金属锯条等离子弧焊工艺与操作技巧

1）工艺装备选择

焊接锯条的简易工装夹具如图 10-68 所示。焊枪固定不动，由夹具使锯条移动，焊件背面通保护气。在施焊焊件的下部设有适应控制传感器，可以自动调节焊接参数（例如焊接速度），以保证焊接质量均匀稳定。

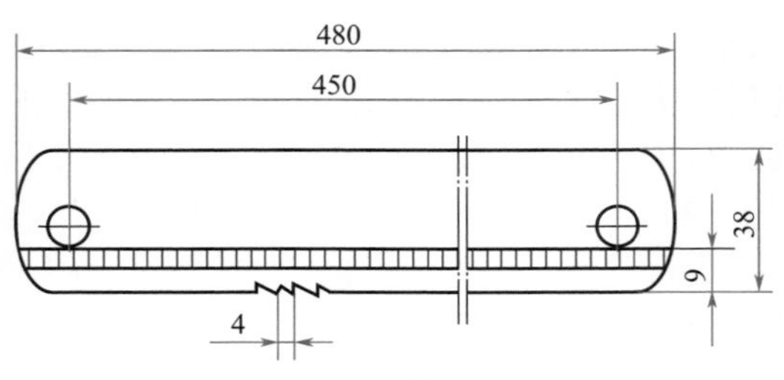

图 10-67　焊接锯条外形

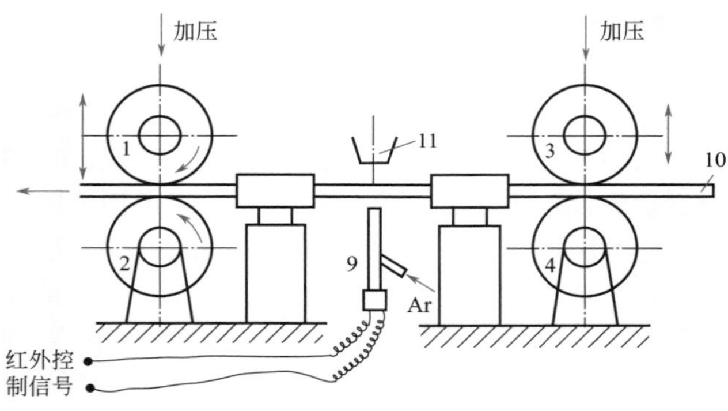

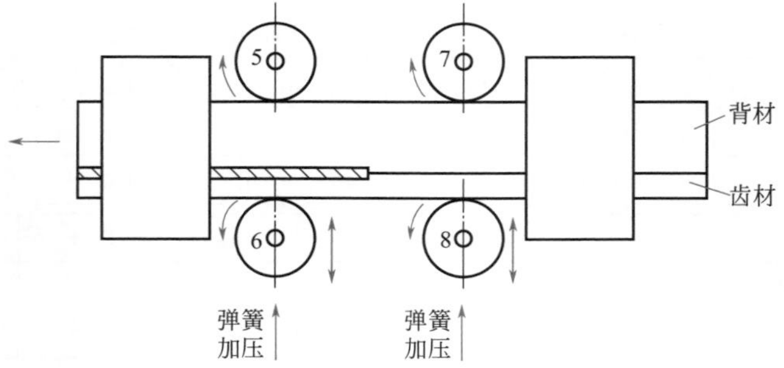

图 10-68　焊接锯条的简易工装夹具

2）焊接参数的选择

采用三孔型喷嘴，孔径为 2mm，孔道长 2.4mm，喷嘴孔两边的小孔直径为 0.8mm，小孔间距为 6mm。保护气与离子气均为氩气。焊接参数见表 10-39。

表 10-39 焊接锯条的焊接参数

焊接方式		焊接电流/A	电弧电压/V	焊接速度/(mm/min)	离子气流量/(L/h)	保护气流量/(L/h)	背面保护气流量/(L/h)	电极内缩量/mm
不加适应控制	穿孔法	105	35	600～690	240～250	600	160～200	2.7
	熔入法	100	32	520	180～190	600	160～200	2.4～2.5
加适应控制	穿孔法	108 110	35	750	275～340	600	160～200	2.6
	熔入法	108 110	32	520～690	150～200	600	160～200	2.4～2.5

3）硬度测定结果

焊后焊缝的硬度很高，齿部母材及热影响区的硬度也显著增高，而背部母材的硬度较低。

4）焊接接头组织分析

双金属焊接接头的焊缝及热影响区都出现了淬硬组织。焊缝中有较多的莱氏体，在靠近高速钢的热影响区中也有少量的莱氏体组织，靠背部的热影响区较宽（2.65mm），靠齿部的热影响区较窄（0.81mm）。焊缝宽度为2.50mm。从金相组织来看，焊缝及近缝区的金相组织性能很坏，特别是焊缝很硬很脆。这种不合格的组织经过焊后的热处理可以得到改善。

5）焊后退火处理要求

在焊后24h内需要进行退火处理，退火工艺曲线如图10-69所示。退火后焊缝中的莱氏体组织大量消除，齿部、焊缝及背部硬度均小于24HRC，能满足加工要求。总之，退火后基本上达到技术要求。焊接接头退火后各区金相组织分布如图10-70所示。

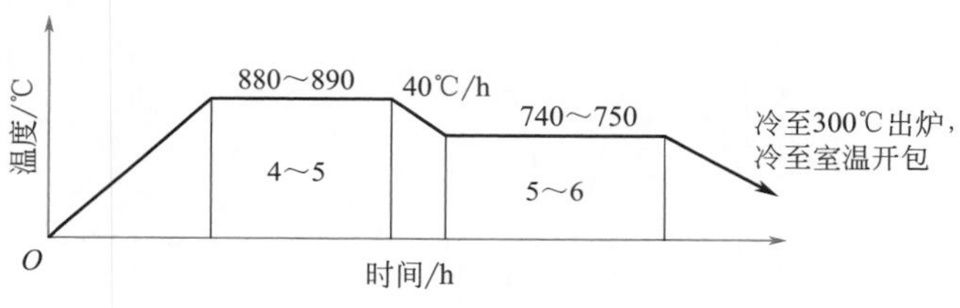

图 10-69 退火工艺曲线

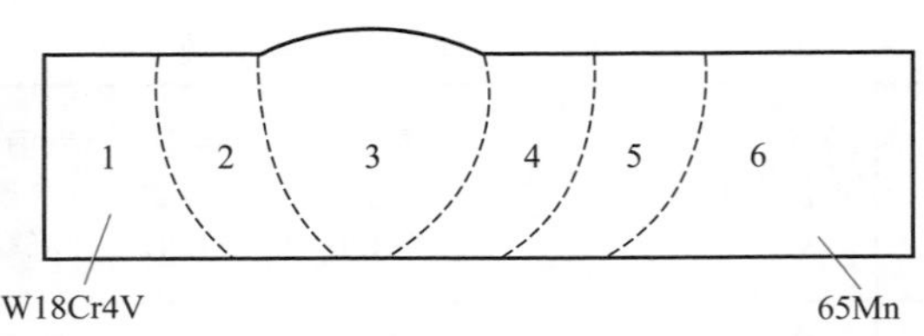

图 10-70　退火后各区金相组织分布

1—索氏体 + 残余碳化物；2—索氏体 + 少量莱氏体；3—索氏体 + 细小莱氏体；4—铁素体全脱碳（0.09mm）；5—铁素体 + 珠光体贫碳区（0.25mm）；6—铁素体 + 珠光体

6）淬火处理要求

按照高速钢锯条性能进行淬火处理，并兼顾背部材料的性能。淬火工艺曲线见图 10-71。淬火后齿部硬度为 67HRC，焊缝硬度为 65.1HRC，背部硬度为 52.4HRC。硬度值大大升高，焊缝及热影响区的莱氏体基本消失，但残余莱氏体较多。

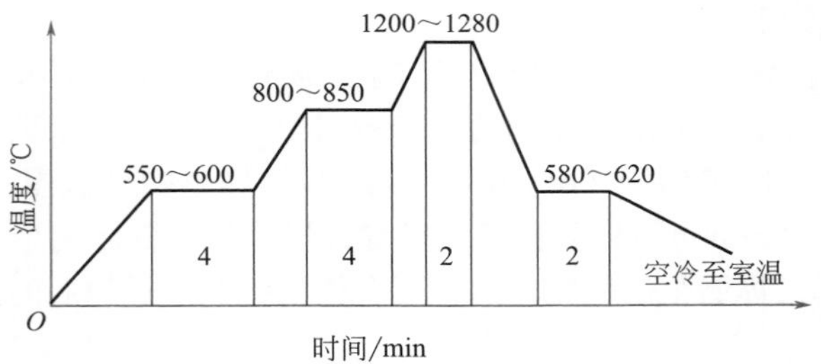

图 10-71　淬火工艺曲线

7）回火处理要求

淬火后要进行三次回火处理。回火工艺曲线如图 10-72 所示。淬火后必须及时回火，一般不得超过 24h。

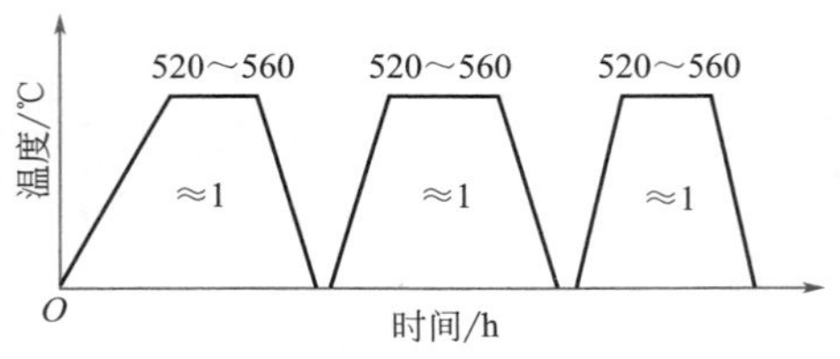

图 10-72　回火工艺曲线

8）回火后的金相组织

经过回火后的金相组织，齿部为回火马氏体 + 少量残余碳化物，焊缝为回火马氏体 + 残余碳化物细网，背部材料为针状索氏体 + 少量羽毛状贝氏体 + 屈氏体。

9）双金属锯条的使用性能

经过以上工序加工的锯条，经实践证明可锯 ϕ40 ～ 130mm 的圆钢或方钢（材质为 45 钢）。双金属锯条完全可以代替用高速钢制成的锯条。

10.5.3 波纹管部件微束等离子弧焊工程实例

1）技术要求

波纹管与管接头的组合件如图 10-73 所示。要求焊接接头有可靠的致密性及真空密封性，并要保持波纹管的工作弹性及抗腐蚀性。因此，焊接过程中其工作部分的加热温度不得超过 200℃。

2）焊件材质、规格

材质为 1Cr18Ni140Ti 不锈钢，波纹管直径为 ϕ18mm，板厚为 0.12mm，管接头壁厚为 2 ～ 4mm。

3）接头形式选择

由于被焊零件厚度相差很大，散热条件不同，给焊接工作造成困难。为防止波纹管边缘烧穿，采用如图 10-73 所示的接头形式，使用“挡板”结构消除波纹管边缘的烧穿。

4）工艺装备选用

将波纹管组合件夹紧在专用胎具中，使波纹管全部工作段也处于胎具中，接缝从胎具中露出约 2mm。

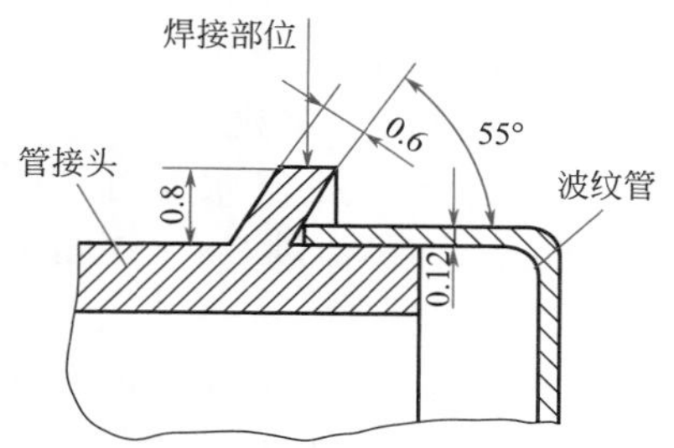

图 10-73 波纹管与管接头组合件

5）焊接工艺参数选择

焊接时焊件绕水平轴旋转或与水平轴成 45° 角，焊枪垂直于焊缝。

焊接参数：I = 14 ～ 16A；U = 18 ～ 20V；离子气为氩气，流量为 0.4L/min；保护气体为氩气或氩氢混合气体，流量为 3 ～ 4L/min; 喷嘴至焊件距离为 2 ～ 4mm；焊接速度为 3m/h。

这种参数的微束等离子弧焊可使挡板完全熔化，并与波纹管边缘熔在一起，形成良好的焊缝。

6）焊接质量要求

实测表明，焊接过程中波纹管工作部分受热温度不高于 80℃，保证了波纹管的弹性。经气密性试验，焊接接头无泄漏现象，满足真空密封性要求。拉伸试验表明，试样破坏均发生在母材上，焊接接头具有良好的力学性能。

10.5.4 螺旋焊管水再压缩式空气等离子弧在线切割工程实例

由高频焊接制造的螺旋焊管尺寸为 ϕ219 ～ 377mm，壁厚为 7mm。螺旋焊管的生产过程如图 10-74 所示。焊接速度为 5m/min，其圆周速度约等于 3.5m/min。为了保证螺旋焊管的连续生产，要求采用空气等离子弧快速切割，切割速度应≥ 3.5m/min。

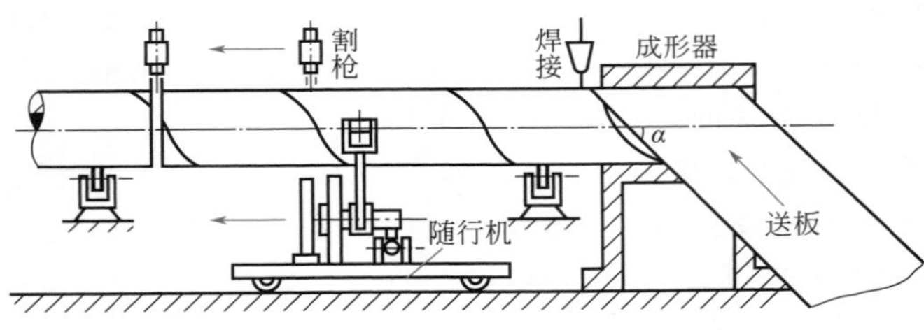

图 10-74　螺旋焊管生产线及在线切割

1）切割方法

采用水再压缩式空气等离子弧切割，并且采用刀轮夹紧式切管随行机及有关辅助装置。

2）切割工艺参数

通过试验找出最佳工艺参数：$I = 260$A，$U = 230$V，喷嘴孔径 d=3.5mm，气体流量 $Q = 1.5$L/min，压力 $p = 0.5$MPa。

3）切割结果

切割速度可达 3.9m/min，管端切斜小于 1.5mm/2π，坡口等于 30°，符合产品要求，并且验收合格。

10.5.5 等离子弧喷涂运用及工程实例

（1）等离子弧喷涂原理及运用

等离子弧喷涂是利用等离子焰流（非转移型等离子弧）为热源，将粉末喷涂材料加热和加速，喷射到工件表面，形成喷涂层的一种热喷涂方法。等离子弧喷涂原理如图 10-75 所示。接通电源后在钨极端部与喷嘴之间产生高频电火花，并将等离子弧引燃。连续送入的工作气体穿过电弧以后，成为由喷嘴喷出的高温等离子焰流。喷涂粉末浮于送粉气流内，被送入等离子焰流，迅速达到熔融状态，并高速喷射到工件表面上形成喷涂层。在喷涂过程中，工件不与电源相接，因此工件表面不会形成熔池，并可保持较低的温度（200℃以下），不会发生变形或改变原来的淬火组织。

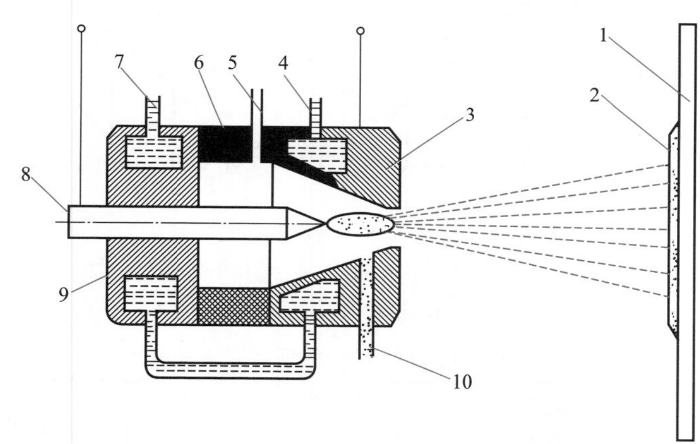

图 10-75　等离子弧喷涂原理示意图

1—工件；2—喷涂层；3—前枪体；4—冷却水出口；5—等离子气进口；6—绝缘套；7—冷却水进口；8—钨电极；9—后枪体；10—送粉口

（2）等离子弧喷涂的特点

等离子弧喷涂的特点有：零件无变形，不改变基体金属的热处理性质；涂层的种类多，可以得到多种性能的喷涂层；工艺稳定，涂层质量高；零件尺寸不受限制，加工余量小；可用喷涂强化普通工件表面；等等。

（3）等离子弧喷涂设备

等离子弧喷涂设备主要由喷枪、电源、送粉器、冷却水供给系统、气体系统、控制系统等组成。它们之间的布置见图 10-76。电源均采用直流电源，额定功率主要有 40kW、50kW、80kW 三种规格。对于等离子弧喷涂电源的性能要求与电弧焊电源基本相同。

喷枪是等离子弧喷涂设备的核心装置，实质上是一个等离子发生器。根据用途的不同，可将等离子弧喷枪分为外圆喷枪和内孔喷枪两大类：外圆喷枪主要用于零件外圆表面的喷涂，也可用于直径较大的浅内孔表面的喷涂；内孔喷枪用于较深内孔表面的喷涂。常用送粉方式有枪内送粉及枪

外送粉两种。枪内送粉时，粉末的加热效率高，但是熔化后的粉末容易在喷嘴出口处堆积而堵塞枪口。枪外送粉可以避免堵枪，然而粉末的加热效率比较低。等离子弧喷枪的型号及技术性能见表 10-40。

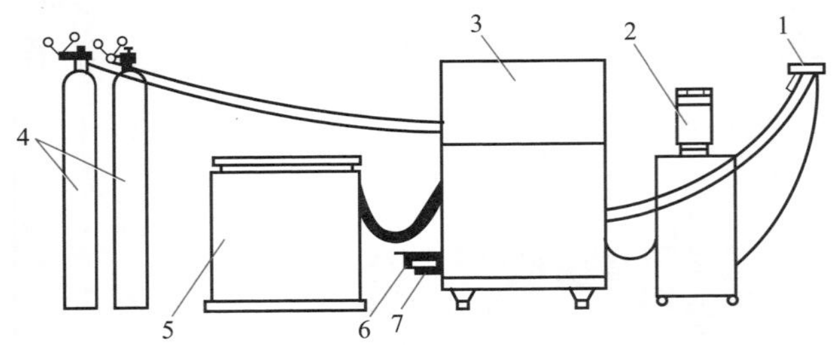

图 10-76　等离子弧喷涂设备布置示意图

1—喷枪；2—送粉器；3—控制柜；4—等离子气和送粉气瓶；
5—直流电源；6—冷却水进口；7—冷却水出口

表 10-40　等离子弧喷枪的型号及技术性能

型号	最大功率 /kW	最大工作电流 /A	工作电压 /V	适用范围
PQ-1SA PQ-1JA	80	1000	80	外表面（平面、外圆、曲面等）
PQ-1NA	40	500	80	≥ ϕ102mm，深 500 ～ 700mm 的孔
PQ-2NA	37.5（Ar） 38.5（N_2）	500	80	≥ ϕ60mm，深 450 ～ 600mm 的孔
PQ-3NA	30（Ar） 40（N_2）	500	80	≥ ϕ45mm，深 450mm 的孔
GDP-35	35	150 ～ 450	60 ～ 100	—
GDP-50	50	500 ～ 900	55 ～ 100	—
GDP-80	80	80 ～ 100（Ar） 150 ～ 1000（N_2）	80	—

（4）大制动鼓密封盖的等离子弧喷涂修复

重载车辆大制动鼓密封盖的材质为耐磨铸铁，其零件图如图 10-77 所示，该零件与密封环配合工作，由于两者之间的相对运动速度较高，磨损情况严重。如采用焊接工艺修复，这样的薄壁零件容易因产生变形超差而报废，所以采用等离子弧喷涂修复。

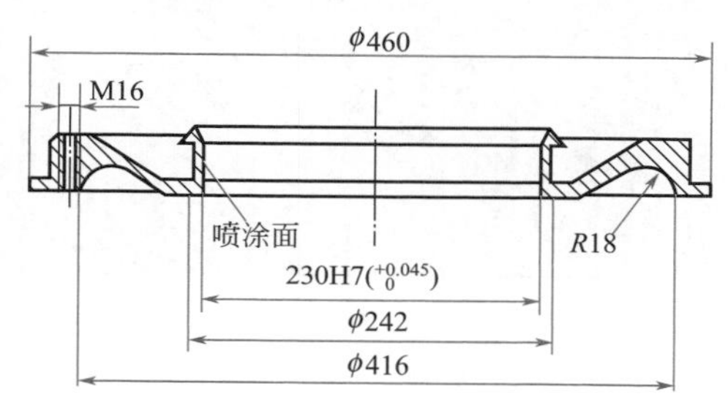

图 10-77　大制动鼓密封盖零件图

1）涂层选择

选择镍 - 铝复合粉末为结合底层材料，粒度为 -160 ～ +240 目；选择 Ni04 粉末为工作层材料，粒度为 -140 ～ +300 目。

2）喷涂工艺

① 喷涂前将工件放在炉内加热或使用火焰反复烘烤，温度应 ≤ 250℃，加热时间为 2.5h。待油污渗出工件表面后，采用清洗剂进行清洗。

② 在零件待喷涂面的半径方向下切 0.3mm，并车掉工件表面上的磨损层及疲劳层。

③ 使用 20 ～ 30 号的刚玉砂（Al_2O_3）进行喷砂，然后使用压缩空气将工件表面吹净，并立即进行喷涂。

④ 喷涂。喷涂工艺参数见表 10-41。

⑤ 喷后采用车削加工至规定的尺寸。

表 10-41　大制动鼓密封盖的喷涂工艺参数

工作气体（N_2）流量 /$m^3 \cdot h^{-1}$		送粉量 /$g \cdot min^{-1}$		喷涂电功率 /kW		结合底层厚度 /mm	喷涂后零件尺寸 /mm
等离子气	送粉气	结合底层	工作层	结合底层	工作层		
1.9 ～ 2.1	0.6 ～ 0.8	19 ～ 23	18 ～ 22	22 ～ 25	20 ～ 24	0.03 ～ 0.05	＜ φ229.5

第11章 气焊与气割

11.1 金属气焊与气割原理

气焊与气割技术在现代工业上的用途非常广泛。由于气焊与气割工艺具有需要的设备（施）简单、操作方便、质量可靠、成本低、实用性强等特点，因此，在各工业部门中，特别是在机械、锅炉、压力容器、管道、电力、造船及金属结构制造等方面，得到了广泛的运用。

11.1.1 常用金属及其氧化物熔点

金属和金属氧化物从固态向液态转变时的温度称为熔点。单质金属和金属氧化物都有其固定的熔点，金属和金属氧化物的熔点取决于它们的成分，如钢和生铁虽然都是以铁和碳为主的金属，但是由于含碳量的不同，其熔点也不相同。熔点是金属和金属氧化物在冶炼、铸造、切割和焊接等工艺中的重要参数。常用金属及其氧化物的熔点见表 11-1。

表 11-1 常用金属及其氧化物的熔点 ℃

<table>
<tr><th rowspan="2">金属</th><th colspan="2">熔点</th><th rowspan="2">金属</th><th colspan="2">熔点</th></tr>
<tr><th>金属</th><th>氧化物</th><th>金属</th><th>氧化物</th></tr>
<tr><td>纯铁</td><td>1535</td><td rowspan="4">1300 ～ 1500</td><td>黄铜、锡青铜</td><td>850 ～ 900</td><td>126</td></tr>
<tr><td>低碳钢</td><td>约 1500</td><td>铝</td><td>657</td><td>2050</td></tr>
<tr><td>高碳钢</td><td>1300 ～ 1400</td><td>锌</td><td>419</td><td>1800</td></tr>
<tr><td>铸铁</td><td>约 1200</td><td>铬</td><td>1550</td><td rowspan="2">约 1900</td></tr>
<tr><td>纯铜</td><td>1083</td><td>1236</td><td>镍</td><td>1452</td></tr>
</table>

11.1.2 气焊的冶金过程、特点及应用范围

(1) 气焊的冶金过程

利用气体火焰做热源的焊接方法称为气焊。气焊时，在焊接火焰的作用下，焊件上所形成的具有一定几何形状的液体金属部分称为熔池；熔池中的金属与熔剂、母材、表面杂质（氧化膜、油污等）、火焰气流以及周围空气等发生化学和物理反应，最后凝固形成焊缝金属的整个过程就是气焊的冶金过程。

气焊焊接熔池和冶金过程有明显的不同点。

① 熔池的温度高，熔池中各点的温度分布不均匀。气焊火焰的温度在中性焰时约为3200℃，超过了绝大多数金属的沸点，因此使熔池中的金属和合金元素发生了不同程度的蒸发，也使熔池周围的气体（O_2、N_2、H_2）以原子或离子状态溶解到熔池中去。这样就恶化了冶金过程，使熔池凝固后产生气孔的可能性增大。

在焊接过程中，一般低碳钢、低合金钢熔池的温度在1800～2000℃以上，但因受到周围熔化金属的包围，故焊接熔池中各点的温度差异特别大。气焊熔池的最高温度位于火焰下面熔池的表面上；在熔池头部，输入热量大于散失热量，随着热源的移动，母材不断被熔化，熔池头部的温度较高，温度的梯度也较大；熔池尾部的温度逐渐降低，又因该处输入热量小于散失热量，所以开始发生金属的凝固，熔池尾部比头部的温度梯度要小。由于气焊熔池中心部位的温度比边缘和热影响区高得多，温度的梯度也大，焊后容易使焊件产生内应力、变形和裂纹等问题。如图11-1（a）、（b）所示为气焊焊接熔池头部、中部、尾部和横向（宽度方向）的温度分布情况。

② 熔池存在的时间短、体积小。从加热到熔化，形成熔池及随后凝固结晶只需要很短的时间，薄焊件仅需要几秒钟，厚焊件也只需要几十秒的时间。这样，就使整个冶金过程达不到合金元素的平衡，使化学成分在很小的体积内存在很大的偏析，形成了成分不均匀的组织，因而降低了焊接接头的性能。

③ 熔池受到不断的搅动。在气焊的过程中，气体火焰的气流吹力产生的液态金属的搅拌运动和焊丝送进的扰动，使母材和焊丝金属的成分很好地混合，形成成分均匀的焊缝金属。同时也有利于有害气体和非金属夹渣的逸出，因此，对提高焊缝质量有很大的好处。

气焊熔池的几何形状详见图 11-1（c）。熔池形状可用熔池最大深度 H_{max}、熔池最大宽度 B_{max} 和熔池长度 L 三个参数表示。在一般情况下，上述三个参数值随着火焰能率的增加而增大，随着焊接速度的增加而减小。

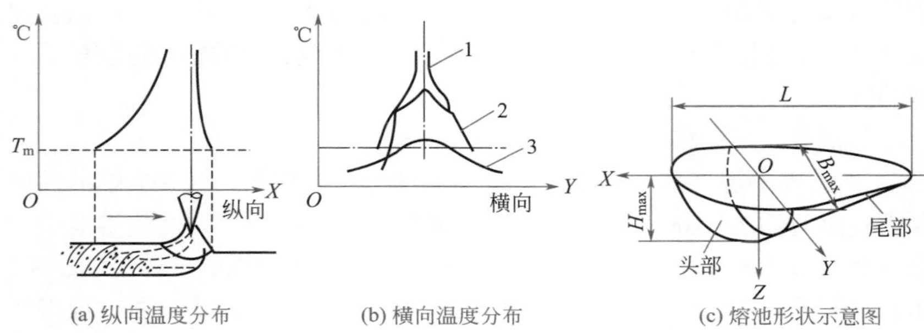

图 11-1 气焊熔池的形状及温度分布情况图

T_m—母材的熔点；1—熔池中部；2—熔池头部；3—熔池尾部

（2）气焊的特点及应用范围

气焊中最常用的有氧气乙炔焊，还有氧气丙烷（液化石油气体）焊、氢氧焊等。与焊接电弧相比，气体火焰的温度较低，热量较分散。因此，气焊的生产效率低下，焊接变形较严重，焊接接头显微组织粗大，过热区较宽，力学性能较差。但气焊熔池温度容易控制，有利于实现单面焊双面成形。同时，气焊还便于预热和后热。所以，气焊常用于薄板焊接、低熔点材料焊接、管子焊接、铸铁补焊、工具钢焊接以及没有电源的野外施工等。

11.1.3 气割的基本原理、应用范围及特点

（1）气割的基本原理

气割是利用金属在纯净的氧气中能够剧烈地燃烧，生成熔渣和放出大量热量的原理而进行的。因此，利用气体火焰的热能将工件切割处预热到一定温度后，喷出高速切割氧气流，使其燃烧并放出热量实现切割的方法称为气割。

1）氧气气割的过程

氧气气割的过程如图 11-2（a）所示，氧气气割的过程示意如图 11-2（b）所示。

(a) 氧气气割的过程

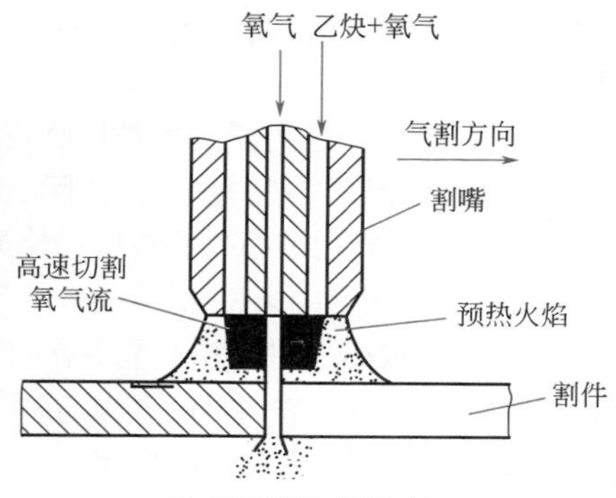

(b) 氧气气割过程示意

图 11-2 氧气气割的过程

① 用预热火焰（中性焰）将金属切割处预热到能使金属燃烧的温度（燃点）。碳钢的燃点为 1100 ～ 1150℃，如图 11-3（a）所示。

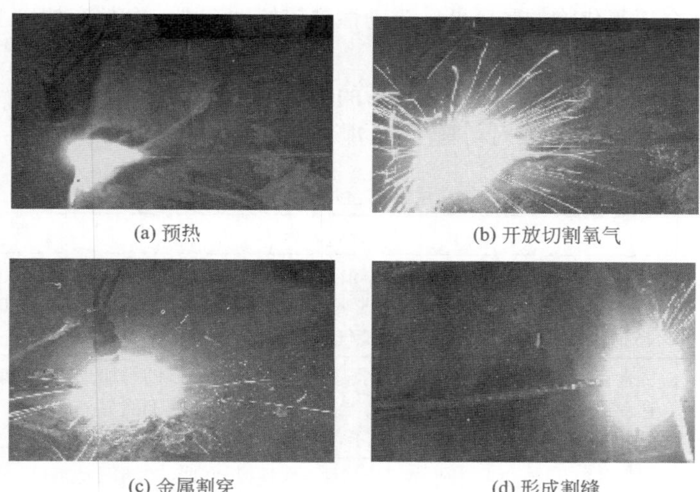

(a) 预热　(b) 开放切割氧气　(c) 金属割穿　(d) 形成割缝

图 11-3 气割的过程

② 向加热到燃点的被切割金属开放切割氧气，使金属在纯净的氧气中剧烈地燃烧，如图 11-3（b）所示。

③ 金属开始燃烧后，生成熔渣并放出大量的热量，熔渣被切割氧气吹走，产生的热量和预热火焰一起又将下一层金属预热到燃点，这样的

过程一直继续下去，直到将金属切割到底（割穿）为止，如图 11-3（c）所示。

④ 移动割炬就可得到各种形状不同的割缝，如图 11-3（d）所示。

因此，金属气割的过程，实际上就是预热→燃烧→吹渣的连续过程；其实质就是金属在纯净的氧气中燃烧的过程，而不是金属熔化的过程。

2）氧气切割的条件

上面的叙述说明，并不是所有的金属都能用氧气进行切割，为使切割过程顺利地进行，被切割的金属材料一般应满足以下条件：

① 金属在氧气中燃点低于金属的熔点，否则，不能实现氧气切割，而变成了熔割。

② 金属在氧气流内能够剧烈地燃烧，燃烧时产生的氧化物（熔渣）的熔点应低于金属的熔点，而且在液态下的流动性要好。

③ 金属在氧气中燃烧时应放出较多的热量。

④ 金属的导热性不应太高。

⑤ 金属氧化物的黏度低、流动性应较好，否则，会粘在切口上，很难吹掉，影响切口边缘的整齐。

⑥ 金属中含阻碍切割过程进行的和提高淬硬性的成分及杂质要尽量少。金属中的合金元素对切割性能的影响见表 11-2。

表 11-2　合金元素对金属的切割性能的影响

元素	影响
碳	含碳＜ 0.25%，气割性能良好；含碳＜ 0.40%，气割性能尚好；含碳＞ 0.50%，气割性能显著变坏；含碳＞ 0.70%，必须将割件预热到 400 ～ 700℃才能进行气割；含碳＞ 1%，则不能气割
锰	含锰＜ 4%，对气割性能无明显影响，随着含锰量的增加，气割性能将变差，含锰≥ 14% 时就不能气割；当钢中含碳＞ 0.30% 且含锰＞ 0.80% 时，淬硬倾向和热影响区的脆性增加，不宜气割
铬	铬的氧化熔点高，使熔渣黏度增加。含铬≤ 5% 时，气割性能尚可；当铬含量大时，应采用特种气割的方法
硅	硅的氧化物使熔渣黏度增加。含硅＜ 4% 时可以气割；含量再增大，气割性能显著变坏
镍	镍的氧化物熔点高，使熔渣黏度增加。含镍＜ 7% 时气割性能尚可；含量较高时，应采用特种气割的方法
钼	钼可以提高钢的淬硬性，含钼＜ 0.25% 时对气割性能无影响

续表

元素	影响
钨	钨能增加钢的淬硬倾向，氧化物熔点高。含量接近 10% 时气割困难，超过 20% 时不能气割
铜	含铜＜ 0.70% 时，对气割性能没有影响
铝	含铝＜ 0.50% 时，对气割性能影响不大，超过 10% 时则不能气割
钒	含少量的钒对气割性能没有影响
硫、磷	在允许的含量内，对气割性能没有影响

（2）气割的应用范围

目前，气割主要用于切割各种碳钢和普通低合金钢，其中淬火倾向大的高碳钢和强度等级高的普通低合金钢气割时，为了避免切口淬硬或产生裂纹，应采取适当加大预热火焰能率和放慢切割速度，甚至割前先对钢材进行预热等措施。厚度较大的不锈钢板和铸铁件冒口可以采用特种气割法进行气割。

各种自动、半自动气割设备以及新型割嘴的应用，特别是数控火焰切割技术的发展，使得气割可以代替部分机械加工。有些焊接坡口可一次性直接用气割的方法切割出来，切割后可直接进行焊接。因此，气体火焰切割的精度和效率得到了大大的提高，使气体火焰切割的应用技术领域更加广阔。

（3）气割的应用特点

① 气割的优点。气割的优点是设备（施）简单、使用灵活、操作方便，而且生产效率高，成本较低，能在各种位置上进行切割，并能在钢板上切割各种形状复杂的零件。

② 气割的缺点。气割的缺点是对切口两侧金属的成分和组织能产生一定的影响，并会引起工件的变形等。

常用材料的气割特点见表 11-3。

表 11-3　常用材料的气割特点

材料类别	气割特点
碳钢	低碳钢的燃点（约 1350℃）低于熔点，易于气割；随着含碳量的增加，燃点趋近熔点，淬硬倾向增大，气割的过程恶化
铸铁	碳、硅含量较高，燃点高于熔点；气割时生成的二氧化硅熔点高，黏度大，流动性差；碳燃烧生成一氧化碳和二氧化碳会降低氧气流的纯度；不能采用普通的气割方法，可采用振动气割的方法进行切割

续表

材料类别	气割特点
高铬钢和铬镍钢	生成高熔点的氧化物（Cr_2O_3、NiO）覆盖在切口的表面，阻碍气割过程的进行；不能采用普通的气割方法，可采用振动气割的方法进行切割
铜、铝及其合金	导热性好，燃点高于熔点，其氧化物熔点高，金属在燃烧（氧化）时，释放出的热量少，不能进行气割

11.2 气焊、气割材料的选择技巧与诀窍

11.2.1 气焊与气割所用气体的选择技巧、使用诀窍与禁忌

气焊、气割所用的气体分为两类，即助燃气体（氧气）和可燃气体（如乙炔、液化石油气等）。可燃气体的种类很多，但目前采用最普遍的是乙炔气体，其次是液化石油气，也有的地方根据本地区、本单位的自然条件，使用氢气、天然气及煤气等。

因为乙炔的发热量较大，火焰的温度最高，是目前气焊与气割中应用最广泛的一种可燃气体。但是制取乙炔要消耗电石，而且生产电石要消耗大量的电力，且电石是重要的合成化学原料，因此，乙炔有逐渐被液化石油气等所替代的趋势。因此，在气割中要积极推广液化石油气等乙炔代用气体。

可燃气体与氧气混合燃烧时，放出大量的热，形成热量集中的高温火焰（火焰中的最高温度一般可达 2000 ～ 3000℃），可将金属加热和熔化。

（1）氧气

氧气在常温、常压状态下呈现的是气态。其分子式为 O_2。氧气是一种无色、无味、无毒的气体，密度略比空气大。在标准的状态下（0℃，0.1MPa），氧气的密度是 1.429kg/m^3（空气为 1.293kg/m^3）。当温度降到 −183℃时，氧气由气态变成了淡蓝色的液体。当温度降到 −218℃时，液态氧就会变成淡蓝色的固体。

氧气的纯度对气焊与气割的质量、生产效率和氧气本身的消耗量都有直接的影响，气焊与气割对氧气的要求是纯度越高越好。氧气纯度越高，工作质量和生产效率越高，氧气的消耗量也大为降低。

气焊与气割用的工业用氧气一般分为两级，一级氧气含量≥ 99.2%，二级氧气含量≥ 98.5%，水分的含量每瓶都必须＜ 10mL。质量要求较高的气焊与气割应采用一级纯度的氧。

氧气在室内积聚，其体积分数超过 23% 时有发生火灾的危险。因此，在堆放氧气瓶的仓库里应该保持通风，并设有通风的装置。

（2）乙炔及其使用禁忌

乙炔是可燃性气体，它与空气混合燃烧时所产生的火焰温度为 2350℃，而与氧气混合燃烧时所产生的火焰温度为 3000 ～ 3300℃，足以迅速熔化金属进行焊接和切割。乙炔是一种具有爆炸性的危险气体，当压力在 0.15 MPa 时，如果气体温度达到 580 ～ 600℃，乙炔就会自行爆炸，压力越高乙炔自行爆炸所需要的温度就越低，温度越高则乙炔自行爆炸所需要的压力就越低。乙炔与空气或氧气混合而成的气体也具有爆炸性，乙炔的含量（按体积计算）在 2.2% ～ 81% 范围内与空气形成的混合气体，以及乙炔的含量（按体积计算）在 2.8% ～ 93% 范围内与氧气形成的混合气体，只要遇到火星就会立刻爆炸。

乙炔与铜或银长期接触后，会生成一种爆炸性的化合物，即乙炔铜和乙炔银。当它们受到剧烈振动或者加热到 110 ～ 120℃时就会引起爆炸。所以，凡是与乙炔接触的器具设备禁止用银或铜制造，只准用含铜量不超过 70% 的铜合金制造。乙炔和氧、次氯酸盐等化合会发生燃烧和爆炸，所以，乙炔燃烧时绝对禁止用四氯化碳来灭火。

（3）氢气及其使用禁忌

氢气是无色无味的气体，其扩散的速度极快，导热性很好，在空气中的自燃点为 560℃，在氧气中的自燃点为 450℃，是一种极危险的易燃、易爆气体。氢气与空气混合时其爆炸极限为 4% ～ 8%，氢气与氧气混合时其爆炸极限为 4.65% ～ 93.9%。氢气极易泄漏，其泄漏速度是空气的 2 倍，氢气一旦从气瓶或导管中泄漏被引燃，将会使周围的人员遭受严重的烧伤。

由于氢气的密度小（0.08kg/m^3），装瓶后的运输效率很低，而且氢和氧的混合气体也容易爆炸，加之火焰温度较低，所以，其在气割作业中的运用并不是很多，主要用于水下的切割。

（4）液化石油气及其使用禁忌

液化石油气是油田开发或炼油工业中的副产品，其主要成分是丙烷（占 50% ～ 80%）、丁烷、丙烯、丁烯和少量的乙烯、乙烷、戊烷等。它有一定的毒性，当空气中液化石油气的体积分数（含量）超过 0.5% 时，人体吸入少量的混合气体，一般不会中毒；若在空气中其体积超过 10%

时，人停留 2min，就会出现头晕等中毒症状。

液化石油气的密度为 1.6 ～ 2.5kg/m^3，气态时比同体积空气、氧气重，是空气密度的 1.5 倍，易于向低洼处流动、滞流积聚。液态时比同体积的水和汽油轻。液化石油气中，体积分数为 2% ～ 10% 的丙烷与空气混合就会发生爆炸，与氧气混合的爆炸极限为 3.2% ～ 64%。丙烷挥发点为 -42℃，闪点为 -20℃，与氧气混合燃烧的火焰温度为 2200 ～ 2800℃。液化石油气从容器中泄漏出来，在常温下会迅速挥发成 250 ～ 300 倍体积的气体向四周快速扩散。液化石油气达到完全燃烧时所需的氧气比乙炔所需氧气量大。采用液化石油气替代乙炔后，消耗的氧气量较多，所以，不能直接用氧 - 乙炔焊（割）炬进行焊（割）工作，必须对原有的焊（割）炬进行改造。

（5）天然气使用禁忌

天然气也叫甲烷（CH_4），是碳氢化合物，也是油气田的产物，其成分随产地而异。甲烷在常温下为无色、有轻微臭味的气体，其液化的温度为 -162℃，与空气或氧气混合后也会爆炸，其混合气体的爆炸范围为 5.4% ～ 59.2%（体积分数）。它在空气中的燃烧温度约为 2540℃，比乙炔低得多，因此，切割时预热时间长。通常在天然气比较丰富的地区作为气割的燃气使用。

11.2.2　气焊丝的选择技巧和使用诀窍

（1）对气焊丝的要求

气焊时，焊丝的化学成分直接影响到焊缝金属的性能。焊丝不断地送入熔池内，与熔化的母材熔合后形成焊缝，所以焊丝金属的化学成分和质量在相当大的程度上取决于气焊丝的化学成分和质量。一般对气焊丝的要求有：

① 焊丝的化学成分应基本与焊件母材的化学成分相匹配，并保证焊缝有足够的力学性能和其它性能。

② 焊丝的熔点应等于或略低于被焊金属的熔点。

③ 焊丝应能保证必要的焊接质量，如不产生气孔、夹渣、裂纹等缺陷。

④ 焊丝表面应无油脂、锈蚀和油漆等污物。

（2）焊丝中化学元素对焊接质量的影响与控制技巧

气焊丝中的碳（C）、硅（Si）、锰（Mn）、铬（Cr）、镍（Ni）、硫

（S）、磷（P）等元素对焊接质量的影响简要介绍如下：

① 碳（C）。碳是钢中的主要合金元素，随着含碳量的增加，钢的强度、硬度提高，耐磨性增加，但塑性降低。若含碳量过高，就会使钢的淬火倾向增加，特别是当钢中存在更多的其它合金元素时，淬硬倾向就更大。在焊接过程中，碳是良好的脱氧剂，但由于在高温下还原作用过分强烈，会引起较大的飞溅和产生气孔。因此，常用的低碳钢焊丝的含碳量应小于 0.2%。

② 硅（Si）。硅是脱氧剂和合金剂。钢中适量的硅能提高钢的强度，但如果硅含量过高，就会降低钢的塑性和韧性。在焊接过程中，硅与氧形成二氧化硅（SiO_2），硅含量多时，容易造成夹渣和降低焊缝的塑性。所以，除合金钢焊丝外，焊丝中硅的含量应控制在 0.07% 以内。

③ 锰（Mn）。锰在钢中是合金剂、脱氧剂和脱硫剂。钢中锰的含量在 2% 以下时，锰起强化基体作用，可以提高钢的强度和韧性。但含锰量超过 2% 时，将会增加钢的淬火倾向。在焊接过程中，锰与氧形成氧化锰（MnO），与硫形成硫化锰，氧化锰和硫化锰变成熔渣浮于熔池表面，从而减少了产生热裂纹的倾向。一般碳素钢焊丝的含锰量为 0.3% ～ 0.55%，低合金钢或合金钢焊丝的含锰量可达 2%。

④ 铬（Cr）。铬在合金钢和不锈钢中是一种合金元素，能够提高钢的硬度、耐磨性和耐腐蚀性等。而在低碳钢中，铬是杂质，会被氧化成难熔的三氧化二铬（Cr_2O_3），形成夹渣。因此，在一般碳素钢焊丝中含铬量不应大于 0.2%。

⑤ 镍（Ni）。镍在合金钢和不锈钢中是合金元素，在一般钢中是有害杂质。由于在焊接过程中，少量的镍会与硫结合，产生低熔点共晶，因此，在一般钢焊丝中规定含镍量应在 0.3% 以下。

⑥ 硫（S）。硫在钢中是极其有害的杂质，硫能引起偏析，导致钢的成分不均匀，还能降低金属的耐腐蚀性。在焊接过程中，硫与铁能化合成硫化亚铁。硫化亚铁为低熔点化合物，并能与其它化合物形成熔点更低的低熔点共晶，而导致热裂纹。所以在一般焊丝中规定含硫量不得大于 0.04%，优质焊丝中不大于 0.03%，高级优质焊丝中不大于 0.025%。

⑦ 磷（P）。磷也是有害杂质。磷在钢中以磷化铁的形式存在，磷化铁的存在降低了钢的冲击韧性。在焊接过程中，生成的磷化铁导致焊缝金属变脆，产生冷脆现象。磷化铁还能与其它物质形成低熔点共晶物，产生热裂纹。所以一般焊丝中规定含磷量不得大于 0.04%，优质焊丝中不大于

0.03%，高级优质焊丝中不大于 0.025%。

在焊接过程中，气体、熔渣和液体金属的相互作用，使一些有益的合金元素烧损，使焊缝的组织和性能发生变化，为了使焊接接头具有一定的力学性能和满足某些特殊性能的要求，在焊缝中需要补充一些合金元素。例如在气焊灰铸铁时，为了防止焊缝金属产生白口，应使焊丝中碳、硅含量高于母材，尤其是冷焊时，气焊丝中碳、硅含量可高达 4.5%。若在焊丝中加入一定量的钼（Mo），则可提高焊缝的耐热和抗裂性能。为了提高工件的耐磨性，生产中常用一些堆焊焊丝使工件表面渗入必要的合金元素。

（3）气焊丝的选用技巧和保存诀窍

在选用气焊丝时，应着重考虑以下问题：

① 考虑母材的力学性能。一般应根据焊件的合金成分来选用焊丝。如遇到焊件的某些合金元素在焊接过程中，易被烧损或蒸发的情况，应当选用该合金元素含量高一些的焊丝，补充烧损或蒸发的一部分损失，以达到焊件原来的力学性能。因此在选用焊丝时，首先要考虑到焊件的受力情况。

例如，需要强度高的焊接接头时，应当选用比母材强度高或相同材料的焊丝；焊接受冲击力的焊件时，应当选用韧性好的焊丝；要求焊件耐磨，应当选用耐磨材料的焊丝。总之，焊丝的选用首先要符合对焊件性能的要求。

② 考虑焊接性。除了保证焊件的力学性能外，还应考虑到焊缝金属和母材的熔合及其组织的均匀性。这与焊丝的熔点和母材的熔点之差有关。一般要求焊丝的熔点等于或略低于母材的熔点。否则在焊接过程中就会容易形成烧穿、咬边或在焊缝金属中形成夹渣。

焊丝填入焊缝后，焊缝金属和熔合线处的晶粒组织要求细密，没有夹渣、气孔、表面裂纹和塌陷等缺陷，才能符合焊接质量要求。

例如属于钢类的焊丝，在焊接过程中，应使熔池金属没有沸腾喷溅等情况，熔池略微呈现油亮的黏稠状态，凝固后的焊缝表面应没有裂纹、塌陷、粗糙等现象，这样的焊丝即为较好的焊丝。如果发现熔池出现飞溅时，可能是由于焊丝中碳含量过高、焊丝表面有铁锈及油污，或是过烧。这时可用气焊火焰把焊丝一端熔化后观察一下，如果略微呈现油亮而黏稠状态，冷却后表面光亮，说明不是焊丝的问题，而是由过烧或母材中的氧化物造成的。

③ 考虑焊件的特殊要求。焊接对介质温度等有特殊要求的焊件，应当选用能满足使用要求的焊丝。例如，焊接不锈钢焊件时，应选用能使焊缝金属具有耐腐蚀性能的焊丝。耐高温的焊件，焊缝金属也必须是耐高温的。要求导电的焊件，焊缝金属就必须导电性能良好。当焊接在腐蚀介质中工作的不锈钢容器或零件时，应当选用铬（Cr）、镍（Ni）含量比母材中含量高，而含碳量要低一些的不锈钢焊丝。焊接耐高温的含铬（Cr）、钼（Mo）的合金钢管或容器时，应当选用铬或钼含量比焊件中含量高一些的焊丝。

焊丝规格一般为 ϕ2mm、ϕ2.5mm、ϕ3mm 等，常用于锅炉、压力容器及管道的气焊丝，见表 11-4。

表 11-4　锅炉、压力容器及管道用气焊丝

焊丝牌号	适用焊接的钢材牌号
H08	A3、A3F
H08MnA	10、20、20g（St45、St35）
H08MnRe	20、20g（St45）
H08Mn2SiA	15MnV、15MnVN
H10CrMoA	16Mn、20g、25g（St45）
H08CrMoA	12CrMo、15CrMo
H08CrMoV	12CrMoV、10CrMo
H08CrMnSiMoVA	20CrMoV
H08Cr2MoA	10CrMo910
H1Cr18Ni9Ti	1Cr18Ni9Ti

为确保焊丝质量和避免混料，应对每捆焊丝的头尾进行化学分析，合格后方可入库。入库的焊丝应按类别、牌号、规格分开，涂油后堆放在干燥的地方，以防焊丝表面生锈和腐蚀。

（4）气焊丝的分类、用途及选择诀窍

根据国家标准规定，焊丝可分为碳素结构钢焊丝、合金结构钢焊丝、不锈钢焊丝、铸铁和有色金属焊丝等。

① 碳素结构钢和合金结构钢焊丝的选用技巧，见表 11-5 和表 11-6。

表 11-5　碳素结构钢焊丝

焊丝牌号	代号	用途	焊丝牌号	代号	用途
焊 08	H08	焊接一般低碳钢	焊 08 锰高	H08MnA	同上，但工艺性能较好
焊 08 高	H08A	焊接较重要的低、中碳钢及某些低合金钢	焊 15 高	H15A	焊接中等强度工件
焊 08 特	H08E	同上，但工艺性能好	焊 15 锰	H15Mn	焊接高强度工件
焊 08 锰	H08Mn	焊接较重要的碳素钢及普通低合金钢			

表 11-6　合金结构钢焊丝

焊丝牌号	代号	用途	焊丝牌号	代号	用途
焊 10 锰 2	H10Mn2	焊接较重要的碳素钢及普通低合金钢	焊 08 铬钼钒高	H08CrMoVA	焊接铬钼钒钢等
焊 10 锰硅	H10MnSi	焊接普通低合金钢	焊 18 铬钼高	H18CrMoA	焊接铬钼钢和铬锰钢等
焊 10 锰 2 钼高	H10M2MoA	焊接普通低合金钢	焊 30 铬锰硅高	H30CrMnSiA	焊接铬锰硅钢等
焊 10 锰 2 钼钒高	H10Mn2MoVA	焊接普通低合金钢	焊 10 钼铬高	H10MoCrA	焊接耐热合金钢
焊 08 铬钼高	H08CrMoA	焊接铬钼钢等			

由表 11-6 可知，一般低碳钢焊件采用的焊丝有 H08、H08A，重要的低碳钢焊件用 H08Mn、H08MnA，中等强度焊件用 H15A，强度较高的焊件用 H15AMn。焊接屈服强度为 300MPa 和 350MPa 的普通低合金钢时，采用的焊丝有 H08A、H08Mn 和 H08MnA 等。

焊接中碳钢和低合金结构钢时，可采用碳素结构钢焊丝，如 H08Mn、H08MnA、H10Mn2 及 H10Mn2MoA 等。

② 不锈钢焊丝选用技巧，见表 11-7。

表 11-7 不锈钢焊丝

焊丝牌号	代号	用途	焊丝牌号	代号	用途
焊 00 铬 21 镍 10	H00Cr21Ni10	焊接超低碳不锈钢	焊 0 铬 26 镍 21	H0Cr26Ni21	焊接高强度耐热合金钢
焊 0 铬 21 镍 10	H0Cr21Ni10	焊接 18-8 型不锈钢	焊 0 铬 20 镍 14 钼 3	H0Cr20Ni14Mo3	焊接 18-12 钼钛型不锈钢
焊 0 铬 20 镍 10 钛	H0Cr20Ni10Ti	焊接 18-8 型不锈钢	焊 0 铬 20 镍 10 铌	H0Cr20Ni10Nb	焊接 18-11 铌型不锈钢
焊 1 铬 24 镍 13	H1Cr24Ni13	焊接高强度耐热合金钢			

③ 铸铁用焊丝的选用技巧。表 11-8 列出了两种灰铸铁焊丝的牌号、化学成分和用途。焊接灰铸铁时，这两种牌号的焊丝可以通用，也可以根据表中的化学成分自行浇铸。

表 11-8 灰铸铁焊丝

焊丝牌号	化学成分 /%					用途
	碳	锰	硅	硫	磷	
丝 401A	3.00～3.60	0.50～0.80	3.00～3.50	≤ 0.08	≤ 0.05	补焊灰铸铁
丝 401B	3.00～4.00	0.50～0.80	2.75～3.50	≤ 0.05	≤ 0.05	补焊灰铸铁

④ 铜及铜合金用焊丝的选用技巧。铜及其合金常用的焊丝的牌号、熔点和用途见表 11-9。

表 11-9 铜及铜合金焊丝

牌号	名称	熔点 /℃	主要用途
丝 201	特制纯铜焊丝	1050	适用于纯铜的焊接
丝 202	低磷铜焊丝	1050	适用于纯铜的焊接
丝 221	锡黄铜焊丝	890	用于黄铜焊接和用于钎焊铜、铜镍合金、灰铸铁、钢以及镶嵌硬质合金刀具等
丝 222	铁黄铜焊丝	860	用途同上，但流动性较好，焊缝表面略呈黑斑状，焊接时烟雾少
丝 224	硅黄铜焊丝	905	用途同上，由于含 Si0.5% 左右，故气焊时能有效地控制锌的蒸发，得到满意的力学性能

气焊锡青铜时可用与母材类似的青铜棒作焊丝，但含锡量应当比母材高出 1% ～ 2%，或用含磷（P）、硅（Si）、锰（Mn）等脱氧元素的青铜棒。气焊铝青铜时也应采用与母材相同成分的焊丝。

⑤ 铝及铝合金焊丝的选用技巧。当焊接纯铝及铝锰、铝镁、铝硅等铝合金时，一般采用和母材相近的标准牌号的焊丝或母材的切条。常用的铝和铝合金焊丝的牌号、熔点和用途详见表 11-10。

表 11-10　铝及铝合金焊丝

焊丝牌号	名称	熔点 /℃	用　途
丝 301	纯铝焊丝	660	焊接纯铝和要求不高的铝合金
丝 311	铝硅合金焊丝	580 ～ 610	焊接除铝镁合金以外的铝合金
丝 321	铝锰合金焊丝	642 ～ 654	焊接铝锰或其他铝合金
丝 331	铝镁合金焊丝	638 ～ 660	焊接铝镁及其他铝合金

⑥ 镁合金用焊丝的选用。镁合金焊丝均需与母材同牌号。焊丝可用冷拉、冷拔或铸造的方法制造，直径以 5 ～ 8mm 为宜。

焊丝的质量对焊接质量有直接影响，使用前要认真挑选，凡是有疏松、夹渣、气孔、过热等问题的材质差的焊丝，均不能使用。

11.2.3　气焊熔剂的选择技巧和使用诀窍

（1）气焊熔剂的作用、分类与使用要求

气焊过程中，加热后的熔化金属极易与周围空气中氧或火焰中的氧化合生成氧化物，使焊缝中产生气孔、夹渣等缺陷。为了防止金属的氧化并消除已经形成的氧化物，在焊接有色金属、铸铁和不锈钢等材料时，必须采用气焊熔剂。

在气焊过程中，气焊熔剂直接加入熔池中，在高温下熔剂熔化并与熔池内的金属氧化物或非金属夹杂物相互作用形成熔渣，浮在焊接熔池面，覆盖着熔化的焊缝金属，从而可以防止把需要渗入的合金元素粉末混合在熔剂中加入熔池，达到阻止过渡合金元素形成的目的。

总之，气焊熔剂具有防止焊缝金属氧化、保护熔池、改善焊接性使焊接过程顺利进行、改善金属性能，从而获得高质量的焊接接头的作用。气焊熔剂按所起的作用不同，可分为化学反应熔剂和物理溶解熔剂两大类。由于不同的金属在焊接时会出现不同性质的氧化物，因而必须选择相应的熔剂。

1）化学反应熔剂

这类熔剂由一种或几种酸性氧化物或碱性氧化物组成，因而又称酸性熔剂或碱性熔剂。

① 酸性熔剂：如硼砂、硼酸以及二氧化硅等，主要用于焊接铜和铜合金、合金钢等。这一类材料在焊接时形成的氧化亚铜、氧化锌、氧化铁等为碱性氧化物，因而应选用酸性的硼砂和硼酸熔剂。

② 碱性熔剂：如碳酸钾和碳酸钠等，主要用于焊接铸铁。焊接时，由于熔池内形成高熔点酸性的三氧化硅（熔点约 1350℃），所以应采用碱性熔剂。

2）物理溶解熔剂

这类熔剂有氯化钾、氯化钠、氯化锂、氟化钾、氟化钠、硫酸氢钠等，主要用于焊接铝及铝合金。在焊接时，熔池表面形成一层不能被酸性或碱性熔剂中和的三氧化二铝薄膜（熔点约 2050℃），直接阻碍着焊接过程的正常进行。上述熔剂的作用是将三氧化二铝溶解和吸收，从而使焊接过程顺利进行并得到质量高的焊接接头。

气焊熔剂可以在焊接前预先涂在焊件的待焊处或焊丝上，也可以在气焊的过程中，将焊丝在盛装熔剂的器皿中沾上熔剂，填加到熔池中。

3）对气焊熔剂的要求

为使气焊熔剂起到应有的作用，对气焊熔剂的要求是：

① 熔剂应具有很强的反应能力，能迅速溶解某些氧化物和某些高熔点的化合物，生成低熔点和易挥发的化合物。

② 熔剂在熔化后应黏度小，流动性好，形成熔渣的熔点和密度应比母材和焊丝的低，熔渣在焊接过程中浮于熔池表面，而不停留在焊缝金属中。

③ 熔剂应能减少熔化金属的表面张力，使熔化的焊丝与母材更容易熔合。

④ 熔化的熔剂在焊接过程中，不应析出有毒气体或使焊接接头腐蚀。

⑤ 焊接后熔渣容易被清除。

（2）常用的气焊熔剂用途及选择诀窍

① 不锈钢及耐热钢焊粉，即气剂 101。气剂 101 的化学成分详见表 11-11。

表 11-11　气剂 101 的化学成分　%

瓷土粉	大理石	钛白粉	低碳锰铁	硅铁	钛铁
30	28	20	10	6	6

气剂 101 的熔点约为 900℃，焊接时有良好的湿润作用，能防止熔化金属氧化，焊后熔渣容易去除。在使用气剂 101 时应注意：

a. 施焊前应将施焊部位擦刷干净。

b. 焊前将熔剂用相对密度为 1.3 的水玻璃均匀搅成糊状。

c. 调好后用毛刷将熔剂均匀地涂在焊接处的正反面，厚度不小于 0.4mm 时，焊丝也应涂上熔剂。

d. 涂完熔剂后，约过 30min 再进行施焊。

e. 熔剂用多少，调多少，以一个班次的用量为宜，以免失效变质。

② 耐高温材料气焊熔剂，包括：铁铬铝合金丝气焊熔剂，它是以硼砂和萤石各一半为主要成分的熔剂；热电偶丝气焊熔剂，主要由硼砂制作而成。

③ 灰铸铁焊粉，即气剂 201。气剂 201 的化学成分详见表 11-12。

表 11-12　气剂 201 的化学成分　%

硼砂	碳酸钠	碳酸氢钠	二氧化锰	硝酸钠
8	40	20	7	15

气剂 201 的熔点约为 650℃，呈酸性，能有效地溶解气焊铸铁时产生的硅酸盐和氧化物，并能起到加速金属熔化的作用。使用气剂 201 时应注意：

a. 焊接前，将焊丝一端煨热粘上熔剂，并在焊接部位红热时撒上熔剂。

b. 施焊时，焊丝应不断搅动熔池，使熔剂能充分发挥作用，并且使熔渣容易浮起。

c. 施焊时，若熔渣浮起过多，可随时用焊丝将熔渣刮去。

d. 气剂 201 应保持干燥，谨防受潮。

④ 铜焊粉，即气剂 301。气剂 301 常用于纯铜和黄铜的气焊。其化学成分详见表 11-13。

表 11-13　气剂 301 的化学成分　%

硼酸	硼砂	磷酸铝
76 ～ 79	16.5 ～ 18.5	4 ～ 5.5

气剂 301 的熔点约为 650℃，呈酸性，能有效地溶解氧化铜和氧化亚铜。使用气剂 301 应注意：焊前先把施焊部位擦刷干净，施焊时将焊丝一端煨热沾上熔剂即可焊接。

⑤ 铝焊粉，即气剂 401。主要用于铝及其合金的气焊，还可用于气焊铝青铜。气剂 401 的化学成分详见表 11-14。

表 11-14　气剂 401 的化学成分　%

氯化钾	氯化钠	氯化锂	氟化钠
49.5 ～ 52	27 ～ 30	13.5 ～ 15	7.5 ～ 9

气剂 401 的熔点约为 560℃，呈碱性，能有效地溶解三氧化二铝膜，由于其在空气中能引起铝的腐蚀，所以在焊后必须将熔渣清除干净。使用气剂 401 应注意：

a. 施焊前应将焊接部位及焊丝洗刷干净。

b. 焊丝涂上用水调成糊状的熔剂或焊丝一端煨热沾取适量干焊剂，立即施焊。

c. 焊后必须将焊件表面的熔剂、熔渣用热水洗刷干净，最好在焊后通过化学方法清洗干净，以免有残渣引起腐蚀。

d. 熔剂应储存在干燥处，谨防受潮。

在气焊时，还可以根据母材和焊丝的情况自制气焊熔剂，以达到更好地清除氧化物和保护熔化金属的目的。例如焊接纯铜薄板，可采用 100% 的脱水硼砂；焊接黄铜可以用硼酸甲酯 75%（按体积计算）和甲醇 25% 的混合液作气焊熔剂。

（3）气焊熔剂的选用技巧与保存诀窍

在气焊时，应根据母材在焊接过程中所产生的氧化物的种类来选用气焊熔剂，即所选用的熔剂能中和或溶解这些氧化物。例如，金属在焊接时生成的氧化物绝大多数是碱性的，则应使用酸性熔剂。反之，应使用碱性熔剂。如果金属在焊接时生成的氧化物不能用中和的方法去除，则应选用能起物理溶解作用的熔剂来溶解。气焊熔剂的选择可依据表 11-15。

表 11-15　气焊熔剂的用途及性能

牌号	应用范围	基本性能
气剂 101	不锈钢及耐热钢	熔点约为 900℃，有良好的湿润作用，能防止熔化的金属被氧化，熔渣易清除
气剂 201	铸铁	熔点约为 650℃，呈碱性，富潮解性，能有效地除去铸铁焊接时产生的硅酸盐和氧化物
气剂 301	铜及铜合金	系硼基盐类，易潮解，熔点为 650℃，呈酸性，能有效地熔解氧化铜和氧化亚铜
气剂 401	铝及铝合金	熔点为 560℃，呈碱性，能破坏氧化铝膜，富潮解性，在空气中能引起铝的腐蚀，焊后必须清除干净

熔剂应保存在密封的玻璃瓶中，用多少，取多少，用后仍要盖紧瓶盖，以免受潮或脏物进入。

11.3　手工气焊操作技能、技巧与诀窍

11.3.1　手工气焊基本操作技能、技巧与诀窍

（1）焊缝的起头、连接和收尾的技巧与诀窍

① 焊缝的起头技巧。由于刚开始焊接时，焊件起头的温度低，焊炬的倾斜角应大些，应对焊件进行预热并使火焰往复移动，保证起焊处加热均匀，一边加热一边观察熔池的形成，待焊件表面开始发红时将焊丝端部置于火焰中进行预热，一旦形成熔池立即将焊丝伸入熔池，焊丝熔化后即可移动焊炬和焊丝，并相应减少焊炬倾斜角进行正确焊接。

② 焊缝连接技巧。在焊接过程中，中途停顿又继续施焊时，应用火焰把连接部位 5 ～ 10mm 的焊缝重新加热熔化，形成新的熔池后再加少量焊丝或不加焊丝重新开始焊接，连接处应保证焊透和焊缝整体平整及圆滑过渡。

③ 焊缝收尾技巧。当焊到焊缝的收尾处时，应减少焊炬的倾斜角，防止烧穿，同时要增加焊接速度并添加一些焊丝，直到填满为止。为了防止氧气和氮气等进入熔池，可用外焰对熔池保护一定的时间（如表面已不发红）后再移开。

（2）焊炬和焊丝的摆动方式、技巧与诀窍

在焊接过程中，为了获得优质而美观的焊缝，焊炬与焊丝应做均匀协

调的摆动，通过摆动，既能使焊缝金属熔透、熔匀，又避免了焊缝金属的加热或过烧。在焊接某些有色金属时，还要不断地用焊丝搅动熔池，以促使熔池中各种氧化物及有害气体的排出。焊炬和焊丝的摆动方式与焊件厚度、金属性质、焊件所处的空间位置及焊缝尺寸等有关。

焊炬和焊丝的摆动应包括三个方向的动作。

① 沿着焊缝向前移动。不间断地熔化焊件和焊丝。

② 焊炬沿焊缝做横向的摆动。焊炬的摆动主要是使焊缝的边缘得到火焰的加热，并很好地熔透，同时借助火焰气体的冲击力把液体金属搅拌均匀，使熔渣浮起，从而获得良好的焊缝成形，同时，还可避免焊缝金属的过热或烧穿。

③ 焊丝在垂直于焊缝的方向送进并做上下移动。如在熔池中发现有氧化物和气体时，可用焊丝不断地搅拌金属熔池，使氧化物浮出或排出气体。

焊炬与焊丝的摆动方法与摆动幅度及平焊时常见的几种摆动方法，如图 11-4 所示。

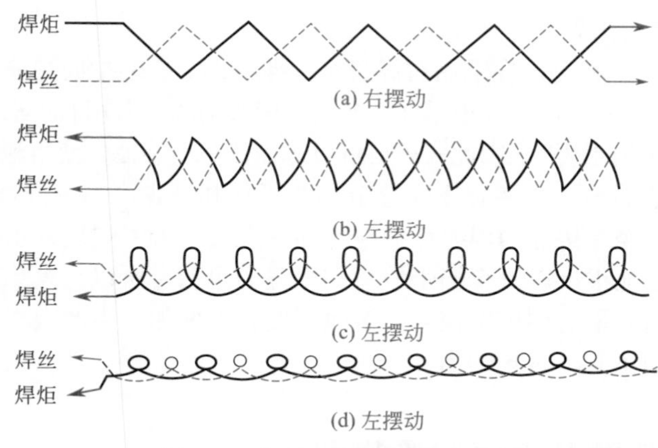

图 11-4 焊炬与焊丝的摆动方法

（3）左焊法和右焊法的技巧与诀窍

气焊时焊炬的运走方向既可以从左到右，也可以从右到左。焊炬的运走方向从左到右的方法称为右焊法，焊炬的运走方向从右到左的方法称为左焊法。这样的两种方法对焊接生产效率及焊缝的质量影响非常大。因此，要根据实际焊接的情况，采用不同的焊接方法。

① 左焊法技巧。在采用左焊法时，焊炬火焰背对着焊缝而指向没有焊接的部分，焊接的过程始终是从右向左进行的，并且焊炬是跟在焊丝后面运走的。左焊法时，焊工可以十分清晰地看到焊接熔池的上部凝固边缘，而且可以获得高度和宽度较为均匀的焊缝。由于焊炬火焰指向的是焊件的未焊接部分，因此，对金属有着预热的作用，焊接薄板时生产效率较高。如图 11-5（a）（b）所示。

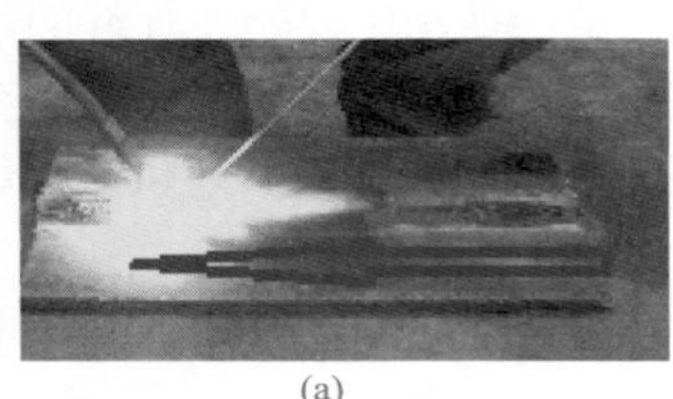

(a)

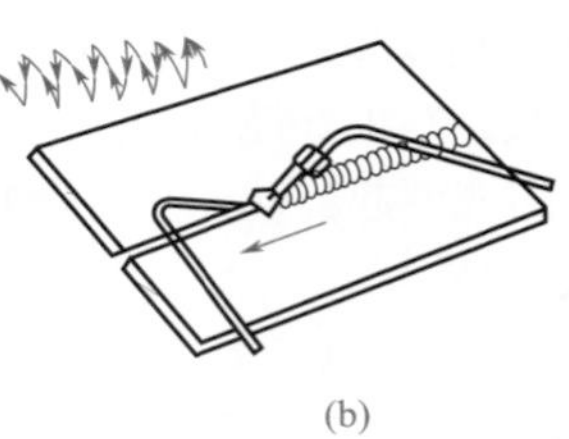

(b)

图 **11-5**　左焊法

左焊法很容易掌握，应用很普遍。但是，其缺点就是焊缝易被氧化，冷却也很快，热量的利用率不是很高，所以，只适合于焊接 5mm 以下的薄板和低熔点合金。

② 右焊法技巧。在采用右焊法时，焊炬火焰始终指向焊缝，焊接的方向是由左向右，而且焊炬是在焊丝的前面移动的。采用右焊法时，由于焊炬的火焰指向焊缝，因此，火焰可以遮盖住整个熔池，使熔池和周围的空气有效地隔绝，能够防止焊缝金属的氧化和减少产生气孔的可能性。也可以使已经焊接好的焊缝缓慢地冷却，大大改善了焊缝的组织。由于焰心距离熔池很近以及火焰受坡口和焊缝的阻挡，所以，火焰热量较为集中，火焰能量的利用率较高，熔池深度大大增加，生产效率明显地提高。如图 11-6（a）（b）所示。

(a)

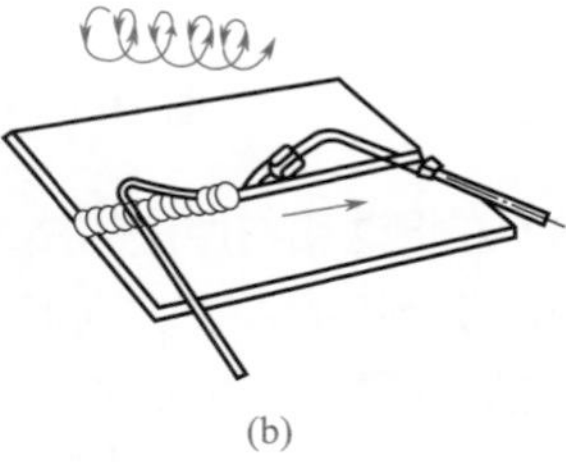

(b)

图 **11-6**　右焊法

但是，右焊法也有缺点，主要是操作方法不易掌握，对焊工的技术要求较高，所以，一般很少采用，再加上焊接过程中火焰对焊件没有预热的作用，因此，只适合焊接厚度较大的焊件。

11.3.2 手工平位气焊操作技能、技巧与实例

（1）平敷焊接操作技巧与诀窍

平敷焊接是日常生产中经常使用的一种焊接状态，因被焊接工件及其焊缝的空间位置常常处于水平的放置状态而得名。平敷焊接采用的是对工件表面堆敷焊道的焊接方法。平敷焊接的基本形式和操作方法如图 11-7 所示。

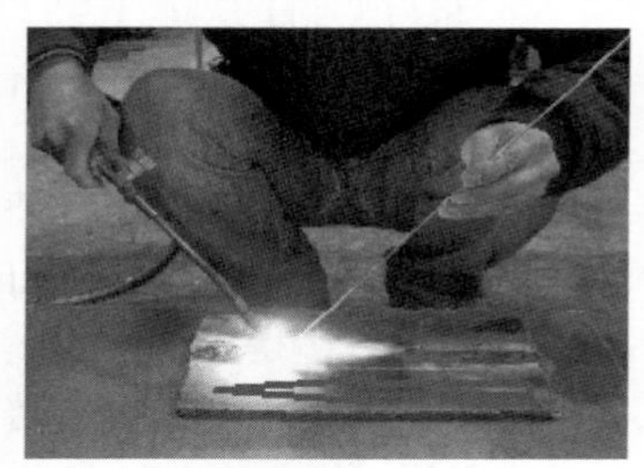

图 11-7 平敷焊接的基本形式和操作方法

平敷焊接是气焊的基础，初学的操作者都要从平敷焊接开始进行训练。在平敷焊接操作完成的基础上才能进行平对接焊接。平敷焊接时一定要重点掌握好它的基本操作，如操作时的蹲坐位、焊炬的握持、焊丝的握持、两手运用焊炬和送丝的动作协调、焊接过程的统一等。另外，很重要的一点就是要在不断的焊接训练当中，学会观察被焊处的熔池状态，如熔池的温度、形状等焊接动态的过程。平敷焊接要达到能根据熔池的状态进行合理运炬和送丝，实现观察与操作的协调统一与有机结合。

准备工作技巧：

平敷焊接的准备工作主要是指焊接前的准备，是保证平敷焊接质量的必要条件，焊前准备充分有利于提高焊接速度，提高劳动生产的效率。

① 焊件的准备技巧。焊件以低碳钢材料为好，板厚度为 2 ～ 4mm，长度和宽度都控制在 200mm 以上。去净边角毛刺，倒钝棱边。

② 焊丝的选用技巧。焊丝选用一般的铁丝或牌号为 H08 的焊丝都可以，焊丝直径控制在 2 ～ 3mm 左右。使用前将焊丝或铁丝截断为长度 500mm 左右的短条若干，并捋直齐整，以便焊接时好把持。

③ 焊接设备、工具的准备技巧。焊接设备和工具的准备主要包括设备的连接和调试、（气瓶、气路、焊炬、减压器）气密性是否完好、各连接接头有无松动现象。另外，还要准备好焊接用手套、护目镜、手锤、钢丝刷、钢丝钳、打磨机（磨光机）、点火枪（或打火机）、通针、专用（活

动）扳手、螺丝刀等焊接常用的工具。

④ 焊件清理技巧。工件在被焊接之前一般都有不同程度的氧化皮、铁锈、油污等妨碍焊接质量的表面物质，必须用磨光机、钢丝刷、砂布清理干净，使焊接工件的表面显露出金属的本来光泽。焊接要求严格的工件清理时，可以适当使用化学处理的方法进行，而且焊丝也要用砂布进行必要的抛光，焊接时最好不使用镀锌的铁丝，以免焊接时产生有毒的氧化锌气体。

⑤ 最好焊件的划线技巧。工件的划线是焊接的重要步骤，为了保证焊道的有序排列，应用石笔在被焊接的工件上均匀地划出间隔 15 ～ 20mm 左右的直线，如图 11-8 所示，石笔的划线部位最好是窄一点，让划出来的线条更加清晰明了，而且细腻，便于观察和焊接。

⑥ 焊件的摆放技巧。由于在初步学习气焊时，动作不是很熟练，因此焊件的摆放显得十分必要。为了便于焊接时的操作，焊件最好是垫高 150 ～ 200mm 左右，不要直接放在水泥地面上，以免水泥地面被焊接火焰的高温烤至爆裂而引起事故，最好是在焊接的工件下面垫一块比焊接工件略小的铁块或其他不易燃烧和爆裂的块状物，具体的摆放见图 11-9。

图 11-8　工件的划线

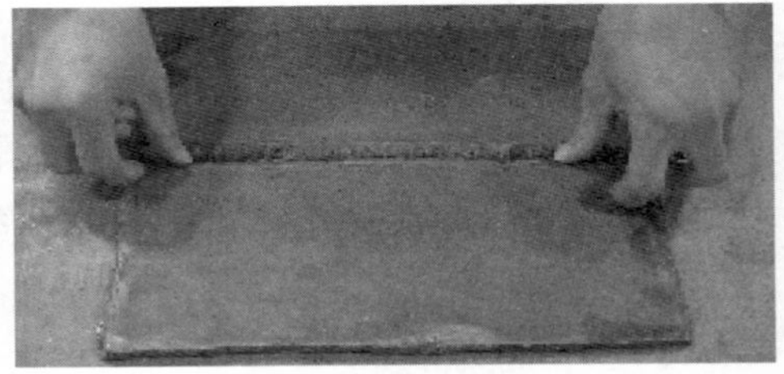

图 11-9　焊件的摆放

⑦ 焊接工艺参数的制订技巧。焊接工艺参数就是指焊工在焊接时根据被焊接材料的材质、厚度、体积、技术质量的要求等初步拟订的理论焊接数据。平敷焊接的工艺参数可参考表 11-16。

表 11-16　平敷焊接的工艺参数

<table>
<tr><th>焊炬和焊嘴的型号</th><th>氧气工作压力/MPa</th><th>乙炔工作压力/MPa</th><th>焊炬的运动方式</th><th colspan="2">火焰能率</th><th>火焰性质</th><th>焊缝层数</th></tr>
<tr><td rowspan="2">H01-6
2 号</td><td rowspan="2">0.2 ～ 0.3</td><td rowspan="2">0.001 ～ 0.1</td><td rowspan="2">直线形、锯齿或月牙形</td><td>直线形</td><td>适中</td><td rowspan="2">轻微氧化焰</td><td rowspan="2">单层</td></tr>
<tr><td>小锯齿或月牙形</td><td>稍大</td></tr>
</table>

(2) 操作方法、技巧与诀窍

平敷焊接的准备工作完成之后，就可以开始进行正常的焊接了。

① 气焊设备的安装与调试技巧。按照气焊设备的安装和连接要求进行气焊设备的安装与连接，检查气密性，特别是焊炬本身及焊炬与气路间的连接，绝对不能有一点漏气现象产生，还要防止气管的脱落，一定要用专用的管卡扎紧。调节好焊接时的压力，如果在调节的过程中发现压力过大，可以退出调节螺钉（顶针），打开焊炬阀门，放净气管和焊枪内的气体后再关闭，然后进行重新的调节，直到调节到合适的位置为止。

② 点火与火焰的调节技巧。点火前一定要佩戴好焊接用长手套和防护眼镜，穿上专用的工作服。打开焊炬上的乙炔调节阀门约 1/2 圈，排出气路中可能存有的空气，接着打开氧气阀门约 1/3 圈，使氧气的流量略小于乙炔的流量，用点火枪或打火机点燃火焰。调整火焰时要根据当前火焰的性质，调整好火焰的大小，然后再调整火焰能率。焊接低碳钢一般采用中性焰或轻微的氧化焰，通过调节氧气和乙炔阀门可以获得混合气体的适当比例，以得到不同性质的火焰。

③ 操作姿势选择诀窍。操作时可以根据焊接的具体情况选择蹲式或坐式。蹲式的基本方法如图 11-10（a）所示，坐式的基本方法如图 11-10（b）所示，焊炬和焊丝的握法如图 11-11 所示。

(a) 蹲式

(b) 坐式

图 11-10　焊接姿势

④ 起头技巧与诀窍。起头是平敷焊接中很重要的部分，起头的质量直接影响整个焊道的质量。焊接工件较薄时可采用左焊法进行施焊，较厚的工件采用右焊法施焊。将火焰焰心的前端对准工件的右端起头处进行火焰预热，因为开始焊接时工件的温度较低，焊嘴的倾斜角度可以稍微大些，有利于集中热量对起焊处进行快速的加热。如果工件的厚度大于

2mm 时，还要在离起焊处约 15 ～ 20mm 以内，对工件进行反复的来回预热，使起头处得到最大程度的加热，预热时焊嘴的倾角见图 11-12。

(a) 焊矩的握法

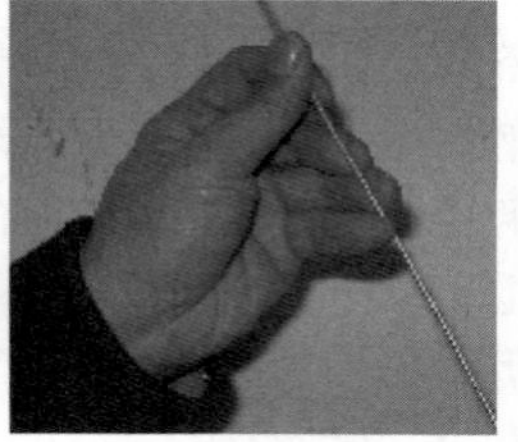

(b) 焊丝的握法

图 11-11　焊炬和焊丝的握法

⑤ 焊接操作技巧。随着预热火焰的进行，当起焊处的金属由红色固态变为白亮的液体熔池时，就可以送入焊丝开始焊接了。将焊丝的端头送达火焰焰心的焰尖处，向熔池内滴入熔滴，然后迅速稍微抬起焊丝的端头 2 ～ 3mm 左右，并随即将焊嘴的倾斜角度减小为 40° ～ 50° 左右，如图 11-13 所示，使得火焰焰心的焰尖处于熔池表面及熔池中心的位置，保持零距离，此时开始转入正常的焊接阶段。随着火焰的前移和不断地向熔池点入熔滴（点滴的速度一般为每秒 2 ～ 3 滴，如同蜻蜓点水一样），于是就形成了焊缝。

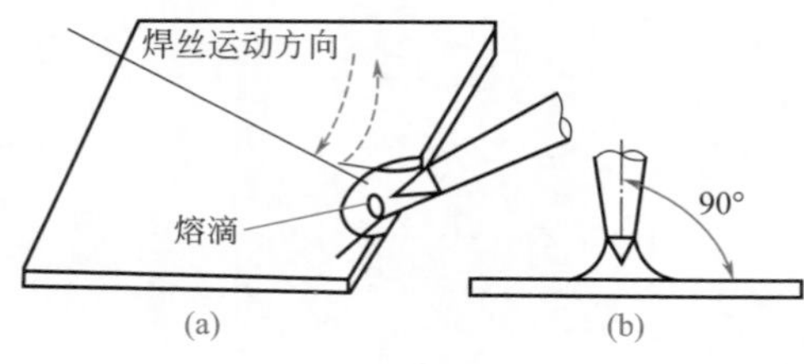

图 11-12　预热时焊嘴的倾角

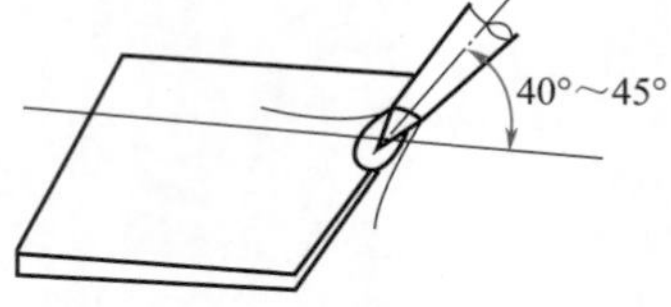

图 11-13　焊接时焊嘴的倾角

⑥ 焊炬和焊丝的摆动技巧。焊炬和焊丝的摆动是为了更好地获得焊缝的高质量。焊炬和焊丝的摆动方式要根据焊接材料的厚度来确定，如图 11-14 是焊炬和焊丝摆动的主要方式。当采用直线形摆动的方式时，焊炬和焊丝保持相对位置沿着焊道匀速前移，焊接出的焊缝较窄；若采用锯齿或月牙形的摆动时，焊炬和焊丝还要做横向的摆动，并沿着焊道匀速前移，焊缝比较宽大。

无论采用哪种摆动的方式，在焊接过程当中始终要保持焊嘴与熔池距离的一致性。同时还要保证焊炬和焊丝运动的统一和协调、速度均匀、焊嘴角度正确。焊炬和焊丝摆动的主要方式可参见图 11-14，焊丝与焊件的相对位置如图 11-15 所示。

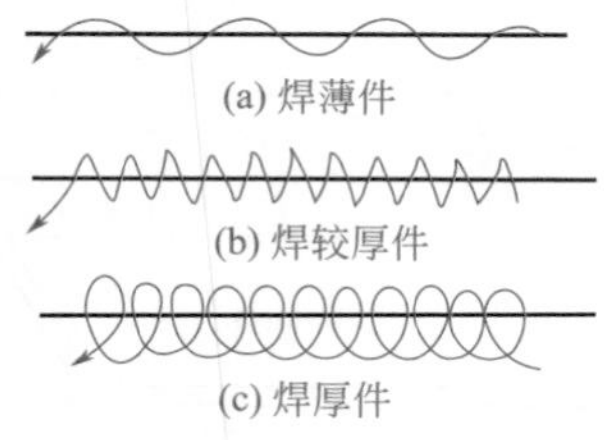

图 11-14　焊炬和焊丝摆动的主要方式

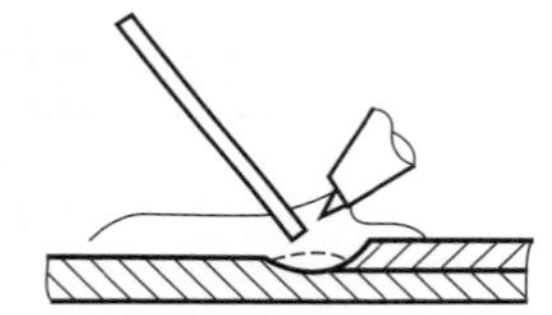

图 11-15　焊丝与焊件的相对位置

⑦ 接头的操作技巧。当需要更换焊丝或因其他原因导致焊接暂时终止后，再次进行焊接时的开始位置称为焊接接头。焊接接头是焊接过程中不可避免的，提高焊接接头的焊接质量可有效保证焊缝完整性和工件质量，焊接接头是每一个整体焊缝的关键部位。提高焊接接头质量的方法有两种。

a. 热接法操作技巧。在焊接过程当中，焊丝会随着焊接的进行而逐渐地变短，最终会烧烤到手持的部位，这时候，应该迅速地扔掉未焊接完的焊丝头，焊接火焰不要熄灭，也不要离开焊接熔池，立即取事先准备好的新焊丝送入焊接熔池当中，并转入正常的焊接过程。

b. 冷接法操作技巧。焊接时当焊丝变短快要烧到手时，不要扔掉快焊完的焊丝头，应将焊丝头粘在焊接熔池上，立即使焊接火焰离开熔池，马上取一根新的焊丝与焊丝头进行对接，对接成功后，马上将火焰移动到原来的熔池前 10 ～ 15mm 左右处，边预热边向前移动或摆动，此时，可不添加焊丝。当火焰使其形成新的熔池时，立即转入正常的焊接方式。

如果焊接的工件是很重要的焊接结构件，必须采用 8 ～ 10mm 的重叠焊缝，以确保焊接接头的牢固性和可靠性。

⑧ 收尾操作技巧。当焊接经过了起头、接头后，将要到达的焊接部位就是末尾，焊接末尾时焊件温度上升得很高，很容易产生塌陷或烧穿的现象，这时就要减小焊嘴的倾角，加快焊接的速度，多填充焊丝，最后要注意一定要填满熔池，如图 11-16 所示。也可在焊接到末尾时利用有节奏

的跳动火焰法，对最后的部位进行焊接，如图 11-17 所示。利用跳动火焰法进行收尾时要注意不要将火焰抬得太高，以免焊接熔池被氧化，应该让熔池最起码处于火焰外焰的保护下。

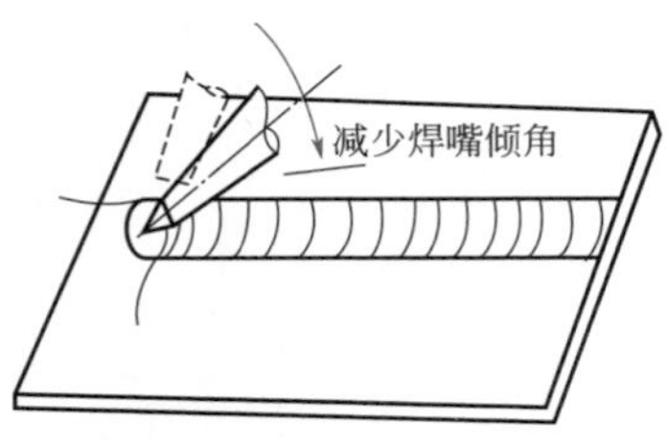

图 11-16　焊接末尾焊嘴的倾角

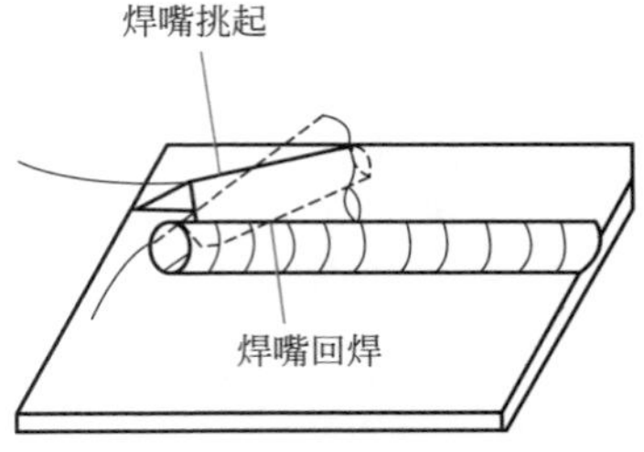

图 11-17　跳动火焰法收尾

（3）焊接注意事项与操作禁忌

① 随着焊接过程的不断进行，在操作的过程当中会不自觉地抬高焊炬，使火焰偏离熔池的距离增大，焰心也离开了熔池，这种现象必然会导致火焰热量因不集中而散失，甚至会失去熔池。那么，焊接时就必须使火焰的焰心尖部始终处在熔池的表面和熔池的中心位置，以保证焊接工件的局部熔化，保持熔池在焊接过程中的长期存在，否则千万不要向焊接位置送焊丝。

② 操作时由于过度的紧张或注意力分散，往往会把焊丝头作为注视的标准，甚至是根本就不知道被焊处的熔池是否存在，而用火焰只对焊丝进行了加热，加热的焊丝熔滴滴在了被焊接处而没有形成熔合现象。因此，在焊接过程当中，必须时刻注意观察焊接熔池是否存在，送焊丝时要轻松自如地靠近熔池和焰尖，既不能太近更不能太远。

③ 当采用焊丝深入进行焊接时，会出现焊丝的端部粘在了焊接熔池的边缘，遇到这样的情况时也不要硬拉，正确的方法是让焊炬继续正常地向前施焊，随着焊接的继续，焊丝会自然地被熔化和分离开来。随着技能的不断提高，粘丝的现象就会慢慢地减少直到消失。

④ 当焊缝的宽度较大，需要填充的焊丝量增大时，可以采用滴入送丝法进行，就是焊丝的端部不需要上下地点动，而是让焊丝一直处于熔池的前沿位置，使焊丝的端部与熔池的中心保证在 2 ～ 3mm 左右的距离内，距离熔池的表面高度保持在 1 ～ 2mm 左右，使焊丝自动不断地向焊接熔池内滴入，从而填满焊缝，如图 11-18 所示。

⑤ 焊接中形成美观焊缝的关键技巧：

a. 要保持焊接熔池呈圆形；

b. 随时注意焊嘴与工件的倾角（必须在 40° ～ 45° 之间）；

c. 焊丝与焊嘴的夹角也要保证在 100° ～ 110° 之间；

d. 送进焊丝的速度和送丝点入的量要及时、均匀、稳定、准确；

e. 火焰焰心的前端在保持熔池及焊丝端部相对位置的前提下，向前移动的速度一定要均匀、稳定、准确。

⑥ 采用锯齿或月牙形摆动时，要在焊缝的两侧稍作停顿，使焊缝的两侧得到充分的预热而熔合，如图 11-19 所示。但是，要注意摆动和施焊的速度不能太快或太慢。

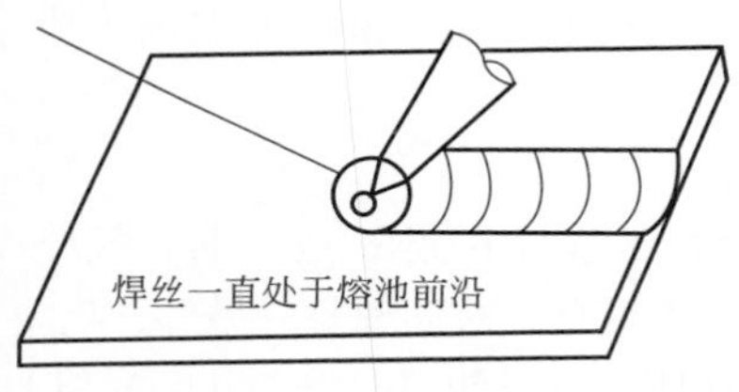

图 11-18　滴入送丝法示意图

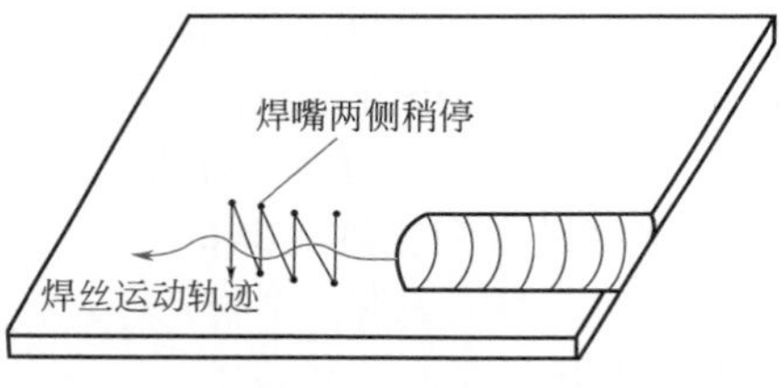

图 11-19　采用锯齿或月牙形的摆动焊接

⑦ 当熔池焊接时不清晰，而且有气泡、火花、飞溅加大或熔池内金属出现沸腾等现象时，说明火焰的性质不适合焊接，应该及时地加以调整，使氧气和乙炔的混合比合适，经过反复的调整和实验，就可以找到适合焊接的火焰性质了。如果熔池内的液体被火焰吹出，说明焰心离熔池太近或气体的流量过大，这时，也要对火焰的大小和距离进行调整。

⑧ 焊接过程中发现火焰形状不规则或焊嘴上粘满的污物较多时，应该及时清理刮除，并用通针对焊嘴进行通透，如图 11-20 所示。在操作熟练的情况下，应尽量采用较大的火焰能率，加快熔池及焊缝的形成，减小母材的热影响区和工件的焊后变形。

平敷焊接除了上述的注意事项外，还应该在操作时双手协调统一、配合默契。在正确的焊接工艺的保障下，焊接时要多注意观察熔池的形状、大小与温度之间的关系，始终保证正确的焊嘴角度，焰心尖部与熔池、焊丝端部之间的距离，并做到恰到好处，焊炬和焊丝的摆动要稳定，速度要合理均匀。

11.3.3　薄板对接平焊操作技能、技巧与诀窍

厚度小于 2mm 的板材就可以称为薄板了。薄板的对接平焊与平敷焊

接的操作方法大致相似，只是两块钢板是以对接形式形成的焊接接头，因此，与平敷焊接相比，具有一定的操作难度。

对接平焊在焊接前也要进行必要的焊前准备，这项工作同样可以保证对接平焊的焊接质量，焊前准备充分有利于提高焊接速度，提高劳动生产的效率。

1）焊件的准备

低碳钢钢板，长 × 宽 × 厚为 200mm×50mm×1.5mm，每组两块以上，如图 11-21 所示。

2）焊丝的选用技巧

焊接厚度小于 2mm 的薄板时，一般选用的焊丝为 H08A 或者普通的铁丝，直径以 2 ～ 3mm 为好，使用前最好是截取成 500mm 左右的小段，以便使用，并以捋直为好。

3）焊接设备、工具的准备

焊接设备和工具的准备主要包括设备的连接和调试、（气瓶、气路、焊炬、减压器）气密性是否完好、各连接接头有无松动现象。另外，还要准备好焊接用手套、护目镜、手锤、钢丝刷、钢丝钳、打磨机（磨光机）、点火枪（或打火机）、通针、专用（活动）扳手、螺丝刀等焊接常用的工具。其过程与平敷焊接基本相同。

4）焊件的清理技巧

将焊接工件的板边左侧边缘约 15 ～ 20mm 位置的表面氧化皮、铁锈或油污等用磨光机或钢丝刷及砂布清理干净，让焊件的表面露出金属光泽，如图 11-22 所示。

图 11-20　用通针清理焊嘴

图 11-21　薄板焊件的准备

图 11-22　焊件的清理

5）焊件的划线技巧

焊件的划线是焊接的重要步骤，为了保证焊道的有序排列，应用石笔在被焊接的工件上均匀地划出间隔 15 ～ 20mm 左右的直线，石笔的划线部位最好是窄一点，让划出来的线条清晰明了，而且细腻，便于观察与焊接。

6）焊接工艺参数选择

根据焊件材料的性质、厚度和体积，以及焊接时的技术要求，可以对薄板的焊接制订如表 11-17 所示的焊接工艺参数。

表 11-17　薄板焊接时的焊接工艺参数

板厚	焊炬 - 焊嘴型号	氧气工作压力 /MPa	乙炔工作压力 /MPa	运炬方式	火焰能率	火焰性质	焊缝层数
1mm 左右	H01-61 号	0.1 ～ 0.2	0.001 ～ 0.1	直线形	适中	中性焰	单层
2mm 左右	H01-62 号	0.1 ～ 0.2	0.001 ～ 0.1	直线或锯齿形	稍大	轻微氧化焰	单层

7）操作方法、技巧与诀窍

① 焊件的装配技巧。将待焊接薄板料水平放在焊接工作台上，根部的预留间隙应根据板材的厚度确定。厚度小于 2mm 的焊件对接的装配间隙可以取 0，厚度大于 3mm 的焊件可用磨光机开出一定的坡口，对接装配时也可不留间隙。但是，如果不开坡口，又为了保证焊接工件的焊透，此时必须留有 2 ～ 3mm 的间隙，以保证背面焊透。对于 2.5mm 以上厚度的焊件，如果焊件的面积很小，为了防止焊后的严重变形，要在装配时留有反变形的余量，如图 11-23 所示。也就是在装配时有意识地把工件向施焊面的反面倾斜一个较小的角度，一般选择 10° ～ 20°，当焊接完成后，变形量恰好可以抵消反变形量。

② 焊件的定位技巧。前面的介绍已经讲过，定位焊缝的长度和间距要根据焊件的厚度和焊缝长度而定，焊件越薄定位焊缝的长度和间距就应该越小，反之就应该加大。那么厚度小于 2mm 的薄件的定位焊焊缝的长度约为 5 ～ 7mm，间隔距离最好在 50 ～ 100mm，定位焊从焊件的中间向两端进行，点焊的焊缝不宜过长，更不能过高或过宽，以保证焊件的熔透为最好。

③ 焊接技巧与诀窍。在距离焊件始端 30mm 处起焊，焊缝是从板内开始形成，受热面积大，当母材金属熔化时，周围温度已经升高，冷却时不容易产生裂纹。施焊到终点时整个焊件温度又继续增高，再焊预留的一段焊缝，焊接接头应重叠 5mm 左右，如图 11-24 所示。气焊厚度小于

2mm 的薄板时一般采用左焊法。焊接的速度可根据焊件的熔化情况而变化。采用中性焰对准焊缝的中心线，均匀地熔化焊缝的两边，背面要焊透也要保证均匀。焊丝位于焰心前下方 2 ～ 4mm 处，若被熔池边缘粘住时，不要用力去拔焊丝，应用火焰加热焊丝与焊件的接触处，焊丝就可以自然地脱离焊件。

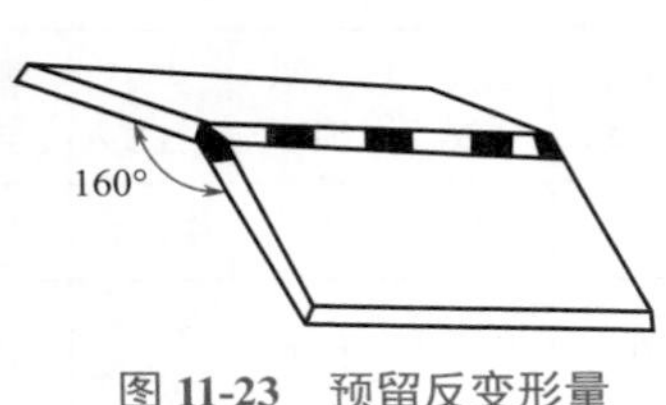

图 11-23　预留反变形量

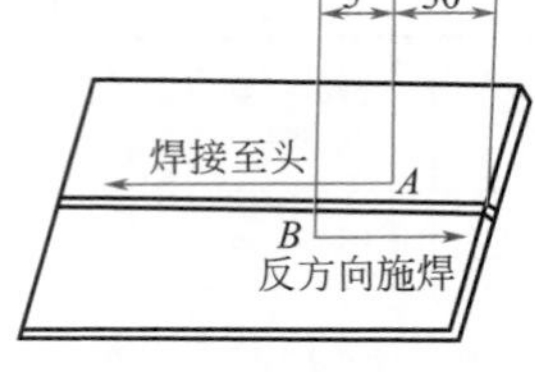

图 11-24　起焊点的确定

在气焊的过程中，焊炬和焊丝要做上下的跳动，其目的是更好地调节熔池的温度，使得焊件熔化良好，并控制液体金属的流动，让焊缝成形美观。如果火焰的性质发生了变化，发现熔池有浑浊、气泡、火花飞溅或沸腾等现象时，要及时将火焰调节为中性焰，然后再进行焊接。焊炬的倾斜角度、高度和焊接速度应根据熔池的大小进行适当的调整，发现熔池过小，焊丝熔化后又仅敷在焊件的表面，说明热量不足，焊炬的倾斜角度要增大，焊接的速度要减慢。发现熔池过大，且有流动的金属时，说明焊件已经被烧穿，这时应迅速提起火焰或加快焊接的速度，减小焊炬的倾斜角度，多添加焊丝。焊接时应始终保持熔池为椭圆形且大小一致，方能获得满意的焊缝。

如果焊接间隙过大或焊件厚度极薄，那么火焰的焰心要对着焊丝，用焊丝阻挡部分的热量，防止接头处熔化太快而烧穿。焊接结束后，将焊炬火焰缓缓提起，使熔池逐渐减小。收尾时要填满弧坑，防止产生气孔、裂纹、凹坑等缺陷。

8）焊接注意事项与操作禁忌

① 当焊件很薄或间隙较大时，要采用有节奏的跳动火焰法，可给熔池一个短暂的冷却机会，即利用手腕的灵活性，让焊嘴抬高→落下→再抬高→再落下，往复循环，如图 11-25 所示。

② 火焰能率的大小同样也影响焊缝的形状，如果火焰能率不足，焊道就有可能偏窄和偏高，火焰能率过大，焊道就会较宽较平，应根据实际

情况及时和适当地调整火焰能率。焊道的形状如图 11-25 所示。

③ 熔池的形状也决定了焊道的形状，常见的几种熔池形状见图 11-26。

11.3.4 手工平角焊操作技能、技巧与实例

平角焊焊缝的倾角为 0°，将互相成一定角度（通常为 90°）的两焊件焊接在一起的焊接方法称为平角焊。平角焊时由于熔池金属的下淌，往往在立板处产生咬边和焊脚两尺寸不等两种缺陷，如图 11-27 所示。下面就以低碳钢的焊接为实例来具体说明平角焊的基本操作方法及要领。

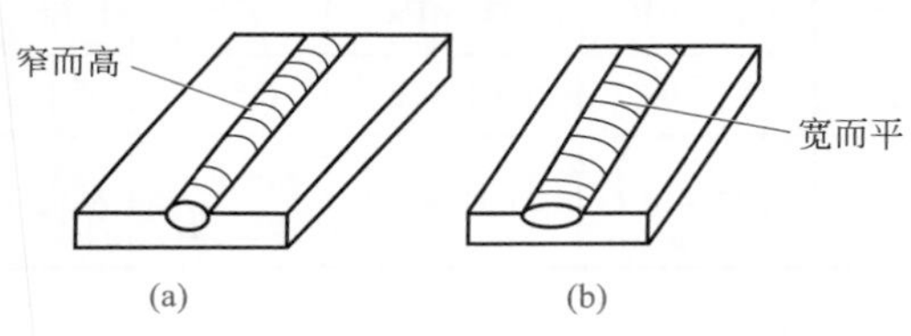

图 11-25 焊道的形状

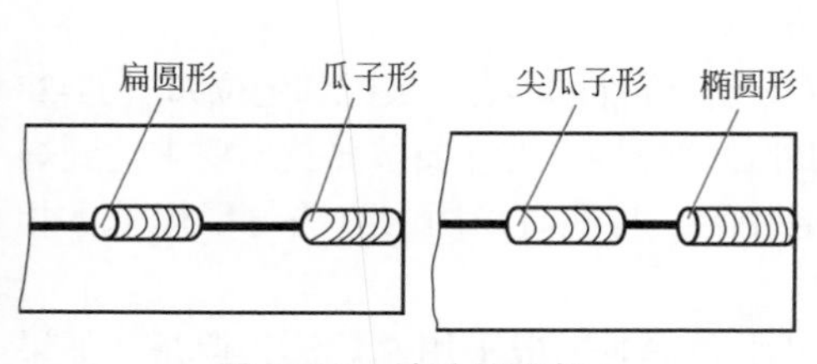

图 11-26 熔池的形状

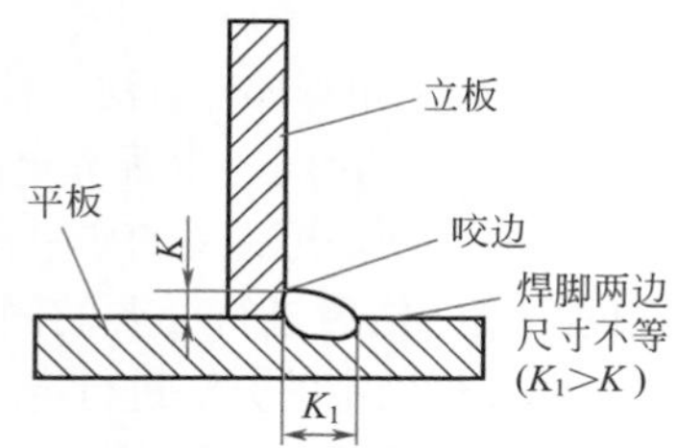

图 11-27 平角焊及缺陷

（1）焊前准备技巧与诀窍

① 焊件的准备。低碳钢板每组两块以上，长 × 宽 × 厚为 200mm×50mm×3mm。

② 焊丝的选用技巧。平角焊厚度小于 3mm 薄板时一般选用的焊丝为 H08A 或者普通的铁丝，直径以 2 ～ 3mm 为好，使用前最好是截取成 500mm 左右的小段，以便使用，并以捋直为好。

③ 焊接设备、工具的准备技巧。焊接设备和工具的准备主要包括设备的连接和调试、（气瓶、气路、焊炬、减压器）气密性是否完好、各连接接头有无松动现象。另外，还要准备好焊接用手套、护目镜、手锤、钢丝刷、钢丝钳、打磨机（磨光机）、点火枪（或打火机）、通针、专用（活动）扳手、螺丝刀等焊接常用的工具。其过程与平敷焊接也基本相同。

④ 焊件的清理技巧。将焊接工件的板边左侧边缘约 5 ～ 20mm 位置的表面氧化皮、铁锈或油污等用磨光机或钢丝刷及砂布清理干净，让焊件的表面露出金属光泽。

⑤ 焊接工艺参数选择。根据焊件材料的性质、厚度和体积，以及焊接时的技术要求，可以对待焊件制订如表 11-18 所示的焊接工艺参数。

表 11-18　平角焊时的工艺参数

板厚 /mm	焊炬 - 焊嘴型号	氧气工作压力 /MPa	乙炔工作压力 /MPa	运炬方式	火焰能率	火焰性质	焊缝层数
1 ～ 3	H01-62 号	0.2 ～ 0.25	0.001 ～ 0.1	直线形	适中	中性焰	单层
3 ～ 5	H01-63 号	0.25 ～ 0.3	0.002 ～ 0.1	斜圆圈或锯齿形	稍大	轻微氧化焰	单层

（2）平角焊操作方法、技巧与诀窍

平角焊分外平角焊和内平角焊，两种焊接方法各有不同的特点。

1）外平角焊操作方法、技巧与诀窍

① 焊件的形态、装配和定位技巧。焊件的形态、装配和定位如图 11-28 所示，它是两块近似垂直焊件的外边缘焊接，首先要按照技术要求达到焊接的角度，然后进行必要的固定装配，装配时采用的方法与平焊基本相同，用点焊固定的方法进行定位。

② 焊接方法技巧与诀窍。外平角焊时一般采用左焊法，但是，如果板材的厚度较大也可采用右焊法。将火焰焰心的前端对准工件的右端起头处进行预热，由于起焊或接头处的温度较低，因此，焊嘴的倾斜角度应大些，这样有利于集中热量快速加热进入施焊的状态（图 11-29），焊接时其焊嘴的倾斜角度一般为 70° ～ 80°，如图 11-30 所示。

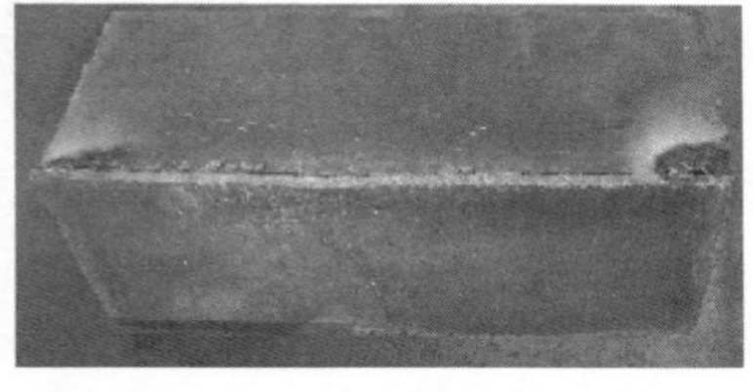

图 11-28　焊件的形态、装配和定位

图 11-29　工件的预热与起焊

如果焊件的厚度小于 3mm，焊接时火焰就要均匀地向前移动，一般

情况下不做横向的摆动，焊丝的一端要均匀地向熔池送进，否则会出现焊道高低不平、宽窄不一的现象，其基本的操作方法见图 11-31。当焊接过程中发现熔池有塌陷现象时，要加快送丝的速度，同时还要减小焊炬的倾斜角度，并采用适当的跳焰方法，以减少熔池受到的热量。如果装配间隙很大或已经出现了烧穿的现象，那就更有必要采取跳焰的方法进行焊接，如图 11-32 所示。当发现焊缝的两侧温度过低、熔池的温度不够时，就应减缓送丝的速度和焊接速度，适当加大焊接火焰能率，增加焊嘴的倾斜角度，如图 11-33 所示。

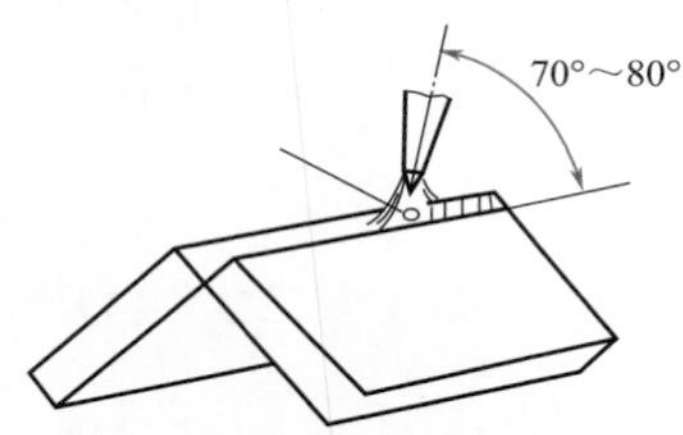

图 11-30　平角焊焊嘴的倾斜角度

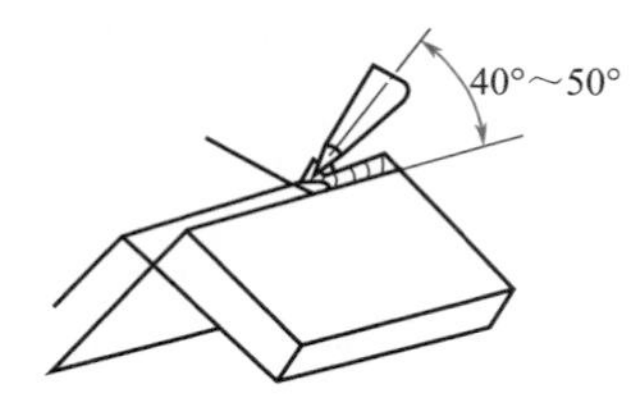

图 11-31　厚度小于 3mm 焊件的平角焊

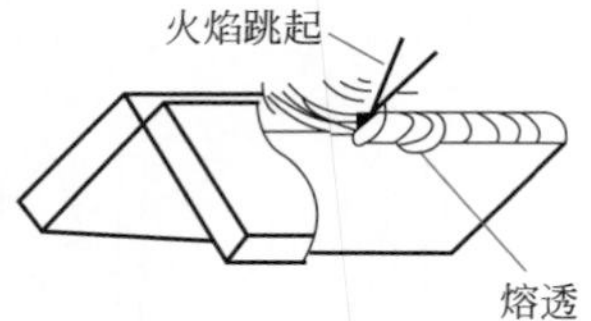

图 11-32　跳焰焊接

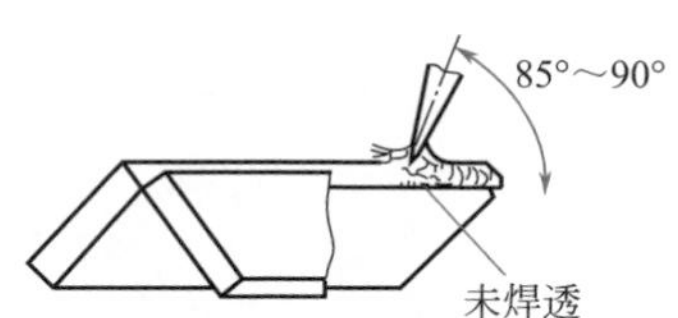

图 11-33　未焊透的焊接方法

当焊件的厚度超过了 4mm，就可采用右焊法进行焊接了，焊接时焊炬要轻微地前后移动，焊丝也要一下一下地送进熔池，如图 11-34 所示，这样才能获得良好的焊缝外观。

2）内平角焊操作方法、技巧与诀窍

① 焊件的形态、装配和定位技巧。焊件的形态、装配和定位如图 11-35 所示，它是两块近似垂直焊件的内直角焊接，首先要按照技术要求达到焊接的角度，然后进行必要的固定装配，装配时采用的方法与平焊基本相同，用点焊固定的方法进行定位。

② 焊接方法与技巧。当两块焊件厚度相同，底板位于水平位置时，焊嘴火焰与水平面之间的角度要大一些；如果底板位于立面上，此时焊

嘴火焰与水平面之间的角度要小一些，如图 11-36 所示。这样能够使焊道两侧的温度相接近，可获得良好的焊道外形。焊接过程中熔池要对称地存在于焊口的两侧，不能一边大一边小，形成熔池后火焰要做螺旋形摆动，并均匀地向前移动。焊丝的熔滴要加在熔池的上半部，焊丝与立面焊件之间的角度要小一些，以便于遮挡熔池上部的液态金属，防止液态金属下淌造成咬边，如图 11-37 所示。焊接时焊嘴火焰做螺旋形摆动是为了利用火焰的吹力把一部分液态金属吹到熔池上部，使焊缝金属上下均匀，同时使上部液体金属的温度快速下降和早些凝固，可以防止焊道出现上薄下厚的现象（图 11-38）。对于船形位置的内平角焊，焊丝和焊嘴要做锯齿形运动，这样能够获得均匀美观的焊道外形，如图 11-39 所示。

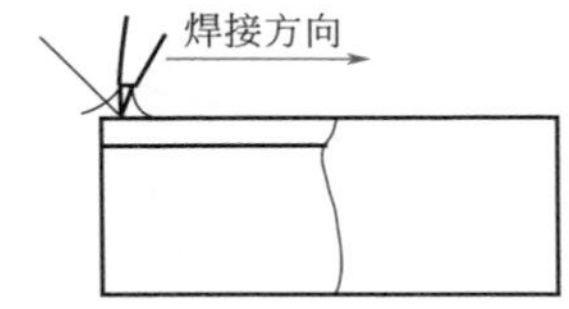

图 11-34　厚度大于 4mm 焊件的平角焊

图 11-35　焊件的形态、装配和定位

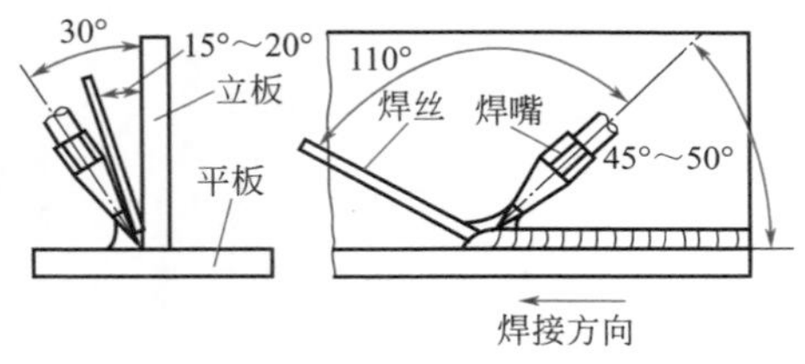

图 11-36　焊件厚度相同的平角焊

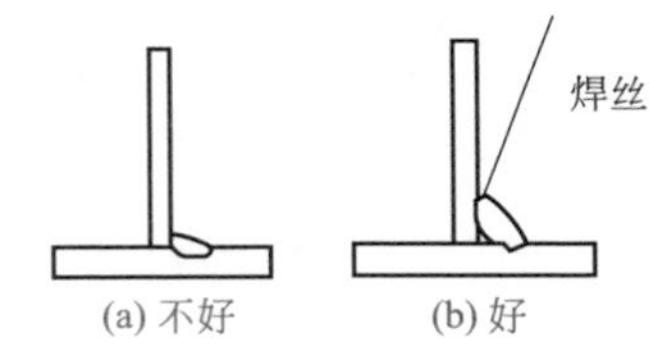

图 11-37　熔池对称焊接

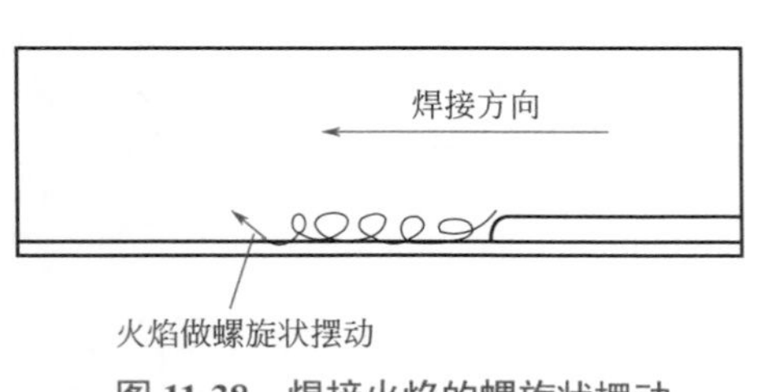

图 11-38　焊接火焰的螺旋状摆动

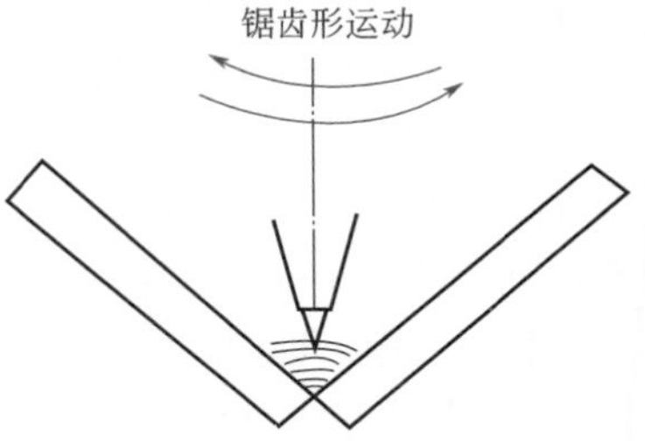

图 11-39　船形焊接

11.4 金属材料气焊工艺及操作实例

11.4.1 气焊工艺及基本操作技术

（1）气体火焰的温度分布

氧-乙炔火焰的最高温度和火焰中温度分布具有以下特点：

① 火焰的最高温度取决于氧气与乙炔的混合比。当 O_2 : C_2H_2 小于 1，即碳化焰时，最高温度较低，不超过 3000℃；而 O_2 : C_2H_2 为 1.2 ～ 1.5，即氧化焰时，火焰的最高温度大约可达 3300℃，如继续增加氧的比例，最高温度反而降低。

② 火焰的温度在长度方向和横方向上都是变化的：沿火焰轴线的温度较高，越向边缘温度越低，沿火焰轴线距焰心末端以外 3 ～ 5mm 处的温度为最高。

③ O_2 : C_2H_2 为 1.05 ～ 1.1 的中性焰的典型温度分布如图 11-40 所示。内焰区沿火焰轴线的最高温度为 3050 ～ 3100℃。图示温度为焊嘴孔径为 1.9mm 时的实测值。

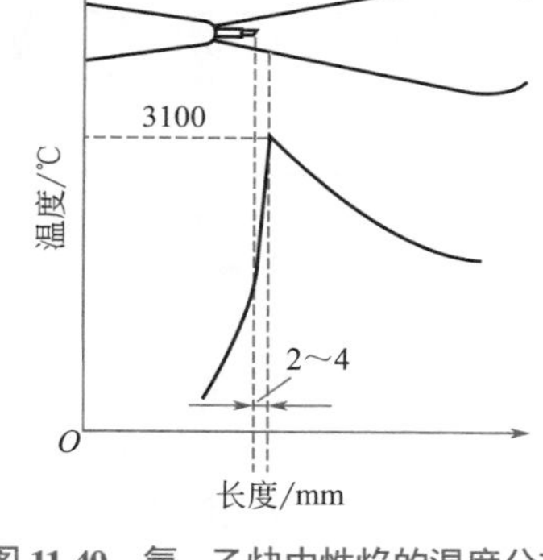

图 11-40 氧-乙炔中性焰的温度分布

（2）气焊前的准备技巧

1）焊丝及焊件表面清理技巧

为保证焊缝质量，气焊前应把焊丝及焊接接头处表面的氧化物、铁锈、油污等脏物清除干净，以免焊缝产生夹渣、气孔等缺陷。清理的方法可以用喷砂或直接用火焰烘烤后再用砂纸、钢丝刷等进行清理，也可以用汽油、丙酮、煤油等溶剂进行洗涤，有些较为坚硬的氧化物可用锉刀、刮刀、角向砂轮机等进行清除，还可以用酸或碱溶解金属表面氧化物。清理的工具如图 11-41 所示。注意：清理后一定要清洗干净，晾干后才可进行气焊。

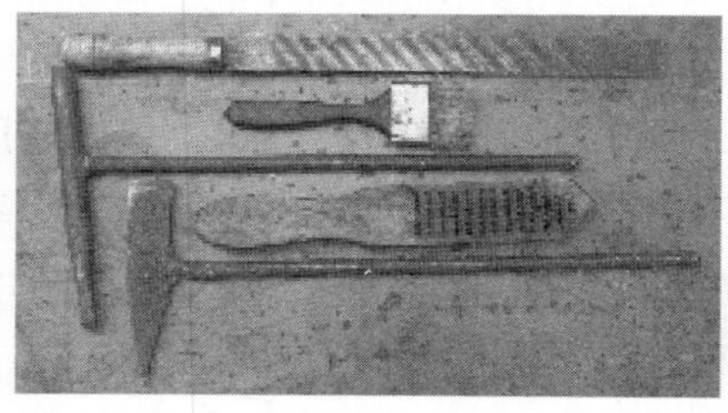

图 11-41 焊前清理常用工具

2）定位焊技巧与诀窍

定位焊的目的是固定工件间的相互位置，防止焊接时产生过大的变形。在进行气焊前，应当对焊件在适当的位置实施一定间距的点焊，进行必要的定位。对于不同类型的焊件，点焊定位的方式略有不同。

① 直缝的定位焊技巧。若工件较薄时，定位焊应从工件中间开始。定位焊的长度一般为 5 ～ 7mm，间隔为 50 ～ 100mm 左右，定位焊顺序应由中间向两边交替点焊，直至整条焊缝布满为止，其顺序如图 11-42 所示。若工件较厚（$\delta \geqslant 4$mm）时，可从两头开始向中间进行。定位焊的长度应为 20 ～ 30mm，间隔为 200 ～ 300mm 左右，其顺序如图 11-43 所示。

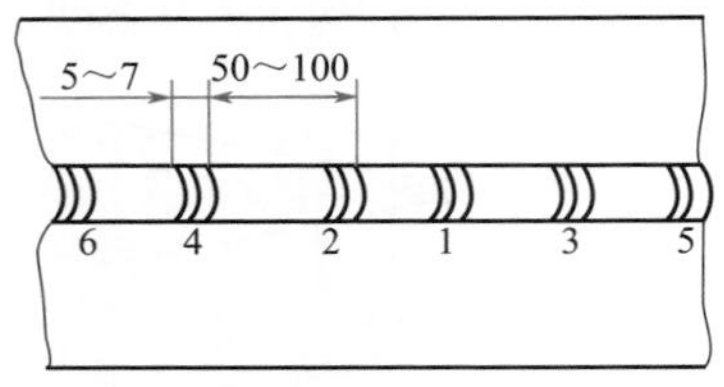

图 11-42　薄工件定位焊顺序

1 ～ 6—焊接顺序号

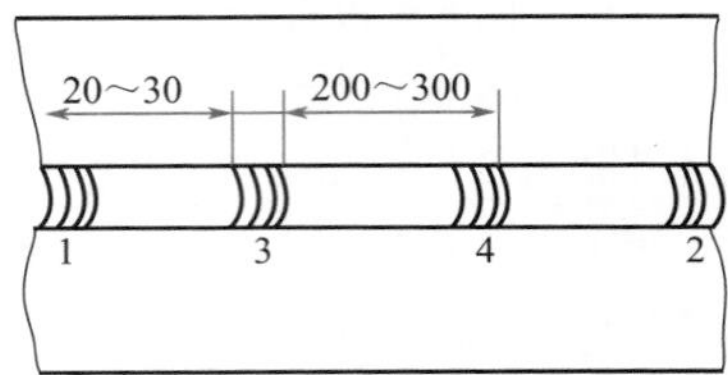

图 11-43　较厚工件定位焊顺序

1 ～ 4—焊接顺序号

定位焊焊缝不宜过长，更不宜过高和过宽。对较厚工件的定位焊要有足够的熔深，否则会造成正式焊缝高低不平、宽窄不一和熔合不良等现象。对定位焊的要求如图 11-44 所示。

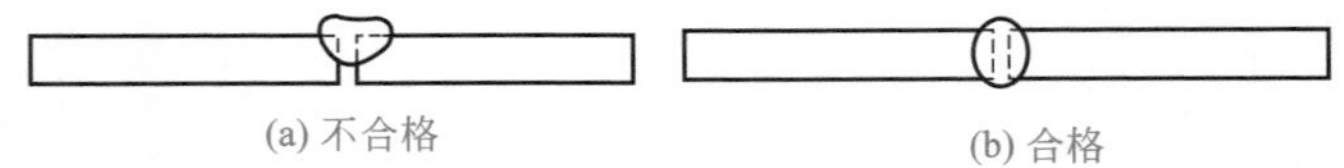

图 11-44　对定位焊的要求

若定位焊产生焊接缺陷，应当铲除或修补。

两种不同厚度工件定位焊时，火焰要侧重于较厚工件一侧加热，否则薄件容易烧穿。

② 管子的定位焊技巧。直径不超过 100mm 的管子，焊缝长度均为 5 ～ 15mm，将管子均分三处，定位焊两处，另一处作为起焊处。其位置见图 11-45（a）。若直径较大，在 100 ～ 300mm 之间时，将管周均分四处，对称定位焊四处，在定位两点之间起焊，如图 11-45（b）。管子的直径在 300 ～ 500mm 时，需沿管子周围点焊数处。不论直径大小，起焊点应在

两个定位点的中间，如图 11-45（c）所示。

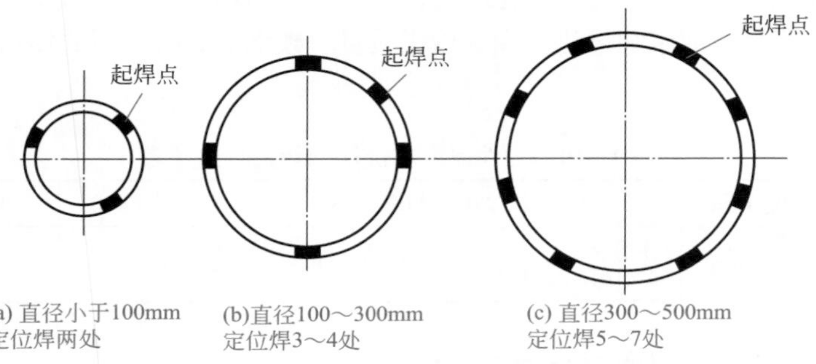

图 11-45　不同管径的定位焊及起焊点示意图

定位焊缝的质量应与正式焊缝质量相同，否则应该铲除或重新修磨后再进行定位焊。

③ 预热。施焊时应先对起焊点进行预热。因为起焊时由于刚开始进行焊接，焊件的温度较低或接近环境的温度。因此，为了便于形成熔池，并有利于对焊件进行预热，焊嘴倾斜的角度要大些，同时在起焊处使火焰往复地移动，保证在焊接处的加热均匀。如果两焊件的厚度不相等，火焰应稍微偏向厚度大的工件，以使焊缝两侧温度基本相同。

（3）气焊后的处理技巧

气焊后残存在焊缝及附近的熔剂和焊渣要及时清理干净，否则会腐蚀焊件。清理时，先在 60 ～ 80℃的热水中用硬毛刷清刷焊接接头，重要构件洗刷后再放入 60 ～ 80℃、质量分数为 2% ～ 3% 的铬酐水溶液中浸泡 5 ～ 10min，然后再用硬毛刷仔细洗刷，最后用热水冲洗干净。清理后若焊接接头表面无白色附着物即可认为合格，或用质量分数为 2% 的硝酸银溶液滴在焊接接头上，若没有产生白色沉淀物，即说明清洗干净。

铸造合金补焊后为消除内应力，可进行 300 ～ 350℃退火处理。

11.4.2　常用金属材料气焊焊接参数的选择诀窍

合理地选择气焊参数，是保证焊接质量的重要条件，应根据工件的成分、大小、厚薄、形状及施焊位置选用不同的气焊参数，如火焰性质、火焰能率、焊丝直径、焊嘴与工件间的倾斜角度以及焊接速度等。

（1）焊丝直径选择技巧

焊丝直径要根据工件的厚度来选择。如果焊丝过细，则焊丝熔化太

快，熔滴滴在焊缝上，容易造成熔合不良和焊波高低不平，降低焊缝质量；如果焊丝过粗，为了熔化焊丝，则要延长加热时间，从而使热影响区增大，容易造成组织过热，降低接头质量。碳钢气焊时采用的焊丝直径可参考表 11-19。

表 11-19　工件厚度与选用焊丝直径对照表

工件厚度 /mm	1.0 ～ 2.0	2.0 ～ 3.0	3.0 ～ 5.0	5.0 ～ 10	10 ～ 15
焊丝直径 /mm	1.0 ～ 2.0 或不用焊丝	2.0 ～ 3.0	3.0 ～ 4.0	3.0 ～ 5.0	4.0 ～ 6.0

（2）火焰能率的选择技巧

火焰能率是以每小时混合气体的消耗量（L/h）来表示。火焰能率的大小要根据工件的厚度、材料的性质（熔点及导热性等）以及焊件的空间位置来选择。如焊接厚度较大、熔点较高、导热性好的工件时，要选用较大的火焰能率才能将母材熔透。如焊接小件、薄件，或是立焊、仰焊等，火焰能率就要适当减小，才不致使焊缝组织过热。在实际工作中，视具体情况要尽量采取较大一些的火焰能率，以提高生产率。

火焰能率是由焊炬型号及焊嘴号码大小来决定的。焊嘴孔径越大，火焰能率也就越大，反之则小。

（3）焊嘴的倾斜角度的选择技巧

焊嘴的倾斜角度（也叫焊嘴倾角），是指焊嘴与焊件间的夹角，如图 11-46 所示。

焊嘴倾角的大小，要根据焊件厚度、焊嘴大小及施焊位置等确定。焊嘴倾角大，则火焰集中，热量损失小，工件受热量大，升温快；焊嘴倾角小，则火焰分散，热量损失大，工件受热量小，升温慢。

根据上述道理，在焊接厚度较大、熔点较高、导热性好的工件时，焊嘴倾角就要大些；焊接厚度较小、熔点较低、导热性能较差的工件时，焊嘴的倾角就要相应地减小。以上仅是基本原则，并非一成不变。在焊接过程中应视具体情况的不同而灵活改变这一倾角。如开始焊接时，这时工件是凉的，为使工件充分受热尽快形成熔池，焊嘴倾角要大些，有时甚至达 80° ～ 90°。待熔池形成后，焊嘴应迅速变为正常倾角。当焊接要结束时，这时焊接处温度已经相当高了，为填满熔池，又不使焊缝端部过热，那么焊嘴就要适当抬高，倾角要逐渐减小。

在焊接一般低碳钢时，焊嘴倾角与工件厚度的基本关系如图 11-47 所示。

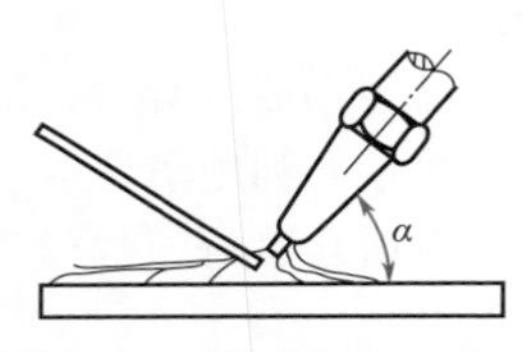

图 11-46 焊嘴倾角示意图

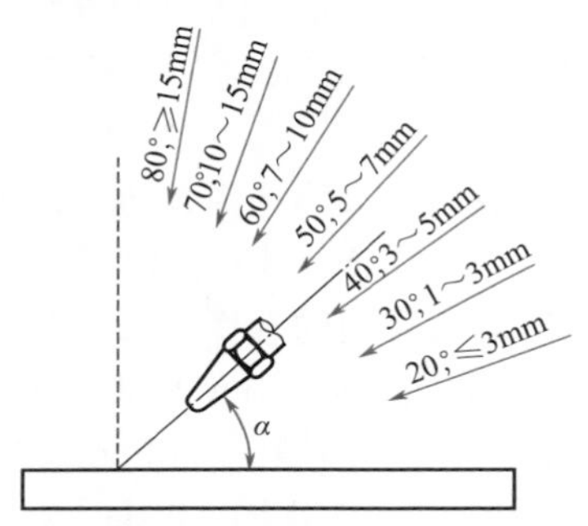

图 11-47 焊嘴倾角与工件厚度的关系

（4）焊接速度的选择技巧

焊接速度直接影响生产率和产品质量，不同产品必须选择相应的焊接速度。如果焊接速度太慢，则焊件受热过大，降低了产品质量。

焊接速度是焊工根据自己的操作熟练程度来掌握的。在保证质量的前提下，应尽量提高焊接速度，以提高生产率。

11.4.3 典型金属材料的气焊工艺、操作技巧与诀窍

（1）合金结构钢的气焊工艺与操作技巧

高压锅炉过热器换热管的气焊，其焊接图样如图 11-48 所示。其焊接工艺要点如下：

① 坡口形式选择。采用 V 形坡口，其尺寸如图 11-49 所示。

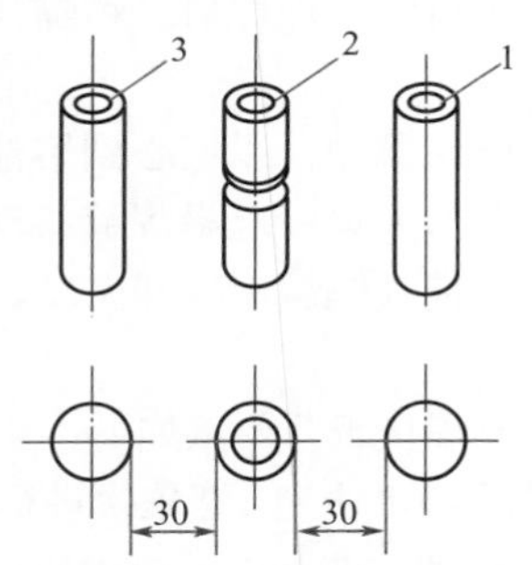

图 11-48 垂直固定管加障碍物

1，3—障碍物；2—焊件

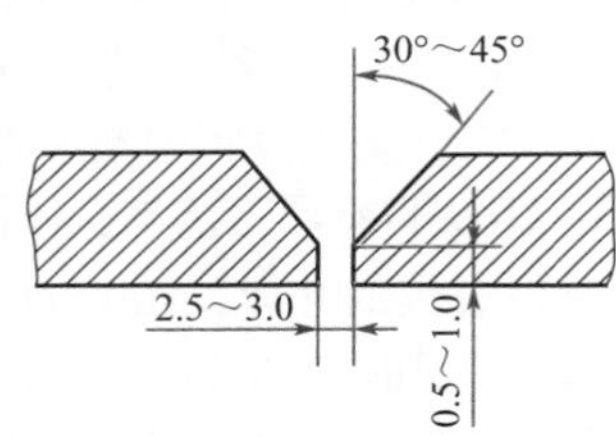

图 11-49 管子 V 形坡口尺寸

② 清理表面。清除坡口处及坡口外 10 ～ 15mm 范围内管子内、外表面的油、锈等污物，直至露出金属光泽。

③ 焊丝及焊剂选用。焊丝选用 H08CrMoVA，ϕ3mm，熔剂选用 CJ101。

④ 焊炬及火焰选择技巧。采用 H01-6 焊炬，使用略带轻微碳化焰的中性焰，不能用氧化焰，以免合金元素被氧化烧损。

⑤ 焊接方向的选择。采用右焊法，火焰指向已经形成的焊缝，能更好地保护熔化金属，并使焊缝金属缓慢冷却，火焰热量的利用率高。

⑥ 焊接操作技巧。焊接过程中，保证坡口边缘熔合良好，焊丝末端不能脱离熔池，防止氧、氮渗入焊缝。

⑦ 焊后处理技巧。加热至 680 ～ 720℃，保温 30min，在空气中冷却。

⑧ 检验技巧。焊缝外观经检验合格后，进行 X 射线探伤，按 JB 4730—1994，应达到Ⅱ级合格，否则予以返修。

（2）不锈钢的气焊工艺与操作技巧

奥氏体不锈钢薄板的对接，其焊接工艺要点如下：

① 坡口形式选择。采用 I 形坡口，接头间隙为 1.5mm。

② 清理表面技巧。使用丙酮将坡口两侧各 10 ～ 15mm 范围内的内、外表面油、污物清理干净。

③ 焊丝及焊剂的选择。焊丝选用 H0Cr18Ni9，ϕ1.5mm，熔剂选用 CJ101。

④ 焊炬及火焰的选择。需要 H01-2 焊炬，使用略带轻微碳化焰的中性焰。

⑤ 焊接方向的选择。需要左焊法，火焰指向未焊坡口。喷嘴与焊件成 45° ～ 50° 角。

⑥ 焊炬的运动技巧。焊接时焊炬不得横向摆动，以焰心到熔池的距离小于 2mm 为宜。焊丝末端与熔池接触，并与火焰一起沿焊缝移动。焊接速度要快，并防止过程中断。焊接终了时，使火焰缓慢离开火口。

（3）铸铁的补焊工艺与操作技巧

气缸体裂纹的补焊，如图 11-50 所示。其焊接工艺要点如下：

① 采用“加热减应区”焊接方法，其焊接顺序按 1、2 依次进行。

焊接 1 时，加热点 3 为减应区，2 处为裂纹，能使 1 处自由胀缩；焊接 2 时，加热 1、3 减应区，能使 2 处自由胀缩，减应区加热温度为 600℃左右。

② 选用铸铁焊丝 HS401，其主要化学成分（质量分数）为：C3.0% ～ 4.2%、Si2.8% ～ 3.6%、Mn0.3% ～ 0.8%、S ≤ 0.08%、P ≤ 0.5%。

选用焊剂为 CJ201，其熔点为 650℃，主要化学成分（质量分数）：$H_3BO_3$18%、$Na_2CO_3$40%、$NaHCO_3$20%、$MnO_2$7%、$NaNO_3$15%。

③ 焊前对焊接处进行表面清理，并用角向磨光机开 90°V 形坡口。

④ 选用焊炬 H01-12，采用微量乙炔中性焰焊接。需用两把焊炬，一把用于加热减应区，一把用于焊接。焊接过程中应保持减应区温度。

⑤ 焊接方向如图 11-50 中箭头指示方向，即由固定端向开放端焊接。

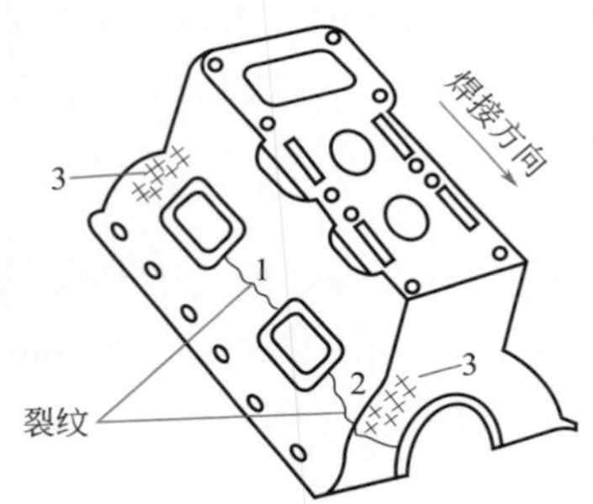

图 11-50　气缸体裂纹的补焊

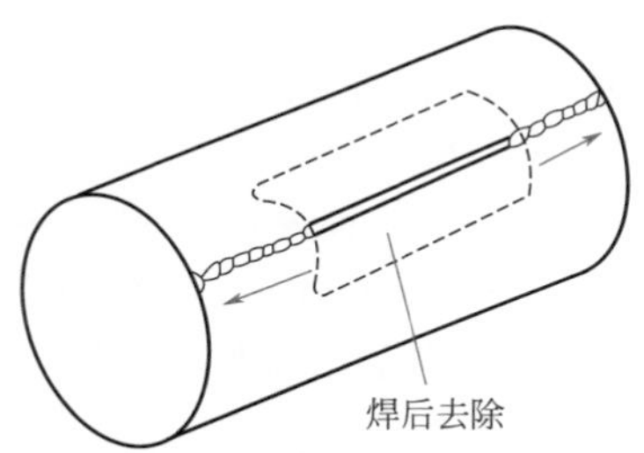

图 11-51　冷凝器壳体的气焊

（4）铜及铜合金的气焊工艺与操作技巧

冷凝器壳体的气焊，如图 11-51 所示。其焊接工艺要点如下：

① 采用 V 形坡口，单边坡口角度为 30°，卷筒后双边达 75° 左右，根部间隙 4mm，钝边 2mm。

② 用丙酮将焊丝及坡口两侧各 30mm 范围内的油、污清理干净，用钢丝刷清除焊件表面氧化膜，直至露出金黄色。

③ 选用焊丝 HS212，ϕ4mm，CJ301。

④ 使用 H01-12 焊炬，接头处预热 350℃，并边预热边焊接，火焰为微弱氧化焰。

⑤ 采用双面焊、左焊法直通焊，焊接方向如图 11-51 箭头所示。

⑥ 焊后局部退火 400℃。

（5）铝及铝合金的气焊工艺与操作技巧

铝冷凝器端盖的焊接实例。铝冷凝器端盖结构如图 11-52 所示。焊接工艺要点如下：

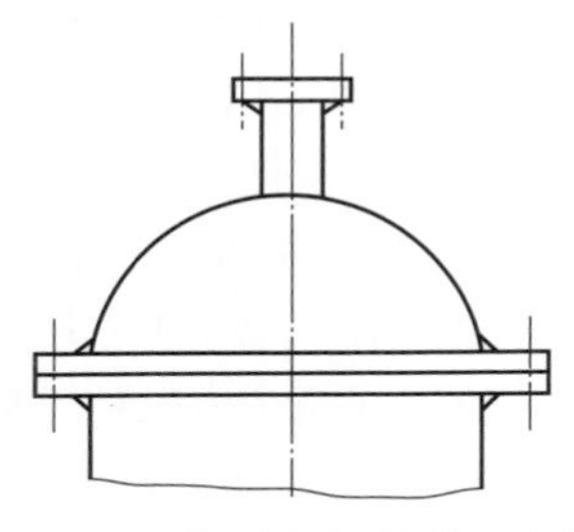

图 11-52　铝冷凝器端盖示意图

① 采用化学清洗的方法将接管、端盖、大小法兰、焊丝清洗干净。

② 焊丝选用 SAlMg5Ti，ϕ4mm，熔剂选用 CJ401。用气焊火焰将焊丝加热，在熔剂槽内将焊丝蘸满 CJ401 备用。

③ 采用中性焰、右焊法焊接。焊炬选用 H01-12，选用 3 号焊嘴。

④ 焊接小法兰与接管。用气焊火焰对小法兰均匀加热，待温度达 250℃左右时组焊接管。定位焊两处，从第三点进行焊接。为避免变形和隔热，在预热和焊接时小法兰放在耐火砖上。

⑤ 焊接端盖与大法兰。切割一块与大法兰等径的厚度 20mm 的钢板，并将其加热到红热状态，将大法兰放在钢板上，用两把焊炬将其预热到 300℃左右，快速将端盖组合到大法兰上。定位焊三处，从第四点施焊。焊接过程中保持大法兰的温度，并不间断焊接。

⑥ 焊接接管与端盖焊缝，预热温度为 250℃。

⑦ 焊后清理。先在 60 ～ 80℃热水中用硬毛刷刷洗焊缝及热影响区，再放入 60 ～ 80℃、质量分数为 2% ～ 3% 的铬酐水溶液中浸泡 5 ～ 10min，再用硬毛刷刷洗，然后用热水冲洗干净并风干。

11.5 手工气割操作技能、技巧与诀窍

11.5.1 气割工艺基础与基本操作技术

（1）影响气割过程的主要因素

气割的过程是一个从气割火焰的点燃到金属的预热，从金属的燃烧到熔化，高压切割氧切割分离金属的循环过程。影响气割过程的因素有很多，其主要有以下几个方面。

① 切割氧的纯度。

② 切割氧的流量和压力及氧流形状。

③ 切割氧流的流速、动量和攻角。

④ 预热火焰能率。

⑤ 被切割金属的成分、表面状况和初始温度。

⑥ 其他因素。其中切割氧流起着主导的作用，切割氧流既使金属燃烧，又要把燃烧生成的氧化物（熔渣）从切口中排出。因此其纯度、流量、流速和氧流形状对气割质量和加工速度都有着重大的影响。

切割氧的纯度越高，燃烧反应的速度越快，切割速度就能加快。为完成气割过程，需要向反应区供给足够数量的氧气。氧气量不足会引起金属

燃烧不完全，并使清除熔渣的能力变弱，造成粘渣。而氧气流量太大，将使金属冷却，甚至造成切割过程中断。为把金属沿整个厚度割透，并以尽可能快的速度向前切割，要求切割氧流具有足够大的流速和动量，且少受周围杂质气体的污染，使金属沿厚度方向迅速氧化，以使氧化速度跟上切割速度。

另外，为使沿厚度方向切口宽度上下一致，并产出最小的后拖量，则需要切割氧流在尽可能长的范围内保持圆柱形形状。

1）切割氧纯度的影响

切割氧的纯度是影响气割过程的重要因素。氧气纯度差，不但切割速度大为降低、切割面粗糙、切口下缘粘渣，而且氧气消耗量增加。通常认为，氧气纯度低于95%，就不能气割，而要获得无粘渣的气割，氧气纯度需99%以上。

2）切割氧流量和压力的影响

对某一钢板厚度存在一个最佳氧流量值，此时不但切割速度最高，而且切割面质量良好。用普通割嘴气割时，随着切割氧压力的提高，氧流量相应增加，因此所能够切割的厚度随之增大。但压力增至一定值时，可切割的厚度也达到最大值，如果再增大压力，可切割的厚度反而随之减小。

3）切割氧流（风线）形状的影响

切割氧流（通常称为风线）形状对气割过程也有明显的影响。风线长且挺直有力，切割效果就好。通常，要求风线尽可能长地保持圆柱形，同时边界线应清晰，这样就能获得沿厚度方向上下一致的切口宽度，切割面的粗糙度和切割精度也提高。如果风线粗、边界线混浊，则切割速度下降，切割面质量恶化，切口下缘黏附熔渣。

4）切割氧攻角（切割倾角）的影响

气割时，若把切割氧流相对切口前缘形成一个攻角（即割炬后倾），可大大加快切割速度和改善切割质量。随着氧流攻角的增大，切割速度明显加快，攻角增大至某一极限角度时，切割速度达到最大值。继续加大攻角，切割速度反而下降。极限攻角的大小随割嘴种类和加工钢板厚度而异。切割氧流的出口流速越高、钢板越薄，极限攻角越大。

5）预热火焰能率的影响

气割时，预热火焰一般应选用中性火焰，同时火焰的强度要适中。火焰过强时会出现切口上边缘熔塌，并有珠粒状熔滴黏附，切割面粗糙度变差，切口下缘粘渣等缺点。火焰过弱时会发生切割速度减慢，且易发生切

割中断现象，易发生回火、后拖量增大等问题。

6）钢材初始温度与表面状态的影响

钢材的初始温度高，加热到燃点的时间缩短，可加快气割进程，因此切割速度随之提高。高温状态的钢材其切割速度可成倍地提高，同时还能显著地减少切割氧耗量。

钢材表面存在较厚的氧化皮、黄锈及各种脏物，在气割时使切口前缘表面加热到燃点的时间增加，给气割过程带来不利的影响。不但使切割速度下降，还会在切割面上造成缺口，严重时会使切割中断。因此，气割前要把沿切割线的厚锈皮和脏物清除掉。

7）熔渣黏度的影响

熔渣的黏度低，流动性好，易于被切割氧流所排除，切割速度就能加快。FeO 熔渣的流动性较好。如钢中含铬较多，生成的 Cr_2O_3 熔渣黏性较大，不易排除，使切割速度降低。

（2）气割前的准备技巧

① 按照零件图样要求放样、备料。放样划线时应考虑留出气割毛坯的加工余量和切口宽度。放样、备料时应采用套裁法，可减少余料的消耗。

② 根据割件厚度选择割炬、割嘴和气割参数。

③ 气割之前要认真检查工作场所是否符合安全生产的要求，乙炔瓶、回火防止器等设备是否能正常进行工作。检查射吸式割炬的射吸能力是否正常，然后将气割设备按操作规程连接完好。开启乙炔气瓶阀和氧气瓶阀，调节减压器，使氧气和乙炔气达到所需的工作压力。

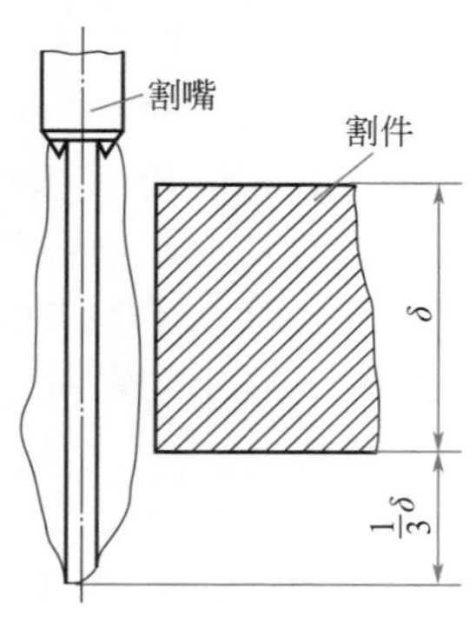

图 11-53　切割气流的形状和长度

④ 应尽可能将割件垫平，并使切口处悬空，支点必须放在割件以内。切勿在水泥地面上垫起割件气割，如确需在水泥地面上切割，应在割件与地板之间加一块铜板，以防止水泥爆溅伤人。

⑤ 用钢丝刷或预热火焰清除切割线附近表面上的油漆、铁锈和油污。

⑥ 点火后，将预热火焰调整适当，然后打开切割阀门，观察风线形状，风线应为笔直和清晰的圆柱形，长度超过厚度的 1/3 为宜，切割气流的形状和长度如图 11-53 所示。

11.5.2 手工气割基本操作技能、技巧与诀窍

（1）气割操作前的准备技巧

① 设备选择。氧气瓶、乙炔瓶、气路、氧气减压器、乙炔减压器等。

② 割炬选择。在切割操作中一般采用 G01-30 型的割炬，割嘴为 2 号环形割嘴。

③ 工件准备。准备低碳钢钢板一块，长 × 宽 × 厚为 450mm×300mm× 8mm。如果没有合适厚度的板材，厚度也可以取 6 ～ 10mm 之间。

④ 辅助工具选择。钢丝刷、手锤、扳手、通针、点火枪或打火机、防护眼镜等。

（2）手工气割操作方法、技巧与诀窍

① 割件清理技巧。在进行切割之前应用准备好的钢丝刷把割件表面的铁锈、污垢和氧化皮等彻底地清除干净。把清理好的待割件放在耐火砖或专用的支架上，并用小块耐热的材料将其搁置悬空。在切割工件的下面放一块薄铁板，防止在切割时火焰的高温把水泥地烤裂或炸开。

② 工艺参数的选择技巧。气割工艺参数主要是根据被割材料的厚度来进行选择的，具体的基本参数可参考表 11-20 进行适当的选择。

表 11-20　不同板厚的气割工艺参数

板厚 /mm	割炬型号	割嘴型号及切割孔径 /mm	割嘴形状	氧气压力 /MPa	乙炔压力 /MPa	割嘴倾角	割嘴距工件距离 /mm
＜5	G01 ～ 30	1 号 0.6	环形	0.2 ～ 0.3	0.01 ～ 0.06	后倾 25° ～ 45°	3 ～ 5
6 ～ 10	G01 ～ 30	2 号 0.8	环形	0.3 ～ 0.4	0.01 ～ 0.08	后倾 80° 或垂直	3 ～ 5
12 ～ 20	G01 ～ 30	3 号 1.0	环形	0.4 ～ 0.5	0.01 ～ 0.10	垂直	3 ～ 5

③ 点火操作技巧。点火前先检查一下割炬的射吸力是否正常，方法是拔下乙炔气管，打开混合阀门，此时应有氧气从割嘴中吹出；再打开乙炔阀门，用手指按住乙炔进气口，若感觉有吸力，则为正常；然后，关闭所有的阀门，安装好乙炔胶管。

点火时，先打开乙炔阀门少许，放掉气路中可能存有的空气，然后打开预热氧阀门少许，乙炔阀门开启一般要比氧阀门开启略微大些，这样可

以防止点火时的“放炮”。准备点火时手要避开火焰，也不能把火焰对准其他的人或易燃易爆的物品，防止烧伤或引发火灾，火焰点燃后调整为中性焰或轻微氧化焰。

火焰调整好后，再开启切割氧阀门，看火焰中心切割氧产生的圆柱状风线（图 11-54）是否正常，若风线直而长，并处在火焰中心，说明割嘴良好。否则，应关闭火焰，用通针对割嘴喷孔进行修理后再试。

图 11-54　切割氧圆柱状风线

④ 气割操作姿势与诀窍。点燃割炬调好火焰之后就可以进行切割。操作姿势如图 11-55 所示，双脚成外八字形［图 11-55（a）］蹲在工件的一侧，右臂靠住右膝盖，左臂放在两腿之间，便于气割时移动，但是因为个人的习惯不同操作姿势也可以多种多样，一般初学者常用的姿势就是这种“抱切法”。右手握住割炬把手并以右手大拇指和食指握住预热氧调节阀，便于调整预热火焰能率，一旦发生回火能及时切断预热氧。左手的大拇指和食指握住切割氧调节阀，便于切割氧的调节，其余三指平稳地托住射吸管，使割炬与割件保持垂直，气割时的操作手势如图 11-56 所示。气割过程中，割炬运行要均匀，割炬与割件的距离保持不变。每割一段需要移动身体位置时，应关闭切割氧调节阀，等重新切割时再度开启。

⑤ 预热操作技巧。开始气割时，将起割点材料加热到燃烧温度（割件发红），称为预热。起割点预热后，才可以慢慢开启切割氧调节阀进行切割。预热的操作方法，应根据零件的厚度灵活掌握。

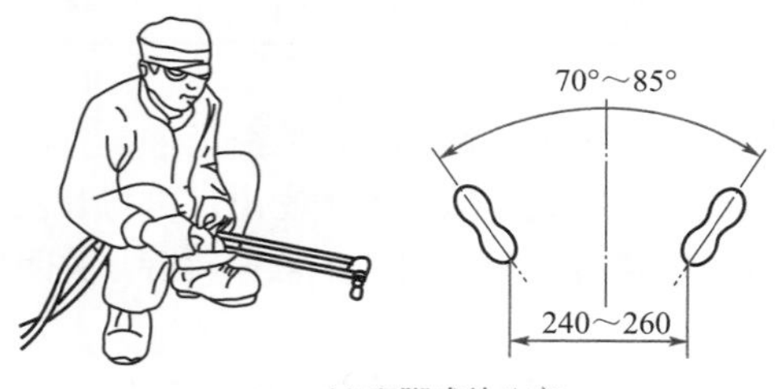

(a) 双脚成外八字

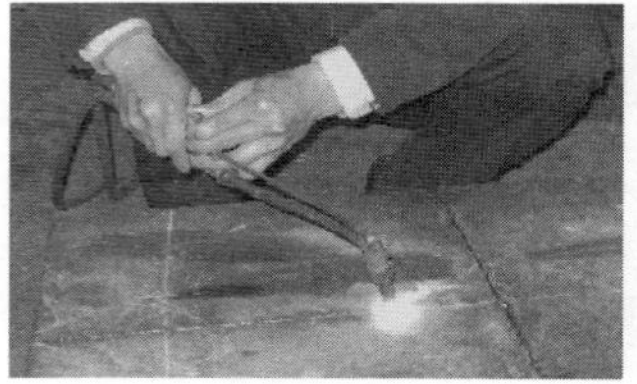

(b) 操作姿势

图 11-55　操作位置与姿势

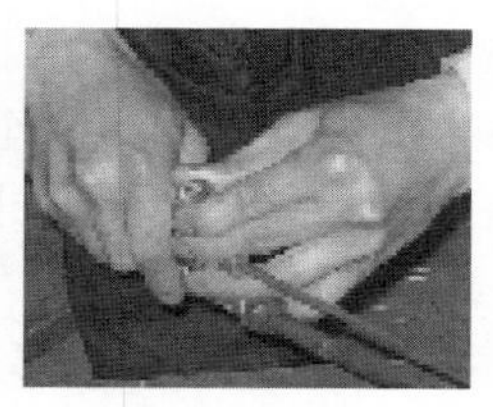
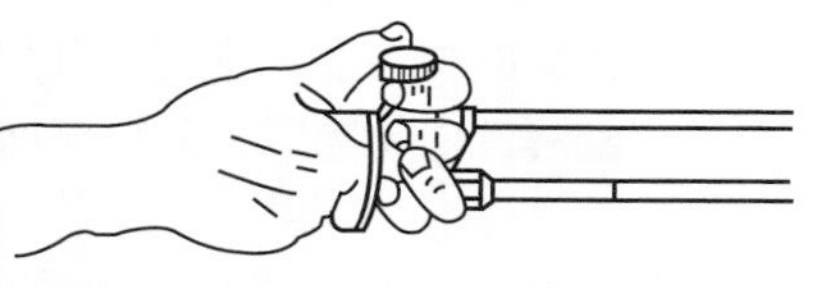

图 11-56　气割时的操作手势

a. 对于厚度＜ 50mm 的割件，可采取割嘴垂直于割件表面的方式进行预热。对于厚度＞ 50mm 的割件，预热分两步进行，如图 11-57 所示。开始时将割嘴置于割件边缘，并沿切割方向后倾 10° ～ 20° 加热，如图 11-57（a）所示。待割件边缘加热到暗红色时，将割嘴垂直于割件表面继续加热，如图 11-57（b）所示。

b. 气割割件的轮廓时，对于薄件可垂直加热起割点；对于厚件应先在起割点处钻一个孔径约等于切口宽度的通孔，然后再加热割件，该孔边缘作为起割点预热。

⑥ 起割操作技巧。

a. 首先应点燃割炬，并随即调整好火焰（中性焰），火焰的大小应根据钢板的厚度调整适当。

b. 将起割处的金属表面预热到接近熔点温度（金属呈红色或“出汗”状，有火星冒出），此时将火焰局部稍移出割件边缘并缓缓开启切割氧阀门，当看到钢水被氧射流吹掉，再加大切割气流，待听到“噗、噗”声时，便可按所选择的气割参数进行切割。

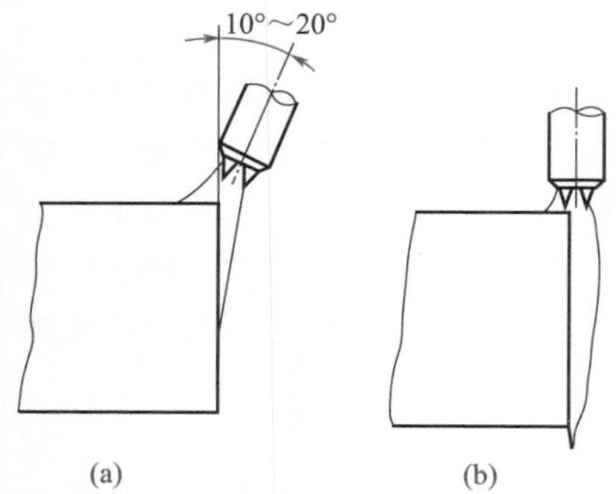

图 11-57　厚割件的预热

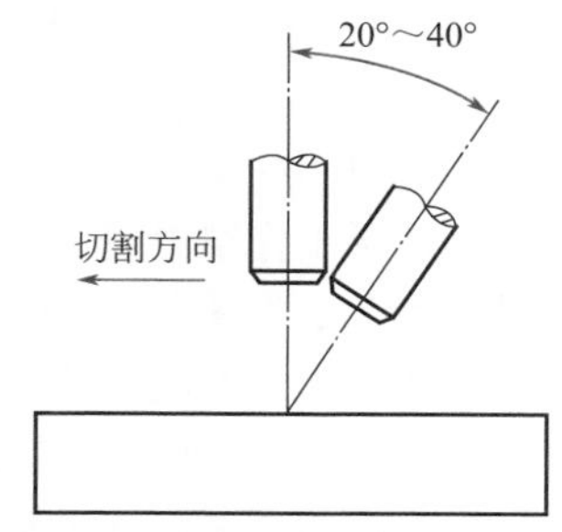

图 11-58　起割薄件内轮廓割嘴的倾角

c. 起割薄件内轮廓时，起割点不能选在毛坯的内轮廓线上，应选在内轮廓线之内被舍去的材料上，待起割点割穿之后，再将割嘴移至切割线上进行切割。起割薄件内轮廓时，割嘴应向后倾料 20° ～ 40°，如图 11-58 所示。

⑦ 正常切割操作技巧。气割后割嘴的移动速度要均匀平稳，割嘴与割件之间的距离一般保持在 5 ～ 8mm 左右（图 11-59），托稳割炬的同时要严格控制割嘴在行走过程中的高低起伏，防止因割嘴距离割件过远（图 11-60）而造成回火。如果割缝很长，那么就需要适当地移动身体的位置再进行切割，移动身体时应先关闭高压切割氧的阀门，身体的位置移动到合适范围后，在预热前割缝的末端接着继续向前进行切割。

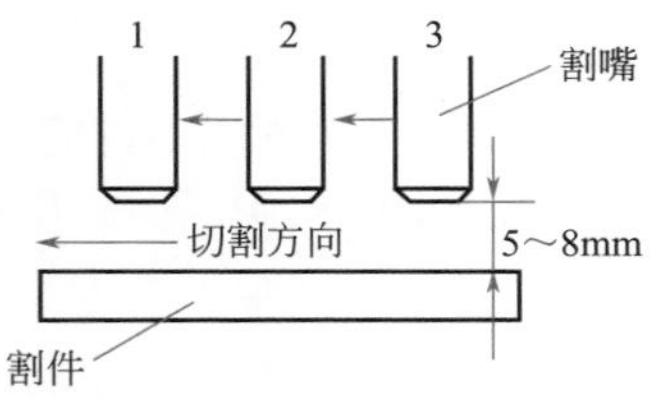

图 11-59　割嘴与割件的距离

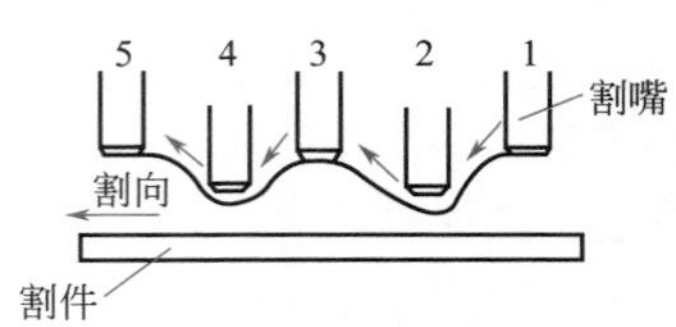

图 11-60　割嘴与割件距离抖动

在气割过程当中，有时会因为割嘴过热或割嘴距离工件的位置太近，氧化铁渣飞溅而堵住了割嘴的喷射孔，这时的火焰会伴有“啪啪”的爆鸣声或突然熄灭，同时会有“呼呼”的火焰倒流的声音，说明已经发生了回火的现象。此时千万不要慌张，应立即关闭气割氧的阀门，并迅速关闭预热氧和乙炔阀门，用手摸割嘴和混合管，有烫手的感觉。待割嘴和混合管稍微冷却后对割嘴进行修理，重新点火后再进行切割。

⑧ 收尾操作技巧。气割临近终点即将完成时，割嘴可沿着气割的方向后倾一定的角度，使割件下部提前割透，割缝在收尾处比较平整。当切割全部结束时，应迅速关闭高压切割氧阀门，并将割炬抬起，准备下一次的切割。如果工作结束或较长时间停止切割，就应将氧气阀门关闭，松开减压调节螺钉，将氧气从胶管中放净，同时关闭乙炔阀门，放松减压螺钉，将乙炔管中的乙炔放净。

⑨ 气割注意事项与操作禁忌 。

a. 在切割进程中，应经常注意调整预热火焰，保持中性焰或轻微的氧化焰，焰心尖端与割件表面距离为 3 ～ 5mm。同时应将切割氧孔道中心对准钢板边缘，以利于减少熔渣的飞溅。

b. 保持熔渣的流动方向基本上与切口垂直，后拖量尽量小。

c. 注意调整割嘴与割件表面间的距离和割嘴倾角。

d. 注意调节切割氧压力与控制切割速度。

e. 防止爆鸣、回火和熔渣溅起、灼伤。

f. 切割厚钢板时，因切割速度慢，为防止切口上边缘产生连续珠状渣、上边缘被熔化成圆角和减少背面的黏附挂渣，应选取较弱的火焰能率。

g. 注意身体位置的移动。切割长的板材或做曲线形切割时，一般在切割长度达到 300 ～ 500mm 时，移动一次操作位置。移位时，应先关闭切割氧调节阀，将割炬火焰抬离割件，再移动身体的位置。继续施割时，割嘴一定要对准割透的接割处并预热到燃点，再缓慢开启切割氧调节阀继续切割。

⑩ 手工气割质量和效率提高措施与诀窍。为了有效提高手工气割的切割质量和效率，可按照以下几点进行。

a. 提高工人操作技术水平。

b. 根据割件的厚度，正确选择合理的割炬、割嘴、切割氧压力、乙炔压力和预热氧压力等气割参数。

c. 选用适当的预热火焰能率。

d. 气割时，割炬要端平稳，使割嘴与割线两侧的夹角为 90°。

e. 要正确操作，手持割炬时人要蹲稳。操作时呼吸要均匀，手勿抖动。

f. 掌握合理的切割速度，并要求均匀一致。气割的速度是否合理，可通过熔渣的流动情况和切割产生的声音加以判别，并灵活控制。

g. 保持割嘴整洁，尤其是割嘴内孔要光滑，不应有氧化铁渣的飞溅物粘到割嘴上。

h. 采用手持式半机械化气割机，它不仅可以切割各种形状的割件，具有良好的切割质量，而且由于它保证了均匀稳定的移动，所以可装配快速割嘴，大大提高切割速度。如将 G01-30 型半自动气割机改装后，切割速度可从原来 7 ～ 7.5cm/min 提高到 10 ～ 24cm/min，并可采用可控硅无级调整。

i. 手工割炬如果装上电动匀走器，如图 11-61 所示，利用电动机带动滚轮使割炬沿割线匀速行走，既减轻了劳动强度，又提高了气割质量。

j. 手工割炬使用辅助装置，如手动割圆磁力引导装置或手动直线切割

磁力引导装置，这些辅助装置都能较好地提高气割质量和效率。

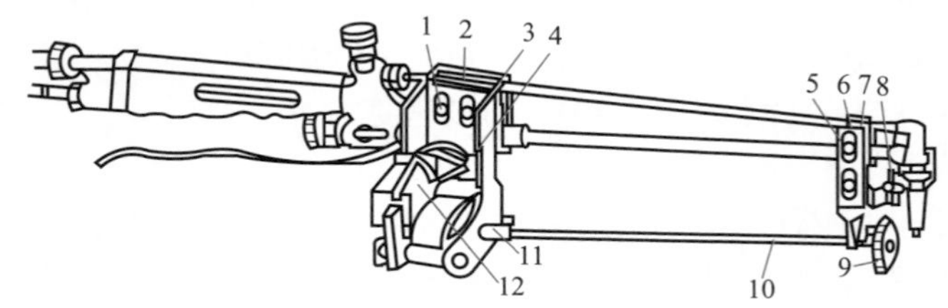

图 11-61　手工气割电动匀走器结构

1—螺钉；2—机架压板；3—电动机架；4—开关；5—滚轮架；6—滚轮架压板；7—辅轮架；8—辅轮；9—滚轮；10—轴；11—联轴器；12—电动机

11.5.3　液化石油气、丙烷气气割工艺与操作技巧

（1）氧液化石油气切割工艺与操作技巧

1）氧液化石油气切割的优点

① 低成本，切割燃料费比氧乙炔切割降低 15% ～ 30%。

② 火焰温度较低（约 2300℃），不易引起切口上缘熔化，切口齐平，下缘粘渣少、易铲除，表面无增碳现象，切口质量好。

③ 液化石油气的汽化温度低，不需要使用汽化器，便可正常供气。

④ 气割时不用水，不产生电石渣，使用方便，便于携带，适于流动作业。

⑤ 适宜于大厚度钢板的切割。氧液化石油气火焰的外焰较长，可以到达较深的切口内，对大厚度钢板有较好的预热效果。

⑥ 操作安全，液化石油气化学活泼性较差，对压力、温度和冲击的敏感性低。燃点为 500℃以上，爆炸极限窄（丙烷在空气中的爆炸极限为体积分数 2.3% ～ 9.5%），回火爆炸的可能性小。

2）氧液化石油气切割的缺点

① 液化石油气燃烧时火焰温度比乙炔低，因此，预热时间长，耗氧量较大。

② 液化石油气密度大（气态丙烷为 1.867kg/m^3），对人体有麻醉作用，使用时应防止漏气和保持良好的通风。

3）氧液化石油气预热火焰与割炬的特点

① 氧液化石油气火焰与氧乙炔火焰构造基本一致，但液化石油气耗量大，燃烧速度约为乙炔焰的 27%，温度约低 500℃，但燃烧时发热量比

乙炔高 1 倍左右。

② 为了适应燃烧速度低和氧气需要量大的特点，一般采用内嘴芯为矩形齿槽的组合式割嘴。

③ 预热火焰出口孔道总面积应比乙炔割嘴大 1 倍左右，且该孔道与切割氧孔道夹角为 10° 左右，以使火焰集中。

④ 为了使燃烧稳定，火焰不脱离割嘴，内嘴芯顶端至外套出口端距离应为 1 ～ 1.5mm。

⑤ 割炬多为射吸式，且可用氧乙炔割炬改制。氧液化石油气割炬技术参数见表 11-21。

表 11-21　氧液化石油气割炬技术参数

割炬型号	G07-100	G07-300	割炬型号	G07-100	G07-300
割嘴号码	1 ～ 3	1 ～ 4	可换割嘴个数	3	4
割嘴孔径 /mm	1 ～ 1.3	2.4 ～ 3.0	氧气压力 /MPa	0.7	1
切割厚度 /mm	100 以内	300 以内	丙烷压力 /MPa	0.03 ～ 0.05	0.03 ～ 0.05

4）氧液化石油气气割参数的选择（表 11-22）

表 11-22　氧液化石油气气割参数的选择

气割参数项目	选择要点
预热火焰	一般采用中性焰；切割厚件时，起割用弱氧化焰（中性偏氧），切割过程中用弱碳化焰
割嘴与割件表面间的距离	一般为 6 ～ 12mm

5）氧液化石油气切割操作技巧

① 由于液化石油气的燃点较高，故必须用明火点燃预热火焰，再缓慢加大液化石油气流量和氧气量。

② 为了减少预热时间，开始时采用氧化焰（氧与液化石油气混合比为 5 ∶ 1），正常切割时用中性焰（氧与液化石油气混合比为 3.5 ∶ 1）。

③ 一般的工件气割速度稍低，厚件的切割速度和氧乙炔切割相近。

④ 直线切割时，适当选择割嘴后倾，可提高切割速度和切割质量。

⑤ 液化石油气瓶必须放置在通风良好的场所，环境温度不宜超过 60℃，要严防气体泄漏，否则，有引起爆炸的危险。

除上述几点外，氧液化石油气切割的操作方法与氧乙炔切割的操作方法基本相同。

（2）氧丙烷切割工艺与操作技巧

① 氧丙烷切割特点。气割时所使用的预热火焰为氧丙烷火焰。根据使用的效果、成本、气源情况等综合分析，丙烷是比较理想的乙炔代用燃料，目前丙烷的使用量在所有乙炔代用燃气中最大。氧丙烷切割要求氧气的纯度高于 99.5%，丙烷气的纯度也要高于 99.5%。一般采用 G01-30 型割炬，并配用 GKJ4 型快速割嘴。与氧乙炔火焰切割相比，氧丙烷火焰切割的特点主要有以下几个方面。

a. 切割面上缘不烧塌，熔化量少；切割面下缘黏性熔渣少，易于清除。

b. 切割面的氧化皮易剥落，切割面的表面粗糙度相对较高。

c. 切割厚钢板时，不塌边、后劲足、棱角整齐、精度高。

d. 倾斜切割时，倾斜角度越大，切割的难度就越大。

e. 比氧乙炔切割成本低，总成本约降低 30% 以上。

② 氧丙烷气割操作技巧。氧丙烷火焰的温度比氧乙炔火焰温度要低，所以切割预热时间比氧乙炔火焰要长。氧丙烷火焰温度最高点在焰心前 2mm 处。手工切割时，由于手持割炬不平稳，预热时间差异很大；机械切割时预热时间差别很小，见表 11-23。

表 11-23 机械切割时的预热时间

切割厚度 /mm	预热时间 /s	
	乙炔	丙烷
20	5（30）	8（34）
50	8（50）	10（53）
100	10（78）	14（80）

注：括号内为穿孔时间。

手工切割热钢板时，咬缘越小越可以减少预热的时间。预热时采用氧化焰（氧与丙烷的混合比为 5 ： 1），可提高预热温度，缩短预热的时间。切割时把火焰调成中性焰（混合比为 3.5 ： 1）。可使用外混式割嘴机动气割钢材，如果是气割 U 形坡口，其割嘴的配置如图 11-62 所示。

氧丙烷气割与氧乙炔气割的操作步骤基本一样，只是氧丙烷火焰略微弱些，切割的速度较慢一些。但是采用如下的措施可以提高氧丙烷气体的切割速度。

a. 预热时割炬不要抖动，火焰固定于钢板边缘一点，适当加大氧气的流量，把火焰调节成氧化焰。

b. 更换丙烷快速割嘴，使割缝变窄，适当地提高切割的速度。

c. 直线切割时，适当让割嘴后倾，这样可以显著提高切割时的速度和质量。

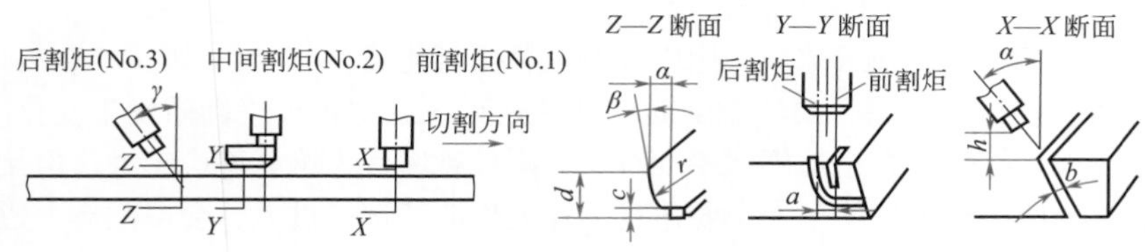

图 11-62　U 形坡口的气割

11.6　金属材料气割操作技巧与工程实例

11.6.1　常用金属材料气割工艺参数选择诀窍

常用金属材料的气割参数有很多，一般来说主要包括气割氧压力、预热火焰能率、割嘴倾斜角度、割嘴离割件表面的距离、气割速度、气割顺序等。

（1）气割氧压力的选择诀窍

气割氧压力与割件厚度、割嘴大小等因素有关，随割件厚度的增大而增大，或随着嘴代号的增大而增大。氧气压力在一定的范围内才能保证气割质量，若氧气压力过大，会使割口过宽，割口表面粗糙，氧气消耗量大。若压力过小，割口的氧化铁渣吹不掉，割口上熔渣易粘在一起，很难清除，还会出现割不透现象。当割件厚度小于 50mm 时，其氧气压力可参照表 11-24 选用。

表 11-24　气割钢板厚度与氧气压力、气割速度的关系

钢板厚度 /mm	氧气压力 /MPa	气割速度 /（mm/min）
＜3	0.2	500 ～ 650
4	0.3	450 ～ 550
5 ～ 10	0.3 ～ 0.4	350 ～ 500

续表

钢板厚度 /mm	氧气压力 /MPa	气割速度 /（mm/min）
12 ～ 20	0.4 ～ 0.5	260 ～ 350
20 ～ 30	0.5 ～ 0.6	210 ～ 280
30 ～ 50	0.6 ～ 0.8	170 ～ 220

（2）预热火焰能率选择诀窍

气割时，预热火焰应采用中性焰或轻微氧化焰。

在切割过程中，要注意随时调整预热火焰，防止火焰性质发生变化。预热火焰能率的大小与割件厚度有关。割件越厚，火焰能率应越大，但是在气割厚板时火焰能率大小要适宜，若火焰能率选择过大，会使割缝上边缘产生连续的珠状钢粒，甚至熔化成圆角，还会造成割件背面黏附的熔渣增多，从而影响气割质量。

若火焰能率过小时，割件得不到足够的热量，使气割速度减慢，甚至中断气割。特别要注意的是，不能使用碳化焰，因为碳化焰有游离状态的碳，会使切口边缘增碳。

（3）割嘴倾斜角度选择诀窍

割嘴沿气割前进方向倾斜的角度称为割嘴与工件的倾斜角，如图 11-63 所示。

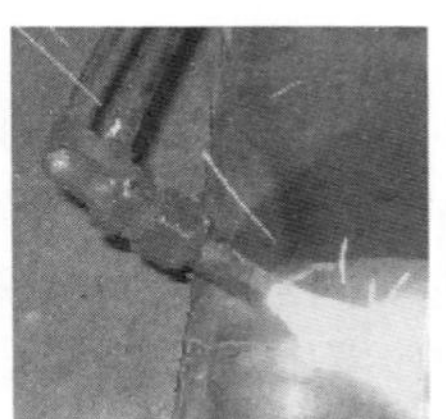
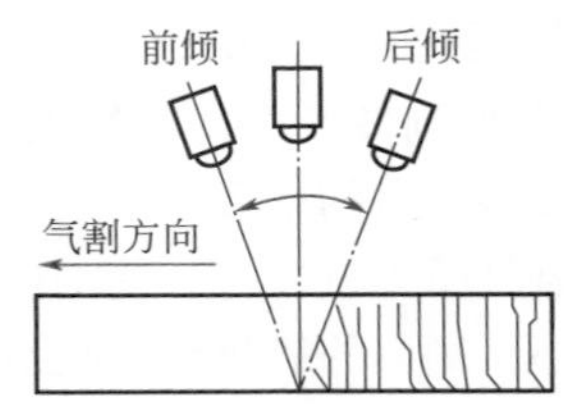

图 11-63　割嘴倾斜角度

割嘴的倾斜角会对气割速度和后拖量产生影响，倾斜角的大小要根据割件的厚度来定，可参照表 11-25 选用。

（4）割嘴离割件表面的距离选择诀窍

割嘴离割件表面的距离应根据预热火焰的长度及割件厚度来选择确定，通常火焰焰心距割件表面为 3 ～ 5mm［图 11-64（a）］，这样加热条件最好。当割件厚度＜ 18mm 时，火焰可长些，距离可适当加大［图 11-64

(b)]。当割件厚度＞18mm时，由于气割速度慢，为防止割缝上缘熔化，火焰可短些，距离应适当减小些[图11-64(c)]。这样可保持气割氧流的挺直度和氧气纯度，能提高气割质量。

表11-25　割嘴倾斜角与割件厚度的关系

割件厚度/mm	＜6	6～8	8～30	＞30		
倾角	后倾	后倾	垂直	起割	正常切割中	停割
				前倾	垂直	后倾
倾斜角	25°～45°	45°～80°	0°	5°～10°	0°	5°～10°

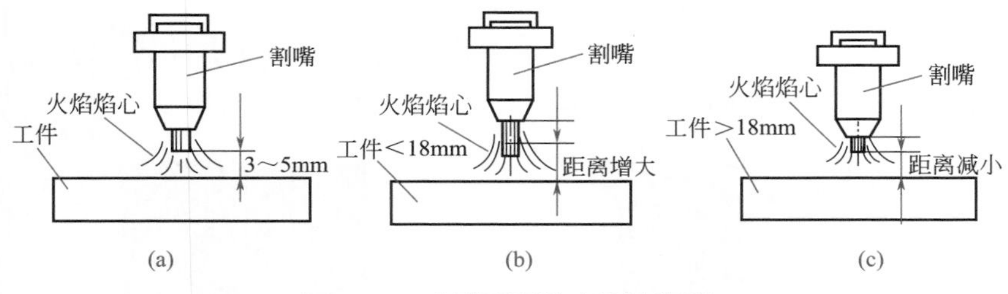

图11-64　割嘴离割件表面的距离

(5)气割速度选择诀窍

气割速度与割件厚度和使用的割嘴形状有关。割件越厚，气割速度越慢，但割速太慢，会使割缝边缘熔化；割件越薄，气割速度越快，但也不能过快，否则会产生很大后拖量或割不透现象，如图11-65所示。

所谓的“后拖量”是指气割面上的切割氧流始、终点在水平方向上的距离，切割特厚件时，要增加横向摆动来减小后拖量，如图11-66所示。

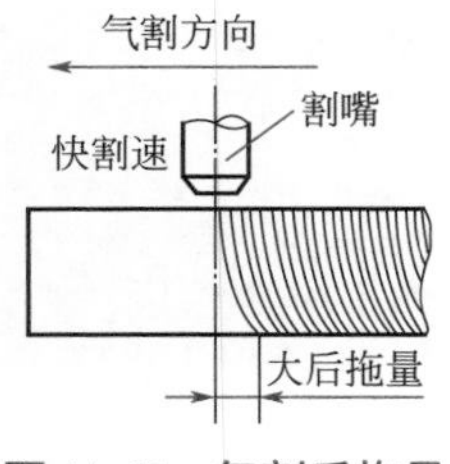

图11-65　气割后拖量

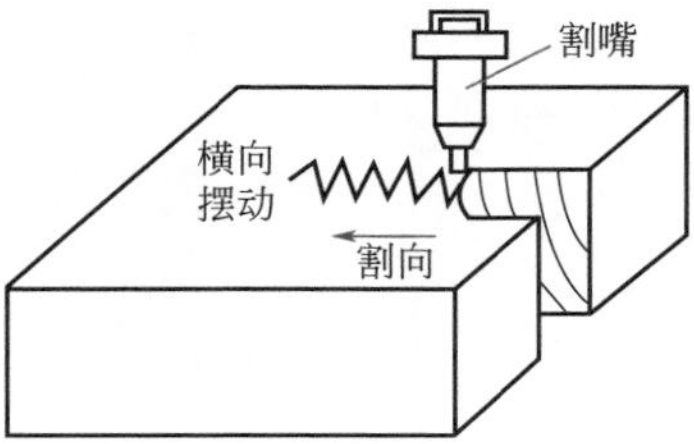

图11-66　横向摆动减小后拖量

气割的后拖量是不可避免的，采用的气割速度应以割缝产生的后拖量较小为原则。气割速度的选择见表 11-24。除以上气割工艺参数外，气割质量的好坏还与割件的材质及表面状况（氧化层、涂料层）、割缝形状（直线、曲线、坡口等）及操作者的熟练程度等因素有关。

（6）气割顺序选择诀窍

正确的气割顺序应以尽量减小气割件的变形、维护操作者的安全、气割时操作顺手等为原则来考虑。

① 如果在同一个割件上既有直线的切割又有曲线的切割，那么就应该先气割直线然后再气割曲线，如图 11-67 所示。

② 同一个割件上既有边缘切割线也有内部切割线时，就应该先割边缘线后割中间内部，如图 11-68 所示。

③ 在同一个割件中既有大块又有小块和孔时，就要先气割小块，后气割大块，最后气割孔，如图 11-69 所示。

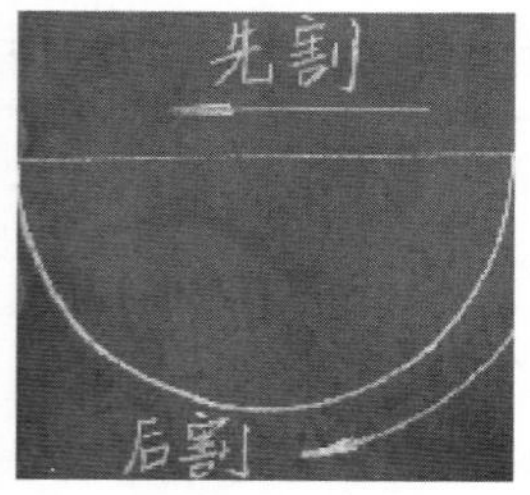

图 11-67　先直线后曲线切割

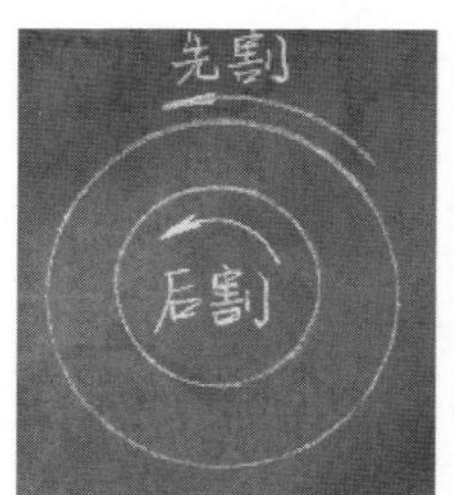

图 11-68　先边缘后内部切割

④ 同一割件上有相互垂直的割缝时，应先割较长底边，再割垂直边，如图 11-70 所示。

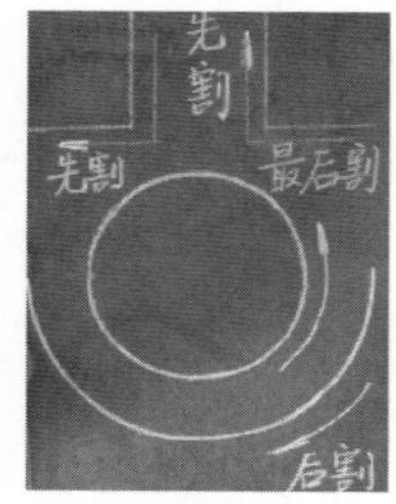

图 11-69　大块、小块和孔的切割顺序

图 11-70　垂直割缝切割顺序

⑤ 在同一割件上有一条长的直缝，且直缝上又需要开槽时，就要先切割直线，后割槽，如图 11-71 所示。

⑥ 切割圆弧或圆时，必须先定好圆弧或圆的中心，切割时应保持圆心不动，最好用辅助的气割圆规进行切割，如图 11-72 所示。

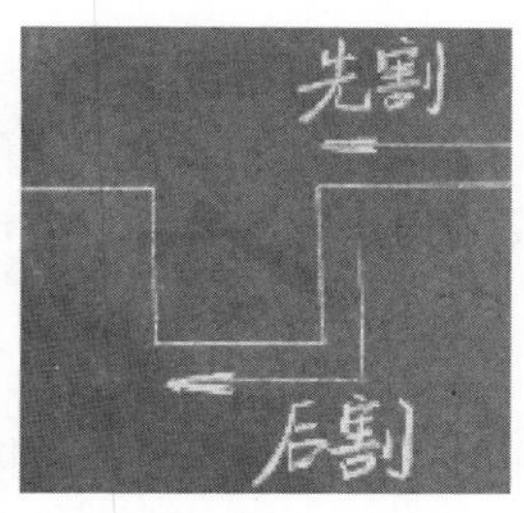

图 11-71　直缝开槽切割顺序

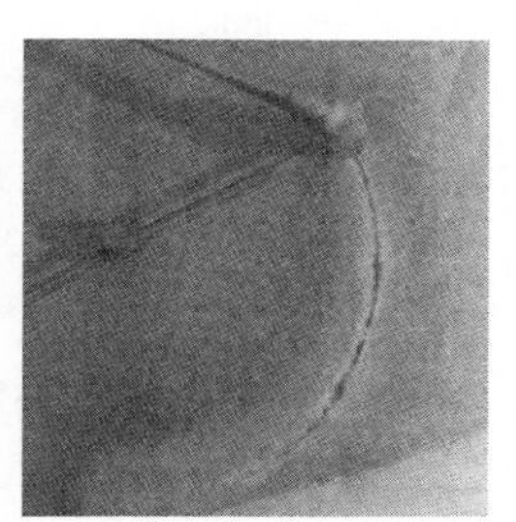

图 11-72　圆弧或圆的切割

11.6.2　典型金属材料气割工艺要点与操作技巧

（1）低碳钢气割工艺要点与操作技巧

低碳钢气割工艺参数包括预热火焰能率、氧气压力、切割速度、割嘴与割件距离及切割倾角。

① 预热火焰能率选择技巧。预热火焰能率的大小要根据工件的厚度来选择，割炬与割嘴过大，切口表面棱角熔化；过小则切割过程不稳定，切口表面不整齐。其推荐值见表 11-26。

表 11-26　预热火焰能率推荐值

钢板厚度 /mm	3 ～ 25	＞ 25 ～ 50	＞ 50 ～ 100	＞ 100 ～ 200	＞ 200 ～ 300
火焰能率①/（L/min）	5 ～ 8.3	9.2 ～ 12.5	12.5 ～ 16.7	16.7 ～ 20	20 ～ 21.7

①指乙炔消耗量。

② 氧气压力选择。根据工件厚度来选择氧气压力，过大使切口变宽、粗糙；过小使切割过程缓慢，易造成粘渣。其推荐值见表 11-27。

表 11-27　氧气压力推荐值

工件厚度 /mm	3 ～ 12	＞ 12 ～ 30	＞ 30 ～ 50	＞ 50 ～ 100
切割氧压力 /MPa	0.4 ～ 0.5	0.5 ～ 0.6	0.5 ～ 0.7	0.6 ～ 0.8

工件厚度 /mm	＞ 100 ～ 150	＞ 150 ～ 200	＞ 200 ～ 300
切割氧压力 /MPa	0.8 ～ 1.2	1.0 ～ 1.4	1.0 ～ 1.4

③ 切割速度选择。切割速度与工件的厚度、割嘴形式有关，一般随工件厚度增大而减慢。太慢会使切口上缘熔化，太快则后拖量过大，甚至割不透。

④ 割嘴与工件间距选择。根据工件厚度及预热火焰长度来确定，一般以焰心尖端距离工件 3 ～ 5mm 为宜，过小会使切口边缘熔化及增碳，过大则使预热时间加长。

⑤ 切割倾角选择。工件厚度在 30mm 以下，后倾角为 20° ～ 30°；工件厚度大于 30mm 时，起割时应为 5° ～ 10° 前倾角，割透后割嘴垂直于工件，结束时为 5° ～ 10° 的后倾角；机械切割及手工曲线切割时，割嘴应垂直于工件。

（2）叠板气割工艺要点与操作技巧

大批量薄板零件气割时，可将薄板叠在一起进行切割。切割前将每块钢板的切口附近仔细清理干净，然后叠合在一起，之间不能有缝隙。因此可采用夹具夹紧的方法。为使切割顺利，可使上下钢板错开，造成端面叠层有 3° ～ 5° 的倾角。

叠板气割可以切割厚度在 0.5mm 以上的薄板，总厚度不应大于 120mm。切割时的氧压力应增加 0.1 ～ 0.2MPa，速度应该慢些。采用氧丙烷切割要比氧乙炔优越。

（3）大厚度钢板气割工艺要点与操作技巧

大厚度钢板是指厚度在 300mm 以上的钢板。其主要问题是在工件厚度方向上的预热不均匀，下部的比上部的慢，切口后拖量大，甚至切不透，切割速度较慢。

因此大厚度钢板切割时应采用相应的工艺措施：

① 采用大号的割炬和割嘴。切割时氧气要保证充足的供应，可将数瓶氧气汇集在一起。

② 切割时的预热火焰要大。要使钢板厚度方向全部均匀地加热，如图 11-73（a）所示，否则产生未割透，如图 11-73（c）所示。

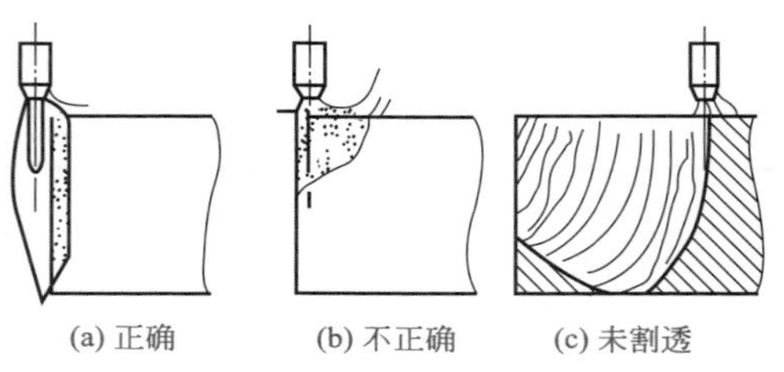

(a) 正确　(b) 不正确　(c) 未割透

图 11-73　大厚度钢板的切割预热

(4) 不锈钢的振动气割工艺要点与操作技巧

不锈钢振动气割的特点是在切割过程中使割炬振动，以冲破切口处产生的难熔氧化膜，达到逐步分离切割金属的目的。

振动气割不锈钢时预热火焰应比切割碳素钢大而集中，氧气压力也要增大 15% ～ 20%，采用中性火焰。切割过程如图 11-74 所示。

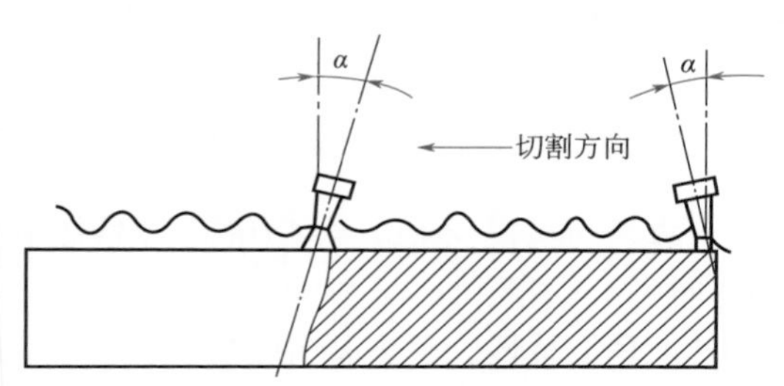

图 11-74　不锈钢的振动气割

切割开始时将工件边缘预热到熔融状态，打开切割氧阀门，少许提高割炬，熔渣即从切口处流出，这时割炬做一定幅度的前后、上下摆动。振动的切割氧气流冲破切口处产生的高熔点氧化铬，使铁继续燃烧，并通过氧气流的上下、前后冲击研磨作用，把熔渣冲掉，实现连续切割。

振动气割的振幅为 10 ～ 15mm，前后振幅应大些。频率为每分钟 80 次左右。切割时保持喷嘴一定的后倾角。

(5) 铸铁的振动气割工艺要点

铸铁的振动气割与不锈钢振动气割类似。不同的是割炬不仅可以做上下、前后摆动，而且可以做左右的摆动。横向摆动振幅在 8 ～ 16mm，振动频率为每分钟 60 次左右。当切割一段后振幅频率可逐渐减小，甚至可以不振动，像一般的气割一样。

11.6.3　典型金属材料气割操作技能、技巧与工程实例

(1) 薄钢板气割操作技能、技巧与诀窍

1）薄钢板的气割特点

① 对 2 ～ 6mm 的薄钢板进行切割时，由于板薄、加热快、散热慢，所以容易引起切口的边缘化，产生波浪变形，如图 11-75 所示，给切割操作带来较大的难度。

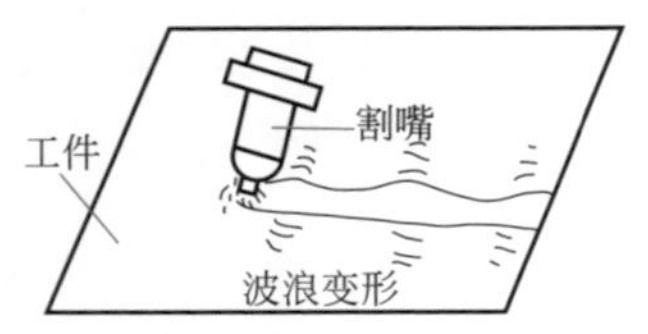

图 11-75　薄板气割变形

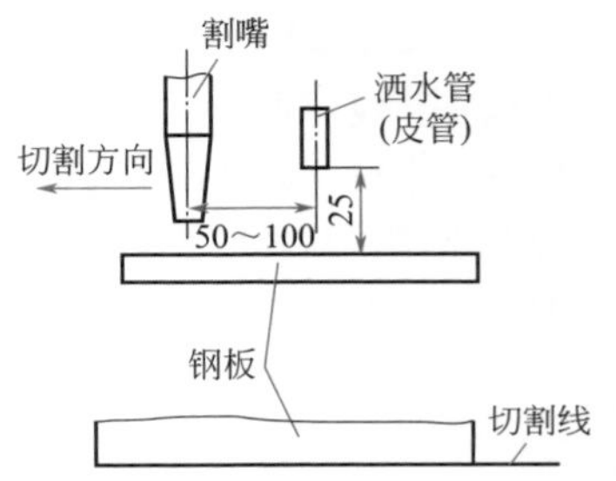

图 11-76　气割薄钢板时洒水管的配置

② 因为切口很容易边缘化，所以气割中的氧化铁渣不易被吹掉，冷却后粘在钢板的背面，不易清除。

③ 如果切割速度稍微减慢，预热火焰控制不当，容易造成前面割开后面又熔合在一起的现象。

2）薄钢板气割质量保障措施与诀窍

气割薄钢板时为了获得较满意的气割效果，应采取以下的措施：

① 选用 G01-30 型割炬和小号的割嘴，采用较小的火焰能率。

② 预热火焰要小，切割的速度应尽可能快些。

③ 割嘴与割件的后倾角加大到 30° ～ 45°。

④ 割嘴与割件表面的距离增加到 10 ～ 15mm。

如果采用切割机对 6mm 以下的零件进行成形的气割，为了获得必要的尺寸精度，可以在切割机上配以冷却用的洒水管，如图 11-76 所示，做到边切割边洒水，洒水量应控制在 2L/min。表 11-28 列出了薄钢板的机动气割参数。

表 11-28　薄钢板的机动气割参数

板厚 /mm	割嘴号码	割嘴高度 /mm	切割速度 /（mm/min）	切割氧压力 /MPa	乙炔压力 /MPa
3.2	0	8	650	0.196	0.02
4.5	0	8	600	0.196	0.02
6.0	0	8	650	0.196	0.02

3）薄钢板气割的操作方法、技巧与诀窍

① 切割前必须用钢丝刷仔细清理工件表面的氧化皮、污垢和铁锈。

② 在工件上用石笔或较细的白色笔划出切割的直线，间隔约在

25 ～ 30mm，如图 11-77 所示。

③ 划线完成后，把工件放在专用的切割支架上，准备切割。

④ 气割薄钢板时为了获得较好的切割质量，要采用如图 11-78 所示的切割方法对薄钢板进行切割。且切割速度应尽可能快，其快慢的原则为割缝连续不断为好。

图 11-77 切割前的划线

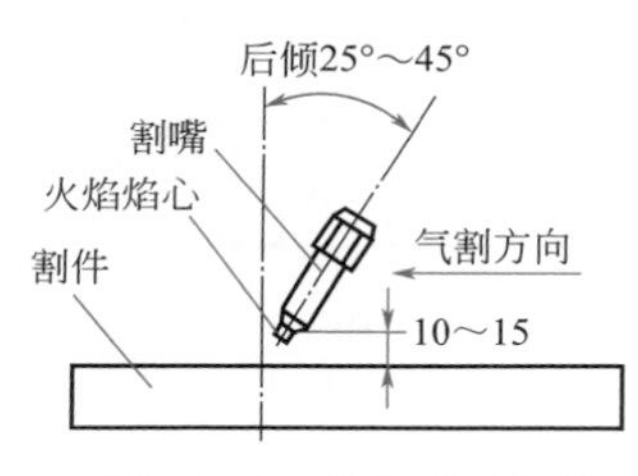

图 11-78 薄钢板的切割

（2）中厚板气割操作技能、技巧与诀窍

厚度在 4 ～ 25mm 的板材一般为中厚板，在气割这样厚度的钢板时一般选用 G01-100 型割炬和 3 号环形割嘴，割嘴与工件表面的距离大致为焰心长度加上 2 ～ 4mm，切割氧的风线长度应超过工件板厚的 1/3。气割时，割嘴向后倾斜 20° ～ 30°。切割的钢板越厚，后倾角应越小。

① 中板气割技巧。厚度在 4 ～ 20mm 的钢板进行气割时一般不会产生很大的变形，或变形不十分明显，比较容易形成割缝，操作的难度也不是很大。但是值得注意的是，切割时割嘴倾斜的角度保持垂直，切割快要完成时割嘴应后倾 10° ～ 20° 左右，如图 11-79 所示。

另外，切割速度的快慢也直接影响割口的质量，切割速度正常时氧化铁渣的流动性好，切割的纹路与工件的表面基本是垂直的（图 11-80）；如果切割速度过快，就会产生很大的后拖量（图 11-81），有时甚至会出现割不透的现象（图 11-82），造成切割质量的明显降低。

② 厚板气割技巧。气割厚度为 25mm 以上的大厚板时，要选用大型的割炬和割嘴，氧气和乙炔的压力也要相应地加大，对于风线的质量要求也必须提高。一般情况下风线的长度应该比割件的厚度长至少 1/3，并且要有较强的流动力量，如图 11-83 所示。预热时首先从割件的边缘棱角处开始预热，当达到切割的温度后，再打开切割氧的阀门并增大切割氧的流量，同时割嘴与割件前倾 5° ～ 10°，然后开始正常的切割，如图 11-84。

当割件的边缘几乎全部割透以后，割嘴就要垂直于割件了（图 11-85），并沿横向做月牙形的摆动。

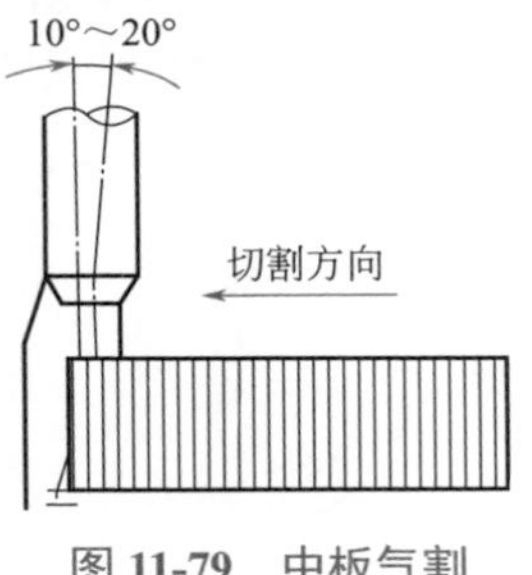

图 11-79　中板气割

图 11-80　垂直的切割纹路

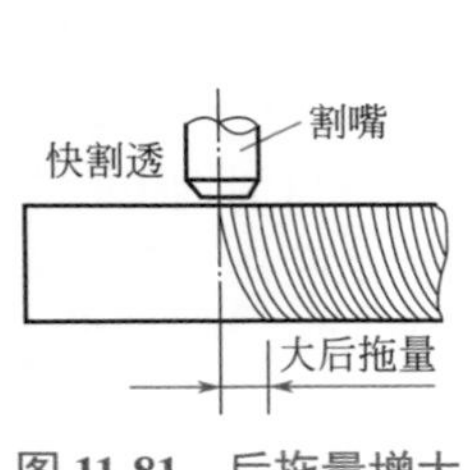

图 11-81　后拖量增大

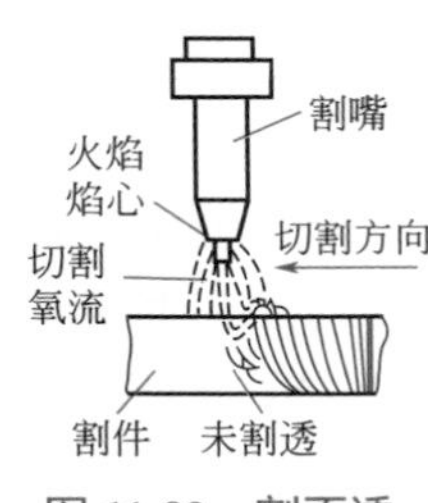

图 11-82　割不透

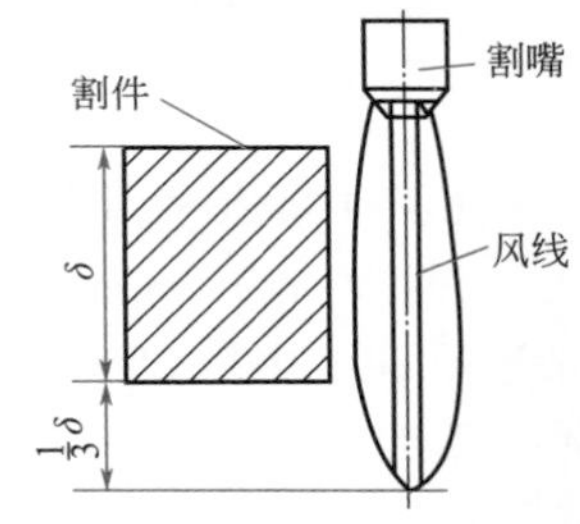

图 11-83　风线的要求

③ 大厚板气割技巧与诀窍。大厚板也称为特厚板，通常把厚度超过 100mm 的工件切割称为大厚板的切割。气割大厚板时由于工件的上下受热不均匀、不一致，所以下层金属燃烧比上层金属要慢，切口容易形成较大的后拖量，有时可能会割不透，熔渣也容易堵塞切口的下部，影响气割过程的顺利进行。因此气割大厚板时应该采取以下的措施。

a. 选用切割能力较大的 G01-300 型割炬和大号的割嘴，以最大限度地提高火焰能率。

b. 氧气和乙炔要充分地保证供应，氧气的供应不能中断，通常可以将多个氧气瓶并联起来供气，同时使用流量较大的双吸式氧气减压阀。

c. 气割前要调整好割嘴与工件的垂直度，即割嘴与割线两侧平面成 90° 的夹角。

d. 开始气割时预热火焰要大，先从割件的边缘棱角处开始进行预热，如图 11-86 所示，并使上下层全部预热均匀，如图 11-86（a）。如果上下预热不均匀，就会产生如图 11-86（c）所示的未割透的现象。

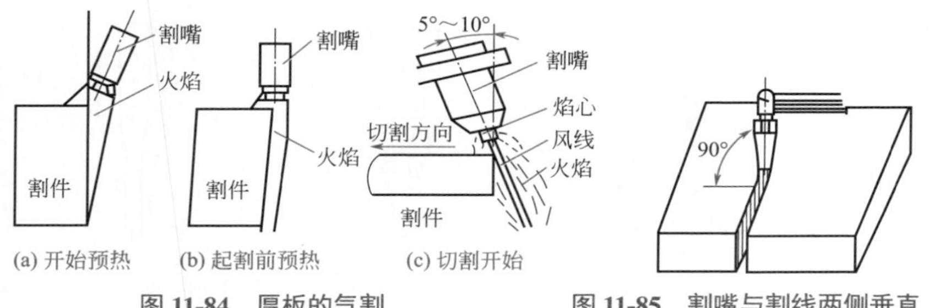

(a) 开始预热　(b) 起割前预热　(c) 切割开始

图 11-84　厚板的气割

图 11-85　割嘴与割线两侧垂直

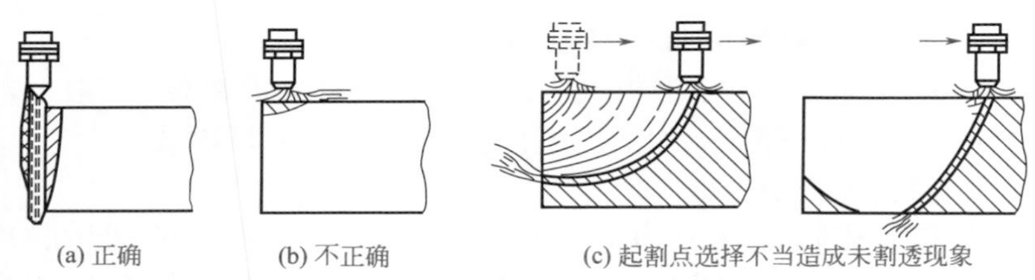
(a) 正确　(b) 不正确　(c) 起割点选择不当造成未割透现象

图 11-86　大厚板起割点的选择方法

操作时注意要让上下层全部均匀预热到切割温度，逐渐开大切割氧气的阀门并将割嘴后倾，如图 11-87（a）所示，等割件的边缘被全部切透时，马上加大切割气流，且将割嘴垂直于割件，再沿割线向前移动割嘴。切割的过程中还要注意切割的速度不能太快，而且割嘴应做横向的月牙形小幅度摆动，如图 11-87（b）所示，此时割缝表面的质量会略有下降。当气割完成时可使速度适当地放慢，尽量减小后拖量，而且容易使整条割缝完全割断。

有时，为了加快气割的速度，可先将整个气割线预热一次，然后再进行正常的气割。如果被割件的厚度超过了 300mm，可以选用重型割炬或自行改装，将原收缩式割嘴内嘴改制成缩放式割嘴内嘴，如图 11-88 所示。

e. 在气割的过程当中，如果遇到气割不透的情况，应立即停止气割，以免气旋涡流或熔渣在割缝中旋转而使割缝产生凹坑。重新起割时最好是选择另一方向作为起割点。整个气割的过程必须具有均匀一致的气割速度，以免影响割缝的宽度和表面粗糙度。并应随时注意乙炔压力的变化，

及时调整预热的火焰，保持一定的火焰能率。

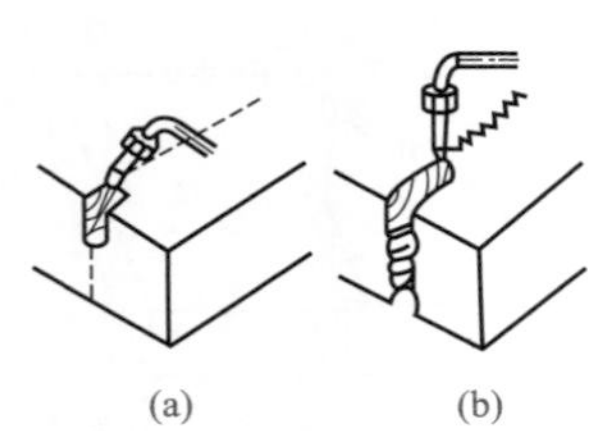

(a) (b)

图 11-87 大厚板割件切割过程

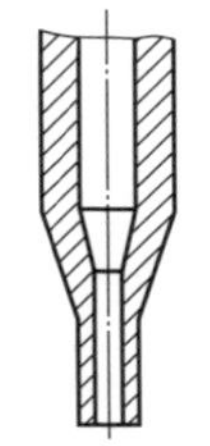

(a) 收缩式割嘴内嘴

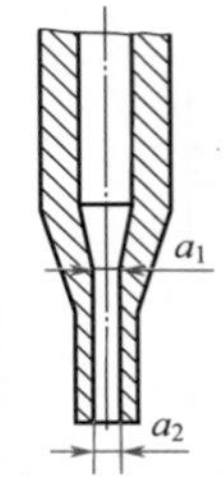

(b) 缩放式割嘴内嘴($a_2 > a_1$)

图 11-88 割嘴的改制

（3）叠板气割操作技能、技巧与诀窍

叠板气割也称多层钢板气割，就是将大量的薄钢板（一般厚度≤1mm）叠放在一起进行切割，以提高切割的生产效率和质量。

1）叠板气割的特点

① 起割困难。由于每层的板厚都只有 1mm 左右，叠合在一起的厚度就可以达到几十毫米（图 11-89），预热时往往会出现表面的金属层已经熔化，而下层的金属还没有达到要求的温度。

② 上沿易熔化。造成上沿容易熔化的原因就是上下层温差过大，切割时温差过大很容易影响切割的速度，使上层板受到的热量过多，使上沿易熔化，给切割带来了不利。

③ 切割不透。因为存在多层的问题，加上上层金属燃烧的热量不能有效地向下层金属传递，因此如果操作不当，非常容易出现下面几层切割不透的现象，出现所谓的“反浆”或“放炮”，甚至出现回火的现象，使切割的质量受到影响。

2）切割操作方法、技巧与诀窍

① 切割前应仔细清理每件钢板切口附近的氧化皮、污垢和铁锈，这样有利于各层钢板之间的导热，同时也可保证氧气流直接与金属接触，顺利地燃烧氧化。

② 将钢板紧紧地叠合在一起，钢板之间不应有空隙，使热量的传递更加有效和防止不必要的烧熔。可以采用夹具（如弓形夹或螺栓）夹紧的方法进行必要的紧固，也可在上下两面加两块 5 ～ 8mm 厚的盖板一起叠压。为了使切割更顺利，可使上下钢板有规律地错开，使端面叠层有

3° ～ 5° 的倾角，如图 11-90 所示。

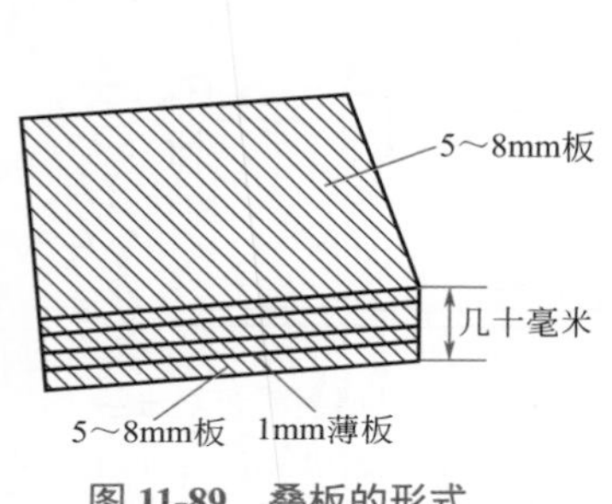

图 11-89　叠板的形式

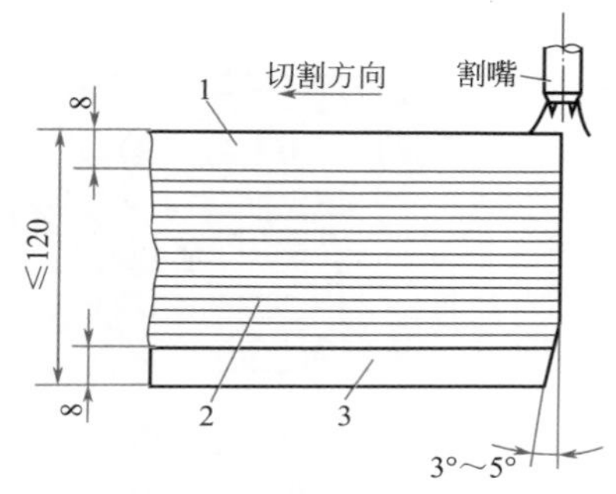

图 11-90　多层钢板的叠合方式

1—上盖板；2—钢板；3—下盖板

值得注意的是，叠板气割虽然可以切割厚度在 0.5mm 以上的薄钢板，但是总的厚度应不大于 120mm；同时，叠板气割与气割同样厚度的钢板相比较，其切割氧的压力应增加 0.1 ～ 0.2MPa，切割的速度也要慢些。如果采用氧丙烷进行叠板切割，其切割的质量优于氧乙炔焰的气割。

③ 起割前要对叠层钢板进行充分的预热，最好是对割件的上表面和下表面同时进行预热，这样对起割后的顺利割透有十分重要的意义。

④ 叠板圆环的切割。除了方形的叠板切割之外，经常还会遇到叠板圆环形的切割。如将 60 块 1mm 厚的方形钢板叠合在一起，气割成圆环形的割件，如图 11-91 所示。其切割的顺序是：先将 60 块 1mm 厚的钢板及上下两块 8mm 厚的钢板，按照如图 11-91 所示的方式叠合在一起，再用多个弓形夹或螺钉及中间的一个螺钉将钢板夹紧，用钻床在如图 11-91 所示的 *A*、*B* 两处位置钻通孔，当这些准备工作完成后，选用 G01-100 型割炬和 3 号割嘴进行切割，氧气的压力选择 0.8MPa，从 *A* 处起割内圆环，从 *B* 处起割外圆环。

（4）法兰气割操作技能、技巧与诀窍

法兰是圆环形的，用钢板气割法兰要借助划规式割圆器进行切割，如图 11-92 所示，采用此方法切割法兰，只能先气割外圆，后气割内圆，否则将会失去中心位置。

1）气割外圆的操作技巧与诀窍

① 先将工件清理干净后，在工件上找到内外圆的中心位置，用样冲

打上样冲眼，再用划规划出若干个同心圆，并用样冲打出所需要切割圆的形状。

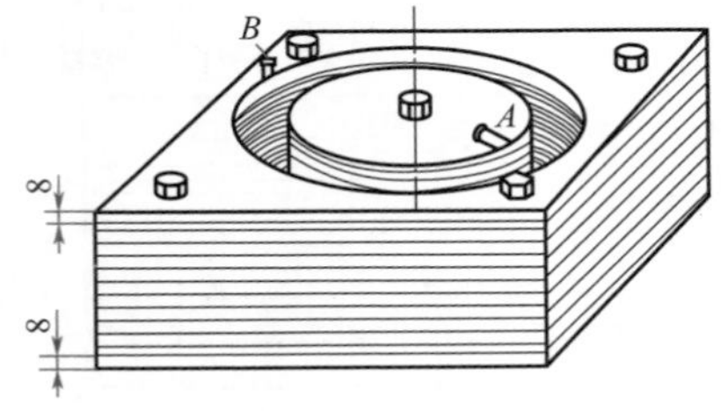

图 11-91　圆环的成叠切割

A—内圆起割点；*B*—外圆起割点

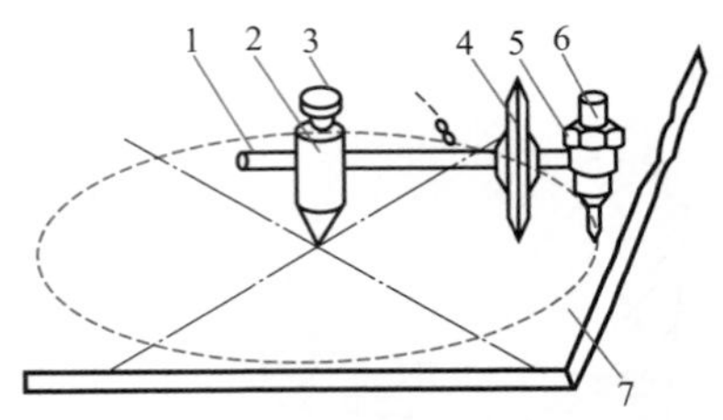

图 11-92　用割圆器切割法兰

1—定位杆；2—定心锥；3—顶丝；4—滚轮；5—割炬箍；6—割炬；7—被割件

② 把工件放在支架上垫好，再将割圆器的锥体置于圆中心的样冲眼内，通过拉动定位杆让割嘴套的中心正对待割圆的割线或样冲眼，然后拧紧锥体上的锁紧螺杆。

③ 气割开始时把割嘴套在套嘴内，点燃火焰，再把锥体尖放在圆心的样冲眼内，手持割炬对起焊点进行预热。

④ 当预热点的金属温度达到能够切割的温度后，割嘴稍微倾斜一些，便于氧化铁渣吹出，再打开切割氧的阀门，随着割炬的移动割嘴角度逐渐转为垂直于钢板进行切割，此时的氧化铁渣将朝与割嘴倾斜相反的方向飞出，有效防止了喷孔被堵塞的现象。当氧化铁渣的火花不再向上飞时，说明已经将钢板割透，再增大切割氧沿圆线进行切割，直至外圆被全部切割下来为止。

2）气割内圆的操作技巧与诀窍

① 将从钢板上掉下来的法兰垫起，支架应离开内圆切割线的下方。

② 在距离内切割线 5 ～ 15mm 的地方，先气割出一个孔，气割孔割穿后就可将割炬慢慢移到内圆的切割线上，定位线进入定位眼后，移动割炬就可割下内圆。

值得注意的是在整个气割的过程中，割嘴的下端应向圆心的方向稍微靠紧一些，以免割嘴脱套；要保持割嘴的高度始终如一，切割速度均匀，不得时快时慢。

如果是采用手工的方法气割法兰，那么就应先割内圆再割外圆，并且要留有加工的余量对法兰进行切削加工。

（5）坡口气割操作技能、技巧与诀窍

所谓的坡口就是指为了保证焊接质量，在焊接前对工件需要进行焊接处的特殊加工，可以气割，也可以通过机械加工切削而成，一般为斜面，有时候也有曲面。例如两块厚10mm的钢板要对焊在一起，为了焊接牢固就可以在钢板的边缘用铣床倒角，这就叫开坡口，如图11-93所示。

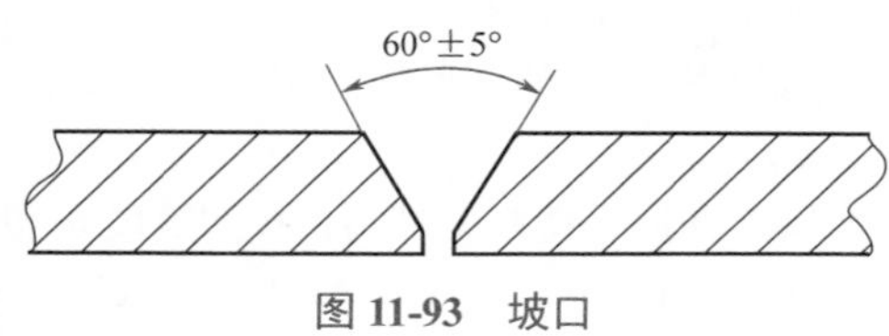

图 11-93　坡口

1）无钝边V形坡口气割操作技巧与诀窍

① 根据钢板的厚度 δ 和单面坡口的角度 α，按照公式 $b=\delta\tan\alpha$ 算出单面坡口的宽度 b，并进行划线，如图11-94所示为V形坡口的气割。

② 调整割嘴的角度，使之符合 α 角的要求，然后采用后拖或向前推移的操作方法进行切割，如图11-95所示是手工气割坡口的方法。

③ 为了得到宽窄和角度都一致的坡口，气割时可将割嘴靠在角钢的一边进行切割［图11-96（a）］，也可把割嘴装在角度可以调节的滚轮架上进行切割［图11-96（b）］。

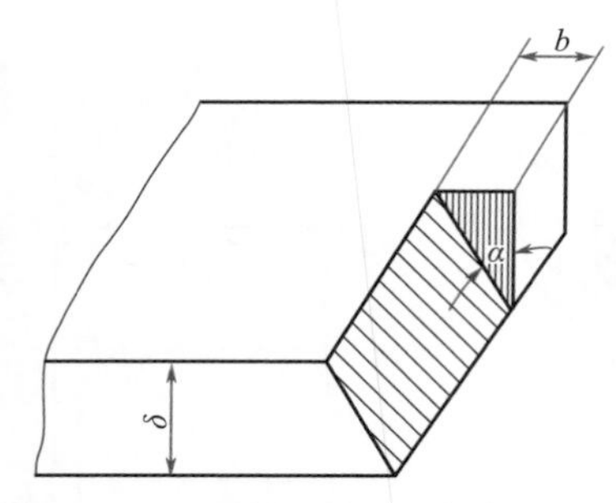

图 11-94　V形坡口的手工气割

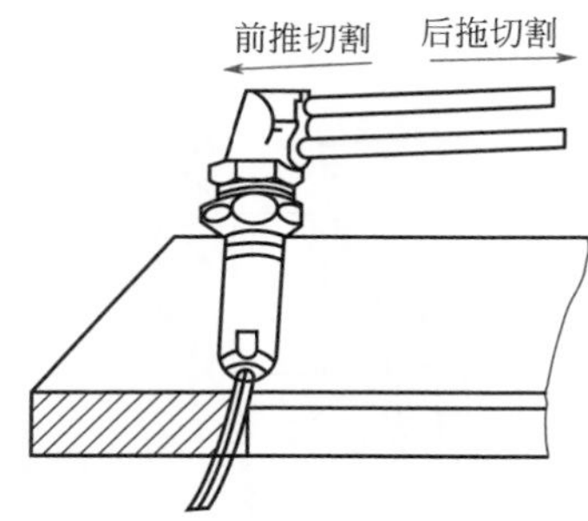

图 11-95　手工气割坡口

2）带钝边V形坡口气割操作技巧与诀窍

① 首先切割垂直面 A，如图11-97所示。

② 根据钢板的厚度 δ、钝边的厚度 p 和单面坡口角度 α，根据公式 $b=$

$(\delta-p)\tan\alpha$ 算出单面坡口的宽度 b，然后在钢板上划线。

③ 调整割嘴的倾角至 $90°-\alpha$，沿划出的线，采用无钝边 V 形坡口的气割方法切割坡口的斜面 B。

3）双面坡口气割操作技巧与诀窍

双面坡口的形式如图 11-98 所示。其具体的操作方法如下。

① 首先切割垂直面 A［图 11-98（a）］。

② 按照宽度 b_1 划好线，调整割嘴的倾角至 α_1，并沿线切割背面坡口的 B 面［图 11-98（a）］。

③ 割好正面坡口 B 面后，将割件翻转，按照宽度 b_2 划线。

④ 调整割嘴的倾角至 α_2，并沿线切割背面的坡口 C 面［图 11-98（b）］。

⑤ 为了保证坡口的切割质量，气割时可用角铁等辅助工具进行切割（图 11-99）。

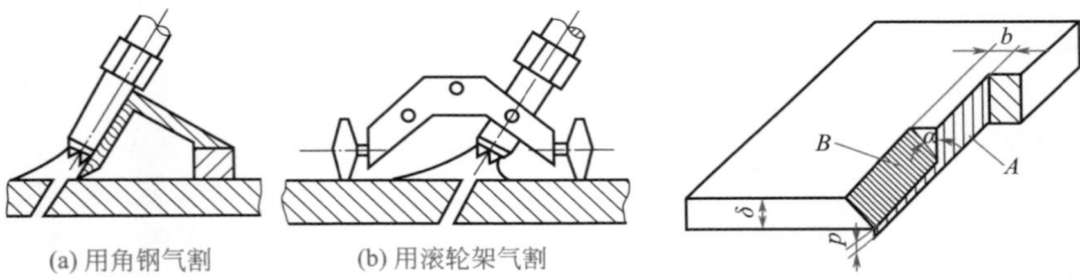

(a) 用角钢气割　(b) 用滚轮架气割

图 11-96　用辅助工具进行手工气割坡口　　图 11-97　带钝边 V 形坡口的气割

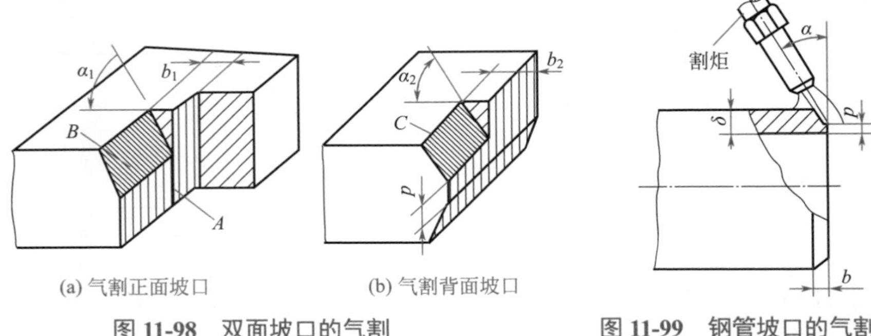

(a) 气割正面坡口　(b) 气割背面坡口

图 11-98　双面坡口的气割　　图 11-99　钢管坡口的气割

4）钢管坡口气割操作技巧与诀窍

图 11-96 为钢管坡口切割示意图，其操作步骤如下。

① 根据公式 $b=(\delta-p)\tan\alpha$ 计算划线的宽度 b，并沿着管子的外圆划

出切割线。

② 调整割炬的角度到 α，沿着切割线进行切割。

③ 切割时除保持割炬的倾角不变之外，还要根据在钢管上的不同位置，不断地调整好割炬的角度。

11.7 气焊工基本操作技能与技巧、诀窍与禁忌

11.7.1 气焊、气割工具设备的连接和使用技巧与诀窍

（1）气瓶的放置诀窍

气焊、气割用气瓶主要是氧气瓶和乙炔瓶，在有些特殊的情况下，也会用到其他的气体瓶。一般情况下，氧气瓶和乙炔瓶应该竖直安放，且不宜被碰撞，氧气瓶和乙炔瓶之间应该相距一个安全的距离，正常的距离应大于 5m，并且氧气瓶和乙炔瓶距离焊、割炬的操作位置也应该在 5m 以上，有条件的最多不超过 15 m，以保证气焊、气割环境的畅通和宽敞，避免事故发生。气焊、气割设备工具的连接位置如图 11-100 所示。

图 11-100　气焊、气割设备工具的连接位置

（2）减压器的安装技巧、诀窍与禁忌

1）氧气减压器的安装技巧

由于氧气瓶内储存的是高压氧气，所以，必须将减压器安装在氧气瓶上，以获得气焊、气割正常工作时的稳定和大小合适的气体压力。在安装氧气减压器时，首先检查氧气瓶有无质量隐患，确认安全后，开始进行氧气减压器的安装。

① 用手或专用扳手取下氧气瓶的瓶帽，如图 11-101 所示，注意：瓶帽千万不要丢失。瓶帽的主要作用是防止气瓶在搬运过程中进入灰尘，影响气焊、气割的正常进行，因此，应该把卸下的瓶帽放在可靠的位置保存，以备下次拖运时使用。

② 瓶帽取下后，用一只手扶住氧气瓶的瓶颈，保持氧气瓶的直立，另一只手握住瓶阀上的手轮，先微微地开起一下瓶阀，使不多的氧气从瓶口中吹出，以吹掉瓶口可能存在的沙粒、污物或水分，如图 11-102 所示。

也可以不开启氧气瓶阀，直接闭上眼睛后，用嘴对着瓶口吹去杂物。一般采用的方法还是前者。

图 11-101　氧气瓶瓶帽的取下

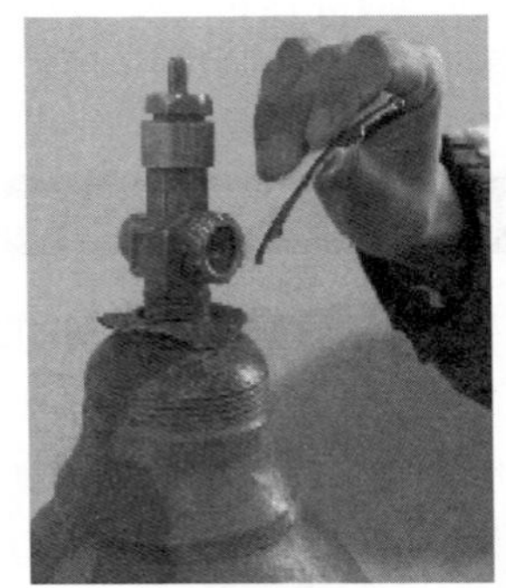

图 11-102　清除瓶口杂物

③ 清除瓶口的杂物后，就要安装减压器了。用一只手握好氧气减压器，另一只手手持减压器上与瓶口连接的螺帽，将减压器与氧气瓶嘴之间连接牢固，再用专用扳手拧紧连接螺母。如图 11-103 和图 11-104 所示。用手拧开氧气瓶阀，就可在高压表上看见显示的瓶内压力，瓶内压力一般不超过 15MPa。

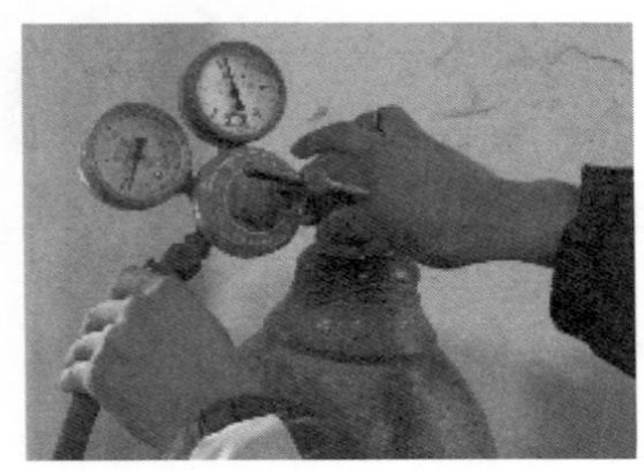

图 11-103　用手连接减压器

图 11-104　用专用扳手拧紧减压器

④ 当氧气减压器安装好后，就要开始安装氧气胶管了。用一只手握住氧气胶管的一端，另一只手握住胶管与减压器的连接螺母，与氧气减压器上的出气口外螺纹连接，并用专用的扳手拧紧，如图 11-105 所示。这时，氧气胶管就和氧气减压器连接好了。

2）乙炔减压器的安装技巧

乙炔瓶内储存的也是高压乙炔气体，所以，必须在乙炔瓶上安装减压器，以获得气焊、气割正常工作时的稳定和大小合适的气体压力。在安装乙炔减压器时，首先检查乙炔瓶有无质量隐患，确认安全后，方可进行乙炔减压器的安装。

① 乙炔减压器安装前要清除瓶口的污物、泥沙等杂垢。将减压器的进气口对准乙炔瓶的出气口，顶丝对准瓶嘴背面的凹坑，然后，迅速用手拧上顶丝螺杆，最后用专用扳手将顶丝拧紧接牢。如图 11-106 所示。

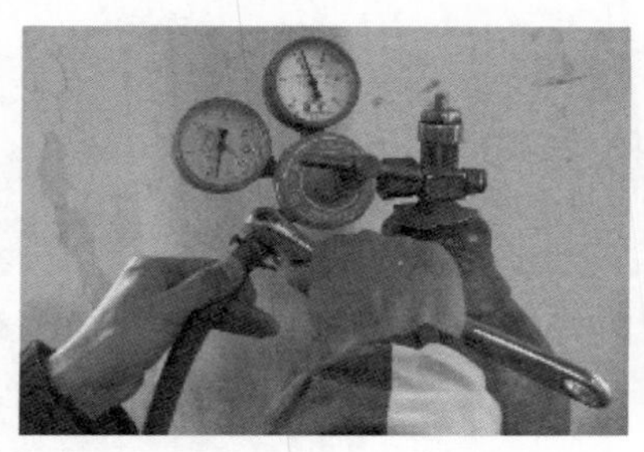

图 11-105　氧气胶管与氧气减压器的连接

图 11-106　乙炔减压器与乙炔瓶的连接

② 乙炔减压器安装好以后，用专用的扳手开启乙炔瓶阀，此时，也可以在乙炔减压器高压表上显示乙炔瓶内的压力，如图 11-107 所示。乙炔瓶内的压力一般不超过 3MPa。

③ 将乙炔减压器安装在乙炔气瓶上后，就可以连接乙炔胶管了。将乙炔胶管的螺纹接头和乙炔减压器出气口的外螺纹连接在一起，用扳手拧紧。如图 11-108 所示。

3）焊炬或割炬的连接技巧

当以上的工作完成之后，就可进行焊炬或割炬的连接了。将氧气胶管上另一端的连接螺母与焊、割炬上氧气接头相连接，用扳手拧紧，防止漏气的现象产生。如图 11-109 所示。氧气管连接好以后，再将乙炔管进行连接，连接的方法与氧气管的连接相同。

连接好的气焊、气割设备和工具要经过密封性检验，通过检验确认无漏气后方可进行操作。使用一段时间后的气焊、气割设备和工具的连接，要经常进行防漏的检查，以免因漏气产生安全生产的隐患。

11.7.2　气焊、气割时火焰点燃、调节的技巧、诀窍与禁忌

气焊、气割设备和工具连接好并经过了漏气检验后，即可开始火焰的点燃、调节和熄灭了。检验气密性的简单方法是用肥皂水涂抹在接头处检

查减压器与瓶阀是否漏气，如图 11-110 所示。

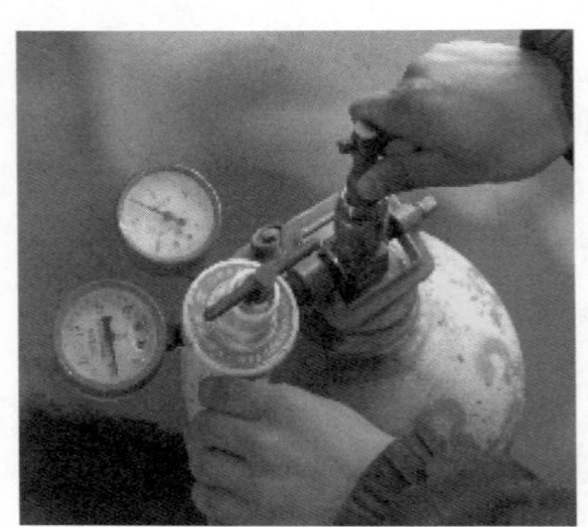

图 11-107　开启乙炔瓶阀

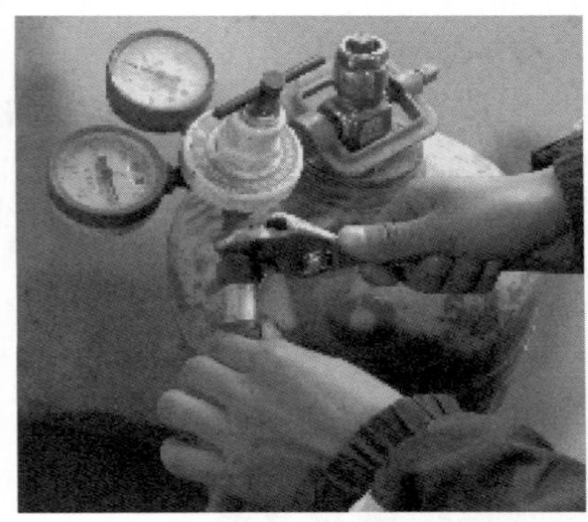

图 11-108　乙炔胶管与乙炔减压器的连接

图 11-109　焊炬或割炬的连接

图 11-110　用肥皂水检查气密性

（1）氧气的开启技巧与诀窍

① 开启氧气阀的时候，操作者一定要侧向氧气瓶的出气口，以免气压过大冲开减压器伤到操作者。用一只手轻扶氧气瓶，另一只手握住氧气瓶开启阀，按逆时针方向，缓缓开启瓶阀，此时，能 听到一股强烈的气流声，在氧气减压器上的高压表上可以显示瓶内的高压压力。如图 11-111 所示。

② 氧气瓶阀开启后，按顺时针方向旋转氧气减压器上的调压螺钉（顶针），此时调压螺钉会向减压器内部前进，达到一定深度后，减压器上的低压表（输出氧气压力）会指示出减压器向氧气橡胶管内输出的氧气压力，氧气的输出压力（工作压力）一般不超过 0.4MPa。如图 11-112 所示。

（2）乙炔的开启技巧与诀窍

氧气工作压力调整好以后，即可开始对乙炔瓶的开启。

① 用专用的乙炔开启扳手按逆时针方向旋转，缓缓开启乙炔瓶阀。瓶阀开启后，乙炔减压器上高压表可显示瓶内压力。用同样的方法检查瓶阀的气密性。如图 11-113 所示。

② 乙炔瓶阀开启后，按顺时针方向旋转乙炔减压器上的调压螺钉（顶针），此时调压螺钉会向减压器内部前进，达到一定深度后，减压器上的低压表（输出乙炔压力）会指示出减压器向乙炔橡胶管内输出的乙炔压力，乙炔的输出压力（工作压力）一般不超过 0.04MPa。如图 11-114 所示。

图 11-111　氧气瓶的开启技巧

图 11-112　氧气减压器低压的调节技巧

图 11-113　乙炔瓶的开启技巧

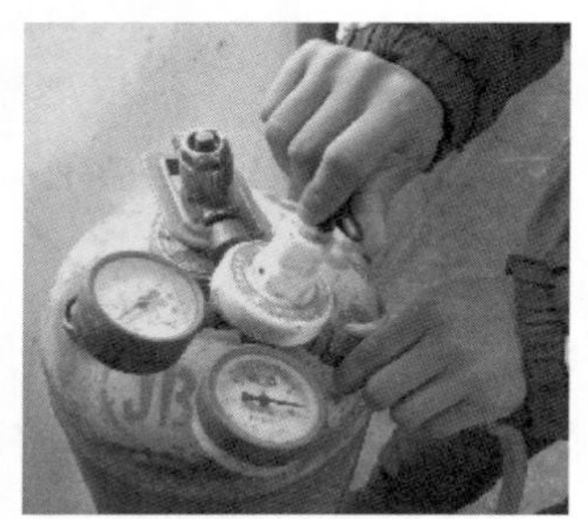

图 11-114　乙炔减压器低压的调节技巧

（3）点火技巧与诀窍

开启了氧气和乙炔瓶阀，调节好了氧气和乙炔的工作压力后，对焊、割炬进行气密性检验。无漏气现象产生时，就可以进行点火的操作。

① 右手握住焊、割炬的塑料手柄，用食指和大拇指开启焊、割炬上的氧气调节阀少许，左手开启乙炔调节阀至一定的程度，一般约半圈，比

氧气的流量略大为最好。此时，两种气体的混合物已经在焊、割炬内形成，从喷嘴喷出，点火的准备工作完成。如图 11-115 所示。

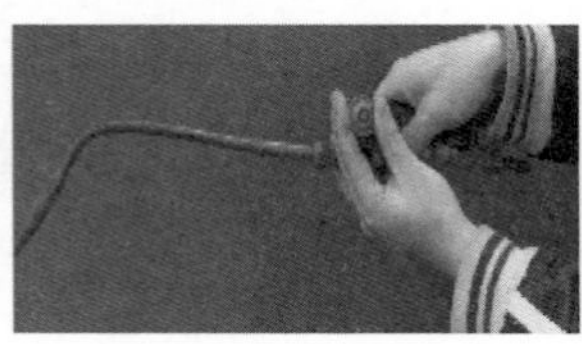
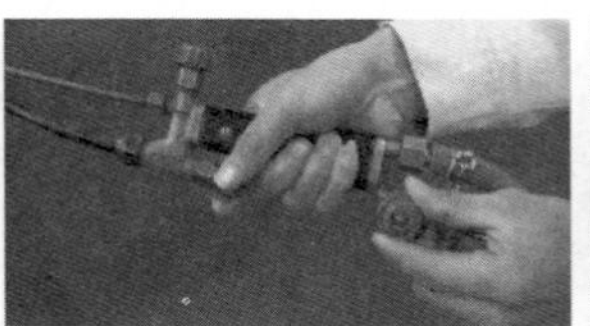
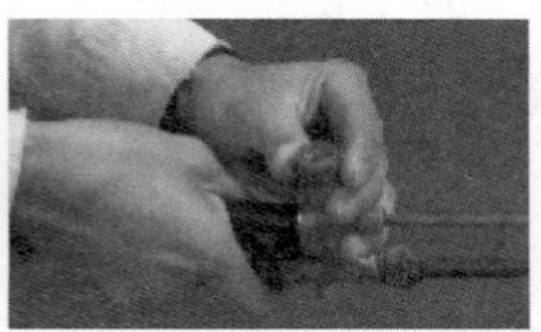

图 11-115　焊、割炬的握法及调节技巧

② 把开启了氧气瓶阀和乙炔瓶阀的焊、割炬交到左手，右手持点火枪或打火机，在枪嘴的后方，用点火枪或打火机将氧 - 乙炔混合气体点燃。点火时，拿火源的手不要正对着枪嘴，更不能将枪嘴指向他人或易燃物，以防止烫伤或引发火灾事故。如图 11-116 所示。

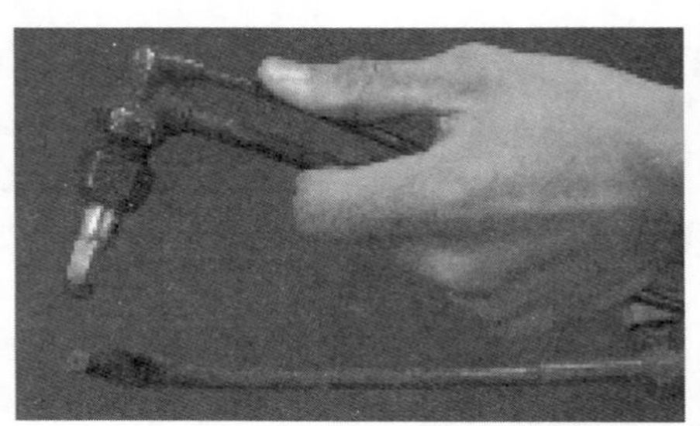

图 11-116　点火的方法与技巧

③ 刚开始点火时可能会出现连续的“啪啪”的像鞭炮的放炮声，产生这种现象的主要原因是乙炔不纯净，需要放出不够纯净的乙炔气体，进行重新的点火，如果这样做了之后还有“啪啪”的声响，那就是乙炔阀门需要略微开大一些，增大乙炔的流量。一般情况下是乙炔阀门的开启应略大于氧气阀门。还有一种现象就是点不燃，这种情况的原因多数是氧气开得过大，这时候应该调小氧气调节阀，达到合适的压力。刚刚练习点火时发生以上的现象都是很正常的，当通过一段时间的训练之后，这样的情况就明显地减少了。

④ 刚刚点燃的火焰，由于乙炔的流量大于氧气的流量，一般都为碳化焰。这时应该根据气焊或气割要求选取合适的火焰种类和火焰能率，通过调节氧气和乙炔阀门的大小来达到。用左手操作焊、割炬上的乙炔

阀门，调节乙炔的流量，用右手的拇指和食指操作氧气阀门，控制氧气流量的大小。通过合理的调整就可以获得所需要的气焊或气割火焰。如图 11-117 所示。

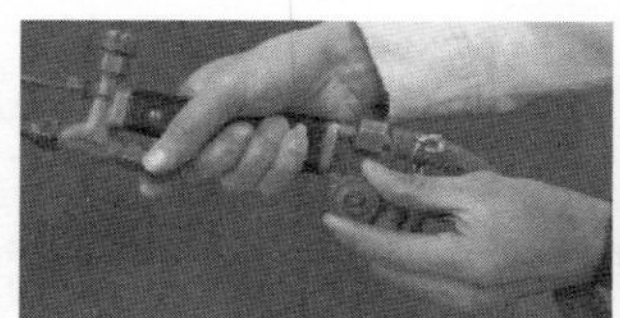
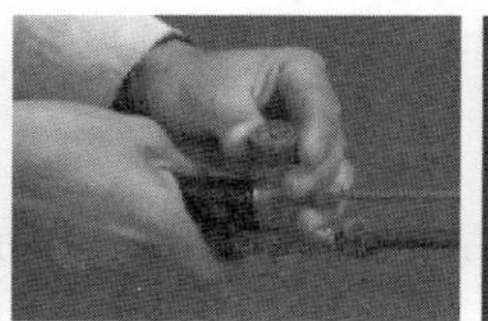
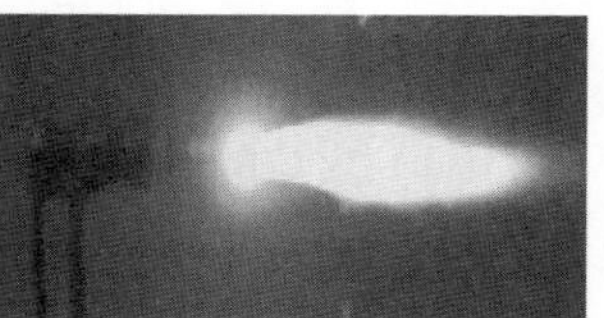

图 11-117　阀门的调节技巧及不同火焰的获得

⑤ 如果将氧气调节阀逐渐开大，直至火焰的内外焰、焰心轮廓明显时，就可认为火焰已经调节至了中性焰；如再增加氧气或减少乙炔，就可得到氧化焰；如增加乙炔或减少氧气则可得到碳化焰。如果同时增大氧气和乙炔的流量，就可增加火焰能率。如果火焰能率还达不到加工的要求，就应该更换更大直径的割嘴。

⑥ 调整后得到的火焰应该能够很稳定地燃烧，火焰的形状不得有歪斜的现象，或发出“吱吱”的声响。若火焰不正常时，要及时用通针将枪嘴内的杂质清除干净，使火焰达到正常后才能开始气焊或气割。

⑦ 如果是割炬的点火，那么除了要点燃火焰和调节火焰外，还要检查切割高压氧（风线）的形状是否良好。其基本的操作是：右手握住割炬的手柄，右手大拇指和食指握住预热氧的手轮（以便随时调节或关闭预热氧），左手大拇指和食指握住气割高压氧的手轮，中指或无名指穿过两铜管的中间；然后开启高压切割氧的阀门，就能清晰地见到高压风线的形状，并可以听到“呼呼”的风声，根据气割材料的厚度或精度调节切割高压氧的阀门，获得合适的切割风线。具体的操作过程如图 11-118 ～图 11-120 所示。

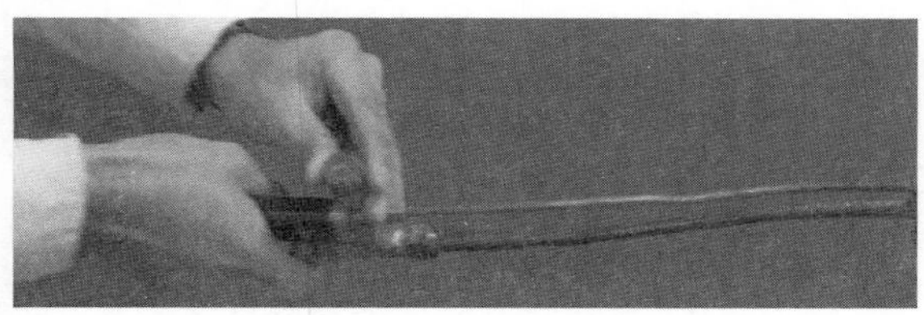

图 11-118　割炬的握法

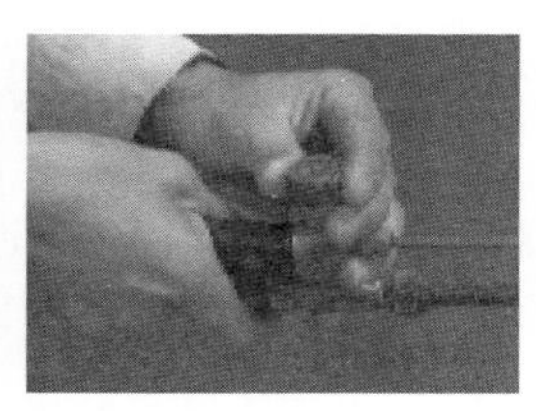

图 11-119　割炬高压氧阀门的调节

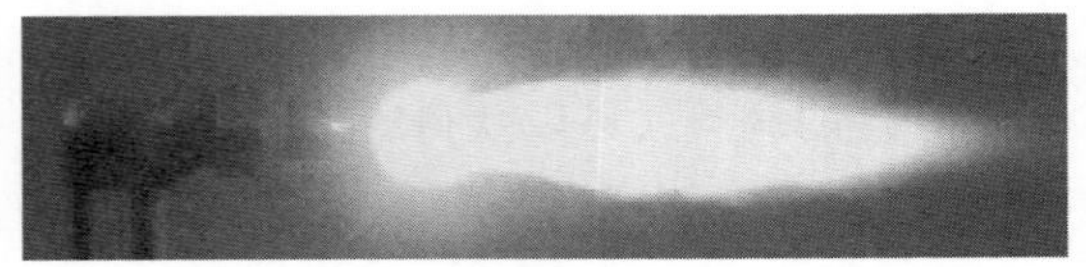

图 11-120 高压切割氧（风线）的形状

（4）火焰的熄灭技巧、诀窍与禁忌

气焊或气割的工作完成后需要熄灭火焰，应该先关闭乙炔调节阀门，然后再关闭氧气调节阀门。否则，就会在火焰熄灭前出现大量的黑烟（碳灰），大量的黑烟就是没有充分燃烧的乙炔气体。气割火焰熄灭前还要先关闭高压切割氧，然后才能熄灭火焰。关闭阀门时不漏气即可，不要关得太紧，以防止阀门磨损过快，降低焊、割炬的使用寿命。

第12章 焊接质量检验

12.1 焊接质量控制

焊接生产的质量控制可分为三个阶段：焊前质量控制、焊接过程中的质量控制和焊接成品的质量检验（包括焊后质量检验、安装调试质量检验、产品在役质量检验以及不合格焊缝的处理和焊接检验档案的建立）。

12.1.1 焊前质量控制

焊前质量控制是贯彻以预防为主的质量方针，最大限度地避免和减少焊接缺陷的产生，例如，对技术文件（图纸、工艺规程）、焊接材料（焊条、焊剂）和母材的质量检验。焊前质量控制的主要内容见表12-1。

表12-1 焊前质量控制的内容

序号	项目	主要内容	说明
1	基本金属质量检验	① 检查投料单据 ② 检查实物标记 ③ 检查实物表面质量 ④ 检查投料划线、标记移植	① 投料单据要齐全（领料单、材质单、拨料单），材料牌号、规格要与图样相符并有验收人签字，否则应办理材料代用或更换手续 ② 实物标记要清楚并与投料单相符 ③ 实物表面质量要合格 ④ 投料划线和标记移植要正确，然后转入焊前备料和下料等工序

续表

序号	项目	主要内容	说明
2	焊接材料质量检验	① 焊丝质量检验 ② 焊条质量的检验 ③ 焊剂质量的检验 ④ 气体 Ar、He、N_2、CO_2、压缩空气等质量检验	① 用前应核对焊接材料是否符合图样和技术条件的规定 ② 选用焊接材料时，应遵循等同性能、改善性能和改善焊接性三原则 ③ 焊接材料的代用原则是以不降低焊接质量和满足焊接工艺要求为前提，并应履行审批手续
3	焊接结构设计鉴定	可检测性	指有适当的探伤空间位置，有便于进行探伤的探测面
4	焊件备料的检查	坡口的检查	坡口形状、尺寸及表面粗糙度加工质量，清理质量，$\sigma_s > 392$MPa 或 Cr-Mo 低合金焊件坡口表面探伤并及时除去裂纹
5	焊件装配质量检查	① 装配结构的检查 ② 装配工艺的检查 ③ 定位焊缝质量的检查	应注意定位焊缝作为主焊缝的一部分时，其质量及检验方式同主焊缝
6	焊接试板的检查	① 焊前试板的检查 ② 工序试板的检查 ③ 产品试板的检查	① 焊前试板用于在单批生产中选择设备的工作状态，控制投产后的焊缝质量 ② 工序试板用于复杂工序间，控制不合格焊缝不下传 ③ 产品试板可用于评定成品焊缝的质量
7	能源的检查	① 电源的检查 ② 气体的检查	① 检查电源的波动程度 ② C_2H_2、H_2、O_2、液化石油气的检查应注意其纯度和压力
8	辅助机具的检查	① 焊接变位机械的检查 ② 装配焊接夹具的检查	应注意检查动作的灵活性、定位精度和夹紧力
9	工具的检查	面罩、把手、电缆等的检查	应注意选择颜色深的护目玻璃

续表

序号	项目	主要内容	说明
10	焊接环境的检查	环境温度、湿度、风速、雨雪天气等的检查	当焊接环境出现下列情况时，需有保护措施才能施焊： ① 雨雪天气 ② 风速大于 10m/s ③ 相对湿度大于 90% ④ 允许最低温度：低碳钢（-20℃），低合金钢（-10℃），中、高合金钢（0℃）
11	焊接预热检查	① 检查预热方式 ② 检查预热温度	注意预热温度的测点应距焊缝边缘 100 ～ 300mm
12	焊工资格的检查	检查焊工合格证	注意合格证的有效期并核对考核项目与所焊产品的一致性

12.1.2 焊接过程中的质量控制

焊接过程中的质量控制是焊接质量控制中最重要的环节，不仅指焊缝形成的过程，还包括后热和焊后热处理。焊接生产过程中的检验包括焊接设备运行情况、焊接参数正确与否等，其目的是及时发现缺陷和防止缺陷形成，其主要控制项目及内容见表 12-2。

表 12-2　焊接过程中质量控制的主要内容

序号	项目	主要内容	说明
1	焊接参数的检验	① 焊条电弧焊参数的检验 ② 埋弧焊参数的检验 ③ CO_2 气体保护焊参数的检验 ④ 电阻焊参数的检验 ⑤ TIG、MIG、MAG 焊参数的检验 ⑥ 气焊参数的检验	应注意不同的焊接方法有不同的检验内容和要求，但原则上均应严格执行工艺。当有变化时，应办理焊接工艺更改手续
2	复核焊接材料	① 焊接材料的特征、颜色、尺寸 ② 焊缝外观特征	发现焊接材料有问题时应及时查找原始记录，确保材料牌号、规格与规定相符
3	焊接顺序的检查	① 施焊顺序的检查 ② 施焊方向的检查	注意施焊顺序和方向准确无误

续表

序号	项目	主要内容	说明
4	焊道表面质量检查	表面不应有裂纹、夹渣等缺陷	焊后及时清渣，缺陷及时消除，避免多层焊时缺陷的叠加
5	检查后热	① 检查后热温度 ② 检查后热保温时间	焊后立即对焊件全部或局部进行加热或保温，使其缓冷的工艺措施称为后热。它具有消氢和防止延迟裂纹产生的作用
6	检查焊后热处理	① 焊后正火热处理的检查 ② 消除应力热处理的检查	正火热处理可改善焊缝组织，细化晶粒，提高韧性；可采用高温回火来消除和缓减残余应力

12.2 焊接成品的质量检验

焊接成品虽然在焊前和焊接过程中都进行了相应的质量控制和检验，但由于制造过程中外界因素变化、工艺参数不稳定、能源波动等，都可能引起缺陷的产生。所以，焊接成品也必须进行质量检验。成品检验是焊接检验的最后步骤，也是鉴定焊接质量优劣的根据，对产品的出厂质量和安全使用意义重大。同时，焊接产品在使用中的检验也是成品检验的组成部分。

12.2.1 焊后质量检验

焊后成品质量检验的内容见表12-3。

表12-3 焊后成品的检验内容

序号	检验项目	主要内容	说明
1	外观检查	① 焊缝表面缺陷检查 ② 焊缝尺寸偏差检查 ③ 焊缝表面清理质量检查	重点检查焊缝接头部位、收弧部位、形状和尺寸突变部位、焊缝与母材连接部位、母材引弧部位等
2	无损检验	—	
3	力学性能检验	—	

续表

序号	检验项目	主要内容	说明
4	致密性检验	见表 12-4	
5	焊缝强度检验	① 水压试验 ② 气压试验	要求水压试验的产品，必须在焊接工作全部结束后进行，即在焊接的返修、焊后热处理、力学性能试验及无损检测都必须全部合格后进行。试验过程应严格执行试验程序，并有可靠的安全措施。不同钢种的水压试验水温见表 12-5。水压试验和气压试验方法及要求见表 12-6

表 12-4　致密性检验方法和适用范围

序号	检验项目	试验方法	适用范围
1	气密性检验	容器需经水压试验合格后方可进行气密性试验。试验时，将焊接容器密封，按图样规定的压力通入压缩气体（气体温度不低于 5℃），压力缓慢上升，达到规定试验压力后保压 10min，然后降压至设计压力，对所有焊接接头和连接部位进行泄漏检验（一般是在焊缝外面涂以肥皂水进行检查，不产生肥皂泡为合格）	密封容器
2	吹气试验	用压缩空气对着焊缝猛吹，焊缝的另一面涂以肥皂水，不产生气泡为合格。压缩空气压力＞405.3kPa，喷嘴到焊缝表面距离不超过 30mm	敞口容器
3	载水试验	将容器充满水，观察焊缝外表面，以不渗水为合格	敞口容器
4	水冲试验	在焊缝一侧用高压水喷射，从另一面观察，无渗水为合格。水流方向与焊缝表面夹角＜ 70°，喷嘴直径为 15mm，反射水环直径应 >400mm。检查竖直焊缝应从下往上移动喷嘴	大型敞口容器，如船甲板等的密封性检验
5	沉水试验	先将容器沉入水中，再向容器中充入压缩空气，使检验焊缝处在水下 50mm，无气泡浮出为合格	小型密封容器
6	煤油试验	煤油的黏度小，表面张力小，渗透性强。试验时，在焊缝表面涂上白粉溶液，待干燥后，在焊缝另一侧涂上煤油浸润，经半小时后白粉上无油渍为合格	敞口容器，如储存石油、汽油的固定式储器和同类型的其他产品

续表

序号	检验项目	试验方法	适用范围
7	氨渗透试验	以氨为示踪剂，试纸或涂料为显色剂，用于渗漏和贯穿性缺陷的定位。试验时，在焊缝表面贴上比焊缝宽的石蕊试纸或涂料显色剂，再向容器内通入规定压力的含氨压缩空气，保压 5 ～ 30min，未发现试纸变色为合格	密封容器，如尿素设备的焊缝检验
8	氦检验	氦气质量小，能穿过微小的空隙，可发现千万分之一的氦气存在，是灵敏度很高的致密性检验方法	用于要求较高的压力容器检验

表 12-5　不同钢种的水压试验水温

受压元件钢种	试验水温 /℃
C-Mn 钢（碳素钢、16MnR）	≥ 5
Cr-Mo 钢、Cr-Mo-V 钢（14MnMoVg）	≥ 15
Mn-Mo-V 钢、Mn-Mo-Nb 钢、(18MnMoNbR)	≥ 30
w(Cr)＞ 3% 的合金钢、BHW-35	≥ 35

表 12-6　水压试验与气压试验方法及要求

试验方法	试验要求	结果分析与判定
水压试验	用水泵加压试验； ① 待容器内灌满水，堵塞容器上的一切孔。试验时，升压或降压均应缓慢进行。当升至工作压力时暂停（管子试验不暂停），进行初检，无异常可继续升压到规定压力进行保压，然后降至工作压力或设计压力，至少保持 30min 进行仔细检查 ② 根据技术条件要求，试验压力为工作压力的 1.5 倍 ③ 一般在无损探伤和焊后热处理后进行试压 ④ 加压后在距焊缝 20mm 处，用小锤轻轻锤击	保压时，表压稳定准确；检查所有焊缝部位，无渗水或水珠；水压试验后肉眼没有观察到残余变形（容器水压试验后作残余变形测定时，径向残余变形率不超过 0.03%，或容积残余变形率不超过 10%），焊缝强度为合格

续表

试验方法	试验要求	结果分析与判定
水压试验	灌水静压试验： ① 对不承受压力的容器或敞口焊接储器的密封性试验可采用灌水静压试验 ② 试验时，仔细清理容器焊缝表面，并用压缩空气吹净、吹干 ③ 在气温不低于0℃的条件下，在容器内灌入温度不低于5℃的干净水 ④ 其持续时间不得小于1h	在试验时间内，焊缝不出现水流、水滴状渗出，焊缝及热影响区表面无“出汗”现象，即为合格
气压试验	① 气压试验比水压试验灵敏、迅速，试验后不用排水处理，可用于不用排水及不允许被水沾染的容器。但该试验较水压试验危险性更大，故除设计图样规定外，一般不得采用。且试验要在隔离场所进行，要有可靠的安全措施 ② 对管道进行气压试验时，要在管道上设置一个储气罐，储气罐的出口应装有气阀，以保证进气稳定。在产品入口端的管道上需装安全阀、工作压力计和监控压力计 ③ 所有气体应是干燥、洁净的空气、氮气或其他惰性气体，气温不得低于15℃ ④ 当试验压力达到规定值（一般为工作压力的1.25～1.5倍）时，停止加压 ⑤ 施压下的产品不得敲击、振动和修补焊接缺陷 ⑥ 低温下试验时，要采取防冰冻措施	停止加压后，用涂肥皂水检漏或检查工作压力表的数值变化。肉眼观察未发现残余变形，如没有发现漏气或压力表数值不稳定，则为合格 按设计要求，耐压试验作残余变形测定的容器，径向残余变形率不超过0.03%，或容积残余变形率不超过10%为焊缝强度合格

12.2.2 安装调试质量检验

安装调试质量的检验包括两方面：其一，对现场组装的焊接质量问题的处理；其二，对产品制造时的焊接质量进行现场复查。

① 焊接质量问题的现场处理：

a. 发现漏检，应作补充检查并补齐质量证明文件。

b. 因检验方法、检验项目或验收标准等不同而引起的质量问题，应尽量采用同样的检验方法和评定标准，确定焊接产品合格与否。

c. 可修可不修的焊接缺陷一般不退修。

d. 焊接缺陷明显超标，应进行退修。其中大型结构应尽量在现场修复，较小结构而修复工艺复杂者应及时返厂修复。

② 现场复查：

a. 检验程序和检验项目：

a）检查资料的齐全性。

b）核对质量证明文件。

c）检查实物与质量证明的一致性。

d）按有关安装规程和技术文件规定进行检验。

e）对产品重要部位、易产生质量问题的部位、运输中易产生破损和变形的部位应给予特别注意，重点检查。

b. 检验方法和验收标准。在安装调试过程中，对焊接产品的制造质量应进行复查，以便发现漏检和错检，及时处理、消除隐患，保证焊接结构安全可靠地运行。但是，复查检验所采用的质量检验方法、检验项目及验收标准应该符合有关标准的规定，应与产品制造过程中所采用的检验方法、检验项目、验收标准相同，否则会产生质量差别，给质量评判工作带来困难，甚至引起制造单位与验收使用单位之间的分歧。

③ 产品服役质量的检验：

a. 产品运行期间的质量监控。焊接结构在役运行时，可用声发射技术进行质量监督。

b. 产品检修质量的复查。焊接产品在腐蚀介质、交变载荷、热应力等苛刻条件下工作时，使用一定时间后往往产生各种形式的裂纹。为保证设备安全运行，应有计划地定期检查焊接质量。在重要产品如锅炉、压力容器等的安全监察规程中均有具体规定检修计划，以便发现缺陷，消除隐患，保证安全运行。检修计划主要内容如下：

a）质量复查工作的程序：

- 查阅质量证明文件或原始质量记录。
- 拟订检验方案。

b）质量复查检验的部位：

● 按有关安全监察规程或技术文件规定进行检验。

● 以下部位应特别注意：修复过的部位，缺陷集中、严重的部位，应力集中部位，同类产品运行时常出现问题的部位。

c）服役产品质量问题现场处理。因设备在工作位置上固定，很难搬动，必须现场返修。因此对重要焊接产品的返修要进行工艺评定、验证焊接工艺、制订返修工艺措施、编制质量控制指导书和记录卡，以保证在返修过程中掌握质量标准、记录及时、控制准确。

d）焊接结构破坏事故的现场调查与分析：

● 现场调查：

* 维持破坏现场，收集所有运行记录。

* 查明操作工作是否正确。

* 查明断裂位置。

* 检查断口部位的焊接接头表面质量和断口质量。

* 测量结构破坏处的实际厚度，核对它是否符合图样要求，并为设计校核提供依据。

● 取样分析：

* 金相检验。

* 复查化学成分。

* 复查力学性能。

● 设计校核。

● 复查制造工艺。对破坏事故的调查与分析，可以确定结构的断裂原因，提出防止事故的措施，为设计、制造和运行等提供改进依据。

④ 不合格焊缝的处理：

a. 不合格焊缝。属于下列情况之一者，为不合格焊缝。

a）错用焊接材料。用不符合图样、标准规定或代用要求的焊接材料焊接的焊缝为不合格焊缝，易造成重大事故。

b）违背焊接工艺。不按工艺文件规定进行的坡口加工、焊前预热、焊后消氢和焊后热处理等均易引起裂纹、未焊透等缺陷。

c）焊缝质量不符合标准。主要指焊接缺陷超标、力学性能低于母材等不符合质量标准的焊缝。

d）无证焊工施焊。焊工未经过技术培训和考试合格便上岗焊制的

焊缝。

b. 不合格焊缝的标记。为便于识别和监督，利于返修，应对不合格焊缝作如下标记：

a）标记产品编号，监督和控制不合格焊缝的出厂。

b）标记缺陷部位，经 NDT 发现的局部超标缺陷应在缺陷部位作明确的标记。

c）标记焊缝编号，整条焊缝不合格需返修者应标记焊缝编号。

c. 不合格焊缝的处理。处理方式如下：

a）报废。对错用焊接材料，而经热处理等工艺方法无法满足使用要求的焊缝，应将焊缝清除重新焊接。

b）返修焊。经外观检查和无损检测发现局部缺陷超标者，可把原焊缝、热影响区和缺陷同时清除重新开坡口施焊。焊后应对返修部位重新检验或追加检验项目检查。锅炉受压部件焊缝允许返修三次，压力容器焊缝返修不超过两次。

c）回用。焊缝质量不符合标准要求，但不影响使用性能时，在经申请批准和用户不申诉索赔情况下方可回用。

d）降低使用参数。产品制作完毕，发现焊缝不合格，将造成产品报废或重大经济损失时，应根据检验结果对焊缝作重新核算，经用户同意后可降低参数使用。但此法要赔偿用户一定的经济损失，也会影响企业信誉，因此一般不采用这种处理办法。

⑤ 焊接检验档案。焊接检验档案是焊接产品质量考查和历史凭证，也是产品维修和改造的依据。因此，产品制作完工后，对有保存价值的检验资料进行汇总归档是十分重要的。

检验档案的归档材料主要包括：

a. 检验记录。检验记录的作用是反映产品的实际质量，为质量控制工作提供信息，为统计、分析工作提供数据，为编制检验证书提供依据。因此，检验记录应该做到记录及时、真实、完整、规范。检验记录应包括以下内容：

a）产品编号、名称、图号。

b）现场使用工艺文件的编号、名称。

c）母材、焊接材料的牌号、规格、入厂检验编号。

d）焊接方法、焊工姓名、钢印号。

e）实际预热、后热、消氢处理温度。

f）检验方法和结果。

g）检验报告编号，是指理化检验和 NDT 等专职检验机构的质量证明书。

h）焊缝返修方法、部位、次数等。

i）记录日期、记录人签字等。

b. 检验证书。焊接产品的检验证书，是产品完工时检验工作的原始记录经汇总编制而成的质量证明文件。它既是产品质量合格的凭证，也是产品质量复查的依据。发给用户的焊接检验证明书的形式和内容，要由具体产品的结构形式确定。对于结构和制造工艺比较复杂、质量要求较高的产品，应将检验资料装订成册，以质量证明书的形式提供给用户。证明书中的技术数据应该实用、准确、齐全、符合标准。对于结构和制造工艺比较简单、运行条件要求不高的焊接产品，检验证书可用卡片的形式提供给用户。焊接产品检验证书内容和要求与检验记录的内容和要求是相同的。

12.2.3 焊接质量检验方法

焊接质量检验的目的，一方面是通过不同的方法检查出焊接接头中的缺陷，并且应按相应的标准或规定，对焊接接头质量做出评定；另一方面是查出可能影响焊接接头质量的工艺条件的改变，并予以监督改正。

焊接质量检验方法可分为破坏性检验和非破坏性检验两大类，如图 12-1 所示。破坏性检验和非破坏性检验各有其特点，见表 12-7。

焊接结构的无损检测是指不使焊接结构受伤、分离或者破坏，而了解其内部结构的均匀性和完整性所进行的各种检验，是保证焊接产品质量的有效方法。目前，除了射线照相、超声波、磁粉、渗透、涡流等传统无损检测方法外，又有声发射、工业 CT、金属磁记忆、红外热成像等新方法和新技术应用于焊接结构的无损检测，且随着计算机技术的广泛应用，无损检测技术也正向数字化、程序化和规范化方向发展。

在传统的无损检测方法中，射线照相和超声波探伤均适用于焊缝内部的检测，磁粉、渗透、涡流探伤均适用于焊缝表面缺陷的检测。每一种无损检测方法都有其优点和局限性，因此应根据焊缝的材质和结构形状来选择合适的检测方法。常规无损检测方法优缺点的对比见表 12-8。各种检测

方法对不同材料的适用性见表 12-9。

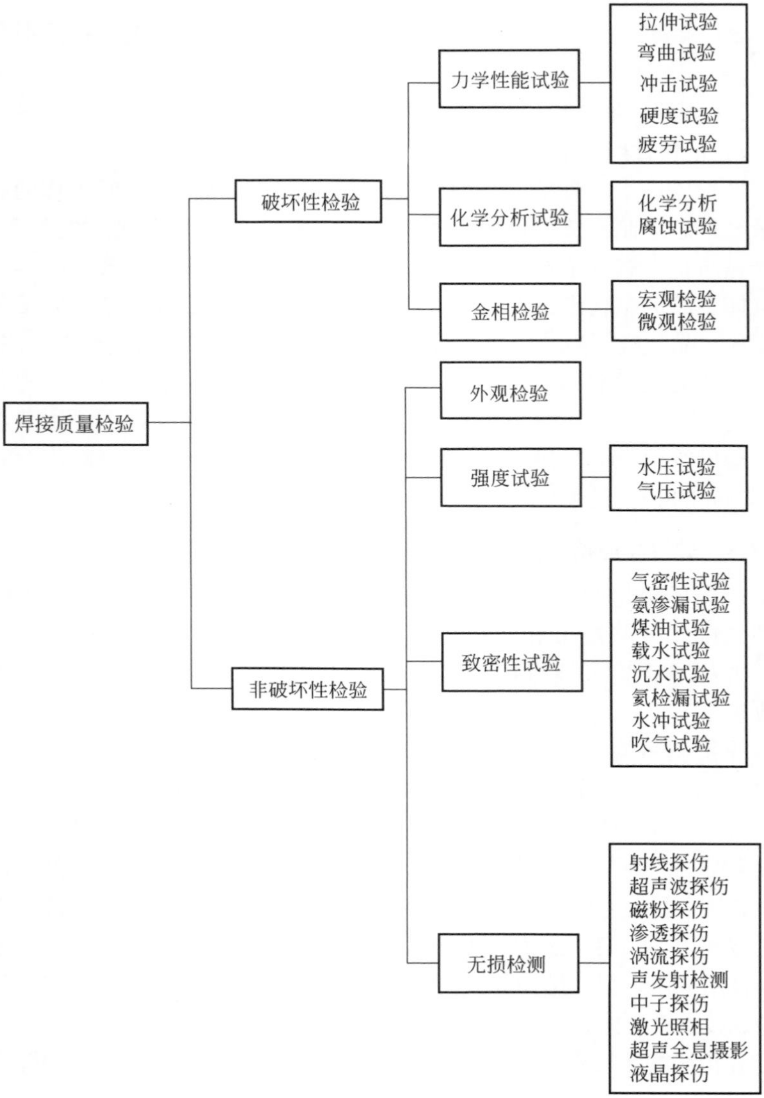

- 焊接质量检验
  - 破坏性检验
    - 力学性能试验
      - 拉伸试验
      - 弯曲试验
      - 冲击试验
      - 硬度试验
      - 疲劳试验
    - 化学分析试验
      - 化学分析
      - 腐蚀试验
    - 金相检验
      - 宏观检验
      - 微观检验
  - 非破坏性检验
    - 外观检验
    - 强度试验
      - 水压试验
      - 气压试验
    - 致密性试验
      - 气密性试验
      - 氨渗漏试验
      - 煤油试验
      - 载水试验
      - 沉水试验
      - 氦检漏试验
      - 水冲试验
      - 吹气试验
    - 无损检测
      - 射线探伤
      - 超声波探伤
      - 磁粉探伤
      - 渗透探伤
      - 涡流探伤
      - 声发射检测
      - 中子探伤
      - 激光照相
      - 超声全息摄影
      - 液晶探伤

图 12-1　焊接质量检验方法分类

表 12-7　破坏性检验和非破坏性检验比较

破坏性检验	非破坏性检验
优点： ① 能直接而可靠地测量出使用情况，测定结果是定量的，这对设计与标准化工作来说通常是很有价值的 ② 通常不必凭着熟练的技术即可对试验结果做出说明 ③ 试验结果和使用情况之间的关系往往是一致的，从而使观测人员之间对于试验结果的争议范围很小 局限性： ① 只能用于某一抽样，且该抽样必须代表整批产品的情况 ② 试验过的零件不能再交付使用 ③ 不能对同一件产品进行重复性试验，不同形式的试验需要不同的试样 ④ 试验报废的损失很大，所以对材料成本或生产成本很高或对利用率有限的零件，可能不让试验 ⑤ 不能直接测量运转使用期内的积累效应，只能根据用过不同时间的零件试验结果来加以推断 ⑥ 试验用试样往往需要大量的机加工和其他制备工作 ⑦ 投资及人力消耗往往很高	优点： ① 可直接对生产的产品进行试验，而与零件的成本或可得到的数量无关，除去坏零件外也没多大损失 ② 既能对零件进行普检，也可进行抽样试验 ③ 对同一产品可同时采用不同方法试验 ④ 对同一产品可重复进行同一种试验 ⑤ 可对在役零件进行检测，可直接测量运转使用期内的累计影响 ⑥ 可查明失效的机理 ⑦ 试样很少或无需试样 ⑧ 为了用于现场，设备往往是便携式的 ⑨ 劳动成本低，特别是对同一零件进行重复性试验时，更是如此 局限性： ① 通常都须借助熟练的实验技术才能对结果做出说明 ② 不同的观测人员可能对试验结果的分析看法不一致 ③ 检验的结果只是定性的或相对的 ④ 有些试验所需的原始投资很大

表 12-8　常规无损检测方法优缺点的对比

检测方法		优点	局限性	适用对象
焊缝内部缺陷检测方法	X射线照相	可得到直观长久的影像记录，功率可调，照相质量比γ射线高	一次投入大，不易携带，需要电源，对检测人员素质要求较高 无法测量缺陷的深度，不易发现裂纹和未熔合缺陷	适用于检测夹渣、气孔、未焊透等体积型缺陷。对与射线方向一致的面积型缺陷有较高的检出率
	γ射线照相	工作效率高，可定位于管道或容器内部一次成像，可得到直观长久的影像记录	放射性危险大，射线源要定期更换，能量不可调节；成本高，对检测人员素质要求高；无法测量缺陷的深度	适用于检测大厚壁工件的体积型缺陷
	超声波探伤	对面状缺陷敏感，穿透力强，不受厚度限制，易携带，对探伤人员无害；检测时间短，成本低	对被检工件表面质量要求高，不易测出细小裂纹；对检测人员素质要求高；不适用于形状复杂和表面粗糙的工件检测 厚度小于8mm时，要求特殊的检测方法；奥氏体粗晶焊缝检测困难	有利于检测裂纹等面积型缺陷
焊缝表面和近表面缺陷检测方法	磁粉探伤	经济简便，快速直观，缺陷性质容易辨认 油漆与电镀面基本不影响检测灵敏度	不适用于非铁磁性材料，难以确定缺陷深度；对某些要求较高的工件，探伤后需进行退磁处理	可检测表面和近表面缺陷
	渗透探伤	适于各种材料，设备轻便，探伤简便，投入小；缺陷性质容易辨认	不适用于疏松多孔性材料；对环境温度要求高，探伤后必须清洁焊缝表面，难以确定缺陷深度	可检测工件表面开口缺陷
	涡流探伤	经济简便，不需耦合，检测速度快，可自动对准工件探伤，探头不需接触工件，可用于高温检测	不适用于非导电材料，穿透力弱，检验参数控制相对困难，缺陷种类难判断	可检验各种导电材料焊缝与堆焊层表面和近表面缺陷

表 12-9　不同材质焊缝探伤方法的选择

检验对象		射线照相	超声波探伤	磁粉探伤	渗透探伤	涡流探伤
铁素体钢焊缝	内部缺陷	很适合	很适合	不适合	不适合	不适合
	表面缺陷	有附加条件的适合	有附加条件的适合	很适合	很适合	有附加条件的适合
奥氏体钢焊缝	内部缺陷	很适合	有附加条件的适合	不适合	不适合	不适合
	表面缺陷	有附加条件的适合	有附加条件的适合	不适合	很适合	有附加条件的适合
铝合金焊缝	内部缺陷	很适合	很适合	不适合	不适合	不相关
	表面缺陷	有附加条件的适合	有附加条件的适合	不适合	很适合	有附加条件的适合
其他金属焊缝	内部缺陷	很适合	不相关	不适合	不适合	不适合
	表面缺陷	有附加条件的适合	不相关	不相关	很适合	有附加条件的适合
塑料焊接接头		适合	有附加条件的适合	不适合	适合	不适合

附录

焊工技能鉴定考核试题库

扫码在线答题练习

- 专业基础知识
- 职业道德
- 综合练习：初级、中级适用

参考文献

[1] 刘云龙 . 焊工技师手册 . 北京：机械工业出版社，1998.

[2] 邱言龙，聂正斌，雷振国 . 焊工实用技术手册 . 北京：中国电力出版社，2008.

[3] 聂正斌，雷振国 . 焊接材料手册 . 北京：中国电力出版社，2008.

[4] 邱言龙，聂正斌，雷振国 . 电阻焊与电渣焊技术快速入门 . 上海：上海科学技术出版社，2011.

[5] 邱言龙，雷振国，聂正斌 . 焊条电弧焊技术快速入门 . 上海：上海科学技术出版社，2011.

[6] 邱言龙，聂正斌，雷振国 . 二氧化碳气体保护焊技术快速入门 . 上海：上海科学技术出版社，2011.

[7] 邱言龙，聂正斌，雷振国 . 手工钨极氩弧焊技术快速入门 . 上海：上海科学技术出版社，2011.

[8] 邱言龙，聂正斌，雷振国 . 等离子弧焊与切割技术快速入门 . 上海：上海科学技术出版社，2011.

[9] 邱言龙，聂正斌，雷振国 . 埋弧焊技术快速入门 . 上海：上海科学技术出版社，2011.

[10] 邱言龙，雷振国，聂正斌 . 焊工速查表 . 上海：上海科学技术出版社，2013.

[11] 邱言龙，雷振国，聂正斌 . 焊工快速上手 100 例 . 上海：上海科学技术出版社，2015.

[12] 邱言龙，聂正斌，雷振国 . 二氧化碳气体保护焊技术快速入门 . 2 版 . 上海：上海科学技术出版社，2015.

[13] 邱言龙，雷振国，聂正斌 . 巧学电焊工技能 . 北京：中国电力出版社，2016.

[14] 邱言龙，雷振国，聂正斌 . 巧学气焊工技能 . 北京：中国电力出版社，2016.

[15] 邱言龙，聂正斌，雷振国 . 等离子弧焊与切割技术快速入门 . 2 版 . 上海：上海科学技术出版社，2016.

[16] 邱言龙，聂正斌，雷振国 . 焊工实用技术手册 . 2 版 . 北京：中国电力出版社，2018.